油气田水系统提质增效关键技术

张维智　主编

石油工業出版社

内容提要

本书从油气田水系统现状和提质增效需要出发，重点介绍了中国石油“十三五”以来油气田水系统在精益管理、常规水驱水质提升高效处理、战略性接替开发复杂采出水处理、注水及化学驱注入提效、气田采出水处理及回注、水系统检测及污泥减量化无害化等方面的最新技术成果及推进提质增效的应用效果。

本书可供从事油气田采出水处理和注水技术的研发人员、生产管理人员与工程设计人员借鉴、参考。

图书在版编目（CIP）数据

油气田水系统提质增效关键技术 / 张维智主编 . — 北京：石油工业出版社，2022.1

ISBN 978-7-5183-5107-7

Ⅰ . ① 油… Ⅱ . ① 张… Ⅲ . ① 油气田 – 水处理 – 研究 Ⅳ . ① TE357.6

中国版本图书馆 CIP 数据核字（2021）第 262055 号

出版发行：石油工业出版社

（北京安定门外安华里 2 区 1 号　100011）

网　址：www. petropub. com

编辑部：（010）64523535　图书营销中心：（010）64523633

经　销：全国新华书店

印　刷：北京中石油彩色印刷有限责任公司

2022 年 1 月第 1 版　2022 年 1 月第 1 次印刷

787×1092 毫米　开本：1/16　印张：44

字数：1070 千字

定价：260.00 元

（如出现印装质量问题，我社图书营销中心负责调换）

《油气田水系统提质增效关键技术》

编委会

主　　编： 张维智

副 主 编： 田占良　李　冰　吴　浩　李宏斌　王乙福

执行主编： 朱景义　郭　峰

成　　员： 谢卫红　王忠祥　王丽荣　马晓红　马汝彦

李　青　王长军　刘书军　杨春林　王荣敏

张文斌　于　磊　李金亮　盛　浩　陈　贤

刘万山　罗必林　王保民　周　松　刘松群

郭天林　荆冬锋　宋跃海　孔令峰　杨声将

李　冲　何　涛　王　艳　黄振昊　于　喆

冯兆国　白根华　袁玉晓　沙敬德　钟　华

鲜　婧　袁晓俊　梁新坤　赵大维

前　言

中国石油油气田水系统工作按照中国石油天然气集团有限公司“科学构建精细注水长效制度体系”和推进提质增效的工作要求，贯彻油田“注好水、注够水、精细注水、有效注水”和气田“处理达标、有效利用、安全环保”的理念，“十三五”以来紧紧围绕“降本增效”和“管理提升”开展精益管理，在中国石油勘探与生产分公司的组织下，各油气田以生产管理需求引领技术发展，通过不断技术创新推动油气田水系统提质增效，取得了显著成效，运行成本得到有效控制，生产指标持续向好，管理水平不断提升，提质增效取得新进展，为油气田稳产增产提效和保障国家能源安全做出了贡献。

为总结油气田水系统精益管理取得的关键技术成果，方便采出水处理和注水相关生产管理人员与工程技术人员借鉴参考，推动油气田水系统实现高质量绿色发展，本书从精益管理技术、常规水驱水质提升高效处理技术、战略性接替开发复杂采出水处理技术、注水及化学驱注入提效技术、气田采出水处理及回注技术和油气田水系统检测及污泥减量化无害化技术等 6 个方面对“十三五”以来油气田水系统提质增效关键技术进展进行了介绍，对今后一段时期油气田水系统面临的形势和技术发展方向进行了分析和展望。

在本书编写过程中，特邀专家王瑞泉、惠熙祥，中国石油大庆油田公司首席专家杨清民，中国石油新疆油田公司首席专家樊玉新等对有关内容进行了仔细审阅，提出了宝贵修改意见。在此向所有参与本书编写和审阅工作的专家表示真诚的谢意！

由于编者水平有限，书中难免存在不妥之处，敬请读者批评指正。

目 录

CONTENTS

第一部分 水系统精益管理技术

第二部分 常规水驱开发水质提升高效处理技术

第三部分　战略性接替开发复杂采出水处理关键技术

第四部分 注水及化学驱注入提效关键技术

第五部分　气田采出水处理及回注关键技术

第六部分　油气田水系统检测技术及污泥减量化无害化技术

第一部分

水系统精益管理技术

油气田水系统精益管理实践与高质量发展展望

张维智[1]　朱景义[2]　郭　峰[1]　李　冰[2]

（1. 中国石油勘探与生产分公司；2. 中国石油规划总院）

摘　要　本文总结了中国石油油气田水系统发展现状，系统说明了"十三五"期间油气田水系统精益管理在制度创新、运行管理和技术进步等方面的具体做法和主要成果。"十四五"期间，面对油气开发、提质增效和安全环保三大挑战，持续做好油气田水系统工作具有重要意义，本文对"十四五"期间油气田水系统工作进行了总体展望。

关键词　油气田水系统；水质达标率；注水系统效率；提质增效；高质量发展

按照中国石油天然气集团有限公司（下称集团公司）"科学构建精细注水长效制度体系"和推进提质增效工作要求，贯彻油田"注好水、注够水、精细注水、有效注水"和气田"处理达标、有效利用、安全环保"的理念，"十三五"以来，油气田水系统紧紧围绕"降本增效"和"管理提升"开展精益管理，生产指标稳中向好、制度建设持续完善、运行管理不断加强、科技进步有效推动，取得了丰富的成果，为保障国家能源安全做出了贡献。"十四五"期间，油气田水系统高质量发展面临多项挑战，持续做好油气田水系统工作对保障油气开发效果、推进提质增效和实现安全环保具有重大意义。

1　油气田水系统现状

1.1　形成了规模庞大的地面水系统

截至"十三五"末，中国石油 16 家油气田公司已建成各类油田和气田采出水处理、清水处理、注水和污泥处理站场共计 2700 多座，采出水和注水管道超过 8×10^4km，油气田地面水系统规模十分庞大。

1.2　应用了多种类型的采出水处理和注水技术

为满足油气开发各类水质需求，各油气田应用了多种采出水处理技术及工艺流程[1]。在常规水驱油田和气田采出水处理，水处理以"两级除油 + 一级过滤"工艺（图 1）为主，同时研发应用了气浮除油、压力除油、生物处理、膜处理等多种技术，保障了油田注水和气田回注水质达标。

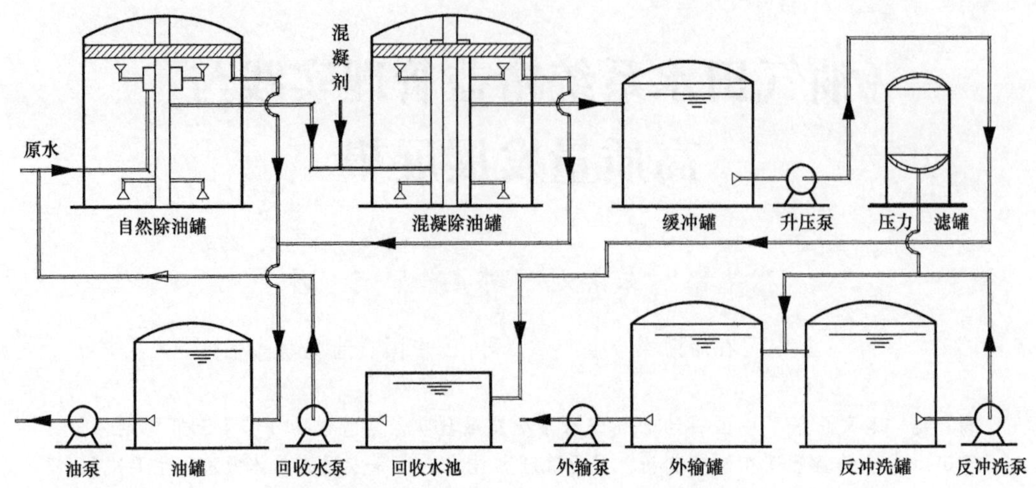

图 1 油气田采出水处理“两级除油 + 一级过滤”工艺原理图

针对稠油采出水处理，在常规处理工艺流程的基础上进一步应用了“离子交换软化”“高温反渗透”和“MVC 蒸发”等深度处理技术，实现 SAGD 采出水回用注汽锅炉。三元驱采出水处理应用了“序批式沉降 + 两级过滤”流程，研发了气浮沉降罐设备，油水分离效果显著提高，出水水质基本达到高渗透层“含油≤20mg/L、悬浮物≤20mg/L”的常规水驱注水标准。

注水系统推广了高低压变频、分压注水、局部增压等提效技术，持续推进提质增效。针对注水流量调节难度大、时效低等问题，推广了稳流配水技术，解决了因压力波动而产生的超欠注，实现了注水管网远程控制、无人值守、流程简化（图 2）。

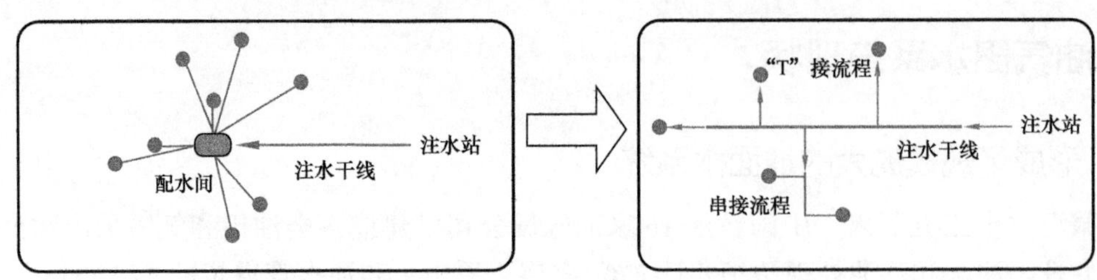

图 2 油田注水配水间配水提升为干管“T”接稳流配水示意图

1.3 采出水总量持续增加

截至 2020 年底，中国石油天然气股份有限公司国内油田采出水总量首次超过 $10\times10^8m^3$，注水和化学驱注入总量接近 $11\times10^8m^3$，平均注入 $10m^3$ 水产出 1t 原油；气田采出水量超过 $1600\times10^4m^3$。随着油田含水率不断上升，主力气田陆续见水，油气田采出水量将持续增加，地面水系统生产任务越来越重（图 3）。

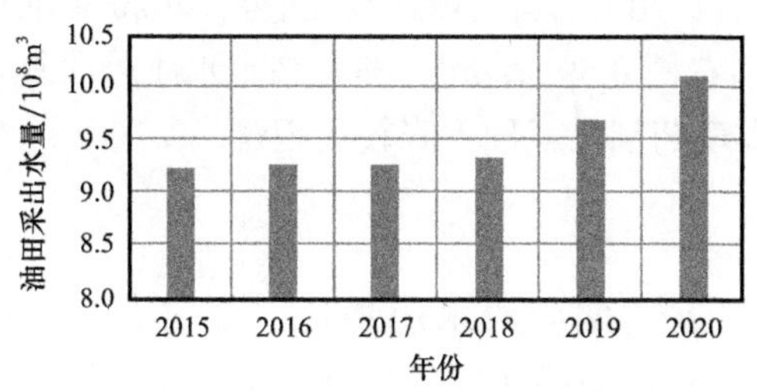

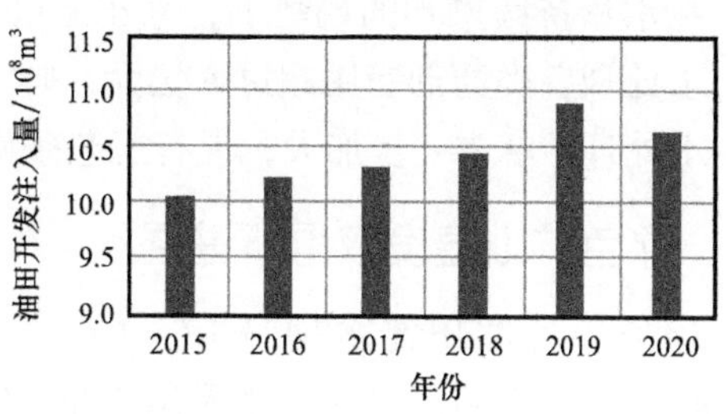

图 3　油田采出水量和注水量变化趋势图

1.4　注水水质持续改善，水质达标率连续提升

"十三五"期间，各油田注水水质指标持续向好。采出水处理站水质达标率保持 95% 以上的高水平，注水井口水质达标率连续提升，2020 年底首次突破 90%，实现了自 2008 年以来连续 12 年稳步上升，"十三五"期间整体提高 2.46 个百分点，有力支持了油田开发，保障了稳产增产（图 4）。

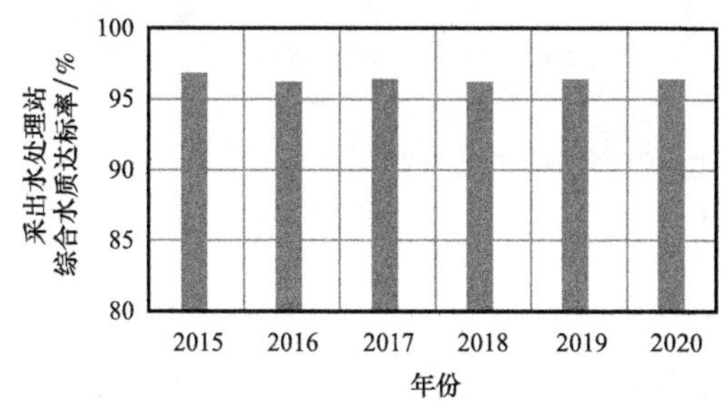

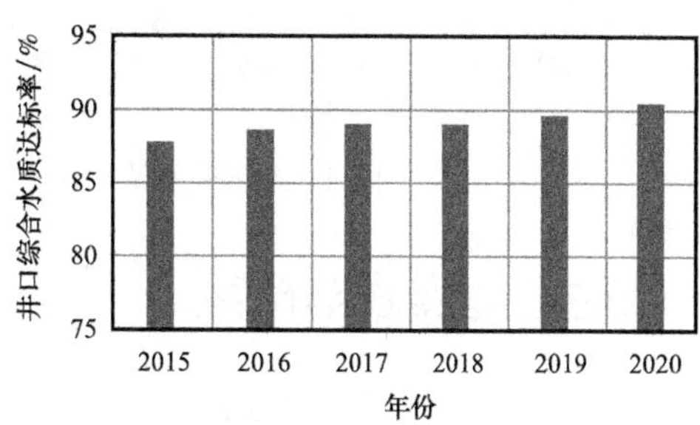

图 4　油田采出水处理和注水水质达标率提升趋势图

1.5　降本增效成效显著，注水系统效率连续提高

2020 年中国石油天然气股份有限公司油田注水系统效率 55.45%，实现连续 12 年提高，注水单耗 5.78kW · h/m^3、标耗 0.55kW · h/（m^3 · MPa）。"十三五"期间注水系统效率整体提高 0.78 个百分点，提效节约电费超过 5 亿元。图 5 所示为 2015 年至 2020 年油田注水系统效率提升和单耗下降趋势图。

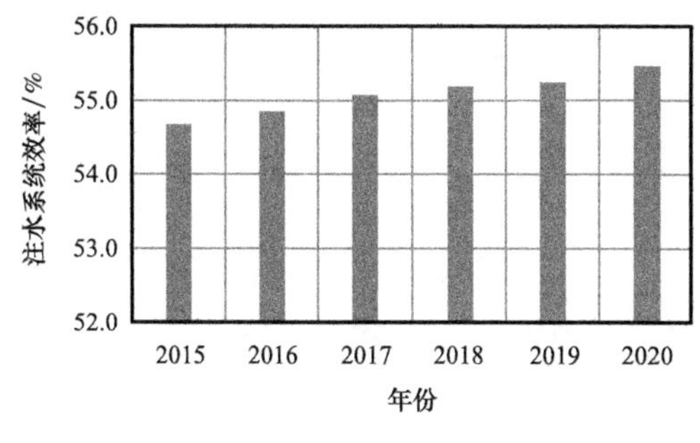

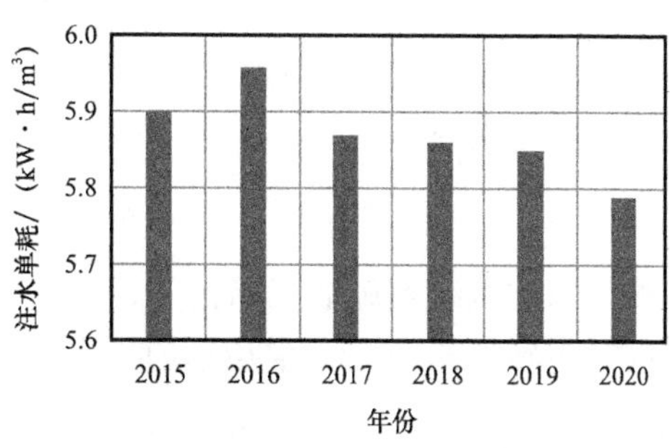

图 5　油田注水系统效率提升和单耗下降趋势图

在水量持续增加的趋势下，采出水处理药剂费用总体呈小幅增加趋势，2020 年油田采出水处理各类药剂费用超过 5 亿元，吨水药剂费用 0.59 元 /m^3。随着来水水质趋向复杂化，水处理难度进一步加大，现有工艺条件下实现药剂单耗硬下降较为困难。

1.6 绿色矿山建设取得新进展

2020 年各油田清水用量 $1.5\times10^8m^3$，“十三五”期间清水用量比“十二五”减少 $1.16\times10^8m^3$；各油田达标外排采出水量 $1400\times10^4m^3$，保持在较低比例；水系统污泥产生量为 $60\times10^4m^3$，从 2018 起呈现明显下降趋势（图 6）。整个“十三五”期间水系统绿色发展水平进一步提高。

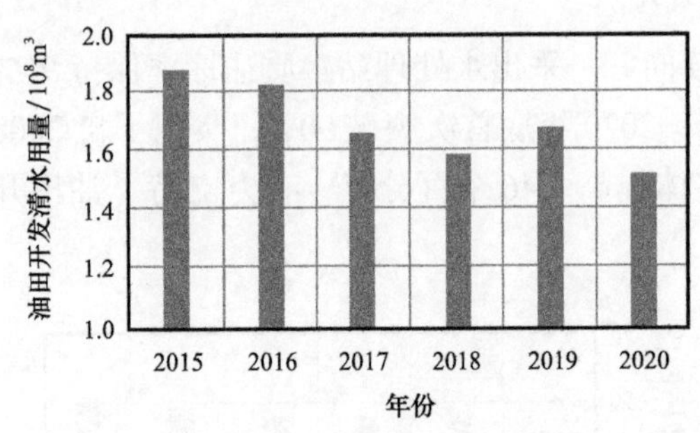

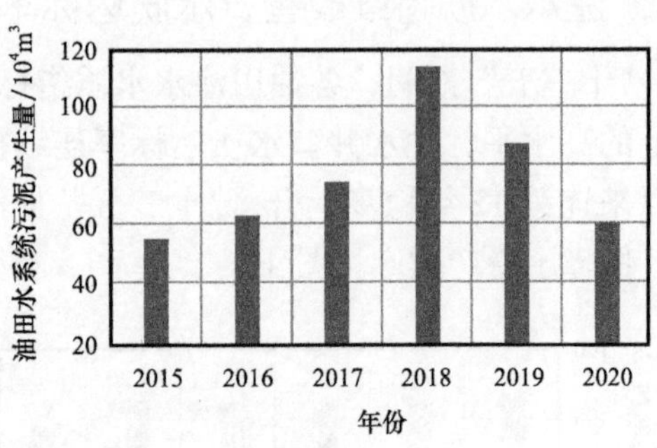

图 6 油田开发清水用量下降和污泥产生量变化趋势图

2 精益管理实践与成果

中国石油天然气股份有限公司（以下简称股份公司）高度重视油气田水系统工作，突出强调“保水就是保油”，“十三五”以来实施精益管理，通过创新管理制度，加强运行管理，引领技术发展，管理水平不断提升，提质增效取得新进展，安全环保基础进一步夯实，形成了主动管理的全新局面。

2.1 创新管理制度，建立规范化管理体系

2.1.1 制定统一的水系统管理规范

“十三五”以来，根据油气田水系统管理的新要求，组织各油气田及研究单位在 2012 版管理规定的基础上进一步制定了《中国石油天然气股份有限公司油气田水处理和注入系统地面生产管理规范》（油勘〔2020〕185 号），2020 年 7 月发布，实现了管理内容全覆盖、管理标准和要求统一。

2.1.2 建立三级管理制度，明确分工和职责

油气田水系统实施油气田公司、采油气厂（作业区）、站场三级管理，按要求设置管理岗位，明确管理分工、落实岗位职责，全面保障各项管理工作顺畅推进。

2.1.3 全面定义水系统概念，明确管理范围

油气田水系统是油气田采出水及清水处理、油田注水、化学驱配制与注入（聚合物

驱、二元驱和三元驱）、油气田回注和采出水外排等地面生产系统的统称。采出水处理包括油田采出水处理和气田采出水处理；采出水处理后的用途和出路主要有油田注水、化学驱配制与注入、稠油注蒸汽开发、采出水生产回用、油气田回注和采出水外排等。油气田注入包括油田注水、化学驱配制与注入和油气田回注。采出水外排是指油气田采出水处理达标后有监管地排至受纳水体或指定位置。

2.1.4　构建对标评价体系，实现工作量化考核

研究确定了水质达标率、注水标耗等指标的定义及计算方法，形成以水质达标率、系统效率为核心的整套油气田水系统生产运行关键指标对标方法体系，全面实现各油气田公司之间横向对比和油气田内部纵向对比，做到工作成效可量化、可考核。

2.1.5　建立检查制度，不断促进管理水平提高

水系统建立了油气田自检自查、股份公司重点抽查的检查制度，每年组织各油气田开展自检自查及问题整改，同时每两年组织一次重点抽查，坚持“一切用数据说话，用标准规范衡量”的原则，进行量化评比，总结先进经验和好的做法，促进水系统管理水平整体不断提高。

2.1.6　积极组织培训交流，提升专业技术水平

股份公司每年组织一次专业技术培训，组织专家就管理要求、运行经验和新技术进展进行交流学习，同时要求各油气田公司、采油气厂每年组织1～2次技术培训，不断提升管理人员专业技术水平，提高现场实际操作能力。

2.1.7　建立生产数据分析、总结和评价制度

按照管理制度各油气田公司监测分析生产运行数据，开展年中和年底工作总结。股份公司定期召开工作推进会，推广好的经验，指出存在问题，对全年生产运行情况进行公报，督促各油气田发现差距、寻找不足，促进水系统各项工作有效开展。

2.2　加强运行管理，实现生产上精耕细作

2.2.1　构建节点控制法，实施精益水质管理

全面推行水质管理“节点控制法”（图7）。常规水驱油田将水质指标链分解成系统来水、除油段、除悬浮物段、注水站和井口五大控制节点，形成规范化的精益生产水质管理模式，各节点制订量化考核水质指标，以节点达标确保全系统达标，严格考核激励管理，确保满足油田开发注水水质要求。“十三五”期间，注水水质得到持续有效改善，新疆油田和冀东油田井口水质达标率提高超过10个百分点，长庆油田、塔里木油田、青海油田和辽河油田等井口水质达标率提高也超过5个百分点，强力保障了油田稳产增产。

2.2.2　形成水质考核制度，制订水质控制指标

形成油气田、采油气厂和站场三级水质考核制度，各油气田制订了详细的水质指标，油气田公司每季、采油气厂每月对采出水处理站的进出口和注水井井口进行水质检测检测

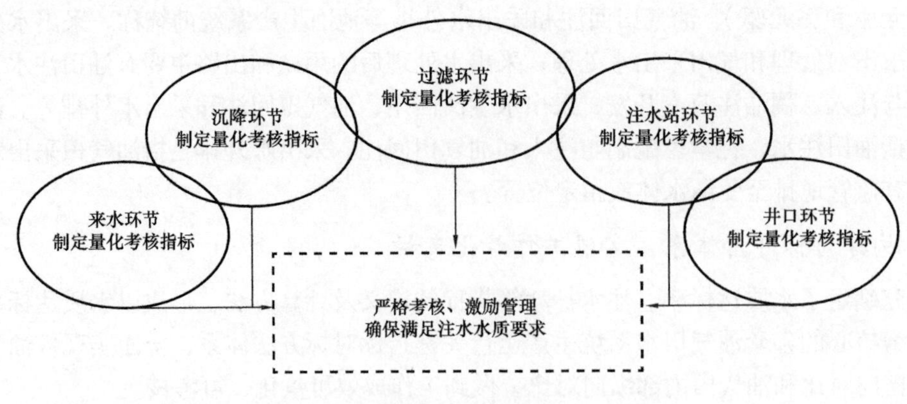

图 7 水质管理“节点控制法”示意图

考核，检测指标有含油量、悬浮固体含量、颗粒直径中值、硫酸盐还原菌、铁细菌和腐生菌等 6 项，进一步促进了水质管理。同时站场每天对含油量和悬浮固体含量进行检测，及时根据水质状况开展运行优化。

2.2.3 强化运行优化管理，突出总体水量平衡

形成了运行优化管理制度，各油气田根据油气开发需求，统筹考虑区域内水量平衡和站场关停并转，总体制订采出水调配方案，提高采出水回用率，减少清水用量，节约水资源，控减采出水外排，推动绿色发展。

2.2.4 积极开展系统改造，加强系统维修维护

各油气田通过股份投资及油田自筹等方式，积极开展水系统调整改造，2020 年共计投入 10 亿元；组织油气田制订年度维修维护计划，做好储罐清淤清洗、过滤器检查及滤料更换等工作，形成注水管道冲洗制度及操作规范，全力保障系统安全平稳运行，不断提高水质质量。

2.2.5 重视成本管控，持续推进提质增效

组织各油气田制订提效专项计划，合理确定电耗、药耗等运行指标，制订年度提效方案，更新完善提效措施。注入系统积极采用高效节能型设备，保持系统高效运行。

“十三五”期间，常规水驱采出水的吨水药剂费实现下降，吉林油田和新疆油田降低超过 0.5 元，大庆油田、华北油田、大港油田、吐哈油田和青海油田等也均实现下降，取得较好的降本效果；辽河油田、新疆油田、玉门油田和南方勘探开发油田等注水系统效率提高超过 5 个百分点，实现了大幅提升，增效节电成绩十分突出。

2.3 以生产管理需求引领技术进步

股份公司结合生产实际，长期组织研究单位开展油气田水系统运行分析与对策研究，做好系统顶层设计，从生产管理需求出发引领技术创新与发展。针对管理和生产中发现的突出问题，先后组织开展注水水质指标、注水系统提效潜力分析、采出水处理工艺适应性评价等专项研究，研究成果直接用于指导管理规范制定和油气田实际生产。

针对现有采出水处理工艺突出存在的流程长、效率低、成本高等问题，组织开展全局角度系统研究，实施低成本高效采出水处理关键技术攻关，取得多项专利，形成了整套关键技术，研制了多功能合一高效除油器、预涂膜过滤器、压裂液一体化处理装置等多个高效设备，为“十四五”水系统高质量发展提供了抓手。

3　油气田水系统面临的挑战

随着股份公司油气田开发方式持续转变、老油田含水率不断上升和新区块储量品位劣质化，国家及地方政府对安全环保要求愈发严格，油气田水系统工作将面临越来越严峻的挑战，生产运行也存在一些实际困难和具体问题。

3.1　保障注水水质、满足开发需求压力大

注水水量和质量直接影响开发效果。水系统肩负着全面保证“精细注水质量控制”和“注好水、注够水”的责任和使命；油田含水率不断升高，开发方式持续转变，来水水质趋向复杂化，乳化严重，处理难度增加，出水水质保障难度大；低渗透油藏开发比例不断增加，注水水质标准进一步提高，部分站场工艺适应性不足，出水水质不达标；水处理设备设施老化严重，处理能力明显下降，保障稳定运行任务重、压力大。

3.2　管控运行成本、持续推进提质增效难度大

为应对低油价挑战，中国石油按照“四精”（经营上精打细算、生产上精耕细作、管理上精雕细刻、技术上精益求精）管理要求持续开展降本增效工作。水系统规模日益庞大，水处理成本较高，注水能耗占比大，管控运行成本、推进提质增效工作十分紧迫。水量持续增加、水质趋向复杂，采出水处理难度增加，处理成本居高不下。系统规模庞大，设备、管道数量众多，系统运行优化及维修维护工作量大，各类费用控减难度大。注水量持续增加，总体降耗难度大，注水泵组老化、效率下降，提效潜力不足，通过管理手段提效已经入瓶颈期。

3.3　推动绿色发展、保证安全环保责任大

油气田地面水系统管理点多、面广、类型复杂，生产管理任务越来越重，要实现绿色发展，保证安全环保，责任巨大。做好总体水量平衡优化，提高采出水利用率，节约水资源，减少清水用量，控制外排规模，在管理和技术上都存在挑战。维护系统平稳运行，杜绝污染事件，建设绿色矿山，任务重、责任大。保证采出水达标外排、污泥合规处理，生产管理难度大。

4　“十四五”高质量发展展望

展望“十四五”，油气田水系统挑战与希望并存，使命光荣、责任重大，中国石油将统一部署，突出精益管理和创新驱动，强化生产运行管理，保证安全环保，紧扣提质增效发展战略主题，大力推广新工艺、新技术、新设备，推动数字化建设、智能化运行，不断

提升管理水平，努力开创油气田水系统高质量绿色发展新局面，为保障国家能源安全做出更大贡献。

4.1 高度重视水系统工作，进一步优化组织机构和岗位设置

油气田水系统肩负着全面保证油田开发“注好水、注够水”的使命，承担着推动绿色发展的责任，在油田进入含水率 90% 以上的特高含水期和开发方式持续转变的形势下，油气田水系统管理对提高开发综合效益、实现降本增效、保证安全环保具有重要意义。建议各油气田公司进一步加强制度建设，优化组织机构和岗位设置，做到分工明确、责任落实，确保油气田水系统各项工作顺利开展。

4.2 重点抓好水质管理，满足开发需要和安全环保要求

继续全面执行水质管理节点控制，建议各油气田采油气厂及作业区深入分析流程节点水质，对存在问题的站场提出针对性解决方案和整改措施，按时整改，保证水质管理全过程受控。

股份公司将组织开展水质大调查活动，全面分析“十四五”期间油气田开发和安全环保对水质水量的要求，深入剖析水处理工艺适应性及存在问题，提出水质提升工作方案和需要实施的重点项目。

4.3 持续做好运行优化，不断推进降本增效

按照集团公司着力打造提质增效“升级版”的要求，油气田水系统要做好运行优化，做好总体平衡，加大采出水回用力度，减少清水用量，推动“绿色矿山”建设。

建议各油气田继续加强水系统运行管理，结合生产运行情况做好生产系统全流程能耗及成本分析，制定相应运行优化方案，降低运行成本，加强能耗管控，加大高效设备应用，推动效率提升和单耗下降。

4.4 以科技创新推动高质量绿色发展，大力推广新技术新设备

目前油气田水系统仍存在效率低、成本高、流程长等问题。基于现有的工艺流程，降本增效难度大。“十四五”期间水系统将突出创新驱动，股份公司将组织一批关键技术课题攻关，推广一批新技术新设备，研究智能化运行管理，全力推动高质量绿色发展。

建议各油气田认真分析生产需求，从解决实际难题及提质增效出发，统筹组织开展关键技术设备研发。已成熟的新技术、新设备，各油气田在新改扩项目中应充分考虑，满足要求的要积极应用，新改扩项目应体现创新增量，新技术、新设备应用要占有一定比例。

参考文献

[1] 汤林，张维智，王忠祥，等．油田采出水处理及地面注水技术［M］．北京：石油工业出版社，2017.

油田污水处理站水质控制关键技术研究与应用

唐坤利　鲍　静　易　敏　段彤菲

（中国石油新疆油田公司准东采油厂）

摘　要　吉联站污水处理系统自投产以来，污水出站水质达标率仅为70%。通过对各节点水质分析发现，影响出站水质达标的主要因素为回收污水影响调储罐出水、净水药剂与系统的适应性差、过滤单元失效、在用杀菌剂的杀菌和持续能力不足。为此，确定以优化药剂、过滤器提效、稳定回收水水质为技术路线，开展吉联站出站水质控制关键技术研究。实现吉联站污水出站水质稳步提升至95%以上，为油田的持续开发提供帮助。

关键词　污水处理；过滤器提效；稀土陶瓷滤料；药剂优化；回收污水

准东采油厂吉祥作业区吉联站建有油气水处理、注水及供热系统等综合站库一座[1]。装置自投产以来，污水出站水质达标率仅为70%，远低于公司下达的95%的目标值。因此，计划通过开展吉联站出站水质控制关键技术研究，对各节点水质达标情况进行统计、分析、研究，确定主要原因并以此为依据制定相应的技术路线和控制措施，实现污水出站水质达标率稳定提升。

1　系统现状及存在问题

吉联站污水处理系统于2016年投产，处理规模1800m^3/d。污水处理系统主要由调储、反应、过滤三大单元组成，采用重力除油—旋流反应—二级过滤—化学杀菌处理工艺。吉联站污水处理系统工艺流程图如图1所示。

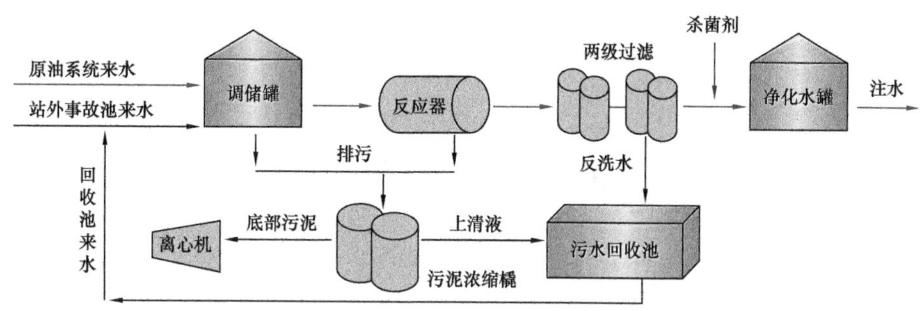

图1　吉联站污水处理系统工艺流程图

污水处理站自投运以来，出站水质达标率较低，平均值仅为70.16%（图2）。距离公司出站水质95%的目标值存在一定的差距。对6项指标进行分析（图3），发现悬浮物占比达 53%，细菌（包括硫酸盐还原菌、铁细菌、腐生菌）占比达 37%，两项占比合计 90%。因此，影响吉联站污水处理站出站水质达标的主要因素为悬浮物和细菌。

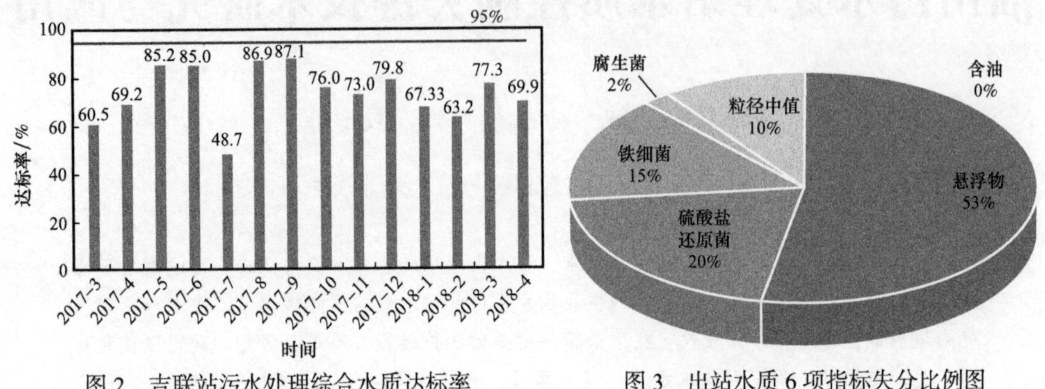

图 2　吉联站污水处理综合水质达标率　　图 3　出站水质 6 项指标失分比例图

2　水质达标与稳定技术研究

2.1　技术路线的确定

2.1.1　各节点悬浮物分析

根据该站污水处理系统各节点悬浮物达标率统计图（图 4），可以看出系统的调储、反应、过滤三大单元的各个节点均不达标，其中反应和过滤单元达标率极低。

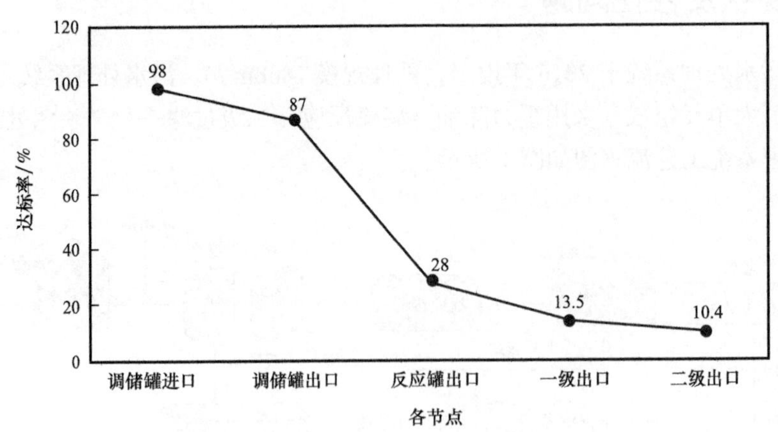

图 4　吉联站污水处理系统各节点悬浮物达标率统计图

2.1.2　调储单元悬浮物不达标

（1）调储罐进出口悬浮物阶段性波动。

从原油系统来水和调储罐进出口悬浮物含量统计发现原油系统来水悬浮物稳定，但是调储罐进出口悬浮物出现阶段性的波动（图 5）。对调储罐进口流量进行统计发现，当污水回收泵启泵回打回收水时，调储罐的进出口悬浮物就会出现短暂的波动，停泵后悬浮物恢复正常，如图 6 所示。

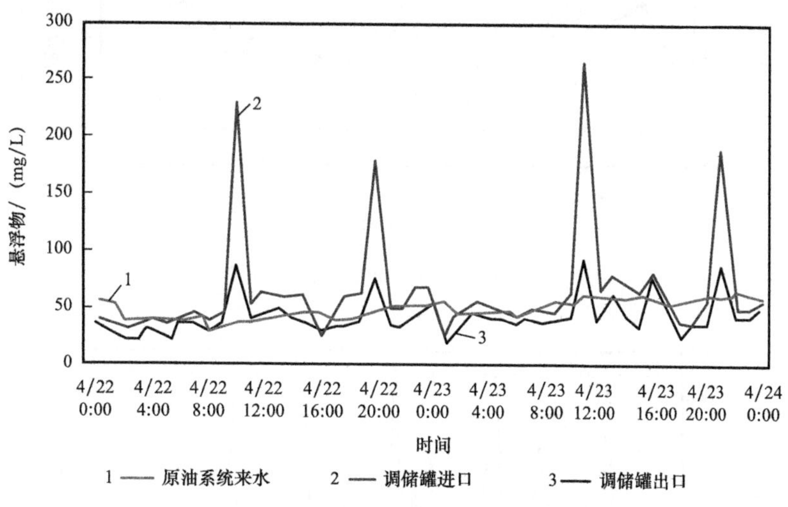

图 5 原油系统来水及调储罐进出口悬浮物含量

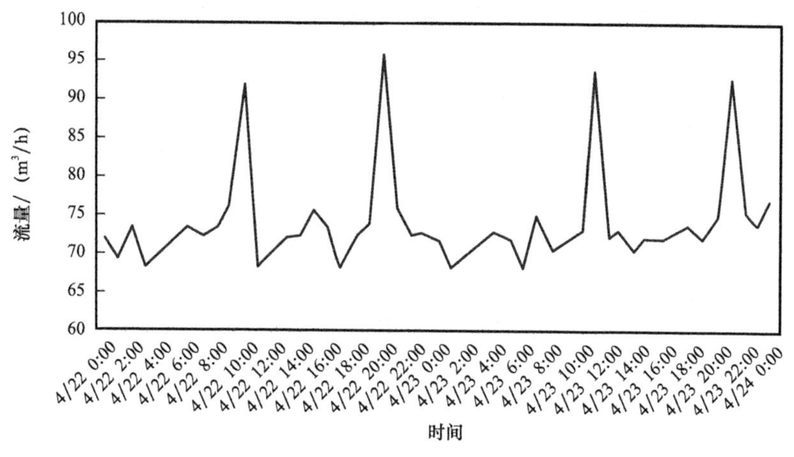

图 6 调储罐进口流量统计表

（2）回收污水冲击调储罐进出口水质。

回收水污水中悬浮物含量远超调储罐的设计进口指标（悬浮物含量≤300mg/L）3～5 倍（图 7），回收水对调储罐进出口水质形成冲击。

2.1.3 反应单元悬浮物不达标

反应器环节存在问题：无论反应器进口悬浮物含量是否达到进口指标 150mg/L，其出口悬浮物含量均超过出口设计指标 20mg/L，出口达标率极低，如图 8 和图 9 所示。

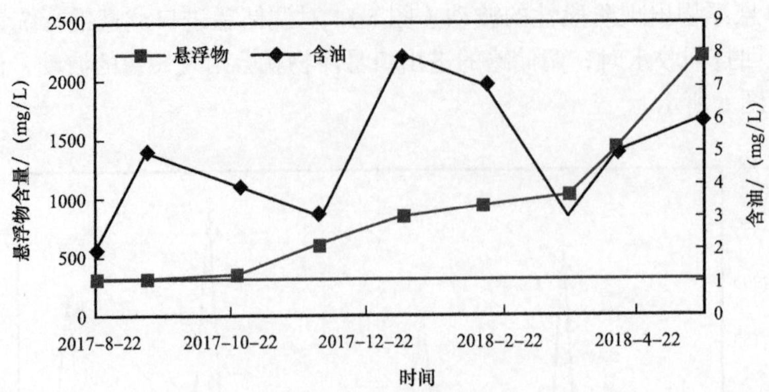

图 7　污水回收水含油和悬浮物含量

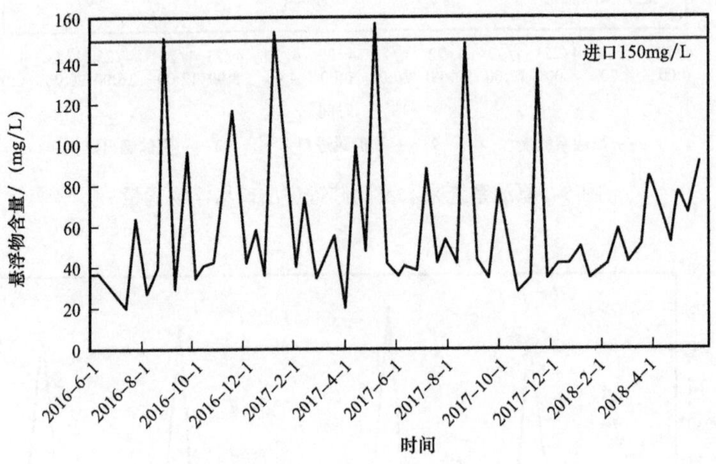

图 8　反应器进口水质悬浮物含量统计图

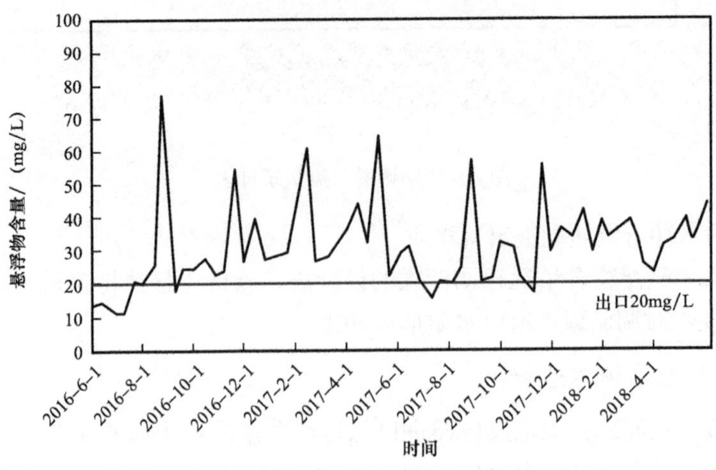

图 9　反应器出口水质悬浮物含量统计图

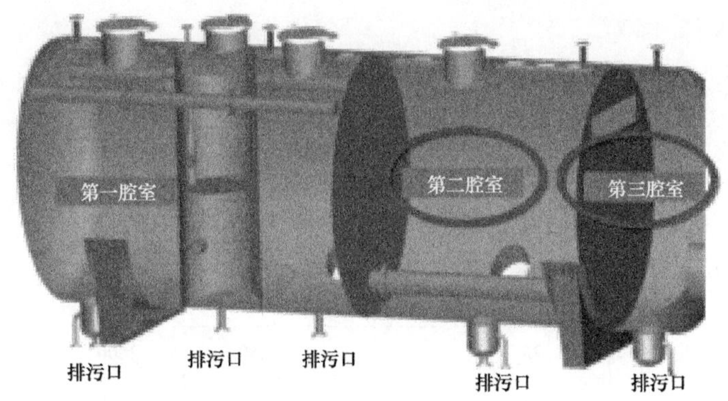

图 10 反应器内部结构图

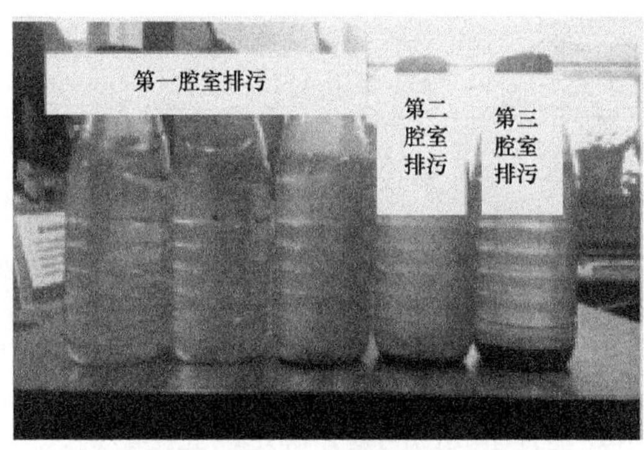

图 11 反应器排污口取样图片（30min 沉降）

2.1.4 过滤单元悬浮物不达标

（1）过滤单元功能基本缺失：一二级过滤器出口悬浮物含量严重超过设计标准且出现不降反升的状态，由此判断过滤单元功能基本失效，并在过滤器内产生二次污染。

（2）滤料失效：打开一级和二级过滤器发现，一级过滤器滤料板结，并与污泥相互粘连，无法分离而失效。受一级过滤影响，二级过滤器纤维束顶层覆盖结块胶状物，导致纤维束被污染而失效，如图 12 和图 13 所示。

图 12 一级过滤器滤料

图 13 二级过滤器内部

2.1.5 细菌不达标

统计2017年4—8月吉联站的细菌监测数据，发现硫酸盐还原菌和铁细菌达标率不稳定（表1），说明站内使用的杀菌剂杀菌效果不稳定。

表1 2018年4—8月吉联站细菌检测数据 单位：个/mL

	监测节点	指标	实测值				
			4月	5月	6月	7月	8月
硫酸盐还原菌	过滤器出口	25	6000	250	2500	250	13
	注水泵进口	25	600	2.5	600	600	60
	注水井井口	25	600	600	25000	2500	250
	监测节点	指标	实测值				
			4月	5月	6月	7月	8月
铁细菌	过滤器出口	1000	700	110000	2500	250	60
	注水泵进口	1000	25000	60000	70000	6	2500
	注水井井口	1000	2500	110000	110000	60000	2500

2.1.6 技术路线

围绕影响吉联站污水处理各单元的问题，确定以优化药剂、过滤器提效、稳定回收水水质为技术路线，开展吉联站出站水质控制关键技术研究，实现该站污水出站水质达标和平稳运行。

2.2 药剂优化调整技术

2.2.1 净水药剂优化

为了增强聚氯吸附、凝聚、沉淀等性能，选择对聚铝进行复配，目前国内在油田污水处理方面常用的净水药剂主要有铝盐类、铁盐类和锌盐类等[2]。考虑投加的经济性，室内试验中使用两种铁盐聚合硫酸铁以及氯化铁进行净水药剂的复配，并以加药前后铁离子含量、钙离子含量、腐蚀率作为污水处理效果的评价指标，判断与污水的配伍性[3]。通过室内评价，发现复配聚合硫酸铁，腐蚀性小，有助于水质的稳定，不会产生结垢（表2）。同时聚合硫酸铁净水剂是一种无机高分子凝聚剂，具有较强吸附作用，能和其他带有电荷的粒子及污水中悬浊物发生凝聚吸附，沉淀等物理化学过程，从而达到净水的目的[4]，因此选择聚合硫酸铁作为复配药剂。室内确定PAC-5（表3）浓度为200mg/L，沉降时间最短，净水效果最好，净水后的悬浮物含量从50～70mg/L下降至2mg/L。

2.2.2 杀菌药剂优化

目前污水处理使用的杀菌剂为十二烷基二甲基苄基氯化铵，其最大的缺点为在含有悬浮物和含油的水质中，杀菌效果会降低[4]。针对其弊端，在杀菌剂中复配与现用杀菌剂相溶性最好的异噻唑啉酮。两者相互融合杀菌功能进行叠加，增强了原有杀菌剂的杀菌效果，同时杀菌功能不受含油和悬浮物的影响。通过室内评价，确定复配杀菌剂的浓度为30～50mg/L，见表4。

表2　药剂处理前后配伍性对比

药剂名称	铁离子含量 /（mg/L）		腐蚀率 /（mm/a）		钙离子含量 /（mg/L）	
	加药前	加药后	加药前	加药后	加药前	加药后
聚合氯化铝	0.3	0.3	0.0037	0.0112	47.6	46.3
聚氯 + 聚合硫酸铁		0.3		0.0042		47.3
聚氯 + 氯化铁		1.2		0.0085		46.6

表3　净水药剂体系评价效果

序号	净水药剂 / mL	加药浓度 / mg/L	悬浮物 / mg/L	絮体沉降时间 / min	絮体状况描述
1	在用	300	20	10	絮体较大、松软，絮体部分悬浮
2	PAC–1	200	12	3	絮体较大、松软，有小絮，絮体不上浮
3	PAC–3	200	10	2.5	絮体较较小，松软，少量小絮，絮体不上浮
4	PAC–4	200	8	2.1	絮体较大、松软，少量小絮，絮体不上浮
5	PAC–5	150	10	1.2	絮体较大、松软，少量小絮，絮体不上浮
6		200	2	1.1	絮体较大，无小絮，絮体不上浮
7		300	0	1	絮体较大，无小絮，絮体不上浮
8	PAC–12	200	10	1.9	絮体较大、松软，有小絮，絮体不上浮

注：试验中助凝剂为现场药剂，加药量为8～10mg/L；水样为调储罐出水，水样悬浮物含量为50～70mg/L、含油3～5mg/L，水样发黑。

表4　杀菌药剂体系加量评价数据表

药剂分类	加药浓度 /（mg/L）	TGB/（个 /mL）	SRB/（个 /mL）	FB/（个 /mL）
现用杀菌剂	100	0	25	60
	150	0	0	0
	200	0	0	0
复配杀菌剂	30	0	2.5	6
	50	0	0	0
	70	0	0	0
	100	0	0	0
	150	0	0	0

2.3 过滤器提效技术

在过滤器反冲洗过程中，从滤料表面剥离出的物质在反洗水流的带动下向出口移动，这些物质能被水流带出过滤器的前提条件是其被水流冲击的速度要高于自身沉降速度。否则，在重力的作用下，这些物质会向四周扩散，并重新回落到入滤层中。因反冲洗时间有限，这些物质如无法排出过滤器，则在过滤器内部将出现一个较大的截留空间，这也是导致滤料污染板结的主要症结所在[6]。因此，解决过滤器内部截留空间形成，可极大保证滤料反洗效果。由此提出过滤器提效的两条思路：一是在满足过滤性能的基础上，选择反洗特性更好的滤料；二是开展对过滤器反洗及运行优化研究。

2.3.1 启用新型滤料——稀土陶瓷

将陶瓷滤料与其他油田常用滤料进行性能参数的对比（表5）。可看出稀土陶瓷滤料虽然价格较高，但在截污能力、滤速和运行维护费用等多项性能指标方面优于其他常用滤料，能更好地满足油田污水处理的特殊需要。因此将一级过滤器使用的核桃壳＋石英砂滤料更换为稀土陶瓷滤料。

表5 不同滤料适应性对比

参数	稀土陶瓷	核桃壳	石英砂	无烟煤
截污量 / kg/m³	9～13	9～11	7.8～9	7.8～9
滤速 /（m/h）	15～20	10～15	8～12	10～13
反清洗强度 / L/（m²·s）	8～12	20～25	14～16	14～16
使用寿命 /a	10～15	1～5	1～5	1～5
运行维护	形状规则，表面光滑，不易结垢和结块，抗油性能好。补充量为每年1%～3%	原则上进口不含油或微量含油，长期使用易结垢和结块，补充量为每年5%～10%	对进口含油抗击能力较差，进油后易结垢和结块，需更换。补充量为每年3%～10%	对进口含油有一定的抗击能力，但较容易磨损，需定期填充，补充量为每年5%～10%
价格 /（元 /t）	4000	2500	1500	1500
运行维护费用 / 元 /m³	0.018	0.067（核桃壳＋石英砂）		0.035（无烟煤＋石英砂）

2.3.2　过滤器反洗及运行优化

（1）反洗优化。

根据对过滤器不同反洗时间取样发现，在 10min 反洗过程中，反洗水在 6min 后絮体明显减少（图 14）。说明过滤器反洗时间过长，反洗时间存在优化空间，见表 6。

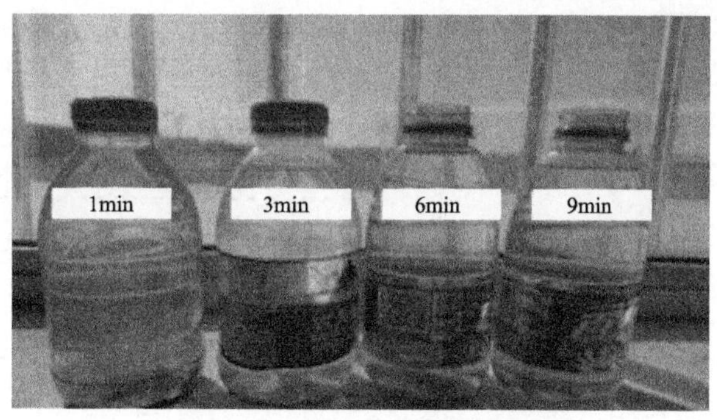

图 14　过滤器反洗时间取样图片

表 6　过滤器反洗程序优化数据表

反洗程序		优化前	优化后
时间 /min	排水	7	7
	气洗	3	3
	水洗	10	7
反洗流量 /（m^3/h）		300	300
反洗水量 /（m^3/d）		50×4=200	35×2=70

（2）运行优化。

根据稀土陶瓷滤料滤速高、工作周期长的特点，可减少过滤器运行数量（表 7），以降低反洗水量。

表 7　过滤器运行优化数据表

参数	优化前	优化后
工作周期 /h	12	12
过滤速度 /（m/h）	2.9～4.4	8.5～10.7
过滤流量 /（m^3/h）	20～35	60～75
运行数量 / 台	2	1

2.4　回收水水质稳定技术

2.4.1　技术思路

该站的污水回收流程如图 15 所示，主要包括 3 个环节：（1）污水回收池进液，由调储罐及反应罐排污进入污泥浓缩橇静置沉降后的上清液和过滤器反洗水两部分组成；（2）污水回收池；（3）污水回收池出液。根据污水回收的流程特点，确定回收水水质稳定技术的技术思路为控制回收池进液量、提高回收池沉降效果、降低回收池出液冲击。

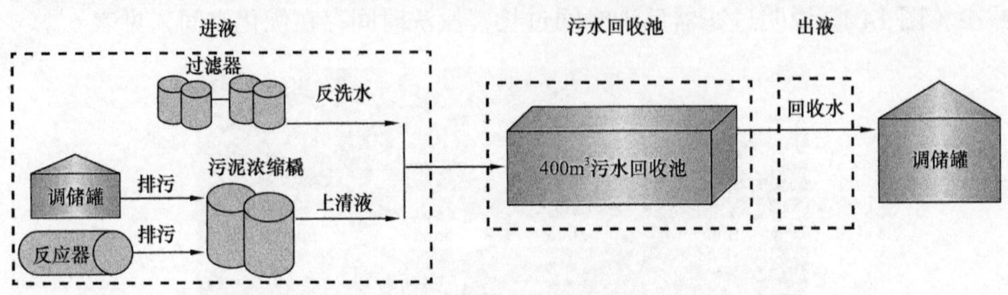

图 15　污水回收流程图

2.4.2　控制回收池进液量

技术思路：控制无效排污。通过对污水系统排污制度进行优化调整，降低回收池进液量（表 8 和表 9），通过调整预计可降低 50% 的排污量，以此延长污水在回收池内的停留时间。

表 8　污水系统排污制度优化调整

设备名称	排污方式	
	调整前	调整后
调储罐排污	每周 60min	每周 30min
反应器排污	每日 96min	每日 36min
过滤器反洗	每日 4 台次	每日 2 台次
浓缩撬出水	无控制，溢流管线出水	下出水管线间歇式排水

表 9　反应器排污制度优化调整

排污口	调整前	调整后
1 号排污口	每日 4 次，每次 2min	每日 2 次，每次 1min
2 号排污口	每日 4 次，每次 2min	每日 2 次，每次 1min
3 号排污口	每日 4 次，每次 2min	每日 2 次，每次 1min
4 号排污口	每日 4 次，每次 8min	每日 3 次，每次 5min
5 号排污口	每日 4 次，每次 10min	每日 3 次，每次 5min
合计	每日 96min	每日 36min

2.4.3　提高回收池沉降效果

（1）增大沉降空间：封堵两个回收池之间原连通通道，1 号池出水高度由 1.3m 提高至 2.5m，增加沉降空间 120m³，可延长沉降时间 18h（图 16）。

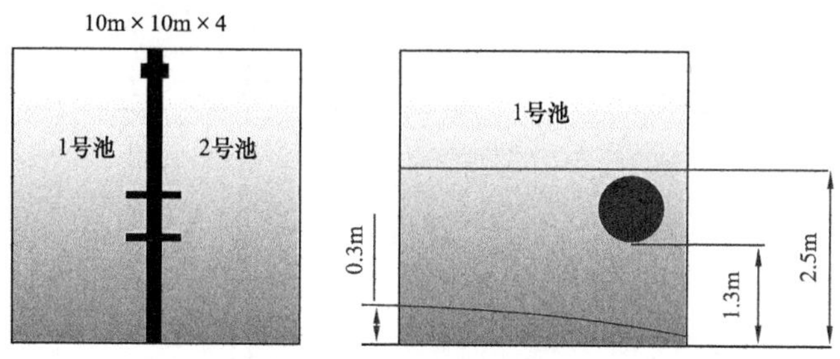

图 16　污水回收池示意图

（2）改变收泥方式：将回收池底部自西向东放坡 3°～4°，新建回收池至污泥浓缩撬进口管线，改每年 1 次清池收泥为不定期收泥（图 17）。

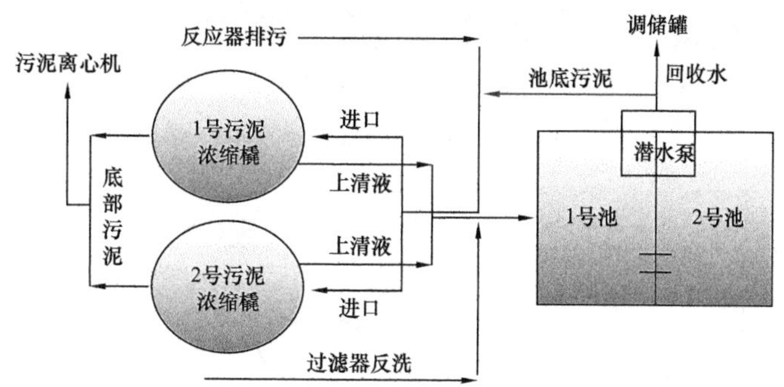

图 17　污水回收池改造流程示意图

（3）降低回收池出液冲击。

技术思路：平稳供液。调整污水回收泵运行模式，改大排量间歇式运行为小排量连续运行（表 10），确保调储罐均匀进料，稳定进出口水质，同时也消除调储罐进液瓶颈故障。

表 10　污水回收泵运行优化调整

	调整前	调整后
回收泵运行模式	大排量间歇式运行	小排量连续运行
回收泵流量 /（m³/h）	60	5～8
运行时间 /（h/d）	6	≤20
原油处理系统来水量 /（m³/h）	60～75	60～75
调储罐实际进口流量 /（m³/h）	60～130	65～83
调储罐设计进口流量 /（m³/h）	75～85	75～85

2.5 现场应用效果

（1）回收水水质情况：污水回收池回收水悬浮物含量从300～500mg/L下降至100mg/L左右（图18），调储罐进出口水质平稳。污水回收量由300m³/d下降至130m³/d左右（图19）。

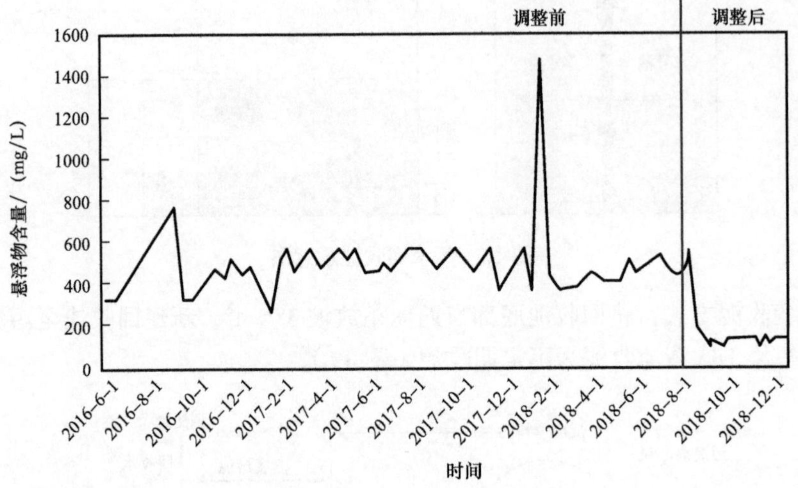

图18　污水回收水悬浮物图

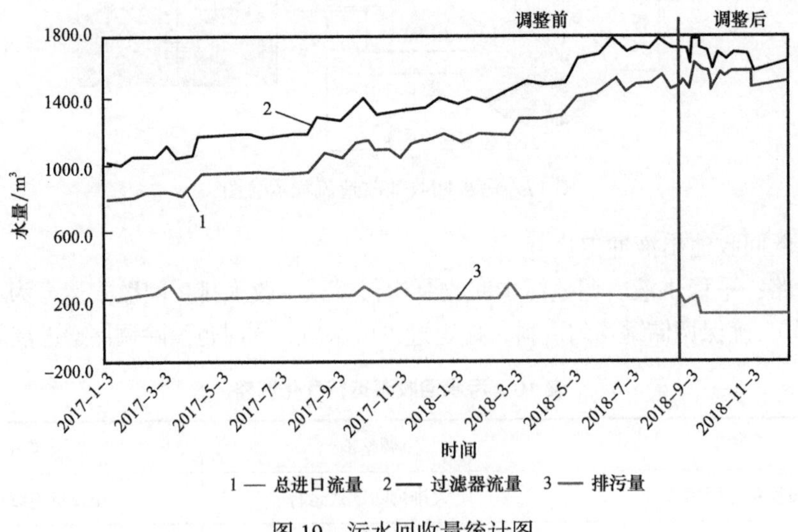

图19　污水回收量统计图

（2）吉联站污水处理站一级过滤器出口前，各节点悬浮物含量达标率为100%（图20），综合水质达标率持续上升，并稳定在95%以上（图21）。

（3）配伍性：加药前后失钙率、总铁、腐蚀率无明显变化，说明新的药剂体系与处理水配伍性良好，见表11。

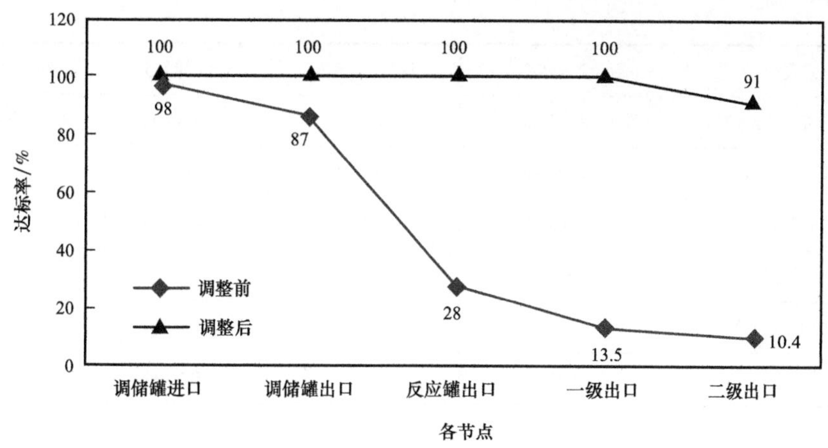

图 20 吉联站污水处理各节点悬浮物达标率

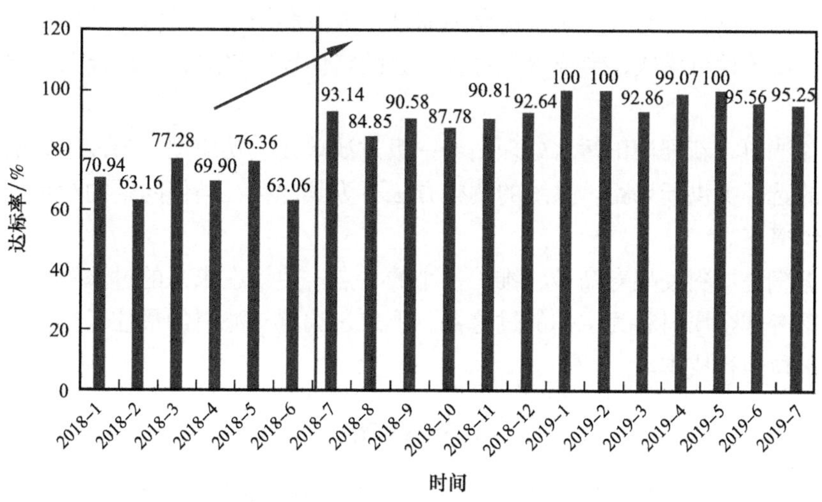

图 21 吉联站污水处理综合水质达标率

表 11 污水处理系统各节点污水全分析数据（2018 年 9 月 1 日）

参数	来水	反应器出水	过滤器出水	注水
pH 值	7.52	7.54	7.29	7.26
氯离子含量 /（mg/L）	4024.70	4054.2	4133.91	4097.83
碳酸根离子含量 /（mg/L）	7.1	7.1	7	7.2
碳酸氢根离子含量 /（mg/L）	886.64	889.72	1059.48	1032.31
硫酸根离子含量 /（mg/L）	27.89	25.89	21.90	20.22
钙离子含量 /（mg/L）	48.30	45.70	42.29	35.74
镁离子含量 /（mg/L）	0.26	0.26	0.33	0.29

续表

参数	来水	反应器出水	过滤器出水	注水
钠离子含量 /（mg/L）	2427.05	2412.62	2485.31	2451.04
矿化度 /（mg/L）	7122.98	7160.3	7031.68	6928.67
水型	$NaHCO_3$	$NaHCO_3$	$NaHCO_3$	$NaHCO_3$
失钙率 /%	6.46	6.26	6.37	6.25
总铁 /（mg/L）	0.1	0.1	0.1	0.1
腐蚀速率 /（mm/a）	0.0124	0.0102	0.0094	0.0118

3 结论

（1）本次研究以经济有效、调整优化为原则。充分利用已建设施，强化精细操作和过程控制，改变传统运行模式，形成对系统各节点的整体控制格局，实现吉联站出站水质稳步提升。

（2）陶瓷滤料在新疆油田污水处理站场一级过滤单元成功应用，为该单元的高效稳定运行和滤料的选择提供新思路。系统的调整方法可为其他存在类似问题的污水处理站场运行和管理提供借鉴。

（3）根据陶瓷滤料使用寿命长、维护量小的特点。建议在未来的过滤器选型中，考虑选用以玻璃钢等非金属材料为主体的过滤器，形成过滤器与滤料的最佳运行模式，可有效降低设备的单位运行成本。

参考文献

[1] 卢榆林，侯卫红，戴莉．絮凝沉降技术在污水水质处理中的研究实践［J］. 江汉石油科技 2008,3(1): 38–40.

[2] 谢加才，高廷耀，周增炎，等．稠油污水处理中高效净水剂的研究与应用［J］. 工业水处理，2001（11）：17–19.

[3] 刘丽君．含油污水处理剂评价方法研究［D］. 青岛：中国石油大学（华东），2009.

[4] 代庆生．工业污水净水剂《聚合铁》的研制［J］. 鞍山师范学院学报，1988（4）：107–109.

[5] 丁毅．污水处理系统中防腐杀菌剂的归趋研究及模型模拟［D］. 哈尔滨：哈尔滨工业大学，2018.

[6] 崔昌峰．胜利采油厂污水过滤器应用效果［J］. 油气田地面工程，2013，32（4）：58–59.

[7] 陈义春．陶瓷滤料表面改性及其预处理微污染水的试验研究［D］. 武汉：武汉理工大学，2007.

节点控制法在油田水质治理中的应用

宁亚军

（中国石油大港油田公司第三采油厂）

摘 要 多年来我们的工作重心放在油田采出水处理的一级治理方面，注重处理技术研究及处理装置的运行管理，忽略了采出水处理系统的全过程控制。通过对各级水质的跟踪检测及数据分析，发现水处理装置前端存在二次污染，造成处理装置处理负荷过大；而处理合格的水在输送过程中，不同程度存在的二次污染，导致输送至下游的注水井井口的水质超标。针对油田采出水处理系统运行现状及存在问题，提出水质治理“节点控制”的管理方法，从系统来水至注水井筒的整个输送过程，进行分级管理、节点控制，设定每个节点的水质指标，通过定期跟踪分析并采取有效治理措施，力争使每一个节点水质分别达标，最终实现注水地层的水质达标；近年来，通过应用节点控制法对采出水处理系统开展全过程管理，大港油田第三采油厂采出水处理站至井口的水质污染率由16.5%下降至5.9%，井口水质达标率逐步攀升，截至2020年，井口水质达标率为90.2%。

关键词 水质治理；节点控制；三级水质；一体化

1 水质治理现状及存在问题

1.1 生产概况

大港油田第三采油厂管辖枣园油田、王官屯油田、小集油田、段六拨油田、乌马营油田、舍女寺油田和叶三拨油田共7个油田，油藏具有构造复杂、储层非均质性强、原油物性差的特点。目前，采油井总井数1790口，开井1419口；注水井总井数1045口，开井561口，日注水量$3.81\times10^4m^3$。

1.2 处理工艺

大港油田第三采油厂目前共有9座采出水处理站，处理能力$5.35\times10^4m^3/d$，处理量$3.73\times10^4m^3/d$左右，以多功能一体化污水处理技术为主，处理效果基本能够满足油田注水开发的需求。采出水处理站分布图如图1所示，工艺现状见表1。

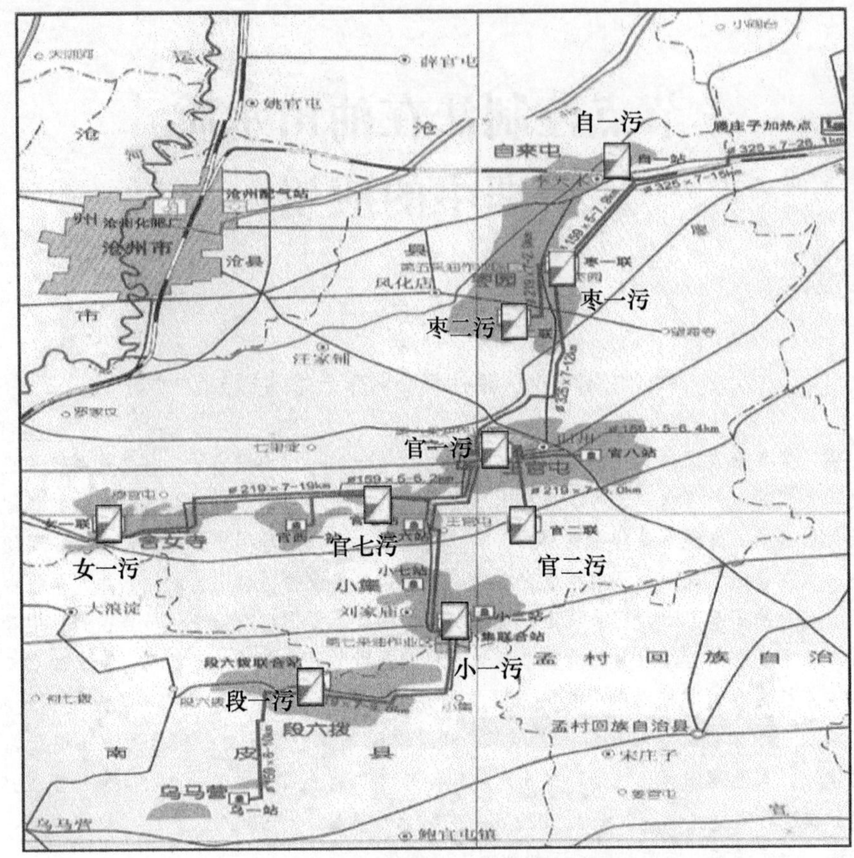

图 1　大港油田采出水处理站分布图

表 1　大港油田第三采油厂采出水处理工艺现状

序号	采出水处理站名称	处理能力 / m^3/d	采出水处理量 / m^3/d	采出水处理主体工艺	投产时间
1	自一污	1500	1700	污水沉降罐 + 多功能一体化污水处理装置	2013–6
2	枣一污	6000	4300	隔油罐 + 多功能一体化污水处理装置	2015–11
3	枣二污	6000	5300	污水沉降罐 + 多功能一体化污水处理装置	2013–6
4	官一污	9000	5400	污水沉降罐 + 两级核桃壳过滤	2007–12
5	官二污	6000	4700	污水沉降罐 + 两级核桃壳过滤	2009–2
6	官七污	10000	6200	隔油罐 + 缓冲罐 + 多功能一体化污水处理装置	2016–2
7	女一污	3000	1400	污水沉降罐 + 多功能一体化污水处理装置	2011–8
8	小一污	9000	7800	污水沉降罐 + 多功能一体化污水处理装置	2011–1
9	段一污	3000	520	隔油罐 + 多功能一体化污水处理装置	2015–9
合计		53500	37320		

1.3　水质达标率

大港油田第三采油厂采出水处理站水质达标率较高，但井口水质达标率较低，主要是因为回注污水由采出水处理站到注入地层，途径供水管道、注水储罐、注水管道、注水井筒等多个环节，部分油田供、注管道距离长、节点多，采出水处理站一级水质合格后，由于中间环节二次的污染，致使注入地层的水质不达标[1-2]。

近几年，通过推广应用多功能一体化采出水处理技术，坚持水质分级管理、节点控制的治理模式，强化过程管理，自 2011 年至今，井口水质达标率逐步攀升，采出水处理站至井口的水质污染率由 16.5% 下降 5.7%。采出水处理站综合水质达标率如图 2 所示，井口综合水质达标率如图 3 所示。

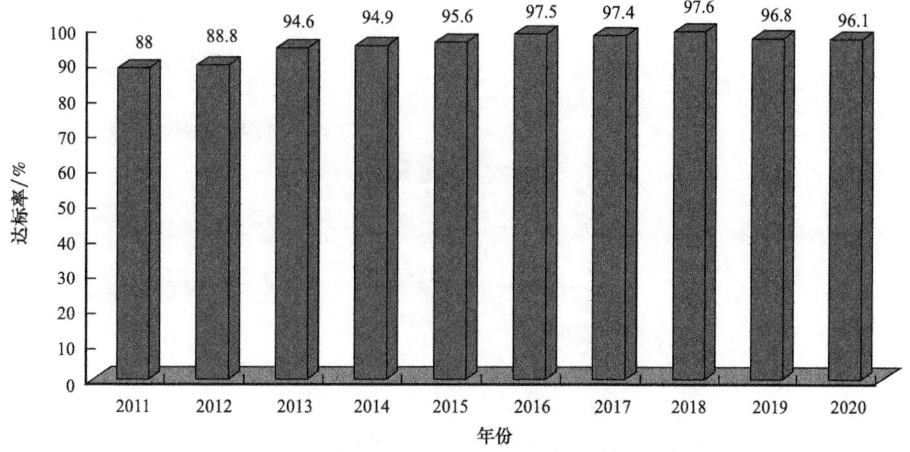

图 2　大港油田第三采油厂采出水处理站综合水质达标率

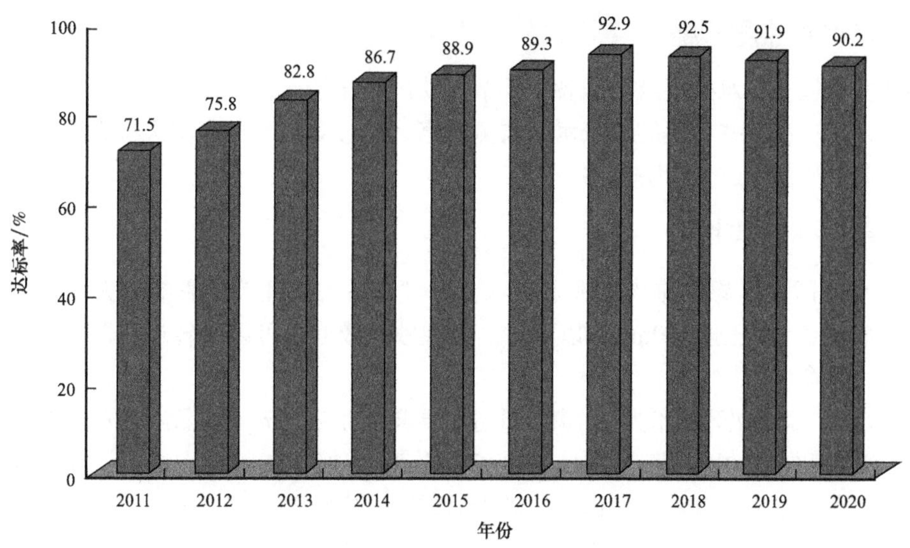

图 3　大港油田第三采油厂井口综合水质达标率

2 “分级治理、节点控制”法的应用

为了确保注水井回注污水稳定达标，建立了从采出水处理站到井筒全过程的水质管理体系，从过滤器前、采出水过滤器、注水泵站、注水井、注水井筒，分为三级5个节点，实施分级管理、节点水质控制。通过强化滤前水质控制、严格采出水处理站管理，确保一级污水处理站水质达标；通过对输送环节的治理，包括供水管道和注水管道除垢，注水储罐污染治理，确保注水泵站水质达标；通过注水管道开展清污除垢工作，确保井口水质达标；通过开展注水井洗井工作，确保井筒水质合格。通过对每个环节都设立专业人员负责、层层把关的制度，无论那一个环节出现问题，都能及时有效地得到处理和解决，从而有效保证注入地层的水质达标，保证油田整体的注水开发效果[3-4]。分级治理与节点控制框架图如图4所示。

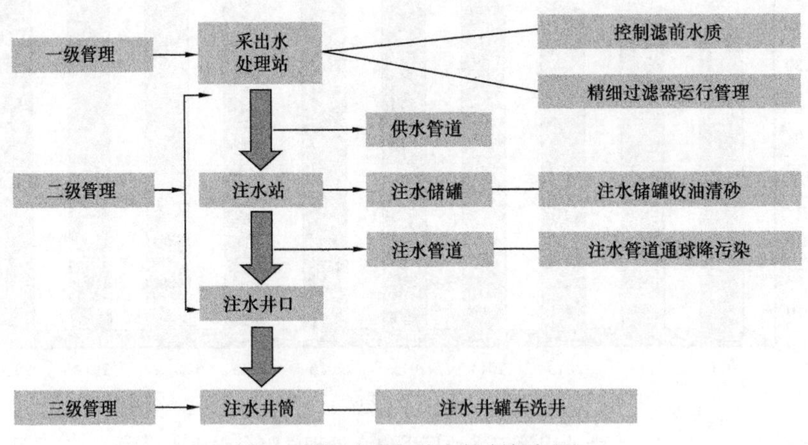

图4 分级治理与节点控制框架图

2.1 建立水质监测网络

为切实掌握采出水处理及输送各个环节水质的变化情况，首先建立“滤前来水、过滤器、注水泵站、注水井口”的逐级水质监测网络，通过对各节点水质进行定期监测，可以为我们开展水质治理工作指明方向。

2.2 滤前来水节点控制

滤前水质即是过滤器前待处理采出水，对过滤器的处理效果影响较大，滤前水质含油、悬浮固体含量控制在60mg/L以下时，处理效果较好，可以减轻过滤器处理负担，并延长其使用寿命。

以多功能一体化处理技术为例，其设计进水要求含油≤100mg/L，悬浮固体含量≤100mg/L（其中低渗油藏要求含油、悬浮固体含量≤80mg/L），但是在实际生产中，发现滤前水质在指标要求范围之内，含油量偏高时，处理后的不一定能够稳定达标：

（1）当含油＞100mg/L时，采出水处理基本不能达标；

（2）当含油为60～100mg/L时，悬浮固体处理受影响较大，处理效果不稳定；

（3）当含油<60mg/L 时，含油和悬浮固体去除率良好，能保证水质稳定达标。

通过跟踪分析，影响滤前水质的环节主要包括：油水分离预处理环节、物理沉降环节、污水回收环节，如图 5 所示。

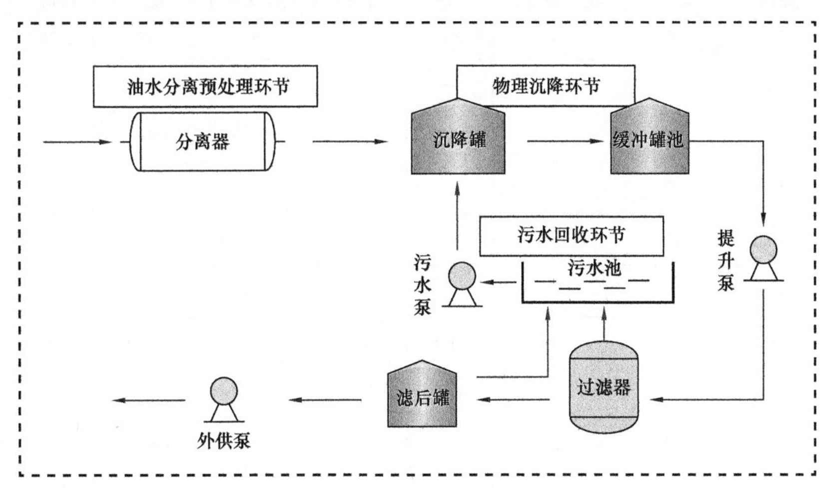

图 5　采出水处理示意图

主要从以下 4 个方面采取措施控制滤前水质：

（1）优化调整沉降工艺。

措施一：调整沉降工艺，增加沉降级数。

采油厂部分采出水处理站滤前工艺为：原油沉降罐→过滤器；无单独的采出水沉降罐，滤前采出水含油量和悬浮固体含量过高，造成过滤器运行负担较大。

为改善该问题，在不影响原油外输含水指标的前提下，调整沉降罐的运行模式，改为：原油沉降罐→采出水沉降罐→过滤器；通过增加沉降级数和沉降时间，有效改善滤前水质。

先后对自一污、枣二污、女一污等 5 座采出水处理站沉降工艺进行调整，两具沉降罐串接使用，其中自一污滤前含油量从 42.4mg/L 下降至 35.44mg/L，滤前悬浮固体含量从 23.2mg/L 下降至 15.2mg/L；女一污滤前含油量从 75.4mg/L 下降至 13.3mg/L，滤前悬浮固体含量从 44mg/L 下降至 8.7mg/L，有效改善了滤前水质。

措施二：调控沉降罐液位，增加沉降时间。

根据每座采出水处理站系统运行状态及处理工艺的差异性，结合集输作业区及第一采油作业区制订了滤前罐具类最低运行液位标准及滤前水质指标，保证了滤前水质的稳定运行。

各采出水处理站滤前罐具液位控制表，各采出水处理站滤前水质指标表见表 2 和表 3。

（2）开展破乳剂配伍性实验，提高油水分离效果。

生产过程中地层采出水成分不是一成不变的，同时一些油井的措施作业，也会导致地层产液发生改变，原有的破乳剂不再适用，需要根据来液油水分离效果，及时调整破乳剂配方。

表 2　各采出水处理站滤前罐具液位控制表

采出水处理站	沉降罐			隔油罐			缓冲罐		
	规格 / m^3	罐高 / m	液位高度 / m	规格 / m^3	罐高 / m	液位高度 / m	规格 / m^3	罐高 / m	液位高度 / m
自一污	2000	12	7	—	—	—	—	—	—
枣一污	3000	12	—	2000	12	7.5	500 × 2	9	5
枣二污	3000	12	7	—	—	—			
官一污	5000	16	9	—	—	—			
官二污	2000	12	6	—	—	—	—	—	—
官七污	3000	13	—	700	10	8	200	9	—
女一污	2000	11	5						
小一污	3000	12	8				100 × 2	2.8	2.3
段一污	3000	12	6	700	10.5	6			

表 3　各采出水处理站滤前水质指标表

序号	采出水处理站	含油量 /（mg/L）	悬浮固体含量 /（mg/L）
1	自一污	≤40	≤30
2	枣一污	≤50	≤30
3	枣二污	≤100	≤50
4	官一污	≤40	≤30
5	官二污	≤70	≤30
6	官七污	≤50	≤30
7	女一污	≤30	≤30
8	小一污	≤50	≤30
9	段一污	≤30	≤20

2016 年枣二污滤前水质含油和机杂含量出现大幅上升，影响了采出水处理效果。通过现场试验结果表明：枣二污滤前水质变化的主要原因是由于破乳剂油水分离效果差造成的。结合现供货商对破乳剂的成分进行重新调配，调整后提高了药剂的配伍性，提升滤前油水分离效果，同时改善了枣二污滤前水质，其中滤前含油从 126.9mg/L 下降至 41.5mg/L，滤前悬浮固体含量从 100.6mg/L 下降至 42.7mg/L。

（3）适时清污，降低污水池循环污染。

采油厂部分联合站污水池，常年未进行清理，积砂严重，池内污水经泵提升回沉降罐，导致悬浮固体颗粒在系统中循环处理，采出水处理站滤前水质逐渐变差，含油和机杂超标，过滤器处理负担日益加重，及时推动污水池清污工作，能有效改善滤前水质。

采油厂依托油泥砂处理厂，大力开展污水池清污工作，小一污采出水处理流程示意图如图 6 所示，2014 年，先后对小一污 2 具 100m^3 缓冲水池、1 具 200m^3 污水池进行清污，共计清理泥砂约 240m^3，清污后，小一污滤前含油从 58.9mg/L 下降至 16.7mg/L，滤前悬浮固体含量从 61.5mg/L 下降至 30.5mg/L。迄今共完成 20 座污水池清污工作，累计清理油泥砂 2080m^3，有效降低了悬浮固体的循环污染。

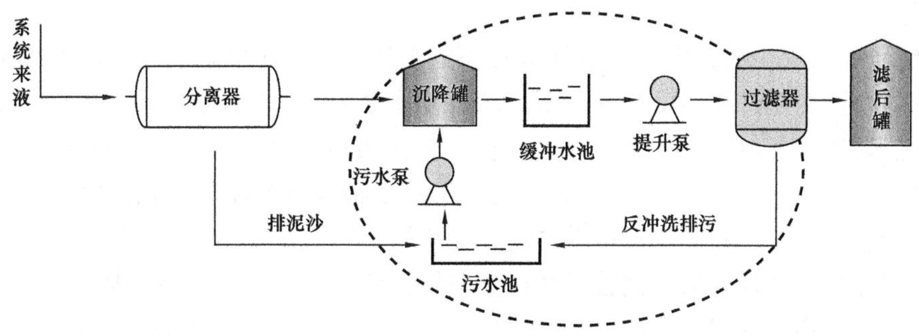

图 6　小一污采出水处理流程示意图

（4）量化滤前水质指标，严控滤前水质。

为更好地提高过滤器的工艺适应性，保障过滤系统处理效果，通过综合分析各采出水处理站来水以及工艺特点，量化滤前水质控制指标，完善滤前水质管理要求，进一步加强滤前水质监测与管理。滤前水质控制指标见表 4。

表 4　滤前水质控制指标

序号	采出水处理站	含油量 / mg/L	悬浮固体含量 / mg/L
1	自一污	30	30
2	枣一污	30	30
3	枣二污	60	50
4	官一污	40	30
5	官二污	50	30
6	官七污	30	30
7	女一污	40	30
8	小一污	30	30
9	段一污	30	20

2.3 采出水过滤器节点控制

（1）严格落实水质治理“五项管理制度”。

包括水质监测化验制度、过滤器反冲洗制度、滤料清洗补充制度、收油排污制度、周度例会制度、电极棒清洗制度。

① 水质监测化验制度。采出水处理站每天进行三次水质化验；作业区工艺站每周统计本单位水质化验周报，并根据化验结果及时分析水质异常的原因，制订整改措施；工艺研究所每月对 9 座采出水处理站水质进行 1 次取样化验，并将结果形成水质公报，向各单位进行通报，对水质超标的情况进行分析，提出改进措施；其中 2020 年完成水质监测 2136 样次。

② 反冲洗制度。相关作业区根据所属采出水站滤料使用年限、采出水处理量、进口水质情况，负责制订过滤器反冲洗制度，采出水处理站严格执行既定的反冲洗制度，及时跟踪反冲洗效果，出现异常及时处理并上报；其中 2020 年共调整反冲洗制度 9 次。

③ 滤料清洗补充制度。污水处理站负责每季度检查过滤器核桃壳滤料损失及污染情况，定期清洗、补充，如发现滤料漏失或污染严重，及时上报。

为确保滤料的处理效果，完善了滤料精细化管理制度：一是滤料周期检查制度，要求日常反冲洗过程中，每周至少检查 1 次滤料污染情况；每季度必须开罐检查，了解滤料污染及缺失情况；二是滤料化学清洗及补充制度，要求各采出水处理站每季度使用清洗剂对滤料进行清洗，确保滤料再生效果，并根据检查情况，及时补充、更换滤料。

其中 2020 年共组织滤料化学清洗 78 罐次，补充更换滤料 67t，有效延长了滤料的使用周期，保证了过滤器处理效果。

④ 收油、排污制度。工艺研究所负责确定隔油罐、缓冲水罐、滤后水罐收油、排污周期，效果分析，并及时调整，采出水处理站负责严格执行既定的收油、排污制度。2020 年共组织收油排污 300 罐次。

⑤ 电极棒清洗制度。应用多功能一体化污水处理工艺的污水站，负责每年清洗一次过滤器电极棒，确保电极棒杀菌功能正常。2020 年共实施电极棒清洗 22 罐次。

为进一步提高水质管理工作水平，完善沟通机制，第三采油厂建立了水质工作微信群：一是要求各采出水处理站（应用多功能一体化处理装置）每周至少取滤料检查一次，并拍照发送至水质工作微信群，描述滤料污染；二是要求各采出水处理站每季度对过滤器进行开罐检查，拍照发送至水质工作微信群，描述滤料污染、缺失情况。

（2）加强采出水过滤器维护与改进，提高水处理工艺适应性。

多功能一体化处理技术具有流程简单（单级过滤）、罐外搓洗、电极化杀菌功能、自控化程度高，极大地简化了原有处理工艺。自 2007 年官一污应用多功能一体化处理技术改造投产以来，先后在采油厂推广应用，使用过程中也发现一些问题，过滤器使用 3～5 年后，上筛板存在破损、漏失滤料的现象，通过分析、判断是由于反冲洗筛板过水面积小、应力变化，导致固定螺栓垫片处筛板疲劳断裂。采油厂与过滤器厂家结合，应用 2 种方法进行维修改进：一是对在用的过滤器上筛板漏失点采用全部加强处理，增加整体受力面积；二是试验应用新型的筛板工艺，固定方式由“点固定”改为“线固定”，目前此工艺应用情况较好。

2016—2020 年，完成自一污、枣二污、官一污、小一污和女一污共 14 具过滤器上筛板大修，确保了 5 座采出水处理站系统平稳运行。

2.4 注水泵站节点控制

注水泵站水质即为采出水处理站处理合格后污水外供至下游注水泵站输送环节的水质，要求加强对供水管道、注水储罐的水质治理。

采油厂要求注水站每天进行一次水质化验，计算当天水质达标率，水质出现异常情况时要求及时上报。作业区每半年对注水储罐积砂、存油情况进行调查，对积砂超过 20cm、存油超过 10cm 的注水储罐上报工艺研究所；工艺研究所制订《注水储罐清砂、收油计划表》，督促作业区对注水储罐清砂、收油工作。作业区每年一季度对需除垢的供水系统管道结垢及压损情况进行调查落实，并上报除垢计划；工艺研究所根据各作业区上报的除垢计划确定工作量，并组织推动除垢工作。

2.4.1 简化供水工艺

依托简化优化工程，简化供水工艺，取消注水储罐，迄今共有自六注、官一注和小一注等 9 座泵站采用“泵对泵”工艺，停用注水储罐 12 具，消除了注水储罐的二次污染。

2.4.2 储罐清砂收油

针对目前在用的注水储罐，第三采油厂每年初开展储罐积砂、存油情况调查，对积砂超过 20cm、存油超过 10cm 的注水储罐，每年 6—9 月有序展清砂、收油工作，有效降低注水储罐的二次污染。第三采油厂储罐清砂收油完成情况见表 5。

表 5 第三采油厂储罐清砂收油完成情况（2011—2020 年）

时间	罐具 / 座	收油量 /m^3	清砂量 /m^3
2011 年	7	220	30
2012 年	9	355	20
2013 年	15	330	20
2014 年	8	80	60
2015 年	14	91	145
2016 年	14	212	
2017 年	13	124	
2018 年	9	221	136
2019 年	10	317	
2020 年	14	415	200
合计	113	2365	611

2.4.3 供水管道通球除垢

随着供水管道使用年限增长，管道内沉积物日益增多，产生管道结垢及垢下腐蚀现象，造成水质二次污染。

为降低供水管道的二次污染，在条件适宜的供水管道，采用管通通球的方式治理管道二次污染，其中2018年试验应用气脉冲除垢技术，完成自一联至自六注、官69注至官74注供水管道除垢。两条供水管道清管前后水质跟踪表见表6。

表6 两条供水管道清管前后水质跟踪表

单位：mg/L

序号	管道名称	通球前水质数据		通球后水质数据	
		首端机杂	末端机杂	首端机杂	末端机杂
1	自一联至自六注供水管道	15	40	18	17
2	官69注至官74注供水管道	12	42	9	6
平均		13.5	41	13.5	11.5

2.5 注水井节点控制

井口水质即为从注水泵站至注水井单井输送环节的水质，要求加强注水干线和注水单井管道的水质治理。

采油管理站每月对安装井口取样器的注水单井进行取样送检，工艺研究所负责水质化验及公布，跟踪井口水质情况并分析变化原因。作业区每年一季度对需除垢的注水系统管道、注水单井结垢及压损情况进行调查落实，并上报除垢计划；工艺研究所根据各作业区上报的除垢计划确定工作量，并组织推动除垢工作。

随着注水管道使用年限增长，管道内沉积物日益增多，产生管道结垢及垢下腐蚀现象，造成水质二次污染。为降低注水管道的二次污染，第三采油厂采用“射流除垢 + 周期通球 + 管道扫线”的方式，坚持“预防为主、防治结合”的原则治理管道二次污染。

2.5.1 射流除垢

在清管仪器上安装内振系统和射流喷嘴，在水力的推动下旋转行进，利用压力喷射原理进行除垢。特点：（1）安全可靠，施工过程中不产生任何有毒气体；（2）操作简便，一旦清洗仪器卡阻，用泵车反打水，清洗器即可顺利退出；（3）对于垢质坚硬的管道，除垢效果较好。射流除垢完成情况表和效果跟踪见表7和图7。

2.5.2 周期通球

主要是通过清管器清除管道内的污垢。特点：施工安全，但对于黏结性强的硬垢，除垢效果不好。

针对实施射流除垢后的单井注水管道，保留收、发球装置，根据该地区注水管道压损及污染情况，制订通球周期，长期有效保持管道清洁，周期通球完成情况表见表8，周期通球效果跟踪如图8所示。

表 7 注水管道射流除垢完成情况表

时间	射流除垢	
	数量 / 条	长度 /km
2011 年	28	28.35
2012 年	93	68.01
2013 年	17	10.64
2014 年	53	39.11
2015 年	30	18.48
2016 年	20	16.53
2017 年	27	22.3
2020 年	10	9.14
合计	278	212.56

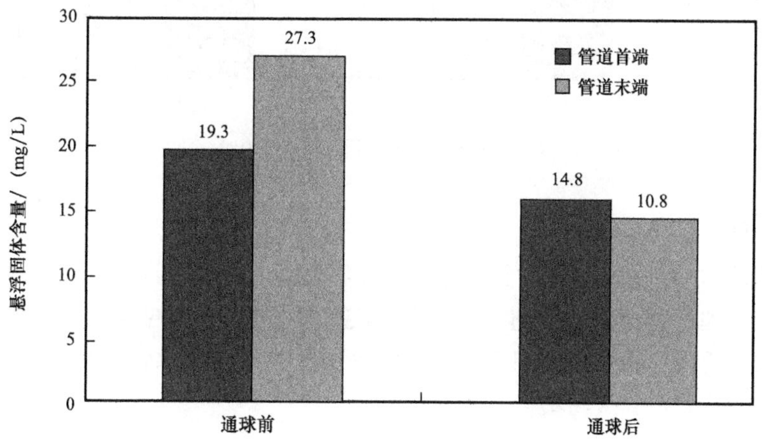

图 7 注水管道射流除垢效果跟踪

表 8 注水管道周期通球完成情况表

时间	周期通球	
	数量 / 条	长度 /km
2011 年		
2012 年	18	12.65
2013 年	62	36.85
2014 年	69	48.29

续表

时间	周期通球	
	数量 / 条	长度 /km
2015 年	52	30.17
2016 年	87	51.49
2017 年		
合计	288	179.45

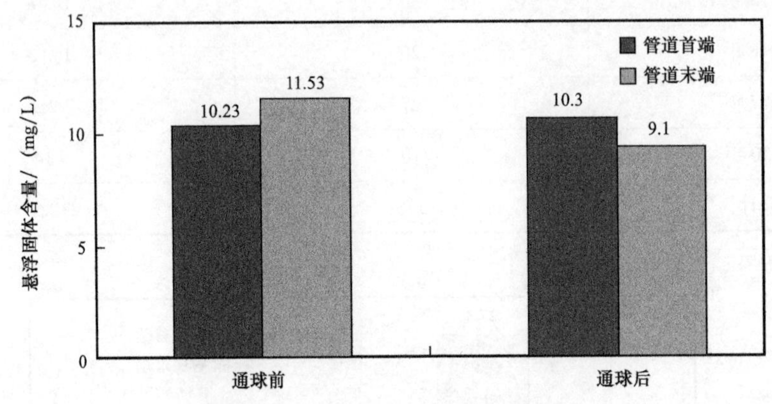

图 8　注水管道周期通球效果跟踪

2.5.3　管道扫线

利用系统注水对注水管道进行扫线，冲扫至管道出水变清澈，扫线水由洗井罐车收走。针对第三采油厂部分水井未进行管道周期通球和周期洗井的现状，于 2016 年 7 月进行管道扫线试验后，开始正式组织实施，共实施 178 条单井注水管道扫线工作，合计扫线 57.3km，有效消除管道二次污染。

2.6　注水井筒节点控制

改进洗井工艺，有效减缓井筒的二次污染。

为保障油田地层“注好水”，第三采油厂大力开展洗井工作，由于原高压洗井车使用年限长、故障频发，无法保证正常的洗井工作；2014 年，借鉴大庆油田的先进经验，改进罐车洗井工艺，将收水软管改为固定收水管道，消除了安全隐患，配套快速切换三通，实现了连续洗井。

2016 年，在保障洗井工作量的同时，完善《注水井罐车洗井管理办法》，坚持“一井一设计”的原则，优化罐车洗井排量及时间，并严格洗井监督，确保洗井效果，有效降低注水井筒的二次污染，改善了水井注入水质。洗井工作量和洗井效果如图 9 和图 10 所示。

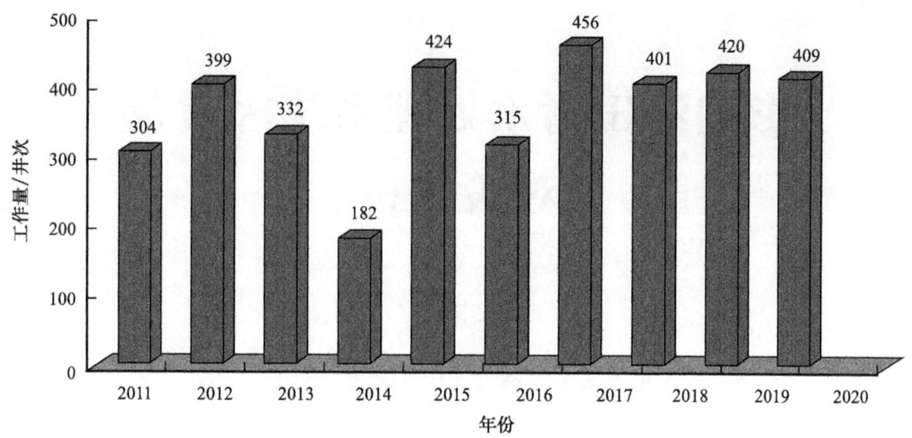

图 9　2011—2018 年洗井工作量统计

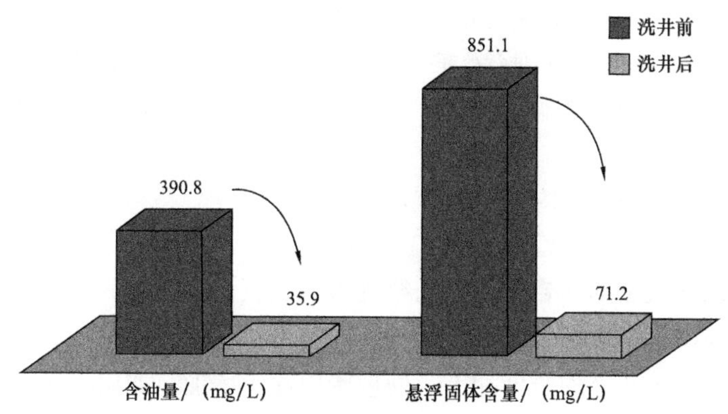

图 10　洗井效果

3　结论

（1）任何一种采出水处理技术都有一定的适应性，当水处理技术改进到一定程度时，一些现场的工艺问题是无法避免的，就要通过不断强化日常管理工作来提高生产水平。

（2）单项采出水处理技术，没有系统配套不能形成先进的生产力，通过分级管理、节能控制的管理模式，能够加强水质治理各个节点的管理与协调，有效提高管理水平，进一步提升回注水质达标率。

参考文献

[1] 陈健，郑海军 . 油田污水处理回注技术研究 [J]. 北方环境，2004，6（3）：19.

[2] 王兴，荣艳 . 石油开采含油废水处理技术的探讨 [J]. 中国环境管理 干部学院学报，2006（3）：78.

[3] 马文臣，易绍生 . 石油开发中污水的环境危害 [J]. 石油与天然气化工，1997，6（2）：125-127.

[4] 杨云霞，张晓健 . 我国主要油田污水处理技术现状及问题 [J]. 油气田地面工程，2001，20（1）：4-5.

影响油田污水处理系统因素及对策分析

王艳丰

（中国石油吉林油田公司新立采油厂）

摘　要　油田注水的目的是通过向油层注水，以保持油层压力、补充油层能量，提高最终采收率，油田污水处理系统主要是去除采出水中的油、悬浮物、各种菌类等，油田各区块采出水成分复杂、差异较大，如何有效分析各种采出液对污水处理系统的影响，采取何种手段经济有效地对各种采出水进行处理，使油田含油污水处理达到回注标准要求，以及如何利用现有技术，解决复杂液处理问题，满足油田注水要求，已成为油田发展的一个重要课题。

关键词　油田污水；复杂液体；注入水质；处理技术

随着油田进入开发后期，吉林油田已经进入中、高含水阶段，综合含水不断上升，不断加大的油田大规模集团压裂、酸化、调剖等各项增油措施，导致油田污水处理量逐年增多，成分愈加复杂，污水处理难度加大，处理费用逐年增加，如何有效对各种采出液进行分析，制订相应的处理对策，提高污水处理系统处理能力，使油田含油污水处理达到回注标准要求，满足目前油田注水要求，提高注水开发的经济效益，已成为油田发展的一个重要课题。

1　新立油田污水处理系统现状及存在主要问题

1.1　污水处理系统现状

新立联合站污水处理系统建成于 1985 年，于 2003 年和 2009 年分别进行了改造和扩建，设计规模为 9000m^3/d，实际处理能力 8200m^3/d，目前污水处理工艺流程为集输系统来水进缓冲水罐，经加压泵加压后进压力除油器，压力除油器出水利用余压直接进一级和二级过滤器，二级过滤器出水进注水罐，经注水泵升压后去站外注水系统回注，满足注水开发需要。

污水处理流程为污水来水→缓冲水罐→压力除油器→一级和二级过滤器→注水罐→注水站，如图 1 所示。

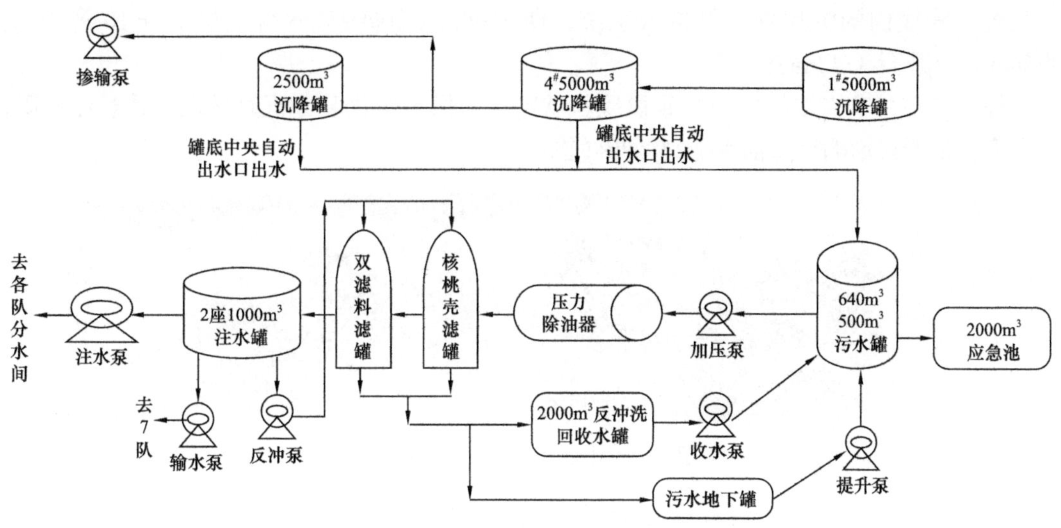

图 1　污水处理流程图

1.2　污水处理系统存在的主要问题

（1）污水系统处理能力不足，来液缓冲时间不够，处理效果差。

新立油田污水处理系统设计能力正常生产情况下可以满足生产需求，但在特殊时期，措施高峰期，水井泄压、压裂井开抽、高产液井进入系统后，来液量高达 14000m³/d，严重超出系统设计能力，污水处理系统无法发挥作用。正常生产与来液异常化验数据对比见表 1。

表 1　正常生产与来液异常化验数据对比　　单位：mg/L

项目	来水		缓冲罐出口		除油器出口		核桃壳过滤出口		双滤过滤出口		注水泵出口	
	含油	杂质	含油	杂质	含油	杂质	含油	杂质	含油	杂质	含油	杂质
正常生产	60.7	10.6	145.3	55	41.5	26.7	53.2	25.6	6.7	6.5	6.5	4.1
	69.5	30.1	65.9	40.1	46.3	35.6	38.4	21.3	6.5	6	6.2	4
	70.6	49.8	79.6	51.8	50.3	37.5	89.6	23.8	7	5.9	6	4
	62.9	40.5	67.4	42.3	45.8	39.4	87.9	20.5	6.8	5.4	6.5	4.1
来液异常	2255.9	73.2	468	59.3	222.1	47.5	170.5	30.1	64.4	14.8	55.7	12.6
	3422.9	65.1	1230.4	89.9	276.6	58.2	675.6	52.1	542.5	67.1	277.6	62.9
	2327.3	122.5	456.2	89.5	238.3	89.8	461.5	71.8	426.2	41.1	166.2	27.4
	2480.6	81.6	162.9	64.3	81.2	24.2	96.7	27.3	41.2	20	38.7	16.8

（2）外来液复杂，处理难度大。

站外油水井集中上措施，导致外来液性质复杂，调驱、压裂、高产液开井老化油进入系统，管线内的沉积物大量进入系统，使 2500m^3 沉降罐底水含油量上升 10 倍；（由 376mg/L 上升至 3742mg/L）。

外来液在各节点取样中呈现碳黑颗粒状物质，做水样化验分析时呈现絮状悬浮物质，此类聚合物严重影响沉降油水分离效果（图 2）。

图 2　污水处理系统各节点水样

（3）污水处理各节点污染严重，严重影响处理效果。

受来液性质复杂、处理能力小问题影响，来液含油量达到 8900mg/L，出口含油量为 82.2mg/L，640m^3 缓冲罐一天连续收油才保证污水系统正常运行，高峰时一天收油量近 60t，调整罐序后来液含油和杂质均降到 50mg/L 以内，三套精细过滤罐超负荷运行，罐内滤料污染严重，只能增加反冲频次，随着反冲次数增多，前端缓冲罐罐存升高，处理量小于来水量，而反冲只能缓解系统压力，水质指标仍然无法保证，水质指标逐级恶化，污水各节点均受到污染，形成恶性循环，影响处理效果。

（4）管理制度不完善，没有形成全过程管理机构。

水质管理一直未形成集现场管理、化验、过程控制及系统化全过程的管理机构，没有形成一条龙管理机制，针对出现问题去解决，没有风险预判及防控措施。

2　污水处理技术研究与应用效果

（1）优化药剂选型、用药浓度，尝试不同节点加入不同药剂，改善来水物性。

① 油系统投加最利于水处理的破乳剂，最大限度地降低污水的乳化程度。

脱水系统冷沉降加入低温破乳剂，增加一段乳化液脱水能力，延长反应时间，促进油水分离；经过恒温水浴试验，对 3 种破乳剂进行筛选，选定新型的 3# 破乳剂，从破乳效果来看，分层效果最好，用时最短。

取样位置	破乳剂	悬浮物含量/mg/L	含油量/mg/L
1.5m 取样点处	现场用破乳剂	3.4	35.9
	3#破乳剂	3.4	11.4
	空白	3.7	36.4
9m 取样点处	现场用破乳剂	5.8	54.6
	3#破乳剂	6.0	46.4
	空白	6.4	48.4

图 3　破乳剂筛选过程

② 针对压裂液返排液的处理。

向污水来液首端加入水化剂，破胶，促进油水聚合物分层，提高污油回收率；加入水化剂（图 4）后，污水中杂质明显析出，但需静置 30min 以上才会出现分层，分层界限不明显。

时间	检测样	悬浮物含量/mg/L	含油量/mg/L
3月7日	1#	15.8	129.8
	空白	12.1	116.3

图 4　2500m^3 沉降罐 1.5m 取样点水样加水化剂效果

③ 利用絮凝剂处理悬浮物体。加入絮凝剂，使污水中的细小微粒和复杂高分子聚合物聚成大块絮状物，从而方便自水中除去，配合收污油罐车，收油泵，将 640m^3 缓冲罐顶漂浮的污油拉走，从现场实际应用效果来看，此种办法是最优选择，从首端改善来液品质，减小后端压力除油、二级过滤处理压力。

（2）控制系统前端来液质量，严禁各类措施复杂液进入系统。

① 水井作业泄压及其他措施来液。配合使用注水井洗井自制可移动式绿色方箱子配合水井泄压，方箱子出口管汇连接油井或油间管汇，注水井泄压液体，通过方箱子内部三级隔板沉降处理，油及杂质逐级分离，水质满足回注要求后，利用配备的离心泵将合格水打入油系统（图 5）。

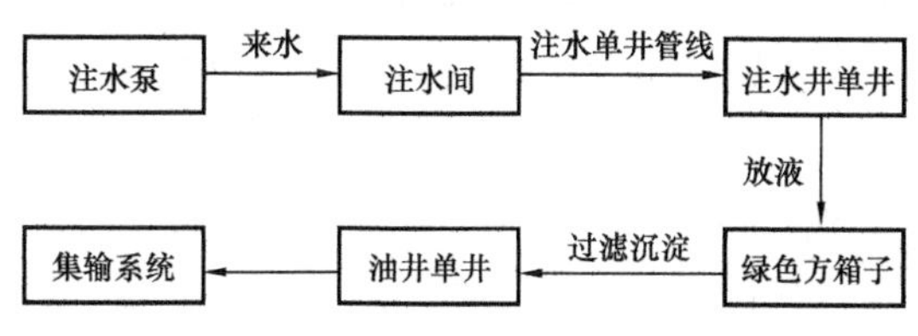

图 5　方箱子管线冲洗流程

② 压裂返排液处理。压裂返排液先卸入压裂返排液处理岗，表观黏度必须控制在 5mPa·s 以下，处理岗每日接收卸液量不允许超过处理装置的设计处理能力，处理后实现悬浮物＜50mg/L，含油＜50mg/L，黏度≤1mPa·s 方可进入污水系统，确保处理后水质达标。

③ 化学措施返排液管理。化学措施返排液必须卸入指定地点，加碱中和后 pH 值在 7～8 之间方可卸液。

④ 钻井液无害化处理液管理。钻井现场的废钻井液必须卸液至钻井液无害化处理站，不允许未经处理直接卸入联合站装卸岗或其他地点，经钻井液无害化处理后的水质要达到以下指标，方可进入污水系统：悬浮物含量＜50mg/L，含油量＜50mg/L，钙镁离子含量＜50mg/L，碱度＜100mg/L；未达到要求不得卸液。

（3）优化过滤器反冲洗运行参数，确保反冲洗效果。

对油气处理站的两级过滤器，优化反冲洗强度、反冲洗周期，在反冲洗开始阶段，过滤罐每天反冲洗次数不宜少于一次，并保证其压降不大于 0.15MPa，对于处理含油污水的压滤罐，反冲洗压力宜大于 0.2 MPa，过滤罐实际进水水质不应超过设计水质。若进水水质超过设计水质指标，加密反冲，取样，分析原因并及时采取措施，通过加强反冲洗，有效地加强颗粒之间的碰撞摩擦，使污染物和滤料充分脱附，使过滤器达到最佳的运行状态，通过优化反冲洗参数，有效保证污水处理效果，确保节点水质达标合格。

（4）形成系统的管理体系。

按照“控上游、稳中游、保下游”的系统管理思路，明确节点标准，确定各项保证污水处理工作的负责人，成立污水处理技术项目组，根据各节点水质变化进行及时系统分析，形成水质恶化预警及处理机制，提前发现问题并及时处理，改变管理上的盲目性，使管理变得更主动。

3 结论及认识

（1）通过新型的 3# 破乳剂强化原油破乳，有效实现上游油水有效分离，保证污水首端处理效果。

（2）针对新立油田来液水质、水量变化，形成了合理的加药周期，加药浓度，有效控制污水中的硫酸盐还原菌及硫化物，减少硫化物对管线及水处理设备的腐蚀。

（3）首端来液控制，是保证污水系统平稳运行，回注水质合格的重中之重。

参考文献

[1] 王玉普，王广昀. 大庆油田高含水期注采工艺技术［M］. 北京：石油工业出版社，2001.

[2] 谭文彬，等. 油田注水开发的决策部署研究［M］. 北京：石油工业出版社，2000.

[3] 刘德绪. 油田污水处理工程［M］. 北京：石油工业出版社，2001.

[4] 陈国华. 水体油污治理［M］. 北京：化学工业出版社，2002.

油田采出水处理设计规范 GB 50428 修订主要内容及其说明

陈忠喜　舒志明　何玉辉

（中国石油大庆油田工程有限公司）

摘　要　针对 GB 50428—2007《油田采出水处理设计规范》实施中发现的不足及技术的发展，对该规范进行了完善和修改，同时补充近年来新制定行业标准规范中的一些主要内容，形成了 GB 50428—2015《油田采出水处理设计规范》，该规范是油田采出水处理工程设计的国家标准，对于做好油田采出水工程设计与建设和生产具有重要作用。本文比较详细地论述了新规范修订的主要内容及依据，同时提出了规范实施过程中需要注意的问题，进而为新规范的贯彻实施提供了技术支持。

关键词　油田采出水；水处理；设计规范；修订

根据住房和城乡建设部《关于印发 2013 年工程建设标准规范制订修订计划的通知》（建标〔2013〕6 号）的文件要求，GB 50428—2007《油田采出水处理设计规范》（简称原规范）的修订编制工作，在石油工程建设专业标准化委员会设计分标委的指导下，由大庆油田工程有限公司主编，会同中国石化石油工程设计有限公司、中油辽河工程有限公司、西安长庆科技工程有限责任公司、新疆石油勘察设计研究院，于 2015 年共同完成规范修订工作并通过审查。2015 年 12 月 3 日，中华人民共和国住房和城乡建设部发布《住房城乡建设部关于发布国家标准〈油田采出水处理设计规范〉的公告》第 1000 号公告，正式批准 GB 50428—2015《油田采出水处理设计规范》为国家标准（简称新规范），自 2016 年 8 月 1 日起实施，GB 50428—2007《油田采出水处理设计规范》同时废止。

1　修订的必要性

根据自 2008 年 1 月 1 日 GB 50428—2007《油田采出水处理设计规范》实施以来的效果，针对实施中发现的不足及技术的发展对标准进行补充、完善和修改。

首先是随着国内外一些成熟的油田采出水技术新工艺、新技术的逐步应用，需要对本规范中有关内容进行补充。其次，近年来，在石油工程建设专业标准化委员会设计分标委领导下，先后制定了《油田含聚及强腐蚀性采出水处理设计规范》《油田水处理过滤器》《除油罐设计规范》《油田含油污泥处理设计规范》《油田采出水注入低渗与特低渗油藏精细处理设计规范》《油田采出水用于注汽锅炉给水处理设计规范》《油田采出水生物处理工程设计规范》等行业标准规范，而这些行业标准规范中的一些主要内容需要补充到国标

《油田采出水处理设计规范》中。

2 修订前后主要变化

原规范共分 11 章，即总则（5 条）、术语（18 条）、基本规定（15 条）、处理站总体设计（34 条）、处理构筑物及设备（46 条）、排泥水处理及泥渣处置（19 条）、药剂投配与贮存（12 条）、工艺管道（16 条）、泵房（13 条）、公用工程（26 条）、健康、安全与环境（HSE，3 条），计 207 条。

新规范共分 10 章，即总则（5 条）、术语（20 条）、基本规定（20 条）、处理站总体设计（34 条）、处理构筑物及设备（51 条）、排泥水处理及污泥处置（20 条）、药剂投配与贮存（13 条）、工艺管道（16 条）、泵房（13 条）、公用工程（31 条），计 223 条。

新规范与原规范相比的条文数变化与重点修订内容见表 1。

表 1 新规范与原规范相比的条文数变化与重点修订内容

章	原规范条目	新规范条目	条目增减情况	重点修订内容
1	5	5	—	
2	18	20	增 2 条	增加了排泥水、污泥浓缩罐（池）两条术语
3	15	20	增 5 条	对调储罐、除油罐、沉降罐顶部积油厚度设计提出要求
4	34	34	—	明确了采出水处理站的防洪设计标准
5	46	51	增 5 条	增加了特超稠油采出水除油罐及沉降罐的技术参数；修订了过滤器反冲洗参数等
6	19	20	增 1 条	增加寒冷地区重力浓缩罐室外安装规定
7	12	13	增 1 条	推荐药剂投配采用固体药剂配制成液体后投加
8	16	16	—	将“8.1.1 采出水的输送应采用管道，严禁采用明沟和带盖板的暗沟。”上升为强制性条文
9	13	13	—	
10	26	31	增 5 条	大部分内容进行了修订
11	3	0	减 3 条	取消第 11 章全部条款
合计	207	223	增 16 条	

3 新规范修订的主要内容

3.1 强制性条文

新增第 8.1.1 条：采出水的输送应采用管道，严禁采用明沟和带盖板的暗沟。由于油田采出水中含有原油及挥发性的易燃易爆气体，采用明沟和带盖板的暗沟输送容易造成环境污染和引发安全事故（近年来此类环境事件已经出现），因此将原规范的“采出水的输送应采用管道，不得采用明沟和带盖板的暗沟”改为“采出水的输送应采用管道，严禁采用明沟和带盖板的暗沟”的强制性条文。

3.2　普通性条文

（1）术语部分。增加了排泥水、污泥浓缩罐（池）、的术语，修改了污泥的定义。

① 增加术语为第 2.0.6 条排泥水和第 2.0.20 条污泥浓缩罐（池）。排泥水是指采出水处理过程中分离出的含有少量污油、少量固体物质的水。污泥浓缩罐（池）是指采用重力、气浮或机械的方法降低污泥含水率，减少污泥体积的构筑物。它们二者均参照了 GB/T 50125—2010《给水排水工程基本术语标准》中有排泥水及重力浓缩池、气浮浓缩池的术语，同时结合油田采出水处理的实际情况进行上述定义的。

② 修订术语为第 2.0.7 条污泥。污泥是指排泥水经浓缩脱水后的固体物质。原规范污泥定义是采出水处理过程中分离出的含有水的固体物质，该定义范围过宽，现强调是油田排泥水经浓缩脱水（即减量化工艺处理）后所产生的固体物质。

（2）基本规定部分。

① 水质监测取样口新增要求：新规范第 3.0.7 条　采出水处理站的原水、净化水应设计量设施，各构筑物进出口应设水质监测取样口。原规范只规定在采出水处理站的原水及净化水应设置水质监测取样口，现根据采出水处理站的管理及水质监测实际需要，强调各构筑物进出口都应设置。

② 明确了罐顶部积油厚度设计要求：新规范第 3.0.8 条　调储罐、除油罐、沉降罐顶部积油厚度不应超过 0.8m。原规范条文中没有明确要求，但是在条文说明中指出：《石油天然气工程设计防火规范》GB 50183—2015 中 6.4.1 条规定“沉降罐顶部积油厚度不应超过 0.8m”，因此，新规范中将该要求明确，并写入“基本规定”中。

③ 对阻火器、呼吸阀和液压安全阀设置提出明确要求：新规范第 3.0.9 条　污油罐、调储罐、除油罐、沉降罐应设阻火器、呼吸阀和液压安全阀，寒冷地区应采用防冻呼吸阀。原规范要求采用密闭处理流程时所有密闭的常压罐顶部透光孔应采用法兰形式，气体置换孔应加设阀门，并应与顶部密闭气源进口对称布置；罐顶应设置呼吸阀、阻火器、液压安全阀，寒冷地区应采用防冻呼吸阀，系统中应设置压力调节放空阀。但生产实践中不论是否采用密闭流程都应该执行该要求，因此，本次修订修改为通用要求并列入基本规定，同时将“所有密闭的常压罐”明确为“污油罐、调储罐、除油罐、沉降罐”。

④ 在第 3.0.16 条至第 3.0.20 条中强调了对稠油油田采出水、低渗与特低渗油田采出水、强腐蚀性油田采出水、采出水处理后外排的工程设计时，除应符合本规范（GB 50428）外，还应符合现行行业标准 SY/T 0097《油田采出水用于注汽锅炉给水处理设计规范》、SY/T 7020《油田采出水注入低渗与特低渗油藏精细处理设计规范》、SY/T 6886《油田含聚及强腐蚀性采出水处理设计规范》、SY/T 6852《油田采出水生物处理工程设计规程》的规定。

（3）处理站总体设计部分。

① 修订了校核水量计算公式：新规范第 4.1.3 条　主要处理构筑物及工艺管道应按采出水处理站设计计算水量进行计算，并应按其中一个（或一组）停产时继续运行的同类处理构筑物应通过的水量进行校核。校核水量应按式（1）计算：

$$Q_x=Q_T/(n-1) \quad (1)$$

式中 Q_x——校核水量，m^3/h；

Q_T——主要处理构筑物其中一个（或一组）停产时继续运行的同类处理构筑物应通过的水量，m^3/h；

n——同类构筑物个数或组数，$n \geqslant 2$。

设计计算水量与主要处理构筑物其中一个（或一组）停产时继续运行的同类处理构筑物应通过的水量，不一定相同，有条件向其他采出水处理站调水的处理站校核水量应为设计计算水量——脱水系统向其他采出水处理站调出的水量，洗井废水可送至其他站处理时还应减去洗井废水量。原规范中，将有条件向其他采出水处理站调水的处理站校核水量、洗井废水可送至其他站处理时的校核水量都在条文说明中进行了解释，并列出公式。本次修订中，将原规范公式中的采出水处理站设计计算水量（Q_s）修改为主要处理构筑物其中一个（或一组）停产时继续运行的同类处理构筑物应通过的水量（Q_T），公式明确、便于执行和免于遗漏。

② 防洪设计标准问题：新规范第 4.3.9 条　采出水处理站的防洪设计宜按重现期 25～50 年设计。原规范为采出水处理站的防洪设计应按照 GB 50350—2015《油田油气集输设计规范》的有关规定执行，但该标准中，油气集输井、站的防洪设计标准中有三类，采出水处理站的防洪设计具体按照哪一类标准执行并未明确规定，因此本次修订在新规范中明确了执行标准。

③ 常用罐密闭气源的问题：新规范第 4.5.2 条第一款规定“常压罐宜采用氮气作为密闭气体。采用天然气密闭时宜采用干气，若采用湿气时应采取脱水、防冻等措施”。新规范根据多年实际生产应用经验，同时从安全角度出发，推荐优先采用氮气作为密闭气体。

（4）处理构筑物及设备部分。

① 增加了特超稠油采出水除油罐及沉降罐的技术参数：新规范第 5.2.1 条增加了特超稠油采出水除油罐及沉降罐技术参数（表 2），该特技术参数是根据辽河曙一区和新疆风城油田采出水处理站应用经验及使用效果确定的。

表 2　特超稠油采出水除油罐及沉降罐技术参数

沉降罐种类	污水有效停留时间 /h	污水下降速度 /（mm/s）
除油罐	8～12	0.15～0.3
混凝沉降罐	3～5	0.4～0.8

② 提出除油罐及沉降罐加气浮技术的规定：新规范第 5.2.2 条　除油罐及沉降罐可采用加气浮技术提高分离效率，宜采用部分回流压力溶气气浮。回流比应通过试验确定，没有试验条件的情况下，可采用 20%～30%。该条规定是根据科研测试结果及大庆油田的应用经验及使用效果确定的。

③新增压力构筑物的技术要求：新规范第 5.2.9 条　压力构筑物的选择应根据采出水性质、处理后水质要求、处理站设计规模，通过试验或相似工程经验，经技术经济比较确定。没有试验条件的情况下，压力式混凝沉降器技术参数可按表 3 确定。

表 3　压力式混凝沉降器技术参数

斜板（管）沉降形式	液面负荷 / [m^3/（m^2·h）]	板（管）内流速 /（mm/s）
上（下）向流	5～9	2.5～3.5
侧（横）向流	6～12	10～20

表 3 中的技术参数是参照《给水排水设计手册（第 3 册）》编写的。

④ 增加了第 5.2.10 条　除油罐设计除应符合本规范外，并应符合现行行业标准《除油罐设计规范》（SY/T 0083）的有关规定。

⑤ 新增 3 条气浮机（池）的设计要求：第 5.3.7 条　气浮机（池）的设计参数，应根据进出水水质等因素，通过试验确定，没有试验条件的情况下，可按相似条件下已有气浮机（池）的运行经验确定；第 5.3.8 条　当气浮机（池）采用部分回流加压溶气气浮时，应符合 4 款规定（第一款　采出水在气浮机（池）分离段停留时间宜为 10～30min；第二款　矩形气浮池分离段水平流速不应大于 6mm/s；第三款　采出水在溶气罐内的停留时间宜为 1～3min；第四款　回流比宜采用 30%～50%）；第 5.3.9 条　气浮机宜安装在户外并应设置顶盖。当气浮机室内安装时，机体顶部应设置气体排出室外设施。

需要重点说明的是气浮机为常压运行设备，当气浮机运行时，有一定量的油气散发，因此宜户外安装。当气浮机（池）室内安装时，根据实际运行经验和通风专业要求，机体顶部应设置气体排出室外设施，并且为非天然气气浮气源。

⑥修订了过滤器反冲洗参数：新规范第 5.5.6 条对过滤器气反冲洗强度参数进行了修订（表 4 和表 5），该项修订是根据大庆油田应用经验确定的，即气水反冲洗再生工艺采用单罐进气、先气后水方式，具体过程是先采用小强度进气一段时间用于排顶部水，再用正常强度气洗，最后用水洗。

表 4　原规范过滤器气反冲洗强度

滤料种类	气冲洗强度 / [L/（m^2·s）]
级配石英砂滤料	15～20
均粒石英砂滤料	13～17
双层滤料（煤、砂）	15～20

表 5　新规范气水反冲洗时反冲洗强度

滤料种类	气冲洗强度 /［L/（m^2·s）］	水冲洗强度 /［L/（m^2·s）］
石英砂滤料	13～20	10～15
石英砂 + 磁铁矿	13～20	10～15

⑦ 增加了第 5.5.10 条：过滤器设计除应符合本规范外，还应符合现行行业标准《油田水处理过滤器》（SY/T 0523）的有关规定。

⑧ 删除原规范第 5.7.3 条：原规范第 5.7.3 条　回收水罐（池）应采用高位进水。回收水罐（池）进水位置应根据使用要求确定，可以低位进水，因此新规范不作规定。

⑨ 删除了第 5.7.4 条中“重力过滤时应采用回收水池”的规定：新规范第 5.7.3 条　当压力过滤时，宜采用回收水罐；回收水罐（池）宜设排泥设施和收油设施。原规范为“当压力过滤时，宜采用回收水罐；重力过滤时，应采用回收水池。回收水罐（池）宜设排泥设施和收油设施”。在实际应用过程中接收重力排水的回收水池在压力过滤时也需要设置，因此“重力过滤时，应采用回收水池”的规定不完全适用。

（5）排泥水处理及污泥处置部分。

① 新增重力浓缩罐保温规定：新规范第 6.3.5 条　寒冷地区重力浓缩罐室外安装时应采取保温措施。该条主要是针对重力浓缩罐的水力停留时间比较长，在寒冷地区，罐内流体的温降比较大，因此提出保温要求。

② 增加了第 6.5.2 条：脱水后污泥处理设计除应符合本规范外，还应符合现行行业标准《油田含油污泥处理设计规范》（SY/T 6851）的规定。

（6）药剂投配与贮存部分。

推荐药剂投配采用固体药剂配制成液体后投加：新规范第 7.1.4 条　药剂投配宜采用固体药剂配制成液体后投加，可采用机械或其他方式进行搅拌。原规范为“药剂投配宜采用液体投加方式，可采用机械或其他方式进行搅拌”。采用固体药剂相对于液体药剂，可以有效保证药剂的质量、降低药剂降解失效、节省储药间面积、减轻操作工作量，因此推荐现场采用固体药剂配制成液体后再投加。

（7）工艺管道部分。

修订了压力输送污泥管道的水头损失计算规定：第 8.2.8 条　压力输送污泥管道的水头损失应通过试验确定，当缺少资料时，压力输泥管水头损失可按表 6 规定计算。该参数表是根据 GB 50747—2012《石油化工污水处理设计规范》第 6.3.4 条进行修订。

表 6　压力输泥管水头损失

污泥含水率 /%	水头损失（相当于清水压力损失的倍数）
＞99	1.3
98～99	1.3～1.6
97～98	1.6～1.9

续表

污泥含水率 /%	水头损失（相当于清水压力损失的倍数）
96～97	1.9～2.5
95～96	2.5～3.4
94～95	3.4～4.4

（8）泵房部分。

修订了泵房的主要通道宽度规定：新规范第 9.2.3 条　泵房的主要通道宽度不应小于 1.5m。该条是根据 GB 50265—2010《泵站设计规范》进行修订的。

4　规范实施过程中需要注意的问题

4.1　保留的强制性条文

继续保留的强制性条文有 3 条（款）。

（1）第 4.5.2 条第四款：所有密闭的常压罐与大气相通的管道应设水封，水封高度不应小于 250mm。在正常生产运行中，密闭的常压罐与大气相通的管道，如溢流管道和排油管道等设置水封是为了保证系统正常密闭，避免气相空间气体泄漏，影响正常生产或发生事故。罐顶的耐压等级一般是 –490.5～1962Pa，因此水封高度不应<250mm。

（2）第 8.1.3 条：采出水处理站工艺管道严禁与生活饮用水管道连通。采出水处理站工艺管道绝对不能与生活饮用水管道连通，以避免污染饮用水系统。用清水投产试运时，可加临时供水管道，用完拆除。严禁设计时将清水管道接入处理站的各种构筑物内，防止发生污水倒流现象。特别要提出的是有关加药装置的清水管设置位置问题，新规范要求见图 1。

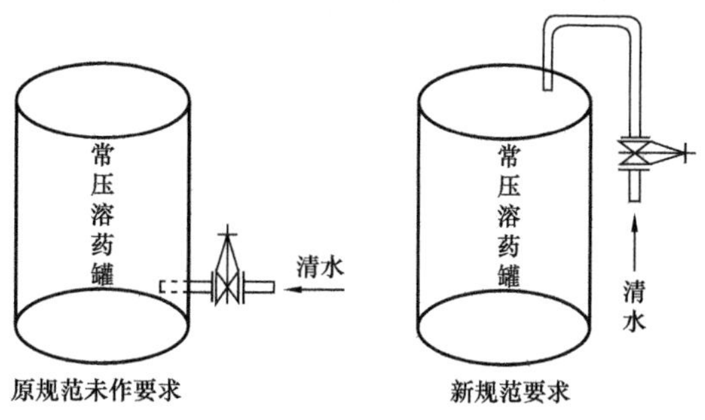

图 1　加药装置清水管设置位置

（3）第 8.1.6 条：含有原油的排水系统与生活排水系统必须分开设置。含有原油的水的来源主要有泵密封处漏水、化验室排水等，这些水因为含有原油，排入生活排水管道，将会造成排水系统堵塞或可燃气体的富集产生安全隐患。

4.2 设计规模和设计计算水量的关系

需要明确的是采出水处理工程设计中设计规模和设计计算水量是不同的，设计计算水量要大于设计规模，规范中的规定如下：

设计规模

$$Q=Q_1+Q_2$$

式中 Q——采出水处理站设计规模，m^3/d；

Q_1——原油脱水系统排出的水量，m^3/d；

Q_2——送往采出水处理站的洗井废水等水量，m^3/d。

设计计算水量

$$Q_s=kQ_1+Q_2+Q_3+Q_4$$

式中 Q_s——采出水处理站设计计算水量，m^3/h；

K——时变化系数（k=1.00～1.15）；

Q_1——原油脱水系统排出的水量，m^3/h；

Q_2——送往采出水处理站的洗井废水等水量，m^3/h；

Q_3——回收的过滤器反冲洗排水量，m^3/h；

Q_4——站内其他排水量，主要指采出水处理站排泥水处理后回收的水量及其他零星排水量，当无法计算时可取 Q_1 的 2%～5%，m^3/h。

可以看出，设计计算水量与设计规模相比，Q_1 加上了时变化系数，并增加了 Q_3 和 Q_4。

4.3 过滤器设计滤速问题

该规范对过滤器的设计滤速提出了明确要求，即用设计计算水量 Q_s 及过滤器数量 n-1 来进行计算，而不是用设计规模 Q 及过滤器数量 n 来计算的。

设计滤速：

$$v=\frac{Q_s}{(n-1)F} \tag{2}$$

式中 v——过滤器滤速，m/h；

Q_s——设计计算水量，m^3/h；

n——过滤器数量，$n\geqslant2$；

F——单个过滤器的过滤面积，m^2。

5 结语

GB 50428—2015《油田采出水处理设计规范》现已顺利编制完成并发布实施，编制组将长期关注标准的执行情况，加强宣贯，保证标准的有效实施。

煤层气田采出水处理工程运营与管理模式

张帅军 刘世泽 邓 维 马信缘 王功峰

（中国石油煤层气有限责任公司忻州分公司）

摘 要 煤层气作为一种非常规清洁能源正逐步进入千家万户，服务于大众，但其在开采过程中伴随有大量地下水被抽采至地面，需经达标处理后排放。在环保形势日益严峻的今天，企业如何建立一套适用于煤层气田水处理工程运营与管理模式迫在眉睫，中国石油煤层气有限责任公司忻州分公司（简称中国石油煤层气忻州分公司）探索了煤层气田水处理工程BOT及委托运营两种模式，从机构设置合理化、运营管理标准化、水质监测多元化、人员培养全面化、环保意识全员化（简称“五化”）等多方面入手，建立了水处理工程标准化的运营管理模式，并在生产现场进行运用论证，取得了显著的效果。

关键词 煤层气田；采出水；运营管理；BOT模式；标准化

煤层气采出水中含有有机物、氨氮、铁锰离子等，易对自然环境造成污染，须经达标处理后外排。中国石油煤层气忻州分公司结合自身条件及现场实际，不断摸索实践，制订了水处理工程初期采用BOT运营模式，后期采用委托处理的运营模式，在管理方面，制订了机构设置合理化、运营管理标准化、水质监测多元化、人员培养全面化、环保意识全员化的管理体制，该运营管理模式在现场的成功实践与应用，为所有煤层气开发企业在采出水处理运营管理上提供了新思路。

1 采出水处理管理模式的实施背景

1.1 适应严峻的环境保护形式

中国石油煤层气忻州分公司主要环保风险来自煤层气开采过程抽采的地下水及污水处理过程伴随产生的危险废物。采出水持续达标排放、危险废物合法合规处置是环保工作的两大重要环节。

1.2 应对煤层气采出水复杂的水质指标和水处理管理难度

保德区块煤层气井尚在开采中期，煤层富水程度较高，开采过程中大量地下水被抽采至地面，区块历史最高产水达$1.7\times10^4m^3/d$，当前产水$5500m^3/d$。采出水中主要含有有机物、氨氮、铁锰离子等，须达标处理后排放。

保德区块地处黄土高原，煤层气井分布呈现点多、线长、面广的分布特征。中国石油煤层气忻州分公司充分根据地势特征，建设投产11座水处理站，在煤层气开发行业率先投用橇装移动式水处理设备，成为全国煤层气采出水治理的示范基地。其中 11 座水处理站横跨保德县南北区域，跨度大、分布散，最远距离达 50km。

因管理机构不健全，各站分布较远等因素，管理制度宣贯、员工培训、现场检查、信息反馈、施工监督、水质监测等诸多方面存在较大难度。在水处理站运行初期，未单独设立水处理业务直属管理机构，由作业区安全质量室监管，业务交叉多，管理人员工作任务重，未能实现精细化管理，对现场水质监测、承包商监管存在盲区；同时，对水处理业务缺乏运行管理经验，现场加药量无法精确控制，设备异常情况无法有效处理，存在的一系列问题制约着采出水处理的正常运行管理

为摸索高效的水处理站运行及管理模式，有效应对原水水质波动、设备故障、监测失效等异常情况，保持采出水持续平稳达标排放，立足现场，不断优化组织机构，推行标准化管理，建立适合煤层气采出水的管理模式。

2 实践保德区块煤层气采出水处理管理模式的主要措施

2015 年以来，中国石油煤层气忻州分公司针对水处理管理经验不足的缺口，积极向油田公司学习，探索合规高效的运作模式，以标准化管理为抓手，逐步推行“五化”新管理方法，在水处理管理模式上实现精细化管理、低成本运营。

2.1 建立适合煤层气采出水处理的运营模式

中国石油煤层气忻州分公司在水处理项目运行中采用了“市场化运营 + 企业监督”的模式，该模式具有以下优势：一是煤层气采出水处理技术尚处起步阶段，采用市场化运营的方式可以引进先进的水处理工艺及技术，设备调试及工艺调整效率高，在项目投运初期，水质达标率更有保障；二是作为企业可降低运营管理成本，实现企业与承包商的双赢。

2.1.1 初期运营采用 BOT 模式

煤层气采出水处理 BOT（Build-Operate-Transfer）模式即“水处理站建设—运营—移交”，该模式运用于新投产建设水处理站，在建设完成后开展一定期限的试运行，之后继续由建设单位运行一年期限，到期后根据运行情况，采用公开招标的方式进行水处理站运行维护服务项目选商。该运营模式可有效避免水处理设备“水土不服”的情况，承建方充分利用自身技术优势，完成对设备及工艺的调试，运行过程中的故障排查、零配件采购更换时间也将大幅缩短，有效减少因设备或技术问题引发的环境污染事件的发生，规避环保风险。在一年的过渡期内，中国石油煤层气忻州分公司对该设备的整体运行情况进行充分学习及了解，为后期转移下一承包商，为后期日常管理，提供了技术及理论支撑，规避环保风险的同时，实现了互利共赢。

2.1.2 后期运营采用委托处理模式

中国石油煤层气忻州分公司采出水处理在完成 BOT 运营模式后，采用公开招标的方式，委托专业的污水处理企业进入煤层气市场，开展采出水委托处理运营。即由水处理承

包商全面负责水处理的药剂供应、日常投加、设备维保、危险废物储存等运行管理工作。中国石油煤层气忻州分公司在承包商准入审查上严格把关，引进技术过硬、业绩优秀、资质完备的企业提供技术服务。主管部门发挥主导作用，不断加强监管力度，月度、年度对承包商的管理能力、服务质量进行全方位的评估，及时淘汰不适应管理模式和要求的承包商。

在逐渐积累水处理运行管理经验后，从一年一招标的模式，逐渐改变为三年一招标，合同一年一签的模式，有效减少频繁招投标工作带来的人力浪费，保持水处理承包商的稳定性。

2.2　推行适合煤层气采出水处理的“五化”管理新方法

2.2.1　机构设置合理化

为全面推动水处理管理水平的提升，实现由“监管”向“专管”的模式转变，中国石油煤层气忻州分公司不断探索合理化的组织机构模式。2016 年设立水电管理队（队级）。2019 年，分公司推行“扁平化”管理，成立水电队（科级），队内设立水处理站运行管理岗，实现水处理站运行专人专项专岗负责，最终形成分公司统管、分管领导负责、安全环保科监督、水电队直管的自上而下多层级管理模式。

水电队作为现场第一层级管理部门，在项目立项、生产协调、费用结算等工作中能直接与职能科室沟通，减少管理层级，避免多级汇报。在现场管理中可充分发挥人员管理职能及专业技术优势，直接与承包商沟通协调，全面把控水处理运行状况，第一时间协调处理异常突发情况，第一时间优化设备工艺管理，降低环保风险，为分公司、公司水处理环保工作提供有力保障。水处理管理组织机构图如图 1 所示。

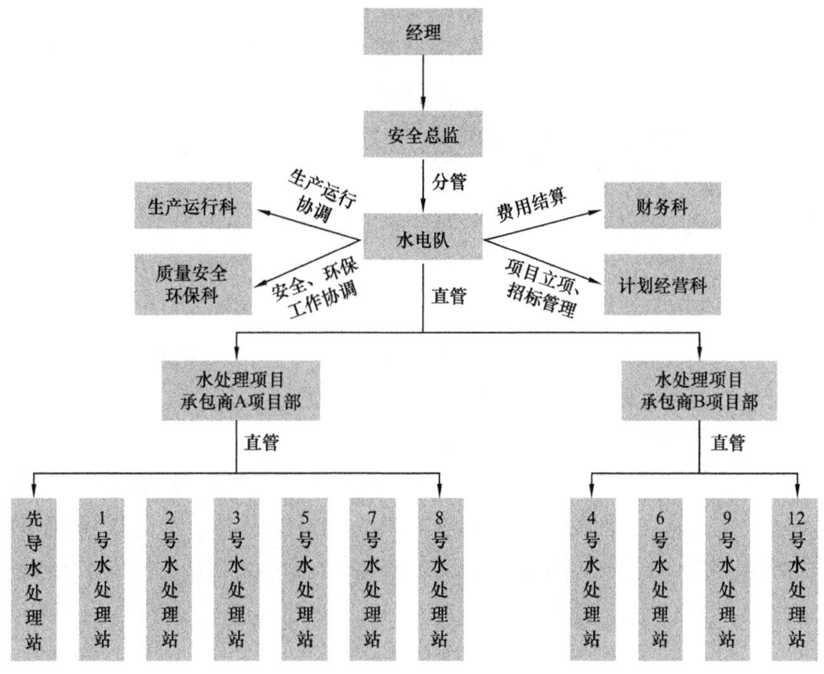

图 1　水处理管理组织机构图

2.2.2 运行管理标准化

2.2.2.1 工作流程标准化

一是以业务流程为基础，结合现场实际情况，编制《水处理站运行维护管理实施细则》《水处理装置操作规程》等一系列规章制度10项，包括职责权限、水质指标、设备设施、资料信息录取与收集、化学品药剂管理、培训考核等方面，规范水处理生产运行工作流程，明确水处理运行管理行为规范及要求。

二是规范承包商员工入职程序：对新入职的员工实行“内部理论培训—内部操作培训—主管部门培训—理论知识评估—操作水平评估”的一体化入职评审，从源头杜绝低素质员工进入水处理业务，每半年进行履职能力再评估，及时清退不满足要求的员工。

三是规范工作反馈程序：水质波动、设备异常情况立即上报，立即处置。

四是推行有效的痕迹化管理，建立设备设施台账、生产运行台账、危险废物储存台账等表单20余份，不定期进行跟踪检查。

五是实行“一对二”责任管理，水电队每位水处理业务相关人员挂名两座水处理站，除日常工作外，重点监督场站QHSE运行情况，每月对管理效果进行横向评比。

2.2.2.2 技术指标标准化

针对水处理最关键的加药环节，制定各水处理站加药量的定额标准。

一是实验室内模拟现场工况，优选出每座水处理站每种药剂的理论最佳加药量。

二是将实验室成果运用到现场设备，并根据现场工况进行微调，保证水质实时达标。

三是跟踪效果，将药剂定额标准写入水处理装置操作规程内，为现场员工标准操作提供依据。

四是总体完善，实时记录各水处理站的处理水量、药剂添加量、水质结果等工艺参数，通过对各类数据的统计分析，完成对各水处理站吨水成本、药剂成本的统计分析，为水处理招标选商提供数据支撑及科学决策。

2.2.2.3 监督检查标准化

一是编制《水处理站监督检查手册》，为生产现场监督检查人员及承包商提供统一的标准与规范，承包商可依此自行开展问题排查与整改，变以往的被动检查为主动排查与整改，实现风险分级管理及风险控制关口前移。

二是主管部门水电队不定期对所辖水处理站进行全方位的监督抽查，包括外排水质情况、设备设施运行情况、现场综合管理情况等，并形成问题检查台账，专人跟踪整改进度，总结推广发现的典型做法，指导改进系统性问题。

三是每月召开承包商月会，公布当月现场问题数量及类型，分析问题产生原因，达到举一反三的目的。四是建立承包商积分制考核制度，根据服务质量与现场管理情况评分，年终开展综合考评，积分低于80分停工整顿，低于70分直接清退处理，充分发挥现场管理的主动性，有效践行“管工作管安全、环保的理念”，实现生产现场问题自己查得出、自己改得了。

2.2.2.4　场站建设标准化

以中国石油天然气集团有限公司《基层站队 HSE 标准化建设通用规范》为指导，编制标准化建设方案，编印《水处理站目视化标准手册》《水处理站设备维保手册》《水处理站监督手册》，每季度进行标准化建设考核。并以点带面整体在所有场站推进标准化建设，覆盖率 100%。截至目前，标准化水处理站共迎接国内外各单位参观、检查指导 50 次。

2.2.3　水质监管多元化

中国石油煤层气忻州分公司建立了一套便携式设备检测—在线监测设备监测—第三方检测单位检测的“三级”水质监管模式，保证采出水达标排放。

一是设立水质检测实验室，由水电队管理，并配备便携性能强的水质检测设备，便于现场水质抽测。

二是引进化学需氧量（COD）、氨氮在线监测设备，由专业队伍及人员来负责管理，实现运行、监督监测、记录等管理依法合规，对处理水全时段监测。

三是与有资质的第三方检测单位签订水质监测服务合同，对各水处理站处理水水质进行月度、季度分析与年度全分析。通过水质“三级”监管模式，企业可及时掌控水质变化趋势，快速消除水质不达标隐患。水质监控响应流程如图 2 所示。

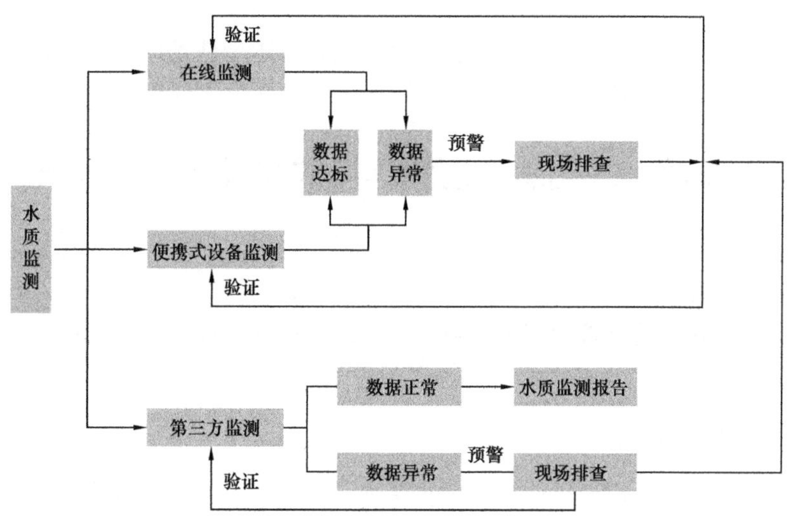

图 2　水质监控响应流程图

2.2.4　人员培养全面化

一是超前谋划，提前安排人员全面掌握设备工艺原理。针对各煤层气开发企业缺乏专业的水处理运营管理人才的问题，采用事先介入的方式，在水处理项目试运行阶段提前安排人员跟进、学习，待完全熟练掌握其工艺原理、现场操作及故障排查时，利用以老带新的方式，逐步培养满足岗位人才，减少新投产水处理站投产及管理磨合时间。

二是对承包商员工全面培训。结合员工履职能力评估，编制培训矩阵，采取集中培训、班前会、“师带徒”等方式，实施在岗培训。编印《水处理站员工应知应会》，将承包商负责人和操作人员应掌握的 QHSE 知识进行分类总结，作为承包商日常学习培训的重要资料，有效避免“上下一般粗”的现象。

三是建立联系领导制度，机关领导和职能科室管理人员深入基层，利用审核检查、现场办公等形式指导水处理站的标准化建设及隐患排查工作。

四是组织各承包商相互学习交流，每季度召开现场交流会，不断总结固化推广典型做法。各单位通过观摩相互交流学习，深谈体会认识，取长补短，全面提升现场人员综合水平。

2.2.5 QHSE 意识全员化

煤层气采出水处理管理工作中，不仅要落实领导、部门负责人及相关岗位人员管工作管安全环保的主体责任，更要求全员树立底线思维，并赋予全员环保监督职能。

一是开展全员取水样活动。公司全员可以随时采集各水处理站处理水样，送往实验室检测，增大承包商环保压力，形成倒逼机制。

二是全员参与危害因素辨识和风险评价，每季度从人员、设备、工艺、环境和管理 5 个方面评估生产风险，更新风险管理清单，按照职责分工将每个风险管控责任明确到具体岗位，确保每位员工及承包商都参与风险管理过程，保证重点风险和动态风险得到及时管控。

三是开展全员提建议活动，鼓励全员上报隐患及未遂事件推广学习经验教训；每季度上报“金点子”“合理化建议”，并集中进行评比，奖励优秀建议者。

3 保德区块煤层气采出水处理管理模式实践取得的效果

中国石油煤层气忻州分公司在水处理工程建设及运营上采用 BOT 及委托运营模式取得了显著成效，在后期运行管理上建立的一套因地制宜的管理模式也得到了现场验证，走出了一条煤层气水处理运行管理特色之路，为其他煤层气企业开展水处理工作提供了新思路、新理念。

3.1 环保风险明显受控

该模式的成功应用，使得煤层气采出水实现了百分百全面达标排放，年处理采出水量约 $200\times10^4 m^3$，环保风险明显受控，迄今，未发生一起环境污染事故事件，为煤层气的持续开采及企业的健康发展提供了有力保障。

3.2 设备及水质管控能力大幅提升

煤层气水处理管理模式的成功应用，在现场水质把控、设备检维修和异常问题处理等方面能力得到持续提升。水质异常应急程序响应时间明显缩短，相比 2016 年缩短 50%；设备故障恢复时间控制在 2h 以内，相比 2016 年缩短 60%。设备保养完成率及合格率持续保持 100%。采用委托处理的模式引进先进的技术和优质的服务，协助解决了设备运行过程中的难题。

3.3　成本管控能力明显增强

2016 年以来，通过工艺适应性分析、优化研究，水处理药剂使用量得到大幅降低，其中絮凝剂使用量降低 67%，助凝剂使用量降低 26%，氨氮去除剂用量降低 30%，每年可节省综合费用 40 万元。

3.4　环保风险管控能力持续增强

一是本质化安全水平持续深化。以提升设备设施管理水平为核心，从设备完整性、备品备件管理、故障率管理为重点，持续消除水处理运行及监测设备存在的安全环保隐患，安全环保本质化水平进一步提高。

二是环保风险稳定受控，煤层气采出水处理率 100%，达标率 100%；水处理药剂包装袋、在线监测仪废液等危险废物合法合规处置率 100%；与当地企业签订制砖协议处理水处理过程中产生的污泥，合法处置污泥的同时实现与当地企业的互利共赢。

三是全员安全风险防控能力大大提升。员工主动参加危害因素辨识和风险评价，岗位交接班制得到落实，岗位巡检、周检、月检有效实施，隐患排查和整改、拒绝违章操作、纠正违章行为、自主排查隐患、提出合理化建议的主动性增强；各类台账、报表齐全，突发事件应急预案和处置程序完善，应急物资完备可靠，定期培训演练应急预案，应急处置能力逐渐加强。2016—2019 年未发生一般 C 级及以上生产安全事故。

煤层气采出水管理模式是基于生产现场总结的成果，经实践检验切实可行、行之有效，得到国内外各参观单位的认可，获广泛好评，值得向广大煤层气开发企业推广。

水驱油田含聚采出水水质治理措施研究

王金芝　李　乐

（中国石油大庆油田第一采油厂规划设计研究所）

摘　要　随着三次采油技术工业化应用的规模不断扩大，采出液处理难度逐年增加，水聚驱采出液含聚浓度大幅度上升，影响整个地面系统处理工艺。在解决水驱污水站采聚浓度影响处理效果方面，完善水驱污水站、普深合一污水站的工艺流程；在解决三采区块污水站达标困难问题方面，开展现场工艺优化试验、药剂筛选试验，深化集输、污水系统上下游同步治理，强化生产系统节点精细管理；在解决区块间深度水调水困难的问题方面，调整水驱系统水源、探索含聚污水深度处理技术、优化三采注采结构调整；在解决源头污染物干扰系统的问题方面，提高洗井污水处理效果、加大减量化清淤力度。通过以上措施，提高地面系统处理效果及运行效率，保障系统平稳达标，实现整体水质提升工作目标。

关键词　注水质量提升；工艺完善；精细管理

1　建设概况

1.1　工艺现状

某开发区有各类污水站58座，设计指标“20.20.5”主要采用两级沉降＋一级过滤、缓冲沉降＋气浮装置＋一级过滤、自然沉降＋气浮沉降＋一级过滤三种处理工艺，“5.5.2”主要采用两级沉降＋多级过滤、来水缓冲＋两级过滤两种处理工艺。原水处理设计规模$96.6\times10^4m^3/d$，负荷率66.8%。深度水处理设计规模$59.9\times10^4m^3/d$，负荷率64.0%。设计总能力能够满足生产需求。水系统处理工艺见表1，处理负荷见表2。

表1　某厂水系统处理工艺统计表

类别	采用工艺	设计指标代号	数量／座
水驱	两级沉降＋一级过滤	20.20.5	7
	缓冲沉降＋溶气气浮＋一级过滤	20.20.5	4
聚合物驱	两级沉降＋一级过滤	20.20.5	2
	自然沉降＋气浮沉降＋一级过滤	20.20.5	10
	气浮—微生物净化—固液分离——级过滤	20.20.5	1

续表

类别	采用工艺	设计指标代号	数量 / 座
深度污水	来水缓冲 + 两级过滤	5.5.2	18
	两级沉降 + 多级过滤	5.5.2	7
	缓冲沉降 + 气浮选 + 两级过滤	5.5.2	1
三元	序批沉降 + 两级过滤	20.20.5	4
	序批沉降 + 一级过滤	20.20.5	2
	一级沉降 + 两级过滤	20.20.5	1

表 2　某厂水系统处理负荷统计表

序号	项目名称	数量 / 座	设计规模 / $10^4m^3/d$	实际处理量 / $10^4m^3/d$	负荷率 / %
1	普通含油污水处理站	11	35	19.3	55.14
2	聚合物驱含油污水处理站	13	27.2	18.75	68.93
3	三元污水站	7	13.4	9.98	74.48
4	普深合一污水处理站	8	21	16.5	78.57
原水处理站小计		39	96.6	64.53	66.80
5	含油污水深度处理站	18	37.9	21.84	56.14
深度处理站小计		26	58.9	38.34	64.00

1.2　水质情况

全厂采出水量 $64.5\times10^4m^3/d$，其中水驱产水 $35.8\times10^4m^3/d$，占 55.4%；聚合物驱产水 $18.75\times10^4m^3/d$，占 29.1%；三元驱产水 $9.98\times10^4m^3/d$，占 15.4%。采聚浓度逐年上升，2019 年污水站来液含聚浓度为 375mg/L。含聚浓度变化曲线如图 1 所示。

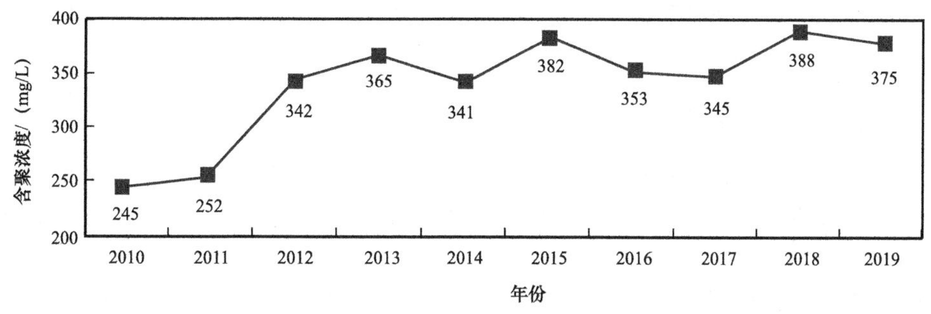

图 1　2010—2019 年污水站含聚浓度变化曲线图

某厂自2016年开展水质专项治理，效果显著，截至2019年四季度，污水站双指标合格站数34座，合格率90.43%，与2016年四季度对比提高20个百分点。水质指标变化如图2所示。

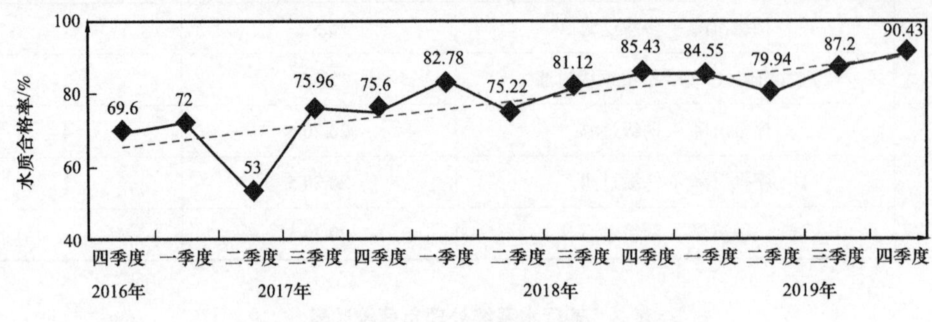

图2　2016—2019年水质指标变化曲线图

2　存在问题及治理措施

2.1　水驱污水站工艺不完善

随着三采区块的工业化推广，水驱区块采出液含聚浓度上升，最高平均含聚浓度达到324mg/L，从水聚驱水质特性对比曲线看，相同含聚浓度下，水驱采出液黏度与聚合物驱接近，处理难度接近于聚合物驱[3]。

解决措施：

（1）水驱污水站能力恢复。针对水驱污水站有效处理能力下降的问题，9座水驱污水站进行工艺改造，增加沉降罐容积，按聚合物驱指标延长沉降时间；增加过滤罐数量，调整级配、过滤参数。

目前8座水驱污水处理站已按照聚合物驱指标改造完，1座正在施工，水驱污水站处理能力提高了$14\times10^4m^3/d$。

（2）普深合一污水站工艺完善。针对普深合一污水站在建设时工艺不完善问题，对3座普深合一站进行改造，增加过滤及沉降工艺。

目前，A深度污水处理站已改完，改造后污水含油下降49.2%，悬浮物含量下降47.4%。

2.2　三采污水站达标困难

抗盐聚合物：该厂目前正注区块2个，地面处理工艺按照高浓度聚合物驱设计，A区块2019年12月注聚，井口见剂浓度为本底浓度；B区块见剂浓度540mg/L，地采出液处理达标困难。

三元复合驱：该厂目前4个区块经历见剂高峰期，由于三元驱采出液成分较为复杂，当区块见剂高峰期时，采出液处理达标困难。抗盐聚合物驱和三元驱处理系统达标情况如表3。

表 3　抗盐聚合物驱和三元驱处理系统达标情况统计表

注入方式	区块	见剂高峰期时间	脱水站	外输油含水 / %	污水站	外输含油 / 含悬 / mg/L
强碱三元驱	C 区二类	2015–1	三元 C 站	0.16	三元 C 污	59/73
强碱三元驱	D 区二类	2018–1	中 D 联	0.29	三元 D 污	41/26
弱碱三元驱	E 区纯油区	2018–7	中 E 联	2.58	三元 E 污	161/30
	E 区过渡带					
弱碱三元驱	F 东块	2019–3	北 F 联	1	三元 F 污	95.6/40
抗盐聚合物驱	B 区块	2019–2	北 B 联	0.21	聚 B 污	536/408

解决措施：

（1）开展现场试验研究攻关[8]，优化运行参数。2019 年针对抗盐区块采出液处理困难问题，开展了三相分离器延长沉降时间、沉降段去除率对比试验、沉降段加药效果对比试验三项试验，但均未见明显效果，下步将开展沉降段气浮工艺效果评价。

（2）加大药剂筛选力度，提高水质指标。2019 年 4 月通过室内筛选 160 余种破乳剂，优选出两种类型超支化聚醚型破乳剂，下步将开展现场试验；下步将从高效处理水质的角度技术攻关，去除破乳液中抗盐聚合物，优选出一种净水絮凝剂，能够将抗盐聚合物析出絮凝，保证处理后水质指标。

（3）优化集输系统运行参数，加强日常管理。三元中 F 转油放水站掺水优化，合理控制分离器液位，不同采出阶段，根据外输指标变化情况，进行液面调整试验。当见剂上升期液面为 3.2m，见剂高峰期液面为 3.35m 时，油水分离效果最优；调整沉降罐收油周期，根据不同阶段污水含油量变化，摸索沉降罐最佳收油周期。由开发初期的 10 天逐渐缩短为 3 天，见剂上升期至高峰期由 12h 调整为连续收油，外输污水含油量明显下降。

（4）强化生产节点管理，提高水质合格率。水质管理主要在参数控制，突出精细管理，改善外输水质。“三法一控”抓收油，综合考虑季节、工艺等因素，采用“梯次收油法、提温收油法、个性收油法”，有效控制油厚；“三调一精”抓反洗，根据来水水质、处理量变化，动态调整反冲洗“时间、强度、周期”三项参数，实现精细化管理；“三优一保”抓加药，重点做好“加药点、加药比、配伍性”三项优化工作，保证化学药剂的投加效果；“三位一体”抓设备，污水站容器清淤、滤罐维修、设备修保，厂矿队一体化联动运行，恢复设备运行能力及处理效果；“三定一准”抓化验，化验管理做到“定点、定量、定责”，确保数据及时准确，为水处理分析定策提供依据。

（5）优选污水站沉降工艺，探索最佳收油方式。G 三元污水站开展序批连续流对比试验，试验结果：连续流平均含油去除率 25.83%、含悬去除率 26.52%；序批平均含油去除率 22.10%、含悬去除率 18.10%。

F 三元污水站开展序批连续流对比试验[9]，试验结果：运行连续流平均含油去除率

77.4%、含悬去除率40.9%，运行序批平均含油去除率90.1%、含悬去除率39.2%，沉降段序批含油去除率高于连续流12.75%，悬浮物去除效果差异不大。

F三元污水站开展浮动收油效果评价，运行序批沉降，浮动收油最佳时间为沉降罐出水收油8h，收油效果较好。

2.3 区域调水平衡困难

区块开发间隔较短，深度水调水调整难度大。聚合物驱、三元驱投入开发面积逐年增加[4-5]，从2013年开始，每年开发1～3个区块，三采注入阶段，小井距注入时间5年，大井距注入时间8年左右，相邻区块投注时间密集，难以满足深度水需求。三采工业化区块开发分布如图3所示。

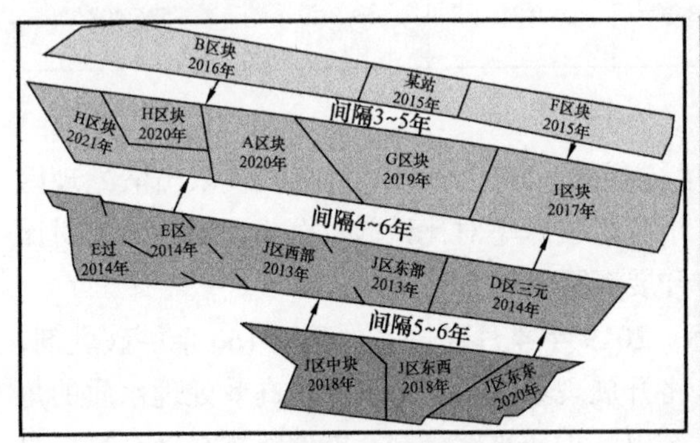

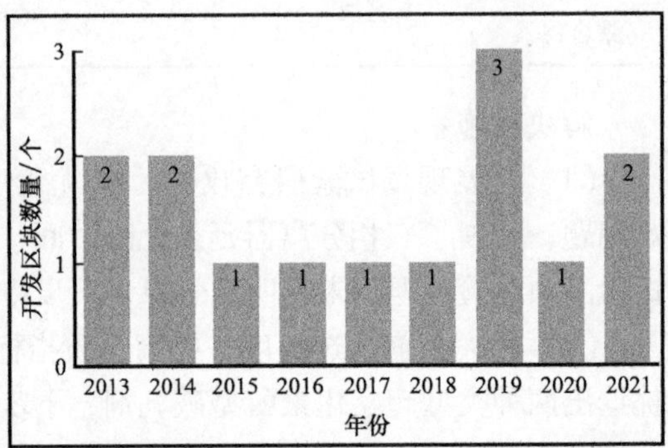

图3 三采工业化区块开发分布图

“十四五”期间共安排7个产能区块，深度水缺水矛盾更加突出。G区断东、C区断西、E区及E区过渡带以及J区东部变成缺水重灾区，全厂三采深度水原水欠缺量最大达到$7.01\times10^4m^3/d$。“十四五”期间三次采油开发基础信息见表4。

表4 “十四五”期间三次采油开发基础信息统计表

区块名称	驱替方式	注入时间	注入水质
H区二类聚合物驱	抗盐聚合物驱	2021-5	清配污稀
G区二三结合	聚合物驱	2021-5	清配清稀
C区三元示范区返层	三元驱	2021-8	清配污稀
E区及E区过渡带	弱碱三元驱	2022-5	污配污稀
K区西东块二类	抗盐聚合物驱	2023-5	清配污稀
J区东部二次返层	聚合物驱	2024-5	清配清稀
K区西西块二类	抗盐聚合物驱	2025-5	清配污稀

解决措施：

（1）低含剂污水调入水驱系统处理，增加深度水水源。在需求上：及时将三采后续水驱井网注入水质调整为普通水，减少深度水用量；在供给上：优先调用未含聚或低含聚的三采污水进行深度处理[10]，增加深度处理水源。

（2）探索含聚污水深度处理技术[6]，满足深度水需求。现场试验拟采用工艺："两级沉降 + 微生物处理 + 三级过滤"和"两级沉降 + 微生物 + 旋流气浮 + 三级过滤"；室内试验核心工艺："微生物处理 + 三级过滤"。内试验开展了微生物反应器停留时间、营养剂添加量、回流比及三级过滤参数的试验。可实现两项指标去除率 98% 以上，处理效果较好。

（3）加快三元水回注试验研究攻关[7]。F 区三元污水回注试验已经取得阶段性成果，三元污水对于注入质量、体系性能、注入能力等影响，均在合理范围内。但 D 区强碱后续保护段塞稀释污水改为三元污水后，黏损由 19% 升高至 70%，需要继续开展后续保护段塞阶段聚合物类型优选研究，以解决三元污水调配困难问题。

（4）开展三采注采结构优化调整攻关。针对"十四五"期间，深度水原水不足问题，地质与地面联合开展优化研究，地质提供相应优化原则，指导地面进行相应建设。

2.4　源头废液干扰系统

该厂主要废弃物有固废和液废两大类，对水质影响较大的主要是洗井污水和站所清淤两项废弃物。洗井废水产生量大，缺少处理手段，直接进入系统影响生产运行；站所清淤较为集中，夏季产生量较大，受接收能力限制，导致清淤作业不及时，影响站库处理指标。

该厂坚持"分类缓存，定向排放，专业处理"工作思路，强力推进废弃物管控。

解决措施：

（1）提高洗井水源头处理能力[1-2]。厂内立项对 7 座污油点进行改造，新建 7 套污水处理装置，改造后新增处理能力 360m³/h，目前某油矿污油点已经改造完成，处理后含油量和悬浮物含量≤200mg/L，满足指标要求。预处理设备如图 4 所示。

图 4　预处理设备现场处理图

（2）加大减量化清淤力度。该厂自 2016 年引进减量化清淤技术，目前有 7 套减量化处理装置，极大地提高了清淤效率，清淤废弃物产生量每年平均减少 48%，4 年累计减量化清淤 $18.67\times10^4m^3$，保障全厂容器及时清淤。处理效果后指标低于"双 200"，硫化物含量低于 2mg/L，4 年共节省处理费用 3692.2 万元。

3 几点工作认识

（1）三采采出液处理难度较大，需加强转油放水站放水指标控制，强化药剂筛选研究，精细污水站节点管理，有序实施推进治理措施。

（2）三采区块开发密集，导致深度水需求量较大，区域平衡较为困难，需加强科研技术攻关，优化三采结构调整。

（3）切断外来污染源干扰，减少源头污染物的产生量，坚持“分类缓存，定向排放，专业处理”工作思路。

参考文献

[1] 侯傲．油田污水回注处理现状与展望［J］．工业用水与废水，2007，38（3）：9–12.

[2] 成明泉．现代化污水处理技术及应用［J］．管理科学文摘，2006（6）：58–60.

[3] 董秀龙．水驱污水站水质影响因素分析及治理建议［J］．油气田地面工程，2020，39（6）：43–46.

[4] 丁鹏元，党伟，王李丽，等．油田采出水回注处理技术现状及展望［J］．现代化工，2019，26（2）：21–25.

[5] 于力．大庆油田地面工程三元配注工艺发展历程［J］．油气田地面工程，2009，28（7）：42–43.

[6] 刘小东，谢陈鑫．油田含聚污水的处理现状与研究进展［J］．科技创新导报，2009（10）：136–137.

[7] 刘兴玉，高景煦，张庆生．三元复合驱污水处理的研究［J］．油气田地面工程，2009，28（8）：47–48.

[8] 唐永安．油田污水杀菌效果影响因素分析［J］．石油化工应用，2011，30（7）：97–99.

[9] 程杰成，吴军政，吴迪．三元复合驱油技术［M］．北京：石油工业出版社，2013，30（7）：142–148.

[10] 李蕾，马汉，夏福军．提高聚驱采出水处理效果的改进措施及建议［J］．油气田地面工程，2018，37（10）：38–41.

喇嘛甸油田水质治理技术工作探讨

印　重　李建斐

（中国石油大庆油田第六采油厂规划设计研究所）

摘　要　过去的两年时间，喇嘛甸油田为积极响应油田公司注入质量提升工程的号召，立足技术服务水质的总基调，在污水处理全过程治理中勇于克服困难，积极探索常规工艺技术优化提升方向，提出了节点治理措施，不断完善了油田水质处理新举措，使地面系统水质管理、技术服务向前迈出一大步。

关键词　注入质量提升；节点治理；水质管理

1　喇嘛甸油田水质现状及形势

1.1　系统现状

喇嘛甸油田共建成污水处理站 28 座，其中普通污水处理站 21 座、深度污水处理站 6 座、地面污水处理站 1 座。当前普通污水处理站负荷率为 74.01%，深度污水站负荷率为 73.52%，地面污水处理站停运。2020 年全油田污水设计处理能力达 $53.8\times10^4m^3/d$，实际处理能力为 $40.1\times10^4m^3/d$，负荷率为 74.6%。污水处理为系统水质合格率为 76.1%，相比 2019 年提升 4.3%，水质形势仍较严峻。

一是含聚现状。根据化验结果，喇嘛甸油田污水含聚浓度介于 101.4～497.8mg/L，其中聚喇 170 污水处理站含聚浓度高达 497.8mg/L。相比 2018 年未明显上升。

二是水质现状。日常生产管理中，污水站外输水含油量、悬浮物含量以及水中细菌含量为主要的三相考核指标。从当前的形势来看，情况仍不容乐观。

从含油量和悬浮物含量指标情况看，油田范围内运行的 21 座污水处理站中 8 座滤后水质不达标，不达标率为 38.09%。不达标站库中水驱站库 6 座，占比达到 75%。其中 13 座外输达标污水处理站的 96 个节点数据中，有 22 个节点不达标，占比 22.92%。不达标节点中含油不达标占 68.18%，悬浮物不达标占 31.82%；其余 8 座外输不达标污水站 60 个节点中，有 34 节点不达标，占比 56.67%。含油量和悬浮物含量不达标占比为 76.47%、13.53%。8 座站库外输环节含油均超标，悬浮物超标 7 座。从站库类型看，其中水驱站 6 座，聚合物驱站 2 座。污水处理站各阶段水质数据见表 1。

表 1　喇嘛甸油田第六采油厂污水站各阶段水质数据表　　单位：mg/L

序号	类型	站号	含聚浓度	污水站来水		自然沉降罐出水		混凝沉降罐出水		滤后	
				含油	悬浮物	含油	悬浮物	含油	悬浮物	含油	悬浮物
1	水驱	喇一老	266.7①	229	100	110①	22	—	—	125①	24
2		喇一新	188.7①	229	100	135①	53	89①	31	87①	27
3		喇Ⅰ-1	156.3①	3680①	29	351.7①	28	238.6①	25.1	200①	19.2
4		喇Ⅰ-2	220.2①	365.7①	31.9	—	—	358.5①	33.7	372.6①	30.1
5		喇二	132.5	501.3①	40.2	128.7①	35.1	119.4①	34.3	25.4①	22.1
6		喇Ⅱ-1	153.6①	1613.5①	24.7	142.7①	26.9	93.7①	25.9	70.6①	24.6
7		喇 560	155.1①	328.5①	108.7	113.5①	—	—	—	19.5	19.4
8		喇Ⅲ-1	109.3	327.9①	49.2	106.7①	45.4	54.5①	36.2	18.6	19
9		喇三	145.7	503.5①	162.4	98.7	86.3	50.1①	43.7	18.5	19.6
10	聚合物驱	喇 140	345.4	348	56.7	—	—	40	44.3	17.3	18.1
11		喇 340	227.3	28.5	5.3	26.3	4.8	25.1	4.2	6.7	4.6
12		喇 400	379.8	317.4	69.2	193.8①	60.5	97.5①	57.3	50.8①	53.9
13		老喇 600	132.6①	417.2	89.1	180.5①	85.3	86.4①	71.9	8.2	11.1
14		喇 410	178.7	73.86	53.97	51.39	48.73	45.29	42.36	15.2	16.9
15		喇 360	195.8	769.4①	36.2	98.5	36.7	158.4①	42.9	41.3①	26.8
16		喇 230	207.3	410	38.5	—	—	—	—	14.3	12.7
17		喇 290	238.1	222.7	237.7	88.3	95.4	49.2	115.7①	12.4	13.5
18	高浓聚合物驱	喇 170	497.8	578.6①	118	588.7①	117.6①	355.1①	106.1①	12	11.5
19		喇 270	372.6①	209.4	106.5	108.9①	99.4	65.4①	53.4①	5.9	6.7
20		新喇 600	126.7①	59.4	61.3	40.7	43.2	16.2	21.9	6.5	9.4
21	三元驱	喇 291	175.6	43.5	43	32.5	31	32.5	31	9.9	12

① 数据超过工艺设计参数或管理指标。

从细菌达标情况（表 2）来看，2019 年二季度，喇嘛甸油田污水站、注水站和注水井细菌达标率分别为 52.7%、33.4% 和 31.3%。细菌达标率呈现末端降低趋势，井口达标难度加大。

表 2　喇嘛甸油田 2019 年二季度注水系统各节点 SRB 达标情况统计表　　单位：%

单位	污水站 SRB 达标率	注水站 SRB 达标率	注水井 SRB 达标率
第一油矿	50.7	35.3	26.8
第二油矿	40.8	42.9	31.8
第三油矿	64.2	43.9	36.8
第四油矿	52.3	32.7	29.7
喇嘛甸油田	52.7	33.4	31.3

注：细菌达标要求为硫酸盐还原菌（SRB）≤10^2 个 /mL。

1.2　当前形势

（1）外输水质逐步向好，前段环节压力增大。对比两年来污水站库各处理环节水质治理效果，过滤环节水质不达标率下降 9.31%，但来水环节、沉降环节的水质不达标率分别增长 11.08% 和 14.07%。来水环节、沉降环节的水质治理难度增大。

（2）采出液含聚增加，水驱站库能力不足。2020 年污水站库节点水质调查时，外输环节水质不达标的 8 座站库中，水驱站库达到 6 座，占比为 75%。6 座水驱站库含聚浓度普遍达到聚合物驱站库设计标准，介于 132.6～266.7mg/L 之间，5 座站库超过 150mg/L。

（3）各处理环节差异大，水质稳定性不足。分析达标站库去除率分布情况，其中过滤环节去除效果较好，去除率分布普遍大于 50%，占比 91.67%；自然沉降罐、混凝沉降罐去除率大于 50% 的占比分别为 27.27% 和 10%；分析不达标站库去除率分布情况，其中混凝沉降罐环节去除效果最差，去除率均小于 50%；自然沉降罐和过滤环节去除率分布大于 50% 的占比仅 42.85% 和 14.28%。

2　存在的问题

（1）来水节点放水含油超标。

因新井投产等因素导致的站库沉降能力不足、设备油水界面参数设置高度、原油破乳药剂的投加精度三方面原因导致放水含油超标。

（2）沉降节点存在沉降时间不足。

依据斯托克斯公式的表述，沉降罐内纵向空间决定沉降效果的高低。主要有三方面的问题：一是污水站库处理水量增加或者处理水体含聚浓度增加，现有设备和工艺不能满足生产需求；二是沉降罐顶部由于储罐内部工艺不完善，污油积攒较多，导致沉降空间降低；三是受限于工艺不完善、清淤不及时导致的储罐底部污泥堆积严重，减少沉降空间。

（3）过滤节点滤料拦截效果差，导致过滤环节纳污性能降低。

过滤节点的主要问题是滤料的拦截效果差，导致过滤环节纳污性能降低。主要有两方面的因素：一是由于滤料本身机械强度与大阻力配水系统之间的对立矛盾，引起滤料粒径变小或筛管损坏，导致滤料流失；二是过滤介质中原油或杂质对滤料孔隙率的影响，导致常规水洗后纳污能力降低，过滤效果变差。

（4）外输及回注节点存在水质的二次污染以及引发的细菌超标。

水质的二次污染以及引发的细菌超标是导致回注井口水质达标率较低的主要原因。主要有两方面的因素：一是在处理后污水的输送过程中，偶发的水质不达标、下游缓冲罐污染、输送管线结垢等均易引起水质二次污染；二是出站污水的细菌含量是导致出站水质综合达标率的最主要因素。杀菌方式、加药量和加药点的综合优化可有效提高杀菌效果。

3　采取的措施

结合 21 座污水处理站运行情况，通过分析 8 座不达标站库节点达标情况，水质的变化情况表现出一定规律。即上一环节的水质状况直接影响后续环节的处理效果，水质处理应是一个控制源头、不断优化的过程。需在来水、沉降、过滤、外输及回注各节点开展技术攻关。针对各环节中存在的问题，以污水站为核心，重点开展沉降、过滤环节的效果提升研究。同时追溯上游，控制来水节点放水指标；延伸下游，探索外输及回注环节细菌变化规律。确保“前段控制放水、中段高效分离，后段优化过滤、末端清洁输送”的工作目标有序进行。

（1）来水环节采取了优化调整游离水界面高度的技术措施。

当游离水设备界面在较高液位运行时，外输油中含水偏高，外输能耗增加，下游站库负荷率增大。反之，油水界面偏低时，放水含油较高，源头水质变差，下游污水处理站压力增大。因此需确定油水界面最佳位置，确保后续系统处于最佳运行状态。经过研究，油水界面稳定在 0.687$D\eta$（D 为设备直径，η 为修正系数）位置时，水相处理能力出现极大值，理论可提高处理能力 5.45%。处理能力 M 与油水界面关系和 h_D 的变化曲线如图 1 所示。

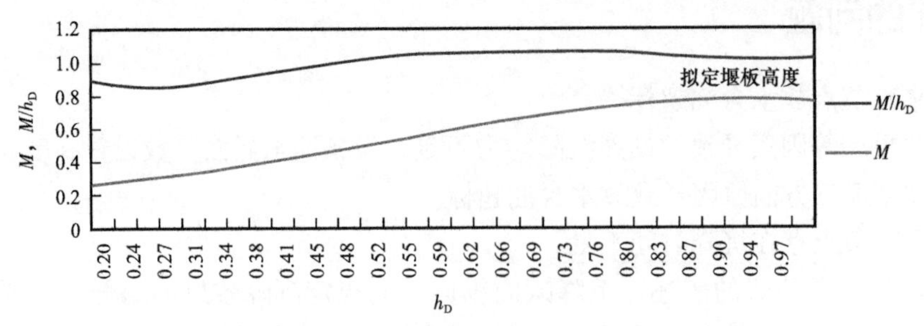

图 1　处理能力 M 及油水界面关系与 h_D 的变化曲线

M 和 M/h_D 都是 h_D 的单值函数，其中 M 为容器内部充装截面积与容积总截面积之比，h_D 为容器内油水界面高度与容器内径之比，M/h_D 为充装截面积的比值除以界面的比值，可相对具象的表述设备处理变化趋势

（2）沉降环节以恢复储罐沉降空间为主。

沉降罐在运行中产生的污油不断存积在罐顶，污泥堆积在罐底，如果长期不回收处理，将减少沉降罐内污水的沉降空间，影响设备能力。因此需要在收油和排泥两方面入

手，恢复设备能力。

① 因常规大排量间歇收油冲击脱水系统，极易引起电场不稳，形成“收油—跑油—收油”的无效循环，故利用当前现有工艺条件，个性化的实施小排量间歇收油，在保证脱水系统平稳运行的基础上有效回收系统污油。推行小排量连续收油，确保污油有效回收。

一是分析污油厚度与沉降效果的关系，当污油厚度降低后，沉降效果有轻微的提升。且污油较厚时，易引起沉降罐水质波动。一次沉降罐污油厚度和去除率变化如图 2 和图 3 所示。

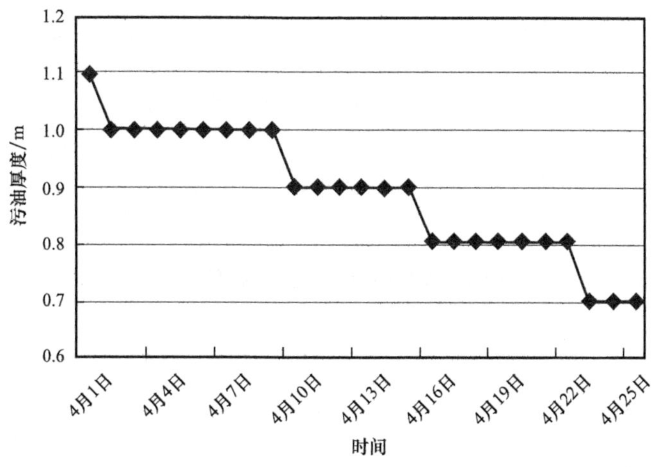

图 2　一次沉降罐污油厚度变化图

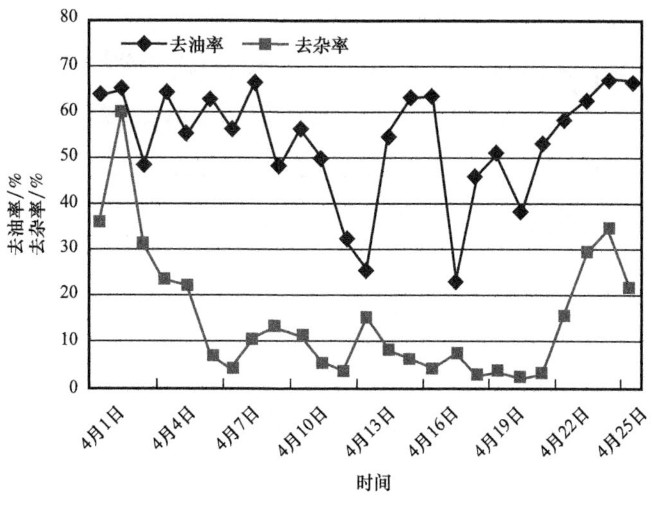

图 3　一次沉降罐去除率变化图

二是验证收油量与脱水器电场的合理匹配关系，根据试验站库的工艺情况，确定出合理收油量应≤18.44m³/h，含水原油在脱水器中的沉降 2.91h，电脱垮场前该沉降时间接收污油 187.19m³，含原油 32.64m³，老化油占电脱处理量的 14.24%。收油期沉降罐去除率进而脱水电场情况如图 4 和图 5 所示。

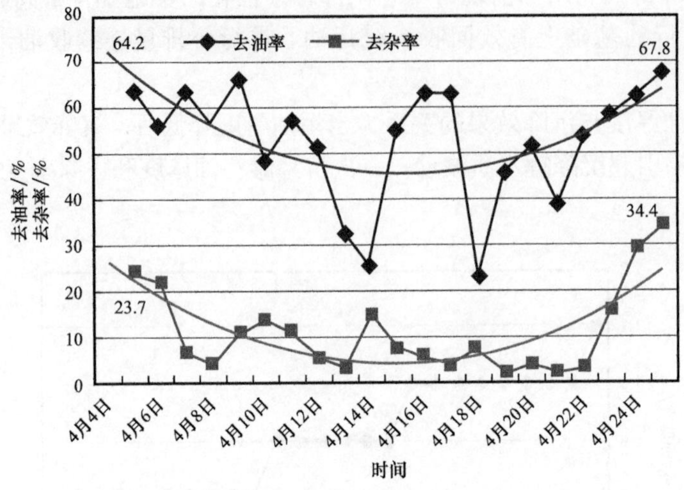

图 4　收油期间沉降罐去除率变化

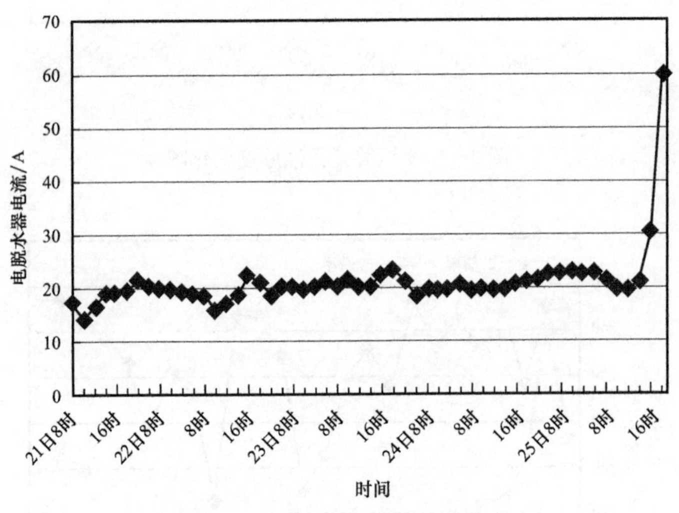

图 5　收油期间脱水电场情况

② 利用现场工艺环境，组织实施泵抽排泥、穿孔管排泥效果验证工作。开展沉降罐排泥现场试验。主要就排泥方式及排泥周期进行验证。验证排泥方式主要是为确定适宜油田生产的排泥工艺，排泥周期主要是为了指导生产部门开展排泥作业。

一是排泥方式验证。通过系列试验，得出以下结论，即在排泥条件上，应确保沉降罐内部污泥未被压实的情况下实施排泥作业。在排泥工艺上，泵抽排泥效果优于穿孔管排泥。泵抽排泥中，降液位冲洗排泥效果优于不降液位冲洗排泥。在工艺的运行方式上应当根据站库污泥产生情况，周期性地开展排泥工作。泵抽排泥曲线如图 6 和图 7 所示。

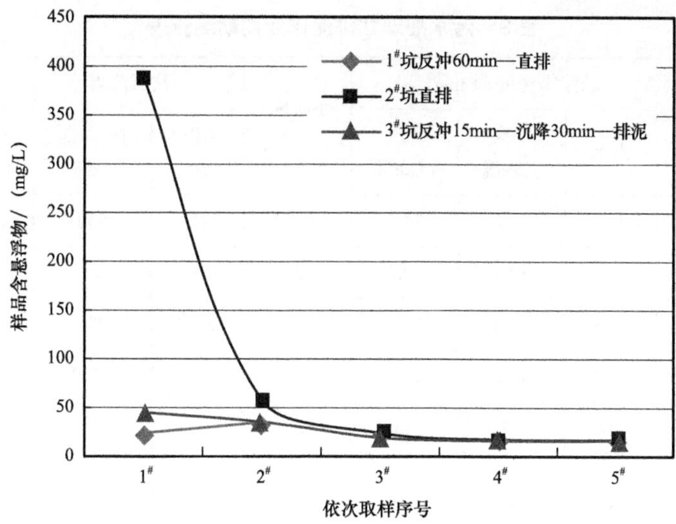

图 6　喇 170 泵抽排泥曲线图

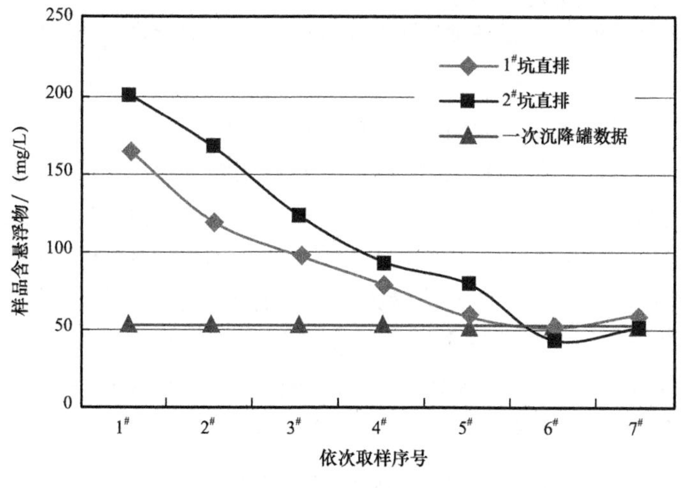

图 7　喇 410 泵抽排泥曲线图

二是确定排泥周期。通过利用沉降罐排泥公式的理论推导与计算，初步确定了现阶段水质各个沉降罐的排泥周期。从沉降罐产泥情况可看出，悬浮物去除效果好的污水储罐，排泥周期较短。反之则较长。污水处理站排泥作业周期测算表见表 3。

$$S=(C_0+KD)Q\times10^{-6}$$

式中　S——干泥量，t/d；

C_0——原水悬浮固体设计取值，mg/L；

D——药剂投加量，mg/L；

K——药剂转化成泥量的系数；

Q——设计规模，m^3/d。

表 3 污水处理站排泥作业周期测算表

序号	站名	悬浮物含量 /（mg/L）			处理量 / $10^4m^3/d$	一次沉降罐		二次沉降罐	
		来水	一次沉降罐	二次沉降罐		体积 / m^3	时间间隔 / d	体积 / m^3	时间间隔 / d
1	喇 170 污	94.3	71.2	34.7	1.3	245.3	530	190	220
2	喇三污	127	89.7	32.3	2	173.1	75	92.9	50
3	喇 600 新污	48.9	35.4	19.3	1	207.6	990	141.7	430
4	喇 410 污	51.4	41.2	34.5	1	207.6	1320	141.7	790
5	喇 270 污	116	82	43	1.03	245.3	450	141.7	200
6	喇二污	79.4	55.7	51.9	2.75	401.9	160	196.9	425
								160.1	575

注：（1）表中排泥间隔时间按照 0.5m 的泥厚计算。

（2）排泥间隔周期应根据水质的实时变化进行调整。

（3）个别储罐排泥周期过长，主要是悬浮物拦截效果差、污泥沉积少导致。具体实施周期宜以生产管理周期为准。

（3）过滤节点提升污水过滤罐内滤料的反冲洗效果。

① 该技术主要是通过优化调整过滤罐变频反冲洗的参数，以改善滤料再生能力，达到提高过滤效果的目的。开展“一站一参数”的反冲洗参数优化试验。逆向从反冲洗第三阶段开始设定不同的强度和时长，优选出效果最明显的组合。依次完成第二和第一阶段试验后，可得出三个阶段的运行参数，该参数即为当前水质条件下最佳反冲洗参数。

以喇 400 污水处理站为例，三个阶段的参数优化后，将反冲洗参数与优化前进行对比，含油去除率由 10.2% 提升至 75.1%，含悬浮物去除率由 38.4% 提升至 51.2%，水质得到较大的改善。各阶段滤罐优化前后去除率对比见表 4。

表 4 各阶段滤罐优化前后去除率对比表

阶段		反冲洗参数		滤罐进口		滤罐出口		去除率 /%	
		强度 / m^3/h	时间 / min	含油 / mg/L	悬浮物 / mg/L	含油 / mg/L	悬浮物 / mg/L	含油	悬浮物
第三阶段	优化前	850	3	119.5	29.9	107.8	17.6	10.2	38.4
	优化后	890	5	123.9	39.0	89.2	31.1	28.0	20.3
第二阶段	优化前	750	2	119.4	41.8	72.4	30.8	39.4	26.2
	优化后	710	3	124.9	41.7	73.6	28.7	41.1	31.2
第一阶段	优化前	600	2	102.4	27.4	41.8	23.0	69.2	16.1
	优化后	600	3	114.9	36.9	28.6	18.0	75.1	51.2

② 开展提温反冲洗工艺优化运行试验。该技术通过提高反冲洗温度，强化滤料反冲洗效果，进而提高滤料的纳污能力。滤罐提温反冲洗即利用加热炉将净化水加热至40～60℃再进行反冲洗。因该工艺在采油三厂取得良好的应用效果，喇嘛甸油田利用产能实时机在喇 291 三元污水处理站、喇 600 聚合物驱污水处理站设置了该工艺，以期提高滤罐清洗效果。

一是提温反冲洗最佳温度。在喇 291 三元污水处理站提温反冲洗试验中，水温为60℃时，去除率明显高于其他温度。反冲洗 6h 后，去除率出现明显高点。60℃时除油率为 77.8%，除杂率为 68.14%。喇 600 污水处理站提温反冲洗试验中，56℃时去除效果最好，除杂率和除油率分别在第 3 天和第 4 天达到峰值。喇 291 污 3# 罐不同温度除油率和除杂率如图 8 和图 9 所示。

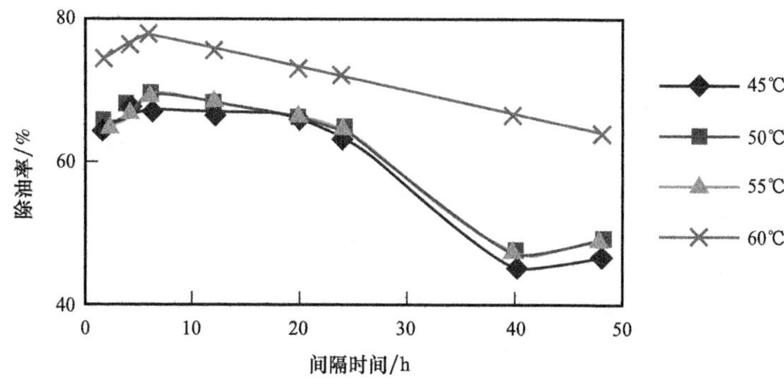

图 8　喇 291 污 3# 罐不同温度除油率

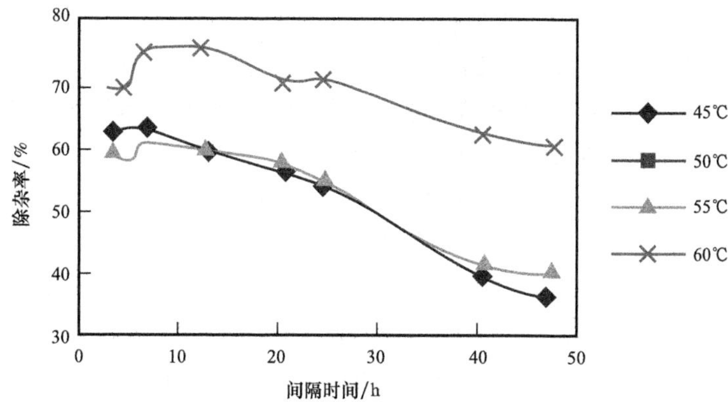

图 9　喇 291 污 3# 罐不同温度除杂率

二是提温反冲洗最佳周期。喇 600 污提温反冲洗中，2# 和 3# 滤罐压差在 5 天后达到平常水平，暂认为有效周期为 5 天。喇 600 提温反冲洗除油率和除杂率变化情况如图 10 和图 11 所示。

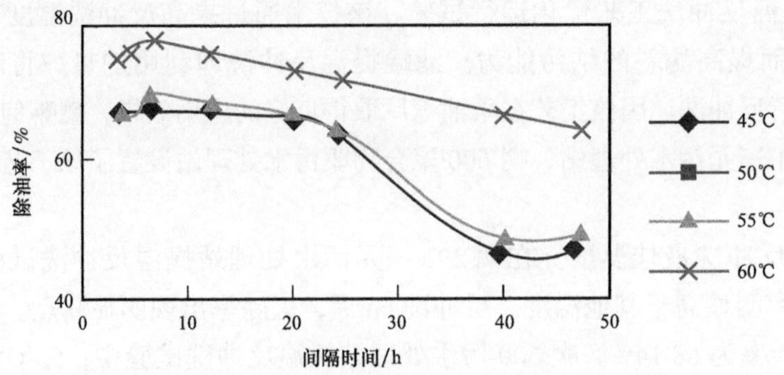

图 10　喇 600 提温反冲洗除油率变化情况

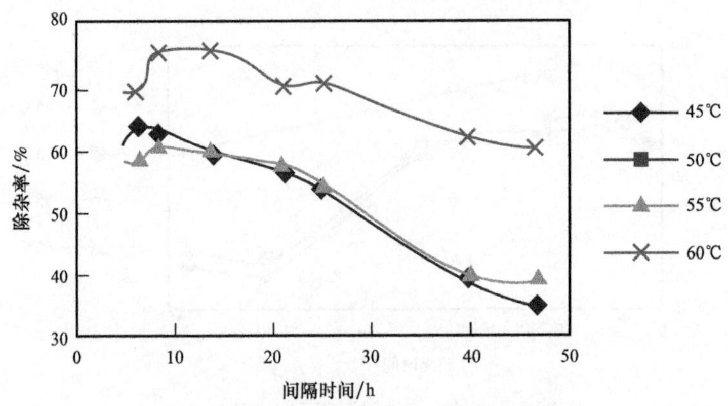

图 11　喇 600 提温反冲洗除杂率变化情况

（4）外输及回注环节确保细菌达标。

针对外输及回注环节细菌含量超标，严重影响污水外输水质的问题，开展了污水处理站杀菌剂优化系列研究。针对外输节点细菌达标率低，药剂成本压力大等问题，研究分析了细菌生存环境、对多种杀菌技术联用进行验证，结合不同加药模式产生的加药效果，以确保污水处理站外输、注水站、配水间、井口 4 点达标。

一是确定相关杀菌参数。确定细菌在地面系统中的分布规律，确定细菌适宜生存环境，杀菌剂的优选在喇 I-1 区域分析了 11 个污水处理节点 SRB 的含量，认为以储罐为主的大体积、低流速、易产生淤泥的设备是细菌繁殖区域，SRB 最高达到 2500 个 /mL。通过室内试验分析了油和悬浮物等 5 种因素对 SRB、IB 和 TGB 含量的影响，认为含油高、温度适宜且缺氧的条件是细菌适宜生长环境。其中含油量与细菌增长正相关，含油量越多，细菌增长越快；悬浮物与细菌增长正相关，细菌变化幅度小；矿化度与细菌生污明显关联；温度在 30～40℃区间时适宜细菌繁殖，35℃增长最快；含氧量 1.9～5.8mg/L 时，细菌增长负相关。

二是试验选取喇 I-1 深度污水区域，该区域具备污水流向单一、配套工艺完善的特点。研究结果表明，采用“LEMUP 物理杀菌装置 +5mg/L 化学杀菌剂”联合杀菌可以使

90% 的注水井细菌达标。

三是连续使用杀菌剂可产生药效存续期。喇 410 污水站 2mg/L 杀菌剂 15 天停药 3 天后，污水处理站与注水站细菌含量仍达标。分析认为在一定时间内连续投加杀菌剂，系统内已积累一定药效，即使停药，一段时间内仍能维持杀菌效果。该站投加 4mg/L 杀菌剂 7 天时，下游站库细菌含量超标；继续投加至 15 天后，下游达标。推断连续投加杀菌剂 7～15 天可形成药效存续期。

四是采用“污水处理站 + 注水站”两点投加方式，细菌达标点位多于污水处理站单点投加。认为采取“污水处理站达标，注水站控制”的两点投加模式可有效抑制污水处理站和注水站流速减缓区的细菌滋生，避免污水运移过程中水质二次污染导致的细菌反弹。

4　水质技术展望

4.1　来水环节

一是研究新型三相分离器控制原理，使设备高效运行。喇嘛甸油田部分站库采用高效分离器，该类设备的“界面调节器”可实现水室液面与分离沉降室界面的联动调节。其采用 U 形管联通原理，通过水位调节器调节水室中污水的溢流口高度进而调节分离沉降段的油水界面。

二是优化站库破乳药剂投加。一方面验证前点加药技术。目前喇嘛甸油田 46 座转油站中有 24 座未投加破乳剂，占比 52.17%。可开展转油站破乳剂投加的效果验证试验；同时可开展转油站三相分离器与外输两点之间的药剂投加效果对比试验。二是原油脱水站加药点的优化。常规水基破乳剂易溶于水，油水脱除中随水相作用，损耗大。可开展脱水站两点加药试验，以提高药剂作用效果。

三是合理优化站库的设备能力。一方面优化运行模式，提高沉降时间。运行备用设备，保证站库处理负荷低于 100%，极限负荷低于 120%，以满足实际处理需求。

4.2　沉降节点

一是完善设备能力，提高沉降效果。含聚浓度的改变将导致沉降时间不足。通过调查，有 6 座普通污水处理站含聚浓度达到聚合物驱标准。6 座污水站中外输水质不达标率为 83.3%。一方面应通过扩容改造提升处理能力。对于系统能力不足的站库，需通过改造增加沉降设备的处理能力。另一方面通过新技术探索扩容能力。论证气浮沉降、序批沉降等污水处理新技术的应用效果。

二是开展沉降工艺优化研究。开展斜板沉降的理论研究，着力以“浅池理论”为论证依据，研究斜板沉降的不适应问题。达到不扩容基础上提高设备能力的可行性。

4.3　过滤节点

一是开展移动式滤料在线清洗技术研究。针对不具备提温反冲洗工艺的滤罐，一旦出现滤料污染严重的情况。拟开展移动式滤料在线清洗技术研究。通过研究，可确定移动式在线清洗技术的工艺设置、运行参数等相关技术指标，为生产应急提供技术支撑。

二是开展连续砂滤技术验证试验。利用喇 600 新污已有的连续砂滤试验工艺，对比开展常规过滤技术与连续砂滤技术的对比试验。通过开展系列试验，可完善喇嘛甸油田连续砂滤技术的技术空白，为改扩建项目中过滤技术的选择提供备选方案。

4.4 外输及回注节点

一是引进先进有效杀菌工艺。通过引进、研究新型多种工艺技术的联合杀菌模式是油田污水杀菌的大趋势。

二是科学投用化学杀菌药剂。化学杀菌作为油田污水杀菌的辅助工艺技术，是解决细菌超标的最后措施和手段。目前国内外越来越多倾向于杀菌剂的联合使用，在节约成本的同时降低微生物的抗药性。选择具有杀菌、缓蚀、阻垢等不同机理的药剂进行复配是未来的趋势。

5 结论

（1）油田水质提升工作是非常庞杂而系统性的工程，需全过程入手，各节点提高，有针对性、指向性地开展工作，方能找到污水处理的薄弱环节，为治理工作提供切入点。

（2）基于油田当前工艺现状，水质提升工作的重点在于各个处理环节的技术保障与精细化管理相结合。以技术为矛，精细管理为盾，方能实现逐点改善，全面提升。

（3）当前常规的污水处理工艺不能完全满足聚驱、化学驱开发的生产需求，急需储备新型的工艺技术。

油田采出水生化处理工艺优化

于　喆[1]　单慧玲[2]　任　坤[2]　吕祥斌[2]　张顺林[2]　朱　林[2]

（1. 中国石油吐哈油田公司开发事业部；2. 中国石油吐哈油田公司吐鲁番采油管理区）

摘　要　生化微生物污水处理技术是具有发展潜力的一种油田采出水处理技术，其除油率高，运行成本低，但生化反应检修难度大，费用高，时间长。本文通过对神泉采出水处理站新建生化反应的填料、曝气和排污进行了优化，优化后处理站水质全面达标，取得了较好的效果，在油田采出水生物膜接触氧化法处理工艺中值得推广应用。

关键词　油田采出水；生化；填料；曝气；排污

1　油田采出水“生物膜接触氧化法”处理工艺

生物膜法就是利用微生物群体附着在固体填料表面而形成的生物膜来处理采出水的一种方法。根据其所用设备不同可分为生物滤池法、塔式滤池法、生物转盘法、生物接触氧化法和生物硫化床法等[1]。根据 HJ 2009—2011《生物接触氧化法污水处理工程技术规范》生物接触氧化法是一种好氧生物膜处理方法，该系统由浸没于污水中的填料、填料表面的生物膜、曝气系统和池体构成，在有氧条件下，污水与固着在填料表面的生物膜充分接触，通过生物降解作用去除污水中的有机物、营养盐等，使污水得到净化[2]。而随着生物膜的不断增厚，逐渐脱落更新。

2　已建生化处理工艺存在的问题

（1）生化反应检修费用高：每 2～3 年会因曝气头损坏或池内淤泥堵塞需进行清池检修，单池检修费用为 60 万～80 万元。

（2）生化反应检修施工周期长，难度大，安全风险高：由于曝气头固定在池底，检修施工均为将池内水排尽后，拆除所有大梁、支架、填料、曝气管后，才能进行更换曝气头施工，施工后全部重新更换池内所有构件，施工时人员全程在含污水的水池内施工，施工安全风险大。

（3）生化反应配套不完善：生化反应内无排泥流程，大量脱落的生物膜易堵塞曝气头，堆积严重时厌氧反应加剧，易产生 H_2S 气体，存在一定的安全风险。

生化反应检修前状况如图 1 所示。

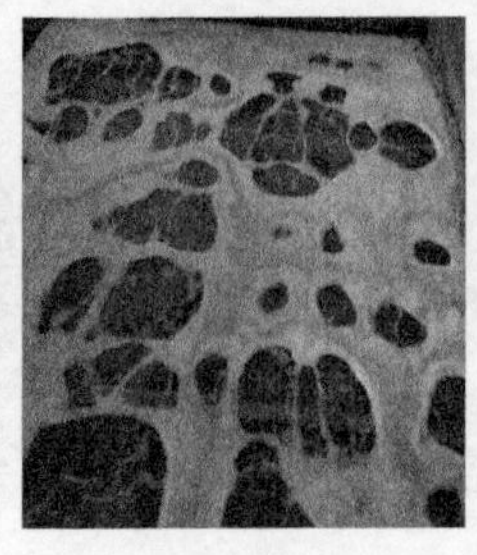

图 1　红莲采出水处理站生化反应池检修前状况图

3　新建生化反应工艺优化

3.1　填料集成模块化

将填料集成模块化，涵盖了挂件支架以及挂件填料，使之能够成为一个整体，一次吊装安装，另一次吊装拆除，并且保证内部构件无损坏，模块化设计模拟效果图如图 2 所示。主体结构材料由玻璃钢和 316L 不锈钢组成，承重结构采用玻璃钢和不锈钢双层横梁，利用玻璃钢的强度、硬度和抗腐蚀性作为工艺构件的主要材质，并承担静态载荷，利用不锈钢的抗拉强度和机械任性作为结构构件的主要材质，并承担动态载荷。

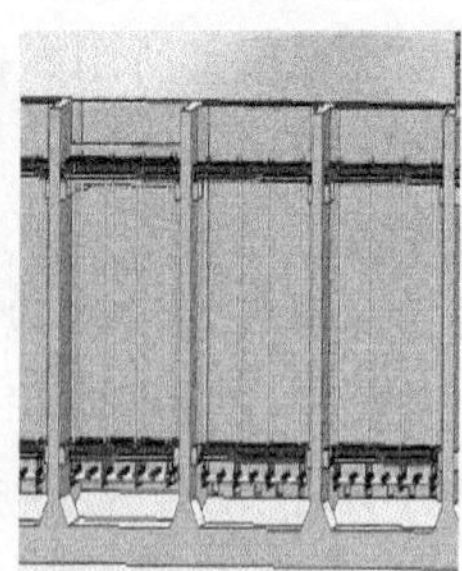

图 2　生化反应工艺填料集成模块化设计的模拟效果图

3.2　曝气分体优化

（1）曝气总管入池优化：将前期曝气总管设计由生化池底部入池改为由顶部入池，减少后期检修时清理生化池的工作量，可节约清池费用，大大降低了施工时安全风险。

（2）曝气总管与支管连接优化：使用速接头技术，在后期检修时仅将损坏的曝气管提出，轻松简易卸开此接头，即可实现检修曝气头施工，检修时无须清池，无须重新培养生物菌种，施工成本与风险大幅降低。

（3）支管与筒式曝气器连接优化：支管与筒式曝气器采用螺纹连接，安装简单方便，彻底改变了原曝气器的池底固定安装方式，极大地简化了前期施工安装和后期检修操作，增大了曝气大面积。

（4）曝气风机余热回收：在曝气风机出口增加水冷管线，循环出的热水进入过滤器清水反冲洗罐内用于过滤器滤料反冲洗。实际安装示意图如图 3 所示。

图 3　神泉采出水处理站生化反应池实际安装示意图

3.3　单槽排污优化

采用凹形积泥槽（图 4），排污管道单管对单槽（图 5），分区控制排泥（图 6），确保排泥彻底均匀，且每个排泥管道均加装了反吹扫系统（图 7），确保了排泥畅通，延长了沉淀池、生化反应池等处理池的检修周期。

图 4　排污凹形积泥槽

图 5　排污单行管道

图 6　分区控制排泥流程

图 7　排污管网反吹扫流程

4　应用效果

（1）填料模块和可方便拆装的曝气管在神泉采出水处理站首次应用，2017 年 7 月 19 日安装成功，试曝气一次成功。现场生化反应池内气泡均匀，辐射面积大，可充分保证生化反应池内曝氧量。曝气系统调节完成以后，池内的气泡基本可以保持在 1～3mm 的均匀气泡。生化反应池曝气状况如图 8 所示。

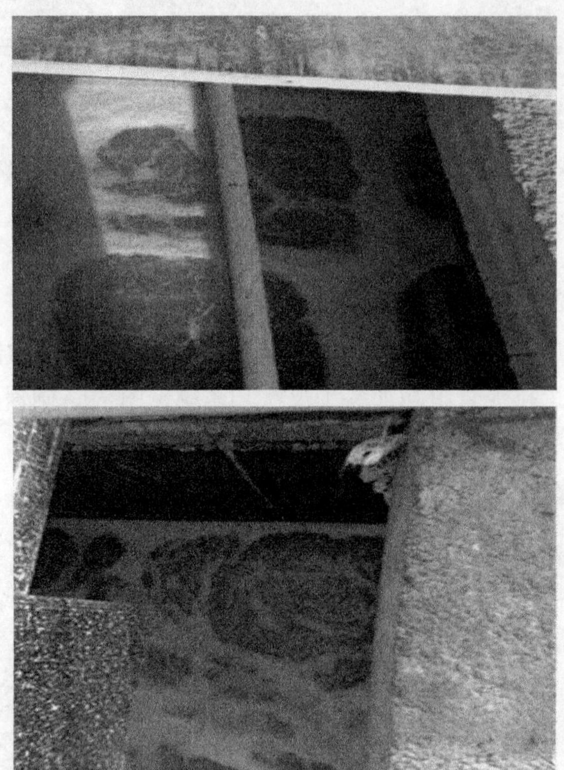

图 8　神泉采出水处理厂生化反应池曝气状况图

（2）生化反应池出口含油为“未检出”，除油效果显著。生化后端的沉淀池和缓冲池出口机械杂质含量稳定，目标出水悬浮物含量指标为小于 20mg/L，目前悬浮物含量平均为 13mg/L。生化反应池出口含油变化曲线如图 9 所示，沉淀池与缓冲池出口机械杂质含量变化曲线如图 10 所示。

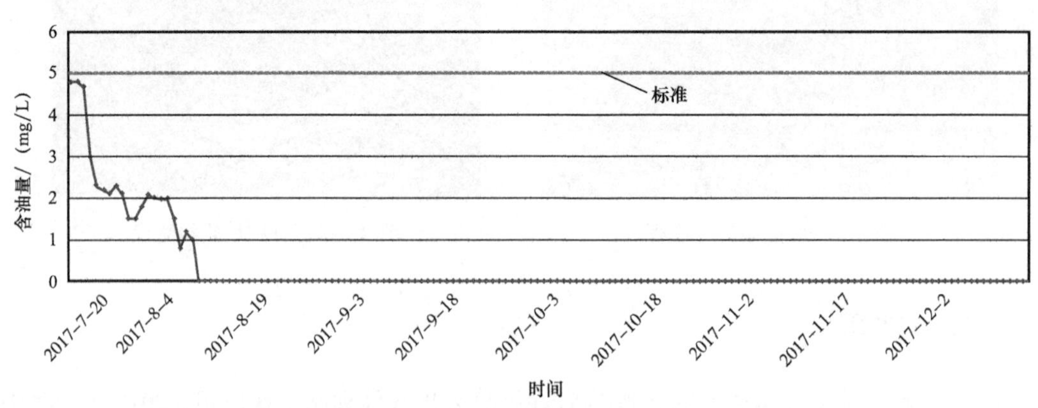

图 9　生化反应池出口含油变化曲线图

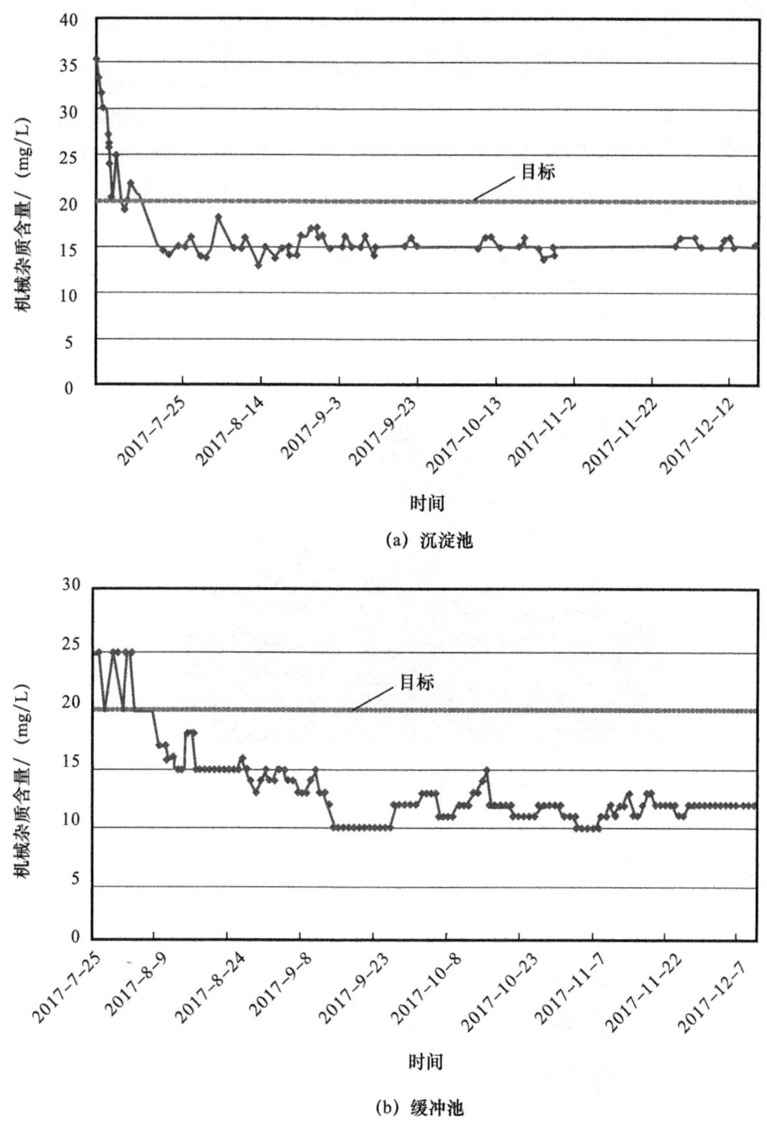

（a）沉淀池

（b）缓冲池

图 10　沉淀池与缓冲池出口机械杂质含量变化曲线

（3）在曝气风机出口增加余热回收管线，不仅解决了风机出口温度超高停机的问题，保证设备的高效运，同时将回收的热水用于滤料的反洗，提高了滤料的反洗效果。生化反应池曝气风机余热回收改造及温控图如图 11 所示。

（4）装置整体水质效果显著：含油达标率 100%，悬浮物含量达标率 98%。水质达标率由 66% 上升至 99%，提高了 33%。生化反应池单池检修费用下降 70%，检修时间缩短 56%。水质达标变化率如图 12 所示，单池检修费用和检修时间变化如图 13 所示。

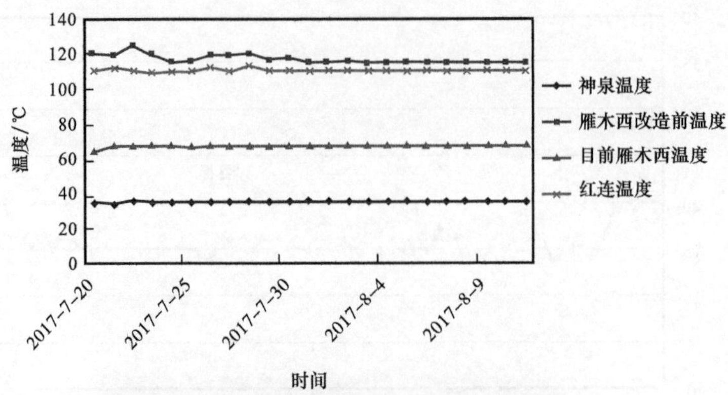

图 11　生化反应池曝气风机余热回收改造及温控图

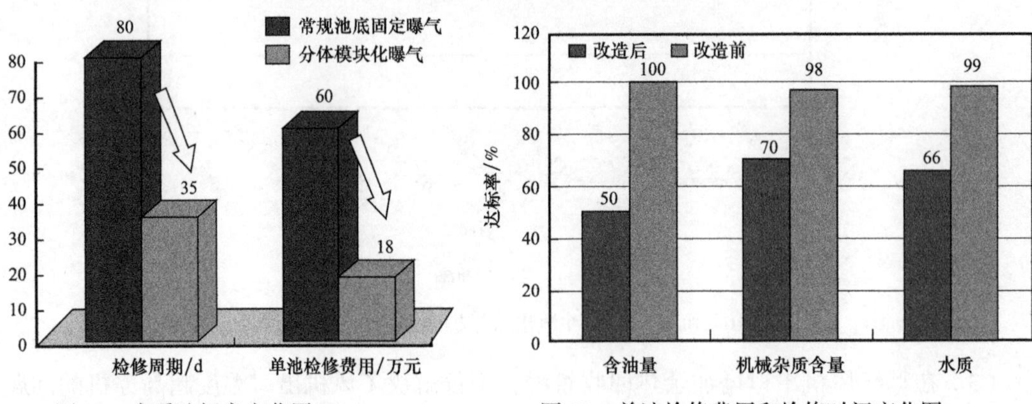

图 12　水质达标率变化图

图 13　单池检修费用和检修时间变化图

5　结论

（1）凹形积泥槽设计和排泥单行优化，可在吐哈油田采出水处理系统中推广应用，为今后油田采出水处理改造提供了技术支撑和实践经验。

（2）生化反应池中填料集成优化和曝气分体优化，满足了生化反应池的曝气和检修的要求，后期维护可实现不停产检修，低风险、低成本，检修过程安全可靠。该设计为吐哈油田首创，是污水处理专利技术，在油田同类生化处理工艺新建工程中具有较好的推广应用价值。

参考文献

[1] 杨家新.微生物生态学[M].北京：化学工业出版社，2004：143–144.

第二部分

常规水驱开发水质提升高效处理技术

油田采出水处理新技术和新设备

朱景义[*1]　谢卫红[1]　张维智[2]　李　冰[1]

（1. 中国石油规划总院；2. 中国石油勘探与生产分公司）

摘　要　本文分析了“十二五”以来中国石油各油田工程应用的采出水处理新技术和新设备，对新技术和新设备的应用情况进行了介绍，分析和总结了主要特点及应用效果，给出了主要运行参数、建设投资和运行费用，提出了适用条件，并说明了存在的问题，以此希望进一步推动采出水处理新技术和新设备的应用，实现油田采出水处理系统提质增效。

关键词　油田采出水；高效过滤器；流砂过滤器；中空纤维膜；水质；提质增效

目前油田采出水处理系统总体运行平稳，中国石油各油田综合水质达标率达 95% 以上。然而采出水处理系统也存在一些问题，如流程过长、药剂投加量大、占地大以及泥量多等[1]，造成建设投资和运行成本较高，给油田开发和生产带来了许多困难。近年来为建设绿色油田，各油田探索并工程应用了多项采出水处理新技术和新设备，这些技术和设备在缩短流程、降低费用、减少泥量等方面具有特点和优势，对油田水系统提质增效起到了积极推动作用。

1　主要类型及应用情况

“十二五”以来，中国石油各油田工程应用的采出水处理新技术和新设备主要有高效过滤器、SSF 悬浮污泥处理技术、流砂过滤器、硅藻土过滤器、生物处理技术、中空纤维膜、金属膜和陶瓷膜等 8 项。

从数量上来看，应用采出水处理新技术和新设备的站场有 90 多座，占比 14%，其中高效过滤器、生物处理技术、SSF 悬浮污泥和中空纤维膜应用相对较多。从设计规模和实际处理水量来看，新技术和新设备的应用占比均在 6% 左右，相对比例略低。

2　主要特点及应用效果

2.1　高效过滤器

油田采出水处理通常需要投加絮凝剂、助凝剂等大量化学药剂，吨水药剂费为 0.2～1.8 元 /m^3，既增加了运行费用，又产生了大量污泥，带来了一系列环保问题。近年来一些油田开始探索通过强化纯物理处理过程，以减少药剂用量和泥量，甚至在来水条件较好水驱稀油区块实现了不加药处理，取得了较好的效果。

各油田强化纯物理处理、减少药剂用量的核心工艺是自然沉降+高效过滤，流程上设置自然沉降罐和高效过滤器（通常设一级，少量站场设二级）。自然沉降罐水力停留时间（HRT）一般为4～8h，较常规水驱采出水处理略有增加。高效过滤器目前为专利新型设备，由相关厂家供货，一般合成了微浮选、聚结和过滤等功能。通过设置进水管道溶气、罐顶回流排污、滤料体外搓洗和填充聚集材料等手段，减轻了滤料污染，强化了滤料清洗，提高了过滤效率。目前高效过滤器已在20多座站场应用，日处理水量超过$6\times10^4m^3/d$，出水水质达到了相应的注水要求，处理效果明显好于常规过滤器，部分区块实现了不加药处理。

现阶段高效过滤器进水水质应控制含油和悬浮物含量均≤100mg/L；由于破乳能力不足，乳化油含量宜≤20mg/L。出水水质可达含油和悬浮物含量均＜10mg/L。高效过滤器一般橇装化布置，占地较少，滤料清洗效果好，反冲洗周期一般为48～72h。运行费用主要是电费，为0.1～0.2元/m^3。

高效过滤器适用于水驱稀油采出水处理，处理效果优于常规过滤器。存在的主要问题是目前受专利保护设备费用较高，此外易受负荷冲击、影响出水水质。

2.2 SSF悬浮污泥处理技术

SSF悬浮污泥（Suspended Sludge Filtration）过滤是在具有特殊结构的上流式净化装置内进行的。通过加入药剂在装置内形成平衡稳定的悬浮污泥层，进水由下向上穿过污泥层时，油和悬浮物在碰撞、吸附和网捕等共同作用下被拦截去除，实现采出水净化。

SSF悬浮污泥水处理的主要流程是前端设缓冲罐，出水经泵提升进入SSF悬浮污泥净化器，出水可直接外输注水或进行深度处理。处理过程一般需要投加净水剂（通常为膨润土）、絮凝剂（通常为聚合铝盐）和助凝剂（聚丙烯酰胺）三种药剂，理论加药量分别为60mg/L、30mg/L和0.8mg/L。

SSF悬浮污泥处理技术主要用于水驱采出水处理，净化器进水含油≤100mg/L，悬浮物含量无限制；出水含油和悬浮物含量为1～10mg/L。水力停留时间（HRT）一般为1h，排泥周期为24～48h。运行费用主要是药剂费，为0.60～1.30元/m^3，电耗约0.20元/m^3。此外由于排泥量大，污泥处理费也较高。

SSF悬浮污泥处理效果相当于混凝沉降和一级过滤，处理精度较高，占地小，流程短。但药剂投加种类多、剂量大，导致泥量大，吨水成本较高。此外，悬浮污泥层易受水量瞬时变化冲击。在药剂效果良好、加药量可接受的情况下，SSF悬浮污泥适用于来水水质变化小、水量稳定的水驱采出水的除油和过滤处理。

2.3 流砂过滤器

流砂过滤器（Sand Flow Filter System）是移动床向上流连续过滤的简称。水从底部进入，向上流动并与砂质滤料接触，水中悬浮物质被截留，净化水从顶部出水堰排出。在过滤的同时，砂质滤料被气提至设备顶部的洗砂装置进行气水清洗，截留的杂质被洗脱，洗净后的砂由重力自上而下补充到过滤器中，完成整个洗砂过程。

流砂过滤器可作为一级过滤设备用于水驱和聚合物驱采出水，主要用于去除悬浮物，处理效果优于常规双滤料过滤器。建议常规水驱进水含油和悬浮物含量均≤100mg/L，出水含油和悬浮物含量可达到≤10mg/L。流砂过滤器设备造价与常规滤罐相当，不设反冲洗系统，总体投资低于常规过滤。运行费用主要是电费，比常规滤罐过滤电耗略低。

流砂过滤器连续进出水，无须停机反冲，处理效果好，占地面积小，可作为末端过滤设备用于聚合物驱水处理或要求出水水质含油和悬浮物含量≤10mg/L 的水驱采出水处理。

2.4　硅藻土过滤器

硅藻土过滤器是以粒径 10～30μm 的硅藻精土为主要介质，利用预涂膜截留去除水中悬浮颗粒和胶体等杂质的过滤设备。当水流通过涂膜层的水头损失达到某预定极限值时，停止过滤，进行脱膜，然后再重新开始新一周期涂膜及过滤。

硅藻土过滤器进口压力一般为 0.30～0.35MPa，推荐滤速≤3m/h，预涂膜量 0.8kg/m^2，通常 24h 反冲洗涂膜一次。进水需严格预处理，建议进水含油≤5mg/L，悬浮物含量≤10mg/L。出水水质含油≤2mg/L，悬浮物含量≤3mg/L，粒径中值≤2μm。运行费用主要是电费和硅藻土费用，电费为 0.1～0.2 元 /m^3，硅藻土费用约 0.05 元 /m^3。

硅藻土过滤器有效过滤面积大，占地小，出水水质优于常规精细过滤，基本达到“6mg/L、2mg/L、1.5μm”标准，可直接作为水驱低渗透区块的末端过滤设备使用。存在的主要问题是滤布易堵塞腐烂，需 3 个月清洗一次，每 12 个月更换一次；此外产生一定量的硅藻土，需人力清除，而且要有堆放场地。

2.5　生物处理技术

油田采出水生物处理主要是指针对油田采出水的特点，通过投加特种微生物菌群、提供适宜的生长环境，使特种微生物形成优势菌群，实现对采出水中各种有机物质的生物降解去除。

目前生物处理技术已在多个油田应用，应用类型主要分为两类：一类是作为“5mg/L、1mg/L、1μm”水质的预处理工艺与中空纤维膜组合使用，强化除油，降低进膜油量，延长清洗周期、提高出水水质；另一类是常规油田采出水处理，生物处理是处理单元之一，用于除油和悬浮物，可用于水驱也可用于聚合物驱，后续通常设置常规过滤器。

生物处理要求运行温度为 10～45℃，溶解氧含量≥2mg/L，水力停留时间（HRT）为 6～10h。投加的微生物菌群生物活性一般为 10^{11}～10^{14} 个 /g，启动时间一般为 7～10 天。进水水质 pH 值为 6～9，含油 20～300mg/L，悬浮物含量 50～300mg/L，硫化物含量≤50mg/L，含聚浓度≤500mg/L，矿化度≤150000mg/L。出水含油可低至 5mg/L 以下，悬浮物含量≤50mg/L。生物处理单方处理能力投资为 0.4 万～0.8 万元 /m^3，运行成本主要是电费和菌种费用，总运行费用为 0.7～1.2 元 /m^3，以电费为主。

与其他膜前预处理工艺相比，生物处理流程短、效率高，除油彻底，含油量可降至 5mg/L 以下，抗冲击负荷能力强，可有效控制膜污染问题。因此生物处理可作为低渗透和特低渗透区块的膜前预处理工艺。

生物处理用于常规水驱和聚合物驱采出水处理，存在造价高、流程长、系统充氧腐蚀严重、运行成本较高等一系列问题，建议慎重采用。

2.6 中空纤维膜

中空纤维膜是超滤膜（UF）的一种，是目前油田采出水处理中应用最多的膜过滤器。中空纤维膜外径 0.5～2.0mm、内径 0.3～1.4mm，水在中空纤维外侧或内腔加压流动，分别构成外压式或内压式过滤。常用的膜材料有聚砜、聚醚砜（PES）、聚偏氟乙烯（PVDF）、聚乙烯和醋酸纤维素等。

中空纤维膜进水温度范围为 5～40℃，pH 值范围 2～10，跨膜压差为 0.05～0.15MPa。进水应严格预处理，含油控制在 5mg/L 以下，对悬浮物无特殊要求，一般低于 20mg/L。中空纤维膜无法处理含聚水，应严格限制。出水水质可稳定达到“5mg/L、1mg/L、1μm”标准。中空纤维膜组件单方处理能力投资为 0.15 万～0.25 万元 /m^3。运行费用主要是电费、清洗费及换膜费用，为 0.8～2 元 /m^3。

中空纤维膜出水水质稳定，适用于水驱低渗透区块必须满足“5mg/L、1mg/L、1μm”标准的采出水处理末端过滤。目前存在投资和运行费用高、预处理要求高和占地面积大等问题。

2.7 金属膜

金属膜过滤器采用多孔高级不锈钢薄壁空心滤芯，材质以钛或不锈钢为主，制成空隙 1～100μm 的过滤设备，过滤形式为错流过滤，具有滤芯强度大、耐压性好、渗透性强、耐腐蚀性好、耐高温和不需化学再生等优点。

金属膜过滤器单台处理能力 300～5000m^3/d，膜组运行压力＜0.45MPa。对进水含油和悬浮固体含量要求较高，前段必须经过常规精细过滤，含油控制在 10mg/L 以下，悬浮物含量宜低于 20mg/L。出水水质基本达到“6mg/L、2mg/L、1.5μm”标准。金属膜过滤器设备单方处理能力投资约 800 元 /m^3，运行费用为 0.20～0.30 元 /m^3。

金属膜过滤器结构稳定、耐腐蚀性好，适用于水驱低渗透区块采出水处理的末端过滤。对进水水质要求较高，运行电耗稍高。

2.8 陶瓷膜

陶瓷膜是以孔隙率 30%～65%、孔径 1～20μm 的陶瓷为载体经多次高温烧结而成的一种不对称分离膜，呈管状及多通道状，管壁密布微孔，其主要成分为高纯氧化铝，俗称刚玉。陶瓷膜过滤是基于多孔陶瓷介质的筛分效应而进行的物质分离技术，是近几年采出水处理的研究热点，但目前大规模应用实例较少。

陶瓷膜采用错流过滤，错流比较高，部分在 10 以上，跨膜压差一般≤0.6MPa，综合产水率为 60%～70%。进水含油和悬浮物含量宜≤20mg/L，总矿化度宜≤10000mg/L，出水水质基本能够达到“5mg/L、1mg/L、1μm”标准，但受膜组孔径分布影响较大。膜组需定期反冲洗，反冲洗周期一般为 60min，长期运行后还需碱洗、酸洗、综合药剂清洗以及热洗等。运行费用主要是电费和药剂费，电费为 1.2～1.7 元 /m^3，运行费用约 3.0 元 /m^3。

陶瓷膜具有机械强度高、稳定性好、耐酸碱、使用寿命长等特点，出水水质较好，适用于水驱低渗透区块必须满足“5mg/L、1mg/L、1μm”标准的采出水处理末端过滤。但陶瓷膜也存在产水率较低、运行费用高以及现阶段大规模应用经验较少等问题。

3　结语

现阶段，在常规水驱稀油采出水处理可逐渐推广高效过滤器和流砂过滤器等新设备，在低渗透、特低渗透区块应进一步总结中空纤维膜的运行经验，并继续开展陶瓷膜过滤试验研究。按照油田提质增效的总要求，探索和应用采出水处理新技术和新设备，对降低单方建设投资和处理费用、提高系统处理效率，具有重要意义。

参 考 文 献

[1] 汤林，张维智，王忠祥，等. 油田采出水处理及地面注水技术［M］. 北京：石油工业出版社，2017.

新疆油田注水水质稳定控制技术应用

严 忠[1] 屈 静[1] 胡 君[1] 再拉甫·吾不艾山[1] 罗秉瑞[2]

（1. 中国石油新疆油田公司实验检测研究院；2. 中国石油新疆油田公司工程技术研究院）

摘 要 新疆油田部分区块，由于采出水存本身存在极其不稳定因素，加之配套处理工艺无法有效解决现有的问题，往往导致井口注水水质无法长期稳定达标。通过室内研究分析，确定了影响注水水质稳定性的主要因素，优化筛选应对措施，研制开发出合理的处理工艺和配套的新型药剂配方体系，为新疆油田长期稳定注水从而提高油田注水开发效果提供了技术保障。

关键词 注水水质；细菌；结垢；水质稳定技术

新疆油田随着油田开发难度的不断加大，油田注水是油田实现长期稳产高产的基础，也是提高油田采收率的有效途径。虽然，经过多年的潜心研究，新疆油田推广应用的“离子调整旋流反应法处理技术”[1]对油田污水的离子进行调整从而实现水质净化和稳定，外输水质合格率迈向一个新台阶，但是，确保注水井口回注水水质长期达标是件非常困难的事，究其原因不外乎有以下几个方面的因素：（1）长输管网存在二次污染现象，导致出站合格水在输送过程中遭到污染，注水井口处水中悬浮物、含油、细菌等参数含量超标；（2）外输水水质本身存在不稳定性，水中还有易氧化的还原性离子和存在较严重的碳酸盐自结垢趋势[2]，这些因素的存在，导致外输水在回注过程中易氧化成难溶于水的新生态的氧化产物和生成新生态的碳酸盐垢产物，这些产物的形成往往导致合格水中悬浮物含量呈现超标现象。针对上述存在的问题，国内研究人员做了大量的工作，也提出了较好的应对措施，但真正从根本上解决好上述问题，特别是确保低渗透非均质油藏的合格注水，尚没有成熟的处理技术可以借鉴。合理的处理工艺和配套的新型药剂配方体系的开发仍然是有效解决污水回注井口稳定达标技术研究的重点。

1 注水水质不达标存在主要问题剖析

通过多年现场调研结果，新疆油田部分区块注水井口回注水水质长期不达标，其影响因素主要有以下几个方面。

1.1 出站水质不达标的影响

（1）污水系统来液不稳定影响。

无论是新建站还是运行多年的“老站”，原油系统运行平稳，是下游污水系统运行质量稳定的关键，原油系统运行不稳定造成污水系统来液水质恶化（含油超标），将给配套药剂体系性能的发挥带来影响，最终导致净水水质稳定性变差，出站水质出现不达标现象。

（2）站内回掺水的影响。

多数处理站存在污泥池结构设计不合理，不利于污泥的浓缩沉降，加之现场压泥机不能正常运行时，污泥池内富集污泥无出路，只能随着上部出水“翻入”澄清池，继而又重新进入污水系统首端重力罐，这将导致系统内回掺水水质恶化，长时间运行将增大污水系统中各段处理设施运行负荷，同时也影响药剂体系性能的正常发挥，最终给净水水质稳定达标带来负面影响。

1.2　出站水质达标但井口水质不达标的影响

（1）注水管网存在二次污染现象。

这种现象易出现在“老站”和“老区块”，一般情况下，出站合格水在输送过程中遭到“不干净”管网的二次污染，往往造成注水井口处水中悬浮物含量、含油和细菌含量等参数含量超标。

（2）外输水水质稳定性较差。

个别油田含油污水中含有易氧化的还原性离子和存在较严重的碳酸盐自结垢趋势，这些因素的存在，将导致外输水在回注过程中易氧化成难溶于水的新生态的氧化产物和生成新生态的碳酸盐垢产物，这些产物的形成往往导致合格水中悬浮物含量呈现超标现象。

2　注水水质稳定性控制研究

2.1　污水系统来液稳定性的控制研究

2.1.1　控制原油系统来液的稳定性

针对一个运行较平稳的原油系统来说，按照惯例，每年的5—10月是原油上产的黄金季节，期间油田增产措施井的增多和日产液量的提高，给系统的正常运行带来一定的压力。加上大量的用于增产措施的化学药剂进入采出液中，给原油脱水带来一定的影响，常常表现出油水分离效果变差，污水系统前段来液含油“意外升高”，超出现用药剂的净化能力，快速破坏污水净化系统已建立良好的环境体系，在一定程度上影响处理后水质，特别是冬季水温偏低易影响药剂的处理性能，造成处理后水质无法保证长期稳定。

2.1.2　控制系统内回掺水质量

据现场考证，由于污水回参量的增加和回掺水质量（水中污泥量增加）下降，这样回掺水进入内循环后给污水系统正常运行带来的影响是显而易见的。絮体上浮原因，是因为大量回掺水中富集的“机械杂质”均为“老泥”，颗粒表面呈电中性，其形态多为极细小颗粒，极易高度分散在系统来水中，降低了混凝药剂的电中和性能，给含油污水的“脱稳”带来影响，净水水质不理想，往往表现在反应罐出口水中漂浮大量黑色颗粒，水中悬浮物和含油超标，水色灰暗，但是经过后段的沉降处理（大量机械杂质可通过重力沉降得到有效去除），外输出口水色较清亮，水中含油较少。

2.1.3 治理措施研究

如何预防上述现象的发生，有以下几种措施可以较好解决上述遇到的难题，进一步改善处理后水质。

（1）预处理工艺技术的应用。现场实践经验表明，预处理工艺技术的应用不仅给后端污水处理减轻压力，而且新增药剂的单位处理费用较低。配套预处理药剂的性能和投加工艺的选择是预处理工艺技术是否成功应用的关键。

（2）提高净水药剂的抗风险性能。所用药剂配方体系，应考虑在来水含油较高的情况下，能够增强絮体在流动过程中的抗剪切能力、加剧絮体的沉降速度。

（3）提高污泥质量。通过优化药剂配方和运行工艺参数，进一步提高污水系统净化过程中所形成的絮体密实性和沉降速度以及缩短泥水分离时间，在此基础上，还应减少污泥的产生量以及对污泥池的加强维护。

2.2 含油污水中还原性金属离子的去除方法研究

目前，能够有效去除油田水中 Fe^{2+} 和 S^{2-} 的实用措施包括物理、化学方法，需根据污水特性选用。

2.2.1 化学氧化方法

通过在污水中投加一定量的化学氧化剂，使 S^{2-} 和 Fe^{2+} 得到充分氧化，形成 S 和 Fe^{3+}，在净化过程中随污泥排出系统。

优点：见效快、成本较低，对二价铁和硫化物均有效。

缺点：加药量的精确控制困难，在污水中 S^{2-} 和 Fe^{2+} 浓度变化大时，难以实现按需加药。过量投加会产生腐蚀，还会使絮体变得松散；加量不足则去除不彻底。

2.2.2 化学沉淀方法

通过在污水中投加碱，使 Fe^{2+} 形成 $Fe(OH)_2$，在净化过程中随污泥排出系统，只对二价铁有效。

优点：方法简便，对硫酸盐还原菌有杀灭作用。

缺点：水中碱度（碳酸氢根离子）也消耗碱，加碱量大，要彻底去除 Fe^{2+}，pH 值必须控制在 10 以上，结垢加重。

2.2.3 空气氧化法[4]

通过射流曝气装置，将空气引入污水中，利用空气中的氧气将水中 S^{2-} 和 Fe^{2+} 氧化成 S 和 Fe^{3+}。

优点：操作简便、成本低廉，适应浓度范围宽，兼有除油作用。因气体溶解度小，氧气不易大量过量，并易被微生物消耗。

缺点：前期需投入一定资金，购置相应的设备。对罐内沉降环境有一定干扰，曝气口的位置选择是关键。

2.3　污水结垢控制方法研究[3]

新疆油田含油污水结垢产物多以碳酸盐产物为主，要抑制 $CaCO_3$ 的结垢，有几种基本的途径：降低结垢离子的含量、投加阻垢剂、进行 pH 值控制、磁化处理等，其中最彻底的当属去除结垢离子。

2.3.1　投加阻垢剂或防垢剂

投加阻垢剂或防垢剂是油田控制结垢通常的做法。投加阻垢剂或防垢剂可以延长反应的诱导期，并且降低晶核生长的速率，在一定程度上阻止结垢的发生，并可以改变结垢物的形态，使之不形成硬垢。对注水系统和井下结垢的控制是有效的。但不能消除结垢反应的化学推动力，产生的结垢产物会增加注入水的悬浮物含量，堵塞低渗注入层。

优点：操作简便、成本较低。

缺点：结垢的抑制作用是有限的和有条件的。

2.3.2　适量加酸进行 pH 调节

对碳酸盐结垢是有效的，在工业循环水系统广泛应用。

优点：操作简便、成本较低。

缺点：产生额外的腐蚀，必须采取措施加以控制。

室内利用 ScaleChem 结垢软件，模拟地层条件，考察不同浓度 CO_2，含油污水中碳酸盐结构趋势。室内试验结果如图 1 所示。

上述实验结果表明，利用水中碱度，适量加酸进行 pH 值调节，产生 CO_2 86mg/L，污水碳酸钙结垢量从 138mg/L 降为 0。

2.3.3　水质软化（脱钙）技术

在污水中投加复合碱，破坏污水中的化学平衡，使 HCO_3^- 不断地离解为 CO_3^{2-} 和 H^+，CO_3^{2-} 与 Ca^{2+} 反应生成 $CaCO_3$，Fe^{3+} 和部分 Fe^{2+} 与 OH^- 生成 $Fe(OH)_3$ 和 $Fe(OH)_2$，在净化过程中与污水中的悬浮颗粒一同形成污泥排出系统。

优点：操作简便、成本较低，从源头上控制系统结垢量并可减少水中 Fe^{2+} 浓度。使污泥沉降速度大大加快，兼有对硫酸盐还原菌的抑制和对腐蚀的控制作用。

缺点：污水罐结垢加重（需要采取措施加以控制）、系统泥量加大、脱除效率易受污水含油影响。室内试验结果如图 2 所示。

由图 2 结果可以看出，采用脱钙预处理净化水，在常压、20～80℃碳酸钙结垢趋势明显得到改善，与现场来液相比，投加 100mg/L 脱钙剂预处理净化水，在 30℃条件下，水中碳酸钙结垢量分别降低约 150mg/L，其碳酸钙脱除率约为 60%。这一结果进一步验证了上述理论依据的科学性。

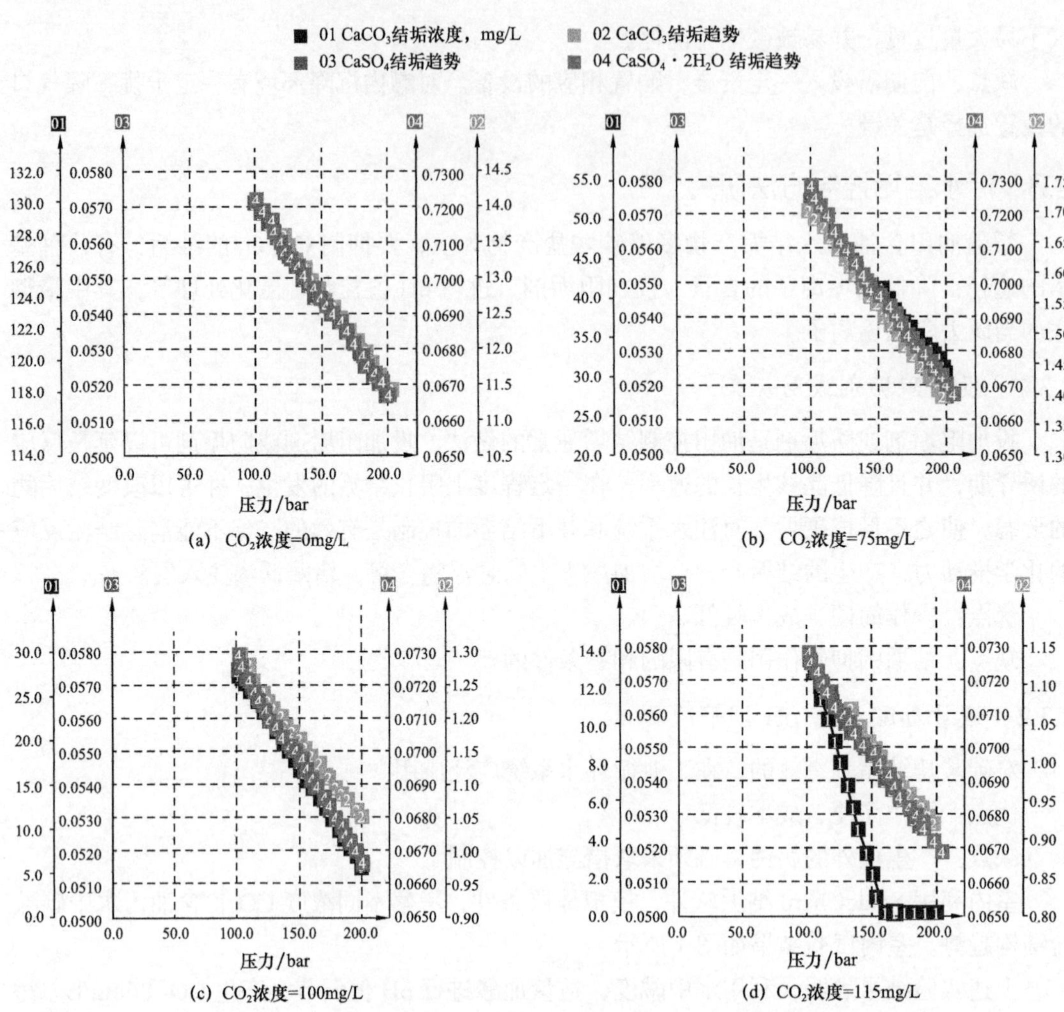

图 1　投加不同浓度 CO_2 后水中碳酸盐结构趋势变化情况

2.4　电解杀菌技术应用研究[5]

目前部分油田新建污水处理站均采用“电解食盐水”杀菌方式，经室内分析研究只要控制水中余氯在 0.3～0.8mg/L，保证出站水细菌达标完全没有问题，并不会显著增加腐蚀。但此杀菌技术的应用有很多技巧，如果加药位置的选择、余氯的浓度控制不当，不但会影响杀菌效果，还会带来许多负面影响。

（1）水中还原性物质会消耗大量的有效氯，油田水中主要为 Fe^{2+}、硫化物以及部分缓蚀剂和阻垢剂等，应避免在污水中直接投加。根据室内研究结果，10mg/L 的 Fe^{2+} 或 5mg/L 硫化物可将水中 10mg/L 的有效氯完全消耗，导致杀菌失败。

（2）离子浓度余氯浓度过高，加重设备的腐蚀，如果在反应器前投加，还会对絮体的密实性产生不良影响，使絮体变得松散，严重时，甚至无法絮凝，影响后段絮体的沉降和过滤效果。最终影响到外输水悬浮物含量和含油量的达标。

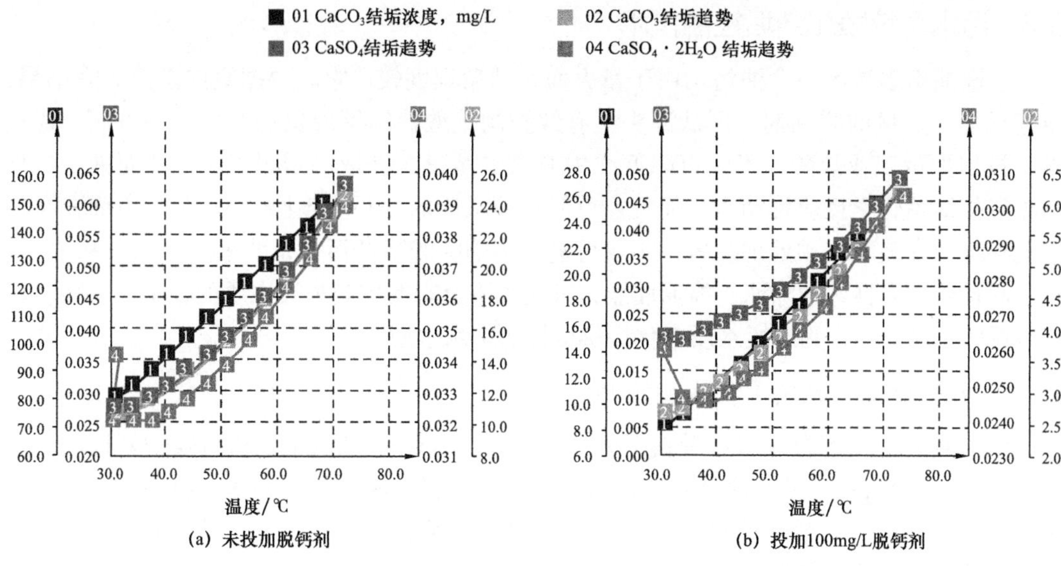

图 2　投加不同浓度脱钙剂后水中碳酸盐结构趋势变化情况

（3）杀菌效率随温度升高而增加，随 pH 值升高而降低。

3　新疆油田注水水质稳定技术应用

3.1　原油处理系统结垢控制技术

按照原油处理系统以防为主的总体思路，结合室内评价结果，原油系统以投加阻垢剂的方式控制结垢的发生。为了尽可能扩大阻垢剂的受益面，减小原油处理系统的整体结垢程度，阻垢剂的投加点前移，最好设在原油系统来液端（分线的管汇处），并采用连续投加的方式，加药浓度按来液量控制在 10～15mg/L，现场实施时可采用从高到低的方式逐渐优化加药浓度。具体实验结果见表 1。

从评价结果可以看出，PBTCA 阻垢剂在不同温度下均能表现出良好的阻垢效果。在恒温 72℃下，可将碳酸钙结垢量从 146.52mg/L 减小到 34.32mg/L。

表 1　阻垢剂对减少现场污水结垢的效果

试验样品	碳酸钙结垢量 /（mg/L）					
	24h		48h		72h	
	45℃	72℃	45℃	72℃	45℃	72℃
现场系统 700m^3 出口样	27.82	97.52	36.98	142.08	41.25	146.52
现场系统 700m^3 进口样 +15mg/L PBTCA	0	18.05	1.80	30.28	7.45	34.32

3.2 污水系统净化结垢控制技术

新疆油田多数区块含油污水由于量大而且结垢程度较严重。根据室内多次研究结果，通过投加一定量的脱钙剂，可从源头上有效控制碳酸盐结垢现象的发生。一方面，通过再次投加少量工业盐酸，不仅可降低水中 HCO_3^- 浓度，获取一定量 CO_2，从而进一步抑制碳酸盐结垢化学反应推动力，而且还可使外输水质的 pH 值变化较小；另一方面，在污水沉降罐中安装曝气预处理装置，不仅可进一步消除和降低污水系统来液中 Fe^{2+} 和 S^{2-} 含量，而且还具有良好的除油、控油性能，可从源头上有效控制来液水质的稳定性，减轻药剂体系的抗风险性，为后段水质净化提供良好的来水水质。

3.2.1 水质软化（脱钙）技术的应用

针对某处理站混合污水中等偏下钙离子含量（280～300mg/L）和高碳酸氢根离子含量（900～1000mg/L）的水质特点，通过在净水过程投加脱钙剂的办法，将净水与脱钙有机地结合在一起，有效降低 Ca^{2+} 含量，从而减小结垢的化学推动力，减少碳酸钙垢的生成量。其试验结果见表 2。

表 2 含油污水脱钙前后常规水质分析

检测项目		脱钙前水质	脱钙后水质	脱钙后水质	脱钙后水质
离子含量 / mg/L	CO_3^{2-}	0.00	0.00	0.00	0.00
	HCO_3^-	929.35	625.44	525.23	470.66
	Cl^-	4753.11	4689.27	4722.51	4719.11
	SO_4^{2-}	71.36	69.87	71.59	69.52
	Ca^{2+}	286.16	179.96	160.93	127.21
	Mg^{2+}	48.60	38.92	30.77	27.88
	K^++Na^+	3241.02	3154.79	3157.63	3156.45
矿化度 /（mg/L）		8864.93	8445.53	8406.05	8335.50
pH 值		7.27	7.69	7.89	7.96
水型		$NaHCO_3$	$NaHCO_3$	$NaHCO_3$	$NaHCO_3$
脱钙率 /%		0	37.11	43.76	55.55
脱钙剂加量 /（mg/L）		0	100	200	300

表 2 结果表明：投加不同浓度的脱钙剂后，净化后水中的钙离子、镁离子及碳酸氢根离子含量有明显的降低趋势，净化后水中主要成垢离子以碳酸钙、氢氧化镁形态沉淀在污泥中并排除污水系统之外，促使系统后段水中成垢离子含量得到有效地降低，也就是说从根本上降低系统后段注水管网中结垢因子的化学推动力，在一定程度上确保污水地面系统水质长期稳定。

3.2.2 曝气脱硫技术的应用

现场采用射流曝气装置在某采油厂污水系统进行了现场脱硫中试，外输泵出口污水含硫去除率由 60.8% 上升到了 94.9%，净水水质的稳定性得到提高，具体试效果见图 3 和图 4 及表 3。

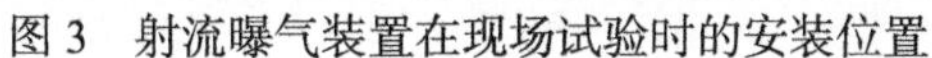

图 3 射流曝气装置在现场试验时的安装位置

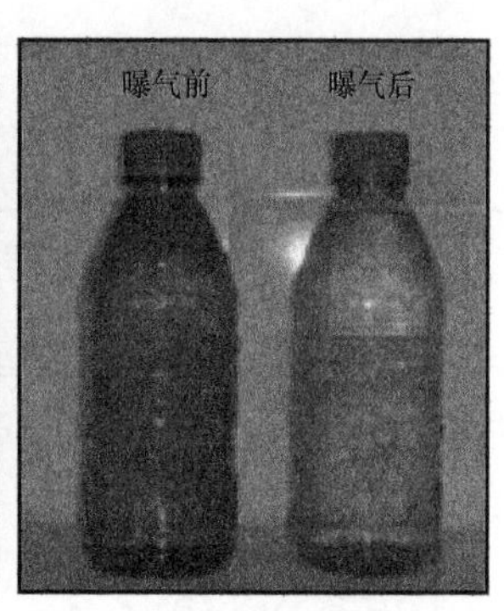

图 4 曝气前后现场含油污水水色对比

表 3 脱硫效果对比情况

监测点		空白	试验期间	
			反应缓冲罐单罐运行	反应缓冲罐双罐运行
H_2S 含量 / mg/L	重力沉降罐出口	7.4	5.9	3.8
	反应缓冲罐出口	7.0	0.9	1.2
	反应罐出口	6.8	0.7	0.8
	外输泵出口	2.9	0.3	0.5
含硫去除率 /%		60.8	94.9	86.8

3.3 电解杀菌和腐蚀控制工艺技术

为了确保注入水井口细菌含量达标和减轻站内污水处理工艺设施及注水管网腐蚀程度，电解杀菌剂投加点的设置依据：第一，避免因杀菌剂的投加影响水中絮体的形态；第二，减小杀菌剂因水质恶化带来的消耗；第三，若采用电解杀菌集输，可将余氯投加点分别设置在污水系统前端和喂水泵入口处，一方面利用其强氧化性，除去系统来水中的还原性离子，另一方面，避免无谓的消耗，在较低的浓度下发挥良好的杀菌性能，考虑到余氯在长输管线应用的局限性，可投加少量的季铵盐杀菌剂，避免因管网二次污染导致细菌“复活”现象的发生。

缓蚀剂投加点的设置依据：考虑到水中余氯对系统管网的侵害性，为尽可能避免和减轻上游管网的腐蚀程度，把其加药点后移，这样既可以不影响水质的净化效果，又可以保障注水系统水质的稳定性。具体试验结果见表 4。

表 4　系统外输泵出口、注水站细菌含量、pH 值、瞬时腐蚀率检测结果

取样点	余氯含量 / mg/L	pH 值	瞬时腐蚀率 / mm/a	总铁 / mg/L	细菌含量 / （个 /mL）		
					SRB	TGB	FB
来水	0	8～8.2	0.13～0.15	2～3	＞10^4	＞10^4	＞10^4
外输泵出口	0.5～0.7	7.9～8.2	0.14～0.17	2～3	0～25	0～25	0～25
注水站	0	8～8.2	0.13～0.14	2～3	6～25	25～100	25～250

注：电解液 ClO^- 浓度可维持在 5.8～6.2g/L。

上述结果表明：装置运行平稳期间，控制出口水中余氯含量维持在 0.5～0.7mg/L，水中细菌基本上被杀死。试验期间注水站出口水中余氯含量略有降低，水中细菌含量略有增加，但基本达标。

3.4　污水过滤技术

目前新疆油田采出水处理中常采用的过滤器主要有双滤料过滤器和改性纤维球过滤器，其中双滤料过滤器一般用作一级过滤，按填装的滤料分，有“无烟煤 + 石英砂”和“核桃壳 + 石英砂”，前者除悬浮物能力强，后者除油效果较好，但是控制颗粒粒径能力差。一级过滤精度基本可以达到悬浮固体含量≤3.0mg/L，悬浮物粒径中值≤3.0μm。改性纤维球过滤器由于过滤精度高，一般用作二级过滤，过滤精度可达 2μm 及以下。具体试验结果如图 5 和图 6 所示。

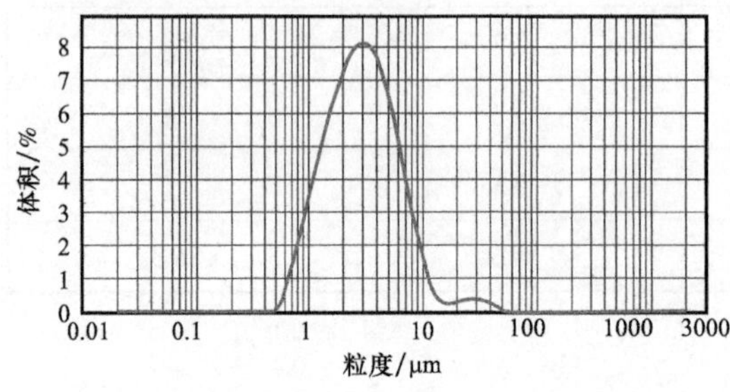

图 5　现场一级过滤器进口净化水中粒径分布

注：七东 1 混合出口 2008-08-18 取样，2008 年 8 月 19 日，11：12：39

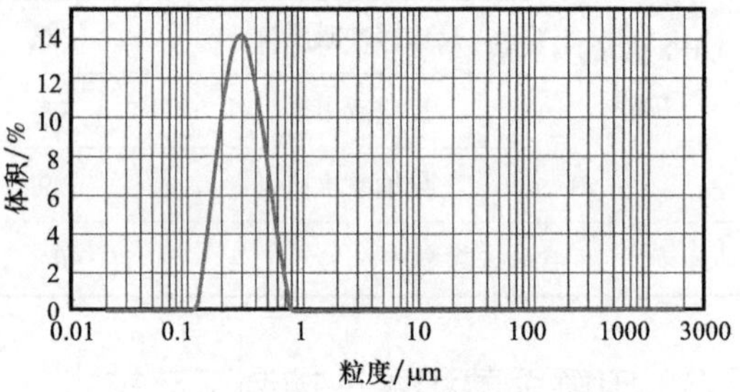

图 6　现场二级过滤器出口净化水中粒径分布

注：净化水 1h 后，2011 年 6 月 2 日 16：23：16

上述结果表明，现场净化水通过二级精细过滤，可将水中粒径控制在 1μm 级左右。而且具有良好的除油效果，通过室内分析，过滤器出口水中均未检出含油。

3.5　污泥脱水减量化技术

新疆油田自主创新研发并不断改进的辐流式污泥浓缩池具有较好的污泥浓缩效果，可以将含水 99% 的污泥体积浓缩为原来的一半甚至更少，使底泥含水 37%～48%，现场管理方便。对于浓缩池底部含水 37% 的底泥尚需使用机械干化，目前新疆油田污泥处理一般采用脱水干化法，其工艺为：系统排除污泥→浓缩池→脱水工艺→泥饼→外运填埋。油

田常用的有离心脱水机、板框压滤机[6]。现场应用效果见表 5。

表 5　某处理站现场污泥性质检测结果

检测项目	含水率 /%	含油率 /%	固相含量 /%	比阻 /（s^2/g）
检测结果	45	25	36	0.99×10^9

污泥比阻小于 $0.4\times10^9 s^2/g$ 为易脱水污泥，从以上分析结果可以看出，处理站现场污泥比阻大于 $0.4\times10^9 s^2/g$，属于难脱水污泥。需要在脱水前投加污泥脱水剂。降低比阻，以利于脱水，污泥脱水剂加量为 20～50mg/L。

总之，采用离心脱水机，通过加药调质，可使污泥中的固体颗粒压实，一般可将污泥含水率降低到 75%，使污泥体积缩减为原来的 4%。

4　结论

目前，新疆油田经净化处理的含油污水均 100% 回注地层，影响水质稳定性的主要因素是水质具有严重的碳酸盐结垢趋势、水中含有还原性金属离子（S^{2-}，Fe^{2+}）以及管网的二次污染等，这些因素的存在，往往使注水井口水中的悬浮固体颗粒、细菌含量严重超标，注水管网中结垢腐蚀现象较严重。为了提高和改善注水水质稳定性，现场采用原油处理系统投加阻垢剂、污水系统采用源头脱钙预处理净化技术、优化电解杀菌和腐蚀控制工艺参数、一级和二级污水过滤技术以及污泥脱水减量化技术，为油田长期稳定注水进而提高注水开发效果提供技术保障。

参考文献

[1] 唐丽. 离子调整旋流反应法法污水处理技术在新疆油田的应用［J］. 承德石油高等专科学校学报，2012，2（14）：4-8.

[2] 商莉，李素芝. 中原油田污水中铁离子对注入水水质的影响［J］. 内蒙古石油化工，2012（16）：39-40.

[3] 朱义吾，等. 油田开发中的结垢机理及其防治技术［M］. 西安：陕西科学技术出版社，1995.

[4] 陶涛，黄战飞，蒋雄，等. 用射流曝气预处理高浓度硫化染色废水［J］. 工业水处理，1991，11（1）：27-28.

[5] 丁慧，陈文峰，李安星，等. 油田采出水电解杀菌技术［J］. 油气田地面工程，2003（6）：31-32.

[6] 杨岳，李文新，王海亮，等. 含油污泥干化处理［J］. 环境工程，2008（6）：568-570.

长庆油田采出水处理工艺适应性分析

查广平　查淑娟　郭志强　王国柱

（长庆工程设计有限责任公司）

摘　要　长庆油田属于典型的低渗透、低压、低丰度的“三低”油气藏，地质条件复杂，单井产量低、开发层系多，层系间采出水配伍性差。油区位于黄土高原水土流失区，沟壑纵横，梁峁密布，地形破碎，加之多层系开发，导致采出水处理站点多、面广、处理规模小，运行和投资控制难度大，采出水处理一直是油田的难题。

关键词　油田；采出水处理；处理工艺；工艺适应性

采出水处理工艺经历不同阶段发展完善，根据油田自身特点，执行长庆油田企业标准，上下游结合，分层脱水、分层处理，主要形成了以“一级沉降＋过滤”、“一级沉降＋除油＋过滤”（除油分别应用了气浮、生化、混凝沉降工艺）和“一级沉降除油”等工艺。经过采出水处理工艺不断优化完善，基本适应了长庆油田的发展需求，满足了采出水回注要求。

油区位于黄土高原水土流失区，沟壑纵横，梁峁密布，地形破碎，加之多层系开发，造成采出水处理站点多面广。通过地面系统不断优化，采出水系统形成了整装区块“集中脱水、集中处理回注”，多层系开发形成了“分层脱水、分层处理、分层回注”，边缘小区块形成了“就地脱水、就近回注”的工艺模式。

随着技术的发展及油田对环境保护的高度重视，对采出水处理系统提出了更高的要求和需要，为此对采出水处理系统进行全面的梳理和分析，对系统进行一次全面的优化提升和升级，向环保油田、绿色油田以及智慧油田迈进做出应有的贡献。

1　现状

1.1　油水分离工艺

油井出液一般通过增压点、接转站或井场来油直接进入联合站，站内进行脱水，脱水工艺采取三相分离器脱水为主工艺，上游来液通过加热炉进行加热后进入油气水三相分离器进行分离，分离后油进入集输系统进行外输，脱出水的水进入采出水处理系统进行进一步的处理达标后回注。

1.2　采出水处理工艺

上游集输系统脱出的采出水进入采出水处理系统，首先进入一级除油单元，进行一级除油，一级除油出水经过缓冲后通过二级除油单元处理后进入后续的精细过滤设施进行深度处理后进行回注。工艺流程图如图 1 所示。

图 1　采出水处理流程示意图

目前一级除油单元可采用沉降除油罐或其他的除油方式，二级除油单元可选择生化处理、气浮处理、旋流处理以及混凝处理等，过滤单元根据处理后出水水质的要求不同采用不同的过滤设施。

目前针对长庆油田已经基本形成了几种常用的采出水处理工艺，具体流程如下：

（1）一级沉降除油 + 多级过滤工艺，如图 2 所示。

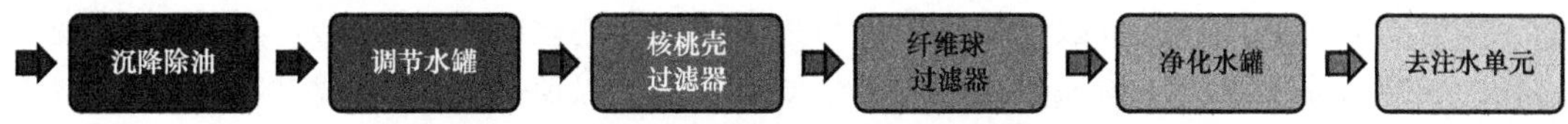

图 2　一级沉降除油 + 两级过滤流程示意图

（2）一级沉降除油 + 生化 + 过滤处理工艺，如图 3 所示。

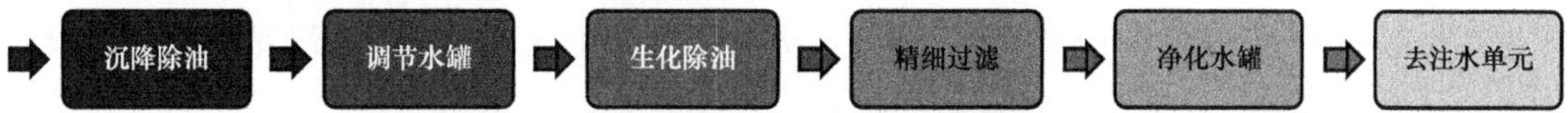

图 3　一级沉降除油 + 生化除油 + 过滤流程示意图

（3）一级沉降除油 + 气浮除油 + 过滤处理工艺，如图 4 所示。

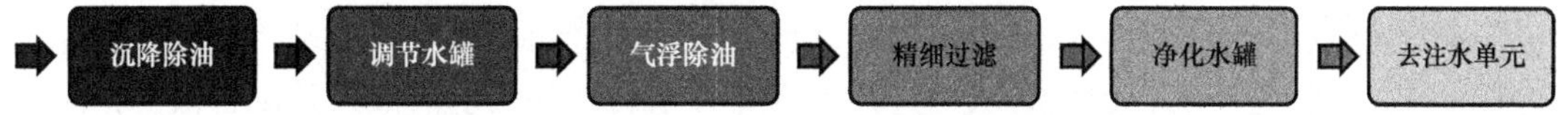

图 4　一级沉降除油 + 气浮除油 + 过滤流程示意图

2　存在问题及适应性分析

2.1　采出水处理系统工艺模式选择和运行成本控制

（1）多层系开发，各层采出水间配伍性差。

长庆油田目前共开发延 9、延 10、长 1 和长 2 等 10 余套层系，各层采出水除长 4+5 与长 6、延 9 与延 10、长 1 与长 2 配伍性较好外，其余层间采出水配伍性较差，结垢类型主要为 $CaCO_3$ 或 $BaSO_4$，总量为 200～4000mg/L。为了系统正常平稳运行，必须分层处理，建设、运行费用高。

技术对策：针对多层系开发，各层采出水间配伍性差的总体思路和原则是：配伍层系统一处理、不配伍层系分层处理。在进行地面系统综合考虑之前必须进行配伍性试验，结合配伍性试验结果采取相对应的集输工艺和技术。通常采取的方式：一是分层集输工艺，该工艺是从井口开始将不配伍层系的采出液分别集输，在接转站、脱水站和联合站等进行脱水和处理，将脱出的采出水输送至采出水处理系统进行处理。二是先脱水再混输，不同层系的采出水液，先进行单一层系脱水处理后与另一层系混合处理，减少站场建设的层系和建设的规模，降低工程投资和运行成本。

（2）采出水处理站点数量多、规模偏小。

油区位于黄土高原水土流失区，沟壑纵横，梁峁密布，地形破碎，加之多层系开发，造成采出水处理站点多面广。采出水处理场站站场规模普遍较小、管理用工量大、运行费用高。

技术对策：采出水处理系统的投资与处理规模不是线性关系，规模越小单位处理能力的投资就越高，规模增大单位处理能力的投资就有所降低，凸显出了规模效益。为了进一步降本增效，优先采取集输系统优化，采出水处理站场相对比较集中或者建设规模比较适中，减少小规模站场以及建设站场的总数。但是具体建设规模的大小以及采取集中还是分散，要针对处理区块进行分散处理和建设与集中处理和建设两者进行全寿命周期费用现值进行对比后确定，不可单纯地强调过分集中或者分散，以免造成后期回注的工作量和费用的增加，同时要结合回注层位的情况综合比较后确定。同时也在积极探索采出水处理的优化研究，目前针对小于100m^3/d采出水处理站场探索采用橇装处理站的模式，实现小规模采出水处理成本和建设模式的创新，后期将跟踪实施效果和运行情况进行优化、升级，逐步形成橇装化小型采出水处理站场，解决长庆油田边缘小区块小规模处理站场多、建设难度大、运行成本高、工艺模式选择难等问题。

2.2 采出水处理系统影响因素及系统运行指标控制

（1）措施废液、生活污水进入处理系统。

油田措施废液、生活污水进入采出水处理系统较为普遍，影响地面系统稳定运行。措施废液包括压裂返排液、酸化废水、洗井与修井废水、钻井液上清液及其混合液。措施废液含有大量高分子的有机化合物和亲水性有机胶体，它是一种复杂的多相分散体系，既有从地层深处带出的黏土颗粒和岩屑，也含有油、压裂液中的各种有机和无机添加剂等，组成极为复杂，具有高黏度、高矿化度、机械杂质含量较高，易结垢、腐蚀性强、稳定性好的特点。进入采出水处理系统后会破坏除油罐的沉降功能，造成含油量和悬浮物固体含量超标，影响系统运行；生活污水则含有大量的有机物和细菌，进入采出水处理系统会造成系统细菌滋生，水质恶化。具体指标见表1。

表1　措施返排液原水指标分析

指标	压裂废液	酸化废液	洗井废液	修井废液	钻井液清液
pH值	6～9	1～6	6～9	6～9	8～9
悬浮物/（mg/L）	200～1000	300～1200	50-300	50-500	1000-1200
含油量/（mg/L）	20～50	50～200	＞100	＞200	～20
悬浮物粒径中值/μm	10	11	23	21	40
黏度/（mPa·s）	6～20	3～8	1～3	1～3	6～10

压裂返排液含有大量的分散油和乳化油，水中瓜尔胶等高分子有机污染物浓度较高，具有高稳定性、高黏度等特点；酸化废水 pH 值一般为 1～6，对金属管线和设备腐蚀性强。措施返排液进入集输系统，会影响三相分离器的脱水效果、增加沉降罐乳化层厚度；措施返排液进入采出水处理系统，会破坏沉降除油罐的沉降性能，造成水处理难度增加，影响处理水质。酸化废水进入系统会造成金属管道腐蚀加剧。

技术对策：措施返排液回收利用或处理后进行回注

产生的措施返排液优先考虑回用，采取就地处理后满足配液标准，直接进行井场配液回用。对于不能回用的措施返排液采取就地或集中处理后进行回注。

根据目前现场运行情况，由于措施返排液水质波动较大，经过调储后出水悬浮物含量为 100～1000mg/L，这种水直接进采出水处理系统会带来较大的冲击，为了保证采出水处理系统稳定运行，对处理后达标进行回注的措施返排液，建议先进行存储、缓冲和简单处理后再平稳地进入采出水处理系统，这样一来就会不可避免地增加处理的成本和费用。根据掌握的相关资料和数据，并结合现场实际，通过对比研究提出分类收集、分类处理和分质处理的思路，进一步简化前端处理，降低处理难度和费用。

分类收集：油田采出水、措施返排液水质特性区别较大，采取混合后处理，处理难度加大，处理费用和成本也会增加。建议针对不同的水质进行分类收集。收集设施兼用以调节并储存高峰期水量、对返排液进行初步沉降、破胶、中和等简单预处理。对于前期的接收存储设施考虑采用常用的钢制储罐、玻璃钢罐、钢筋混凝土池三种方式，并对几种方式进行综合对比后确定。通过前期的对比综合造价、防腐性能、使用寿命、操作等，推荐选用钢制罐作为废液储存设施，后端净化水罐采用玻璃钢罐。

分类处理：综合分析 5 类废水的特征，压裂返排液、钻井液上清液具有高黏度、高悬浮物的特性，酸化废液具有低 pH 值的特点，但与压裂返排液混合有利于其破胶；洗井和修井废液具有黏度低、含油和悬浮物含量较高的特点；因此，压裂返排液、钻井液上清液与酸化废液三类废水统一处理，洗井和修井废液两类废水统一处理。

分质处理：针对站场依托条件的不同，采取不同的处理方式和工艺。依托已建采出水处理系统建设时，措施返排液进行简单预处理、沉降分离等达到采出水系统接入进口指标后连续平稳的进入采出水处理系统，经采出水处理工艺单元处理后达标回注。无采出水处理站场可依托的，但可依托附近已建注水系统或注水管网，采取拉运至依托位置或在依托位置利用废弃的井场等用地就地进行措施返排液集中处理站建设，进行处理后达标回注。固定站场可以采取常规建设方式，也可采取橇装设置，通过也可采取服务外包的方式：一种是建设站场，运行方式采取外包；另一种是处理设施和运行全部外包，甲方只负责达标处理后的回用即可。

生活污水一般采用地上式 MBR 处理工艺和地埋式接触氧化 + 过滤处理工艺。生活污水和采出水属于不同的两种水质，处理的指标要求是不同的，两者之间没有相互关系，目前尚未有两者混合的相关报道。因此，原则上不建议生活污水处理系统的出水进入采出水处理系统，如果因外界条件限制必须进入，原则上必须处理达标后再进入，不仅要达到生活污水回用的标准，同时还要达到采出水的指标要求。同时在生活污水进入采出水处理系统之前必须对两者进行混合试验和相关的测试，确保生活污水的进入对采出水处理系统的影响控制在可接受的范围内。

（2）上游系统波动大，系统运行不平衡。

原因分析：上游集输系统的波动主要是指上游系统的来液量瞬间发生比较大的变化，这种现象经常发生在有卸油台的站场，特点是卸油后站场的来液瞬间变化幅度比较大，进而导致运行正常的三相分离器脱水功能发生异常，脱水指标超标。调查统计显示，20% 左右的集输系统脱水含油和悬浮物含量超过 300mg/L，直接影响水处理系统运行。

技术对策：应尽量减少卸油等生产活动带来的来液不稳定，波动起伏大等问题，可采取前端设置较大的缓冲罐等缓冲设施，并设小流量泵连续、平稳的进入三相分离器，以减少对脱水系统处理能力和热负荷带来的瞬间不平衡和大幅度的变化。

（3）上游系统脱水温度不足。

原因分析：根据室内脱水试验结果，原油的脱水温度应控制在 45～60℃，在进液量稳定的情况下，通过调节脱水换热器热媒流量控制进液温度，脱水温度相对比较恒定，脱水指标达标。但当来液波动幅度大，变化频繁，无法保证正常的脱水温度，造成脱水效果差，脱水指标超标，严重影响下游的采出水处理系统的平稳正常运行。

技术对策：设置卸油台的站场在前期充分考虑卸油的影响，适当地留有充分的热负荷，具有应对波动的能力，便于在流量波动情况下控制合理的脱水温度；或考虑在前端设置预加热流程或者小流量平稳进入，减少大流量的突然进入影响整体运行温度，进而带来的脱水效果变差，后续处理超标等问题。

3 下步工作

3.1 跟踪玻璃钢储罐试验，适时扩大应用范围

非金属管线经过近几年的试验和应用，效果明显，现在已经全面应用，下一步根据目前正在试验的非金属的玻璃钢储罐的试验情况，经综合评价后扩大应用范围，进一步降低系统的腐蚀能力，延长设备和管线的使用寿命，降低运行和维护的成本。

3.2 措施返排液和生活污水等分系统处理

逐步配套措施返排液处理设施，规范生活污水处置，实现采出水、措施返排液和生活污水的分质处理。根据区域特点和措施返排液量，分散或集中建设压裂、酸化等措施返排液处理设施，处理后的达标水进入采出水处理系统回注。加强生活污水处理设施的运行管理，生活污水处理后优先用于站点绿化，剩余部分可考虑达标外排。无外排条件的，可进行深度处理（悬浮物、细菌）后作为注水水源。

3.3 加强现场运行和管理与维护

（1）沉降除油罐、缓冲水罐应结合现场水质情况，制订操作要求，严格按照要求进行沉降除油罐排泥或排污，排放周期不宜大于 10 天，避免因罐底污泥过多影响出水水质。

沉降除油罐宜连续收油，若无法实现连续收油，则收油频率需保证罐内油厚不超过 0.8m。

（2）精细过滤装置应按操作规程进行操作，定期反洗和维护，出现故障时应及时分析原因，及时维修恢复，确保系统稳定、连续运行。

（3）储罐进出口、溢油、排污管线必须保持畅通。

（4）严格水质化验制度，发现进水水质超标，应及时分析原因，并及时对上游装置运行参数进行调整与处理。

（5）按要求投加杀菌剂、阻垢剂等药剂，减缓水处理系统腐蚀和水质变差。

青海油田尕斯联合站水处理系统预处理优化

李晓楠

（中国石油青海油田公司采油一厂）

摘　要　青海油田尕斯联合站使用的旋流沉降污水处理技术，存在加药量大、污泥产生量大、水质达标率低等问题，同时沿程水质二次污染严重。通过对青海油田采油一厂水处理系统前端水预处理的优化调整后，将从源头开展治理，在降低水处理成本的同时控制污泥产量，并对污泥进行无害化处理，在确保源头水质达标的前提下，严格控制沿程水质二次污染，延长水井作业有效期，提高水井作业成功率。

关键词　青海油田；污水处理；旋流沉降

青海油田尕斯油藏靠回注污水保持地层能量，2008年前，尕斯联合站污水水质处理均采用三段式水处理流程，即“重力沉降→混凝沉降→压力过滤”水处理工艺，该工艺由于存在腐蚀严重、细菌滋生，致使水质长期不达标，2008年油田引进了高效混凝水处理技术，该技术解决了水质达标的问题，然而由于该技术需要加入大量的石灰乳，造成了联合站水处理碱性污泥大幅度增加且地层结垢严重，注水量逐年下降。2012年以后引入水质稳定剂，大大降低了石灰乳加入量，形成了高效聚沉旋流分离水处理技术，该水处理技术可在近中性条件下实现回注污水水质净化与稳定，大幅度提高注入水与地层的配伍性，有效提高水驱效率。

然而，随着油田公司对安全、环保的不断重视，联合站相继对石灰乳、双氧水进行了停药，2017年7月，开展“降碱”和“去碱”配方调整，调整石灰乳加注量，处理后注入水pH值为6.4左右，同时降低了水质稳定剂加量。2017年11月，取消石灰乳加注。2018年1月，取消双氧水加注，改用过碳酸钠为替代氧化剂沿用至今。

1　青海油田水处理工艺现状分析

1.1　国内外技术现状及发展趋势

油田污水主要包括油田采出水、钻井污水及其他类型的含油污水，油田水质特点和生产目的不同，处理方式不同。中国普遍采用的污水处理工艺可归纳为隔油—浮选除油（或旋流除油）—过滤，通称“老三套”，其中除油包括重力、压力、浮选和水力旋流4种。国外常用的污水处理工艺与中国采用的基本一致。如科威特北部油田处理采油污水的工艺流程。该工艺采用API和CPI油水分离器、诱导气浮等设施，气浮后可以获得用于回注地层的净化水。随着环保和油田回注水水质要求的提高，中外油田的污水治理技术已经得到了改进和提高，由原来的隔油—浮选除油—过滤技术，改变为隔油—混凝气浮—生化—过滤技术和物化预处理—水解酸化—生化—过滤技术。气浮和生化技术已成为先进采油污水处理工艺的一种发展趋势。国外采用活性炭生物硫化床生化工艺处理近海油田污水。该工艺由油水分离器、絮凝、气浮、GAC2FBR 和电渗析等单元组成，处理后的采油污水达到了国际排放标准。

1.2　青海油田尕斯联合站水处理工艺中存在的问题

尕斯油田水处理工艺中存在以下三方面的技术问题：

（1）加药量过大，产生污泥量多。

（2）污泥无有效处置途径，水系统储罐的清罐进度无法按计划展开。

（3）过高的加药量有可能导致后端出现水体二次沉降，进而导致水质不达标、结垢等问题。

《尕斯联合站水处理系统前端优化方案》的提出与科技攻关，就是紧紧围绕和紧密结合该油田的水处理工艺现状及生产过程中存在的技术问题来开展的，并取得了一定的技术突破。目前气浮技术已在现场投用，现将中试方案及现场使用效果予以总结。

2　尕斯联合站污水处理优化方案

2.1　溶气气浮替代旋流分离器优化试验

2.1.1　试验目的

尕斯联合站目前中试采用激活剂除铁和高效聚沉旋流污水处理技术进行污水处理，该工艺主要是在旋流分离器前端进行加药，污水进入旋流分离器后絮体迅速下沉，上层清水流入下一级污水处理系统，但由于尕斯联合站污水矿化度高，要想使絮体保持下沉状态，需要添加大量的预处理剂（膨润土、硅藻土、石灰乳等），每天产生大量的污泥，污泥无法及时处理，形成恶性循环，影响尕斯联合站水质稳定，因此采用气浮的方式对尕斯联合站污水进行处理，减少添加预处理剂，减少污泥的排放。首先安放溶气气浮装置一套，处理量为 20m^3/h，进行小试试验，详细收集现场试验数据，为尕斯联合站今后的运维改造提供数据支持。

2.1.2　气浮装置方案

处理流程如图 1 所示，调储罐污水从进水口首先进入水力旋流器，去除一部分水中的浮油和悬浮物，然后进入溶气气浮，经溶气气浮处理后，出水进入除铁滤器，去除水中的铁，然后进入纤维球过滤器，进一步去除水中油类和悬浮物，出水进入下一级系统。气浮装置现场如图 2 所示。

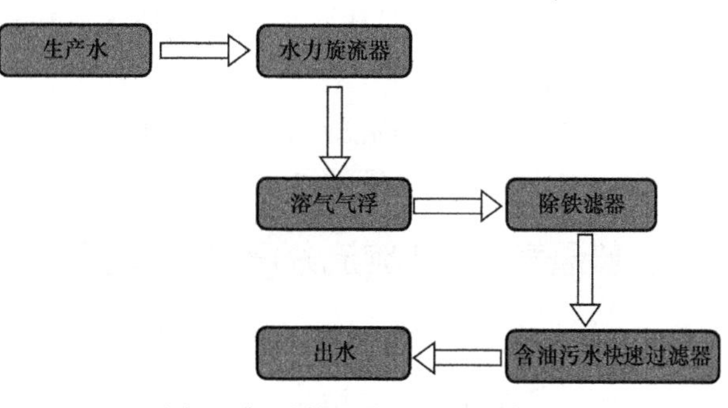

图 1　气浮装置处理流程示意图

图 2　气浮装置现场照片

2.1.3　试验结果

气浮装置于 6 月 28 日连完全部流程，6 月 28 日开始进行试验，试验期间结果见表 1。

2.1.4　试验结论

实验设备从 6 月 26 日投入运行，经过 20 多天连续运行。实验经过三个阶段运行，设备的处理量，处理效果，对进水含油高、水质差的耐冲击性能，设备的稳定性，以及设备操作方便性得到有效验证。实验期间，7 月 8 日开始在进口加入混凝剂和助凝剂，气浮出口水质得到改善，对进水水质差的耐冲击性能明显增强，减轻后端除铁过滤器、含油污水快速过滤器压力，保障设备能长期稳定运行。根据实验数据分析，得出以下结论：

（1）进口含油在 80～150mg/L 区间时，水力旋流器出口含油 20～60mg/L，对机械杂质和油的去除率为 50%～70%，特别是来油达到 1000mg/L 以上时，出口含油均可稳定在 100mg/L 以下。

（2）气浮进口含油在 40～80mg/L 区间时，出口含油为 20～40mg/L，对机械杂质和油的去除率为 50%～80%，后期进水直接进气浮，进水含油在 80～150mg/L 区间时，气浮进口加混凝剂 40～60mg/L、助凝剂 2～3mg/L，出口含油 20～40mg/L，对机械杂质和油去除率维持在 70% 以上且比较稳定，进口水质波动，来油高时，及时调整药剂量，能够维持出口水质稳定。

（3）气浮增加少量混凝剂和助凝剂时，有助于机械杂质和油形成絮体上浮至上端排油口排出，强化了气浮处理效果。

2.2　普通气浮替代旋流分离器改造方案（现行方案）

2.2.1　干化池普通气浮处理数据分析

目前，干化池污水采用普通气浮机处理后作为回收水，打回院内回收池重新进入水处

表 1　尕斯联合站水处理药剂配方表

日期	时间	实验设备参数		实验设备进出口水样取样数据											
				含油量 /（mg/L）				悬浮物含量 /（mg/L）				总铁含量 /（mg/L）		Fe^{2+} 含量 /（mg/L）	
		进口流量 / m^3/h	气浮进口力 / MPa	气浮进口	气浮出口	除铁罐出口	含油污水快速过滤器出口	气浮进口	气浮出口	除铁罐出口	过滤器出口	进口	出口	进口	出口
7月17日	10：00	21	0.13	195	29	15	3	211	32	19	3.3	13	1	12	0.5
	16：00	21	0.13	115	24	13	2	98	29	20	3.5	12	1	11	0.3
	18：00	21	0.13	137	35	17	3	114	38	26	3.4	14	1	12	0.8
	22：00	21	0.13	101	29	14	3	120	40.4	29.2	2.8	12	1	10	0.8
7月18日	6：00	21	0.13	134	36	18	3	129	32	16	3.1	13	1	12	0.8
	10：00	21	0.13	127	30	12	3	115	32	19	3	13	1	12	0.5
	14：00	21	0.13	130	22	15	2	121	29	17	3	13	1	12	0.5
	16：00	21	0.13	115	25	16	2	108	32	20	3	12	1	11	0.8
	19：00	21	0.13	50	17	8	2.4	74	24	15	3	10	1	8	0.6
	22：30	21	0.13	62	24	11	2.7	80	31	19	3.2	10	1	10	0.8
7月19日	5：30	21	0.13	134	28	16	3	145	40	18	3	10	1	10	0.7
	9：30	21	0.13	121	22	12	3.2	115	25	17	3	13	1	12	0.5
	14：00	21	0.13	132	19	15	3.2	112	32	21	2.8	12	1	11	0.5
	17：00	21	0.13	145	22	15	3.2	116	28	17	3	13	1	12	0.8
	21：00	21	0.13	115	21	16	2.8	108	25	20	3	10	1	10	0.6
7月20日	2：00	21	0.13	146	28	19	3	115	30	27	3.2	12	0.8	11	0.5
	6：00	21	0.13	115	23	17	3	109	28	21	3	12	1	11	0.6
	10：00	21	0.13	102	25	19	2.8	89	30	24	3.2	10	0.8	10	0.5

理流程。干化池现场共有气浮机两台，一台处理量为 50m/h，另一台处理量为 30m/h。现场干化池数据见表 2。

表 2　干化池处理数据统计　　单位：mg/L

日期	气浮机进口				气浮机出口			
	机械杂质	油	二价铁	总铁	机械杂质	油	二价铁	总铁
1 月 11 日	872.3	576.5	1	2	19.2	16.5	1	2
1 月 12 日	825.6	582.3	1	2	18.7	17.2	1	2
1 月 13 日	798.4	592.4	1	2	20.4	14.3	1	2
1 月 14 日	812.3	664.3	1	2	21.5	12.1	1	2
1 月 15 日	856.4	432.5	0.8	1.5	22.6	14.5	0.8	1.5
1 月 16 日	823.9	587.4	1	2	24	17.6	1	2
1 月 17 日	814.7	594.2	1	2	23	12.1	1	2

2.2.2　普通气浮结构及原理

普通气浮装置流程如图 3 所示。

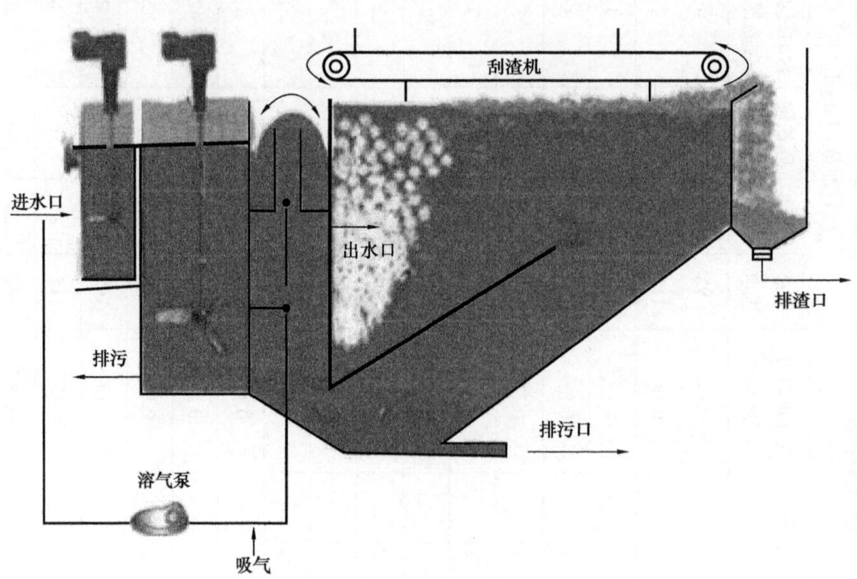

图 3　普通气浮装置流程示意图

气浮工艺是将微小空气泡（20～50μm）通过鼓入充分絮凝剂的污水中，气泡与废水中的絮体在水中形成水—气—粒三相混合体，絮凝杂质与气泡形成气—粒浮出水面。由于空气的密度仅为水的 1/755，故黏附了絮凝杂质的气泡体系的整体密度仍远小于水的密度，混合体系上浮速度也增加，从而能把凝结的杂质快速分离上浮于液面上面，通过刮渣机构将浮渣从水中刮离出来，达到净化的目的。

3　结论与认识

3.1　结论

（1）从试验及现场效果来看，普通气浮机处理效果相对更加显著。处理后的水体机械杂质和含油量指标均在 20mg/L 以下，且气浮机进口的污水机械杂质和含油量均远高于调储罐出口。说明第二套方案中，普通气浮机对于来水的变化具有很高的适应性。

（2）普通气浮机的工作原理是通过鼓入空气对污水进行处理，因是要絮体上浮来处理污水，因此可以不用添加预处理剂。相对于旋流分离器可以减少污泥排放量以及加药成本。

（3）气浮机处理污水仅需要加入助凝剂和混凝剂两种药剂，可以不用加入预处理剂，可以大幅减少干化池污泥排放量。更有利于污水处理系统长时间稳定运行。

3.2　认识

（1）加强油区的运行维护，应及时清理和检修分离器，提高三相分离器的处理效率；同时对破乳剂进行评价，确保油区来水稳定。

（2）对现有水处理工艺进行调整改造，增加调储罐数量或沉降单元，对双滤料滤芯进行重新筛选，在确保前端来水稳定的情况下，药剂量还可以进行相应减少。

（3）目前尕斯联合站水处理工艺不能完全满足现有采油一厂注水开发和环保要求，从长远发展看，需对整套联合站系统进行评估和优化，才能保证水处理长期达标并降低成本。更换气浮装置替代旋流分离器，或扩大规模增加前端处理单元，可以减少药剂用量，减少添加预处理剂，达到节约成本的目的。

气浮技术在污水处理中的应用

申　刚　张立群

（中国石油冀东油田公司）

摘　要　随着油田的进一步开发，采出污水也不断增多，这样，污水处理也就成为各油田的一项重要工作。污水处理方法很多，本文主要从气浮法入手对污水处理技术做一探讨。

关键词　污水处理；气浮技术；浮选机

1　污水的形成

油田污水主要包括原油脱出水（又名油田采出水）、钻井污水及站内其他类型的含油污水。采用注水开发的油田，从注水井注入油地层的水，其中大部分通过采油井随原油一起回到地面，这部分水在原油外输前必须加以脱除，脱出的污水中含有原油，因此被称为含油污水。

钻井污水成分也十分复杂，主要包括钻井液、洗井液等。钻井污水的污染物主要包括钻屑、石油、黏度控制剂（如黏土）、加重剂、黏土稳定剂、腐蚀剂、防腐剂、杀菌剂、润滑剂、地层亲和剂、消泡剂等，钻井污水中还含有重金属。其他类型污水主要包括油污泥堆放场所的渗滤水、洗涤设备的污水、油田地表径流雨水、生活污水以及事故性泄露和排放引起的污染水体等。由于油田污水种类多，地层差异及钻井工艺不同等原因，各油田污水处理站不仅水质差异大，而且油田污水的水质变化大，这为油田污水的处理带来困难。

2　污水处理方法

目前，国内外油田污水处理技术方法可分物理方法、化学方法、物理化学方法和生物方法 4 种。其中物理法的重点是除去废水中的矿物质和大部分固体悬浮物、油类等。主要包括重力分离、离心分离、过滤、粗粒化、膜分离和蒸发等方法。化学法主要用于处理废水中不能单独用物理法或生物法去除的一部分胶体和溶解性物质，特别是含油废水中的乳化油。包括混凝沉淀、化学转化和中和法。物理化学法主要是除去水中微小的颗粒。通常包括气浮法和吸附法两种。生物法是利用微生物的生化作用，将复杂的有机物分解为简单的物质，将有毒的物质转化为无毒物质，从而使废水得以净化。有好氧生物处理和厌氧生物处理。处理工艺上常见是用两三种方法结合使用，常见的一级处理有重力分离、浮选及离心分离，主要除去浮油及油湿固体；二级处理有过滤、粗粒化、化学处理等，主要是破乳和去除分散油；深度处理有超滤、活性炭吸附、生化处理等，主要是去除溶解油。此外，膜生物反应器也在污水的二级处理中得到了广泛应用。常用的设备有：自由沉降罐、板式沉降罐、浮选机、水力旋流器和过滤除油设备等。随着全球范围水资源短缺的加剧，以及人们对环境污染认识的加深，油田污水处理后回收利用已经越来越受到重视。

3　气浮技术简介

3.1　气浮工艺

在污水内设法形成许多小气泡，并使油滴和悬浮物黏附于气泡上，就可以加速水和杂质的分离过程，提高水的净化质量，这一工艺称为气浮工艺。

3.2　工艺理论依据——气浮原理

各种液体都具有表面能，其表达式为：$W=aF$，W 为表面能，a 为表面张力，F 为液体表面积，表面能是储存在液体表面的位能，有自发减少到最小的趋势。两种互不相容的液体接触面之间也存在着界面张力。两种液体接触界面的界面能等于界面张力乘以界面面积，同样，界面能也有自发减至最小的趋势。

当把空气通入含有分散油滴的污水中，油粒具有黏附到气泡上的趋势，以降低其界面能。油滴及杂质黏附到气泡上的倾向用它们的湿润性或与水的接触角 θ 表示（图 1），$\theta>90°$ 的物质称为疏水性物质，容易被气泡黏附；$\theta<90°$ 的物质称为亲水性物质，不容易被吸附。

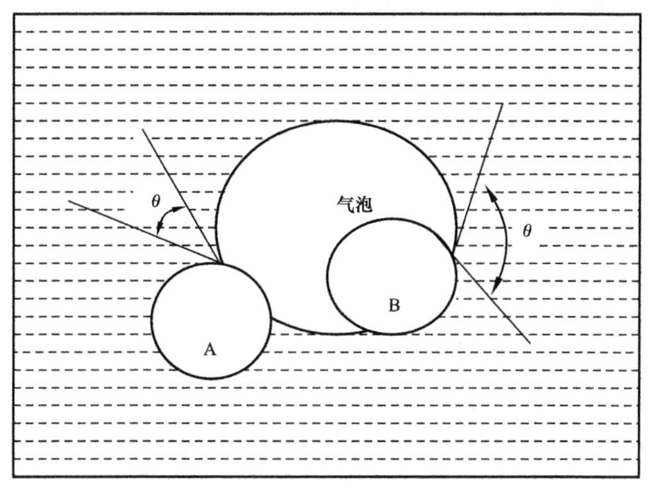

图 1　亲水和亲油物质的接触角

A 为亲水性物质，不易被气泡黏附，B 为疏水性物质，容易被气泡黏附

当气泡与颗粒 x 共存于水中时，为黏附之前，颗粒 x 和气泡单位面积上的界面能各为 $a(x)$ 和 $a(g)$，这时，单为面积上界面能之和为 $W_1=a(x)+a(g)$，如前所述，当颗粒黏附在气泡上时，界面能便减少为：$W_2=a(gx)$，单位面积上界面能的减少值为：

$$W_3=W_1-W_2=a(x)+a(g)-a(gx)$$

当颗粒处于平衡状态时，$a(x)$、$a(g)$ 和 $a(gx)$ 的关系为：

$$a(x)=a(g)\cos(180°-\theta)+a(gx)$$

代入 $W_2=a(gx)$ 得：

$$W_3=a(g)(1-\cos\theta)$$

式中　$a(x)$——水与颗粒之间的界面张力；

$a(g)$——水与气之间的界面张力；

$a(gx)$——气与颗粒之间的界面张力。

上式说明 $\theta\to 0$ 时，$W_3\to 0$，这种物质不能气浮，$\theta\to 180°$ 时，$W_3\to 2a(g)$，这种物质容易被气浮。例如，油珠为疏水性物质，$\theta>90°$，油珠黏附气泡后，在水中的浮升速度可增加百倍之多，这就极大地加快了油水分离过程。

为了提高气浮对亲水性悬浮物和乳化油的分离能力，常在水中添加浮选剂和絮凝剂等活性物质，使悬浮颗粒表面具有疏水性，乳化油破乳成为分散油，使这些杂质黏附在气泡上去除。

归纳一下，上述气浮原理及实践经验，有效的气浮必须具备以下必要条件：（1）在水中形成大量直径 30～50μm 的气泡，直径愈小提供的黏附表面积越大，浮选效果越好；（2）被分离物应具有疏水性，能在吸附在气泡上浮升。

4　气浮技术在污水处理中的应用——浮选机

一般而言，按污水内形成气泡的方法，气浮法大体上可分为四大类：溶气气浮法、诱导气浮法、电解气浮法和化学气浮法，其中以溶气气浮法在污水处理中应用最广泛。以溶气浮选机为例进行说明。

4.1　浮选机的构成

浮选机通过高压回流溶气水减压产生大量的微气泡，使其与废水中密度接近与水的固体或液体微粒黏附，形成密度小于水的气浮体，在浮力的作用下，上浮至水面，进行固—液或液—液分离。

它主要包括以下 4 个部分：

（1）高压回流水溶气系统，循环水泵携带水进入溶气罐与空气混合，压力可达到 0.5～0.7MPa。水与空气在溶气罐中充分混合，多余的空气经由溶气罐底部的释放阀释放掉。

（2）絮凝剂、微气泡、固液微粒混合反应系统，管式反应器是将污水中微小杂质凝聚成便于利用沉淀、浮选或者其他分离技术易于分离的大颗粒杂质。因此，在管道反应器中需要加入药剂并且在水中溶气。管道反应器的混合能量来自混合管段的紊流。

（3）斜板分离系统，污水通过配水系统后进入进水室，在污水进入进水室之前已经加入了溶气水。较重的颗粒将被收集到斜板底部的泥斗中并排出。溶气水在气浮单元以前就被加入，提供足量的气泡与絮体结合，增加颗粒上浮的浮力。上升速度快的颗粒立即上浮到表面，速度较慢的则在斜板区分离，通常为逆着水流方向上浮。

（4）自动控制系统，用来实现刮板和排污阀门的自动控制。

4.2 浮选机的工作原理

溶气浮选机主要由池体、接触区、分离区（包括集渣区、布水区、斜管分离区、集水区、集泥区）、溶气泵、溶气罐、溶气释放器等组成（图 2）。污水首先进入管道反应器，与药剂充分反应。管道反应器的出水进入溶气浮选机。在浮选机内，经过预处理的污水和气 / 水混合生成直径 30～50μm 的微小汽泡。汽泡附着在微粒上进入浮选机布水区，在布水区较沉的固体颗粒下降，其底部需要定期排放以保证其清洁。此时较大的气浮体迅速上升至集渣区；较小的气浮体进入斜板分离区，根据浅池原理，这些微小气浮体中的大部分将在此被除去。顶部浮渣由顶部刮渣机连续刮走，处理后水由气浮出水口排出。部分处理后的出水用作气 / 水混合的回流水。

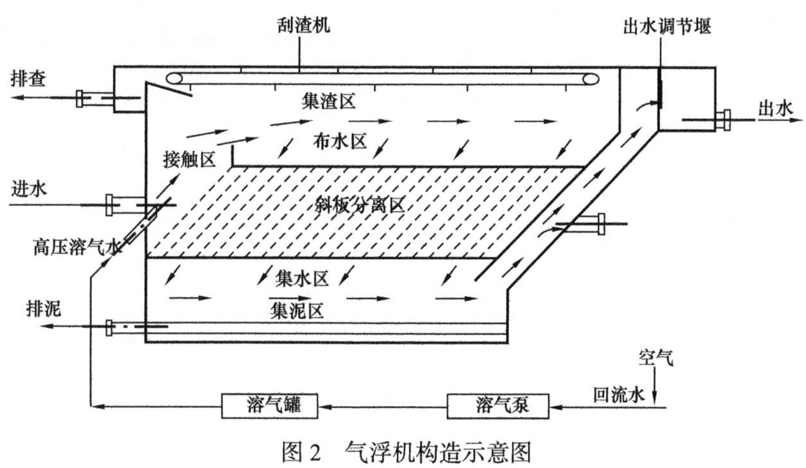

图 2 气浮机构造示意图

5 生产使用中常遇见的问题及处理方法

（1）浮选机出水浑浊或者颜色深的原因及应对措施见表 1。

表 1 浮选机出水浑浊或者颜色深的原因及应对措施

可能原因	必要的检查	应对措施
加药单元（混凝剂）运行不当	检查加药罐药量	将加药罐注满
	流量开关设置不当，泵未启动，检查控制面板	检查并重新调节流量开关
	检查加药管线上的 Y 形过滤器是否堵塞（混凝剂吸入管线）	清洗 Y 形过滤器
	检查加药泵的止回阀是否淤塞	拆卸并清洗止回阀

续表

可能原因	必要的检查	应对措施
流量过高	检查是否原水管线上所有的阀设置正确	在检查列表的帮助下重新调整所有阀（更新列表）
流量过低	检查泵，泵池和阀是否阻塞	清除阻塞物

（2）浮选机出水清澈但携带有过量的絮体的原因及应对措施见表 2。

表 2 浮选机出水清澈但是携带有过量絮体的原因及应对措施

可能原因	必要的检查	应对措施
絮凝剂加药设备运行不当	检查泵和管线的阻塞	取出阻塞物
	检查泵是否发生故障	修泵
由污泥浮渣层带出	检查是否浮渣层太厚	提高水液位以增加顶部刮渣机的刮渣量
		提高顶部刮渣机的刮渣速度（参见“浮选机液位”）
原水有额外的固体负荷	检查水中额外的固体负荷	在操作运行中找原因并修正
通风措施不到位	检查通风孔	调节通风

（3）浮选机溶气效果不理想——大气泡的原因及应对措施见表 3。

表 3 浮选机溶气效果不理想——大气泡的原因及应对措施

可能原因	必要的检查	应对措施
排泄阀堵塞	检查排泄阀是否堵塞	全开排泄阀取出阻塞物然后重新调节阀位使得放气量较小
供气量不足	检查供气压力和流量	调整气压和气量

（4）浮选机溶气效果不理想——没有乳白色液体的原因及应对措施见表 4。

表 4 浮选机溶气效果不理想——没有乳白色液体原因及应对措施

可能原因	必要的检查	应对措施
无空气供给	检查空气流量计，当压力低于 60psi 时将没有空气供给	重新调节空气流量计（参照检查列表）
循环泵出口压力过低	检查循环水压力	找出原因（参见“溶气循环泵”）
	检查循环泵是否发生故障	必要时换泵。如果运行日期相对较短就值得寻找原因。在低 pH 值或高 Cl^- 含量时泵的损坏相当快
溶气管 / 排泄阀管线阻塞	检查管线阻塞情况	必要时拆卸、清洗或更换

（5）浮选机存在湿渣层的原因及应对措施见表 5 。

表 5　浮选机存在湿渣层的原因及应对措施

可能原因	必要的检查	应对措施
浮渣停留时间短	检查停留时间	调低浮选机液位或降低顶部刮渣机速度
溶气不足	检查溶气	参考前表

6　浮选机效果比较

浮选机是一种高效的污水处理设备之一，其主要具有油、水、杂质分离效果好，占地面积小，自动化程度高，使用很方便等优点。它的运行控制有着很强的规律性，通过上述调整、摸索，污水处理效果达到了比较理想的效果。某联合站污水的处理效果见表 6。

表 6　2020 年 7—8 月某联合站水处理系统分段数据　　单位：mg/L

取样时间	隔油罐进口		隔油罐出口		浮选机出口	
	含油量	悬浮物含量	含油量	悬浮物含量	含油量	悬浮物含量
7 月 21 日	183.9	148.2	29.6	30	12.7	12.3
7 月 23 日	152.6	195	35.4	52.9	15.3	17.9
7 月 25 日	215.3	225.9	38.1	45.7	16.4	15
7 月 27 日	144.7	214.3	34.6	37	14.1	16
7 月 29 日	567.8	109.5	39.4	51.3	11.8	19.8
7 月 31 日	195.1	173.9	45.3	44.9	16.6	18.1
8 月 2 日	203.3	103.4	37.8	44.8	16.3	11.5
8 月 4 日	67.6	233.8	19.3	19.2	11.9	10.4
8 月 6 日	208.7	352.1	28.3	20.2	14.9	14.9
8 月 8 日	170.1	256.4	32.3	21.6	18	13.4
8 月 10 日	243.9	292.5	17.1	16.3	11.4	12.9
8 月 12 日	262.6	321.4	22.7	40	13.8	13.8
8 月 14 日	206.8	123.6	46.4	24.6	15.2	12.3
8 月 16 日	216.1	248.1	32.3	43.6	14.9	15.1

7　结束语

气浮法处理污水是三段污水处理工艺中的第二段，其运行好坏直接关系到污水处理的质量。本文主要从气浮的基本理论，浮选机的基本构造，以及浮选机的工作原理等方面对用气浮法处理污水做了探讨，并结合实际工作，对一些出现的问题做了分析。

污水处理是一项比较复杂的技术，要不断积累生产经验，不断改进提高，努力使污水处理工艺精益求精。

参考文献

[1] 冯叔初.油气集输与矿场加工［M］.东营：中国石油大学出版社，2006.

[2] 刘德绪.油田污水处理工程［M］.北京：石油工业出版社，2001.

[3] 李占辉，朱丹，王国丽.油田采出水处理设备选用手册［M］.北京：石油工业出版社，2004.

“微生物处理＋膜分离”工艺技术在吉林油田采出水处理中的应用

李　影　徐天麟

（中国石油吉林油田公司勘察设计院）

摘　要　针对吉林油田低渗透油藏开发注入水质指标高、达标难的问题，开展了“微生物处理＋膜分离”工艺技术处理含油污水工艺技术试验，并在新民油田和乾安油田污水处理站改造工程中应用。本文介绍了微生物处理技术和膜分离技术原理、应用情况、工艺改进过程，把微生物处理技术与膜分离技术有机地结合起来，能够实现低渗透油藏开发对注水水质指标的要求，即含油量≤5mg/L，悬浮固体含量≤1mg/L，悬浮固体粒径中值≤1μm；同时该工艺流程简单，运行成本低，是一项值得在低渗透油田推广应用的技术。

关键词　注水水质；水质标准；微生物处理；膜分离；现场应用

吉林油田已开发油藏的空气渗透率≤10mD 的占总开发区块的 29.3%，其中新民油田的空气渗透率为 5.4mD，按照 SY/T 5329—2012《碎屑岩油藏注水水质指标及分析方法》推荐指标中空气渗透率≤10mD 的注水水质指标要求达到“511”标准，即含油量≤5mg/L，悬浮固体含量≤1mg/L，悬浮固体粒径中值≤1μm，详见表 1。

表 1　碎屑岩油藏注水水质推荐指标表

注入层平均空气渗透率 /mD		≤10	10～50	50～500	500～1500	＞1500
控制指标	含油量 /（mg/L）	≤5	≤6	≤15	≤30	≤50
	悬浮固体含量 /（mg/L）	≤1	≤2	≤5	≤10	≤30
	悬浮固体粒径中值 /μm	≤1	≤1.5	≤3	≤4	≤5
	SRB 菌 /（个 /mL）	≤10	≤10	≤25	≤25	≤25
	铁细菌 /（个 /mL）	$n\times10^2$	$n\times10^2$	$n\times10^3$	$n\times10^4$	$n\times10^4$
	腐生菌 /（个 /mL）	$n\times10^2$	$n\times10^2$	$n\times10^3$	$n\times10^4$	$n\times10^4$
平均腐蚀率 /（mm/a）		≤0.076				

注：n 的取值范围为 $1<n<10$。

目前吉林油田采出水处理采用除油加过滤技术，其中除油技术有自然沉降、混凝沉降、压力除油、水力旋流和气浮等，过滤滤料有核桃壳、石英砂、无烟煤及纤维球等，处理后水质无法达到“511”指标。因此，针对吉林油田低渗透率油藏，研究了“微生物处

理 + 膜分离”工艺技术，并在新民油田、乾安让 11 联合站、乾安联合站、海 24 站污水系统改造进行了应用。

1 “微生物处理 + 膜分离”处理油田含油污水工艺技术

1.1 微生物处理技术

本工艺技术是针对新民油田含油污水污染物的特性，通过筛选、分离及有效配伍获得适合污水水质特点的最佳联合菌群，通过投加联合菌群，使污水中能够快速建立一条有效降解苯系类、烃类、脂类等有机污染的生物群，通过水合、活化、氧化、还原、合成，把复杂的有机物降解成为简单的无机物，最终产物为 H_2O 和 CO_2。专性微生物以污水中有机污染物为营养并获得能量，实现自身生命的新陈代谢，达到净化污水的目的。

1.2 膜分离技术

本次工艺技术中选用大通道、耐污染的高亲水性、可以反冲洗的低能耗超滤管式膜。

低能耗超滤膜能够把微生物降解后的活性污泥与水分开，使微生物、细菌和悬浮物被截留（一般可以截留粒径大于 0.02μm 的颗粒），出水悬浮物、浊度以及细菌几乎为零。

低能耗超滤膜采用微错流技术，系统设有循环泵及反冲泵，设置表面流速为 1～2m/s，可以大大降低能耗。当膜表面产生污染时，可以采用反冲洗及化学加强反洗去除污染。应用外置式低能耗超滤膜，微生物反应池泥水混合液可直接进入低能耗超滤膜系统，通过膜的高效分离作用，将污泥和胶体等截留并回流到微生物反应池，只允许水及小分子物质透过膜，确保优质的出水水质。管式膜结构原理如图 1 所示。

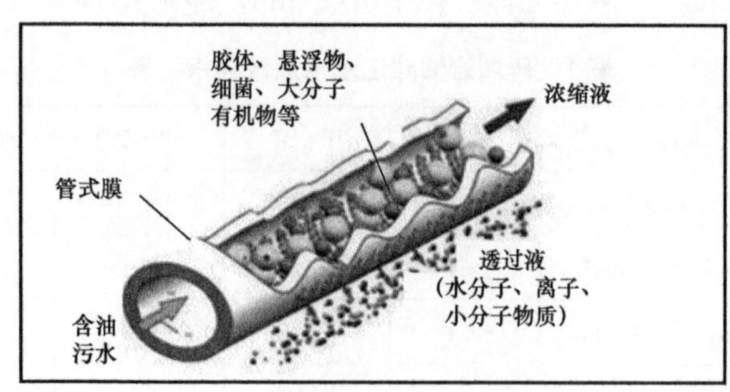

图 1 管式膜结构原理图

2 “微生物处理 + 膜分离”工艺技术现场试验

2014 年 6 月在新民油气处理站开展中试试验，平稳运行 100 天，污水处理后达标率达到 100%。

2.1 试验数据分析

中试试验装置正常运行后，每天取样进行分析，由图 2 和图 3 可以看出，“微生物处理＋膜分离”工艺对含量油和悬浮固体含量的去除效果非常明显。分析结果如下：

微生物反应池进水含油量在 9.53～186.35mg/L 之间，波动较大，平均为 61.81mg/L，低能耗管式膜出水含油量平均为 0.89mg/L，整个工艺的含油量平均去除率高达 98.6%，去除效率高且稳定。

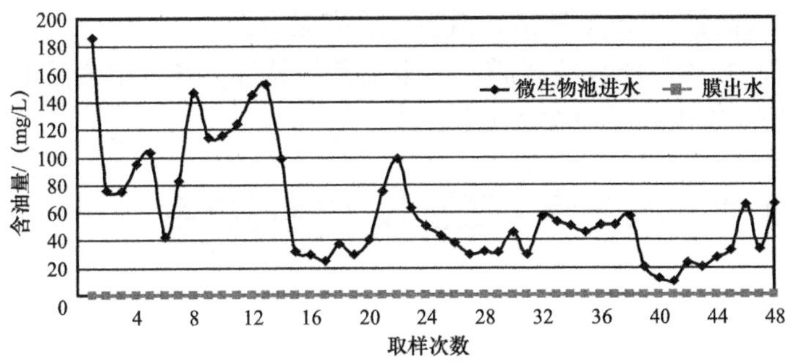

图 2 新民采油厂中试试验污水含油去除效果图

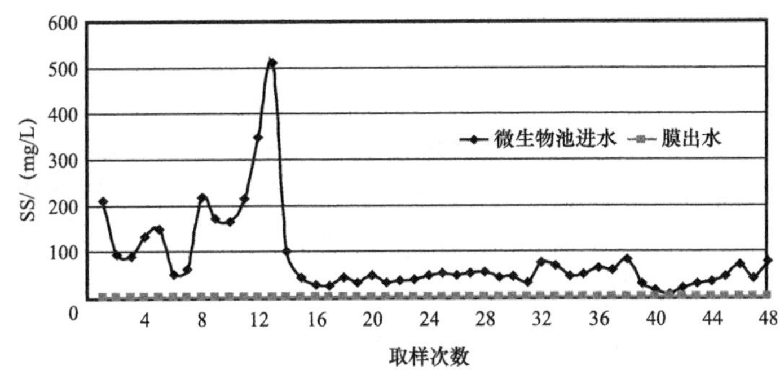

图 3 新民采油厂中试试验污水悬浮物去除效果图

微生物反应池进水悬浮固体含量波动很大，在 6.67～511mg/L 之间波动，平均为 84.26mg/L，低能耗管式膜出水悬浮固体含量平均为 0.2mg/L，悬浮固体含量去除率高达 99.8%。

膜出水悬浮固体含量粒径中值也较低，均小于 1μm，平均 0.61μm，满足回注要求。污泥混合液经“低能耗管式膜”泥水分离后水质对比如图 4 所示。

图 4 污泥混合液（左）经“低能耗管式膜”泥水分离后水质（右）对比图

2.2 现场试验结论

（1）所筛选配伍的微生物对新民油田污水中的污染物降解效果明显；最终出水稳定，满足油藏工程要求的回注水指标要求。

（2）经现场数据分析，尽管系统进水含油量和悬浮固体含量波动较大，但系统运行稳定，出水水质好，说明该系统耐冲击，微生物适应能力强。

（3）试验过程中，“低能耗管式膜”体现了其优越性，在 3 个多月的运行中出水流量一直很稳定，膜的药洗周期一般在 3 个月以上。

3 “微生物处理 + 膜分离”工艺技术现场应用

3.1 新民油田应用

结合新民油田联合站污水处理站改造，开展了“微生物处理 + 膜分离”处理含油污水应用。设计规模为 4000m³/d，为吉林油田首次采用“微生物处理 + 膜分离”处理含油污水。

3.1.1 工艺流程

本次工程将已建一次缓冲罐、一次除油罐和二次除油罐进行维修、改造。污水来水进入缓冲罐，缓冲罐出水经提升进入一次除油罐和二次除油罐，二次除油罐出水重力进入微生物反应池，充分降解污水中的油及有机物，反应池出水经加压进入膜分离系统，最终出水达到回注水水质指标进入注水系统。

新民采油厂污水处理系统工艺流程如图 5 所示。

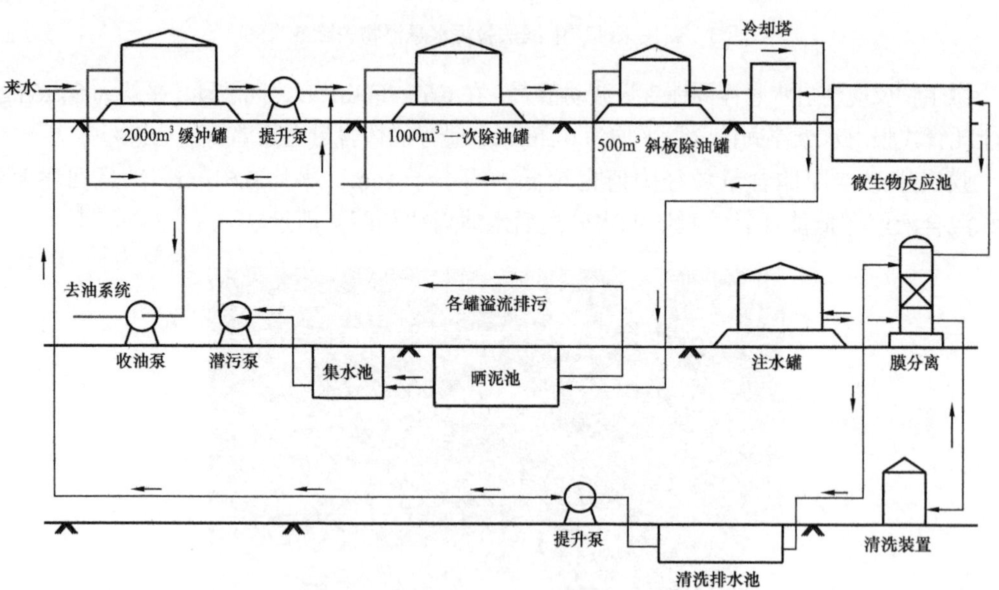

图 5 新民采油厂污水处理系统流程图

工艺流程说明：本次工程将已建 2000m³ 一次缓冲罐、1000m³ 一次除油罐和 500m³ 二次除油罐进行维修与改造。污水来水进入缓冲罐，出水进入除油罐，除油罐出水进入微生物反应池，充分降解污水中的油及有机物，反应池出水经加压进入膜分离系统，最终出水达到回注水水质指标进入注水系统。

3.1.2　应用效果

（1）出水水质分析。

新民油田污水处理系统于 2016 年 10 月 18 日投产运行，整体运行平稳。出水水质满足设计要求，出水指标中含油量平均为 1.86mg/L，悬浮固体含量平均为 0.86mg/L，悬浮固体粒径中值平均为 0.7μm。

（2）运行费用分析。

① 药剂费用：

微生物反应池只需在投运初期投加“联合菌群和营养剂”，正常运行后无须投加。

膜的孔径为 30nm，SRB 的大小为 0.5～2μm，可以完全被截留，不需要加杀菌剂。

膜清洗药剂费为 0.04 元 /m³（水）。

② 耗电费用：

系统吨水能耗 1.09kW · h/m³（水），费用为 0.65 元 /m³（水）。

运行总费用为 0.69 元 /m³（水）。

各流程运行费用对比见表 2。

表 2　常水采出水处理各流程运行费用对比表

流程	药剂费 /（元 /m³）	电费 /（元 /m³）	运行费用 /（元 /m³）	出水指标①
压力 + 二级过滤	1.91	0.38	2.29	8/3/4
气浮 + 二级过滤	2	0.45	2.45	8/3/2
微生物 + 膜分离	0.04	0.65	0.69	5/1/1

① 出水指标如“5/1/1”指含油量≤5mg/L，悬浮固体含量≤1mg/L，悬浮固体粒径中值≤1μm。

3.2　乾安油田让 11 联合站污水处理系统改造

2016 年结合新建产能，在乾安油田让 11 联合站采出水处理系统扩建中应用了“微生物处理 + 膜分离”处理工艺技术，设计规模为 3000m³/d。

本次应用对微生物菌种和低能耗管膜进行了优化改进，其中微生物的选用增加了耐高温的特点，可以适应到 45～50℃的含油污水。

对低能耗管膜进行了优化改进，增强了膜元件的焊接强度和膜组件的耐压性，使其不仅能适用于低流速低压力的低能耗运行模式，同时还能够适应高流速高压力的大错流运行工况，系统采用管式超滤膜过滤装置。管式超滤膜采用 PVDF 材质，膜孔径 30nm，膜管直径 8mm，具有优异的抗污染、抗氧化、耐酸碱等性能（pH 值 1～12）。膜的孔径与改进前的一致，仍属于超滤级别。调整运行参数，在运行电耗增加有限的情况下，调整了膜供水泵、膜循环泵的频率，增加膜错流过滤的滤速，从而增加膜的运行通量和降低膜污染的程度。

让11污水处理站于2017年11月4日投产运行，处理后的出水中含油量平均为2.86mg/L，悬浮固体含量平均为1.0mg/L，悬浮物颗粒直径中值平均为0.7μm，水质能够满足低渗透油田开发的需求，整个工艺的运行成本为0.91/m^3（水）。

3.3 乾安联合站污水处理系统改造

2018年乾安联合站污水处理系统改造，在原站址西侧征地新建污水处理站一座，采用“微生物处理＋膜过滤”工艺流程，设计规模为4000m^3/d。

本次应用对流程及装置进行优化改进，如图6所示，改进后，污水的冷却采用间接水冷式，该冷却方式污水不直接与空气接触，无气体污染等问题。

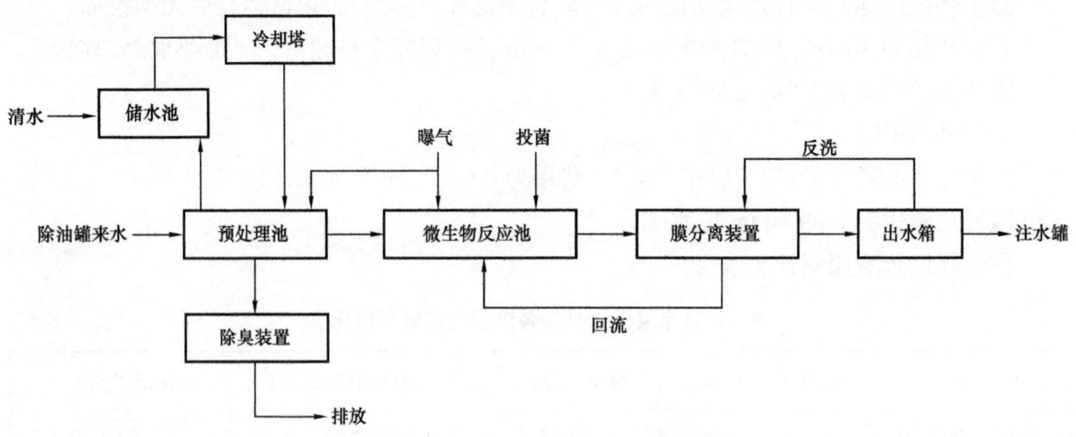

图6　改进后污水处理系统工艺流程图

改进后，污水的冷却采用间接水冷式，换热效率稍低。在预处理池内，污水与盘管内侧的清水进行间接换热，温度升高的清水再通过开式冷却塔进行降温实现不断地重复利用。此种冷却方式污水不直接与空气接触，避免空气中携带污水中的油气、硫化氢等气体可能排入大气的问题，杜绝了气体污染等问题。

实际运行过程中，不同工程的油田采出水的水质水量存在一定的差异性。针对吉林油田各个站的情况，分别从以下几个方面进行优化：

（1）针对不同的水质，分别筛选和配伍特种微生物菌种，保证其在水中形成的优势菌群能够有效降解特定水质的油田采出水。

（2）针对来水突发状况或水中不能降解的蜡类物质长期积累会在池面上形成一层漂浮物质的现象，增设上部溢流排放口，用于上层积累杂质的排放。

（3）保持总停留时间不变，将活性污泥池的级数由两级调整为三级，保持不同级数微生物的差异性，使不同有机污染物的降解更加彻底。

4　成本核算与适用性比较分析

常用采出水处理工艺及成本对比见表 3。

表 3　常用采出水处理工艺对比表

工艺名称	优点	缺点	成本对比
重力＋二级过滤	该工艺简单，处理效果稳定，运行费用低，适应性强，适用于注水水质要求低的油田	滤罐数量多，流程相对复杂，自动化程度低，沉降时间长，一次投资高	能耗一般
压力＋二级过滤	除油效率高，停留时间短，系统自动化程度高于重力除油工艺，运行管理较为方便	设备内部结构较为复杂，易出现填料堵塞、内部构件腐蚀损坏等情况	能耗较高
气浮＋二级过滤	设备占地面小，污水停留时间短，在高效浮选药剂的作用下，除油效果好，效果好	设备转动部件多，含油污水含盐量高，腐蚀性强，运行费用高，流程运行的稳定性相差	能耗较高
微生物处理＋膜分离	工艺流程简单，自动化程度高，操作简单，运行可靠，处理效果好，运行成本低	微生物反应池对进水要求指标高	运行成本最低

5　结论

（1）“微生物处理＋膜分离”处理含油污水工艺技术，把微生物处理技术与膜分离技术有机地结合起来，通过投加高效专性联合菌群，可以对采出水中易造成膜污染的油及有机物进行有效的降解，减少对膜的污染，延长运行周期，清洗周期可在 3 个月以上；同时整个工艺不需投加混凝剂、杀菌剂等药剂，大幅降低了含油污水的处理成本。

（2）“微生物处理＋膜分离”现场应用结果表明，该技术处理含油污水的出水水质能够满足低渗透油田开发的需求，同时该工艺流程简单，操作简单，运行可靠。因此，是一项值得在低渗透油田采出水处理领域推广应用的技术。

参 考 文 献

[1] 图影，徐颖．油田含油污水处理技术及发展趋势［J］．能源与环境，2009（2）：97–99.

[2] 刘芳，路宝仲，郑少奎，等．生物技术处理稠油废水的研究［J］．油气田环境保护，2001，11（2）：27–29.

[3] 谢磊，胡勇有，仲海涛．含油废水处理技术进展［J］．工业水处理，2003，23（7）：4–7.

海拉尔油田含油污水处理工艺适应性分析

田文龙　唐艳生　杨鸿鹄

（中国石油大庆油田呼伦贝尔分公司）

摘　要　海拉尔油田已开发19年，含油污水处理工艺从初期的横向流聚结除油＋三级压滤工艺和一体化净化机＋二级压滤工艺逐渐发展为更先进的除油缓冲 +SSF 悬浮污泥过滤工艺。该工艺对处理油田含油污水和各种废液均体现出较好的适应性，流程短、工艺简单，水质达标率高，运行费用低。但在运行过程中存在污泥产生量较大、SSF 净化器斜管填料易坍塌等问题，通过完善污泥处理工艺和改变填料材质等手段，保证了污水系统平稳运行。

关键词　海拉尔油田；含油污水；SSF 悬浮污泥过滤；污泥处理

1　含油污水处理工艺发展历程

海拉尔油田从 2002 年开始，先后建成 5 座含油污水深度处理站和 1 座压裂返排液处理站，污水处理工艺先后经历了横向流聚结除油＋三级压力过滤工艺、一体化净化机＋二级压力过滤工艺和 SSF 悬浮污泥过滤工艺，其中前两种工艺由于处理后水质较差已被淘汰，目前海拉尔油田废液处理全部采用 SSF 悬浮污泥过滤工艺，截至 2019 年底，共建成 SSF 净化装置 11 套，总设计处理规模为 5230m^3/d（其中污水站 4880m^3/d），2019 年污水站日均处理 3007m^3，平均负荷率 61.6%（表 1，图 1）。

表 1　海拉尔油田含油污水深度处理站和压裂返排液处理站建设历程及工艺现状统计表（截至 2019 年底）

序号	站名	建设日期	历年设计规模 / m^3/d	处理工艺	备注
1	苏一联	2002 年	250	横向流→核桃壳→双滤料	2012 年拆除
		2004 年	250	横向流→核桃壳→双滤料→精细过滤	
		2007 年	250	横向流→核桃壳→双滤料→双膨胀精细	
		2012 年	700	除油缓冲罐→ SSF 净化器→单阀滤罐	2 套
2	呼一联	2003 年	500	横向流→核桃壳→双滤料	2013 年废弃
		2004 年	500	横向流→核桃壳→双滤料→精细过滤	

续表

序号	站名	建设日期	历年设计规模 / m^3/d	处理工艺	备注
2	呼一联	2008 年	700	除油缓冲罐→ SSF 净化器→单阀滤罐	1 套
		2013 年	700	除油缓冲罐→ SSF 净化器→单阀滤罐	1 套
3	德一联	2004 年	400	一体化净化机→双滤料→双膨胀精细	2010 年拆除
		2010 年	460	除油缓冲罐→ SSF 净化器→单阀滤罐	1 套
		2015 年	460	除油缓冲罐→ SSF 净化器→单阀滤罐	1 套
4	德二联	2005 年	1300	一体化净化机→双滤料→双膨胀精细	2011 年拆除
		2011 年	1400	除油缓冲罐→ SSF 净化器→单阀滤罐	2 套
5	乌东联	2009 年	460	除油缓冲罐→ SSF 净化器→单阀滤罐	2 套
6	贝 28 压裂返排液处理站	2007 年	350	除油缓冲罐→ SSF 净化器→单阀滤罐	1 套
合计			5230		11 套

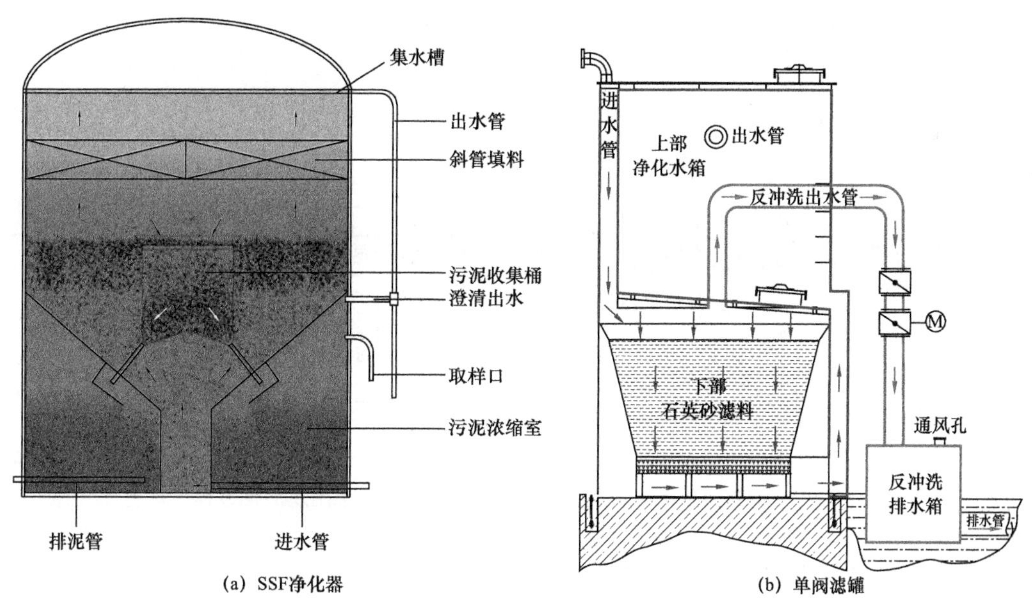

图 1 SSF 净化器及单阀滤罐结构示意图

2 SSF 处理工艺适应性分析

海拉尔油田 3 种含油污水处理工艺流程示意图及演化过程如图 2 所示。

2.1 工艺对比分析

2.1.1 横向流聚结除油器 + 三级压力过滤工艺

海拉尔油田刚投入开发时，在苏一联和呼一联采用了该工艺。一是该工艺流程长，实际经过了四级压力罐处理（横向流聚结除油器为压力罐），流程下游压损逐步加大，过滤水量逐渐降低，过滤后水质差，难以达标。二是管理难度大、维护成本高，横向流设备除油效果差，易对下游滤罐造成油污染，导致滤罐反冲洗效果差，为维持必要的压差和流量进行水处理，在经历较短的周期后就须清洗滤罐和更换滤料、滤棒，而由于滤罐设备多，清洗和换料成本居高不下。

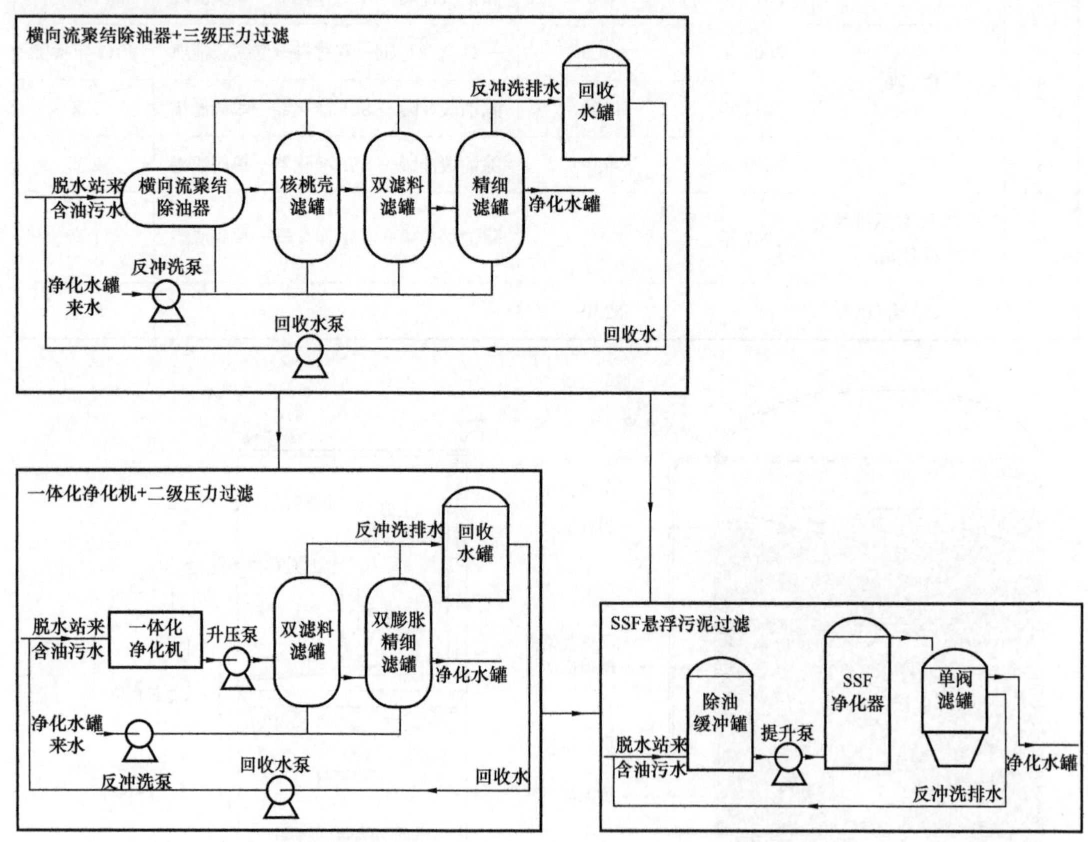

图2 海拉尔油田3种含油污水处理工艺流程示意图及演化过程

2.1.2 一体化净化机 + 二级压力过滤工艺

为克服横向流设备的缺点，在苏德尔特油田的开发建设中采用了该工艺，主要变化是横向流除油器更换为采用气浮选除油的一体化净化机，压力滤罐由三级减为二级。该工艺缺点仍然突出，一体化净化机设备采用厂房内大面积敞口安装，运行时油气浓度高、污染大，生产和安全矛盾突出：一方面要保证必要的温度进行除油收油生产；另一方面还要保证室内必要的通风减少油气浓度，降低安全隐患，维护工人身体健康。两者矛盾不可调和，直接后果是安全隐患不能排除，生产上也不能达到必要的除油效果，造成了压力滤罐的油污染，结果与横向流工艺一样，水质差、维护成本高。

2.1.3 SSF 悬浮污泥过滤工艺

SSF 悬浮污泥过滤工艺打破了传统的静态滤料机械过滤模式，以 Stokes 定律和同向凝聚理论为理论基础，用动态缓慢旋转和不断更新的悬浮污泥层作为过滤净化介质，实现不用反洗和不怕堵塞的长期稳定过滤净化含油污水。总结多年现场运行情况，应用该处理工艺处理后的水质稳定、达标率高，并且很好地解决了前两种工艺存在的处理流程长、污染下游滤罐、厂房内油气浓度大、运维成本高等问题，同时该工艺无须泵反冲洗和泵回收流程，节省了基建投资和大量电耗成本。SSF 悬浮污泥过滤工艺在海拉尔油田具有良好的适应性。

2.2 水质分析

统计 5 座污水处理站近 5 年运行情况，各站处理后水质指标良好。除呼一联以外的各站的含油污水滤后含油和滤后悬浮物含量均稳定达“≤8mg/L，≤3mg/L”指标。呼一联由于受注聚影响，污水中聚合物浓度高，滤后水质指标普遍偏高，滤后含油量达标，但滤后悬浮物含量在近两年超标严重，高达 20mg/L 以上，对于含聚污水需加强前段预处理。

表 2 海拉尔油田含油污水深度处理站水质指标统计表（SSF 悬浮污泥过滤工艺）

污水站	平均滤后含油 /（mg/L）					平均滤后悬浮物含量 /（mg/L）				
	2015 年	2016 年	2017 年	2018 年	2019 年	2015 年	2016 年	2017 年	2018 年	2019 年
德二联	0.44	0.51	0.58	0.47	0.47	2.70	2.68	2.53	2.65	2.58
德一联	0.45	0.41	0.45	0.41	0.43	1.96	1.27	1.89	1.75	2.13
呼一联	2.94	4.99	6.28	6.37	5.47	2.66	2.97	3.21	20.05	23.51
苏一联	0.94	1.18	1.32	1.22	1.29	2.04	1.97	1.89	1.79	1.93
乌东联	4.97	4.61	3.30	1.92	0.96	2.52	1.87	2.23	2.45	2.39

2.3 运行成本对比分析

总体看，SSF 悬浮污泥过滤工艺运行成本远低于横向流聚结除油 + 三级压滤工艺，前者仅为后者的 33%。

分项来看，SSF 悬浮污泥过滤工艺除了药剂费偏高以外，其他各项运行成本均远低于横向流聚结除油 + 三级压滤工艺。污水处理过程中 SSF 悬浮污泥过滤工艺需加 4 种药剂（絮凝剂、助凝剂、净化剂和杀菌剂），而横向流聚结除油和三级压力过滤工艺只需加 2 种药剂（杀菌剂和混凝剂），且 SSF 悬浮污泥过滤工艺的药剂单价较高，导致了该工艺药剂费用偏高。

表 3 两种工艺运行成本对比表（呼一联） 单位：元/m³

工艺名称	药剂费	电费	滤料和滤棒更换	滤罐清洗	小计
SSF 悬浮污泥过滤工艺	0.85	0.28	0.18	0.22	1.53
横向流聚结除油＋三级压滤工艺	0.48	0.63	2.85	0.66	4.62

3 SSF 悬浮污泥过滤工艺存在问题及对策

从多年运行来看，SSF 悬浮污泥过滤工艺基本实现了含油污水滤后含油和滤后悬浮物含量均分别稳定达到“≤8mg/L、≤3mg/L”指标，但还存在影响污水站平稳运行和处理效果的 3 个至关重要的问题。

（1）污泥产生量大，需浓缩去除。

问题：污水处理过程中产生大量的污泥，在污水处理系统和脱水系统的污水沉降罐、三相分离器等设备中循环，不仅影响污水水质稳定达标，还给脱水系统带来了额外负担，每年增加相关设备的清淤工作量，对其平稳运行也带来十分不利影响。

对策：采取技术手段将系统中的污泥去除。

初期采用了静沉浓缩＋离心脱水污泥处理工艺（图 3），2009 年通过产能项目在乌东联和呼一联污水处理站完善了污泥处理工艺。但通过现场运行发现，采用该工艺的 2 座污水处理站均无法对污泥进行浓缩和脱水。进一步的试验研究发现，海拉尔油田 SSF 净化器排出的污泥含水率高（95%），含油污泥湿视密度（0.983g/cm³）与室温下水的密度（0.997g/cm³）十分接近，离心式污泥脱水法不适用于 SSF 净化器排出的污泥。

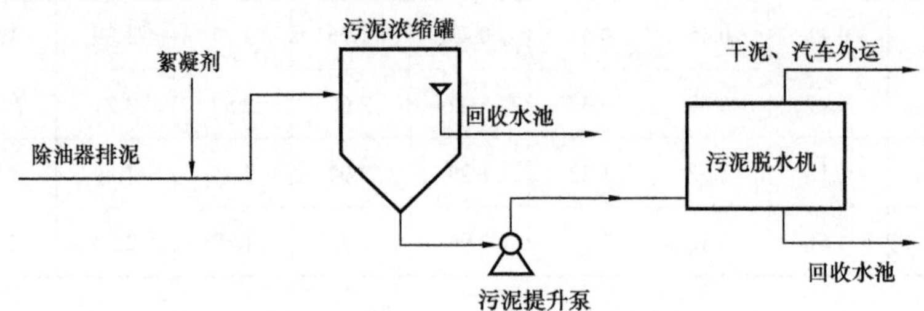

图 3 静沉浓缩＋离心脱水污泥处理工艺

在此基础上，通过广泛调研，再通过现场试验，优选出叠螺式污泥脱水工艺，即 SSF 净化器排泥→储泥罐→污泥提升泵→叠螺式污泥脱水机。

于是，从 2013 年开始，逐步完善和改造各污水处理站的污泥处理工艺，2013 年完善了苏一联和德二联，2015 年完善了德一联、改造了呼一联。

总结多年的现场运行情况，叠螺式污泥脱水工艺对海拉尔油田含油污泥脱水效果良好，具有良好的适应性；同时，提高了污水站水质达标率，并大幅减轻了脱水系统三相分离器和污水沉降罐的清淤负担（图 4 和图 5）。

图 4　海拉尔油田叠螺式污泥脱水机现场安装图

图 5　海拉尔油田经叠螺式污泥脱水机脱水装袋后的污泥

（2）非金属斜管填料强度低、承压弱、易坍塌。

问题：安装于 SSF 净化器中上部的六角蜂窝状斜管填料（污水沉淀作用），采用的是聚丙烯（PP）或聚氯乙烯（PVC）等非金属材质，强度不高，承压能力弱。经长时间运行，斜管填料上会附着一定量的密度大于水的含油污泥，随着污泥的聚积，部分斜管孔会逐渐被堵塞，斜管流通截面变小，影响处理效果和处理能力。当污泥积聚到一定程度时，斜管填料会承受不住污泥的重力，被压塌（图 6 和图 7）。此外，当处理瞬时量波动、不平稳时，水流也会对斜管填料产生一定的冲击作用，也会对斜管结构的稳定造成不利影响，或上浮堵住 SSF 净化器出水口或部分掉落至污泥桶内。

为改善处理后的水质，2015 年以来，累计更换斜管填料 10 次（PP 材质 9 次，不锈钢材质 1 次），其中 2015 年更换 1 次、2017 年更换 1 次、2018 年更换 1 次、2019 年更换 7 次（表 4）。

鉴于非金属材质斜管填料的缺点，2018 年 8 月在苏一联污水处理站 2 号 SSF 净化器上试验采用了不锈钢材质的斜管填料，截至 2019 年 12 月底，该金属材质的斜管填料运行状态良好。

图 6 SSF 净化器过滤泥层桶污泥收集中心桶上方六角蜂窝斜管填料正常结构图

(a) 贝28压裂返排液处理站

(b) 呼一联新SSF机

图 7 SSF 净化器过滤泥层桶污泥收集中心桶上方六角蜂窝斜管填料结构坍塌现场图

表 4　海拉尔油田污水站 SSF 净化器斜管填料更换统计表（截至 2019 年 12 月底）

<table>
<tr><th rowspan="2">序号</th><th rowspan="2">污水站名称</th><th colspan="2">SSF 净化器</th><th colspan="2">斜管填料更换记录</th><th rowspan="2">备注</th></tr>
<tr><th>编号</th><th>投产日期</th><th>更换日期</th><th>材质</th></tr>
<tr><td rowspan="4">1</td><td rowspan="4">苏一联</td><td rowspan="3">1 号</td><td rowspan="3">2012 年 12 月</td><td>2019 年 04 月</td><td>PP</td><td rowspan="3">东侧</td></tr>
<tr><td>2019 年 06 月</td><td>PP</td></tr>
<tr><td>2019 年 08 月</td><td>PP</td></tr>
<tr><td>2 号</td><td>2012 年 12 月</td><td>2018 年 08 月</td><td>不锈钢</td><td>西侧</td></tr>
<tr><td rowspan="3">2</td><td rowspan="3">呼一联</td><td rowspan="2">老</td><td rowspan="2">2008 年 11 月</td><td>2015 年 05 月</td><td>PP</td><td></td></tr>
<tr><td>2017 年 04 月</td><td>PP</td><td></td></tr>
<tr><td>新</td><td>2013 年 11 月</td><td>2019 年 08 月</td><td>PP</td><td></td></tr>
<tr><td rowspan="2">3</td><td rowspan="2">德一联</td><td>老</td><td>2011 年 09 月</td><td>未更换</td><td></td><td></td></tr>
<tr><td>新</td><td>2017 年 10 月</td><td>2019 年 07 月</td><td>PP</td><td></td></tr>
<tr><td rowspan="2">4</td><td rowspan="2">德二联</td><td>1 号</td><td>2011 年 11 月</td><td>2019 年 08 月</td><td>PP</td><td></td></tr>
<tr><td>2 号</td><td>2011 年 11 月</td><td>2019 年 06 月</td><td>PP</td><td></td></tr>
<tr><td rowspan="2">5</td><td rowspan="2">乌东联</td><td>1 号</td><td>2010 年 11 月</td><td>未更换</td><td></td><td>规划 2020 年改造</td></tr>
<tr><td>2 号</td><td>2010 年 11 月</td><td>未更换</td><td></td><td>规划 2020 年改造</td></tr>
<tr><td>6</td><td>贝 28 压裂返排液处理站</td><td></td><td>2008 年 05 月</td><td></td><td></td><td>2015 年填料塌落后未再安装</td></tr>
</table>

乌东联由于 SSF 净化机顶部无人孔，暂无法更换，于 2020 年改造加人孔后再进行更换。贝 28 压裂返排液处理站 2015 年填料塌落后，由于内部结构腐蚀、变形严重，过滤效果很差，故未再安装。

对策：鉴于在苏一联污水处理站试验采用的不锈钢斜管填料取得了很好的效果，规划在 2020 年将海拉尔油田所有在用 SSF 净化器的六角蜂窝状斜管填料由现有的非金属材质更换为不锈钢材质，共计 10 套。

4　结论及认识

（1）对于水驱含油污水，与横向流聚结除油器 + 三级压力过滤工艺和一体化净化机 + 二级压力过滤工艺相对，SSF 悬浮污泥过滤工艺具有流程短、常压运行、自力反冲洗、能耗低等优点，含油污水滤后含油和滤后悬浮物含量均分别稳定达到“≤8mg/L，≤3mg/L”指标，在海拉尔油田具有良好的适应性。

（2）通过污泥浓缩处理，能够进一步改善 SSF 悬浮污泥过滤工艺处理水质。

（3）通过更换非金属斜管填料，改善材质，能保障 SSF 悬浮污泥过滤工艺更加平稳运行。

高尚堡地区沿程水质稳定技术与工艺研究

李洪宽　郝建华　王　鹏

（中国石油冀东油田公司陆上作业区　地面工程与信息化技术研究所）

摘　要　影响高尚堡油田回注水水质稳定的主要因素为亚铁离子、细菌、硫化氢和少量溶解氧；沿程水质二次污染的主要原因是管线内污垢和细菌大量滋生。为控制水质，开发了源头控制和沿程控制两种水质控制模式。源头控制模式主要是控制腐蚀结垢及细菌繁殖，去除原水中亚铁、硫及成垢离子，提高水质稳定性；沿程控制模式主要是加强过程控制，抑制腐蚀及消除残留细菌破坏其滋生环境，延缓沿程管线老化。回注水水质稳定控制配套技术在现场实施后，注水井口水质稳定率达 95% 以上。

关键词　沿程水质控制；杀菌剂；防腐；阻垢；达标

注水开发是油田稳产的重要保障，保证注入水水质达标更是注水开发过程中的关键环节。陆上作业区注入水的来源是经处理后的采出水，而采出水水处理中由于存在成垢离子、Ca^{2+}、Mg^{2+}、Fe^{2+} 和细菌（特别是固着菌）等影响因素，导致注水输送系统中腐蚀、结垢、细菌滋生，悬浮固体含量增加，回注水沿程水质恶化。目前冀东油田陆上作业区高尚堡联合站采出水处理量为 3500m³/d，据统计在高一联外输水质达标情况下，仍出现注水站 16 次、配水间 24 次和注水井口 30 次的水质不达标现象，说明处理水在输送过程中存在着再次污染的情况，井口水质严重超标，造成地层堵塞，解堵难度大，尤其对渗透率低的油藏堵塞更为严重[1]。

针对高尚堡油田注入水水质超标问题，通过“源头治理，沿程控制”的手段，对各项因素超标原因进行分析，并依次进行了研究，提出了解决方案，最终使注水井井口水质与联合站供水水质指标基本持平，达到了对高尚堡地区地面水质的沿程稳定控制效果。

1　沿程水质变化影响因素及程度分析

1.1　源头水质因素的影响

注水系统是一个相对密闭的集输环境，所以源头水质达标是保证注入水水质的重要因素，对此根据高尚堡油田注水水质提升要求，2017 年 4 月完成了对高一联采出水处理系统的升级改造，出水水质标准由原来的 A2 级提升到 A1 级，使水质达标率平均值由年初的不足 90%，提升至 99% 以上（图 1）。

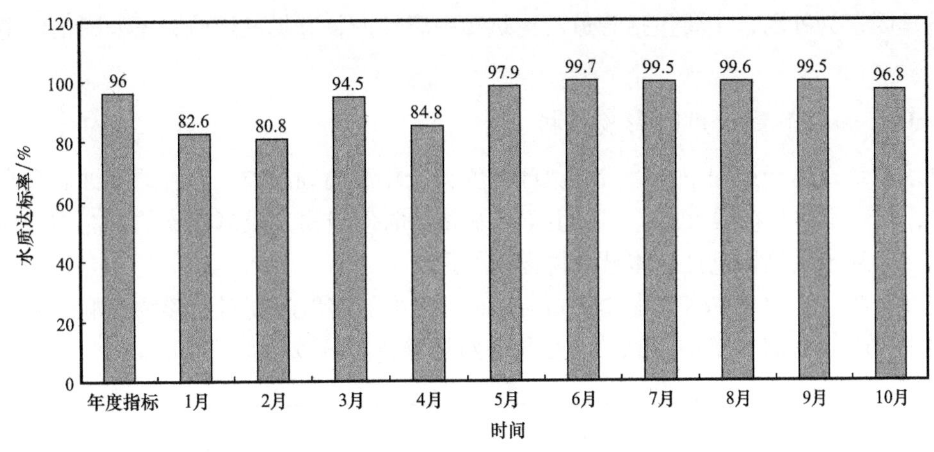

图1　2017年高尚堡注水水质达标率

1.2　沿程注水管线因素的影响

回注污水通过联合站处理后，经注水管网输送到注水井，管壁因细菌代谢、结垢、Fe^{3+}、溶解氧和二氧化碳腐蚀等易生成污（油）垢，造成沿程水质下降。

水质监测表显示，在高一联外输水质达标情况下，出现注水站16次、配水间24次和注水井口30次水质不达标现象（表1）。

表1　注水水质超标情况表

取样点	不合格水质次数	固体悬浮物超标		粒径中值	
		不合格次数	比例/%	不合格次数	比例/%
高一联	6	1	16.7	5	83.3
注水站	16	12	85.7	4	28.6
配水间	24	21	87.5	5	20.8
注入井口	30	24	92.3	6	23.1

1.3　注入水沿程水质变化影响因素分析

通过对注水水质各项指标分析，确定回注污水的4个主要指标中，“悬浮固体含量、中值”和“SRB菌”沿程变化现象最为突出，而“含油量”的变化不具有普遍性，将对各指标变化原因进行分析，确定分析的重点为“SRB菌”和“悬浮固体含量”的变化[1]。

1.3.1　悬浮固体含量变化影响因素分析

悬浮固体含量变化有水性因素和管理因素。

水性因素为内因，包括亚铁与溶解氧作用的影响；亚铁与SRB菌、硫离子作用的影响；成垢离子的影响；药剂的后续反应影响。其中又以亚铁与溶解氧的作用和亚铁与SRB菌、硫离子的作用为主要影响因素。

管理因素为外因，主要包括管道及构筑物中腐蚀产物和垢的影响；不及时清污造成的影响。

1.3.2　Fe^{2+} 和溶解氧作用的影响分析

注水系统在运行过程中，管线难免产生各类老化和腐蚀现象，而管线腐蚀后会产生大量 Fe^{2+}，当流程中存在曝氧点（多发生于注水站）时便极易生成氧化铁的沉淀物并在管线内堆积，导致水质呈褐色且固体悬浮物含量上升。

经过分析：当水中 Fe^{2+} 含量≥0.5mg/L 时，水中的溶氧越高对悬浮物影响越大；当水中溶氧≥0.01mg/L 时，水中的 Fe^{2+} 含量越高对悬浮物影响越大（图 2）。

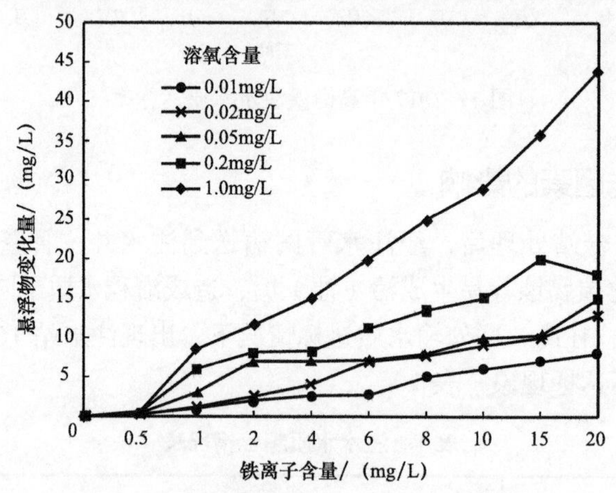

图 2　Fe^{2+} 和溶解氧作用对悬浮物含量影响

1.3.3　Fe^{2+} 和 SRB 菌及 S^{2-} 作用的影响分析

当水中二价铁离子含量小于 1.0mg/L 或水中 S^{2-} 含量小于 5.0mg/L 时，对水质影响较小；而随着水中二价铁离子和 S^{2-} 含量的增加，水中悬浮物含量增加（图 3）。

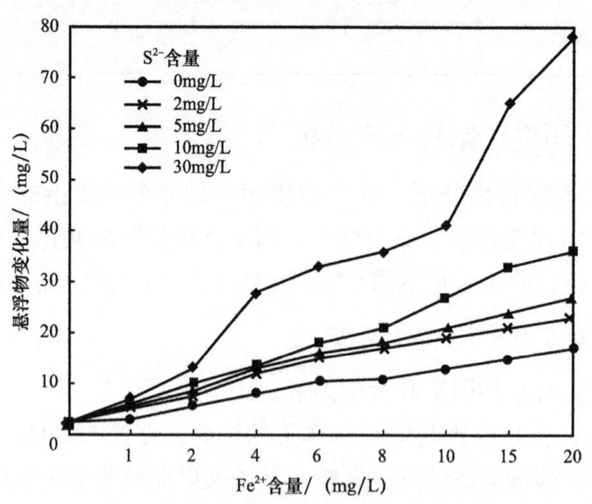

图 3　Fe^{2+} 和 SRB 菌及 S^{2-} 作用对悬浮物含量影响

1.3.4　SRB 细菌和腐蚀共同作用的影响分析

当注水系统管线内存在大量细菌时，一方面腐蚀和细菌造成水中不稳定物质铁离子和硫化物等含量增加，不稳定物质生成沉淀影响水质；另一方面产物造成管线污染，进一步影响水质（图 4）。

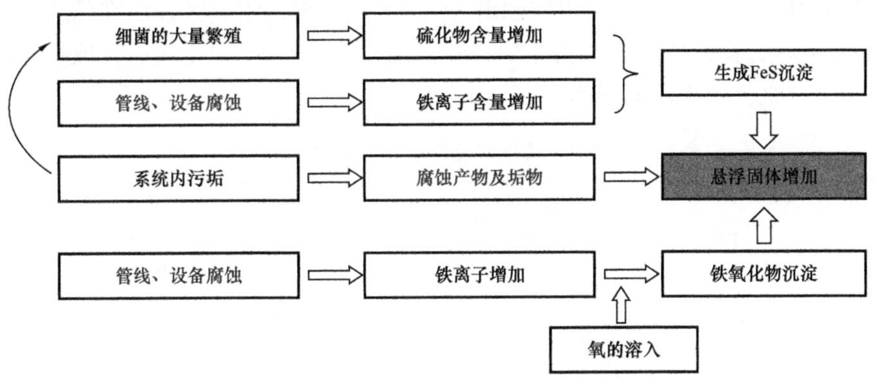

图 4　SRB 细菌和腐蚀共同作用的影响

室内研究表明，固着菌的生长包括“形成—成熟—脱落”阶段，一个生长周期大约 20 天。首先有许多微型小凸起出现在基体表面，而微菌落之间类似于输水管道的物质发挥着输送酶代谢产物、养料的作用；8 天后菌落趋于成熟，基体表面被多层覆盖不断加厚且保证膜结构的稳定性；11 天左右基体部分区域被片状且致密的生物膜覆盖，部分区域膜却较薄；20 天时菌落成熟并开始大片脱落。在固着菌生长周期内，水中细菌和硫化物含量逐渐增加，代谢产物导致悬浮物逐渐增加；生物膜含有大量 FeS，膜下产生大量蚀坑，对沿程管线内壁造成破坏的同时造成了水质恶化[5]。

2　沿程水质控制措施

2.1　对 Ca^{2+} 和 Mg^{2+} 等成垢离子含量的控制

2.1.1　控制 Ca^{2+} 和 Mg^{2+} 进入处理水系统的含量

通过对高尚堡各节点水质取样化验结果显示钙镁离子指标超标主要是因为转油站外输液中钙离子和镁离子含量较高，其中以 G43–23 转油站及 G5 转油站外输液超标严重，通过摸排作业井实施内容，发现 G5–14 井、G65–11 井、G65–23 井、G12–42 井、G26–22 井和 G65–13 井等 6 口井均使用了高密度（$1.25g/cm^3$）优质压井液，共计使用了约 $907.9m^3$。除了 G65–13 井进 G43–23 转油站外，其余 5 口井均进入 G5 转油站。初步判断是压井液进入集输系统造成钙离子和镁离子含量偏高。针对此类原因作业区制订了《陆上作业区压井液使用管理办法》，严格控制作业中密度高于 $1.20g/cm^3$ 的压井液进入集输系统，并定期对转油站外输液进行水性跟踪，每周对转油站外输液进行取样分析。通过治理，高尚堡联合站水质钙镁离子指标有了明显改善。

2.1.2 沿程控制 Ca^{2+} 和 Mg^{2+} 络合成垢

在高尚堡联合站控制压井液进入系统后，为防止钙离子和镁离子在沿程管线中由于细菌和腐蚀等作用下再次成垢，2017 年 3 月对 G3102 注水站进行添加缓蚀阻垢剂试验，通过化学手段进行防垢措施[3]。

G3102 注水站负责中深层和深层油藏 36 口水井供水，作业区开展在低压供水管线端添加缓释阻垢剂试验。2017 年 3 月 17 日按 100mg/L 浓度加入，1 周后，取样化验显示井下阻垢率为 97.9%，效果明显（表 2）。

表 2 缓蚀阻垢剂阻垢效果对比表

注水站	位置	离子含量 /（mg/L）		矿化度 / mg/L	阻垢率 /%		
		Mg^{2+}	Ga^{2+}		Mg^{2+}	Ga^{2+}	总体
G3102 注水站	注水泵进口	23	24	3037			
	G76–60 井底（2950m）	22	23	2891	95.7	95.8	97.9
G56–34 注水站	注水泵进口	22	31	3066			
	G17–29 井底（2000m）	21	19	2765	95.5	61.3	75.5
	G17–29 井底（3000m）	18	19	2995	81.8	61.3	69.8

2.2 沿程管线细菌含量控制

通过对沿程各节点取样对比分析，确定固体悬浮物及细菌变化影响因素为污水处理站前端水质不稳定，取样时间差因素；沿程设施管道二次污染因素。在高尚堡联合站水质标准提升至 A1 等级后，在下游节点（注水站、配水间、井口）仍发现多次注水水质不合格情况，确定沿程设施管道二次污染是导致注入水水质变化的主要影响因素。

为消除沿程管线中附着的细菌对水质造成二次污染，决定采用化学药剂对高尚堡河西注水管网进行清洗。

2.2.1 投用药剂及清洗原理：

首先，使用有机生物分散剂 Bulab8012 将附着在管线内壁的菌泥和生物黏泥进行剥离，并利用其疏水性和亲水性在金属表面形成一层有机物保护膜，防止菌类再次附着滋生（图 5）。

其次，使用高效广谱杀菌剂 Bulab6158 将剥离的各类细菌杀灭并随系统排出。

高尚堡河西注水管线清洗共涉及三个注水站，下辖 22 个配水间，93 口单井，清洗过程包括 2 个步骤：浸泡分散、清洗剥离。

工艺流程：杀灭水中的细菌→清除死菌及管壁表面油污→深度杀菌（杀死黏泥中的细菌）→剥离生物黏泥→彻底清洗生物黏泥及油污（图 6）。

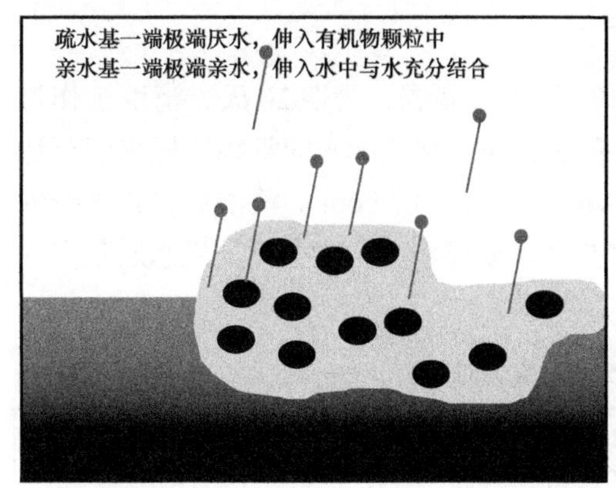

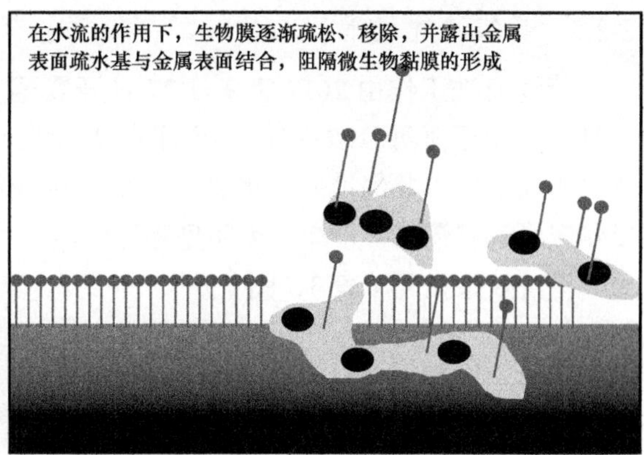

图 5　药剂剥离过程示意图

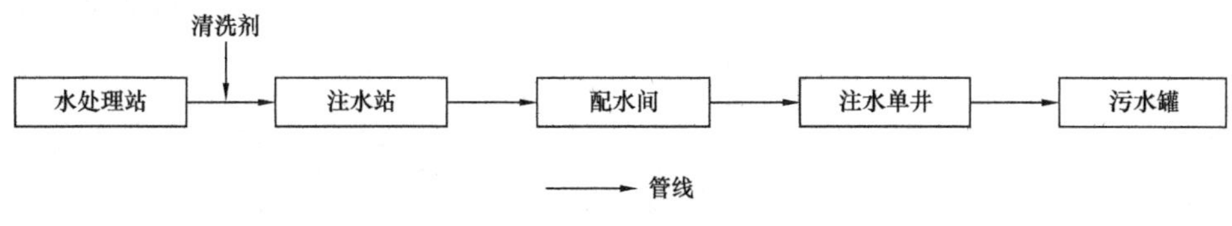

图 6　加药工艺流程图

2.2.2　清洗工艺

对清洗药剂进行的室内试验数据表明，在药剂浓度为 100mg/L 标准下，药剂浸泡分散 10h 后，冲洗管线液体流速为 8m/s 时，达到最佳清洗效果。

2.2.3　现场清洗技术

针对高尚堡河西注水管线清洗，共涉及三类管线——联合站至注水站供水管线、注水站至配水间供水管线、单井注水管线，根据管线规格不同，计算各类管线所需的瞬时排量需不低于 $44m^3/h$。而根据冲洗进度要求每条回水管线清洗 4～7 口单井，每座注水站平均下辖 30 口水井，需注水站供水不低于 $308m^3/h$，而注水站目前设计能力无法达到技术要求。

2.2.4　现场清洗试验

对于注水站能力无法满足清洗技术指标的情况，地面工程与信息化技术研究所与瑞丰化工公司研发中心结合后，制订了以改进措施：

（1）提高药剂浓度，将原定的 100mg/L 药剂浓度提升至 200mg/L；

（2）延长浸泡时间，将浸泡分散药剂投放时间延长至 24h；

（3）针对每条回水管线所带平台距离，采用远近结合的方式调整各批次井位，根据注水流量和流速，由近及远依次关停各单井注水阀门；

（4）针对供水水量不足问题，将稳流冲洗方式改为脉冲水量冲洗方式，以充放时间 3∶1 的周期，每 4h 调整一次注水站供水量。

2.2.5 管线清洗效果

管线清洗工作由 2017 年 9 月 27 日开展至 10 月 16 日完成，为期 20 天，清洗工作量包括高一联至河西 G9/G5/G2 三个注水站的供水管线、注水站至配水间管线、配水间至注水井管线及各单井的洗井回水管线，总长 98.49km，总容积 582.96m^3。清洗后检查管线内壁情况，管壁清洁、干净，无明显黏泥污垢，水井井口取样水质与联合站外供水质基本一致，清洗效果显著（表 3，图 7）。

表 3 G2 注水站管线清洗前后数据对比表

钻或井	水含油 /（mg/L）			悬浮物 /（mg/L）			浊度 /NTU		
	清洗前（10 月 6 日）	清洗后（10 月 23 日）	差值	清洗前（10 月 6 日）	清洗后（10 月 23 日）	差值	清洗前（10 月 6 日）	清洗后（10 月 23 日）	差值
高一联	30.985	2.435	28.55	0	3	−3	1	1	0
G2 注水站	8.89	2.765	6.125	22	3	19	207	1	206
G94 井	4.385	2.81	1.575	6	5	1	28	9	19
G78−13 井	3.18	2.435	0.745	7	1	6	11	2	9
G78 井	3.505	—	—	24	—	—	26	2	24
G76−92 井	3.875	2.95	0.925	8	4	4	58	3	55
G76−12 井	3.12	2.62	0.5	8	3	5	9	2	7
G76−73 井	2.76	2.62	0.14	59	4	55	63	2	61
G94−41 井	35.72	2.575	33.145	45	1	44	665	1	664
G76−25 井	6.52	4.29	2.23	5	5	0	78	3	75
G94−12 井	25.6	—	—	76	—	—	687	2	685
G76−90 井	7.31	2.67	4.64	11	4	7	45	1	44

图 7 管线冲洗前后单井井口取样外观对比

2.3　沿程管线固体悬浮物含量控制

自 2014 年起，陆上作业区对物性差和注水压力高的注水井，为保证注水水质，引进井口金属膜精细过滤器，有效地降低入井水中悬浮物含量和粒径中值，达标率较往年都有不同程度的提高（图 8）。

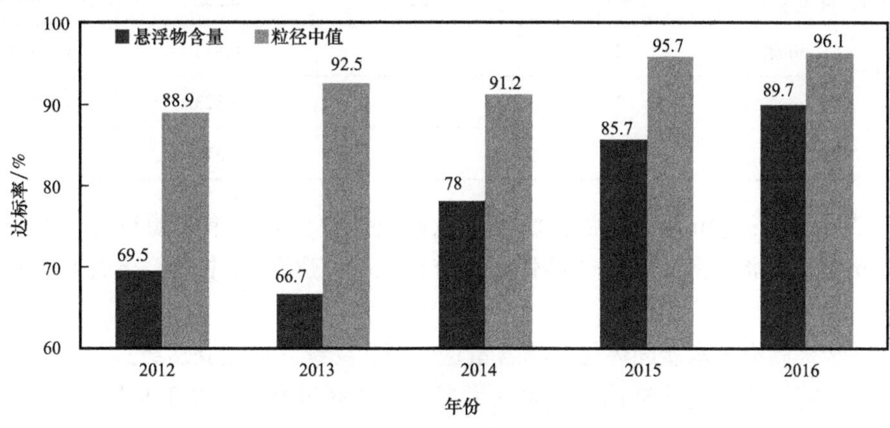

图 8　历年悬浮物含量、直径中值达标情况

通过历年水质指标对比，证实精细过滤器对比传统纤维球过滤器具有更好的过滤效果。目前陆上已应用精细过滤器 145 套，但其滤芯过滤精度均为 2μm。为提高高尚堡地区高深区块注入水水质标准达到 A1 标准，特开展将精细过滤器滤芯精度提高为 1μm 的试验研究。

实验井号：选择高深北区 G5 断块的 G30–26 井、G5X1 井和 GJ5–44 井进行 1μm 精细过滤器滤芯的更换。

实验数据：（1）根据单井更换 1μm 滤芯前后水质对比，通过对单口井连续取样及多口井对比，数据显示过滤后悬浮物固体含量下降了 40.1%，粒径中值下降了 57.1%，过滤后粒径中值能达到 A1 标准，悬浮物含量也有大幅下降（表 4）。

表 4　G30–26 井 1μm 滤芯前后水质对比表

项目	悬浮固体含量 /（mg/L）		粒径中值 /μm	
	过滤前	过滤后	过滤前	过滤后
G30–26 井，9：00	3	1.7	0.237	0.203
G30–26 井，11：00	3	1.5	0.664	0.208
G30–26 井，13：00	5	4	0.205	0.200
平均值	3.7	2.4	0.369	0.204

（2）通过 1μm 和 2μm 滤芯过滤效果对比，证实了 1μm 精细过滤器滤芯效果优于 2μm 精细过滤器滤芯（表 5）。

表 5　1μm 和 2μm 滤芯效果对比表

项目		悬浮固体含量 /（mg/L）		粒径中值 /μm	
		过滤前	过滤后	过滤前	过滤后
G23–53 井，2μm 滤芯		4.5	1.5	0.302	0.294
G30–26 井	2μm 滤芯	2	1	0.323	0.264
	1μm 滤芯	2	0	0.323	0.209
平均值		2.8	0.8	0.316	0.256

实验结果表明：1μm 精细过滤器滤芯能较好过滤掉注入水中大颗粒直径的悬浮物杂质，较 2μm 滤芯过滤效果好，基本能保障颗粒直径中值达到 A1 标准，悬浮物含量有大幅下降。

为进一步提高沿程水质固体悬浮物含量达标率，继续开展建立多级过滤体系研究，增加过滤节点，将注水站过滤缸内滤网更换为高精度金属过滤芯，并于 9 月在 G5 注水站进行实验研究，收到良好效果（表 6）。

表 6　G5 注水站固体悬浮物含量对比表

日期	固体悬浮物含量 /（mg/L）	
	进口	出口
2017 年 1 月	4.12	3.56
2017 年 2 月	3.69	3.25
2017 年 3 月	1.84	1.68
2017 年 4 月	4.17	3.79
2017 年 5 月	5.17	4.81
2017 年 6 月	5.17	4.07
2017 年 7 月	3.6	3.56
2017 年 8 月	3.19	3.01
2017 年 9 月	1.43	0.93
2017 年 10 月	1.31	0.78
2017 年 11 月	1.72	1

3　结语

（1）针对高尚堡地区回注污水中存在的 Ca^{2+} 和 Mg^{2+}，通过控制高密度压井液排入集输系统大幅减少了回注水源头成垢离子含量；通过在沿程节点加入防腐阻垢剂，有效防止了成垢离子在注水管线中的络合、堆积。

（2）通过对影响回注水沿程水质各项因素的分析，确定沿程管线中三类细菌的繁殖和堆积为主要影响因素，并开展管线化学清洗，有效解决了沿程管线对回注水产生的二次污染。

（3）通过对金属膜精细过滤器滤芯的改进试验，有效加强了对固体悬浮物含量的控制。

参考文献

[1] 王田丽，李毅，胜利油田注水井口水质达标技术［J］. 石油工程建设，2015，41（1）：69-72.

[2] 陈军，李晓飞 . 对胜利油田回注水处理工作的几点认识闭 . 油气田地面工程，2006，25（3）：4-5.

[3] 刘佳佳 . 高温高压缓蚀阻垢剂在注水井筒中的应用研究［D］. 东营：中国石油大学（华东），2013.

[4] 王升坤，蒋杏昆 . 几种新型油田污水杀菌剂明［J］. 油田化学，1998，15（3）：289-292.

[5] 刘宏芳，董泽华，范汉香，等 . 杀灭表面黏附菌膜中硫酸盐还原菌的研究［J］. 油田化学，1997，14（2）：152-155.

双滤料过滤技术在微粒径采出水处理中的研究与应用

高　蕊　陈　忻　陈倩岚

（中国石油大港油田公司采油工艺研究院）

摘　要　常规的采出水处理工艺，处理工艺流程长、设备数量多、运行成本高，随着油田开发的深入，现有工艺的适应性及针对性日趋弱化。本文基于板桥油田联合站微粒径采出水处理工艺现状及存在问题，经室内试验优选确定石英砂＋金刚砂双滤料集成采出水处理工艺的改造思路，旨在解决微粒径采出水难处理的问题，从而满足油田回注水达标回注的要求。改造投产后，综合水质达标率由70.9%提高至100%，可满足板桥油田回注水指标要求；采出水处理工艺由重力沉降＋核桃壳过滤＋纤维球过滤三级工艺简化为重力沉降＋双滤料过滤两级工艺，设备集成度更高；设计处理能力优化缩减20%，设备负载率提高13.5%；过滤器由12具减少至4具，设备数量减少67%；反洗周期，由12h延长至48～72h，降低了反洗能耗；反冲洗水量，由435m^3/d降至120m^3/d，减少72.4%。

关键词　水处理；气浮石英砂；微粒径；反冲洗；节能降耗

采出水处理工艺是联合站处理工艺中的重要环节，采出水处理工艺的适应性，直接影响着处理后的水质及注水开发的效果。

板桥油田联合站位于天津市滨海新区上古林村以南、津歧公路以东，隶属大港油田，担负着板桥油田、塘沽油田和长芦油田等的油气水以及冬季板桥储气库群来液的处理、储存和外输任务[1]。

1　采出水处理工艺现状

板桥油田联合站采出水处理系统主体采用“重力沉降＋核桃壳过滤器＋纤维球过滤器”处理工艺，设计处理能力12000m^3/d，目前实际处理量6000m^3/d（冬季大张沱储气库来液高峰时达到7500～9000m^3/d），担负着板桥油田、塘沽油田和长芦油田等来液的采出水处理及污水回注任务。

板桥油田联合站油站来水，大于4μm颗粒体积分布75%，小于4μm的颗粒物占比为25%。小颗粒物占比高，造成了滤料难以截流，处理难度较大，悬浮物处理不达标[2]。

如图1所示，板桥油田联合站采出水处理工艺，系统来液进4#5000m^3沉降罐破乳沉降后，含油采出水通过2#5000m^3沉降罐进一步沉降，经提升泵至一级核桃壳过滤器6具（包括5具核桃壳过滤器、1具高效过滤器），再进入二级纤维球过滤器6具（包括5具纤维球过滤器、1 具双功能过滤器），滤后采出水进入 2 具 500m³ 滤后水罐，由外输泵输送至各注水站。

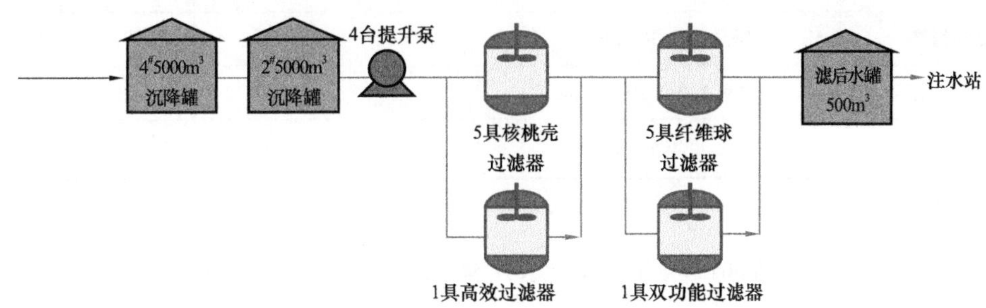

图 1　板桥油田联合站采出水处理工艺流程示意图

2　采出水处理工艺存在问题

板桥油田联合站采出水处理系统存在的主要问题有：

（1）工艺流程长、适应性差。

现有采出水处理设备及工艺适应性日趋弱化，不适应性日益凸显。一级核桃壳过滤器、二级纤维球过滤器共计 12 具，设备数量多、工艺老化，亟待升级。过滤器内部工艺结构落后，叶轮与滤料间距过大，影响反洗、搅拌效果，导致水质不达标[3]；纤维球过滤工艺存在纤维球抗冲击能力弱、悬浮物处理效果不佳等问题[4-5]。

（2）部分设备故障频出、维修困难。

过滤器运行至今已达 10 年，故障频出、维修频繁，仅 2018 年就因搅拌器机械密封不严维修 10 次，且因技术升级、设备更新等因素，零件匹配困难，运行成本攀升。

（3）运行成本较高。

采出水处理系统反冲洗水温较低，约为 40℃，冬季仅为 35℃，长塘地区原油凝固点较高，为 31～36℃，不易有效清洗纤维球上附着的油污，反洗效果不佳。

鉴于反冲洗滤料效果较差的实际，为保证水质达标，加密反冲洗频率，周期间隔仅为 12h，耗电量增大；同时，将月清洗剂量由 7.5kg/ 具提高至 12.5kg/ 具，运行成本攀升，出口水质不达标；加之设备故障频发，维修成本急剧攀升。采出水处理系统运行成本情况见表 1。

表 1　采出水处理系统运行成本情况表

项目	工作制度	耗电量 /（10^4kW · h）	年消耗费用 / 万元
反冲洗	每日 2 次，每次 30min	3.97	2.78
提升泵	24h	62.97	44.1
过滤器	运行 8～10 具	0.95	0.67
空压机	每日 2 次，每次 15min	3.3	2.3

续表

项目	工作制度	耗电量 / (10^4kW · h)	年消耗费用 / 万元
滤料清洗	每月 1 次 12.5kg/ 具	—	清洗剂：2.5
滤料补充	每年 1 次，20% 总量	—	滤料：2.5
设备维修费	每年 10 具	—	10

注：年处理量 $224.54\times10^4m^3$。

因此，有必要对板桥油田联合站采出水处理系统进行工艺优化研究。

3 微粒径采出水处理工艺研究

综合油田采出水处理工艺现状、技术特点，结合板桥油田微粒径水质、水性情况及注水指标，同时基于板桥油田联合站在用采出水处理技术的应用效果，优选三种滤料进行室内试验。

3.1 室内试验

3.1.1 滤料优选试验

（1）试验设备。

室内试验初选三种滤料（粗滤 + 精滤）组合模式，即：1# 为石英砂滤料、2# 为核桃壳 + 石英砂滤料、3# 为石英砂 + 金刚砂滤料；其中粗滤粒径范围为 0.8～1.2mm、精滤粒径范围为 0.5～0.8mm。

取三个玻璃容器，按照一定体积比例进行粗滤粒径滤料 + 精滤粒径滤料的分层填装，开展模拟试验并进行对比分析。

（2）试验步骤。

原水取自板桥油田联合站 2# 沉降罐出水（即现有过滤器进口），将原水水样通过空气加压压入模拟滤料试验设备，通过内部的结构和滤床过滤，观察处理后水样，并对三种滤料处理后的水样分别进行含油及悬浮物分析。室内试验结果见表 2。

由表 2 可知，试验一原水水质含油 46mg/L、悬浮物含量 96mg/L、石英砂滤料含油去除率 90.9%，悬浮物去除率 90.8%。试验二和试验三原水水质含油 96mg/L、悬浮物含量 281mg/L，色度为黄色，表面肉眼观察到油。通过 2# 和 3# 模拟装置处理后水样均为白色，表面肉眼无法观察到油，其中 2#（核桃壳 + 石英砂滤料）水样稍微浑浊，3#（石英砂 + 金刚砂滤料）水样较为清澈，如图 2 所示。

综合对比上述三项试验结果，试验一石英砂滤料含油和悬浮物去除率最低，效果最差；在同等来水水质条件下，试验二核桃壳 + 石英砂滤料处理效果较好，含油去除率为 95.6%，悬浮物去除率为 96.5%；试验三石英砂 + 金刚砂滤料模拟装置处理效果最佳，含油去除率为 97.4%，悬浮物去除率为 97.8%，即石英砂 + 金刚砂滤料处理效果优于核桃壳 + 石英砂滤料。

表 2　室内试验结果

取样时间	试验名称	滤料	试验设备进口		试验设备出口		含油去除率 / %	悬浮物去除率 / %
			含油 / mg/L	悬浮物 / mg/L	含油 / mg/L	悬浮物 / mg/L		
2018.11	试验一	1#—石英砂	46	96	4.2	8.8	90.9	90.8
2018.12	试验二	2#—核桃壳 + 石英砂	96	281	4.2	9.8	95.6	96.5
2018.12	试验三	3#—石英砂 + 金刚砂	96	281	2.5	6.2	97.4	97.8

图 2　室内试验处理前后对比图（试验二、试验三）
（原水—沉降罐出口取水，2#—核桃壳 + 石英砂滤料，
3#—石英砂 + 金刚砂滤料）

图 3　双滤料试验设备进口和出口水样对比图

3.1.2　模拟设备试验

通过石英砂 + 金刚砂双滤料试验设备，每 10min 取水样并化验。由图 3 所示，经过处理后水样干净透彻。由表 3 可知，处理水质较好，含油量和悬浮物含量均小于 10mg/L，去除率均在 90% 以上，确定改造工艺采用双滤料水处理集成技术。

表 3　双滤料试验设备含油、悬浮物去除情况表

项目		含油量 /（mg/L）	悬浮物含量 /（mg/L）	含油去除率 /%	悬浮物去除率 /%
进口水样	原水	46	96	—	—
出口水样	10min	2.5	7.8	94.6	91.9
	20min	2.2	6.5	95.2	93.2
	30min	2.5	6.4	94.6	93.3

续表

项目		含油量 /（mg/L）	悬浮物含量 /（mg/L）	含油去除率 /%	悬浮物去除率 /%
出口水样	40min	3.2	7.6	93.0	92.1
	50min	3.8	8.5	91.7	91.1
	60min	4.2	8.8	90.9	90.8

3.2 技术原理

双滤料水处理集成技术主体采用石英砂和金刚砂滤料，将微浮选、碰撞聚结和吸附过滤三个单元集成在一个过滤器，可有效去除污油和悬浮物，具有高效除油、过滤功能，采用气、水混合气垫床反洗技术，利用特殊结构实现连续排污。含油污水实现碰撞聚结（产生无数个涡旋流），油滴间的液膜界面由于激烈碰撞破裂，多个油滴合并成一个大油滴裹着微细悬浮物借助于未释放完的溶解气体一并向上经微浮选去除[3]；微细悬浮物通过表层的润湿聚结作用，形成絮状的骨架层拦截，再经吸附过滤层精细过滤；通过独特的反洗排污技术定期对吸附过滤层进行反洗、排污、再生。

3.3 应用情况

大港油田羊三木采出水处理站于 2012 年对回注水处理系统进行改造，改造后采用双滤料水处理集成工艺，设计处理能力 9600m^3/d，实际处理量约 9600m^3/d。

2018 年，羊三木采出水处理站处理后水质平均含油量为 11.4mg/L，悬浮物含量为 9.5mg/L，粒径中值 3.4μm，应用效果良好，能够满足达标回注要求。

3.4 规划方案

在板桥油田联合站采出水处理区应用双滤料水处理集成工艺，采用重力沉降 + 双滤料水处理集成工艺。经论证，设计处理能力由 12000m^3/d 减至 9600m^3/d，可以满足地质 10 年开发预测指标要求。新建双滤料水处理集成装置 4 具，设备配套含有自动气水反冲洗功能（图 4）。

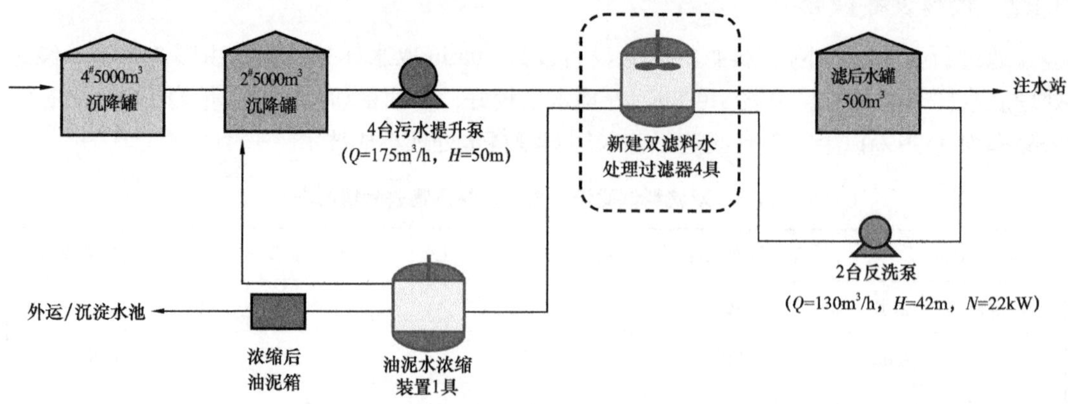

图 4　优化后采出水处理工艺流程示意图

（1）设备要求。设计进水水质要求：含油量≤200mg/L，悬浮固体含量≤200mg/L；设计出水水质要求含油量≤20mg/L，悬浮固体含量≤10mg/L，悬浮颗粒直径中值≤4μm。

（2）主体流程：4# 沉降罐来水→2# 沉降罐→提升泵→双滤料水处理集成装置（4 具）→500m³ 滤后水罐→外输水泵→注水站。

（3）反冲洗流程：滤后水罐→反冲洗泵→双滤料水处理集成装置→油泥水浓缩处理装置→（处理的水进入）2# 沉降罐 /（处理后的污泥进入）油泥箱。

（4）工艺参数。

双滤料水处理集成工艺参数情况见表 4。

表 4　双滤料水处理集成工艺参数

项目	双滤料水处理集成装置
处理量 /（m³/h）	100
罐体直径 /mm	3400
滤速 /（m/s）	9
反洗方式	气水联合反洗
反洗周期 /h	24～72
进水水质要求	含油量≤200mg/L，悬浮物含量≤200mg/L
出水水质	含油量≤15mg/L，悬浮物含量≤10mg/L
反洗耗时 /［min/（次・具）］	45
吨水耗电量［kW・h/m³（污水）］	0.003
反洗一次耗水量 /（m³/ 具）	60
滤料更换频率	每年添加 10% 损耗滤料

4　现场应用

本工程改造投产后，板桥油田联合站滤后水水质明显改善，综合水质达标率由 70.9% 提高至 100%，能够满足板桥油田回注水水质指标。含油量和悬浮物含量显著下降，滤后水含油量由改造前的 57mg/L 降低至改造后的 3.7mg/L，去除达标率由改造前 35% 提高至 100%；滤后水悬浮物由改造前的 62mg/L 降低至改造后的 9.6mg/L，去除达标率由改造前 16% 提升至 100%。滤后水水质、达标率改造前后对比如图 5 和图 6 所示。

5　结论及认识

本次改造，从采出水处理系统全节点优化入手，分节点提升水质，从而提高污水处理效果，保证最终注水水质。

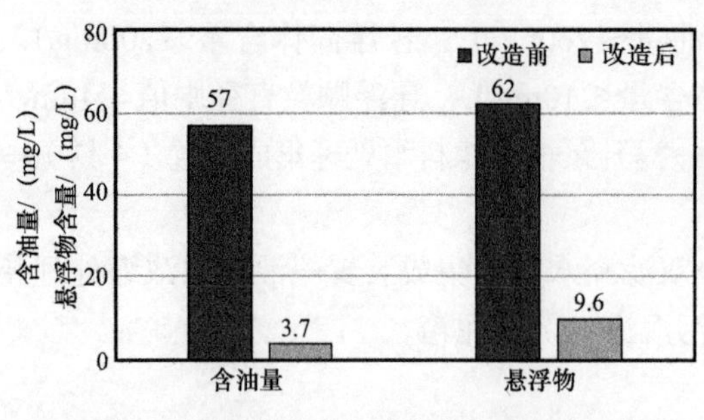

图5 板一联滤后水质改造前后对比图

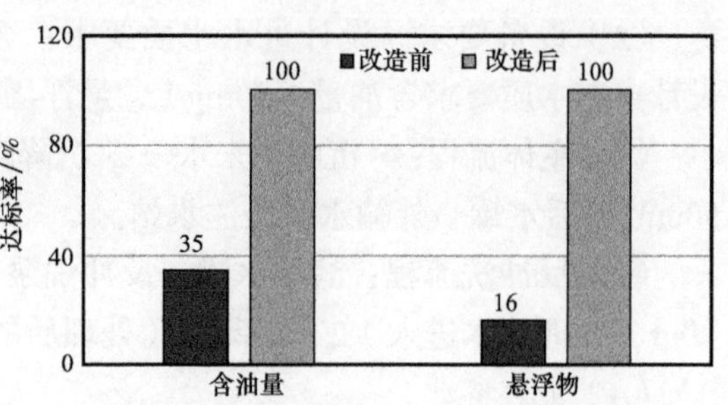

图6 板一联改造前后达标率对比图

（1）优化处理能力，提高设备负载率。

技术优化后，板桥油田联合站采出水处理系统能力由12000m^3/d调整至9600m^3/d，设计处理能力优化缩减20%，可以满足地质10年开发预测指标要求，设备负载率提高13.5%。

（2）工艺优化升级，减量设备数量。

通过室内试验，优选确定金刚砂+石英砂双滤料处理技术，对微粒径采出水处理针对性更强。优化后，采出水处理工艺由重力沉降+核桃壳过滤+纤维球过滤三级工艺简化为重力沉降+双滤料过滤两级工艺；过滤器数量由12具减少至4具，设备减少67%，设备集成度更高，现场管理更加便利，工艺适应度更强，从而可进一步保证水质处理效果。

（3）升级反洗工艺，降低系统能耗。

优化升级反洗方式，提高了过滤器工作效率。反洗方式由水洗升级为气洗、水洗、气水混合洗模式，有效避免了滤料污染、堵塞，减少了反洗时间，增强了滤料再生性；反洗周期由12h延长至48～72h，降低了反洗能耗；反冲洗水量由435m^3/d降至120m^3/d，减少72.4%，并减少后端反洗水的处理负荷，增加了沉淀池的沉降时间；采出水处理系统能耗由71.2×10^4kW·h减至63.48×10^4kW·h。

参考文献

[1] 王树好，赵昕铭，邹晓燕，等. 板桥联合站原油脱水工艺优化研究［J］. 油气田地面工程，2018，37（2）：33-37.

[2] 鄢玲俐，曾勇，高国栋，等. 超滤膜处理埕海油田微粒径杂质的试验研究［J］. 石油机械，2012，40（10）：84-87.

[3] 雷建军 . 三合一净化器在沈三联污水处理系统改造中的应用［J］. 化工管理，2017，15（3）：47-48.

[4] 杨航，王秀军，靖波，等 . 改性滤料对油田污水除油效果的影响研究［J］. 工业水处理，2018，38（10）：91-94.

[5] 靳文礼 . 改性纤维球过滤器在油田污水处理中的应用［J］. 科学咨询（科技·管理），2019，36（5）：91-94.

[6] 马尧，刘双龙，杨媛，等 . 高效一体化集成含油污水处理装置研究［J］. 油气田地面工程，2018，37（12）：37-41.

[7] 杜虹，高乐旭，曾清平 . 滤料粒径优化对海上油田生产污水水质控制的探索研究与应用［J］. 天津科技，2018，45（9）：58-61.
[8] 张强 . 青海油田 BS 污水处理站改造的技术工艺优选［J］. 油气田地面工程，2017，36（5）：91-94.
[9] 陈丹. 油田污水处理工艺的设计［J］. 科技创新与应用，2018（27）：96-97.
[10] 田中央，尹小明. 油田污水处理工艺及改进对策［J］. 当代化工研究，2018（7）：10-11.

高效节能过滤器在大港油田第六采油厂的应用

蔺 琼 赵 宁 刘衡清 石 蓉 于世涛

（中国石油大港油田公司第六采油厂工艺研究所）

摘 要 目前，大港油田第六采油厂已进入开发中后期，采出液中含水已达90%以上，采出水量日益增加，根据地质开发的需要，采出地层需要大量水回注于油层中，对地层亏空进行能量补充，而不经处理的采出水回注会造成近井地带油层伤害、注水压力上升、注水困难、产油量下降等一系列问题，因此引用新型高效节能过滤器处理地层采出水，简化采出水处理工艺，实现注水水质达标，成为采出水处理发展的新趋势。

关键词 采出水处理；能量补充；高效节能过滤器；节能降耗

1 采出水处理工艺问题分析

1.1 采出水处理工艺简介

大港油田第六采油厂水系统在用注水站2座、采出水处理站2座，承担着羊三木油田和孔店油田采出水处理和注水任务。

羊三木油田采出水处理站始建于1975年，担负着羊三木油田采出水处理任务。设计采出水处理能力10000m³/d，实际采出水处理7500m³/d，处理完成后，其中油田注水3500m³/d、外排4000m³/d。注水水质含油量为59mg/L，悬浮物含量为25mg/L。羊三木油田采出水处理工艺流程如图1所示。

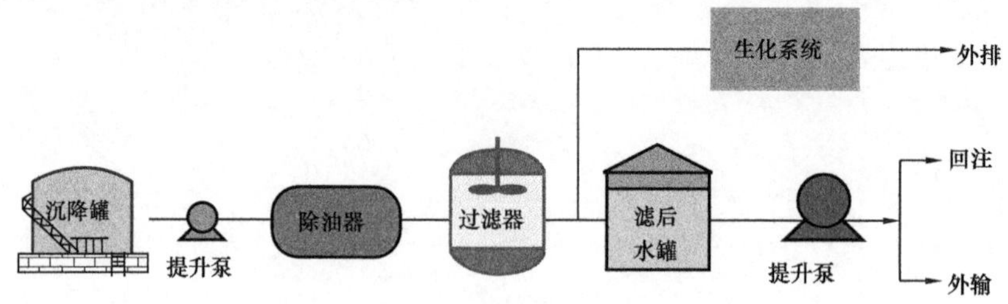

图1 羊三木油田采出水处理工艺流程图

孔店油田采出水处理站始建于1978年，担负着孔店油田采出水处理任务。设计采出水处理能力8000m³/d，实际采出水处理6000m³/d，处理完成后，其中回注2000m³/d、外排4000m³/d。注水水质含油量为22mg/L，悬浮物含量为14mg/L。孔店油田采出水处理工艺流程如图2所示。

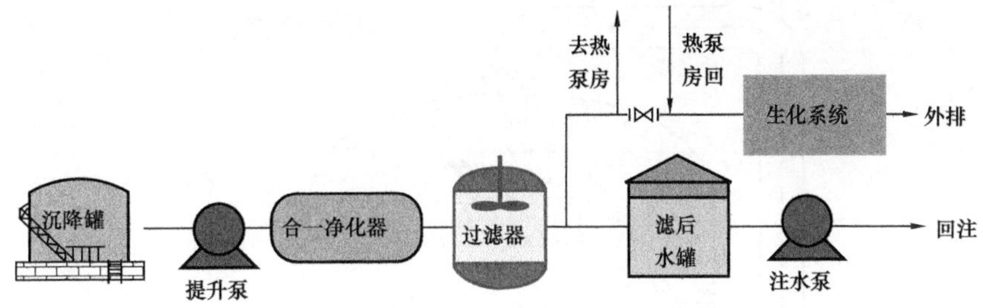

图 2　孔店油田采出水处理工艺流程图

1.2　存在问题

（1）受注聚产出液中聚合物的影响，压力除油 + 传统过滤器 + 物理沉降法不能有效分离采出水中的石油类和悬浮物杂质，处理后的水质指标石油类和悬浮物超标，达不到注水水质（Q/SY DG2022）的要求，不能满足油田注水开发的需要[2]。羊三木油田注水水质监测数据如图 3 所示。

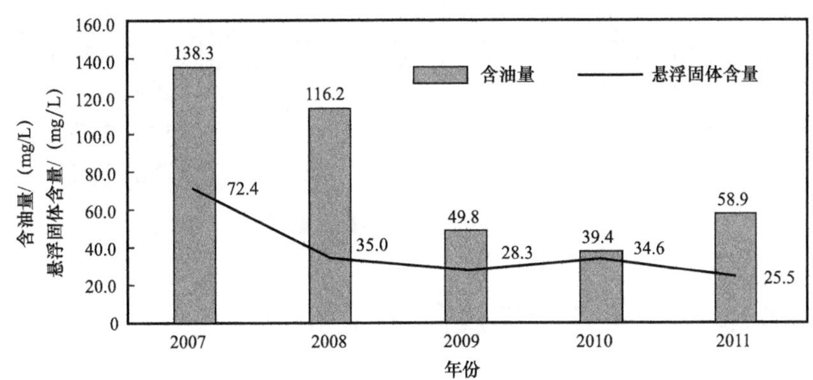

图 3　羊三木油田注水水质监测数据

（2）采出水处理工艺冗长，节点多，自控程度低，岗位员工劳动强度大；各级处理设备效率低，过滤器内部腐蚀严重，筛网堵塞、滤料流失，影响正常生产，维护工作量大，运行成本高，存在水质重复污染情况。

（3）传统过滤器在压滤过程中，采出水携带的大量油污及其他污物一部分附着于顶部滤筒细密的筛网上，另外一部分通过滤料，滞留于布水筛管外部与卵石垫层间隙之中，日积月累，顶部滤筒内部、布水筛管外部和底部卵石垫层将黏附大量致密的油泥，致使过滤阻力大幅增加。传统过滤器结构如图 4 所示。

（4）传统过滤器采用的大阻力水洗方式从滤层中洗出的部分油污被气泡携浮于过滤器顶部，由于顶部滤筒筛网在过滤过程中已被大量油污黏附，致使浮于过滤器顶部的油污大部分无法正常排出，而附着于滤筒外部筛网及过滤器顶部，造成反洗憋压导致顶部筛筒筛网破裂，滤料流失；丰字形配水结构配水不均，导致底部滤层中的污油由于滤料无法全部搅动而不能被洗涤活化，出现凹凸不平，导致滤罐内部滤料不断板结，影响过滤效果[1]。

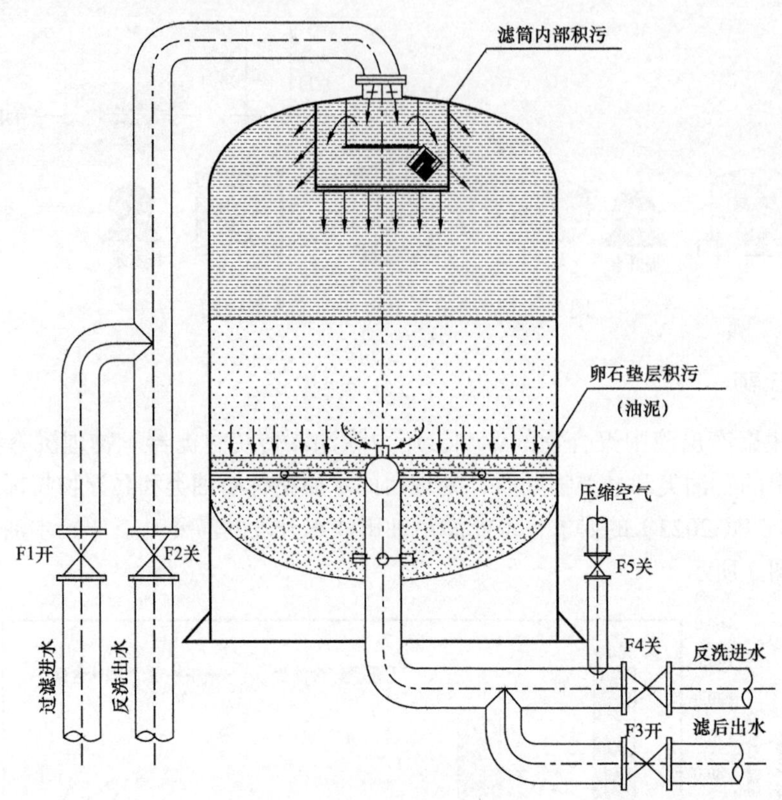

图 4　传统过滤器结构示意图

2　高效节能过滤器工作原理及创新优点

2.1　高效节能过滤器工作原理

高效节能过滤器是一种采用新型反洗、排污结构的过滤器，集成了微浮选、聚结、过滤三种功能为一体，采用抗压能力强、化学性能稳定、硬度高的石英砂作滤床，分层均匀分布，最大限度地提高了滤床的厚度，能够处理高浓度含油采出水，延长过滤周期，提高处理效果。

高效节能过滤器结构如图 5 所示，内部特殊进水结构将采出水中的分散油、颗粒物碰撞聚结，利用水体中自带的体积分数 2% 溶解空气释放形成微浮选，将采出水中的油及悬浮物进行初步分离，降低过滤单元的负荷，延长了过滤器的反洗周期，反洗周期最长可达 72h（水质较好的情况下）。

过滤单元采用石英砂为滤料，并在“骨架型聚结层”的作用下采出水中未浮选分离的的微细悬浮物和油等颗粒通过在滤料表层的润湿聚结，形成了絮状的骨架层拦截，再经过滤去除，达到精细过滤的目的。

反冲洗利用气垫层筛管框架底板结构、多通道排污结构、对流搓洗结构对滤料进行全方位、360° 无死角气水联合反洗。首先强力气洗，加入压缩空气对滤床进行空气清洗，靠

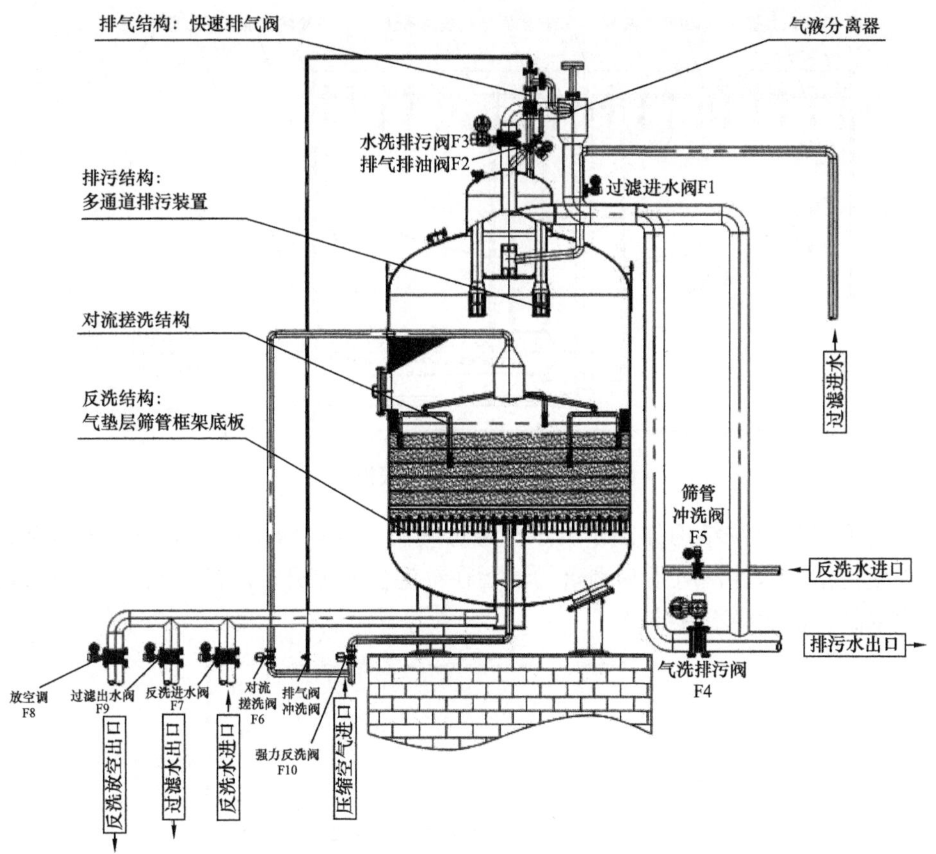

图 5　高效节能过滤器结构示意图

气泡上升时对滤料颗粒产生的剪切与摩擦作用和因气泡通过滤层某处后的空缺由周围滤料颗粒填充而加强的滤料颗粒间碰撞、摩擦作用，使截留在滤层中的杂质从滤料颗粒上脱落；然后再一次水洗，利用水流将气洗脱落下的杂质从滤罐内排出；一次水洗后再进行气水混合洗，由于在水流中增加了空气对滤料颗粒的剪切与摩擦作用，同时空气的加入又强化了水流剪切与摩擦作用和滤料颗粒间碰撞与摩擦作用，故在较小的水反冲洗强度下即可达到滤料清洗干净的效果。在这一阶段通过水、气泡、过滤介质三相的碰撞与摩擦，滤料介质上黏附的杂质大多数（95% 以上）从介质表面被剥离，大部分通过气洗排污通道的筛网排出，其余的大颗粒油污被空气气泡裹挟聚集于顶部。最后通过二次水洗，此时利用水流将顶部聚结的大颗粒油污通过顶部的水洗排污通道顺畅排出，同时将滤层中的空气排出，使滤料得到彻底清洗再生。

2.2　高效节能过滤器创新优点

（1）独特的气垫层筛管框架底板结构如图 6 所示。反洗时在底板下形成 100mm 气垫层，分配到每个筛管上的压强相等，每个孔眼的进气量相等，做到了配水与配气的均匀性，360° 无死角反洗。有效地解决了反洗不均匀、滤床穿孔、凹凸不平的现象。

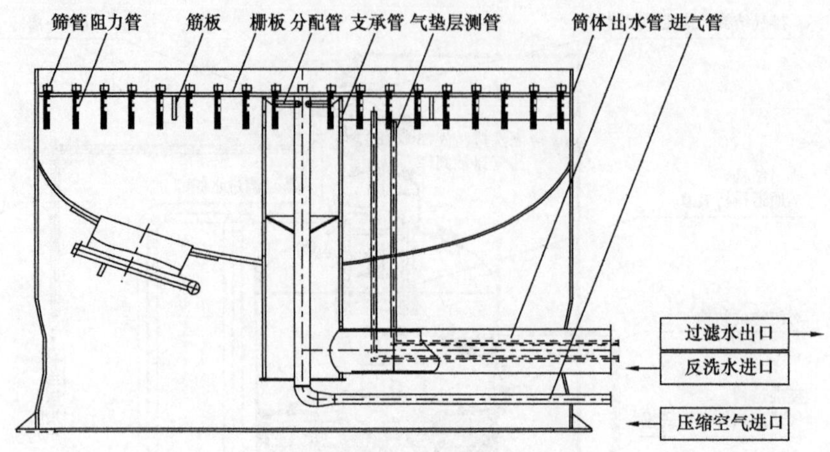

图6 气垫层筛管框架底板结构

（2）对流搓洗反洗结构如图7所示。通过同向与异向剪切作用对滤层进行全方位清洗，从而使得通常水冲洗时不易剥落的油污在气泡急剧上升、对流的高剪力下得以剥落，滤料洗净率高，使滤料不板结。

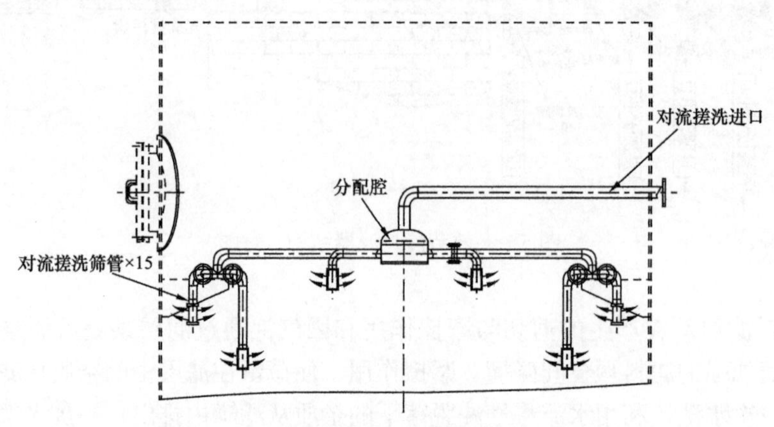

图7 对流搓洗反洗结构

（3）多通道排污结构如图8所示。排污时将大面积排污（集污斗）、筛管配水有机结合，反洗排污时为大通道排污，油污通过集污斗畅通排出；气洗时，而由于阀门泄漏、滤料微膨胀导致空气反洗过程中滤罐水位升高，多余水体通过筛管配水通道排出。有效地解决了排污不畅通、滤料流失的问题。

3 高效节能过滤器运行效果

3.1 处理后水质

引入高效节能过滤器处理工艺后，注水水质情况明显改善。通过近几年油田公司注水水质监测公报显示含油量平均为7mg/L，悬浮物含量为6.7mg/L，明显优于Q/SY DG2022《大港油田回注污水水质指标》的标准要求。近6年注水水质变化趋势如图9所示。

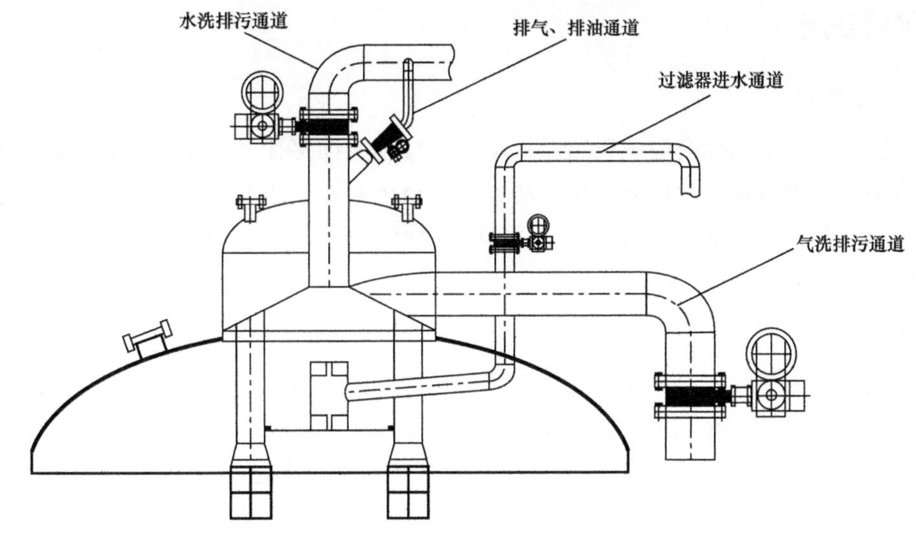

图 8　多通道排污结构

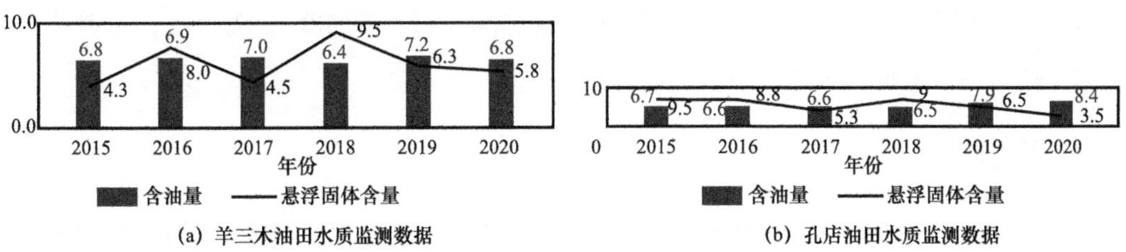

图 9　近 6 年注水水质变化趋势图

3.2　简化水处理工艺

水处理工艺采用一级过滤，即可达到注水水质指标的相关要求，简化了工艺流程、降低了生产运行成本，减少了中间环节（图 10），同时高效节能过滤器自动化程度高，操作简单，降低岗位员工劳动强度，提高工作效率。

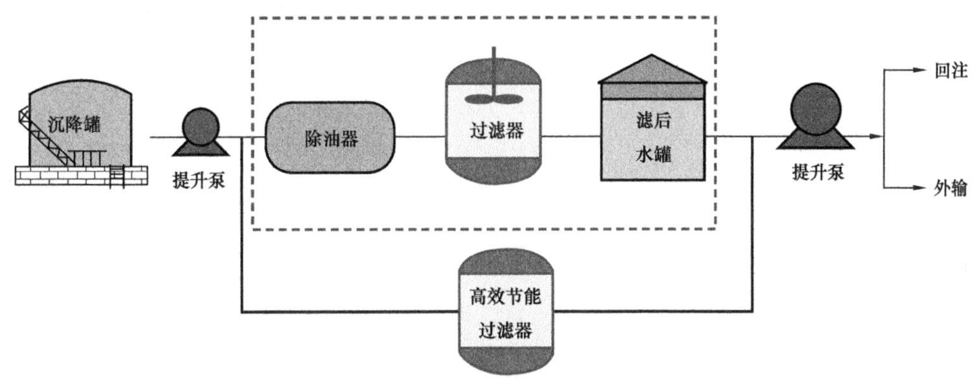

图 10　简化前后水处理工艺流程图

图中虚线框中为简化掉的设备，由原来的 3 个（除油器 + 过滤器 + 滤后水罐）简化为一个高效节能过滤器

3.3 经济费用

3.3.1 管道维护

由于注水水质未达标会造成管道结垢堵塞、细菌腐蚀穿孔，每年需新增管道更新、解堵清垢费用。引进高效节能过滤器后，注水水质持续向好，注水管道内杂质减少，避免了水质的二次污染，真正做到了注好水，年节约管道清洗除垢费用 50 万元，同时降低注水管网压损，实现节能降耗。

3.3.2 处理药剂

引进高效节能过滤器后，采出水处理效果明显改善，通过优化系统前端投加的破乳剂量，日减少加药量 100kg，沉降罐出水通过过滤器处理，水质依然能满足注水要求，价格按 7224 元 /t 计算，每天节省 722 元的药剂成本，年节约成本近 26 万元，实现降本增效的目标。

3.3.3 生产成本

传统过滤器大多 12h 反洗一次，高效节能过滤器可实现 48h 反洗一次，年减少用电 1.3×10^4kW · h，节约电费 1 万元。

4 结束语

高效节能过滤器在稠油油田的高含水开发阶段适应性较强，具有广阔推广应用前景。使用该处理设备，简化了采出水处理工艺，改善处理效果，长时间安全平稳运行。在确保地质注水开发效果的前提下，满足石油开采过程中对注水水质的要求，有效控制生产运行成本，提升采出水系统管理水平。

参考文献

[1] 刘德绪 . 油田污水处理工程［M］. 北京：石油工业出版社，2001.

[2] 刘敬敏，刘广丽，卢宇 . 油田污水处理方法分析［J］. 油气田地面工程，2010，29（8）: 63-64.

含油污水高精滤处理技术的现场应用评价

夏剑军

（中国石油大庆油田第九采油厂规划设计研究所）

摘　要　本文主要阐述高精滤工艺技术在采出水处理技术上的应用情况，其工艺特点为工艺流程简化。预处理段采用溶气气浮技术，污水设计停留时间10～15min，由于纳米镀膜不定型复合滤料有效过滤层厚度大（3m），滤层的纳污能力高，设计过滤级由常规2级过滤减少到1级过滤。现场试验表明，高精滤过滤技术设计反洗水量占比为4%～5%，且纳米镀膜不定型复合滤料具有更强的抗污染再生能力，新一联污水处理站压裂液占处理量的3.3%～22.7%，系统运行仍相对稳定，滤料不用化学清洗、不需更换。采用新工艺设计后流程简短，与两级沉降、两级压力过滤以及两级气浮、两级压力过滤相比占地面积下降25%，一次性建设投资分别下降了8.57万元和30.17万元。

关键词　高精滤；反冲洗水；纳米镀膜不定型复合滤料

1　污水系统建设现状

1.1　污水系统建设概况

（1）自然沉降＋混凝沉降＋两级压力工艺。

该工艺为油田常规处理工艺，该流程具有对来水水量的突然变化适应能力较强的特点。主要在龙一联、新一联建成投运，设计处理能力分别为7500m³/d和1360m³/d。

存在问题：一是占地面积大，投资高；二是在每年大量压裂等措施井增加的情况下，简单依靠沉降分离已难以适应来水日趋复杂的新形势。

（2）溶气气浮＋两级压力工艺。

存在问题：一是对来水水量、水质的大幅变化适应性较差，在每年大量压裂等措施井增加的情况下，滤料污染情况比较严重；二是溶气泵进口加气，叶轮结垢问题较突出。

（3）气浮＋混合罐＋一级高精滤工艺。

该工艺于2018年在新一联建成。投运后新一联采用两套污水处理工艺。老污水处理系统处理能力为1360m³/d，新污水处理系统处理能力为1700m³/d。新、老污水工艺相比，高精滤工艺的除油沉降段、过滤罐的工艺设计都相对简化，沉降除油段由两级简化为一级，过滤罐由两级简化为一级。

1.2　存在问题

随着油田开发进入中、后期阶段，油田稳产、上产难度增大，而新开发区块又多属低渗透、特低渗透油田，为保证油田稳产，压裂等各类作业措施井的增加导致采出水的黏度变大、乳化严重，采出水在油水分离和悬浮物去除的难度上增加，已建污水处理系统工艺难以适应。

以新一联污水处理站为例，2015 年以后，新一联污水系统开始进入高负荷运行状态，2016 年进入超负荷运行。由于来水构成复杂，污水系统负荷率高，污水出站水质无法实现稳定达标。检测 2015 年新一联滤后水悬浮物固体含量达标率为 50.0%，含油达标率为 83.3%；2016 年滤后水悬浮物固体含量达标率为 8.3%，含油达标率为 50.0%。

2 工艺适应性分析

2.1 气浮、高精滤工艺适应性评价

2.1.1 溶气气浮装置

溶气气浮装置工艺设计特点：一是气浮装置设计污油、污泥回收工艺间超越流程；二是采用鼓风机曝气技术，与机械曝气技术相比，加气点由回流泵前改为回流泵后，解决回流泵叶轮易结垢问题。

现场试验气水比 1∶25 和气水比 1∶40 两个参数。气水比 1∶25 时，气浮装置进水悬浮物固体含量平均值为 65.8mg/L、含油平均值为 112.1mg/L，气浮装置出水悬浮物固体含量平均值为 14.1mg/L、含油平均值为 21.2mg/L；气水比 1∶40 时，气浮装置进水悬浮物固体含量平均值为 66.6mg/L、含油平均值为 110.2mg/L，气浮装置出水悬浮物固体含量平均值为 5.6mg/L、含油平均值为 13.8mg/L。气水比 1∶25 较气水比 1∶40 时，气浮装置出水悬浮物固体含量和水中含油去除率均有提高。

随着溶气量增加、溶气压力变大，溶气量和溶气释放效果均增强。新一联气浮装置溶气压力执行参数由 0.2～0.3MPa 调整为 0.3～0.4MPa。

气浮装置的回流比是影响出水水质的重要参数。现场装置设计回流比为 20%～30%。现场试验 20%、25% 和 30% 三个回流比参数，随着回流比升高，出水水质的悬浮固体和含油的去除率也相对较高。因此，在来水质恶化、出站水质不稳定时，应提高气浮装置的回流比参数以保障污水处理站出站水质的稳定。

2.1.2 混合罐

气浮装置出水靠自压进入混合罐，混合罐进水端管道混合器前有一个加药点，为无机絮凝剂加药点，混合器后有两个加药点，分别为有机絮凝剂和破乳剂加药点。混合器出水经一级提升进入高精滤罐。混合罐一部分出水设计有絮体搅拌流程，作用为将大絮体剪切成更小的絮体。

混合罐进水少量微气泡，携带絮体上浮，浮渣由刮泥板刮入集泥箱进入排污汇管，混合罐下端有泄空阀将沉淀下来的泥渣排入排污汇管，上、下部泥渣最终通过排污汇管排入回收水池。

混合罐在应用上的主要作用为絮凝沉降和缓冲作用，相当于常规污水中的混凝沉降罐和缓冲水罐，污水预处理部分在工艺设计上进一步简化。混合罐工艺流程如图 1 所示。

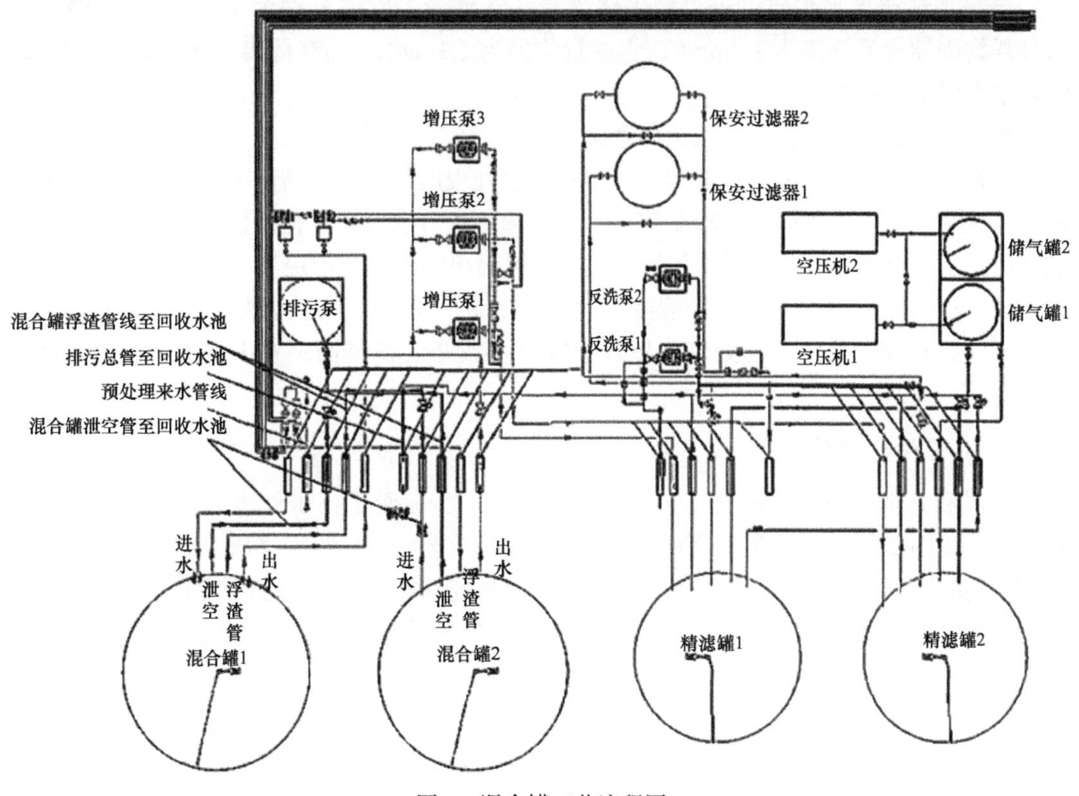

图 1　混合罐工艺流程图

2.1.3　高精滤装置

高精滤装置采用的轻质微孔陶瓷滤料相对密度与水几乎相同，有更深的过滤路径，有效过滤层为 3.0m，与常规压力过滤有效过滤层几十厘米相比，滤层的纳污能力更高，故设计过滤级数少，由常规两级过滤减少到一级过滤。

高精滤是在第九采油厂含油污水工艺处理上首次应用气、水反冲洗技术。气、水反冲洗特点为“脉冲塌陷”气洗和不（微）膨胀冲洗。

“脉冲塌陷”气洗：气水在通过多孔介质时，使气泡中的气压等于泥压和空隙水产生的压力，建立了用于推算气泡在水中形成和破裂的公式，认为产生气水反冲洗的最佳状态是同时气流和亚流状态的水流产生的，称之为“脉冲塌陷时刻”。

不（微）膨胀冲洗：由于采用了自下而上的气冲洗，气冲系统通过长柄滤头均匀连续地在滤层底部供应大量气泡，气泡上升过程中对滤层产生强烈搅动，加上滤料间相互的剧烈碰撞摩擦，使得滤料颗粒表面的杂质得以脱落下来。单纯的气冲不会引起滤层的膨胀。而水冲洗的主要作用不再是将滤料上的杂质剥落并清除，而是通过同向流动，将被剥落的污泥及时带出滤层表面进而送出滤池。因此水冲洗强度设计上达到或略高于最小滤料流化强度大小即可。

高精滤过滤技术设计反洗水量占比为 4%～5%，现场运行反洗水量占比均值 3.9%。

检测高精滤出水水质，悬浮物固体含量和含油量去除率分别为 38.7% 和 54.0%，出水悬浮物固体含量均值为 1.9mg/L，含油量均值为 2.3mg/L，高精滤出水水质达到“8.3.2”注入水水质指标要求[1]。

气浮和高精滤技术在简化工艺的基础上，进一步完善了污水处理工艺。在日常运行状态下，絮凝剂投加可采出两点加药工艺，在回收处理压裂返排液的情况下，絮凝剂投加采出四点加药工艺，为不影响集输系统，污油外输可走事故流程，在高精滤装置出水水质不稳定情况下，可投运高精滤后增加保安过滤器保障出站水质的稳定。

现场运行压裂返排液占总处理液量大于 10% 的情况下，高精滤装置出水水质综合达标率 85%，压裂返排液占总处理不超过 10% 的情况下，高精滤装置出水水质综合达标率 100%。

2.1.4 工艺设计评价

气浮和高精滤技术在简化工艺的基础上，进一步完善了污水处理工艺。在日常运行状态下，如图 2 所示，絮凝剂投加可采出两点加药工艺，在回收处理压裂返排液的情况下（图 3），絮凝剂投加采出四点加药工艺，为不影响集输系统，污油外输可走事故流程，在高精滤装置出水水质不稳定情况下，可投运高精滤后增加保安过滤器保障出站水质的稳定。

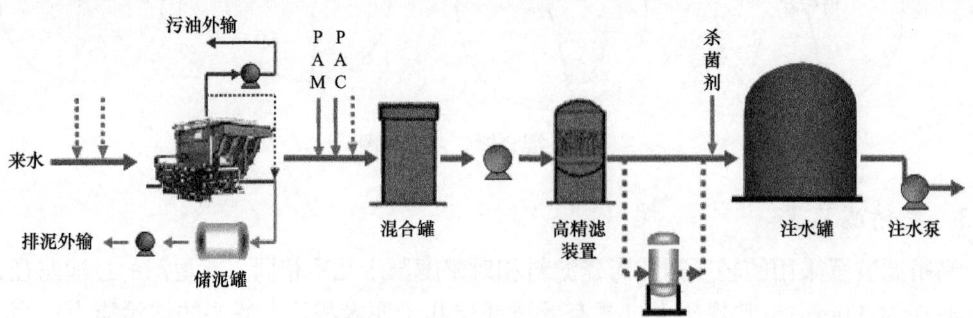

图 2　日常运行工艺流程图

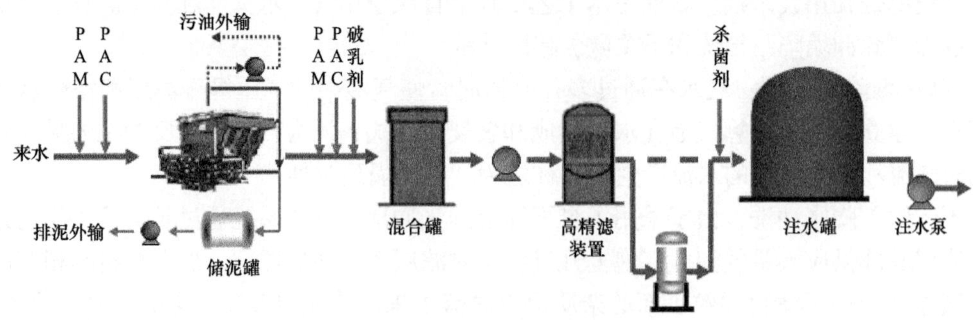

图 3　回收处理压裂返排液工艺流程图

[1] “8.3.2”注入水水质指标指：含油量≤8mg/L，悬浮固体含量≤3mg/L，悬浮固体粒径中值≤2μm。

现场运行压裂返排液占总处理液量大于10%的情况下，高精滤装置出水水质达标率为85%，在压裂返排液占总处理液量≤10%的情况下，高精滤装置出水水质达标率达100%。

2.2 纳米镀膜不定型复合滤料性能参数评价

传统滤料过滤精度取决于有效滤层颗粒的大小，过滤精度要求越高，则采用的颗粒直径越小，但颗粒越小越容易形成表层泥饼，而表层泥饼则容易造成流量下降和过滤阻力增高，双层滤料有效过滤层只有几十厘米。

高精滤采用纳米镀膜不定型复合滤料，其材质为改性微孔陶瓷均质颗粒，孔隙率为73%～82%，抗剪切强度为3.98MPa，滤料填料高度即为滤料的有效过滤厚度。过滤精度不仅受滤料颗粒直径影响，也受过滤路径影响，因此在达到相同过滤精度的情况下，有较高的过滤路径的滤料可适当增大滤料，微孔陶瓷均质颗粒的直径为1～3mm，低于石英砂最小颗粒直径的0.5～0.8mm、磁铁矿颗粒直径的0.25～0.5mm。

微孔陶瓷均质颗粒密度为1.1～1.2g/cm^3，密度与水相近，过滤路径大，水流每经过一个微分层面则部分悬浮杂质被截留，不断的截留导致过滤效果增加，其设计滤料填料厚度为3～4m，设计过滤精度可达到0.1～1.0μm。

现场检测纳米镀膜不定型复合滤料压实时间为1.5h，核桃壳滤料、双层滤料压实时间为1h和1.5h；纳米镀膜不定型复合滤料设计最高运行压差为0.05MPa，现场最高运行压差可达0.30MPa，而核桃壳滤料和双层滤料最高运行压差分别分0.08MPa和0.06MPa，由于微孔陶瓷滤料深床过滤的特性，使其能承受更高的运行压差；新一联污水系统回收处理压裂返排液，来水含聚浓度为87.86mg/L，两级沉降、两级过滤工艺出水粒径中值为2.7μm，气浮、高精滤工艺出水粒径中值为1.3μm，气浮、高精滤工艺有较高的过滤精度，同时可见回收处理压裂返排液对系统污水水质的影响，来水性质的改变使常规污水处理工艺无法达到出水粒径中值2.0μm的注入水水质指标的要求；气浮、高精滤工艺处理污水压裂液占比为3.3%～22.7%时，系统运行相对稳定，滤料不用化学清洗、不需更换，而两级沉降、两级过滤工艺无法保障出水水质，滤料污染问题较为严重。

2.3 不同工艺运行对比评价

相同来水水质、相似运行负荷下的工艺对比如图4所示。两级沉降＋两级过滤平均负荷为53.8%，气浮、高精滤平均负荷为55.3%。自然沉降＋混凝沉降：悬浮固体平均去除率为77.7%，含油平均去除率为72.9%，溶气气浮＋混合罐：悬浮固体平均去除率为95.1%，含油平均去除率为94.8%，两者相比，溶气气浮、混合罐的悬浮固体去除率提高了17.4个百分点，含油去除率提高了21.9个百分点；两级沉降＋两级过滤工艺：悬浮固体平均去除率为90.4%，含油平均去除率为88.5%，溶气气浮＋混合罐＋高精滤工艺：悬浮固体平均去除率为97.1%，含油平均去除率为97.5%，两者相比，溶气气浮＋混合罐＋高精滤工艺悬浮固体去除率提高了6.7个百分点，含油去除率提高了9.0个百分点。在相同进水水质的情况下，气浮、高精滤处理工艺污水处理效率更高。

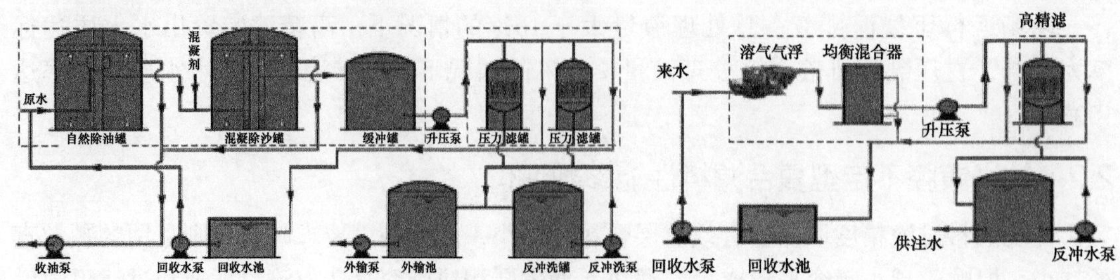

图4　新一联污水站新老系统流程对比图

现场运行效果：一是气浮、高精滤工艺水质综合达标率为95.9%，反洗水量占比为4%～5%，反冲洗水量占比低于常规压力过滤技术的12%～20%；二是在相同进水水质的情况下，气浮、高精滤工艺过滤精度较高、出水水质相对稳定；三是纳米镀膜不定型复合滤料具有更强的抗污染再生能力，新一联压裂液占处理量的3.3%～22.7%，滤料不用化学清洗、不需更换。

3　几点认识

（1）两级沉降工艺在来水水质恶化时提高加药量，出水水质基本可以达到含油量≤20mg/L、悬浮物固体含量≤20mg/L。

（2）斜板溶气气浮工艺对来水水质适应能力强，水质恶化后加药量提高至与两级沉降工艺相同时，出水接近含油量≤10mg/L、悬浮物固体含量≤10mg/L。

（3）两级压力过滤在来水满足滤前水质标准时，出水水质能够稳定达到“8.3.2”注入水水质指标，但超负荷运行时，水质难以达标。

（4）小排量变频收油能够减少老化油的生成，但是由于沉降罐出水调节堰老化，难以控制液位。

不同材质膜过滤技术在“5.1.1”水质站应用效果分析

涂金强

（中国石油大庆油田第九采油厂规划设计研究所）

摘　要　采油九厂地处外围，空气渗透率较低，部分区块注入水水质需达到“5.1.1”标准，主要采用超滤膜、金属膜以及陶瓷膜过滤技术。其中前两者用于地下清水、后用于含油污水现场试验。超滤膜、金属膜过滤技术均可以达到较好的水质处理效果且稳定达标，陶瓷膜过滤技术在短流程含油污水处理过程中，来水水质稳定情况下出水亦可达标。然而，三种技术都会随着时间的延长，出现一定的不适应性。本文针对应用过程中存在的问题从技术和管理两个层面开展了原因分析，并给出了合理的针对性措施。

关键词　“5.1.1”；膜过滤；超滤；金属膜；陶瓷膜

1　地面建设现状

大庆油田第九采油厂部分区块平均空气渗透率低、储层物性差，注入水水质须达到“5.1.1”（含油量≤5mg/L，悬浮固体含量≤1mg/L，悬浮固体粒径中值≤1μm）指标。地下清水方面，主要采用超滤膜过滤技术和金属膜过滤技术满足水质要求，已在10座水质站应用，总设计规模达到了8210m^3/d，负荷率为44.14%。含油污水方面，主要采用陶瓷膜过滤技术，于2015年12月至2017年3月，在第九采油厂龙二转油站开展了现场小试，设计规模为80m^3/d，试验期间实际处理量为60m^3/d。膜处理工艺水质站建设情况统计见表1。

表1　膜处理工艺水质站建设情况统计

序号	工艺	站库	设计规模 /（m^3/d）	实际处理量 /（m^3/d）	负荷率 /%	备注
1	金属膜过滤	古三	500	231	46.2	
2		古四	600	286	47.7	
3		新218–82	140	96	68.6	
小计			1240	613	49.4	
4	超滤膜过滤	古83	270	224	83.0	
5		塔一	800	709	88.6	

续表

序号	工艺	站库	设计规模 /（m^3/d）	实际处理量 /（m^3/d）	负荷率 /%	备注
6	超滤膜过滤	古 46	50	0	0	方案关井
7		古 23	350	311	88.9	
8		茂一	1400	937	66.9	
9		茂二	2300	830	36.1	
10		茂三	1800	0	0	未投产
小计			6970	3011	43.2	
清水合计			8210	3624	44.14	
11	陶瓷膜过滤	龙二转	80	60	75	试验，已停
总计			8290	3684	44.44	

2 技术原理

2.1 金属膜过滤技术

金属膜过滤技术采用不锈钢烧结网为过滤介质，过滤精度可达 1μm，精细截留水体中的悬浮物、有机物、胶质颗粒、微生物等，使水得到净化。进水采用螺型向下的方式（图 1），使得进水在滤网外部形成双涡旋流场，清洁滤桶表面，从而保证过滤通量的稳定性；滤网中心嵌入超声波振盒，根据运行时间或压差启动，利用空化作用清除附着在滤桶表面的污染物，底部回流与进水流道形成错流，时时冲刷滤桶表面，降低污染物附着在滤桶表面的概率。金属膜过滤现场实物如图 2 所示。

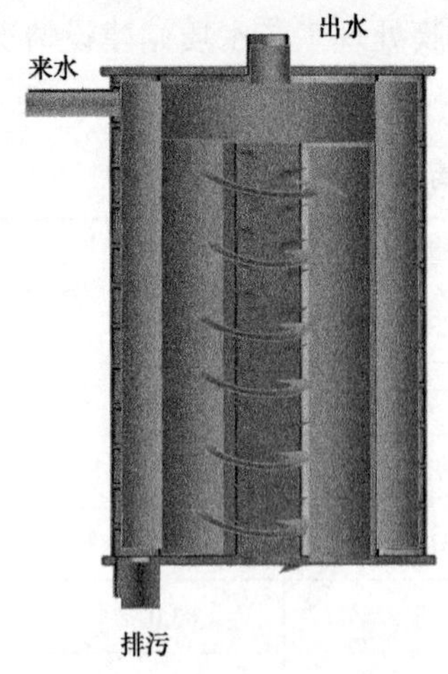

图 1　金属膜过滤原理图

图 2　金属膜过滤现场实物图

2.2　超滤膜过滤技术

超滤膜过滤技术主要采用聚偏氟乙烯中空纤维膜（PVDF）为过滤介质，过滤精度可达 0.01μm。如图 3 所示，该技术以膜两侧的压力差为驱动力，以膜为过滤介质，在一定的压力下，当原液流过膜表面时，膜表面密布的许多细小的微孔只允许水及小分子物质通过而成为透过液，而原液中体积大于膜表面微孔径的物质则被截留在膜的进液侧，成为浓缩液，从而实现对原液的净化、分离和浓缩。超滤膜过滤现场实物如图 4 所示。

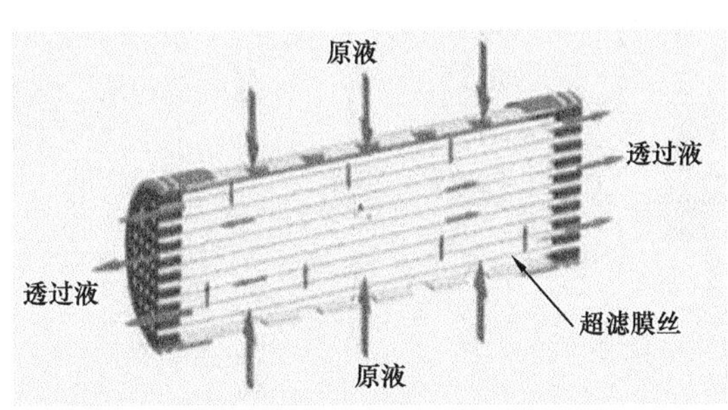

图 3　超滤过滤原理图

图 4　超滤膜过滤现场实物图

2.3　陶瓷膜过滤技术

陶瓷膜过滤技术主要以改性无机陶瓷为过滤介质，过滤精度可达 0.1μm。该技术采用“错流”过滤方式，如图 5 所示。在压力作用下，源水从膜组件一端进入，在膜内多孔管状通道内高速流动，较小颗粒和水沿与之垂直方向透过通道内壁膜到外壁，形成滤后水；大分子物质被截留在膜内壁表面，随循环水排出，形成浓缩液，实现净化的目的。陶瓷膜过滤现场实物如图 6 所示。

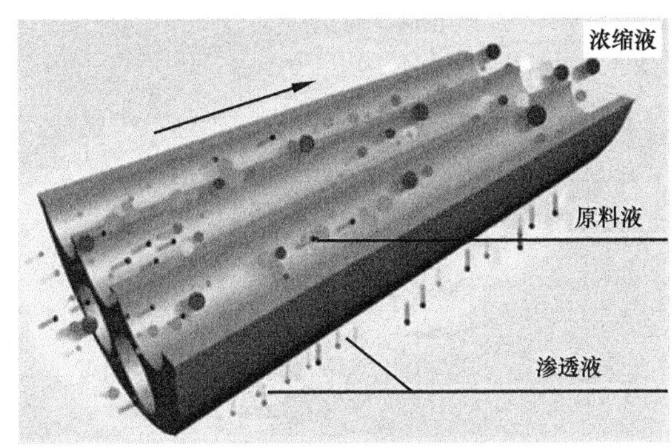

图 5　陶瓷膜过滤原理图

图 6　陶瓷膜过滤现场实物图

3　应用效果分析

（1）工艺处理效果好，水质稳定达标高。

古四水质站于 2012 年 5 月建成投产，采用水源井来水→锰砂除铁装置→金属膜过滤器→净化水罐的处理工艺。设计水处理能力 600m³/d，平均处理水量 286m³/d，金属膜装置要求进水悬浮物含量≤10mg/L。2017 年以来，监测点 37 个，合格点 34 个，水质达标率为 92%。金属膜过滤工艺流程如图 7 所示，古四水质站金属膜过滤应用效果见表 2。

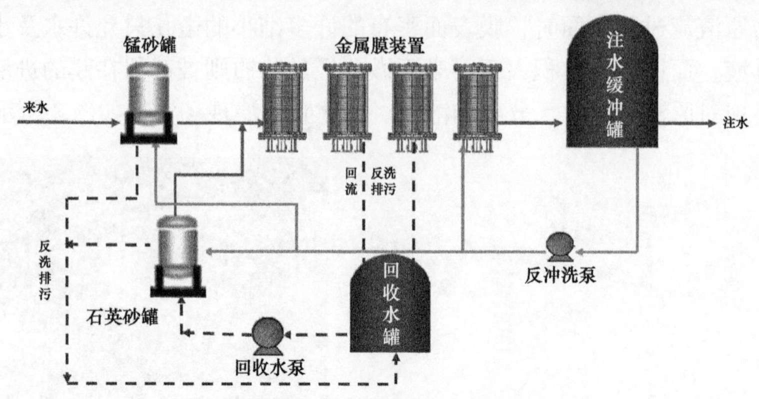

图 7　金属膜过滤工艺流程图

表 2　古四水质站金属膜应用效果统计表

时间	悬浮物含量 /（mg/L）		水质监测点数 / 个		水质达标率 /%
	进水	出水	监测	合格	
2017 年 1 月	2.0	1.4	3	2	67
2017 年 2 月	1.2	0.2	3	3	100
2017 年 3 月	2.2	0.2	4	4	100
2017 年 4 月	2.3	0.3	3	3	100
2017 年 5 月	2.0	1.2	3	2	67
2017 年 6 月	1.2	0.4	4	4	100
2017 年 7 月	1.3	0.3	3	3	100
2017 年 8 月	1.6	0.4	3	3	100
2017 年 9 月	2.7	1.1	4	3	75
2017 年 10 月	1.4	0.8	3	3	100
2017 年 11 月	1.5	0.7	4	4	100
合计			37	34	92

茂一水质站于 2012 年 9 月建成投产，采用水源井来水→锰砂除铁装置→膨胀式精细过滤器→缓冲水罐→超滤过滤器→净化水罐的处理工艺。设计水处理能力 1400m³/d，平均处理水量 937m³/d，超滤膜装置要求进水悬浮物含量≤3mg/L。监测点 35 个，合格点 33 个，水质达标率 94%。超滤膜过滤工艺流程如图 8 所示。

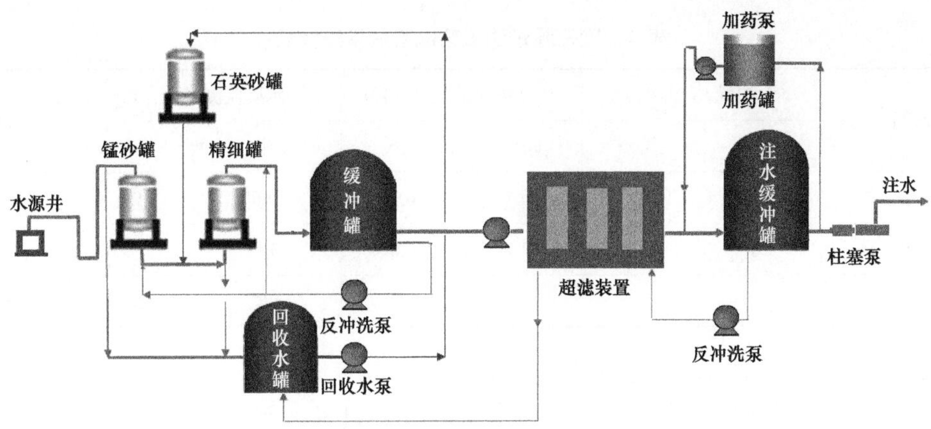

图 8　超滤膜过滤工艺流程图

表 3　茂一水质站超滤膜过滤应用效果统计表

时间	悬浮物含量 /（mg/L）		水质监测点数 / 个		水质达标率 /%
	进水	出水	监测	合格	
2017 年 1 月	1.3	0.6	3	3	100
2017 年 2 月	1.8	0.8	3	3	100
2017 年 3 月	1.8	0.9	4	4	100
2017 年 4 月	1.7	0.7	3	3	100
2017 年 5 月	1.2	0.8	3	3	100
2017 年 6 月	1.6	1.0	4	4	100
2017 年 7 月	1.7	1.0	3	3	100
2017 年 8 月	2.0	1.1	3	2	67
2017 年 9 月	2.5	1.2	3	2	67
2017 年 10 月	2.0	0.7	3	3	100
2017 年 11 月	1.5	0.9	3	3	100
合计			35	33	94

陶瓷膜过滤现场试验于 2015 年 12 月至 2017 年 3 月在第九采油厂龙二转油站开展。采用掺水罐来水→陶瓷膜过滤装置→掺水罐的试验工艺。设计水处理能力 80m^3/d，平均处理水量 60m^3/d，陶瓷膜要求来水含油及悬浮物含量均≤50mg/L。试验过程中，对装置稳定运行期间的数据进行连续采集，水质达标率为 88%。陶瓷膜过滤工艺流程如图 9 所示，工艺试验效果见表 4。

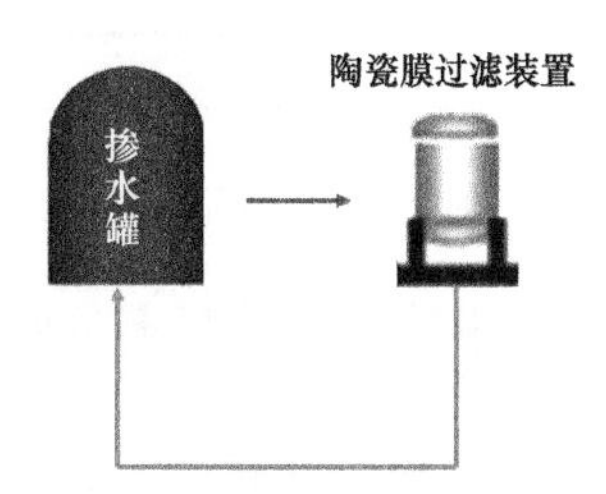

图 9　陶瓷膜过滤工艺流程图

表 4　陶瓷膜过滤工艺试验效果统计表

时间	含油量 /（mg/L）		悬浮物含量 /（mg/L）		水质监测点数 / 个		达标率 /%
	进水	出水	进水	出水	监测	合格	
2016 年 1 月	18.1	3.0	10.7	0.7	246	216	87.8
2016 年 2 月	9.6	2.1	17.1	0.8	78	69	88.5
合计					324	285	88

（2）来水水质要求高，工艺技术待完善。

① 金属膜过滤介质污染严重。古三水质站于 2011 年投产，初期设备运行稳定，水质达标率为 86%，能够满足生产需求。自运行 10 个月后，金属膜出口悬浮物含量在 5.4～12.6mg/L 波动，水质不能达标，主要原因为膜过滤介质污染严重。古三水质站金属膜开罐检查如图 10 所示。

图 10　古三水质站金属膜开罐检查

其主要原因：

一是来水铁含量较高，达到 3～5mg/L，锰砂出口铁含量为 1～3mg/L，高于金属膜过滤器的进水铁含量≤0.5mg/L 要求。

二是反冲洗水回收时，石英砂出水悬浮物含量在达到 22.6～38.6mg/L，远高于金属膜过滤器的进水悬浮物含量≤10mg/L 要求。回收水水质较差时金属膜出水水质见表 5。

表 5　回收水水质较差时金属膜出水水质情况

取样数	1	2	3	4	5	6
回收水悬浮物含量 /（mg/L）	22.6	28.5	30.6	32.8	28.5	38.6
金属膜出水悬浮物含量 /（mg/L）	9.6	10.5	6.8	5.4	7.8	12.6

② 超滤膜膜通量衰减速度快。古 23 水质站于 2012 年 12 月投产，超滤装置设计处理能力 7.5m^3/h，进水压力为 0.3MPa、出水压力为 0.17MPa、透膜压差为 0.13MPa。在运行

5 个月后，实际处理能力降至 3m^3/h、进水压力为 0.55MPa、出水压力为 0.13MPa、透膜压差为 0.42MPa，实际运行参数已经超出合理范围。

其主要原因：

一是蒸发池接收超滤浓缩液的能力不足，浓缩液无处排放，久而久之膜介质堵塞严重。

二是超滤膜的膜通量受水温影响较大，古 23 水质站为橇装模式，冬季保温效果差、水温较低，从膜通量随温度的变化曲线可以看出，水温在 0℃时，膜通量理论上只能达到设计能力的一半。膜通量随温度的变化曲线如图 11 所示。

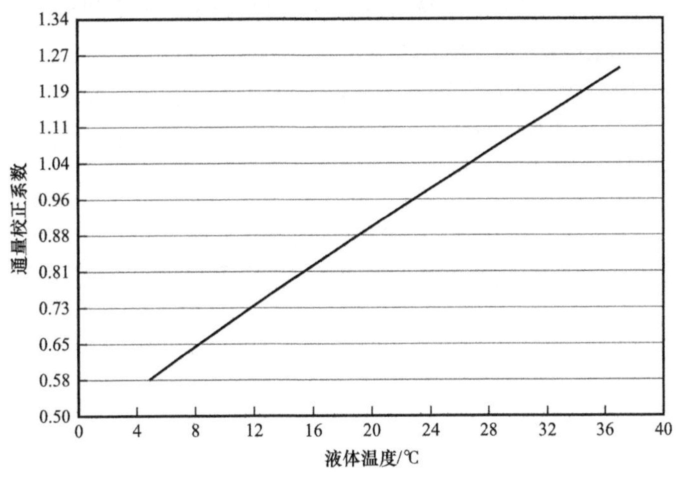

图 11　膜通量随温度的变化曲线

③ 陶瓷膜产水效率较低。经过长时间的运行试验，摸索出产水量与错流量比例在 1∶1 的情况下，陶瓷膜出水水质可以稳定达标。产水量与错流量比例在 7∶3 时，膜运行压力上升速度快 20%，且出水水质波动较大。陶瓷膜清洗前后如图 12 所示。

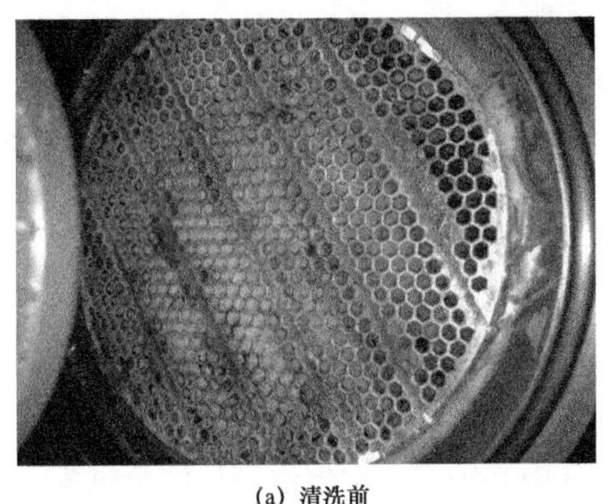

(a) 清洗前

(b) 清洗后

图 12　陶瓷膜清洗前后图片

其主要原因：

一是在短流程处理中，陶瓷膜来水水质不够稳定，对过滤装置冲击较大。

二是陶瓷膜过滤介质易污染，进行清洗后膜通量恢复较少，膜运行压力上升快，膜的堵塞物主要以油质为主。

（3）管理水平需提高，责任素质要加强。

① 工艺流程复杂，管理难度大。膜处理工艺相对常规处理工艺来说，具有独特优势。一是处理精度高，几乎能够截留所有的有机物、胶质颗粒、微生物等。二是无滤饼形成，整个过程在动态下进行，使膜表面不能透过物质仅为有限的积聚。这也使其配套工艺相对复杂，膜处理工艺的清洗方式包括水的正洗、反洗、气洗、酸洗、碱洗、超声波洗等。其中正洗、反洗可以清除膜面的附着物，而气洗则利用压缩空气在水中形成强力湍动并有效地清除膜表面的污染层。分散化学清洗和化学清洗则通过化学药剂来清除胶体、有机物和无机盐等在过滤介质表面和内部形成的污堵。

复杂的工艺流程也直接导致了膜处理工艺的设备多、管理难度大。以 500m^3/d 的金属膜过滤、超滤膜过滤、陶瓷膜过滤以及常规的精细过滤工艺为例，进行主要设备的对比，见表 6。

表 6　各工艺主要设备对比表

工艺	罐体 / 座	管线 /m	阀门 / 个	机泵 / 台	设置参数 / 个
金属膜过滤	18	180	32	6	36
超滤膜过滤	10	150	26	8	28
陶瓷膜过滤	12	160	28	8	28
精细过滤	2	35	8	0	4

② 清洗药剂质量差，达不到工艺要求。塔一水质站于 2013 年投产，采用超滤膜处理工艺，2015 年 2 月膜通量降为 8～9m^3/h，化学清洗后膜通量恢复到了 16～17m^3/h，但仍达不到设计通量。主要原因是用于清洗的柠檬酸质量差，后更换厂家自购柠檬酸进行清洗，虽然清洗效果有所提升，但膜通量只能恢复至 23m^3/h，仅为设备能力的 57.5%。主要是由于之前用酸质量不合格造成膜通量不可逆堵塞。

采用离子色谱法对两种柠檬酸的纯度进行检测，从结果可以看出，采购柠檬酸的纯度低于自购的柠檬酸纯度，如图 13 和图 14 所示。

③ 规范操作要求，加强日常管理。膜处理是一种设备集成化、操作自动化的先进工艺技术，对日常运维提出了更高的要求。

装置膜组件的停运保养要点：

a. 停用小于 2 天，可每天执行 1 遍气洗和反洗过程，随后关闭所有阀门待用。

b. 停用 2～7 天，可每天运行 30～60min（其中必须有 1 次气洗和反洗全过程），随后关闭所有阀门待用。或者气洗和反洗过程完成后，灌注保护液注入膜组件内，以防止细菌污染。

c. 停用 7 天以上，必须将膜组件进行充分的化学清洗，然后将保护液注入膜组件内，且每 3 个月更换保护液（0.5%～1% 亚硫酸氢钠溶液）1 次。

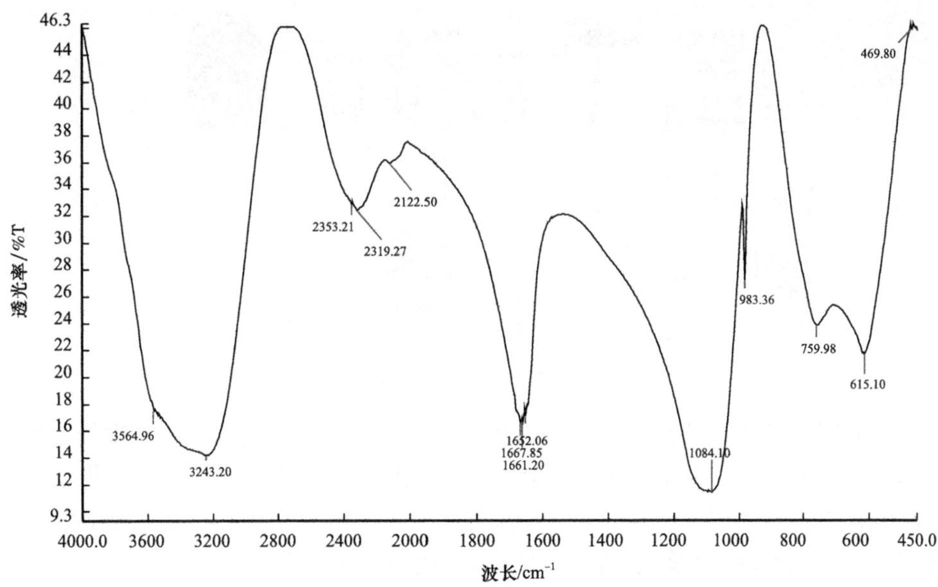

图 13 离子色谱法对自购柠檬酸纯度检测

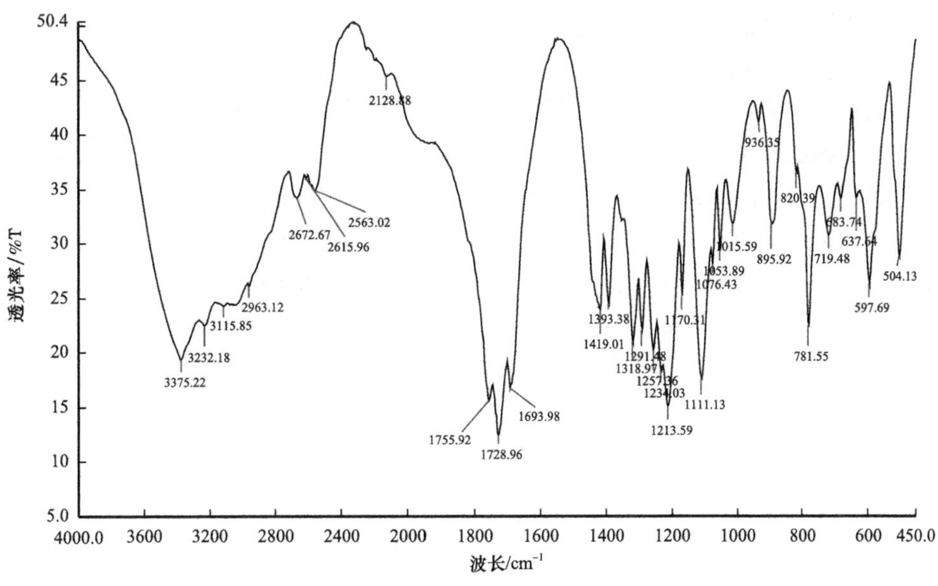

图 14 离子色谱法对采购柠檬酸纯度检测

4 措施及建议

（1）优化工艺流程，深化技术研究。

在古三水质站水源井与锰砂装置间增加微孔曝气装置，提高源水中铁的去除率。同时，在锰砂装置与金属膜过滤装置间增加一级精细过滤，将石英砂出口管线改至精细进口，保证反洗水回收达标。优化后膜过滤工艺流程如图 15 所示。

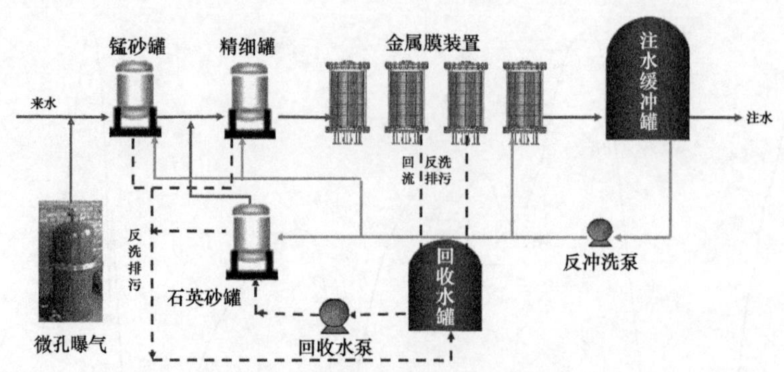

图 15　优化后膜过滤工艺流程

开展超滤膜清洗方法的技术研究。因为水质不同或水质发生变化，清洗的周期、方法或者药剂也会不同。同一种清洗方案，在不同的操作条件和方式下，清洗效果也会有较大差别。因此，在不同油田、不同时期，清洗方案有可借鉴性，切记不能一成不变。

陶瓷膜现场试验地点为转油站，来水水质不稳定，在一定程度上影响了陶瓷膜的处理效果。因此，完善前端陶瓷膜处理工艺，能够改善进入膜组件的水质，减少膜组件处理负荷，减小对膜组件的污染，延缓膜通量的衰减，延长膜的使用寿命。

（2）强化设备维修，保证平稳运行。

一是改造古三水质站。通过对清洗金属膜（更换附件）、精细加金属膜、精细加超滤 3 种方式对比，最终选择精细加金属膜实施改造，总投资为 183.27 万元。

二是更换超滤膜组件。经统计全厂共有 36 支需更换，古 23 水质站 1 号超滤装置 8 支膜组件，塔一、茂一水质站各 14 支超滤膜组件，更换费用 69.84 万元。

三是专业队伍维修。目前第九采油厂在用膜处理设备均已超出设备质保期限，为了保证设备运行时率，自 2016 年起，委托水务公司专业维修队伍进行维护保养，提高维修质量。

（3）严抓培训管理，提升责任意识。

一是技术培训。邀请设备厂家技术人员定期开展技术指导、经验交流，从流程结构、操作规程、故障分析、维护保养等方面，加强对膜处理工艺的技术讲解，使生产管理人员精原理、能操作、会保养、懂维修。

二是重视管理。细化膜处理工艺考核制度，确保专人专管，做到情况实时上报、答复及时反馈、困难即时排除、设备按时保养。建议对膜处理工艺做出全方面的经验总结，为工艺后续的推广提供指导借鉴。

三是责任心教育。责任心不是与生俱来，而是靠后天教育修养。因此，为提升员工的责任意识，就需要各级领导干部，从思想认识、人生观、价值观等方面着手，常态化地对员工进行责任心的教育。

5　几点认识

（1）在保证膜过滤介质完好的情况下，膜过滤技术可以有效地去除地下水及采出水中的油和悬浮物、满足“5.1.1”的水质要求且可稳定达标。

（2）精细的管理可以更大程度地发挥膜过滤技术的效果，同时延长设备的寿命，降低成本。

（3）应当持续摸索膜过滤技术的运行、反洗、加药等动态参数，实现“一站一方案”精细管理。

（4）建议对陶瓷膜过滤进行长期现场试验，评价适应性及稳定性，总结设计及管理经验，完善工艺流程。

（5）建议在今后把膜污染控制以及膜清洗方法作为研究重点，使其在油田水处理中发挥更大的优势。

纤维球过滤清水净化技术在英东油田的应用

王军林　房国庆　孙未国　曾小敬　周江浩　朱海涛

（中国石油青海油田公司采油五厂）

摘　要　为满足英东油田对清水处理的达标要求，选择纤维球过滤技术进行油田水处理。文章分析了纤维球过滤技术的优越性及其在英东油田水处理应用中的效果分析和系统水质监测跟踪。结果表明，应用该技术处理水质能够满足英东油田注水需求[1]，具有注水水质稳定、井口油压平稳、整体水处理价格低廉等优势。

关键词　水质；英东油田水处理；纤维球过滤清水净化技术

1　英东油田水处理工艺技术选择

英东油田累计探明地质储量为 8272.25×10^4t，油气层主要分布在上油砂山组（N_2^2）下段和下油砂山组（N_2^1）上段，为复杂断块油气藏，纵向上分 12 套开发层系。

上油砂山组（N_2^2）储层岩性以棕灰色泥岩和灰色粉砂岩、细砂岩、含砾不等粒砂岩互层为主，孔隙喉道以中、细喉道为主，孔喉配置关系好。孔隙度平均为 21.7%；渗透率平均为 152.1mD，整体评价为中高孔、中高渗透优质储层。

下油砂山组（N_2^1）储层岩性以灰色细砂岩、泥质粉砂岩互层为主，储层孔隙喉道以细喉道为主，孔喉配置关系好。孔隙度平均为 17.6%，渗透率平均为 71.6mD，整体评价为中孔中渗透储层。

当时，英东油田注水水源为青海油田公司采油二厂乌南油田处理的油田采出水和宽沟水源地清水。经过三年的运行，存在注水水质存在不达标、协调管理难度大、系统运行可靠性差等问题，严重影响英东油田注水工作的正常开展，制约了油田的发展。

为尽快将资源优势转变为效益优势，英东油田不仅对砂 40 井区转注清水，充分利用宽沟水源地形高差，实现英东油田供水全程重力流，提高了英东油田注水可靠性；而且在砂 40 注水站内加装纤维球过滤装置，解决了水处理系统不完善问题，提高注水水质的达标率，降低供水运行成本，取得良好的经济和社会效益，为油田的快速发展打好基础。

通过对储层特征的分析[2]，注入水水质对比[3]，应用纤维球过滤清水净化技术水质明显得到改善，适用于目前的注水水质处理现状，因此，英东油田选择纤维球过滤清水净化技术[4]。

2　纤维球过滤清水净化技术特性

（1）纤维球过滤[5]清水净化技术具有成熟性。

纤维球过滤器是压力过滤器中较为新型的水质精密处理设备。

该过滤设备具有成熟的技术，采用双层过滤，原水由上而下进入流出，由于水流经过过滤层的阻力作用，滤料形成了上松下紧理想的空隙结构，不但通量大，还增加了截污能力，有效地去除水中的悬浮物与泥沙，并对水中的有机物、胶体、铁、锰等有明显的去除作用，该装置应用于英东油田清水等方面的精细过滤，不但过滤量大并且纤维球不易粘油污。

这些功能的取得得益于该设备采用的滤料，它是一种新型的涤纶纤维球滤料，具有密度小、柔性好、可压缩和空隙率大的特点，过滤时受到压力，纤维球互相的交叉，形成上松下密的滤层分布状态。纤维球以其独有的特质：极大的比表面积和孔隙率吸附同时截留水中的悬浮颗粒，充分发挥出滤料深层截污能力；纤维球具有不易沾油的特点，因此反冲洗较为容易，进而用水率降低；还具有耐磨损、化学稳定性强的优点；当滤料受有机物污染严重时，还可以采用化学清洗方法再生，实用性强。

（2）纤维球过滤清水净化具有先进性。

① 改性纤维球丝径细，比表面积大，可达 2000m^2/g。由于纤维丝径细的特点，它叠加后滤层孔隙小，而叠加后滤层孔隙度在 80% 以上，对悬浮物的拦截作用比其他滤料都优良。因此对低渗透油藏的注入水处理尤为理想；对高含悬浮物水的排放和回用有要求的过滤更加适用。

② 对纤维丝进行了改性处理，使它具有了亲水疏油的特性。不管改性纤维丝粘上纯油还是含油污水，遇水时水分子都能渗透到改性纤维丝表面，形成一层水膜，将纤维丝和油隔开；反洗时能将黏附在其表面的原油清洗干净，反洗再生性能特别好。

③ 改性纤维球比普通纤维球比重大且不粘油，在过滤时在水力作用下能下沉到罐底，上松下紧滤层孔隙结构好；改性纤维球滤料运行时滤层孔隙率沿水流的方向逐渐变小，形成了比较理想的滤料上大下小的孔隙分布状态，拦截作用增强，过滤效果好。

3　纤维球过滤清水净化技术在英东油田水处理中的应用

3.1　英东油田纤维球过滤清水净化技术应用现状

英东油田建设 2 座注水站，主要负责水的过滤、沉降、提压输入各注水井。砂 40 注水站目前水处理能力为 2500m^3/d，能够满足目前生产需要。该注水站清水处理流程工艺为宽沟来水，经自压进入并联自动高效快速纤维球过滤器进行过滤，使过滤后的水体达到注水水质指标，过滤后的水进入 2 座 700m^3 净化水罐，利用原注水站计量泵加药装置向注水水体中加入杀菌、除氧等药剂，净化水罐出水经喂水泵向注水泵提供注水水体，再经高压注水干线输往站外各注水井，根据注水站现有设备及注水规模，砂 40 注水站选用并联自动高效快速纤维球过滤器，处理量为 110m^3/h，设计压力为 0.6MPa，其处理工艺流程如图 1 所示。

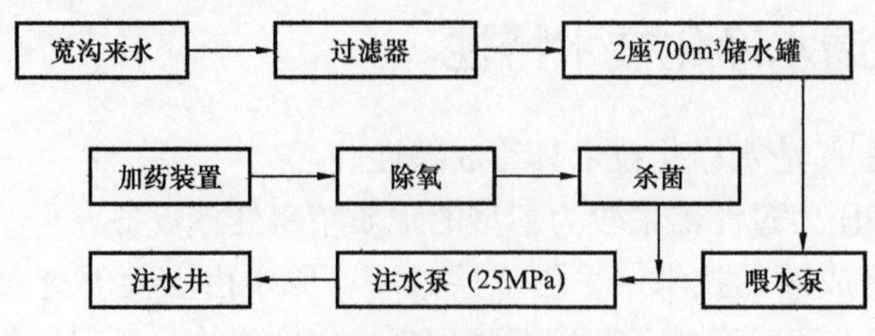

图1　砂40注水站水处理工艺流程图

2018年9月中旬前，英东油田注入水由青海油田公司采油二厂提供，砂40井区注入宽沟清水，英东118井区注入乌南联合站处理后的污水，有2套加药装置（两罐连装），通过在英东118注水站加药装置开展系统挤注生物激活剂除硫。按照60mg/L的药量在英东118注水站注入水中添加生物激活剂，进入2018年后，乌南联合站污水出口水质本身较差，为更好地除硫，生物激活剂由60mg/L上调至80mg/L的浓度，由于源头水质污染严重，所以加药剂效果还是不太理想。于是在2018年9月中旬为提高水质达标率，英东118井区也被转注清水，从运行情况看，目前两站注清水经过纤维球过滤器过滤，能够满足当前英东油田注水现状。

3.2　英东油田纤维球过滤清水净化技术在英东油田水处理应用

3.2.1　纤维球过滤清水净化技术应用前后水质变化情况

砂40注水站在2013年建站投注以来，根据系统注水与地层配伍实验，英东注入水与乌南污水的配伍性好于与宽沟清水的配伍性，更好于与乌南污水和宽沟清水混配的配伍性，因此当年选择注入乌南污水，随着英东油田的不断开发，水井不断增加，乌南污水供用不能满足英东油田的发展，水质越注越差，在2015年12月砂40转注清水应用纤维球过滤清水净化技术水质达标率明显好转，具体情况如图2所示。

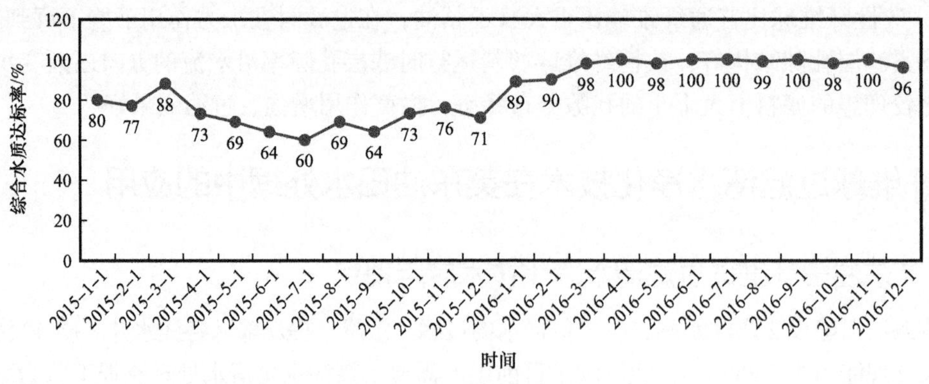

图2　转注清水前后注水站水质达标率变化情况

3.2.2　纤维球过滤清水净化技术在英东油田水处理应用效果分析

3.2.2.1　初期纤维球过滤清水净化技术应用效果分析

在2015年底砂40井区转注清水应用纤维球过滤清水净化技术后整体水质达标率明显

提升，但不稳定法，主要受前期管线残留污水影响，体现在 pH 值、含铁、机械杂质指标上，详情见表 1。

表 1　2016 年转注清水后水质跟踪情况

日期	取样点	pH 值			含铁 /（mg/L）			机械杂质 /（mg/L）		
		标准值	实测值	是否达标	标准值	实测值	是否达标	标准值	实测值	是否达标
2016–1–3	砂 40 进口	6.8～7.5	6.5	不达标	1	6	不达标	7	37.45	不达标
2016–1–3	砂 40 出口	6.8～7.5	6.5	不达标	1	8	不达标	7	44.44	不达标
2016–1–22	砂 40 进口	6.8～7.5	6	不达标	1	4	不达标	7	48.85	不达标
2016–1–22	砂 40 出口	6.8～7.5	6	不达标	1	5	不达标	7	56.05	不达标

通过加强对纤维球过滤装置大排量反冲洗、排污，主要跟踪水质含铁和固体悬浮物变化情况，摸索出适合英东油田水处理的标准、清洗时间、液量及周期，具体情况见表 2。

表 2　纤维球过滤器反冲洗标准

清洗标准 /（mg/L）	清洗时间 /min	清洗液量 /m^3	清洗周期 /d	备注
固体悬浮物＞3	≥15	≥30	≤7	反洗结束将罐内积水排净

3.2.2.2　近五年纤维球过滤清水净化技术应用效果分析

根据纤维球过滤清水净化技术应用，水质各项指标趋于稳定，水质达标率明显好转，具体情况见表 3。

3.2.2.3　纤维球过滤清水净化技术在英东油田水处理应用管理

（1）加强水质处理制度完善，强化水质管理。

砂 40 注水站加装纤维球过滤器工艺配套后，不断修订、完善水质管理制度，加强注水站内水处理和注水系统储罐排污、清淤及管线除垢、清洗等工作，减少水质的二次污染，保证系统平稳运行、水质长期达标，具体做法如下：

① 纤维球过滤器的滤料应定期开罐检查（清水每年不少于一次），根据滤料漏失及污染情况，及时补充或清洗、运行 2 年更换滤料一次，保证过滤后清水水质达标。

② 按照“出水水质差于进水水质时，必须清淤”的原则，建立储罐清淤制度。清淤过程中产生的各种含污泥，按照油田公司相关环保要求进行处置。

（2）强化节点控制，制订了水质节点监测和分析制度。

加强对注水大罐、纤维球过滤器、外输泵等监测点的水质监测，定点定时对水质监测点取样化验，分析含氧、含铁、机械杂质含量等指标，根据指标定期采取大罐排污、反洗

表 3　纤维球过滤清水净化技术应用前后水质变化（达标率）情况

单位：%

取样点		1月	2月	3月	4月	5月	6月	7月	8月	9月	10月	11月	12月
砂 40 注水站（清水）	2016 年	89.5	98.06	98.32	98.48	99.78	100	99.05	100	98.48	99.78	96.33	97.02
砂 40 井区井口（清水）		93.74	95.65	94.55	98.81	96.22	99.83	98.33	98.65	93.92	99.04	90.03	94.28
砂 40 注水站（清水）	2017 年	98.48	95.7	96.56	100	98.48	99.78	97.85	100	98.48	99.78	99.78	99.01
砂 40 井区井口（清水）		95.39	94.84	94.33	100	98.48	95.36	99.34	100	99.19	99.84	98.12	97.78
砂 40 注水站（清水）	2018 年	98.19	98.41	97.45	86.51	97.22	100	98.48	98.48	100	90.9	85.48	84.73
砂 40 井区井口（清水）		98.13	92.77	91.6	88.24	96.31	100	96.15	99.62	96.78	90.36	88.85	83.56
砂 40 注水站（清水）	2019 年	97.12	98.33	99.01	98.05	97.12	95.78	97.32	98.47	98.41	97.22	96.45	100
砂 40 井区井口（清水）		96.55	97.33	97.21	96	95.32	93.22	94.41	95.62	94.33	96.22	95.11	95.48
砂 40 注水站（清水）	2020 年	99.99	97.01	96.22	96.32	96.88	97.58	99.9	98	96.23	97.01	100	99.02
砂 40 井区井口（清水）		94.33	96.01	95.22	94.32	94.24	95.09	95.14	95.15	94.24	94.33	95.04	96.33

等措施确保水质达标。每月完成全部沿程水质及各注水井井口水质取样化验工作，分析井口主要超标项，提出下步解决方案，确保水质达标率稳步提升，见表4。

表4　水质达标率控制指标

取样地点	pH值	含氧量/mg/L	悬浮物固体含量/mg/L	腐蚀速率/mm/a	TGB/个/mL	FB/个/mL	SRB/个/mL	粒径中值/μm
清水	6.5～7.2	≤1.0	≤3.0	≤0.076	≤100	≤100	≤10	≤3.0

3.2.2.4　纤维球过滤清水净化技术在英东油田水处理配套工艺维护（管线清洗）

自英东油田开展注水工作以来，根据沿程水质检测井口固体悬浮物达标情况，连续两月固体悬浮物＞3mg/L时对注水管线进行清洗，制订清洗方案，应用泵车选择合适的井，进行井对井清洗，根据热水＋表面活性剂（0.5%）＋生物激活剂（30mg/L）的配方，按地面管线容积：$V=\pi R^2 H$计算液量，洗线液量为理论注水管线容积的3倍。管线的清洗保障了英东油田井口水质达标率长期保持在93%以上。

4　小结

（1）目前所使用的纤维球过滤技术能够适应英东油田清水处理需要。

（2）要提高水质达标水平，必须按照设备参数运行，贯彻执行水质长效达标机制，继续加强水质处理系统的运行监控，确保每一环节受控，注入水水质持续达标。

（3）强化节点控制，完善水质节点监测和分析制度，通过加强对注水罐、纤维球过滤器、注输泵等监测点的水质监测，根据指标动态变化情况，及时提出整改措施，确保水质达标率稳步提升。

（4）加强注水管线清洗工作，解决水质二次污染问题。

参考文献

［1］陈鹏，陈忠喜，白春云，等. 大庆油田采出水处理工艺技术现状及其认识［J］. 油气田地面工程，2018，37（7）：19-24.

［2］任战利，杨县超，薛军民，等.注入水水质对储层伤害因素分析展［J］.西北大学学报（自然科学版），2010，40（4）：667-671.

［3］王永清，李海涛，蒋建勋.油田注入水水质研究［J］.石油学报，2003，24（3）：68-73.

［4］石油勘探开发指挥部.精细过滤技术在吐哈油田的应用［J］.石油规划设计，1997（2）：38-40.

［5］吕淑清，侯勇，李俊文. 纤维过滤技术的研究进展［J］. 工业水处理，2006，26（10）：6-9.

［6］葛延峰，陈远. 联合站滤罐反冲洗水单独升温技术［J］. 油气田地面工程，2013，32（6）：119.

微孔曝气技术在地下水除铁中的应用

张 滨

（中国石油大庆油田第九采油厂规划设计研究所）

摘 要 在注水开发过程中，如果水质不达标会造成地层堵塞的问题，从而影响油田的持续开发。例如新店油田，由于水中铁离子含量较高，常规曝气工艺不能有效去除水中的铁离子，水中二价铁离子最终氧化生成难溶于水的三价铁氢氧化物从水中析出，导致悬浮固体含量超标，出站水质一直无法实现稳定达标。本文主要阐述微孔曝气技术原理，通过对比的不同微孔曝气方式、不同曝气量条件下水中铁离子的去除率，最终优选出最佳的曝气方式，从而实现新店油田注入水水质全程达标，对今后进一步优化油田地下水处理工艺具有指导意义。

关键词 微孔曝气技术；氧气传递效率；水质全程达标

1 微孔曝气技术简介

国内微孔曝气技术主要采用微孔曝气管和微孔曝气盘技术，本次试验填加了多面空心球，两者共同作用以提高氧的传递效率。

微孔曝气主要技术原理：采用微孔曝气技术，产生较小的气泡，直径0.5～5mm，气泡扩散均匀，增大气液界面积，有易氧的溶解。填加采用多面空心球填料，空气从进气口进入罐体底部，经过多面空心球后与上部来水混合，气体与水的冲击使球体无规则运动，从而加强液相主体紊流，提高氧气传递效率；而利用球体巨大比表面积加速气水混合，在水中形成更多微小气泡，增大了气液接触面积，提高了氧气传递效率。

2 试验区情况

新店水质站于2005年投运，采用锰砂除铁+精细过滤工艺流程。设计处理能力500m^3/d，实际处理量397～490m^3/d，2013年以来通过更换注水管线、更换滤料、调整加气量以及调整反冲洗参数等措施，新店水质站出站水质仍无法达到注入水水质指标要求。

对新店水质站源水和出站水质进行检测，从水体、悬浮物成分检测数据和XRD图谱分析，主要影响新店悬浮物超标的因素是铁和锰，见表1和表2。由于地下水中铁离子含量较高，现有曝气工艺难以有效氧化截流去除，过量的二价铁离子最终氧化生成难溶于水的三价铁氢氧化物，导致悬浮固体含量增加，出站水质一直无法稳定达标。

表 1 新店水质站水体分析数据 单位：mg/L

取样点	SS	Mg^{2+}	Na^{+}	K^{+}	Ca^{2+}	SO_4^{2-}	CO_3^{2-}	HCO_3^{-}	Cl^{-}	硫化物	可溶硅	总铁	钡	Mn^{2+}
来水	10	28.7	414.3	40.08	53.8	127.2	17.47	349.4	67.98	20.91	3.89	4.87	1.15	0.78
泵进口	8.1	29.45	421.3	7.38	54.63	129.4	17.84	356.8	68.48	15.8	2.1	11.14	1.58	1.52

表 2 新店悬浮物成分分析数据 单位：mg/L

样品来源	Mg^{2+}	Na^{+}	K^{+}	Ca^{2+}	SO_4^{2-}	Cl^{-}	硫化物	可溶硅	总铁	钡	Mn^{2+}
来水管道	12.94	6.12	0.73	57.34	6.18	47.16	70.4	1.34	403.21	48.06	70.12
泵进口	8.04	8.12	0.55	46.44	4.05	33	60.43	5.3	563.76	34.19	83.14

3 油田上的应用效果

曝气点为水源井出口，气源为空气压缩机提供。

工业设计：将水源井后加装曝气罐，曝气罐的直径为 50cm，高度为 1.2m，罐体可开启，管道与罐体由法兰连接；罐体外部设计有来水管道接口、出水管道接口、进气口、排气口以及取样口，气泵与进气口之间由软管连接，软管之间加装流量计，控制进气量；罐体内部设计有进气孔及进气管（安装曝气管及曝气盘用），筛网隔层，筛网隔层上部填加多面空心球填料，填料数量为罐体的三分之一。

现场试验采用的曝气量在 0.1～0.5m^3/h 范围内，通过检测悬浮物固体含量、总铁和氧含量等数据项，来优化确定最佳的运行参数。

3.1 曝气盘应用情况

3.1.1 不同曝气量下悬浮固体检测情况

曝气量为 0.1～0.5m^3/h 时，从图 1 可见水中氧溶解量大时，离子氧化速度快，氧化程度高，能够将水中绝大部分铁氧化成颗粒状物质并经过锰砂滤床过滤去除，外输水悬浮固体检测达到注入水水质指标要求。对比锰砂出口和精细出口悬浮固体检测数据，曝气量逐渐上升，悬浮固体的去除率也随之增高，在加气量达到 0.4mg/L 时，随着加气量上升，悬浮固体去除率不再升高反而呈下降趋势，如图 2 所示。

锰砂滤料的除铁机理是采用接触氧化法。从检测数据分析，曝气量过大对于系统未必有利，曝气量继续增加对锰砂表面形成的活性滤膜的会有负面影响：滤料表面铁质活性滤膜必须在连续的除铁过程中得到新的补充，形成铁质活性滤膜最重要的条件是水中 Fe^{2+} 的含量，当曝气量增大会加快 Fe^{2+} 氧化速度，降低 Fe^{2+} 在总铁中占比，使新鲜的活性滤膜成熟变慢。因此为保障系统除铁效果，需要确定曝气量技术界限。

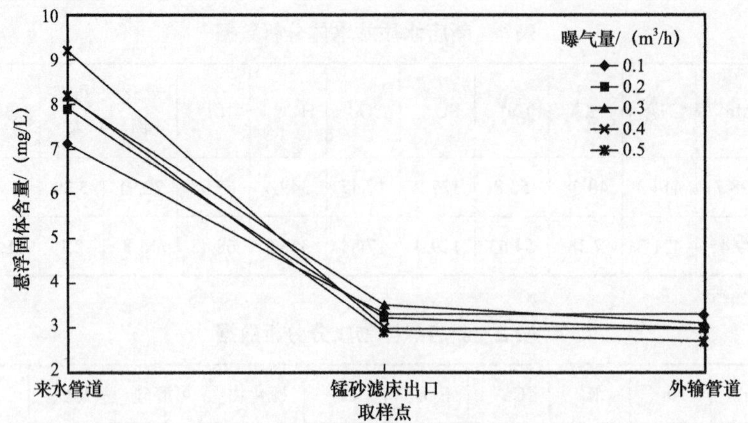

图 1　不同曝气量下各取样点悬浮固体检测曲线

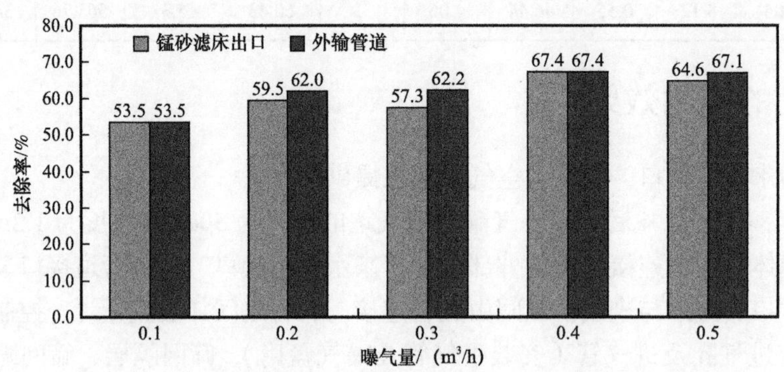

图 2　不同曝气量下与源水对比悬浮固体去除率柱状图

3.1.2　不同曝气量下含铁检测情况

曝气量为 0.1～0.5m³/h 时，从图 3 可见外输水含铁均达到注入水水质指标要求，曝气量降低含铁呈增高趋势。由图 4 可见，从铁去除率看，在曝气量逐渐升高的情况下，铁离子氧化较快，去除率也随之升高，当加气量高于 0.4m³/h 时，铁去除率不再明显升高。

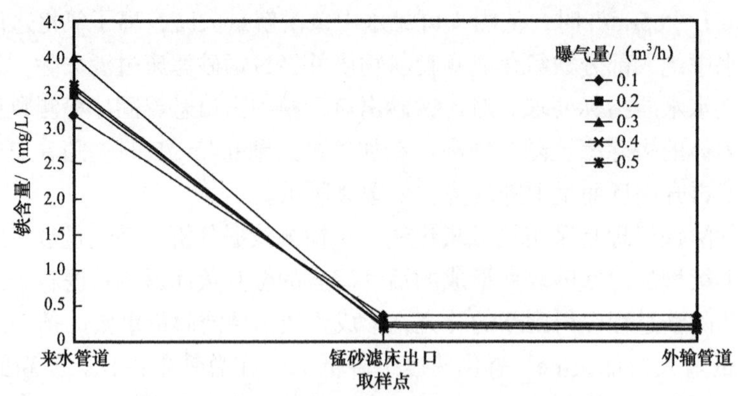

图 3　不同曝气量下各取样点铁含量检测曲线

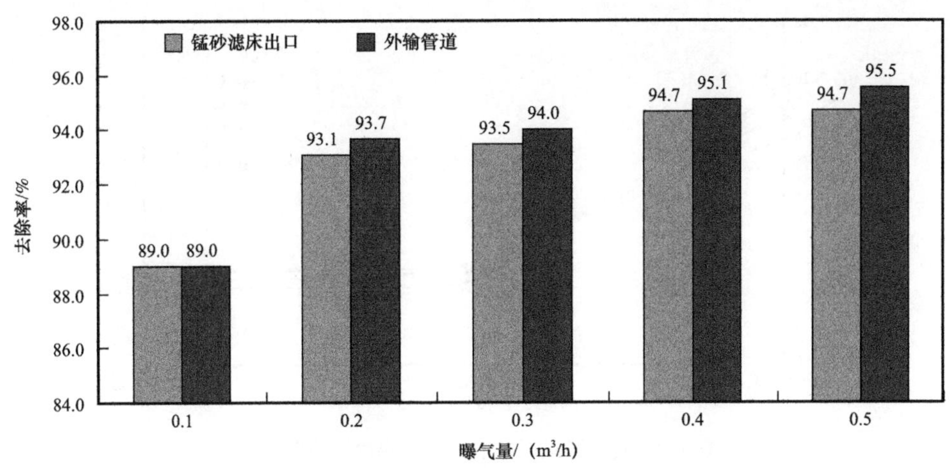

图 4　不同曝气量下与源水对比铁去除率柱状图

3.1.3　不同曝气量下含氧检测情况

曝气量为 0.1～0.2m³/h 时，从图 5 可见外输水含氧 0.14～0.32mg/L，达到注入水水质指标要求。考虑到含氧高对管线腐蚀的影响，最佳曝气量应控制在 0.1～0.2m³/h 范围内。

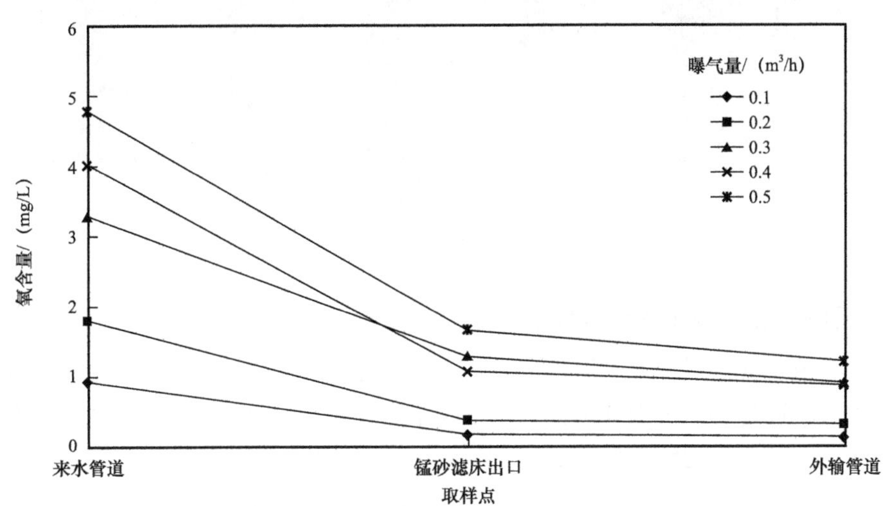

图 5　不同曝气量下各取样氧含量检测曲线

3.2　曝气管应用情况

3.2.1　不同曝气量下悬浮固体检测情况

曝气量为 0.1～0.5m³/h 时，从图 6 可见检测出水悬浮物固体含量均达到注入水水质标准。对比锰砂出口和精细出口悬浮固体检测数据，曝气量逐渐上升，悬浮固体的去除率也随之增高，在加气量达到 0.4mg/L 时，随着加气量上升，悬浮固体去除率不再升高略有下降趋势（图 7）。

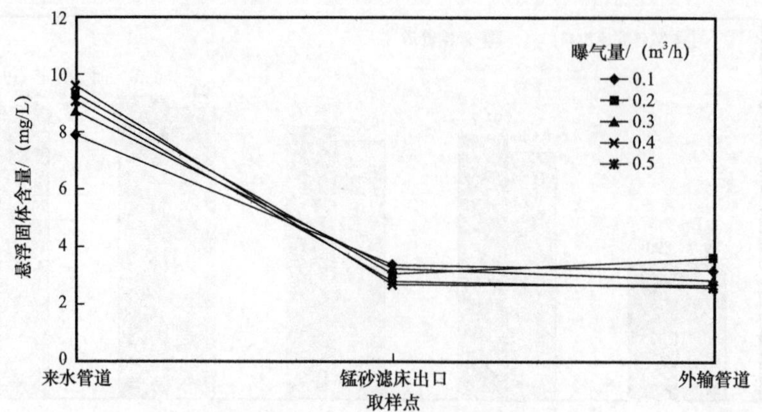

图 6　不同曝气量下各取样点悬浮固体检测曲线

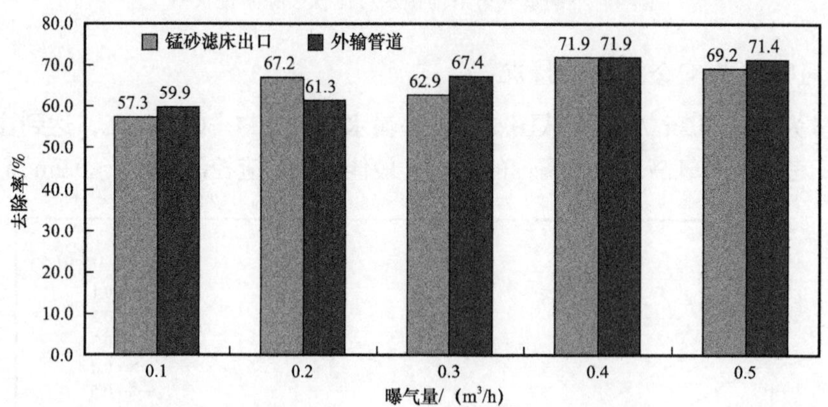

图 7　不同曝气量下与源水对比悬浮固体去除率柱状图

3.2.2　不同曝气量下含铁检测情况

曝气量为 0.1～0.5m³/h 时，从图 8 可见外输水含铁均达到注入水水质指标要求，曝气量降低含铁呈增高趋势。由图 9 可见从铁去除率看，曝气量逐渐上升，悬浮固体的去除率也随之增高，在加气量达到 0.4mg/L 时，随着加气量上升，铁去除率不再明显升高。

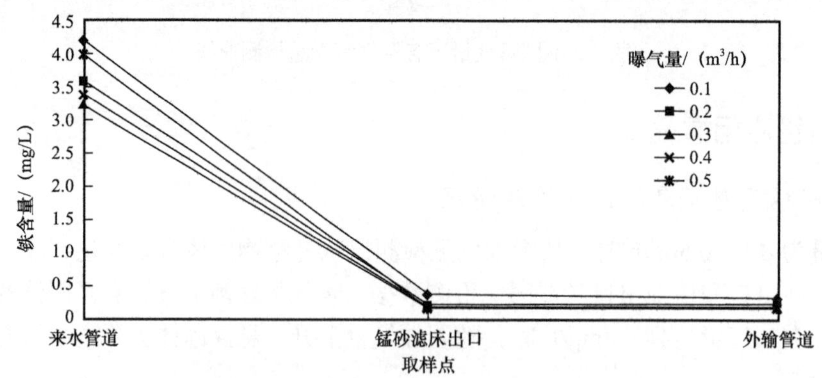

图 8　不同曝气量下各取样点铁含量检测曲线

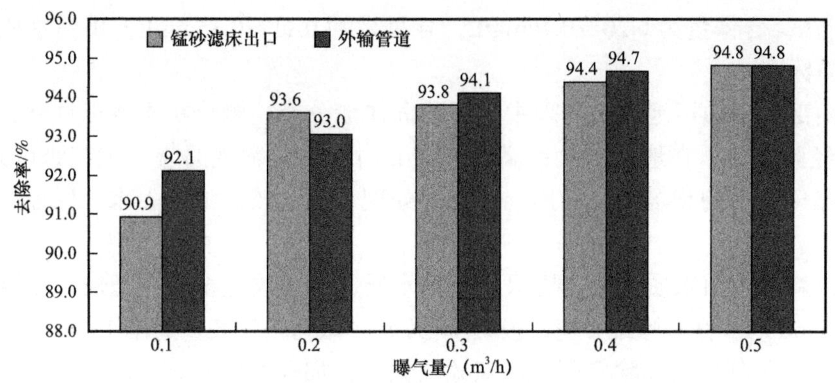

图 9 不同曝气量下与源水对比铁去除率柱状图

3.2.3 同曝气量下含氧检测情况

曝气量为 0.1～0.2m³/h 时，从图 10 外输含氧基本满足注入水含铁小于 0.5mg/L 的指标要求，考虑到含氧高腐蚀问题，最佳曝气量应在 0.1～0.2mg/L 范围内。

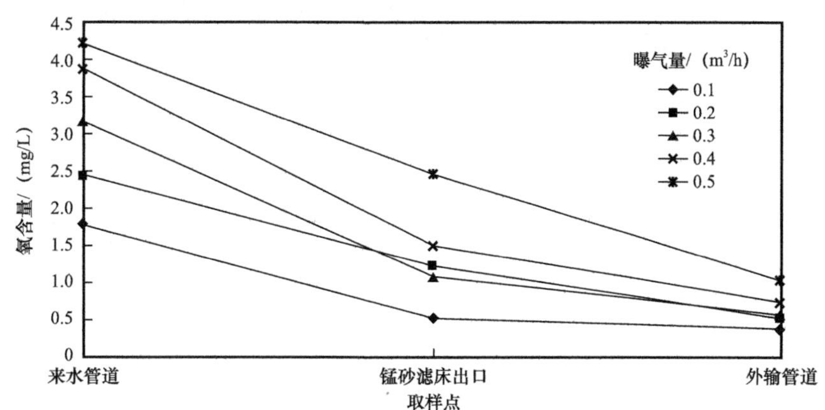

图 10 不同曝气量下各取样氧含量检测曲线

3.3 注水井井口水质达标情况

新店油田三口取样井全年检测数据显示，悬浮物固体含量均值在 1.5～1.8mg/L 范围内，井口水质全部达到悬浮物固体含量≤5mg/L 的注入水质指标要求，解决了新店油田多年来注入水质无法处理达标的问题。

4 结论及认识

通过微孔曝气技术在新店油田地下水处理中的应用，主要得到以下几点认识：

（1）曝气管和曝气盘两种微孔曝气技术可增大气液界面积，提高氧的传递效率。多面空心球的应用，在提高气水接触面积、增加紊流，提高氧的传递效率上有积极作用。

（2）现场试验结果，在曝气量控制在 0.1～0.2m³/h 时，检测出站水质悬浮固体含量为

2.8～3.5mg/L，含铁量为0.20～0.40mg/L，含氧量为0.11～0.35mg/L，出站水质完全达到注入水水质标准。

（3）西部外围油田地下水处理中悬浮物固体成分经检测分析主要以铁锰为主，以多年的现场经验认为，在地下水含铁高于3mg/L时，油田常规的曝气工艺难以处理达标。通过微孔曝气技术的现场试验应用，可有效处理含铁锰较高的地下水，保证油田的正常开发。

（4）以新店油田水质为例，要保证出站水质，流程改造至少需增加一级锰砂除铁工艺，新建ϕ1600mm锰砂除罐2座，投资66万元，微孔曝气装置成本1.2万元，可节省投资64.8万元；另外需投加除氧剂，以亚硫酸钠计，加药浓度6.5mg/L，工业品报价0.155万元/t，增加吨水运行成本0.01元。

（5）在特低渗透油田的开发上，微孔曝气技术可有效降低超滤进水的含铁量，这对减少膜的污染，延长膜的更换周期，降低特低渗透油田的开发成本，保证油田的开发效果有重大的现实意义。

转油放水站三相分离器界面现场优化

李建斐 孟凡君

（中国石油大庆油田第六采油厂规划设计研究所）

摘 要 转油放水站的油水分离在油田污水回注中属于源头环节，油水分离设备运行状态的好坏直接影响后续污水和注水站库的处理效果。如何做到保证外输原油指标合格的情况下改善放水水质，是当前水质工作需要克服的难题。通过前期现场调研，转油放水站普遍存在放水指标较差或者外输原油含水率较高等问题。因此认为在保证系统运行基本稳定的情况下，有针对性地对游离水油水界面进行优化，摸索该类设备油水界面与放水含油量、外输原油含水率之间的变化规律，对于改善集输系统放水质量，降低下游污水站的处理负荷具有重要的意义。

关键词 三相分离器油水界面；优化调整；水质提升

1 现状及存在问题

1.1 现状

现在各油田应用的油水分离设备主要为三相分离器、游离水脱除器。大庆油田第六采油厂转油放水站中最广泛应用的是卧式三相分离器。

卧式三相分离器依靠重力作用完成油、气、水的分离，依托溢流堰板区分油水出口。同时在分离器中一般设置有斜板、波纹板等聚结组件，以增大油滴直径，加快油水分离的速度。生产控制中一般通过调节沉降段油水界面的高度来调节三相分离器的处理效果。

1.2 存在问题

当前转油放水站三相分离器的工艺条件、设备类型、结构尺寸均已固化，提升其处理效果的技术手段无非是在运行参数上进行优化调整，其中油水界面的设置是参数调整的关键途径。生产中油水界面的调控效果并不佳。为此，对全厂转油放水站的三相分离器进行调查后发现以下问题：

（1）无法监测界面值。

调查中发现，有 4 座站库无法精确调控界面参数。其中有 3 座站库的检测仪表无法显示界面参数，仅通过控制沉降段和油室液位来控制设备运行；1 座站库液位参数均显示百分比，仅依靠经验进行调控。

表 1　转油放水站三相分离器界面设置调查表一

序号	转油放水站名称	规格（直径 × 长度）/（m×m）	界面高度 /m	备注
1	喇 160 站	3×9.64	—	仰角分离器，无界面显示
2	喇 170 站	4×24	—	无界面显示
3	喇 400 站	4×28	容器内径的 64% 处	显示百分比
4	喇 700 站	4×18	—	无界面显示

（2）界面设置不合理。

调查中，有 9 座站库可以进行油水界面的监测，但除喇 140 站外，其他站库界面设置均不合理。

一是界面设置不符合管理要求。按照现场管理经验，游离水的油水界面一般设置在内径的 1/2～2/3 之间。调查的 9 座可监测界面参数的站库中，有 8 座站库界面设置不合规定。其中界面设置超高 6 座，界面超低 1 座，界面设置高低不一 1 座。

二是界面设置超过堰板高度。设备中油水堰板的作用是保证原油低含水率外输，调查中 5 座站库界面设置超过堰板高度。加大了外输原油含水率，增加了下游脱水站库系统负荷。

三是界面设置超低运行。调查中，1 座站库为了降低下游脱水站系统负荷，将油水界面降低至 1.3m。导致放水含油量超标，放水缓冲罐积油严重。

表 2　转油放水站三相分离器界面设置调查表二

序号	转油放水站名称	规格（直径 × 长度）/（m×m）	界面高度 /m	相对规范要求	相对堰板高度
1	喇 140 站	4×24	2.5	合理	合理
2	喇 270 站	4×16	3.28	超高	合理
3	喇 410 站	4×20	3.3	超高	合理
4	喇 800 站	4×22	3.35	超高	超过
5	喇 551 站	4×20	3.36	超高	超过
6	喇 291 站	4×18	3.6	超高	超过
7	喇 340 站	3.6×16	3.4	超高	超过
8	喇 600 站	4×24	1.3	超低	极低
9	喇 360 站	4×20	0.6～3.4	波动	超过

2　三相分离器工作原理

为了研究三相分离器油水界面对于油水分离效果的影响，优化设备的运行状态，达到改善原油外输含水率、放水含油量指标的目的，计划开展三相分离器工作原理的研究。

2.1　油水界面对罐内流态的影响

用三相分离器处理高含水率原油时，对液体呈水平流动的分离器而言，即使油相雷诺数（Re_o）保持恒定，水相雷诺数（Re_w）却随水量的增加而增大，分离效果会受到较大影响。当分离器进液量出现波动而引起界面波动时，则在油水两相间流态差别及界面波动同时存在下，界面的低凹处便会产生涡体，其旋转方向与流速较高的水相方向一致，而与油相流动方向相反，如图1所示。

2.1.1　当界面设置低于堰板高度时

对于涡体上 n_1 点附近的流体来说，由于其流动方向与涡体旋转方向相反而速度变慢、动能减少、压强增加；对于 n_2 点附近的流体来说，由于其流动方向与涡体旋转方向相同而速度变快、动能增加、压强减少，从而在涡体 n_1 点与 n_2 点之间存在一个横向动水压力 p，其方向自 n_1 点向 n_2 点。由于 p 的作用，使涡体离开界面层进入水层。油水界面上大量涡体的出现，使得污水含油量大幅度升高。同时随着油水两相雷诺数差值的增大，涡体的数量随之增多，产生涡体的中间层随之加厚，使油水分离条件急剧变差，最后使分离器的出口原油中含有大量游离水，出口污水中含有大量浮油。图2是实测的随着油水两相雷诺数差值（Re_w–Re_o）的增加，中间层厚度变化示意图。

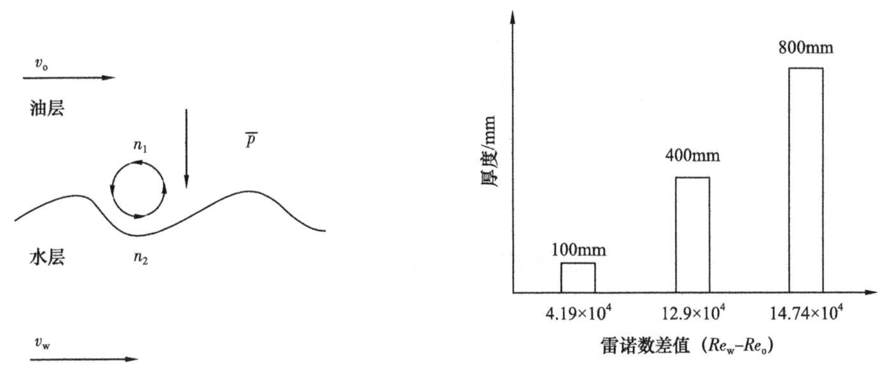

图1　油水两相间流态差别及界面波动　　图2　中间层厚度变化示意图

2.1.2　当界面设置超过堰板高度时

油水界面处油相流速（v_o）大于水相流速（v_w），产生的涡流体离开界面层进入油层，导致外输原油含水率大幅上升。同时随着油水两相雷诺数差值的增大，涡体的数量随之增多，产生涡体的中间层随之加厚，使油水分离条件急剧变差，导致外输原油含水率急剧上升。

综上，为了提高三相分离器处理效果，宜保证油水界面处油相和水相的速度相等或相近，以减少涡流体的产生，从而保证处理效果。同时为保证外输原油含水率在可控范围内，油水界面高度不宜超过堰板高度。

2.2 油水界面对处理能力的影响

为明确油水界面变化对于设备处理能力的影响，在弱化内部聚结整流部件的情况下，通过公式推导某一油滴在沉降罐的运动时间来演算分析三相分离器分离规律。

生产管理中对设备油相出口的含水率要求不高，但对水相出口的含油量要求比较严格。其中水驱站水相出口的含油量一般不超过300mg/L，聚合物驱站水相出口的含油量一般不超过500mg/L。所以，在研究三相分离器分离规律时应以水相处理为主要方向。按照三相分离器的分离原理，在弱化内部聚结组件的情况下，可将油水分离过程简化为油滴在水相空间内从沉降起始端向沉降末端浮升的运动规律。

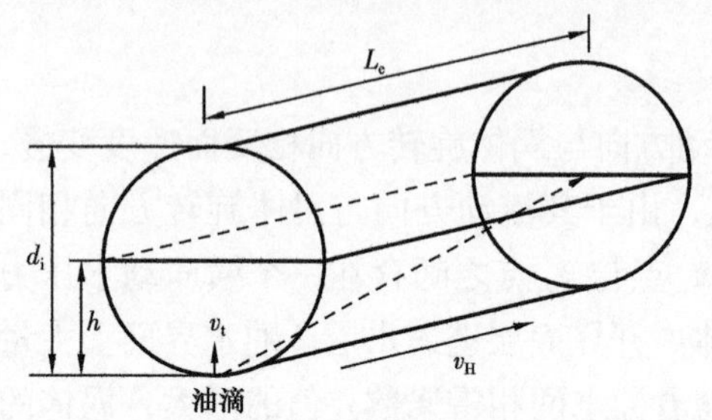

图3　重力型卧式三相分离器沉降分离段示意图

图3是重力型卧式三相分离器的沉降分离段示意图。显然，位于圆筒最底部的某个油滴，到达油水界面所通过的水相距离最大。只要能把这个油滴分离出来，就能保证分离出与之相等或大于这个油滴的所有油滴。在容器中，水连续相自一端向另一端呈层流运动[1]。

设计状态下，油滴的浮升轨迹如图3虚线所示，油滴位于始端最底部正好运动到沉降段的末端，它在液流中按斯托克斯定律向上浮升，到达油水界面所需的时间为：

$$t_T = \frac{h}{v_t} = \frac{d_i h_D}{v_t} = \frac{\pi M L_e d_i^2}{4q} \tag{1}$$

其中

$$M = S/S_T$$

式中　t_T——油滴浮升到油水界面所需时间，s；

h——油水界面高度，m；

v_t——油滴浮升速度，m/s；

d_i——容器内径，m；

h_D——油水界面相对位置比值，$h_D = h/d_i$；

q——设定水连续相流量，m^3/s；

M——过水截面无量纲面积；

S——设定垂直于液流方向的水相横截面积，m^2；

S_T——设定垂直于液流方向的容器总横截面积，m^2；

L_e——脱除器有效重力分离段长度。

按斯托克斯定律，油滴浮升速度为：

$$v_t = \frac{d_o^2 g(\rho_w - \rho_o)}{18\mu_w} \tag{2}$$

式中　ρ_w，ρ_o——操作温度下水和油的密度，kg/m³；

d_o——油滴直径，m；

μ_w——水相的动力黏度，Pa·s；

g——重力加速度，9.81m/s²。

结合式（1）和式（2）得出：

$$q=\frac{\pi M L_e d_i g\left(\rho_w-\rho_o\right) d_o^{\ 2}}{72 h_D \mu_w} \tag{3}$$

从公式可看出，在设备的外形尺寸（设备长度 L_e、内径 d_i）、操作环境（油滴直径 d_o、油水的密度 ρ）等确定的情况下，游离水的水相处理量与 M 和 h_D 相关，M/h_D 的比值越大，处理能力也增大。这有两方面的含义：

一是在水相处理量不变的情况下，M/h_D 越大，水相可分出油滴的直径越小，也就是水处理质量越好；二是在可分出油滴的直径 d_o 一定，即水处理质量不变的情况下，水相处理量随着 M/h_D 增大而增大。下面讨论 M/h_D 的变化规律。

图 4 是三相分离器横截面的示意图。图中 S 表示水相的横截面积，S_T 表示容器的总横截面积，h 表示油水界面高度，d_i 表示容器内径。

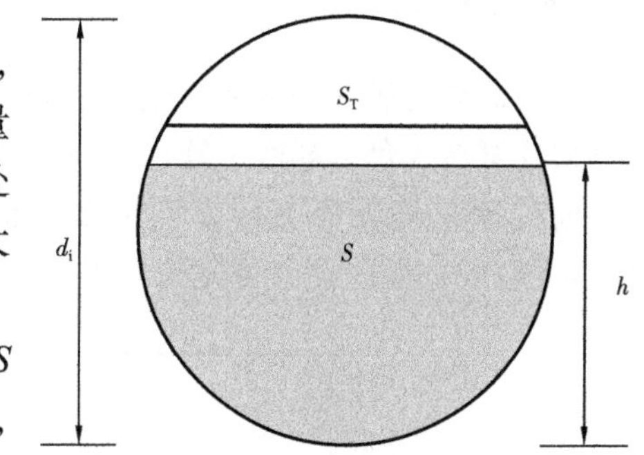

图 4　三相分离器横截面示意图

已知 $M=S/S_T$，$h_D=h/d_i$，因 $S_T=\pi d_i^2/4$，有：

$$S=\frac{\pi d_i^{\ 2}}{8}+\left(h-\frac{d_i}{2}\right)\left(d_i h-h^2\right)^{0.5}+\frac{d_i^{\ 2}}{4}\sin^{-1}\left(\frac{2h}{d_i}-1\right) \tag{4}$$

可推导出：

$$\frac{M}{h_D}=\frac{1}{2h_D}+\frac{4}{\pi}\left(1-\frac{1}{2h_D}\right)\left(h_D-h_D^{\ 2}\right)^{0.5}+\frac{1}{\pi h_D}\sin^{-1}\left(2h_D-1\right) \tag{5}$$

$$M=\frac{1}{2}+\frac{4}{\pi}\left(\frac{h}{d_i}-\frac{1}{2}\right)\left[\frac{h}{d_i}-\left(\frac{h}{d_i}\right)^2\right]^{0.5}+\frac{1}{\pi}\sin^{-1}\left(2\frac{h}{d_i}-1\right) \tag{6}$$

分析式（5）和式（6）可知，M 和 M/h_D 都是 h_D 的单值函数。结合生产实际，拟定 h_D 数值范围为 0.2～1，代入式（5）和式（6）计算相关性，得出图 5。

计算得出，当 h_D=0.687 时，M/h_D 出现极大值 1.0545，即可提高 5.45% 的水相处理量；按照常规设计，一般采用 h_D=0.5，此时 M/h_D=1。

综上，三相分离器的油水界面为 h=0.687d_i 时，水相处理能力出现极大值，理论上可提高处理能力 5.45%；同时三相分离器中设置堰板，拟定堰板高度为 0.85d，则当界面超过堰板高度后，水相处理能力趋于水平，M/h_D=1.004，理论上仅提高水相处理能力 0.4%。

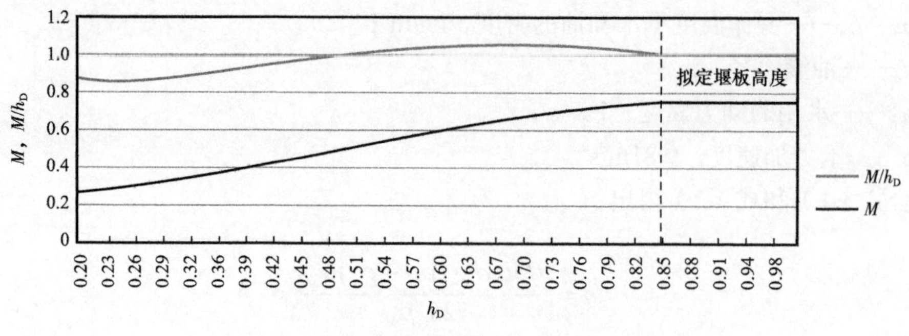

图 5 M 和 M/h_D 随 h_D 变化情况图

3 现场验证

为验证理论研究的成果，选取了喇 410 转油放水站作为界面优化的现场站库。该站采用三相分离器 3 台，规格（外径 × 长度）为 4m×20m，堰板高度 3.3m。

通过理论处理能力计算当油水界面在 3.3m 时为界面允许极限值，此时 h_D=0.825，M/h_D=1.0192，即理论上可提高水相处理能力 1.92%，如图 6 所示。

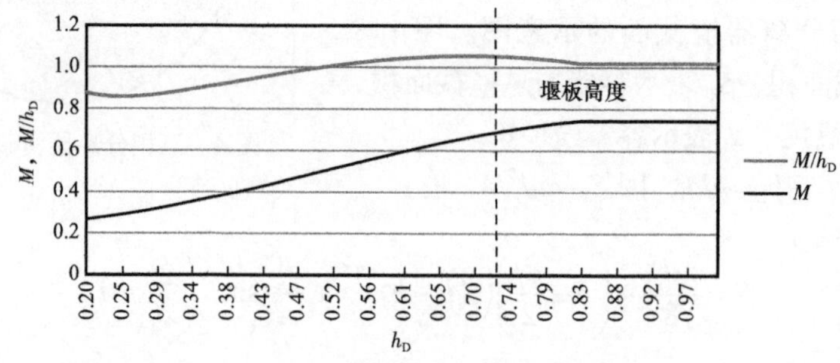

图 6 喇 410 站 M 和 M/h_D 随 h_D 变化情况

3.1 试验步骤

（1）完善现场取样工艺。试验站库负责对三相分离器进口、水出口和油出口的取样装置进行疏通，确保具备取样条件。对于没有取样装置的管线，临时性利用压力表控制阀改造处取样工艺。具体是在压力表控制阀门上安装三通、取样管、取样控制阀门，达到既能取样又能测压力的目的。

（2）采集原始数据。采集试验站库的日处理量、三相分离器界面设置、油水隔板高度等静态参数。同步采集当前油水界面设置参数，放水含油量、外输原油含水率等动态数据。

（3）调整油水界面设定值。在确保试验站库没有收油等特殊情况下，以现有界面为基础，将三相分离器的界面调整至溢流隔板高度，每天下调油水界面 5cm，同步采集化验放水指标及外输原油含水率，当外输原油含水率为 30% 时停止下调；然后以隔板高度为基准每天上调油水界面 5cm，同步采集化验放水指标及外输原油含水率，当外输原油含水率达到规定区间时停止上调。每次界面调整暂定于早 9：00 和 11：00 开始取样化验，每隔

2h 取样一次，连续取样 3 次。

（4）分析数据，分别绘制三相分离器放水含油量与油出口含水率随界面的变化规律。结合化验数据，确定出最佳的油水界面设置值。

3.2　试验效果

通常转油放水站设计时外输原油含水率不大于 30%；但在考虑事故情况下的紧急外输，一般增大了外输油管道的能力。本次试验的转油放水站喇 410 站外输油管道采用 ϕ219mm×6mm 钢管，该管径输送的合理流量区间为 2850～5600m^3/d，计算外输原油含水率应不低于 86%；同时从节能的角度出发，满负荷工况运行 1 台外输泵的情况下，要求外输原油含水率小于 63%。

综合考虑外输原油含水率对下游脱水站库、外输管道凝堵、节能降耗等方面的影响，试验计划控制外输原油含水率在 30%～63% 区间为宜。喇 410 站原油外输能力见表 3。

表 3　喇 410 站原油外输能力调查表

<table>
<tr><th>站库名称</th><th rowspan="3">最大处理量 / t/d</th><th rowspan="3">原油产量 / t/d</th><th rowspan="3">采出原油含水 / %</th><th colspan="3">外输能力</th><th colspan="3">含水率区间 /%</th></tr>
<tr><td rowspan="4">喇 410 站</td><th colspan="2">外输泵</th><th rowspan="2">外输管线（外径 × 壁厚）/ mm×mm</th><th rowspan="2">标准输量</th><th rowspan="2">管线最小经济输量</th><th rowspan="2">单台外输泵运行</th></tr>
<tr><th>规格</th><th>数量</th></tr>
<tr><td rowspan="2">10295</td><td rowspan="2">401</td><td rowspan="2">95.5</td><td>DY46–30×4</td><td>2</td><td rowspan="2">219×6</td><td rowspan="2">30</td><td rowspan="2">86</td><td rowspan="2">63</td></tr>
<tr><td>DY25–30×4</td><td>1</td></tr>
</table>

注：外输污水能力完全满足调节范围内的需求。

试验以 5cm 为一个调节区间调整三相分离器界面参数，并检测放水含油量、外输原油含水率等参数变化情况，见表 4。

表 4　喇 410 三相分离器界面优化数据表

序号	界面高度 /m	外输油含水率 /%	放水含油量 /（mg/L）
1	3.1	21.30	398.6
2	3.15	24.40	291.25
3	3.2	30.20	269.29
4	3.23	32.70	217.40
5	3.25	44.60	230.75
6	3.28	44.00	191.40
7	3.3	70.70	201.15
8	3.33	91.90	167.80

分析数据变化情况如图 7 所示。

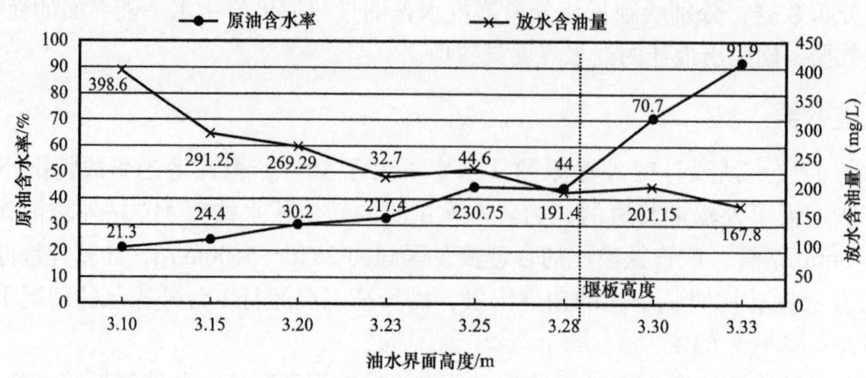

图 7　喇 410 转油放水站界面参数变化曲线

在喇 410 站的游离水界面优化调整试验中，通过绘制放水含油量—外输原油含水率与油水界面关系曲线，发现以下变化规律：

一是分析外输油含水率随界面高度的变化规律，发现随着界面的不断提升，外输原油含水率不断上升；当界面为 3.28m 时，外输原油含水率为 44%，当界面为 3.3m 时，外输原油含水率为 70.7%，说明此时涡流体较多，中间层加厚，影响了外输水质；当界面上升 3cm 至 3.33m 时，外输原油含水率达到 91.9%，相比增加 21.2%，此时水淹油室，外输原油含水率升高至上限值。说明在生产中，界面设置不宜超过堰板高度。

二是分析放水含油量随界面的变化规律，发现放水含油量随着界面的升高而不断下降，在 3.25～3.3m 达到相对稳定状态；随着界面超过堰板高度，放水含油量仍有小幅度下降。说明界面设置在堰板高度以下时，水相处理能力随界面升高而不断增加，并在低于堰板高度某一位置出现稳定状态，当界面超过堰板高度后，中间层随水淹进入油室，水相处理能力有小幅提升。

三是综合分析两条曲线，发现在界面为 3.25m 处出现明显交点，认为此界面处三相分离器运行效果最佳。此时外输原油含水率为 44.60%，放水含油量为 230.75mg/L。

四是当界面高度为 3.25m，h_D=0.81，大于公式推导值 h_D=0.678。认为：一方面是聚结整流组件对于设备能力的影响；另一方面，实际所有油滴并非公式设计的均从沉降段始端最低点运动至沉降段末端，所以应该对水相处理能力公式引入相对应的修正系数。

综上，试验站库宜将界面值设定在 3.25m 处，保证界面波动小于 5cm，可取得三相分离器最佳的运行效果。

4　总结

4.1　取得认识

一是生产中，油水界面的设置不宜超过堰板高度，同时在确保油相和水相在界面处流速相同的情况下，运行效果最稳定。

二是以斯托克斯公式为基础，从水相处理能力的研究出发，在理论上可以确定三相分离器的处理能力并不是随着油水界面的不断升高而提高。该类设备有一个极限值，即在极限值处，水相处理能力最大。

三是在试验状态下，外输原油含水率、放水含油量与界面高度绘制的关系曲线中会出现明显交点，该界面高度处设备运行状态最佳。

4.2　存在不足

油田生产中，各个站库卧式三相分离器在工艺上形式多样。本文未能开展更具体的分析与验证。以后将进一步开展分析研究，借以摸清油水界面的变化规律，并用以指导生产实际。

参考文献

[1] 孙东方. 油水界面位置变化对卧式游离水脱除器水相处理能力的影响[J]. 油田地面工程，1992，11(3)：30-33，4.

青海油田A区块采出水与B区块储层配伍性研究

马莎莎　任世霞　李　为　马海英　付　鉴

（中国石油青海油田公司钻采工艺研究院）

摘　要　青海油田注入水存在水量分配不均衡问题，部分油田采出水过剩，部分油田无污水可注而采用清水回注。重新调整采出水回注模式后，开展A区块采出水与B区块地层水及储层配伍性实验，实验结果表明，A区块采出水与B区块地层水配伍性较好，结垢率<3%（以钙计），成垢量较小，A区块采出水对B区块储层岩心渗透率的伤害值较大，A区块采出水：联合站污水=1∶1对B区块Ⅲ＋Ⅳ储层岩心渗透率的伤害值平均为13.72%，对储层伤害较小。

关键词　注入水；回注；储层；配伍性

青海油田以向油层注水保持油层压力为主要开发手段，所辖区块油田开采大部分均已进入中后期，随着青海油田的不断开发，采出水回注暴露出一些问题，青海油田采出水处理站较为集中，主要以“多个油田采出水合用一套采出水处理系统”的模式进行生产，然而在回注过程中，为了节约能耗，处理后的采出水一般只作为采出水处理站周边油田的注水水源，其他地区则采用清水作为回注水水源，随着油田含水率的不断上升，油田采出水日益增多，该种生产模式已经使得油田内部出现有些区域采出水过剩，而较远区域还需大量补充清水进行注水，该种运行模式，不仅造成了淡水资源浪费，还给环保带来了巨大压力，因而需要合理布局采出水的回注。

调整采出水回注模式后，计划采用A区块采出水作为B区块的注入水，因此开展A区块采出水与B区块地层水及储层配伍性实验，减少注入水对储层的伤害，提高注水开发的效果。

1　离子分析

A区块采出水、B区块Ⅰ＋Ⅱ储层地层水、B区块Ⅲ＋Ⅳ储层地层水离子分析见表1。

由表1中的实验结果可知，A区块、B区块Ⅰ＋Ⅱ储层和B区块Ⅲ＋Ⅳ储层采出水成垢离子含量较高，矿化度介于17×10^4～25×10^4mg/L之间，水型均为$CaCl_2$型。A区块采出水与B区块Ⅰ＋Ⅱ储层和B区块Ⅲ＋Ⅳ储层水型相同，成垢离子含量较高，预计混合会生成少量垢。

表 1　地层水离子分析

区块		离子含量 /（mg/L）								总矿化度 / mg/L	水型
		K^++Na^+	Ca^{2+}	Mg^{2+}	Cl^-	SO_4^{2-}	HCO_3^-	CO_3^{2-}	OH^-		
A 区块		73099.75	3105	833.42	120448.73	61	272.31	0	0	197820.21	$CaCl_2$
B 区块	Ⅰ + Ⅱ储层	88589.13	8144.26	2191.58	156912.5	48.8	803.66	0	0	256689.92	$CaCl_2$
	Ⅲ + Ⅳ储层	62551.67	4581.14	956.89	106823.79	195.19	670.42	0	0	175779.11	$CaCl_2$

2 A 区块采出水与 B 区块地层水混配结垢程度分析

A 区块采出水与 B 区块Ⅰ + Ⅱ储层和 B 区块Ⅲ + Ⅳ储层地层水混配成垢离子结垢率及成垢量分析见表 2。

表 2　A 区块采出水与 B 区块地层水混配成垢离子结垢率及成垢量分析

配伍		$Ca^{2+}/Mg^{2+}/Ba^{2+}/Sr^{2+}$			SO_4^{2-}			HCO_3^-		
		损失 / mg/L	结垢率 / %	成垢量 / mg/L	损失 / mg/L	结垢率 / %	成垢量 / mg/L	损失 / mg/L	结垢率 / %	成垢量 / mg/L
A 区块采出水：B 区块Ⅰ + Ⅱ储层地层水	2：8	50.9	0.84	127.3	51.2	58.33	91.8	2.9	0.8	4.8
	4：6	458.1	6.08	1145.3	78.1	86.49	139.9	10.7	2.2	17.5
	6：4	0.0	0.00	0.0	61.0	66.67	109.3	0.8	0.1	1.3
	8：2	25.5	0.28	63.6	50.0	53.95	89.6	2.6	0.4	4.2
	平均		1.80	334.05		66.36	107.65		0.88	6.95
A 区块采出水：B 区块Ⅲ + Ⅳ储层地层水	2：8	61.1	1.26	152.7	2.4	1.41	4.4	0.9	0.3	1.5
	4：6	122.2	2.34	305.4	41.5	22.08	74.3	0.5	0.1	0.8
	6：4	0.0	0.00	0.0	36.6	18.75	65.6	0.3	0.1	0.5
	8：2	30.5	0.55	76.4	7.3	3.61	13.1	3.4	0.7	5.5
	平均		1.04	133.625		11.46	39.35		0.30	2.075

表 3　A 区块采出水与 B 区块地层水混配结垢率及成垢量汇总

配伍	$Ca^{2+}/Mg^{2+}/Ba^{2+}/Sr^{2+}$		SO_4^{2-}		HCO_3^-	
	结垢率 /%	成垢量 /（mg/L）	结垢率 /%	成垢量 /（mg/L）	结垢率 /%	成垢量 /（mg/L）
A 区块采出水：B 区块Ⅰ + Ⅱ储层地层水	1.80	334.05	66.36	107.65	0.88	6.95
A 区块采出水：B 区块Ⅲ + Ⅳ储层地层水	1.04	133.625	11.46	39.35	0.30	2.075

由实验结果可知，A区块采出水与B区块Ⅰ＋Ⅱ储层地层水配伍，结垢率为0.00～6.08%（以钙计）。A区块采出水与B区块Ⅲ＋Ⅳ储层地层水配伍，结垢率为0.00～2.34%（以钙计）。A区块采出水与B区块Ⅰ＋Ⅱ储层和Ⅲ＋Ⅳ储层地层水配伍，结垢率多数<3%（以钙计），成垢量较小，表明A区块采出水与B区块Ⅰ＋Ⅱ储层和Ⅲ＋Ⅳ储层地层水配伍性较好。

3 A区块采出水对B区块Ⅲ＋Ⅳ储层的伤害评价实验

3.1 A区块采出水对B区块Ⅲ＋Ⅳ储层伤害评价实验

进行A区块采出水对B区块Ⅲ＋Ⅳ储层岩心的伤害评价实验，实验结果见表4。

表4 A区块采出水对B区块Ⅲ＋Ⅳ储层岩心的伤害评价实验结果

样号	K_a/mD	ϕ/%	K_w（伤害前）/mD	K_{wd}（伤害后）/mD	渗透率恢复率/%	渗透率伤害率/%
1	0.72	5.03	0.2411	0.1834	76.07	23.93
2	0.23	4.38	0.1328	0.1052	79.22	20.78

注：K_a为储层岩心的气体渗透率，mD；ϕ为孔隙度，%；K_w（伤害前）和K_{wd}（伤害后）分别为采出水对岩心伤害前的液体渗透率、伤害后的液体渗透率。

从表4的实验结果可知，A区块采出水对B区块Ⅲ＋Ⅳ储层岩心渗透率的伤害值平均为22.36%。

3.2 A区块采出水：联合站污水=1：1对B区块Ⅲ＋Ⅳ储层的伤害评价实验

进行A区块采出水：联合站污水=1：1对B区块Ⅲ＋Ⅳ储层岩心的伤害评价实验，实验结果见表5。

表5 A区块采出水：联合站污水=1：1对B区块Ⅲ＋Ⅳ储层岩心的伤害评价实验结果

样号	K_a/mD	ϕ/%	K_w（伤害前）/mD	K_{wd}（伤害后）/mD	渗透率恢复率/%	渗透率伤害率/%
3	0.25	4.84	0.1090	0.0914	83.85	16.15
4	0.13	4.51	0.0452	0.0401	88.72	11.28

从表5的实验结果可知，A区块采出水：联合站污水=1：1对B区块Ⅲ＋Ⅳ储层岩心渗透率的伤害值平均为13.72%。

4 结论

（1）A区块采出水、B区块Ⅰ＋Ⅱ储层地层水、Ⅲ＋Ⅳ储层地层水矿化度介于17×10^4～25×10^4mg/L之间，水型均为$CaCl_2$型。

（2）A 区块采出水与 B 区块Ⅰ＋Ⅱ储层地层水配伍，结垢率为 0.00%～6.08%（以钙计）。A 区块采出水与 B 区块Ⅲ＋Ⅳ储层地层水配伍，结垢率为 0.00～2.34%（以钙计）。A 区块采出水与 B 区块Ⅰ＋Ⅱ储层和Ⅲ＋Ⅳ储层地层水配伍，结垢率多数小于3%（以钙计），成垢量较小，表明 A 区块采出水与 B 区块Ⅰ＋Ⅱ储层和Ⅲ＋Ⅳ储层地层水配伍性较好。

（3）A 区块采出水与 B 区块Ⅲ＋Ⅳ储层岩心渗透率的伤害值平均为 22.36%，对储层伤害较大（大于 20%）。A 区块采出水：联合站污水 =1：1 对 B 区块Ⅲ＋Ⅳ储层岩心渗透率的伤害值平均为 13.72%，对储层伤害较小（小于 20%）。

不同水型污水混合处理后水质达标技术研究

鄢　雨　冯小刚　张绍鹏　鲍　静　古丽曼

（中国石油新疆油田公司准东采油厂）

摘　要　准东采油厂SN油田联合站原油处理采用稀油处理工艺，随着其他油田稠油和致密油进入系统处理，污水水质、水型发生变化，使污水处理工艺及药剂体系适应性变差，处理后的污水达标困难。针对联合站污水处理系统工艺现状、污水水质情况，筛选出适合油田联合站污水处理需求的药剂体系，同时优化处理工艺、简化工艺流程，使处理后污水水质达到油田注水指标要求，提高水质达标率。

关键词　不同水型；药剂体系；处理工艺；杀菌；水质达标

准东采油厂下属SN油田联合站处理的原油类型多样，主要包括：稀油、稠油和致密油，造成多功能出水及净化油储罐底部污水含油和悬浮物含量均高于污水处理系统进口设计值，同时水型不配伍，Cl^-含量较高，系统腐蚀结垢严重，处理后污水难以达标。本文对水质不达标原因进行了全面分析，并从药剂体系筛选、工艺技术优化等方面采取针对性措施[1-4]，使处理后污水水质能够满足油田注水要求。

1　水质不达标原因分析

1.1　处理工艺及药剂体系适应性变差

SN油田联合站原油处理系统为稀油处理工艺，2013年增加了稠油和致密油的处理后，工艺针对性变差，多功能出口污水含油及悬浮物含量均高于污水处理系统设计值，污水系统进口水质恶化，原药剂体系难以满足污水处理需求，处理后污水达标困难[1-4]。多功能出口水质情况见表1，原水质净化药剂评价结果见表2。

表1　多功能出口水质情况

项目	含油/（mg/L）	悬浮物含量/（mg/L）	腐生菌/（个/mL）	硫酸盐还原菌/（个/mL）	铁细菌/（个/mL）
实测值	1170	650	2.5×10^4	2.5×10^3	6.0×10^2
设计值	1000	300	≤1000	≤25	≤1000

表2　原水质净化药剂评价结果

净水剂/（mg/L）	离子调整剂/（mg/L）	助凝剂/（mg/L）	絮体状况	絮体沉降速度	水色	悬浮物含量/（mg/L）
100	100	10	较散小	慢（47s）	清	22

注：絮体沉降速度较慢（沉降速度应小于30s），污水净化效果较差（室内评价悬浮物应低于15mg/L）。

1.2　系统管网结垢腐蚀严重

SN 油田和 J7 井区采出水水质全分析结果表明：SN 油田采出水属 $CaCl_2$ 水型，J7 井区采出水属 $NaHCO_3$ 水型，水型不配伍，污水具有较强的结垢趋势[5]；同时，Cl^- 含量较高，污水具有较强腐蚀性，影响污水处理效果，具体情况见表 3 以及图 1 和图 2。

表 3　SN 油田和 J7 井区采出水水质全分析

取样点	离子含量 /（mg/L）						矿化度 / mg/L	pH 值
	CO_3^{2-}	HCO_3^-	Cl^-	SO_4^{2-}	Ca^{2+}	Mg^{2+}		
SN 油田	0	338	3335	49	267	4.3	5824	6
J7 井区	962	2662	4260	242	36	3	11407	8

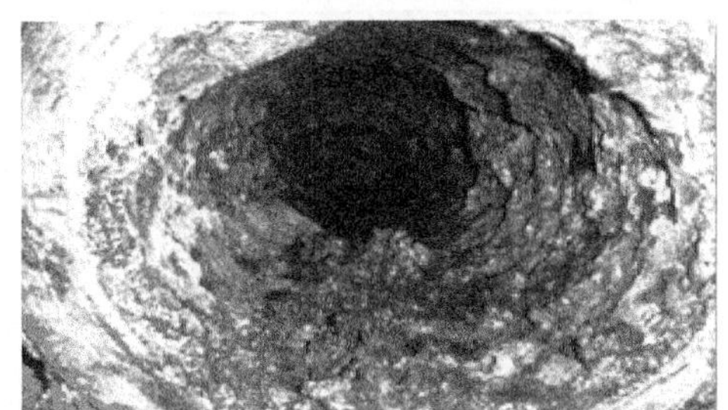

图 1　反应罐出口管线结垢腐蚀情况

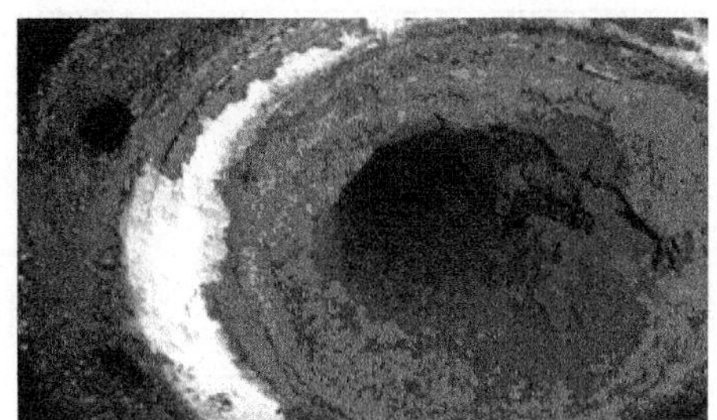

图 2　缓冲罐进口管线结垢腐蚀情况

1.3　细菌难以实现持续达标

SN 油田联合站污水处理系统采用药剂杀菌方式控制细菌指标，容易引起污水中细菌的抗药性，无法长期抑制细菌滋生[6-11]，细菌达标情况见表 4。

表 4　SN 联合站细菌达标情况统计

指标项目	细菌含量 /（mg/L）		达标率 /%
	指标值	实测值	
硫酸盐还原菌	≤25	600	4.17
铁细菌	≤1000	25000	4.00
腐生菌	≤1000	10000	10.00

2　水质达标技术研究

2.1　药剂体系筛选

筛选思路：取污水处理系统进口水样，从多种水质净化药剂和水质稳定药剂中筛选出实验效果最佳的药剂，然后做不同药剂浓度下水质处理效果评价[12-14]。

2.1.1 净水剂筛选

净水剂是水质净化药剂体系中的核心药剂，针对联合站净水药剂存在问题，选择 6 种净水剂进行筛选评价，从中选出性能最优的 6# 净水剂，进行最佳浓度评价实验，结果如图 3 所示。

由图 3 可以看出，6# 净水剂在浓度为 100～150mg/L 时效果最佳，净化后污水悬浮物含量可达到 10mg/L 以下。

2.1.2 助凝剂筛选

助凝剂在净水过程中，一般要与净水剂配合使用，目的是增大絮体体积，加快絮体沉降，进一步提高净化效果。实验选择 5 种助凝进行筛选评价，从中选出性能最优的 5# 助凝剂，进行最佳浓度评价实验，结果如图 4 所示。

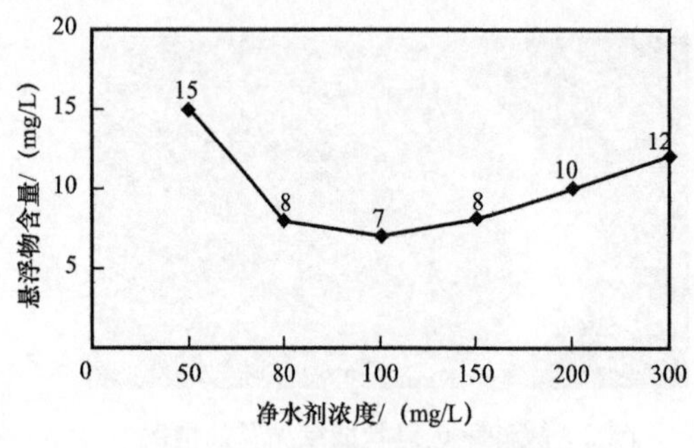

图 3 净水剂最佳浓度筛选结果

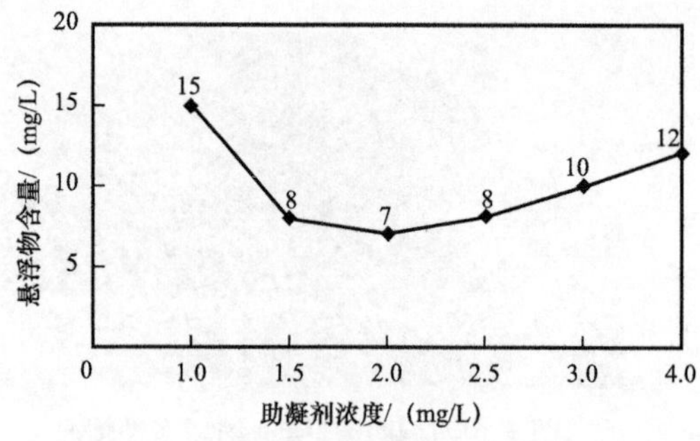

图 4 助凝剂筛选结果

由图 4 可以看出，5# 助凝剂在浓度为 2mg/L 时效果最佳。

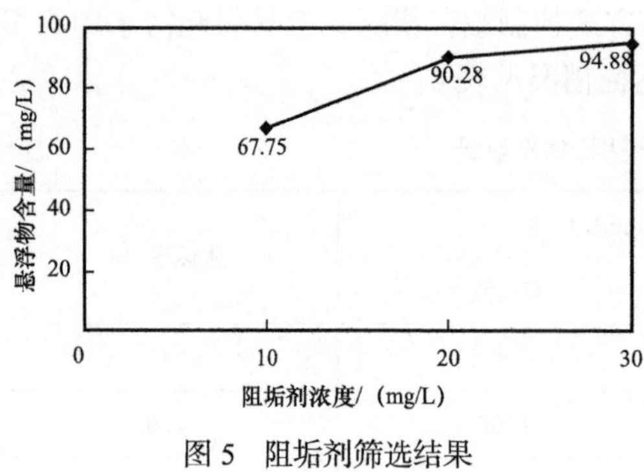

图 5 阻垢剂筛选结果

2.1.3 阻垢剂筛选

针对 SN 油田联合站含油污水存在失钙率较高的问题，需要对该污水进行阻垢剂筛选评价。选择 8 种阻垢剂进行筛选评价，从中选出性能最优的 1# 助垢剂，进行最佳浓度评价实验，结果如图 5 所示。

由图 5 可以看出，1# 阻垢剂在浓度为 30mg/L 时，失钙率趋于平稳，阻垢率为 94.88%。

2.2 主体工艺研究

2.2.1 工艺流程

结合 SN 油田联合站来水易腐蚀、结垢特点，研究采用压力处理工艺，缩短处理流程，解决常压流程不密闭、污水停留时间长、系统腐蚀与结垢控制难度大的问题。常压工艺流程如图 6 所示，压力工艺流程如图 7 所示。

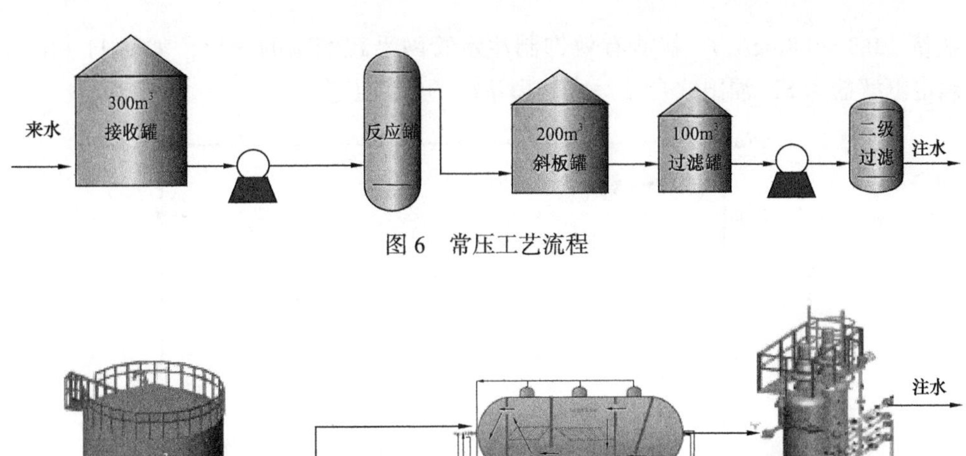

图 6　常压工艺流程

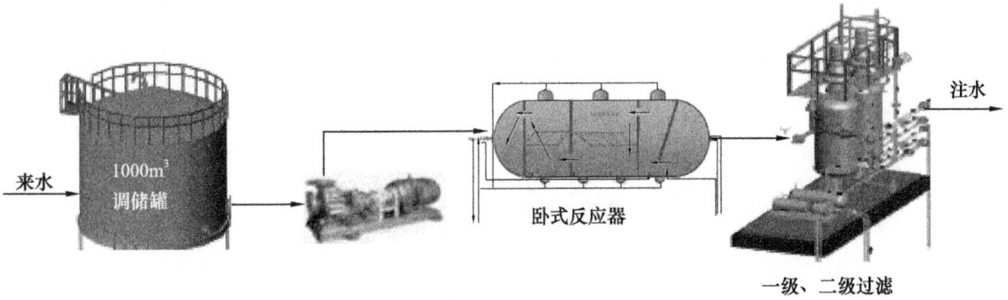

图 7　压力工艺流程

2.2.2　核心设备

卧式微涡旋絮凝反应沉降装置主要特点是：以混凝动力学理论为指导，在反应器中产生均匀各向同性紊流，在药剂的混合及絮凝工艺中形成空间分布均匀、高密度、高强度的微涡旋，增大絮体的有效碰撞概率，达到强化絮凝的目的；以给水处理的浅池理论为指导，增加的三段斜板沉降室，大大增加了絮体沉降的空间和时间，提高了污水处理过程中的沉降效果，保证了出水水质，装置如图 8 所示。

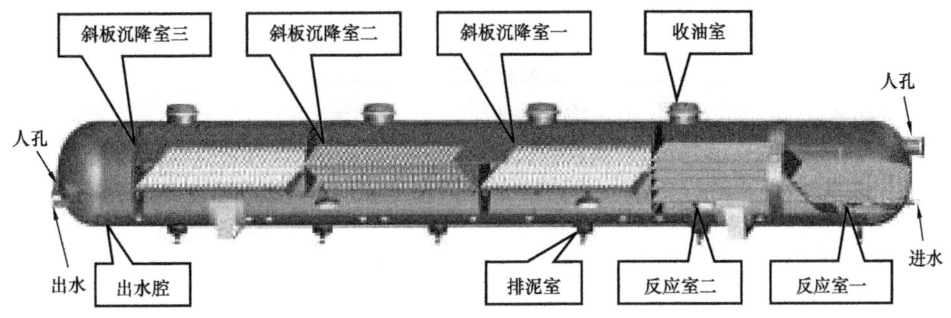

图 8　卧式微涡旋絮凝反应沉降装置

2.2.3　杀菌工艺

污水处理系统包括化学药剂杀菌、紫外线杀菌和电解盐杀菌等杀菌技术。由于化学杀菌剂成本较高，细菌易产生抗药性，现仅对紫外线及电解盐杀菌效果进行比较。可知，正常情况下，紫外线杀菌效果明显，但灯管结垢后，由于紫外线透光率下降，杀菌效果变差，如图 9 所示；细菌数量随管线距离的增加而增加，说明紫外杀菌对注水管网沿程细菌滋生无抑制作用，如图 10 所示；电解盐杀菌效果好[15-16]，无抗药性，同时只要保证一定的余氯量（0.3～0.8mg/L），就能有效抑制注水管网沿程细菌的滋生，如图 11 和图 12 所示，确定电解盐为 SN 油田联合站污水处理系统的杀菌工艺。

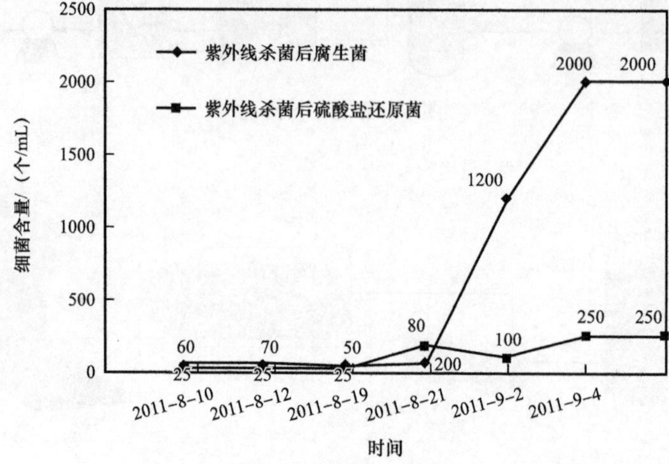

图 9　紫外线杀菌效果

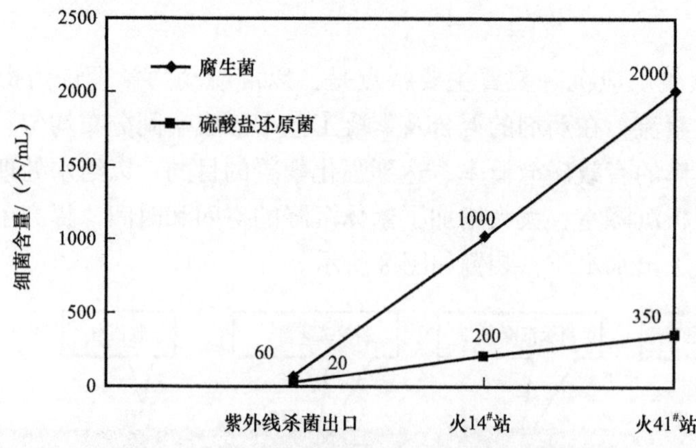

图 10　紫外线杀菌对沿程细菌的抑制作用

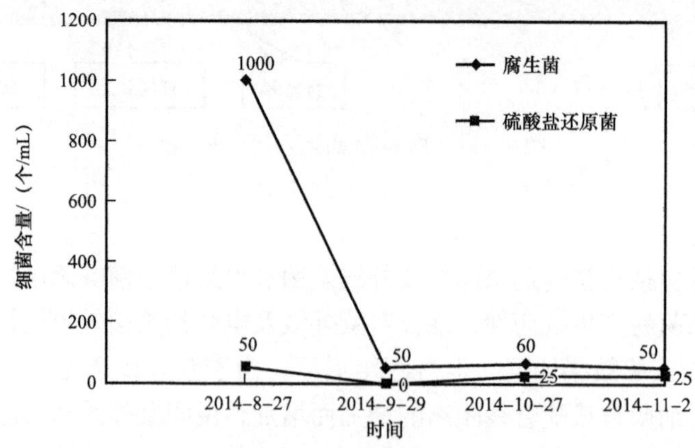

图 11　电解盐杀菌效果

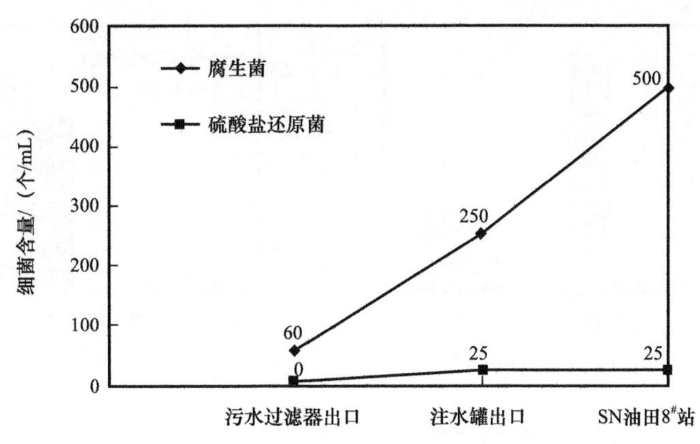

图 12　电解盐杀菌对沿程细菌的抑制作用

2.3　工艺优化研究

2.3.1　收油工艺优化

在调储罐安装自动收油装置。优化前，调储罐为间歇收油，油层厚度变化范围为 0～220cm，造成油层过厚时出水含油超标，油层消失时曝氧腐蚀，优化后，实现连续收油，使油层厚度控制在 20～35cm 之间的合理范围内，如图 13 所示。

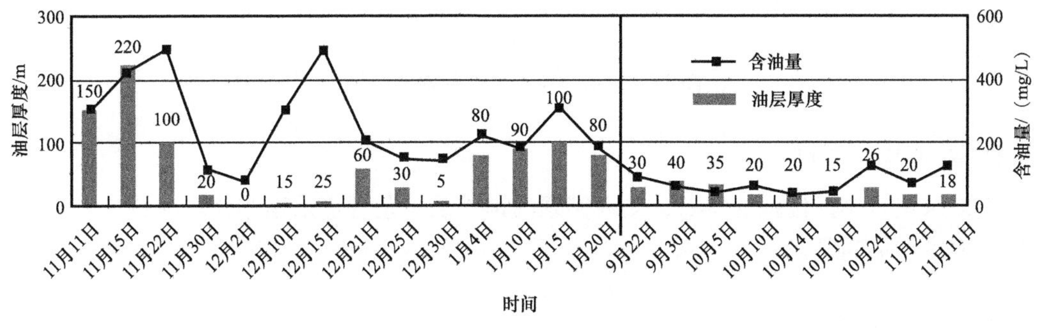

图 13　工艺优化前后效果

2.3.2　注水工艺优化

为解决净化水在注水罐二次污染问题，采用泵控泵跨罐密闭注水技术，达到注水泵进口压力和流量的自动调控，实现净化水沿线全流程密闭输送，使注水泵进口细菌数量分别由优化前的 600 个 /mL、3000 个 /mL 和 1500 个 /mL 降至 25 个 /mL、250 个 /mL 和 200 个 /mL。具体情况如图 14 和图 15 所示。

2.3.3　反洗工艺优化

针对常规过滤器反洗强度高、反洗排污水量大、回收水对系统冲击大的问题，过滤器反洗采用“气洗—小流量反洗—大流量反洗”的变强度反洗技术，提高反洗效果，反洗水量较常规反洗工艺减少 20%，过滤器反洗水用量如图 16 所示。

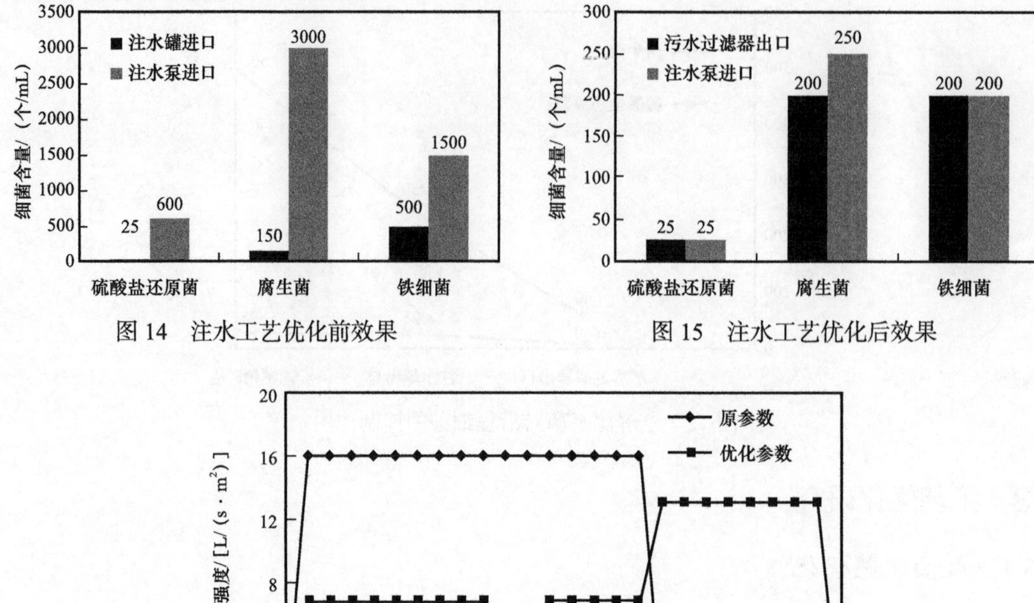

图 14　注水工艺优化前效果

图 15　注水工艺优化后效果

图 16　过滤器反洗用水量检测结果

2.3.4　防腐技术的改进

针对采出水腐蚀性强的特点，站内储罐内构件及工艺管道采用非金属材料，缓解设备及管线腐蚀结垢问题。

3　水质处理效果

SN 油田联合站污水处理系统改造投产后，现场根据新型药剂体系筛选结果进行药剂投加，处理后的污水含油、悬浮物、细菌及平均腐蚀率均达到油田注水水质要求，水质达标率 100%。具体情况见表 5。

表 5　SN 油田联合站水质达标情况统计表

项目	悬浮物固体含量 / mg/L	含油量 / mg/L	硫酸盐还原菌 / 个 /mL	铁细菌 / 个 /mL	腐生菌 / 个 /mL	平均腐蚀速率 / mm/a
设计值	≤8.0	≤5.0	≤25	$\leqslant n\times10^3$	$\leqslant n\times10^3$	≤0.076
实测值	2.1～6.7	微量	0～25	50～60	60～100	0.0032

注：$1\leqslant n\leqslant10$。

4 结论

（1）通过对 SN 油田联合站污水水质及处理系统现状的调查，找出注水水质不达标的主要原因。

（2）研制出新型药剂体系，能够满足油田联合站污水处理要求。

（3）通过优化、简化工艺流程，应用非金属管材，提高了污水处理系统适应性。

（4）应用自动调控技术，实现净化水沿线全流程密闭输送。

（5）电解盐杀菌工艺，不存在抗药性，用料廉价，杀菌效率高，能够节约杀菌成本。

参考文献

[1] 曹怀山，姜红，谭云贤，等．胜利油田回注污水处理技术现状及发展趋势［J］．油田化学，2009，26（2）：218–226.

[2] 张文．油田污水处理技术现状及发展趋势［J］．油气地质与采收率，2010，17（2）：108–110.

[3] 陈国威，尹先清．油田采油污水处理现状与发展趋势［J］．工业水处理，2002，22（12）：13–15.

[4] 彭志，李凡磊，赵邵伟．江苏油田含油污水处理新工艺新技术［J］．油田化学，2008，25（1）：23–26.

[5] 李伟超，吴晓东，刘平，等．油田用阻垢剂评价研究［J］．钻采工艺，2007，30（1）：120–123.

[6] 聂臻，姚占力，牛自得，等．油田注水用杀菌剂在我国的应用及发展［J］．石油与天然气化工，1999，28（4）：304–307.

[7] 王旭升，杜晓娟．油田污水处理中杀菌剂的混合处理研究［J］．科学技术与工程，2012，12（21）：5283–5286.

[8] 唐永安．油田污水杀菌效果影响因素分析［J］．石油化工应用，2011，30（7）：97–99.

[9] 杨鹏辉，张宇翔，李霆，等．油田注水杀菌剂研究进展［J］．山东化工，2015，44（3）：52–54.

[10] 宋绍富，张铜祥，王玉罡，等．油田杀菌工艺及杀菌剂研究进展［J］．石油化工应用，2012，31（3）：1–5.

[11] 李战，李坤，樊萍．化学杀菌剂处理油田回注水的应用研究［J］．黑龙江环境通报，2010，34（3）：67–71.

[12] 吴莉娜，陈家庆，程继坤，等．石油化工污水处理技术研究［J］．科学技术与工程，2013，13（15）：4311–4317.

[13] 唐丽．新疆油田百重 7 井区稠油污水处理药剂的研究［J］．石油与天然气化工，2015，44（5）：105–110.

[14] 宗明月，孙林港，罗春林．石南油田采出水处理药剂筛选及性能评价［J］．油气田环境保护，2015，25（6）：29–32.

[15] 何鑫，金华，胡志远，等．电解盐杀菌技术在油田污水处理中的应用研究［J］．石油工程建设，2008，34（6）：4–6.

[16] 李玉萍，马凯侠，刘爱双，等．中原油田污水细菌生长规律研究［J］．石油化工腐蚀与防护，2004，21（1）：9–11.

悬浮污泥处理技术在南翼山油田污水处理中的应用

杜全庆　高红枫

（中国石油青海油田公司采油四厂）

摘　要　为满足南翼山油田对污水处理的达标要求，选择悬浮污泥过滤技术（SSF 污水净化技术）进行油田污水处理。文章分析了 SSF 污水净化技术的污水处理原理、功能特点、工艺流程、设备及设计参数、系统运行中水质监测分析以及系统运行过程要点。运行结果表明，应用该技术处理水质能够满足南翼山油田注水需求，具有价格低廉的优势，可完全满足低渗透油藏对注水水质的要求。

关键词　南翼山油田；悬浮污泥过滤技术；水质

1　南翼山油田水处理工艺技术选择

南翼山油田是青海油田公司采油四厂所辖的主力油田，地质储量 4431×10^4t，目前正式开发 5 套油层组，分为Ⅰ＋Ⅱ油组、Ⅲ＋Ⅳ油组和Ⅴ油组三套开发层系，均为低渗透难采油田。Ⅰ＋Ⅱ油组储层岩性以泥质灰岩、藻灰岩、泥灰岩为主，泥灰质粉砂岩次之，且发育少量泥晶白云岩和石灰岩。孔隙度平均为 25.0%，渗透率平均为 9.82mD，属于中高孔—低渗透储层。

Ⅲ＋Ⅳ油组储层岩性主要为颗粒灰岩、颗粒云岩、泥晶灰岩、泥晶云岩。藻灰岩和泥质灰岩类储层的溶蚀孔、粒间孔较发育，少量裂缝。孔隙度平均为 14.6%，渗透率平均为 2.98mD，属于中低孔—特低渗透储层。

Ⅴ油组储层岩性主要有颗粒灰岩、颗粒云岩、泥晶灰岩、泥晶云岩，少量泥质粉砂岩，主要发育粒间孔，其次是粒内孔，少量裂缝。孔隙度平均为 9.1%，渗透率平均为 2.73mD，属低孔—特低渗透储层。因此，对注入水水质要求较高，在选择注入水处理工艺时，进行了对比。最终选择了悬浮污泥过滤技术（SSF 污水净化技术）。

2　SSF 污水净化技术工艺原理与特点

2.1　SSF 污水净化技术原理

SSF（Suspended Sludge Filtration）法即是悬浮污泥过滤法，主要由物化工艺和 SSF 污水净化器两大部分组成。工作原理是：首先采用投加混凝剂使污水中部分溶解状态的污染物胶体颗粒吸附出来，形成微小悬浮颗粒，从污水中分离出来；依据旋流和过滤水力学等流体力学原理，在SSF污水净化器内使絮体和水快速分离，形成悬浮泥层，污水经过罐体内自我形成的悬浮泥层过滤之后，达到回注标准。

2.2 理论依据

Stokes定律：水中颗粒悬浮物的沉降速度可以用Stokes定律描述（当雷诺数 $Re \leq 2$，呈层流状态）。

$$u = \frac{g\left(\rho_s - \rho_L\right)d_s^2}{18\mu} \tag{1}$$

式中　u——颗粒沉降速度；

d_s——颗粒直径；

ρ_s，ρ_L——颗粒和液体的密度；

μ——液体黏度，N·s/m^2。

同向凝聚理论：使细小颗粒凝聚长大的作用是因流体扰动使颗粒之间碰撞而结合的现象称之为同向凝聚。若有效碰撞分数为 a_p，水中相碰撞的粒子为同一种颗粒，则因有效碰撞使颗粒减少的速率可以用公式表示：

$$-\frac{dn}{dt} = a_p \cdot \frac{2}{3} n^2 Z^3 \frac{du}{dz} \tag{2}$$

式中　a_p——有效碰撞分数；

Z——颗粒直径。

SSF污水净化技术打破了传统的静态滤料机械过滤模式，利用Stokes定律和同向凝聚理论巧妙设计，用动态缓慢旋转和不断更新的悬浮污泥层作为主要过滤净化介质，实现不用反洗和不怕堵塞的长期稳定过滤净化。其中的关键设备是SSF处理装置，其工作的好坏直接影响到整个水质的处理流程，对处理原油及悬浮固体颗粒小、乳化较严重及油水密度差小的采出水和其他沉降分离构筑物相比具有明显的优势，投资相对较低。

2.3 功能描述

依据Stokes定律和同向凝聚理论，当加药后的污水由罐体底部进入悬浮污泥法污水净化装置后，由于组件的特殊构造，水流方向发生很大的变化，造成较强烈的紊动。这时污水中的悬浮颗粒正处于前期混合反应阶段，紊动对混合反应有益。随着后续絮凝不断进行，悬浮颗粒越来越大。悬浮物的絮凝过程到了后期絮凝阶段，紊动的不利影响也越来越大，与絮凝过程的要求相适应，这时混合液流过组件斜管弯折（分离沉淀区），流速大大降低，且流动开始趋于缓和，形成悬浮污泥层。这个悬浮污泥层是由污水中的污泥及混凝药剂形成的絮体本身组成的。

慢慢开始沉降的污泥颗粒还会被罐底不断涌入的污水的上升水流所推举，当颗粒的重力与向上的推举力平衡时，污泥保持动态的静止，于是形成一个有化学活性的悬浮污泥层。悬浮泥层厚度为动态平衡状态，当混凝后的出水由下向上穿过此悬浮泥层时，此絮体滤层靠界面物理吸附、网捕作用和电化学特性及范德华力的作用，将悬浮胶体颗粒、絮体、部分细菌菌体等杂质拦截在此悬浮泥层上，使出水水质达到处理要求。

随着絮体由下向上运动，滤层下表面层截污越来越多，使泥层的下表层不断增加、变厚，当重力大于浮力时，在重力作用下悬浮泥层不断流入中心污泥收集桶，同时不断形成新的过滤层。

桶体内部设有斜管分离层，污水经过斜管时，水流速度迅速降低，水中颗粒、絮体在斜管下部被水力截留。

2.4 SSF 工艺创新性及优势

创新性：SSF 污水净化装置打破了传统的静态滤料机械过滤模式，利用 Stokes 定律和同向凝聚理论巧妙设计，用动态缓慢旋转和不断更新的悬浮污泥层作为主要过滤净化介质，在不用反洗和不怕堵塞的前提下实现长期稳定过滤净化[1]。

优势：工艺流程短，占地省，投资低；可满足用户不同出水要求，长期达标、水质稳定；创新地实现“四无”过滤，过滤层的污泥来自水中悬浮物和药剂，且不断自动补充和更新，故可使过滤过程满足：无滤料堵塞需反洗的要求、无滤料板结需更换的要求、无滤料的流失需补充的要求、无设置 PLC 操作和反冲洗流程的要求；SSF 装置进出水可重力自流，省掉多级提升泵，无噪声污染。

综合分析认为：SSF 污水净化技术 + 双滤料过滤技术可以避免水量波动造成的不稳定，结合水中原油粒径较小、乳化较严重及油水密度差较小的实际，后期药剂使用费用低的优点，同时可达到油田实际注水的要求，确保水质达标，故选用 SSF 污水净化技术 + 双滤料过滤技术两级污水处理技术作为南翼山污水处理工艺[2]。

2.5 污水处理流程

南翼山油田建有集输站 1 座，主要负责油水分离、污水处理以及油水外输。集输站目前污水处理能力为 $1200m^3/d$，能够满足目前生产需要。南翼山集输站污水处理流程工艺为集输站污油池内污水通过污水泵输送至沉降罐，经过沉降的污水通过自流方式流进清污混合罐，然后通过提升泵输送到 SSF 污水净化装置后，进入 $100m^3$ 缓冲罐，最后经过双滤料过滤器完成过滤，输送到净化水罐，整个污水处理过程结束。处理完毕的净化水通过外输泵输送到注水一站进行回注，如图 1 所示。

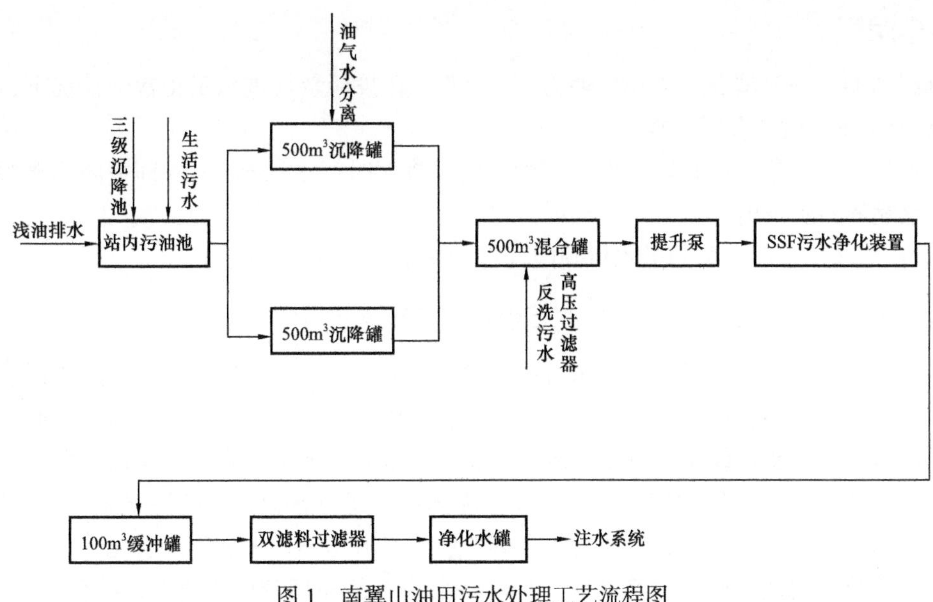

图 1　南翼山油田污水处理工艺流程图

3　SSF 污水净化技术在南翼山油田应用

3.1　污水处理加药配方优化

系统投运初期，进行了药剂处理配方研究，最终确定了合理的加药类型和加药浓度：离子调整剂浓度 10mg/L，净水剂浓度 80mg/L，NaOH 浓度 200mg/L，$Ca(OH)_2$ 浓度 200mg/L，助凝剂浓度 2mg/L。

系统投运后，结合南翼山油田水质处理运行情况，进行了加药浓度优化，经过多次试验，最终优选出目前既能满足南翼山油田水质处理要求又能节约成本的加药浓度：净水剂浓度 100mg/L，pH 调节剂浓度 140mg/L，助凝剂浓度 4mg/L。按照优化的加药浓度，最终既保证了出口水质的达标，又有效地节约了成本，按照药剂成本计算方水药剂处理成本为 1.31 元 /m^3。加药情况见表 1。

表 1　加药统计表

序号	加药类型	加药量	加药方法
1	pH 调节剂	140mg/L（100kg）	每天 4 次，每次 1 袋
2	絮凝剂	100mg/L（75kg）	每天 3 次，每次 1 袋
3	助凝剂	4mg/L（3kg）	一天配 3 罐，每罐加 1kg，液面每小时下降约 14cm，约 8h 使用 1 罐。加完助凝剂后，开始计时搅拌 90～120min，停止搅拌

从运行情况看，目前的加药制度能够满足污水处理系统。

3.2 排泥

排泥周期：一般情况下排泥周期为12～24h，在投药量与进水量正常的情况下，出水悬浮物＞10mg/L时应及时排泥。

排泥操作：快速开启装置底部排泥管阀门，排泥时间3～5min，立即关闭排泥阀，以免未经浓缩的污水排出。

运行2～3个月后，关闭进水口阀门，打开剩余污泥排放口阀门。

3.3 污水处理运行制度以及水质节点监测与分析

注水配套工程改造完成后，课题组不断制订、完善系统运行制度，加强注水系统运行控制，强化水质现场管理，保证系统运行平稳、水质长期达标。具体做法包括：监视、控制机泵设备运行状态，保障设备安全运行；监视注水系统变化，合理调整注水泵运行台数与注水量的匹配关系，科学控制泵管压差，优化系统运行参数，保持注水系统高效运行；加强注水储罐及管线除垢、清淤等工作，减少水质二次污染，根据压降变化、结垢速度和沿程水质变化情况确定管线清洗频次。针对每台设备的原理及操作要点，结合生产实际，制订了详细的系统运行制度，目前各设备运行情况良好，污水处理系统及高压过滤系统出口水质达标率均保持在95%以上，见表2。

表2 南翼山油田污水处理运行制度

序号	控制点	运行控制参数及范围	目前执行情况
1	污水池	刮油刮泥机每日运行时间大于2h，提入沉降罐水质含油不超过20mg/L，污泥泵每日打泥1次	刮油刮泥机每日运行时间5h，污泥泵每日打泥1次，每次10min
2	污泥池	每日手动刮油1次，直至污油收完污泥泵每日打泥1次，压力0.4～0.6MPa	每日手动刮油1次，污泥泵每日打泥1次，压力0.4～0.6MPa
3	污水提升泵	污水提升泵运行压力0.4～0.6MPa	污水提升泵运行压力0.5MPa
4	沉降调储罐	三天排油、排泥1次	每3天排油、排泥1次
5	清污混合罐	三天排油、排泥1次，运行罐位不得低于1.56m，不得高于6.27m出口水质含油不超过10mg/L	每3天排油、排泥1次，目前罐位运行在规定范围之内
6	SSF净化器提升泵	运行压力0.9～1MPa	更换提升泵后运行压力0.5MPa
7	SSF净化器	两天排泥1次，进口流量不大于50m^3/h	每日排泥1次，每次5min，进口流量平均22m^3/h
8	SSF过滤罐	两天反洗1次，反洗水量30m^{3}左右	每天反洗1次，反洗时添加0.6%表面活性剂
9	缓冲罐	运行罐位不得低于1.1m，不得高于4.3m	目前罐位运行在规定范围之内
10	双滤料过滤器提升泵	运行压力0.4～0.6MPa	目前运行压力0.5MPa

续表

序号	控制点	运行控制参数及范围	目前执行情况
11	双滤料过滤器	单罐运行不大于 $30m^3/h$，单罐运行两罐交替反洗使用，运行时进出口压力 0.1～0.2MPa	单罐运行两罐交替反洗使用，运行出口压力 0.1MPa
12	净化水罐	运行罐位不得低于 1.56m，不得高于 6.27m	目前罐位运行在规定范围之内
13	高压双滤料过滤器	三罐运行处理量不大于 $45m^3/h$，单罐运行不大于 $15m^3/h$，三罐运行每 3 天交替反洗 1 次，反洗泵压不超过 1.2MPa	目前使用三罐运行模式，反洗方式为自动反洗，每 3 天反洗 1 次，处理量每小时 $40m^3$

加强对清污混合罐、SSF 净化装置、双滤料过滤器、外输泵等监测点的水质监测，定点定时对水质监测点取样化验，分析含氧、含铁、含油、机械杂质等指标，根据指标情况动态调整加药浓度、定期采取大罐排污、反洗等措施确保水质达标。每月完成全部注水井单井井口水质取样化验工作，分析井口主要超标项，提出下步解决方案，确保水质达标率稳步上升。

自南翼山油田开展注水工作以来，未对注水管线进行过冲洗，部分管线内壁附着油泥杂质，针对此种情况，通过现场截取管线进行试验，制订清洗方案，对南翼山油田Ⅲ＋Ⅳ油层组注水管线及附属单井管线进行了泵洗，施工压力 6～8MPa，清洗液温度 70℃，清洗液量 $70m^3$，添加表面活性剂 300kg，清洗后井口水质达标率较清洗前提高了 5%，南翼山油田污水井口水质达标率为 92.5%。

通过安装高压自控流量装置和分析对比单井井口水质化验数据，对南翼山油田Ⅰ＋Ⅱ油层组和Ⅴ油组部分注水管线进行了冲洗维护，共冲洗管线 14.5km，冲洗后，南翼山油田Ⅰ清水井口水质达标率 93.5%，见表 3。

表 3　南翼山油田井口水质监测结果

日期	井口水质达标率（污水）/%	井口水质达标率（清水）/%
2019 年 1 月	86.82	82.37
2019 年 2 月	92.8	92.86
2019 年 3 月	91.34	92.86
2019 年 4 月	96.92	100.0
2019 年 5 月	92.57	96.77
2019 年 6 月	99.23	96.77
2019 年 7 月	88.0	92.6

4　小结

（1）目前所使用的悬浮污泥过滤技术能够适应南翼山污水处理需要。

（2）要提高水质达标水平，必须按照参数运行设备，并且贯彻执行水质长效达标机制，继续加强水质处理系统的运行监控，确保每一环节受控，注入水水质持续达标。

（3）强化节点控制，完善水质节点监测和分析制度，通过加强对清污混合罐、SSF净化剂、双滤料过滤器、外输泵等监测点的水质监测，根据指标动态变化情况，及时提出整改措施，确保水质达标率稳步上升。

（4）针对注入水经过管线在接点处易形成二次污染，造成各注水节点井口水质不能100%达标的情况，在今后的工作中需要加强管线和易污染节点的清洗工作。

（5）根据生产实际需要，继续优化运行参数及加药配方，降低系统运行及处理成本。

参考文献

[1] 魏修水，颜春者，张传江，等．悬浮污泥过滤法用于污水精细处理的试验研究［J］．石油机械，2015（6）：10–13，1.

[2] 祝贵兵，王淑莹，李探微，等．采用污泥过滤进行固液分离的试验研究［J］．哈尔滨工业大学学报，2014，36（6）：739–742，772.

曝气预处理技术对油田净化污水水质稳定性的影响研究

刘鹏飞[1, 2]　王兴华[1, 2]　倪丰平[1, 2]　赵增义[1, 2]　罗秉瑞[3]

（1. 中国石油新疆油田公司实验检测研究院；2. 新疆维吾尔自治区油气田环保节能工程研究中心；3. 中国石油新疆油田公司工程技术研究院）

摘　要　目前困扰油田污水处理站比较普遍的问题是油田污水中还原性离子和高含油的系统回掺水使污水净化效果变差，引起絮体上浮，影响沉降效果，使污水处理系统不能长期稳定有效地运行。针对以上问题，本文开展了曝气预处理工艺试验研究。通过室内动态研究发现：曝气预处理工艺技术可有效去除污水中的还原性离子和高含油污水对污水处理系统、净化水水质稳定达标的影响。

关键词　油田污水；曝气预处理；还原性离子；含油污水

油田优质注水是油田实现长期稳产高产的基础，也是提高油田采收率的有效途径。随着油田开发进入中后期，新疆油田无论是新建污水处理站还是运行多年的“老站”均出现注水水质不能长期稳定达标现象。究其根源为来液中含有还原性离子，如二价铁离子、硫离子，使净化水不稳定，在接触空气易被氧化生成不溶于水的沉淀，引起悬浮物超标[1-2]。目前油田污水处理常用的流程如图 1 所示。在此流程下，回注水中的含油量高时易对污水净化系统造成冲击，影响净化水水质。因此要使净化水水质长期稳定达标，需采用预处理措施来消除还原性离子和含油对净化水水质的影响[3]。而目前油田去除还原性离子采用的大多是化学氧化法，而对污水空气氧化预处理及其对设备腐蚀影响的研究较少。

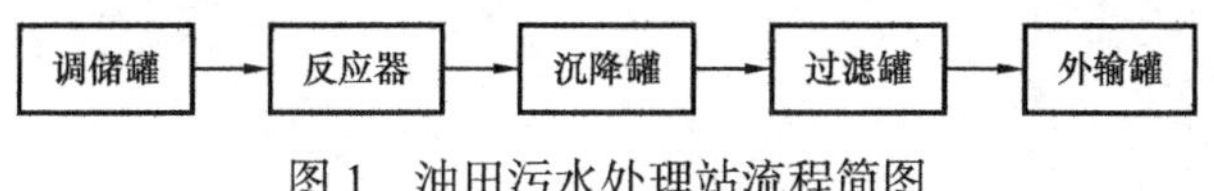

图 1　油田污水处理站流程简图

1　实验部分

1.1　试剂与仪器

聚合铝盐溶液（PAC）：有效成分 $AlCl_3$，含量为 40%；聚丙烯酰胺溶液（PAM）：分子量为 500 万，含量为 0.5%，实验所用其他试剂均为分析纯。

Zetasizer Nano Z 电位仪，英国 Malvern 公司；Mastersizer 2000 粒度仪，英国 Malvern 公司。

1.2 来液性质

试验用水来自新疆油田某污水处理站调储罐来液，测试依据 SY/T 5523—2016《油田水分析方法》，来液性质见表 1。

表 1 新疆油田某污水处理站调储罐来液样品性质分析

参数	离子含量 / (mg/L)							pH 值	矿化度 / mg/L
	$Na^{+}+K^{+}$	Mg^{2+}	Ca^{2+}	Cl^{-}	SO_4^{2-}	CO_3^{2-}	HCO_3^{-}		
数据	2698.72	38.38	298.39	4153.61	41.10	0.00	1059.30	7.31	8289.50
参数	SS/ mg/L	粒径分布 / μm	含油量 / mg/L	ZETA/ mV	水型	硫化物 / mg/L	总硬度	总铁 / mg/L	二价铁 / mg/L
数据	66	25.462	140	−8.15	Na_2SO_4	0	48.61	3	3

1.3 曝气预处理工艺

在原有旋流污水处理工艺的基础上添加曝气预处理后的工艺流程简图如图 2 所示。

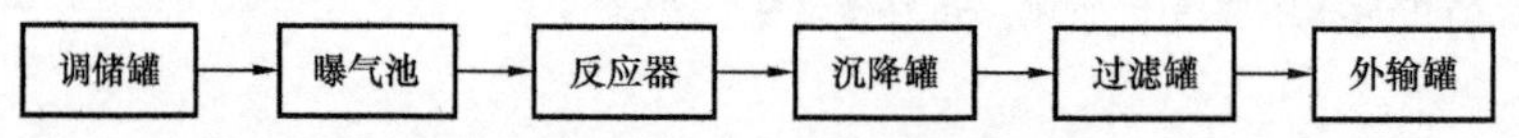

图 2 曝气预处理后工艺流程简图

按工艺运行图组装后动态试验装置如图 3 所示。运行时净化加药量：PAC 200mg/L，PAM 8mg/L。

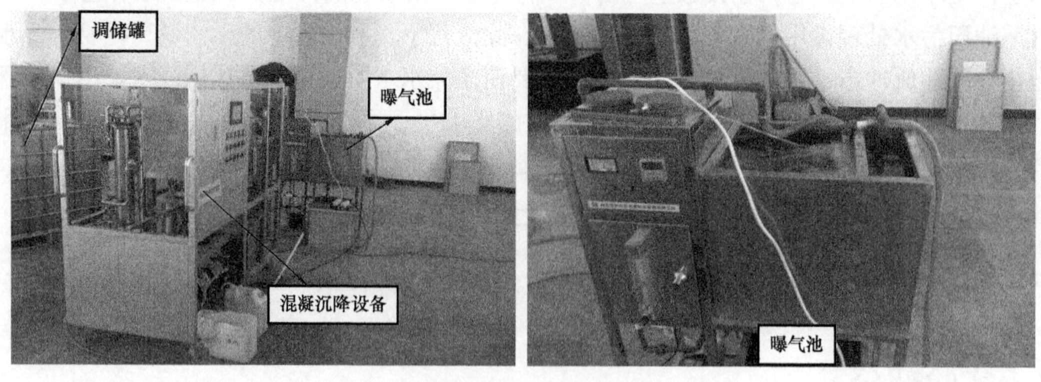

图 3 曝气动态试验装置

1.4 测铁、硫含量以及溶液平均腐蚀速率测定方法

二价铁、总铁、硫含量以及平均腐蚀速率测定方法分别采用 SY/T 5329—2012《碎屑岩油藏注水指标及分析方法》5.10 节中规定的测铁管法、测流管比色法、挂片法。

2　结果与讨论

2.1　不同曝气比对净化水铁离子的去除效果

通过调节不同的气水比考察曝气量对铁离子的去除效果其结果如图 4 所示。

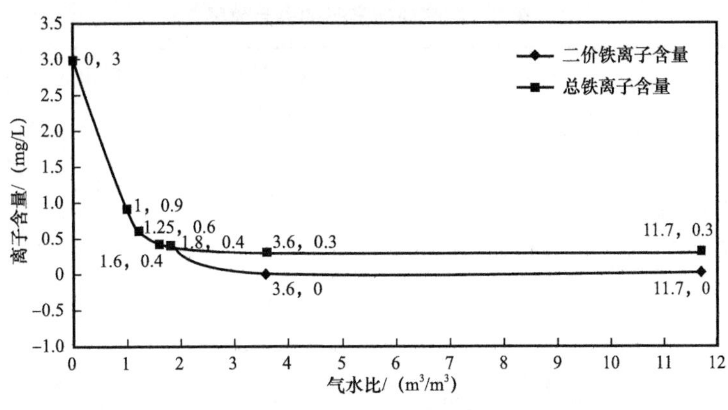

图 4　不同气水比对除铁效果的影响

从图 4 可以看出曝气对铁子的去除效果明显。在气水比为 1.25∶1，曝气时间为半小时的情况下，铁离子的含量已经降低到 1mg/L 以下。

井区的增产措施中，酸化措施以及酸化措施后的返排液并不能 100% 完全返排，因此会有部分酸液伴随着油井正常生产的采出液进入系统进而和钢制管线进行反应而产生大量的二价铁离子。而铁离子又会对系统后端的水质稳定产生很大的影响。因此为考察大量铁离子对曝气系统的冲击，在调储罐投加大量的硫酸亚铁，经测试测定二价铁离子和总铁离子含量均大于 10mg/L。然后进行曝气实验其结果见表 2。

表 2　曝气对含铁量较高的污水中铁离子的去除效果

项目 次数	取样点	来水量 / L/h	曝气量 / m^3/h	曝气比 / m^3/m^3	Fe^{2+} 含量 / mg/L	总铁离子含量 / mg/L
1	曝气点	250	0.25	1	＞10	＞10
	过滤出口				2	5
2	曝气点	200	0.25	1.25	4	＞10
	过滤出口				0	0.1
3	曝气点	150	0.25	1.6	1	＞10
	过滤出口				0	0.1

从表 2 可以看出，经过曝气以后在曝气点以及反应出口二价铁离子以及总铁离子含量均下降明显，通过调节水量，在气水比为 1.25∶1 时过滤出口的二价铁离子和总铁离子含量已经小于 1mg/L，因此可以看出曝气对高含铁污水具有良好的除铁效果。

2.2 不同曝气比对硫离子的去除效果

由于来液中二价硫离子含量为0mg/L，为考察硫离子对曝气系统的冲击，在调储罐投加硫化钠以增大来液中硫离子的含量。然后通过调节不同的气水比来考察曝气量对硫离子的去除效果，其结果见表3。

表3 曝气对硫离子的去除效果

项目 次数	取样点	来水量 / L/h	曝气量 / m^3/h	曝气比 / m^3/m^3	含硫 / mg/L
1	曝气点	250	0.25	1	2
	过滤出				0.1
2	曝气点	120	1.4	11.7	0
	过滤出				0
3	曝气点	120	0	0	10
	过滤出				3

从表3可以看出，在不曝气的情况下，过滤出水中含有量大的硫离子，会对后端水质的稳定产生影响。在曝气比为1∶1的条件下过滤出口硫含量为0.1mg/L。因此可以得出曝气预处理技术对硫离子具有很好去除效果。

2.3 曝气对水中含油的去除效果

将调储罐来液通过不同的曝气量曝气，测定曝气池出口污水的含油量其结果见表4。

表4 不同曝气量对除油效果的影响

气水比	含油量 /（mg/L）
11.7∶1	10
3.6∶1	10.3
1.8∶1	11.6
1.6∶1	12.5
1.25∶1	16.0
1∶1	36.7
0∶1	80.3

从表4可以看出，曝气可以有效减少污水中的含油量，其除油原理为曝气产生的大量细小气泡，由于气泡在水中具有亲油性会附着在水中分散的油滴上，进而增大油滴的浮力使油滴上浮，以达到除油效果。进而可减少含油量过高而引起污水水质恶化。

2.4　曝气比对污水的腐蚀速率的影响

因水中的溶解氧会对金属管材造成腐蚀，为检测曝气对腐蚀速率的影响，针对不同的曝气量来检测不同气量曝气后的污水溶解氧以及净化水的腐蚀率其结果见表5。

表5　曝气对污水腐蚀速率的影响

<table>
<tr><th>取样点</th><th>来液量 / L/h</th><th>曝气量 / m^3/h</th><th>气水比 / m^3/m^3</th><th>停留时间 / min</th><th>溶解氧含量 / mg/L</th><th>腐蚀速率 / mm/a</th></tr>
<tr><td>未曝气出口</td><td rowspan="2">120</td><td rowspan="2">0</td><td rowspan="2">0</td><td rowspan="8">60</td><td>—</td><td>0.0293</td></tr>
<tr><td>过滤出口</td><td>2.49</td><td>0.0344</td></tr>
<tr><td>曝气出口</td><td rowspan="2">120</td><td rowspan="2">1.4</td><td rowspan="2">11.7</td><td>6.79</td><td>0.1088</td></tr>
<tr><td>过滤出口</td><td>4.79</td><td>0.1483</td></tr>
<tr><td>曝气出口</td><td rowspan="2">120</td><td rowspan="2">0.5</td><td rowspan="2">4.2</td><td>6.28</td><td>0.0969</td></tr>
<tr><td>过滤出口</td><td>3.64</td><td>0.0435</td></tr>
<tr><td>曝气出口</td><td rowspan="2">120</td><td rowspan="2">0.25</td><td rowspan="2">2.0</td><td>4.19</td><td>0.0422</td></tr>
<tr><td>过滤出口</td><td>3.8</td><td>0.0386</td></tr>
<tr><td>曝气出口</td><td rowspan="2">150</td><td rowspan="2">0.25</td><td rowspan="2">1.6</td><td rowspan="2">48</td><td>4.22</td><td>0.0421</td></tr>
<tr><td>过滤出口</td><td>3.46</td><td>0.0389</td></tr>
<tr><td>曝气出口</td><td rowspan="2">200</td><td rowspan="2">0.25</td><td rowspan="2">1.25</td><td rowspan="2">36</td><td>4.12</td><td>0.0422</td></tr>
<tr><td>过滤出口</td><td>1.89</td><td>0.0387</td></tr>
<tr><td>曝气出口</td><td rowspan="2">250</td><td rowspan="2">0.25</td><td rowspan="2">1.0</td><td rowspan="2">29</td><td>3.78</td><td>0.0408</td></tr>
<tr><td>过滤出口</td><td>1.66</td><td>0.0374</td></tr>
</table>

从表5可以看出，在曝气气水比在2：1以下时曝气并没有使水中溶解氧大量增加，水的腐蚀速率也没有明显增高，当气水比大于4.0：1时才出现腐蚀速率明显上升，因此控制合适的气水比即可消除还原性离子以及含油，又不会引起设备腐蚀的增加。而且污水在气水比小于2.0：1的条件下曝气后其腐蚀速率均小于SY/T 5329—2012《碎屑岩油藏注水水质指标及其分析方法》中所要求的平均腐蚀率≤0.076mm/a。其原因是因为氧气在水中的溶解度较低，在水中的转移效率仅为20%左右，而转移的氧又很快会被水中的还原性离子以及细菌所消耗，因此适量的曝气并不会引起设备的腐蚀。

2.5　爆炸极限的估算

在原油采出液脱出污水中含有可燃性的伴生气，若是处理不当可能会发生爆炸，进而影响安全生产。在污水净化系统前段引入的曝气装置会引入大量的空气，那么是否会成为安全隐患，以伴生气中溶解度最大的甲烷为例，其在水中的溶解度随着温度的升高而降低，在25℃时空气密度为1.29g/L，甲烷溶解度为35mg/L，在空气中的爆炸极限为

3.6%～17%，实验所用最低曝气比例为 1：1，甲烷在空气中的浓度小于 2.7%，小于爆炸极限的 3.6%。因此曝气预处理所产生的空气与伴生气的混合物不存在爆炸条件。

3 结论

（1）曝气预处理工艺可有效去除油田污水中还原性离子以及含油，以气水比 1.25：1 的条件下曝空气，曝气出口污水含油量可由原来的 80mg/L 降低到 16mg/L。净化水中硫离子与二价铁离子浓度均可降低到小于 0.1mg/L 以下。

（2）控制合适的气水比即可除去还原性离子又不会引起设备腐蚀，且不会因曝气而造成安全隐患。

参考文献

[1] 严忠，庄术艺，马晓峰，等. 曝气脱硫技术在新疆油田含油污水处理中的应用［J］. 石油与天然气化工，2013，42（5）：540-544.

[2] 商莉，李素芝. 中原油田污水中铁离子对注入水质的影响［J］. 内蒙古石油化工，2012（16）：39-40.

[3] 严忠，屈静，胡君，等. 新疆油田注水水质稳定控制技术应用［J］. 石油与天然气化工，2014，43（6）：693-699.

高效一体化集成含油污水处理装置研究

马　尧[1]　刘双龙[2]　杨　媛[3]　李晓艳[1]

（1. 中国石油新疆油田公司工程技术研究院；2. 中国石油新疆油田公司采油一厂；
3. 中国石油新疆培训中心（新疆技师学院））

摘　要　我国大部分油田都存在区块分散且产量规模较小的断块油气田，对于这类区块产生的含油污水需要单独处理，若建设固定式污水处理装置，投资费用和后期处理成本较高。以新疆油田边远区块产生的含油污水为例，在结合现有的污水处理工艺技术基础上，选择了“旋流分离 + 聚结除油”处理流程，并进行了数值模拟、室内试验和现场小试，形成了一体化集成含油污水处理装置。结果表明：系统来水含油为 150mg/L 左右，装置处理量为 $3m^3/h$，出口平均含油量为 8.6mg/L。该装置与固定式污水处理装置相比，投资对比降低 30%，运行成本减少约 25%，具有占地面积小、工艺效率高、处理水质稳定的特点，具有广阔的应用前景。

关键词　油田；边远区块；含油污水；一体化；高效；处理装置

目前，我国大多数油田进入高含水开发后期，为了实现油田稳产，在主力油田边远区块进行滚动开发的中小区块油田逐渐增多。由于这些中小区块油田距离主力油区距离较远，可依托性差，配套设施缺乏，采出液主要采用罐车拉运至已建联合站进行处理。随着后期油田陆续开发，采出液含水升高，边远油田污水的进入进一步加重了主力油田联合站的污水处理系统负担，导致污水处理不达标，若这些含油污水不经处理就地外排，将造成环境污染[1]。同时，对于新建产能区块，由于地质储量不明确，若采用固定建站的模式，建站规模难以确定，若盲目建站，将会对以后的正常生产造成极大影响[2-3]。因此，研究开发一体化集成含油污水处理装置，就地对含油污水进行处理，有效地解决中小油田及边远区块油田的含油污水处理问题，即降低了石油开采能耗，又能保护周边生态环境，保证油田的正常生产。

1　处理流程选择

一体化集成含油污水处理装置用于油田边远区块的污水处理，从装置结构上要求单体处理设备体积小、效率高。通过与常规污水处理工艺对比[4-5]，结合新疆油田实际情况以及经济效益对比，确定采用水力旋流技术和聚结除油技术为主，辅助增加过滤技术的采出水处理工艺，污水主要处理工艺对比见表 1。

表 1　常用采出水处理工艺对比表[6]

工艺名称	优点	缺点	成本对比
重力除油工艺	该工艺简单，处理效果稳定，运行费用低，适应性强，适应于注水水质要求低的油田	滤罐数量多，流程相对复杂，自动化程度低，沉降时间长，一次投资高	能耗较高
压力除油工艺	除油效率高，停留时间短，系统自动化程度高于重力除油工艺，运行管理较为方便	设备内部结构较为复杂，易出现填料堵塞、内部构件腐蚀损坏等情况	能耗较高
气浮除油工艺	设备占地面小，污水停留时间短，在高效浮选药剂的作用下，除油效果好，运行费用低，效果好	设备转动部件多，含油污水含盐量高，腐蚀性强，流程运行的稳定性较差	能耗较高
水力旋流工艺	功能多，分离效率高，可达 90% 以上。结构简单，占地面积小、安装方便、运行费用低	不适用于原油乳化严重和原油密度较高的重质原油的油水分离工艺上	运行成本最低

2　高效低阻液—液水力旋流器的研究

通过数值模拟与室内实验相结合的方式[7]，优选旋流器的结构和运行参数，定旋流器结构尺寸参数。

2.1　数值模拟研究

（1）旋流器结构参数优选。

通过采用 FLUENT 软件[8]，模拟研究旋流器入口形状、溢流口直径、圆柱段、圆锥段大小锥角和分离效率之间的关系，优化旋流器结构参数。

从图 1 至图 4 得出：旋流器入口采用涡线形曲面进口，截面长宽比在 10：20，溢流口直径 4mm，圆柱段长度在 80～100mm 区间，大锥角 α 为 15°，小锥角 β 在 1.5°～2.5° 时，旋流器分离器分离效率最高。

（2）旋流器运行参数优选。

通过采用 FLUENT 软件，建立了旋流器 RSM 湍流模型[9]，模拟研究旋流器进液流量、分流比、油滴直径和分离效率之间的关系，优化旋流器运行参数。

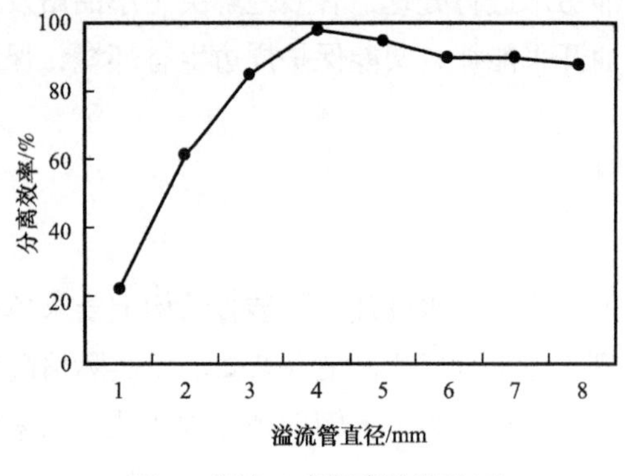

图 1　溢流口直径参数优选图

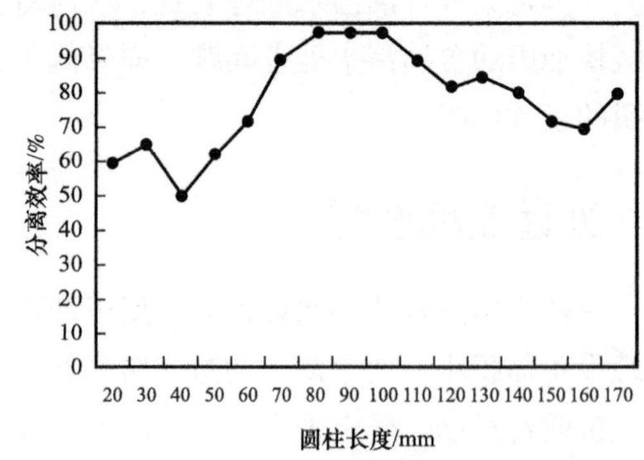

图 2　圆柱段长度参数优选图

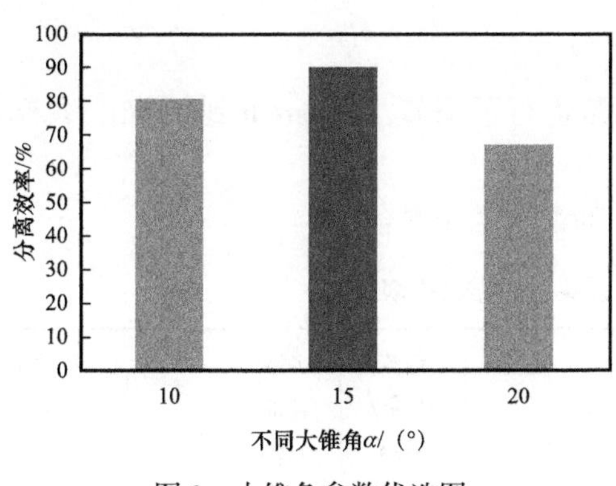

图 3　大锥角参数优选图

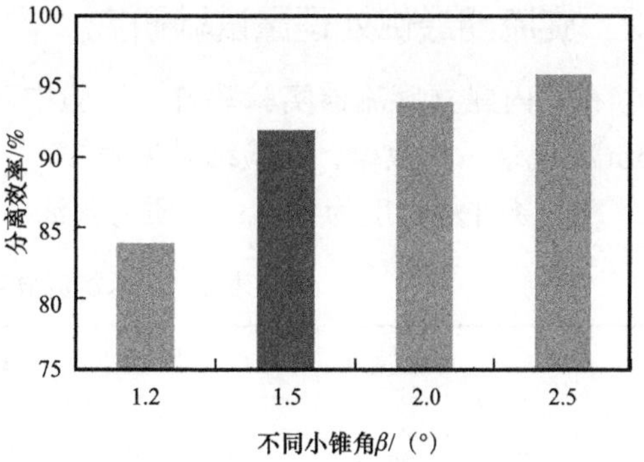

分离效率/%
1.2　1.5　2.0　2.5
不同小锥角β/（°）

图 4　小锥角参数优选图

模拟条件：水密度 997kg/m^3、油密度 860kg/m^3、含油 1000mg/L、环境温度 20℃。

从图 5 至图 8 得出：随着流量的增大，旋流器的分离效率逐渐增加，当流量达到 3m^3/h 左右时，分离效率随流量变化有下降趋势；随着分流比的增大，分离效率逐渐升高。当分流比在 3.5% 左右时，分离效率达到 95%，基本达到合理状态；对于同一台旋流分离器处理含不同粒径油滴时有不同的分离效率，粒径越大分离效率越高；旋流分离器的压力降随着流量的增大而增加，因此能耗增大。流量的增加会提高能耗，且促使油滴的剪切破碎，因此流量不能太高，应当控制在某一合适范围内[10]。

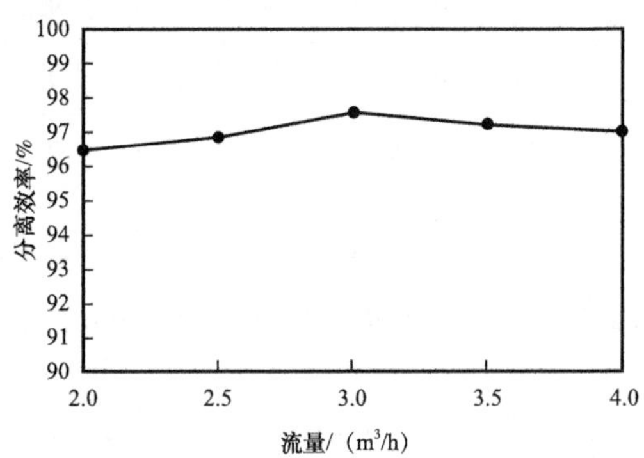

图 5　数值模拟流量—分离效率关系图

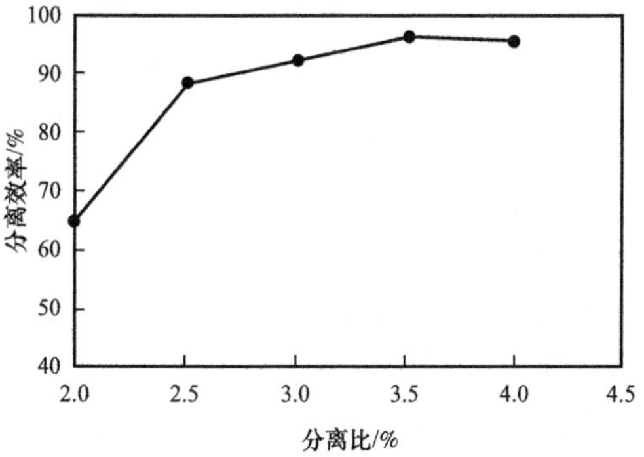

分离效率/%
分离比/%

图 6　数值模拟分流比—分离效率关系图

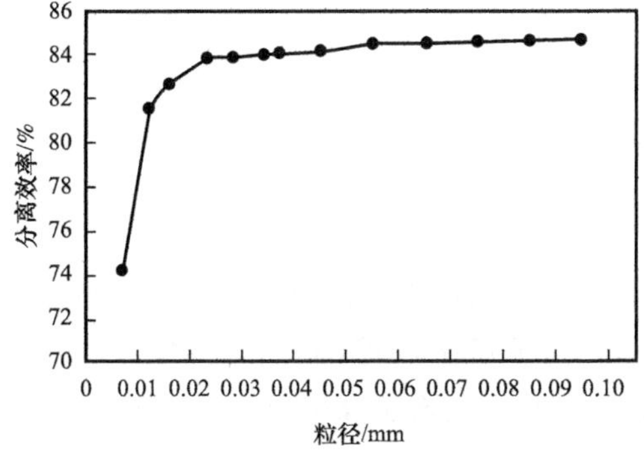

图 7　旋流分离器粒径效率曲线图

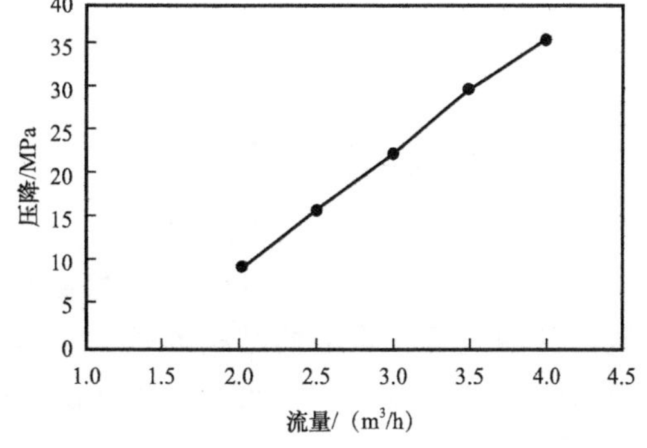

图 8　数值模拟流量—压降变化关系图

2.2 旋流器最优处理量试验研究

在室内建立旋流器实验装置，实验中对流量进行了调节，从 2m³/h 到 4m³/h，每间隔 0.5m³/h 记录一次数据，实验结果见表 2。

实验条件：温度为常温；介质为含油 3.3% 的油水两相混合物。

表 2　油水旋流分离装置实验数据结果表

序号	入口流量 / m³/h	溢流口流量 / m³/h	入口压力 / MPa	底流压力 / MPa	溢流压力 / MPa	底流压降 / MPa	溢流压降 / MPa	底流含油 / mg/L	分流比 / %	分离效率 / %
1	1.982	0.095	0.352	0.343	0.121	0.009	0.231	203.1	4.79	90.62
2	2.550	0.212	0.384	0.368	0.115	0.016	0.269	182.6	8.31	92.28
3	2.980	0.301	0.345	0.322	0.106	0.023	0.239	153.2	10.10	94.53
4	3.440	0.413	0.406	0.375	0.113	0.031	0.293	230.1	12.01	95.49
5	4.000	0.611	0.364	0.322	0.123	0.042	0.241	283.2	15.28	96.23
6	1.978	0.092	0.365	0.354	0.128	0.011	0.237	221.2	4.65	90.69
7	2.535	0.201	0.372	0.355	0.113	0.017	0.259	208.9	7.93	92.31
8	2.975	0.312	0.341	0.317	0.102	0.024	0.239	163.2	10.49	94.57
9	3.423	0.421	0.382	0.351	0.114	0.031	0.268	160.8	12.30	95.48
10	3.802	0.596	0.411	0.373	0.116	0.038	0.295	192.3	15.68	96.25

从表 2 得出，处理量在 3m³/h 左右，分流比为 10% 时，旋流器压降≤0.03MPa，分离效率达到 95% 以上。

根据数值模拟和实验结果，优选出高效低阻液—液旋流分离器结构尺寸参数：大锥段直径 50mm，小锥段直径 32mm，溢流口直径 4mm，大锥角 15°，小锥角 1.5°，旋流器总长度 1615mm。实验和模拟所得结果的相对差值在 5% 以内。

3 聚结除油器研究

3.1 聚结除油器结构的确定

实验装置设计 2 套，如图 9 所示。

实验装置 1：有机玻璃材质，宽度 150mm，进出水口直径 5mm，壁厚 6mm，研究聚结除油机理、除油器结构参数。实验装置 2：敞口圆筒形结构，外径 500mm，高 1000mm，设有进水管、出水管、溢流管，管径 20mm，主要研究聚结材料及其构型，室内实验结果见表 3 至表 5。

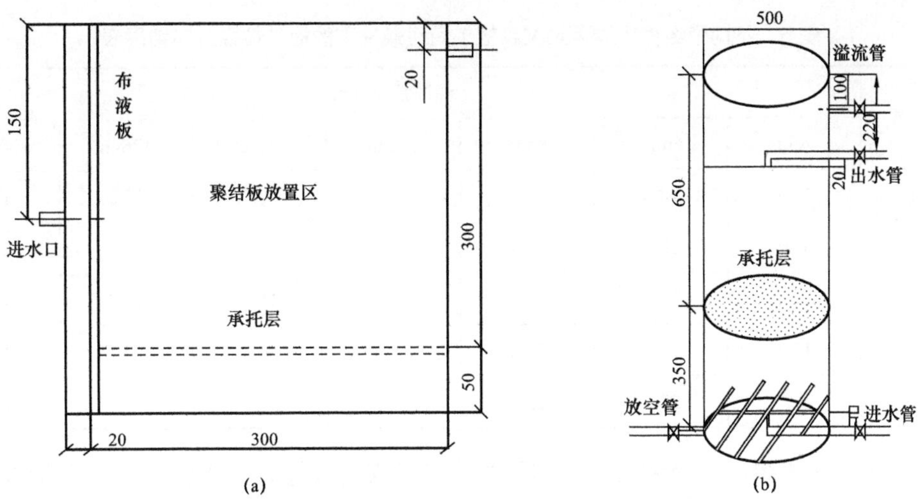

图 9　聚结实验装置 1（a）和实验装置 2（b）

表 3　不同聚结板在不同进水流量下的油珠去除率结果表

进水流量 /（mL/min）	聚丙烯波纹板去除率 /%	改性聚丙烯波纹板去除率 /%
250	60.7	61.5
400	55.2	60.1
500	41.3	55.3
750	40.1	42.5
1000	38.3	39.8

表 4　不同聚结填料的出水含油量和去除率结果表

入口流量 / m^3/h	陶粒		规整陶瓷波纹板	
	出水含油量 /（mg/L）	去除率 /%	出水含油量 /（mg/L）	去除率 /%
1.0	29.25	80.5	25.35	83.1
1.5	44.55	78.3	25.80	82.8
2.0	42.00	72	30.60	79.6
2.5	46.50	69.2	40.05	73.3
3.0	60.30	59.8	39.15	73.9
3.5	67.20	55.2	47.25	68.5
4.0	74.55	50.3	60.30	59.8

表 5 不同聚结板（聚丙烯波纹板）间距条件下的油珠粒径分布结果表

占比 /%	油珠粒径 /μm						
	入口	5mm	8mm	11mm	14mm	17mm	20mm
＜20	19.5	18.6	18.2	17.3	18.3	17.2	17.9
20～40	35.4	23.7	21.7	20.6	25.8	26.3	29.2
40～60	19.3	16.7	11.5	12.6	15.6	19.9	18.0
60～80	15.9	18.1	24.8	25.2	20.3	19.7	18.1
＞80	9.9	22.9	23.8	24.3	20.0	16.9	16.8

从表 3 至表 5 得出，聚结板的聚结除油效率影响因素包括：进水流量、聚结材料、填料性质等；聚结板板间距不宜过小，14mm 的聚结板板间距处理效果较好；聚结板的聚结效率随着进水流量的增大而减少；规整填料较粒状填料有明显的优势，其中亲水改性的聚丙烯波纹板除油效果最好。

3.2 聚结除油器优选

根据理论计算和实验装置研究，得出了聚结除油装置最优结构尺寸参数，设备主要参数：处理量 60m^3/d，停留时间 35min。聚结除油罐尺寸：直径 0.8m× 长 3.46m，沉降段长 2.5m。聚结板材料选择聚丙烯波纹板规整填料，层高 200mm，罐体内斜板采用人字形排列，斜板的长度 0.6m，呈 45° 排列。

4 现场试验研究

4.1 试验条件

试验地点：红 A 井区集中拉油站，该站已建 11 井式管汇橇 3 座，60m^3 储油罐 5 座，共有 30 口采用集中拉油生产方式，均拉至附件集中稀油处理站处理。

试验水样：集中拉油站储油罐底水。

来液条件：含油浓度≤1500mg/L，污水密度 0.85g/cm^3，来水流量≤3m^3/h。

试验时间：连续试验一个月，每天取样 3 次。

4.2 试验装置

橇装式一体化集成含油污水处理装置 1 套，处理量为 3m^3/h，橇体尺寸为长 × 宽 = 5650mm×3000mm，橇体主要设备包括液—液水力旋流器、聚结除油器、管道泵、加药装置等。橇装装置如图 10 和图 11 所示。

设备指标：进水含油量≤500mg/L，进水悬浮物含量≤300mg/L；出水含油量≤20mg/L，出水悬浮物含量≤20mg/L。

图 10　橇装式污水处理装置正面图　　　图 11　橇装式污水处理装置背面图

4.3　试验结果

试验分了两个阶段，不加药和加药两种情况，验证撬装式污水处理装置处理效果。试验结果见表 6。

表 6　橇装式含油污水处理装置现场实验数据表

序号	处理量 /（m^3/h）	进口含油量 /（mg/L）	出口悬浮物含量 /（mg/L）	出口含油量 /（mg/L）
不加药情况				
1	1.5	132	44	13
2	1.8	128	15	14
3	2.1	170.7	42.67	16.3
4	2.4	178.7	8.5	12.5
5	2.7	163	10.5	13
平均值		154.5	24.1	13.8
加药情况				
1	1.5	132	19	2
2	1.8	128	21	3
3	2.1	90	12.3	7.67
4	2.4	155.5	9	2.5
5	2.7	93	11	2.5
平均值		119.7	14.5	3.5

从表 6 得出，当装置处理量≤$3m^3/h$ 时，在不加药的情况下，装置进口平均含油量为 154.5mg/L，出口平均含油量为 13.8mg/L，出口平均悬浮固体含量为 24.1mg/L；在加药的情况下，装置进口平均含油量为 119.7mg/L，出口平均含油量为 3.5mg/L，平均悬浮固体

含量为 14.5mg/L。装置连续运行 10 天，处理量在 $3m^3/h$ 时，出口平均含油量为 8.6mg/L，平均悬浮物含量为 19.3mg/L。

4.4 经济技术指标对比

为考核本项目装置的经济性，选择与新疆油田在用的两个典型污水处理站进行了比较。其中含油污水处理 A 站：规模 $3500m^3/d$，采用“调储—反应—过滤”流程；含油污水处理 B 站：规模 $500m^3/d$，采用“橇装处理装置”。分别从工艺流程、工程投资、运行费用和占地方面进行对比，结果见表 7 和表 8。

表 7 投资费用和占地面积对比表

处理装置	处理规模 / m^3/d	投资费用 / 万元	单位投资费用 / 万元 /m^3	占地面积 / m^2	单位占地面积 / m^2/m^3
含油污水处理 A 站	3500	1930	1.29	914	0.61
含油污水处理 B 站	500	970	2.43	240	0.60
本项目橇装装置	60	50	0.83	16	0.27

表 8 运行费用及能耗对比表

处理装置	耗电量 / $10^4kW \cdot h/a$	药剂量 / t/a	药剂费 / 元 /m^3	电费 / 元 /m^3	运行费用 / 元 /m^3
污水处理 A 站	149.2	1015.9	1.25	1.04	2.29
污水处理 B 站	22.6	89	2.6	0.59	3.19
本项目橇装装置	1.85	7	0.95	0.3	1.27

从表 7 和表 8 得出，一体化集成含油污水处理装置与固定式污水处理站对比，单位投资费用分别节省 35.2% 和 65.6%，单位占地面积分别节省 56.2% 和 55.6%，处理每立方米污水运行费用分别节省 44.4% 和 60.2%。

5 结论

（1）采用数值模拟与实验研究相结合的方法，优选出旋流分离器的结构及运行参数，其除油效率大于 95%，压降小于 0.03MPa。

（2）根据理论计算和实验装置研究，优选出聚丙烯波纹板聚结板材料，以及聚结除油装置结构和设计参数。

（3）高效一体化集成含油污水处理装置现场试验结果表明：系统来水含油在 150mg/L 左右，装置处理量≤$3m^3/h$，出口平均含油量为 8.6mg/L。该装置与不同处理规模的固定式污水处理装置相比，投资费用分别节省约 35.2% 和 65.6%，运行成本减少约 44.4% 和 60.2%。

参考文献

[1] 王军 胡纪军．研发橇装式含油污水处理装置的必要性及可行性［J］．化工技术经济，2003，21（12）：35-37.

[2] 张国辉，宋小云，乔齐，等．一体化氧化沟工艺在中原油田污水处理厂的应用［J］．工业水处理，2006，26（2）：69-71.

[3] 杨剑峰，郭红，张淑清，等．小断块油田橇装化高效污水处理技术研究［J］．油气田地面工程，2008，27（4）：3-5.

[4] 肖文珍，徐姣，徐太宗，等．橇装式含油污水处理装置的研制［J］．环境工程学报，2008，2（6）：788-793.

[5] 姚德明，石秀花．组合式含油污水处理装置在小区块油田的应用［J］．石油机械，2003，31（8）：33-534.

[6] 刘义敏，潘丽红，李书阁，等．一体化油田污水处理装置［J］．油气田地面工程，2012，31（12）：106-107.

[7] 尚领军，党琳，张伊鲜，等．微滤膜污水处理一体化装置在低渗透油田的应用［J］．油气田地面工程，2016，35（2）：50-52.

[8] 吴海龙，贾立华，周兰英．一体化氧化沟新工艺在油田污水处理中的应用［J］．油气田地面工程，2003，22（3）：26-32.

[9] 肖莉，何策，姚薇，等．高效旋流分离系统的试验研究［J］．石油机械，2003，31（特刊）：37-39.

[10] 杜杰，郭志强，张帆，等．一体化采出水处理装置研究及应用［J］．油气田环境保护，2014，24（4）：21-22.

一体化水处理技术在南堡油田的应用

邢彩娟　范志勇　叶　鹏　姜盛洁　李永山

（中国石油冀东油田公司南堡油田作业区）

摘　要　南堡油田1号构造注水水源来自处理达标的油井采出污水，采用传统的隔油—气浮选—过滤开式处理工艺，流程长、污泥量大、VOCs挥发严重、药剂杀菌抗药性问题突出，水质不稳定。应用一体化水处理技术，集涡旋向心气浮除油、聚结填料微涡旋除污降油、多级滤层过滤、高压电极杀菌、滤料体外搓洗再生等多种技术于一体，短流程、无挥发，水质稳定达标、运行费用大幅降低。

关键词　水处理；水质；过滤；细菌

南堡油田1号构造污水处理站于2010年初投产，主要处理南堡1号构造生产污水、洗井水，处理合格后的污水输至一号、二号和三号人工岛注水站作为注水水源，处理后水质要求达到含油量≤8mg/L、悬浮固体含量≤3mg/L、悬浮物颗粒直径中值≤2μm、SRB菌≤25个/mL、铁细菌≤$n\times10^3$个/mL、腐生菌≤$n\times10^3$个/mL，其中1≤n≤10。该站原设计采用一级沉降—气浮选除油—三级过滤处理工艺[1]，设计日处理能力10000m^3，过滤系统采用三级过滤工艺，一级为6台双滤料过滤罐，二级为6台纤维球过滤罐[2]，三级为6台双滤料过滤器，如图1所示。

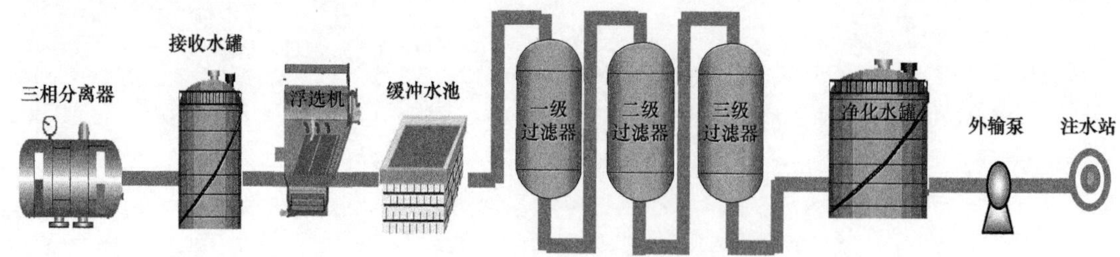

图1　1号构造污水处理工艺流程示意图

目前处理工艺存在问题：（1）南堡油田地处渤海湾地区，环境特殊且敏感，VOCs治理工作受关注程度较高，而目前处理工艺中浮选机和缓冲水池VOCs挥发量大，不能满足当前严峻的环保形势；（2）流程长，加药量大，二次污染较严重，水质不稳定且污泥量大，年处理污泥量约1000m^3[3]；（3）过滤反冲洗效果不理想，板结严重，每年补充滤料量和更换工作量大，不经济；（4）杀菌采用传统的药剂杀菌，费用居高不下，抗药问题频发，导致细菌指标不能稳定达标。

1　多功能一体化水处理技术研究及应用

多功能一体化水处理技术集涡旋向心气浮除油、聚结填料微涡旋除污降浊、多级滤层过滤、高压电极杀菌、滤料体外搓洗再生、机泵充装滤料等多种技术于一体，将原来的“气浮选—缓冲水池—三级过滤”工艺优化为一体化水处理新工艺，过滤采用2级，分别设置8个一体化装置，滤层选择核桃壳滤料，日处理能力10000m^3，如图2所示。

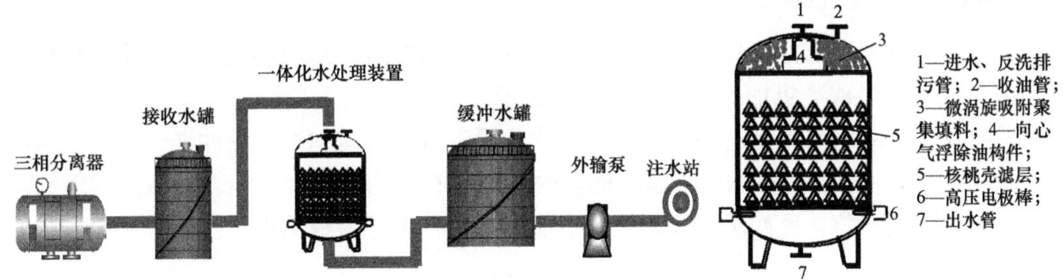

图2　多功能一体化油田采出水处理工艺流程及一体化水处理装置结构示意图

新工艺基本处理流程：（1）在进液管上溶气；（2）溶气液体在装置向心气浮除油构件中涡流旋转，产生的离心力将油气向内圆运移，在此步骤中将分散油和轻质有机物去除；（3）分离出的液体进微涡旋迷宫，主要是将细小颗粒聚结成大颗粒，细小油珠聚结成大油珠；（4）聚结后的液体进颗粒滤料进行过滤，通过核桃壳的亲油性将颗粒和油珠吸附拦截；（5）过滤后的水进行电极化处理，电极化的作用：杀菌、防除垢、缓蚀。

1.1　旋涡向心气浮除油

通过空压机在过滤器进口之前对污水注入压缩空气，溶气污水进入罐内涡流构件中，通过涡流器特殊轨迹流道的涡流旋转产生的离心力，将油气向内圆运移，油气在内圆聚集后，由气体浮力将油上浮至罐顶，从顶部收油口由气体将油带出回收，去除浮油和分散油。

1.2　聚结填料微涡旋除污降浊

采用有机材质为原料制成的聚结填料，利用有机材料的亲油性及结构特点，进一步加快油水分离。特殊的除油填料迷宫产生微涡旋，可将大部分粒径2μm以下小颗粒和油滴聚结成大颗粒和大油珠，油珠上浮去除，颗粒过滤去除。通过以上两种除油技术，可将水中大部分原油分离并排出罐外，极大降低下步滤料的处理压力。

1.3　多级滤层过滤

过滤罐中包含粗、细两级核桃壳滤料，通过介质过滤可以去除90%以上的颗粒和乳化油，过滤介质可根据处理水质级别要求进行选配，通过多介质滤层过滤达到出水水质要求。

1.4 高压电极杀菌

在罐内插入高压电极棒，通过高压电极反应，释放出溶解氧，在气浮除油环节中溶气增氧，两个环节产生的氧气用以抑杀硫酸还原菌（SRB 细菌）；另外，通过高压电极与水体作用产生的超氧阴离子（$\cdot O^{2-}$）、过氧化氢（H_2O_2）、羟基自由基（$\cdot OH$）等活氧性物质，通过与菌类生物的表膜或 DNA 作用，杀死并阻止细菌繁殖，达到杀灭细菌的目的。

1.5 滤料体外搓洗再生

反洗时先利用高压空气将罐内压实的滤料吹散，再配合特制滤料循环泵，将滤料抽出体外搓洗，使滤料清洗更加彻底。反冲洗强度低，用水量少，可有效控制滤后水的回流，提高系统效率。采用下出上进的滤料循环方式，可有效地缩减滤料的反冲洗时间，一般不超过 30min，反冲洗滤料在罐内外循环的同时滤料也在罐内进行涡流旋转，从过滤罐结构上讲不留反冲洗死角，反冲洗彻底，抗污染能力强，杜绝滤料板结现象发生，避免危废的产生。

2 应用效果

南堡 1 号构造多功能一体化油田采出水处理新工艺于 2020 年 7 月正式投用，日处理水量 8500m^3 左右，解决了浮选机和缓冲水池 VOCs 排放问题，水质指标稳定达标，排污、反冲洗水量大幅下降，处理单耗下降。

2.1 水质指标

较原先工艺，新工艺细菌指标稳定达标，SRB 菌≤25 个 /mL、铁细菌≤$n\times10^3$ 个 /mL、腐生菌≤$n\times10^3$ 个 /mL，其中 1≤n≤10，尤其是 SRB 菌得到了很好地控制，如图 3 所示；三项指标稳定达标，即含油量≤8mg/L、悬浮固体含量≤3mg/L、悬浮物颗粒直径中值≤2μm，如图 4 所示。

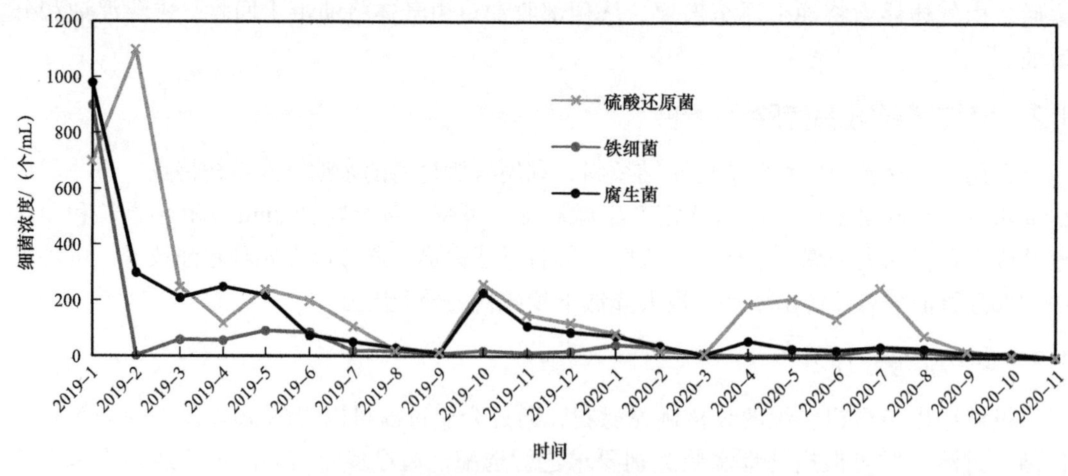

图 3　应用前后污水处理细菌指标对比

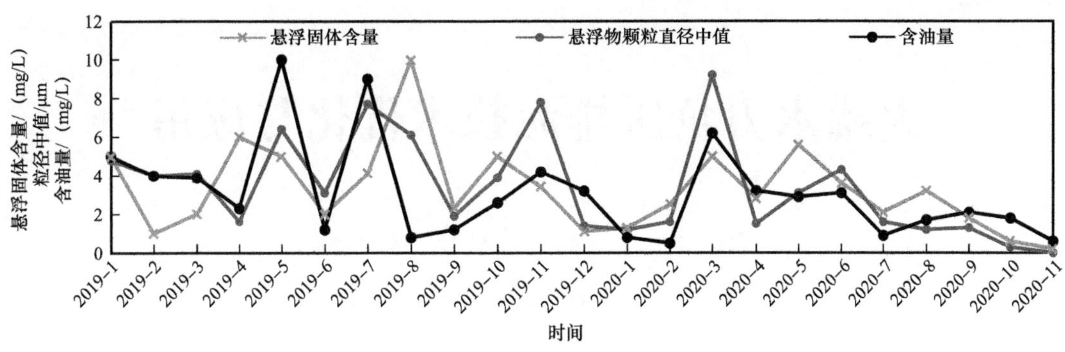

图 4　应用前后污水处理三项指标对比

2.2　经济指标

较原先工艺，新工艺在单耗、反冲洗及排污水量、产生污泥量、废料量、药剂种类和用量上都有大幅降低，经济效益明显。水处理单耗 2.47 元，节约 0.36 元；日排污及反冲洗水量 360m^3，降低约 950m^3，日产生污泥量 1.1m^3，降低 1.7m^3；年产生废料和补充量 0.7t，降低 39.3t；药剂只加特制反相破乳剂一种、压减 3 种，日药剂用量 0.5t，降低 2t，见表 1。

表 1　应用前后污水处理经济指标对比

项目	单耗 / 元	日排污及反冲洗水量 /m^3		日产生污泥量 / m^3	年废料量 / t	药剂和日用量 / t
		反冲洗次数及水量	排污量			
原工艺	2.83	1200（2 次 /d）	110（浮选机、罐）	2.8	40	2.5（反相破乳剂、助凝剂、絮凝剂、杀菌剂）
新工艺	2.47	320（0.5 次 /d）	40（浮选机、罐）	1.1	0.7	0.5（特制反相破乳剂）

3　结论

（1）新工艺密闭橇装一体化，短流程、无挥发，根本上解决了浮选机和缓冲水池 VOCs 挥发问题；技术先进可靠，可操作性强，处理水质稳定达标。

（2）新工艺经济指标可观，水处理单耗节约 0.36 元，日排污及反冲洗水量降低约 950m^3，日产生污泥量降低 1.7m^3，产生废料和补充量降低 39.3t，加药剂种类压减 3 种，日加药剂量节约 2t。

参考文献

［1］刘德绪，岳增云，周乐英．多层滤料过滤技术在油田污水处理中的应用［J］．油田地面工程（OSE），1994，13（3）：23-25.

［2］黄程，王梅，夏荫轩，等．改性纤维球在油田污水处理中的应用［J］．油气田环境保护，2009，19（3）：22-24.

［3］尹先清，刘云龙，王志永，等．双滤料过滤器在油田污水处理中的应用［J］．油气田地面工程，2002，21（4）：65-66.

大罐水力负压排泥技术优化与应用

查广平　王国柱　冯启涛　吴琛楠

（长庆工程设计有限公司）

摘　要　沉降除油罐作为油田采出水处理的一个重要设施，罐内经油泥水分离产生的含油污泥若不及时排出，将造成罐内容积减少、采出水有效停留时间变短、水质恶化等，影响除油罐的正常运行。通过对水力负压排泥技术进行优化，实现负压排泥高效、及时。

关键词　油田采出水；水处理；负压排泥；水力排泥

长庆油田采出水处理形成了“沉降除油＋生化＋过滤”“沉降除油＋气浮＋过滤”“一级沉降除油”等主体多种采出水处理工艺。各种采出水处理工艺都是在基于沉降除油的基础上进行的，沉降除油采用的沉降除油罐。罐内经油泥水分离产生的含油污泥若不及时排出，造成罐内容积减少、采出水有效停留时间变短、水质恶化等，影响除油罐的正常运行。因此，沉降除油罐的处理效果对于采出水处理系统的处理来说是非常重要的，处理得好坏将直接影响整个采出水处理系统的正常运行。

近年来，沉降除油罐经过不断的优化完善，排泥方式从重力穿孔管排泥以及人工清掏的方式转变成依靠水力负压排泥技术进行排泥，在长庆油田进行积极推广和应用，除油罐的排泥实现了由人工排泥到机械排泥的转变，有效降低了人员的劳动强度，防止人工清罐存在密闭空间操作带来的安全风险，很好地适应了油田采出水的处理要求。

为了满足新型油公司建设的需求，进一步实现现场扁平化管理的要求，通过技术优化进一步从技术和工艺的角度，实现采出水处理系统的远程监控、无人值守、自动化运行的要求，需对现有负压排泥技术进行优化完善升级，实现原则操控运行，为近年来实现智能油田建设以及后期实现智慧油田做出应有的贡献。

1　现状

1.1　水力负压排泥原理

大罐水力负压排泥根据液体射流原理，利用助排泵产生的负压携带作用，将罐底污泥排出。装置由喷嘴、混合管、扩散管、集泥室、吸盘等组成。当助排液流体通过喷嘴时，产生高速射流，使集泥室内形成真空，罐底污泥从集泥室两侧下面的吸盘被吸入，与高速射流在混合管中混合，随扩散管排出，助排液不断地供给，罐底污泥不断地被吸入排出，达到抽吸排除污物的目的。负压排泥采取现场就地操作为主的方式进行运行，容易造成现场排泥的及时，影响正常运行。水力负压排泥器及其原理具体如图 1 和图 2 所示。

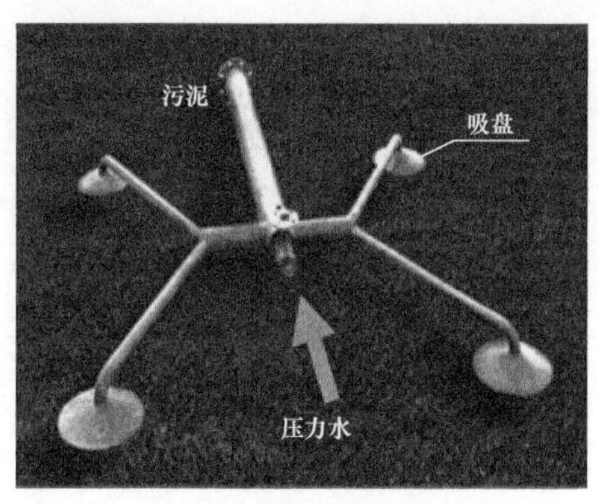

图 1　水力负压排泥器

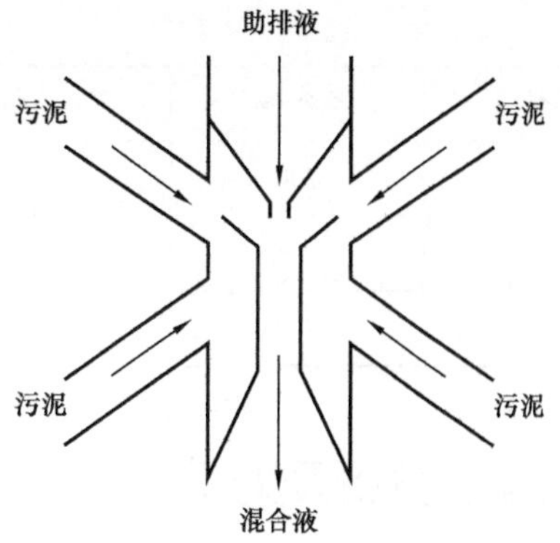

图 2　水力负压排泥器原理示意图

1.2　水力负压排泥的安装

负压排泥系统通过利用助排液管道、排泥管道两条管道、负压排泥器相互连接组成管路系统，通过助排液进口与助排泵出口连接，排泥口与排泥管路连接，大罐泄放口与助排泵进口联系，组成大罐水力负压排泥系统，负压排泥安装示意图具体如图 3 所示，现场实施后具体如图 4 所示。

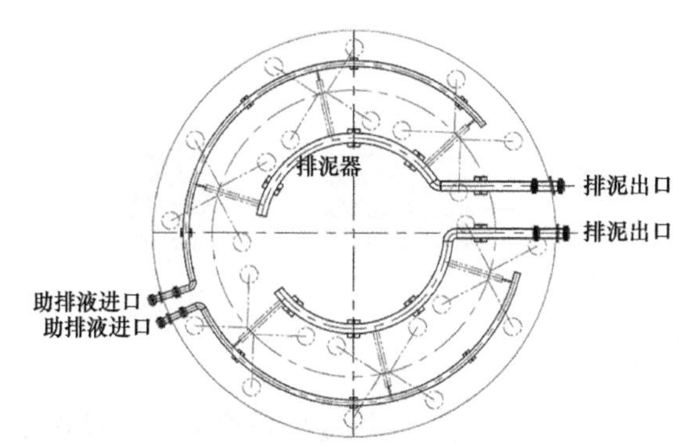

图 3　负压排泥安装示意图

图 4　现场实施后照片

1.3　负压水力排泥系列化

负压排泥系统通过近几年的全面推广应用，已经全面覆盖沉降除油罐，形成了水力负压排泥系列，满足了不同大小罐体负压排泥的要求，主要形成的规格系列具体见表 1。

表 1　常见除油罐负压排泥规格系列一览表

序号	罐容 /m^3	负压排泥器数 / 个	备注
1	100	3	1 套管路系统
2	200	3	1 套管路系统
3	300	3	1 套管路系统
4	500	3	1 套管路系统

续表

序号	罐容 /m^3	负压排泥器数 / 个	备注
5	700	4	1 套管路系统
6	1000	6	2 套管路系统
7	3000	18	6 套管路系统

2 适应性分析及对策

大罐水力负压排泥的应用实现了沉降除油不停运排泥、有效提高了系统的运行能力和适应性，对采出水处理系统的排泥起到至关重要的作用。通过近年来的使用，发现了一些需要改进和提高的地方，具体如下。

2.1 沉降除油罐出现返浑的问题

根据现场反馈信息，沉降除油罐在排泥的过程中会出现返浑的现象，通过对现场进行了解和分析，出现返浑现象基本上属于操作不当导致的。正常的排泥操作的流程如图 5 所示。

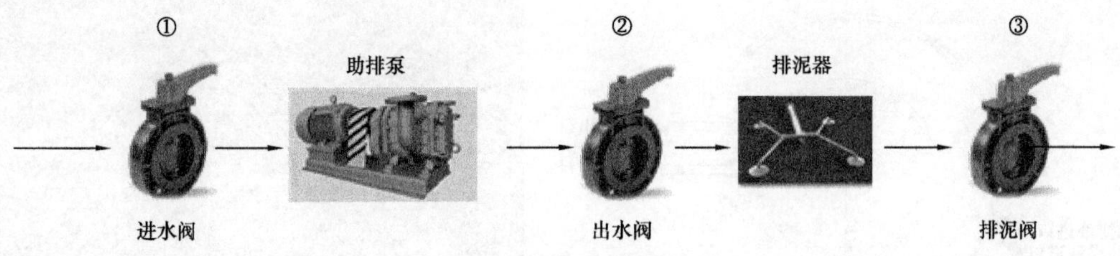

图 5 排泥示意流程图

排泥操作时：打开时顺序为③①②；关闭时顺序为②③①，排泥操作严格按照操作步骤进行操作即可。若采用按顺序操作：打开时顺序为①②③；关闭时顺序为③②①，即采用从前往后依次打开阀门顺序的操作方式，容易出现在打开进水阀和排泥阀的间隔期间造成除油罐内部返浑的现象。因此操作顺序对水力负压排泥是很重要的，必须按照操作顺序和要求完成即可避免此类现象的发生。

2.2 排泥操作强度大的问题

负压排泥采取就地人工操作的方式，工作操作强度大，为进一步降低工人的劳动强度，负压排泥需要进一步实施负压排泥操作实现的自动化。具体措施如下：一是所有排泥操作阀门由手动调整为电动；二是负压排泥操作由 PLC 控制，根据时间间隔自动操作，时间间隔设置定为 5～7 天，投运后可根据现场运行情况进行校核和验证，确定最佳的排泥时间和排泥间隔时间，确保排泥操作的有效、高效、及时。自动排泥具体操作流程如图 6 所示。

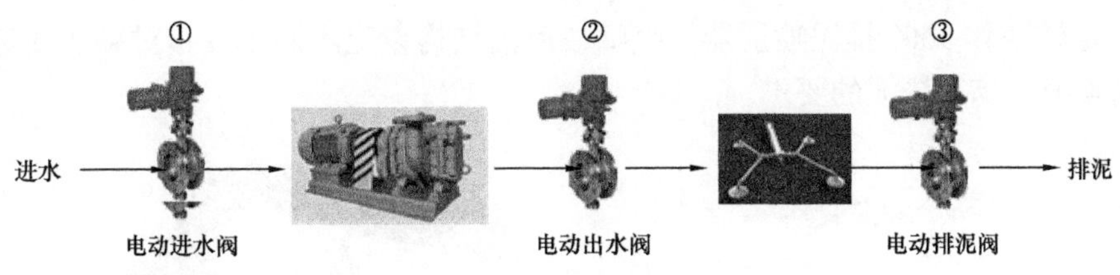

图 6　自动排泥流程示意图

排泥顺序：打开时顺序为③①②；关闭时顺序为②③①。

2.3　压排泥排液量大的问题

根据现场反馈意见，一次排泥液量约 100m^3，排液量大，给后续处理造成一定压力。鉴于部分站场的罐体较小，后端接纳的污水污泥池容积有限，可以开展小排量负压排泥器的应用，降低站场运行的负荷和压力。具体对比情况见表 2。

表 2　普通排泥器和小流量排泥器的对比（以 1000m^3 除油罐为例）

序号	相关参数		普通排泥器	小排量排泥器
1	助排液压力 p_1/MPa		≥0.6	≥0.6
2	助排液流量 Q_1/（m^3/h）		8.25～10.00	8.0
3	吸排泥流量 Q_2/（m^3/h）		≥50.97	≥24
4	排泥器总流量 Q/（m^3/h）		≥59.22	≥32
5	污泥排净率 η/%		≥85	≥85
6	排泥面积 S/m^2		20～26	20～26
7	助排液进口口径 /mm		DN100	DN80
8	排泥器出口口径 /mm		DN200	DN125
9	助排液泵参数	流量 Q/（m^3/h）	30	24
		扬程 H/m	60	60
10	系统总流量 /（m^3/h）		$Q_{总}$=6×（10+50）=360	6×（8+24）=192
11	助排液消耗（运行 10min）/m^3		6×10/6=10	6×8/6=8
12	总排液量 /m^3		360/6=60	总排液量 192/6=32

2.4　罐体底泥无法搅拌

水力负压排泥器采取固定安装，距离罐底存在一定的距离，存在部分区域油泥由于堆积时间长，黏性大，无法排出或排出效果不理想的问题。针对这种油泥黏性大，特别容易堆积的情况，采取在原有的基础上增加相应的自动旋转多角度喷射器如图 7 所示。排泥喷射器如图 8 所示，由喷嘴、叶轮、叶轮轴、喷射器头及安装座组成，排泥喷射器头及喷嘴可以按一定转速作 360° 排泥喷射器，喷嘴按罐内结构设定不同角度，对罐底面进行全覆盖无死角喷射，满足排泥的要求。

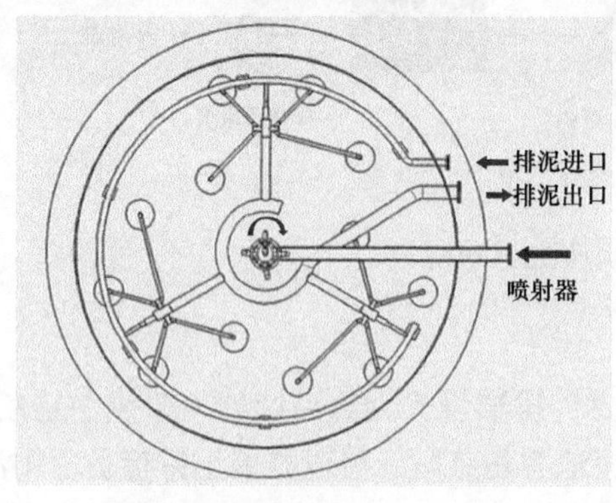

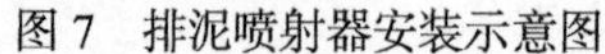
图 7　排泥喷射器安装示意图

图 8　排泥喷射器效果图

负压排泥技术从开始在长庆油田进行试验，通过几年的扩大试验，使用反应效果较好，目前已经全面推广应用。

3　下步工作

水力负压排泥技术解决了大罐排泥问题，但为使系统能良好地运行，还要做到以下两点：一是加强现场运行和管理、维护，沉降除油罐、缓冲水罐应结合现场水质情况，制定操作要求，严格按照要求进行沉降除油罐排泥或排污，排放周期不宜大于 10 天，避免因罐底污泥过多影响出水水质；二是水力负压排泥产生的含油污泥进入污水污泥池后应及时进行处理，确保已经去除的油和悬浮物不再进入系统形成循环，保证沉降除油罐良性运行。

含油污水生化处理的硫化氢产生机理及防控措施

于　喆[1]　李丰渝[2]　陈　杰[2]　何云伟[2]　沈克兵[2]

（1. 中国石油吐哈油田公司开发部；2. 中国石油吐哈油田公司鄯善采油厂）

摘　要　吐哈油田共有 8 座污水处理站，其中 7 座采用了生化处理工艺，处理后水质达标率较物化工艺大幅提高，但运行过程中发现硫化氢，个别污水处理站硫化氢平均浓度接近 100mg/L，对环境和员工健康造成严重威胁。为此，开展生化处理站各节点硫化氢含量和影响因素调查，找出生化污水处理系统产生硫化氢的原因，通过配套设施完善及工艺优化，消除了污水处理过程硫化氢气体滋生的影响因素，生产现场硫化氢有害气体指标浓度全面达标，实现绿色生产的安全环境。

关键词　生化处理；硫化氢；机理；厌氧；防治

吐哈油田为了寻找适合油田采出水的处理工艺，满足油田精细注水需要，对低渗透油田采出污水进行了分析研究，研究表明，采出水中低碳链的有机酸含量较高，对化学需氧量（COD）的影响占到 40%～70%，油田生化污水降解较为容易，因此，吐哈油田 7 座污水处理站采用了生物接触氧化法处理技术。然而，随着油田的不断开发，原油采出水成分日益复杂，生化处理装置运行中发现污水处理系统各节点均有硫化氢气体存在。特别是 2012 年 11 月在对温米生化污水处理站调试运行中，发生了硫化氢气体的突发性爆发，生化间硫化氢浓度最高达到 550mg/m^3，远超现场安全浓度 10mg/m^3。吐哈油田已开发油气藏均不含硫化氢成分，为落实硫化氢产生机理，确保人身安全、杜绝硫化氢中毒事件的发生，降低硫化氢对微生物、工艺设施的危害，实现绿色生产的安全环境，必须开展对生化污水处理装置硫化氢产生机理的研究，从源头上消除硫化氢生成的影响因素。

1　吐哈油田水处理系统硫化氢来源分析

1.1　吐哈油田生化污水处理工艺简介

生化污水处理工艺主要采用微生物处理技术（图 1），即来水进入污水接收罐经过重力沉降，出水首先进入隔油池，收集表面浮油后进入调节池；调节池底部铺设有曝气系统，对污水进行预曝气，出水用泵打入微生物反应池；经生化处理后的污水自流至沉淀池，根据实际需要，在沉淀前投加一定絮凝剂及助凝剂，以提高沉降效果，使生物降解后的无机物及部分剩余污泥等得到沉淀去除；沉淀池上清液自流至缓冲池，经泵提升经两级过滤进行达标回注。

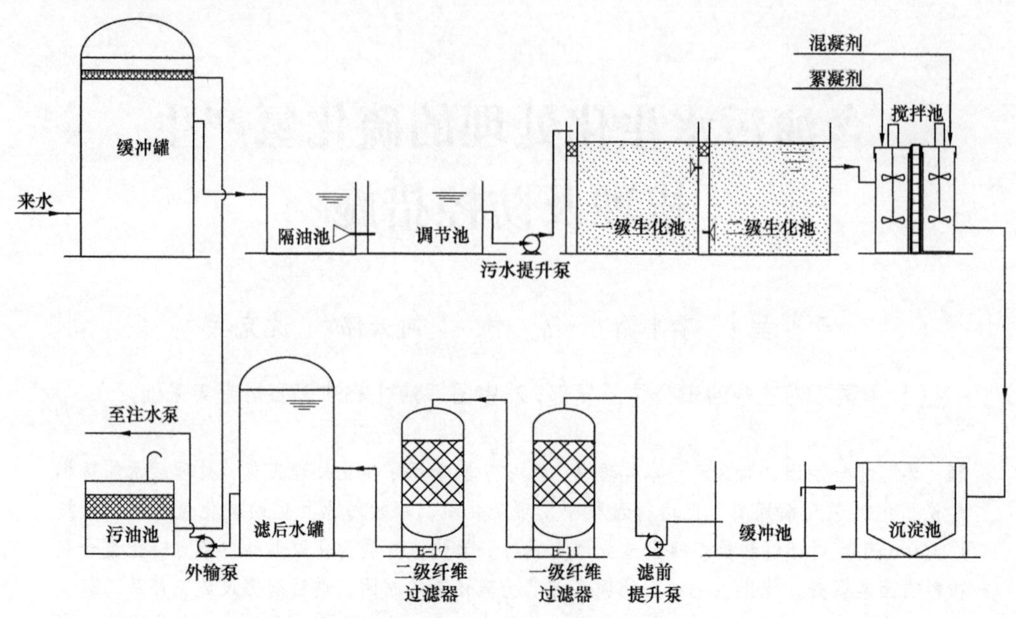

图 1　生化污水处理流程示意图

1.2　生化处理站各工艺节点硫化氢含量调查

2013 年，对在用的 5 座污水生化处理站的运行水池进行硫化氢含量调查，见表 1，调查显示个别污水站中间污水池硫化氢浓度严重超标。其中污水池检测数据为零的主要原因是采用开放式工艺运行，采用封闭式的污水池都不同程度存在硫化氢。出现的硫化氢节点主要分布在沉降罐、隔油池、调节池、生化池沉淀池等环境区域，其产生途径主要有：（1）污水中的硫酸盐还原菌在厌氧环境下将硫酸盐还原产生硫化氢。（2）含有大量硫酸盐的污泥随污水进入生化池后在微生物的代谢作用下产生硫化氢。（3）采出水本体中由于地层中硫酸盐、硫酸盐还原菌、有机物分解还原等相关因素与其他介质结合发生反应形成硫化氢，在温度和压力变化等原因下不断从污水中溢出[1]。

表 1　吐哈油田部分生化污水处理站污水池含硫化氢含量统计　　单位：mg/L

处理站	温米生化污水处理站	雁木西生化污水处理站	红连生化污水处理站	鲁克沁生化污水处理站	三塘湖生化污水处理站
隔油池	45.8	7.8	6.5	0	0
污油池	25.6	1.3	1.4	0	0
调节池	35	28.9	0	0	0
一级生化配水槽	78	2.5	0	4.6	5.4
二级生化配水槽	84	1.6	0	2.1	3.1
沉淀池	17.5	0	0	0	0

1.3　硫化氢产生的影响因素分析

在硫化氢浓度含量较高的温米生化污水处理站，针对不同溶解氧、水温、硫化物含量及硫酸盐还原菌等影响因素，对污水处理的系统流程中的调节池、一二级生化池开展了硫化氢含量检测（表 2 和表 3）。

表 2　水中溶解氧和温度对生化池产生硫化氢的影响

时间	南一级生化池			北一级生化池			南二级生化池			北二级生化池		
	水中溶氧量 / mg/L	硫化氢 / mg/L	温度 / ℃	水中溶氧量 / mg/L	硫化氢 / mg/L	温度 / ℃	水中溶氧量 / mg/L	硫化氢 / mg/L	温度 / ℃	水中溶氧量 / mg/L	硫化氢 / mg/L	温度 / ℃
5 月 10 日	4.23	53	30	0.93	104	30	1.19	77	30	4.53	103	30
5 月 11 日	3.98	91	30	1.18	60	30	1.03	55	30	3.38	98	30
5 月 12 日	3.53	68	30	1.13	56	30	0.98	98	30	2.01	102	30
5 月 13 日	2.76	80	26	0.98	62	26	1.12	38	26	2.35	21	26
5 月 14 日	2.32	29	26	1.38	117	27	0.98	25	26	2.18	6	26

从表 2 可以看出，硫化氢含量随着水温升高而增加，水体中溶解氧的浓度越高，溢出的硫化氢含量增大。

表 3　各监测点硫酸盐还原菌及硫化物含量检测

项目	5 月 10 日		5 月 11 日		5 月 12 日		5 月 13 日		5 月 14 日	
	硫酸盐还原菌 / 个 /mL	硫化物 / mg/L	硫酸盐还原菌 / 个 /mL	硫化物 / mg/L	硫酸盐还原菌 / 个 /mL	硫化物 / mg/L	硫酸盐还原菌 / 个 /mL	硫化物 / mg/L	硫酸盐还原菌 / 个 /mL	硫化物 / mg/L
调节池	6.0×10^{20}	18.6	6.0×10^{20}	17.5	6.0×10^{20}	20.8	6.0×10^{22}	25.7	6.0×10^{22}	26.3
南一级生化池	2.5×10^{8}	7.14	2.5×10^{8}	6.48	6.0×10^{8}	9.86	6.0×10^{8}	11.9	2.5×10^{8}	8.13
北一级生化池	6.0×10^{8}	9.07	6.0×10^{8}	9.53	2.5×10^{8}	3.36	6.0×10^{8}	11.6	2.5×10^{8}	3.71
南二级生化池	2.5×10^{8}	6.28	2.5×10^{2}	7.68	2.5×10^{2}	9.53	6.0×10^{2}	9.38	2.5×10^{2}	10.57
北二级生化池	2.5×10^{2}	9.86	2.5×10^{2}	8.32	2.5×10^{2}	9.34	2.5×10^{2}	10.1	2.5×10^{2}	9.85

从监测数据如表 3 可以看出，水体中硫化物含量高的监测点同时表现为区域内的硫化氢浓度也高。主要表现为在调节池中，大量存在的硫酸盐还原菌在厌氧环境下将硫酸盐还原成硫化氢。

2 消减硫化氢气体的配套工艺技术应用

2.1 技术思路

（1）改进调节池预曝氧方式，在调节池实现持续稳定聚结气浮工艺，抑制硫酸盐还原菌的生长。

（2）优化污泥排放处置工艺，减少生化污水系统处理过程所产生的含硫酸盐污泥的循环累积。

（3）采用进水喷淋方法实现水溶性硫化氢气体释放溢出，防止硫化氢在某个区域大量聚集。

（4）应用离子除硫、脱臭设施对生化污水系统存在的有毒有害气体达标排放。

2.2 防控措施

（1）改进调节池曝气方式，抑制硫酸盐还原菌生长。

在调节池中增加曝气的主要目的是进一步分离采出水中的浮油和对水体预曝氧，减少硫酸盐还原菌数量，同时降低后续工段负荷。

前期调节池曝气装置采用管柱开孔的曝气方式，开孔管柱水平分布在池底。在实际运行过程中，由于来水中含有悬浮杂质，在管柱曝气不均的情况下，沉积污泥逐渐在曝气量偏小的位置形成堆积，直至完全将曝气压死，整个调节池逐步失去曝气功效。

为此，开展了调节池底部污泥的清池周期、液位运行参数及曝气量的优化评价。在每季度对调节池进行一次清理的基础上，根据曝气量在池内的分布效果，对管柱曝气远端曝气孔重新测算曝气量，修正了部分管孔的直径，按照曝气主气源的进气分布，对每根曝气列管上布置的10个管孔按进气源距离由近及远将曝气管孔由原来的ϕ20mm逐级增扩1mm，其中最远端管孔最后修正为ϕ30mm。在综合考虑调节池出水高度及污泥沉积周期的基础上进一步确定了调节池最佳液位操作参数控制在3.0～3.5M运行。有效曝气周期由原来的25天左右延长到60天左右。

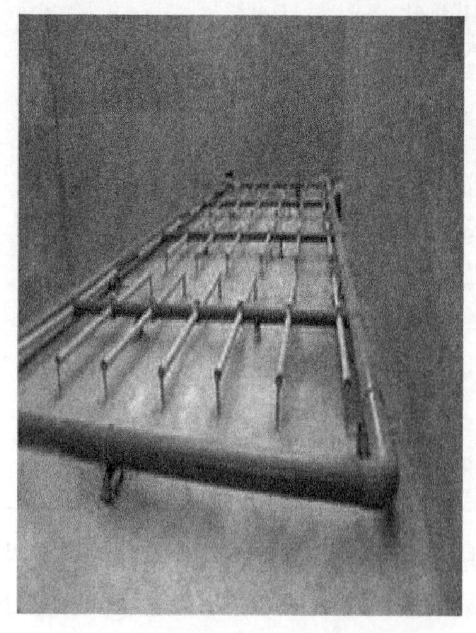

图2 传统的固定式管柱曝气装置

同时，在三塘湖污水处理站试验可提升水下曝气器，可提升式曝气器配套设备靠其自重可全部沉于池底，这样就便于维修，在不排空污液池的情况下，通过配备的悬挂链可将曝气器从水中直接提出水面即可进行维护和维修，曝气装置结构示意图如图2和图3所示。

（2）优化污泥排放处置工艺，减少含硫酸盐污泥聚集。

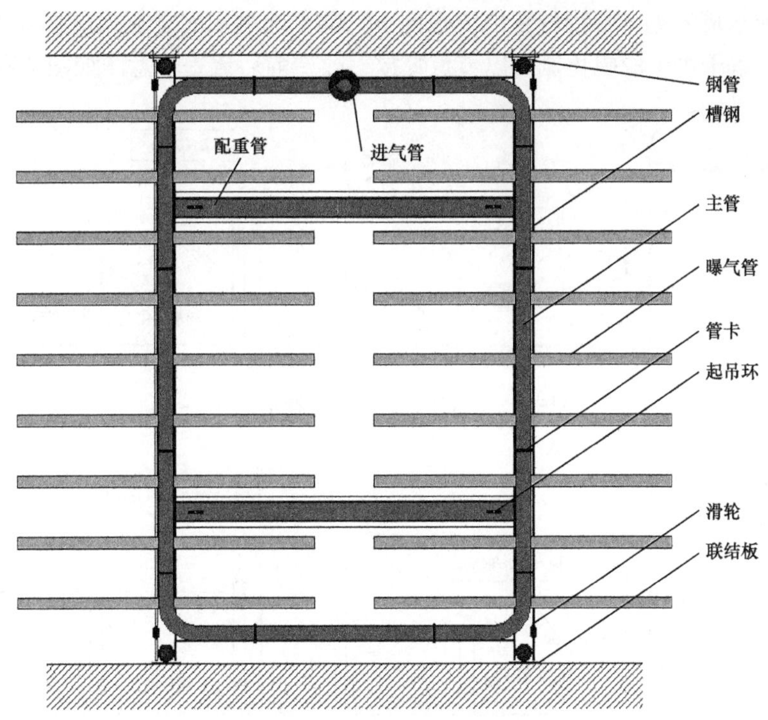

图 3　可提升式曝气装置

生化污水处理系统产生的污泥量大，一座处理能力 2500m^3/d 的生化污水处理站每天产生的含油泥污水约 350m^3，污泥浓缩池有效容积为 400m^3，浓缩时间设计为 24h。实际运行中，回收的上清液中含有大量的悬浮污泥返回调节池，加重了调节池的处理负担，同时造成调节池曝气在沉积污泥的堆积下曝气逐渐失效，硫酸盐成分在厌氧的环境下滋生硫酸盐还原菌，当硫酸盐还原菌达到一定程度时，调节池内硫化氢气体会急剧爆发。

针对污泥浓缩池无法实现上清液返流处理的问题，对站内污泥收集流程进行了改造，将含有的硫酸盐的污泥直接抽入站外大容量的干化池，含水污泥在干化池进行充分、长时间泥水重力沉降后回调上清液，降低调节池负荷。

（3）改进隔油池、一级生化池配水槽进水方式。

采出水首先进入污水沉降罐，在重力的作用下实现油、水、泥的分离。在运行过程中，沉降罐顶部随着油层厚度的增加，部分老化油黏度变稠在罐内形成油盖。来水进入罐中有一定的滞留时间，罐内的厌氧环境导致硫酸盐还原菌大量滋生从而产生硫化氢，产生的硫化氢与来水中本身携带的硫化氢溶于沉降罐出水进入生化污水系统。

生化污水处理系统工艺中来水首先进入隔油池，进水方式采用封水式，由于进水管安装高度在隔油池水面下方，溶解于水中的硫化氢得不到及时释放随流程进入调节池，在调节池曝气微弱的情况下进而进入生化池，生化池池底布置高效的微孔曝气装置，在生化池强氧化曝气的吹脱下，溶于水中的硫化氢气体在气泡的裹挟下转移到空气中，造成生化间硫化氢浓度超标。

为了实现在前端流程减少水中硫化氢含量，在原设计工艺流程基础上，对隔油池和一级生化池配水槽的进口管线位置由浸水面下上移至池内水面之上，进水方式采用喷淋进水，改造后溶解于水中的硫化氢得以节点释放，改造前后流程示意图如图 4 和图 5 所示。

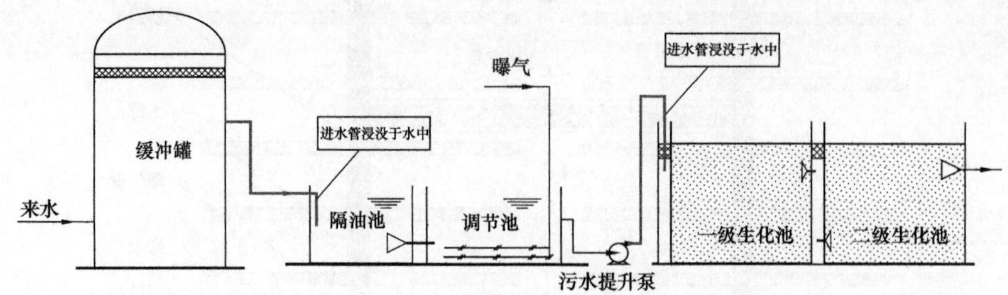

图 4　进水工艺改造前流程示意图

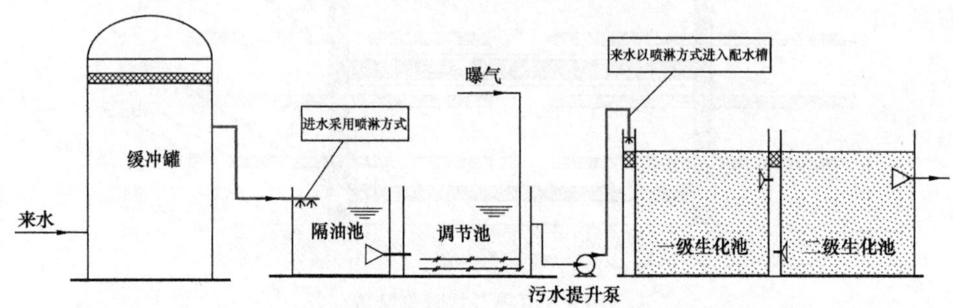

图 5　进水工艺改造后流程示意图

（4）增设硫化氢废气处理装置。

通过前面几项改进措施后，对于硫化氢含量仍超标的节点，通过增加硫化氢废气处理装置，以实现达标排放。该装置选用臭气源封闭收集 + 离子脱臭技术为核心的光解高能离子发生器，主要是通过在外加电场的作用下，利用高速粒子的撞击，产生大量活性离子，通过打开废气分子内部的分子键并转化为无害的小分子物质，同时催化氧化降解废气等恶臭物质，达到净化气体的目的。其主要工作流程如图 6 所示。

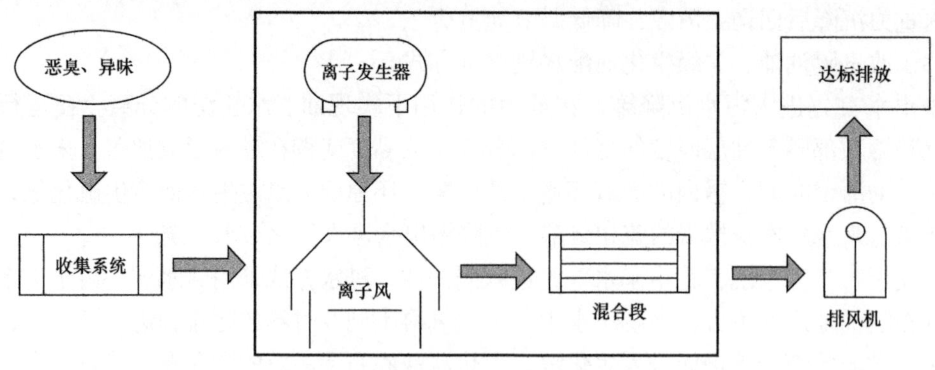

图 6　硫化氢处理工作流程示意图

根据生化污水处理系统硫化氢产生源分布，对隔油池、调节池、污泥浓缩池、一级生化池及二级生化池进行密闭收集硫化氢气体。利用引风机将硫化氢收集至光解高能离子的发生器进行除硫、除臭处理。温米污水处理站通过实施后，硫化氢浓度平均降幅大于75%，排放废气中硫化氢浓度控制在3mg/L以下。

3　硫化氢防控措施应用效果

以温米生化污水处理站为例，通过以上措施的实施，调节池硫化氢浓度为由102mg/L下降到4.6mg/L，二级生化池未检测到硫化氢（表4）。调节池的硫化物含量去除率为83%，经两级生化池微孔曝气作用下，一级生化池硫化物去除率为79%，二级生化池硫化物去除率为93%；硫酸盐还原菌在调节池及一级生化池去除率基本为百分之百，二级生化池硫酸盐还原菌去除率为94%。由此可见，作为治理硫化氢源头的调节池相关技术措施的应用是关键点，直接影响污水处理整个后序流程对硫化氢气体的消除，措施应用表明，硫酸盐还原菌（SRB）是导致污水生化系统硫化氢气体产生的主要根源。

表4　处理节点硫酸盐还原菌、硫化氢和硫化物检测数据

项目	调节池			南一级生化池			北二级生化池		
	硫酸盐还原菌/个/mL	硫化氢/mg/L	硫化物/mg/L	硫酸盐还原菌/个/mL	硫化氢/mg/L	硫化物/mg/L	硫酸盐还原菌/个/mL	硫化氢/mg/L	硫化物/mg/L
措施前平均数	2.4×10^{22}	102	21.8	3.9×10^{8}	78	8.78	2.5×10^{2}	84	9.49
措施后平均数	1.9×10^{2}	4.6	3.8	2.1×10	0	1.87	1.5×10	0	0.66

4　结论和认识

对油田污水生化处理的硫化氢产生机理认识及相应采取的技术措施应用，得出以下几点的结论和认识：

（1）污水处理中，硫酸盐还原菌的存在为硫化物的滋生提供了良好的条件，从源头上抑制硫酸盐还原菌是消除硫化氢气体产生的根本所在。

（2）在对油田生化污水处理过程中，系统产生的污泥组分中含有一定量的硫酸盐，为消除处理系统出现沉积污泥累积而引发的降低曝气效果、形成厌氧环境的情况发生，要保证爆气的均匀有效并对产生的污泥做到及时外排。

（3）随着污水系统产生大量污泥的外排存放，加大了污泥存储池的负担，对含油污泥的无害化、资源化处理是油田下一步攻关的重点方向。

参考文献

［1］翁焕新，高彩霞，刘瓒，等.污泥硫酸盐还原菌（SRB）与硫化氢释放［J］.环境科学学报，2009，29（10）：2094–2102.

油田抑制硫酸盐还原菌腐蚀现状与趋势

李强 沈慧 李为 付鉴 苏楠

（中国石油青海油田公司钻采工艺研究院）

摘　要　油田硫酸盐还原菌腐蚀始终是油气田开发过程中值得关注的重要问题。硫酸盐还原菌腐蚀会导致金属设备与金属设施的破坏和油田储层酸化，严重威胁油田的安全生产，甚至影响油田的正常生产。微生物腐蚀是由微生物生命活动引起的，其中硫酸盐还原菌是油田中引起微生物腐蚀的元凶。油田采用化学杀菌剂，改性金属材料和生物竞争抑制等技术解决硫酸盐还原菌腐蚀的问题。本文结合油田硫酸盐还原菌腐蚀现状，系统总结了国内外油田抑制微生物腐蚀的应用现状与研究进展，阐明了油气田开发过程抑制硫酸盐还原菌腐蚀的研究方向，为油田抑制硫酸盐还原菌及其腐蚀的深入研究与发展，具有借鉴意义。

关键词　微生物腐蚀；硫酸盐还原菌；硝酸盐还原菌；硫化物去除；耐蚀金属

微生物腐蚀（Microbiological Influenced Corrosion，MIC）是指由各种微生物的生命活动及其代谢产物直接或者间接对金属所造成的腐蚀。硫酸盐还原菌（Sulfate-reducing Bacteria，SRB）是微生物腐蚀（MIC）的主要元凶，引起原油输送管线腐蚀、设施油田储层酸化，至今仍是油气田开发所面临的主要问题之一[1, 2]油田生产的水中 SRB 含量过多会导致管道金属腐蚀和结垢，导致石油管道、注水管道和设备的腐蚀，严重危害油田生产的安全性。另外，SRB 分解聚合物，例如聚丙烯酰胺，大大降低了随后的聚合物驱油效率[3]。

油田硫酸盐还原菌不仅来自深层地下油藏中，而且也来自油田开发（例如通过注水作业等）或采油阶段进入油藏系统中，后者主要是由水驱造成的。在厌氧或低氧环境中，SRB 将 SO_4^{2-} 还原为 S^{2-} 或 H_2S，这些酸性代谢物是造成微生物腐蚀的重要原因。例如低碳钢在经微生物腐蚀后，腐蚀行为导致出现大量腐蚀孔。国内外很多学者对于缓解油田微生物腐蚀问题做了许多研究。腐蚀与碳、氮、铁、硫等元素循环密切相关，且腐蚀微生物大多参与了环境中铁硫循环[4]。SRB 几乎对所有常见金属材料如钢、铝、锌、铜和合金金属等都有腐蚀作用[5]。根据 Zhong 等[6]的研究结果，某些金属表面往往有细菌黏附，结合形成生物膜。因此，Arruda 等[7]的研究已经表明，微生物容易在金属表面形成膜，所形成的生物膜可以有效地引起局部腐蚀。一些 SRB 可以利用硫酸盐作为电子受体氧化金属铁。H_2S 产物会引起 FeS 的腐蚀堵塞和油层酸化，影响产油效率[8]，而且 H_2S 的毒性对油田员工健康有一定影响[9]。另外，SRB 的腐蚀作用大小主要与不同硫化物的形成有关[10]，双相不锈钢在 SRB 作用下表面的钝化膜硫化影响了钢的阴极行为，即钝化膜最初由氧化物 / 氢氧化物转化成硫化物，加速了不锈钢的腐蚀速度。铝的电化学腐蚀产物可以被 SRB 捕获利用，从而促进了 SRB 的代谢活动[5]。

目前抑制硫酸盐还原菌腐蚀的方法中，化学方法是最常见的，例如选用杀菌剂、缓蚀剂等；或者改性金属材料，使其本身耐蚀性增强。生物方法利用生物竞争排斥技术或开发有益的生物膜技术等。本文综述了抑制 SRB 腐蚀的方法，为今后油气田开发过程中，更好地抑制硫酸盐还原菌及其腐蚀，奠定基础与指明方向。

1　化学杀菌剂对 SRB 腐蚀的作用

杀菌剂的投加与运用是目前油田控制 SRB 应用广泛的方法，主要是通过杀灭和减缓硫酸盐还原菌的生长繁殖。杀菌剂的管理相对简单，广泛应用于地上设施和管道，然而，它们很难深入油藏，这使得面对远离注入井的 SRB 菌群的处理时具有挑战性。即使某些页岩地层固有的极高温度可能会自然地阻碍微生物的生长[11]，但是有研究显示，细菌不会完全在极端温度和压力下死亡[12-14]。此外，注入温度较低的压裂液可能导致套管和目标地层降温。因此，即使在温度较高地层中，有时也需要在压裂液中添加杀菌剂。

大多数氧化性杀菌剂会通过细胞中的代谢酶将细胞氧化为二氧化碳和水，在油田的早期注水开发得到了广泛应用。由于氧化性杀菌剂受环境影响大，所以经常与非氧化性杀菌剂连用，从而降低成本。

为了得到更好的杀菌效果，复配型杀菌剂在近几年受到广泛欢迎。在 2019 年，王晶等[15]针对渤海油田 SRB 大量滋生的问题，使用甲醛和四羟甲基硫酸磷（THPS）复配产物作为杀菌剂，发现杀菌效果增强。其实在 2015 年 Okoro 等[16]发现了季铵盐类杀菌剂 THPS 在较低浓度时抑制 SRB 的生长效果并不显著，但 THPS 对异养硝酸盐还原菌（hNRB）和硝酸盐还原硫离子氧化细菌（NR–SOB）活性的选择性作用抑制了 SRB 的生长，并在较低浓度时阻止硫化物的形成。杀菌剂的复配要考虑其配伍性，李建香等[17]发现大部分杀菌剂复配使用缓解微生物腐蚀效果更好，但是有些杀菌剂复配会互相抵消一部分杀菌作用。新型杀菌剂的合成，也是目前研究的热点。渠慧敏等[18]开发了一种新型的杀菌剂硫酸盐——季铵盐杀菌剂，它基于季铵盐杀菌剂，杀菌剂和聚合物没有发生混凝反应，并且它对含聚合物污水的浊度和黏度影响很小，并且在现场测试区域具有良好的 SRB 抑制效果。赵磊[19]基于己二胺和盐酸胍，研发了一种新的杀菌剂，聚六亚甲基胍杀菌剂（BHS–49），并在海上油田成功应用，各级检测点的细菌含量明显降低，并且加注期间现场流程稳定，对于各监测点水质影响小。王淋等[20]合成了一种低分子有机胺，有效地解决了阳离子型季铵盐类杀菌剂与采出水中残留的聚合物发生混凝反应，从而使杀菌效果下降的问题，其杀菌效果能达到 98.1%。杀菌剂的抑菌性能好坏除了与自身有关之外，也受油田环境影响。例如，Labjar 等发现氨基三亚甲基膦酸（ATMP）的抑菌性与 pH 值有关[21]。

虽然杀菌剂使用简单，维护方便，但杀菌剂无法穿透微生物产生的多糖胶膜，而 SRB 有时共存于其他微生物产生的多糖胶膜中，从而使杀菌变得困难[22]。长期处于 H_2S

的还原性环境中，氧化性杀菌剂的杀菌效率会降低，无法达标。另外，大量长期使用杀菌剂，微生物本身会产生抗药性，只能不断提高杀菌剂浓度才能达到杀菌效果，使处理成木增加。杀菌剂本身毒性也会造成环境污染。

2 耐蚀金属材料的改进

为了解决管线腐蚀问题，提高管材耐腐蚀性的研究也在进行。目前主要包括添加抗菌涂层和对金属材料的改性两种方法。

抗菌涂层是一种包含金属氧化物或硅酸盐无机粒子的膜，在金属材料基础上添加至少一种带有杀菌特性的金属粒子，例如银离子、铜离子或锌粒子等[23]。抗菌涂层的添加可以提高金属的耐腐蚀性。Chilkoor 等[24]设计了马来酸酐功能化石墨烯纳米膜，提高了低碳钢表面环氧涂层的耐蚀性，防腐效率达 99.9%。Ouyang 等[25]的研究以猪笼草为灵感，采用电沉积、气相沉积和注油三步法制备了一种仿生猪笼草结构的超滑表面，并将涂有这种涂层的金属材料浸泡在 SRB 培养液中 6 天进行试验，发现细胞黏附密度低了一个数量级。因此，利用生物仿生技术来抑制 SRB 在海水环境中的生物黏附和生物腐蚀是一种很有前途的方法。袁彤彤[26]选择 1- 羟乙基 -2- 甲基 -5- 硝基咪唑杀菌剂与防腐涂料复配，取得了较好的防腐抑菌的效果。

另一种方法是对金属材料进行改良。Zhao 等[27]将 316L–Cu 浸入含有一定浓度硫酸铜的硝酸溶液钝化，发现其耐点蚀性、钝化膜稳定性和抗菌性能都有一定程度的提高。然而并不是所有改性后的含铜不锈钢都能使金属材料更耐微生物腐蚀。Galal 等[28]发现噻吩类化合物可以作为 316L 不锈钢在低、中浓度酸性介质中的缓蚀剂，其表面覆盖度随温度的升高而降低，抑制效率随温度的升高而降低。Tong 等和 Liu 等[29, 30]研究了两种含铜的抗菌 316L 不锈钢在含有 SRB 的介质中的腐蚀，发现增加 Cu 的含量不能提高 316L 不锈钢对微生物腐蚀的抵抗力，而添加元素 La 和 Ce 提高了耐 SRB 的腐蚀性。Yuan 等[31]也证明了 La 和 Ce 元素具有良好的抗菌性能。

3 生物竞争抑制技术

生物竞争抑制技术具备环境友好、价格低廉、处理范围大、操作简单的特点，是油田注水系统与油藏治理 SRB 的重要方法。利用生物竞争方法来抑制 SRB 生长菌株主要依据两个原理：一是利用在生活习性上与 SRB 非常相似的外源微生物或本源微生物，这些细菌注入地层和 SRB 生活在同一环境中，生长代谢不产生 H_2S，且与 SRB 生活习性相似，争夺营养生存空间，影响或抑制 SRB 的生长繁殖；二是利用某些细菌的代谢产物可以抑制 SRB 的活性。

国外 Kamarisima 等[32]研究了油藏中 SRB 和硝酸盐还原菌（Nitrate reduction bacteria，NRB）的生存状况，硝酸盐浓度低时 SRB 可以与 NRB 共存，超过一定浓度就会对 SRB 起到抑制作用，而且这两种微生物的碳源都偏好甲苯、乙苯和二甲苯。但是有人发现，碳钢的 MIC 不是由 SRB 代谢产生的 H_2S 引起的[33]。实验数据表明，SRB 生物膜通过细胞外电子转移从单质铁中获取阴极电子，用于 SRB 产生能量是主要原因。且当 SRB 生长代谢缺少碳源时，它会利用单质铁作为电子供体，更具腐蚀性。在酸性条件下，去除硫化物的主要机制是亚硝酸盐的氧化。Fan 等[34]证明氧化还原电位和 pH 值的升高抑制了 SRB 的活性。同时 NRB 的代谢产物生物表面活性剂可以去除环境中的硫化物和硝酸盐，增强了 NRB 对 SRB 的抑制作用。早在 2006 年，Kuijvenhoven[35]等在尼日利亚 Bonga 油田发现了海水驱油的酸化问题，他们利用向回注水中添加硝酸盐的方法有效地解决了酸化问题。不同的油田地层中的水质和黏土不同，添加的硝酸盐种类不能使地下水和黏土发生膨胀或者黏度增大，否则会堵塞孔道。另外，地层中不同的环境以及本源微生物种类等因素也对注入 NO_3^- 抑制 SRB 的效果有影响，在进行现场施工前，应对具体油田的环境和微生物群落结构与丰度进行分析。Agrawal 等[36]在井底温度为 30℃的 Medicine Hat Glauconitic C 油田的注入水流通道，在其中硝酸盐还原区、硫酸盐还原区和产甲烷区加入硝酸盐以减少酸化，注入 4 年后发现平均硫化物浓度显著下降。但是化学方法是最简单而又行之有效的控制 SRB 腐蚀的方法，所以有人尝试将两种复配使用达到更经济有效的抑制配方。Greene 等在 2006 年测定了 6 种广谱杀菌剂和 2 种特异性代谢抑制剂的 MICs，发现亚硝酸盐具有协同作用，其中 5 种杀菌剂均有不同程度的抑制亚硫酸盐还原酶的作用[37]。因此，将亚硝酸盐与杀菌剂相结合，可以更有效、更经济地控制硫酸盐还原菌。

国内的生物竞争技术也有很多报道。王大威等[38]的研究证实在治理前期目标油藏及系统内 SO_4^{2-} 和 SRB 含量较高的情况下，可采用大剂量、高浓度的抑制剂（NO_3^-）体系对目标环境中的 SRB 作用，控制其产生 S^{2-}，抑制剂浓度过低对抑制 SRB 产生 S^{2-} 效果不明显。为了更好地应用微生物竞争排斥技术，必须了解油田中微生物的群落结构与丰度。刘建华等[39]利用生物竞争数学模型，研究了油藏条件下 NRB 和 SRB 的菌群及两种竞争性生态关系，给油田生产中 NRB 抑制 SRB 技术的硝酸盐添加浓度提供了参考。向延生等和张太亮等[40, 41]认为，利用地层中微生物竞争技术实现控制 SRB 的目标，需要在注入水中加入一定浓度的 NO_3^-/NO_2^-，但不同油田的地层环境以及不同的微生物群落应采取不同的注入配方和方法，需要在实验室深入研究。佘栋宇等和孟章进等[42, 43]在油田采出水中筛选出了一种 NRB，并评价了它对 SRB 的抑制效果。发现这两株不同的 NRB 在理想的 SRB 条件下，抑制了 SRB 生长并且减少了硫化氢的产生。任斐等[44]将从水中分离出来的一株 TD 菌，结果表明 TD 菌的添加可明显抑制 SRB 的生长，之后与油田中使用的杀菌剂和缓蚀剂复配后起到了良好的协同作用，明显降低了介质的腐蚀性，且污水介质中硫化物和硫酸盐还原菌的含量均有明显降低。

4　总结与展望

控制 SRB 腐蚀选择化学的方法，加入杀菌剂，对细菌的作用效率高且操作简单，但是添加化学剂会造成环境污染与危害人类健康。很多研究学者开始研究绿色环保型杀菌剂。改性金属材料，延缓微生物腐蚀，例如添加 La 和 Ce 可以使金属拥有良好的抗菌性能；此外，还在金属表面添加涂层，形成保护层。由于导致微生物腐蚀的微生物种类多且生命活动复杂，此方法并不能有效地应对各种情况，还需全面地对微生物腐蚀进行研究。目前具有抗菌性能的新型金属材料，防治 SRB 腐蚀效果并不理想。这种方法需要进一步扩大研究范围，使其抗菌能力更强。

生物竞争技术抑制 SRB 的生长，国内外通常选用激活或与添加 NRB，使其与 SRB 竞争底物和生长空间达到抑制 SRB 还原产生 H_2S 的目的。这种方法成本低、不污染环境，而且不会对油藏或生产系统造成伤害，以期取代化学杀菌剂，降低成本，提高油田的综合防腐能力，提高油品质量，实现油田以有益微生物为主导体系的良性生态循环系统，越来越受到关注，具有良好的应用前景。

参考文献

[1] Voordouw G，Grigoryan A A，Lambo A，et al. Sulfide Remediation by Pulsed Injection of Nitrate into a Low Temperature Canadian Heavy Oil Reservoir［J］. Environ Sci Technol，2009，43（24）：9512–9518.

[2] Mousa H A. Short–Term Effects of Subchronic Low–Level Hydrogen Sulfide Exposure on Oil Field Workers［J］. Environ Health Prev Med，2015，20（1）：12–17.

[3] 黄峰，卢献忠. 硫酸盐还原菌在含水解聚丙烯酰胺介质中的生长繁殖［J］. 武汉科技大学学报（自然科学版），2002，25（1）：45–48.

[4] 黄烨，刘双江，姜成英. 微生物腐蚀及腐蚀机理研究进展［J］. 微生物学通报，2017，44（7）：1699–1713.

[5] Guan F，Zhai X，Duan J，et al. Influence of Sulfate–Reducing Bacteria on the Corrosion Behavior of 5052 Aluminum Alloy［J］. Surface and Coatings Technology，2017，316（2）：171–179.

[6] Zhong H Y，Shi Z M，Jiang G M，et al. Development of Microbially Influenced Corrosion on Carbon Steel in a Simulated Water Injection System［J］. Materials and Corrosion–Werkstoffe and Korrosion，2019，70（10）：1826–1836.

[7] Arruda de Queiroz G，Malta B，Jr W，Rosado A，et al. Soil Corrosivity on Api5lx60 Carbon Steel around the Region of Port of Suape，Pe，Brazil：Influence of Soil Texture and Associated Microbial Communities［J］. Brazilian Journal of Petroleum and Gas，2016，10（4）：197–204.

[8] Hang T D. Iron Corrosion by Novel Anaerobic Microorganisms［J］. Nature，2004，6977（427）：829–832.

[9] Reza J. Impact of Sulphate–Reducing Bacteria on the Performance of Engineering Materials［J］. Applied Microbiology and Biotechnology，2011，6（91）：1507–1517.

[10] Dec W，Mosiałek M，Socha R P，et al. The Effect of Sulphate–Reducing Bacteria Biofilm on Passivity and Development of Pitting on 2205 Duplex Stainless Steel［J］. Electrochimica Acta，2016，212（7）：225–236.

[11] Kahrilas G A，Blotevogel J，Stewart P S，et al. Biocides in Hydraulic Fracturing Fluids：A Critical Review of Their Usage，Mobility，Degradation，and Toxicity［J］. Environ Sci. Technol，2015，49（1）：

16–32.

[12] Christopher G S. Bacterial Communities Associated with Hydraulic Fracturing Fluids in Thermogenic Natural Gas Wells in North Central Texas，USA [J] . FEMS microbiology ecology，2012，1 (81)：13–25.

[13] Moore S，Cripps C. Bacterial Survival in Fractured Shale–Gas Wells of the Horn River Basin [J] . Journal of Canadian Petroleum Technology – J CAN PETROL TECHNOL，2012，51 (4)：283–289.

[14] Fichter J A W，Moore K B，Summer R C，et al. How Hot is too Hot for Bacteria ？ A Technical Study Assessing Bacterial Establishment in Downhole Drilling，Fracturing and Stimulation Operations (Conference Paper) [Z] . 2012.

[15] 王晶，王欣，呼文财，等 . 三嗪类脱硫剂对某油田硫酸盐还原菌的影响研究 [J] . 石油化工应用，2019，38 (5)：85–87，94.

[16] Okoro C C. The Biocidal Efficacy of Tetrakis–Hydroxymethyl Phosphonium Sulfate (Thps) Based Biocides on Oil Pipeline Pigruns Liquid Biofilms [J] . Petroleum Science and Technology，2015，33 (13–14)：1366–1372.

[17] 李建香，李进，祁誉，等 . 杀菌剂 / 阻垢剂作用下硫酸盐还原菌对 316l 不锈钢电化学腐蚀行为的影响 [J] . 腐蚀与防护，2018，39 (1)：35–39，44.

[18] 渠慧敏，戴群，王鹏，等 . 含聚污水用新型两性杀菌剂及其机理研究 [J] . 精细石油化工进展，2019，20 (1)：1–4.

[19] 赵磊 . 聚六亚甲基胍杀菌剂的制备及其在海洋油田中的应用 [J] . 云南化工，2019，46 (2)：135–137，140.

[20] 王淋，张守献，汪卫东，等 . 低分子有机胺类杀菌剂的合成与评价 [J] . 现代化工，2017，37 (12)：114–117，119.

[21] Labjar N，Lebrini M，Bentiss F，et al. Corrosion Inhibition of Carbon Steel and Antibacterial Properties of Aminotris– (Methylenephosphonic) Acid [J] . Materials Chemistry and Physics，2010，119 (1–2)：330–336.

[22] 刘宏芳，汪梅芳，许立铭 . 微生物腐蚀中生物防治措施的研究 [J] . 腐蚀与防护，2002，23 (12)：519–522.

[23] 何树全，吴亚楠，刘宏伟，等 . 抗菌材料抑制油田微生物腐蚀的作用机理探讨 [J] . 石油化工腐蚀与防护，2016，33 (1)：1–4.

[24] Chilkoor G，Sarder R，Islam J，et al. Maleic Anhydride–Functionalized Graphene Nanofillers Render Epoxy Coatings Highly Resistant to Corrosion and Microbial Attack [J] . Carbon，2020，159 (12)：586–597.

[25] Ouyang Y，Zhao J，Qiu R，et al. Nanowall Enclosed Architecture Infused by Lubricant：A Bio–Inspired Strategy for Inhibiting Bio–Adhesion and Bio–Corrosion on Stainless Steel [J] . Surface and Coatings Technology，2020，381 (12)：125–143.

[26] 袁彤彤 . 抑 (杀) 菌涂料涂层技术研究及在油田管道应用 [D] . 吉林：吉林大学，2014.

[27] Zhao J，Xu D，Shahzad M B，et al. Effect of Surface Passivation on Corrosion Resistance and

Antibacterial Properties of Cu-Bearing 316l Stainless Steel[J]. Applied Surface Science, 2016, 386(15): 371-380.

[28] Galal A, Atta N F, Al-hassan M H S. Effect of Some Thiophene Derivatives on the Electrochemical Behavior of Aisi 316 Austenitic Stainless Steel in Acidic Solutions Containing Chloride Ions : I. Molecular Structure and Inhibition Efficiency Relationship [J]. Materials Chemistry and Physics, 2005, 89 (1): 38-48.

[29] Tong X, Babar S M, Dake X, et al. Effect of Copper Addition on Mechanical Properties, Corrosion Resistance and Antibacterial Property of 316l Stainless Steel [J]. Materials science & engineering. C, Materials for biological applications, 2017, 71 (11): 1079-1085.

[30] Liu H, Xu D, Yang K, et al. Corrosion of Antibacterial Cu-Bearing 316l Stainless Steels in the Presence of Sulfate Reducing Bacteria [J]. Corrosion Science, 2018, 132 (12): 46-55.

[31] Yuan J P, Li W, Wang C. Effect of the La Alloying Addition on the Antibacterial Capability of 316l Stainless Steel [J]. Materials Science & Engineering C, 2013, 33 (1): 446-452.

[32] Kamarisima, Miyanaga K, Tanji Y. The Utilization of Aromatic Hydrocarbon by Nitrate- and Sulfate-Reducing Bacteria in Single and Multiple Nitrate Injection for Souring Control [J]. Biochemical Engineering Journal, 2019, 143 (12): 75-80.

[33] Gu T, Jia R, Unsal T, et al. Toward a Better Understanding of Microbiologically Influenced Corrosion Caused by Sulfate Reducing Bacteria [J]. Journal of Materials Science & Technology, 2019, 35 (4): 631-636.

[34] Fan F, Zhang B, Liu J, et al. Towards Sulfide Removal and Sulfate Reducing Bacteria Inhibition : Function of Biosurfactants Produced by Indigenous Isolated Nitrate Reducing Bacteria [J]. Chemosphere, 2020, 238 (1): 124655.

[35] Kuijvenhoven C, Bostock A, Chappell D, et al. Use of Nitrate to Mitigate Reservoir Souring in Bonga Deepwater Development, Offshore Nigeria [J]. SPE production and operations, 2006, 21 (4): 467-474.

[36] Agrawal A, Park H S, Nathoo S, et al. Toluene Depletion in Produced Oil Contributes to Souring Control in a Field Subjected to Nitrate Injection [J]. Environ Sci Technol, 2012, 46 (2): 1285-1292.

[37] Greene E A, Brunelle V, Jenneman G E, et al. Synergistic Inhibition of Microbial Sulfide Production by Combinations of the Metabolic Inhibitor Nitrite and Biocides[J]. Appl Environ Microbiol, 2006, 72(12): 7897-7901.

[38] 王大威，张世仑，靖波，等．硝酸盐注入方式对抑制硫酸盐还原菌活性的影响［J］．油田化学，2019，36（4）：712-716，723.

[39] 刘建华，李庚，李宗田，等．基于模型分析的水驱油藏硫酸盐还原菌生物竞争抑制技术［J］．科技导报，2013，31（23）：57-61.

[40] 向廷生，张飞龙，王红波，等．生物竞争技术防治油田采出水中 SRB 引起的腐蚀［J］．油田化学，2009，026（3）：331-333.

[41] 张太亮，王佳伟，鲁红升，等．油田控制 SRB 新技术——微生物竞争技术［J］．广州化工，2012，

40（13）：46–48.

［42］佘栋宇，谢秀祯，王锐萍，等．脱氮硫杆菌对硫酸盐还原菌生长的抑制作用［J］．基因组学与应用生物学，2013，32（1）：65–69.

［43］孟章进，杨帆，杨海滨，等．油田内源硝酸盐还原菌抑制SRB效果评价分析［J］．复杂油气藏，2014，7（3）：80–82.

［44］任斐，秦双，辛迎春，等．油田采出水中微生物腐蚀抑制剂性能及配伍性［Z］．中国上海：第十六届全国缓蚀剂学术讨论及应用技术经验交流会，2010.

青西采油厂采出水处理工艺及技术

魏长霖[1] 鲜 婧[2]

（1. 中国石油玉门油田公司青西采油厂；2. 中国石油玉门油田公司基建设备处）

摘 要 目前，青西采油厂已进入石油开采的后期，原油含水率达 70%，油田采出水水量较大，2020 年全年达到 $27.31\times10^4m^3$。如何把采出水通过一定的方法经济有效地处理合格后回注地层投入再生产，实现油田采注水量平衡，有效节约水资源，已成为青西采油厂的重要课题。青西采油厂位于甘肃省玉门市境内的酒西盆地隔壁地区，地下淡水资源显得尤为珍贵，有效地利用采出水处理后直接回注地层，不但可以节约清水资源，同时可以减少废水排放对周边本就脆弱的生态环境的影响。

关键词 油田采出水；采出水处理；节点

青西采油厂为构造背景控制下的深层复杂岩性裂缝性油藏，裂缝是主要的储集空间和渗流通道，非均质性极强，采用注水方式开发。从 2009 年 8 月青西联合站污水厂建成以来，青西采油厂经过多年建设，目前建有采出水处理系统 1 座，处理能力 $1200m^3/d$。青西采油厂已经进入高含水精细挖潜阶段，油田采出水水质特性发生变化，处理难度逐渐加大，部分水处理设施处理效率下降，为此，青西采油厂开发应用了提高沉降分离效率、改善过滤效果和反冲洗质量等多项技术措施，满足了油藏开发生产的需要。

1 采出水情况

1.1 水质情况

青西联合站采出水水质分析结果见表 1。

1.2 采出水水质特点

1.2.1 水性特点

采出水矿化度高，超过 100000mg/L，接近海水的 3 倍，主要阴离子为 Cl^-，含量为 60000mg/L 左右，主要阳离子为 Na^+，含量为 40000mg/L 左右，pH 值 6.77，微酸性。腐蚀性较强，可对奥氏体不锈钢产生应力腐蚀。

以碳酸钙计总硬度为 670.48mg/L，合 13.41mmol/L，37.55 德国度，属于很硬的水，见表 2。且总碱度（67.70mmol/L）远大于总硬度，所含硬度全部为暂时硬度，水温升高时会产生碳酸盐沉淀，形成水垢。

表1　青西联合站采出水水质分析结果

分析项目		数据	分析项目	数据
阳离子含量/mg/L	K^+	36.04	硫化物含量/（mg/L）	0.1
	Na^+	40737.01	游离 CO_2 含量/（mg/L）	-6.97
	Ca^{2+}	126.21	总矿化度/（mg/L）	104546.44
	Mg^{2+}	85.19	总硬度（以 $CaCO_3$ 计）/（mg/L）	670.48
阴离子含量/mg/L	Cl^-	59284.9	总碱度/（mmol/L）	67.70
	SO_4^{2-}	147.2	水型	$NaHCO_3$
	HCO_3^-	4129.89	pH 值	6.77
	CO_3^{2-}	未检出	腐生菌/（个/mL）	2.5
悬浮固体含量/（mg/L）		24.9	还原菌/（个/mL）	25
含油量/（mg/L）		0.82	铁细菌/（个/mL）	25
含铁量/（mg/L）		3.0	粒度中值/μm	6.25
溶解氧含量/（mg/L）		0.2	平均腐蚀速率/（mm/a）	0.078

表2　水按硬度分类表

硬度（德国度）	0～4	4～8	8～16	16～30	30以上
分类	很软的水	软水	稍硬水	硬水	很硬的水

游离二氧化碳含量经计算为990mg/L，不含侵蚀性二氧化碳，有较强的结垢倾向。

硫化物含量不高，仅为0.1mg/L，对水质影响不大。

进站水中铁含量为3mg/L，注水井口达到8～10mg/L，说明腐蚀了沿途钢制设备和管道，包括集输系统的设备和管道。控制住腐蚀因素，应该即可控制住含铁量。

1.2.2　溶解氧

联合站进站水溶解氧含量0.2mg/L，出站水溶解氧含量0.1mg/L，注水井口溶解氧含量达到0.2～0.4mg/L。这样浓度的溶解氧可促使电化学腐蚀在pH值大于5时持续进行，在pH值大于9时，腐蚀速度可降低。若水中不存在溶解氧，在pH值小于4时，电化学腐蚀才可持续进行，pH值大于5时，腐蚀作用就会停止下来。

1.2.3　含油和悬浮物情况

青西联合站处理原油包括柳沟庄油藏原油和窟窿山油藏原油。

原油物性较好，平均密度约0.86g/cm³，凝固点14℃，含蜡量7.915%，初馏点96.3℃。

由于水的矿化度高，密度大，达到 1065.9kg/m^3，原油油品性质较好，密度较低，油水密度差较大，油水分离效果好，原水中含油量不高。

悬浮物含量不高，仅 24.9mg/L。粒径中值 6.25μm，乳化较严重。

1.2.4 细菌情况

原水中细菌含量不高，只有硫酸盐还原菌超标，腐生菌和铁细菌均未超标。

1.2.5 油田采出水处理站工艺技术

水处理采用自然沉降 + 旋流分离（电化学离子稳定技术）+ 双滤料过滤的处理工艺，设计处理量 1200m^3/d，主要包括除油罐、预反应器、旋流分离、双滤料过滤、二次缓冲罐、提升泵、滤后水罐、外输泵、污泥脱水机、污泥池、污水池等设备设施。

2 采出水处理工艺流程

工艺流程为三相分离器来水进入 2 具除油罐进行自然沉降，然后通过一级提升泵进入预反应器依次与氢氧化钙、凝聚剂、絮凝剂混合。预反应器采用电化学处理技术，在电极的作用下将采出水中的离子通过电化学反应生成具有高效杀菌能力的杀菌剂，消除硫酸盐还原菌（SRB）、腐生菌（TGB）和铁细菌（IB）。加药后的采出水切线方向高速进入 2 具并联的旋流分离器，产生离心力场，在药剂絮凝的作用下生成的污泥通过离心力与水分离，从底部排入污泥池。旋流分离后的采出水通过二级提升泵进入缓冲罐，再进入 3 具并联的双滤料过滤器进行过滤。过滤后的水进入滤后水罐，通过 3 台外输泵外输。通过以上自然沉降除油、电化学杀菌、离子稳定絮凝、旋流分离净化水质、双滤料精细过滤实现采出水达标处理。

2.1 主流程

采出水处理工艺主流程如图 1 所示。

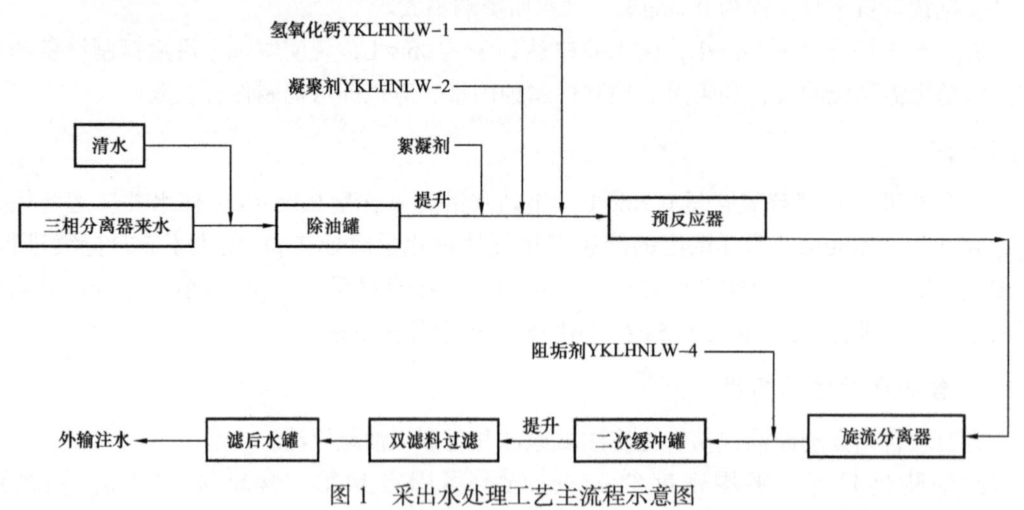

图 1 采出水处理工艺主流程示意图

2.2　反冲洗流程

采出水处理反冲洗流程如图 2 所示。

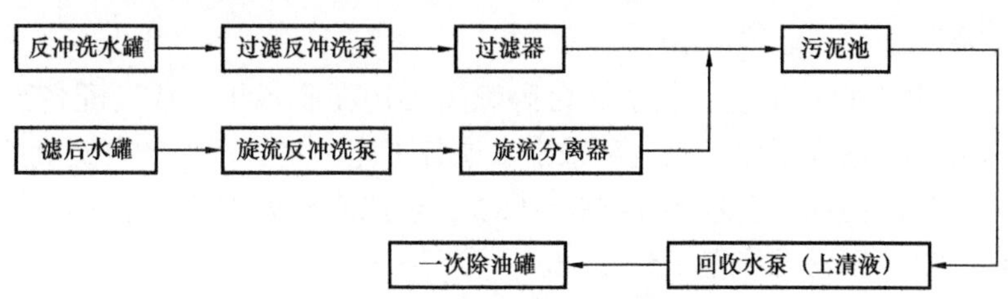

图 2　采出水处理反冲洗流程示意图

双滤料过滤器反冲洗再生采用定时自动运行方式控制。青西联合站原油脱水温度较低，脱出采出水温度为 35℃，混合清水和回收采出水后温度会更低，尤其是冬季，预计水温只有 20℃左右。为改善反冲洗效果，保证水质，反冲洗水应在 45℃以上，本工程将反冲洗水加热到 50℃左右，采用 80℃热水作为加热热媒，设置加热炉产生热媒，详见热工部分。

2.3　收油流程

收油流程如图 3 所示。

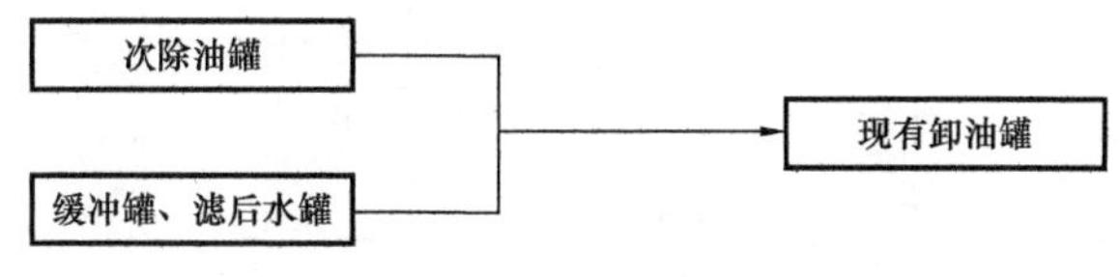

图 3　收油流程示意图

2.4　加药流程

加药流程如图 4 所示。

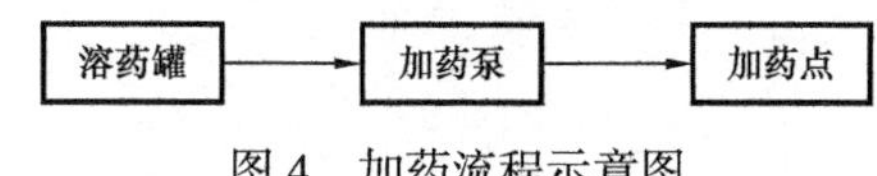

图 4　加药流程示意图

药剂种类、投加点和投加浓度见表 3。

表 3　药剂投加明细表

序号	药剂名称	投加点	投加浓度 / (mg/L)	备注
1	氢氧化钙 YKLHNLW–1	预反应器进口	250	连续投加
2	凝聚剂 YKLHNLW–2		50	连续投加
3	絮凝剂 YKLHNLW–3		2	连续投加
4	阻垢剂 YKLHNLW–4	旋流分离器出口	5～10	连续投加

加药总量为250～450mg/L。药剂的加入量由自动加药系统根据水量自动调控。还可以人机对话方式进行调节。反应时间为2～5min。

2.5 污泥处理

本设计采用离心脱水工艺，新上2台卧螺离心污泥脱水机，成套配备絮凝剂投加装置和污泥传送装置。站内新建污泥池和采出水池各1座。主要污泥产自旋流分离器。旋流分离器定时自动排放污泥，含水率99.5%～98%，经离心机处理后，干污泥含水率≤80%，清液含固率≤0.1%。干污泥产量1.5～3t/d。

3 处理效果

经过上述工艺流程的处理，采出水水质有了明显改善，含油量由处理前的44mg/L降至处理后的3mg/L，机械杂质由处理前的90mg/L降至处理后的8mg/L，如图5至图7所示。

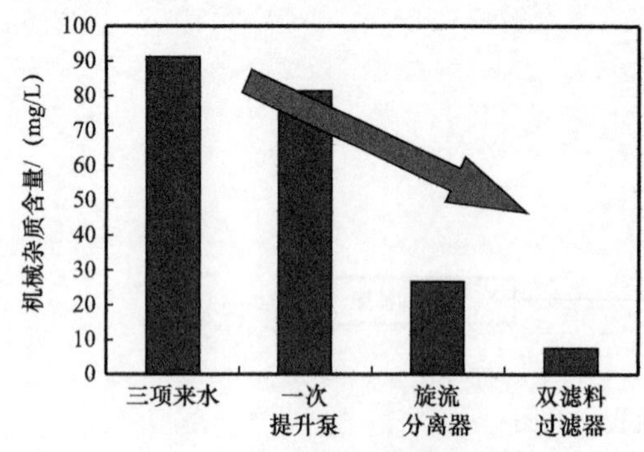

图5 各节点机械杂质变化情况图

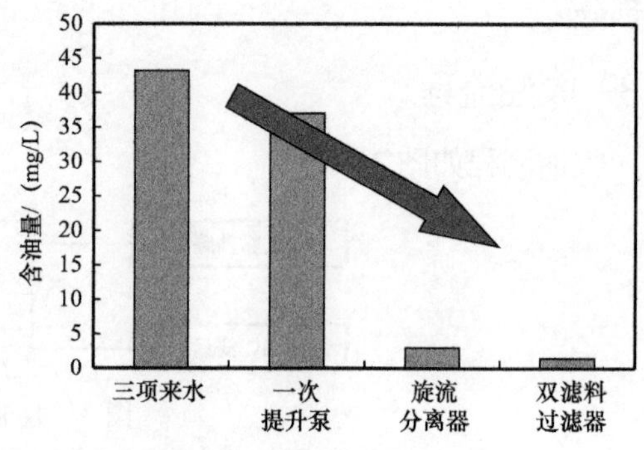

图6 各节点含油变化图

图7 采出水处理现场取样对比

新疆油田公司采油二厂东油区注水系统杀菌应用研究

韩丰泽　董　兴　李云飞　向建波　贾　鹏

（中国石油新疆油田公司采油二厂）

摘　要　本文针对新疆油田公司采油二厂东油区注水系统因处理站杀菌装置运行不稳定、沿程缺少有效的杀菌工艺而致各节点水质细菌含量超标，在室内试验基础上，优化了处理站杀菌工艺参数；优选了适用的沿程杀菌工艺和药剂，通过现场试验和应用，取得良好效果。

关键词　注水系统；杀菌；达标

油田注水是油藏稳产的基础，注水井口水质达标直接关系到地层能否注得进、注得够，目前新疆油田公司采油二厂东油区注水系统使用的水源为1#处理站处理的原油污水，该系统由1#原油污水处理站、6个注水泵站、所辖配水间及注水井组成，注入量为20000～25000m³/d。该水质矿化度为10000～12000mg/L、硫酸盐含量为100～150mg/L，水温为20～25℃，常温下易结垢（25℃下48h失钙率13.5%）、悬浮物含量为6～25mg/L、还原性物质多（含S^{2-}、Fe^{2-}），为细菌生长繁殖提供了有利的条件，细菌严重超标，危害注水系统的管线和设备并造成地层伤害。处理站采用电解盐杀菌装置，在电解盐杀菌装置运行正常时，出站水质细菌可达到Q/SY XJ0065—2003《克拉玛依油田注水水质标准》指标要求，但由于注水管网污染严重（生物黏泥黏附管壁）且注水管线较长，净化污水输送至各注水泵站后细菌含量逐渐升高，待输送至注水井口，细菌含量持续增加，影响到井口注水水质达标率。

1　各节点水质细菌含量检测

1.1　注水系统各节点细菌与腐蚀情况检测

按照SY/T 5329—2012《碎屑岩油藏注水水质推荐指标及分析方法》对81#原油污水处理站、802注水泵站、注水井口水质细菌含量、静态腐蚀率进行了检测（表1）。

由表1可见东油区油田注水系统各节点水质硫酸盐还原菌、铁细菌和腐生菌含量均随着流程延伸而递增，远超标准要求。悬浮物也随流程延伸不断增加，腐蚀速率均超过行业标准0.076mm/a；说明污水中细菌繁殖和悬浮物沉积造成了金属腐蚀速率增加。

表 1　注水系统各节点细菌及腐蚀率检测数据

监测点	处理站出口	泵站出口	配水间	注水井口
悬浮物含量 /（mg/L）	10.6	33.6	31.3	29.1
硫酸盐还原菌含量 /（个 /mL）	50	250	600	600
铁细菌含量 /（个 /mL）	1000	1169	1424	1166
腐生菌含量 /（个 /mL）	2500	2500	7000	6000
室内静态腐蚀速率 /（mm/a）	0.0632	0.0852	0.1018	0.1265

1.2　腐蚀产物分析

对各节点管线结垢、腐蚀产物取样，经化验分析，其中的硫化铁成分占比均不相同（表 2）。

表 2　注水系统各节点结垢成分

取样节点	处理站管汇	泵站管汇	配水间管汇	注水井单井管线
铁的硫化物 /%	9.2	23.8	36.3	30.5
碳酸钙 /%	23.4	22.5	20.8	11.2

由现场检测和腐蚀产物分析数据看，东油区注水系统各节点腐蚀结垢产物中硫化亚铁成分受水中细菌尤其是硫酸盐还原菌影响较大，随硫酸盐还原菌含量增加，节点水质对金属管线的腐蚀率增加，腐蚀产物中的硫化亚铁含量增加。

2　杀菌工艺优化

2.1　处理站杀菌工艺优化

针对处理站电解盐杀菌工艺存在的运行不稳定，产出次氯酸钠浓度低，总量不能满足系统水质杀菌要求的问题，经现场试验，优化了装置进口盐水浓度和流量，确保装置出口次氯酸钠的浓度和产量可满足站内水质杀菌需求。

2.1.1　电解盐运行参数优化

由现场试验数据（表 3），产出次氯酸钠溶液有效氯浓度与装置进口稀盐水浓度成正比，稀盐水浓度≤3.5% 时，产出次氯酸钠浓度与随稀盐水浓度增大而增大；稀盐水浓度≥3.5% 时，以上趋势变缓；据此将现场稀盐水最佳浓度设定为 3.0%～3.5%。

表 3　稀盐水浓度与产出次氯酸钠浓度对应关系

稀盐水浓度 /%	1.7	2.5	2.8	3.0	3.2	3.5	3.8
产出次氯酸钠浓度 /（mg/L）	3400	5100	6700	8000	9000	9900	10000

2.1.2　稀盐水流量优化

由现场试验数据（表 4），单组电解槽装置进稀盐水量为 1.3～1.8m^3/h，理想状态下产出次氯酸钠 20～24kg/h。现场跟踪数据显示，产出次氯酸钠浓度随着稀盐水流量增加而降低，流量≥1.6m^3/h 时，产出次氯酸钠浓度急剧降低，据此将现场流量设定在 1.4～1.6m^3/h。

表 4　稀盐水流量与产出次氯酸钠浓度对应关系

稀盐水流量 /（m^3/h）	1.3	1.4	1.5	1.6	1.7	1.8
产出次氯酸钠浓度 /（mg/L）	10000	9900	9500	9000	8000	6000

2.1.3　次氯酸钠加药浓度优化

由室内试验数据（表 5），处理站水质（悬浮物 23.6mg/L、含油 1.8mg/L）加次氯酸钠杀菌，随次氯酸钠浓度增加，水中余氯增加，杀菌作用增强，当水中次氯酸钠浓度≥35mg/L 时，水质杀菌基本达标。

表 5　次氯酸钠浓度与杀菌效果对应关系

细菌含量	不同次氯酸钠浓度对应的杀菌效果					
	0mg/L	25mg/L	30mg/L	35mg/L	40mg/L	45mg/L
SRB/（个 /mL）	2.5×10^3	6.0×10^2	1.3×10^2	6.0	6.0	0
TGB/（个 /mL）	2.5×10^5	2.5×10^3	6.0×10^2	2.5×10	2.5	0
FB/（个 /mL）	6.0×10^3	1.3×10^3	6.0×10^2	6.0×10	2.5×10	0
余氯含量 /（mg/L）	0	0	0.05	0.4	0.60	0.9

2.2　沿程水质杀菌工艺优选

2.2.1　室内杀菌筛选试验

针对第二采油厂东油区处理水的还原性物质（含 S^{2-}、Fe^{2-}）多的特性，以及沿程金属管道易消耗氧化性杀菌剂的情况，需要在注水系统沿程补加杀灭和抑制沿程细菌的杀菌剂，经技术调研确定筛选评价的方向以非氧化型杀菌剂[1-2]为主，根据 SY/T 5757—2010《油田注入水杀菌剂通用技术条件》对杀菌剂进行杀菌效果评价试验（表 6 和表 7）。

表 6　杀菌剂筛选试验（采用 2# 泵站出口水）

杀菌剂编号	SRB/个 /mL	TGB/个 /mL	FB/个 /mL	悬浮物 /mg/L	腐蚀速率 /mm/a	备注
空白	6000	25000	2500	38	0.0628	水浑浊，大量黑色沉渣
1#	2500	2000	600	28	0.0716	水浑浊，大量黑色沉渣
2#	9	0	0	19	0.0325	水淡灰、透亮，无沉淀
3#	2500	2000	600	20	0.0559	水灰黑，无沉渣
4#	0	25	25	18	0.0412	水灰黄、透亮、无沉渣
5#	250	200	600	25	0.0388	水灰黑、有沉渣
6#	25	2500	250	26	0.0765	水灰黑、有沉渣
7#	0	2.5	0	17	0.0333	水色白、透亮、无沉渣
8#	2.5	25	0	18	0.0384	水灰黄、透亮、无沉渣

表 7　杀菌剂评价试验（采用 2# 泵站出口水）

名称	杀菌条件	细菌含量 /（个 /mL）		
		SRB	TGB	FB
103# 注水泵站出口水	空白	2500	6000	6000
	3d	25000	250000	250000
投加杀菌剂浓度 50mg/L	4h	0	0	0
	8h	0	0	0
	12h	0	0	0
	1d	0	0	0
	2d	0	0	0
	3d	2.5	0	0
投加杀菌剂浓度 30mg/L	4h	0	0	0
	8h	0	0	0
	12h	0	0	0
	1d	0	2.5	60
	2d	0	25	60
	3d	25	25	250
指标	—	25	1000	1000

由室内试验数据（表 6 和表 7），通过室内试验优选出的 7# 杀菌剂（SYS–01）为异噻类杀菌剂，具有针对性强、长效、杀菌成本较低、腐蚀率低的特点，该杀菌时投加浓度为 50～60mg/L 时，可保证东油区污水至井口杀菌合格。

2.2.2　现场试验投加方式的选择

根据现场注水流程特点及药剂性能，选择在注水泵站来水线上连续投加杀菌剂，使药剂与水充分混合，发挥杀菌作用，前期冲击式加药浓度为 100mg/L，以去除管网、罐体的细菌（包括黏泥中的细菌）；后期采用浓度为 30～50mg/L 的连续加药，杀灭和抑制水中细菌含量不超标。

2.2.2.1　现场试验及应用

根据室内优选评价的结果，于 2017 年 8—9 月在 2# 泵站开展现场小试试验，以 100mg/L、55mg/L 和 30mg/L 三种加药浓度各试验 15 天，试验期间泵站来水水质较差，悬浮物含量和含油量平均值分别为 15～130mg/L 和 71～147mg/L（表 8）。

表 8　现场药剂投加试验期间各节点水质监测数据

加药浓度 / mg/L	取样点	达标率 /%			
		SRB	TGB	FB	三项综合
0	注水泵站进口	0.11	0.26	0.22	0.19
	配水间	0.33	0.33	0.32	0.32
	注水井口	0.15	0.20	0.17	0.17
100	注水泵站进口	0.89	3.63	4.39	2.97
	注水泵站出口	100	100	100	100
	配水间	100	100	100	100
	注水井口	100	100	100	100
55	注水泵站进口	0.82	7.3	6.72	4.95
	注水泵站出口	100	100	100	100
	配水间	100	100	100	100
	注水井口	100	100	100	100
30	注水泵站进口	1.01	18.81	66.42	28.75
	注水泵站出口	27.59	100	100	75.86
	配水间	64.77	100	100	88.26
	注水井口	62.19	100	100	87.4

由现场试验数据（表 8）可见，加药 55mg/L 以上时，杀菌后各节点水质三项细菌杀菌综合达标率均达到 100%；加药达到 30mg/L 以上时，除注水泵站出口药剂还没有作用

完全，节点水质三项细菌杀菌综合达标率只有75.86%外，配水间、注水井口等关键节点水质三项细菌杀菌综合达标率均达到85%以上，满足新疆油田公司水质处理指标考核要求。

2.2.2.2　现场应用效果跟踪

在室内试验和现场小试基础上，以30～60mg/L的加药浓度应用到东油区各注水泵站，跟踪检测各节点水质的杀菌效果，并与之前数据进行对比（表9）。

表9　工艺应用前后东油区各节点水质细菌达标率数据　　单位：%

时间	处理站水质	泵站水质	配水间水质	注水井口水质
2016年（应用前）	77.7	68.2	65.6	63.3
2017年（试验期间）	93.8	73.6	72.9	72.5
2018年（应用后）	100	98.1	97.5	96
提高值	22.3	29.9	31.9	32.7

由现场试验数据（表9），通过对杀菌工艺及药剂优化前后注水系统各节点水质杀菌效果的跟踪，处理站及沿程杀菌工艺及药剂优化后，各节点水质细菌指标均能够满足杀菌要求。

3　结束语

通过现场跟踪检测、室内及现场试验研究和现场应用，合理优化处理站电解食盐水杀菌工艺运行参数，将非氧化型异噻类杀菌剂[2] SYS-01作为沿程泵站用杀菌剂，可满足处理站、泵站至井口各节点水质杀菌达标要求。采用站内氧化杀菌、沿程非氧化杀菌两种工艺的结合能够满足原油污水回注井口达标要求。

参考文献

［1］易绍金.我国油田注水杀菌剂的应用现状及其展望［J］.石油与天然气化工，1987（4）：31-34.

［2］郝艳华.杀菌剂在油田注水系统中的应用［J］.油田建设设计，1995（1）：35-41.

污水处理站沉降罐收油工艺研究

刘美欧

（中国石油大庆油田第一采油厂）

摘　要　随着开发形势的多元化，油田污水处理的难度加大，污水沉降罐的上层污油如何经济高效回收，是采出液处理的重要课题。目前某采油厂主要采用两种收油工艺：固定收油及浮动收油，各污水处理站收油周期、收油方式不尽相同，收油效果也无法达到预期，致使设备低效无效循环。收油效果会影响沉降罐沉降效果和后续过滤段负荷，且部分污水处理站同时具备两种收油工艺，在工艺选择上界限不明。本项目通过对收油效果进行跟踪，摸清收油规律，探索最佳收油方式，实现高效节能，推进降本增效。

关键词　浮动收油；固定收油；工艺优化

1　收油工艺现状

污水处理站沉降罐的收油是减轻过滤段处理负荷的关键，收油效果是影响采出水达标的重要因素[1]。传统收油工艺采用固定收油槽收油，上部易出现老化油且冬天易形成硬油盖。为减少老化油，改善沉降出水指标，传统的固定收油槽已逐步通过调整沉降罐堰板高度、控制液位，更换小排量收油泵等方式，实现连续收油[2-3]。

大庆油田针对固定收油槽在生产中存在高液位运行缓冲能力小等问题，研究应用了浮动收油装置[4]，该装置收油口浸于油水界面中，随着液位的升降而升降，实现动态收油。目前该装置主要应用于新建的三元污水处理站，已建站改造难度大。

2　沉降罐收油工艺研究

2.1　三元污水站沉降罐收油工艺

某厂中A三元污水处理站同时安装了浮动收油装置及固定收油槽，在该站开展两种收油工艺运行效果研究。

A三元污水处理站目前处于三元副段塞，设计规模$1.9\times10^4m^3/d$，实际处理量$0.9\times10^4m^3/d$，该站运行一级连续流，采用24h浮动收油，对该站收油效果进行跟踪，发现：（1）该站运行较为平稳，罐内油厚低于20cm，浮动收油装置可满足日常运行，安全性较好，员工无须频繁操作；（2）连续流下运行24h浮动收油，收油含水率均高于99%，泵24h运行不经济。

因此对该站浮动收油周期进行优化，该站运行连续流工艺，选择 2# 沉降罐间隔 24h 进行收油，4# 沉降罐间隔 48h 进行收油，每次启泵 8h，跟踪监测收油泵出口含油量，发现：（1）采用 24h 周期浮动收油，收油 8h 含水率均高于 99%；（2）采用 48h 周期浮动收油，收油 8h 含水率均低于 99%，因此该站可以运行连续流工艺时，收油周期调整为 48h，启泵 8h。具体周期还应根据生产情况而定。

在该站开展连续流沉降 + 固定收油，跟踪固定收油效果。当沉降罐液位达到 11.6m 时启动收油泵进行收油，启泵 40min。发现：运行固定收油工艺，保证液位稳定时，收油含水率较低，但需提高罐内液位，操作难度较高，且高液位运行预留空间少。因此固定收油工艺可在浮动收油不可用时作为备用。

在该站投运序批沉降工艺，采用浮动收油方式，在沉降罐出水前 2h 开始浮动收油。跟踪收油效果，发现：效果最佳期间为启泵 5min 至沉淀出水 10m，收油平均含水率为 81.8%，液位低于 9m 后收油含水率均高于 99%，建议液位降低到 9m 后可停止收油。

2.2　普通污水处理站沉降罐收油工艺优化

中 B 含聚污水处理站目前处理聚合物驱污水，设计规模 $1.5\times10^4m^3/d$，试验期间处理量约为 $1.1\times10^4m^3/d$，原水聚合物浓度为 283mg/L，该站采用固定收油工艺连续收油，由收油泵 24h 连续运行将污油输至转油站。在该站对不调整液位时的收油效果进行跟踪。

通过试验数据可以看出，连续收油的含水率不稳定且普遍高于 99%，最低 67.6%，最高 99.8%。分析原因：主要是由于固定收油工艺需要使油层正处收油槽高度，如不及时调整调节堰收水层则含水率高，且该罐存油较少，液位控制难度大，泵 24h 连续运行经济效益低。

为了提高收油含水率，减少收油泵运行时间，在该站运行间歇收油。周期分别为 24h/48h，启泵 8h，其余时间停泵，启泵时控制收油液位。跟踪监测收油效果发现：24h 周期收油平均含水率为 82%，刚启泵时含水率较高，调整液位后含水率降低，8h 后含水率上升，油层基本收净。48h 周期收油含水率较 24h 低，平均含水率为 73.1%，刚启泵时含水率较高，调整液位后含水率降低，8h 后平均含水率仍然小于 80%，说明罐内仍有存油，且 48h 周期时油厚增加较快。

3　浮动收油与固定收油优缺点对比

在日常应用中，浮动收油操作较为简单，无须频繁调整[5]，无须上罐操作，员工工作量少。固定收油日常运行中，收油效果主要依靠员工上罐调节调节堰，控制收油液位，员工工作量较大，操作难度大。

对比安装维护难度，浮动收油装置在某厂的应用过程中，3 座较早安装的三元污水处理站暴露出一些问题，出现了浮子翻转、浮子掉落、收油盘不在同一平面等问题。主要是由于该装置对安装的精度要求较高，后期调整安装方案后，运行较平稳。

对中 C 三元污水处理站浮动收油装置运行进行跟踪，发现 7 支收油臂未落到支撑点中间位置，相应的集油管落空，其中 1 支收油臂与支撑偏离严重，导致收油臂落到下端曝气管上。因此进行改造，对原安装方案进行调整：（1）重新调整支撑位置至集油器落点正中间，加长支撑横担长度，预留集油器横向窜动余量。支撑底部进行周向固定，以保证支撑稳固。（2）安装时集油器与支撑之间先预对正，待确认无误后旋紧螺栓固定。（3）上层更换伴热盘管时，必须按原设计图纸尺寸预留出收油装置浮球上升的空间，以免与加热盘管剐蹭。

固定收油工艺在油田经过长期的应用，运行较为平稳[6]，但由于投产时间长，存在较多腐蚀老化现象，调节堰易锈蚀。某厂有污水处理站 58 座，2016—2019 年，就有 12 座站 38 座罐固定收油工艺进行了维修更换。

为了更好地解决调节堰生锈，需频繁维修更换问题，近年来大庆油田研究了利用自控系统实现自动收油工艺，取得较好效果[7]。某厂 D 含油污水处理站于 2012 年建站，该站两座 3000m^3 沉降罐取消了调节堰和水箱，在出口管线安装电动截止阀，与液位连锁，实现了远程控制，已运行 8 年，安全稳定，减少了员工劳动强度。

4　结论

（1）三元污水处理站运行连续流时，应用浮动收油安全稳定，周期可间隔 48h，启泵 8h。具体周期各站还应根据生产情况调节。以收油泵功率 15kW 为例，单站日节电 600kW·h，节约电费 1080 元 /d。

（2）三元污水处理站运行序批时，采用浮动收油，收油时间为出水前 2h 至液位降低到 9m。

（3）普通污水处理站可以根据生产情况，可调整为白班收油，及时调整液位，员工夜间不上罐，提高了安全性，且节约电能。以收油泵功率 15kW 为例，单站日节电 480kW·h，节约电费 864 元 /d。

（4）浮动收油装置运行较平稳，员工劳动强度低，但对设计和安装的精度要求较高，需及时调整安装方案。

（5）固定收油工艺运行时需要员工上罐，劳动强度大，且由于投产时间长，存在较多腐蚀老化现象，在今后改造中可应用自动连锁控制系统，无须更换调节堰及水箱。

参 考 文 献

[1] 付艳玲 . 沉降罐自动收油工艺改造试验［J］. 石油石化节能，2018，8（1）：11-13.

[2] 于艳晖 . 污水沉降罐收油工艺技术改造［J］. 油气田地面工程，2014，33（4）：15.

[3] 张学佳，纪巍，王宝辉，等 . 油田采出水处理技术进展［J］. 工业安全与环保，2007，33（4）：13-16.

[4] 吴朋兵，张志娟，祁木，等 . 污水沉降罐连续收油工艺技术［J］. 油气田地面工程，2013，32（10）：11-13.

[5] 杨博域，王绍斌，高永贤 . 改造收油流程提高污水处理站的收油效率［J］. 石油工程技术，2011，6：46-48.

[6] 赵丽红 . 污水站沉降罐收油工艺的优化［J］. 油气田地面工程，2010（3）：38-39.

[7] 成明泉 . 现代化污水处理技术及应用［J］. 管理科学文摘，2006（6）：58-60.

一种污水罐浮油回收装置的改进与应用

马文娟 李 栋 苗彦平 薛李强 朱治国 陈振亚

（中国石油华北油田公司第三采油厂）

摘 要 针对华北油田第三采油厂含油污水罐浮油不能及时收取、冬季气温低产生凝固油等问题，在原有设备的基础上安装了一种连续收油装置，并对其进行工艺改造，对其浮子、收油槽、旋转接头、工艺设备进行设计，在此基础上安装伴热盘管。该技术提高了污水罐浮油回收效率，提升了节点水质达标率，降低了员工工作强度，具有广泛的推广价值和应用前景。

关键词 污油回收；连续收油；伴热盘管

油田采出水处理主要通过隔油罐（沉降罐）、除油器、过滤器等设备实现油水分离、悬浮物去除，其中隔油罐作为采出水处理的重要节点，在物理沉降和化学药剂絮凝的综合作用下实现油水分离[1]，当液面达到一定高度时通过固定位置的盘管收取浮油。目前第三采油厂的收油工艺为固定收油方式，只有高液位时才能收取表面浮油[2]，实际生产过程中液面不易控制，收取的浮油中含水率较高；收油过程中需要两名员工配合启停收油泵，操作烦琐；工作中时常存在收油不及时、不彻底等情况，罐内浮油停留时间较长后形成老化油，严重增加水处理负担，对水系统产生不良影响[3]。

因此，对含油污水罐浮油回收装置进行研究与改造是很有必要的。

1 连续收油原理

连续收油装置的主要工作原理是利用阿基米德浮力和液体旋流，收油装置在浮子的浮力作用下，随着沉降罐内液位的变化而上下围绕一点做摆线运动；收油口位于液面下一定深度，随着浮子的上下浮动，在不同的液位高度来回运动，从而在收油口附近产生旋流，收取浮油并排放。

该装置无须外力驱动，靠浮子在液体中产生的浮力，带动设备运动；可及时收取表面浮油，且不受罐内液位限制；针对老罐改造，降低了高液位操作隐患、出水含油率及收油含水率；无须人工监控，一人可以独立完成，收油操作方便快捷，减轻了员工的工作量；与罐体等同寿命检维修；增加了表面浮油回收面积，提高了油品回收效率。

2 浮动收油技术核心功能设计

该技术主要通过对整个系统的受力进行分析，根据实际情况对浮子、收油槽、回转机构、设备工艺等进行设计（图 1），使之与传统的固定收油工艺共存，并在此基础上安装伴热盘管，解决冬季收油难、凝固油等难问题。

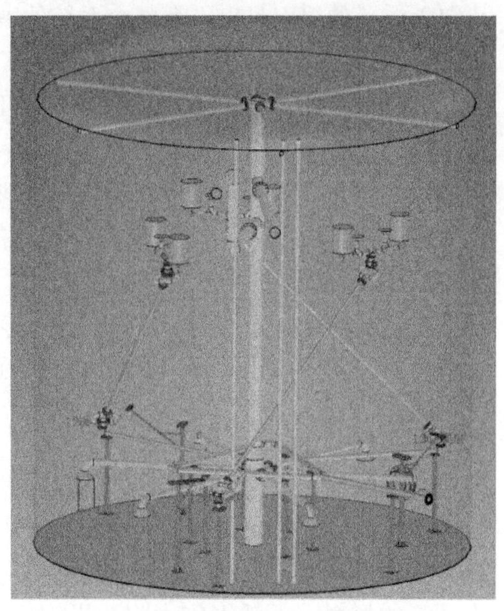

图 1 浮动收油在罐内的结构图

2.1 受力分析

收油槽需始终位于油水过渡带，则在 y 方向上需满足重力系统受力平衡：

$$\sum y=0 \tag{1}$$

实际生产中系统受力比较复杂，其中主要作用力有：收油槽自身重力（$G_{收油槽}$）与自身的浮力（$F_{收油槽}$）；浮子的浮力（$F_{浮子}$）；空心管柱自身重力（$G_{管柱}$）与自身的浮力（$F_{管柱}$）；流体与管柱外壁间的摩擦力（f）；收油槽、浮子与流体的摩擦力（f）。

安装浮动收油装置后，需满足：

$$F_{收油槽}+F_{浮子}+F_{管柱}=G_{收油槽}+G_{浮子}+G_{管柱}+f \tag{2}$$

其中

$$F_{收油槽}\approx G_{收油槽};\ F_{管柱}\approx G_{管柱} \tag{3}$$

因此

$$F_{浮子}\approx G_{浮子}+f \tag{4}$$

2.2 浮子和收油槽设计

隔油罐（沉降罐）中的采出水没有绝对的油水界面，以一定高度的油水混合带的形式存在[2]。油水混合带的含水率自下而上逐渐降低，混合带的液体密度自下而上逐级减小。根据所收取浮油的含水率确定收油槽的具体位置，根据隔油罐的横截面积确定收油槽体积，收油槽体积计算公式为：

$$V=\frac{m}{\rho g} \tag{5}$$

式中 V——收油槽在空气中的体积；

m——收油槽在空气中的质量；

ρ——油水混合液的密度。

浮子体积的确定原则：

（1）浮子的浮力足以平衡整个系统的摩擦力和自身的重力。

（2）浮子在液面外体积占浮子本身体积的比例在 1/3～2/5 内。

在浮子的底部安装调整螺栓，调整浮子与收油槽的高度差。调整螺栓顶部距离浮子底部的距离 109mm，保持收油槽始终距浮油液面以下深 60mm 左右。油质不同，可以根据实际需求进行调整，保证收油含水率达标。浮升机构正视如图 2 所示。

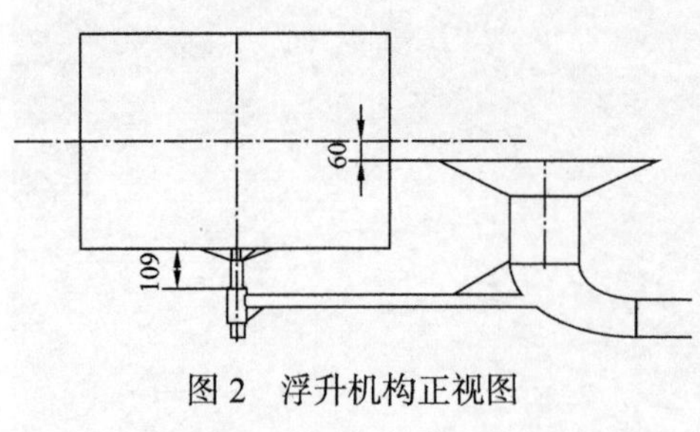

图 2　浮升机构正视图

2.3　设备工艺设计

在华北油田第三采油厂的其他联合站应用过连续收油装置，其采用橡胶软管作为连续收油的输油管，当油质不良、油量比较大时，易堵塞管道，影响设备的运行。综合考虑设备的实施环境与经济因素，选择碳钢作为浮动臂、回转机构、支架、浮子、螺栓法兰和出油管的材料，不锈钢作为收油机构的材料。根据里一联合站 2# 隔油罐的内部布局对其参数进行设计：上回转臂长度 7.235m，下回转臂长度 4.914m，回转臂管径 159mm。收油臂安装在中心反应筒下部，安装高度 2m，出油口管径 168mm。该装置的收油高度大于 3.022m，小于 9.0m，完全满足生产需求。

2.4　回转接头设计

传统的回转接头常存在偏置摩擦问题，回转接头偏执摩擦使操作中经常出现泄漏和起落管凡卡等机械故障，起落管放不下或起不来，抽空或油带水。针对以上问题，选用滚珠做支撑，旋转灵活无偏置；选用橡胶材料做静密封圈。回转接头安装时遵循“轴转轴套不转”原则，即轴套连接固定端，轴连接旋转端。回转机构结构如图 3 所示。

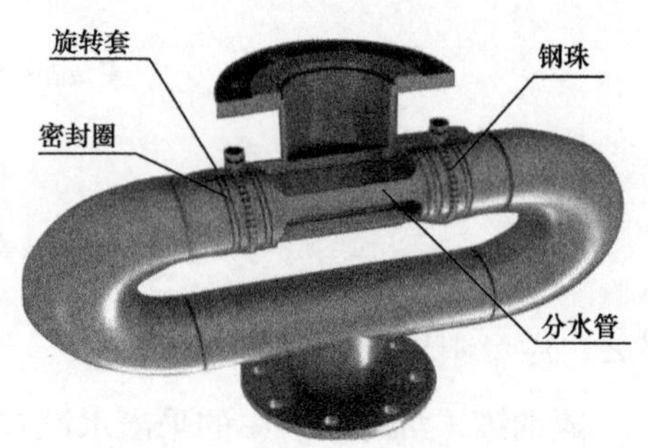

图 3　回转机构结构示意

2.5　防冻保温设计

北方冬季气温低，沉降罐顶部原油容易结成一层硬盖，造成浮动收油装置的收油槽和平衡浮子被卡住，不能随着液位上升或下降，影响收油效果。针对此问题，在原有的连续收油工艺基础上增加伴热装置，通过伴热装置对凝固油进行加热，将凝固油层溶化成流质态进行二次收取。部分沉降罐中设有伴热盘管，可以通过管内热水回流进行油水过渡带伴热；没有伴热盘管的沉降罐，可以在浮升机构下步安装加热线圈（图 4），通过电伴热带进行加热，在其外部包裹阻燃层，并通过温度控制器实现实时控温，对凝固油进行加热，避免老化油产生。

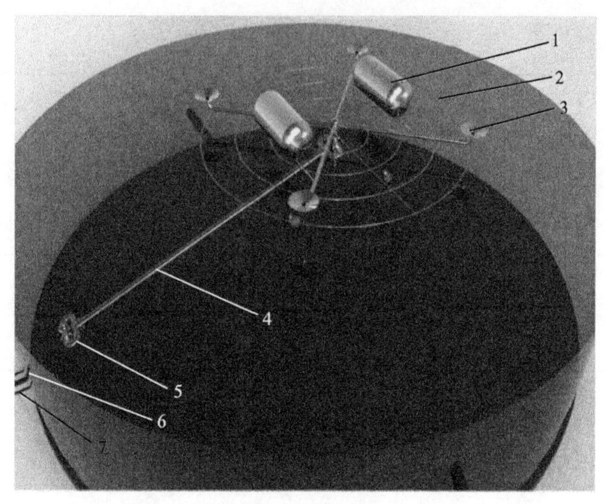

图 4　加热线圈示意图（图标 2）

1—浮升机构（产生浮力带动设备上下升起）；2—伴热装置（始终浸没于液表面，加热油品）；3—收油槽（收取表面浮油）；4—浮动输臂（输送油品）；5—回转机构（运转输油）；6—出油管路（排油管）；7—伴热管路（进出热源）

2.6　与固定收油工艺共存

里一联合站 2# 隔油罐内部结构复杂，上水管和出水管占据了大罐部分空间，根据布水管之间的空隙，以大罐内部中心筒为中心线，在大罐内空隙处均匀分布新建三组收油装置，如图 5 所示。将支撑机构固定在中心反应筒下部，浮动臂、集油管组均匀分布在罐内闲置空间，罐内之前的进液装置与出液口均正常运行。该方案满足了新建浮动收油装置的正常运行，也保留了沉降罐内部原有的固定收油工艺。

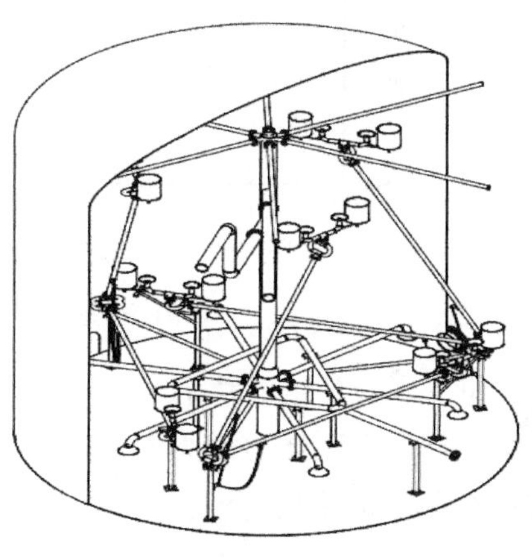

图 5　安装浮动收油装置后的罐内结构

3　现场应用

3.1　连续收油装置的应用情况

油区储油罐中的底水经放水泵进入水区隔油罐，经过隔油罐的混凝沉降作用，实现了隔油罐的油水分离，采出水进入调节罐进行下一级采出水精细处理，隔油罐内浮油通过固定收油装置进入缓冲罐，通过收油泵回收至油区储油罐进一步处理。2018 年 10 月在里一联合站 2# 隔油罐安装浮动收油装置，并对其进行改进，该装置在不同液位下运行状态均良好（表 1）。

浮动收油装置正式运行后，将油水过渡带的厚度控制在 30cm 以内，收油周期由 7 天 / 次调整为 3 天 / 次[3]，每旬度在隔油罐水处理出口进行人工取样，进行含油量测定，如图 6 所示。

表 1　不同液位下的收油状态统计表

液位 /m	收油状态	液位 /m	收油状态
3.5	正常	7	正常
4	正常	8	正常
5	正常	9	正常

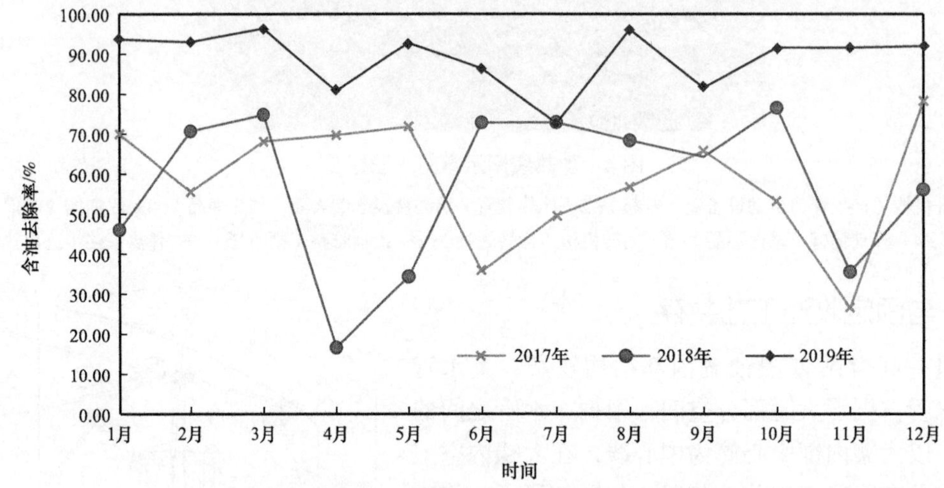

图 6　里一联 2# 隔油罐出口含油去除率统计图

里一联合站进液稳定，油区放水含油量稳定，每年含油去除率均低于隔油罐含油去除的指标，安装浮动收油装置后，2# 隔油罐的含油去除率大幅提高，由图 6 可知 2017—2019 年隔油罐平均含油去除率[4]分别为 58.41%、57.41% 和 89.04%，浮动收油装置在里一联 2# 隔油罐试验效果良好。

3.2　连续收油对综合水质的影响

影响里一联合站管线腐蚀的一个重要因素是 SRB（硫酸盐还原菌），SRB 为严格厌氧菌，碳源为其提供能量，油中含水量 60%～80% 的条件下可以大量繁殖，隔油罐高液位处容易产生大量的 SRB，可严重腐蚀设备；2019 年 1 月份浮动收油装置正式运行，隔油罐出口含油量降低，SRB 含量大幅减少，腐蚀速率下降（表 2），同时悬浮物和其他杂质相应减少，遂 2019 年 7 月对其药剂添加量进行优化调整，将缓蚀剂和净水剂的添加量缩减 5%，其水质稳定达标。里一联合站油区来水处理流程依次为：1# 隔油罐、2# 隔油罐、调节罐、过滤器等，综合考虑里一联合站目前水质情况，决定 2020 年初停用 1# 隔油罐，保持药剂添加量不变，对该站水质进行跟踪调查，数据如图 7 所示，其含油量和悬浮物含量分别持续小于等于 15mg/L 和 5mg/L，水质稳定达标。

表 2　里一联合站 SRB 含量统计表

时间	SRB 含量 /（个 /mL）			泵出口腐蚀速率 / mm/a
	油区来水	隔油罐出口	泵出口	
2017 年	300	150	60	0.060
2018 年	250	150	25	0.056
2019 年	250	80	20	0.050

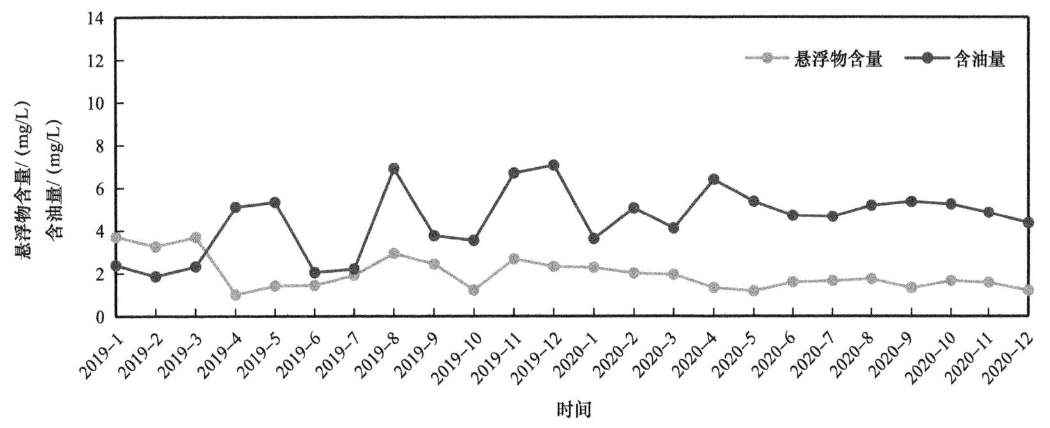

图 7　2019—2020 年里一联合站综合水质统计图

4　结论

浮动收油装置安装后，里一联合站 2# 隔油罐的平均浮油回收率达到 89%，减轻了下一节点水处理负荷，稳定了节点水质达标率；老化油在罐内通过加热装置实现二次收取，减少了产量损失。

截至目前，浮动收油装置在里一联合站 2# 隔油罐运行有效率达 100%，隔油罐出口含油量较安装前同期大幅减少；过滤器反冲洗周期由 2 天 1 次延长至 1 周 1 次，过滤器滤料更换周期、清罐周期均由 1 年 1 次延长至每 2 年 1 次；里一联合站缓蚀剂、净水剂添加量减少 5%；并且停用 1# 隔油罐，缩短了采出水处理流程；期间里一联水质均符合注水水质要求。

浮动收油装置安装过程简单、不影响罐内其他工艺流程、运行及维护成本低、日常操作简单安全可靠，适合在污水处理负荷不断增加但岗位员工逐渐老龄化的污水处理站安装使用。在绿色油田建设、自动化站场管理方面发挥了积极的作用，具有广泛的推广价值和应用前景[4]。

参考文献

[1] 赵丽红. 污水站沉降罐收油罐工艺的优化[J]. Oil-gasfieid Surface Engineering，2010，29（3）：

38–39.

［2］毕强．污水站沉降罐收油工艺的改善优化研究［J］．中国石油和化工标准与质量，2012（13）：282.

［3］吴朋兵，张志娟，祁木，等．污水沉降罐连续收油工艺技术［J］．油气田地面工程，2013，32（10）：53–54.

［4］查广平，查淑娟，郭增民，等．油田采出水处理系统污油的收集与处理［J］．油气田环境保护，2013（6）：14–15，85.

喇嘛甸油田污水站沉降罐配水装置优化研究

金胜男　宋文鹏

（中国石油大庆油田第六采油厂规划设计研究所）

摘　要　基于重力原理分离的沉降罐结构简单、处理量大，是油田污水处理中的重要设备，其脱水效果的优劣直接影响后续过滤罐的处理负荷和处理效果，继而影响水质达标。通过改善装置设备内的结构可以有效地提高油水分离器的分离效果。由配水干管、配水支管、配水孔构成的配水装置是沉降罐中实现均匀布水、稳流的关键装置，其结构对于沉降罐内流场和分离效果的重要作用不言而喻，因此本文在保证进水量相等的前提条件下，对配水装置结构进行了改进，并进行相应结构参数的优化研究；以改善流场、提高处理效果为目标，提出了一种新型双环形穿孔配水装置，使除油率和脱水效果提升。

关键词　沉降罐；配水装置；优化研究

随着聚合物驱油技术在油田的广泛应用，采出污水的性质发生了重大变化，出现了含聚浓度高、水质黏度大等特点，导致现有的污水处理装置和设备出现处理效果差的问题。基于重力原理分离的沉降罐结构简单、处理量大，是油田污水处理中的重要设备，其脱水效果的优劣直接影响后续过滤罐的处理负荷和处理效果，继而影响水质达标。

沉降罐作为污水处理的重要设备，在分离过程中要求重力沉降区的流场应均匀稳定，通过对沉降区域流场的研究可知，沉降罐内流场复杂、混乱。经过多年理论与实验研究和实践经验总结，人们逐渐认识到，通过改善装置设备内的结构可以有效地提高油水分离器的分离效果[1]。由配水干管、配水支管和配水孔构成的配水装置是沉降罐中实现均匀布水、稳流的关键装置，其结构对于沉降罐内流场和分离效果的重要作用不言而喻，因此本文在保证进水量相等的前提条件下，对配水装置结构进行了改进，并进行相应结构参数的优化研究；以改善流场、提高处理效果为目标，提出了一种新型双环形穿孔配水装置，使除油率和脱水效果得到提升。

1　原型配水装置存在问题及新型配水装置的提出

1.1　原型配水装置存在的问题

原型配水装置的配水口为梅花点状布置方式，以除油率和罐内纵向含油体积浓度为评价指标，指标数值很低，而聚合物驱采出污水有含聚浓度高、水质黏度大等特点，直接影响后续过滤罐的处理负荷和处理效果，继而影响水质达标。老式配水装置结构如图 1 所示。

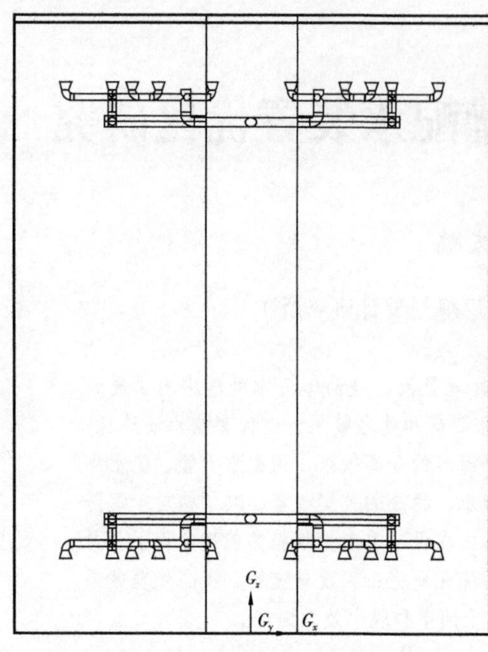

图 1　老式配水装置结构图

1.2　新型配水装置的提出

相比原型配水装置，新装置的改进如下：

（1）布置两圈成同心圆的穿孔管进行配水，每个圆周上的配水管由 4 段弧形配水管组成。处于罐体同一 1/4 结构中的内外两根弧形配水支管与同一根配水干管相连，配水干管与中心反应筒相连接。

（2）配水支管上方布置若干配水口，每一个配水口所辖沉降区域的面积大致相等，以使罐体沉降面积得以均匀、充分利用，改善罐内的流场，达到更好的沉降分离效果。

（3）以改进前后模型配水口总面积相等为原则进行新模型配水口的设计，原模型喇叭形配水口直径为 200mm，数量 24 个，设计得到新模型圆形配水口直径 140mm，数量 48 个。

安装有新型配水装置的沉降罐工作原理如下：油水混合物由进水管进入中心反应筒和中心柱管构成的环形空腔进行缓冲，通过配水干管分配到内圈配水支管、外圈配水支管中，通过其上方的配水口流入沉降罐内。在重力作用下，油滴上浮形成油层，溢流至集油槽内，通过出油管排出沉降罐外。水相下沉至沉降罐下部，通过集水口、集水支管流入集水干管，流入中心柱管中，通过与之相连通的出水管排出沉降罐外，完成油水分离操作。改进后的沉降罐结构图及双环形穿孔配水装置结构模型俯视图如图 2 和图 3 所示。

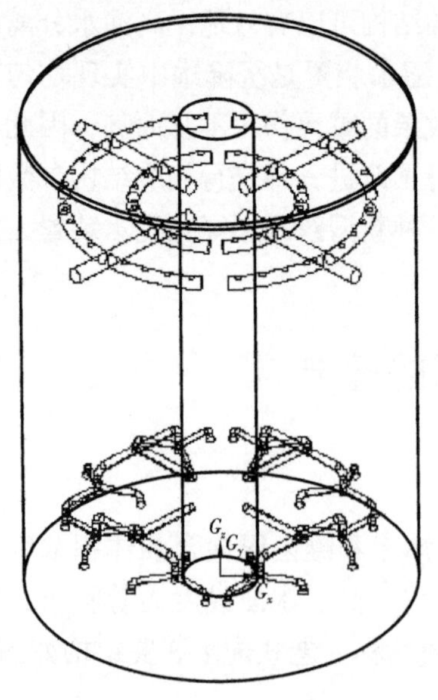

图 2　新配水装置结构图

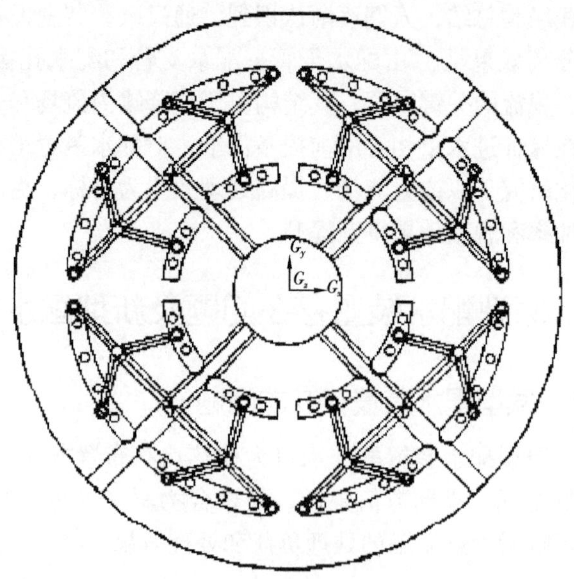

图 3　新配水装置俯视图

2　新型配水装置结构参数研究

配水装置外的参数见表 1，参照一般沉降罐机械图纸中的尺寸，对配水装置的相关参数进行合理优化。

表 1　沉降罐主要参数表

结构	参数
罐容积 /m^3	1200
罐总高 /m	15.476
罐壁板高 /mm	14350
罐内径 /mm	10310
中心反应筒直径 /mm	1500
集水干管直径 /mm	219
集水干管距罐底高度 /mm	2270
喇叭形集水口直径 /mm	200
集水口距罐底高度 /mm	1400
环形集油槽高度 /mm	13390

2.1　配水装置高度

油水混合物通过配水支管上不同位置的配水口流入沉降罐内部，主流方向是向沉降罐的顶部移动，而后在重力作用下进行沉降分离，油滴在罐顶累积形成油层。因此，在配水的过程中，油水混合物的流动必然会对罐顶的油层造成一定的扰动，而配水装置距离油层的远近将会对这种扰动的剧烈程度产生影响。此外，配水装置与集水装置之间和罐壁、中心筒组成的空间是沉降罐分离重要的沉降区域，因此配水装置和集水装置的相对位置远近也必然对沉降罐内油水的分离、沉降产生影响。

综合以上两方面的因素，如果对配水装置的相对高度进行调整，势必会对沉降罐内的油水分离效果产生一定的影响。因此，建立不同高度的配水装置的沉降罐模型，采用数值方法进行模拟，以除油率和纵向含油浓度分布为评价指标，可以获得配水装置高度对沉降罐油水分离效果的影响[2]。

本次模拟的配水装置高度分别为 10.2m、11.1m 和 12.0m，其他参数一致，其中配水口个数为 6 个（1/8 模型），配水口形状为圆形，直径为 140mm。为了直观完整地获得沉降罐内部的含油浓度分布，建立了经过集水口的纵向剖面。

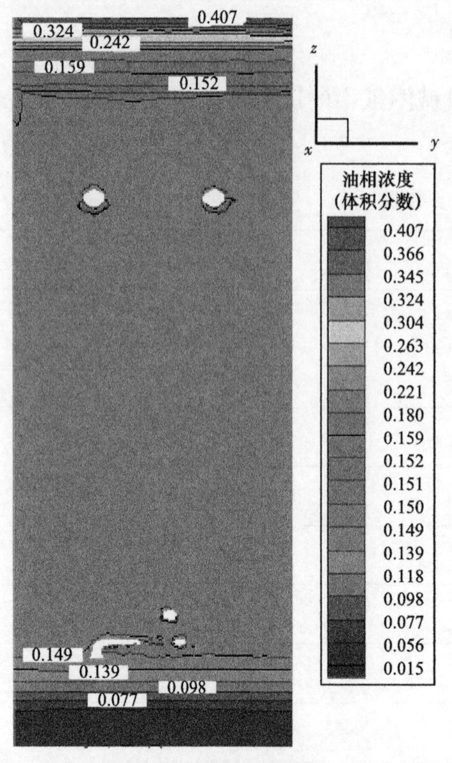

图 4　配水高度 10.2m 时油相浓度图

图 4 至图 6 为不同配水高度下沉降罐内含油体积浓度分布图，不同高度处的含油浓度不同，从罐底至罐顶含油浓度呈现升高的趋势，这是由于在重力的作用下油滴上浮不断聚积在罐顶处形成油层，水相下沉，在罐底区域形成了含油浓度低的水层。但是，图中油层的含油浓度最高只有 40% 左右，这是由于采出水中含聚，造成水相黏度较大，影响了油滴从水相中的浮升。

横向对比三种配水高度下的含油浓度分布图可知，配水高度为 11.1m 时，沉降罐顶部油层的含油浓度达到了 42.8%；配水高度为 10.2m 和 12.0m 时，沉降罐顶部油层的含油浓度分别为 40.7% 和 38.1%。配水高度为 10.2m、11.1m 和 12.0m 三种模型的罐底最低含水浓度分别为 1.5%、1.2% 和 2.2%。配水高度为 11.1m 时，分离效果好于其他两种高度。下面观察沉降罐罐顶和罐底的含油浓度分布情况如图 7 和图 8 所示。

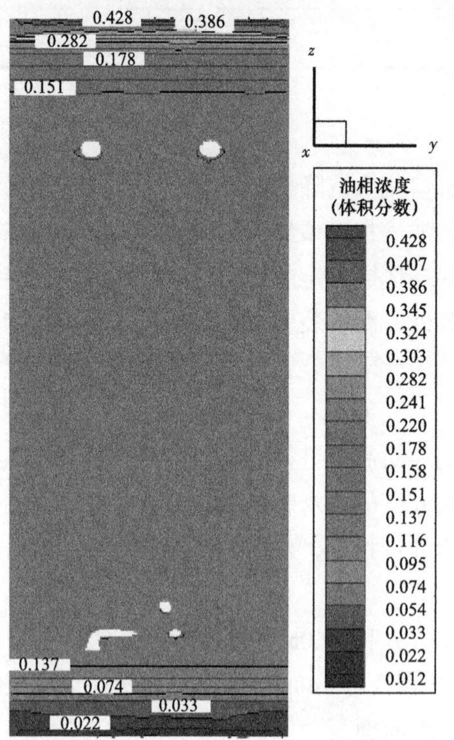

图 5　配水高度 11.1m 时油相浓度图

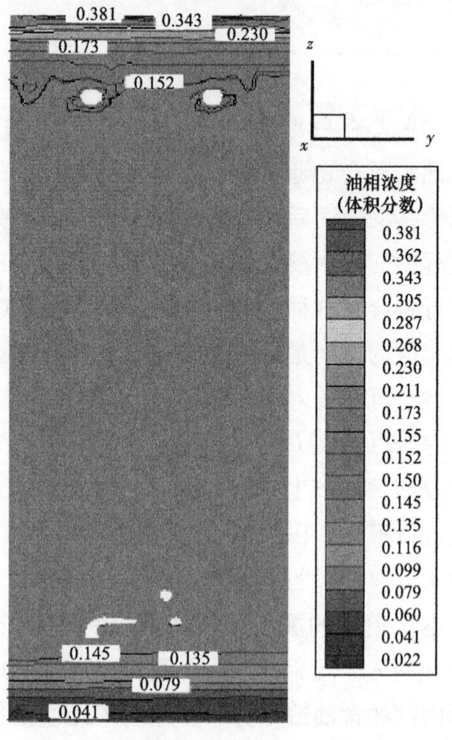

图 6　配水高度 12m 时油相浓度图

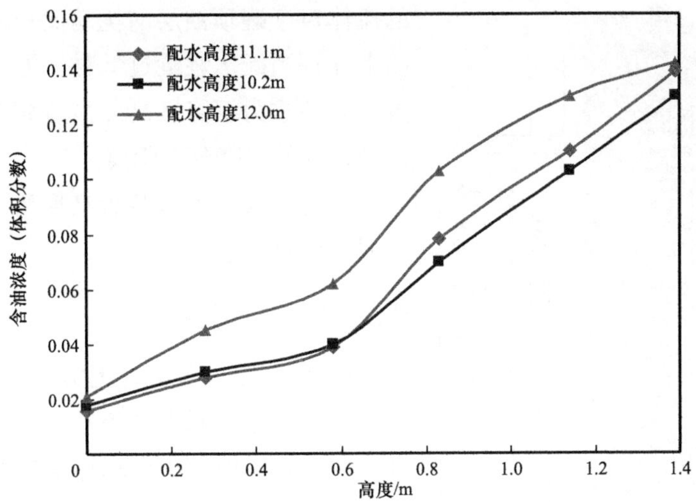

图7　罐底水层含油浓度分布（不同配水高度）

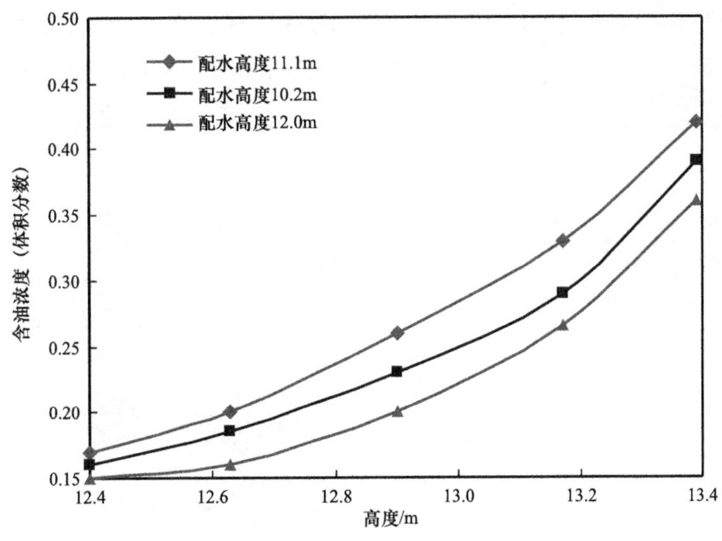

图8　罐顶水层含油浓度分布（不同配水高度）

在理想的重力分离下，沉降罐顶部含油浓度越高，底部含油浓度越低说明油水分离效果越好。配水高度为12.0m时，在沉降罐底部，含油浓度始终高于其他两种模型，分离效果最差。对比配水高度为11.1m和10.2m两种模型，在水深0～0.7m范围内，配水高度为10.2m的模型含油浓度高于配水高度为11.1m的模型，在0.7～1.4m范围内，配水高度为11.1m的模型含油浓度高于配水高度为10.2m的模型。对比罐顶水相浓度分布可知，在高度12.40～13.39m范围内，三种配水高度模型的含油浓度由高到低分别为11.1m的模型、10.2m的模型、12.0m的模型。配水高度为10.2m、11.1m和12.0m时，沉降罐的除油率分别为48.1%、51.8%和46.5%。由此可知，配水装置的高度存在一个合理的范围，过高和过低都将不利于油水的分离分层。当配水装置过高时，配水口涌出

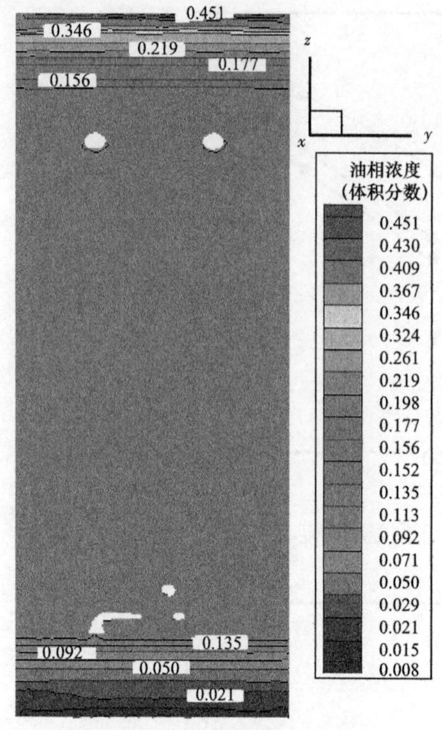

图 9 配水口直径 170mm 时油相浓度图

的流体对于罐顶油层的扰动比较剧烈，影响油滴的上浮；当配水装置过低时，配水装置和集水装置之间的重力沉降区高度显著缩小，同样没有给油滴较好的沉降分离距离。

因此，选定配水装置高度为 11.1m 的模型进行下一步的优化。

2.2 配水口直径

在弧形的配水支管上方加工出若干个圆形的配水口，考虑到在同等进水流量的条件下，配水口的直径，即面积大小将决定油水混合物从配水支管流入沉降罐内的流速大小，且随着配水口直径的增大，流体进入罐内的流速将放缓，因此，在现有直径 140mm 的基础上，再进行直径 170mm、200mm 和 230mm 三种尺寸的研究。计算得到的沉降罐内含油浓度分布如图 9 至图 11 所示。

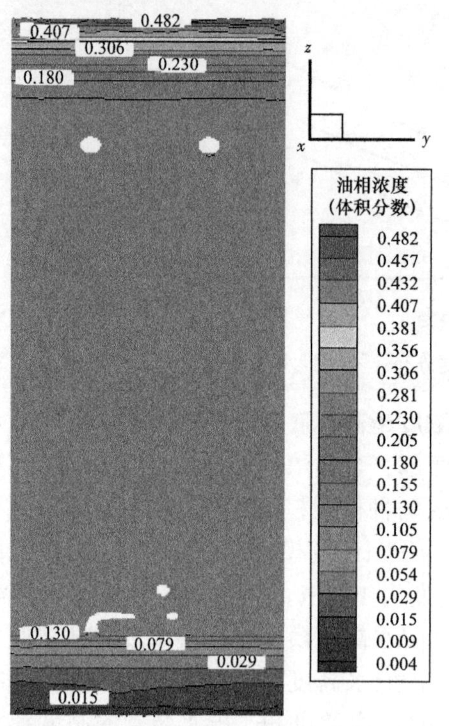

图 10 配水口直径 200mm 时油相浓度图

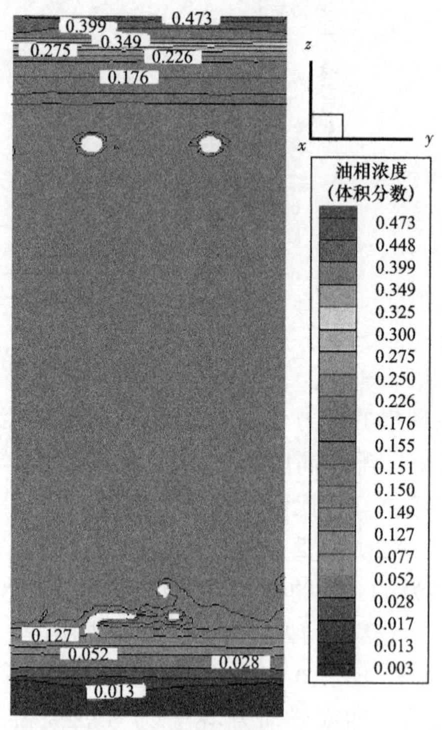

图 11 配水口直径 230mm 时油相浓度图

通过对比不同直径配水口的模拟结果可知，随着配水口直径的增大，沉降罐顶部的含油浓度经历了由低到高，再下降的变化，当配水口直径为 200mm 时，罐顶的含油浓度最大，达到了 48.2%。配水口直径为 140mm 时，含油浓度较低，相比较其他三种尺寸，相差 2.3%～5.4%；对比罐底含油浓度可知，配水口直径为 140mm 时，罐底最低含油浓度为 1.2%，高于其他三种尺寸 0.4%～0.9%。下面，具体观察沉降罐罐顶和罐底的含油浓度分布情况如图 12 和图 13 所示。

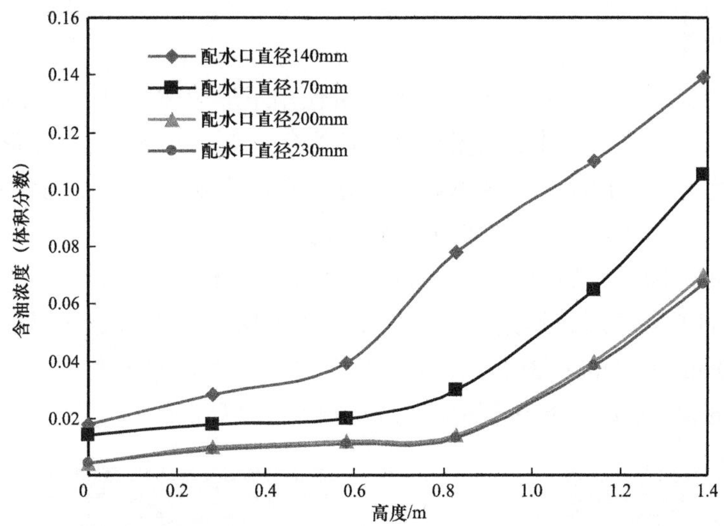

图 12　罐底水层含油浓度分布（不同配水口直径）

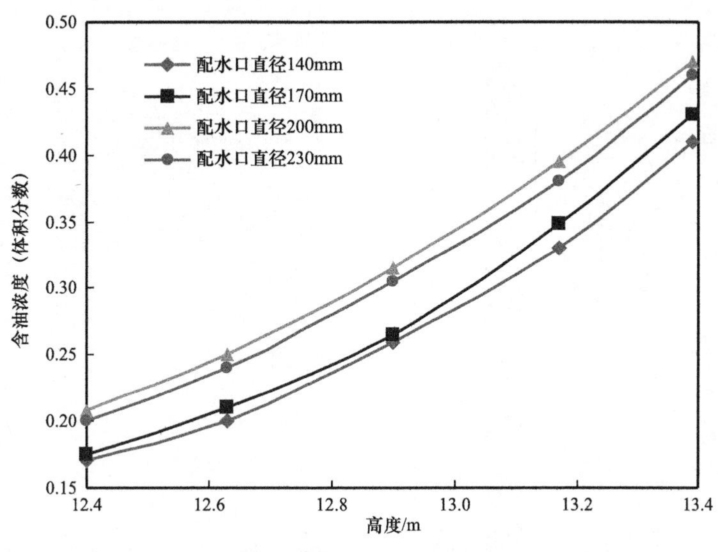

图 13　罐顶油层含油浓度分布（不同配水口直径）

由图 12 和图 13 可知，在沉降罐底部，配水口直径为 140mm 的模型含油浓度显著高于其他三种尺寸。配水口直径为 200mm 和 230mm 两种尺寸模型的含油浓度几乎相同，在

0.8～1.4m 范围内配水口直径为 200mm 的模型浓度略高于尺寸 230mm 的模型。在沉降罐顶部含油浓度由大到小的配水口直径分别为 200mm、230mm、170mm 和 140mm，由此可知，适当的增大配水口直径有利于良好的配水，使油水在沉降罐内进行更好地分离，但是一味地增大配水口直径难以持续改善油水分离效果。随着配水口直径的增大，4 种模型的除油率分别为 51.8%、54.2%、57.3% 和 55.6%，综合除油率和油水浓度分布，选取配水口直径 200mm 的模型进行下一步结构的优化研究。

2.3 配水口形状

在实际生产应用中，一些重力式分离设备使用矩形的配水口（例如沉淀池），不同的入口形状对入口处流体的冲混和流动形态必然有一定的影响。但是方形的配水口是否能在该新型配水装置下比圆孔产生更好的分离效果尚不明确，因此，有必要建立方形入口形式的模型，研究其对于沉降罐内油水浓度场和除油率的影响。在这里，将配水口改为矩形形状，矩形配水口的面积与 200mm 圆孔直径的配水口相同，其中长边是与弧形配水支管成相同弧度的圆弧形边，并定义了两组不同长宽比的矩形配水口，尺寸分别为 130mm×240mm 和 90mm×350mm，其余部件和结构的尺寸不变，所建立的矩形尺寸 130mm×240mm 和 90mm×350mm 的模型如图 14 和图 15 所示。

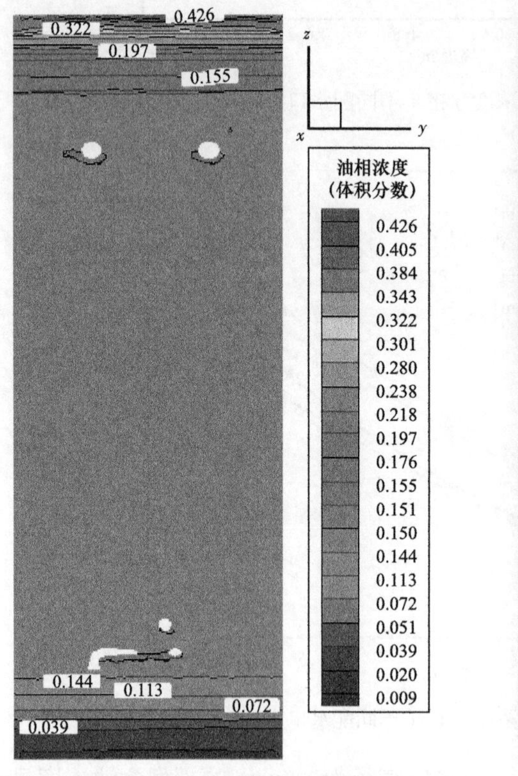

图 14 方孔 130mm×240mm 模型油相浓度图

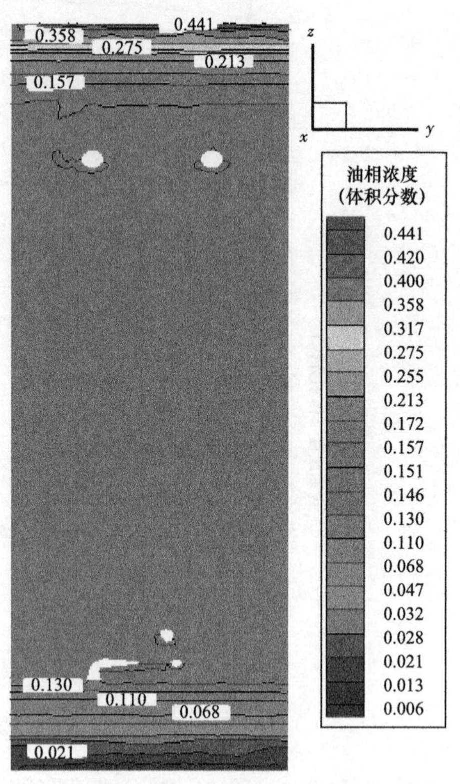

图 15 方孔 90mm×350mm 模型油相浓度图

对比分析图 10、图 14 和图 15 可知，直径为 200mm 的圆形配水口的油水分离效果显著优于矩形配水口，其罐顶最高含油浓度达到了 48.2%，高于其他两个方形配水口模型 5.6%（130mm×240mm）和 4.1%（90mm×350mm）；罐底含油浓度为 0.4%，低于另外两个方形配水口模型 0.5%（130mm×240mm）和 0.2%（90mm×350mm）。说明在该结构尺寸下，圆形配水口比方形配水口产生了更好的油水分离效果。下面，具体观察沉降罐罐顶和罐底的含油浓度分布情况如图 16 和图 17 所示。

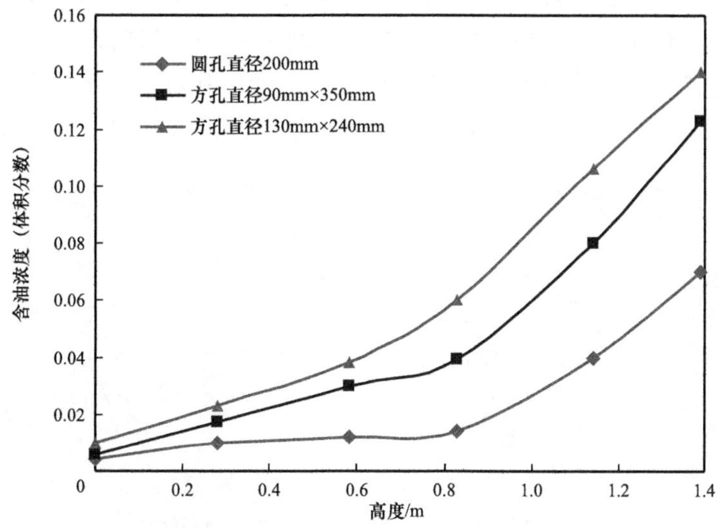

图 16 罐顶油层含油浓度分布（不同配水口形状）

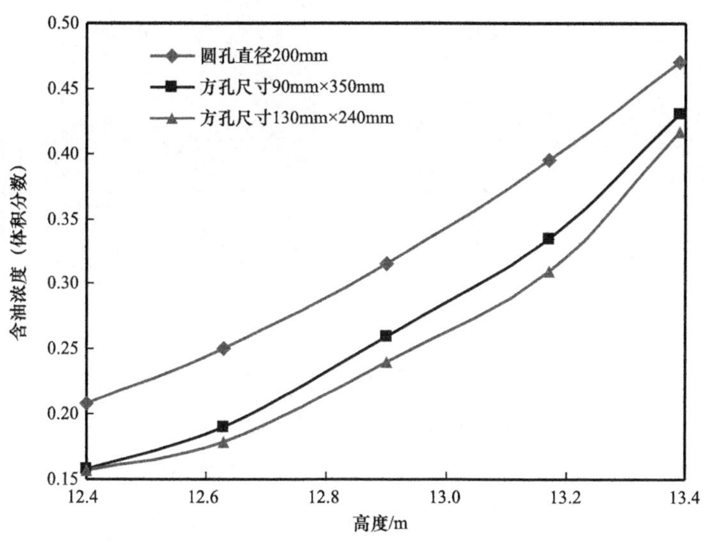

图 17 罐顶油层含油浓度分布（不同配水口形状）

在沉降罐底部，圆孔直径 200mm 的模型含油浓度低于两种矩形的配水口模型；在沉降罐顶部，圆孔直径 200mm 的模型含油浓度显著高于两种矩形的配水口模型。对比长宽比不同的两种矩形配水口模型可知，在罐顶处，方孔尺寸 90mm×350mm 的模型含油浓度高于方孔尺寸 130mm×240mm 的模型，同时，计算得到两种矩形口模型的除油率分别为 53.8% 和 52.7%，说明适当增大矩形配水口的长宽比有利于沉降罐产生更好的油水分离效果。

2.4 配水口数量

配水口的数量同样是影响配水效果的重要因素，在模拟之初确定了 1/8 模型内外两圈配水支管上共 6 个配水口，其中，内圈 2 个，外圈 4 个，内外圈配水口比例为 1∶2，接下来继续按照这个比例，适当增加配水口的数量，考察其对于油水分离效果的影响[3]。计算得到配水口数为 9 个和 12 个的模型含油浓度分布如图 18 和图 19 所示。

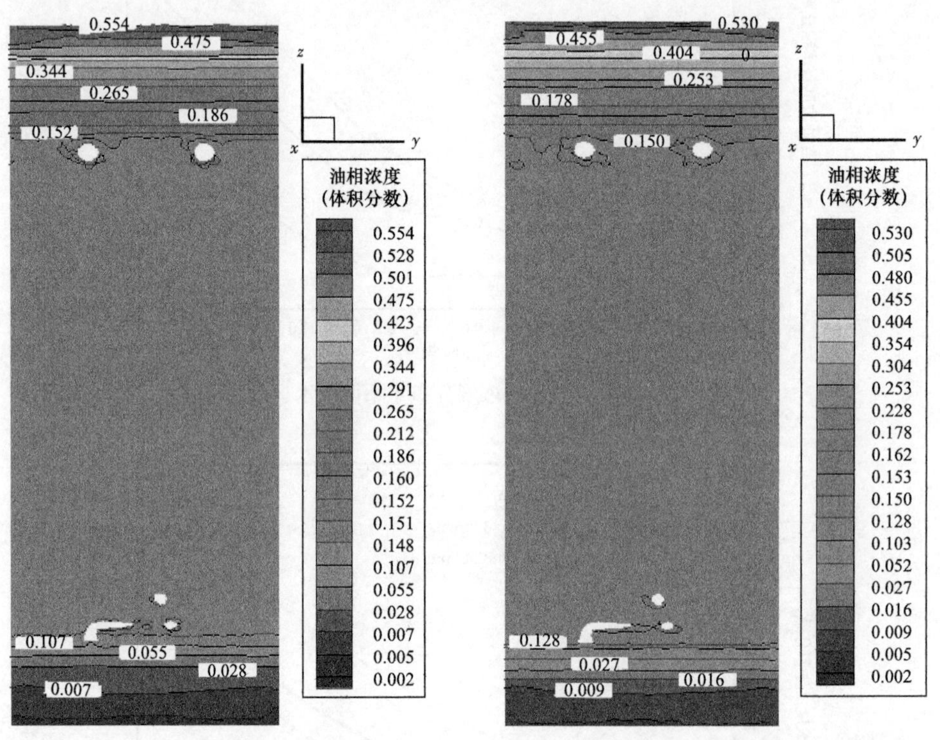

图 18 配水口数为 9 个的模型油相浓度图

图 19 配水口数为 12 个的模型油相浓度图

对比分析图 10、图 18 和图 19 三种配水口数量的模型的油相浓度分布可以看出，在配水口从 6 个增加到 12 个的过程中，沉降罐顶部最高含油浓度先上升后下降，当配水口数量为 9 个的时候，产生了最高的含油浓度，虽然数量增加到 12 个的时候罐顶最高含油浓度有所下降，但是仍然比配水口数量为 6 个的模型高。配水口为 9 个和 12 个的模型罐底最低含油浓度为 2%，低于配水口为 6 个的模型。下面，具体观察沉降罐罐顶和罐底的含油浓度分布情况如图 20 和图 21 所示。

观察沉降罐底部的含油浓度可知，配水口为 6 个的模型含油浓度高于另外两个模型，而罐底的含油浓度越低越好，因此，配水口为6个的模型分离效果相对较差。虽然配水口数为9个和12个两个模型在罐底的含油浓度分布几乎相同，但是结合沉降罐顶部含油浓度分布可知，当配水口数量为9个时，其含油浓度明显高于配水口数量为12个的模型，分离效果更好。计算得到配水口数量为6个、9个和12个的三种模型的除油率分别为57.3%、63.5%和61.4%，因此，在数量优化方面，配水口数量为9个的模型最优。

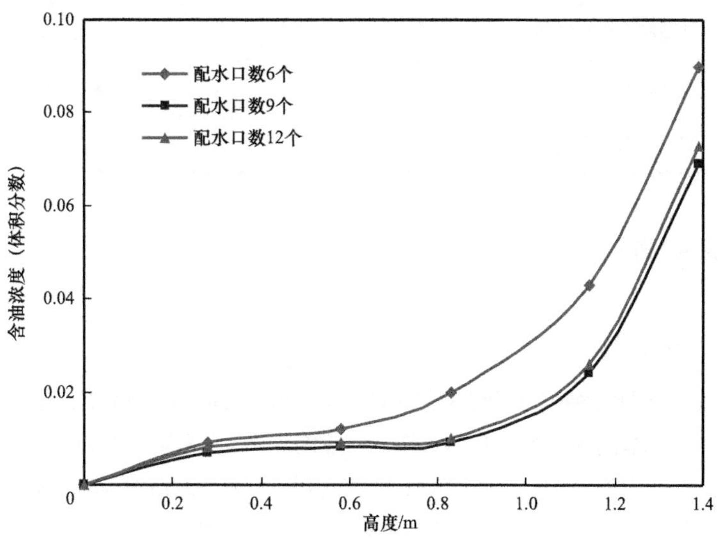

图20　罐底水层含油浓度分布（不同配水口数）

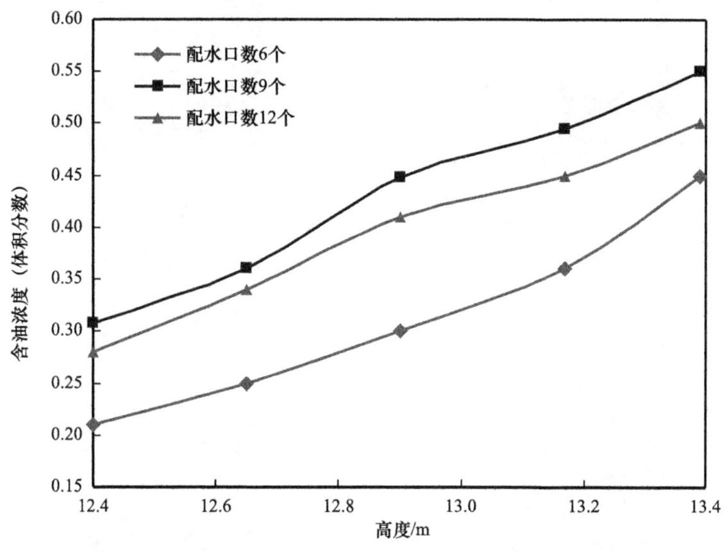

图21　罐顶油层含油浓度分布（不同配水口数）

最终确定的优化组合模型参数见表2。

表 2　新型配水装置结构参数表

结构	参数
配水装置高度 /m	11.1
配水口直径 /mm	200
配水口形状	圆形
内外圈配水口数比例	1：2
配水口数量 / 个	9（1/8 模型）
配水口布置方式	等距

3　改进效果分析

3.1　速度场分布

图 22 和图 23 分别为结构改进前后沉降罐内剖面的速度矢量图，安装有双环形穿孔配水装置的新型沉降罐内流体流动比较均匀，漩涡流和返混流大大减少，配水装置上方的速度矢量方向变化减少，降低了对罐顶油层的扰动[4]。重力沉降区域的矢量线疏密均匀，方向大体向下，流动特性良好，为油水分离提供了有利条件。

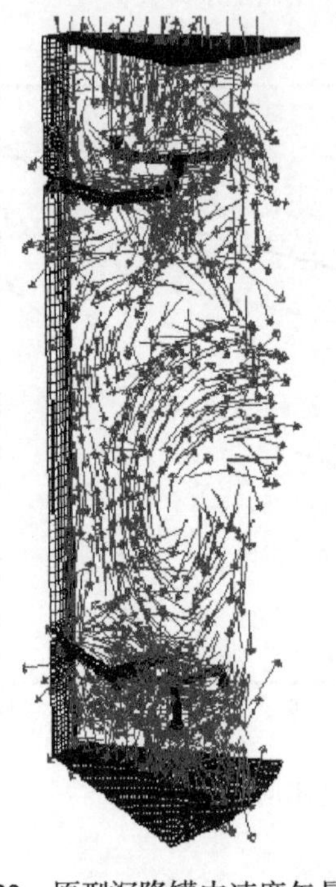

图 22　原型沉降罐内速度矢量图

图 23　新型沉降罐内速度矢量图

3.2 浓度场分布及除油率

通过上述分析可知，双环形穿孔配水装置显著地改善了沉降罐内速度场，为了进一步研究该种结构是否有助于改善沉降罐内的油水分离效果，在相同工况下采用混合物模型对结构改进前后的沉降罐模型进行计算，对比新型和原型沉降罐的油水分离效果。

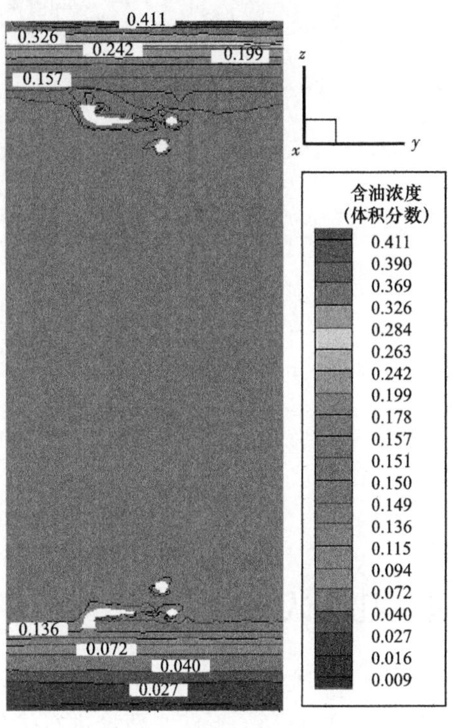

图 24 原型沉降罐含油浓度图

对比新型和原型沉降罐内的含油浓度分布（图 18 和图 24）可知，结构改进后，新型沉降罐的罐顶含油浓度得到了显著的提升，最高含油浓度由原型沉降罐的 41.1% 提升至 55.4%，较高浓度的含油层厚度显著增加；罐内最低水相浓度由原型沉降罐的 0.9% 下降至 0.2%，结构改进后油水分离效果明显。

通过对比罐底水层含油浓度曲线如图 25 可知，新型沉降罐在水层高度 0～0.8m 范围内的含油浓度一直保持了较低的水平，在该范围内含水较多，水层沉积良好；在高度 0.8m～1.4m 的范围内含油浓度有所上升，但是仍然整体低于原型沉降罐罐底的水层的含油浓度。

比较罐顶油层含油浓度如图 26 可知，在 12.40～13.39m 的油层高度内，新型沉降罐的含油浓度远高于原型沉降罐，平均高出 14%，因此，在同等的油层体积内，新型沉降罐比原型沉降罐含有更多的油相，油滴在罐顶聚集良好。通过结构改进，在该工况下，除油率从原型沉降罐的 50.6% 提升至 63.5%。

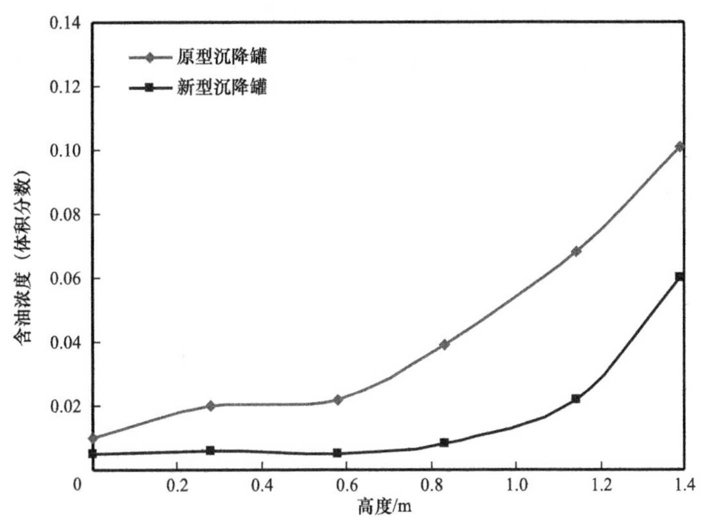

图 25 罐底水层含油浓度分布（提效对比）

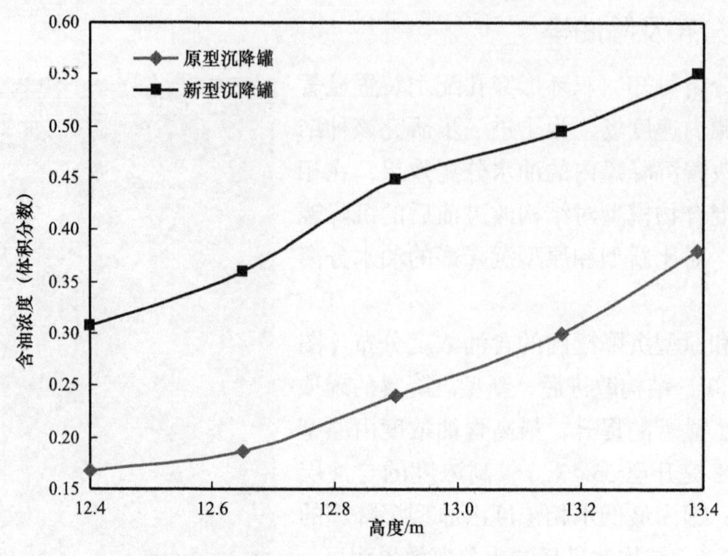

图 26　罐顶水层含油浓度分布（提效对比）

4　几点认识

（1）本文提出一种新型的双环形穿孔配水装置，并采用单因素优化法逐一对配水高度、配水口直径、形状、数量进行优化，获得新型配水装置的优化组合模型，使用该配水装置的沉降罐流场比较稳定，油水分离效果良好，除油率显著提升 12.9%。

（2）数值模拟受制于有限的计算方法，难以使模型及条件和现实中完全相同，且是在给定的理想条件下模拟运行，有一定的局限性，需要进一步进行现场试验研究。

参考文献

［1］蔡飞超，马涛，滕照峰．油水重力分离特性的数值研究［J］．石油矿场机械，2009（2）：24–27.

［2］杨显志．重力式油水分离器内部流场仿真及实验研究［J］．科学技术与工程，2010，10（33）：8230–8232，8240.

［3］侯先瑞．重力式油水分离器性能的数值模拟［D］．大连：大连海事大学，2011.

［4］江朝阳．重力式油水分离器内部构件工作特性的数值模拟分析［D］．天津：天津大学，2013.

喇嘛甸油田连续收油技术优化研究

李建斐

（中国石油大庆油田第六采油厂规划设计研究所）

摘　要　通过现场试验，对喇嘛甸油田现有的连续收油技术进行优化研究，通过制订可行的试验方案，使采用间歇式收油的污水处理站实施连续收油，并摸索出合理的运行参数，为以后改进收油工艺，改善污水处理系统外输水质提供可靠的技术依据，助力油田水质提升工作的有效开展。

关键词　连续收油；节能降耗；水质提升

1　现状及存在问题

1.1　现状

喇嘛甸油田共计建设有含油污水处理站 20 座，其中 9 座采用间歇式收油工艺，10 座采用连续收油工艺，1 座处于改造阶段。

调查得知，目前仅有 2 座站库实施连续收油技术，除 1 座站库改造外，剩余 17 座站库均采用间歇式收油技术；收油时电场垮跳的占比较大；部分污水站污油厚度达到 6.5m，远远超过 0.8m 的防火规范要求。

1.2　存在问题

1.2.1　污油厚度影响沉降时间

污油厚度在一定程度上减少了含油污水处理站沉降罐的有效容积，降低了污水沉降时间，可能对污水沉降效果产生影响。其中一次沉降影响沉降时间为 0.11～6.58h，二次沉降影响沉降罐时间为 0.02～4.08h。

1.2.2　收油方式影响脱水器电场

采用不同的收油方式对脱水器电场稳定性影响较大，影响程度为 41.46%～100%。

2　连续收油技术优化试验

污水处理站采用间歇式收油可能会引起游离水界面紊乱，导致一段放水含油骤增，外输水质阶段性变差。同时也可能导致脱水器电场不稳，外输油含水量不达标。因此在保证复合脱水器平稳运行的基础上，有针对性地研究沉降罐污油厚度对沉降罐水质的影响，研究并确定污水连续收油时污油泵排量的合理区间，对于提高改善污水系统收油时的脱水器电场波动、提高污水沉降罐的除油效果具有重要意义。

2.1 污油厚度对沉降效果的影响

2.1.1 试验原理

喇嘛甸油田含油污水处理站沉降环节采用的处理设备均为立式沉降罐。主要原理是利用油水密度差，使含油污水在沉降罐内以层流的形式完成原油的聚集上浮和污水的沉降。整个过程可用斯托克斯公式描述：

$$v=\frac{d^2 g\left(\rho_{\mathrm{w}}-\rho\right)}{18\mu_{\mathrm{w}}} \tag{1}$$

式中 v，d，ρ——分散相上浮或者沉降的速度、粒径、密度；

ρ_{w}，μ_{w}——水的密度和黏度。

根据斯托克斯公式表述，在沉降罐的向下流区，油粒运动有两种情况：一是油粒在静水中的上浮速度大于水流速度，这样的油粒靠浮力可以浮到沉降罐顶部的油层；二是油粒在静水中的上浮速度小于水流速度，油粒被水流夹带向下流动，理论上这样的油粒是会被水流带出沉降罐的，但是实际并非如此，由于上浮速度的不同和水流的推动作用，油粒在沉降罐罐内不断碰撞聚结，粒径由小变大，自身受到的浮力逐渐增加，直至变为第一种情况，可以上浮到油层。

所以认为在沉降罐罐径不变的情况下，罐的高度越高，油粒停留时间越长，油粒的碰撞机会越多，所以因上浮速度差异推动油粒聚结能力与储罐的高度成正比。也就是说，立式沉降罐在满足一定的负荷率时，沉降罐有较大的高度可以提高除油效率[1]；同时认为沉降罐在实际生产运行中，由于储罐溢流高度已固定，油厚的增加只能降低油水界面，即沉降罐顶部污油厚度的增加势必导致污水沉降空间的减少。故计划通过实际取样化验的形式来验证污油厚度与沉降罐出水效果的关系。

2.1.2 试验步骤

（1）选取污水系统某一顶部污油较厚的沉降罐作为试验罐。

（2）调查该罐规格尺寸等基本信息；在某一时间段连续录取该罐污油厚度、沉降罐进出口水质等生产数据。

（3）计算沉降罐去除率与污油厚度的对应关系，验证出污油厚度对沉降罐沉降效果的影响关系。

2.2 收油量与脱水器的合理匹配

2.2.1 试验原理

目前喇嘛甸油田主要采用“一段游离水，二段复合电脱”的脱水处理工艺。游离水脱

[1] 《油田采出水混凝沉降罐标准化设计》文献调研报告．中国石油大学（华东），2011 年 12 月 18 日。

除器主要通过添加油水分离剂（俗称破乳剂）、机械 + 重力沉降的方式完成油水采出液的初步分离，使原油含水达到 15%～30%。脱水器将原油乳状液置于高压直流或者交流电场中，由于电场对水滴的电泳、偶极、振荡等聚结作用，削减了油水界面膜的强度，促使水滴碰撞，使水滴合并后直径变大，在重力的作用下从原油中沉降下来。

生产中脱水器的运行受含水原油组分、处理温度和加药量等多方面因素影响。在处理温度、加药量和采出液组分等因素可控且稳定的情况下，污水处理系统回收的污油在一定程度上严重影响了脱水器的正常运行。

污水处理系统回收的污油主要由以下特点：一是污水处理系统污油由于时间特性导致其中部分胶质组分进一步形成沥青质，这些重质组分吸附在油水界面，使油品的界面张力降低，大部分水质分散在油样中，形成稳定的乳状液，进而使老化油的稳定性增强；二是在氢键作用和偶极互相作用下，油品中的沥青质和胶质分子形成空间结构的缔合分子后黏度增加；三是原油老化形成的氧化胶质同菌胶团构成的黏稠状物质中夹带水分，使得老化油中水分携带量大大增加，严重影响脱水器的正常运行[1]。

因此沉降罐连续收油技术在油田大面积推广，但电场不稳甚至垮电场的情况仍时有发生。本次试验计划通过现场取样摸索的手段，总结出合理的收油方式，使难以实现连续收油的污水站尽可能实现连续收油，同时得出收油排量区间，以达到稳定脱水电场，实现平稳外输以及改善水质的目的。

2.2.2　试验步骤

（1）选取某一站库作为目标试验站。

（2）以污水处理站现在间歇式收油时的日均收油量为基准，计算出 24h 运行的收油泵的瞬时排量。在该排量的基础上逐渐递增排量或者降低污油含水率，使脱水系统接收的污油净含量逐渐增加。

（3）每 2h 录取污油罐液位或者收油流量计数据一次，同步化验污油含水率，记录脱水器的电流变化。公式为：

$$含水率 = [1-（化验含油 \times 样品体积）/（样品体积 \times 样品密度）] \times 100\% \quad (2)$$

为保证污水处理系统生产，避免沉降罐在人为抬高液面连续运行时出现溢流等生产事故，本次试验计划采取沉降罐集中收油进污水污油罐，再用污油回收泵输至脱水系统的方式来完成相关试验。

3　现场应用情况

3.1　喇 Ⅰ-1 污水现场试验进展情况

为验证污水沉降罐污油厚度与沉降罐去除率的关系，同时验证污水处理系统收油与脱水器的合理匹配关系。经过现场调查，计划选择喇 Ⅰ-1 污水处理站作为目标站库。

3.1.1 污油厚度对沉降效果的影响

喇Ⅰ-1 污水处理站现阶段收油周期不规律，平均为 1～7 天。一次沉降罐出水平均含油 296.30mg/L，悬浮物含量为 22.94mg/L，去油率 54.84%，去杂率 15.23%，沉降罐污泥厚度为 1.45m，且由于工艺问题投产以来未清淤。

2018 年 4 月 1—25 日在该站记录沉降罐污油厚度与沉降罐进出口水质的相关匹配关系。

图 1 至图 3 为分别为喇Ⅰ-1 污水处理站 4 月 1—25 日一次沉降罐污油厚度、来水水质以及去除率的变化曲线图。

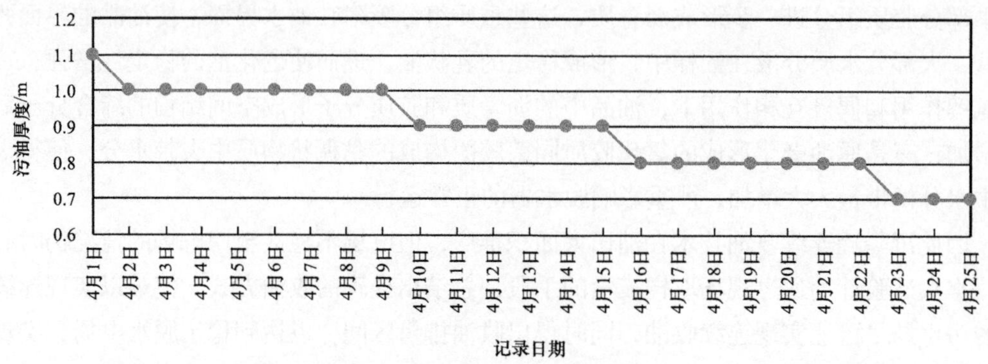

图 1　一次沉降罐污油厚度变化图

通过监测沉降罐污油厚度数据，结合图 1 的变化曲线可得出：喇Ⅰ-1 污水处理站一次沉降罐从 4 月 1 日开始收油，陆续收油 9 次，其中 4 次收油将污油厚度从 1.1m 下降至 0.7m，污油厚度减少 0.4m。但仍有 5 次收油后污油厚度没有明显变化。说明在收油时方式指标变差导致无效循环或者喇Ⅰ-1 脱水站 3000m^3 放水缓冲罐特殊收油补充了一次沉降罐的污油厚度。

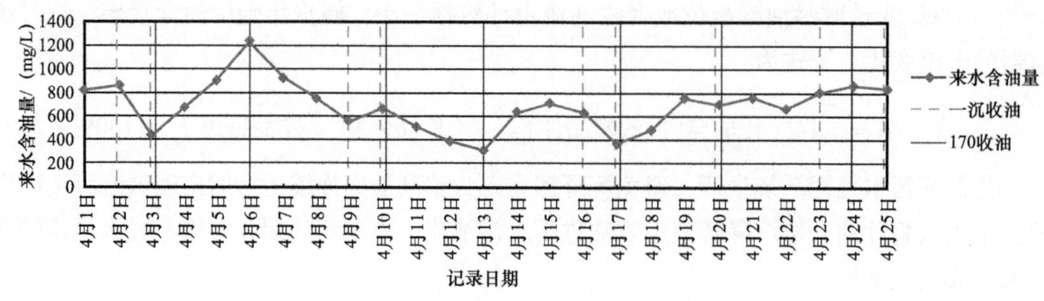

图 2　一次沉降罐来水含油曲线图

通过取样化验沉降罐来水水质指标，结合喇 170、一次收油规律得出：喇Ⅰ-1 一次沉降罐或喇 170 油岗放水缓冲罐单独收油时，污水站来水较好，没有较大波动；当该沉降罐与喇 170 油岗放水缓冲罐同时收油时，来水水质从单日开始变差，直至 2～3 天后陆续恢复正常水平，间接导致了沉降罐去油率的降低，油水分离效果变差。

通过跟踪监测沉降罐进出口水质，结合图 3 和图 4，得出以下结论：

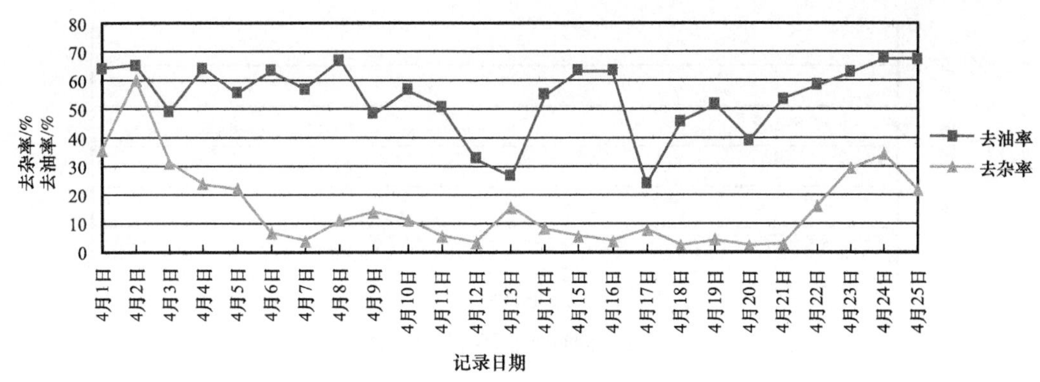

图 3　一次沉降罐去除率变化图

一是随着污油厚度减少，沉降罐去油率最高从 65.15% 提高到 67.82%，有轻微提高。证明污油厚度在一定程度上影响了沉降罐的去除效果；该沉降罐去杂率波动较大，对比放水含油、污油厚度后，没有发现明显规律。

二是在 4 月 1—11 日，沉降罐污油厚度保持在 0.9～1.1m，去油率相对稳定；在 4 月 12—21 日期间污油厚度为 0.8～0.9m，去油率出现较大波动；4 月 22—25 日期间污油厚度降低至 0.7m，沉降罐去除率停止波动，稳步上升。

3.1.2　收油量与脱水器电场的合理匹配关系

喇Ⅰ-1 污水站于 5 月 21 日开始开展收油试验，为期 5 天。期间通过调节污油罐中污油含水量，在收油泵排量基本恒定的情况下，回收污油中原油净含量不断增加。该站污油罐至今 5.89m，设计两台污油泵，排量分别为 170m^3/h 和 30m^3/h。在采用 30m^3/h 收油泵进行收油时，污油中的杂质、凝块等容易堵塞泵前过滤缸，频繁导致污油泵出现抽空现象。故试验中计划采用 170m^3/h 的收油泵开展相关试验。为防止污油泵抽空，采用向污油罐回掺进口污水的方式来保证液位。经过试验前停泵回掺污水测定，掺水量约 61m^3/h。

喇Ⅰ-1 脱水站设计 3 台脱水器，负责回收原油的脱水任务。1# 脱水器正在进行检修，仅运行 2# 和 3# 脱水器。

从图 4 至图 6 可以得出以下结论：

一是电场变化规律的分析。分析收油期间 2# 脱水器电流变化情况，发现随着污水系统回收原油排量的逐渐增加，脱水器电场随之增加。综合分析发现在收油初期，随着收油排量逐渐增加，2# 脱水器电流逐渐增加；在电场适应收油排量以后，随着收油排量的缓慢增加，脱水器电流趋于稳定；在收油排量增加到一定程度以后，脱水器电流突然增大，出现电场垮跳情况。

综上认为在之前实施间歇式收油的污水处理站进行连续收油技术试验时，脱水器电场存在“适应期”“稳定期”“垮跳期”三个阶段。

二是脱水器类型的分析。喇Ⅰ-1 联合站脱水系统采用 3 台脱水器，1984 年投产设计平挂电极脱水器三台，2014 年在喇南中西二区的产能新建工程中将 1# 和 2# 脱水器改造“平—竖”挂组合电极脱水器。

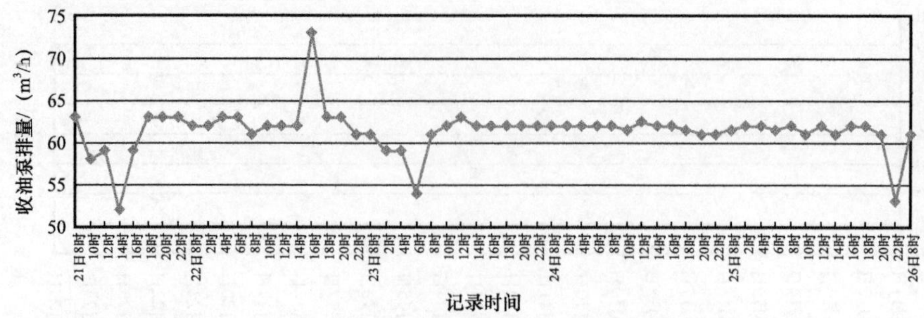

图 4　收油期间收油泵排量变化曲线

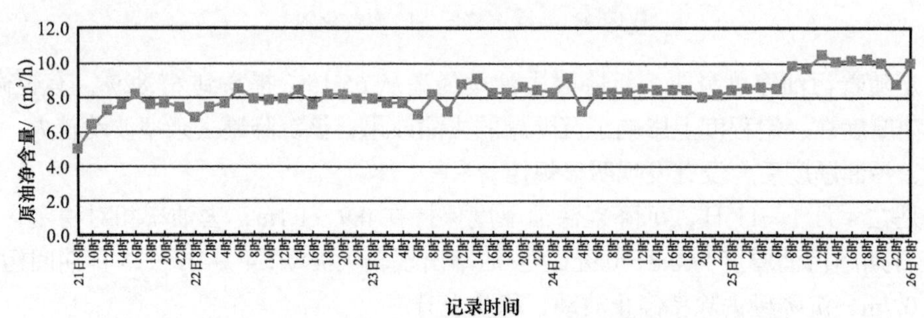

图 5　收油期间回收污油中每两小时原油净含量变化曲线

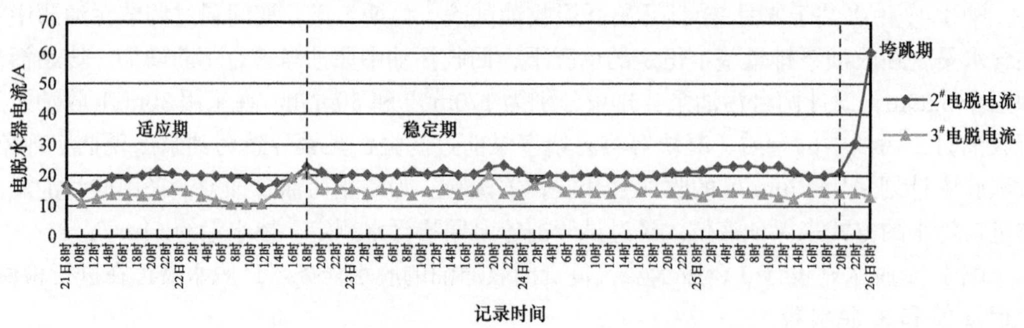

图 6　收油期间 2# 和 3# 脱水器电流变化情况

在本次试验中，脱水器在收油的适应期和稳定期时，3# 脱水器平均运行电流为 14.53A，相比 2# 脱水器运行电流小 5.89A。但该时间段出现了 5 次较大的电场波动，反之 2# 脱水器运行相对平稳；在收油期间电场垮跳时，2# 脱水器电流已经达到 60A，3# 脱水器仍运行良好。

说明采用“平—竖”挂组合电极的脱水器在小排量收油期间具有较好的系统稳定性，电场不易出现较大波动，但是当收油排量增加到一定程度，采用“平—竖”挂组合电极的脱水器老化油耐受性不足，先于采用传统平挂电极的脱水器垮电场。

三是收油排量与脱水器电场的合理匹配。喇Ⅰ-1 脱水站设计三台脱水器，原油处理能力是 4500m³/d，当前游离水出口原油含水约 19.25%，日外输原油约 1731.18t，外输原油平均密度 0.8633g/cm³，脱水器实际处理量约为 2483.35m³/d，负荷率为 55.19%。其中 1#

和 2# 脱水器设计规格为 4m×16.11m，有效容积 194m³，3# 脱水器采用平挂电极，设计规格 3m×15.3m，有效容积 108m³。试验期间，仅运行 2# 和 3# 脱水器（1# 脱水器正进行更换绝缘电极板作业）。

默认在脱水器界面、加药量和原油温度等相关参数恒定的情况下，按照脱水器当前处理负荷，外输含水、原油密度和一段原油含水等相关数据可以计算出含水原油在脱水器中的沉降时间。计算公式为：

$$t=\frac{V_{容积}\left(1-f_{w1}\right)\left(1-f_{w2}\right)\rho\times 24}{T_{外输油量}} \tag{3}$$

式中 t——时间；

$V_{容积}$——脱水器有效容积，m³；

f_{w1}——外输油含水率；

f_{w2}——游离水出口原油含水率；

ρ——外输原油密度；

$T_{外输油量}$——脱水站日外输油量，m³。

试验期间，喇Ⅰ-1 联合站日均外输原油 2006.01m³，平均原油密度 0.8633g/cm³，外输油平均含水率为 0.178%。一段游离水出口原油含水率为 19.25%。经过计算，含油原油在脱水器中的沉降时间为 2.91h。

按照 2.91h 的沉降时间推算，2# 脱水器在 5 月 25 日 16 时电流增至 30.2A，应是 13 时 05 分至 16 时整的老化油回收量达到脱水器的超限负荷。导致电流急剧上升，直至 25 日 18 时电流达到 60.2A，导致试验终止。在 25 日 16 时之前 2.91h 的沉降区间内，污油泵出口含水率为 83.3%～83.6%，通过加权计算得知，脱水系统共接收高含水污油 187.19m³，其中原油净含量为 32.64m³。

依照一段游离水油出口原油 19.25% 含水率计算，此沉降时间段内脱水器接收的低含水污油量为 40.42m³，接收的采出原油为 243.23m³。垮电场脱水器中老化油组分占总处理量的 14.24%。即在试验期间，进入脱水器的老化油含量不能超过处理原油总量的 14.24%。

考虑到在整个试验过程中由于 1# 脱水器检修，损失沉降空间 194m³，如果恢复 1# 脱水器正常生产，脱水器各项参数稳定不变的情况下，按照老化油组分在电脱处理液中的占比为 14.24% 进行理论计算，公式如下：

$$\frac{V_{正常}}{Q_{正常}}=\frac{V_{检修}}{Q_{检修}} \tag{4}$$

式中 $V_{正常}$，$V_{检修}$——正常生产和 1# 电脱检修期间的脱水有效容积，m³；

$Q_{正常}$，$Q_{检修}$——正常生产和 1# 电脱检修期间的污油中原油净含量，m³。

综上，可以得出该站正常生产时，污油净含量应控制在 18.44m³/h 之内，按照本次收油时的 85.24% 的污油含水率计算，污油泵排量应该控制在 124.81m³/h 以达到稳定脱水器电场的目的。

3.1.3 收油泵与收油量的合理匹配关系

喇Ⅰ-1 污水处理站设置有两台离心式污油回收泵，1# 收油泵排量为 170m³/h，2# 收油泵排量为 30m³/h，其中 2# 收油泵设置变频器；设置 500m³ 污油回收罐一座。原始设计中常运行 1# 收油泵实施集中收油，以避免由于脱水站跑油等引起的污水沉降水质变差情况；2# 收油泵实现小排量收油，以达到节能的目的。

在现场实际中，由于 2# 收油泵进口过滤缸、流量计过滤缸凝堵严重，无法运行，造成了只能运行 170m³/h 收油泵的困境。计划通过数据计算，确定出的合理的泵型。

（1）排量的确定。

根据喇Ⅰ-1 污水站相关报表，日均处理量为 2.4×10^4m³，污水站来水含油量为 856mg/L。按照外输污水含油量不能超过 20mg/L 的控制指标，可以计算出收油泵的最小运行排量。则可以计算出每小时污水处理系统产生污油 0.97m³。如果按照节能目标值，小排量收油时污油含水率控制在 15% 左右，即污油泵的排量区间应该在 1.14～21.69m³/h 之间。

查找变频器对泵排量的调速区间相关文献得知，当选择泵型时应使泵的参数在水泵高效区右端点。可获得较高的调速范围[2]，考虑到污水处理站正常生产时污水处理系统每小时的产生的污油量为 1.14m³/h，如果污水实施 24h 连续收油技术，不存在 21.69m³/h 的极限收油量。按照调速 15% 计算应该选择泵排量在 7.6m³/h，工作压力应为 1.2MPa（取 $h_0=0.25H$ 时的变频器调速区间）。

（2）泵型的选择。

污油的组分较复杂，内含有大量的胶质、沥青质等黏团以及机械杂质容易堵塞泵段，导致泵抽空。所以一般在离心泵前、流量计前均设计过滤缸。给岗位操作人员带来较大的工作量。为此应该选用对介质要求较小的螺杆泵或者罗茨泵等容积式泵来满足实际生产需要，同时应选用电磁流量计代替传统的涡轮流量计。

3.2 试验推广情况

目前在全厂范围内，喇 560 联合站、喇Ⅱ-1 联合站及其下属的污水处理站均已实施区域化污水处理站连续收油技术。且基于当前迫切的原油产量形式，无法进行验证单独站收油时合理排量区间。经过现场调查，认为以上区域已经率先实施连续收油相关技术，污水处理系统在理论上不存在老化油影响脱水器电场的特殊情况，可通过现场试验，验证出该区域范围内污水处理站联合收油时的合理区间，同样能有效保障脱水站电场的稳定运行。

2018 年 6 月 13—18 日期间，在喇Ⅱ-1 脱水站以及所属的喇Ⅱ-1 污水处理站、喇 360 污水处理站和喇 290 污水处理站开展了污水处理站联合连续收油技术验证。

其中喇 360 污水处理站收油时平均每小时掺水 3.87m³，喇 290 污水处理站收油时平均每小时掺水 4.898m³。喇Ⅱ-1 污水处理站收油时不掺水。

结论分析如图 7 至图 9 所示。

从图 7 至图 9 可以得出以下结论：

一是喇Ⅱ-1 地区污水处理站联合连续收油在实际生产中可行，同时摸索出的最大收油排量为 17.75m³/h，对应的原油净含量为 7.29m³/h。

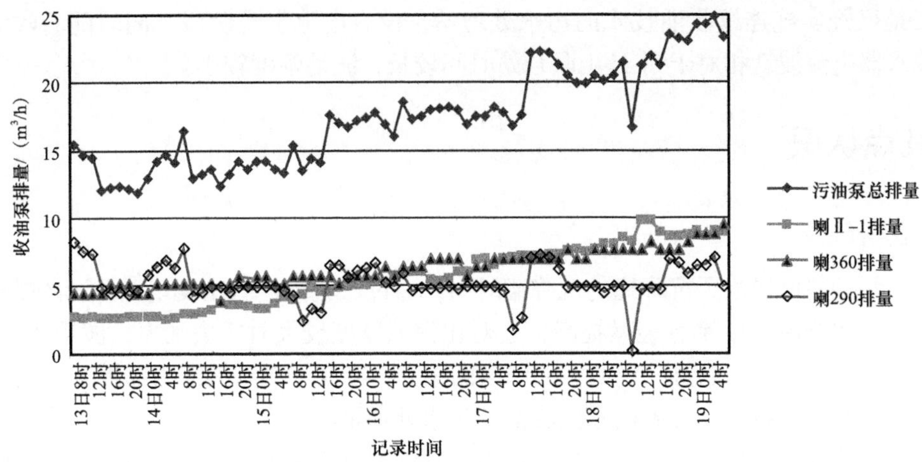

图 7　收油期间收油泵排量变化曲线

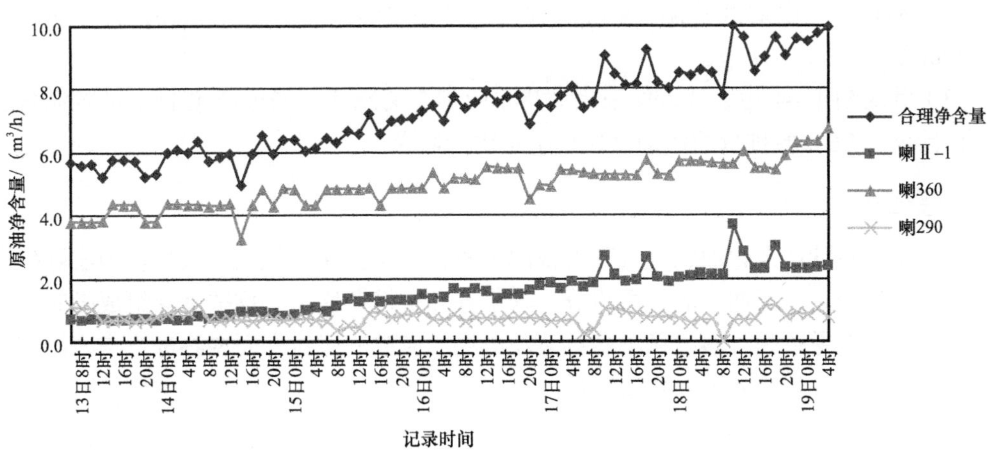

图 8　收油期间回收污油中每两小时原油净含量变化曲线

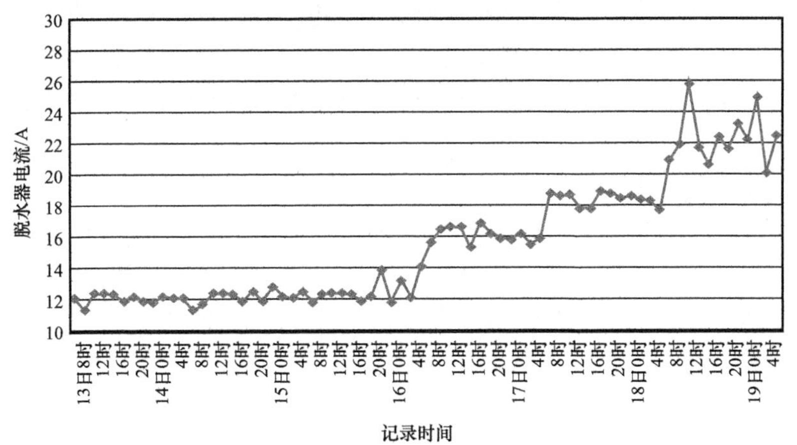

图 9　收油期间脱水器电流变化情况

二是已经实施连续收油技术的污水处理站，没有电流上升阶段。同时随着收油量增加，脱水器电流波动相对于喇Ⅰ-1联合站时间较长，波动幅度较小。

4 几点认识

4.1 取得成果

（1）污油厚度影响了沉降罐的沉降罐时间，通过试验数据对比发现随着沉降罐油层厚度的减少，沉降罐去油率有轻微提高，且对比污油厚度较大时的去油率，波动明显减小；去杂率波动后呈现向好趋势。说明污油厚度的减少，有利于沉降罐能力的提升。

（2）连续收油技术在实施间歇式收油的污水处理站不存在工艺上的困难。在生产管理能力保证的情况下，采用间歇式收油的污水处理站均可实施连续收油。其中脱水系统最大可接受的收油排量为124.81m^3/h，所含原油为18.44m^3/h；推广试验中喇Ⅱ-1地区采用联合连续收油技术，摸索出了脱水系统最大可承受的收油排量为17.75m^3/h，其中所含原油为7.29m^3/h。

（3）针对喇Ⅰ-1污水处理站采用大排量收油泵的现状，如果按照15%的控制含水进行理论计算，7.6m^3/h排量的污油泵即可满足生产需求。

4.2 存在不足

试验中，在默认老化油物性一致的情况下验证出了污油的最大回收量。但实际生产中污油物性差异较大，污油中的轻质组分、含水率和机械杂质聚合物浓度等组成随时可能发生变化，均可能导致脱水器电场不稳甚至垮电场。应进一步对方面内容进行深入研究，才可验证出个性化的收油方案以及收油量。

4.3 相关建议

（1）针对离心式收油泵堵塞过滤缸的情况，建议采用容积式泵。

（2）对于调节堰锈蚀损坏的沉降罐应改进采用电动执行机构来完成生产参数的控制以及污油的回收任务。同时应充分考虑电动执行机构系统的联动性，使之可完成单个储罐或者多个储罐的收油工作，以减轻员工来动强度，亦可避免液面失控导致的系列事故。

参考文献

[1] 高彦华，莫瑞，梁宏宝，等.老化油物性分析及脱水技术研究[J].化工科技，2015，23（4）：22-25.

[2] 宋学东，王增奇，吕艳，等.供水泵变频调速范围的确定[J].山东农业大学学报（自然科学版），2010，41（4）：579-582.

某油田含油污水处理工艺改进与优化

张　晓　鲁永强　于明建

（中国石油大庆油田有限责任公司呼伦贝尔分公司）

摘　要　某油田多为低渗透、特低渗透油层，注入水质要求达到“8.3.2”要求（含油量≤8mg/L，悬浮固体含量≤3mg/L，悬浮固体粒径中值≤2μm），油田位于草原深处，含油污水必须全部回注，而油田含油污水产量少、成分复杂，污水处理站处理规模小，常规处理系统耐冲击负荷能力较弱，水质不能得到保障。经过多年试验摸索，逐步形成SSF含油污水处理主工艺，“自然降解+SSF处理”压裂返排液等油田废液预处理工艺，以及叠螺式含油污泥处理工艺作为污水处理后续工艺；通过3大系统优化运行，确保污水系统来水水质稳定，以及系统中含油污泥及时去除，从而有力地保障了处理水质达标。

关键词　SSF；预处理；含油污泥处理

为满足油田含油污水处理需要，某油田不断试验研究，2007年在油田某污水处理站首次成功应用SSF悬浮污泥过滤技术（简称SSF），其后不断推广应用，目前该油田5座污水处理站已全部采用SSF含油污水处理工艺，改善了油田水质，确保了注水开发效果。

1　水质现状

某油田5座含油污水深度处理站总处理能力4880m^3/d，实际处理量2560m^3/d，负荷率52.5%，出水水质达标“8.3.2”。

该油田污水处理水质整体情况较好，5座污水站出水含油量为0.4～3mg/L，满足“出水含油不高于8mg/L”要求；除一座污水处理站出水悬浮物含量略有超标外，其余4座污水处理站出水悬浮物均满足“出水悬浮物不高于3mg/L”要求。良好的水质主要得益于适合油田污水处理的工艺流程及水务公司的专业化管理。

2　存在问题

（1）油田含油污水量少，易受冲击。

油田5座污水站总污水量2560m^3/d，各站污水量为235～800m^3/d，水量少，易受返排液、洗井液等油田废液的冲击，使污水来水水质突然变差，造成出水水质差，不易达标。

而油田压裂作业较多，多集中在夏秋两季，2016年油田新老井压裂60余口，其中大规模压裂17口，返排液达15000m^3，返排液成分复杂，黏度高、乳化严重、化学性质稳定；全年油田计划洗井400口，冲洗管线400km，废液量达到40000m^3；各类油田废液进入污水处理系统将造成很大影响。

（2）污水处理系统中含油污泥去除困难。

SSF 污水处理采用除油缓冲罐 +SSF 净化机 + 单阀滤罐工艺，配合药剂（絮凝剂、净水剂、助凝剂），将油及悬浮物以絮体的形式混合，形成活性污泥悬浮层，实现污水过滤；系统中的含油污泥通过排泥及反冲洗排至回收水池，在回收水池中逐步沉淀，定期清淤外运。运行中发现，含油污泥在回收水池中越积越多，在回收池中的污水时，不可避免地会将底部含油污泥重新带入污水沉降罐，从而在污水系统内循环，造成污水水质变差，处理后水质差。

3　水处理工艺改进与优化

3.1　减小来水冲击，新增废液预处理工艺

为减小油田压裂返排液和洗井液等油田废液对含油污水的冲击，新增油田废液处理工艺，作为含油污水处理预处理。经过多年试验摸索，形成以处理返排液为主的油田废液处理工艺技术："压裂返排液自然降解 + 破胶处理 +SSF 处理"工艺。处理流程：返排液排入隔油池和收油池，污油通过撇油器回收到罐车，拉到联合站卸油点，污水依次进入 1#、2# 和 3# 污水回收池自然降解，在 3# 污水回收池加入破胶剂，待污水充分破胶沉淀后，由提升泵进入 SSF 机处理，处理后水进入缓冲罐，再由外输泵输至联合站含油污水处理站进行处理。SSF 机排泥、反冲洗水进入污泥池，自然干化后外运。压裂返排液处理站平面布置如图 1 所示。

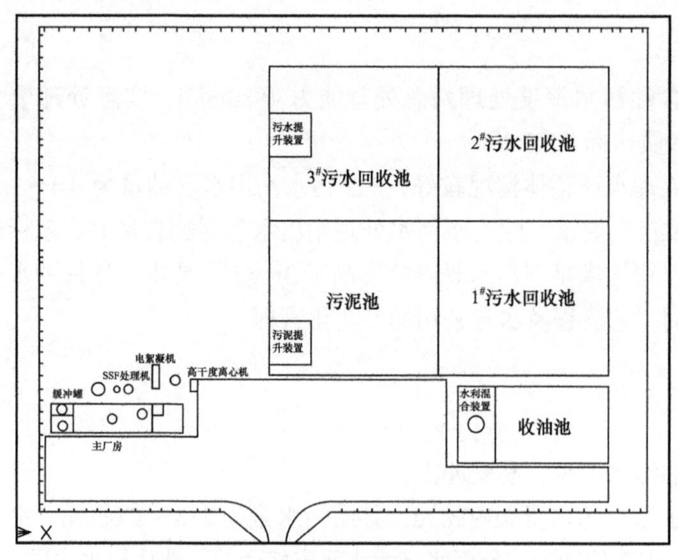

图 1　压裂返排液处理站平面布置图

返排液处理站年可处理油田废液 $5\times10^4m^3$，出站水质达标"20，20"（含油量≤20mg/L，悬浮物含量≤20mg/L）。

经过试验及现场运行摸索，将压裂返排液处理分成 4 个阶段。

（1）低温、来水水质好阶段：5 月。

该阶段主要处理上一年度储存的各种废液，经过漫长冬季的自然降解，废液黏度大幅降低，含油量及悬浮物含量均比较低，水温也较低（5～10℃）。经检测，自然降解后废液含油量为 150mg/L、悬浮物含量为 160mg/L。

3[#] 污水回收池加入破胶剂 300～400mg/L，破胶后废液含油量为 34～72mg/L、悬浮物含量为 50～75mg/L。

初期运行时 SSF 保持 6～7m³/h 低负荷运行，负荷率在 50% 以下，运行平稳后逐步提高至 12～13m³/h，负荷率为 80%。该阶段原水含油量为 34～72mg/L，悬浮物含量为 50～75mg/L，出水含油量为 6～15mg/L，悬浮物含量为 8～20mg/L，达到设计出站水质“20，20”标准。3 种处理药剂的加药情况：净水剂 90～100mg/L、絮凝剂 40～50mg/L、助凝剂 5.0～7.0mg/L。5 月返排液处理前后水质曲线如图 2 所示。

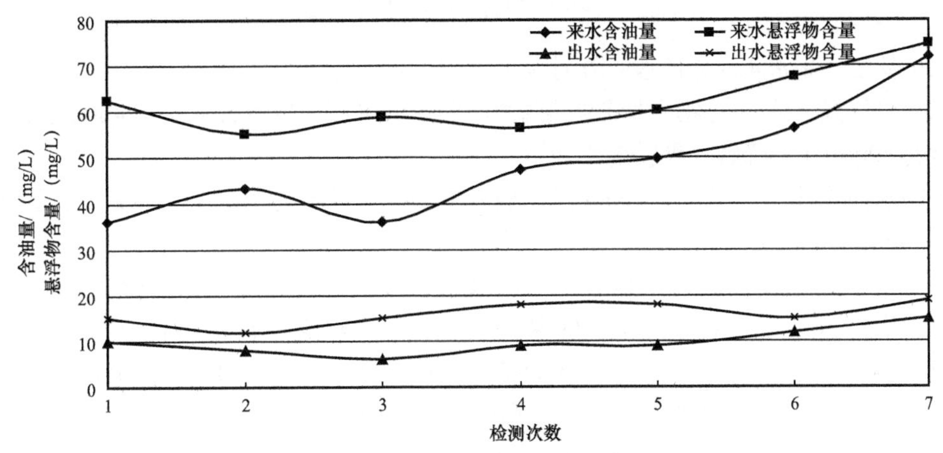

图 2　5 月返排液处理前后水质曲线

（2）中温、来水水质好阶段：6—9 月。

该阶段处理新卸入的压裂返排液，自然降解时间 1 个月左右，降解后废液含油量约 200mg/L、悬浮物含量约 200mg/L。

3[#] 污水回收池加入破胶剂 500～700mg/L，破胶后水质情况：含油量为 70～105mg/L，悬浮物含量为 71～125mg/L，污水含油量及悬浮物含量较 5 月份高，水温上升至 15～25℃。

该阶段处理量较大，15～20m³/h 居多，原水含油量为 70～105mg/L，悬浮物含量为 71～125mg/L，SSF 处理后出水含油量为 15～36mg/L，悬浮物含量为 16～31mg/L。部分水质超出了“20，20”出站水质标准，分析原因，认为主要是由于处理不平稳以及超负荷运行所致。在运行过程中，通过加密 1[#] 和 2[#] 污水回收池收油，严格控制污油的流转，提高了自然降解效果，同时使进入 3[#] 污水回收池污水的油量少，并且针对后期废液水质有所恶化的情况，相应调增加药量，确保出水水质。3 种处理药剂的加药情况：净水剂 100～120mg/L、絮凝剂 50mg/L、助凝剂 6～7mg/L。6—9 月返排液处理前后水质曲线如图 3 所示。

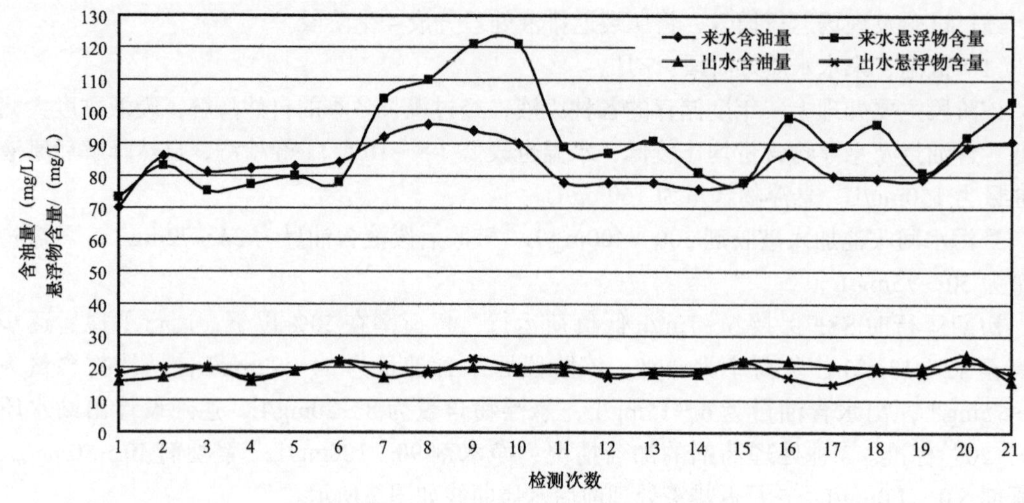

图3　6—9月返排液处理前后水质曲线

（3）低温、来水水质差阶段：10月至11月上旬。

该阶段气温下降，压裂返排液自然降解时间短，降解后废液含油量约400mg/L、悬浮物含量约400mg/L，降解效果较差。

3# 污水回收池加入破胶剂800mg/L，破胶后污水含油量为90～130mg/L，悬浮物含量为100～135mg/L。

该阶段污水水质较差，水温较低（5～14℃），在运行过程中，加密收油，严格控制处理负荷，并通过提高加药量，确保出水水质。该阶段3# 污水回收池原水含油量为90～130mg/L，悬浮物含量为100～135mg/L，SSF出水含油量为18～24mg/L，悬浮物含量为16～26mg/L，后期气温低时，通过提高加药量并降低处理负荷，来保证处理达标。3种药剂的加药情况：净水剂120～180mg/L、絮凝剂27～55mg/L、助凝剂1.8～5.0mg/L。10—11月返排液处理前后水质曲线如图4所示。

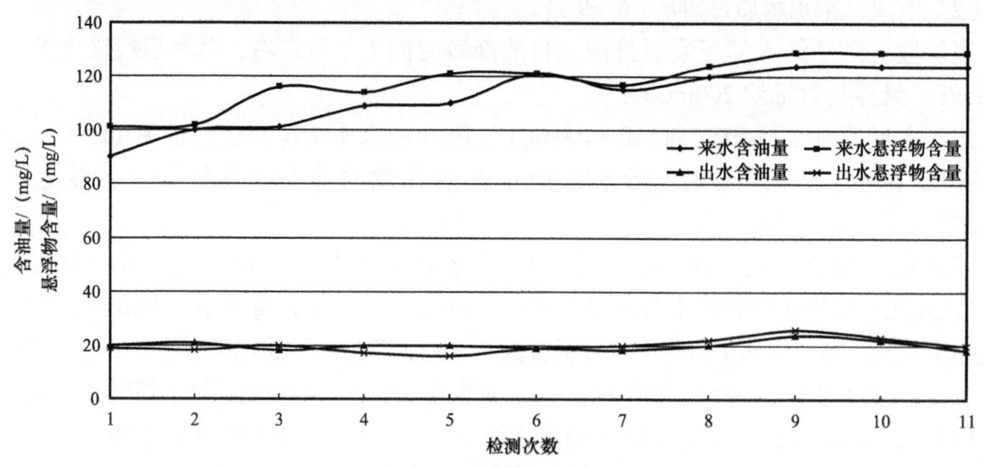

图4　10—11月返排液处理前后水质曲线

（4）11 月中旬至来年 4 月为上冻期，压裂返排液站停运。

3.2 优选 SSF 污水处理工艺，确保水质稳定

SSF 污水处理工艺流程：污水沉降罐来水至除油缓冲罐除油，出水投加净水剂和絮凝剂，经提升泵混合后，投加助凝剂，进入 SSF 净化器处理和无阀滤罐过滤，然后进入净化水罐，由外输水泵输至注水站；除油缓冲罐污油通过收油泵送往脱水站处理；除油缓冲罐及 SSF 净化器排泥至叠螺污泥处理装置。

通过开展运行优化试验，摸索 SSF 污水处理工艺对来水温度、负荷率及水质的敏感性，优化工艺运行参数，指导生产。

（1）来水温度变化优化试验。

试验温度由 35℃逐步降至 10℃，污水处理负荷率保持在 60%～80%，SSF 进水含油量增大，悬浮物含量变化不大，SSF 处理效果变差，在增大加药量后，能够保证水质达标“8.3.2”，加药情况：净水剂 70～95mg/L、絮凝剂 75～95mg/L、助凝剂 7～12mg/L。

（2）来水负荷率变化优化试验。

SSF 负荷率可分为 3 个阶段：中低负荷阶段，40%～80% 负荷率，按照优化后加药浓度运行，出水水质稳定达标“8.3.2”；高负荷阶段，80%～100% 负荷率，加药浓度逐步增大，出水水质能够达标“8.3.2”，加药情况为净水剂 70～95mg/L，絮凝剂 75～110mg/L，助凝剂 7～15mg/L；超负荷阶段，100%～150% 负荷率，加药浓度剧增，出水水质略超“8.3.2”要求。

（3）来水水质变化优化试验。

随着来水水质含油量及悬浮物含量的增加，处理难度不断加大，加药量增加，出水效果变差，经试验摸索，SSF 净化器进水含油量 200mg/L、悬浮物含量 300mg/L 时，采用加入净水剂 130mg/L、絮凝剂 110mg/L、助凝剂 15mg/L 处理后水质能够达标“8.3.2”。

3.3 及时去除含油污泥，采用叠罗处理工艺

油田污水系统含油污泥普遍具有含水率高、含泥量少的特点，见表 1。

表 1　某油田含油污泥基本性质测试结果表　　单位：%

含油污泥泥样	含水率	含油率	含固率
1# 含油污泥	95.50	1.66	2.84
2# 含油污泥	95.00	1.07	3.93
3# 含油污泥	95.02	1.18	3.80
4# 含油污泥	95.80	1.08	3.12
5# 含油污泥	95.20	1.31	3.49

油田污水系统含油污泥湿视密度平均为0.983g/cm^3，接近室温水的密度0.997g/cm^3，据此，可以推测此种含油污泥会浮于或者悬浮于水中，而不会下沉。含油污泥湿视密度测试见表2。

表2 某油田含油污泥湿视密度测试结果表

样品地点	检测项目	单位	检测结果
1#SSF排泥	湿视密度	g/cm^3	0.981
2#SSF排泥	湿视密度	g/cm^3	0.979
3#SSF排泥	湿视密度	g/cm^3	0.990

通过开展含油污泥静沉试验得知，部分联合站排泥管排出的污泥沉降特性较好，在半小时内几乎全部下沉，部分联合站排泥管排出的污泥沉降特性较差，试验中发现沉降1h后仍无变化，2h后污泥开始渐渐上浮，少量下沉。含油污泥分为三层，底部是沉积下来的黑色黏土状泥，所占比例较少，中间层是分离出来的水层，上部为黑色絮状物，所占比例较大。可见，污水处理站SSF悬浮污泥过滤器排泥大部分由浮于水层上部的黑色絮状物组成，而沉积下来的真正的泥所占比例较少。

通过对比、调研，优选叠罗脱水污泥处理工艺。处理工艺流程：污泥浓缩罐/回收水池→污泥提升泵→叠螺压滤污泥处理装置→出泥、出水。

油田4座污水站应用叠罗污泥脱水工艺，初始含油污泥含水97%左右，脱水后污泥含水85%，能够实现装袋外运，污泥去除率99%，出水悬浮物含量为200mg/L左右。污水站进水水质明显好转，悬浮物含量由350mg/L降至150mg/L，滤后出水悬浮物可降至1.0mg/L。叠罗污泥脱水系统运行数据见表3。

表3 叠罗污泥脱水系统运行数据表

污水站编号	进泥含水率/%	出泥含水率/%	出水悬浮物含量/(mg/L)	污泥去除率/%	脱水率/%
1#	96.0	85.0	246	99.4	76.4
2#	96.8	86.2	219	99.3	79.4
3#	97.0	82.2	184	99.4	85.7

4 结论

（1）某油田采用的SSF含油污水处理主工艺，附以“自然降解+SSF处理”压裂返排液等油田废液预处理工艺，及叠螺式含油污泥处理工艺作为污水处理后续工艺，很好地解决了油田来水冲击及后续污泥处理难题，确保了油田水质达标。

（2）通过“自然降解+破胶处理+SSF处理”的废液预处理工艺，避免了污水站来水冲击，确保污水处理站平稳运行。

（3）通过叠罗污泥处理工艺，减少了污水处理系统含油污泥量，避免了水质二次恶化。

（4）通过 SSF 工艺优化试验，确定了不同运行状况下 SSF 处理参数。

参考文献

[1] 何翼云，回军，杨丽，等. 含油污泥处理方法探讨 [J]. 化工环保，2012，32（4）：321–324.

[2] 李玲. 叠螺式污泥脱水技术在石油化工领域的应用 [J]. 中国科技信息，2012（16）：49.

污水电解处理技术研究与评价

杜泳林

（中国石油大港油田公司第三采油厂）

摘 要 我国大部分油田现已进入三次采油阶段，并且经过多年的注水开发，使得这些油田进入了高含水期，并且实践证明，水质的好坏，会直接影响到油田的开发效果，开采过程中伴随着大量的药剂加入注入水中，使得采出液的成分有了很大的变化，将这种采出液脱水后还含有大量原油的污水称为含油污水。

传统的处理工业污水的技术存在较大的局限性，且由于加药处理后的回注水呈现富营养化，导致细菌的大量增生，也加重了管道的腐蚀结垢。因此含油污水的处理越来越引起了各大油田的高度重视。为进一步改善油田注入水水质、降低污水处理成本，提高油田注水开发效果，在大港油田第三采油厂开展污水电解处理评价实验，为保障注入水的水质提供技术支撑。

关键词 含油污水；污水电解；电化学

1 绪论

1.1 研究目的及意义

大港油田南部油区目前所采用的主体水质处理工艺为“沉降＋多功能一体化过滤”，但随着三次采油以及页岩油压裂开采规模的逐渐扩大，聚表二元驱采出液乳化严重、破乳困难；页岩油压裂返排液具有凝聚现象，造成污水脱油困难和过滤设施堵塞的问题日益加重[1]，现有污水处理工艺不能全面满足“注好水”开发需求，并且现有的核桃壳过滤器反洗频繁，滤料经常污染、板结，需要定期更换滤料，但同时清理出来的滤料的摆放以及回收也成为一大难题。因此有必要开展含聚污水以及页岩油压裂采出液处理工艺研究与试验，为保障南部油区的注入水的水质提供有效的技术支撑。

1.2 聚表二元驱采出液现状

表 1 为枣二污水质监测数据。

通过表 1 数据可以看出，聚表二元驱采出液含油量高，目前所采用的采出水过滤技术无法保证水质达标，且一般的含油污水都有以下几个特点：含油量高，会影响水驱的效果；悬浮物含量高，容易堵塞地层；污水中微生物含量以及矿化度高，会加快设备以及管线的腐蚀速率；污水的乳化程度高，使得破乳变得相对困难[2]。

表 1 枣二污水质监测数据表

单位：mg/L

取样时间	滤前（3000m³ 出口）		多功能一体化过滤器出口		外供		备注
	含油量	悬浮固体含量	含油量	悬浮固体含量	含油量	悬浮固体含量	
2020-7-16	71.38	21	11.62	12	13.28	10	过滤器添加新滤料
2020-7-20	97.11	27	26.56	21	14.94	20	
2020-7-27	505.47	372	664	310	512.11	367.5	
2020-8-14	468.12	39	393.42	41	187.58	23	
2020-8-18	189.24	130	146.91	98	69.72	91.7	
2020-8-31	184.26	122	161.85	82	128.65	115.3	

2 污水电解处理技术

2.1 电解技术装置组成以及工艺流程

电解装置工艺流程如图 1 所示。

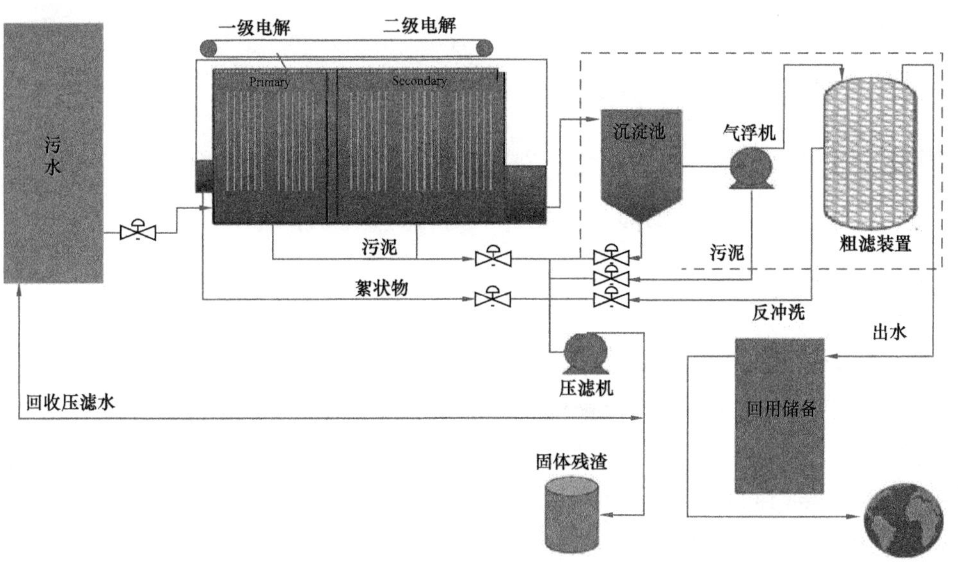

图 1 电解装置工艺流程图

2.2 电解技术优势

电解技术相较于现在所采用的采出水过滤技术具有以下几大优势：首先是适用范围

广，可有效处理毛皮加工、电厂、化工厂、电镀厂、制药厂、炼油厂、油田等各类企业各种工业污水，尤其适用高浓度污染物污水、重金属污水等；其次电解处理后的效果好，对有机污染物、重金属、悬浮物、病毒、病菌去除效率在98%以上，无二次污染，有利于后续的处理，并且无须添加任何药剂，残渣产生量小，只有传统技术的30%～50%[3]；对来液的要求低；操作简单，只需接入进水、出水、残渣三个接口即可；占地面积小、灵活，较传统工艺相比只有1/10左右，橇装化，便于搬迁；自动化程度高，可实现无人值守，异常自动报警；操作安全，有过载保护、断电保护、漏电保护等；便捷、快速，系统可随时启动，只需2小时可产出合格水质[4]。

2.3 技术原理

电解法除油就是利用气浮、絮凝等多种机理的综合作用，去除水中的含油、悬浮物以及一些重金属离子的方法，即在一个外加电场的作用下，可溶性的金属（如铁或铝）在阳极失去电子溶解后形成絮凝剂，同时阴极得电子，产生氢气，通过絮凝沉降以及气浮的共同作用下，达到净化水体的作用[5]，其技术原理如图2所示。

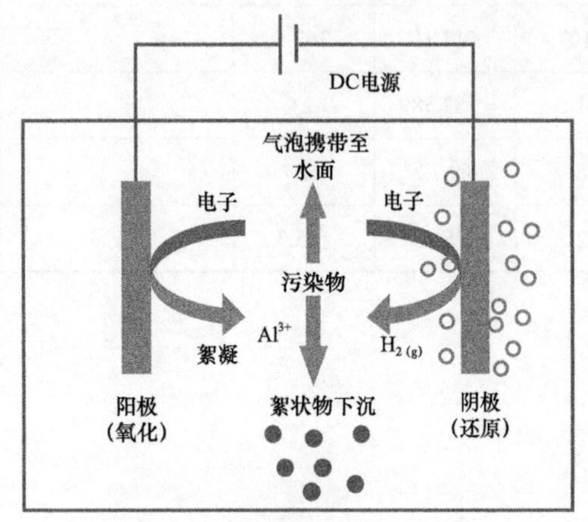

图2　污水电解技术原理示意图

以常用的“牺牲阳极”金属铝为例，在电解过程中的反应为：

阳极反应

$$Al_{(s)} \longrightarrow Al^{3+}_{(aq)} + 3e^-$$

阴极反应

$$2H_2O_{(l)} + 2e^- \longrightarrow H_{2(g)} + 2OH^-_{(aq)}$$

2.4 室内评价实验

2.4.1 一次实验

室内实验分为两次进行，所电解的水样分别为聚表二元驱采出液以及页岩油井污水，处理前的原水均发黄且比较浑浊，如图3（a）和图4（a）所示，处理后水体清澈透明，放置在空气中一段时间后，水体会变黄，如图3（b）和图4（b）所示。

如表2和表3以及图5所示，结果分析：通过实验结果来看，C极板电解聚表二元驱采出液前后总矿化度下降了29.6%，Q极板电解聚表二元驱采出液前后总矿化度下降了5%，说明电解技术会降低水体中的总矿化度，且实验证明污水电解技术完全可以使电解后的水体含油达标。但是通过第一次实验看出，电解后的水体在放置一段时间后由于生成铁的氧化物而导致水体变黄。

(a) 处理前　　(b) 处理后

图 3　聚表二元驱采出液处理前后照片

(a) 处理前

(b) 处理后

图 4　页岩油井污水处理前后照片

表 2　聚表二元驱采出液电解前后水体数据对比表　　单位：mg/L

项目	总矿化度	含油量	钙离子含量	氯离子含量
聚表二元驱采出液处理前	26340	155.21	321	15385
C 极板电解后	18547	5.81	130	10777
Q 极板电解后	25023	3.32	180	14854

表 3 页岩油井污水电解前后水体数据对比表 单位：mg/L

项目	总矿化度	含油量
页岩油井污水处理前	无法测算	170.98
C 极板电解后	13621	2.49

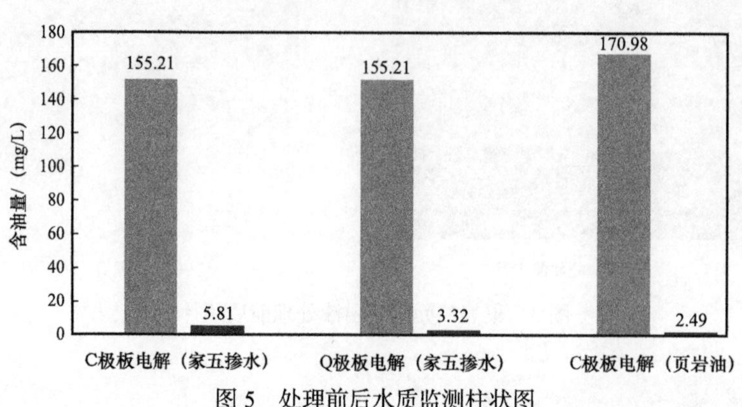

图 5 处理前后水质监测柱状图

2.4.2 二次实验

由于一次实验电解后的水体会变黄，所以在二次实验过程中，调整极板的电解成分，使得电极板中的铁极板不参与电解，只使用铝极板电解。

表 4 聚表二元驱采出液电解前后水体数据对比表

项目	总矿化度 / mg/L	含油量 / mg/L	pH 值	二价铁 / mg/L	总铁 / mg/L
聚表二元驱采出液处理前	25491	232.4	7.0		
C 极板电解后	24198	1.66	7.0	0	0

表 5 页岩油井污水电解前后水体数据对比表

项目	总矿化度 / mg/L	含油量 / mg/L	pH 值	二价铁 / mg/L	总铁 / mg/L
页岩油井污水处理前	13900	6.64	7.0		
C 极板电解后	13028	0.83	7.0	0	0.1

如表 4 和表 5 所示，结果分析：从实验结果来看，聚表二元驱采出液电解前后总矿化度下降了 5.07%，页岩油污水电解前后总矿化度下降了 6.27%，在没有铁极板参与电解的情况下，电解前后水体总矿化度下降得较少，但仍然能够使电解后的水体含油达标，且电解前后几乎不改变水体本身的 pH 值。电解后的水体在放置一段时间后，不会变色，依旧

清澈透明。

3　经济评价

现在所采用的过滤器为多功能一体化过滤器，按处理能力 2000m^3/d 考虑，多功能一体化采出水过滤器 150 万元 / 套，筛板有效使用年限约 5 年，后期筛板会出现断裂，大修更换费用 23 万元 / 套，针对采油厂含聚污水以及页岩油压裂采出液，在生产初期，多功能一体化处理技术无法满足生产需求，水质不能达标，并且过滤器内滤料很快就出现污染、板结的问题，这时就需要更换滤料，而现在所采购的滤料为 2327.43 元 /t，平均一个过滤器需要添加 4t 滤料，更换滤料也是一笔不小的开支，同时还需要添加杀菌剂，以及定期用清洗剂清洗滤料，保证滤料的过滤效果以及出水水质。

电解技术与传统技术相比，无须添加任何药剂，不存在二次污染，只需要在电极板消耗殆尽时更换电极板即可，目前在石油领域使用的，每套电极板在 6 万元左右，总投资在 100 万元左右。

4　结论

电解处理污水技术相较于采出水过滤技术，完全能够处理含聚污水以及页岩油压裂采出液，且整个过程几乎无污染，是一种绿色的环保工艺。

持续变频电解采出水处理技术虽可以在一定程度上降低水体中的含油以及矿化度，但依据水体本身成分的不同，可能会在电解过程中产生有毒有害气体，例如：硫化氢（Q 极板电解聚表二元驱采出液时，检测到最大浓度为 3mg/L 的硫化氢）。

随着电解的进行，电极板会逐渐消耗殆尽，不同水质和出水标准导致电极消耗速度不同，需定期更换电极板。

由于只进行了两次室内评价实验，得到的数据较少，所以下步还需继续进行室内试验，确保电解过程中不存在安全隐患，并找出最优的电极板组合方式，当确定电极板的排列组合方式后，再次实验，确定最合适的电流以及电压，最大限度地提高单套电极处理污水量，最后在第三采油厂开展现场试验，并进行效果跟踪，确定该工艺技术的长久可行性。

参考文献

[1] 张卫 . 含油污水电化学绿色（不加药）处理技术研究［J］. 科技资讯，2008（15）：134.

[2] 刘杨 . 含油污水电絮凝法除油机理及强化除油性能实验研究［D］. 青岛：中国石油大学（华东），2017.

[3] 王亭沂，周海刚，毕毅，等 . 含油污水电化学绿色处理技术的应用与评价［J］. 石油工业技术监督，2017（1）：18-20.

[4] 何雨晴 . 低污染含油污水电化学深度处理技术研究［D］. 北京：中国石油大学（北京），2019.

[5] 陈明灿，赵文学，郭昌文，等 . 含油污水电絮凝净化装置室内外实验对比研究［J］. 北京石油化工学院学报，2019，27（1）：38-44.

油田采出水水质分析及工艺评价

何志英[1] 范 婧[2] 查广平[1] 周星泽[1]

（1. 长庆工程设计有限责任公司；2. 中国石油长庆油田分公司油气工艺研究院）

摘 要 提高油田采出水回注率、有效利用采出水资源是油田可持续发展的重要工作。本文通过对国内某油田采出水水质现场调研，分析采出水水质状况，总结出该油田采出水水质特点，介绍采出水处理工艺流程和存在问题，提出了水质改善建议，对采出水达标处理和有效回注提供了参考和建议。

关键词 采出水分析；水质特征；处理工艺；水质改进

随着油田开采年限的增加，采出液含水率越来越高，含油污水水量逐年增加，由开发初期的10%上升至50%～70%，有的甚至高达90%以上[1]。低渗透油田储层具有孔径小、喉道细、渗透率低的特征，特殊的储层特征及复杂的地层水性质，决定了对回注水质的要求更高[2]。近年来，某油田面临着越来越大的采油污水处理压力，包括水量和地质条件对回注水水质要求的压力，而采出水水质复杂是该油田地层水较为独特且难于处理的关键所在。

1 采出水水质分析

采出水水质分析按照SY/T 5329—2012《碎屑岩油藏注水水质指标及分析方法》、SY/T 5523—2016《油田水分析方法》、HJ 495—2009《水质 采样方案设计技术规定》等标准进行。

1.1 采出水化学组分分析

采出水化学组分分析见表1，由分析结果可以看出，某油田采出水中含有大量的无机离子，其中阳离子以K^+，Na^+，Ca^{2+}和Mg^{2+}为主，阴离子以Cl^-，HCO_3^-和SO_4^{2-}为主。通常矿化度指阴、阳离子含量的总和，从表2中可知，矿化度为9.0×10^4～73.4×10^4mg/L，高矿化度使水的电导率增大，大大加快了水对金属的腐蚀。采出水中大量的Ca^{2+}和Mg^{2+}是主要的成垢离子，结垢类型主要是$BaSO_4$和$CaCO_3$，总量为200～2000mg/L。由于部分区块因多层系开发，地层水水型较为复杂，主要水型为Na_2SO_4型、$NaHCO_3$型和$CaCl_2$型。

表 1　采出水化学组分分析结果

取样站点	阳离子指标 /（mg/L）						阴离子指标 /（mg/L）					总矿化度 / g/L	水型
	K^+	Na^+	Ca^{2+}	Mg^{2+}	Sr^{2+}	Ba^{2+}	OH^-	HCO_3^-	SO_4^{2-}	CO_3^{2-}	Cl^-		
1# 联合站	101	11188	642	220	130	—	—	1946	3541	0	15631	33.4	Na_2SO_4 型
2# 联合站	64	6217	331	76	39	—	—	966	1635	0	8775	18.1	Na_2SO_4 型
1# 接转站	129	13991	1122	307	323	—	—	651	544	0	24388	41.5	$CaCl_2$
3# 联合站	100	8818	1079	157	148	—	—	721	486	0	15581	27.1	$CaCl_2$
2# 接转站	162	20115	794	278	28	—	—	1575	6576	0	27889	57.4	Na_2SO_4
3# 接转站	77	9743	240	97	18	—	—	3101	2582	0	12311	28.2	$NaHCO_3$
4# 接转站	108	14652	841	367	30	—	—	1341	6572	0	19986	43.9	Na_2SO_4
4# 联合站	203	23549	3251	696	213	—	—	576	407	0	44517	73.4	$CaCl_2$
5# 联合站	25	3134	58	26	10	—	—	1420	593	92	3665	9.0	$NaHCO_3$

注：“—”表示未检出。

1.2　采出水水质检测

采出水水质检测主要分析了采出水水温、pH 值、悬浮物含量、粒径中值、含油量、硫酸盐还原菌、腐生菌、铁细菌、溶解氧含量、二价硫等水质参数。采出水回注水质分析结果见表 2，由分析样品结果可知，回注水的 pH 值在 6.32～7.66 之间，水温在 33.0℃～44.1℃之间，溶解氧含量在 0.16～1.6mg/L 之间、硫化物含量在 0～56mg/L 之间，悬浮物含量在 20.2～256.4mg/L 之间、含油量在 32.2～305.95mg/L 之间、悬浮物颗粒直径中值在 3～15.1μm 之间、硫酸盐还原菌（SRB）含量在 2.5×10^5～1.5×10^5 个 /mL 之间、腐生菌（TGB）含量在 2.5×10^5～1.5×10^5 个 /mL 之间、铁细菌（IB）含量在 2.5×10^5～1.1×10^5 个 /mL 之间。

表 2　采出水回注水质分析结果

取样点	pH 值	水温 / ℃	溶解氧含量 / mg/L	硫化物含量 / mg/L	悬浮物含量 / mg/L	含油量 / mg/L	SRB 含量 / 个 /mL	TGB 含量 / 个 /mL	IB 含量 / 个 /mL	粒径中值 / μm
1# 联合站	7.66	41.3	0.18	16	78.6	106.34	4.5×10^1	2.5×10^1	4.5×10^0	3
2# 联合站	7.33	37.6	0.19	10	22.3	41.37	7.5×10^3	1.5×10^5	1.4×10^3	8.36
1# 接转站	7.19	35.4	1.6	0	37.1	45.24	4.5×10^4	1.4×10^3	1.4×10^3	9.09
3# 联合站	6.32	39.4	0.18	6	61.1	76.49	1.5×10^5	1.4×10^2	9.5×10^0	15.1
2# 接转站	6.94	41.0	0.18	10	20.2	43.88	4.5×10^1	1.1×10^2	9.5×10^0	10.7
3# 接转站	6.45	40.2	0.22	56	104.5	305.95	1.4×10^3	1.4×10^4	1.4×10^3	2.15

续表

取样点	pH 值	水温 / ℃	溶解氧含量 / mg/L	硫化物含量 / mg/L	悬浮物含量 / mg/L	含油量 / mg/L	SRB 含量 / 个 /mL	TGB 含量 / 个 /mL	IB 含量 / 个 /mL	粒径中值 / μm
4# 接转站	6.66	33.9	0.21	32	86.1	133.54	2.5×10^0	4.5×10^0	2.5×10^0	11
4# 联合站	6.81	41.0	0.16	26	20.5	32.2	2.5×10^1	4.5×10^0	4.5×10^0	7.97
5# 联合站	7.78	38.5	0.19	32	256.4	267.7	1.5×10^3	1.5×10^4	1.1×10^5	3.78

2 采出水处理工艺现状

某油田采出水处理工艺经历不同阶段发展完善，主要形成了以“沉降除油 + 过滤”“沉降除油 + 气浮 + 过滤”“沉降除油 + 生化 + 过滤”“一级沉降除油”等多种处理工艺，适用于不同时期不同规模的水处理站场。

2.1 沉降除油 + 过滤处理工艺

该工艺采用一级沉降除油，后端经核桃壳 + 纤维球进行二级过滤，然后进行回注。沉降除油 + 过滤工艺处理后水质见表 3。

表 3 沉降除油 + 过滤工艺处理出水水质

取样点	悬浮固体含量 / mg/L	含油量 / mg/L	粒径中值 / μm	SRB 含量 / 个 /mL	TGB 含量 / 个 /mL	IB 含量 / 个 /mL
1# 集输站	11.00	0.91	2.45	6×10^1	0.6×10^0	2.5×10^0
6# 联合站	19.50	3.48	1.55	6×10^1	1.3×10^0	2.5×10^0
平均	15.25	2.20	2.00	—	—	—

由表 2 可知，取样调查的 2 座站点采出水中悬浮物和含油量去除效果好，悬浮物含量＜20mg/L，含油量＜5mg/L，粒径中值＜2μm，细菌含量及腐蚀速率均较低，水质改善效果较好。

2.2 一级沉降除油处理工艺

在“沉降除油 + 过滤”工艺基础上，通过扩大前端除油罐容积，增加沉降时间、提高除油效果，形成了“一级沉降除油”处理工艺，主要用于边远区块或小油藏区块，预留后续处理工艺，待达到一定规模后，完善处理流程[2]。处理系统配套沉降除油罐负压排泥系统，采用非金属管材，投加杀菌剂和缓蚀阻垢剂等化学药剂进行防腐防垢。该工艺处理水质见表 4。

由表 4 可知，经一级沉降除油处理后，含油量平均 52.2mg/L，悬浮物含量平均 66.7mg/L，粒径中值 8.24μm，3# 联合站和 1# 接转站等站细菌含量较高，取样调查的 9 座站点采出水中悬浮物和含油量去除效果好，平均悬浮物含量＜80mg/L，平均含油量＜80mg/L，粒径中值＜10μm，达到沉降除油罐出水质指标要求。

表 4　一级沉降除油工艺处理水质

取样点	悬浮固体含量 / mg/L	含油量 / mg/L	粒径中值 / μm	SRB 含量 / 个 /mL	TGB 含量 / 个 /mL	IB 含量 / 个 /mL
1# 联合站	78.6	106.34	3.0	4.5×10^{1}	2.5×10^{1}	4.5×10^{0}
2# 联合站	22.3	41.37	8.36	7.5×10^{3}	1.5×10^{5}	1.4×10^{3}
3# 联合站	61.1	76.49	15.1	1.5×10^{5}	1.4×10^{2}	9.5×10^{0}
7# 联合站	53.37	19.26	1.79	2.5×10^{1}	2.5×10^{0}	5.0×10^{1}
8# 联合站	59.1	67.68	6.88	2.5×10^{1}	0.0×10^{0}	6.0×10^{2}
1# 接转站	37.1	45.24	9.09	4.5×10^{4}	1.4×10^{3}	1.4×10^{3}
2# 接转站	20.2	43.88	10.7	4.5×10^{1}	1.1×10^{2}	9.5×10^{0}
4# 接转站	86.1	133.54	11	2.5×10^{0}	4.5×10^{0}	2.5×10^{0}
平均	52.2	66.7	8.24	—	—	—

2.3　沉降除油 + 气浮 + 过滤处理工艺

该工艺通过高压溶气和采出水混合，配合高效浮选剂，快速分离水中含油、悬浮物。处理水质见表 5。气浮处理工艺除油、悬浮物效果较好，处理后含油≤20mg/L，悬浮物含量≤10mg/L。

表 5　沉降除油 + 气浮 + 过滤工艺处理出水水质

取样点	悬浮固体含量 / mg/L	含油量 / mg/L	粒径中值 /μm	SRB 含量 / 个 /mL	TGB 含量 / 个 /mL	IB 含量 / 个 /mL
9# 联合站	18.2	3.13	1.61	6.0×10^{1}	2.5×10^{0}	2.5×10^{1}
10# 联合站	16.2	4.3	0.9	4.5×10^{0}	2.5×10^{0}	2.5×10^{1}

2.4　沉降除油 + 生化 + 过滤处理工艺

利用高效好氧微生物菌种，对采出水中油及有机物等进行生物降解，污泥量少且对含油量有明显去除效果。过滤出水含油量和悬浮物含量均小于 5mg/L，腐蚀速率为 0.018mm/a。正常运行情况下，生化处理后过滤出水均能满足指标。

3　采出水处理系统存在的问题及水质改进建议

3.1　存在的问题

通过对近年来采出水处理工艺及水质状况调研、分析，认为目前该油田采出水处理系统存在的问题主要表现为：（1）部分站点采出水处理流程不完善，“一级沉降除油”工艺处理水质不能满足 SY/T 5329—2012《碎屑岩油藏注水水质指标及分析方法》中水质标准。（2）采出水矿化度高，细菌含量超标，易造成腐蚀结垢。高矿化度增强了污水的电导率，有利于电子迁移和腐蚀反应的进行；有利于沉积结垢，抑制氧的扩散，容易发生氧浓差电池腐蚀[2]。采出水中大量硫酸盐还原菌的存在，将污水中的SO_4^{2-}中的S^{6+}还原成S^{2-}，同时产生大量的硫化物，硫化物的颗粒一般都比较细小，一般都集中在1～10μm之间，这些细小的硫化物颗粒与污水中的油珠或其他有机物结合，形成稳定性好、沉降特性差的颗粒，从而造成现有的沉降工艺很难适应[4]。（3）部分站点除油罐除油效率较低，个别站的除油罐出水口的含油量甚至大于进水口。分析认为沉降除油罐依靠重力排泥不彻底，污泥中含有大量的黏性泥质、细菌、油污等，成分复杂，污泥定期排放至干化池后得不到及时清理，致使污泥在系统内形成恶性循环，造成二次污染[3]。（4）处理流程无法实现完全密闭隔氧，溶解氧含量超标。氧是含油污水处理系统中的重要腐蚀因素。当采出水中溶解氧超标时，会生成$Fe(OH)_3$，加剧腐蚀。已建立式净化水罐密闭隔氧装置破损，近年来采用卧式缓冲罐，未设置隔氧措施，除油罐、污水污泥池、加药点等处都存在曝氧，处理流程无法实现完全密闭，导致溶解氧含量升高，加剧了系统的腐蚀和细菌繁殖。

3.2 水质改进建议

针对采出水处理系统存在问题，建议从以下方面完善改进：（1）根据采出水特点及水质情况，优化改进处理设备，完善处理工艺流程，配套过滤、杀菌工艺，提高出水水质。（2）建议增加曝气设施，利用空气中氧气的氧化作用将S^{2-}氧化成单质硫，去除水中的硫化物。针对采出水来水硫化物含量高的问题，可在水中临时冲击投加硫化物去除剂，改善原水水质。（3）沉降除油罐采用负压排泥系统，利用外部助排泵产生的负压携带作用将罐底污泥排出，同时优化污泥池结构，降低人工清淘难度，污泥池储存容积（以时间计）由60天调整为30天，池深由4.0m调整为2.5m，扩大污水污泥池容积，减小水质二次污染。建议开展沉降除油工艺优化研究，引进试验水力旋流沉降除油、聚结除油及沉降除油＋气浮等高效除油工艺，提高沉降除油工艺出水水质。（4）针对溶解氧的危害，建议采用密闭隔氧措施，对立式净化水罐更换隔氧装置，开展卧式缓冲水罐密闭隔氧措施的研究，同时在污水系统前端投加除氧剂。

4 结论

通过水质指标及工艺现状，分析总结了采出水处理系统存在问题，提出了提高水质的建议及措施，目前，部分场站已通过完善流程，配套负压排泥系统，优化污水污泥池结构，回注水质得到有效提高，为水处理系统优化完善具有指导意义。

参 考 文 献

[1] 高生军. 靖二联油田污水处理技术研究与应用［D］. 西安：西安石油大学，2009：6-7.

[2] 崔斌，赵跃进，赵锐，等. 长庆油田采出水处理现状及发展方向［J］. 石油化工安全环保技术，2009，25（4）：59-61.

[3] 杜杰，王彦斌，张超，等. 长庆油田采出水处理系统污泥收集及处理［J］. 油气田环境保护，2012，22（2）：37-38.

[4] 陈忠喜，舒志明. 大庆油田采出水处理工艺及技术［J］. 工业用水与废水，2014，45（1）：36-39.

第三部分

战略性接替开发复杂采出水处理关键技术

含聚合物采出液对联合站破乳效果影响规律研究

张　滨

（中国石油大庆油田第九采油厂规划设计研究所）

摘　要　龙虎泡油田拟开展聚合物驱油提高采收率技术研究，由于聚合物在采出液中浓度的增大，使得采出液乳化程度增大，油水分离界面不清、污水组分复杂，采出液破乳、脱水困难。为保障龙一联地区平稳运行，以龙虎泡采出液为母液，室内模拟制备含聚采出液，分析聚合物驱采出液流变性、乳化油珠粒径分布、电负性以及微观形态及界面层的乳化特征，受含水率、温度、含聚浓度的影响程度和交互影响。在不同的影响破乳因素下，包括含聚浓度、温度、时间、pH 值、流场剪切、聚合物分子量等因素，得到了破乳脱水效果及规律，搞清来了含聚合物采出液对联合站破乳效果的影响，同时，为改善油田开发效果提前做好技术储备；为类似油田后期开发提供借鉴。

关键词　含聚采出液；乳化特征；破乳效果

1　问题的提出

龙虎泡油田拟开展聚合物驱油提高采收率技术研究，由于聚合物在采出液中浓度的增大，使得采出液乳化程度增大，油水分离界面不清、污水组分复杂，采出液破乳、脱水困难。

为适应开发调整，保障龙一联地区平稳运行，有必要搞清含聚合物采出液对联合站破乳效果的影响，同时，为改善油田开发效果提前做好技术储备；为类似油田后期开发提供借鉴。

2　含聚合物采出液理化特性分析

2.1　模拟采出液的制备

采出液均取自龙一联，取样点为龙一联合站阀组间以及龙一转油站和龙二转油站来液，根据大庆油田老区同类油藏含聚采出液中的聚合物最高分子量，选择龙一联合站采出液中含聚合物的分子量为 700 万。

2.2　聚合物驱采出液流变性乳化特征

如表 1 以及图 1 至图 3 所示，从含水率 60%，温度 38℃和含聚浓度 700mg/L 时的各组流变特征曲线定性分析可知：含聚浓度对采出液乳化体系的流变特征影响最大，其次是含水率，温度对流变特征影响较小。随着含水率的增加，乳状液黏度减小，抗剪切能力变差，稳定性变差；随着温度的增加，乳状液黏度减小，抗剪切能力变差，稳定性变差；随着含聚浓度的增加，乳状液黏度增大，抗剪切能力增强，稳定性增强。

表 1　新店水体分析数据　　单位：mg/L

取样点	SS	Mg^{2+}	Na^{+}	K^{+}	Ca^{2+}	SO_4^{2-}	CO_3^{2-}	HCO_3^{-}	Cl^{-}	硫化物	可溶硅	总铁	Ba^{2+}	Mn^{2+}
来水	10	28.7	414.3	40.08	53.8	127.2	17.47	349.4	67.98	20.91	3.89	4.87	1.15	0.78
泵进口	8.1	29.45	421.3	7.38	54.63	129.4	17.84	356.8	68.48	15.8	2.1	11.14	1.58	1.52

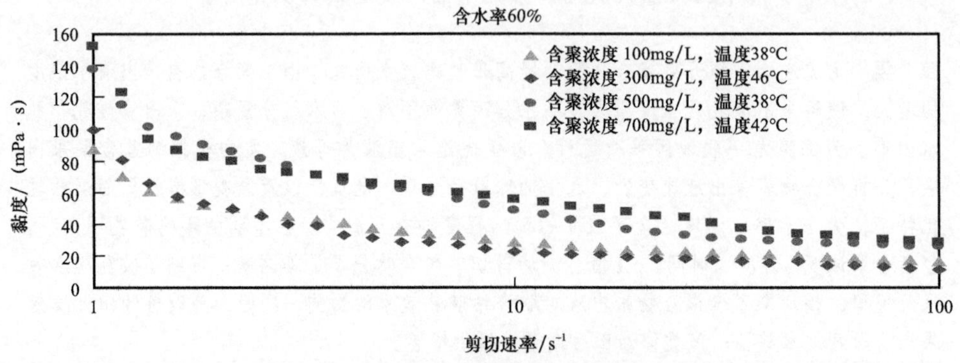

图 1　60% 含水率的采出液不同含聚浓度和温度下的流变曲线

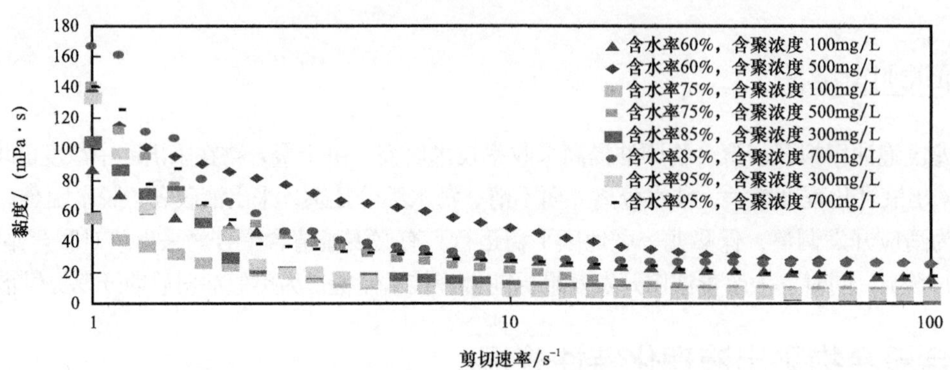

图 2　38℃的采出液不同含水率和含聚浓度下的流变曲线

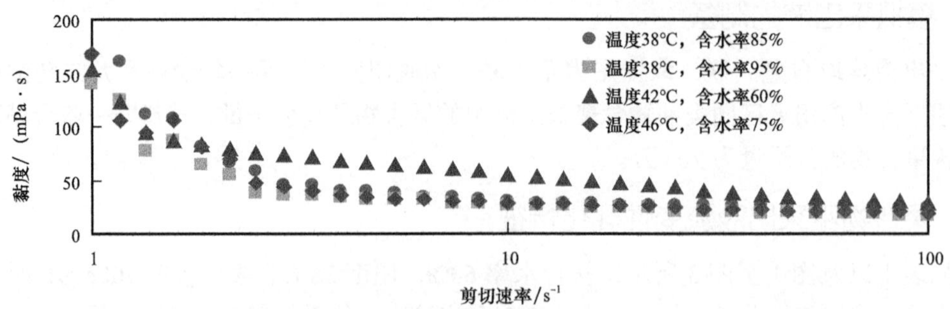

图 3　700mg/L 含聚浓度的采出液不同温度和含水率下的流变曲线

2.3 聚合物驱采出液乳化油珠粒径分布特征

测定采出液在不同含水率、温度和含聚浓度时的乳化油珠粒径分布情况。

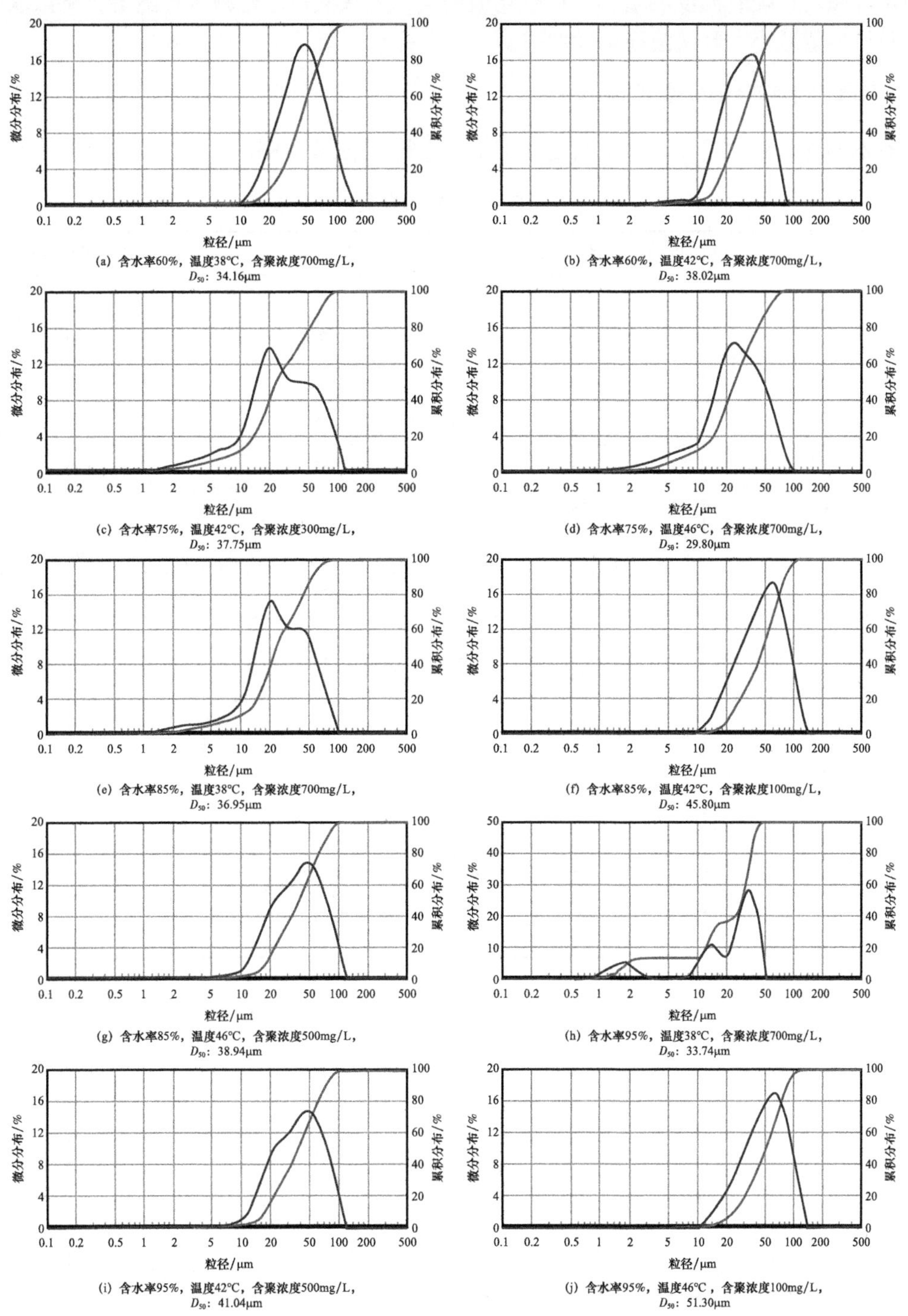

图 4 采出液在不同含水率、温度和含聚浓度时乳化油珠粒径分布情况

D_{50}—粒径中值累计 50%

如图 4 所示，从粒度分布图上看，各因素均对乳状液的粒径分布存在显著性影响，其中影响程度依次为：含聚浓度＞含水率＞温度。随着含水率的增加，粒径均值增大，乳状液稳定性减弱；随着温度的增加，粒径均值增大，乳状液稳定性减弱；随着含聚浓度的增加，粒径均值减小，乳状液稳定性增强。

2.4　聚合物驱采出液电负性特征

对不同含水率、温度和含聚浓度的采出液进行 Zeta 电位测试，如表 2 和图 5 所示。

表 2　正交实验方案

实验方案	含水率 /%	温度 /℃	含聚浓度 /（mg/L）
1	60	38	100
2	60	38	500
3	60	42	700
4	60	46	300
5	75	38	100
6	75	38	500
7	75	42	300
8	75	46	700
9	85	38	300
10	85	38	700
11	85	42	100
12	85	46	500
13	95	38	300
14	95	38	700
15	95	42	500
16	95	46	100

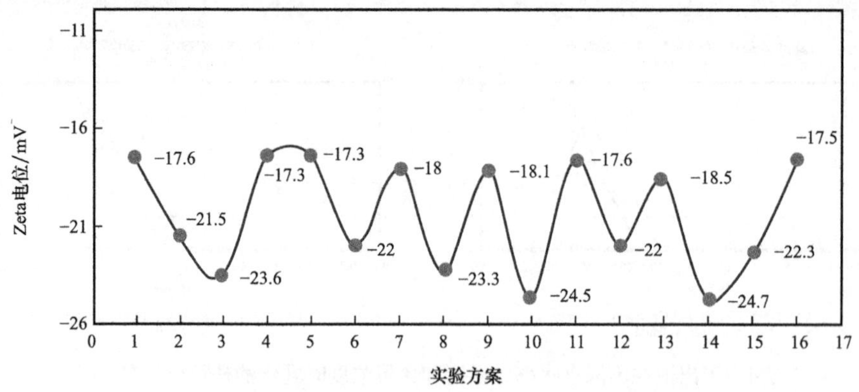

图 5　不同含聚浓度的采出液进行 Zeta 电位测试曲线

各因素均对乳状液电负性存在显著性影响，其中影响程度同样依次为：含聚浓度＞含水率＞温度。随着含水率的增加，Zeta 电位均值减小，乳状液稳定性减弱；随着温度的增加，Zeta 电位均值减小，乳状液稳定性减弱；随着含聚浓度的增加，Zeta 电位均值增大，乳状液稳定性增强。

2.5　聚合物驱采出液微观形态及界面层特征

以流变性、乳化油珠粒径分布及电负性分析为基础，在接近原油析蜡点的 46℃温度时观察采出液的微观形态及其界面层特征（图 6）。

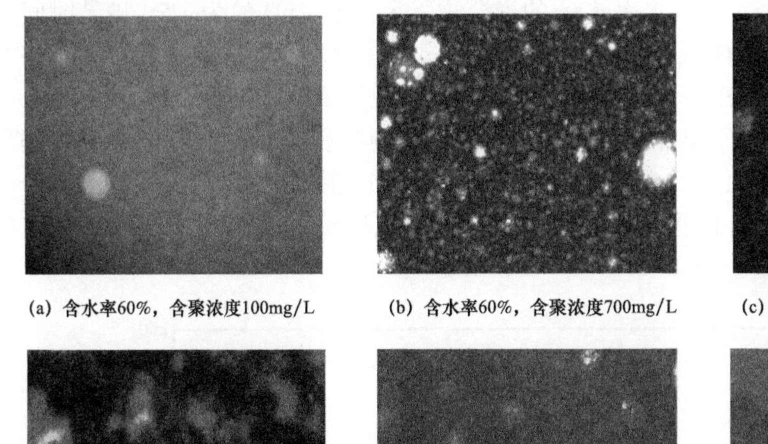

(a) 含水率60%，含聚浓度100mg/L　(b) 含水率60%，含聚浓度700mg/L　(c) 含水率75%，含聚浓度100mg/L

(d) 含水率75%，含聚浓度700mg/L　(e) 含水率95%，含聚浓度100mg/L　(f) 含水率95%，含聚浓度700mg/L

图 6　采出液的微观形态及其界面层特征

如图 6 可以看出，在相同含聚浓度下，含水率升高，单位面积可视区域内的分散相增多、尺寸变大，形状更为不规则，反映出分散液滴的变形、碰撞和聚并过程；在同一含水率下，采出液中含聚浓度升高，乳化体系则更为分散、分散相尺寸更小，且显微成像反映出体系中存在着黏性胶团，致使不同程度上在油水界面处形成明显、较为致密的界面膜。这种微观形态及界面层特征与采出液的流变性、乳化油珠粒径分布及其电负性分析结果相吻合。

3　含聚合物采出液破乳影响因素研究

根据聚合物驱采出液乳化特征的分析，聚合物驱采出液乳化行为的影响程度依次为含聚浓度、含水率和温度，因此，在破乳影响因素实验研究中选择了乳化程度最大、稳定性最强的采出液及影响因素。

采出液：含聚浓度 700mg/L，含水率 60%；

温度：45℃，50℃，55℃，60℃，65℃，70℃；

时间：10min，20min，30min，40min，50min，60min；

pH 值：7.5，8.4，9.8，11.1，12.5；

含聚浓度：100mg/L，300mg/L，500mg/L，700mg/L；

流场剪切：管输剪切、泵的剪切及阀组剪切 3 各节点；

破乳剂：龙一联合站应用的破乳剂，50mg/L 用量。

3.1 温度的影响

对于含聚浓度 700mg/L、含水率 60% 的聚合物驱采出液，pH 值为 7.5，破乳时间为 30min，乳化过程为管输剪切，投加 50mg/L 破乳剂，在 45℃，50℃，55℃，60℃，65℃和 70℃的不同温度下进行破乳，得到不同温度下的破乳脱水效果及规律。

温度升高，采出液的破乳效果明显改善，在 70℃时的脱水率从 45℃时的 56.20% 提高到 92.75%，水中含油从 461.5mg/L 降低到 273.5mg/L，当温度高于 60℃后，脱水率的增幅和水中含油的降幅均趋于平缓，表明对于采出液中的乳化水，仅依靠热—化学作用而提高温度并不能有效失稳（图 7）。

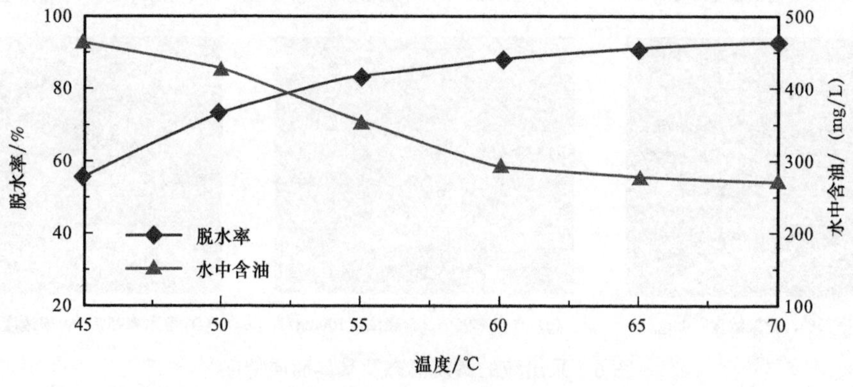

图 7　温度对采出液破乳的影响

3.2 时间的影响

对于含聚浓度 700mg/L、含水率 60% 的采出液，pH 值为 7.5，破乳温度为 60℃，乳化过程为管输剪切，投加 50mg/L 破乳剂，按照 10min，20min，30min，40min，50min 和 60min 进行破乳，得到不同时间内的破乳脱水效果及规律。

延长破乳作用时间，尤其在前 30min，采出液的破乳效果明显改善，脱水率能提高近 1 倍，水中含油能减少 20% 以上，但随着时间的继续延长，脱水率和水中含油均呈小幅变化，表现出时间因素影响聚合物驱采出液破乳能力的有限性。

3.3 水相 pH 值的影响

对于含聚浓度 700mg/L、含水率 60% 的采出液，破乳温度为 60℃，破乳脱水时间 30min，乳化过程为管输剪切，投加 50mg/L 破乳剂，对 pH 值为 7.5，8.4，9.8，11.1 和

12.5 的采出液进行破乳，得到不同 pH 值下的破乳脱水效果及规律。从 pH 值对破乳脱水效果的影响可以看出，pH 值对聚合物驱采出液破乳过程并无明显影响，pH 值在 7.5～12.5 范围内的脱水率和水中含油基本维持不变（图 9）。

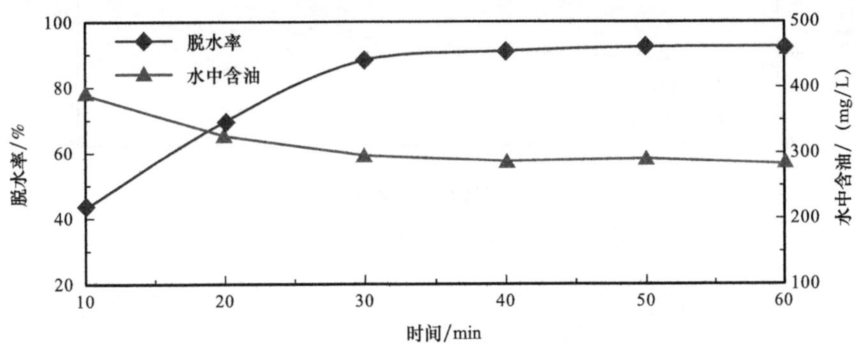

图 8　时间对采出液破乳的影响

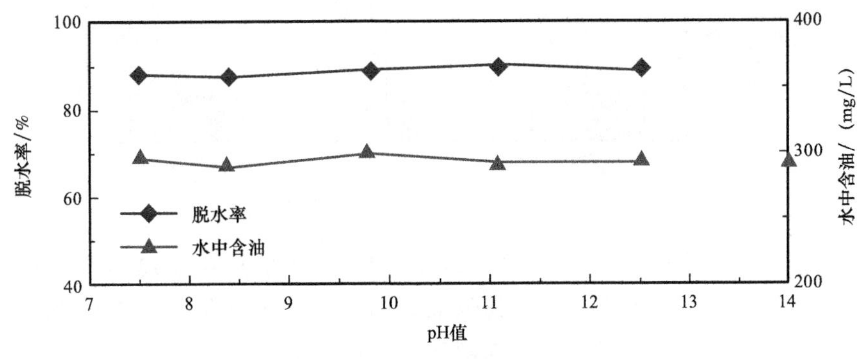

图 9　pH 值对采出液破乳的影响

3.4　含聚浓度的影响

对于含水率 60% 的采出液，破乳温度为 60℃，破乳脱水时间 30min，乳化过程为管输剪切，投加 50mg/L 破乳剂，对含聚浓度为 100mg/L、300mg/L、500mg/L 和 700mg/L 的采出液进行破乳，得到不同含聚浓度下的破乳脱水效果及规律。含聚浓度增大，破乳性能下降，相应脱水率降低、水中含油量增加，实验条件下脱水率从含聚浓度 100mg/L 时的 95.42% 降低到含聚浓度 700mg/L 时的 88.26%，降幅近 10%，水中含油从含聚浓度 100mg/L 时的 261.4mg/L 增加到含聚浓度 700mg/L 时的 296.4mg/L，降幅近 15%，反映出采出液中高含聚浓度对乳状液稳定性的作用（图 10）。

3.5　流场剪切的影响

对于含聚浓度 700mg/L、含水率 60% 的聚合物驱采出液，pH 值为 7.5，破乳温度为 60℃，破乳时间为 30min，投加 50mg/L 破乳剂，乳化过程为管输、过泵及阀组 3 类剪切进行破乳，得到不同剪切程度下的破乳脱水效果及规律，如图 11 所示。

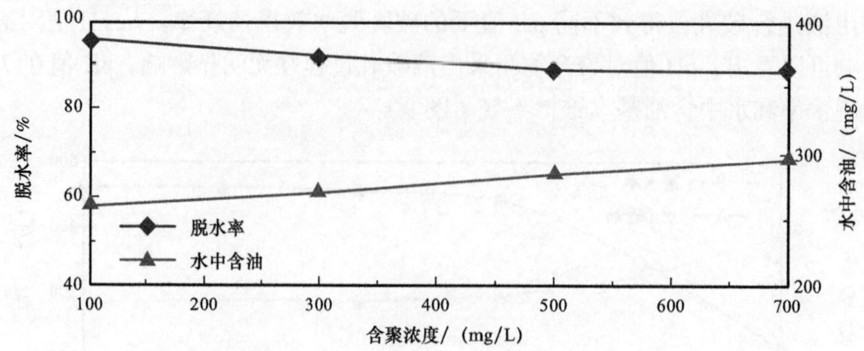

图 10　含聚浓度对采出液破乳的影响

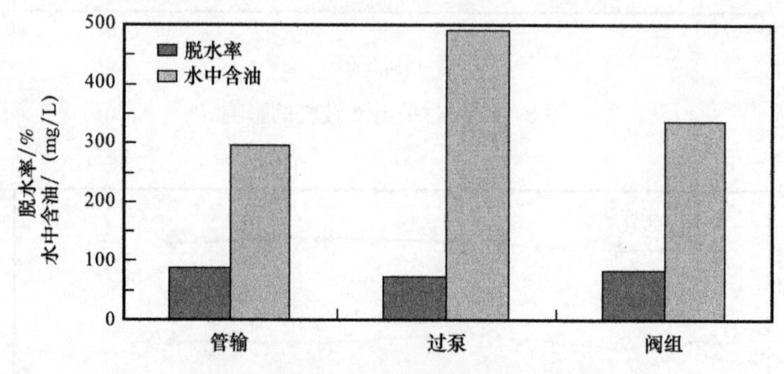

图 11　流场剪切对采出液破乳的影响

过泵剪切采出液的破乳效果最差，相同条件下的脱水率为72.51%，水中含油为491.2mg/L，其次为阀组剪切采出液，其脱水率和水中含油分别为83.27%和336.2mg/L，表明高强度剪切稳定了油水乳状液，进而使其破乳脱水性能下降。

3.6　聚合物分子量的影响

含水率60%的聚合物驱采出液，pH值为7.5，破乳温度为60℃，破乳时间为30min，投加50mg/L破乳剂，乳化过程为管输剪切，对含聚分子量700万、400万和200万，含聚浓度分别为300mg/L和700mg/L的采出液进行破乳，得到不同含聚分子量下的破乳脱水效果及规律，如图12所示。

在不同含聚浓度下，含聚分子量对脱水率及脱出水中含油的影响并不大，含聚浓度300mg/L时，700万和200万分子量的脱水率分别为90.92%和92.18%、水中含油分别为311.5mg/L和288.6mg/L；含聚浓度700mg/L时，700万和200万分子量的脱水率分别为88.26%和89.25%、水中含油分别为296.4mg/L和290.8mg/L。

4　结论与认识

（1）综合流变性、乳化油珠粒径分布、电负性及微观形态等乳化行为表征参数，基于聚合物驱采出液的乳化特征，聚合物驱采出液乳化行为的影响程度依次为含聚浓度、含水率、温度。

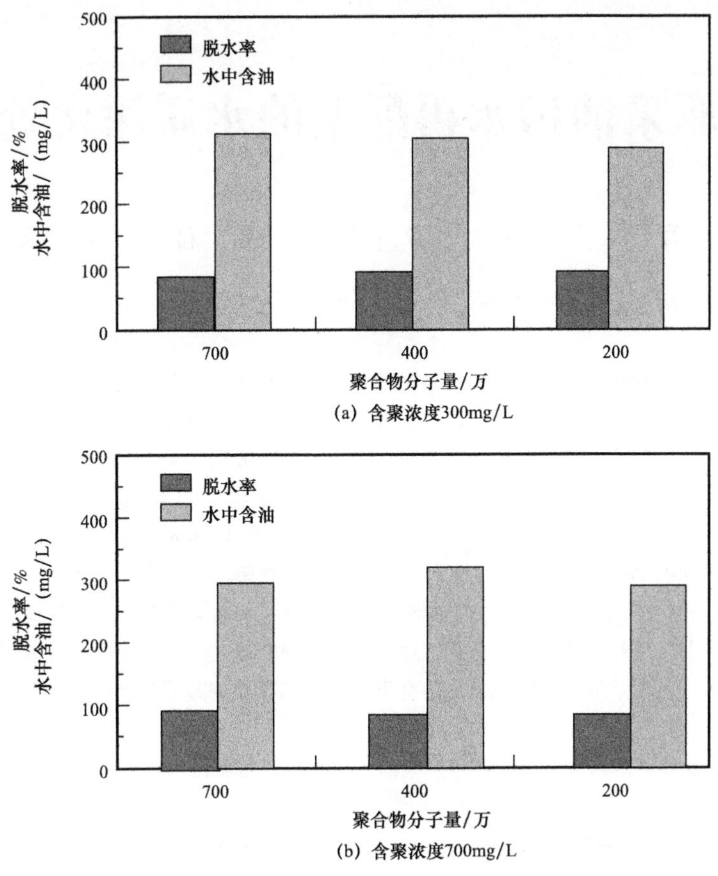

图 12 不同聚合物分子量对采出液破乳的影响

（2）含聚浓度 700mg/L、含水率 60% 的采出液乳化程度最大、稳定性最强。

（3）影响聚合物驱采出液破乳的因素主要包括温度、时间、含聚浓度及流场剪切，温度升高（尤其在 60℃以内）、时间延长（尤其在 30min 以内），破乳性能改善，表现在脱水率增大、水中含油减小；含聚浓度增加、经历剪切程度增强，破乳性能下降，表现在脱水率减小、水中含油增大、油水界面混杂且出现一定厚度的过渡层。

（4）含聚分子量对脱水效果的影响并不显著。

聚合物驱采油污水再配聚的水质深化处理技术

王　雨[1, 2]　林莉莉[1, 2]　王华鹏[1, 2]　李　莉[1, 2]　赵增义[1, 2]

（1. 中国石油新疆油田公司实验检测研究院；2. 中国石油新疆油田公司水质工程联合实验室）

摘　要　为解决聚合物驱产出污水的重复利用和污水配聚时黏损率高的问题，考察了影响聚合物溶液的主要因素，合成了聚硅铝絮凝剂，并进行了净水性能评价、聚合物溶液黏度稳定性评估、结垢趋势模拟以及悬浮物粒径分析。结果表明，聚合物溶液中的 Fe^{2+}、Ca^{2+}、Mg^{2+} 和 S^{2-} 以及悬浮物对聚合物黏度的影响较大，在污水配聚时必须进行控制；筛选出了能降油除钙的絮凝剂配方：50mg/L PFS+200mg/L PSiAS-1+8mg/L 助沉剂；向净化后的污水中加入保黏剂 PA 后，初始黏度提高了 9% 以上，90 天黏度损失率小于 15%。此外，用 OIL ScaleChem 结垢预测软件模拟净化水在地层条件下的结垢趋势，并通过激光粒度仪对聚合物溶液中的微粒粒径进行了分析，结果表明该净化水中少量的聚集体微粒平均粒径在 100nm 以下，远小于地层孔隙直径，不会引起碳酸钙垢堵塞地层的情况，满足污水配聚的技术要求。

关键词　聚合物驱采油污水；聚硅铝絮凝剂；黏损率；结垢；粒径

随着聚合物驱油技术的大规模应用，如何利用聚合物驱采油污水配制聚合物溶液已成为油田三次采油必须解决的关键技术问题。一方面，配制聚合物溶液所用的淡水资源日趋紧张，在清水资源匮乏的西部地区，“人井争水”问题较为突出；另一方面，根据环保法的要求，大量聚合物驱采出水的处置成为油田急需解决的问题。若能用聚合物驱采出水配制聚合物溶液，则可节省水资源[1-2]。然而由于聚合物驱过程中形成了复杂的油水体系，加之大量矿物质的存在，污水配制的聚合物溶液黏度往往比清水配制的聚合物溶液黏度低得多[3-6]。新疆油田聚合物驱试验区污水处理系统出水水质不能满足再配聚的要求，为解决这一问题，首先需要找出污水中影响聚合物溶液黏度的主控因素，进而针对各种影响因素开展削减措施研究。本文结合试验区聚合物驱污水处理工艺和来水水质，开展曝气预处理和药剂体系筛选实验[7]，并在处理后的配聚水中添加保黏剂，以提高污水配聚的黏度保留率，为污水配聚水质深化处理提供新思路。

1　水质特征和影响因素分析

1.1　处理前污水水质分析

聚合物驱污水处理站污水来源于聚合物驱采出液破乳系统，水型为碳酸氢钠型的弱碱性水，水质分析数据见表 1。聚合物驱污水来液中无机物含量相对稳定，含有一定量的二价铁，不含硫化物。聚合物含量随采出程度不同有所变化，在增油高峰期，含量为400～500mg/L，肉眼可见水中有较稳定的胶体颗粒存在。

表 1　聚合物驱污水出水处理站来液水质分析

项目	参数	项目	参数
水中硅含量 / (mg/L)	1.22	含油量 / (mg/L)	358.5
Ca^{2+}+Mg^{2+} 含量 / (mg/L)	104.73	悬浮物含量 / (mg/L)	224.5
Fe^{2+} 含量 / (mg/L)	0.1	聚合物含量 / (mg/L)	500
总 Fe 含量 / (mg/L)	0.1	Zeta 电位 /mV	−32.5
溶解氧含量 / (mg/L)	0.01	粒径中值 /μm	5.97
S^{2-} 含量 / (mg/L)	7.17	pH 值	7.51
挥发酚含量 / (mg/L)	0.291	水型	$NaHCO_3$

1.2　各种因素对聚合物溶液黏度的影响

1.2.1　pH 值和无机阳离子与阴离子

不同 pH 值以及含不同浓度无机阳离子和阴离子的聚合物溶液的初始黏度如图 1 所示，聚合物溶液浓度 1500mg/L，温度 25℃。

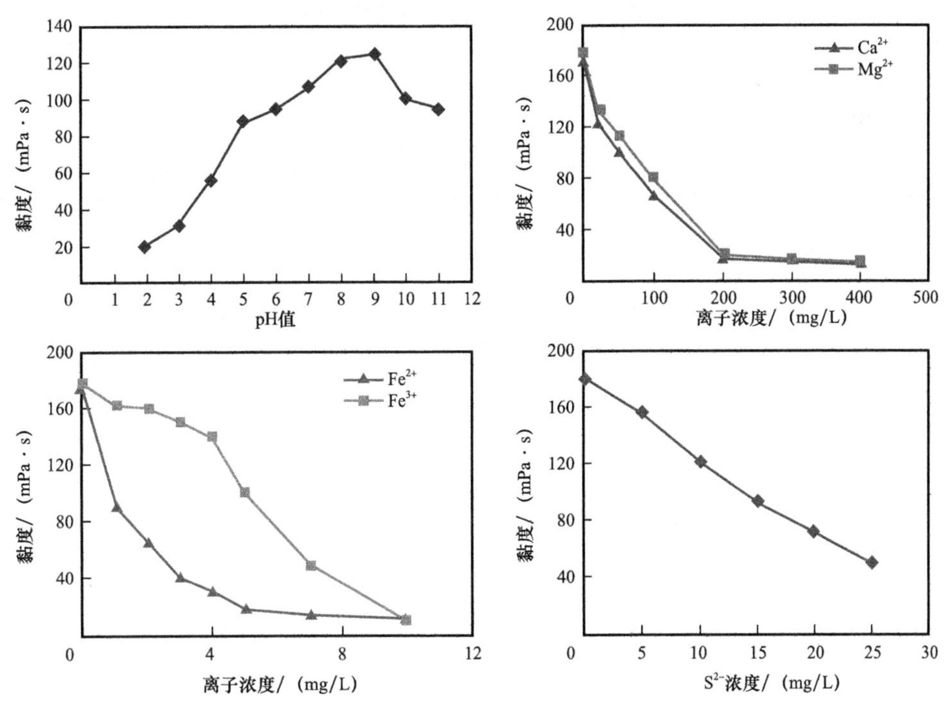

图 1　无机阳离子和阴离子对聚合物溶液黏度影响

由图 1 可知，聚合物溶液的 pH 值为 9 时溶液黏度最高，合理的 pH 值应控制在 7～9 之间，而处理站来水的 pH 值恰好介于这个范围内，无须调节来水的 pH 值。无论何种类型的无机离子，均对聚合物溶液的黏度有降低作用。Ca^{2+} 和 Mg^{2+} 含量对聚合物溶液的黏度的影响较大，污水配制聚合物溶液时应严格控制 Ca^{2+} 和 Mg^{2+} 含量在 100mg/L 以下为宜。少量 Fe^{2+} 的存在会造成聚合物溶液黏度大幅度下降，当 Fe^{2+} 含量大于 4mg/L 是溶液黏度损失率为 83%，因此配聚污水中最好不含 Fe^{2+}，此外，为防止水中其他还原性离子将 Fe^{3+} 还原为 Fe^{2+}，污水中的 Fe^{3+} 需要严格控制在 3mg/L 以下。S^{2-} 对聚合物黏度的影响近似一条斜率为负值的直线，当 S^{2-} 浓度为 25mg/L，聚合物溶液黏损为 33%，通过曝气或气浮将 S^{2-} 除去。

1.2.2 溶解氧

配制污水处理站模拟水，通氮气 10min，制备除氧水。用除氧和未除氧的模拟水分别配制质量分数 0.1% 聚合物溶液。对除氧水配制的溶液再通氮气 10min，赶走溶解过程中带进的少量氧气，之后密封储备于棕色瓶中。溶解氧含量对聚合物黏度的影响见表 2。可以看出，除氧水配制的聚合物溶液其初始黏度较未除氧的高 4.0%，随着时间延长，两者的黏度均降低，可能与检测过程带进氧气或溶液中存在其他未知的影响因素有关。尽管如此，用除氧水配制的溶液放置 90 天后，黏度仍比用未除氧水配制的溶液黏度高 12.0%，这说明溶解氧参与了聚合物的热降解自由基反应。考虑到溶解氧会促进 Fe^{2+} 和 S^{2-} 参与的自由基反应，在污水配聚时，必须严格控制水中溶解氧含量。

表 2 溶解氧对聚合物溶液黏度的影响

放置时间 /d		7	30	60	90
溶液黏度 /（mPa·s）	用除氧水配制	16.25	15.73	15.04	14.87
	用未除氧水配制	15.62	15.06	14.12	13.28

1.2.3 污水中悬浮物含量

聚合物驱污水中含有残余聚合物，和其他悬浮物包裹在一起形成稳定的胶体颗粒。用模拟水稀释聚合物驱污水站沉降罐出水，得到不同浊度的含聚污水，用粗滤纸过滤除去机械杂质，配制 0.1% 的聚合物溶液，考察含聚悬浮物对聚合物溶液黏度的影响，结果见表 3。

表 3 污水中悬浮物含量对聚合物溶液黏度的影响

稀释倍数	0	1	2	3	4
浊度 /NTU	123.5	50.1	30.5	20.3	10.2
聚合物浓度 /（mg/L）	465.7	230.4	143.4	109.5	80.7
黏度 /（mPa·s）	10.62	12.10	13.98	14.33	16.62

从表 3 可看出，对于不同浊度的聚合物驱采油污水，较高悬浮物含量（浊度大于 20NTU）对聚合物溶液的黏度有不利影响，造成黏度大幅度降低。当悬浮物含量较高时，会因固体表面的吸附损耗，使聚合物分子发生絮凝沉降，造成溶液黏度降低。另外，黏土矿物在水侵条件下，羟基通过氢键与 HPAM 的羧基相连接，或通过氢键与 HPAM 的酰胺基相连，导致 HPAM 分子吸附在黏土矿物表面，从而造成聚合物溶液黏度的损失。因此在用聚合物驱污水配制聚合物溶液时，须去除悬浮物。

2　聚合物驱采出污水深化处理

2.1　曝气预处理

曝气可以消除水中的还原性离子，同时降解残余的聚合物分子。取聚合物驱污水处理站进水，加入质量分数 0.2% 的 Fe^{2+}，用盐酸调 pH 值至 7，引发氧化还原反应，加快污水中残余聚合物的降解，并在氧气作用下形成含铁絮凝剂，起到初步絮凝降浊的作用。室温下曝气，气体流速分别控制为 2L/min 和 3L/min，考察曝气时间对絮凝效果的影响。絮凝剂配方为：300mg/L PSiAS-1＋2mg/L 助沉剂，实验结果见表 4。

表 4　曝气时间对净水效果的影响

曝气时间 /min		2	4	6	8
浊度 /NTU	流速 2L/min	8.2	3.5	3.2	5
	流速 3L/min	7.8	3.1	3.6	4.8

从表中实验结果来看，在设定的气体流速下，曝气时间控制在 4～6min 为宜，曝气时间过短，反应不完全，不易絮凝成较大的颗粒；曝气时间过长，溶液中溶解的气体过多，吸附在絮体外表面，影响絮体下沉。气体流速对絮凝效果影响较小，可能是低流速下提供的气量足够聚合物发生氧化反应，所以气体流速定为 2 L/min。

2.2　药剂配方筛选

2.2.1　絮凝剂加量

将曝气后的水样分成 4 组，每组 200mL，搅拌速度为 250r/min，加入 50mg/L 助凝剂 PFS，再分别加入不同剂量的絮凝剂 PSiAS-1，间隔 1min，再加入 8mg/L 助沉剂，助沉剂的加药间隔为 30s。之后，再以 60r/min 的转速搅拌 1min，静置 10min，观察不同絮凝剂加量对净水效果的影响，并测定上清液浊度，结果见表 5。

由表 5 可看出，当絮凝剂 PSiAS-1 加药浓度 200mg/L 时，浊度由 15.6NTU 下降到 2.8NTU，上清液清亮。继续增大絮凝剂加量时浊度下降幅度不明显，故将絮凝剂 PSiAS-1 的最佳加量确定为 200mg/L。

表 5　絮凝剂加量对净水效果的影响

PSiAS–1 药量 /（mg/L）	絮体大小	沉降速度	悬浮絮体量	上清液	上清液浊度 /NTU
100	较小、松散	较慢	较多	呈灰色	15.6
150	大、密实	快	少	清亮	3.4
200	大、较密实	较快	少	清亮	2.8
250	大、较密实	较快	少	清亮	3.8

2.2.2　助凝剂加量

将水样分成 5 组，固定絮凝剂 PSiAS–1 加量为 200mg/L，加入一定量的助凝剂 PFS，观察不同浓度助凝剂对净水效果的影响，并测定上清液浊度（表 6）。在 0～150mg/L 的范围内，助凝剂的加量对浊度的影响不是很大，但不加助凝剂时，由于聚硅铝絮凝剂的酸性，会造成絮体出现上浮现象；而一旦添加助凝剂，即使含量只有 50mg/L，絮体则也由上浮变为下沉。为有效控制絮体的下沉，便于排泥，助凝剂的最佳加量为 50mg/L。通过优化净化工艺流程，筛选出了最佳絮凝剂配方为：50mg/L PFS+200mg/L PSiAS–1+8mg/L 助沉剂。

表 6　助凝剂加量对净水效果的影响

助凝剂加量 /（mg/L）	絮体情况	沉降速度	悬浮絮体量	上清液	上清液浊度 /NTU
0	上浮	慢浮	少	清亮	10.3
25	下沉	慢沉	少	清亮	5.0
50	下沉	快	少	清亮	2.8
100	下沉	快	少	清亮	5.4
150	下沉	快	少	清亮	8.5

2.3　深化处理后的水质

聚合物驱污水经深化处理后的水质较处理前发生了较大变化，具体见表 7。经深化处理后，水中的 Ca^{2+} 和 Mg^{2+} 以及残余聚合物含量均大幅降低，不含还原性二价铁离子和硫化物，含油量和悬浮物含量均较低。处理后的水的 Zeta 电位升高，粒径中值降低，表明胶体已经脱稳，水型没有转型。不过，为了提高聚合物黏度保留率，需要添加除氧剂降低水中的溶解氧含量。

2.4　深化处理污水结垢预测和粒径变化

用结垢模拟软件对净化后的聚合物驱污水进行地层条件（温度 25～40℃，压力 10～12MPa）下的模拟，结果如图 2 所示。在激光粒度仪上测定净化水（加入 20mg/L 的保黏剂 PA）中聚集体的粒径分布情况，如图 3 所示。通过结垢模拟可知，注入水在地层条件存在一定的碳酸钙结垢趋势，但碳酸钙的绝对量并不大，在 12MPa 压力下，1L 水中沉淀量不到 6mg，和水质较好的稠油污水结垢趋势类同。采用聚硅絮凝剂后，水体中存在一定的 SiO_2，但其结垢量和结垢趋势远未到饱和状态，不会从水中沉淀出来。此外，由于结垢软件只能模拟水中的常规离子，对于加入特殊药剂体系，可以通过激光粒度仪测定微粒粒径予以佐证。图 3 表明，聚合物驱净化水加入保黏剂后，水体中产生的碳酸钙平均粒径小于 100 nm，为纳米级的固体颗粒，其直径远小于该油藏的平均孔喉半径，不足以造成地层堵塞。

表 7　聚合物驱污水深化处理后水质

项目	参数	项目	参数
水中硅 /（mg/L）	14.68	含油量 /（mg/L）	3.2
Ca^{2+}+Mg^{2+} 含量 /（mg/L）	35.32	悬浮物含量 /（mg/L）	2.5
Fe^{2+} 含量 /（mg/L）	0	聚合物含量 /（mg/L）	3.6
总 Fe 含量 /（mg/L）	0	Zeta 电位 /mV	−15.4
溶解氧含量 /（mg/L）	0.1	粒径中值 /μm	1.34
S^{2-} 含量 /（mg/L）	0	pH 值	8.21
挥发酚含量 /（mg/L）	0	水型	$NaHCO_3$

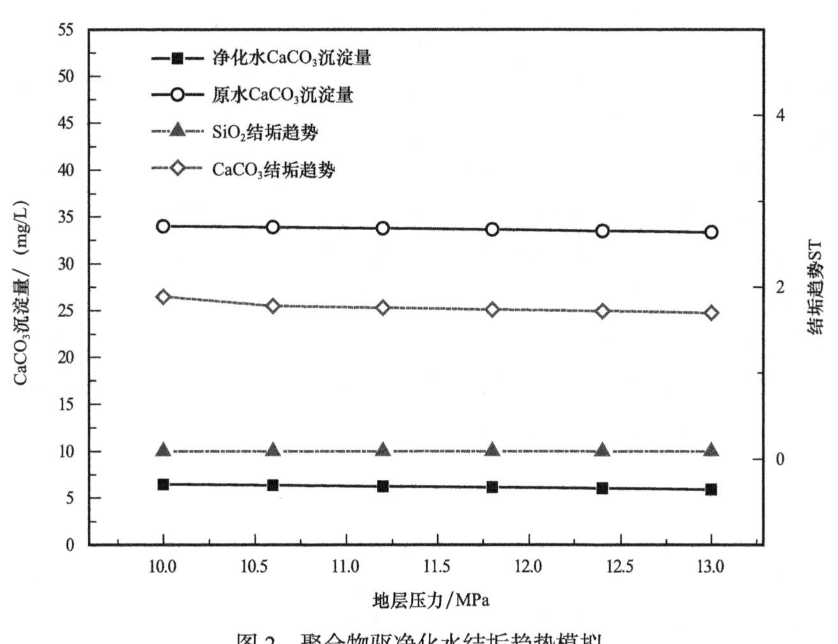

图 2　聚合物驱净化水结垢趋势模拟

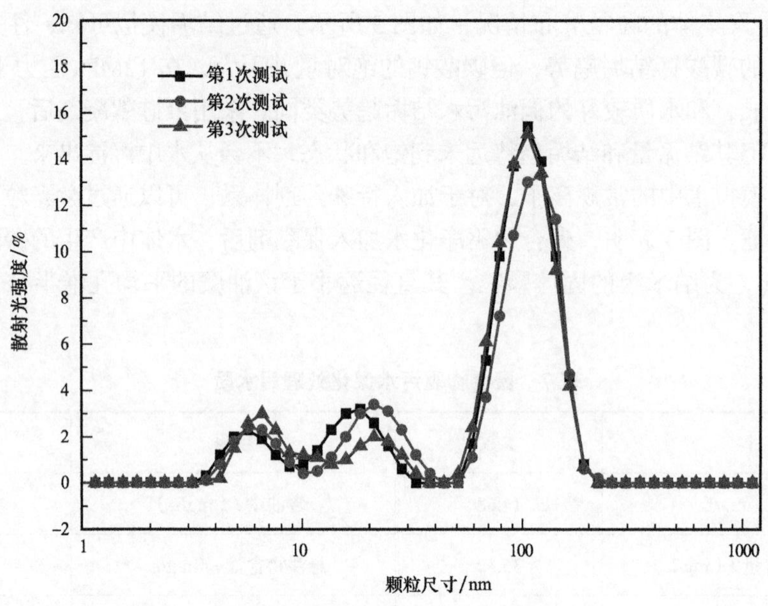

图3 聚合物驱净化水中微粒粒径

2.5 聚合物驱净化污水配聚的黏度变化

用聚合物驱模拟污水和聚合物驱净化污水分别配制的质量分数0.1%的HPAM溶液（含20mg/L的保黏剂PA）的初始黏度和黏度稳定性见表8。

表8 聚合物驱污水深度净化后配聚的黏损率

配液用水	黏度 /（mPa·s）			相对黏损 / %
	初始	30d	90d	
聚合物驱模拟污水	15.62	15.06	12.21	21.8
聚合物驱净化污水	17.16	16.04	13.30	14.8

相对黏损定义为聚合物溶液90天黏度和模拟水配聚溶液初始黏度二者之差与模拟水配聚溶液初始黏度之比（%）。聚合物驱模拟污水配聚，其初始黏度为15.62 mPa·s，而用深度净化水配聚（含保黏剂），黏度达到17.16mPa·s，提高了9%以上；通过深度净化，去除了溶液中的还原性离子和残留的聚合物，降低了配聚水的浊度，黏度长期稳定性得到改善，当溶液中再加入20mg/L的保黏剂后，有效地降低了溶液中的溶解氧，溶液黏度90d相对黏损小于15%，满足污水配聚的要求。

3 结论

（1）聚合物驱采油污水中Fe^{2+}、Ca^{2+}、Mg^{2+}、还原性物质和溶解氧对溶液的黏损较大，矿化度超过4000mg/L后溶液的初始黏度也有较大的降低。

（2）合成的 PSiAS-1 适合作为含聚污水深度处理的高效絮凝剂，用量低，除浊和降钙效果好。用筛选出的最佳絮凝剂配方（50mg/L PFS + 200mg/L PSiAS-1 + 8mg/L 助沉剂）处理后的污水，碳酸垢结垢趋势小，固体微粒的粒径远小于地层孔喉半径，可以满足聚合物驱污水配聚深度净化的要求。

（3）采用聚合物驱深度净化污水配制的聚合物溶液，其初始黏度提高 9% 以上，黏度 3 个月损失小于 15% 以上，满足污水配聚的要求。

参考文献

［1］林军章，汪卫东，耿雪丽，等．利用埕东油田西区采油污水配制聚合物溶液研究［J］．油气地质与采收率，2011，18（6）：104–106.

［2］丁玉娟，张继超，马宝东，等．污水配制聚合物溶液增措施与机理研究［J］．油田化学，2015，32（1）：123–127.

［3］樊剑，韦莉，罗文利，等．污水配制聚合物溶液黏度降低的影响因素研究［J］．油田化学，2011，28（3）：250–253，262.

［4］吕鑫．采出污水配制聚合物溶液的影响因素研究［J］．西南石油大学学报（自然科学版），2010，32（3）：162–166.

［5］彭光艳．大港油田 A 区污水聚合物驱油试验［J］．广东石油化工学院学报，2015，25（1）：5–7.

［6］吴晓燕，田津杰，朱洪庆，等．含聚污水配制聚合物溶液的影响因素实验研究［J］．广东化工，2014，23（41）：51–53.

［7］朱艳彬，马放，杨基先，等．絮凝剂复配与复合型絮凝剂研究［J］．哈尔滨工业大学学报，2010，42（8）：1254–1258.

电催化气浮处理强碱三元采出水的试验研究

赵秋实

（中国石油大庆油田建设设计研究院）

摘 要 采用电催化气浮试验装置在大庆油田某强碱三元污水处理站开展现场试验，现场考察了电催化气浮恒流量、不同电压以及恒压、不同流量下进出水的黏度、COD_{Cr}含量、含油量、悬浮固体含量变化情况，同时和常规溶气气浮试验装置在同一工况下开展水质比对分析。现场试验结果表明，当电催化气浮试验装置升压至4.0V时，降黏率开始大于40%，含油去除率稳定在60%左右，悬浮固体去除率稳定在38%左右，COD_{Cr}去除率稳定在20%左右。和常规溶气气浮比较，含油去除率提高了50%左右，悬浮固体去除率提高了18%左右，COD去除率提高了12%左右，降黏率提高了35%左右。

关键词 电催化；气浮；三元采出水

大庆油田已经进入高含水后期开发，油田进一步加大了水驱挖潜和三次采油的开发规模[1]，为了提高驱油效果，老区油田大面积应用了超高分子的聚合物注入技术和三元复合驱驱油技术，导致采出水黏度变大、处理难度提高[2]，给油田已建的地面采出水处理工艺带来了一定的冲击和影响，具体表现在：其一，采出水含聚浓度升高，使其地面已建回注水处理工艺达标运行负荷率变低，同时新建回注水处理工艺为了保障水质达标，沉降时间延长，过滤速度降低，造成占地面积大，工程投资高；其二，采出水含聚浓度升高，造成已建外排水处理工艺微生物段可生化性差，最终出水COD严重超标。

水处理高级氧化技术是近年发展的备受人们关注的一种有机污染物去除技术，运用电光辐照、催化剂等产生活性极强的自由基使其污水中的有机污染物氧化降解[3]。电催化气浮技术作为水处理高级氧化技术的一种，相比混凝、沉降、气浮等传统水处理方法具有很大的优势[4-5]，具有较好的应用前景[6]。本研究的目的针对含聚合物浓度高的三元采出水，探索电催化气浮对于三元采出水的处理效果及技术参数，为油田今后新建或改造的三元污水处理站在方案论证及工程应用中，提供技术借鉴。

1 材料与方法

1.1 试验原水

试验原水来自大庆油田第四采油厂某强碱三元污水处理站原水经过自然沉降罐动态沉降8h后出水，水质分析见表1。

表 1　试验原水水质分析表

指标	温度 /℃	pH 值	聚合物含量 / mg/L	表面活性剂含量 / mg/L	Cl^- 含量 / mg/L
范围值	36～38	11.8～12.2	1000～1400	86～204	920～1070
指标	CO_3^{2-} 含量 / mg/L	Mg^{2+} 含量 / mg/L	SO_4^{2-} 含量 / mg/L	Na^++K^+ 含量 / mg/L	矿化度 / mg/L
范围值	7400～10700	8～12	6～16	6300～8800	14800～20500
指标	含油量 / mg/L	悬浮固体含量 / mg/L	COD_{Cr} 含量 / mg/L	黏度 / mPa·s	
范围值	124～314	42.4～57.9	1622～3346	4.55～5.03	

1.2　工艺流程及参数

电催化气浮现场试验工艺流程如图 1 所示。

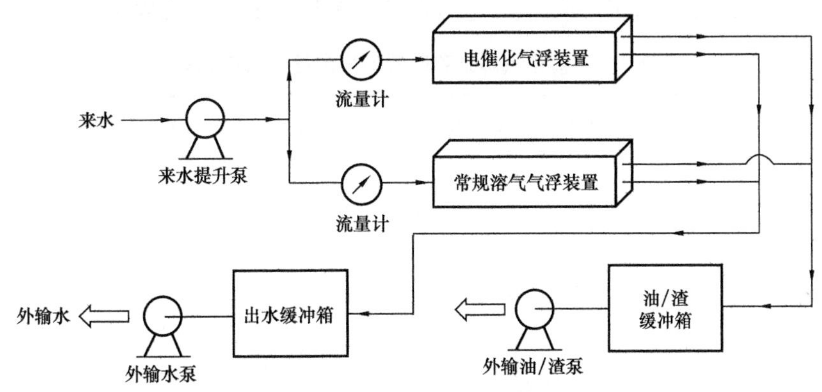

图 1　电催化气浮现场试验工艺流程

该工艺流程主要包括两种单体设备，分别为电催化气浮装置和常规溶气气浮装置，两者并联且在同一工况下开展水质比对分析。来水用泵提升后同时进入电催化气浮装置和常规溶气气浮装置，两者出水进入出水缓冲箱后，由外输水泵提升进入原站内系统。两者的排油、排渣进入油 / 渣缓冲箱后，由外输油 / 渣泵提升进入原站内系统。两者设计处理量都为 $0.5m^3/h$。

电催化气浮阴阳极板均采用钛合金材料为基底，贵金属（铂，钯等）涂层，阴阳极可互相切换。单组极板面积 $0.6m^2$，极板间距 10mm。具体设计参数见表 2。

表 2　电催化气浮试验装置设计参数

设计处理量 / m^3/h	水力停留时间 /min		电极板间流速 / m/h	过水断面容积负荷 / $m^3/(m^2·h)$	电流调节范围 / A	电压调节范围 / V
	电解区	分离区				
0.5	10	80	9.5	1.25	0～1000	0～6.5

常规溶气气浮采用回流式加压溶气方式，具体设计参数见表 3。

表 3　常规溶气气浮试验装置设计参数

设计处理量 / m^3/h	水力停留时间 / min		过水断面容积负荷 / $m^3/(m^2 \cdot h)$	回流比 / %	溶气气液比（相对回流量）/ %	溶气末端释放压力 / MPa
	接触区	分离区				
0.5	10	80	1.25	25	8～10	0.5

1.3　试验条件

1.3.1　恒流量，不同稳压状态下试验条件

控制总进水量 1.0m^3/h，其中电催化气浮试验装置进水量 0.5m^3/h，常规溶气气浮试验装置进水量 0.5m^3/h。考察不同稳压状态下电催化气浮试验装置进出水含油量、悬浮固体含量、COD_{Cr} 含量、黏度变化情况，并和常规溶气气浮试验装置进行水质比对分析。

电催化气浮试验装置采用稳压模式进行调节，具体试验参数见表 4。

表 4　电催化气浮试验装置不同电压状态设定表

试验条件	电催化气浮电压 /V	电催化气浮电流 /A
条件 1	1.9	14
条件 2	2.2	36
条件 3	2.5	51
条件 4	2.8	107
条件 5	3.1	187
条件 6	3.4	245
条件 7	3.7	326
条件 8	4.0	362
条件 9	4.3	458
条件 10	4.6	543
条件 11	4.9	595

1.3.2　恒压，不同流量下试验条件

固定电极板电压为 4.0V，考察不同进水量条件下电催化气浮试验装置进出水含油量、悬浮固体含量、黏度变化情况。

电催化气浮试验装置运行参数见表 5。

表 5　电催化气浮试验装置不同进水量设定表

试验条件	电催化气浮电压 /V	处理量 /（m^3/h）	水力停留时间 /min
条件 1	4.0	0.50	90（电解区停留时间 10min）
条件 2	4.0	1.00	45（电解区停留时间 5min）
条件 3	4.0	1.25	36（电解区停留时间 4min）

1.4　分析方法

采出水含油量分光光度法，采出水悬浮固体含量重量法，均执行 SY/T 5329—2012《碎屑岩油藏注水水质指标及分析方法》。采出水黏度采用流变仪 AR1500ex，执行 GB/T 10247—2008《黏度测量方法》。采出水矿化度分析采用 SY/T 5523—2016《油田水分析方法》。采出水聚合物含量采用分光光度法，表面活性剂含量采用滴定法，均执行大庆油田企业内部标准。采出水 COD_{Cr} 含量测定采用重铬酸钾氧化法。

2　结果与讨论

2.1　恒流量，不同稳压状态下处理效果及其对比试验

2.1.1　对三元采出水含油处理效果的影响

电催化气浮装置含油处理效果如图 2 所示。

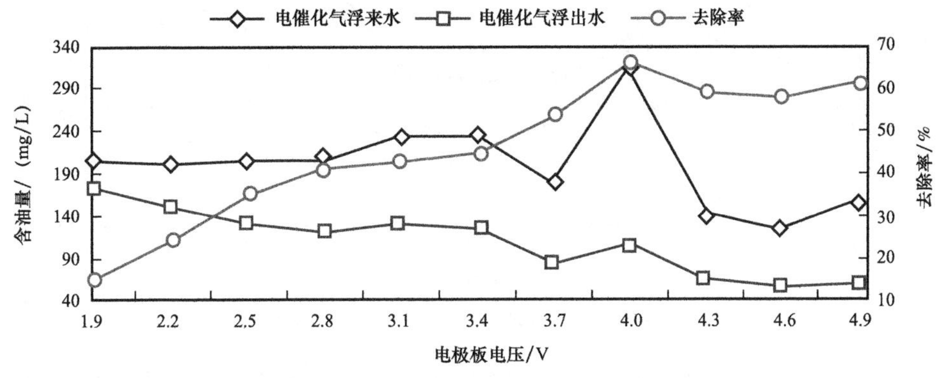

图 2　电催化气浮装置含油处理效果

随着电催化气浮试验装置电极板电压的升高，三元采出水含油去除率基本呈升高趋势。当电极板电压升高至 3.7V 时，三元采出水含油去除率达到 50% 以上，而后继续升高电压至 4.0V 及以上时，含油去除率无明显变化、基本稳定在 60% 左右。电催化气浮除油最佳效能电压应在 4.0V 左右，对应电流 362A。

常规气浮试验装置含油处理效果见表 6。

表 6　常规气浮试验装置含油处理效果

组别	来水含油量 /（mg/L）	出水含油量 /（mg/L）	去除率 /%
第 1 组	142	122	14.1
第 2 组	153	142	7.2
第 3 组	314	270	14.0
第 4 组	178	164	7.9
第 5 组	230	213	7.4
平均值	203	182	10.4

常规气浮在来水含油量平均为 203mg/L 的情况下，经处理后出水含油量平均为 182mg/L，含油去除率平均为 10.4%。电催化气浮含油去除率比常规溶气气浮提高了 50% 左右，提高的这部分含油去除效果一部分是由于阳极原位电解产生·OH、活性氯、O_2 和 O_3 一类的小分子强氧化剂对于污水中原油的降解；另一部分是由于电解水产生的微气泡携带污水中原油共同上浮的结果[7]。

2.1.2　对三元采出水悬浮固体处理效果的影响

电催化气浮装置悬浮固体处理效果如图 3 所示。

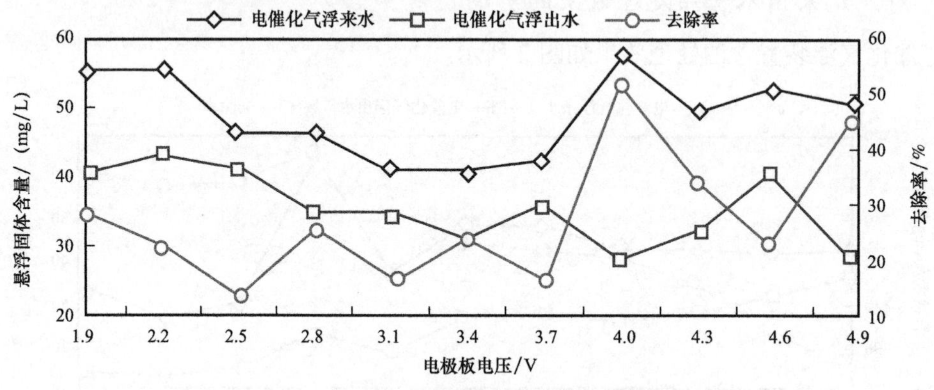

图 3　电催化气浮装置悬浮固体处理效果

随着电极板电压的升高，悬浮固体去除率没有明显的变化规律，当电极板电压升高至 4.0V 后，悬浮固体去除率有一定的提高，之后悬浮固体去除率仍然波动较大。电压升高至 4.0V 以后（包括 4.0V）悬浮固体总体去除率平均为 38.5%，4.0V 之前悬浮固体总体去除率平均为 20.6%。电催化气浮对于部分有机悬浮固体不完全氧化是最终出水悬浮固体含量波动较大的主要原因。电催化气浮除悬浮固体最佳效能电压应在 4.0V 左右，对应电流 362A。

常规气浮试验装置悬浮固体处理效果见表 7。

表 7　常规气浮试验装置悬浮固体处理效果

组别	来水悬浮固体含量 /（mg/L）	出水悬浮固体含量 /（mg/L）	去除率 /%
第 1 组	49.0	35.6	27.3
第 2 组	52.7	49.1	6.8
第 3 组	57.9	46.2	20.2
第 4 组	40.7	33.3	18.2
第 5 组	40.7	30.8	24.3
平均值	48.2	39.0	19.1

常规气浮在来水悬浮固体含量平均为 48.2mg/L，经处理后出水悬浮固体含量平均为 39.0mg/L，去除率平均为 19.1%。电催化气浮悬浮固体去除率比常规溶气气浮提高了 18% 左右。

2.1.3　对三元采出水 COD_{Cr} 处理效果的影响

电催化气浮装置 COD 处理效果如图 4 所示。

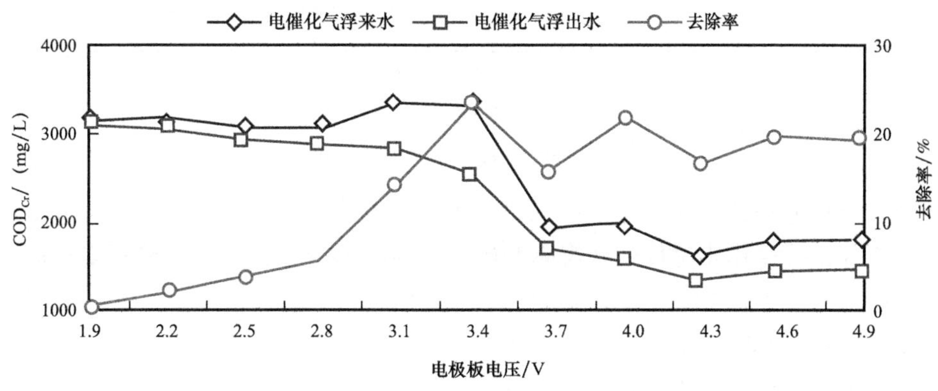

图 4　电催化气浮装置 COD 处理效果

随着电催化气浮电极板电压的升高，采出水 COD 去除率基本呈升高趋势，当电压上升至 3.4V 时，COD 去除率有明显的提高，达到 23.5%；此后随着电压的继续升高，COD 去除率无明显变化，基本稳定在 20% 左右。COD 去除率较低主要原因为电催化气浮对于三元采出水中高分子有机物不完全降解造成的。电催化气浮除 COD 最佳效能电压应为 3.7V 左右，对应电流 326A。

常规气浮试验装置 COD 处理效果见表 8。

常规气浮 COD 去除率平均为 8.1%，这部分 COD 去除主要为微气泡附着有机物上浮去除的。电催化气浮 COD 去除率比常规溶气气浮提高了 12% 左右。

表 8　常规气浮试验装置 COD 处理效果

组别	来水 COD_{Cr}/（mg/L）	出水 COD_{Cr}/（mg/L）	去除率 /%
第 1 组	1622	1475	9.06
第 2 组	1816	1651	9.09
第 3 组	1988	1861	6.39
平均值	1809	1662	8.09

2.1.4　对三元采出水黏度处理效果的影响

电催化气浮装置黏度降解效果如图 5 所示。

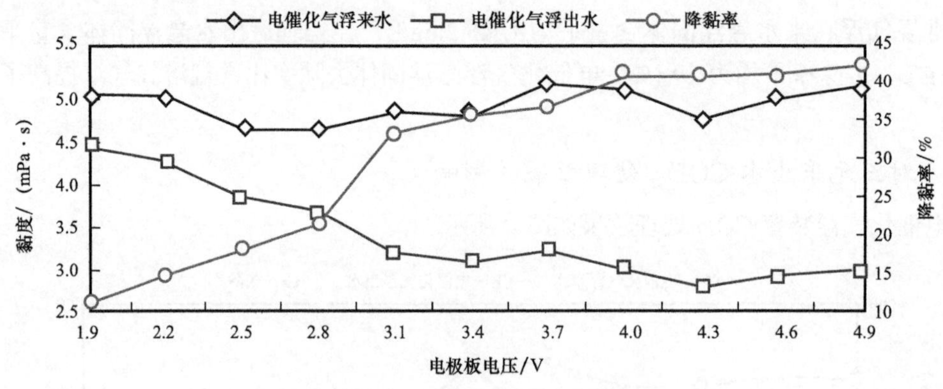

图 5　电催化气浮装置黏度降解效果

随着电极板电压的升高，对于三元采出水黏度的降解率也随之提高。当电压升高至 3.1V 时，对于三元采出水黏度的降解率开始达到 30% 以上。此后，电极板电压进一步逐级升高至 4.0V，对于黏度降解率从 33.1% 升高至 40.7%，之后趋于稳定。电催化气浮降黏最佳效能电压应在 4.0V 左右，对应电流 362A。

常规气浮试验装置对于三元采出水降黏处理效果见表 9。

表 9　常规气浮试验装置对于三元采出水降黏处理效果

组别	来水黏度 /（mPa·s）	出水黏度 /（mPa·s）	降黏率 /%
第 1 组	4.625	4.384	5.21
第 2 组	5.025	4.764	5.19
第 3 组	4.893	4.677	4.41
第 4 组	4.999	4.637	7.24
平均值	4.886	4.616	5.52

常规气浮在来水黏度平均为 4.886mPa·s，经过处理后出水黏度平均为 4.616mPa·s，降黏率为 5.52%。电催化气浮降粘率比常规溶气气浮提高了 35% 左右。

2.2　恒压不同流量状态下电催化气浮处理效果

固定电催化气浮装置电极板电压 4.0V，进水量分别为 $0.5m^3/h$，$1.0m^3/h$ 和 $1.25m^3/h$ 的条件下，电催化气浮处理效果见表 10。

表 10　恒压不同流量条件下电催化气浮处理效果

试验条件	含油量 /（mg/L）	悬浮固体含量 /（mg/L）	黏度 /（mPa·s）
进水	217	55.7	4.678
出水①	92.8	31.0	2.810
出水②	115	25.0	3.934
出水③	120	33.3	4.061

注：①②③分别对应流量 $0.5m^3/h$，$1.0m^3/h$ 和 $1.25m^3/h$。

在恒定电催化气浮电压 4.0V 的情况下，随着进水水量的提高，电催化气浮出水含油量及黏度逐渐升高，含油去除率从 57.2% 先降至 47.0%，最终降至 44.7%。降黏率从 39.9% 先降至 15.9%，最终至 13.2%。含油去除率随着进水负荷提高 1 倍及以上，降低趋势比较平缓。降黏率随着进水负荷提高 1 倍及以上，影响较大，处理负荷提高 1 倍降黏率下降了 24%。

悬浮固体含量各处理水量下，出水含量基本相当，无明显变化规律，去除率在 40%～55% 之间。

3　结论

（1）通过电催化气浮恒流量，不同稳压状态下处理效果分析，电催化气浮试验装置对于改善强碱三元采出水水质明显。综合对于含油量、悬浮固体含量、COD 含量、黏度的处理效果，电催化气浮在电解区水力停留时间 10min，电极板间流速 9.5m/h 的情况下，处理效能最佳时对应的电极板电压应在 4.0V 左右。

（2）通过电催化气浮恒压，变流量状态下处理效果分析，提高处理量对于降黏效果影响较大。后续设计时在总水力停留时间不变的情况下，可适当加大电解区水力停留时间，降低电极板间流速，同时减少分离区水力停留时间。

（3）在同样进水量为 $0.5m^3/h$，电催化气浮电压 4.0V 左右时，与常规溶气气浮比较，含油去除率提高了 50% 左右，悬浮固体去除率提高了 18% 左右，COD 去除率提高了 12% 左右，降黏率提高了 35% 左右。

参考文献

[1] 程杰成，吴军政，胡俊卿．三元复合驱提高原油采出率关键理论与技术［J］．石油学报，2014，35（2）：310–318.

[2] 陈忠喜，舒志明．大庆油田采出水处理工艺及技术［J］．工业用水与废水，2014，45（1）：36–39.

[3] 李文书，李咏梅，顾国维．高级氧化技术在持久性有机污染物处理中的应用［J］．工业水处理，2004，24（11）：9–12.

[4] 徐进，刘豹，兰华春，等．有机工业废水的电化学处理工艺技术原理与应用［J］．净水技术，2014，33（4）：36–40.

[5] 朱米家，尹先清，陈武，等．电 –Fenton 技术处理聚合物驱采油废水［J］．工业用水与废水，2011，42（5）：20–22，31.

[6] 郭英，高超，难降解废水高效处理技术［J］．给水排水，2009，35（S1）：296–299.

[7] 杨永军，郑树贵，朱成君，等．用化学组合工艺处理油田含油污水［J］．石油化工腐蚀与防护，2006，23（2）：1–5.

强碱三元采出水硫电子受体微生物系统工艺中试试验

赵秋实[1]　徐洪君[1]　魏　利[2]　古文革[1]　徐德会[1]

（1. 中国石油大庆油田建设设计研究院；2. 哈尔滨工业大学）

摘　要　针对强碱三元采出水，在大庆油田某三元污水处理站开展以 BESI 微生物一体化反应器为主体工艺的现场试验，期间经历 BESI 微生物反应器启动阶段、BESI 微生物反应器初期运行及生物强化阶段、微生物系统工艺优化调整阶段、微生物系统工艺稳定运行阶段，最终研发了“来水→BESI 微生物一体化反应器→高压旋流气浮装置→一级石英砂—磁铁矿双层滤料过滤罐→二级海绿石—磁铁矿双层滤料过滤罐→出水”的工艺技术，实现了强碱三元采出水的有效处理，处理后的水质达到大庆油田含聚污水高渗透层回注水水质指标要求。BESI 微生物一体化反应器不同阶段微生物群落发生很大的变化，表现在厌氧段和好氧段微生物群落差异显著，不同生物相中的优势微生物种群稳定，优势菌属明显，采用多级梯度生物工艺是难降解污水处理的首选措施。

关键词　强碱；三元采出水；微生物；一体化反应器；工艺技术

三元复合驱油技术在大幅度提高原油采收率的同时，也产生了大量难以治理的含三元驱油剂（聚合物、表面活性剂及碱）的采出水。目前大庆油田三元复合驱油技术分为两种[1]，强碱三元驱油和弱碱三元驱油，与此相对应的为强碱三元采出水和弱碱三元采出水，主要采用以序批式沉降为主体的处理工艺[2]。强碱三元采出水水质成分极其复杂，其生物降解存在较多的瓶颈，然而利用油田水系统微生物群落复杂，种类多且数量大[3]，同时微生物具有易变异和环境适应性强的特点[4]，通过合理的生物过程设计及工艺流程搭建，可以实现强碱三元采出水的有效处理。

BESI 工艺即厌氧→缺氧→好氧生化法串联，形式上同 A^2/O 工艺。研发的 BESI 工艺和传统 A^2/O 工艺的理念是有一定区别的，是基于我们提出的充分利用油田采出水中的硫酸盐还原菌，采用一种以生物硫循环起始，有机碳源梯度降解的处理工艺，从而更高效地处理三元复合驱采出水，我们把这种理念称之为 BESI 处理工艺。B 代表生物，E 代表电子传递，S 代表以硫为起始的代谢，I 代表工艺整合，BESI 工艺是一种基于以硫酸根为电子受体，以硫代谢为基础，有机碳源的梯度降解为核心的生物处理技术。BESI 工艺针对大庆油田三元采出水的水质特性，通过厌氧过程的硫酸盐还原、缺氧过程的反硝化及好氧过程的硝化及氨化作用，降解高分子有机物，使其采出水乳化程度降低，改善水质特性。来水通过厌氧段将大部分有机物降解，将一些好氧微生物难以利用的大分子物质部分降解成小分子物质；同时，利用活性污泥比表面积大的特点，将无机悬浮物大部分截留和吸附，形成活性污泥的“晶核”。后续通过缺氧过程和好氧过程，进一步把复杂的有机物降解成简单的无机物，最终达到改善、净化水质的目的。

1 材料与方法

1.1 采出水水质

试验期间采出水水质见表 1。

表 1 采出水水质

指标	温度 / ℃	聚合物含量 / mg/L	表面活性剂含量 / mg/L	黏度 / mPa · s	总矿化度 / mg/L	pH 值
原水	35～38	700～1008	48～107	3.8～6.3	8474～15632	9.5～10.9

从表 1 的采出水原水水质上分析，采出水中含有大量的残余聚合物、表面活性剂，同时采出水 pH 值、黏度及矿化度较高，采出水水质波动较大。采出水水质表现出较强的生物抗性，这就要求微生物优势种群要嗜碱、嗜盐，和三元复合驱采出水要具有良好的匹配性和环境适应性，要充分利用采出水中所含的土著微生物，通过定向驯化和培养使其形成优势种群，达到高效、稳定降解大分子有机物的目的。

1.2 工艺流程及运行参数

1.2.1 工艺流程

微生物系统工艺处理强碱三元采出水工艺流程如图 1 所示。

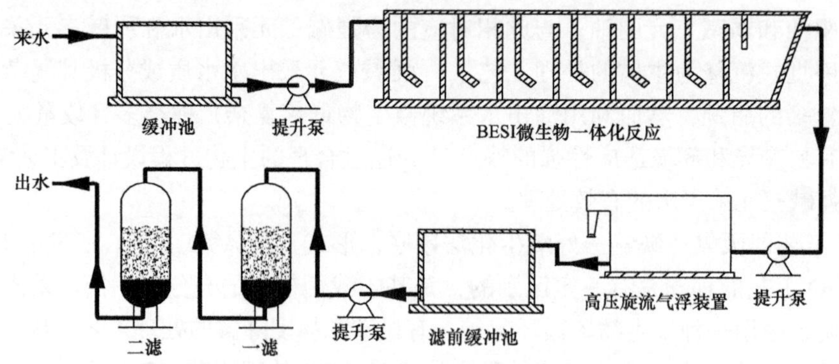

图 1 微生物系统工艺处理强碱三元采出水工艺流程图

强碱三元采出水经缓冲池提升进入 BESI 微生物一体化反应器进行生化处理，处理后提升至高压旋流气浮装置，主要目的是去除悬浮固体，达到固液分离的目的。气浮装置出水自流进入缓冲池，经过滤提升泵升压至一级石英砂—磁铁矿双层过滤罐和二级海绿石—磁铁矿双层过滤罐，出水满足回注水水质指标要求后回用。设计处理量 $1m^3/h$。

1.2.2　主要处理单元运行参数

（1）BESI 微生物一体化反应器。

考虑到厌氧→缺氧→好氧生化法串联的处理工艺，涉及的单体构筑物及设备偏多，我们借鉴了 ABR（厌氧折流板）[5] 结构类型的反应器并且对于结构类型进行了调整，称之为 BESI 微生物一体化反应器。BESI 微生物一体化反应器结构流程如图 2 所示。

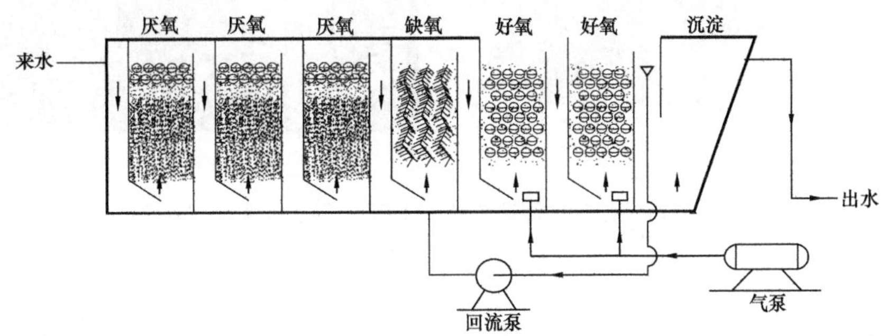

图 2　BESI 微生物一体化反应器结构流程图

设计参数：厌氧段分为 3 格，水力停留时间 12h，厌氧段以厌氧活性污泥为主，设置悬浮填料挂膜，填料投配率分别为 35%，40% 和 45%。缺氧段分为 1 格，水力停留时间 4h，设置弹性填料挂膜，填料投配率 55%，缺氧段回流比控制在 40%～80%。好氧段分 2 格，水力停留时间 8h，设置悬浮填料挂膜，填料投配率 60%，好氧段气液比 15 : 1 左右。每格上升流速在 0.9m/h 左右，折流区冲击流速在 2.40mm/s 左右。

（2）高压旋流气浮装置。

该装置采用漩涡差速三相混合器，全溶气气浮装置，目的是去除脱落的生物膜及无机物等。构成包括高压水泵、高压气泵、流量计、多级漩涡差速三相混合器、吸气和排气电磁阀，溶气释放器、气浮装置箱体（释放区、气浮区、出水区等）、刮油（渣）器、PLC 控制柜、收油（渣）箱组成。利用多级漩涡差速三相混合器完成高压空气溶解、污染物捕捉、气泡晶核生成和超轻絮体形成的所有步骤。高压溶气水进入气浮装置后，在释放区经溶气释放器释放后，由高压转至低压，溶解在水中的气体从水中释放，形成微气泡附在污水中的油和悬浮物上，加大介质的密度差。污水从释放区进入气浮区后，快速上升的粒子将浮到水面，上升较慢的粒子在波纹板中分离，即一旦粒子接触到波纹板将逆流上升。高压旋流气浮装置结构流程如图 3 所示。

设计参数：水力停留时间 40min，溶气 7%～12%，进气（进 1s，停 30s）、排气（排 1s，停 2min30s）；旋流起点压力 0.6MPa，旋流终点释放压力 0.2 MPa ；不加药。

（3）两级压力双层滤料过滤罐。

试验装置为压力过滤器，过滤时污水自上而下流经过滤器，通过较厚而多孔的粒状物质，杂质被留在这些介质的孔隙里或介质上，从而使污水得到净化。

设计参数：一级石英砂—磁铁矿双层过滤罐，滤速 6m/h，气水反洗，反洗周期 24～48h。二级海绿石—磁铁矿双层过滤罐，滤速 4m/h，气水反洗，反洗周期 24～48h。

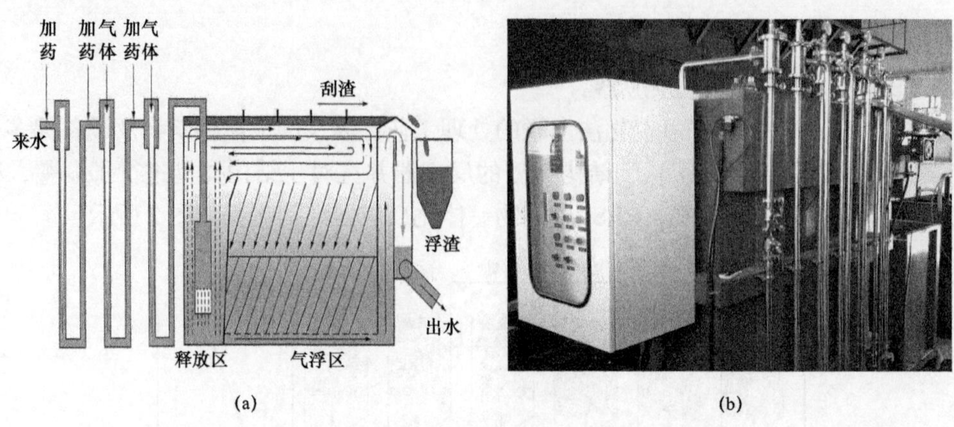

图3　高压旋流溶气气浮装置结构流程图（a）及实物照片（b）

1.3　分析方法

采出水含油量分光光度法，采出水悬浮固体含量重量法，均执行 SY/T 5329—2012《碎屑岩油藏注水水质指标及分析方法》。采出水黏度采用流变仪 AR1500ex，执行 GB/T 10247—2008《黏度测量方法》。采出水矿化度分析采用 SY/T 5523—2016《油田水分析方法》。采出水聚合物含量采用分光光度法，表面活性剂含量采用滴定法，均执行大庆油田企业内部标准。

2　结果与讨论

2.1　BESI 微生物一体化反应器启动阶段

投加经过三元采出水驯化过的活性污泥后，将含有营养剂的三元采出水填满 BESI 微生物一体化反应器。填满后，闲置 3 天，3 天后开始进水。启动初期采用逐渐加大处理量的方式启动，处理量从 $0.3m^3/h$ 逐渐提高至 $1m^3/h$，启动阶段投加微生物营养剂。一个月后，出水水质开始稳定，BESI 微生物一体化反应器来水含油量平均为 300mg/L，出水含油量平均为 14.1mg/L，去除率达到 95.3%。BESI 微生物一体化反应器来水悬浮固体含量波动较大，平均为 199mg/L，出水悬浮固体含量平均为 89.7mg/L，去除率为 54.8%。

2.2　BESI 微生物一体化反应器初期运行及生物强化阶段

针对 BESI 微生物一体化反应器出水悬浮固体含量偏高和室内试验差距较大的问题。进行了 BESI 微生物一体化反应器的生物强化，主要的工作包括厌氧段及缺氧段生物菌剂的强化、提高厌氧段泥水之间的传质效率、兼性段回流比的调控及好氧段溶解氧的控制等措施。处理量 $1m^3/h$。BESI 微生物一体化反应器初期运行及生物强化阶段悬浮固体含量变化如图 4 所示，含油量变化如图 5 所示。

从图 4 可以看出，生物强化后 BESI 微生物一体化反应器出水悬浮固体含量下降明显，微生物反应器出水平均悬浮固体含量从 87.3mg/L 下降到 46.6mg/L，BESI 微生物反应器悬浮固体去除率从 42.2% 提高到 61.9%。

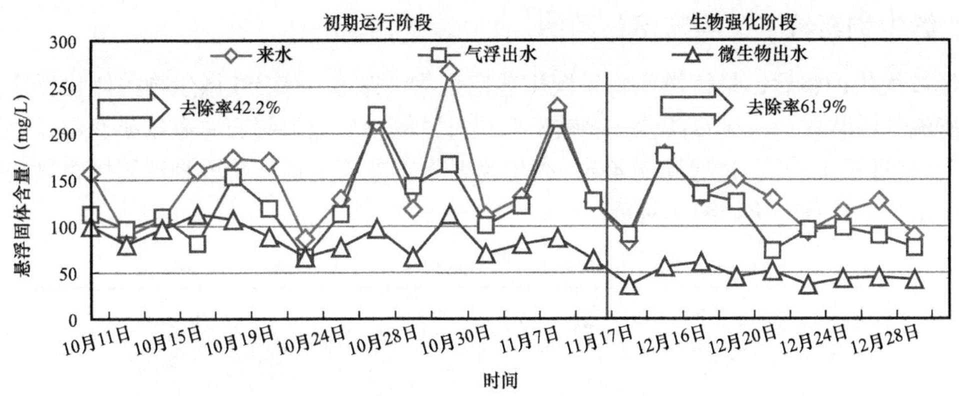

图 4　微生物反应器初期运行及生化强化阶段各单体构筑物进出水悬浮固体变化曲线

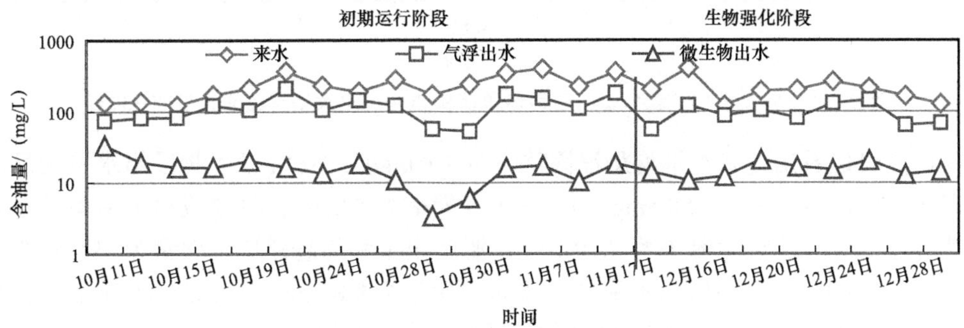

图 5　微生物反应器初期运行及生化强化阶段各单体构筑物进出水含油量变化曲线

从图 5 可以看出，初期运行阶段和生物强化阶段各段出水含油量变化不大，在来水含油量平均为 229mg/L 的情况下，经过高压旋流气浮装置处理后，出水含油量降至 110mg/L；再经 BESI 微生物一体化反应器处理后出水含油量降至 15.7mg/L。总体含油去除率为 93.2%，其中气浮段平均除油贡献率为 52.0%，BESI 微生物一体化反应器平均除油贡献率为 41.2%。

2.3　微生物系统工艺优化调整阶段

BESI 微生物一体化反应器生物强化达到最佳效果后，投运两级压力双层滤料过滤罐。微生物系统工艺为“来水→高压旋流气浮装置→ BESI 微生物一体化反应器→一级石英砂—磁铁矿双层过滤罐→二级海绿石—磁铁矿双层过滤罐→出水”，处理量 1m^3/h。此工艺运行一段时间后，最终出水悬浮固体含量不能稳定达标（悬浮固体应在 20mg/L 以下），且过滤压差上升较快，反洗周期较短（16h 左右）。

分析原因为 BESI 微生物一体化反应器出水悬浮固体有一定波动，经生化处理后，污水中悬浮固体主要是一些脱落的生物膜及无机物等，絮体颗粒较大，密度较小难以下沉。因此为了保障滤前水水质稳定，将高压旋流气浮装置放置 BESI 微生物一体化反应器之后，相当于二次沉降池的作用。系统工艺调整后，最终出水悬浮固体含量稳定达标且过滤系统压差上升缓慢。

2.4 微生物系统工艺稳定运行阶段

经过优化调整后，最终微生物系统工艺定型为“来水→BESI微生物一体化反应器→高压旋流气浮装置→一级石英砂—磁铁矿双层过滤罐→二级海绿石—磁铁矿双层过滤罐→出水”，处理量1m^3/h，过滤周期48h。微生物系统工艺稳定运行阶段悬浮固体含量变化如图6所示，含油量变化如图7所示。

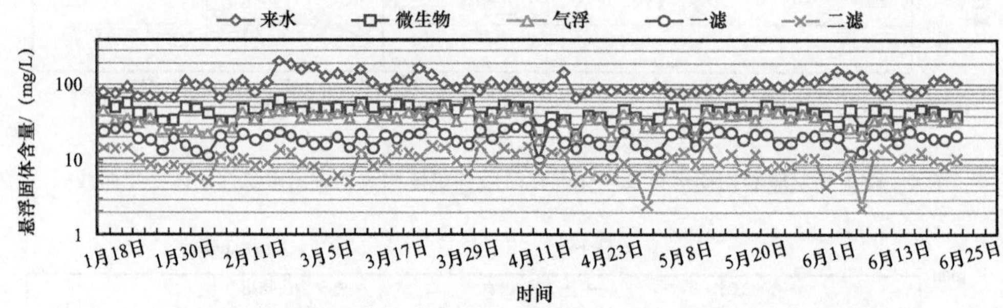

图6　微生物系统工艺稳定运行阶段各单体构筑物进出水悬浮固体含量变化曲线

从图6可以看出，来水平均悬浮固体含量105mg/L，BESI微生物段出水平均悬浮固体含量为43.8mg/L（25.0～58.5mg/L），去除贡献率为58.3%；气浮段出水平均悬浮固体含量为35.5mg/L，去除贡献率为7.90%；一滤后出水平均悬浮固体含量为19.7mg/L，去除贡献率为15.0%；二滤后出水平均悬浮固体含量为9.84mg/L（2.27～15.2mg/L），去除率贡献率为9.39%，微生物系统工艺整体悬浮固体去除率为90.6%。

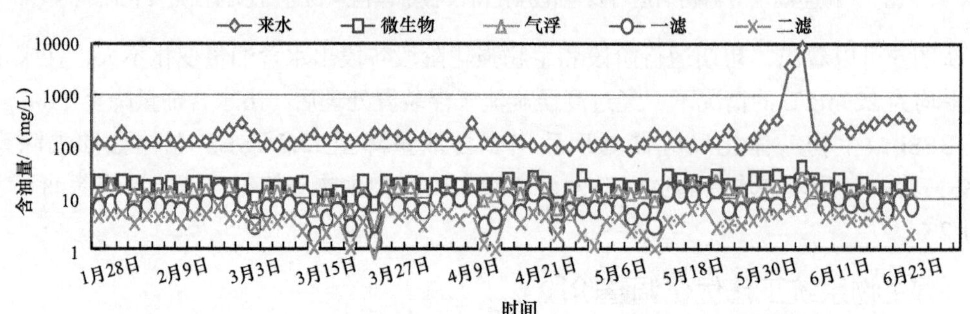

图7　微生物系统工艺稳定运行阶段各单体构筑物进出水含油量变化曲线

从图7可以看出，来水平均含油量为321mg/L，BESI微生物段出水平均含油量为19.0mg/L（7.79～28.6mg/L），去除贡献率为94.1%；气浮段出水平均含油量为12.9mg/L，去除贡献率为1.90%；一滤后出水平均含油量为7.59mg/L，去除贡献率为1.65%；二滤后出水平均含油量为4.04mg/L（0.62～6.38mg/L），去除贡献率为1.11%，微生物系统工艺整体含油去除率为98.7%。

2.5 BESI微生物一体化反应器群落演替分析

采用最新的微生物群落高通量测序技术，对三元原水、厌氧段、缺氧段及好氧段不同生物相，进行了微生物群落演替的解析。原水流经不同反应段时，微生物群落发生着很大的变化，表现为厌氧段和好氧段的微生物群落差异显著，不同生物相中的优势微生物种群稳定，优势菌属明显。优势菌属的确定，为后续微生物菌剂的开发指明方向。

三元原水优势微生物：*Gaiellales*（无合适中文名称）、*Comamonadaceae*（丛毛单胞菌）、*Ramlibacter*（红育菌属）、*Paracoccus*（副球菌属）、*Rhodobacteraceae*（红杆菌属）、*Nocardioides*（类诺卡氏菌属）、*Clostridiaceae*（梭菌属）、*Acinetobacter*（不动杆菌属）、*Flavobacteriaceae*（黄杆菌属）、*Magnetospirillum*（磁螺菌属 ）、*Chloroplast*（叶绿体属）、*Gemmatimonas*（芽单胞菌属 ）、*Sphingobium*（鞘脂菌属）、*Ferribacterium*（铁杆菌属）、*Rhodocyclaceae*（红环菌属），原水中的优势菌属表现出嗜盐、耐碱的功能，同时也有部分降解功能。通过不同的工艺段，激发本源微生物的生长，实现污染物的降解和去除。

厌氧段优势微生物：*Gaiellales*（无合适中文名称）、*Synergistaceae*（古细菌的乙酸功能属）、*Phyllobacteriaceae*（叶瘤菌属）、*Candidatus*（候选属）、*Carnobacterium*（肉杆菌属）、*Marinospirillum*（海螺菌属）、*Nitrosospira*（螺菌属）、*Methylosinus*（甲基弯曲菌属）、*Nocardioides*（类诺卡氏属）、*Desulfobulbus*（脱硫球茎菌属）、*Trichococcus*（明串珠菌属）、*Halomonas*（嗜盐单胞菌属）、*Microbacterium*（微细菌属）、*Lactococcus*（乳球菌属），厌氧段的微生物表现出了产甲烷、产酸以及硫酸盐还原功能。

兼性厌氧段优势微生物：*Mitochondria*（线粒体属）、*Ramlibacter*（红育菌属）、*Synergistaceae*（古细菌的乙酸功能属）、*Carnobacterium*（肉食杆菌属）、*Alkalibacterium*（嗜盐嗜碱菌属）、*Trichococcus*（明串珠菌属）、*Halomonas*（嗜盐单胞菌属）、*Thermomonas*（热单胞菌属 ）、*Pseudomonas*（假单孢菌属），兼性段的微生物表现出了嗜盐、嗜碱以及硝酸盐还原功能。

好氧段优势微生物：*Nitratireductor*（叶杆菌属）、*Synergistaceae*（古细菌的乙酸功能属）、*Rhodobaca*（红菌属）、*Phyllobacteriaceae*（叶瘤菌属）、*Halomonas*（嗜盐单胞菌属）、*Ferribacterium*（铁杆菌属）、*Ochrobactrum*（苍白杆菌属）。好氧段的微生物体现的功能在于小分子的降解利用以及硝化、氨氧化功能。

3　结论

（1）从 BESI 微生物一体化反应器处理三元采出水试验效果上分析，微生物对于含油及悬浮固体都有较好的去除率。对于难降解采出水就是要利用不同的生物相，实现微生物对污染物的梯度降解及利用，微生物群落演替分析验证了 BESI 相应功能的存在，BESI 微生物一体化反应器的设计方式符合微生物利用以及快速梯度降解污染物的理念。

（2）采用“来水→ BESI 微生物一体化反应器→高压旋流气浮装置→一级压力石英砂—磁铁矿双层过滤罐→二级压力海绿石—磁铁矿双层过滤罐→出水”的 4 段处理工艺，最终出水水质含油量≤5mg/L、悬浮固体含量在 10mg/L 左右，远远满足于大庆油田含聚污水高渗透层的回注水水质指标要求。

（3）微生物系统工艺还存在一定的不足之处，BESI 微生物一体化反应器前应增设沉降除油设备，在上游水质突变时，避免对于微生物反应器产生较大的冲击，保障微生物反应器平稳运行并且使其原油最大限度地有效回收。

参考文献

[1] 程杰成，吴军政，吴迪.三元复合驱油技术[M].1版，北京：石油工业出版社，2013：136-137.

[2] 赵秋实.三元复合驱采出水的处理工艺[J].油气田地面工程，2013（6）：68-69.

[3] 孔祥平，包木太，马代鑫，等.油田水中细菌群落分析[J].油田化学，2003，20（4）：372-376.

[4] 刘永军.水处理微生物学基础与技术应用[M].1版，北京：中国建筑工业出版社，2010：3-4.

[5] 刘敏敏，杨学军.厌氧折流板反应器在废水处理中的研究与应用[J].工业用水与废水，2010，41（3）：5-8.

高浓度聚合物驱地面工艺技术参数探讨

史海霞

（中国石油大庆油田公司第一采油厂）

摘　要　随着高浓度聚合物驱开发在大庆油田的逐步推广，采出液水质见聚浓度增高，水质发生很大变化，摸索高浓度处理工艺显得尤为重要。通过开展现场试验，评价常规“沉降除油→气浮除油→一级过滤”工艺、微生物处理工艺，以及配套的气浮沉降工艺、连续砂滤工艺对高浓度采出水处理的适应性，为高浓度污水处理工艺在油田范围的推广，提供相应的技术支持。

关键词　高浓度处理工艺；气浮沉降；连续砂滤；适应性

随着高浓度聚合物驱开发在大庆油田的逐步推广，采出液水质见聚浓度增高，水质发生很大变化，现有的传统的“两级沉降除油→一级过滤”聚合物污水处理站工艺，不能满足处理高浓度聚合物污水的要求。2012 年，新建高浓度聚合物驱污水处理站 1 座，设计规模为 $3.5\times10^4m^3/d$。采用“自然沉降→气浮除油沉降→双层滤料过滤（连续石英砂过滤）”的三段处理工艺。在聚南 1–2 南侧新建设计规模为 $2000m^3/d$ 微生物处理高含聚污水试验站 1 座，采用“气浮 +ZYEM 微生物净化 + 固液分离 + 石英砂过滤”的处理工艺。为摸索出不同运行参数下，高浓度聚合物驱污水站三段处理工艺各段对除油、除悬浮物的贡献率，评价气浮沉降技术、连续自动砂滤技术以及微生物处理技术对高含聚污水处理现场适应性，开展了一系列现场试验，为高浓度污水处理工艺的优选，提供相应的技术支持。

1　现场试验

1.1　常规污水处理站工艺参数优化

1.1.1　常规污水处理工艺及设计参数

高浓度聚合物驱污水处理站投产于 2012 年 12 月，负责处理高浓度聚合物驱采出水，设计规模为 $3.5\times10^4m^3/d$。采用“自然沉降罐→气浮除油沉降罐→双层滤料过滤罐（连续石英砂过滤罐）”的三段处理工艺（图 1），其中连续砂滤工艺设计规模 $5000m^3/h$。

1.1.2　常规工艺正常运行水质处理情况

高浓度污水处理站自 2012 年 11 月 19 日开始试运行，由于高浓度聚合物驱污水处理工艺确定时间较晚，高浓度污水投产运行时，区块采出液含聚浓度已经由高峰期 1200mg/L

降至 600mg/L 左右，错过含聚浓度高峰期。日处理量为 1.73×10^4～$2.76\times10^4m^3$，运行最高负荷率 74.6%。该站运行来水水质平均含油 290.5mg/L，含悬浮物 35.9mg/L，含聚浓度 679mg/L，黏度 2.4mPa·s，从各节点监测水质情况来看，各节点最高含油、含悬浮物在设计指标范围内（图 2），外输水指标达到"双 20"标准。

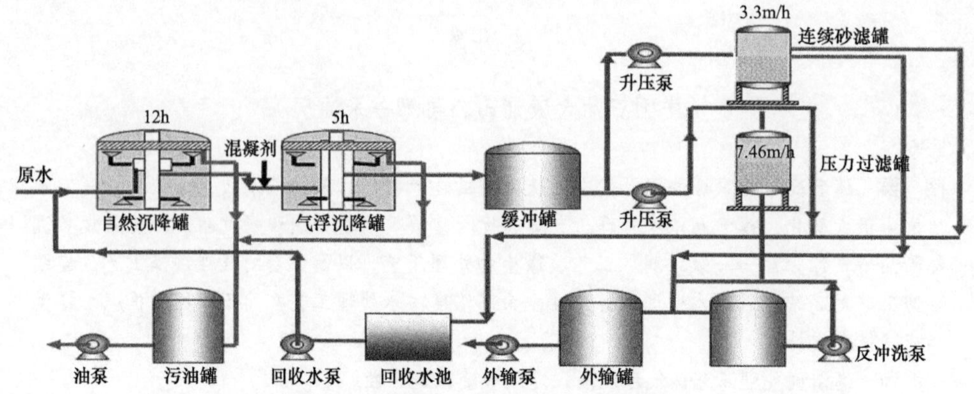

图 1 "自然沉降 + 气浮沉降 + 压力过滤（连续砂滤）"工艺流程图

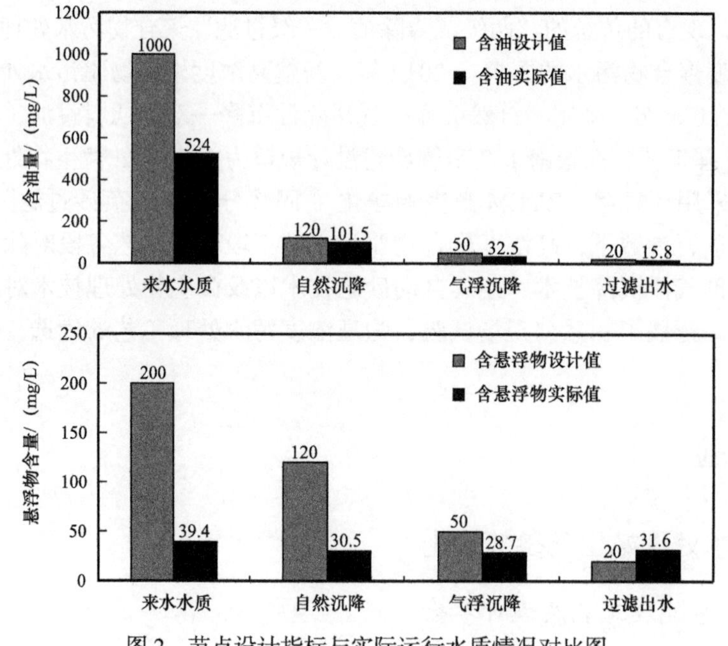

图 2 节点设计指标与实际运行水质情况对比图

各节点除油和除悬浮物情况统计见表 1. 从工艺除油和除悬浮物效率上来看，除油主要集中在沉降段，其中自然沉降平均除油率达到 71%，气浮沉降段除油率达到 23.4%，压力过滤除油率为 5.6%；除悬浮物主要集中在自然沉降和压力过滤段，其中自然沉降平均悬浮物去处率达到 36.5%，过滤段达到 45.9%，相比较气浮沉降段平均悬浮物去除率较低，为 17.6%。

表 1　各节点除油、除悬浮物情况统计表

水质	来水	自然沉降	气浮沉降	压力过滤
平均含油 /（mg/L）	290.5	94.4	29.7	14.3
平均含悬浮 /（mg/L）	35.9	27.8	23.9	13.7
除油率 /%		71.0	23.4	5.6
悬浮物去除率 /%		36.5	17.6	45.9

1.1.3　常规污水处理工艺满负荷试验

为摸索高浓度污水站合理运行参数，开展为期三周的满负荷试验（表 2），通过停开一组沉降罐，调整过滤罐数量调整滤速。试验期间平均处理量 $2.0\times10^4m^3/d$，来水平均含油 343.6mg/L，含悬浮物 29.9mg/L，含聚浓度为 635～665mg/L，黏度为 3.2～3.9mPa·s。

表 2　满负荷试验各节点水质情况统计表

滤罐滤速 / m/h	来水		一级沉降罐出水		二级沉降罐出水		滤罐出水	
	含油 / mg/L	悬浮物 / mg/L	含油 / mg/L	悬浮物 / mg/L	含油 / mg/L	悬浮物 / mg/L	含油 / mg/L	悬浮物 / mg/L
3.65	451.9	24.4	130.2	21.9	12.4	22.4	11.1	6.6
4.21	334.3	32.4	65.7	26.2	47.9	34.5	16.3	17.3
4.31	429	41.2	70.2	34.5	51.4	28.6	26	15.4
4.36	764.4	40.3	101.6	30.2	74.1	27.3	14.8	13.4
4.40	107.6	26.5	100.6	25	46.2	24.4	4.7	12.7
5.18	352.8	28.5	90.6	26.2	39.8	25.2	21.6	14
5.64	584.3	30.8	121.5	26.4	83	24.5	24	13.6
5.87	197.3	32.1	79.2	30.1	45.6	27	9	9.6
6.62	327.6	37.8	139.5	36.4	108.5	33.7	30.5	21.4
6.01	291.1	18.1	81.4	14.5	74.1	15	24.8	8.4
6.45	413.8	26.7	97.5	25	74	23.2	19.8	14.2
6.48	363.1	30.4	98.3	30	59.1	32.4	35.8	25.5
6.72	315.4	26	87.3	23.9	49.8	23	23.5	14
6.83	321.6	26.8	103.5	25.1	54.6	24.4	18.7	14.2
7.41	346.1	34	102.4	29.6	93.5	20.8	25.3	23.2
7.16	317.6	32.2	148.3	29.8	49.6	26.1	19.8	20.7

满负荷试验下，自然沉降时间为12.5h，气浮沉降时间5h。从沉降效果看（表3），在来水含油高于300mg/L的情况下，一沉出水偶尔出现不达标现象，气浮沉降出水指标含油高于设计指标要求50mg/L较多、且除悬浮物率低于正常运行值，因此，气浮沉降段需要延长沉降时间，或者摸索合理容气比，以提高气浮沉降除油效率。

表3 满负荷运行除油率和除悬浮物率统计表

水质指标	来水	自然沉降	气浮沉降	压力过滤
平均含油 /（mg/L）	343.6	102.4	59.3	20.7
平均含悬浮物 /（mg/L）	29.9	27	25.7	15.4
除油率 /%		74.7	13.4	11.9
悬浮物去除率 /%		19.9	8.9	71.1

注：满负荷运行，平均处理量$2.0\times10^4m^3/d$。

从滤速来看，当滤速提高到5m/h以上时，滤罐出水水质出现不达标现象，因此，高浓度聚合物驱污水处理站在设计时，应按5m/h滤速设计。

通过常规污水处理工艺满负荷试验可以得出如下结论：高浓度聚合物驱污水处理站设计自然沉降时间12.5h，气浮沉降时间在5h以上，滤速为5m/h较为合理。

1.2 气浮除油与除悬浮物试验

气浮工艺流程：高浓度污水处理站二级沉降采用气浮除油沉降技术：一级沉降罐出水进入中心筒与20～30μm微气泡在气浮接触室形成带气絮粒上浮至分离室液面，浮油溢流至环形集油槽中通过收油泵回收，分离室底部集水管将污水通过出水管排出[1]。

高浓度聚合物驱污水处理站，采用3套HYQ–QFCJ气浮沉降装置，为评价高浓度聚合物驱污水处理系统工艺在二级沉降罐加装气浮装置对除油效率的贡献率，设置气浮溶气泵回流比30%，出口压力0.4MPa，溶气比15%的前提下，在2014年11月开展了溶气比和回流比试验。

1.2.1 回流比试验

在溶气比15%的条件，考察回流比10%，20%和30%情况下除油与除悬浮物效果。根据以上水质监测数据显示，随着回流比增加，气浮沉降装置处理效果达到了很好的除油和除悬浮固体效果，特别是除油效果明显，如图3所示。

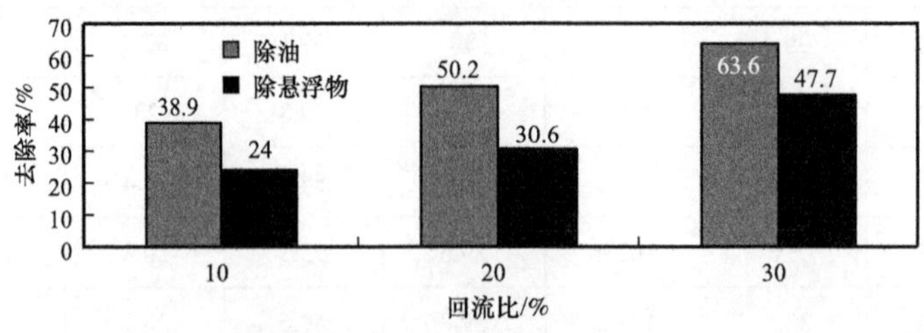

图3 不同回流比试验水质对比图

1.2.2　溶气比试验

在回流比30%的条件下，考察溶气比5%，10%和15%情况下除油与除悬浮物效果。根据以上水质监测数据显示，随着溶气比增加，气浮沉降装置处理效果达到了很好的除油和除悬浮固体效果，特别是除油效果明显，如图4所示。

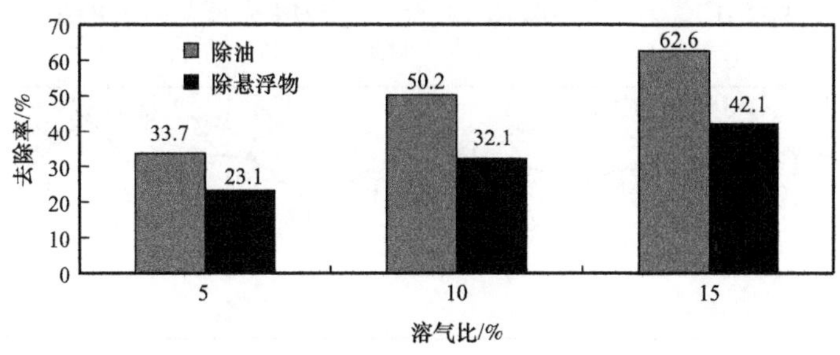

图4　不同溶气比试验水质对比图

1.3　连续砂滤技术

高浓度污水处理站过滤段采用两种工艺，即压力过滤工艺和连续砂滤过滤工艺，为验证两种过滤工艺处理高浓度污水适应性，对现场水质处理情况进行跟踪。

1.3.1　连续砂滤器工作原理

连续砂滤系统由连续砂滤器、供气系统及自控系统组成。连续砂滤器采用逆流法工艺，由底部进水，运行中石英砂滤料利用自身重力缓慢下移，底部的滤料通过空气动力提升至洗砂器。被污染的滤料在洗砂器中利用逆向水流及气浮，实现清洗。洗净滤料自然下落，重新形成滤床。

1.3.2　压力过滤与连续砂滤出水水质对比

试验应用连续砂滤滤罐5座，设计规模$0.5\times10^4m^3/d$，负荷率100%。相同来水水质时，与压力滤罐对比处理效果较好，如图5所示。

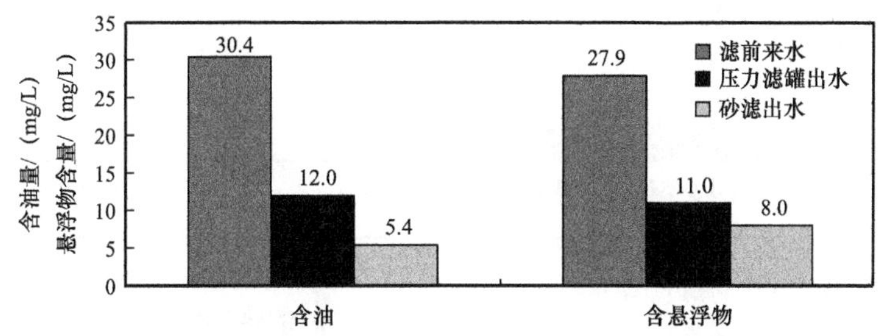

图5　连续砂滤与压力滤罐水质处理对比

连续砂滤设计滤速3.6m/h，为验证连续砂滤工艺8m/h滤速下出水水质能否达标，2014年9月17日到10月8日进行提高滤速试验，滤速提高到8m/h，出水水质达到“双20”指标要求，如图6所示。连续砂滤工艺具有一定的抗负荷冲击能力。

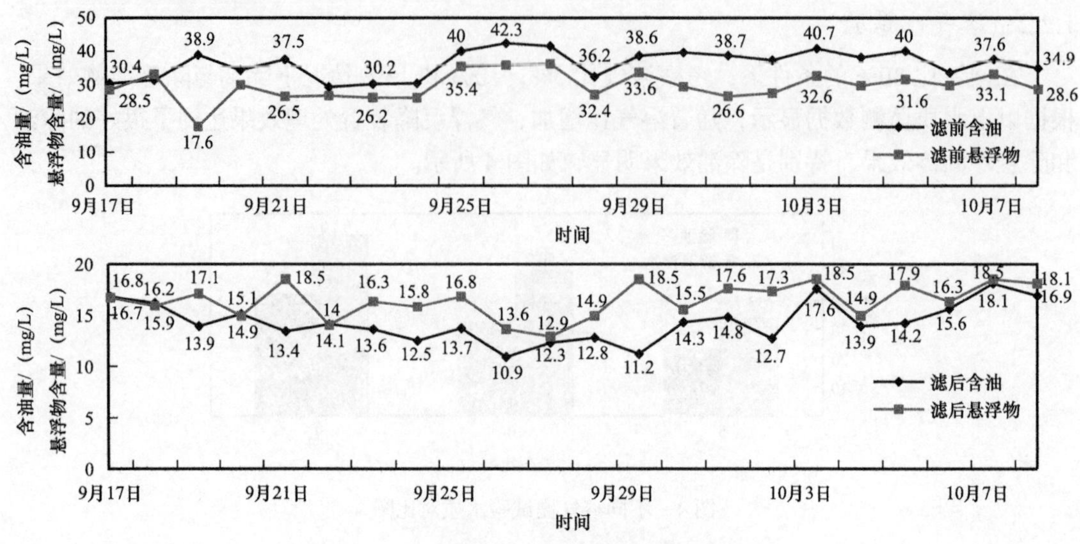

图 6 连续砂滤含油和悬浮物试验数据曲线

1.4 微生物处理工艺

微生物处理工艺设计规模 2000m^3/d，采用“一级沉降罐来水—油水浮选装置—生物净化池—固液静水装置—中间水池—连续砂滤—外输”处理工艺。

1.4.1 微生物处理工艺正常运行情况

生物池于 2013 年 9 月 6 日进水试压，9 月 10 日开始进原水并投菌调试，11 月 13 日微生物驯化稳定后，处理工艺全部投运，从水质跟踪检测数据看，外输水质含油、含悬浮物均在“双 10”以下，如图 7 所示。

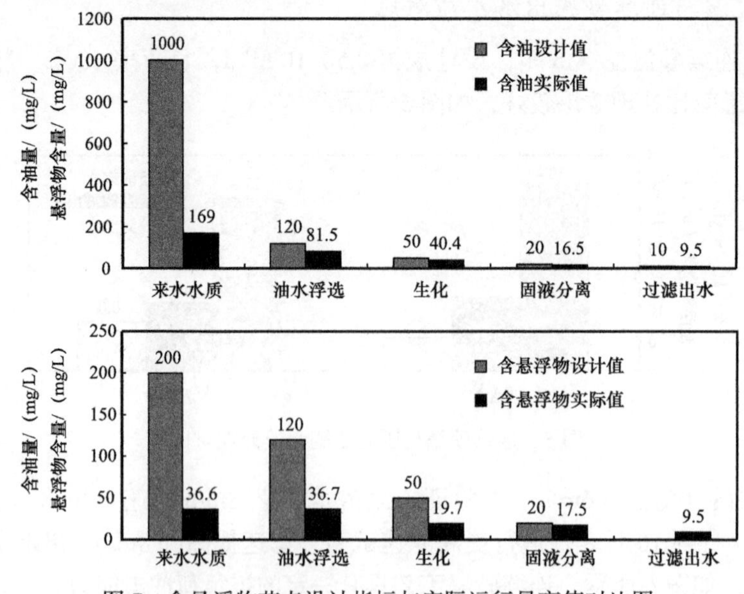

图 7 含悬浮物节点设计指标与实际运行最高值对比图

1.4.2　微生物处理工艺满负荷运行试验

2014 年 10 月 21 日以来，开展来水采用 313 污水站原水微生物系统满负荷试验，试验期间出水水质平稳，达到设计“10.10.3”指标要求，见表 4。微生物系统可以满足直接处理原水需求。

表 4　来水采用原水微生物处理工艺各段设计水质指标统计表

序号	日处理量 / m^3	取样日期	来水		气浮出水		生化出水		固液出水		过滤段出水	
			含油 / mg/L	悬浮物 / mg/L	含油 / mg/L	悬浮物 / mg/L	含油 / mg/L	悬浮物 / mg/L	含油 / mg/L	悬浮物 / mg/L	含油 / mg/L	悬浮物 / mg/L
1	1997	2014-10-21	962.4	270	282.6	150.1	10.47	43.75	8	9	6.2	8.1
2	1981	2014-10-24	420.8	99.8	218.6	68.1	21.6	36.2	9.6	10.2	3	9.2
3	2125	2014-10-28	497.47	125	324.15	92	23.6	29.6	8.3	11	7.9	9
4	2232	2014-10-29	440	112	303.6	87.6	38.2	29.7	9.7	8.2	9.5	8
5	2098	2014-10-30	310.2	133	277.62	76.9	27.01	20.4	8.4	7.6	7.9	7.5
6	1872	2014-10-31	465.4	142.3	292.5	77.8	19.7	25.6	8.4	7.1	8.2	7
平均值			553.8	185.6	286.3	105.1	24.0	38.7	7.7	7.8	8.7	8.8

2014 年 9 月 6 日至 9 月 30 日，开展微生物系统满负荷试验，过滤后水质存在不达标现象，见表 5。固液出水与过滤段出水水质接近，可以考虑对工艺流程进行简化

表 5　来水采用一沉后出水微生物处理工艺各段设计水质指标统计表

序号	日处理量 / m^3	取样日期	来水		气浮出水		生化出水		固液出水		过滤段出水	
			含油 / mg/L	悬浮物 / mg/L	含油 / mg/L	悬浮物 / mg/L	含油 / mg/L	悬浮物 / mg/L	含油 / mg/L	悬浮物 / mg/L	含油 / mg/L	悬浮物 / mg/L
1	1832	2014-9-6	172.4	168	91	87	15	52	11.2	12	9.6	10
2	1968	2014-9-9	283	168	192	101	12	50	9.2	21	4.2	10
3	1986	2014-9-11	196.3	96	124.3	58	19	30	7	14.3	7.7	11.5
4	1977	2014-9-15	266	129	65.3	85	4.4	54	2.1	6	2.65	5.6
5	2091	2014-9-18	196.7	122.5	75	78.5	10	35	7.5	12	5	6.5
6	1868	2014-9-21	168.3	137.6	87.5	73.2	21.6	50.1	12.3	10.2	10	9.7
7	1983	2014-9-24	214.5	102	78.7	35	18.5	27	5.9	6	4.5	5
8	2013	2014-9-26	267.3	96.7	192	76	27.1	42	12.3	10.2	10.2	10
9	1952	2014-9-30	327.2	132.7	193.5	93.1	32	43.2	9.7	9.5	8.7	8
平均值			225.27	130.05	119.73	77.78	19.06	44.73	8.67	10.86	7.035	8.23

为简化处理工艺，开展固液分离装置跨越试验，即生化出水至中间水池直接提升至滤罐进行处理，试验一天时间，滤罐出现出水不畅，提升泵出口压力由正常运行的0.3MPa上升至0.35MPa，分析原因：生化出水悬浮物颗粒过大，容易被砂滤层迅速截留形成砂滤表层板结[2]。因此，微生物处理系统应保留固液分离装置，在简化工艺方面可考虑去除过滤装置，在固液分离装置外输管线上，增设自清洗过滤器，确保水质稳定达标。工艺优化后微生物处理工艺各段设计水质指标见表6。

表6　工艺优化后微生物处理工艺各段设计水质指标统计表

序号	日处理量/m^3	取样日期	来水		气浮出水		生化出水		固液出水		外输	
			含油/mg/L	悬浮物/mg/L	含油/mg/L	悬浮物/mg/L	含油/mg/L	悬浮物/mg/L	含油/mg/L	悬浮物/mg/L	含油/mg/L	悬浮物/mg/L
1	1899	2014-10-22	490.1	269.8	135	102.3	11	37.6			6.3	7
2	2013	2014-10-23	418.09	169.2	236.48	98.6	16.9	50			6	6.9

2　常规处理工艺与微生物处理工艺经济对比

微生物运行成本与常规工艺运行成本相当，吨水建设投资要高于常规工艺0.33万元/m^3，但微生物处理工艺处理水质可达到深度污水处理站一级处理水质指标，即“10，10，3”（表7），出水水质指标优于常规工艺。

表7　常规工艺与微生物工艺运行费用对比表

序号	项目		常规工艺	微生物
1	设计规模/（$10^4m^3/d$）		3	0.2
2	建设投资/万元		25200	2346
3	运行成本/（元/m^3）	电费	0.45	0.57
		微生物维护费用	—	0.06
		药剂费	0.13	—
		合计	0.58	0.63

注：微生物处理工艺需每月直接投加ZYEM-P1系列菌剂，菌剂量为：一组两池每池投加2kg，二组两池每池投加1.5kg，三组两池每池投加0.5kg，以保持生物系统的原生态系统。菌剂补充0.06元/m^3

3　结论

（1）高浓度污水站处理后水质能够达到“双20”设计指标，通过常规污水处理工艺满负荷试验可以得出如下结论：高浓度聚合物驱污水处理站设计自然沉降时间12.5h，气浮沉降时间在5h以上，滤速在5m/h较为合理。

（2）微生物处理高浓度污水水质能够达到“双 10”设计标准。直接对原水进行处理也能达到水质指标要求，鉴于该流程较长，非密闭运行，微生物对来水水质稳定性要求较高，该项技术可作为高浓度聚合物驱污水处理储备技术

（3）使用气浮装置后除油率平均提高 13.4%，对悬浮物去除效果影响不大，回流比和溶气比增加，可以提高气浮沉降装置处理效果，特别是除油效果明显。

（4）在来水水质相同的情况下，连续砂滤器在除油及除悬浮物方面好于压力滤罐，且连续砂滤器抗冲击性较强，单台设备最大处理量可达到 1800m^3/d，适用于处理高浓度含油污水。

参考文献

[1] 卢鑫鑫. 含油污水处理气浮工艺技术研究及现场试验［C］. 大庆油田 2012 年地面工程技术研讨会，2014：264–275.

[2] 王学佳. 聚合物驱采出污水微生物深度处理技术研究［C］. 大庆油田 2012 年地面工程技术研讨会，2014：171–180.

新疆油田二元复合驱采出水处理试验研究

徐 睿 丁明华 王振东 董 兴

（中国石油新疆油田公司采油二厂）

摘 要 新疆油田为了得到二元复合驱采出水处理效果好、稳定性强、投资和运行成本低、管理方便的工艺或工艺组合，选择有代表性的化学、生物、物理三种工艺在三采联合处理站开展了中试试验，定时检测处理水量、加药量、浮渣量、反冲洗水量等工况参数[1]，取样化验含悬浮物、含油、含钙镁离子、含硫铁、细菌等指标，为评价出水配二元液的性能，增加配液黏度、界面张力及其长期稳定性。针对中试工况参数、各环节指标易波动的问题，增大连续取样频数和中试持续时间，得出三种工艺稳定的试验数据，为工程设计提供可靠依据。

关键词 二元；水处理；工况；悬浮物；黏度；界面张力

根据新疆油田发展规划，2017—2030年将对克拉玛依油田七区和八区等部分油藏逐步实施二元复合驱开发，二元复合驱采出水处理规模将达到13500m^3/d，配剂用水规模将达到20000m^3/d。二元复合驱采出液较水驱、聚合物驱采出液存在性质差异：（1）表面活性剂使油滴表面由憎水性变为亲水性，破乳难度增大；（2）聚合物增大采出水的黏度，不利于油水分离，采出水净化难度增大；（3）表面活性剂具有抑菌作用，生物处理选菌和培菌的难度增大。由于实施二元复合驱油藏渗透性比较低，非均质性较强，对注入水的要求比较高，国内没有成熟的二元复合驱采出液处理工艺可以借鉴。为了评选出处理效果好、稳定性强、投资和运行成本低、管理方便的工艺或工艺组合，开展了二元复合驱采出液处理中试。

1 根据地层特性和处理水复配要求，确定中试指标

二元复合驱砾岩油藏的平均渗透率为135.66mD，对应碎屑岩油藏注水水质推荐指标考虑到含聚污水处理难度，确定出水悬浮物含量≤20mg/L，出水含油量≤20mg/L。配液用水水质影响二元驱配液黏度的主要因素是硫化物和铁离子等快速降黏物质，钙镁离子超标时会快速增大原油与二元液的界面张力，硫酸盐还原菌和铁细菌等影响二元液黏度和界面张力的长期稳定性[2]。因此，将水中硫化物和总铁确定为检不出，钙镁离子含量≤20mg/L，SRB、TGB和铁细菌满足碎屑岩油藏注水水质指标及分析方法（SY/T 5329—2012）的要求。30天后黏度保留率＞90%，界面张力＜10^{-2}mN/m。

2 根据二元复合驱产聚表规律确定中试参数

七中区克下组油藏二元复合驱试验区从2011年开始注二元液，以8口注入井、13口

采出井为主。截至 2018 年试验区产出聚合物浓度平均为 450～610mg/L，峰值产聚浓度为 800mg/L；产出表面活性剂浓度平均为 300～1100mg/L，峰值产表浓度为 1200mg/L。考虑到未来复合驱产聚产表高峰期不会同时到来的实际情况，确定了三种工况（表 1），满足不同阶段二元复合驱采出液处理的聚合物和表面活性剂浓度方案。

表 1 二元复合驱采出水处理中试参数表

分类	聚合物浓度 /（mg/L）	表面活性剂浓度 /（mg/L）	备注
工况一	500	10	目前工况
工况二	500	500	正常工况
工况三	800	1200	极端工况

3 参考指标及参数，根据小试结果选择中试工艺

国内比较成熟的油田采出水处理方法有三种：化学法、物理法和生物法[3]，用常规指标（含油、悬浮物）对比，三种方法的优缺点见表 2。

表 2 油田采出水处理工艺优抽点对比表

工艺方法	优点	缺点
化学法	出水指标好，指标易于控制	产生的泥渣多、产生加药量费用
物理法	处理费用低，管理难度小	出水指标较差
生物法	出水指标好，处理费用比较低，管理难度小	指标不易调节

以上三种工艺通过室内小试（日处理水量一般不大于 $1m^3$），在含油、悬浮物达到指标要求的前提下，选择为中试工艺。化学法工艺流程：沉降除油—加药气浮除悬浮物—除钙镁—沉降—过滤，设计处理水量 $3m^3/h$。物理法工艺流程：沉降—粗过滤—气浮沉降—细过滤—软化杀菌，设计处理水量 $1m^3/h$。生物法工艺流程：气浮除油—生物反应—氧化—膜滤—杀菌，设计处理水量 $1m^3/h$。

4 分环节多轮次试验检测，得出优势工艺

只有在工况和指标相对稳定后才能够检测工况、化验指标，为了得到不同工况下的处理指标，在检测工况的同时取样化验指标，每种工艺、每种工况（表 3）检测 7～8 次，黏度、界面张力稳定性化验持续 30 天。经过分阶段、长期的跟踪试验，得出每种工艺稳定的工况和指标的对应关系。

从中试工况数据看（表 3 和表 4），化学工艺含水浮渣量大、加药量大，可以淘汰。从指标数据看，物理工艺黏度保留率、界面张力均超标，不予推荐。生化工艺反冲洗水量小，指标合格，成为本项中试的优势工艺，推荐生化工艺为工程优选工艺。中试工艺流程如图 1 所示。

表 3　中试工况检测数据汇总表

试验阶段	工艺	处理水量 / m^3/h	加药量 / g/m^3（水）	含水浮渣量 / m^3/m^3（水）	反冲洗水量 / m^3/m^3（水）	耗电量 / $kW \cdot h/m^3$（水）
工况二	物理法	1.5	0	未检测	0.2749	—
	化学法	1.4569	903.921	0.1219	布滤未反洗	6.512
	生化法	1.1037	0	少量	0.0110	8.716
工况三	物理法	1.4167	杀菌剂 80～200	未检测	0.2992	3.737
	化学法	1.5114	1392.846	0.1924	布滤未反洗	6.343
	生化法	1.107	0	少量	0.0091	8.881

表 4　中试指标化验数据汇总表

试验阶段	工艺	悬浮物 / mg/L	含油 / mg/L	硫化物 / mg/L	总铁 / mg/L	钙镁离子 / mg/L	黏度保留率 / %	界面张力 / mN/m
工况二	物理	18.6	10.7	0	0	31.6	46	8×10^{-2}
	化学	2.92	2.495	0.06	0.07	19.05	93	0.3×10^{-2}
	生化	3.32	7.96	0	0.62	47.25	93	0.7×10^{-2}
工况三	物理	7.6	39.674	0	0.12	18.2	82.44	1.184×10^{-2}
	化学	4.07	1.507	0	0	25.01	19.81	1.531×10^{-2}
	生化	6.0625	8.65	0	0.4	44.4	95.54	0.208×10^{-2}

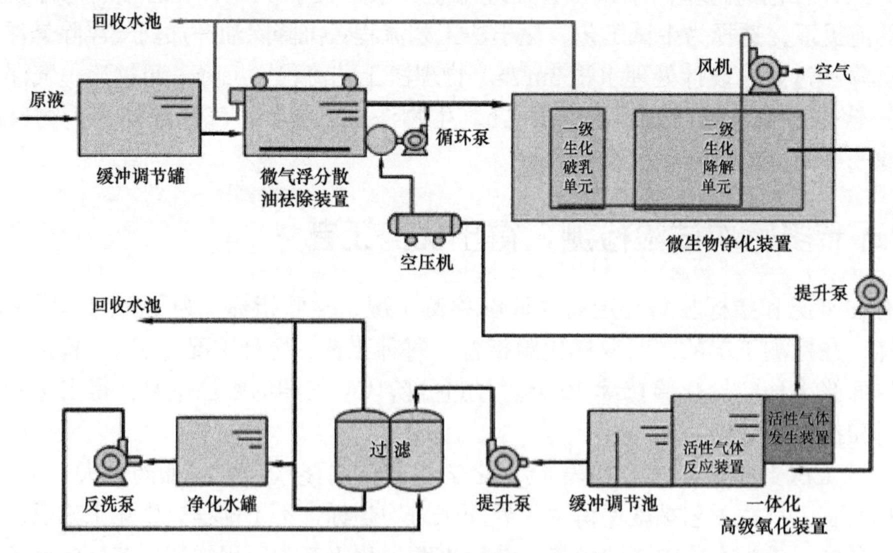

图 1　生化工艺流程图

5 结论与认识

（1）三种中试工艺污水处理基本指标均能满足试验要求。

（2）在满足指标要求的情况下，物化法处理浮渣量及加药量过大，不予工程推荐；物理化工艺配二元液指标超标，不予工程推荐；生物工艺中主试效果最好，作为推荐工艺。

（3）生物工艺对膜过滤的依赖性强，对膜过滤的可靠性、投资费用、维护周期、维护费用还需要深入调研。

参考文献

[1] 李杰训，等. 聚合物驱油地面工程技术 [M]. 北京：石油工业出版社，2009.

[2] 于宝新、陈刚. 油田聚合物驱油知识——岗位员工基础问答 [M]. 北京：石油工业出版社，2009.

[3] 关琦，刘淑华，孙春芬. 大庆油田聚合物驱地面工程规划中的几个问题 [J]. 石油规划设计，1998（6）：26–28.

复合场动态反冲洗技术在聚合物驱采出水双滤床过滤工艺试验与应用

刘书孟[1]　董喜贵[1]　于忠臣[2]　孙　冰[1]　苗宝林[1]

（1. 中国石油大庆油田公司第二采油厂；2. 东北石油大学）

摘　要　大庆油田聚合物驱采出水黏度高、成分复杂，导致水处理过滤工艺流程长，建设投资与运行成本高。为改善过滤效果，提高污水站处理水质，开展了复合场动态反冲洗技术处理聚合物驱采出水现场试验与工业化应用，取得较好技术经济效果。采用单级复合场动态反冲洗双滤床过滤工艺替代现有的核桃壳加石英砂两级过滤工艺，在原水含聚浓度300mg/L情况下，出水油和悬浮物含量分别为15.8mg/L和16.8mg/L，达到“双20”水质标准，反冲洗后滤料截留油去除率为97.0%。与现有工艺对比，采用复合场动态反冲洗技术建设含聚污水处理站，建设投资降低19.0%，反冲洗运行成本降低56.0%，并在简化现有污水处理流程和提高水质指标等方面取得有益效果。同时复合场耦合作用反冲洗体系，丰富和发展了滤床水力反冲洗理论和方法，并为油田含聚污水高效过滤提供了新途径和方法。

关键词　聚合物驱采出水；过滤；复合场动态反冲洗；双滤床

随着油田开发向精细化方向发展，对深度处理污水需求量逐步增加，有效提高污水过滤效率是水处理达标的关键环节。油田过滤工艺滤料主要有核桃壳、石英砂和磁铁矿单层滤料，以及石英砂和磁铁矿双层滤料。目前，油田主要采用核桃壳和石英砂滤料分步过滤工艺，基本形成利用核桃壳滤料除油、石英砂或磁铁矿滤料去除悬浮物的工艺格局。目前，大庆油田采出水中已普遍见到聚合物，水质特性发生改变，污水黏度增大，聚合物在滤罐内长期累积。现有过滤工艺滤料反洗再生效果差，滤料局部板结、滤料流失问题严重，导致处理水质变差。近年来，通过对过滤系统进行工艺改造，虽然改善了处理水质，但也存在工艺复杂、建设投资和运行成本高等问题，因此，试验应用聚合物驱采出水过滤新技术，提高处理效率，控投资、降成本，已成为油田聚合物驱采出水处理面临的重要课题。

由于核桃壳和石英砂滤料密度相差较大，以及核桃壳滤料的亲油特性，现有滤料再生方式难以实现核桃壳和石英砂滤料的复合。为有效发挥核桃壳和石英砂滤料复合作用，实现双滤料的批次耦合过滤效能，提出核桃壳和石英砂复合滤层思想，并通过前期试验研究，设计出复合场动态反冲洗双滤床过滤工艺，在大庆油田某聚合物驱采出水处理站进行了试验应用，取得较好技术效果，为油田聚合物驱采出水处理工艺优化简化和水质改善提供了借鉴[1-9]。

1 复合场动态反冲洗技术原理

所谓复合场反冲洗技术是指反冲洗过程中受到两个或多个物理场的相互作用，通过复合场作用强化滤料的水力反冲洗过程的行为。复合场动态反冲洗技术构建基于旋流场和重力场耦合的旋流复合场反冲洗体系，提出的一种轴向动态反冲洗滤料再生新方法[10-13]，丰富和发展了滤料的水力反冲洗方法，并为解决油田高含聚滤料反洗再生提供一种新途径。

复合场动态反冲洗技术将旋流场加载于滤床重力场的水力反冲洗过程，利用旋流场和重力场耦合的复合场，在复合场中通过旋流场强化重力场中颗粒间剪切碰撞和摩擦作用，并通过旋流场离心作用实现滤料颗粒和反冲洗废水的有效分离。反冲洗过程中混合液作螺旋型旋转运动，其运动模式及工作原理如图 1 所示。

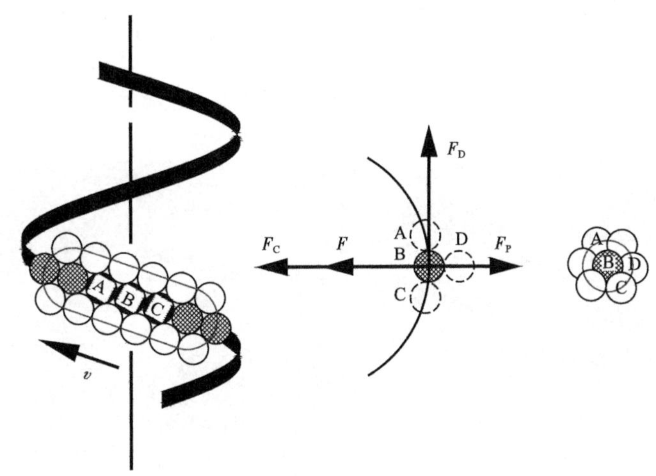

图 1 复合场反冲洗过程颗粒运动和碰撞原理图

由图 1 可见，在旋切方向上，滤料颗粒作跟随运动并不断碰撞，产生旋切向碰撞力 F_D。在径向上，由于场分离作用颗粒不断碰撞，产生径向碰撞力 F_P。在螺旋型旋转流作用下，滤料颗粒间的碰撞强化了滤料搓洗作用。同时水流与颗粒滤料间存在的速度梯度，强化了水力剪切力作用。在搓洗和水流剪切力的共同作用下，滤料表面的包裹物得以剥离，滤料得到有效清洗。与此同时，剥离的包裹物与滤料间存在密度差，其场分离作用使密度轻的油类污染物随水流排除，滤料形成内循环流动，使反冲洗废物与滤料颗粒有效分离。

复合场动态反冲洗技术与目前油田常用过滤反冲洗技术相比，具有以下特点：一是通过优化滤料物化参数和滤层结构参数，形成核桃壳与石英砂双滤床结构，充分发挥核桃壳滤料滤速高和石英砂滤料过滤精度高的优势，显著提高过滤效能；二是利用旋流场和重力场协同作用，形成复合场轴向动态反冲洗模式，实现了高密度差双滤料滤床的有效反洗；三是通过旋流场强化重力场中颗粒间剪切碰撞和摩擦作用，改善滤料再生效果，有效解决了滤料板结问题。

2 工业化试验概况

现场试验在大庆油田某聚合物驱污水处理站进行。该站原采用“两级沉降＋三级过滤”污水处理工艺，其中一级过滤采用核桃壳过滤罐，二级过滤采用石英砂过滤罐，三级过滤采用双滤料过滤罐。利旧站内二级石英砂过滤罐体，利用复合场动态反冲洗技术对其进行升级改造，其中，在一级核桃壳过滤罐处设置了超越管线，开展不同过滤工艺组合工业化规模试验，工艺流程如图 2 所示。试验期间污水含聚浓度为 270～310mg/L，自 2016 年 12 月投产运行以来，处理水质稳定达标，滤料反冲洗效果显著改善，技术经济指标达到预期目标（图 3）。

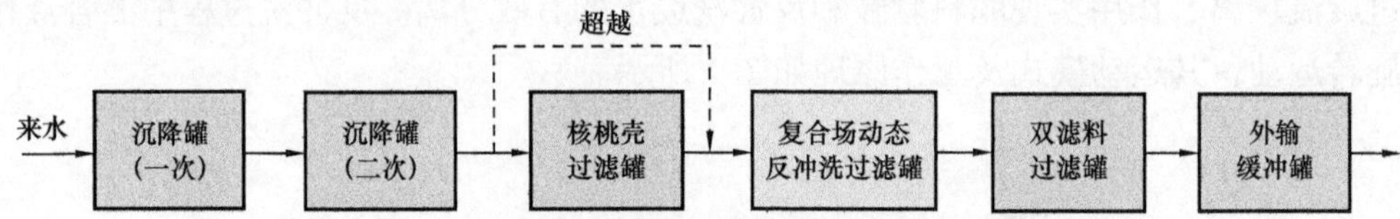

图 2 改造后某聚合物驱污水处理站工艺流程图

图 3 复合场动态反冲洗双滤床过滤罐现场照片

3 试验结果分析

3.1 复合场动态反冲洗技术的过滤效能

3.1.1 作为第二级滤罐的过滤效能

第二级滤罐过滤效能评价试验工艺流程如图 4 所示。对复合场动态反冲洗过滤罐出水取样化验，评价其作为第二级滤罐的过滤效能。

复合场动态反冲洗双滤床过滤罐对油和悬浮物去除效能结果如图 5 和图 6 所示。

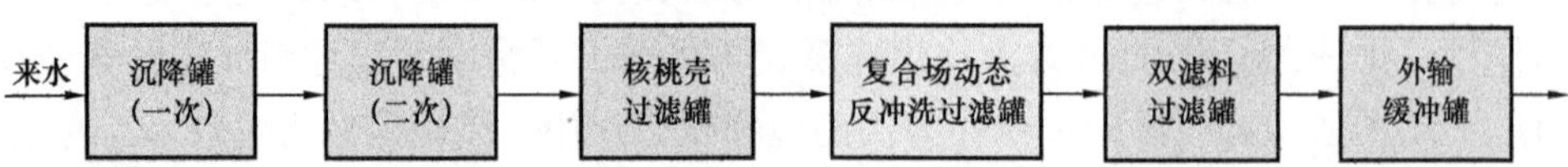

图 4 第二级滤罐过滤效能评价试验工艺流程示意图

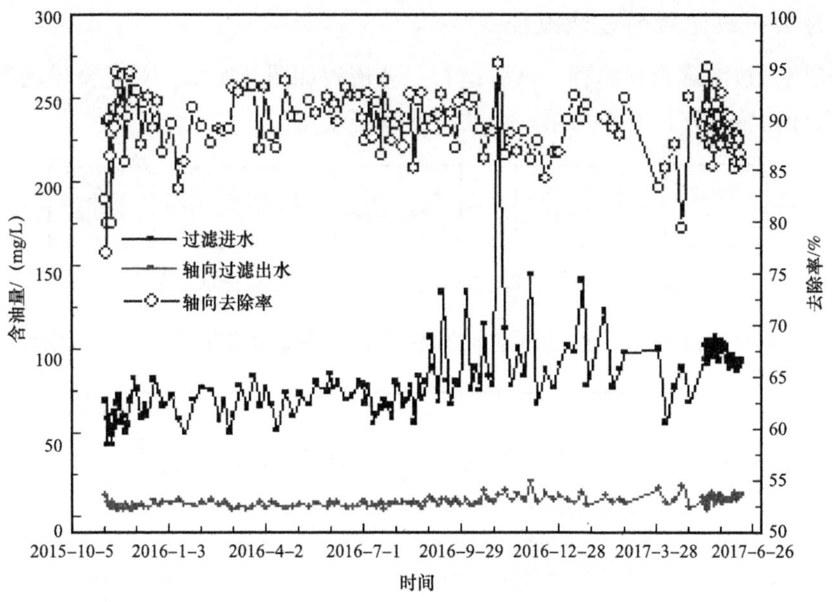

图 5　双滤床油过滤效能

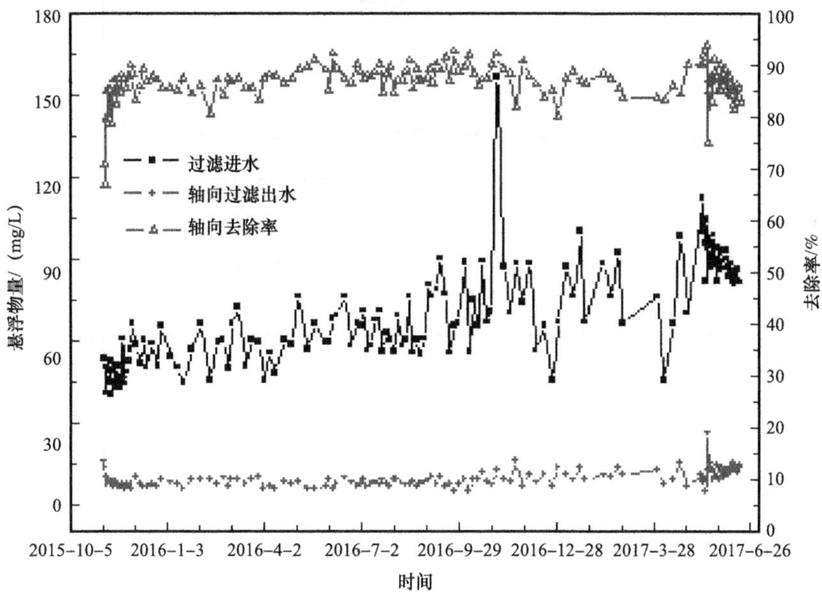

图 6　双滤床悬浮物过滤效能

进水平均含油量为 81.9mg/L，复合场动态反冲洗双滤床过滤出水平均含油为 8.6mg/L，其平均油去除率为 89.3%。进水平均悬浮物含量为 70.2mg/L，出水平均悬浮物含量为 9.2mg/L，平均悬浮物去除率为 86.9%。油和悬浮物含量小于 10mg/L，油和悬浮物去除率为 85% 以上。试验结果表明：当进水平均含油量在 100mg/L 以下时，复合场动态反冲洗双滤床过滤出水油和悬浮物含量可以达到“双 10”指标。

3.1.2　作为第一级滤罐的过滤效能

启用核桃壳过滤罐超越流程，试验运行工艺流程如图 7 所示，对复合场动态反冲洗过滤罐出水取样化验，评价其作为第一级滤罐的过滤效能。

图 7　第一级滤罐过滤效能评价试验工艺流程示意图

复合场动态反冲洗双滤床过滤罐对油和悬浮物去除效能其结果如图 8 和图 9 所示。

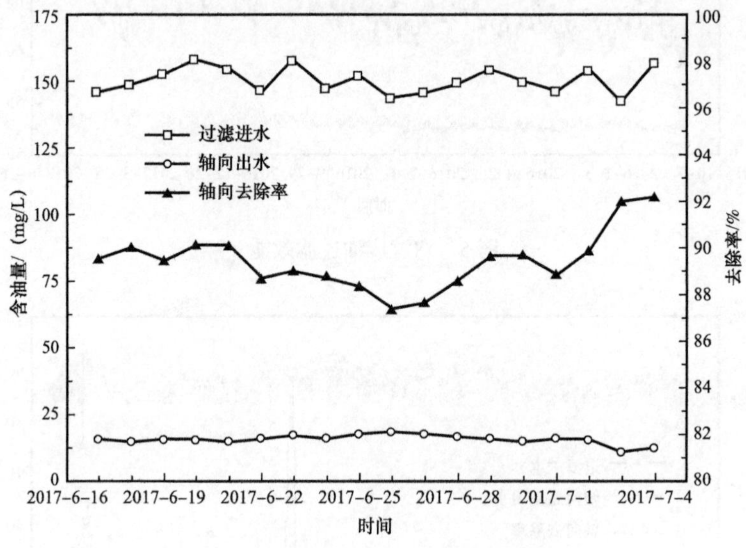

图 8　作为首级时双滤床油过滤效能

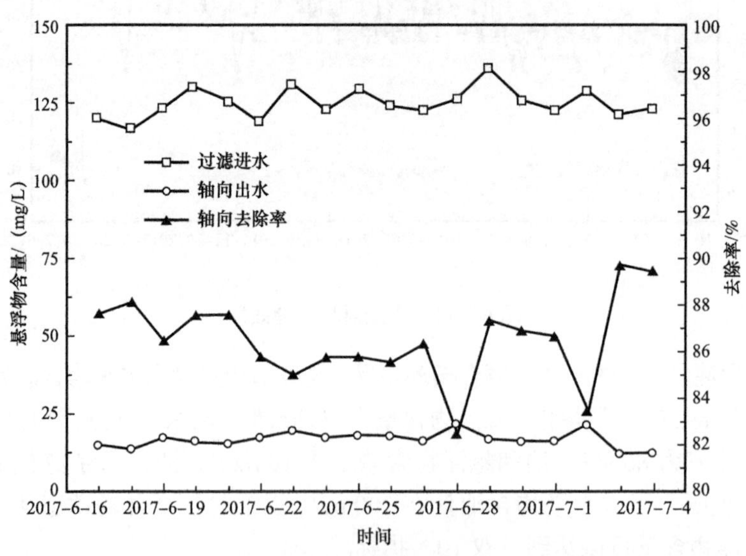

图 9　作为首级时双滤床悬浮物过滤效能

从图 8 和图 9 可以看出，进水平均含油量为 150.3mg/L，复合场动态反冲洗双滤床过滤出水平均含油为 15.8mg/L，其平均油去除率为 89.5%。进水平均悬浮物含量为 125.1mg/L，出水平均悬浮物含量为 16.8mg/L，平均悬浮物去除率为 86.6%。油和悬浮物含量小于 20mg/L，油和悬浮物去除率 85% 以上。试验结果表明：在进水平均含油量不超过 150mg/L 的条件下，复合场动态反冲洗双滤床过滤出水油和悬浮物含量可以达到"双 20"指标；一级复合场动态反冲洗双滤床过滤工艺可以替代"一级核桃壳、二级石英砂"两级过滤工艺。

3.2　滤料反冲洗再生效果

开展了复合场动态反冲洗双滤床过滤罐滤料反冲洗效果评价试验。反冲洗强度 9.0～10.5L/（s·m^2），反冲洗时间 15min，试验结果表 1 和图 10 所示。

表 1　滤料反冲洗前后含油量对比表

序号	核桃壳含油量 /［mg（油）/g（干核桃壳）］		核桃壳截留油去除率 / %	备注
	清洗前	清洗后		
1	97.73	1.21	98.76	运行 1 个月取样
2	86.42	0.78	99.10	运行 2 个月取样
3	204.8	14.2	93.07	运行 1 年后取样
4	227.4	7.6	96.65	运行 13 个月后取样
平均	150.09	5.95	96.89	

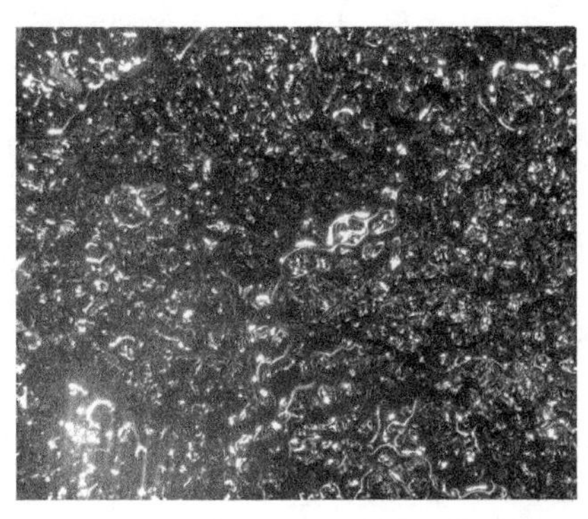

图 10　反冲洗前后核桃壳滤料对比

可以看出，反冲洗前后滤料表面截留油量变化明显，运行 2 个月和 13 个月，经复合场动态反冲洗后滤料表面截留油去除率为 99.10% 和 96.65%，其总平均截留油去除率为 96.89%，同时，纳污滤床滤料颗粒表面清洁，获得良好再生。

试验期间，开罐检查了罐内滤床状况，如图 11 所示。可以发现，上层的核桃壳滤料与下层的石英砂滤料分层界面清晰，没有出现滤料返混返现象。说明高密度差的核桃壳滤料与石英砂滤料组成的双滤料床工作状态稳定。

图 11　反冲洗后滤料分层和表层滤料状态图

3.3　抗冲击性评价

试验期间，该污水处理站曾进行沉降罐改造和回收水池清淤，因此停运一组沉降罐。试验滤罐的过滤进水油和悬浮物量大幅度增加，极大地增加了过滤负荷。考察极端条件下，复合场动态反冲洗技术污染滤料的反冲洗效能，评价滤床极限纳污容量。

3.3.1　过滤效能抗冲击性

多批次连续监测高含油和悬浮物冲击对复合场动态反冲洗过滤罐过滤效能的影响（图 12）。每次在滤罐反冲洗后过滤运行 60min 时取样化验。

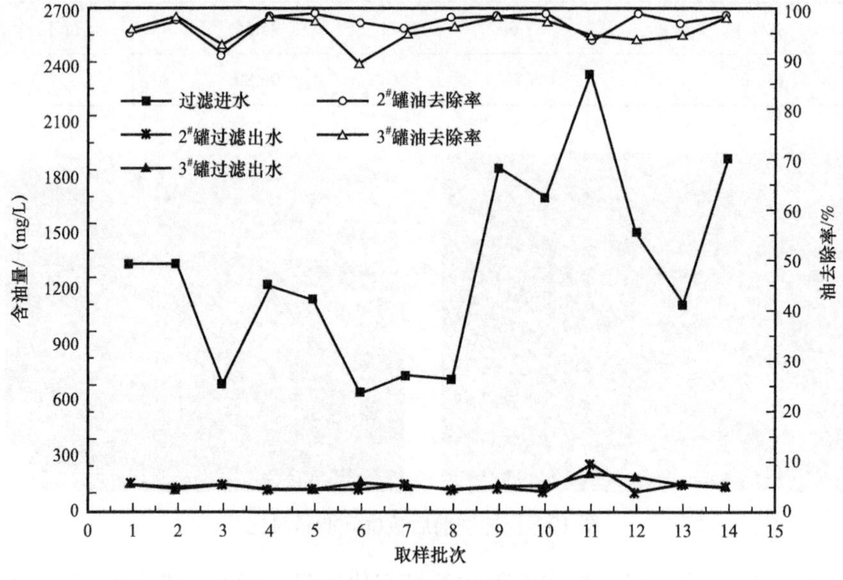

图 12　水质冲击时复合场动态反冲洗滤床过滤效能

由图 12 可以看出，过滤进水含油量最大值为 2330.3mg/L，最小值为 596.2mg/L，平均值为 1236.7mg/L。反冲洗后过滤运行 60min 时，2# 罐过滤出水含油量最大值为 160.3mg/L，最小值为 10.3mg/L，平均值为 36.8mg/L；3# 罐过滤出水含油量最大值为 120.4mg/L，最小值为 19.3mg/L，平均值为 47.2mg/L。2# 和 3# 罐油平均去除率为 96.8% 和 95.7%。

3.3.2　反冲洗再生效能抗冲击性

取 2# 和 4# 罐滤料，分析测定其反冲洗前后滤料含油量，考察水质冲击极端条件下的滤料再生效能，并分析复合场动态反冲洗滤料磨损情况，结果见表 2。

表 2　水质冲击时滤料反冲洗再生效能表

批次	取样位置	核桃壳含油量 /［mg（油）/g（干核桃壳）］		核桃壳油去除率 /%
		清洗前	清洗后	
1	2# 罐上部	377.4	8.2	97.83
2	4# 罐上部	410.8	7.2	98.25
3	2# 罐中部	239.6	10.6	95.56
3	4# 罐中部	305.1	6.8	97.77
平均值		333.23	8.2	97.35

在水质冲击条件下，复合场动态反冲洗后滤床不同位置滤料再生程度相似，滤料表面油去除率平均为 97.35%，获得较好的反冲洗效果。说明复合场动态反冲洗滤床反冲洗效能具有较强的抗冲击性。

通过测定 2# 和 4# 滤床高度知，复合场动态反冲洗技术滤料磨损流失率较低，年磨损流失率为 8%～10%。

4　技术经济性评价

4.1　工程投资

复合场动态反冲洗技术实现了单一过滤单元不低于两级过滤效果的目的，即复合场动态反冲洗双滤料滤罐功能相当于“一级核桃壳滤罐 + 一级石英砂滤罐”串联过滤模式。以新建设计规模为 30000m^3/d 的常规污水处理站为例，设计采用两级沉降、两级过滤工艺流程，共需要建设常规一级和二级过滤罐共计 26 座，减少占地面积 1000m^2，实现设备购置投资降低 30.9%，直接减少建设投资 1891 万元，一次性建设投资降低 19%（表 3）。

表 3　复合场动态反冲洗技术和传统两级过滤技术投资对比

项目	过滤罐数量 / 座	过滤罐投资 / 万元	建站投资 / 万元	投资 + 10 年费用现值 / 万元
常规过滤污水站	26	849	9900	11590.2
复合动态过滤污水站	14	587	8009	9356.6
对比（降幅）	12（46.2%）	262（30.9%）	1891（19%）	2233.6（19%）

4.2 运行和维护成本

复合场动态反冲洗技术减少运行成本主要体现在可以减少站内反冲洗水量消耗。以该聚合物驱采出水处理站为例，站内共有核桃壳滤罐 13 座、石英砂滤罐 13 座，每天反冲洗消耗水量为 2834.0m^3，复合场动态反冲洗滤罐 11 座，每天反冲洗消耗水量为 1243.0m^3。因此，较常规两级过滤工艺相比，应用复合场动态反冲洗技术每天可减少反冲洗水量消耗 1591.0m^3，减少反冲洗水消耗量为 56.1%，生产运行中每天可实际节电 330kW·h，年节电 12.05×10^4kW·h，年节约电费 7.83 万元。每年节约运行成本共计 215.8 万元（表 4）。

表 4 复合场动态反冲洗技术与传统两级过滤对比表

过滤工艺	反冲洗水量 / m^3/d	反冲洗耗电量 / kW·h	年运行成本 / 万元			
			反冲耗电	药剂	维修	合计
核桃壳滤罐 + 石英砂滤罐两级过滤	2834	579	13.7	62.1	299.00	374.8
复合场动态反冲洗双滤床滤罐单级过滤	1243	249	5.9	27.1	126.00	159.0
对比（降幅）	1591（56.1%）	330（57.0%）	7.8（57.0%）	35（56.4%）	173（57.9%）	215.8（57.6%）

5 结论

（1）复合场动态反冲洗双滤床过滤工艺对聚合物驱采出水表现出较好处理效果，其处理能力和处理水质均优于油田常规过滤工艺。在来水含聚浓度 300mg/L 的情况下：当来水含油浓度 100mg/L 时，单级过滤出水油和悬浮物含量可达到“双 10”标准；当来水含油浓度 150mg/L 时，单级过滤出水油和悬浮物含量可达到“双 20”标准。

（2）复合场动态反冲洗技术对滤料再生效果好，反洗后滤料截留油平均去除率 97%，可有效解决聚合物驱采出水过滤罐的滤料污染问题。

（3）复合场动态反冲洗双滤床过滤技术抗冲击性较强，进水含油量在 596.2～2330.3mg/L 范围内波动大、冲击强度高的情况下，过滤效能和滤料反冲洗再生效果稳定，过滤出水含油量平均值为 36.8mg/L，平均去除率为 95.7%，能获得较平稳的过滤出水水质。

（4）复合场动态反冲洗技术能够替代现有的核桃壳 + 石英砂两级过滤工艺，采用复合场动态反冲洗双滤料过滤建设污水处理站，同等处理规模条件实现一次性建设投资降低 19%，反冲洗成本降低 56%。

参考文献

［1］陈立秋，李枫.桨叶类型对核桃壳滤罐反冲洗流场的影响［J］.化工机械，2013，40（2）：211-214.

［2］Hassanpour Ali，Tan Hongsing，Bayly Andrew，et al. Analysis of particle motion in a paddle mixer using discrete element method（DEM）[J]. Powder Technology，2011，206（1–2）：189–194.

[3] Gyongy Istvan，Richon Jean–baptiste，Bruce Tom，et al. Validation of a hydrodynamic model for a curved multi–paddle wave tank [J]. Applied Ocean Research，2014，44（1）：39–52.

[4] Murthy Shekhar S，Jayanti S. CFD study of power and mixing time for paddle mixing in unbaffled vessels [J]. Chemical Engineering Research and Design，2012，90（5）：482–498.

[5] 朱阳历，王正明，陈海生，等. 叶片全三维反问题优化设计方法 [J]. 航空动力学报. 2012，27（5）：1046–1053.

[6] Malki Rami，Masters Ian，Willimas Alison J，et al. Planning tidal stream turbine array layouts using a coupled blade element momentum–computational fluid dynamics model [J]. Renewable Energy，2014，63（3）：46–54.

[7] Malki R，Willimas A J，Croft T N，et al. A coupled blade element momentum–computational fluid dynamics model for evaluating tidal stream turbine performance [J]. Applied Mathematical Modelling，2013，37（5）：3006–3020.

[8] Bruha T，Smolka P，Jahoda M，et al. Dynamics of flow macro–formation and its interference with liquid surface in mixing vessel with pitched blade impeller [J]. Chemical Engineering Research and Design，2011，89（11）：2279–2290.

[9] Ge Chunyan，Wang Jiajun，Gu Xueping，et al. CFD simulation and PIV measurement of the flow field generated by modified pitched blade turbine impellers [J]. Chemical Engineering Research and Design，2013，91（2）：345–356.

[10] 于忠臣，王松，吴国忠，等. 压力过滤器理论反冲洗时间的确定 [J]. 哈尔滨工业大学学报，2006，38（8）：1267–1269.

[11] 董喜贵，刘书孟，于忠臣，等. 轴向动态反冲洗过滤器过滤含聚污水试验研究 [J]. 工业水处理，2015，35（1）：86–89.

[12] 王松，于忠臣，吴浩. 轴向动态反冲洗过滤器：CN201832460U [P]. 2011–05–18.

[13] 王松，于忠臣，吴浩，等. 过滤器的反冲洗方法及装置：CN101982216A [P]. 2011–03–02.

浅析微生物技术深度处理含聚污水现场应用效果

李鹏宇　李　良

（中国石油大庆油田公司第三采油厂）

摘　要　在微生物处理含油污水中实验成功的基础上，建成了5000m³/d的工业化处理站，设计了“溶气气浮＋微生物降解＋固液分离＋石英砂过滤”四步法处理工艺。投产两年来，出水水质油含量≤5mg/L，悬浮物含量≤5mg/L，悬浮物粒径中值≤2μm，达到Q/SY DQ0639—2011《大庆油田地面工程建设设计规定》要求的含聚合物污水处理工艺设计参数。该工艺较处理效率高，工艺流程较短，较常规工艺减少了一段处理工艺。“气浮＋微生物”对油及悬浮物去除率达到85%和90%以上。

关键词　石油微生物；含聚污水；生物降解

油田的采出水中含有聚合物之后，污水的黏度增大，水质特性发生了变化：一是油珠粒径变小，粒径中值由水驱时的35μm左右降到10μm左右，油珠的稳定性增强，油、水之间分离难度加大。二是采出水中悬浮固体成分发生了明显变化，其中有机物含量较多，颗粒变细，数量增加，稳定性好，造成悬浮固体聚并及分离困难。上述因素导致处理后污水含油超标。

传统的处理方法主要为沉降和过滤，由于聚合物浓度的升高引起的水体黏度增加，乳化油更加稳定。动物、植物和微生物都具有降解污染物的能力，但微生物在污染物降解中的作用最大[1]。这是因为微生物具有种类多、分布广、个体小、繁殖快、比表面积大、容易变异的特点[2]。微生物的降解酶系具有氧化还原作用、脱羧作用、脱氨作用、水解作用、脱水作用等各种化学作用能力[3]，所以对能量的利用比高等生物体更加有效。微生物高速度的繁殖和遗传变异性使它的酶体系能够以最快的速度适应外界环境的变化，从而显示出其在环境治理上的高效性和多样性，因此在处理石油类污染时具有更好的实际应用效果[4]。

通过近几年工业化工程的运行效果看，微生物处理技术在含油污水、特别是含聚污水深度处理上较常规工艺有着较为明显的技术优势，生化处理后再经过简单过滤即可达到油含量≤5mg/L，悬浮物含量≤5mg/L，悬浮物粒径中值≤2μm深度水质标准。

1　材料和化验方法

石油降解菌株来自大庆油田石油污染水样中分离得到的石油降解菌株。含油及含悬浮物量按照 SYT 5329—2012《碎屑岩油藏注水水质推荐指标及分析方法》中的检测方法进行。

2　工艺流程及原理

2.1　工艺流程

工业化现场采用溶气生物净化装置→生物强化处理装置→固液净水装置→过滤外输（利用已建深度站）处理流程（图 1），处理水量 5000m^3/d，应用现场为大庆油田第三采油厂某污水处理站。

含聚污水通过污水泵提升至高效气浮装置，在溶气气浮装置处理掉大部分浮游状态的油后，自流进入微生物反应池，微生物反应池中投加石油降解菌，微生物消耗降解掉污水中的有机物，使污水处理站的含油进一步降低。微生物出水进入固液分离装置，经固液分离装置取出大量的固体杂质，其出水经升压泵升压至石英砂过滤罐过滤去除细小固体杂质后出水外输。

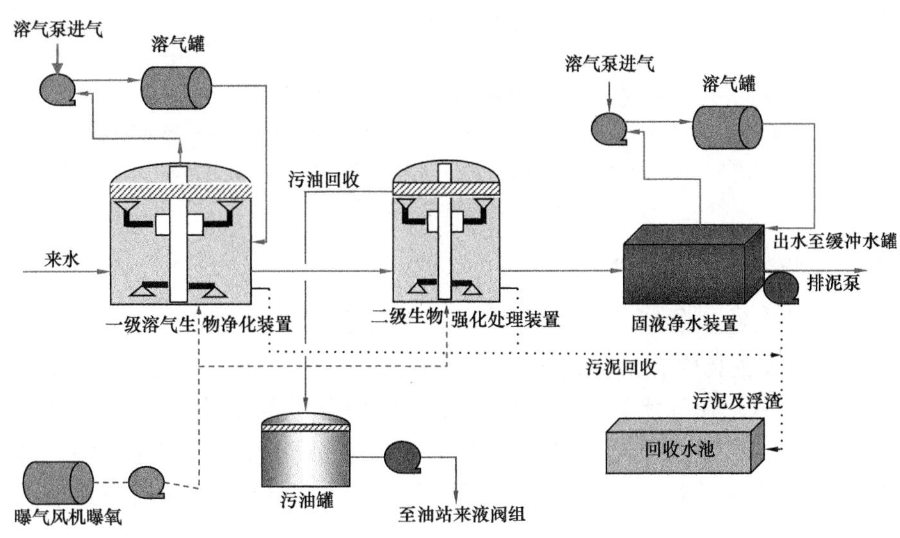

图 1　微生物工艺流程示意图

2.2　主要设备工艺原理

2.2.1　一级溶气生物净化装置

一级溶气生物净化装置利用溶气原理回收原水中的污油，并在罐内进行初步的生物净化降解。罐内具有溶气收油部分及生物净化部分（图 6），溶气收油部分原理：来水→溶气除油装置混合区→释放区，在微溶气作用下回收原水中约 90% 的原油，溶气除油部分所收污油通过收油槽→出油管→储油罐；生物净化部分原理：气浮除油后的污水经出口进入生物净化区，在气水比为 20∶1 的曝氧作用下经过 5h 的生物净化处理后，出水经出水管自流进入二级生物强化处理装置，生化区浮油经收油槽经出油管进入储油罐，储油罐中污油经污油泵泵入原站内油罐；一级溶气生物净化罐装置内污泥由排泥系统收集经排泥管定期排入站内回收水池。

一级溶气生物净化罐内部结构原理图如图 2 所示。

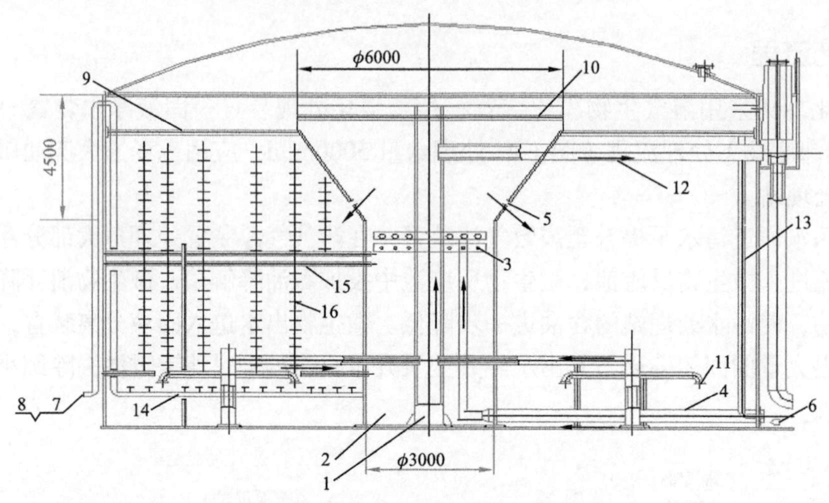

图 2　一级溶气生物净化装置结构原理图

1—中心柱；2—气浮罐；3—溶气射放器；4—气浮进水；5—气浮出水；6—排泥管；7—气浮进气管；8—曝气进气管；9—收油槽；10—气浮收油槽；11—生化池出水进水口；12—生化池出水口；13—出油管；14—曝气组合；15—填料主架；16—生物载体组合

2.2.2　二级生物强化处理装置

二级生物强化处理装置在罐内进行强化生物净化降解，降低出水含油量，改变悬浮物形态。二级生物强化处理罐来水经进水管进入中心筒，并由布水管进入二级生物强化处理装置内，在气水比为 20∶1 的曝氧作用下经约 4h 的生物强化处理，去除水中的大部分残余污油及其他有机污染物，并依靠菌群的降解作用，将水体中的微小有机悬浮物降解或转化为大块脱落菌膜；极少的浮渣经收渣槽通过出渣管流入排泥管，最后排入站内回收水池，二级生物强化处理装置的沉淀污泥也是通过排泥管定期排入站内回收水池；生物系统出水经进水口进入中心柱，自流至固液净水装置。二级生物强化处理装置内部结构原理图如图 3 所示。

2.2.3　固液分离装置

在二级生物强化处理装置后设置两套处理量为 150m^3/h 的固液分离装置，利用溶气原理去除生化出水中的大块脱落菌膜为主的悬浮物，净化水质。来水进入固液分离装置后，与装置内溶气释放装置释放的微小气泡混合，在微小气泡上浮过程中携带水中悬浮物上浮到水面，形成浮渣由刮渣机回收，净化后的水进入下级过滤系统。其中溶气水由溶气泵将 20%～25% 回流水加压后进入溶气罐，在 0.4～0.5MPa 溶气压力下，将空压机打进来的压缩空气溶解在水中，形成溶气水，溶气水进入固液装置经溶气释放器减压释放，在由高压

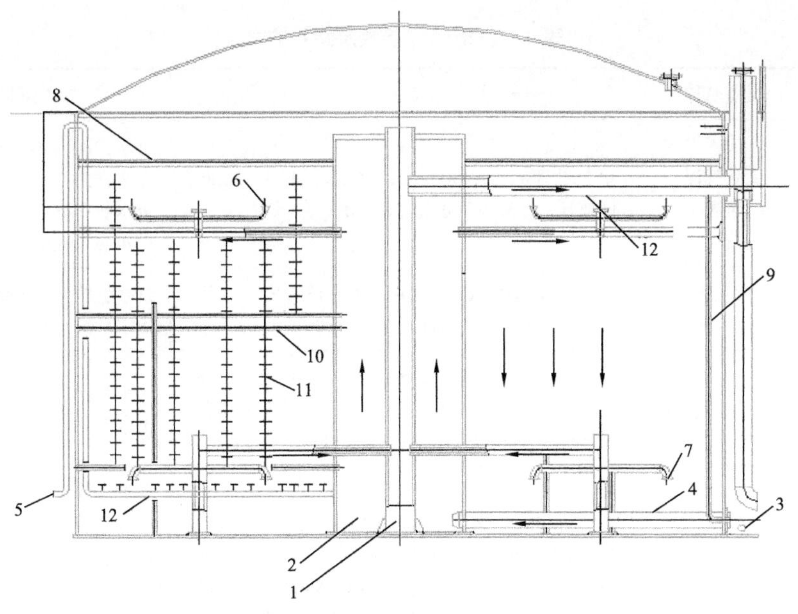

图 3　二级生物强化处理装置结构原理图

1—中心柱；2—中心筒；3—排泥管；4—进水管；5—曝气进气管；6—进水布水管；7—生化池出水进水口；8—收渣槽；9—出渣管；10—填料主架；11—生物载体组合；12—曝气组合

转至低压的过程中溶解在水中的气体从水中释出，形成微小气泡，在经约 10min 的溶气处理后去除水中的大块生物悬浮物，并泵入 200m^3 缓冲水罐（利旧）待增压过滤。经生物强化处理并经固液净水装置处理后进入缓冲罐的滤前水质可达到“10，20”水质指标（含油量≤10mg/L，悬浮固体含量≤20mg/L）。固液分离装置结构原理图示意图如图 4 所示。

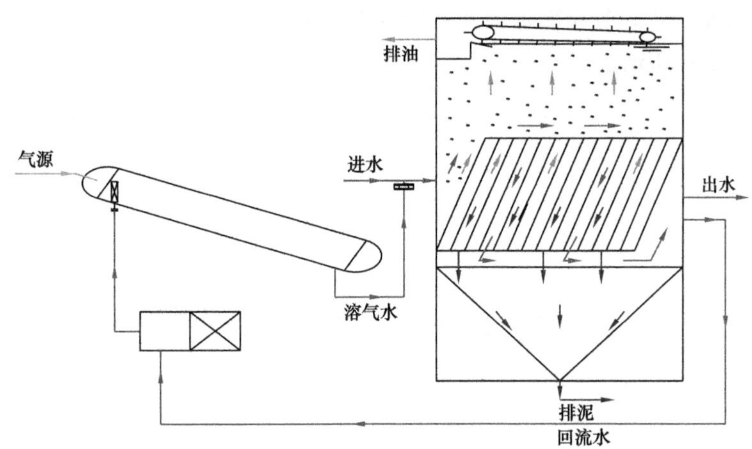

图 4　固液分离装置结构原理图示意图

2.3　运行参数及方式

设备运行参数及运行方式见表 1。

表 1　设备运行参数及运行方式

序号	设备名称	设计参数	水质控制指标
1	高效气浮装置	单套处理能力：400m³/h；停留时间：3～5min；回流比：25%；气水比：1∶50	进水含油≤1000mg/L 出水含油≤100mg/L 进水悬浮物≤300mg/L 出水悬浮物≤200mg/L
2	微生物反应池	有效停留时间：8h；温度：20～45℃；气水比：15～20∶1；生物填料充满率＞80%	进水含油≤100mg/L 出水含油≤10mg/L
3	固液分离装置	单套处理能力：400m³/h；停留时间：5～7min，回流比：25%；气水比：1∶50；污泥排放总量：200m³/d；间歇排放，含水率：98%	进水悬浮物≤200mg/L 出水悬浮物≤10mg/L
4	石英砂过滤罐	运行流速≤8m/h；水反冲洗强度 12L/（s·m²）；气反冲洗强度 12～16L/（s·m²）；单罐气洗风量 Q=9.0m³/min；气洗压力：0.25MPa；总风量满足两座滤罐同时进行气洗；清洗周期 3～5d	进水含油≤10mg/L 出水含油≤5mg/L 进水悬浮物≤20mg/L 出水悬浮物≤5mg/L 出水粒径中值≤2μm 出水硫酸盐还原菌≤20 个 /mg
5	污泥脱水装置	处理能力：20～30m³/h；脱水干污泥量：16t/d；含水率：75%	含水率≤50% 含油量≤20mg/L

3 结果及分析

3.1　油及悬浮物去除效果

污水处理站各工艺环节典型数据曲线图如图 5 所示，该站各工艺环节对油及悬浮物去除贡献率分别如图 6 所示。

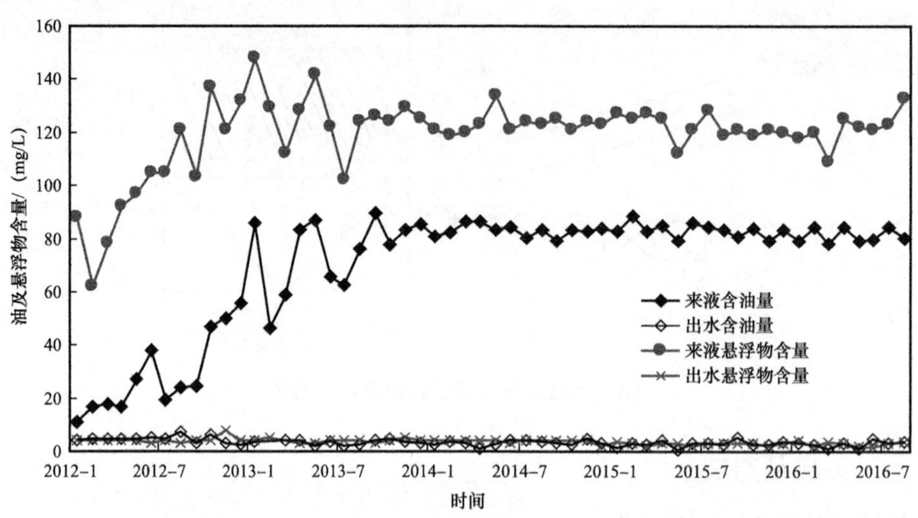

图 5　工艺进出水效果

从图 5 中可以看出，污水处理站各工艺环节指标均低于设计指标，在原水平均含聚浓度 235mg/L、含油 128mg/L、悬浮物含量 89.6mg/L 的条件下，出水含油最高值为 4.9mg/L，悬浮物含量最高值为 4.58mg/L。出水水质油含量≤5mg/L，悬浮物含量≤5mg/L，悬浮物粒径中值≤2μm，达到 Q/SY DQ0639—2011《大庆油田地面工程建设设计规定》要求的含聚合物污水处理工艺设计参数。

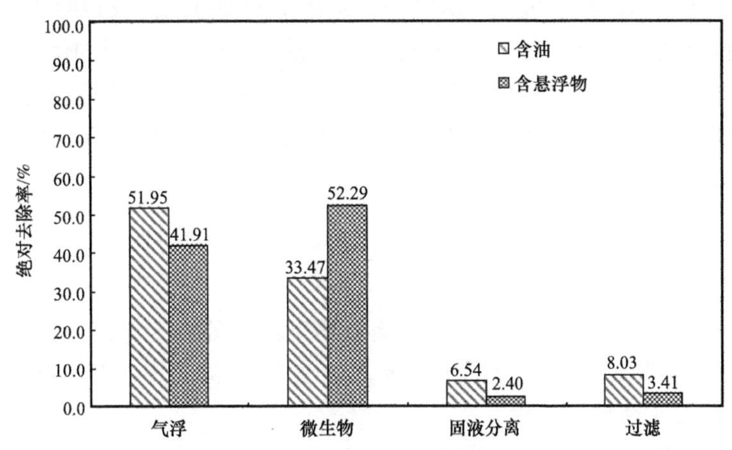

图 6　污水处理站各工艺环节油及悬浮物去除率分布图

从图 6 中可以看出，微生物处理工艺油及悬浮物处理中起主要作用的是气浮及微生物处理环节，两工艺对油及悬浮物去除率分别达到 85.42% 和 94.20%。

3.2　与常规工艺对比

分别从分离机理、投资成本及运行管理角度将微生物污水处理技术与常规污水处理技术进行对比。

3.2.1　工艺对比

微生物污水处理工艺与常规污水处理工艺机理对比见表 2。

表 2　微生物污水处理工艺与常规污水处理工艺对比表

类别	一段	二段	三段	四段	五段
常规	重力	絮凝 + 重力	压力过滤	压力过滤	压力过滤
生物	气浮	生物降解	固液分离	压力过滤	

从去除机理上分析，常规工艺一段为重力沉降，利用介质的密度差靠重力的作用，将“油—水—固”三相进行分离，而气浮工艺发挥微气泡携带作用，将粒径较小的游离态浮油向上运移，增强重力场作用效果，提高分离效率；常规工艺二段为混凝沉降，通过向沉降罐内投加絮凝剂，使悬浮物质形成微絮凝团，再通过重力沉降作用分离；而微生物反应池对油的去除，采用生物分解机理，不受聚合物、油滴粒径等水质物理性质的影响，除油效果好。

3.2.2 运行管理对比

常规污水处理工艺技术相对成熟，但管理点较多，微生物污水站站流程短，管理点少。

3.2.3 综合对比分析

综上分析，微生物污水处理技术对油田含聚污水处理方面有较强的适应性，出水指标稳定，达到了设计的“5，5，2”水质指标（含油量≤5mg/L，悬浮固体含量≤5mg/L，悬浮固体粒径中值≤2μm）。从分离机理、建设投资、运行成本以及管理上进行综合对比，微生物污水处理技术较常规污水处理工艺有较强的技术经济优势，对于油田污水处理，是一项具有前景的实用技术。

4 结论

（1）采用以微生物污水处理为主体的聚合物驱污水处理工艺适应性强，处理效果显著，“气浮 + 微生物”对油及悬浮物去除率高达 85% 和 90%，可将含聚采出污水直接处理“5，5，2”深度水质指标要求。

（2）从分离机理、建设投资、运行成本以及管理上进行综合对比，微生物污水处理技术较常规污水处理工艺有较强的技术经济优势，是一项具有前景的实用技术。

参考文献

[1] 刘勤亚，周海东．微生物处理机油污染废水研究［J］．工业用水与废水，2002，33（6）：32-34.

[2] 崔俊华，金文彪．高效原油降解菌处理油田采出水［J］．重庆环境科学，2002，24（5）：42-44.

[3] 刘妮妮，郭兴要，胡玉洁．快速降解高含油废水菌种的性能研究［J］．中国油脂，2003，28（11）：71-74.

[4] 李伟光，朱文芳，吕炳南．混合菌培养降解含油废水的研究［J］．给水排水，2003，29（11）：42-44.

微生物技术处理含聚采出水工艺改进

崔峰花　李　岩

（中国石油大庆油田设计有限公司）

摘　要　油田含聚污水处理，通常采用物理和化学相结合的处理技术，出水水质为“20，20，5”；采用生物、化学相结合的技术，建设含聚污水出水水质的“5，5，2”的生化处理站，通过投产运行，发现工艺流程存在不适应性，借鉴已建站存在问题，通过工艺和设计参数的改进，站场运行和处理水质效果较好，为今后含聚污水生化站的建设提供可借鉴经验。

关键词　含聚采出水；处理；微生物

随着油田三次采油的不断开发，含聚油田采出水处理量和难度加大；聚合物开采初期清配清稀，由于注聚合物区块增多，油田产、注含油污水出现不平衡，因此，配制和稀释聚合物采用油田深度处理水。原水驱、聚合物驱处理水回注系统关系为：聚合物驱处理后的水，回注水驱高渗透油层，通过地层的循环，已建水驱采出水处理站处理的采出液逐渐见聚。而聚合物驱污水直接处理水质为满足“5，5，2”水质指标要求的水作为聚合物驱注入用水，可有效减轻聚合物驱采出水对已建水驱系统的影响。

而含聚污水主要采用“两级沉降＋一级过滤”的工艺，出水水质指标为“20，20，5”，大庆油田开展了生物与化学相结合的技术，将含聚污水处理成出水水质指标为“5，5，2”，由于初期采用的微生物技术，借鉴城市生活污水处理的工艺技术，工艺流程采用中较多的隔油池、沉淀池等单元。

1　初期生化处理站情况

1.1　含聚污水水质分析

通过在沉降罐出口采样，对含聚污水进行水质分析（表1），主要包括含油量、悬浮物含量、聚合物浓度、矿化度、黏度、pH值及污水中的主要污染物等数据；从中可以看出含聚污水黏度大，水质成分复杂，因此一般的物理和化学方法很难处理。

表1　含聚污水水质分析

项目	数值	项目	数值
含油量 /（mg/L）	158～550	pH 值	7.0～8.5
悬浮物含量 /（mg/L）	60～330	黏度 /（mPa·s）	1.35～2.05

续表

项目	数值	项目	数值
聚合物浓度 /（mg/L）	100～252	矿化度 /（mg/L）	4800～5000
主要污染物	链烷烃、环烷烃、芳香烃、多环芳烃以及有机硫、有机氯等		

1.2 工艺流程

根据含聚污水站开展的“微生物技术处理含聚污水现场试验”验收情况，初步确定含聚污水的处理的主要工艺，分为高效气浮除油、生物反应器降解乳化油及高效固液工艺除杂质三部分。其核心技术是针对油田含聚污水特点，通过筛选、配伍等方式培养适合油田的高效生物菌群，通过生物降解，将污水中的油、有机杂质等降解成简单的无机物，从而有效降低污水中油和悬浮物含量。[1]

建设某含聚污水处理站，主要用“气浮 + 缓冲隔油池 + 微生物反应池 + 沉淀池 + 一级过滤”处理工艺，设计能力为 15000m^3/d，出站设计水质为指标“5，5，2”指标。

流程说明：来水进入气浮选机，回收大部分原油及杂质，再自流进入缓冲隔油池，回收部分原油后，自流进微生物反应池。含油污水在微生物池内停留，微生物反应池分为三级，由安装在池底部的曝气器为微生物供氧。经微生物处理后的污水自流至沉淀池；沉淀池污泥一部分回流至微生物反应池，另一部分通过污泥输送泵打入污泥浓缩罐。沉淀池上清液自流至缓冲水池，由升压泵升压后再经石英砂过滤，最后通过紫外线杀菌后去注水站。

1.3 设计参数

气浮：停留时间 3～5min，回流比 25%。气水比 1∶50。

微生物反应池：有效停留时间 8h；温度 20～45℃；气水比 15～20∶1；

生物填料充满率＞80%。

滤罐：正常滤速 6m/h；反冲洗强度 16L/（s·m^2）；反冲洗时间 15min；反冲洗周期 3 天。

1.4 运行水质情况

某含聚污水处理站各处理单元水质情况见表 2。

从表 2 中数据可以看出，从投产开始，含聚污水站处理效果较好。在 2011 年 11 月前，气浮选、微生物反应池和沉淀池各水质节点出水均能达到设计指标，水站最终出水均能达到“5，5，2”水质指标。但从 2011 年 11 月起，水质变差，气浮选、微生物反应池和沉淀池各节点含油和悬浮物均超标，滤罐出水含油基本能达到水质指标，主要是悬浮物超标。污水站来水含聚浓度逐步升高，到 2011 年 11 月到达到峰值，然后逐步回落。

表 2 微生物处理含聚污水现场数据汇总

单位：mg/L

时间	处理量 / m^3/d	来水			气浮出水		微生物出水		滤后	
		含油	悬浮物	含聚浓度	含油	悬浮物	含油	悬浮物	含油	悬浮物
设计指标（≤）		1000	300	400	50	100	10	20	5	5
2009-1	6321	351	35.6	175			2.16	3.87	1.4	1.47
2009-3	6329	281	33.2	132			1.98	2.9	0.83	1.73
2009-6	5482	169	35.5	137			4.72	7.25	1.63	2.68
2009-9	9046	303	37.4	135			5.96	7.06	1.13	1.82
2009-12	11648	183	72.2	131	35.7	32.5	5.21	8.26	1.08	2.35
2010-1	11483	143	36.2	153	50.0	25.8	7.28	13.55	1.47	3.48
2010-3	11236	139	30.1	161	33.1	43.1	4.55	7.52	0.99	1.65
2010-5	11313	112	29.8	175	52.0	33.6	5.04	6.24	1.06	2.19
2010-7	11471	89.9	43.1	183	45.3	23.6	10.56	11.87	1.92	3.27
2010-9	13087	133	73.1	195	42.0	33.6	4.72	7.52	1.07	1.94
2010-12	10977	146	69.1	200	54.7	23.7	3.15	5.77	1.36	2.62
2011-1	11019	164	69.9	207	37.0	24.6	3.43	6.13	1.61	2.44
2011-3	11548	128	71.7	234	43.0	27.8	2.16	4.5	0.95	2.22
2011-5	11178	154	86.3	241	53.0	52.1	5.7	8.46	3.68	5.2
2011-6	11650	146	100.3	245	62.0	43.0	3.87	5.02	2.37	3.2
2011-7	11171	108	77.0	265	52.0	53.9	2.05	3.32	1	1.29
2011-8	11562	104	81.4	391	51.6	46.4	2.28	4.69	0.58	1.23
2011-9	10633	93.2	80.4	377	44.8	48.1	3.7	6.54	1.47	2.31
2011-10	10536	99.1	95.5	358	49.7	50.1	4.92	9.56	2.23	4
2011-11	10154	346.8	332	409	257.5	286.3	11.46	32.76	4.29	16.13
2011-12	10994	330	272	342	169.3	206.7	16.57	48.6	5.37	23.79
2012-1	10399	310	205	252	148.7	149.2	33.91	39.32	4.73	11.65
2012-2	10834	200	126	305	115.4	89.7	30.07	28.66	2.3	6.11
平均	10437	184	91.0	280.13	73.5	68.1	7.63	12.15	1.94	4.56

1.5 存在问题

某含聚污水处理站为大庆油田首个含聚污水生化处理工业化站，解决了某区含聚污水深度处理技术的问题，处理后污水达到低渗透油层“5，5，2”的指标。部分设施及设备出现不同程度的问题，该站存在的主要问题如下：

（1）缓冲隔油池冬季不能正常收油。

缓冲隔油池主要接收气浮选机出水，进行沉降除油。收油方式是在池顶采用收油泵收油，回收的污油进入污油池。由于缓冲隔油池无伴热，冬季温度低时，池内温度低于原油凝固点，污油凝固，无法正常收油。导致部分污油进入微生物反应池，影响微生物处理的效果。

（2）沉淀池悬浮物上浮，出水悬浮物超标。

沉淀池主要是用来去除污水中的悬浮物，内部安装滑泥板，滑泥板下端建有积泥槽，污水中沉降出的污泥通过滑泥板滑入积泥槽，积泥槽底部安装排泥管线并连接排泥泵，排泥泵将泥排至污泥浓缩罐。现生物段后续的沉淀池中厌氧污泥不能沉淀，一直浮于水面，导致沉淀池出水中悬浮物含量较高，并随出水溢出，为40～120mg/L，远高于10mg/L的设计指标，加重了后续过滤设备的处理负荷。

（3）紫外线杀菌装置杀菌效果差，硫酸盐还原菌超标。分析原因是由于某种微生物在紫外线照射下增殖，附着在灯管外壁造成的，结垢后灯管透光率降低，导致杀菌效果变差。

2 工艺流程改进情况

2008年，大庆油田第一座工业化微生物处理站（××含聚污水处理站）建设，除2座试验站之外，陆续建设6座站场，最早的站场已经连续运行9年，并且工艺流程不断完善和改进，微生物主体工艺，从微生物反应池到微生物反应罐等。

初期建设的杏十三–1含聚污水处理站、杏Ⅴ–Ⅱ含油污水精细处理站来水按照缓冲隔油池，微生物反应池后，除悬浮物单元采用“沉淀池”，杏十三–1含聚污水处理站将“缓冲隔油池”改为“缓冲罐”，“沉淀池”改为“固液分离池”。2010年以后建设的3座站，缓冲单元采用“缓冲罐或调储罐”，除悬浮物单元采用“固液分离装置”。2016年建设的北Ⅲ–2深度污水处理站，采用罐式微生物反应形式。

2.1 工艺改进思路

针对含聚污水处理站存在的问题，主工艺流程进行如下改造：（1）来水直接进入气浮选机，对气浮选机的冲击负荷较大，因此，在流程前端设置来水缓冲罐，经提升泵提升后再进入气浮选机处理。（2）原流程中缓冲隔油池没有伴热系统，存在冬季不能收油的问题，取消该流程。（3）该工艺产生污泥量较大，原工艺没有污泥减量化工艺，本次增加污泥减量化工艺。（4）原工艺采用的物理杀菌工艺取消，采用化学杀菌工艺。

微生物站场流程改进情况如下：

（1）在生产运行中，杏十三–1含聚污水处理站出现缓冲隔油池冬季不好收油，因此，在微生物前段的收油处理环节，由原缓冲隔油池改进为缓冲罐（调储罐），改进后收油效果好，操作简单，并减少一级污水提升，降低了运行成本。

（2）微生物处理系统后段采用固液分离装置（橇装设备）取代了原设计中的沉淀池，解决了含聚污水中生化污泥上浮的问题，从固液分离装置的运行状况可以看出，其出水效果、运行稳定性和人员操作工作量，较沉淀池都有很大改善。

（3）大庆油田第三采油厂北Ⅲ–2深度污水站采用罐式微生物反应形式，主要流程为"一级大罐溶气净化装置→溶气生物净化装置→二级生物强化处理装置→固液净化装置→中间水池→缓冲水罐→过滤外输"。

2.2　聚合物驱生化处理站改进后工艺的流程

改进后流程：污水汇至缓冲罐，经泵排入气浮装置，回收部分浮油后自流至微生物反应池，微生物反应池充分降解污水中的油及其有机污染物，其出水进入固液分离装置，经固液分离后上清液自流至中间水池，然后由增压泵提升至石英砂过滤罐，进一步截留过滤去除水中悬浮物，达到"5，5，2"标准后进入注水站，过滤出水部分进入清洗水罐供滤罐反冲洗用水。

2.3　运行情况

某含聚污水处理站各处理单元水质情况见表3。

表3　微生物处理含聚污水现场数据汇总　　单位：mg/L

时间	来水			气浮出水		微生物出水		滤后	
	含油	悬浮物	含聚浓度	含油	悬浮物	含油	悬浮物	含油	悬浮物
设计指标（≤）	1000	300	400	50	100	10	20	5	5
2016–4–19	37.4	102.0	30.7	58.0	20.0	24.0	12.4	18.0	37.4
2016–4–20	14.6	91.0	10.8	53.0	6.8	11.0	5.7	7.0	14.6
2016–4–21	18.2	110.0	12.9	62.0	7.8	10.2	5.2	6.0	18.2
2016–4–22	16.7	93.0	14.0	78.0	9.3	34.0	7.8	15.0	16.7
2016–4–23	27.4	88.0	15.6	57.0	9.9	18.0	9.1	9.0	27.4
2016–4–24	15.7	82.0	11.6	51.0	7.7	12.0	5.3	5.0	15.7
2016–4–25	21.7	92.0	12.5	58.0	8.4	11.9	6.5	5.0	21.7
2016–4–26	29.6	89.0	16.7	73.0	10.1	39.0	7.5	20.0	29.6
2016–4–27	31.6	98.0	13.5	66.0	10.0	15.0	7.9	10.0	31.6
2016–4–28	17.0	104.0	7.2	98.0	3.8	13.0	3.4	5.0	17.0
平均值	22.0	90.6	14.0	64.8	8.4	14.3	6.2	8.1	22.0
波动范围	14.6～37.4	71～104	7.2～30.7	51～78	3.8～20	3～41	3.4～12.4	2～20	14.6～37.4

该站投产，出水能够稳定达标，目前该站固液分离装置运行效果较好。该站设计规模 $2.5\times10^4m^3/d$，目前总来水量为 $1.4\times10^4m^3/d$，来水含聚浓度 320mg/L、含油 83.0mg/L、悬浮物含量为 123mg/L，出水平均含油 2.5mg/L、悬浮物含量为 3.0mg/L；污泥浓缩工艺 7 天运行一次，每次运行时间 7h，运行期间处理来液负荷 7～$8m^3/h$，每次运行后排出干泥量共计 8～$10m^3$，排出干泥。

3 生化工艺改进前后对比

以含聚污水深度处理站工程实际运行效果作为参考，进行了工艺优化改进。含油污水处理站设计工艺较前项目的先进性如下：

（1）在微生物前级收油处理环节，由原缓冲隔油池改进为缓冲罐（带收油功能），改进后收油效果好，操作简单，并减少一级污水提升，降低了运行成本。

（2）微生物水池中采用耐油防垢型曝气器，可避免因结垢导致曝气器曝气不均匀的情况发生，确保微生物曝气系统能够长期稳定运行。

（3）微生物处理系统后段采用固液分离装置（橇装设备）取代了原设计中的沉淀池，解决了含聚污水中生化污泥上浮的问题，从某聚合物处理站固液分离装置的运行状况可以看出，其出水效果、运行稳定性和人员操作工作量较沉淀池都有很大改善。

（4）油泥和污泥处理系统中采用污泥脱水装置，较原设计的污泥干化池工艺先进、自动化程度高、站区环境好。

4 生化处理进一步工艺及管理措施

（1）在微生物反应池清淤、改造过程中，生物挂件损坏较为严重，建议在新建或改造微生物处理工艺的站场，应重新设计生物挂件的承重支撑等。

（2）对微生物处理工艺的站场，建议生产单位建立排泥周期及定期排泥的制度。

（3）在含油污水“5，1，1”水质指标方面，微生物处理工艺可作为先导性试验推广技术之一。

参考文献

[1] 惠云博．生物法处理含聚污水［J］．油气田地面工程，2012，31（2）：74.

新疆油田含聚采出水微生物处理及维护配套工艺技术

贾 鹏 丁明华 王振东 向建波 肖 雄

（中国石油新疆油田公司采油二厂）

摘 要 新疆油田在聚合物驱采出水处理中，经过中试优选出微生物处理工艺，针对当地含聚采出水的特点，筛选复配出特种微生物联合菌群，可有效降解水中有毒有害有机污染物。研究设计出“重力分离→一级气浮除油→曝气降垢→微生物反应→二级气浮固液分离→过滤”处理流程，通过创新形成本地特色：一是改进调储罐内部结构，加大调储停留时间；二是在微生物池前端增设曝气降垢池，利用金属网拦截除垢的同时提高水中溶解氧含量；三是生物池合理池容设计。在生产运行过程中经过生物池曝气强度、生物池水温、过滤器反冲洗周期调整，使出水水质达到回注油藏的标准要求。通过对生物池泥沙的清理，保证了细菌的生长和存活，利于水质的长期稳定。

关键词 三次采油；含聚；污水；微生物；油水分离；气浮；除垢

新疆油田2006年9月开始在七东$_1$区注聚开展聚合物驱工业化试验（9注16采），随后在七中区开展二元复合驱工业化试验（18注26采），2014年9月开始七东$_1$区聚合物驱开发（122注184采），预测2015年底采出含聚污水5866m^3/d、含聚浓度超过400mg/L。该含聚污水矿化度9312.62mg/L，属重碳酸钠型，水中固体颗粒小（粒径中值5.92μm）、油珠小（粒径中值3～5μm[1-2]），Ca^{2+}含量78.99mg/L、Mg^{2+}含量18.35mg/L，现有污水处理工艺无法实现达标回注。为了将化学驱采出水处理达标回注，从2011年起开展含聚污水处理工艺技术研究，借鉴大庆油田的经验，在三采联合处理站（72$^\#$站）首次应用微生物处理配套技术，取得显著的效果。2018—2019年进行了微生物池的清泥治理，使水质保持了长期的稳定。

1 处理工艺优选及微生物反应机理

目前国内处理含聚污水比较先进成熟的是气浮生化过滤和加药气浮沉降（过滤）两种工艺，为了选择更加合理的处理工艺，2013年利用已建三次采油原油脱水处理站进行了对比中试，中试期间来水含聚合物196.05mg/L，含表面活性剂9.81mg/L，水温36.9℃，中试结果见表1。

根据表1，微生物处理工艺在处理指标和运行成本展现出明显的优势，并且污泥少、管理方便。

表 1　两种工艺对比中试处理效果数据表

中试工艺	处理水量 / m^3/d	含悬浮物 /（mg/L）		含油 /（mg/L）		运行成本 / 元 /m^3（水）
		进水	出水	进水	出水	
气浮加药沉降	1440	86.38	42.2	35.69	9.71	4.85
气浮生化过滤	52	123.3	17.6	31.39	9.97	1.96

微生物处理的效能体现在降解有机物上，含聚污水中的有机物主要是难以分离的原油，成分复杂，包括烯烃、烷烃、芳香烃、多环芳烃、脂环烃等。有机物的生物降解性因其含烃分子的类型和大小而异，烯烃最易分解，烷烃次之，芳香烃难降解，多环芳烃更难，脂环烃类对微生物的作用最不敏感。烷烃的降解先转化成羧酸，再通过 β- 氧化进行深入降解，形成二碳单位的短链脂肪酸和乙酰辅酶，放出 CO_2。多支链的烯烃主要转化成二羧酸再进行降解。环烷烃的降解需要两种氧化酶的协同氧化：一种氧化酶先将其氧化为环醇，接着脱氢形成环酮；另一种氧化酶再氧化环酮，环断开，之后进一步降解。芳香烃一般通过烃基化形成二醇，然后形成邻苯二酚，环断开后，邻苯二酚继而降解为三羧环的中间产物。下面是萘的一个环二羟基化、开环，进一步降解为丙酮酸和 CO_2 的过程反应式[2]：

$$\xrightarrow{+O_2} \quad (\text{OH, OH}) \quad \xrightarrow[+H_2O]{+O_2} \quad (\text{OH, COOH, C=O, OH}) \quad \longrightarrow \quad (\text{OH, CHO}) + CH_3-\overset{O}{\overset{\|}{C}}-COOH + CO_2$$

微生物污水净化的载体是附着在填料上的多种微生物膜（包括微生物残骸、微生物代谢物），自身吸附在一起并具有黏附水中悬浮物的能力，生物膜的外部以好氧性微生物降解为主，生物膜的内部以厌氧性微生物降解为主。

2　专性微生物菌种的培养与筛选

目前已发现 79 个属的细菌可以把石油烃作为唯一的碳源和能源。alkB 和 P450 降解酶基因主要用于短中链烷烃的降解，almA 黄素结合蛋白专门降解长链烷烃，C120 和 C230 类基因能降解芳烃。从筛选出的高效石油降解菌株中提取 DNA，进行 16SrRNA 基因 PCR 扩增，可获得油田污水处理高效菌株序列。针对 72# 站含聚含油污水的水质特性，进行微生物驯化，从驯化的微生物菌膜中筛选出 24 种专性微生物，经过专性微生物培养筛选出降解效果明显的 5 株细菌。将筛选得到高效菌株富集后制成菌悬液，取各种菌悬液按照一定比例配伍出 15 组组合菌，对 15 种组合进行含聚含油污水降解实验，得出对油类、悬浮物和浊度的去除率，如图 1 所示。

根据图 1，经过高效菌株复配的组合 15 综合降解率最高，因此将其确定为新疆油田含聚污水处理的微生物联合菌群。

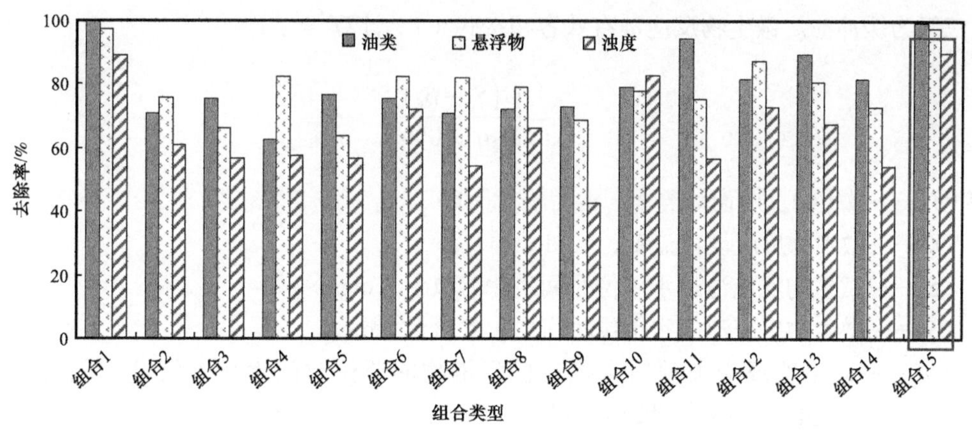

图 1　不同组合菌群对现场含聚污水中污染物去除率对照图

3　配套工艺技术研究

72# 站含聚污水微生物处理主流程是“重力分离→一级气浮除油→曝气降垢→微生物反应→二级气浮固液分离→过滤”（图 2），气浮机排出的原油回收利用，过滤、气浮等排出的污泥进离心式脱泥机处理，排出的上清水返回到重力分离调储罐，建立起细菌自动补充循环体系。

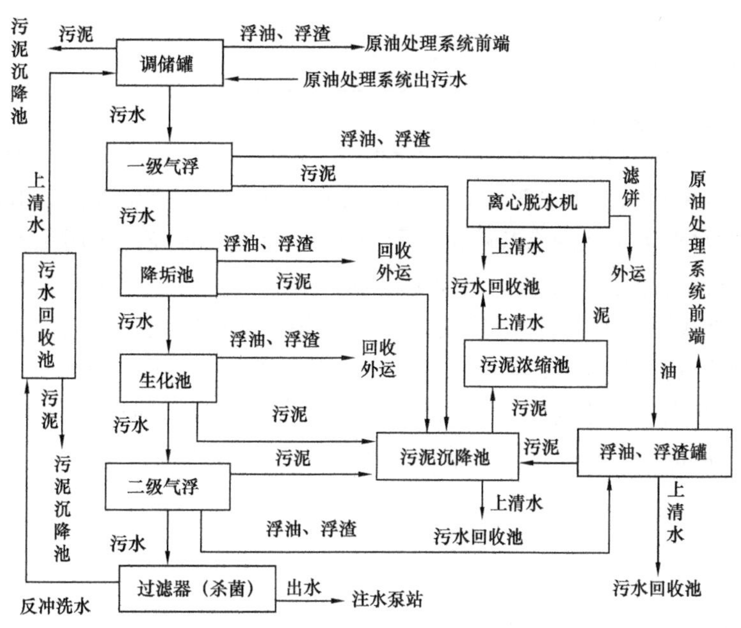

图 2　新疆油田 72# 站含聚采出水微生物处理配套工艺流程图

3.1　微生物反应池设计与计算

为了确保水质达标，将微生物池设计为三级，一级和二级微生物池是主要的生化反应池，三级为缓冲池。微生物反应池有效容积按式（1）计算[3]：

$$V=\frac{Q\left(S_{\mathrm{o}}-S_{\mathrm{e}}\right)}{M_{\mathrm{e}}\eta\times1000} \tag{1}$$

式中 V——微生物反应设计容积，m^3；

Q——微生物反应设计流量，m^3/d；

S_o——微生物反应池进水单位时间生化需氧量，mg/L；

S_e——微生物反应池出水单位时间生化需氧量，mg/L；

M_e——微生物反应池填料去除有机污染物的单位时间生化需氧量容积负荷，kg（BOD_5）/［m^3（填料）· d］；

η——填料的填充比，%。

经计算，池容量为5250m^3。生物池的空气曝气量取决于生化需氧量、空气中氧含量和氧在生物池内的溶解率。表2为微生物反应池基本参数表。

表2 微生物反应池基本参数表

微生物反应池的划分	共5组，每组3级，共15个池
单池尺寸 /m	15 × 4.5 × 6.5
有效水深 /m	5
生化池有效停留时间 /h	20
溶解氧含量 /（mg/L）	≥2

72# 站设计含聚污水处理量为6000m^3/d，根据计算结果并借鉴大庆油田含聚污水处理的经验，设计污水在生化池的有效停留时间为20h。微生物反应池选用比表面积大、易挂膜、不结团、气泡切割性能好的合成纤维填料，填料采用上下固定串联悬挂[4]。曝气器选用BPQ–225盘式膜片曝气器，空气通过布气管道及止回阀装置均匀地进入橡胶膜片与承托盘之间，使膜片微微鼓起，孔眼张开，在污水中产生1～3mm的微小气泡。为了方便观察微生物反应池内的处理效果，便于生物池内部维修，与大庆油田已有的池顶不同，在每个生物池的顶部加装轻便可移动的保温盖板，这是本地的特色。

3.2 前段预处理

3.2.1 大罐重力分离

大罐重力分离由2座1000m^3和1座3000m^3圆罐组成，采用高进低出结构，污水停留时间超过20h，提供了充足的油水分离时间，具有本地特色。大罐顶部设有收油槽，收油槽水平面下的油水界面高度关系到油水分离的效果，油层太薄出油含水高，油层太厚，水中含油增多，罐顶液位控制设计有效解决了这一难题，结构如图3所示。

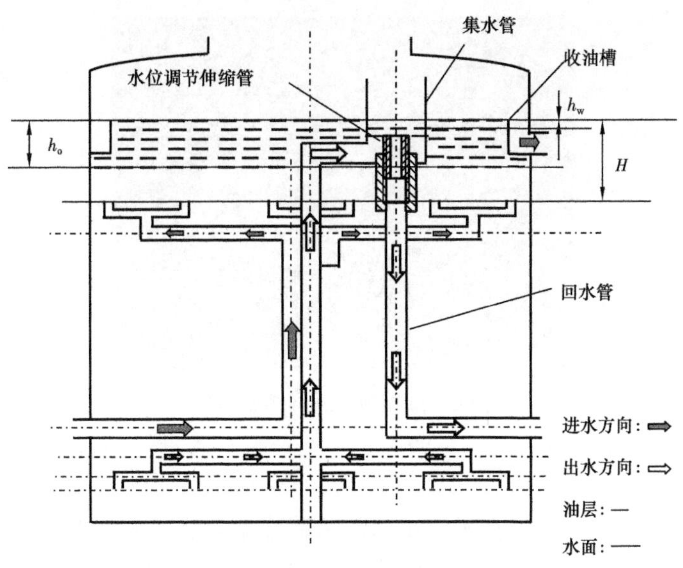

图 3　大罐重力分离结构示意图

根据 U 形管的原理，h_o 与 h_w 的关系可表示为：

$$h_o = \frac{\rho_o}{\rho_w - \rho_o} h_w \tag{2}$$

式中　h_o——罐内油层厚度，cm；

h_w——集水管内水面与收油槽顶面的距离，cm；

ρ_o——原油密度，kg/L；

ρ_w——污水密度，kg/L。

因为油层厚度大于 H 不利于油水分离，油水界面过高将导致污水进入收油槽，所以：

$$0 < h_w < \frac{\rho_w - \rho_o}{\rho_o} H \tag{3}$$

式中，H 为罐内出水口与收油槽顶部的距离，为 100～150cm。原油密度 ρ_o 为 0.86kg/L，罐顶油层厚度一般控制在 30cm 以内，因此 h_w 的取值范围为 0～4.88cm。通过控制出水量可以排除油水界面以下的乳化带，从而保持大罐内油水正常分离。罐底安装负压排泥装置以利于排污。

3.2.2　曝气降垢

72# 站含聚污水含钙高、矿化度高，易结垢，为了保障微生物反应池微生物挂膜效果，增设有效容积 720m³ 的曝气降垢池，在降垢池内填入高密度金属网（间距 20mm），用于截留污水中的结垢物质和提高水中溶解氧含量，这是本地的特色。投产 3 个月检查部分金属网已结满污泥（图 4），起到预处理降垢作用，经检测，降垢池水中 Ca^{2+} 含量由 78.66mg/L 下降到 55.46mg/L，Mg^{2+} 含量由 18.96mg/L 下降到 17.74mg/L。

图4　降垢池金属网结垢情况

3.2.3　气浮除油

72# 站采用先进的溶气气浮技术，出水的一部分作为溶气水，通过溶气泵进入溶气罐，溶气压力为 0.5MPa（表压）。溶气水进入溶气释放器，空气从溶气水中释放出来。溶气水的释放分为两个过程，首先是消能，然后是气泡并大。经过消能后压力损失达 95%，气泡直径 3～5μm，而在气泡并大过程中压力损失为 5%，气泡直径增大到 10～30μm，并大气泡与水中的油滴及悬浮颗粒黏附上浮。根据亨利定律，如果水进溶气罐前空气饱和，加气量 V 的计算公式为[5]：

$$V = K_1(\eta p - p_o)Q_r \tag{4}$$

式中　V——气浮加气量，m^3/h；

K_1——溶解系数，20℃时为 0.01868，28℃时为 0.01621；

η——加压溶气系统的溶气效率（较高时为 80%～90%，取 85%）；

p——溶气压强，绝对压强，bar；

p_o——大气压强，绝对压强，bar；

Q_r——加压溶气水量，m^3/h。

72# 站含聚污水处理 2 台一级气浮机水温 20℃，加压溶气水量为 $90m^3/h$ 时的加气量为 $6.89m^3/h$。2 台二级气浮机水温 28℃，加压溶气水量为 $90m^3/h$ 时的加气量为 $5.98m^3/h$。

3.3　后段深度净化

3.3.1　气浮固液分离

经过微生物生化降解，水中的悬浮颗粒为从填料上脱落的生物膜（直径大于 0.45μm）及其他呈游离状态的悬浮物。固液分离的溶气气浮原理与一级气浮除油相似，通过回流系统产生大量的微气泡，与污水中密度接近于水的剩余悬浮物微粒黏附，形成密度小于水的固液分离体，上浮至水面形成浮渣，由刮渣机刮除，密度大的泥沙则通过底部分离区沉入集泥区定期由排泥系统排出体外。经过固液分离，水中悬浮物含量下降到 18.77mg/L。

3.3.2　过滤杀菌

当污水经过双滤料过滤器滤层时，较大颗粒的悬浮物被上层石英砂拦截，较小颗粒的悬浮物下层相对密度较大、颗粒较小的磁铁矿拦截，使出水悬浮物含量达到回注油层水质要求。采用电解盐水杀菌技术，直流电电解 3.0%～3.5% 盐水产生次氯酸钠，次氯酸钠不稳定，很快分解产生原子态氧，氧化作用使细菌蛋白质变性，细菌丧失复制与生存能力，从而达到杀灭细菌的目的。经检测，杀菌前硫酸盐还原菌为 10^4～10^6 个 /mL、铁细菌为 10^4～10^6 个 /mL，杀菌后基本为 0。

4　生产现场参数优化

72# 站含聚污水处理系统于 2015 年 8 月 11 日投产，及时调整运行参数，将生物池水温调整到 27.3℃，过滤器反冲洗周期调整到 3 天 / 次，生物池曝气量调整到 5550m³/h，截至 2019 年 8 月平均处理水量 3850m³/d，来水含聚 462.54mg/L，含表面活性剂 4.7mg/L，来水含油 248.28mg/L、含悬浮物 166.79mg/L，出水含油 4.73mg/L、含悬浮物 13.03mg/L，达到回注油层注水水质控制指标（Q/SY XJ0030—2015 油田注入水分级水质指标，含油≤15mg/L、含悬浮物≤20mg/L），如图 5 所示。微生物处理运行费用发生在燃气加热和加气耗电上，为 2.47 元 /m³（水）。

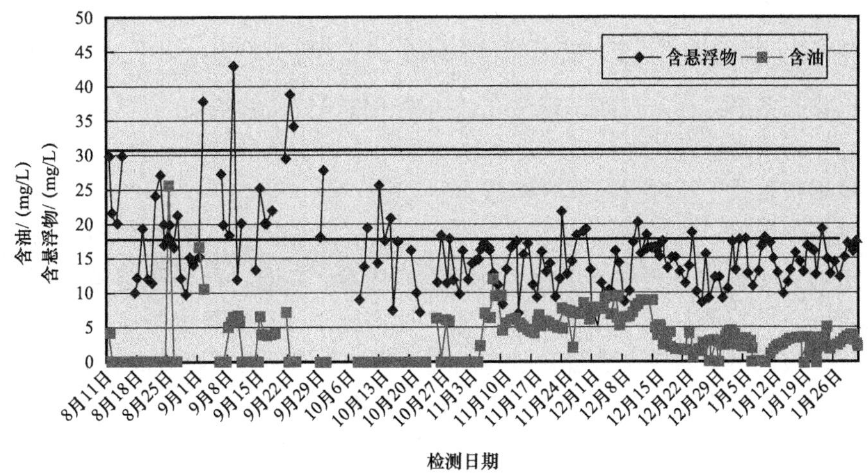

图 5　新疆油田 72# 含聚采出水处理系统出水含油与含悬浮物变化曲线

5　微生物池清泥维护

生物池从 2013 年投产以来一直没有进行清理，采出水中大量成垢无机颗粒物长期在微生物反应池内积累，不仅影响微生物在载体（填料挂膜）上的附着，且大量无机重质颗粒物在池底长期沉淀富集，堵塞了曝气器，进而影响微生物的正常生长，造成了出水水质的波动，影响了生物池处理效果。

清泥操作采用5组（A、B、C、D、E）微生物反应池交替施工，即一组检修停水，另外4组正常运行，每组计划清第一级池，单组第一级微生物池施工期间，第二级和第三级池内的水由旁边池由潜水泵转入池内，维持系统流程运行，确保二级和三级池内微生物正常生长。

5.1 清泥施工工序（以E池为例）

（1）关闭E池进水阀门，E组生物池停止进水，并挂牌上锁。

（2）关闭曝气线阀门，并挂牌上锁。

（3）将相邻池内的水通过潜水泵转入所清池内（E组）的第二级和第三级，确保池内生物存活。

（4）将所清池E组一级池内水抽出（间歇作业）。

（5）用高压水搅拌冲洗池内露出的挂膜，将挂膜上黏附的无机物泥沙冲刷干净，同时将池内污泥混合均匀。

（6）将2台防爆型潜污泵分别由池顶两侧长条形人孔及长条形观察孔置于池内集泥坑中，将底部高密度污泥混合液排至站外装车。

（7）重复交替冲洗直至E池（第一级）清理干净。

（8）为防止池内水位下降速度过快，避免池内挂膜框架突然失去浮力而坍塌损坏，可根据现场情况间歇启泵。

5.2 微生物挂膜、曝气盘、曝气管线拆除、安装施工工序（以E池为例）

（1）拆除长条形人孔及长条形观察孔处护栏，搭设钢质网格板。

（2）在长条形人孔及长条形观察孔处搭设龙门架、安装吊葫芦、滑轮等辅助设施。

（3）检查长管式正压呼吸器及气瓶压力。

（4）进入池底施工人员佩戴长管正压式呼吸器从长条形人孔或长条形观察孔梯子入口进入池内进行人工拆除。该项施工存在高风险（中毒、窒息、高空坠落等），进入前先用绳子将四合一气体检测仪吊入池内检测。进入池内施工人员随身携带硫化氢气体检测仪。长管式正压呼吸器由1名专人负责开启控制阀，当气瓶压力过低报警时，立即开启另一罐气瓶以保证施工人员充足氧气，以防发生窒息，更换气瓶由1名专人负责。长条形人孔及长条形观察孔处由1名专人对微生物池进行不间断有毒有害气体检测。

（5）进入池内的施工人员用剪刀先将微生物挂膜架下方固定绳剪断，并用长钩挂住，由长条形人孔处人员拖拽至微生物挂膜架上方，再剪断微生物挂膜架上方固定绳，将挂膜整体提出，提出挂膜后立即用废物袋装袋，以免造成环境污染。

（6）清理出来的生物池内挂膜由甲方开具危险废物转运单，施工方送至专业机构处理，不得在站内堆放。

（7）待旧挂膜清除完毕，经检测合格后（检测合格后不必再佩戴长管正压式呼吸器），进入池内安装新挂膜，并对损坏的曝气盘、曝气管线等进行更换安装。

（8）缓慢进水，导通流程。

（9）其余的池子以此顺序完成。

5.3 HSE

5.3.1 风险识别

有毒有害气体中毒、机械伤害、环境污染、坠落滑跌、中暑、触电（临时用电）。

5.3.2 防范措施

5.3.2.1 防止有毒有害气体中毒

（1）施工前对施工区域进行有毒有害气体检测，池外周边气体浓度必须满足（$19.5 \leq O_2 < 23.5\%$，可燃气体＜10%LEL，H_2S＜10mg/L，CO＜25mg/L）后方可施工，并且对施工区域进行连续性有毒有害气体检测（每30min记录一次），如超标，立即停工并通知现场负责人，严重情况时应立即疏散施工作业人员，现场配备两台四合一气体检测仪（甲乙双方各一台）进行数据对比。

（2）进入池底受限空间作业时，作业人员必须配备长管正压式呼吸器，由专人对长管正压式呼吸器气瓶进行调整、更换，作业人员佩戴长绳，长绳另一头由专人拉住，当正压式呼吸器或池内受限空间出现异常情况，立即将作业人员拉出，作业人员亦可将长绳作为传递信号的工具。

（3）施工现场配备风向标，工作人员应处于上风口位置。

（4）在长条人孔处使用防爆轴流风机进行强制通风，作业过程中保持轴流风机持续运转。

5.3.2.2 防止机械伤害

（1）施工过程中做好劳保防护。

（2）施工过程中必须全程进行安全监护。

（3）施工前对施工中所用的各种机械设备、工具进行安全检查，如发现安全隐患，应立即整改，待整改完毕后方可施工。

5.3.2.3 防止坠落、滑跌

（1）施工过程中做好劳保防护，上下池子施工人员绑好安全绳，由专人对下池子施工人员进行监护，要抓好扶手。

（2）严禁在施工过程中不系安全带将身体探入池内。

（3）池口周围障碍物应清除干净。

（4）在池子内挂膜框架上施工时，铺好垫板，在框架上行走时要缓慢。

5.3.2.4 防中暑

在高温天气作业，应合理安排工作与休息时间，现场备有充足饮用水以及藿香正气水等急救药品，如人员中暑情况严重，应立即拨打120送往医院救治。

5.3.2.5 防止触电

（1）执行临时用电安全管理规定，禁止违章作业。

（2）设备、设施、机具线路绝缘良好，接地、接零和漏电保护装置可靠。

（3）日常检查、维护，发现隐患及时整改。

（4）办理用电作业许可票证。

（5）雷雨天气禁止室外用电作业。

5.3.3 环境污染

（1）防止含油挂膜污染，必须在作业现场铺设防渗膜，含油危废应定时回收、定点存放。

（2）单组生物池施工结束后，做到工完料尽场地清，现场产生的工业垃圾、危险废弃物、生活垃圾需定时回收、合规存放。

（3）作业前确认流程切换正确，阀门无渗漏，管线打开处铺设防渗膜；现场作业人员控制好排污流量，防止液体溢出。

5.4 存在问题

（1）微生物填料挂膜上聚集大量油污且结垢情况严重，造成单根微生物填料挂膜的重量大幅增加，微生物池排水后，大量微生物填料挂膜已从填料架上方断裂，坠入池底，经来液长时间冲刷，大量已坠入池底的微生物挂膜缠绕在一起，增加了拆除难度、延长施工时间。

（2）微生物池内约沉积了2～3m不等的大量泥沙，由于长期沉淀，部分泥沙已形成类似于板结状，造成施工作业过程中需要使用大量清水增压后搅拌池底泥沙，然后抽至站外装车，运输罐车每日必须进行清罐，否则泥沙沉淀与罐底造成卸液困难。

（3）微生物池内填料挂膜支架表面结垢严重，由于支架为碳纤维材质（韧性强但是很脆），所以去除支架上的垢需要人工使用工具轻轻敲击垢的表面，使垢脱落，造成工期迟缓。

（4）拉出的旧填料挂膜转运困难，均为人工搬运装车卸车，单池旧填料挂膜重量约为15t左右（转运至置放点后，称重并装入专用危险废物吨袋）。

（5）90%以上的曝气盘经泥沙沉淀挤压后，表面胶皮发生脱落等损伤，如果只更换部分损坏的曝气盘，会造成气体偏流，所以对单池内240个曝气盘全部更换，以保证后期正常生产运行。

（6）部分曝气管线经泥沙沉淀挤压后，造成不同程度的变形及损坏，如不进行更换，后期出现漏气等情况，需要对单池再次全面清理，工程量大，所以对变形及损坏的曝气管线进行了更换。

（7）由于微生物池90%为密闭空间，在安全施工的前提下，进入池内施工的作业人员必须佩戴长管式正压呼吸器，由于作业人员肺活量的不同，单个气瓶的使用时间为30～40min/人，气瓶使用量大。

6 结论与认识

（1）在新疆油田首次应用微生物处理油田含聚污水，出水水质达标，水质稳定，这一技术的成功应用可为新疆油田三次采油的发展提供技术支持。

（2）油田污水微生物处理不添加药剂，运行费用低，产出污泥少，安全环保，管理方便。

（3）后期兴建微生物水处理系统，设计方应考虑如何为单池加建排污、排泥系统，运行方定期对池底沉积物进行排污处理。

（4）由于新疆地区天气原因，目前生物池池顶90%以上为密闭空间（冬季严寒，微生物存活生长困难，密闭空间保持温度），施工作业风险高、难度大，设计方应考虑为微生物池设计可移动式房顶，以便更换填料挂膜及内部设施的改造。

（5）微生物池内结垢严重，严重影响水处理质量，填料挂膜结垢后，微生物失去处理作用。

（6）微生物填料挂膜支架设计如果设计成上下活动的方式，可以使用吊车将支架整体吊出，方便更换填料，更换后回吊即可，最大限度地降低了施工风险，提高了工作效率，只需做好现场环保管控。

参考文献

[1] 邓述波，周抚生，陈忠喜，等.聚丙烯酰胺对聚合物驱含油污水中油珠沉降分离的影响[J].环境科学，2002，23（2）：69-71.

[2] 刘义刚，赵立强.海上油田含聚污水回注技术研究[D].成都：西南石油大学，2013：8.

[3] 邓克宁.杏十三－Ⅰ含聚污水微生物处理技术现场试验[D].大庆：东北石油大学，2012：12.

[4] HJ 2009—2011　生物接触氧化法污水处理技术规范[S].

[5] 高惠，麻宝刚.溶气系统气浮装置设计参数的选定[J].给水排水，2006，32（S1）：208-209.

国产碟片离心机处理三元采出水

舒志明 赵秋实

（中国石油大庆油田建设设计研究院）

摘 要 针对大庆油田三元采出水乳化程度高、处理难度大的问题，在大庆油田第六采油厂某强碱三元污水处理站开展国产碟片离心机现场中试试验。试验结果表明：采用 ϕ70mm 比重环、0.5m³/h 的处理量、不加药的情况下，含油量去除率达到了 98% 以上，悬浮固体去除率达到了 50% 以上。

关键词 三元采出水；乳化；离心机；比重环

三元复合驱驱油技术可大幅度提高原油采收率[1]，已经作为大庆油田稳产的重大技术措施之一。

由于三元复合驱注入液中含有聚丙烯酰胺、碱、表面活性剂[2]，和水驱、聚合物驱采出水相比性质发生了很大的变化，表现在污水黏度升高，油珠上浮速度变慢、油珠之间难以聚并；悬浮固体粒径变细小，难以上浮或下沉，在水中呈悬浮状态；固液界面存在较高的电动电位，颗粒间相互排斥，胶体分散系非常稳定；以上因素使油水更难于分离，悬浮物去除难度加大[3]。

赵凤玲[4]等研发的三元采出水处理药剂可用于三元采出水处理，但成本较高。Deng 等[5]对三元采出水的成分进行了详细的分析。刘广明[6]对于碟片离心机影响分离效果的因素进行了详细的分析。目前大庆油田已建的三元复合驱采出水处理站，采用的高效污水分离装置或横向流聚结—气浮组合分离装置等，都必须辅助化学药剂来实现油、泥、水的有效分离，但是药剂处理成本高，加药后产生泥渣量大，给生产及管理造成沉重负担。

目前，碟片离心机在市场份额占有率较高的有 Alfa Laval 公司（瑞典）和 Westfalia 公司（德国），但价格是国产碟片离心机数倍。在大庆油田第六采油厂某强碱三元污水处理站采用国产碟片离心机进行现场中试试验，优化碟片离心机的技术参数，同时考察处理三元采出水的稳定性。

1 国产碟片离心机

1.1 技术原理及结构

碟片离心机利用浅池原理设计，即在离心沉降槽分离悬浮液时生产能力正比于沉降槽的面积而与沉降槽的高度无关，所以用一组碟片将转鼓内腔分成若干个间隙的分离通道，从而缩短了颗粒的沉降过程加速了离心分离过程[7]。

本次所用为国产碟片离心机（AF-KYD304SD-23），用于液（水）—液（油）—固（悬浮固体）分离。转鼓装在立轴上端，通过传动装置由电动机驱动而高速旋转。转鼓内有一组互相套叠在一起的碟形零件即碟片，碟片与碟片之间留有很小的间隙。待分离物料由位于转鼓中心的进料管加入转鼓，在高速旋转的转鼓内，在离心力场下，比液体重的固相物沉积在转鼓壁形成沉渣，经排渣口排出转鼓，轻液相沿锥型碟片外（上）锥面向轴心流动至上部轻液相出口排出；重液相沿碟片内（下）锥面向上流向转鼓壁由重液相出口排出。由于转鼓高速旋转产生的离心力远远大于重力，因此离心分离只需较短的时间即能获得重力沉降的效果。碟片离心机工作原理及结构示意图如图 1 所示。

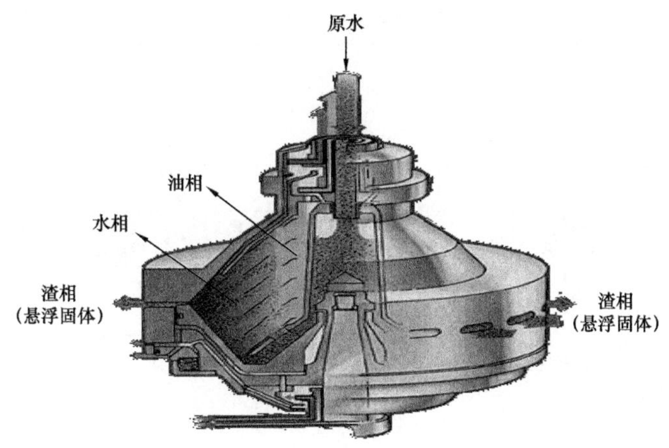

图 1　碟片离心机工作原理及结构示意图

1.2　技术参数

现场试验离心机的技术参数见表 1。

表 1　离心分离机主要技术参数

项目	参数
最大过水通量 /（m^3/h）	3
转鼓转速 /（r/min）	8280
分离因素	10800
转鼓直径 /mm	304
进口压力 /MPa	≤0.05
出口压力 /MPa	≥0.2
电机功率 /kW	4.0

2 试验概况

2.1 原水水质

试验期间原水水质见表 2。

表 2 原水水质数据表

指标	温度 / ℃	聚合物含量 / mg/L	表面活性剂含量 / mg/L	总碱度 / mg/L	黏度 / mPa·s	总矿化度 / mg/L	pH 值
原水	37	780～910	34.2～42.4	8490～8870	7.50～10.7	10800	10.9

2.2 工艺流程

现场试验流程示意图如图 2 所示，图中虚线部分表示已建，实线部分表示新建。

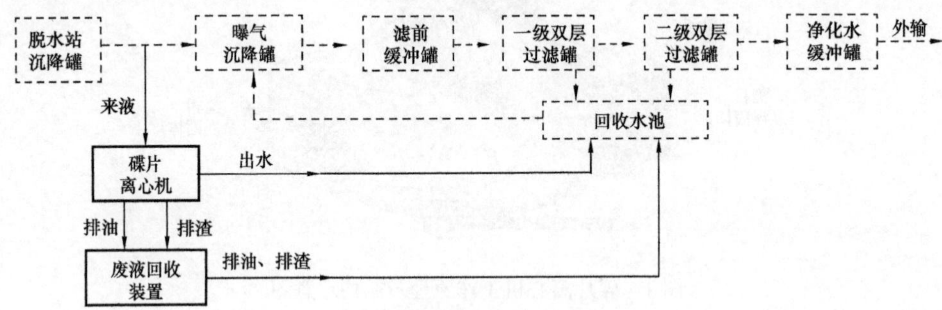

图 2 现场试验流程示意图

2.3 分析方法

含油量测定采用分光光度法、悬浮固体含量测定采用重量法，执行 SY/T 5329—2012《碎屑岩油藏注水水质指标及分析方法》；油（泥）中含水采用蒸馏法，执行 GB/T 8929—2006《原油水含量的测定（蒸馏法）》；黏度采用流变仪 AR1500ex（美国沃特斯公司），执行 GB 10247—1988《旋转黏度计测试方法》；聚合物含量采用分光光度法，表面活性剂含量及总碱度采用滴定法，执行标准为大庆油田企业内部标准。

3 结果与讨论

3.1 比重环的筛选优化试验

现场试验所选比重环分别为 Φ62❶、Φ65、Φ70、Φ73 和 Φ75，处理量为 0.5m^3/h，排渣周期 1h。试验分别对于不同比重环水相出口含油量和悬浮固体含量，油相出口排油含水率以及油相出口排量占总处理量的比例（轻相百分比）等指标进行了分析。

❶ 指比重环的公称直径（内径）为 62mm。

不同比重环水相出口含油量如图 3 所示，悬浮固体含量如图 4 所示。

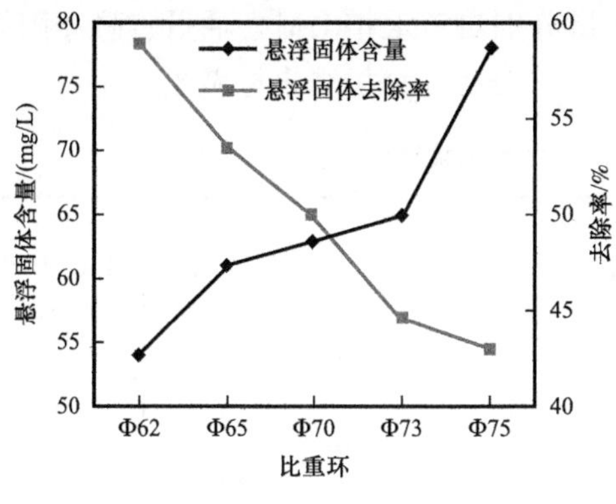

图 3　不同比重环除油效果对比

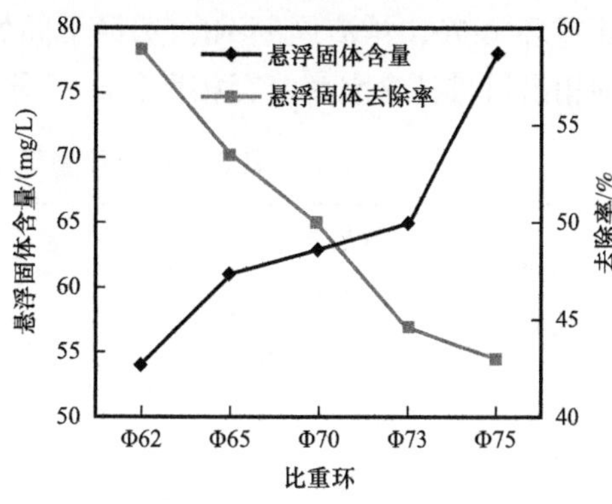

图 4　不同比重环除悬浮固体效果对比

从图 3 和图 4 得出，随着比重环内径的变大，出水水质逐渐变差；以出水含油量及悬浮固体为考核指标，比重环由好到差依次为 Φ62＞Φ65＞Φ70＞Φ73＞Φ75。出水含油量从 33.0mg/L 升高到 102mg/L，去除率从 98.6% 降低到 94.3%。出水悬浮固体含量从 54.0mg/L 升高到 78.0mg/L，去除率从 58.8% 降低到 42.9%。

不同比重环油相出口排油含水率如图 5 所示，轻相百分比如图 6 所示。

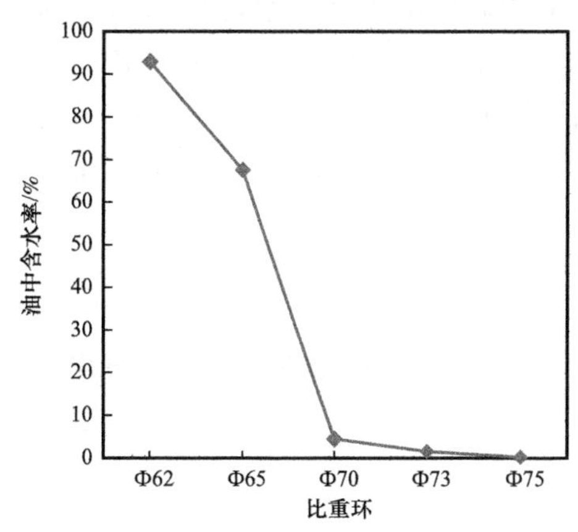

图 5　不同比重环排油含水率对比

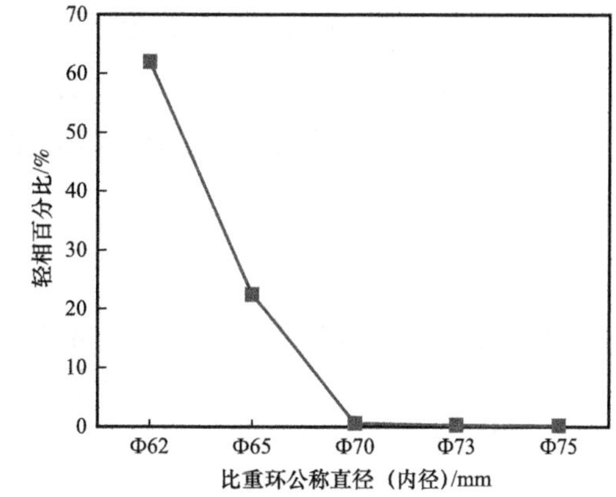

图 6　不同比重环轻相百分比对比

从图 5 和图 6 得出，随着比重环内径的变大，油相出口排油含水率逐渐降低，相应轻相百分比也逐渐降低；以排油含水率及轻相百分比为考核指标，比重环由好到差依次为 Φ75＞Φ73＞Φ70＞Φ65＞Φ62。排油含水率从 0.27% 升高到 92.9%，轻相百分比从 0.20% 升高到 62.5%。

结合图 3 至图 6 得出，不同比重环水相出口含油量及悬浮固体去除率相差不大，但油相出口排油含水率及轻相百分比相差较多。Φ62 和 Φ65 两种比重环虽然水相出水水质要好于其他，但油相出口排油含水率及轻相百分比过高，将来实际生产站很难保障系统平稳运行，因此这两种比重环难以应用。余下三种比重环中 Φ70 比重环水相出水水质最好，且油相出口排油含水率及轻相百分比都很低，因此综合考虑各种因素后，选择最优比重环为 Φ70。

3.2 处理量的筛选优化试验

比重环 Φ70，排渣周期 1h，选择不同处理量分别对于水相出口含油量、悬浮固体含量；油相出口排油含水率、轻相百分比等指标进行了分析，分析结果见表 3。

表 3 Φ70 比重环下不同处理量试验结果

序号	处理量 / m^3/h	含油量 / mg/L		去除率 / %	悬浮固体含量 / mg/L		悬浮固体去除率 / %	排油含水率 / %	轻相百分比 / %
		来水	出水		来水	出水			
1	0.5	1794	81.0	95.5	127	63.1	50.3	4.50	0.60
2	0.8	1486	105	92.9	132	72.2	45.3	5.80	0.72
3	1.0	1736	136	92.2	135	82.0	39.3	8.20	0.80
4	1.5	1428	163	88.6	119	79.1	33.5	19.1	6.70
5	2.0	1427	199	86.1	136	106	22.1	77.5	25.0

备注：处理量 $2.0m^3/h$ 以上由于排油含水率及轻相百分比过高，数据未录取。

从表 3 中得出，随着处理量的加大，含油及悬浮固体去除率呈递减趋势，其中水相出口含油量去除率由 95.5% 递减到 86.1%，悬浮固体去除率由 50.3% 递减到 22.1%；油相出口排油含水率及轻相百分比呈递增趋势，其中排油含水率由 4.50% 递增到 77.5%，轻相百分比由 0.60% 递增到 25.0%。以三元复合驱采出水滤前水水质含油量≤100mg/L 来评价碟片离心机的去除效果，可以看出只有在处理量为 $0.5m^3/h$ 左右的情况下，出水含油量达到了要求。

3.3 排渣周期确定试验

比重环 Φ70，处理量为 $0.5m^3/h$，24h 不排渣运行试验，对于碟片离心机进出水含油量和悬浮固体含量进行了检测。24h 不排渣进出水含油量检测结果如图 7 所示，悬浮固体检测结果如图 8 所示。

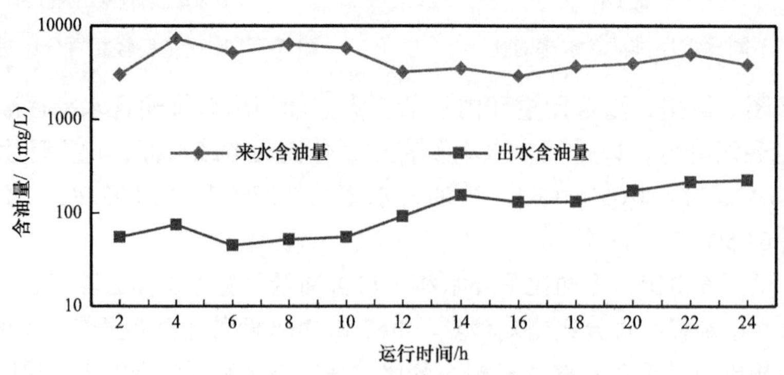

图 7 24h 不排渣进出水含油量检测结果

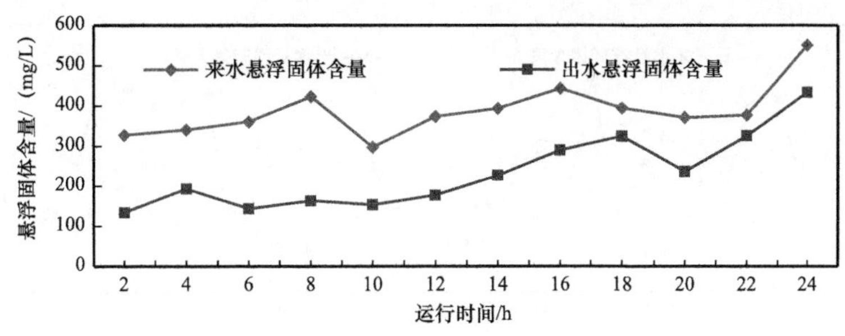

图 8 24h 不排渣进出水悬浮固体含量检测结果

24h 不排渣试验主要为了确定碟片离心机在该种水质条件下的排渣周期，从图 8 和图 9 得出，当运行到 12h 以后，出水含油量和悬浮固体含量有一个明显的升高趋势。在 0～12h 之间，水相出水含油量平均为 62.3mg/L，含油量去除率平均为 98.8%；12～24h 之间，水相出水含油量平均为 172mg/L，含油量去除率平均为 95.5%。

在 0～12h 之间，水相出水悬浮固体含量平均为 161mg/L，悬浮固体含量去除率平均为 54.6%；12～24h 之间，水相出水悬浮固体含量平均为 306mg/L，悬浮固体含量去除率平均为 27.4%。

12h 以后出水水质变差原因为碟片离心机的渣腔容积为定值，当离心分离出的悬浮固体已经积满渣腔后，再分离出来的悬浮固体会堆积在碟片束之间，甚至会堵塞碟片间隙进而影响分离效果。因此排渣周期应该小于 12h，为了保证碟片离心机出水水质稳定，设定排渣周期为 8h，排渣周期主要和碟片离心机的渣腔容积、物料的处理量及其含固量有关。

3.4 稳定运行试验

Φ70 比重环、处理量为 0.5m^3/h、排渣周期 8h，运行时间 144h，对于碟片离心机进出水含油量、悬浮固体含量以及排出泥渣的含水率、含油率等进行检测，考察碟片离心机运行稳定性。

稳定运行试验进出水含油量检测结果如图 9 所示，悬浮固体检测结果如图 10 所示。

从图 9 检测结果得出，稳定运行累计 144h（6 天），来水含油量在 2840～9150mg/L 之间，出水含油量都在 100mg/L 以下，出水含油量平均为 59.4mg/L，含油量去除率平均为 98.9%。

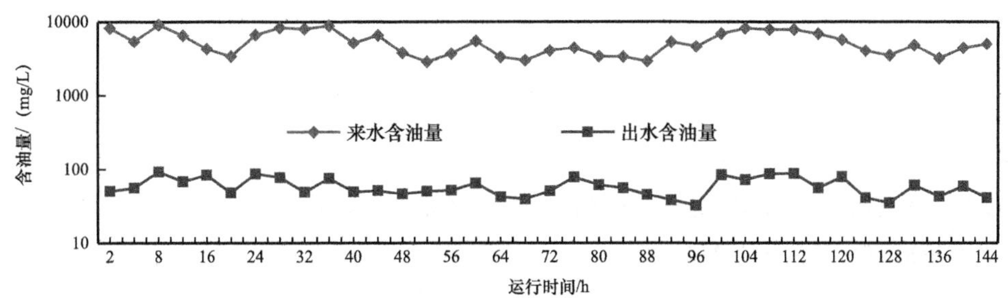

图 9 稳定运行试验进出水含油量检测结果

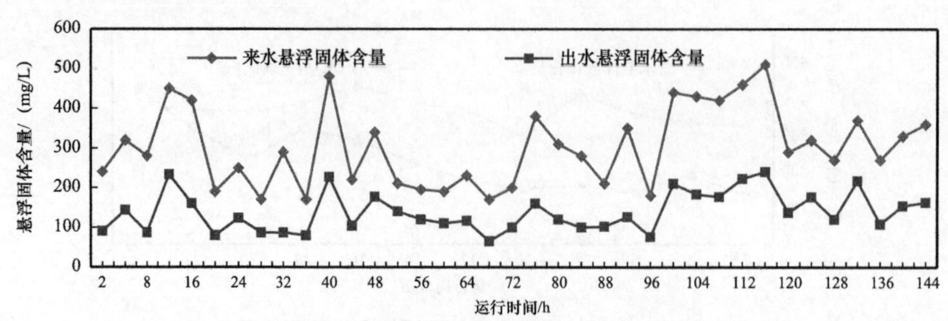

图10 稳定运行试验进出水悬浮固体含量检测结果

从图10检测结果得出，稳定运行累计144h（6天），来水悬浮固体含量在170～510mg/L之间，出水悬浮固体含量大多数在100～200mg/L之间，出水悬浮固体含量平均为138mg/L，悬浮固体含量去除率平均为54.3%。

同时对于碟片离心机排出的泥渣进行了分析，密度为1.07g/mL，含水率为32.8%，含油率为2.20%，含固率为65.0%。排出的泥渣含水率较低，无须后续离心或压滤处理就可以装车拉运；排出的泥渣含油率接近于DB23/T 1413—2010《油田含油污泥综合利用污染控制标准》中用于铺设油田井场、通井路2%的要求，与普通污泥掺混后可达到要求。

碟片离心机分离效果是各种参数相互制约的结果，不仅受到离心机自身结构的影响，同时还受到进液物料的理化特性、现场使用工况及其工艺运行参数的影响。对于不同的物料，只有选择合适的工况及其运行参数才能达到最佳的分离效果。现场试验表明碟片离心机处理三元采出水具有良好的适应性及其稳定性，特别是对于乳化严重的污油具有较高的去除效率，但最佳条件下的处理水量距离该离心机的最大过水通量有一定的差距，仅占最大过水通量的16.7%左右。

4 结论

现场试验所取得的结果，为今后三元采出水的处理提供了一种新的方法。碟片离心机在进液温度37℃、不加药剂，采用Φ70比重环、额定处理量0.5m^3/h、排渣周期8h的条件下，运行稳定、含油量去除率达到了98%以上，悬浮固体去除率达到了50%以上。和传统的自然沉降罐相比，含油量及悬浮固体去除效率都有大幅度的提高，平均提高率30%以上。

参考文献

[1] 李华斌.三元复合驱新进展及矿场试验[M].北京：科学出版社，2007.

[2] 闫义田，王克亮，王娟，等.复配表面活性剂对三元复合体系界面张力影响研究[J].石油与天然气化工，2006，35（3）：224-225，228.

[3] 杜丹，吴迪，陈忠喜，等.三元复合驱采出水中悬浮固体的控制方法[J].化工环保，2011，3（4）：346-348.

[4] 赵凤玲，吴迪，蔡徇，等．三元复合驱采出水复合清水剂的研制及应用［J］．精细与专用化学产品，2010，18（7）：45-47.

[5] Deng S B，Yu G，Chen Z X，et al. Characterization of suspended solids in produced water in Daqing oilfield［J］. Colloids and Surfaces A：Physicochem. Eng. Aspects，2009，332：63-69.

[6] 刘广明．碟式分离机分离效果的分析研究［J］．过滤与分离，2009，19（1）：27-30.

[7] 孙启才，金鼎五．离心机原理结构与设计计算［M］．北京：机械工业出版社，1987.

生物驯化法处理新疆油田高盐稠油污水技术研究

廖先燕　丁雅婷　刘　坤　李　丽

（中国石油新疆油田公司采油一厂）

摘　要　新疆油田采油一厂红浅稠油区块采用蒸汽驱开发，采出水盐度达到 15000mg/L，COD 值在 500mg/L 以上。普通的生物处理法较难处理。为了解决上述问题，开展了生物驯化耐盐微生物构建优势菌群水处理方法研究。选用红浅地区污泥培养、筛选驯化出 4 种耐盐土著菌，之后使用该土著菌与降解 COD 的 RH–4 工程菌构建优势菌群。结果表明，接种 RH–4 工程菌群能够显著提高微生物处理系统降解有机物的能力，在盐度为 8% 的条件下，通过驯化的间歇曝气生物滤池的 COD 去除率比普通间歇曝气生物滤池高 9.7%。通过该技术的研究与应用，为新疆油田高盐稠油污水处理探索了新途径。

关键词　新疆油田；稠油污水；微生物水处理；工程菌

新疆油田采油一厂红浅稠油区块采用蒸汽驱开发，采出水化学需氧量（COD）值高达 500mg/L，盐度达到 15000mg/L，为高盐污水。目前，两段接触氧化、传统活性污泥法、SBR、UASB、厌氧滤池和 A/O 工艺以及微生物处理法等被广泛应用在含盐污水的生物处理中。然而，上述处理技术设施庞大、处理工艺复杂、运行成本较高[1–5]；普通微生物不能在高含盐的环境中正常生长，较高的盐浓度会对污水生物处理产生毒害作用，使处理效果大幅度降低[5–8]。国内外学者的研究多集中在以下几个方面：盐浓度影响不同处理工艺；盐浓度影响活性污泥变化规律；嗜盐菌强化高盐污水处理。投加嗜盐的菌种，改善微生物组成，增强反应主体活性污泥的活性，可大幅度提高 SBR 法的处理效果，是其他驯化法无法实现的。筛选的菌种来源于海洋或河口底泥、晒盐场底物和其他高盐环境下的活性物质，筛选往往有一定的程序和基因化措施，筛选出的对特定污染物具有较高专性降解能力的嗜盐菌，能够显著提高高盐污水的处理效果[9–11]。

本文介绍了生物驯化法处理新疆油田红浅地区稠油高盐污水。首先从红浅地区高盐污泥中筛选出几种耐盐土著菌，之后将土著菌与 RH–4 工程菌构建优势菌群，将此优势菌群经生物强化后，接种于间歇性曝气生物滤池中。该生物滤池在 8% 的含盐度下仍然具有较强的降低 COD 以及氮和磷含量的能力。此项研究为后续的现场应用奠定了基础。

1　实验

1.1　实验药品

葡萄糖由北京生物化工实验室提供。该菌株生长的温度范围为 4～38℃，pH 范围是

5.0～8.5，盐度（NaCl 盐度）范围为 0～10%。该菌株对多种大分子有机物，如多糖和蛋白质，有很强的降解能力，同时具有过量吸收磷酸盐的能力。

实验中处理的污水是人工制备的模拟污水。污水中化学需氧量（COD_{Cr}）、总氮（TN）和总磷（TP）的浓度分别稳定在 300～400mg/L，30～45mg/L 以及 3.5～5.5mg/L 范围内。向污水中添加适量碳酸氢钠使污水的 pH 值稳定在 7.0～7.5 范围内。在实验中通过向污水中投加定量的 NaCl（分析纯）来准确调节模拟污水的盐度。在模拟污水中，除 NaCl 外，各种无机盐含量都很低，盐度可以忽略不计，这导致模拟污水的总盐度近似等于 NaCl 贡献的盐度。因此在本研究中，定量加入污水中的 NaCl 产生的准确盐度可以被认为是模拟污水的总盐度[12]。

实验中使用的 RH–4 工程菌群，菌株生长的温度范围为 4～38℃，pH 范围是 5.0～8.5，盐度（NaCl 盐度）范围为 0～20%。菌种细胞内的盐离子浓度明显较低，菌株可能通过富集细胞内的有机物质来维持细胞内外的渗透压平衡。该嗜盐菌均具有较强的降解有机物和过量吸收磷酸盐的能力。

1.2　实验方法

1.2.1　耐盐菌株的分离筛选

自红浅高盐含油污水中采取污泥样品 10g 于 90mL 双蒸水中制成 10% 的悬液，在恒温摇床 35℃时，振荡转速为 120r/min，培养 48h，取 1mL 悬液分别接种于 NaCl 浓度为 3%，5%，10%，15% 和 20% 的已灭菌的牛肉膏蛋白胨、高氏一号和 PDA 三种液体富集培养基中 35℃培养 5 天，取其富集后的菌液涂平板，在 37℃培养至长出明显单菌落，标记编号，将单菌落采集至平板划线培养，重复提取分离纯化。选取菌落形态特征差异较大的菌株接种于对应盐浓度的斜面中在 –4℃冰箱中保存以进行后期研究。

1.2.2　菌株菌落与细胞形态分析

实验仪器采用 AXIOSKOP 40 型光学显微镜，来自德国卡尔蔡司光学有限公司。

1.2.3　菌株的耐盐性测定

在耐盐菌株斜面，加入等量双蒸水，制备菌悬液。各取 1mL 菌悬液，均接种于 NaCl 浓度为 0，1%，3%，5%，7.5%，10%，15% 和 20% 对应液体培养基中，在 35℃摇床中，以 120r/min 的转速振荡培养，并定期取样，以不接种菌悬液的对应培养基为空白对照，比浊法定期取样，平行三次测定菌液的 OD600❶，取平均值。

1.2.4　耐盐微生物的驯化、接种以及其降低 COD 性能检测

将实验中所筛选驯化培养的 4 种土著菌种与 RH–4 工程菌构筑优势生物菌群。分别向 5 只 250mL 的锥形瓶中加入 100mL 模拟高盐污水。经驯化进入稳定期的耐盐活性污泥 10mL 于锥形瓶中，另取 4 种土著菌和 RH–4 菌各 1mL，分别接种于 1% 盐度模拟污水中，在 35℃摇床中，以 120r/min 转速振荡培养。模拟污水用葡萄糖、$(NH_4)_2SO_4$ 和 KH_2PO_4

❶ OD600 是某种溶液在 600nm 波长处的吸光值。OD600 是追踪液体培养物中微生物生长的标准方法。

按 100∶5∶1 的比例与自来水、NaCl 配制而成，COD 为 4000mg/L，引入驯化后的耐盐微生物菌群，测量不同的菌群对高盐模拟污水 COD 的降解性能。

1.2.5 生物负载量测试

将优选的混合菌剂接种到一个间歇曝气生物滤池 IABF 中，将其命名为 IABF-A。另一个没有接种混合菌剂的 IABF 系统被定名为 IABF-B。提高进水盐度，盐度梯度值定为 1%（质量浓度）。测定进出水中 COD_{Cr} 的值，根据污染物的去除率评估 IABF 污水处理性能。当一定盐度下 IABF-A 和 IABF-B 对 COD_{Cr} 降低效果均达到稳定时，认为两个 IABF 系统均进入稳态运行阶段，此时再将进水盐度提高至下一水平（即盐度增加 1%）。在每个盐度水平，当间歇曝气生物滤池 IABF 处于稳定运行状态时，测定 IABF 中滤料载体的微生物负载量。

2 结果与讨论

2.1 耐盐菌株的形态特征

通过对高盐污水污泥悬液的富集，三次平板划线分离，共筛选出 4 株形态差异明显的耐盐菌株。对筛选出的耐盐细菌、耐盐真菌、耐盐放线菌分别采用革兰氏染色法、直接制片法、插片法制片于显微镜下观察菌株形态，如图 1 所示。4 种菌类的长度在 1～5μm 之间，直径在 0.5～1μm 之间。

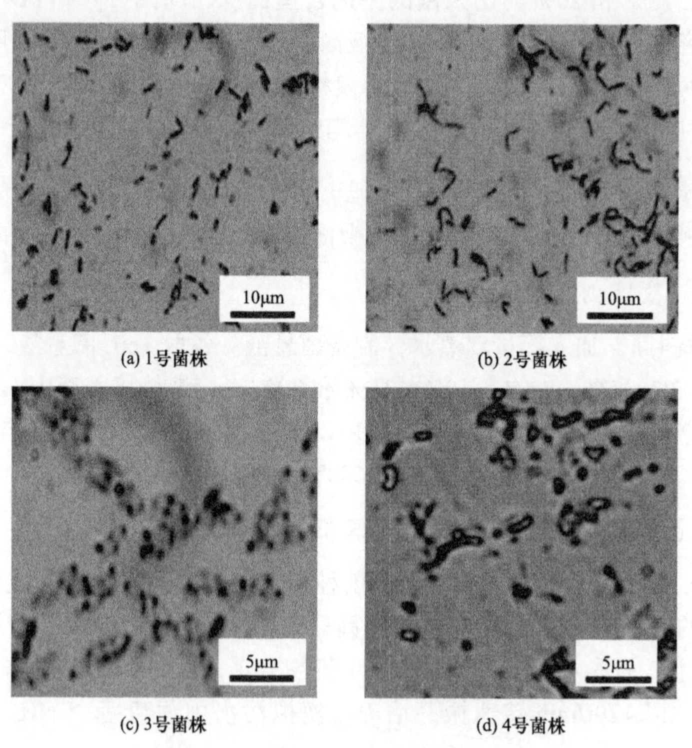

(a) 1号菌株　(b) 2号菌株

(c) 3号菌株　(d) 4号菌株

图 1　4 种耐盐微生物的显微图片

2.2　菌株的耐盐性能测定

菌株的生长盐度范围如图2所示，根据生长曲线对菌株进行耐盐性分类见表1。结果显示，随着盐度的增加，菌株适应期变长，增长期生长速率变慢。如1号菌株适应期较短，2号、3号和4号菌株稳定期较长，代谢活性较高，均可以用于后续生产实践研究。

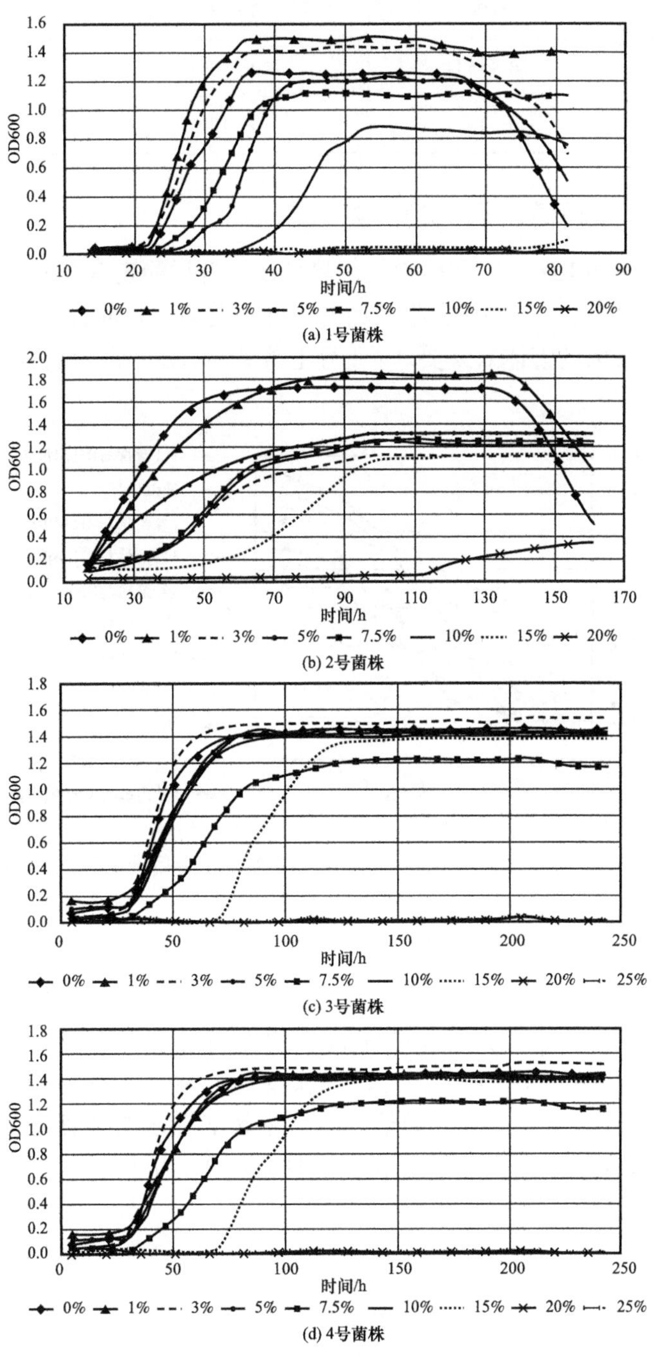

图2　1～4号菌株生长盐度范围

表 1　菌株的耐盐及最适盐度范围

菌株编号	耐盐范围 /%	最适盐度 /%	耐盐性划分
1	0～10	0～7.5	耐盐微生物
2	0～20	0～15	耐盐微生物
3	0～15	0～10	耐盐微生物
4	0～15	0～10	耐盐微生物

2.3　接种 RH-4 工程菌群后 COD 去除率

将 4 种土著菌种与 RH-4 工程菌构筑优势生物菌群后测定其对 COD 的去除影响，结果如图 3 所示，混合菌株的 COD 去除率均高于纯土著菌，且混合耐盐 RH-4 细菌较混合耐盐真菌和耐盐放线菌的整体效果要好。1 号土著菌与 RH-4 混合后 COD 去除效果最好，可达 90% 以上。

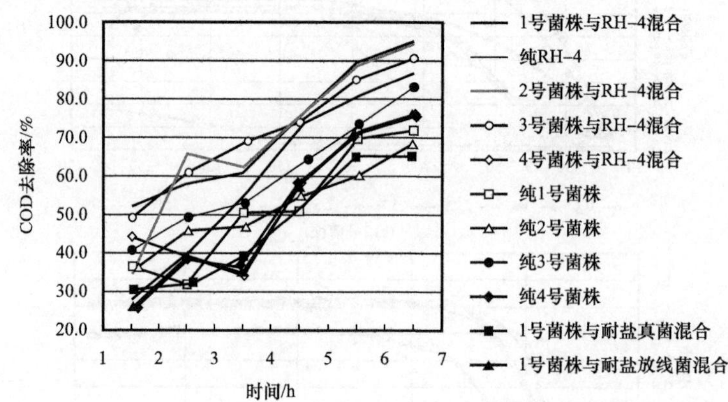

图 3　不同土著菌与 RH-4 工程菌构筑生物菌群后的 COD 去除率

2.4　不同含盐量下 COD 去除率

与未添加耐盐微生物的间歇曝气生物滤池（IABF-B）相比，添加了耐盐微生物的间歇曝气生物滤池（IABF-A）具有更好的 COD 去除率与耐盐度。如图 4 所示，在 45 天时，含盐量在 8.0% 时 IABF-A 的 COD 去除率还在 80%，而 IABF-B 的 COD 去除率只有 70%。在生物负载量大致不变的情况下，生物活性随着含盐量的增大先保持不变（3%～7%），之后快速减小（>7%）。IABF-A 拥有更多的生物活性。

3　结论

（1）接种 RH-4 工程菌群能够显著提高微生物处理系统降解有机物的能力，在盐度为 8% 的条件下，强化的 IABF 比普通 IABF 的有机物去除率高 9.7%。

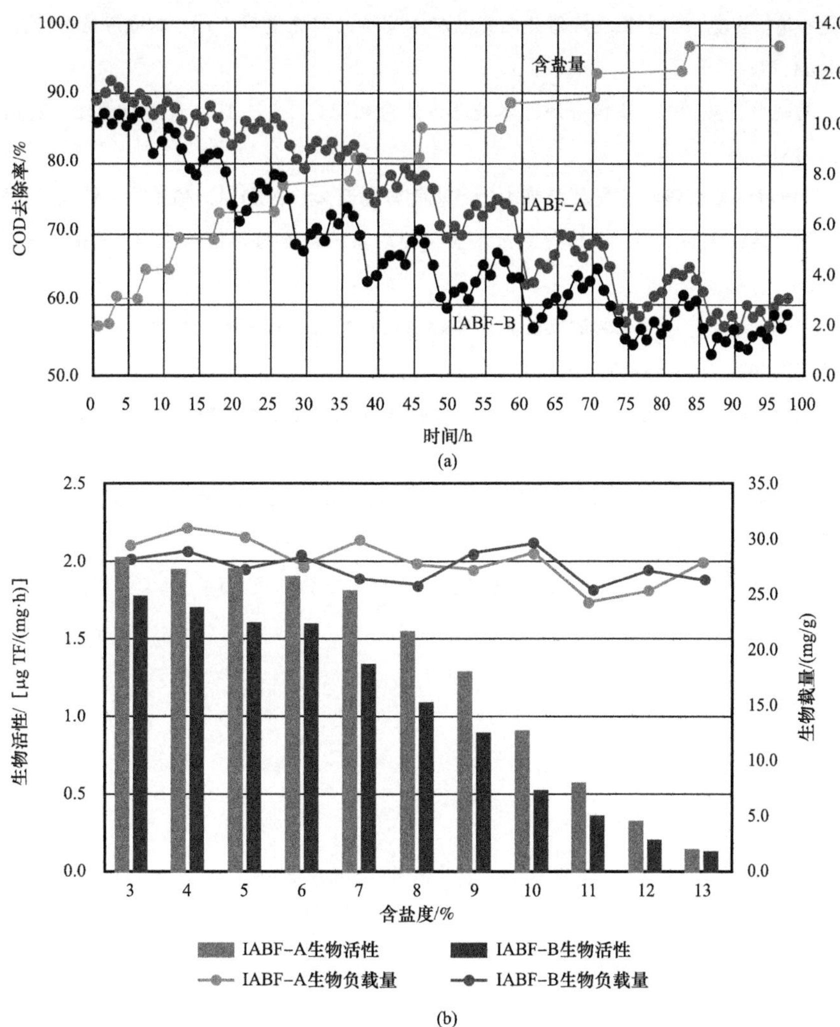

图 4 间歇曝气生物滤池的 COD 去除率随盐度及时间变化（a）以及生物负载量随盐度的变化（b）

TF—触发因子

（2）接种 RH–4 工程菌群的耐盐度达到 8%～9%（80000～90000mg/L），在高盐度污水处理中，该系统仍能保持良好的污染物去除效果。

（3）将耐盐菌与 RH–4 工程菌群接种后能显著改善微生物系统在高盐度环境中的整体活性水平，从而提高了高盐条件下微生物系统处理各种营养污染物的能力。

参 考 文 献

［1］张金波，傅绍斌，曾玉彬．油田采出水回注处理技术进展［J］．工业水处理，2000（10）：5–8.

［2］樊玉新，魏新春，胡新玉，等．风城油田超稠油污水旋流分离技术［J］．新疆石油地质，2014，12（6）：713–717.

［3］郝兰锁，明云峰，徐应波，等．海上油田腐蚀探析及防护［J］．工业水处理，2012，32（6）：74–76.

［4］李凌波，闫松，曾向东，等．油田采出水中有机物组成分析［J］．石油化工，2002（6）：472–475.

[5] 胡青，夏四清. 盐度对膜生物反应器处理含盐废水影响的研究进展[J]. 环境污染与防治，2012，34(1)：60-63，71.

[6] 赵光楠，马晓薇，吴德东. 油田含油污水处理方法对比研究[J]. 环境科学与管理，2014，39(2)：126-128，151.

[7] 闵志华. 油田污水处理现状及发展趋势[J]. 油气田地面工程，2014，33(7)：57-58.

[8] 庄建全，罗江涛，吴波，等. 油田含油污水生化处理系统快速启动技术[J]. 复杂油气藏，2013，6(4)：77-80.

[9] 赵海霞，石恺，付林，等. 生物滤池脱氮除磷的强化及其对含盐废水的处理[J]. 山东大学学报(工学版)，2012，42(2)：83-89，107.

[10] 崔有为，王淑莹，宋学起，等. NaCl 盐度对活性污泥处理系统的影响[J]. 环境工程，2004(1)：19-21，35.

[11] 马成学，何国林，冯建强，等. 新型污水处理工艺在乌南联合站的应用[J]. 油气田地面工程，2016，35(1)：53-54.

[12] 潘永强. 微生物水处理技术在胜利油田污水资源化利用中的应用[J]. 化工管理，2015(32)：108-110.

新疆油田稠油开发采出水处理及资源化利用工艺技术研究

朱新建 胡远远 马 尧 秦金霞

（中国石油新疆油田公司工程技术研究院）

摘 要 新疆油田稠油产量约占原油总产量的40%，稠油采出水量已达$3500\times10^4m^3$，经过10多年的科研攻关研究，形成了新疆油田特色的稠油采出水处理及资源化利用工艺技术。针对普通稠油采出水胶质、沥青质含量高、黏滞性大、乳化严重脱稳难的特点，研发推广了“离子调整旋流反应＋强酸树脂软化”工艺技术，实现了采出水净化软化后回用湿蒸汽锅炉；针对超稠油采出水硅含量高（360mg/L）、温度高（95℃）、矿化度高（6000mg/L），难以回用的特点，研发推广了“净化除硅一体化＋强酸树脂软化＋高温反渗透＋MVC”的组合工艺技术，实现了采出水、高含盐水深度处理回用过热锅炉。近10年累计回用稠油采出水约$2\times10^8m^3$，创效20亿元，具有重大的经济效益和社会效益。

关键词 稠油采出水；过热锅炉；离子调整；高温反渗透；MVC

新疆油田位于极度干旱的准噶尔盆地，年降水量小于100mm，蒸发量是降水量的25倍，地表水和地下水资源严重匮乏，油田在开发过程中过量使用清水资源将会严重威胁城市生产、生活、农业用水的稳定和安全。稠油开发既是耗水大户，也是产水大户。2018年，作为稠油开发附产物的采出水已达$3500\times10^4m^3$，如果不能有效利用，不仅会影响生态环境，同时也造成水资源和能量的严重浪费。作为中国石油加快新疆地区5000×10^4t油气规划推进的最重要的上产区域，采出水循环利用成为新疆油田可持续发展的重要保障。

新疆油田普通稠油以注湿蒸汽吞吐开发为主，采出水油水密度差小、黏滞性大，乳化程度高，胶质、沥青质含量高，脱稳难[1]；超稠油以注过热蒸汽SAGD开发为主，采出水更具复杂性，硅含量高（360mg/L）、温度高（95℃）、矿化度高（6000mg/L），加之过热锅炉回用指标较湿蒸汽锅炉更加严苛，给稠油采出水回用注汽锅炉带来极大挑战[1]。新疆油田经过10多年的科研投入和研发，逐步形成了适应普通稠油采出水、超稠油采出水、软化再生及锅炉排污高含盐水的处理及资源化回用系列技术，解决了水资源短缺，采出水量大难以处置等难题，保障了油田绿色生产。

1 采出水水质特点及回用指标

1.1 采出水水质特点

普通稠油采出水具有如下特点：

（1）具有较高的温度，一般为55～65℃，虽利于药剂反应，但易造成药剂上浮，悬浮物去除效果差；

（2）油水密度差小，油水分离困难；

（3）乳化严重，部分油田油珠粒径＜20μm 的含油占总含油的 80% 以上，这部分油比较稳定，很难靠重力沉降去除，给采出水除油带来极大挑战；

（4）较高的 ZATA 电位，新疆油田采出水 ZATA 电位在 -31～-22mV 范围内，较高的 ZATA 电位形成的双电层阻碍油珠及絮体的絮凝，增大了净水药剂的使用量[2]；

（5）水中存在较高的不稳定离子，Ca^{2+} 和 Mg^{2+} 含量高，易生成 $CaCO_3$ 和 $MgCO_3$ 等沉淀或悬浮物；HCO_3^- 和 CO_3^{2-} 的弱酸缓冲体系会加速腐蚀。

超稠油采出水相较普通稠油采出水更加复杂，主要体现在以下方面：

（1）硅含量高，最高达到 360mg/L ；矿化度高，最高达到 6000mg/L，影响锅炉安全稳定运行，极易造成锅炉、管网、油井等结垢，降低锅炉热效率，增加设备故障概率、严重影响油田生产的正常运行；

（2）温度高，最高达到 95℃，影响反相破乳剂效果，降低反渗透装置寿命。

1.2 锅炉回用指标

新疆油田普通稠油采出水主要回用湿蒸汽锅炉，处理流程主要包含净化单元、软化（除氧）单元，产水满足：含油量≤2mg/L，悬浮物含量≤2mg/L，硬度≤0.1mg/L ；超稠油采出水主要回用过热锅炉和流化床锅炉，由于其硅和矿化度高，处理流程主要包含净化单元、除硅、软化（除氧）单元、除盐单元，产水还需满足：硅含量≤50mg/L，矿化度≤2500mg/L（过热锅炉指标）；硅含量≤100mg/L，矿化度≤2000mg/L（流化床锅炉指标）。锅炉水质指标详见表 1。

表 1　锅炉水质指标要求

序号	项目	湿蒸汽锅炉（SY/T 0027）	过热锅炉（新疆油田）	流化床锅炉（新疆油田）
1	溶解氧含量 /（mg/L）	≤0.05	≤0.05	≤0.007
2	总碱度 /（mg/L）	≤2000	≤125	≤2000
3	SiO_2 含量 /（mg/L）	≤150	≤100	≤100
4	总铁含量 /（mg/L）	0.05	≤0.05	≤0.05
5	总硬度 /（mg/L）	≤0.1	≤0.1	≤0.05
6	悬浮物含量 /（mg/L）	≤2	≤2	≤2
7	矿化度 /（mg/L）	≤7000	≤2500	≤2000
8	pH 值	7.5～11	≤7.5～11	≤8.0～10.5
9	油和脂 /（mg/L）	≤2	≤2	≤2

2　稠油采出水处理工艺技术

2.1　主要工艺流程

（1）普通稠油采出水处理工艺流程。

普通稠油采出水处理单元主要包括净化单元、软化（除氧）单元，处理合格后主要回用湿蒸汽锅炉，部分油区掺混少量清水软化水调质后回用过热锅炉和流化床锅炉，工艺流程如图 1 所示。主要工艺流程：采出水（含油量≤1000mg/L、悬浮物含量≤300mg/L、硬度≤200mg/L、温度≤65mg/L）自流进入调储罐，去除大部分油和悬浮物，调储罐出水经反应泵提升进入反应罐，并依次加入净水剂、絮凝剂，使乳状液破乳，悬浮固体颗粒聚并，油水固液迅速分离，出水（含油量≤15mg/L、悬浮物含量≤15mg/L）至混凝沉降罐，进一步降低油和悬浮物，出水再经过过滤缓冲罐依次进入双滤料过滤器和多介质过滤器，产水满足含油量≤2mg/L、悬浮物含量≤2mg/L，过滤器出水直接进两级 Na 离子树脂软化装置，软化水系统出水（含油量≤2mg/L、悬浮物含量≤2mg/L、硬度≤0.1mg/L、氧含量≤0.05mg/L）供给注汽锅炉。

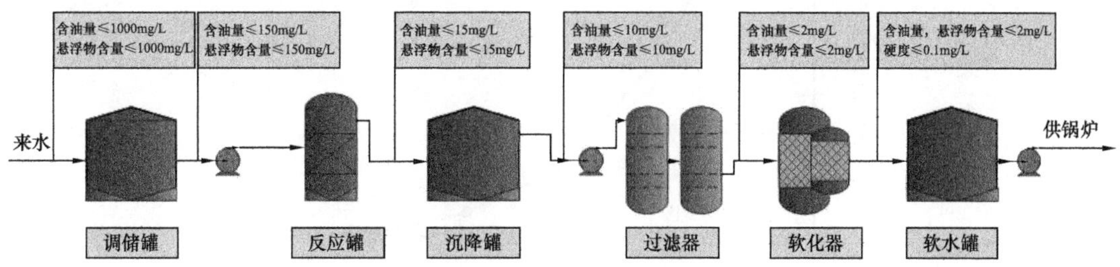

图 1　普通稠油采出水净化软化工艺流程

（2）超稠油采出水处理工艺流程。

超稠油采出水处理单元主要包括除硅净化单元、软化（除氧）单元、除盐单元，处理合格后主要回用过热锅炉和流化床锅炉。工艺流程如图 2 所示，其工艺流程与普通稠油采出水流程相比，净化单元增加了镁剂混凝除硅单元，软化单元后增加了高温反渗透除盐单元，产水含油量≤2mg/L、悬浮物含量≤2mg/L，硬度≤0.1mg/L，矿化度≤700mg/L，硅含量≤80mg/L。

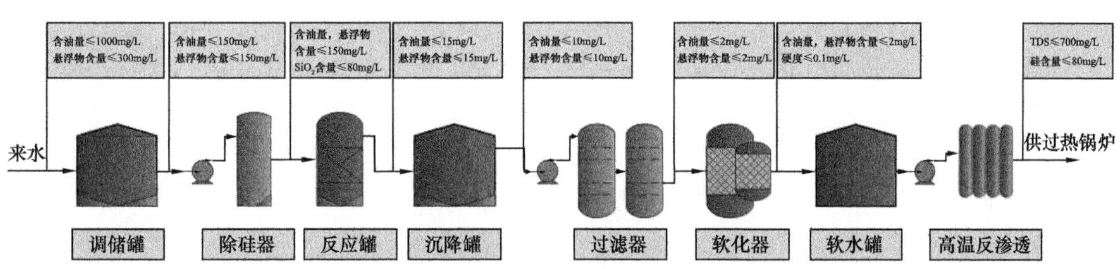

图 2　超稠油采出水除硅净化软化除盐工艺流程

TDS—矿化度

2.2 主体工艺技术

2.2.1 离子调整旋流反应技术

新疆油田采出水通过加入 Ca^{2+} 和 Zn^{2+} 为主要成分的离子调整药，调整采出水的 pH 值，使乳状液破乳，悬浮固体颗粒聚并，油—水—渣迅速分离，水质得到净化，并通过改变离子调整剂的配方以适应油田采出水水质的变化及不同油田的采出水处理。

通过压缩采出水中胶体双电层，大幅降低胶体表面的 ZATA 电位，使乳状液破乳，悬浮固体颗粒聚并，油水固液迅速分离，水质得到净化。

与传统采出水处理工艺不同，离子调整旋流反应技术通过除去或降低采出水中的铁、硫、钙和二氧化碳等引起腐蚀和结垢的离子或化学成分，降低腐蚀结垢倾向，使采出水的腐蚀速率低于 0.076mm/a，结垢趋势下降。

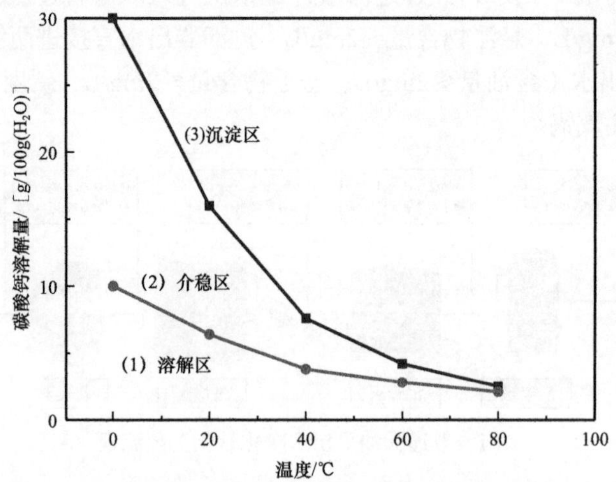

图 3 碳酸钙析出曲线（3）和碳酸钙的溶解度曲线（2）

碳酸钙溶解度和析出曲线如图 3 所示[3]，结垢机理如下：

$$Ca^{2+}+HCO_3^- = CaCO_3\downarrow +H^+$$

通过加入 OH^- 和 Ca^{2+}，诱导和催生结垢反应发生，实现新的平衡，使结垢倾向重新回零，化学反应如下：

$$Ca(OH)_2+2HCO_3^- = 2H^++2CO_3^{2-}+Ca^{2+}+2(OH)^-$$

2.2.2 除硅净化一体化技术

超稠油采出水具有高含硅（360mg/L）的特点，若不除硅直接回用过热锅炉，过热蒸汽将无法携带盐分，造成锅炉、注汽管道和井筒结垢严重，生产中存在安全隐患。国内外稠油采出水除硅通常是在混凝沉降后单独设置除硅设施，混凝沉降 + 除硅工艺技术存在投加药剂种类多、成本高、除硅反应时间长，需要建造大体积的澄清池等问题，除硅设施排放出的泥轻且不易沉降，总泥量是混凝沉降的 3 倍以上。

综合多种除硅技术的优缺点，结合现场水质条件，研发了“除硅净化一体化”工艺。其机理是在碱性条件下，含有氢氧化物的粒子表面吸附硅酸化合物，形成难溶的硅酸盐，在一定程度上也发生了硅酸胶体的凝聚，除硅剂在一定的投加浓度内，能够降低水的硬度生成硅酸钙等物质，其化学反应式如下：

$$SiO_2+2OH^- \longrightarrow H_2O+SiO_3^{2-}$$

$$HCO_3^-+OH^- \longrightarrow H_2O+CO_3^{2-}$$

$$Ca^{2+}+CO_3^{2-} \longrightarrow CaCO_3$$

$$Mg^{2+}+SiO_3^{2-} \longrightarrow MgSiO_3$$

$$Mg^{2+}+2OH^- \longrightarrow Mg(OH)_2$$

$$Al^{3+}+3OH^- \longrightarrow Al(OH)_3$$

再通过投加净水剂和助凝剂对水中的胶体粒子进行絮凝和架桥，实现了硅、悬浮物等杂质的脱除。该工艺将水质净化与化学除硅紧密结合，解决了传统化学除硅加药量大、成本高、污泥量大等问题，实现了净化水回用过热锅炉。

2.2.3　高温反渗透除盐技术

超稠油采出水矿化度接近 6000mg/L，过热锅炉要求进口矿化度≤2500mg/L，流化床锅炉要求进口矿化度≤2500mg/L，采出水经过净化、除硅、软化处理后仍不满足该两种锅炉的指标，需要进行除盐深度处理。新疆油田通过对比 RO 反渗透、多效蒸发、多级闪蒸等多种除盐工艺，首次在油田推广了耐温 95℃的反渗透工艺，与其他工艺相比，投资少、能耗低、产水通量大。高温反渗透膜除盐工艺流程如图 4 所示。

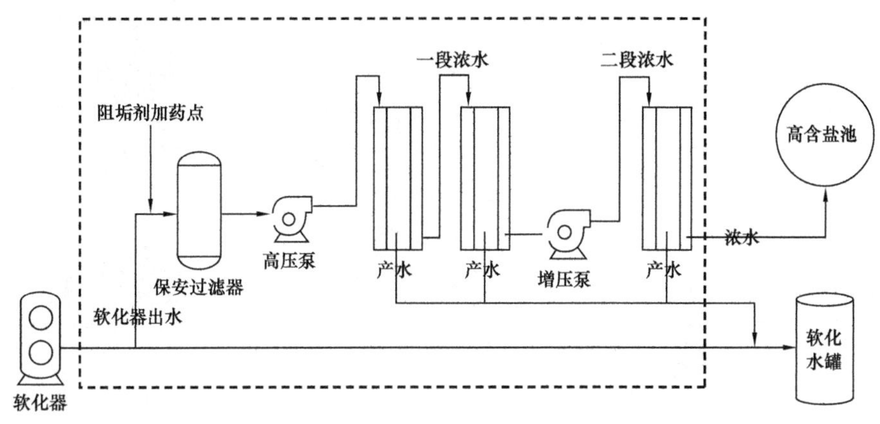

图 4　高温反渗透膜除盐工艺流程

净化水软化器出水首先进入保安过滤器进行预处理，然后经高压泵输送至高温反渗透膜除盐装置，产水进入软化水罐，膜装置产水率为 70%，脱盐率为 85%。实际处理效果见表 2。

表 2　RO 反渗透实际处理效果

序号	项目	进水	产水
1	pH 值	7.8	7.8
2	SiO_2 含量 /（mg/L）	76	9
3	硬度 /（mg/L）	0.1	0
4	矿化度 /（mg/L）	5800	470
5	悬浮物含量 /（mg/L）	1.9	0
6	含油量 /（mg/L）	1.8	0

2.2.4　高含盐水 MVC 技术

新疆油田为了实现超稠油采出水回用过热锅炉，推广了 RO 反渗透除盐工艺，该工艺会产生 30% 的高含盐水（矿化度≤20000mg/L）；为了降低过热蒸汽成本，推广了 130t/h 流化床锅炉，该锅炉会产生 8% 的排污高含盐水（矿化度≤15000mg/L，SiO_2 含量≤350mg/L）。大量复杂高含盐水亟须合理的处置方式，新疆油田通过对蒸汽机压缩（MVC）、多效蒸发（MED）、反渗透（RO）和多级闪蒸（MSF）等处理技术进行调研和技术攻关，筛选并推广了 MVC 蒸发除盐工艺。其工艺流程图及水质照片如图 5 所示。

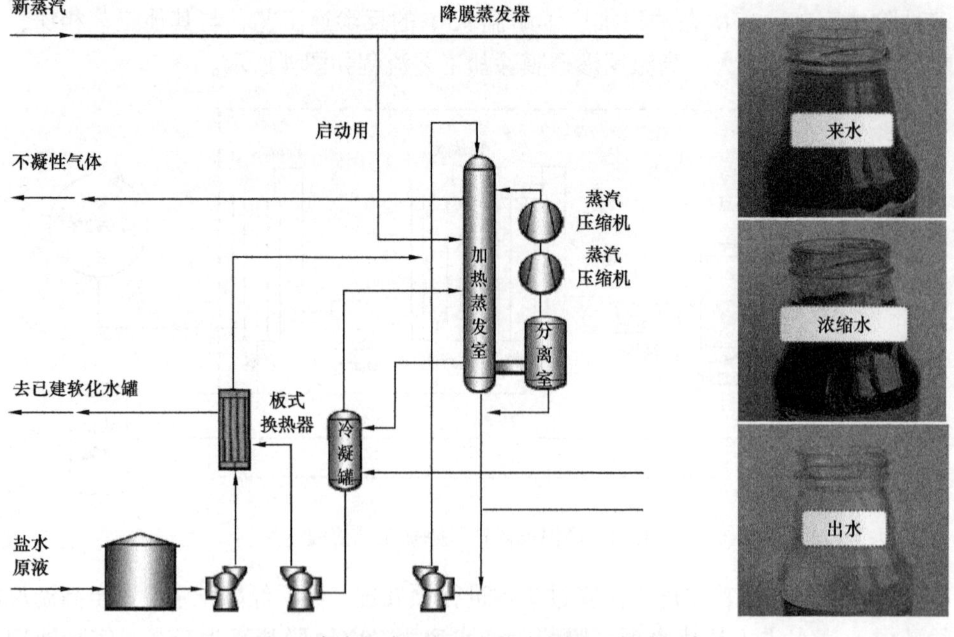

图 5　高含盐水 MVC 工艺流程图及水质照片

该工艺原水的主要特点是：高温、低硬、高硅、高氯。高温可以使蒸发能耗更低、低硬不易结垢，是本工艺的优势。同时原水硅含量较高，蒸发浓缩后硅容易析出，堵塞蒸发布水器，所以该工艺采用调节 pH 值增加硅的溶解度的方法避免结垢。高含盐水 MVC 处理检测结果见表 3。该工艺实现了高含盐水的高效回收利用，水回收率≥90%，产水矿化度≤50mg/L，满足过热锅炉和流化床锅炉水质指标，工艺流程简单，工程投资低。

表 3　高含盐水 MVC 处理检测结果

序号	项目	原液	产水	浓水
1	pH 值	11.7	6.3	12.5
2	SiO_2 含量 /（mg/L）	314	9	2429
3	总硬度	未检出	未检出	未检出
4	矿化度 /（mg/L）	16159	35.6	251050
5	总碱度 /（mg/L）	2063	5.8	39316
6	含油量 /（mg/L）	2.4	未检出	250

3　效益分析

新疆油田经过 10 多年技术攻关，形成了稠油开发采出水处理及资源化利用技术。近 10 年累计回用稠油采出水约 $2\times10^8m^3$，节约清水量约 $1.8\times10^8m^3$，节约锅炉燃料天然气 $11\times10^8m^3$，减少排污费 0.9 亿元，创效约 20 亿元，具有重大的经济效益和社会效益。

4　结论

（1）“离子调整旋流反应”技术通过在采出水中加入特定的离子调整剂，控制采出水 pH 值 8.0～9.0，去除易结垢成分，腐蚀率下降 30%，并提高了水质稳定性，并配合效旋流反应器使药剂充分反应，实现悬浮物快速沉降。

（2）“除硅净化一体化”技术充分发挥水质净化与化学除硅的协同作用，产水达到硅含量≤80mg/L、含油量≤2mg/L、悬浮物含量≤2mg/L，该工艺具有加药量少，成本低、污泥量少等优点。

（3）反渗透除盐装置主要处理净化软化水，耐温 95℃，产水率为 70%，脱盐率为 85%，产水矿化度≤700mg/L，优于过热锅炉和燃煤锅炉用水指标。同时该工艺对来水水质要求严格，特别是硅和油对装置影响较大，需要做好预处理工作。

（4）MVC 装置主要处理高含盐水，水回收率≥90%，产水矿化度≤50mg/L，优于过热锅炉和流化床锅炉水质指标，工艺流程简单，工程投资低，但运行成本相对较高。

参考文献

[1] 骆伟，王爱军.新疆油田稠油污水处理资源化利用技术[J].油气田地面工程，2009，28(9)：62-63.

[2] 吴奇，汤林，等.油气田污水污泥处理关键技术[M].1版.北京：石油工业出版社，2017：98-119.

[3] 张学鲁.油田污水高效净化与稳定处理技术及其有效利用影响研究[D].成都：西南石油学院，2003：1-30.

稠油污水处理达标外排配套工艺技术研究与应用

刘　鑫

（中国石油辽河油田曙光采油厂）

摘　要　辽河油田曙光采油厂开发方式多样，污水成分复杂。本文从油田稠油污水处理达标外排的特点出发，对油田稠油污水达标外排的工艺进行系统分析，通过分析现有技术及部分创新，为油田稠油污水处理达标外排配套工艺技术提供了解决方案。

关键词　稠油污水；污水排外；达标外排

辽河油田曙光采油厂开发形式多样：SAGD、火驱、化学驱等，采油以及脱水工艺段投加了大量化学药剂，污水温度高、含盐高及成分复杂，使得污水处理难度加大。在环保形式如此严峻的情况下，如何将此类污水进行处理并达到外排标准，已经是影响到油田正常生产的重要问题。

1　稠油污水处理达标外排思路

污水处理厂接收采油污水中主要含有长链脂肪烃类、矿物油、高分子聚合物、氯化物、磷酸盐、表面活性剂等化学成分，具有温度高、乳化性强、碱度高、成分复杂、原油物性差、悬浮物含量高、水质水量波动大等显著特点[1]。

考虑到以上问题，污水处理系统先采用物化处理技术处理污水中的石油类及悬浮物，再采用生化处理技术处理水中的化学需氧量，使污水最终达到含油量≤3mg/L、悬浮物含量≤20mg/L、COD≤50mg/L，达到地方外排标准，见表 1[2]。污水处理工艺流程如图 1 所示。

表 1　水处理站进水水质及出水要求

指标	水处理站进口	外排标准
含油量 /（mg/L）	455.7	≤3
悬浮物含量 /（mg/L）	1876.5	≤20
化学需氧量（COD）/（mg/L）	2006.4	≤50

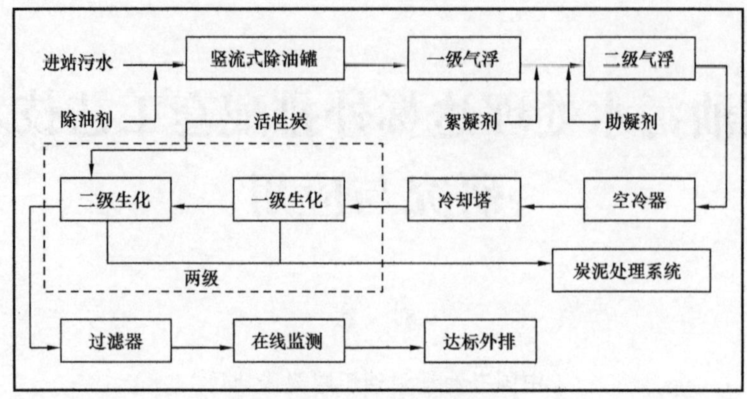

图1　污水处理工艺流程简图

2　工艺技术及原理

2.1　污水物化处理工艺技术路线

2.1.1　混凝工艺特点

曙光采油厂稠油采用热采开发，随着注入大量高温蒸汽，容易使原油乳化形成O/W型乳化颗粒，粒径小于1μm，表面常常覆盖一层带负电荷的双电层，体系较稳定，不易浮上水面，较难处理，因而本课题采用投加混凝剂的方法进行破乳，其原理是：向乳化废水中投加混凝剂，水解后产生胶体，吸附油珠，并通过絮凝产生矾花等物化作用或通过药剂中和表面电荷使其凝聚，或由于加入的高分子物质的架桥作用达到絮凝，然后通过沉降或气浮的方法将油类分离去除。该方法适应性强，可去除乳化油以及部分难以生化降解的复杂高分子有机物。

2.1.2　气浮工艺特点

气浮法是固液分离或液液分离的一种技术。它是通过产生大量的微气泡，使其与废水中密度接近于水的固体或液体污染物微粒黏附，形成密度小于水的气浮体，在浮力的作用下，上浮至水面形成浮造，进行固液或液液分离[8]，整个气浮处理过程大致可分为4个部分：

（1）在含油废水中产生气泡；

（2）废水中气泡和悬浮油滴间的接触；

（3）油滴和气泡间的黏附；

（4）气泡与油滴的混合物上升至水面，然后撇去浮油。

一级气浮添加铝系絮凝剂与助凝剂，去除悬浮物类型有机污染物；二级气浮投加氯离子系絮凝剂与助凝剂，利用氯离子系破乳剂破坏双电层结构能力强，使得乳化、半溶解类有机污染物去除[3]，使用司笃克斯定律：

$$t=S/\left[(2/9)\ g\cdot r\ (d_1-d_2)\ /\eta\right]$$

式中　S——沉降的距离，cm；

g——重力加速度，g=981cm/s；

r——沉降颗粒的半径，cm；

d_1——沉降颗粒的密度，g/cm³；

d_2——介质的密度，g/cm³；

η——介质的黏滞系数，g/（cm·s）。

控制气浮各项参数，进而降低出水化学需氧量，并降低污水中 Fe^{3+} 量，减少延迟反应时间，降低管线及设备中铁离子污垢结构速率，保证后续生物处理水质要求，具体浮选机结构如图 2 所示。

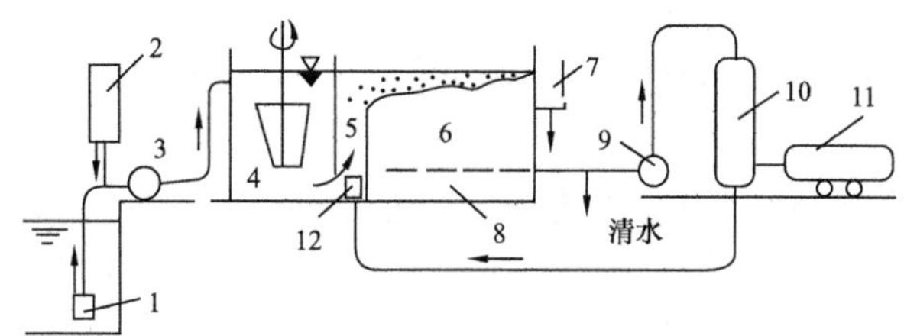

图 2　浮选机结构图

1—废水进水水口；2—凝聚剂投加设备；3—水泵；4—絮凝池；5—气浮池接触室；6—气浮池分离室；7—排渣槽；8—集水管；9—回流水泵；10—压力溶气罐；11—空气压缩机；12—溶气释放器

2.2　污水生化处理工艺技术路线

两级 PACT 工艺技术：一级 PACT 以活性炭为载体，将形成生物膜法；二级 PACT 发挥活性炭吸附能力，同时将活性炭作为介质形成活性污泥法。气浮出水降温处理（降至 40℃）进入生化阶段，微生物本地驯化，投加适合的菌种与活性炭，鼓风曝气，以活性炭为载体进行生物挂膜，形成一级 PACT 工艺，利用微生物的代谢作用，将有机污染物分解成二氧化碳和水去除；二级 PACT 工艺利用活性炭吸附能力进行污染物有效去除，同时将活性炭作为流动介质形成活性污泥法，出水经过二级沉降池及过滤器进行物理去除，达标外排。

污水生化处理工艺技术路线的关键在于建立生化系统模型，构建关键因素定量调整模式。好氧生物降解示意如图 3 所示。

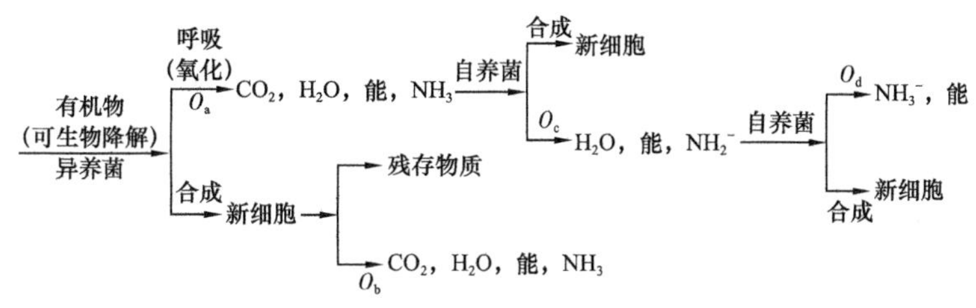

图 3　好氧生物降解示意图

建立活性炭、聚丙烯酰胺对比综合评价体系及液碱、尿素、磷酸二氢钾质检标准，使得生化处理药剂明晰，为药剂微调、生化等量控制建立定量基础。

针对生化系统瓶颈的指标温度，建立温控曲线，强制冷却系统嵌入二级浮选，温度降至 40℃后进入生化阶段，依据菌种类型与活性炭加药比例，控制搅拌速率，建立生化系统模型，对温度、活性炭投加浓度、菌群种类及数量、食微比、BC 比、沉降比、溶解氧、回流比、碳氮磷比（C：N：P=100：5：1）等关键因素以生产数据、图形描述、线性分析等手段及关键因素的技术控制，突出活性炭流体的活性污泥法与活性炭载体的生物膜法相结合的新型污水处理模式。

食微比在实际应用中以 BOD—污泥负荷率来表示：

$$N_S=QL/XV$$

式中：N_S 为污泥负荷率，kg（BOD_5）/［kg（MLSS）· d］；Q 为污水流量，m^3/d；L_a 为进水有机物（BOD）浓度，mg/L；X 为混合液悬浮固体（MLSS）浓度，mg/L；V 为曝气容积，m^3。

BC 比（B：C）≥0.25，其中，B 为 BOD_5 值，mg/L；C 为 COD_{Cr} 值，mg/L。

沉降比：

$$SVI=\frac{SV\times 10}{MLSS}$$

式中：SV 为污泥沉降比，%；SVI 为活性污泥容积指数；$MLSS$ 为悬浮污泥浓度，mg/L。

溶解氧 DO（O_2，mg/L）=$M\times V\times 8000/100$，其中：M 为硫代硫酸钠标准溶液的浓度，mol/L；V 为滴定消耗硫代硫酸钠标准溶液体积，mL。

水体好氧曲线和水体复氧曲线如图 4 和图 5 所示。

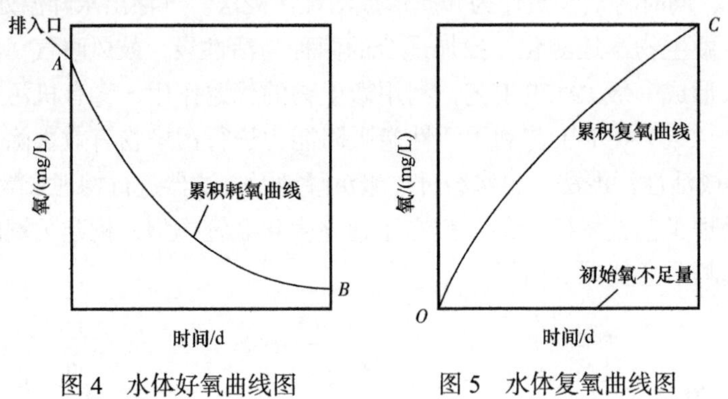

图 4　水体好氧曲线图　　图 5　水体复氧曲线图

3　现场应用及效果评价

3.1　物化处理效果

由运行阶段的平均值可看出，经污水物化工艺处理后，稠油污水石油类和悬浮物均达到外排要求，化学需氧量由原来的 2006.4mg /L 降至 605.4mg/L，完全满足进入生化段处理的需要，见表 2。

表 2　物化处理效果表

参数	进站污水	二级浮选工艺出水
含油量 /（mg/L）	455.7	2.3
悬浮物含量 /（mg/L）	1876.5	9.1
化学需氧量 /（mg/L）	2006.4	605.4

3.2　生化段处理效果

微生物本地驯化技术和活性炭生化载体技术作为污水生化处理技术的核心，主要是利用二级浮选工艺出水比较稳定的状态，控制一定比例的重度回水，使得一级 PACT 工艺微生物受到人为可控冲击，以适应现场状态，提高微生物活性及抗冲击能力；而二级 PACT 工艺活性炭作为流动介质形成运行较为稳定的活性污泥法，使得生化处理工艺具有更好的处理能力。微生物镜检数据见表 3，微生物如图 6 至图 11 所示。

表 3　微生物镜检数据表

指示性微生物种类	指示性微生物平均值 / 个	指示性微生物峰值 / 个	指示性微生物控制标准 / 个
共计出现 7 类	13	31	5

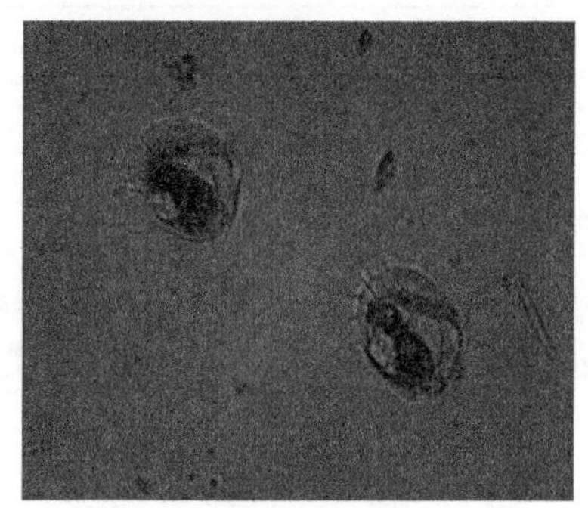

图 6　游仆虫

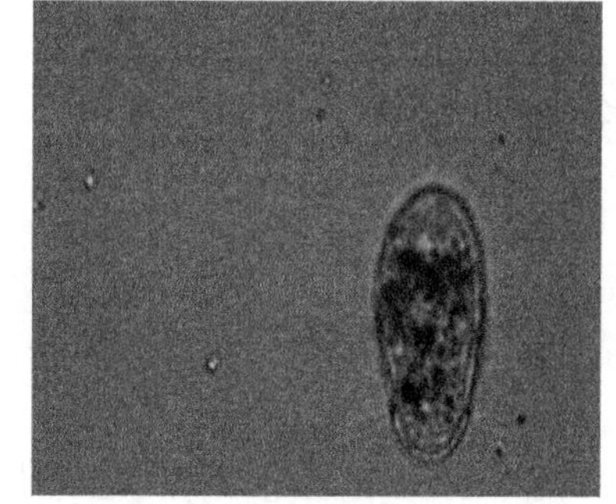

图 7　楯纤虫

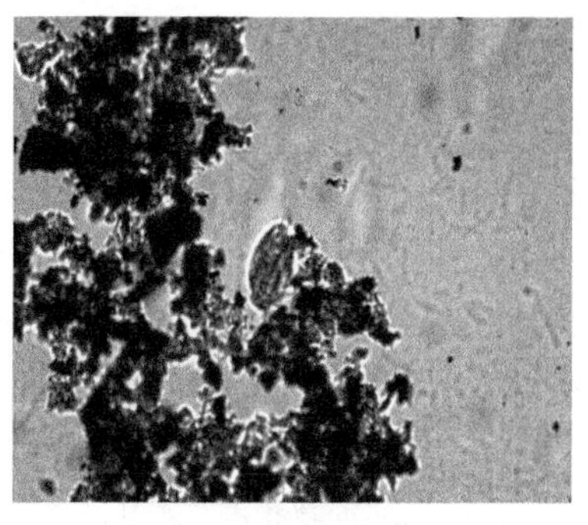

图 8　尾棘虫

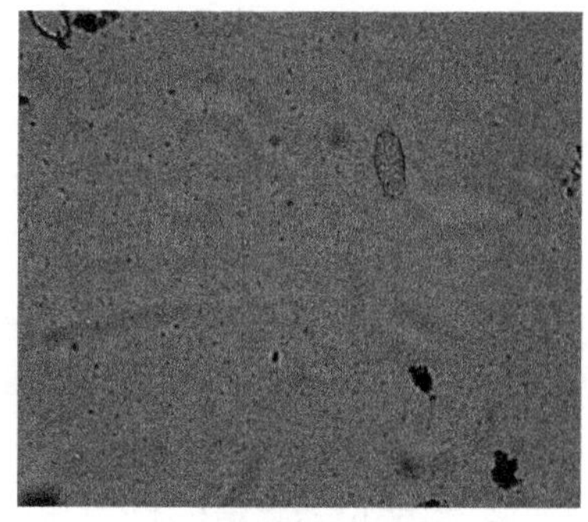

图 9　吸管虫

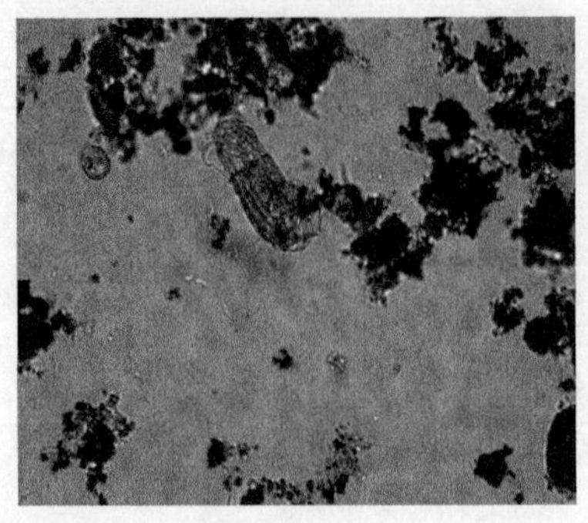

图 10　榴弹虫

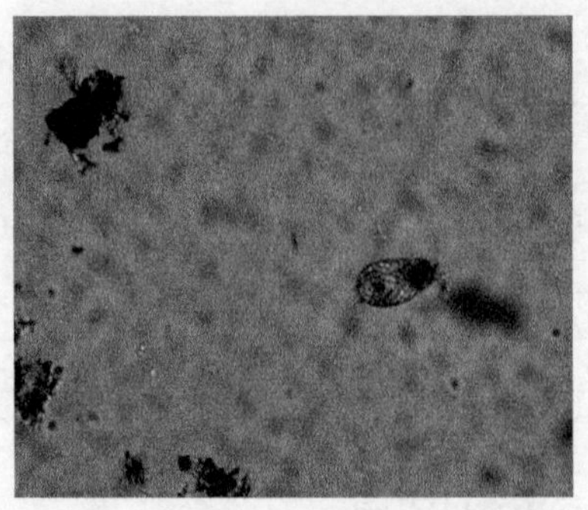

图 11　斜口虫

活性炭投加系统工艺技术、生化池中心辐射曝气技术与二级沉降池中心进水周边出水技术使得活性炭作为生产运行条件得以有效控制，同时使得活性炭资源得到有效利用，并使得二级沉降池出水各项指标均平稳，更利于生化系统有效去除各项污染物。生化出水数据见表 4。

表 4　生化出水数据表

项目	石油类 /(mg/L)	悬浮物含量 / (mg/L)	化学需氧量 / (mg/L)	总磷 / (mg/L)	氨氮 / (mg/L)
控制指标	3	20	50	0.5	8
生化出水	0.1	5.6	39	0.1	5.3

4　结论

通过对稠油污水达标外排配套工艺技术的研究及应用得出以下几点结论：

（1）混凝处理技术和气浮处理技术完全满足对稠油污水物化处理段处理的需求，将非有机污染物控制在很小的范围，为生化处理提供必要的前提。可将稠油污水中的石油类及悬浮物含量处理至符合外排的标准。

（2）两级“PACT”工艺可将稠油污水中的 COD 由 700mg/L 将至 50mg/L 以下，实现稠油污水达标外排。

参 考 文 献

[1] 胥尚湘，周厚安 . 国内外气田水处理技术现状［ J ］. 天然气工业，1995，15（ 4 ）: 63-66.

[2] 丁忠浩 . 有机废水处理技术及应用［ M ］. 北京：化学工业出版社，2002: 54-70.

[3] 徐亚同，史家燥，张明 . 污染控制微生物工程［ M ］. 北京：化学工业出版社，2001.

[4] 刘海洋，浦燕泳 . 含油废水的处理［ J ］. 化工环保，1994，14(4): 248-250

[5] 杨云霞，张晓健 . 我国主要油田污水处理技术现状及问题［ J ］. 油气田地面工程，2001，20（ 1 ）: 183-184.

[6] 宁奎，张喜瑞，郎宝山 . 混凝法处理采油污水的研究与应用［ J ］. 水处理技术，2001，27（ 2 ）: 78-80.

[7] 姜率维 . 含油污水预处理场的运行与技术改进［ J ］. 化工安全与环境，2007，20（ 20 ）: 16-20.

稠油污水回用注汽锅炉技术应用研究

张景鑫

（中国石油辽河油田公司高升采油厂）

摘　要　高升采油厂主要包含高升油田和牛心坨油田，以稠油和高凝油生产为主。高一联合站主要负责高升油田原油脱水及污水处理任务，2007年改造后设计污水处理能力为3000m^3/d，处理后污水主要用于油田开发注水和洗井用水。随着油田开发进入中后期，污水产耗不平衡的矛盾日益严重：一方面高升油田注汽锅炉全部使用清水，造成该地区地下清水资源严重不足，注汽运行成本偏高；另一方面，原油开采产生大量污水没有回用，只是处理后回注，既浪费了污水的热能，也造成注水运行成本偏高。因此，结合注汽用水和剩余水量的关系，研究应用稠油污水回用注汽锅炉技术，既提高了污水回用率，又可以节约大量清水费用，降低企业成本。

关键词　稠油污水；污水回用；深度处理工艺；效益分析

1　工艺现状

高一联合站建于1978年，于1996年和2007年进行过两次改造，改造后污水处理系统设计处理能力为3000m^3/d，处理后污水主要用于油田开发注水和洗井用水。设计处理后水质指标：含油量≤2mg/L、悬浮物含量≤5mg/L，目前工艺存在如下问题：

（1）高一联合站污水处理系统超负荷运行。高一联原设计处理能力为3000m^3/d，目前实际处理量为3300m^3/d，造成出水悬浮物超标严重。造成雷一注水钻硅藻土过滤器无法正常运行，无法满足低渗透区块注水水质标准，长期如此运行将对地层造成伤害，影响油田开发效果。

（2）油田水系统不平衡情况日趋严重。根据地质开发部门未来10年规划，产生水量大于开发回注水量，过剩污水回注处理，将影响油田正常开发。

（3）注汽系统需要使用大量清水。高升采油厂每年注汽清水用量约$53\times10^4m^3$，需要增加大量的水资源费，软化清水需要车载拉运，造成运输成本过高。同时清水较污水温度低，需要大量的热能，增加注汽燃料费用。

高一联合站污水处理系统工艺流程如图1所示。

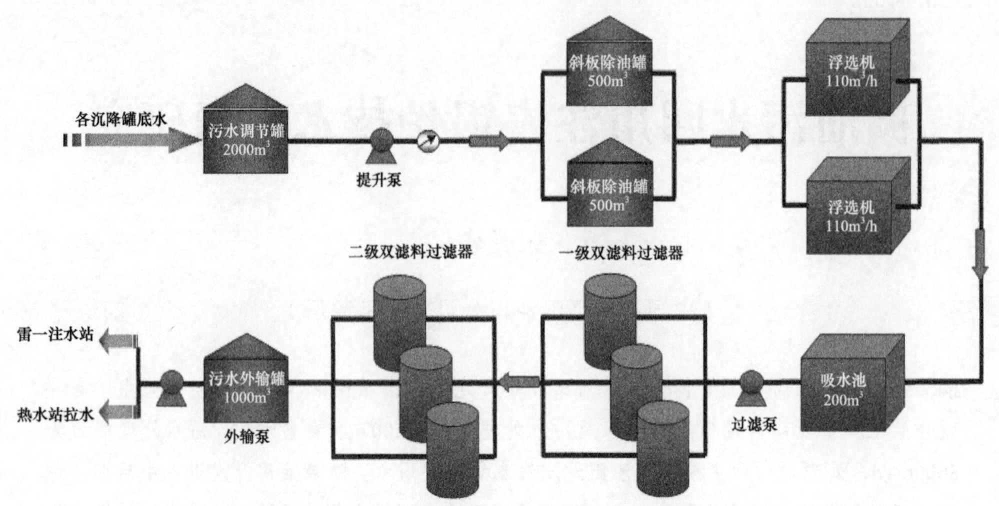

图 1　高一联合站污水处理系统工艺流程示意图

2　工艺流程及设计参数

2.1　水质情况

根据目前高一联合站注水水质化验结果同 SY/T 0027—2014《稠油注汽系统设计规范》规定对比（表 1），需要处理指标有悬浮物、总硬度两项指标。其中二氧化硅根据标准要求的，当源水碱度大于 3 倍二氧化硅含量，而且不存在其他结垢离子的情况下，二氧化硅含量可以放宽至 150mg/L 的要求，结合辽河油田已建污水深度处理站现有除硅工艺均已停运，注汽锅炉运行良好经验，不考虑除硅工艺。

表 1　水质对比分析表[1]

指标	高一联合站源水水质	注汽锅炉用水水质	高一联合站软化水水质
油和脂 /（mg/L）	2	≤2	≤2
悬浮物含量 /（mg/L）	12	≤2	≤5
总硬度 /（mg/L）	114	≤0.1	≤0.1
二氧化硅含量 /（mg/L）	105	≤50	≤150
总碱度 /（mg/L）	1479	≤2000	≤2000
可溶性固体含量 /（mg/L）	3964	≤7000	≤7000
pH 值	7.85	7.5～11	7.5～11

2.2　工艺流程

根据目前高一联合站注水水质情况及目前水处理系统负荷情况，需要扩建常规处理工艺，近一步处理污水中的含油和悬浮物，使其达到注汽锅炉用水需要。新建软化处理工艺和软化污水低压供水管网，利用大孔弱酸树脂吸附污水中的钙离子和镁离子，达到注汽锅炉用水水质需要，并通过低氧供水管网将处理合格的软化污水供附近注汽锅炉使用[2]，如图 2 所示。结合未来油田注水开发和注汽开发需要，最终确定高一联污水站处理规模，其中常规注水处理能力 3000m^3/d，污水软化能力 2000m^3/d。

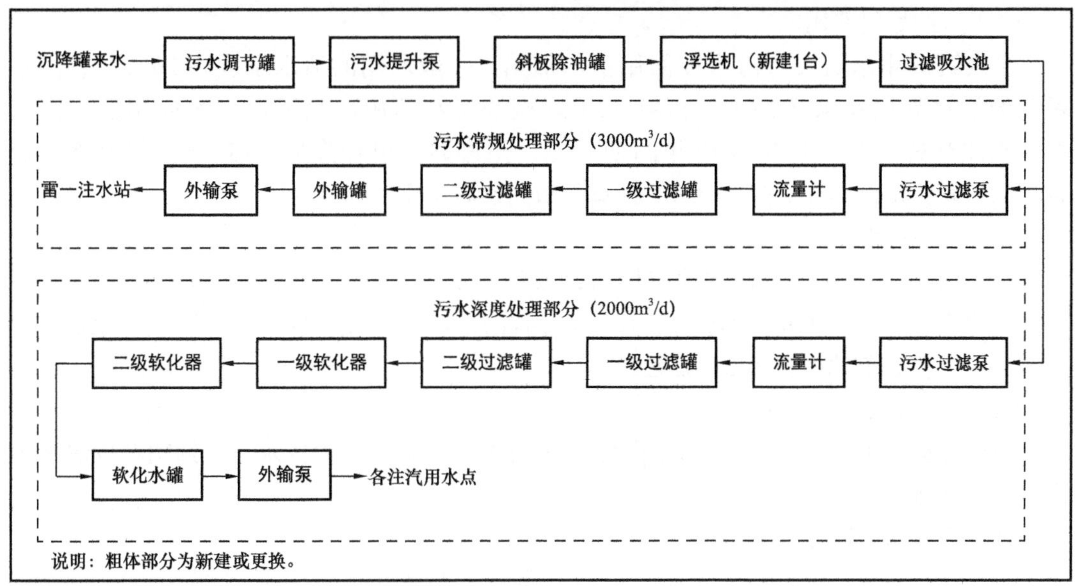

图 2　新建高一联合站污水处理工艺流程图

2.3　主要新增设备设施

为解决常规处理流程超负荷运行，出水水质含油和悬浮物无法满足注汽锅炉用水需要，同时满足新增 2000m^3/d 软化污水需要，常规工艺应达到 5000m^3/d 的处理能力，需要对常规工艺进行扩建，达到出水水质需要。经校核原污水调节罐和除油罐满足设计需要，浮选机原设计规模为 3000m^3/d，需新建一台复选及设计能力 Q=110m^3/h。原过滤工艺设计能力为 3000m^3/d，需新建两级双滤料过滤器共计 4 台，满足常规工艺需要。

为解决污水软化问题，需新建两级大孔弱酸树脂罐共计 4 台，实现软化处理能力 2000 m^3/d。同时配套建设酸、碱再生工艺，满足树脂再生需要。并选用钢丝网骨架聚乙烯塑料复合管代替普通的外防腐钢管线作为低压供水管线，该管线具有使用寿命长，水头损失小等优点，适合软化污水的输送[3]。

3　应用效益分析

3.1　应用效果

高一联合站污水深度处理系统改造工程于 2019 年 1 月投产运行，1—8 月累计稠油污水回用注汽过炉 29.4 × 10^{4}m^3，替代清水 29.4 × 10^{4}m^3，减少污水回注 29.4 × 10^{4}m^3。

3.2 效益分析

（1）节约清水费用。

稠油污水回用注汽锅炉技术应用后，累计替代清水注汽 $29.4\times10^4m^3$，按清水费用 3.37 元 /m^3 计算，节约清水费用 99.1 万元。

（2）节约燃料费用。

注汽锅炉用水需要将清水或回用污水加热，一般取用的清水温度在 20℃左右，处理后的污水温度在 45℃左右，温差 25℃。稠油污水回用注汽锅炉技术应用后，将使用污水注汽的锅炉单耗与 2018 年同期对比，注汽燃气单耗降低 $1.18m^3/t$，节约燃气量 $34.7\times10^4m^3$；按天然气价格 2 元 /m^3 计算，节约燃料费用 69.4 万元。

（3）节约污水回注电费。

稠油污水回用注汽锅炉技术应用后，累计减少污水回注 $29.4\times10^4m^3$，按雷一注平均注水单耗 5.51kW·h/m^3 计算，节约污水回注用电 162×10^4kW·h；按电费 0.667 元 /（kW·h）计算，节约电费 108.1 万元。

（4）节约罐车保水运费。

稠油污水回用注汽锅炉技术应用后，所有注汽站点均由管输供水，节约罐车拉清水运费 166 万元 /a。

（5）污水深度处理费用。

稠油污水回用注汽锅炉技术应用后，累计消耗酸 187.62t，消耗碱 244.26t，耗电 20.52×10^4kW·h，污水深度处理单方运行成本为 3.45 元 /m^3，增加运行成本 101.4 万元。

（6）综合经济效益。

综上，稠油污水回用注汽锅炉技术应用后，其综合经济效益 = 节约清水费用 + 节约燃料费用 + 节约电费 + 节约运费 – 污水深度处理费用 =341.2 万元，单方节约运行成本 11.6 元 /m^3，即每回用 $1m^3$ 污水可产生 11.6 元的经验效益[4]。

4 结论

（1）大大降低了注汽系统运行成本，达到了节能降耗、降本增效的根本目的。

（2）稠油污水回用注汽锅炉技术是以宏观的视角，立足长远，统筹兼顾，有效地解决了我厂污水产耗不平衡的问题。

（3）稠油污水回用注汽锅炉技术的成功应用，既符合国家政策法规，又有利于辽河油田企业可持续性发展战略，具有十分重要的推广意义。

参考文献

[1] 张志东 . 辽河稠油污水处理技术研究与应用［D］. 大庆：东北石油大学，2010.

[2] 王宝峰 . 稠油污水处理技术研究［D］. 大庆：东北石油大学，2010.

[3] SY/T 0027—2014　稠油注汽系统设计规范［S］.

[4] 王莉莉，党伟 . 油田热采污水回用技术及效益分析［J］. 环境工程，2014，32（增刊）：91–94.

鲁克沁油田稠油采出水处理工艺研究与应用

梁新坤[1]　席燕卿[1]　李大勇[1]　杨文博[1]　王翠明[1]　于　喆[2]

（1. 中国石油吐哈油田公司鲁克沁采油厂；2. 中国石油吐哈油田公司开发部）

摘　要　鲁克沁油田是一个注水开发的稠油油田，随着油井注水受效比例增大，提液增产工作量增加，采出水量呈不断上升趋势。为实现油田经济、有效注水，减轻环境污染，降低油田开发成本，进行了采出水生化处理后回注工艺的研究与应用。在采出水处理工艺上，优选“倍加清”4 号和 7 号联合生物菌群，对有机质平均去除率达到 96%；进行加药方案优化研究，确定了絮凝剂、除氧剂和杀菌剂等最佳加药方案，现场采出水经处理后，悬浮物、粒径中值、含油和细菌等水质主要控制指标均达标，同时系统运行平稳，实现了合格污水回注。另外，在室内分别进行了注清水和污水后对储层的伤害情况进行研究，确定了清污混注时的最佳混配比，为油田下步清污混注奠定了技术基础。

关键词　稠油油田；采出水；生化处理；水质；清污混注

鲁克沁油田位于吐哈盆地台南凹陷北部的鲁克沁构造带上。鲁克沁构造带呈北西—南东向展布，面积 150km^2，目前已发现 30 多个局部圈闭，圈闭面积 73.9km^2。构造带为东高西低。主要目的层为三叠系克拉玛依组（T_2k）和二叠系梧桐沟组（P_2w）。油藏埋深 2300～4100m，20℃地面原油密度为 0.9668g/cm^3，50℃地面脱气原油黏度为 20150mPa·s，凝固点为 14℃，含蜡量为 3.11%，沥青质含量为 18.32%，地下原油黏度为 194～526mPa·s。地层压力系数为 1.003MPa/100m，属正常压力系统；地温梯度为 2.4℃/100m，属异常低温系统。油田地层水密度为 1.02g/cm^3，矿化度为 10×10^4～12×10^4mg/L，$CaCl_2$ 水型。油田含油面积为 18.73km^2，开发动用石油地质储量为 4902×10^4t，自 1997 年投入单井试采，1999 年进行规模开发，截至 2016 年底，生产能力达 78×10^4t/a。前期通过室内物理模拟实验，对水、蒸汽、化学剂段塞、二氧化碳段塞、天然气段塞和烟道气段塞等驱油效率进行评价和筛选，研究表明，注水开发是经济可行的开发方式。为此，2003 年 7 月在鲁克沁油田中区的东块——鲁 2 块开展了单井注常温清水试验，2004 年 12 月对应油井均不同程度见到了注水效果，使注水开发得以应用到该油田各个区块。目前，鲁克沁油田已全面注水开发，通过注水见效油井提液，油田产量递减趋势得到有效遏制，部分断块油井产量还稳中有升，取得了较好开发效果。

1　油田注水开发现状

鲁克沁油田有油水井总数 864 口，其中油井 629 口，正常开井 586 口，日产液 5231m^3，日产油 2003t，日产水 3056m^3，综合含水 58.5%，平均单井日产油 3.4t；注水井

238 口，开井 224 口，日注水 6050 m^3，平均单井日注水 27m^3。

2 采出水处理的紧迫性

鲁克沁油田已进入中高含水开采阶段，为保持注采平衡，注水量需求不断增大，预计 5 年后，采出水将达到 $171\times10^4m^3/a$。由于油田地处火焰山风景区，节能减排、环保压力较大，因此，对稠油采出水进行处理并达标回注，既可以有效实现油田高效注水开发，同时也可减轻环境污染，达到节能降耗的目的。

3 采出水处理技术研究

3.1 采出水处理技术优选

通过调研，目前国内主要采用的污水处理技术有物化处理和生化处理两种工艺[1]，通过比较（表 1），生化处理工艺技术具有明显的优势。尤其是针对稠油，因其黏度大，凝固点高，无法应用分离器进行脱水，采用破乳剂进行脱水后，采出水含油量相对较高，应用常规物化法处理工艺对有机质去除率低，处理后污水的含油指标难于达标。因此，选择生化处理工艺技术。

表 1 物化处理与生化处理工艺对比表

序号	项目	生化处理工艺	物化处理工艺
1	除油能力	能有效降解油及其他难降解有机物质，并且优于回注标准要求，同时降低了 S、Fe 离子含量，可抑制其他细菌的生长	能去除部分油，但难以达到排放要求和进过滤器入口设计要求
2	系统稳定性	耐冲击负荷强，包括水质变化和水量变化，出水水质稳定	不耐冲击负荷，当水质水量变化大时，出水水质也会发生变化，出水水质难以保障
3	运行成本	投资少，运行费用低，自动化程度高，操作维护简单，劳动强度小，安全性能好	投资大，运行费用高，操作复杂，劳动强度大
4	出水水质	出水保持原有成分，注水互配性好，剩余污泥量小且不含油泥，对环境无二次污染	出水成分复杂，改变了原水性质，剩余污泥量大含油泥，对环境造成二次污染
5	启动时间	启动时间长，需要培养驯化微生物时间，对污水温度有要求	启动时间快，对污水温度要求不高

3.2 生物菌群优选

3.2.1 专性微生物的降解机理[2]

油田产出水中的油主要以浮油为主，它是一种含有多种烃类及其他有机物的复杂混合物，一般的微生物难以代谢降解，而且在油田采出水这类高含盐量的污水中没有活性。而选用的倍加清专性菌能适应高含盐量油田采出的污水，不但能降解水中的油，而且对降低

COD_{Cr}（化学需氧量）的作用也十分明显。微生物处理系统的关键是给予这组联合菌适当的生长环境和停留时间，使专性联合菌群能在适宜的条件下不断生长和繁殖，降解油类和降低 COD_{Cr}。

专性微生物是一组好氧菌，在有氧分解的作用下，溶解性有机物透过细菌的细胞壁，被细菌所吸收，固体和胶体的有机物是附着在细菌体外，由细菌所分泌的一种特殊的酶分解成可溶性的物质，再渗入细胞体内，从而细菌通过自身的生命过程完成氧化、还原、合成等过程，把复杂的有机物分解成简单的无机物（CO_2 和 H_2O 等），放出的能量一部分供其自身生存与繁殖。

3.2.2　专性微生物菌群优选[3]

鲁克沁油田由于采出水矿化度高（表 2），稠油破乳脱出水温度高，地表环境温差大，因此要求生物菌群必须具有耐盐、耐高温性能，且易存活，繁殖力和去除有机质能力及抗毒性冲击能力强，同时要求技术成熟、安全环保性好，通过优选，最后确定选用“倍加清”4 号和 7 号专性联合菌群，它对有机质去除率达到 96%，代谢产物为 H_2O 和 CO_2，完全满足安全环保技术要求。

表 2　鲁克沁油田采出水水质全分析参数表

取样地点	pH 值	离子含量 /（mg/L）						总矿化度 / mg/L	水型
		HCO_3^-	SO_4^{2-}	Cl^-	Ca^{2+}	Mg^{2+}	K^++Na^+		
污水接收灌	6.6	184	239	56634	7165	408	28380	111177	$CaCl_2$

3.3　采出水处理工艺流程

鲁克沁油田鲁中联合站污水处理工程于 2009 年 5 月投运，2012 年 7 月扩容，采用生化处理结合过滤工艺，设计处理能力为 4000m^3/d，工艺流程如图 1 所示。

3.3.1　工艺流程描述

采出水在沉降罐进行重力除油后，流入隔油池进行二次收油，然后进入调节池。调节池内设置预曝气装置，一方面调节水质和水量，另一方面，通过曝气初步降解部分有机污染物。调节池的出水用提升泵泵入本套系统的主要处理设备——微生物反应池，池中投加“倍加清”高效联合菌群，该菌群是针对油田采出水特点开发出的专性菌，在高含盐量的采出水中具有较高的活性，可以高效地降解采出水中的有机物和油类等污染物质，微生物通过自身的生命活动将污染物转化为简单的无机物。微生物反应池内装有半软性填料，风机通过安装在微生物反应池底部的曝气器为微生物供气。在运行过程中，需定期向反应池内投加“倍加清”专性联合菌群，同时投加与专性菌匹配的专性营养剂和抗表面活性剂，以保持专性菌的优势和活性，提高采出水的可生化性及去除效率。经生化处理后的污水自流流入沉淀池，在沉淀池中投加少量的生物聚凝剂辅助污泥沉淀，同时生化降解后的无机物以及部分生物污泥、菌尸体也在这里得到沉淀处理。沉淀后的污水经过缓冲，进行杀菌、除氧，经两级过滤器过滤，达到回注标准，进入回收罐储用待回注。

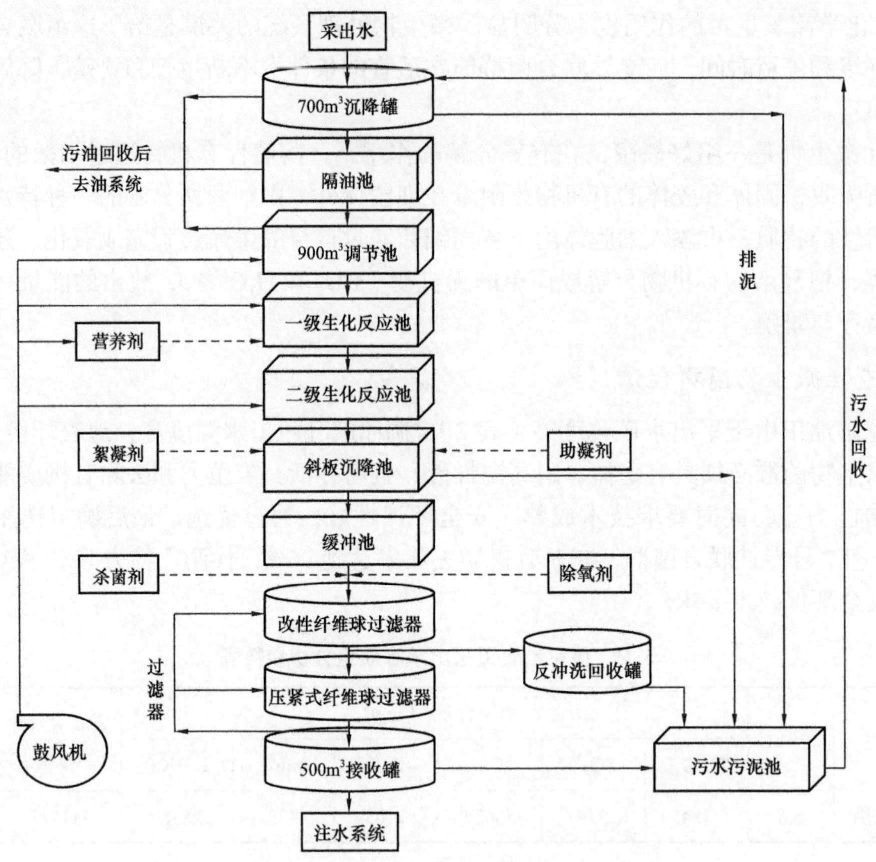

图 1　鲁克沁油田采出水处理工艺流程图

3.3.2　工艺流程优点

与物化处理流程相比，微生物处理流程具有如下突出的优点：

（1）油类等有机污染物等的降解采用微生物处理方法去除，具有去除效率高，效果稳定的特点；

（2）无须配置反冲洗水泵等大功率电动机设备，因此处理能耗低；

（3）投加药剂种类少且安装功率小，因此处理成本低；

（4）运行管理简单；

（5）不会对处理设备造成污染，能保证设备长期稳定运行，出水水质稳定。

3.4　加药方案优化研究

3.4.1　絮凝剂和助凝剂[4]

经过生化处理后，下游出水被去除了大部分油及有机物，但还含有少量不可降解的有机物和悬浮物，需要选择具有强絮凝和降浊效果的絮凝剂和助凝剂进行处理。通过室内实验，分别选用聚合氯化铝和聚丙烯酰胺作为絮凝剂和助凝剂，当投加量分别为 115mg/L 和 1.7mg/L 时，采出水中的悬浮物具有沉降速度快、絮体大、水质清澈、絮凝效果好的特点。

3.4.2　杀菌剂

油田回注水中的细菌主要是硫酸盐还原菌（SRB），它是在缺氧条件下生长在水中的一种特殊微生物，并对铁起到腐蚀作用，形成非晶形的硫化亚铁沉淀，采出水回注时，易堵塞储层，降低注水井的注入能力，同时产生硫化氢气体，增加安全隐患；其次是铁细菌（FB）和腐生菌（TGB），同样，也能引起储层堵塞[5]。结合油藏流体特点，通过实验，选用 Z–42 工业灭菌剂作为杀菌剂，采用冲击投加方式，投加频率 2 次 / 月，每次 200kg，当投加量为 80mg/L 时，采出水中未检测到细菌。

3.4.3　除氧剂

油田污水处理系统常用除氧剂有二氧化硫、亚硫酸钠、亚硫酸氢钠、亚硫酸氢铵和联氨等，由于亚硫酸钠价格低，运输方便，故通常用作油田污水处理系统的除氧剂。实验室内用 18mg/L 的亚硫酸钠在 0.15mg/L 硫酸钴的催化下，即可使采出水中的溶解氧含量降低到 0.05mg/L 以下。

通过以上优选，鲁克沁油田采出水处理加药方案见表 3。

表 3　采出水加药参数表

项目	营养剂	絮凝、助凝剂		除氧剂		杀菌剂
药品名称	专业营养剂	聚合氯化铝	聚丙烯酰胺	硫酸钴	亚硫酸钠	Z–42 工业灭菌剂
加药浓度 / mg/L	4	115	1.7	0.15	18	80（1 月 2 次）

3.5　应用效果

鲁克沁油田采出水处理系统于 2009 年 6 月投运后，通过加药方案优化，按照 SY/T 5329—2012《碎屑岩油藏注水水质指标及分析方法》，处理后水质的各项数值均控制在指标之内（表 4），达标率为 100%，完全实现了合格污水回注。目前油田日处理污水 3520m^3，已累计处理污水 604 × 10^4m^3，向油藏回注 545 × 10^4m^3。

表 4　采出水处理后水质情况表

项目	主要控制指标						辅助性指标
	悬浮物含量 / mg/L	粒径中值 / μm	含油量 / mg/L	SRB/ 个 /mL	TGB/ 个 /mL	IB/ 个 / mL	溶解氧含量 / mg/L
污水水质标准	≤3	≤3	≤5	≤25	≤600	≤600	≤0.05
采出水来水	135	6.2	＞200	—	—	—	1.2
沉降池出口	10.5	5.1	0.3	—	—	—	0.8
压紧式过滤出口	2.8	2.6	0.2	2.5	25	25	0.03

4 油田注污水配伍性评价

由于油田注水量比实际采出水处理量大3000m^3/d，因此，在污水回注时需要注清水进行补充。为评价油田注清污水后对储层的配伍性，进行了不同清污水比列对岩心的伤害性评价，其结果见表5。由表5中可以看出，清污水比例为1∶1时岩心伤害率较大。因此，污水回注有利于减轻储层污染，能使注入流体更好与地层配伍，提高油田注水开发效果，同时还可减轻环境污染，降低油田开发成本。

表5 清污混配对岩心伤害结果表

注入介质	注入比例	岩样号	渗透率 /mD		伤害率 /%
			注入前	注入后	
清水	—	1	3.854	1.696	55.99
污水	—	2	6.202	5.272	15
清：污	1 ∶ 1	3	4.279	3.654	14.61
清：污	1 ∶ 4	4	8.133	8.133	0
清：污	4 ∶ 1	5	4.509	3.468	23.09
清：污	2 ∶ 3	6	3.141	2.552	18.75
清：污	3 ∶ 2	7	2.702	0.933	65.47

5 结论与认识

（1）“倍加清”专性联合菌群比较适应鲁克沁稠油油田采出水的水质环境，对化学耗氧量、石油类、硫化物和挥发酚等物质去除率高，同时结合投加絮凝助凝剂、杀菌剂和除氧剂，在流程末端进行精细过滤，可使油田采出水水质控制在标准指标之内，完全满足油田回注要求。

（2）应用生化处理工艺对油田采出水进行处理，并实施了回注，既提高油田注水开发效果，又减轻环境污染，降低了油田开发成本，有力推进了油田可持续发展。

（3）后期需要进行注污水后地面、井下注水管柱的结垢、腐蚀方面研究。

参考文献

[1] 李平平．油田污水处理技术发展现状及展望［J］．内江科技，2009（7）：79-80.

[2] 王海峰，包木太，李希明，等．采油污水生物降解性实验研究［J］．油田化学，2009（1）：54-58，11.

[3] 王鑫，郭书海，孙铁珩，等．稠油高效降解菌的降解特性及其应用［J］．环境工程学报，2009（4）：586-590.

[4] 徐海民，吴华，曾念．油田污水处理絮凝剂的研究进展［J］．内江科技，2009（8）：15-16.

[5] 陈晓丽．江汉油田注入水杀菌剂的筛选与应用［J］．江汉石油职工大学学报，2009（2）：77-79.

低渗透油田注入水深度处理技术及应用

查广平

（长庆工程设计有限公司）

摘　要　油田注入水富含硫酸根离子，地层水富含钡锶离子，由于两种水质的不配伍性，形成酸碱不溶的硫酸钡锶垢，常规的注入水处理工艺对硫酸根离子处理效果不明显，采取常规处理＋深度处理工艺去处硫酸根离子，防止注入水与地层水结垢，达到提高注采效率目的。

关键词　低渗透油田；注入水；脱硫酸根离子；水处理

近年来，长庆油田主力上产的姬塬油田和环江油田部分区域由于注入水富含硫酸根离子，地层水富含钡锶离子，由于两种水质的不配伍性，形成酸碱不溶的硫酸钡锶垢。

（1）姬塬油田和环江油田等注入水高含 SO_4^{2-}，姬塬油田 SO_4^{2-} 含量为 1080～2852mg/L，环江油田 SO_4^{2-} 含量也达到 2000mg/L 以上，刘峁塬 SO_4^{2-} 含量为 1000～2423mg/L，均属于硫酸钠水型；（2）地层水属于氯化钙水型，富含 Ba^{2+}/Sr^{2+}，Ba^{2+}/Sr^{2+} 含量为 1403～5076mg/L。

注入水富含硫酸根离子，地层水富含钡锶离子，由于两种水质的不配伍性，形成酸碱不溶的硫酸钡锶垢，将对储层造成严重的伤害，导致注水井压力升高，注不进水，采不出油，地面系统结垢严重，油田采收率降低，对油田长期稳产造成重大影响。

1　常规处理

常规处理主要以去除水中的细砂和悬浮物等杂质为主，一般采取二级处理，一级为粗过滤，另一级为精细过滤，工艺流程为：水井来水→加压泵→纤维球过滤器→ PE 烧结管过滤器→储水罐。

2　深度处理

深度处理是通过选择性地脱除注入水 SO_4^{2-}，降低成垢离子含量，减少注水地层的硫酸根离子结垢，降低注水压力，提高注入水驱替效率，最终达到实现原油生产稳定、提高油田采收率的目的。深度处理采取纳滤膜处理技术，纳滤作为反渗透的一种具体方式原理是一样的，不同之处是在压力驱动下反渗透只透过溶剂而截留溶质，而纳滤膜是一种松散型反渗透膜，可以透过溶剂对溶质选择性截留。纳滤的截留分子量范围处于反渗透和超滤之间，截留分子量为 200～1000，对一价离子选择性部分截留，主要截留二价及以上离子，对二价阴离子截留率理论上是 99%，实际对二价阴离子截留率 90% 以上[1]。SO_4^{2-} 属于二价阴离子，纳滤膜对除硫酸根离子的截留针对性很强，硫酸根离子去除率非常高。

2.1 纳滤系统组成

纳滤系统主要由预处理系统、纳滤装置、化学清洗系统及辅助加药系统组成。预处理系统主要由超滤、多介质过滤器、活性炭过滤器和保安过滤器等粗过滤组成。纳滤装置主要由纳滤膜组件、压力容器、高压泵、反渗透滑架、控制仪表及相关压力管道等组合而成。化学清洗系统主要由化学清洗水箱、水泵和清洗保安过滤器等组合而成。辅助加药系统根据原水水质及整个系统需求的不同而采用不同的加药装置，主要由阻垢加药装置和pH调整装置等相互组合而成。

2.2 工艺流程

纳滤系统工艺流程如图1所示。

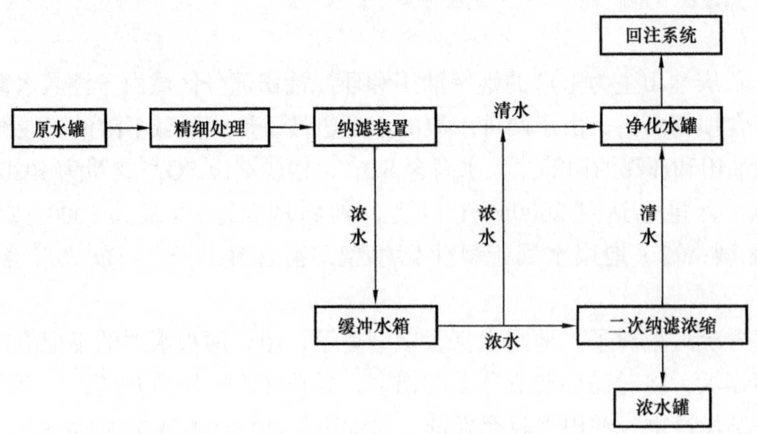

图1　纳滤系统工艺流程图

2.3 纳滤系统特点

纳滤水处理工艺基本上属于物理方法，在诸多方面具有传统的水处理方法所没有的优异特点：（1）纳滤是在室温条件下，采用无相变的物理方法得以使水淡化、纯化；（2）依靠水的压力作为动力，其能耗在众多处理方法中最低；（3）化学药剂量少，无须酸、碱再生处理；（4）无化学废液及废酸、碱排放，无酸碱中和处理过程，无环境污染；（5）系统简单、操作方便，产水水质稳定；（6）适应于较大范围的原水水质，既适用于苦咸水，也适用于低含盐量的淡水处理；（7）设备占地面积少，需要的空间也小；（8）运行维护和设备维修工作量少。

3 现场应用情况

3.1 盆二增注水站应用情况

在盆二增注水站进行先导性试验，实施300m^3/d纳滤装置1套，自投运以来现场运行效果良好，现场水质取样分析表明，硫酸根离子脱除率较稳定，平均脱除率在 85% 以上，各项工艺参数性能可靠。实施效果跟踪显示吸水剖面增加，注水压力下降[2]。

3.2 姬五联合站应用情况

黄 3 区块姬五联合站注入水为 Na_2SO_4 水型，硫酸根离子含量达到 2000mg/L 以上，黄 3 区块地层水为 $CaCl_2$ 水型，钡锶离子含量达到 5000mg/L，注入水与地层水存在硫酸钡锶结垢趋势。2010 年对姬五联合站实施了纳滤处理工艺，设计纳滤水处理量为 $2000m^3/d$，通过对纳滤膜脱硫酸根离子实验水质离子进行检测，硫酸根离子脱除率达到 79%，可以有效减少注入水中硫酸根离子的含量，减缓地层结垢；纳滤水和洛河水对岩心伤害评价不同比例纳滤水对岩心渗透率伤害率均小于相应比例洛河水对岩心渗透率伤害率；纳滤水作为油田注入水，对储层渗透率具有很好的保护作用；注水压力上升趋势缓慢，注水井纵向吸水能力提高，剖面厚度增加，水驱效率得到改善[3]。

3.3 其他应用情况

通过盆二增注水站和姬五联合站先导试验的实施效果，分别在环三注水站、姬四注水站、姬十一注水站、姬十二注水站、姬二十注水站等五座站场实施规模化纳滤处理装置，从现场实际运行的效果来看，有效地缓解了注水压力上升的趋势，改善了水驱效率。

4 结论

油田注入水富含硫酸根离子，地层水富含钡锶离子的油田区块，在现有注入水处理工艺的基础上采取纳滤脱除硫酸根离子，可以有效解决注入水与地层水的硫酸钡锶垢的形成，减少注入水对岩心的伤害，注水压力上升趋势减缓，吸水剖面增加，水驱效率改善。

参考文献

[1] 李志英，郭建萍．纳滤膜除硫酸根与传统除硫酸根方法比较［J］．氯碱工业，2008，44（6）：15-16.

[2] 孟令浩，冯松林，郑伟，等．油田注入水脱硫酸根防钡锶垢现场试验研究［J］．石油化工应用，2013，32（6）：25-27.

[3] 夏玫沁，尤才华，王亚玲，等．姬塬油田纳滤脱硫酸根技术应用效果评价［J］．石油化工应用，2013，32（11）：88-90.

低渗透油田注水站清水处理一体化集成装置研究及应用

张　超　吴志斌　王凌匀　曾　芮

（长庆工程设计有限公司）

摘　要　长庆油田地处陕、甘、宁地区山沟、丘陵、梁峁区，地表径流较少，油田清水水源基本以白垩系宜君组—洛河组承压水为主。注水工艺主要以水驱为主，注水站采用“纤维球粗滤+PE烧结管精细过滤”水处理工艺，处理后的水在清水罐储存，由喂水泵输送到注水泵，升压后注水。根据对现场水质分析研究，清水在注水站内水流变缓或长时间停留、钢制管道腐蚀造成细菌大量增长；为确保水质，减少净化水的停留时间，避免滋生细菌；减少喂水泵二次提升能耗，以适应长庆油田高效、低成本开发要求，围绕“精细注水和有效注水”的工作目标，对油田注水站内清水处理工艺及设备不断优化，研究清水处理一体化集成装置，实现了滤后水直供注水泵，取消了喂水泵及清水罐。

关键词　在线自动清洗；精细过滤反洗自动切换；变压定流量过滤；气压罐稳压安全保护；清水处理一体化集成装置

1　简介

长庆油田地处陕、甘、宁地区山沟、丘陵、梁峁区，地表水匮乏，油田清水主要利用地下水资源，目前长庆油田供水与注水全流程如图1所示。

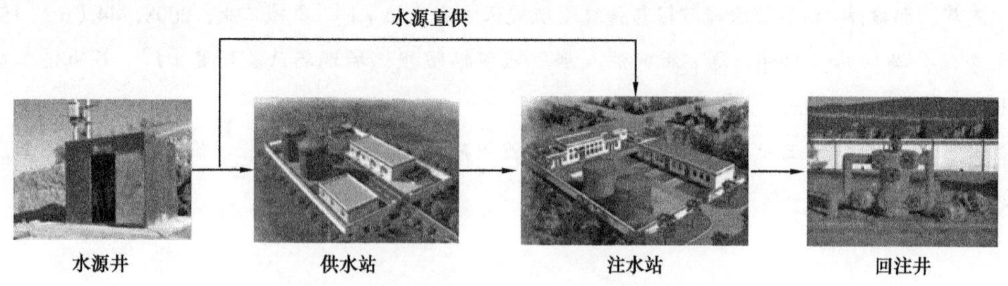

图1　长庆油田供水与注水全流程示意图

长庆油田注水站采用“纤维球粗滤+PE烧结管精细过滤”水处理工艺，处理后的水在清水罐储存，然后由喂水泵输送到注水泵，升压后注水。长庆油田注水站清水处理流程如图2所示。

2012年全油田开展了对注水水质的调研，重点调查了姬塬、胡尖山、油房庄和安塞等区块，发现长庆油田地下水普遍呈弱酸性，pH值为6.0～6.5，腐蚀性较强，易滋生细菌。

目前采用的密闭输送、水罐隔氧工艺应用效果较好，全程溶解氧（DO）含量小于 0.5mg/L，符合注水水质要求。水处理工艺对悬浮物处理效果较好，全油田清水井口水质达标率 86.8%。但也发现处理后的水在输至注水井口的过程中细菌滋生较严重。

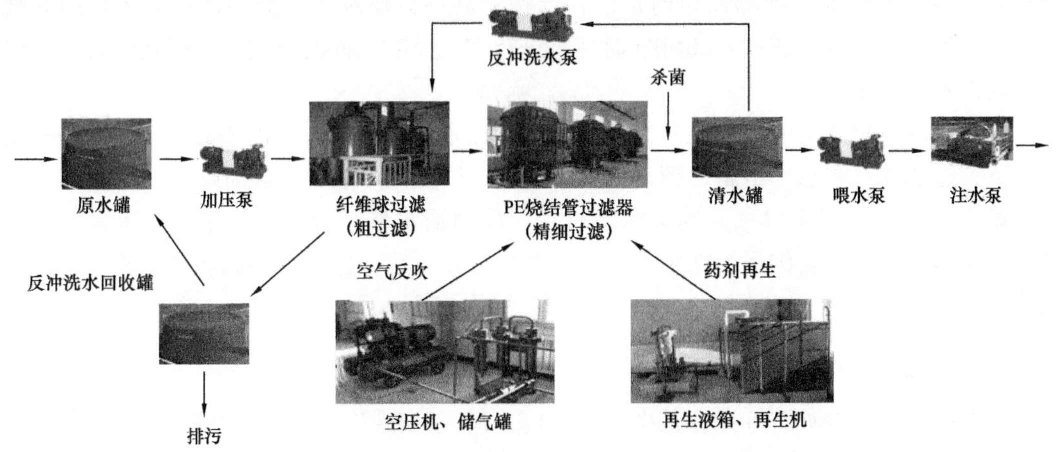

图 2　长庆油田注水站清水处理流程示意图

分析原因是水罐、管道内壁因腐蚀结垢容易滋生细菌，另外投加的杀菌剂残余量不够，造成沿程细菌含量逐渐升高，如图 3 所示。抑制细菌滋生最好的办法是尽量减少水力停留时间，使处理后的水尽快回注。

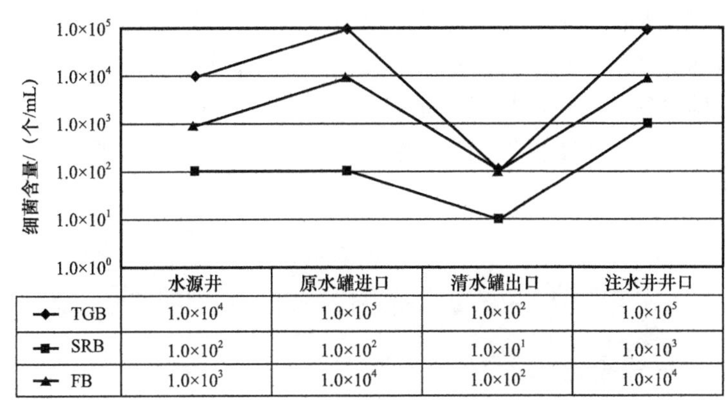

	水源井	原水罐进口	清水罐出口	注水井井口
TGB	1.0×10^4	1.0×10^5	1.0×10^2	1.0×10^5
SRB	1.0×10^2	1.0×10^2	1.0×10^1	1.0×10^3
FB	1.0×10^3	1.0×10^4	1.0×10^2	1.0×10^4

图 3　油二联合站清水系统沿程细菌变化折线图

2　主要处理工艺技术研究

2.1　技术思路

实现过滤后水直供注水泵，利用过滤后的剩余水压，满足注水泵进口压力要求，直供注水泵，取消清水罐和喂水泵。工艺流程：水源井→原水罐→加压泵→自清洗过滤器→PE 烧结管过滤器→注水泵→注水井。并研制出相应的一体化装置，实现整个水处理阶段的集中控制。

为了实现处理后的水直供注水泵，需要解决以下 3 个方面问题：

第一，过滤器必须实现连续过滤，设备反洗时整个系统不能停机。由于粗过滤采用纤维球过滤器，纤维球过滤器需定时反洗，反洗时需停机反洗，不能保证连续运行；PE 烧结管过滤器当过滤压差超过 0.20MPa 时，需进行空气反吹；同时需定期进行化学再生，以上也均需停机操作。

第二，水处理能力时刻与注水泵排量一致。注水量在一个时段内相对恒定，但在一定压力下，过滤器产水量不恒定，随着滤料的堵塞，过滤器产水量会逐渐减小。

第三，系统的安全研究，确保风险可控。取消清水罐，采用泵—泵（加压泵—注水泵）密闭系统后，设备的运行故障会造成一系列连锁反应，应有可靠的防范措施，避免事故造成的危害扩大。

2.2 处理工艺技术方案

主要技术措施有如下 6 条，其中：第（1）（2）条实现连续过滤，过滤器反洗不停机；第（3）条解决水处理产水量和注水流量匹配问题；第（4）（5）条解决设备维修、事故时的系统运行安全问题；第（6）条为一体化设备集成的技术方案。

（1）采用自清洗滤网过滤器代替纤维球过滤器作为粗过滤器。

已建水处理系统中设纤维球过滤器一般为 1～2 台，反洗操作比较麻烦，一旦去掉清水罐后，无法提供过滤器反洗用水（要用滤后水反洗）。

项目团队通过大量的调研，选择全自动自清洗滤网过滤器代替纤维球过滤器（图 4），以实现过滤器自动反洗。自清洗滤网过滤器为进口技术，近年来被国内消化吸收，目前多作为超滤的预处理设备。其过滤特点：能利用自身产生的净水反洗，不需要清水罐和反冲洗水泵，反洗时不断流。流量损失仅为正常时的 10%。其价格也略低于纤维球过滤器。

图 4　自清洗滤网过滤器

（2）PE 烧结管过滤器设置备用过滤器，并采用工作 / 备用过滤器超压差自动切换技术，实现过滤器器反洗时系统不停机。具体方法如下：

设置 1 台备用过滤器，在每台过滤器出口设置流量计和电动阀，在过滤器进出水总管上设压差计，当工作过滤器组（多台过滤器）进出总管压差超过额定值（0.2MPa）时，则打开备用过滤器电动阀，并关闭出水流量最小的一台工作过滤器电动阀，从而完成工作 / 备用过滤器的切换，同时人工提示对停用的过滤器进行反洗，反洗完毕后作为备用过滤器待机。

项目通过进一步研究，稳流阀具有监测流量及截断功能，可用来代替 PE 烧结管过滤器出口的流量计和电动阀。从现场使用来看，稳流阀技术成熟，工作可靠、反应灵敏。PE 烧结管过滤器自动切换原理如图 5 所示。

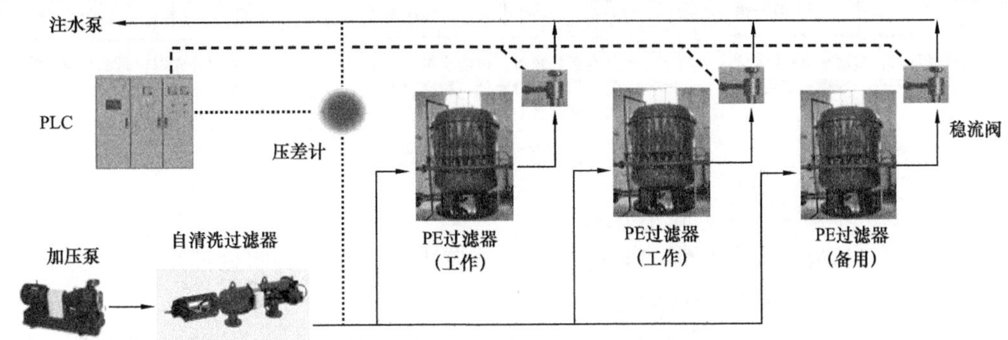

图 5 PE 烧结管过滤器自动切换原理示意图

（3）采用变频加压泵，在注水泵进口设置压力变送器，并将二者联动起来，压力低于设定值，则提高水泵频率，高于设定值，则降低水泵频率，即采用"加压泵频率——注水泵进口压力闭环控制"技术，如图 6 所示，通过满足注水泵进口压力，实现水处理能力和注水泵排量一致，且节能效果显著。

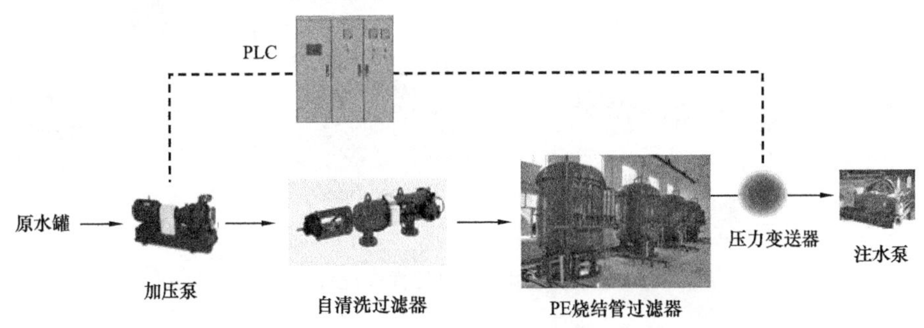

图 6 "加压泵频率——注水泵进口压力闭环控制"原理示意图

（4）气压罐稳压技术，防止注水泵空抽。

研究发现水泵变频需要一定的响应时间，在注水泵启动时，加压泵无法很快达到所需工况，造成注水泵进口空抽。

解决办法是采用了气压罐稳压技术，即在注水泵进口设置隔膜气压水罐，利用气压罐的缓冲水量，保证注水泵在启泵的稳定运行，如图 7 所示。通过计算：1500m^3 规模的注水站气压罐容积约 1.4m^3。

现场试验：现场调试时，专门进行了气压罐的作用测试，发现气压罐参与后，注水泵启泵时，注水泵进口管线压力波动较小，加压泵频率变化缓慢、平稳。如果关闭气压罐，则注水泵启泵时进口会出现失压现象，注水泵振动很大，加压泵频率会瞬时到达 50Hz，噪声很大，20～30s 后才会逐步稳定到一额定频率。证明气压罐技术对于系统稳定运行是必要的。

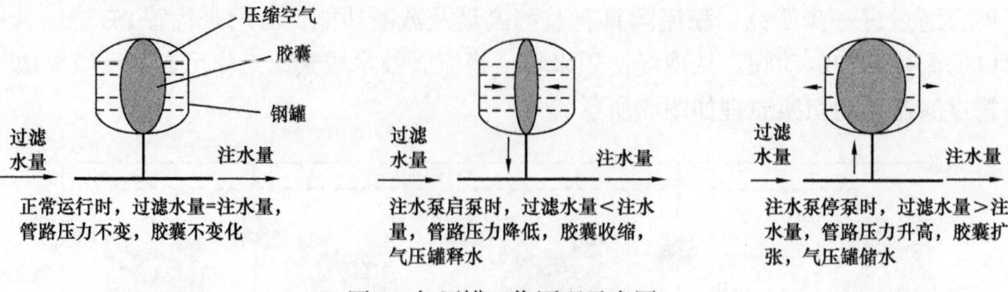

图 7　气压罐工作原理示意图

（5）事故、维修情况下的技术方案。

① 设置全自动滤网过滤器、PE 烧结管过滤器手动旁通阀和水处理系统手动回流阀。便于设备维修、调试阶段的旁通运行。

② 设置了全流程的电动紧急切换旁通阀，在过滤器故障、注水泵进口失压时，实现旁通流程，保证系统安全运行。

阀门旁通阀和紧急切换阀位置如图 8 所示。

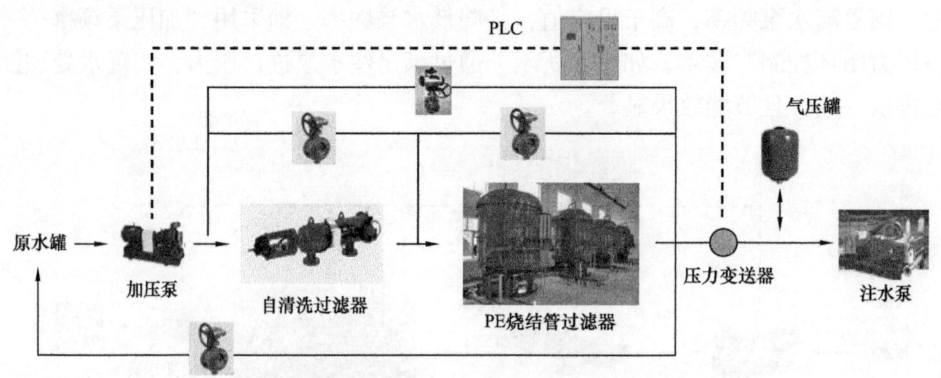

图 8　阀门旁通阀、紧急切换阀位置示意图

（6）一体化集成及智能控制技术方案。

为了方便管理，项目将加压泵、粗过滤、气压罐和自控系统一体化集成，PE 烧结管过滤器体积太大，不在成橇之列。一体化装置作为整个水处理过程的控制中枢，对水处理全过程集中控制，如图 9 所示。

结合数字化油田建设管理规定，设备自控水平如下：

① 主工艺自动运行。对加压泵出口压力、稳流阀流量和开启度、PE 烧结管进出口压差、注水泵进口压力进行实时采集检测，根据注水泵进口压力闭环控制加压泵频率，根据 PE 烧结管过滤器压差自动切换 PE 过滤器，根据运行注水泵进口压力紧急切换等，实现主工艺全自动运行。

② 辅助工艺自动提示，人工操作。对 PE 过滤器空气反吹作业进行文字、声、光提示，人工操作。

③ 故障报警。对电动阀阀位故障、注水泵进口压力不足、自清洗过滤器、水泵运行故障、PE 烧结管过滤器未人工清洗等进行报警。

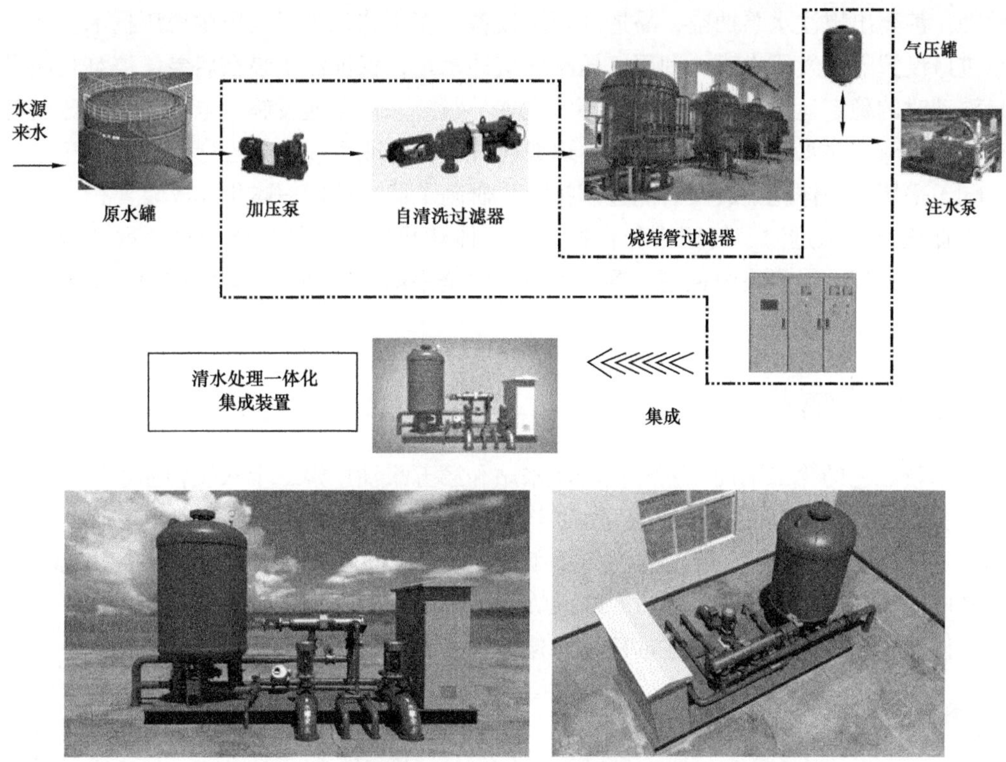

图 9　清水处理一体化集成装置示意图

3　主要创新点

（1）研发了过滤器连续过滤技术。

采用全自动自清洗过滤器技术和 PE 烧结管自动切换技术，应用了注水稳流阀，实现过滤器连续运行，过滤器反冲洗时系统不停机。

粗滤过滤器采用全自动自清洗过滤器，反洗时不断流，流量损失仅为正常时 10%。（采用多层不锈钢滤网过滤，精度可达到 15μm，反洗采用吸吮式清洗装置，反洗时仅需要较小的水量及水压，反洗时间为 3～15s，反洗水量仅占总处理水量的 0.1%）。

（2）研发了过滤器产水量和注水量匹配技术。采用“加压泵频率—注水泵进口压力闭环控制技术”，通过满足注水泵进口压力，实现二者水量匹配，且节能效果显著。

注水量在一个时段内相对恒定，但过滤器产水量不恒定：一是在一定压力下，随着滤料的堵塞，过滤器产水量会逐渐减小；二是自清洗过滤器采用定时或超压差反洗，反洗时产水量仅为正常过滤产水量的 90%，项目研发了“加压泵频率—注水泵进口压力闭环控制技术”，通过满足注水泵进口压力，实现二者水量匹配，且节能效果显著。

（3）研发了气压罐稳压和紧急切换等防护技术。保证注水泵在启泵和停泵时的稳定运行，以及设备故障时的安全运行。

在注水泵启停和流量变化时，由于水泵变频需要一定的响应时间，会造成系统运行压力波动，甚至出现注水泵抽空，易造成损坏设备。新工艺采用了气压罐稳压技术，即在注水泵进口设置隔膜气压水罐，利用气压罐的缓冲水量，保证注水泵在启泵、停泵和注水泵流量波动时的稳定运行；同时在关键环节设置了紧急切换旁通设施（电动、手动旁通阀），在过滤器故障、注水泵进口失压时，实现旁通流程，保证系统安全运行。

（4）采用了一体化集成及智能控制技术，研制了清水处理一体化集成装置。

将加压泵、粗过滤、气压罐和自控系统一体化集成，并作为整个水处理过程的控制中枢，对水处理全过程集中控制。系统由原来的全手动控制升级为集中控制、主工艺自动运行。

4 推广应用情况

采用新工艺的第二采油厂西五接转注水站和第五采油厂姬二十八接转注水站（水处理能力分别为 1500m^3/d 和 2000m^3/d）分别于 2013 年 4 月 20 日和 8 月 3 日投运成功，系统运行平稳，如图 10 所示。新工艺与传统工艺相比，1500m^3/d 注水站建筑面积减少 15%，年节省电能 13.3×10^{4}kW·h、节水 8200m^3/a，建设投资下降 10%，提高了自控水平、方便了管理操作，经济效益显著。在油田地面建设中具有广阔的推广应用前景。

图 10　采用新工艺的第二采油厂注水站现场照片

低渗透油田橇装化采出水回注生化处理技术研究与应用❶

张　超　杜　杰　王凌匀　曾　芮

（长庆工程设计有限公司）

摘　要　为适应长庆油田高效、低成本开发要求，围绕“精细注水和有效注水”的工作目标，对油田采出水处理工艺及设备不断优化，研究出低渗透油田橇装化采出水回注生化处理工艺。通过现场近四年多种工况运行，该工艺在低渗透油田采出水处理工艺中处理水质好，运行费用低，现场应用效果显著，在油田地面建设中具有广阔的推广应用前景。

关键词　低渗透油田；橇装化；生化处理。

1　简介

长庆油田属典型的低渗透、特低渗透油田，地处陕、甘、宁地区山沟、丘陵、梁峁区，采出水处理回注站点多面广，规模小。

长庆油田采出水处理工艺经历不同阶段发展完善，采用一级（二级）沉降＋过滤、气浮和一体化连续流4种工艺，截至2017年底已建采出水处理站点266余座，设计处理能力$17.96\times10^4m^3/d$，实际处理$11.8\times10^4m^3/d$。联合站采出水处理规模一般为1000～$2000m^3/d$，小型脱水站处理规模一般为200～$500m^3/d$。

1.1　采出水特性

长庆油田采出水具有矿化度高、腐蚀性强、易结垢的特点，油田开采层系多，各层系采出水之间配伍性差。矿化度高、腐蚀性强：总矿化度为2×10^4～$15\times10^4mg/L$，水型主要以$CaCl_2$型为主，兼有Na_2SO_4型和$NaHCO_3$型等水型；Cl^-含量为10～100g/L，Ca^{2+}和Ba^{2+}含量高。高矿化度使水的电导率增大，大大加快了水对金属的腐蚀。易结垢：CO_2、H_2S、溶解盐和细菌含量高，结垢类型主要是$BaSO_4$型和$CaCO_3$型，总量为200～2000mg/L，多层系水体混合更加剧垢的形成[1-2]。

1.2　采出水处理工艺历程

2008年之前的采出水处理工艺：两级除油＋两级过滤工艺。系统设置“一级粗粒化

❶　基金项目：国土资源部、财政部《首批国家级矿产资源综合利用示范基地项目—长庆姬塬油田特低渗透油藏综合利用示范基地》（国土资厅发〔2011〕88号文件）。

斜管除油罐，两级加压两级调节，两级核桃壳＋两级改性纤维球”的处理流程，如图 1 所示。

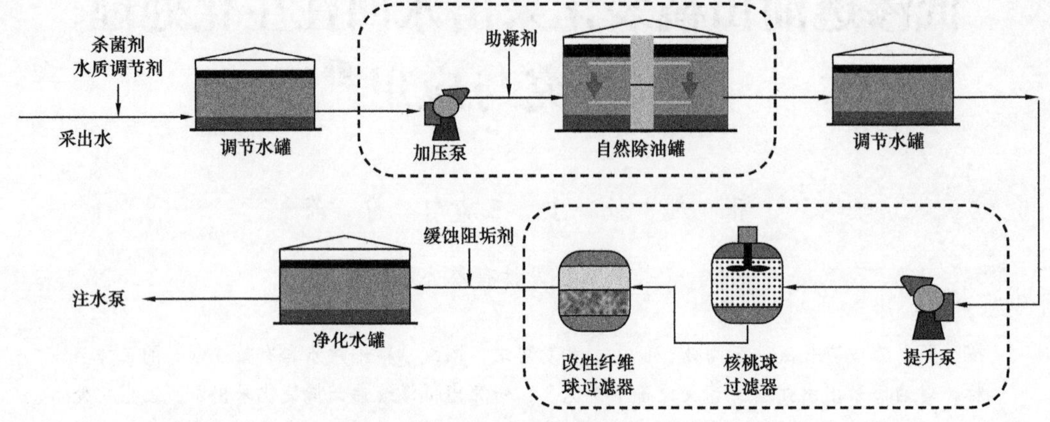

图 1　采出水处理工艺流程图（一）

2009—2010 年的采出水处理工艺：两级除油＋一级过滤工艺，主流程进一步强化前端除油沉降、混凝沉降工艺，将两级过滤简化为一级，系统一次提升后重力运行，管理简单，能耗降低，如图 2 所示。

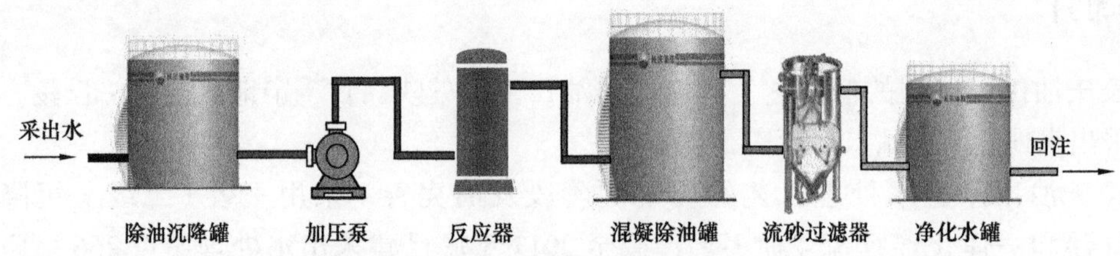

图 2　采出水处理工艺流程图（二）

2011 年的采出水处理工艺：一级沉降除油工艺。总结了 2010 年之前采出水系统运行效果，分析存在的问题，对系统进一步优化简化：（1）采用“一级沉降除油”，取消混凝沉降罐、反应器、预处理装置等；预留后期改、扩建场地，如图 3 所示。

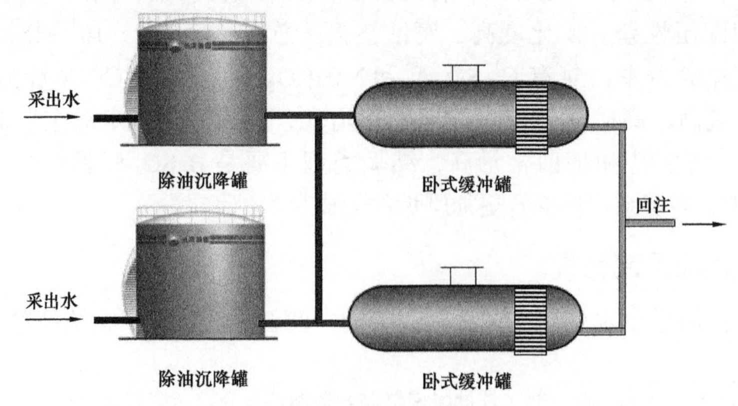

图 3　采出水处理工艺流程图（三）

1.3　存在问题

多年来，设计人员不断对采出水处理工艺及设备进行优化与完善，满足采出水有效回注要求，适应长庆油田的发展需求，但近几年，在采出水处理系统运行管理过程中，显现出部分不足的方面：

（1）水处理过程加药量大，产生的含油污泥多，而目前国内外尚无完善的含油污泥无害化处理技术，处理费用较高；

（2）单机处理效率较低，流程较长，罐、池、设备较多，投资较高，一体化集成困难，不方便成橇；

（3）药剂用量大，用电设备多，处理费用较高。

尤其是近年来为了保证采出水100%回注，地面建设趋向于就地脱水、就近回注的模式，采出水规模多为200～500m^3/d，亟须研发一种适合长庆油田水质特性的，耐冲击负荷好、运行效率高、管理方便、运行成本低、施工快捷的低渗透油田橇装化采出水处理工艺和相关设备，出水水质满足低渗透油田回注指标。

2　橇装化采出水回注生化处理技术研究

在总结长庆油田采出水处理工艺的基础上，结合长庆油田区域内滚动开发技术特点，研究出两种低渗透油田橇装采出水回注生化处理工艺。一是“不加药气浮+生化除油+砂滤+紫外线杀菌工艺”；二是“不加药气浮+生化除油+膜过滤+紫外线杀菌工艺”，处理后采出水经注水泵进行有效回注。

2.1　土著高效石油降解菌的驯化、筛选和分离

微生物除油技术根据不同油田采出水中污染物的特性，从自然界中经筛选、配伍、扩培等复杂过程获得对应的特种微生物联合菌群，经现场活化后投加于油田采出水中，因配伍后的特种联合菌群活性较高，能够在采出水中快速建立一条有效降有机污染的生物群，对采出水中各种复杂的油等有机物进行生物降解。微生物通过自身的氧化、还原、合成等生命过程，把复杂的有机物分解成简单的无机物（CO_2和H_2O等），同时微生物以采出水中的污染物为营养源，不断繁殖及新陈代谢，达到污水净化的目的。

通过技术研究筛选高效嗜油菌应用于油田采出水处理工程已经成为微生物采出水处理技术发展的重要方向，通过对土著高效石油降解菌株的筛选，可以得到具有良好环境适应性的高效石油降解菌株，有利于提高油田采出水处理工艺的运行稳定性和高效性。

从长庆油田采油现场采取长时间（半年以上）被残油污染的土壤样品两份，标记为1号土壤样品和2号土壤样品（图4）。将这两份土壤样品放置于4℃冰箱中以备使用。

通过室内实验，在分离培养基平板上直接划线分离在平板上选择不同形态特征的菌落，重新转接至以石油为唯一碳源的固体选择培养基中，摇床培养以验证是否具有石油降解能力，培养液变浑后，重新分离、纯化，得到单株嗜油菌株。最终从两份土壤样品中共得到19株单菌，分别命名为SYJ1-1—SYJ 1-9和SYJ2-1—SYJ2-10。

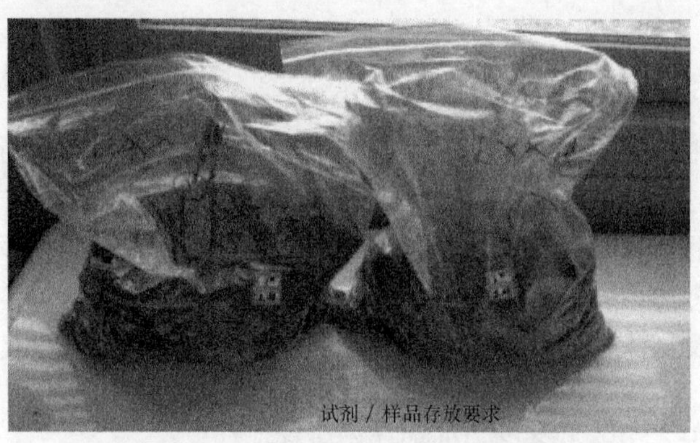

图 4 采取的被残油污染的土壤样品

挑取分离得到的不同形态的单菌落于富集培养基中进行扩大培养 5 天后，取 1mL 菌液于 100mL 选择培养基上驯化培养 7 天，在得到的培养液中各加入 25mL 石油醚萃取，用紫外 / 可见分光光度计于 225nm 波长处测其吸光度，根据标准曲线计算样品的石油类含量，每个样品重复测定 3 次。得到的各个菌株对石油的降解率如图 5 所示。对石油降解性能最佳的是菌株 SYJ1–3，SYJ1–9 和 SYJ2–5，对石油的去除率分别为 89.3%，66.7% 和 65.6%；对石油降解性能最差的是菌株 SYJ1–7 和 SYJ1–8，对石油的去除率分别为 27.8% 和 31.6%。

对所筛得的高效石油降解菌株进行复配，研究复配后菌体对石油烃的降解率，结果如图 5 所示。本研究所用的菌液接种量为 6%，所用培养基中原油的初始浓度为 500mg/L。从图 5 中可以看出，当 SYJ1–3，SYJ1–8 和 SYJ1–9 的比例为 1 ： 1 ： 1 时，对石油烃的降解率最高，为 42.6%。

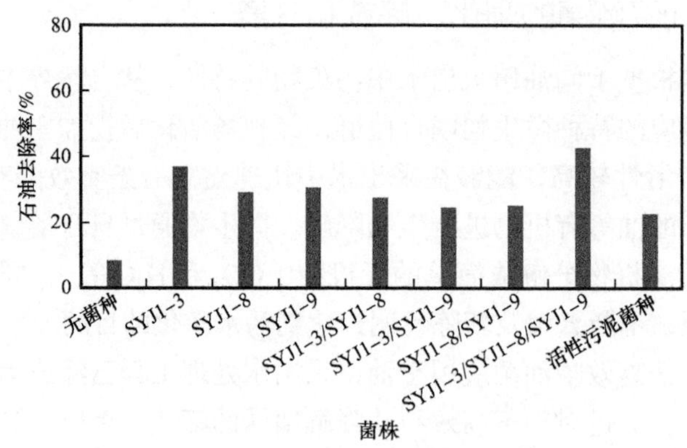

图 5 不同菌株复配后对石油烃的降解率（24h）

在长庆油田公司西 259 脱水站进行了 OD–MBR 小型装置（240L/d）现场试验研究，从长庆油田被原油污染的水、土壤中获取的土著高效好氧嗜油菌群采用 OD–MBR 膜生物反应器的形式进行现场连续运行与菌群驯化试验，菌群的残油降解能力、降解速度、在反应器中的富集度都得到提高，菌群得到进一步优化。

从 2010 年初采用长庆陇东油田西 259 脱水站的采出水，对所筛选驯化的高效好氧嗜油菌群进行了长达一年的现场试验，在长庆陇东油田西 259 脱水站的现场菌群试验性试验中，也没有发现菌群老化和大面积死亡，需要重新接种的现象，表明所获取的土著高效好氧嗜油菌群对长庆低渗透油田采出水具有很强的实用性，能够满足长庆低渗透油田不同矿区、不同水质下残油的生物降解需求。

2.2　低渗透油田橇装化采出水回注生化处理工艺

将培养好的土著高效嗜油菌加入一定量的混合原油进行驯化培养，利用生化处理技术除油效率高、工艺操作简单、可靠、运行维护成本低的优点配以砂滤或微滤膜处理技术。

（1）处理工艺一："不加药气浮 + 生化除油 + 砂滤 + 紫外线杀菌工艺"。

2012 年 7 月至 2014 年 6 月，在姬塬示范区对小型站点采用了"不加药气浮 + 生化除油 + 砂滤 + 紫外线杀菌工艺"。2013 年设计完成，2014 年 6 月相继建成投产，姬塬油田姬十转油站、姬二十转油站处理规模为 300m³/d，姬十转油站和姬十二转油站处理规模为 200m³/d。

处理工艺如图 6 所示。

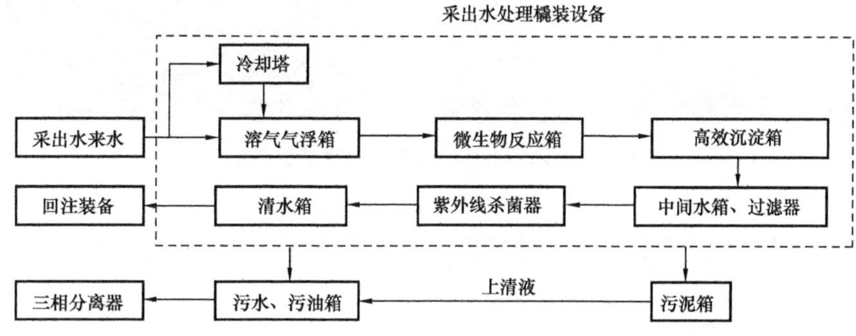

图 6　"不加药气浮 + 生化除油 + 砂滤 + 紫外线杀菌工艺"流程图

（2）处理工艺二："不加药气浮 + 生化除油 + 膜过滤 + 紫外线杀菌工艺"。

2013 年 7 月至 2016 年 7 月，结合提高采收率重大试验项目，开展了采出水 OD-MBR 膜生物处理工艺研究与应用，研发了"不加药涡凹气浮 + 生化除油 + 膜过滤 + 紫外线杀菌工艺"及一体化装置。

在长庆油田环十五转油站采用橇装式生物 / 膜处理（OD-OD-MBR）装置，处理能力按照 300m³/d 的规模进行设计。

处理工艺如图 7 所示。

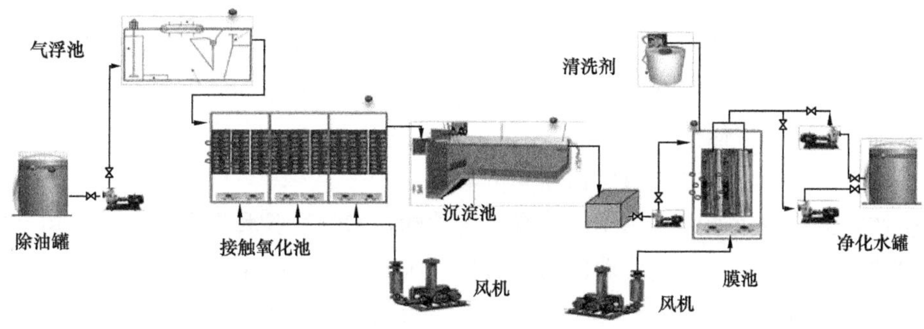

图 7　"不加药气浮 + 生化除油 + 膜过滤 + 紫外线杀菌工艺"流程图

3 橇装化采出水回注生化处理装置研究

橇装化采出水回注生化处理装置为便于拉运，分为多个橇块现场进行拼接，如图8所示。

设备橇块位于箱式橇块中间，上部为操作平台，构成设备间。利用箱壁传热采暖，结构紧凑、空间利用合理。

整个橇装设备采用岩棉及彩钢板保温。

图8 橇装化采出水回注生化处理装置效果图

4 橇装化采出水回注生化处理技术工艺特点及创新性

（1）预处理采用不加药气浮工艺。

溶气气浮主要用于去除采出水中的乳化油及分散油，通过溶气和释放系统在采出水中产生大量的微细气泡，使其黏附于采出水中密度与水接近的悬浮物或污油微粒上，造成整体密度小于水的状态，并依靠浮力使其上升至水面，从而达到固—液或液—液分离的目的。

本次处理工艺采用多相溶气气浮，此处理工艺多为微生物除油技术的预处理工艺。此工艺具有处理效率高、气泡直径小（≤60μm）、对浮油和细分散油的去除率高（去除率约≥60%）的特点，能有效减轻后续工艺负荷、增加污油的回收量、减少污泥量。

通过现场实验调试，溶气泵气水比8%～10%，回水率50%，溶气气浮箱内水力停留时间控制在15min之内，全过程不投加絮凝药剂。现场可通过调整溶气罐内的调节阀，以控制水中气泡的直径，通过现场对水面的实际观察，气浮池表面出现大量微细气泡，导致水面泛白，微小气泡黏附水中的原油珠、悬浮物在上升过程中进行分离。多相溶气气浮气浮处理工艺的主要设备为气浮泵，采用该溶气泵的优点：无须空压机、易堵的释放头、高压溶气罐等，现场操作简单。

（2）核心工艺采用预冷却微生物除油技术。

微生物除油技术主要通过总结已建微生物除油技术的经验和教训，在微生物反应箱前端设置冷却塔，根据来水温度自动检测并切换，保证水温稳定在25～35℃，适应微生物的生长。采用接触氧化处理工艺，通过微生物的作用完成有机的分解，将有机污染物转变成CO_2、水以及生物污泥；多余的生物活性污泥经沉淀池固液分离，从净化后的污水中去除。

微生物除油技术具有除油效果好，污泥量少的特点。与传统的活性污泥法比，具有生物密度大、处理效率高、净化效果好、耐冲击性较好、污泥不需回流、出水水质好的优点。

现场通过采出水处理水质特性分析，采出水具有矿化度高和腐蚀性强等特点。利用长庆油田当地本土菌种，筛选、培育、驯化出适合于低渗透油田采出水处理的高效嗜油菌。解决微生物在采出水处理过程中的适应性、温度范围、活性周期、代谢繁殖、富集固定、快速接种、储存等难题，实现现场快速接种。装置在调试初期，现场将已经培养驯化的活性最高的微生物菌种投入微生物反应箱内，根据现场水质情况，连续“闷曝”3～7天，向微生物反应箱内投加促进微生物生产的营养液及促进剂，大量的微生物设置在反应池的填料上繁殖生长，以采出水中的油等为食物，完成自己的新陈代谢，达到微生物除油的目的。

（3）过滤采用浅层砂连续过滤技术。

微生物经生化处理后，水中的含油≤20mg/L，本次处理工艺中引进了浅层砂过滤技术，该技术始于以色列，近年内被国内消化吸收，多用于循环水旁滤设备。

浅层过滤器与双滤料和改性纤维球过滤相比：一是滤速高（1.5～2.4倍），过滤器体积减少60%，投资约为双滤料过滤器和改性纤维球过滤器的1/2；二是布水、集水内件采用工程塑料，耐腐蚀性好；三是利用背压反洗，可连续过滤，无须设置反洗水泵，反洗水量仅为过滤水量的1%。过滤器参数对比见表1。

表1　过滤器参数对比一览表

比较项	设备项		
	浅层介质	双滤料	改性纤维球
外形尺寸（外径 × 高度）/mm × mm	800 × 1500（2罐体）	1000 × 4000（1罐体）	800 × 4000（1罐体）
布水器	工程塑料标准件	碳钢Q235焊接件	碳钢Q235、焊接件
集水支撑	工程塑料	碳钢Q235	碳钢Q235
水帽	工程塑料	不锈钢	不锈钢

（4）杀菌采用紫外线杀菌技术。

滤后水透光度较好，通过调研论证，采用紫外线杀菌技术：一是杀菌效果好；二是管理维护方便、运行成本低。通过现场测试，对硫酸盐还原菌（SRB）、腐生菌（TGB）及铁细菌（FEB）的灭杀率在99%以上。紫外线杀菌站内监测见表2。

（5）通过以微生物除油为核心多种技术高度集成，实现了采出水处理站自动控制。

研发了生化＋砂滤、生化＋膜过滤两种工艺类型的采出水生化一体化处理装置，经形成了200m^3/d，300m^3/d和500m^3/d三种规模产品。装置将各生产单元高度集成，有效减少占地面积，装置内菌种驯化完成后，运行将根据在线监测仪器自动调节水温、曝气等相关参数，可实现无人值守，自动化操作。通过现场RTU系统，实时进行数据采集、分析，并可实现数字化上传等管理功能，同时具备自我安全保护功能。第七采油厂环十五转油站采出水生化一体化装置如图9所示，第五采油厂姬十转油站采出水生化一体化装置如图10所示。

表 2 紫外线杀菌站内监测数据表

水样编号	菌种	细菌浓度 /（个 /mL）		
		三相分离器出口	除油罐出口	紫外线消毒后
1	SRB	2.5×10^2	3×10^3	1×10
	TGB	2.5×10^2	2.5×10^3	0
	FEB	1.3×10^2	6.0×10^3	0
2	SRB	2.5×10^2	2.5×10^3	3
	TGB	1.3×10^2	1.3×10^3	0
	FEB	2.5×10^2	2.5×10^3	0

图 9 第七采油厂环十五转油站采出水生化一体化装置

图 10 第五采油厂姬十转油站采出水生化一体化装置

（6）设备露天布置保温、固定技术。

工艺管线与阀门等部件采用岩棉作为保温层，在保温层内加伴热带，在低温环境中给予设备与工艺管线足够的热量补充，确保装置在相应温度状态下正常运行，起到防冻作用；所有设备均用地脚螺栓固定在橇座上，起到固定设备的作用。

5　现场应用

5.1　处理水质达到设计预期目标

（1）“不加药气浮 + 生化除油 + 砂滤 + 紫外线杀菌工艺”研究及应用。

国家级姬塬示范区姬十四转油站、姬二十转油站、姬十转油站分别于 2014 年 5 月 5 日、2014 年 5 月 23 日、2014 年 6 月 17 日投产运行后，2014 年 12 月对 3 个站场水样进行分析，处理水质达到设计目标（采出水出水含油量小于 10mg/L，悬浮物含量小于 10mg/L）。水样分析结果分别见图 11 至图 13 以及表 3 和表 4。

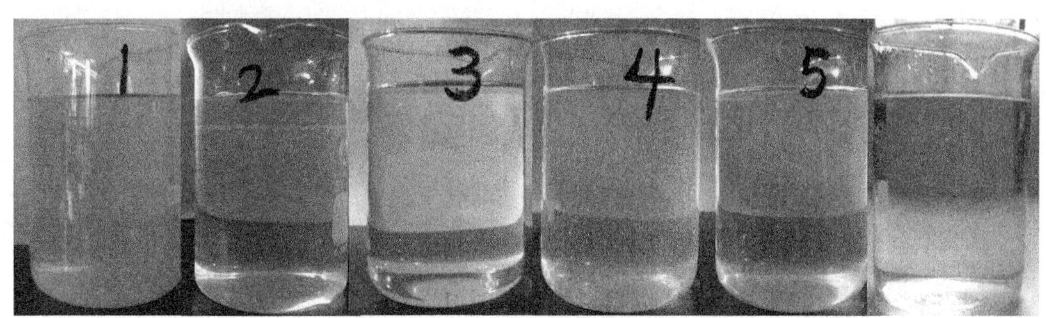

图 11　姬二十转油站水样照片

1—来水；2—气浮池出水；3—二级生化池出水；4—沉淀池出口；5—过滤器出口

图 12　姬十转油站水样照片

1—来水；2—气浮池出水；3—二级生化池出水；4—沉淀池出口；5—过滤器出口

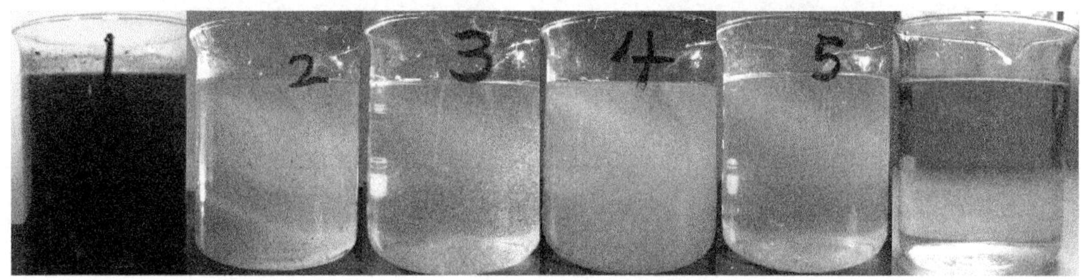

图 13　姬十四转油站水样照片

1—来水；2—气浮池出水；3—二级生化池出水；4—沉淀池出口；5—过滤器出口

表 3　水样中含油量分析数据一览表　　单位：mg/L

站名	来水	气浮池出水	二级生化池出水	沉淀池出水	过滤器出口
姬二十转油站	60.316	2.206	1.316	1.79	1.201
姬十转油站	61.706	8.649	3.671	18.717	5.868
姬十四转油站	299.006	32.756	10.426	9.536	7.086

表 4　水样中悬浮物分析数据一览表　　单位：mg/L

站名	来水	气浮池出水	二级生化池出水	沉淀池出水	过滤器出口
姬二十转油站	73.0	18.0	5.1	65.0	8.6
姬十转油站	89.0	8.5	3.2	5.6	3.9
姬十四转油站	815	152	88.0	42.0	10.0

（2）“不加药气浮＋生化除油＋膜过滤＋紫外线杀菌工艺”研究及应用。

第七采油厂橇装化采出水回注生化处理于 2015 年 7 月启动调试，至 2016 年 1 月底，现场连续运行与跟踪，经历了气候环境考验，装置运行平稳正常，由现场运行效果分析可得到如下现场运行结果：

橇装化采出水回注生化处理工艺抗石油类浓度波动冲击性能较强、运行稳定，对采出水原水石油类污染物去除效果显著[3-4]；并且在运行过程中，对水样进行分析，水样分析结果分别见图 14 和表 5：

图 14　第七采油厂环十五转油站水样照片

表 5　含油和悬浮物分析数据表

指标	来水	气浮池出水	生化池出水			膜出口
			一级	二级	三级	
悬浮物含量 /（mg/L）	103	83	54	36	13	4
含油量含量 /（mg/L）	161	119	65	29	7	5

5.2 现场应用效果显著

装置可整体室外设置，采用外保温，脱水站采用新型采出水处理工艺，与同规模的采出水处理工艺相比（表 6），运行费用低，加药量少，平均占地面积减少 37%，建设周期缩短 50%，工程投资降低 20%，处理水质好。

表 6 橇装采出水处理站和常规站点对比表

处理工艺	运行费用 /（元 /m^3）	加药量 /（mg/L）	建设周期 /d	占地面积 / 亩
二级除油 + 过滤	3.5	200	60	3.2
一级除油 + 气浮 + 过滤	3.96	450	60	3.2
采出水处理一体化装置	1.50	—	40	2.0

注：1 亩 =666.67m^2。

6 结论

（1）橇装化采出水回注生化处理装置在姬塬油田和环江油田运行 4 年多，经历各种工况的验证，系统运行平稳，运行出水含油、悬浮物均小于 10mg/L，粒径中值小于 1.5μm，满足了低渗透油田采出水有效回注的水质指标要求。

（2）控制系统由原来的全手动控制变为水处理装置全过程集成控制、检测，实现整个处理工艺全自动运行，曝气、溶气水泵、液位等自动诊断、实时监测、故障报警、紧急切换等功能，自动化程度高。

（3）橇装化采出水回注生化处理装置的研制及应用，适用于油田小型站场的采出水处理与回注系统，在油田环境保护、绿色油田创建方面，具有广泛的推广应用前景。

参考文献

[1] 崔斌，赵跃进，赵锐，等 . 长庆油田采出水处理现状及发展方向［J］. 石油化工安全环保技术，2009，25（4）：59-61.

[2] 李文宏，高春宁，向忠远，等 . 长庆高矿化含油污水生化处理新技术研究及应用［J］. 油田化学，2012，28（4）：457-462

[3] 赵艳，赵英武，李凤亭，等 . 一体化污水处理设备的应用与发展［J］. 环境保护科学，2005，30（5）：16-19

[4] 邱国华，胡龙兴 . 污水处理一体化装置的研究现状与发展［J］. 环境污染治理技术与设备，2005，6（5）：7-15

[5] 李彦，张斌，蔺琮 . 采出水处理一体化集成装置在大港油田的应用［C］. 中国油气田地面技术交流大会，2013.

压裂返排液处理过程中瓜尔胶的动态降解特征研究

王 雨[1, 2] 郭进周[1, 2] 吴永花[1, 2] 任召言[1, 2]

（1. 中国石油新疆油田公司实验检测研究院；2. 中国石油新疆油田公司水质工程联合实验室）

摘 要 针对压裂返排液处理时瓜尔胶降黏效率不高的问题，设计了化学氧化法、水解酸化法、酶解法降解瓜尔胶实验，用降解过程中瓜尔胶黏度、分子量和COD变化评价不同降解方式对瓜尔胶的降解效果。结果表明，次氯酸钠氧化法的最佳使用浓度为10000mg/L，最佳降黏时间为30min，溶液黏度降为4.22mPa·s，最终溶液中有5×10^4Da左右的大分子未降解，糖类贡献COD占溶液COD的比例在93.4%～94.6%之间，次氯酸钠对瓜尔胶氧化作用没有选择性；水解酸化法初期降黏速率慢，4h时溶液黏度降为4.46mPa·s，24h之内完全降黏，糖类对COD的贡献只有42.58%；生物酶浓度为10mg/L时，酶解法10min内将黏度降至5.43mPa·s，15h内完全降黏。0～2h内，瓜尔胶平均分子量降为24×10^4Da，15h时完全变为小分子。与空白组对照，酶解后糖类贡献的COD以及溶液总COD变化较小，进一步印证了酶解反应具有较强的选择性，对大、中小分子量瓜尔胶的降黏效果突出，是处理压裂返排液工艺的较佳选择。

关键词 压裂返排液；瓜尔胶；黏度；降解；分子量变化

近几年，新疆油田环玛湖地区的开发采用了以瓜尔胶体系为主的压裂技术，成为油田上产的重要支撑技术之一。体积压裂返排液水体一般为黄色的乳浊液，具有COD高、黏度高、矿化度高和乳化稳定性高的特点[1]。瓜尔胶是压裂返排液中增黏的主要物质，是影响出水悬浮物含量的主要因素，溶液黏度大小决定着水处理药剂的药效和处理成本。

国内外压裂液返排液的处理均采用“多次氧化＋多次絮凝”工艺，在预处理时加入次氯酸钠、双氧水等无机降黏剂[2]。如某油田采用“混凝＋氧化+Fe/C微电解+H_2O_2/Fe^{2+}催化氧化＋活性炭吸附”5步法处理工艺，以PAC和PFS为无机混凝剂，次氯酸钠为氧化剂，处理后可达到国家二级排放标准，但处理成本较高，每吨返排液处理成本为157元；某油田采用悬浮污泥过滤法处理压裂返排液，处理后出水含油量≤20mg/L，悬浮物含量≤20mg/L，每吨返排液处理费约25元。从提升压裂返排液处理效果或降低处理费用来说，技术攻关的焦点在于如何优化预氧化降黏处理工艺[3-4]。当前，由于对降黏过程的机理不甚清晰，筛选的药剂针对性不强，处理成本居高不下，同时由于缺乏研发新型降黏剂的理论支持，未能形成完善的压裂返排液处理技术，从而对体积压裂技术的经济效益产生一定的影响。本文探索了化学氧化法、生物法和酶解法对瓜尔胶的降解规律和作用机理，以期为处理工艺选择提供基础数据，为新型降黏剂的开发提供理论支撑。

1　瓜尔胶分子量检测方法

瓜尔胶分子量采用凝胶色谱法测量。柱温为30℃，以0.1M的硝酸钠为流动相，流速为0.5mL/min，样品单次进样量10μL。测量时，用标准品绘制瓜尔胶分子量标准曲线，进而测得分子量。具体如下：取分子量分别为850000Da，570000Da，340000Da，160000Da，79000Da，40000Da和24000Da的瓜尔胶标准品，分别配成100mg/L的溶液，测得不同分子量标准物质溶液中所含的大分子量瓜尔胶对应的停留时间，以停留时间为横坐标，以标准物质分子量的自然对数为纵坐标，得到拟合曲线：

$$\lg(MW)=C+B_1T^1+B_2T^2+B_3T^3$$

其中，C=16.82，B_1=–0.873，B_2=0.0245，B_3=–0.000271，拟合曲线的相关系数为99.6%。通过拟合方程，便可得到样品中大分子的分子量分布情况。

2　瓜尔胶降解研究

2.1　瓜尔胶降解过程中黏度的变化

（1）化学氧化法。

配制4g/L的瓜尔胶模拟液，加入10g/L次氯酸钠充分混合，检测不同氧化时间下的黏度，如图1所示。

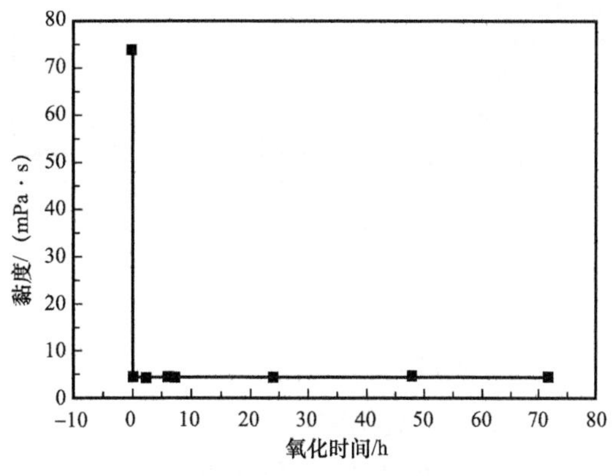

图1　化学氧化法的氧化时间与黏度关系

次氯酸钠对瓜尔胶的氧化降黏在半小时内达到极限，之后溶液的黏度基本没有变化。在氧化时间足够长的情况下，10g/L的次氯酸钠依旧无法完全降黏。重新配制4g/L的瓜尔胶模拟液，分别加入10000mg/L，25000mg/L和50000mg/L次氯酸钠溶液，充分混合氧化后测定溶液的黏度，见表1。由表1中数据可知，当次氯酸钠浓度达到10000mg/L后，继续加大氧化剂浓度，黏度下降幅度不大，即使浓度增至50000mg/L，模拟液黏度也始终无法完全降解，次氯酸钠的氧化效率较低，且无法完全降黏。

表1　化学氧化法氧化剂浓度与黏度关系

氧化剂浓度 /（mg/L）	0	10000	25000	50000
黏度 /（mPa·s）	74	4.3	3.32	2.11

（2）水解酸化法。

配制4g/L的瓜尔胶模拟液，加入10g/L水解酸化污泥，搅拌，转速为200r/min左右，使得污泥与水体充分接触，但始终处于水体中下层，保持水体溶氧量在0.3mg/L以下，使得活性污泥中水解菌和酸化菌始终处于缺氧状态。检测不同时间溶液的黏度，每次测量时，需取中层模拟液充分搅拌后，再用布氏黏度仪进行测量，如图 2 所示。水解酸化法的前期降黏速率与化学氧化法相比较慢，但有效作用时间持久，可以在 24h 之内完全降黏。

（3）酶解法。

配制 4g/L 的瓜尔胶模拟液，加入 10mg/L 酶溶液水解，检测不同水解时间的黏度，如图 3 所示。酶解法在酶溶液浓度仅为 10mg/L 的情况下，降黏效率与化学氧化法相比甚至更高，且作用持久。在 10min 内即可将模拟液黏度降至 5.43mPa·s，并且可以在 15h 内完全降黏，在运行管理和经济上具有进一步研究的价值。

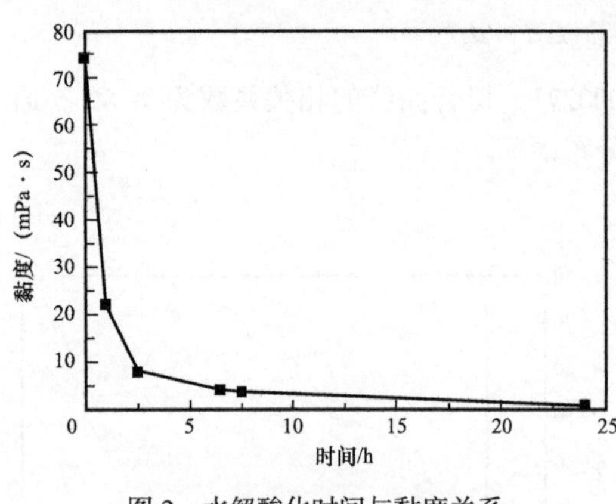

图 2　水解酸化时间与黏度关系

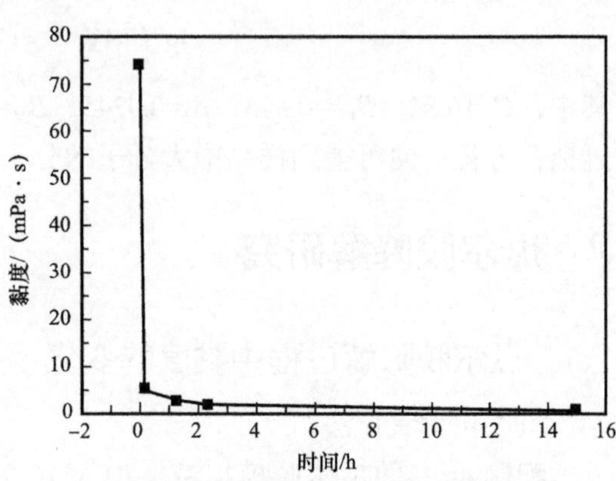

图 3　酶解法时间与黏度关系

2.2　瓜尔胶降解过程分子量的动态变化

（1）化学氧化法。

配制 4g/L 的瓜尔胶模拟液，加入 10g/L 次氯酸钠氧化，利用凝胶色谱检测不同氧化时间瓜尔胶模拟液的分子量变化，如图 4 所示。溶液中瓜尔胶大分子的分子量在 180×10^4Da 左右，30min 内瓜尔胶大分子的分子量快速降解到 80×10^4Da 左右，尔后瓜尔胶大分子的分子量基本保持不变。这与 2.1 节化学氧化时氧化时间与黏度变化趋势相吻合。

由于 10g/L 次氯酸钠溶液尚不足以将瓜尔胶分子氧化为小分子，故重新配制 4g/L 的瓜尔胶模拟液，取次氯酸钠浓度分别为 10000mg/L，25000mg/L 和 50000mg/L，加入瓜尔胶模拟液，充分混合氧化 24h 后，测得瓜尔胶的分子量，如图 5 所示

随着氧化剂次氯酸钠浓度的增加，模拟液中大分子的分子量逐渐降低，当次氯酸钠浓度加至 50000mg/L 左右时，仍有 50000Da 左右的分子量，说明次氯酸钠降解瓜尔胶能力有限。

（2）水解酸化法。

配制 4g/L 的瓜尔胶模拟液，加入 10g/L 水解酸化污泥，搅拌，转速为 200r/min 左右，使得污泥与水体充分接触，但始终处于水体中下层，保持水体溶氧量在 0.3mg/L 以下。检测不同时间的瓜尔胶的分子量，见表 2。

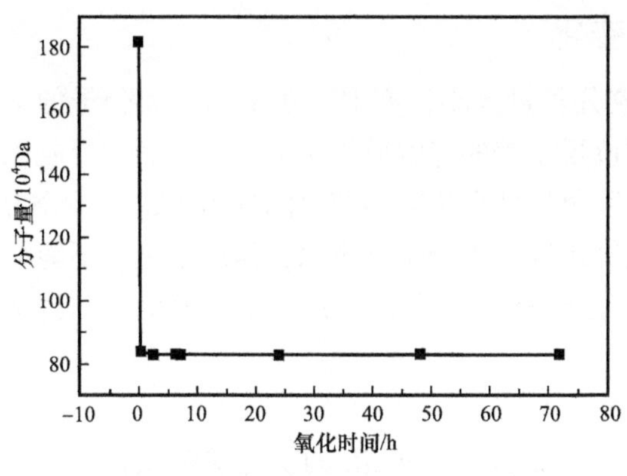

图 4　化学氧化法氧化时间与分子量关系

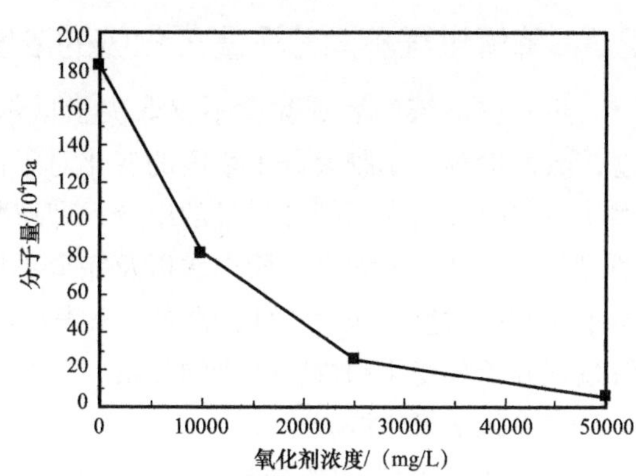

图 5　化学氧化法氧化剂浓度与分子量关系

表 2　水解酸化法反应时间与分子量关系

反应时间 /h	0	1	2
停留时间 /min	23.6	28.25	28.7
分子量 /Da	1819151	356668	307540
反应时间 /h	6.5	7.5	24
停留时间 /min	29.3	29.5	瓜尔胶峰消失
分子量 /Da	253277	240387	瓜尔胶峰消失

水解酸化降解瓜尔胶的方式与化学氧化法类似，但有较好的持续性，最终能够彻底降解模拟液中的大分子组分。从降低瓜尔胶分子量的角度讲，化学氧化法在高浓度下也不能将大分子完全降解，水解酸化的效率反而比化学氧化法要高。

（3）酶解法。

配制 4g/L 的瓜尔胶模拟液，加入 10mg/L 酶水解瓜尔胶，检测不同水解时间的瓜尔胶大分子的分子量，见表 3。

表 3　酶解法反应时间与分子量关系

序号	1	2	3	4	5
水解时间 /min	0	10	75	135	900
停留时间 /min	23.6	24.233	24.233	24.233	峰消失
分子量 /Da	1819151	1602644	1602644	1602644	峰消失
峰面积	326204	34687	16851	11719	峰消失

酶解过程降解瓜尔胶的方式和水解酸化以及化学氧化都不同，在整个降解过程中大分子的分子量改变甚微，而是大分子峰的峰面积随着酶水解反应的进行不断减小，最后峰彻底消失。这说明酶在水解瓜尔胶时，大分子瓜尔胶直接变成小分子。

2.3 降解过程不同分子量瓜尔胶的浓度变化

瓜尔胶溶液的表观黏度不仅取决于瓜尔胶分子量大小，亦取决于瓜尔胶大分子的浓度，故而检测瓜尔胶大分子浓度的变化对于评价瓜尔胶的降解效果十分关键。利用凝胶色谱将瓜尔胶分离为不同分子量的组分，即取凝胶色谱柱在不同停留时间的出水，主要分为两段，贡献黏度的大分子段出水以及完全不提供黏度的小分子段出水，但凝胶色谱不能测定瓜尔胶的浓度，采用 COD 的浓度来表征不同分子量瓜尔胶的浓度，从而明确瓜尔胶降解过程分子量变化和浓度变化的关系。

（1）化学氧化法。

配制 4g/L 的瓜尔胶模拟液，分别加入 10g/L，25g/L 和 50g/L 的次氯酸钠氧化，充分搅拌，待 24h 后分别检测氧化后溶液、溶液中大分子、小分子以及糖类贡献的 COD，见表 4。

表 4　氧化剂浓度与瓜尔胶浓度的关系

<table>
<tr><th>NaClO 加药量 / g/L</th><th colspan="2">分段 COD/ mg/L</th><th>大、小分子段 COD 比例</th><th>糖类 COD/ mg/L</th><th>溶液 COD/ mg/L</th><th>糖类贡献 COD 比例 / %</th></tr>
<tr><td rowspan="2">0</td><td>大</td><td>4655</td><td rowspan="2">5 : 1</td><td rowspan="2">5880</td><td rowspan="2">6125</td><td rowspan="2">95.85</td></tr>
<tr><td>小</td><td>931</td></tr>
<tr><td rowspan="2">10</td><td>大</td><td>3000</td><td rowspan="2">4.6 : 1</td><td rowspan="2">3900</td><td rowspan="2">4125</td><td rowspan="2">94.56</td></tr>
<tr><td>小</td><td>648</td></tr>
<tr><td rowspan="2">25</td><td>大</td><td>2376</td><td rowspan="2">4.5 : 1</td><td rowspan="2">3548</td><td rowspan="2">3775</td><td rowspan="2">94.54</td></tr>
<tr><td>小</td><td>528</td></tr>
<tr><td rowspan="2">50</td><td>大</td><td>1920</td><td rowspan="2">1.4 : 1</td><td rowspan="2">3381</td><td rowspan="2">3620</td><td rowspan="2">93.40</td></tr>
<tr><td>小</td><td>1368</td></tr>
</table>

可以看出随着次氯酸钠的加药量的增加，大分子瓜尔胶所占的 COD 逐渐降低，溶液中糖类贡献的 COD 以及氧化后溶液的 COD 也都逐渐降低。但溶液中糖类贡献 COD 占溶液的总 COD 的比例基本不变，这说明次氯酸钠对瓜尔胶溶液的氧化作用没有选择性，这也是次氯酸钠即使在较高浓度其降黏效果不能进一步提升的原因。

（2）三种降解方式的对比。

配制 4g/L 的瓜尔胶模拟液，分别用上文提到的化学氧化法、酶解法以及水解酸化法进行处理，分别检测处理后溶液、溶液中大分子、小分子以及糖类贡献的 COD。结果见表 5。通过三种降解方式对比可以看到，水解酸化处理瓜尔胶后，溶液中的糖类 COD 降到 1816，同时糖类 COD 占比降到 42.58%，说明水解酸化对处理瓜尔胶具有较大潜力；酶水解瓜尔胶后，溶液中糖类 COD 以及溶液本身的 COD 与空白组对比而言都基本没有变化，而溶液中的大分子瓜尔胶在水解反应后已经全部消失，说明酶水解反应的选择性极强，完全针对瓜尔胶中贡献黏度的大分子。

表 5 不同处理方式处理瓜尔胶的效果

处理方式	分段 COD/mg/L		大、小分子段COD 比例	糖类 COD/mg/L	溶液 COD/mg/L	糖类贡献 COD 比例 /%
空白对照	大	4655	5 : 1	5880	6125	95.85
	小	931				
次氯酸钠（10g/L）	大	3000	4.6 : 1	3900	4125	94.56
	小	648				
污泥（10g/L）	大	0	0 : 1	1816	4265	42.58
	小	1725				
10 酶解（mg/L）	大	0	0 : 1	5915	6150	96.18
	小	5630				

3 结论

（1）次氯酸钠作为瓜尔胶降解的化学氧化剂，其氧化效果的释放相对较快，但没有选择性，降解不彻底，效果较差。提高氧化剂加药量后，瓜尔胶浓度逐渐下降，但其 COD 占比在 93.4%～94.6% 之间，大分子段 COD 逐渐降低，进一步印证了加药量提升后，难以提升降解效果的内在原因。

（2）水解酸化初期降黏速率慢，4h 时溶液黏度降为 4.46mPa·s，24h 之内可以完全降黏，糖类对 COD 的贡献只有 42.58%，提供 COD 的糖类大部分都被转化为非糖物质，水解酸化法具备深度净化能力，有望成为处理压裂返排液达标外排的替代工艺。

（3）从分子微观层面上来看，生物酶法与化学氧化和水解酸化的作用过程完全不同。在酶解初期，瓜尔胶大分子的分子量保持不变，但黏度持续降低。直至到某个时间点，就能将分子量为 180×10^4Da 的瓜尔胶大分子转化为无黏度的小分子低聚糖和单糖。与空白组对照，酶解后糖类贡献的 COD 以及溶液总 COD 变化较小，进一步印证了酶解反应具有较强的选择性，对大、中小分子量瓜尔胶的降黏效果突出，是目前处理压裂返排液工艺的较佳选择。

参考文献

[1] 罗平凯，张太亮，喻璐，等 . 催化氧化复合生物技术处理油气田压裂返排液［J］. 油气田环境保护，2017，27（1）：28-60.

[2] 吕雷，王梓民，杨志刚 . 页岩气压裂返排液处理回用中的问题及对策［J］. 环境工程学报，2017，11（2）：965-969.

[3] 管保山，刘静，周晓群，等 . 长庆油气田压裂用生物酶破胶技术及其应用［J］. 油田化学，2008，25（2）：126-129.

[4] 郭广军，周利英，何建平，等 . 瓜尔胶及其衍生物的过硫酸铵氧化降解研究［J］. 化学研究与应用，2010，22（12）：1546-1550.

新型流砂过滤器在压裂返排液处理中的应用研究

胡远远[1]　邓靖译[2]　周　鹤[3]　朱新建[1]

（1. 中国石油新疆油田公司工程技术研究院；2. 中国石油新疆油田公司百口泉采油厂；3. 中国石油新疆油田公司陆梁油田作业区）

摘　要　随着水平井＋体积压裂开发模式的大规模应用，压裂返排液的处理成为新疆油田水处理工艺技术的难题，其中过滤器的选择直接影响到处理水质指标中悬浮物的指标控制情况[1]。新型流砂过滤器以其自身的结构优势，结合新颖的洗砂工艺，确保了过滤器对压裂返排液处理过程中悬浮物指标的控制，有效避免了残留瓜尔胶对过滤器的污染，确保了过滤器的节点控制指标和工作时效。

关键词　体积压裂；返排液；流砂过滤器；洗砂工艺

水平井＋体积压裂开发模式的大规模应用，瓜尔胶压裂返排液的达标处理成为新疆油田污水处理工艺的难题。经过长期攻关优化，结合返排液的特性，本项目在过滤系统优选新型流砂过滤器作为一级过滤工艺，经过现场的应用验证，新型流砂过滤器节点指标控制稳定，运行时率等各项性能达到设计要求。

1　瓜尔胶返排液对过滤效果的影响分析

瓜尔胶压裂返排液中具有高矿化度、高 COD、高稳定性的特点，其中富含前端氧化破胶后残留的瓜尔胶小分子物质，对过滤工艺是严峻的考验。在小试过程中，残留瓜尔胶小分子对滤料的污染、堵塞明显，常规过滤器运行 15 天后，产水量逐步下降，反洗效果不佳、反洗频次由 2 次 /d 上升为 5 次 /d，产水量由 $20m^3/h$ 降低为 $10m^3/h$，出水悬浮物含量由 15mg/L 上升至 25mg/L。严重影响了采出水处理系统的水质达标率，增加了处理能耗。

1.1　返排液中残留瓜尔胶分子的影响

压裂过程中产生的返排液主要是压裂施工作业完成后返排至地面的返排液，液体中悬浮油颗粒和多种难以去除的水溶性聚合物；其中瓜尔胶是主要的特征污染物，瓜尔胶是一种甘露糖和半乳糖组成的长链聚合物。目前国内外常用的瓜尔胶主要是羟丙基瓜尔胶（HPG）和改性后的超级瓜尔胶。羟丙基瓜尔胶是将—O—CH_2—CHOH—CH_3（HP 基）置换与某些—OH 位置上。其分子结构如图 1 所示。

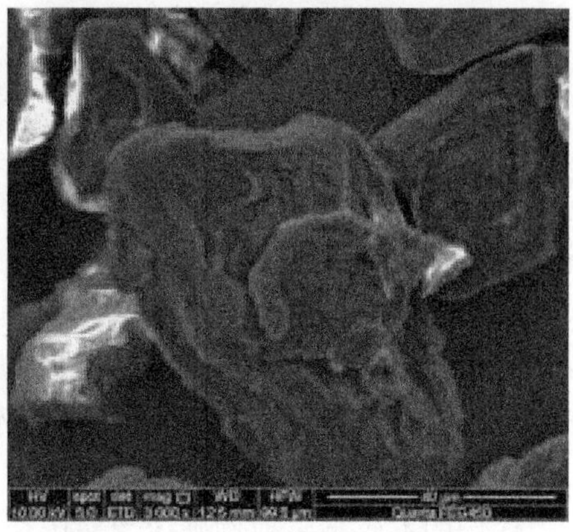

图 1　HPG 扫描电镜图

由于瓜尔胶压裂返排液需进行氧化破胶方可进行后端絮凝、沉降、过滤，在氧化后返排液污水中的污染物主要为破损的瓜尔胶残留小分子。对比氧化瓜尔胶前后的微观形貌，经分析可以看出，未氧化的瓜尔胶成一个一个分开的独立单元，瓜尔胶的表面是光滑的。从图 2 分析可以看出，氧化后的瓜尔胶光滑的表面被破坏，形成许多孔径，呈现凹凸不平状，而且以前单个的独立单元被吸附架桥在了一起，形成一个整体。氧化前后瓜尔胶微观形貌的变化，是因为大分子长链的瓜尔胶氧化破胶、断链成小分子的结果。

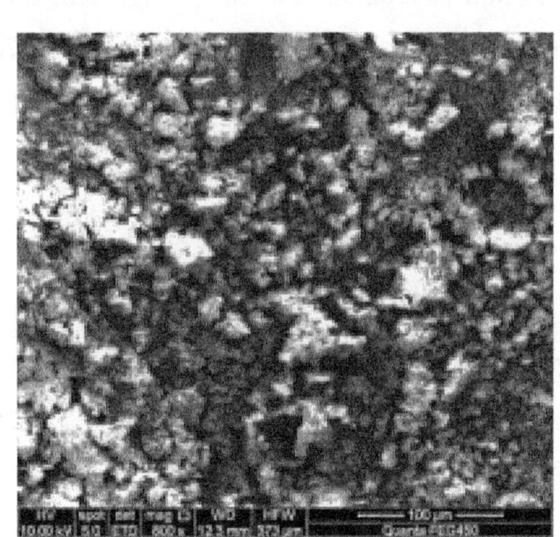
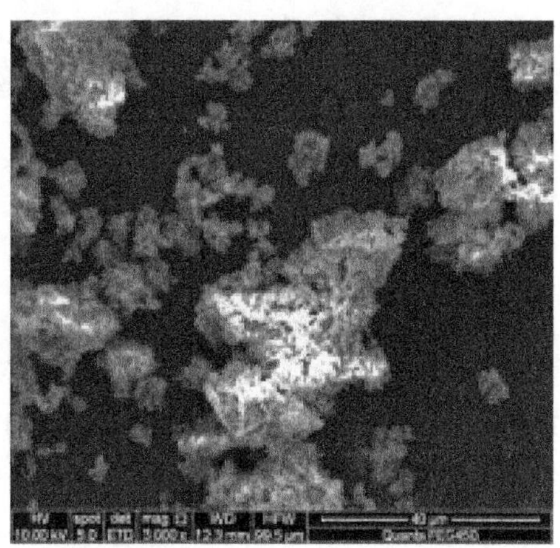

图 2　氧化后羟丙基瓜尔胶的微观形貌图

返排液污水中残留的瓜尔胶小分子，对过滤系统的影响仍然十分明显。通过电镜可以得出，返排液污水中主要污染物残留瓜尔胶小分子的粒径约 30μm，但是过滤系统滤料的表层空隙尺寸约为 80μm。

1.2　过滤机理

污染物能被滤料截留而且是滤层深层截留，主要原因是过滤的机理主要为两阶段理论，即污染物的过滤为迁移、吸附两个阶段[2]。

（1）迁移。

颗粒的迁移包括沉淀、扩散、惯性、阻截和水动力，颗粒较大时会在重力作用下脱离流线，产生沉淀作用；颗粒较小、布朗运动剧烈，会扩散至滤料表面，产生扩散作用；颗粒具有较大惯性时可脱离流线与滤料接触，产生惯性作用；颗粒尺寸增大后，会被滤料表面空隙阻截；在滤料存在速度梯度，非球体颗粒由于速度在梯度作用下，会产生转动而与滤料表面接触，产生水动力作用。

对于上述机理，目前只能定性描述，虽然也有部分数学模型但还不能解决实际问题，可能集中机理同时存在，也可能只有某些机理起作用，影响因素复杂，与滤料尺寸、形状、滤速、水温、水中颗粒尺寸、水中颗粒性质、形状、密度等。

（2）吸附。

吸附作用的本质是一种物理化学作用。当水中悬浮物颗粒迁移到滤料表面时，在范德华力和静电力相互作用以及某些化学键或特殊的化学吸附力作用下，吸附在滤料表面或黏附在滤料表面原先吸附的颗粒上。絮凝颗粒的架桥作用也会存在广义的吸附作用。所以吸附作用主要取决于滤料与水中颗粒的表面化学性质。

由于压裂返排液中主要污染物残留瓜尔胶分子具有不同于常规污染物的物理、化学性质，所以普通压力过滤器的污染速度快，反洗效果差。残留瓜尔胶分子在高矿化度、高离子状态下，原本舒展的高分子链产生了多重扭曲和反复重叠，形成了一种区别于常规DOVL胶体理论的新型污染物的形态。同时又保留了瓜尔胶特有的黏附性和在硼离子作用下产生弱交联作用的性质。造成了常规过滤器布水口附近、反冲洗死区常常存在大量胶装污染物的聚集，造成反冲洗效果差、滤料板结，致使过滤器无法满足设计要求。

2 流砂过滤器的特性

2.1 基本原理

流砂过滤器将水处理常规过滤工艺中固定滤床改进为可流床，将常规过滤罐周期性反冲洗改进为连续过滤连续清洗滤料[3]（图3）。正常过滤时污水由进水管经布水器均匀布置过滤器内滤床下部，水自滤床下部向上经过滤床，完成污水的过滤分离，去除污水中杂质。过滤的同时滤床下部截留污物的污砂，由提砂器将提升到罐体上部的洗砂系统内进行清洗，由于下部的滤砂被不断地带走，滤床就会自上而下缓慢移动，污砂不断被提升到洗砂器内进行清洗，清洗后的滤砂又重新回到滤床内，滤砂不断地被循环清洗，使滤罐内的滤料始终都是干净的，从而保证了出水水质稳定，不会因滤砂的污染程度而出现周期性的波动。连续流砂过滤器实现了过滤流程与洗砂流程两者的有机结合。

2.2 优点

流砂过滤装置可自动连续地进行滤层清洗更新，整个过滤过程中滤层缓慢向下流动，过滤后的滤料经过提升清洗后进入滤池进行下一个过滤循环，主要优点有：

（1）过滤器反冲洗连续均匀的运行，过滤出水水质稳定无周期性波动；

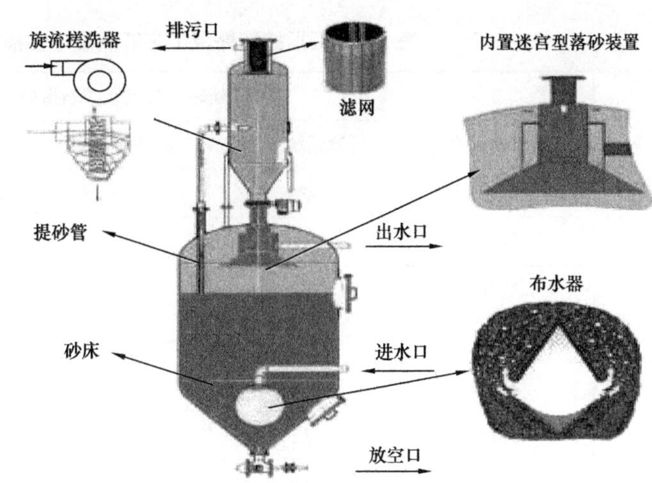

图 3　流砂过滤器形貌及原理示意图

（2）水中污染物始终由干净的滤料捕获，所以进口指标较固定床过滤器可放宽；

（3）反冲洗不需要其他设备，节约占用空间，维修、操作简单；

（4）整个过滤过程滤料为流动状态，不易产生滤料板结；

（5）过滤压损小，能耗少，降低运行费用。

因其上述优点，流砂过滤器可在多种行业、复杂应用环境均有较好的应用效果。流砂过滤器的形式也较多，目前国内研制了多种体外清洗过滤器，均借鉴流砂过滤的思路，取得了很好的应用效果[4]。

2.3　缺点

（1）设备太高；

（2）破碎的滤料、相对密度大的污染物无法排除，在滤层上累积；

（3）由于是移动床，过滤精度不如固定滤层高。

如，现场应用 1800m^3/d 的流砂过滤器整体高度达到了 7.9m，比常规固定床过滤器高出近 3m 的，对适应新疆油田大风极端天气提出了施工和设备安装要求。

3　现场应用效果

针对压裂返排液处理，新疆油田采用“破胶＋混凝＋过滤”工艺，已经建成 1 套 1800m^3/d 处理量的处理装置选用了新型连续流砂过滤器作为一级过滤工艺。装置于投运后，运行平稳、出水水质稳定。

由表 1 可知，在流砂过滤器连续运行过程中，来水水质的波动对混凝效果影响较为直接，水质波动对流砂过滤器的处理效果影响不明显。对压裂返排液中悬浮物的平均去除率达到 70% 以上。流砂过滤器的稳定运行为后续二级过滤、陶瓷膜过滤器提供了稳定的进口水质保障，确保了整体工艺的稳定运行和水质的平稳达标。

表 1 压裂返排液处理工艺节点悬浮物指标统计表

序号	返排液处理各节点悬浮物指标 /（mg/L）				
	返排液来水	过滤系统进口	流砂过滤器出口	二级过滤出口	陶瓷膜出口
1	351	60.5	15.5	8.5	1.8
2	512.3	80.6	20	10.5	2
3	340	48.2	14	7	1.7
4	437.5	56.3	16	8	1.8
5	412.5	51.2	16	7.5	1.8
6	374.8	47.5	13.7	7	1.5
7	448.5	68.9	15.7	8.5	1.5
8	579.5	89.6	18.5	9	1.5
9	553.2	86.2	19	9.5	0.8
10	435.5	58.6	17	7	1.5
11	384.6	46.5	15	6	1.8
12	340.8	48.9	13	6	1.2
13	378.8	44	17	6.5	1.2
14	432.5	67.8	17.5	8	1.8
15	360	55.8	15	6.5	1.5
16	270.8	40	13	7.5	0.8
17	378.5	63.5	14	8	1.2

4 结论

（1）返排液污水中残留的瓜尔胶小分子，对过滤系统的影响明显。通过电镜可以得出，返排液污水中主要污染物残留瓜尔胶小分子的粒径约 30μm。

（2）流砂过滤器实现了过滤流程与洗砂流程两者的有机结合，将固定滤床改进为可流床，过滤装置清洗也变为可自动连续的清洗，提高了过滤精度和处理效果。

（3）现场验证，流砂过滤器对压裂返排液中悬浮物的平均去除率达到 70% 以上。

参考文献

[1] 冯永训，等 . 油田采出水处理设计手册 [M]. 北京：中国石化出版社，2005：20–21.

[2] 赵欢 . 长纤维过滤与石英砂过滤的性能对比研究 [D]. 南京：东南大学，2006.

[3] 刘德绪，等 . 油田污水处理工程 [M]. 北京：石油工业出版社，2001：138.

[4] 张玉杰 . 连续流砂过滤器性能实验研究 [D]. 北京：中国石油大学（北京），2007.

新疆油田压裂返排液处理技术研究

王柳斌

（中国石油新疆油田公司工程技术研究院）

摘　要　目前“水平井＋体积压裂”已经成为新疆油田公司增储上产的主要开发模式。随着该开发模式的广泛应用，使得压裂返排液的处理成为亟待解决的问题。为了提高压裂返排液中瓜尔胶和无机盐等有效成分的利用率，同时降低采油厂处理站的处理难度，从复配压裂液和回注油田两个方面进行考虑，分别采用“除油—沉降—杀菌”处理工艺和“氧化破胶—混凝沉降—过滤”处理工艺对压裂返排液进行处理，通过检测两种工艺处理后的水质，证明两种工艺处理后的压裂返排液分别能满足复配压裂液和回注油田的水质标准（Q/SY XJ 0324—2020，Q/SY 02012—2016，Q/SY XJ 0030—2015（2020）)，从而实现了新疆油田压裂返排液的有效循环利用，降低了企业的用水成本。

关键词　新疆油田；压裂返排液；处理技术；回注；复配压裂液

随着玛湖特大型油田的发现，原有的压裂方式已经不能满足新疆油田增储上产的需要，目前“水平井＋体积压裂”已经成为新疆油田公司增储上产的主要开发模式。随着该开发模式的广泛应用，压裂用水短缺和压裂返排液的有效处理已成为油气田亟待解决的问题[1]。

压裂返排液是一种复杂的多相分散体系[2]，新疆油田常用的瓜尔胶压裂返排液中主要含有增稠剂、交联剂、过氧化物类破胶剂、pH 调节剂、助排剂、破乳剂、黏土稳定剂等，具有化学成分复杂、黏度大、COD 和悬浮物含量高、处理难度大等特点[3-4]，压裂返排液已经成为油田的主要污染物之一[5]。随着新环保法的实施，油气田企业必须寻找一条合适的解决途径[6]。本文通过对压裂返排液的成分进行分析，同时对照复配压裂液和回注油田的水质标准，研究出满足相应要求的压裂返排液处理工艺，实现了新疆油田压裂返排液的有效利用，降低了企业的用水成本，具有重大的经济社会效益[7]。

1　新疆油田压裂返排液处理方式概述

“水平井＋体积压裂”的开发模式的特点之一是只采不注，且配置压裂工作液时需要大量清水，未来 5 年，压裂配液最大引入清水量预计将达到 $300 \times 10^4 m^3/a$。同时，压裂返排液脱水及处理难度较大，如果不处理就回注油田的话，存在环保隐患。因此，压裂配液用水及压裂采出水的处置成为影响新疆油田水量平衡的重要因素之一。

根据体积压裂后不见油及见油返排液的水质差异，考虑采出液集输三级布站方式，结合压裂施工特点，采取三种方式处理压裂返排液：（1）井场就地集中建设简单的暂存设施，经杀菌、沉淀简单处理后配制滑溜水；（2）在转油站设置多功能分离器及储罐，最大限度分离返排液，杀菌后用于配制压裂液；（3）在处理站分离出的返排液，采用“氧化破胶＋混凝沉降＋过滤”工艺进行处理，处理后水质达到注水指标要求（Q/SY 0030—2015《油田注入水分级水质指标》），处理后的水优先用于配制压裂液，其次回注油田。

2 压裂返排液复配技术研究

2.1 压裂液基本特点

新疆油田主体压裂液体系为瓜尔胶压裂液，年使用量达到压裂液总量的 80% 以上。压裂液基液配方为“增稠剂＋防膨剂＋助排剂等”。压裂后的返排液中含有的残余瓜尔胶、无机盐、助排剂等物质，在配制压裂液时可以进行重复利用。压裂返排液循环利用的关键在于选择处理工艺，在处理后水质满足配液要求的同时，最大限度保留以水为载体的残余瓜尔胶及无机盐，减少配制压裂液时的添加剂用量。

2.2 配制压裂液水质要求

体积压裂中压裂工作液的种类为“大排量滑溜水＋冻胶压裂”，使用大排量滑溜水的目的是降低摩阻，制造复杂缝网；使用冻胶的目的是携砂造缝。其中滑溜水为 0.1% 的瓜尔胶溶液，其黏度≤10mPa·s。能够携砂的冻胶约占压裂液总量的 30%～40%，冻胶的基液一般为 0.4% 的瓜尔胶溶液，其黏度≥40mPa·s。

为了避免压裂工作液对地层的伤害，中国石油新疆油田企业标准 Q/SY XJ 0324—2020《压裂返排液循环配制技术规范》规定，残渣含量≤400mg/L。目前新疆油田压裂工作液常用的增稠剂为羟丙基瓜尔胶，瓜尔胶压裂液破胶后残渣含量为 250～300mg/L，因此可以控制返排液破胶后所配制的滑溜水水质悬浮固体指标≤300mg/L。配制压裂液推荐水质指标和返排液检测值见表 1。

表 1　返排液检测值及配制压裂液推荐水质指标（Q/SY 02012—2016）

检测项目	压裂返排液检测值	配制压裂液水质指标
总悬浮固体含量 /（mg/L）	≤400	≤30
硫酸盐还原菌 /（个 /mL）	7000～11000	<25
铁细菌 /（个 /mL）	2500～11000	$<1\times10^4$
腐生菌 /（个 /mL）	≥110000	$<1\times10^4$
黏度 /（mPa·s）	≤10	—

2.3 复配处理技术

（1）井场就地处理。

单井压裂后，最初返排的不见油返排液中含有大量瓜尔胶、无机盐，平均黏度约为

5mPa·s，采用井场就地集中建设简单的暂存设施，投加杀菌剂后暂存的方式，有压裂用水需求时，由转输泵将立式储液罐中返排液直接掺入清水供水管线内，建议掺混比例为 1∶1，输送至压裂配液现场，配制滑溜水。不见油返排液处理工艺流程如图 1 所示。该流程中，主要构筑物的技术参数如下：缓冲罐进口，硫酸盐还原菌 6000～9000 个 /mL，铁细菌 2000～8000 个 /mL，腐生菌 110000～130000 个 /mL；缓冲罐出口，硫酸盐还原菌 20 个 /mL 左右，铁细菌和腐生菌均为 4000 个 /mL 左右；立式储液罐进口，悬浮固体含量为 250～300mg/L；立式储液罐出口：悬浮固体含量为 20mg/L。

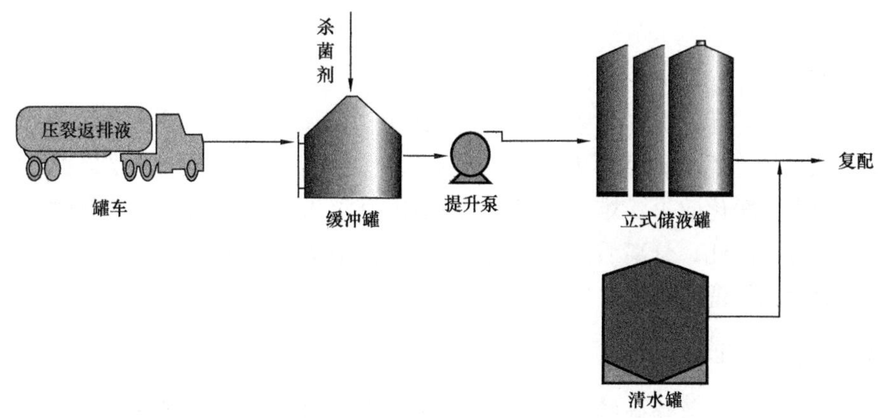

图 1　不见油返排液处理工艺流程

（2）转油站处置。

通过罐车拉运和集输管线运至转油站的见油压裂返排液，处理时在转油站设置三相分离器及储罐，端点已加破乳剂的油区来液经三相分离器进行油、气、水初步分离，分离出的返排液含有瓜尔胶和无机盐，它们在配制压裂液时可以进行重复利用，同时也可以降低配制压裂液的成本和企业用水成本，因此，将分离出的返排液储存于采出水缓冲罐中，有压裂用水需求时，投加杀菌剂后拉运至井场，即可配制压裂液。该工艺流程如图 2 所示。该工艺中主要构筑物的技术参数是：采出水缓冲罐进口，含油量 0～2mg/L，硫酸盐还原菌 6000～9000 个 /mL，铁细菌 2000～8000 个 /mL，腐生菌 110000～130000 个 /mL。采出水缓冲罐出口，含油量 0～2mg/L，硫酸盐还原菌 20 个 /mL 左右，铁细菌和腐生菌均为 4000 个 /mL 左右。

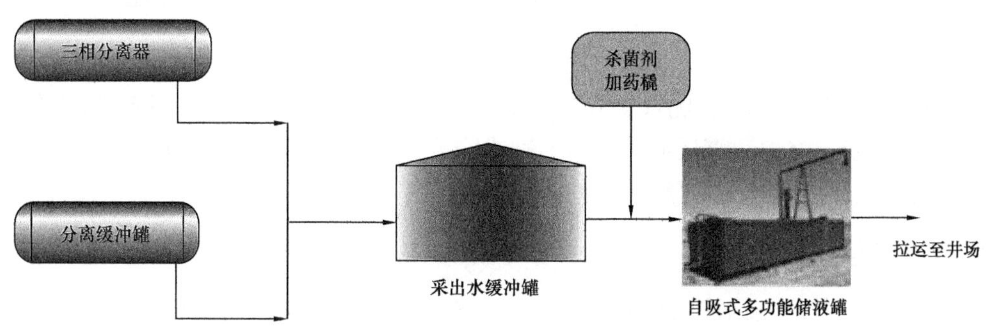

图 2　转油站分离的见油压裂返排液处理工艺流程

2.4 应用效果

收集的压裂返排液采用“除油—沉降—杀菌”工艺后用于配制压裂液。配制好的压裂液分别被应用于开发井、定向井和评价井等不同井别30余井次。截至2018年10月，累计使用复配压裂液约$2\times10^4m^3$。其中，加砂量最大的井达到$50m^3$，最高储层温度达到82.5℃，压后产量为5～$11m^3/d$。

3 回注处理技术研究

3.1 水质特点

经转油站预分离后的低含水采出液输至处理站进行集中处理。分离后的返排液含有少量瓜尔胶和无机盐，平均黏度不大于2mPa·s。该水质若采用常规工艺难以处理，难点在于:（1）影响水质净化效果，难以脱稳；（2）黏度大，易在滤料表面形成黏性板结，影响过滤器正常运行。因此，分离后的返排液若直接进入污水处理系统，则对处理系统冲击较大，最终影响污水处理系统出水指标。

3.2 站场回注处理技术

处理工艺：采用“氧化破胶—混凝沉降—过滤”的工艺技术处理压裂返排液，工艺流程如图3所示。压裂返排液首先进入调储罐进口（含油量为500～600mg/L、悬浮固体含量为300～400mg/L），经提升泵输送至氧化破胶橇，通过加入破胶剂破坏残余的瓜尔胶分子链，降低污水黏度，后依次进入絮凝沉降橇和斜管沉降橇，对污水进行沉降处理后，出水经泵提升至两级双滤料过滤器进口（含油量0～1mg/L、悬浮固体含量1～2mg/L、硫酸盐还原菌6000～9000个/mL；铁细菌2000～8000个/mL；腐生菌110000～130000个/mL），经杀菌处理后过滤器出口（含油量0～1mg/L、悬浮固体含量1～2mg/L、硫酸盐还原菌20个/mL左右；铁细菌和腐生菌均在4000个/mL左右）水质经检测满足回注标准。

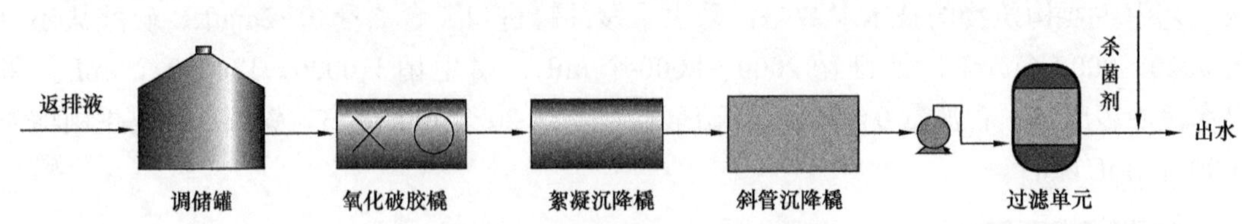

图3 处理站返排液处理工艺流程

该处理工艺特点:（1）优选复合氧化破胶剂破坏残余的瓜尔胶分子链;（2）采用袋式过滤器以避免过滤器频繁反冲洗;（3）过滤器反洗过程中利用循环水泵将滤料抽出、搓洗、回填罐内，一定程度上缓解了滤料板结。

3.3 应用效果

新疆油田某处理站回注处理应用情况：2018年3—5月，在新疆油田某采油厂处理站采用“氧化破胶—混凝沉降—过滤”的工艺技术处理压裂返排液，经3个月连续化验检测，该工艺处理设备处理结果如下：（1）出水含油量为 0；（2）悬浮物≤8mg/L；（3）抽滤时间≤120s/200mL，均能满足注水水质要求，部分检测数据如图 4 及图 5 所示。处理后水质含有无机盐可优先用于压裂配液，因配液水质要求低于注水指标，因此压裂用水可以设置在过滤器前取水，过滤后的水用于油田注水。

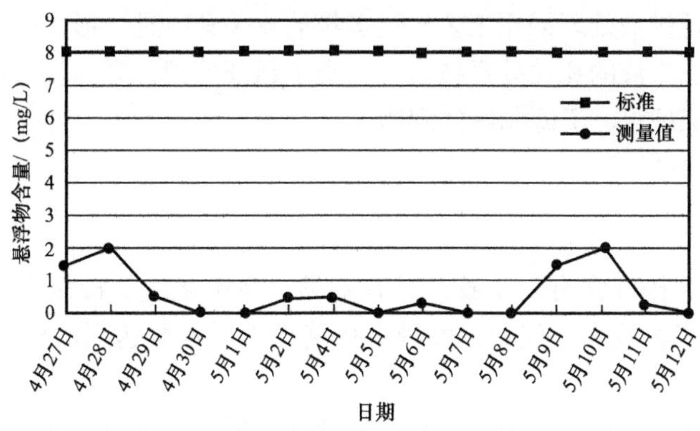

图 4 悬浮物含量检测值

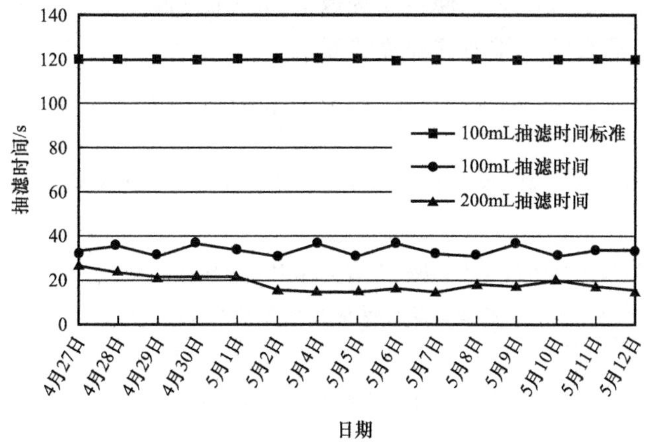

图 5 抽滤情况检测值

4 社会效益和经济效益

4.1 经济效益

通过研究压裂返排液井场复配技术，不仅减少了罐车拉运压裂返排液的次数，而且大大减少了配制压裂液时所需的清水量。罐车拉运压裂返排液的费用方面，按照已经产生的 $2\times10^4m^3$ 压裂返排液来算，截至 2018 年 10 月，已累计减少罐车拉运 800 余次，按照每次往返距离 30km 和 1 元 /km 的成本计算，大约能节省人民币 2 万元。配制压裂液时所需的清水量方面，因处理后的压裂返排液与清水的掺混比例为 1∶1，因此累计节约了 $2\times10^4m^3$ 清水，约合人民币 4 万元。以上两项累计节省人民币 6 万余元。

4.2 社会效益

“水平井 + 体积压裂”的开发模式下所产生的压裂返排液成分复杂，如果不经过达标处理将会对周边的生态环境造成极大的破坏，特别是随着新环保法的出台，压裂返排液不处理油田会面临勒令停产的风险，将对企业造成难以估量的损失。

新疆油田压裂返排液处理回用工艺经过多年的攻关和改进，形成了适用于不见油压裂返排液和见油压裂返排液的相关处理技术，实现了新疆油田压裂返排液的循环利用，解决了油田发展与环境保护水、资源制约的问题。

5 结论

（1）针对压裂返排液含有瓜尔胶，具有高黏、高矿化度的特性，采用“氧化破胶—混凝沉降—过滤”工艺技术，使处理站内返排液处理后水质达到油田回注的标准（Q/SY XJ0030—2015）；

（2）采用“除油—沉降—杀菌”技术，处理井场压裂返排液，处理后水质达到复配压裂液水质要求（Q/SY XJ 0324—2020 和 Q/SY 02012—2016）。

（3）通过采用不同处理工艺，使得压裂返排液中瓜尔胶和无机盐等有效成分得到有效循环利用，同时降低联合站返排液的处理难度。

参考文献

[1] 张敬春，潘竟军，怡宝安，等. 羟丙基瓜尔胶压裂返排液的循环利用技术[J]. 油田化学，2018，35（3）：411-417.

[2] 李永丰. 压裂返排液处理与回用技术实验[J]. 油气田环境保护，2018，28（6）：26-28，32.

[3] 钟志英，马尧，胡远远，等. 新疆油田压裂返排液处理方案探讨[J]. 新疆石油科技，2017，27（4）：27-30.

[4] 钟志英，怡宝安，杨建强，等. 重复利用瓜尔胶压裂返排液配制硼交联携砂液的水质要求[J]. 新疆石油科技，2016，26（2）：39-45.

[5] 杨燕平. 胜利油田采出水处理技术进展与应用[J]. 山东省科学技术协会，2008，23（1）：4-19.

[6] 王永光，渠迎锋，吴萌，等. 压裂返排液处理回用技术现场应用[J]. 石油化工应用，2018，37（1）：42-44.

[7] 马程，谷涛，高立杰. 氧化/过滤处理油田采出水用以配制聚合物溶液[J]. 中国给水排水，2008，24（9）：60-63.

压裂返排液中瓜尔胶稳定机理分析研究

秦金霞　胡远远　朱新建

（中国石油新疆油田公司工程技术研究院）

摘　要　随着体积压裂的大规模应用，压裂返排液的处理也成为油田亟待解决的问题。压裂返排液成分复杂，添加剂多，其中稠化剂—瓜尔胶的处理成为返排液处理的关键。本项目选取新疆油田压裂返排液样品，通过 SEM 电镜表观分析、红外光谱结构分析、高效液相色谱仪分子量分析等手段，确定了瓜尔胶的元素分布、结构变化情况，提出了 EDLVO 模型分析理论，得出了瓜尔胶在返排液中的稳定机理及脱稳变化规律，为今后压裂返排液处理提供理论支撑。

关键词　压裂返排液；瓜尔胶；稳定机理

随着油田开发方式的转变，体积压裂已成为稀油区块的一种重要开采方式。新疆油田体积压裂目前采用的是水基压裂液，压裂返排液中含有稠化剂（羟丙基瓜尔胶，Hydroxypropyl Guanidine Gum，HPG）、交联剂、助排剂、黏土稳定剂、支撑剂等，具有高化学需氧量（COD）、高稳定性、高黏度、含油量大等特点，成分复杂、处理难度大[1-5]。压裂返排液的主要试剂——高聚物瓜尔胶的稳定机制及其高效脱稳技术的研究，成为压裂返 排液处理的关键课题。

1　瓜尔胶在压裂返排液中赋存形态分析

1.1　分析方法及仪器

以新疆油田压裂返排液为样品，对瓜尔胶在其中的赋存形态及结构进行分析，分析仪器及方法见表 1。

1.2　压裂返排液 SEM 分析

瓜尔胶在水中溶解初期为纤维丝状，慢慢会伸展打开呈束状；充分溶解后会由大分子聚集形成排列整齐的带状纤维；加入交联剂后，相邻丝带会形成闭环，进而形成紧密牢固的网状密闭空间，阻碍水分子的自由运动[6]。本次研究将压裂返排液冷干后，磨成粉末状，在扫描电镜不同放大倍数下进行表征分析，扫描结果如图 1 所示，放大 500 倍条件下可见，样品呈块状，结构较为疏松；放大 4000 倍条件下，样品表面呈现一种类似于钟乳石的形状结构，有少量晶体颗粒；放大 30000 倍和 60000 倍条件下，瓜尔胶呈现一种胶黏状态。由以上扫描结果可知，样品表面之所以呈现疏松、钟乳石状，是瓜尔胶被氧化后结构被破坏的表现；返排液中的微粒主要是瓜尔胶在地层高温环境下分解后的残渣及少量析出的晶体。

表 1　新疆油田压裂返排液赋存形式及结构分析方法及仪器

项目	仪器	分析方法
样品冷干	TENLIN FD–1B–80 真空冷冻干燥机	–80℃冰箱中样品放置 24h 以上至干硬状态，再于真空冷冻干燥机中冷干
样品外观形态及结构、特性分析	FEI Nova Nano SEM 450 场发射扫描电镜，Nicolet 5700 智能傅里叶红外光谱仪，Thermo VG ESCA LAB 250 X– 射线能谱仪	不同放大倍数下观察形态，红外分析特征官能团分布，研究样品中有机物结构及性质变化
	Bruker EDS QUANTAX 能谱仪	与 SEM 电镜联用，对样品的某一个点或面进行元素扫描，确定元素含量分布
	Mars 60 旋转流变仪，Zetasizer Nano ZS 90 电位测定仪	样品黏度及电位测定，推断样品黏度情况及体系稳定程度
分子量分析	Agilent LC 1100 型高效液相色谱仪	测定分子量随时间的变化，推断大分子瓜尔胶的降解情况

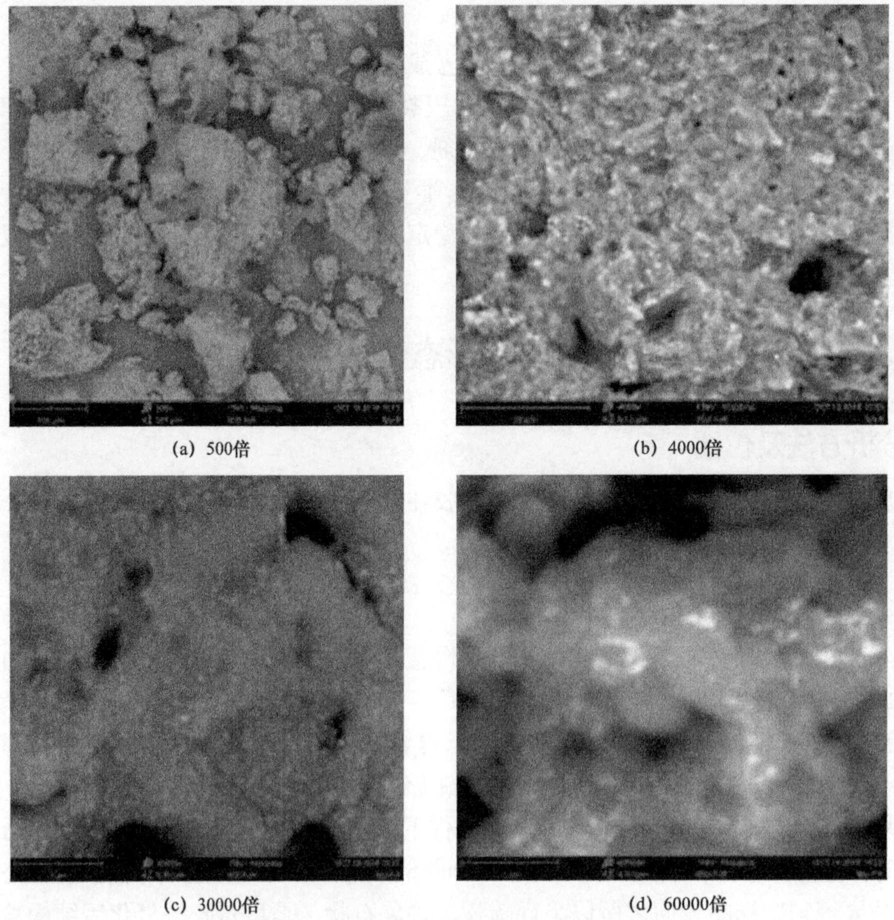
(a) 500倍　(b) 4000倍　(c) 30000倍　(d) 60000倍

图 1　不同放大倍数的扫描电镜观测结果

1.3 压裂返排液中瓜尔胶分子量分布

瓜尔胶是一种天然的高分子多聚物，在一定的光照或微生物存在情况下可能被分解[8-9]。因此，研究大分子瓜尔胶的降解情况，可以通过测定自然条件（25℃）下，瓜尔胶分子量随时间的变化。将分子量＜1×10^3Da，1×10^3～1×10^4Da，1×10^1～1×10^5Da、1×10^2～1×10^6Da 和＞1×10^6Da 分为 5 类，以凝胶渗透色谱对返排液中溶解性瓜尔胶分子量测试方法，分别分析 4g/L 的纯瓜尔胶溶液、压裂返排液 –0（未加破胶剂），压裂返排液 –1（添加破胶剂）中瓜尔胶分子量随时间变化。

1.3.1 模拟返排液的配制

原压裂返排液成分复杂，且长时间保存时，瓜尔胶在返排液中的结构会发生改变，影响返排液的性质。不利于进行瓜尔胶如何脱稳等机理性研究。为排除某些影响因素，接下来的机理试验以配制的模拟返排液为研究对象。

基液由离子母液 +0.5% 氯化钾 +0.4% 瓜尔胶 +0.015% 过硫酸钾 +0.005% 氢氧化钠组成；交联液为 4% 硼砂；基液和交联液的交联比为 10∶1。其中，离子母液为模拟的离子环境，配方见表 2。

表 2 离子母液配方

药品	浓度 /（mg/L）
$FeCl_3\cdot6H_2O$	340.8
Na_2S	60.8
Na_2SO_4	198.8
Na_3PO_4	736.0
$MgCl_2$	74.1
$CaCl_2$	2497.5
$KHCO_3$	271.7

具体制备流程如下：基液制备时先加入离子母液并溶解氯化钾，然后加入瓜尔胶，搅拌均匀后加入过硫酸钾和氢氧化钠，配好后放置 15min，按 10∶1 边搅拌边加入交联液，90℃水浴加热 2h，冷却至室温调 pH 值至 6.5 左右，取上层液体，即为模拟压裂返排液。图 2 为模拟返排液加热前后的状态。加热前黏度极高，用玻璃棒可以挑起；加热后颜色呈黄色，底部有一层沉淀，明显感觉黏度降低。模拟返排液的性质见表 3。

1.3.2 返排液中瓜尔胶分子量分布

以 Agilent LC 1100 型高效液相色谱仪分析返排液中瓜尔胶分子量分布，分析样品中瓜尔胶分子量随时间的变化，结果如图 3 所示。

对于纯羟丙基瓜尔胶溶液，0～3h 内分子量＞1×10^6Da 的有机物明显减少，也就是部分瓜尔胶被分解成小分子物质；18h大分子物质增加，推测可能是样品处理过程中，样品过夜放置导致分子聚集。对于压裂返排液-0和压裂返排液-1，在监测的48h内均是1×10^3～1×10^4Da分子量的物质占最大比例。压裂返排液-0中18～48h瓜尔胶分解明显，而压裂返排液中-1加入了足够的破胶剂，早已使大分子破碎分解，不存在＞1×10^5Da的大分子物质，48h内分子量分布随时间的变化并不明显，其中70%左右的瓜尔胶分子的分子量均小于1×10^4Da。此时ζ电位为-1.6mV，表明体系中瓜尔胶分子的胶体状态非常不稳定，由胶态向溶解态转变。

(a) 加热前　　(b) 加热后

图2　模拟返排液加热前后照片

表3　模拟返排液性质

指标	测定值
黏度/（mPa·s）	2.09±0.15
pH值	6.5±0.2
ζ电位/mV	-1.8±0.3
浊度/NTU	81.0±29.3
粒径中值/nm	3500±500

1.4　压裂返排液中瓜尔胶结构分析

将压裂返排液（样品1）与瓜尔胶进行红外光谱分析，分析结果如图4所示。图4中$3400cm^{-1}$，$1680cm^{-1}$，$1550cm^{-1}$和$1100cm^{-1}$处吸收峰所对应的特征官能团分别为—OH、C═O、—COO^-和C—OH[7]，由此可见，压裂返排液中瓜尔胶结构已被破坏；羟基明显增加则可能是瓜尔胶结构中半乳糖1号位碳氧键、α-1,6-苷键和β-1,4-苷键的断裂，也有部分羟基进而氧化成羰基，断键示意图如图5所示。分析其原因应为，在地层温度条件及破胶剂作用下，压裂液中的瓜尔胶部分被分解，使得压裂返排液中的瓜尔胶不再以交联的大分子形式存在。并且压裂返排液中成分复杂，不排除其他有机物对分析结果造成干扰。

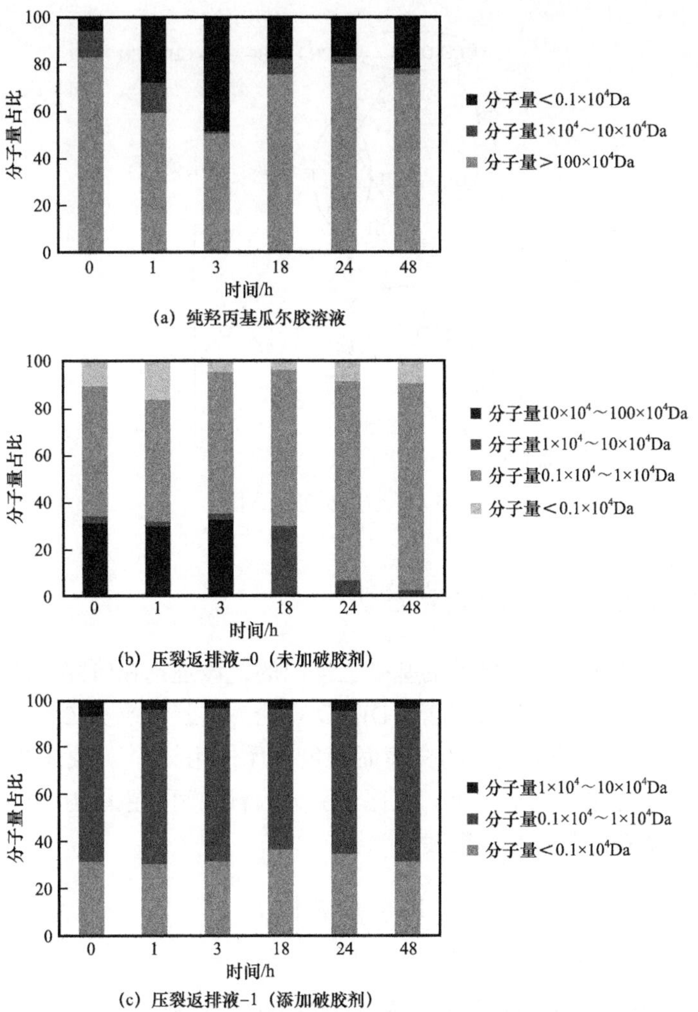

图 3 瓜尔胶溶液及两种压裂返排液分子量随时间的变化

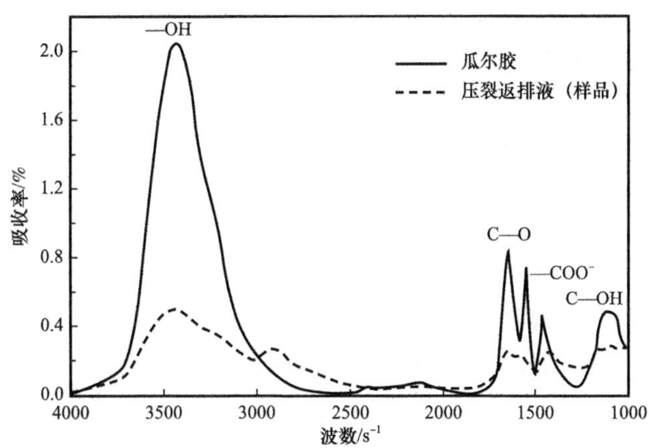

图 4 压裂返排液冷干样品与瓜尔胶红外光谱图

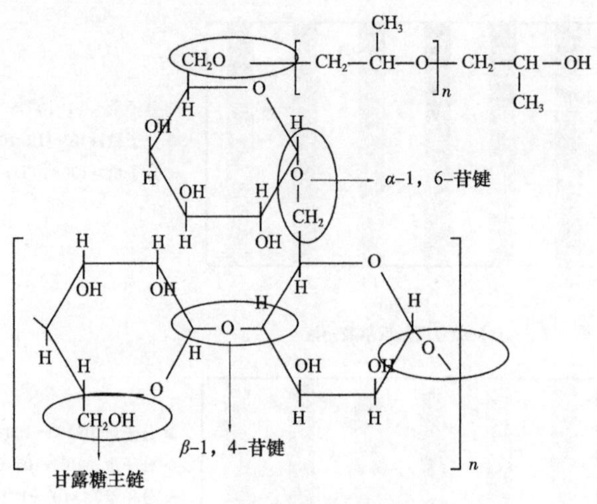

图 5　瓜尔胶断键示意图

2　压裂返排液 EDLVO 模型分析

DLVO 理论是在扩散双电层模型的基础上提出的，该理论在研究胶体颗粒的稳定性及絮凝剂对胶粒的聚沉机理方面比较完善。DLVO 理论为，胶体粒子之间因为范德华作用而相互吸引，又因为粒子间的双电层的交集而产生排斥作用[10-12]。胶体的稳定性取决于这两种相互对抗的作用能量的相对大小。范德华引力为颗粒间的色散力、极性力和诱导偶极力之和，其大小与颗粒间距存在函数关系为：

$$V_A=-A_{131}R/12H \tag{1}$$

式中　V_A——颗粒间范德华引力，J；

A_{131}——颗粒在介质中的有效哈马克（Hamarker）常数，J；

H——颗粒间界面力作用距离，m。

$$A_{131}\approx\left(A_{11}{}^{1/2}-A_{33}{}^{1/2}\right)^{2} \tag{2}$$

式中　A_{11}——颗粒本身在真空中的哈马克常数，J；

A_{33}——介质本身在真空中的哈马克常数，J。

静电斥力是由颗粒周围的双电层在颗粒接近时相互作用产生的，斥力与颗粒间距指数也存在函数关系：

$$V_R=2\pi\varepsilon R\Phi_0{}^2\ln\left[1+\exp\left(-kH\right)\right] \tag{3}$$

式中　V_R——颗粒间双电层排斥作用势能，J；

ε——溶液的介电常数，C/（V·m）；

Φ_0——颗粒表面电位，可用 ζ 电位代替，V；

k——Debye 常数，其倒数为双电层厚度，m^{-1}。

$$k = (4e^2 N_A I/\varepsilon kT) \quad (4)$$

但在实际的絮凝过程中，颗粒间相互作用远比普通胶体分散体系更为复杂，除了静电和范德华力相互作用外，可能存在水化或疏水相互作用，磁力及空间斥力等，经典的DLVO理论同样不能解释这些体系中颗粒间的凝聚与分散行为。因此，提出EDLVO理论，在粒子间相互作用的DLVO势能曲线上，加上界面极性相互作用能 V_H，即粒子间相互作用总能量 V_T：

$$V_T = V_A + V_R + V_H \quad (5)$$

目前关于颗粒间界面极性相互作用能的计算尚无理论推导，通过大量实验研究得出经验公式：

$$V_H = 2\pi R_1 R_2 / [(R_1 + R_2)\, h_0 V_H^0 \exp(-H/h_0)] \quad (6)$$

式中 V_H^0——颗粒界面极性相互作用能常数，J/m^2；

h_0——衰减长度，m。

亲水胶体颗粒间的水化排斥能或疏水胶体颗粒间的疏水吸引能归因于颗粒界面极性相互作用。对于亲水颗粒表面或颗粒表面吸附化学药剂后，表面极性区对邻近水分子的极化作用，形成水化力。当两个颗粒接近时，产生较强的水化排斥能，此时，$V_H^0>0$，被称为水化排斥能能量常数，$V_H>0$，被称为亲水胶体颗粒间的水化排斥能；对于天然疏水性颗粒或诱导疏水性颗粒，由于疏水颗粒周围水分子结构的重排，产生熵变。当两个矿粒接近时，水分子结构进一步重排，导致矿粒表面产生疏水引力作用，此时 $V_H^0<0$，被称为疏水引力能能量常数，$V_H<0$，被称为疏水胶体颗粒间的疏水吸引能。

羟丙基瓜尔胶结构类似于纤维素，含有大量的—OH和—COOH等亲水性基团，这些亲水基团在水溶液中通过水化作用吸收自身重量几倍甚至几十倍的水，形成相对稳定的水化层结构，并将水分子束缚在该范围内，具有良好的保水性能。破坏稳定性的重要方法就是破坏它的水化层。

当两个羟丙基瓜尔胶颗粒接近时，会产生强烈的水化排斥力。羟丙基瓜尔胶EDLVO模型计算过程如下：

A_{11} 取碳氢化合物在真空中的哈马克常数，$A_{11}=6.3\times10^{-20}J$；$A_{13}$ 取水在真空中的哈马克常数，$A_{13}=4.84\times10^{-20}J$；$R$ 取粒径中值的1/2，$R=6.5\times10^{-7}m$。代入式（1）和式（2）计算得出，$V_A=-5.025/H$。

$\Phi_0=\zeta=-7\times10^{-3}mV$；$\varepsilon=7.08\times10^{-10}C/(V\cdot m)$；$N_A$ 为阿伏伽德罗常数，$N_A=6.022\times10^{23}mol^{-1}$；$I$ 为离子强度，通过已知离子环境计算得出，$I=0.2289mol/L$；k 为玻尔兹曼常数，$k=1.381\times10^{-23}J/K$；温度 $T=298K$。代入式（3）和式（4）计算得出，$V_R=14.16\ln(1+e^{-0.0462H})$。

R_1 和 R_2 均取粒径中值的1/2，$R_1=R_2=6.5\times10^{-7}m$。代入式（6）计算得出 $V_H=1.34\times10^{-4}\times e^{-H/0.375}$。

羟丙基瓜尔胶颗粒间的作用能曲线如图6所示，粒子相距较远时，范德华引力 V_A、

静电斥力 V_R 和水化排斥力 V_H 均为零；当粒子间距离为 20nm 时，静电斥力 V_R 首先起作用，当粒子克服 V_R 继续接近至一定距离时，V_A 才起作用，此时 V_R 远大于 V_A，而水化排斥力 V_H 在粒子间距＜4nm 时急剧增加，说明羟丙基瓜尔胶粒子相距近时水化排斥力 V_H 为体系中的主要作用力。所以，如果使羟丙基胶体脱稳需降低胶体颗粒间的静电斥力以及水化排斥力，使胶体颗粒之间通过范德华引力相互吸引聚集，发生凝聚，进而从压裂返排液中分离出来。

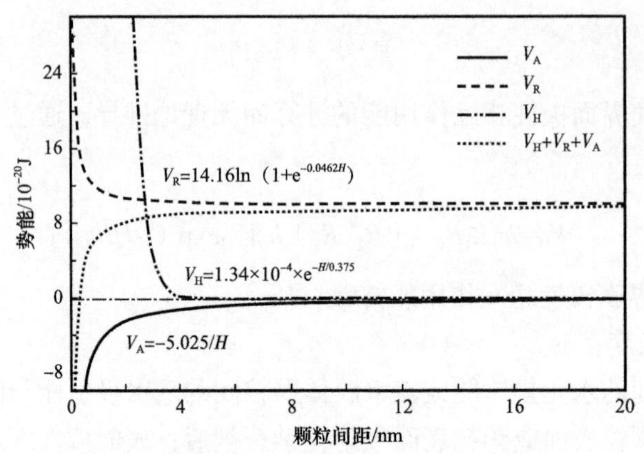

图 6　羟丙基瓜尔胶颗粒间的作用能曲线

3　结论

（1）根据瓜尔胶在压裂返排液中的赋存形态和分子量分布、结构分析，结合瓜尔胶在压裂返排液中的 EDLVO 模型分析表明，压裂返排液在破胶剂的作用下发生分解后，残存的瓜尔胶分子中 70% 左右的分子量均小于 1×10^4Da。

（2）由于压裂液中瓜尔胶其自身苷键的不稳定性，使其并未表现出典型 PAM 高分子聚合物的胶体特性，而是呈现出由一系列中小分子量聚合物构成的准溶解态体系。这一理论研究可以为压裂返排液中瓜尔胶的梯度处理工艺提供理论支撑。

参 考 文 献

［1］钟志英，马尧，胡远远，等．新疆油田压裂返排液处理方案探讨［J］．新疆石油科技，2017，27（4）27–30.

［2］田培蓉．瓜尔胶压裂返排废水重复利用影响因素及消除方法研究［D］．西安：西安石油大学，2017.

［3］汪卫东，袁长忠．油气田压裂返排废水处理技术现状及发展趋势［J］．油气田地面工程，2016，35（10）：1–5.

［4］王佳，李俊华，雷珂，等．压裂返排废水处理技术研究进展［J］．应用化工，2017，46（7）：1414–1416.

［5］林啸，姚媛元，陈果．胍胶压裂返排废水残渣净化处理技术［J］．石油钻采工艺，2016，38（5）：689–692.

[6] 隋明炜．速分散瓜尔胶压裂液体系及其返排水重复利用技术研究与现场应用［D］．西安：陕西科技大学，2018.

[7] 尹子辰，王彦玲，张传保，等．羟丙基胍胶在高岭土上的吸附性质研究［J］．分析化学,2019,47(1):93–98.

[8] 王武生．聚氨酯分散体稳定理论［J］．涂料技术与文摘，2010，31（6）：10–14.

[9] 任鹏，张四维，雷国栋，等．胍胶压裂返排液固液分离试验［J］．油气田环境保护，2016，26（2）：14–16.

[10] Xu Zheng He.A study of hydrophobic coagulation［J］.Colloid Inters，1990，134（2）：427–434.

[11] Pashley R M.Molecular layering of water in thin films between mica surfaces and its relation to hydration forces［J］. J. Colloid Inter Sci.，1984，101（2）：511–523.

[12] Churaev N V.Inclusion of structural forces in the theory of stability of colloids films［J］. J. Colloid Inter Sci.，1985，103（2）：542–553.

[6] [illegible]

[7] [illegible]

[8] [illegible]

[9] [illegible] 2018, 29 [illegible]

[10] Zu Zhang [illegible] study [illegible] 1997, 11 [illegible]

[11] [illegible]

[12] [illegible]

第四部分

注水及化学驱注入提效关键技术

海拉尔油田橇装注水工艺适应性分析及改进建议

张　晓　鲁永强　于明建

（中国石油大庆油田呼伦贝尔分公司工程技术中心）

摘　要　为满足海拉尔油田超前注水以及开发提压注水试验的需要，应用橇装注水装置27套。本文对海拉尔油田橇装注水设备运行情况进行了分析，针对存在的一些问题，提出了一些改进建议。

关键词　海拉尔油田；橇装注水；适应性

油田注水工艺根据注水方式不同，分为集中注水、分散注水和橇装注水三种。集中注水主要应用于布井相对集中、注水量相对较大、注水压力和水质要求差别不大的大规模整装油田；分散注水主要应用于布井分散、水量变化较大、注入压力普遍较高且差异较大的小规模低渗透低产油田及小断块油田，对于无依托的偏远、零散区块一般都采取橇装注水工艺，此外，还有为了满足开发提压注水试验需要，采取增压方式注水。

1　海拉尔油田橇装注水装置概况

海拉尔油田最近几年为了满足注水要求，先后在零散区块、边远区块，以及开展开发注水试验等，应用了27套橇装设备，满足了不同开发要求，其中注水橇24套、增压橇3套。总注水能力5307m^3/d，共为67口注水井实施（增压）注水。详见表1。

表1　海拉尔油田橇装注水装置统计表

注水橇	柱塞泵型号	柱塞泵数量/台	注水能力/m^3/d	辖注水井	备注
贝28增压注水橇1	3SZ75-5.7/24-32，18.5kW	1	136	贝28-X56-54	2016年增压橇
贝28增压注水橇2	3SZ75-5.7/24-32，18.5kW	1	136	贝28-X64-60	2016年增压橇
贝28增压注水橇3	3SZ50-1.9/24-32 11kW	1	45	贝28-X56-52	2017年增压橇
贝D8区注水橇3	4.2/16 22kW	1	100	贝D56-62、贝D58-65	利旧2003年产能橇
贝D8区注水橇1	4.2/27 45kW	1	100	贝D60-62、贝D60-64	2015年产能橇

续表

注水橇	柱塞泵型号	柱塞泵数量 / 台	注水能力 / m^3/d	辖注水井	备注
贝 D8 区注水橇 2	2.09/16 15kW	1	50	贝 D56–68	2015 年产能橇
贝 301 区注水橇 4	2.64/16 18.5kW	1	60	贝 3–7	2017 年产能橇
贝 301 区注水橇 5	2.64/16 18.5kW	1	60	贝 68–56	2017 年产能橇
苏区注水橇 1	4.5/25 55kW	1	100	苏 29–45–5 等 4 口井	2017 年橇
乌东注水橇 1	4.5/38 75kW	1	100	乌 105–97	2017 年橇
贝中注水橇 3	4.5/38 75kW	1	100	希 71–65	2017 年橇
贝中注水橇 4	4.5/38 75kW	1	100	希 55–49	2017 年橇
贝中注水橇 1	20.83/38 250kW	2	1000	希 I 区 8 口井	2017 年橇
贝中注水橇 2	20.83/38 250kW	2	1000	希 55–51 区 8 口井	2017 年橇
贝 14 注水橇	20.83/38 250kW	2	1000	贝 14 区 7 口井	2017 年橇
苏区注水橇 2	4.16/32 55kW	2	100	06–X30 等 3 口井	2018 年橇
苏区注水橇 3	4.16/32 55kW	2	100	苏 29–45–X28 等 3 口井	2018 年橇
贝 301 区注水橇 1	4.16/32 55kW	2	100	贝 54–52 等 4 口井	2018 年橇
贝 301 区注水橇 2	4.16/32 55kW	2	100	贝 59–53 等 3 口井	2018 年橇
贝 301 区注水橇 3	4.16/25 55kW	1	100	贝 32– 更 56 等 3 口井	2018 年橇
贝 16 区注水橇 1	4.16/32 55kW	2	100	贝 14–X77–74、贝 14–X77–72	2018 年橇
贝 16 区注水橇 2	4.16/32 55kW	2	100	霍 52–57、霍 54–58	2018 年橇
贝 16 注水橇 3	5/40 75kW	1	120	霍 50–48、霍 51–51 井	2018 年橇
乌东注水橇 3	4.16/32 55kW	2	100	乌 105–93、乌 101–91	2018 年橇
乌东注水橇 4	4.16/32 55kW	2	100	乌 101–95 井	2018 年橇
贝中注水橇 5	4.16/32 55kW	2	100	希 55–59 井	2018 年橇
贝中注水橇 6	4.16/32 55kW	2	100	希 60–62 井	2018 年橇
合计		40	5307		

橇装注水装置一般包括柱塞泵房（含配水）、变配电间、值班室、水罐等几部分，见表 2，最初是单体成橇，后期优化组合成橇，减少了橇的数量，方便生产管理。

产能建设的橇装注水装置包括的内容比较全面，在常规柱塞泵房橇、水罐橇和值班室橇之外，还配套了排污池及厕所，相对地，灵活性较差、投资较高。贝 D8 区注水橇 2 如图 1–1 所示。

表 2　橇装注水装置组成分类统计表

序号	橇装构成	应用注水橇	特点	备注
1	柱塞泵房橇、40m^3 水罐、值班室橇、排污池、厕所	贝 D8 区注水橇 1 和贝 D8 区注水橇 2，贝 301 区注水橇 4 和贝 301 区注水橇 5	配套完善、占地大	产能橇
2	柱塞泵房橇、40m^3 水罐	贝 D8 区注水橇 3	简易	
3	柱塞泵房橇、变配电间橇、值班室橇	苏区注水橇 1		
4	柱塞泵房橇、变配电间橇、水罐橇、值班室橇	贝中注水橇 1、贝中注水橇 2，贝 14 注水橇，贝 301 区注水橇 3	规模较大，配套相对完善	1000m^3/d
5	柱塞泵房橇、变配电间橇	乌东注水橇 1、乌东注水橇 3、乌东注水橇 4；贝中注水橇 3、贝中注水橇 4、贝中注水橇 5、贝中注水橇 6；苏区注水橇 2、苏区注水橇 3；贝 301 区注水橇 1、贝 301 区注水橇 2；贝 16 区注水橇 1、贝 16 区注水橇 2、贝 16 区注水橇 3	组合性能好	

图 1　贝 D8 区注水橇 2

后期建设的橇装注水装置逐步优化，减掉了值班室橇，整合柱塞泵房与水罐为新的柱塞泵房橇，节省投资的同时增大了装置的灵活性。贝中注水橇 1 如图 2 所示，贝 16 区注水橇 2（霍 52–57）如图 1–3 所示。

3 套增压橇均只有增压泵橇 1 座橇，直接放置在注水井井口，通过生产维修利旧增压泵及板房建设的，配电是由附近柱上变提供。贝 28 增压注水橇如图 1–4 所示。

橇装注水装置供水分为以下几类：边远区块，拉水；注配间分散注水区块通过给水简单改造后利用单井注水管道低压供水；注水站集中高压注水区块采取高压水泄压进罐。

增压橇供水为注水井高压注水，出水直接接入注水井口。

图 2　贝中注水橇 1

图 3　贝 16 区注水橇 2（霍 52–57）

图 4　贝 28 增压注水橇（贝 28–X56–52）

2　适应性分析

27 套橇装装置为 67 口注水井实施注水，日配注水量 3349m^3，实际注水量 1970m^3/d，装置负荷率 37.12%，与橇装注水前注水量 334m^3/d 相比，橇装注水增加了 1636m^3/d，井口注水压力增加了 2～8MPa，增注效果比较明显。

2.1　增压橇工艺适应性分析

贝 28 区 3 口注水井应用增压橇，见表 3，增压前注水井实注压力 15.8MPa、实注 0～9m³/d，基本不吸水，增压后，注水井实注压力 17～18.4MPa、实注 28～80m³/d，两口井实注水量达到了配注量，另一口井注入量也大幅度提升。增压橇负荷率 44%～62%，通过变频调节运行。

表 3　增压橇注水运行统计表

注水橇	注水能力 / m³/d	泵额度出口压力 / MPa	橇装前注水量 / m³/d	橇装前井口注水压力 / MPa	配注水量 / m³/d	井口最高注入压力 / MPa	实注水量 / m³/d	井口实注压力 / MPa	能力负荷率 / %
贝 28 增压注橇 1	136	24 → 32	0	15.6	60	17.8	60	17.0	44.12
贝 28 增压注橇 2	136	24 → 32	9	15.8	80	19.9	80	18.4	58.82
贝 28 增压注橇 3	45	24 → 32	0	15.8	60	20.0	28	17.0	62.22

2.2　注水橇工艺适应性分析

24 座注水橇为 64 口注水井注水，见表 4，实注水量 1802m³/d，负荷率 36%，较橇装注水前提高 1477m³/d，井口注水压力增加了 2～8MPa。

表 4　注水橇运行统计表

注水橇	注水能力 / m³/d	泵额度出口压力 / MPa	橇装前注水量 / m³/d	橇装前井口注水压力 / MPa	配注水量 / m³/d	井口最高注入压力 / MPa	实注水量 / m³/d	井口实注压力 / MPa	能力负荷率 / %	压力负荷率 / %
苏区注水橇 1	100	32	53	18	100	18.5	77	16.8	77.00	52.50
苏区注水橇 2	100	32	0	—	100	23.0	90	10.8	90.00	33.75
苏区注水橇 3	100	32	0	—	100	16.5	85	13.3	85.00	41.56
贝 301 区注水橇 1	100	32	2	12.9	100	23.5	86	16.0	86.00	50.00
贝 301 区注水橇 2	100	32	2	11.8	100	23.5	78	15.0	78.00	46.88
贝 301 区注水橇 3	100	27	2	12.5	100	23.5	42	14.0	42.00	51.85
贝 D8 区注水橇 1	100	27	0	—	100	16.0	87	13.9	87.00	51.48
贝 D8 区注水橇 2	50	16	0	—	50	16.0	26	12.8	52.00	80.00

续表

注水橇	注水能力 / m^3/d	泵额度出口压力 / MPa	橇装前注水量 / m^3/d	橇装前井口注水压力 / MPa	配注水量 / m^3/d	井口最高注入压力 / MPa	实注水量 / m^3/d	井口实注压力 / MPa	能力负荷率 / %	压力负荷率 / %
贝 D8 区注水橇 3	100	16	0	—	100	16.0	45	14.3	45.00	89.38
贝 301 区注水橇 4	60	16	4	11.5	40	15.0	40	13.0	66.67	81.25
贝 301 区注水橇 5	60	16	0	10.1	40	15.0	—	—	—	—
贝 16 区注水橇 1	100	32	2	15.2	100	23.5	30	22.0	30.00	68.75
贝 16 区注水橇 2	100	32	43	15.3	100	23.5	53	16.2	53.00	50.63
贝 16 区注水橇 3	120	40	2	15	110	23.5	36	17.3	30.00	43.25
贝 14 区注水橇	1000	38	65	15.6	650	23.0	140	23.0	14.00	60.53
乌东注水橇 1	100	32	0	25	80	30.5	64	29.8	64.00	93.13
乌东注水橇 3	100	32	8	25	80	30.5	79	26.4	79.00	82.50
乌东注水橇 4	100	32	0	20.4	40	30.5	64	29.2	64.00	91.25
贝中注水橇 1	1000	38	36	25	530	30.5	170	30.2	17.00	79.47
贝中注水橇 2	1000	38	91	25	355	30.5	311	31.2	31.10	82.11
贝中注水橇 3	100	32	0	16.5	40	30.5	78	19.8	78.00	61.88
贝中注水橇 4	100	32	9	25	40	30.5	36	32.0	36.00	100.00
贝中注水橇 5	100	32	0	24	40	30.5	75	26.1	75.00	81.56
贝中注水橇 6	100	32	6	23.7	40	30.5	10	24.2	10.00	75.63
合计	4990		325		3135		1802		36.11	

（1）橇装装置负荷率从 10% 至 90%，其中低于 50% 有 10 座橇，注水橇运行可能存在困难，造成注水能力及能量浪费，高于 80% 仅有 4 座。这主要是由于 24 座注水橇中有 17 座注水能力为 $100m^3/d$，注水橇注水能力梯度分布不足，下步需加强梯度分布，如增设泵出口压力 25MPa 注水橇、$50m^3/d$ 注水橇等。

（2）橇装装置实注压力从 10.8MPa 至 32MPa，从压力负荷率来说，低于 60% 为 9 座，造成一定程度的能力浪费。这主要是由于橇装装置中有 18 座橇出口压力为 32MPa 及以上，梯度分布略有不足。

2.3 供水工艺适应性分析

贝 3–11 区块为罐车拉水，其余橇均为管道供水，分为两种，贝中、乌东及苏区注水井为低压供水，贝 301 区和贝 16 区注水井为高压放水进罐后供水，见表 5。

表 5　高压供水的橇装注水装置统计表

<table>
<tr><th>供水系统</th><th>系统注水量 / m³/d</th><th>注水橇</th><th>橇注水能力 / m³/d</th><th>所辖注水井</th><th>橇注水量 / m³/d</th><th>负荷率 / %</th></tr>
<tr><td rowspan="4">呼一联老注水站注水系统（12.5MPa）</td><td rowspan="4">662</td><td>贝 301 区注水橇 1</td><td>100</td><td>贝 54–52 井、贝 57–53 井、贝 52–50 井、贝 49–50 井</td><td>86</td><td rowspan="4">37.16</td></tr>
<tr><td>贝 301 区注水橇 2</td><td>100</td><td>贝 59–53 井、贝 61–53 井、贝 64–54 井</td><td>78</td></tr>
<tr><td>贝 301 区注水橇 3</td><td>100</td><td>贝 32- 更 56 井、贝 30–54 井、贝 34–54 井</td><td>42</td></tr>
<tr><td>贝 301 区注水橇 4</td><td>60</td><td>贝 3–7 井</td><td>40</td></tr>
<tr><td>德一联兴安岭注水系统（16MPa）</td><td>207</td><td>贝 16 区注水橇 1</td><td>100</td><td>贝 14–X77–72 井、贝 14–X77–74 井</td><td>30</td><td>14.49</td></tr>
<tr><td rowspan="2">霍 3 注水系统（16MPa）</td><td rowspan="2">820</td><td>贝 16 区注水橇 2</td><td>100</td><td>霍 52–57 井、霍 54–58 井</td><td>53</td><td rowspan="2">10.85</td></tr>
<tr><td>贝 16 区注水橇 3</td><td>120</td><td>霍 50–48 井、霍 51–51 井</td><td>36</td></tr>
<tr><td>德二联兴安岭注水系统（16MPa）</td><td>307</td><td>贝 14 区注水橇</td><td>1000</td><td>贝 14 区 7 口井</td><td>140</td><td>45.60</td></tr>
<tr><td>合计</td><td>1996</td><td></td><td>1680</td><td></td><td>505</td><td>25.30</td></tr>
</table>

贝 301 区及贝 14 区高压供水的注水橇所需水量占整个系统注水量 37% 及 46%，导致注水系统压力波动大，影响整个注水系统平稳运行。

2.4　投资及运行成本分析

2.4.1　投资分析

以 100m³/d 橇装注水装置为例进行比较，包含“柱塞泵房橇＋变配电间橇＋值班室橇”的橇装注水装置 100 万 / 套，包含“柱塞泵房橇＋变配电间橇”的橇装注水装置 80 万 / 套，增压橇估算 50 万 / 套；因此，如果已建系统的注水井提压改造，建议采用增压橇。

而进行注水系统改造投资可能会更节省，因此，下步将与开发紧密结合，对橇装注水井认识清楚一批、系统改造一批，使注水橇轮换使用，充分发挥橇装装置的灵活特性。

2.4.2　运行成本分析

拉水费用：贝 3–11 区块 3 座注水橇注水量 160m³/d，需要配套 2 座罐车拉水，1600 元 /（台 · d），合计 3200 元 /d，即 20 元 /m³；

供水电费：低压供水橇供水耗电约 0.75kW·h/m^3，电价 0.49 元 /（kW·h），即 0.37 元 /m^3；高压放水橇供水耗电约 6.0kW·h/m^3，电价 0.49 元 /（kW·h），即 2.94 元 /m^3；增压橇不造成能量浪费，供水所需电费基本与低压供水井持平。

注水耗电是为满足注水井所需压力而消耗，不同注水工艺都需要达到注水井压力，因此，注水耗电理论上是一样的。

各种注水工艺都需要进行设备维护，设备维护费近似看作一样的。

因此，如果是集中注水区块，不方便采用低压供水时，采用增压橇比注水橇更节能。

3 结论及改进建议

（1）橇装注水工艺满足了海拉尔油田临时超前注水需要，满足了油田开发提压注水试验的需要，是解决集中注水及分散注水工艺的重要补充部分。

（2）下步与开发结合，对贝 301 区和德二联兴安岭注水系统高压放水导致系统平稳受影响的橇，改造为增压注水工艺，贝 3-11 区块适时进行低压供水系统完善。

（3）下步与开发结合，对橇装注水井认识清楚一批、系统改造一批，使注水橇轮换使用，充分发挥橇装的灵活作用。

（4）建议橇装注水装置进行注水能力与注水压力梯级布设，以适应油田各区块提压注水的需要。

（5）建议与油田设计院结合，对橇装注水装置进行标准化设计，满足简单、实用、高效原则，降低橇费用。

（6）建议配套几套简易水处理橇，满足边远区块就地打水源井、就地处理、就地注水需要。

参 考 文 献

[1] GB 50391—2014 油田注水工程设计规范［S］.

[2] Q/SY DQ0639—2015 大庆油田地面工程建设设计规定［S］.

青海油田注水系统节能提效潜力分析

马金旭

（中国石油青海油田钻采工艺研究院）

摘　要　注水是油田生产系统的能耗大户，青海油田注水耗电占油田采油系统生产总用电的40%左右。通过对油田注水系统能耗计算，分析影响注水系统效率的因素，探索提高注水系统能效的潜力，提出提高青海油田注水效率的有效途径和方法。

关键词　注水系统；机组效率；管网效率；提效潜力

注水开发是青海油田的主要开发方式，是补充地层能量，提高原油采收率，实现稳产、保产目标的有效措施。但注水开发存在能耗高、能量有效利用率较低等问题，是油田生产系统的能耗大户，青海油田注水耗电占油田采油系统生产总用电的40%左右。随着油田进入开采后期时，注水量大幅度增加，注水耗电量也大幅上升，注水系统节能提效工作已成为油田精细化管理的重要内容之一。

本文通过对油田注水系统能耗的计算，分析影响注水系统效率的因素，探索注水系统节能提效的潜力，对下步油田各区块的注水系统节能提效改造提供可行性参考。

1　青海油田注水系统现状

青海油田现有正式注水开发的油田共有17个，分属5个采油厂和两个采气厂。青海油田共有注水站33座，35套注水系统，注水泵134台，提升泵58台，117个配水间，管辖注水井1526口（表1），平均日注水量为$2.3\times10^4m^3$，年注水量约为$800\times10^4m^3$，年耗电$6357\times10^4kW\cdot h$。

表1　青海油田注水站、注水系统、配水间及注水井统计表

单位	注水站 / 座	注水系统 / 套	注水泵 / 台	提升泵 / 台	注水井数 / 口
采油一厂	14	15	81	39	495
采油二厂	9	9	21	11	385
采油三厂	3	4	15	7	287
采油四厂	3	3	7	3	203
采油五厂	2	2	6	4	131
采气二厂	1	1	2	2	15
采气三厂	1	1	2	2	10
青海油田	33	35	134	68	1526

近年来，青海油田为了提高油田注水效率，从注水管网优化、调整注采关系、配套注水节能设备，加强注水管理等方面做了大量工作，油田注水系统效率从 2012 年的 39.4% 提高到目前的 46.5%，单耗平均 8.37kW · h/m³（图 1 和图 2），但是距离中国石油平均水平 55.46% 还有较大差距。

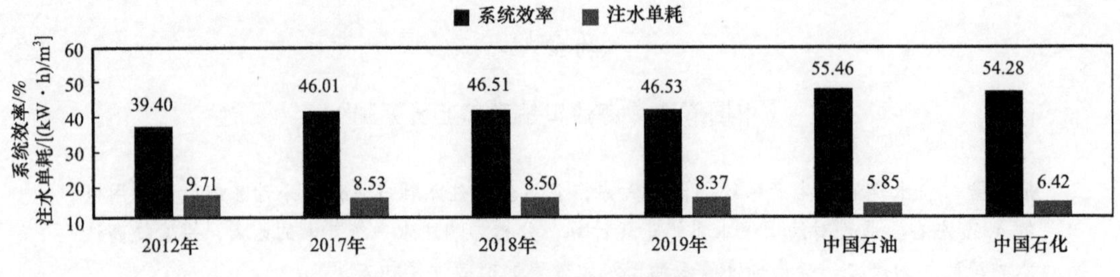

图 1　青海油田注水系统效率对标

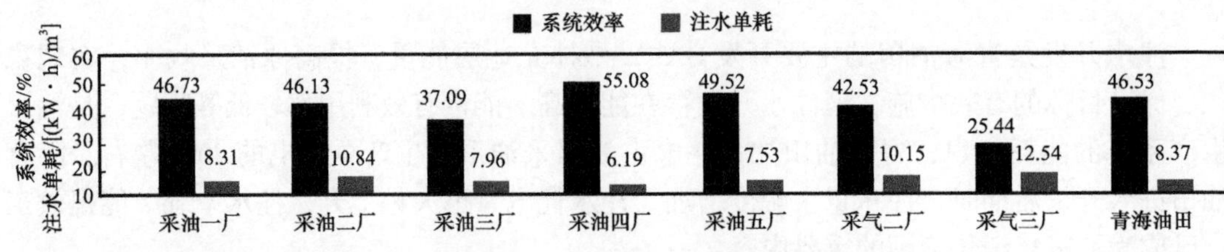

图 2　青海油田 2019 年注水系统效率对标

2　存在的问题及原因分析

2.1　注水泵机组效率低

青海油田 2019 年注水泵机组平均效率 72.41%，比 GB/T 31453—2015《油田生产系统节能监测规范》规定的节能评价值 78% 低 5.59%（图 3）。

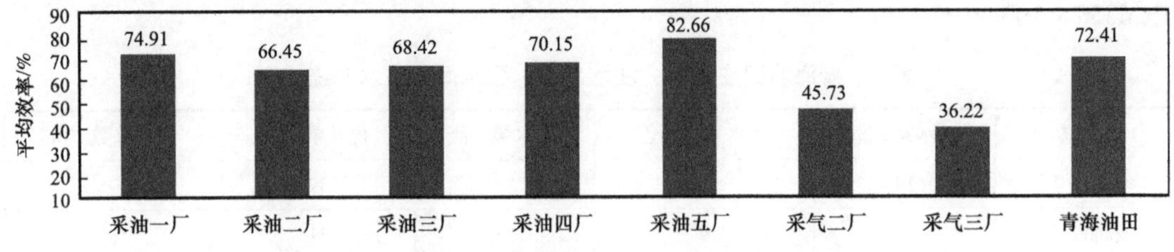

图 3　青海油田 2019 年注水泵机组效率对标

造成注水泵机组效率低的主要原因有以下 4 点：

（1）机组中存在国家明令禁止使用的淘汰电动机，全油田注水系统存有高耗能淘汰电动机 25 台，其中正在使用的有 8 台。

（2）部分注水系统没有变频装置或变频装置坏损，存在打回流现象，采油一厂计注 1 站 2# 泵和 3# 泵，计注 3 站 1# 泵和 2# 泵，以及计注 6 站、计注 9 站、砂西深层，采油二厂扎七和扎十注水橇均通过打回流调节泵压。

（3）部分注水泵机组老化严重，机械损失较大、柱塞及阀磨损漏失超标，采油一厂计注 14 站、采油二厂乌南注水站、采油三厂花土沟注水站注水泵均服役 10 年以上，腐蚀老化严重。

（4）部分注水泵机组负荷率较低，泵机组在低效区运行导致泵机组效率较低，主要有游园沟注水泵、南八仙注水站、冷湖 2 号注水站注水泵机组。

2.2　注水管网效率低

青海油田 2019 年注水管网效率为 64.25 %，比行业先进水平的 81.00% 低 16.75%（图 4）。

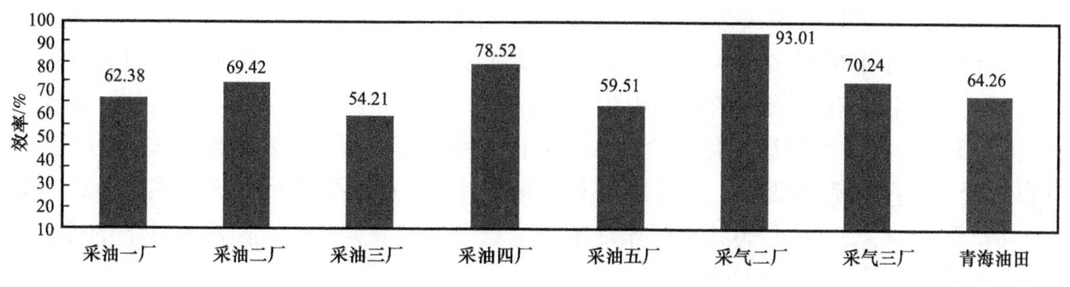

图 4　青海油田 2019 年注水管网效率对标

造成管网效率低的主要原因是：

（1）部分注水干线和单井管线腐蚀结垢严重，注水管网节流损失严重，如油砂山计注 18 站注水干线、乌南油田注水干线、花土沟油田注水干线和七个泉油田注水干线都存在严重腐蚀结垢现象，节流损失达 4～6MPa。

（2）油田沟壑纵横地貌复杂，注水井比较分散，配水间、注水井海拔高度差异较大，导致注水管网压力损失较大。

（3）同一注水系统内注水井注入压力差异较大。青海油田注水站平均出口压力 22.01MPa，井口平均注入压力只有 14.02MPa，管网节流损耗 7.99MPa。低压注水井节流损失严重，导致注水井有效注入能量较低，能量损失率过高。

3　节能提效措施

（1）逐步淘汰更新高耗能电动机，提高电动机效率。

电动机是注水系统耗能源头，采用高效电动机可从源头上降低注水系统能耗。根据监测数据计算，油田现用高耗能电动机效率为 92.3%，更换高效电动机或采用电动机高效再制造技术，电动机效率可以提高到 95.8% 以上，电动机效率可望提高 3.5%。

（2）配备完善变频调速系统，杜绝注水泵机组打回流现象。

按照油田注水需求配备必要的注水泵变频设施，杜绝注水泵打回流现象，是下一步在注水系统节能工作中优先考虑的问题。

根据三相异步电动机设计原理，交流电动机的转速与电源频率的关系：

$$n = \frac{60f(1-S)}{p} \tag{1}$$

式中 f——电源频率，Hz；

S——转差率，转差率随负载变化而变化，一般 S=0.02～0.05；

p——磁极对数。

由式（1）可知变频调速系统通过电动机转速的调节，对泵排量及出口压力进行调节，在满足注水压力需求的前提下，使注水站尽量在无回流状况下运行，提高系统运行效率。

由往复式柱塞泵的恒速 p—Q 曲线（图 5）可知，在变速时泵的排量 Q 与泵压 p 是无关的，即泵的出口压力取决于与泵配合工作的管路特性。由于关井和地层吸水能力等因素，导致油田注水情况多变。因此，可把柱塞泵注水看成是泵与一组变化的管路配合工作。但无论怎样变化，管路的沿程损失是一定的。由管路的特性 $\Delta p=\partial Q$ 可知，恒压注水时 Δp 不变，当注水情况变化时，∂（∂ 为恒压注水情况下，电动机调速输出功率变化参数）变化，Q 也随之变化，在恒压 p 不变的前提下，Q 改变要由调速来实现，以满足 $\Delta p=\partial Q$ 图中 A_1，A_2 和 A_n 为几个恒压注水工况点，连线 a 就是恒压注水条件下的柱塞泵调速运行特性曲线，即 p—Q 曲线。

由功率 N=pQ，在图 5 中作一组等功率双曲线，分别过 A_1，A_2 和 A_n 点则得图 6。从图 6 可知，在调频降转速的情况下功率消耗也随着变化。

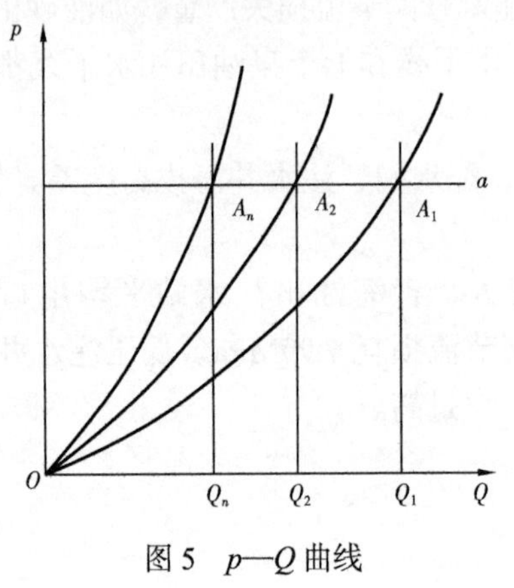

图 5　p—Q 曲线

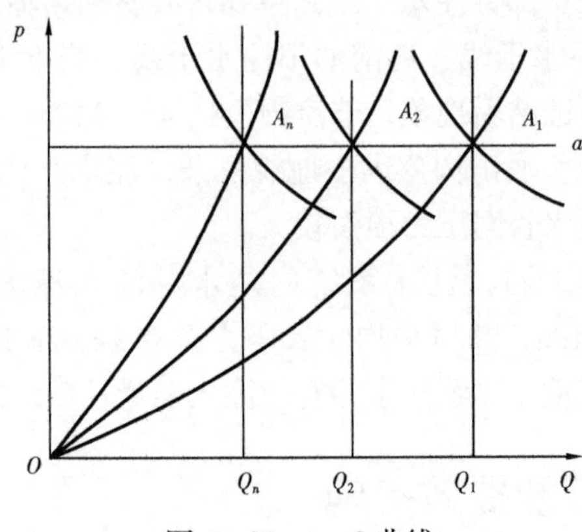

图 6　N—p—Q 曲线

由 N=pQ 可知，当 p 一定时，N 随 Q 变化且变化为一条直线（图 7），斜率取决于恒压 p。这充分说明，调频降转速，恒压降排量，也就降低了能源消耗，节能量 $\Delta N = p(Q_1 - Q_2)$。

综上所述，往复式柱塞泵在调速的情况下是完全可以满足油田恒压注水的需要，同时可以节约能源。

综合考虑电动机功率因数、注水泵效率和节能情况，安装变频电动机都能使注水情况得到改善，提高电动机功率因数、消除回流能耗、使泵排量与井口配注量相匹配、节能降耗等。

（3）加大注水泵机组优化运行，使注水泵机组处于高效区域运行。

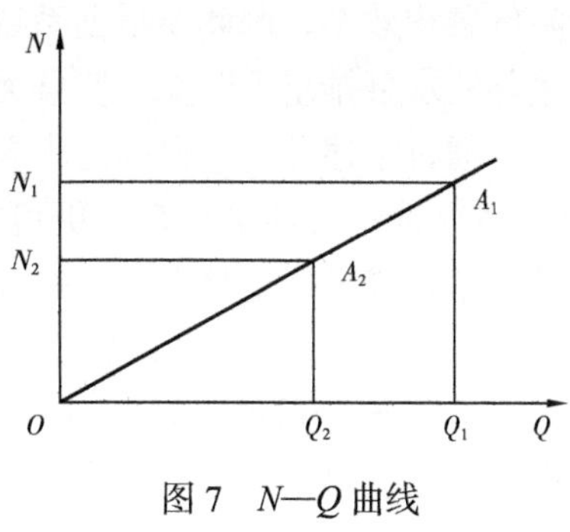

图 7　N—Q 曲线

注水泵的泵效由机械效率和容积效率决定。机械效率是注水泵理论转矩与实际转矩的比值，机械损失主要原因是注水泵体内相对部件因机械摩擦而引起的摩擦转矩损失以及液体的黏性而引起的摩擦损失。容积效率是注水泵单位时间内实际排量与理论排量的比值，容积损失主要原因是由于液压泵内部高压腔的泄漏、液体的压缩以及吸液阻力太大、液体黏度大以及液压泵转速高等原因而导致液体不能全部充满密封工作腔。

机械效率影响因素包括：

① 电动机将电能转化为动能的效率。电动机将电能转化为动能的效率是由电动机定子绕组的阻抗、前后两端轴承的摩擦系数及转速差、作用在转子上的径向力决定的。前三者取决于生产厂家的设计和制造水平，后者则取决于皮带的张力。

② 皮带的传动效率。皮带的传动效率是由皮带张力及皮带与皮带轮的摩擦系数决定的。皮带张力过小，传动效率低；张力过大，会使作用在电动机轴上的径向力过大，增大轴承摩擦，降低电动机将电能转化为动能的效率，甚全会使电动机的轴在较大的剪切力的作用下发生断裂。

③ 柱塞泵动力端的传动效率。影响柱塞泵动力端的传动效率的因素有曲轴与连杆连接处的轴瓦的摩擦、十字头与箱体十字头套的摩擦、密封圈与柱塞杆的摩擦及其润滑情况。

容积效率影响因素包括：

① 阀总成。阀结构的灵敏度和可靠性降低，都会造成泵的内部漏损，使容积效率下降。

② 密封圈密封。密封圈密封的漏失量也是影响注水泵容积效率的一个因素，密封圈漏失表现在密封圈与柱塞杆的密封程度的好坏。密封圈挤压变形或损坏都会造成漏失，从而导致容积效率降低。

③ 供水压力和供水排量。在供水系统一定时，供水压力和供水排量成如图 8 所示关系。

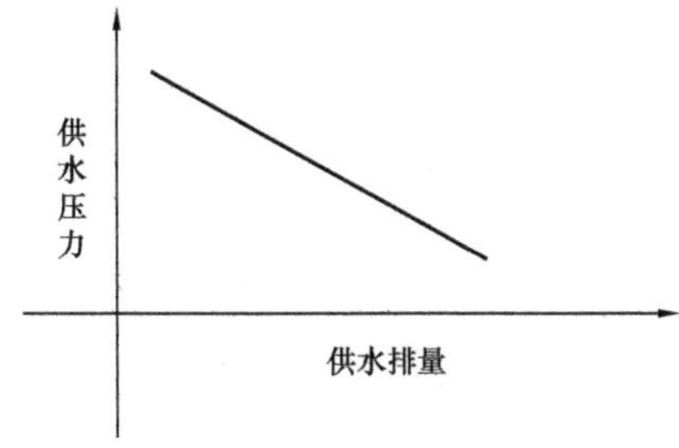

图 8　供水压力和供水排量的关系图

对于注水泵来说，在供水系统一定的情况下，供水压力越高越能保证供水充足，提高容积效率。但是供水压力高时供水排量就会降低，这就要求少启泵以降低对供水排量的需求，而少启泵又不能满足注水量的需要。而多启泵虽然可以相对降低供水系统的能量消耗，但供水压力会降低，影响注水泵的充足进水，会在注水泵工作室内形成负压，造成进水不足，从而降低容积效率，因此要根据系统实际情况确定合适的供水压力。另外，如果柱塞泵站注水量与注水泵排量不匹配，使泵无法在高效区工作，也会造成注水泵效率低、能耗高。

通过上述分析，提高注水泵泵效的途径有以下几种：

① 选择性能更优良、更可靠、效率更高的电动机，以提高电动机将电能转化为动能的效率，或采用变频设施，提高电动机功率因数，达到提高机械效率的目的。

② 选择合适的皮带张力，既保证皮带的传动效率，又对电动机不造成大的影响。及时更换磨损严重的皮带和皮带轮，使其保持合适的摩擦系数。定期调整皮带的松紧，保证皮带张力及大、小皮带轮在同一平面内运转，以提高皮带的传动效率，从而提高机械效率。

③ 更换新式泵头，保证阀总成的灵敏度和可靠性，减少漏损。

④ 密封圈密封是否可靠，主要取决于密封圈的质量及其安装是否得当。要选用质量过关、性能可靠的密封圈，以确保其使用寿命。

⑤ 选择合适的供水压力和供水排量。合适的供水压力和供水排量，能保证整个系统的平稳运行，提高泵效。

⑥ 经常检查止回阀是否严密，如有漏失，及时更换，最大限度地发挥泵效。以达到减少起泵台数、降低成本的目的。

4 开展注水井及管网措施改造，实现注水系统整体降压

注水管网由泵阀、干线、配水间、单井线和注水井井口组成，注水管网运行效率是指注水管网内有效输出功率与输入功率的百分数。注水管网效率的高低体现在从注水泵出口到注水井口之间管线的压力和流量损失的大小。注水管网运行效率计算公式为：

$$\eta_{管网}=\frac{\sum_{i=1}^{n}p_{井口i}\cdot q_{井口i}}{\sum_{i=1}^{m}p_{泵i}\cdot q_{泵i}}\times 100\% \tag{2}$$

式中 $\eta_{管网}$——管网运行效率，%；

$p_{井口i}$——第 i 口注水井井口压力，MPa；

$q_{井口i}$——第 i 口注水井注水量，m^3/d；

$p_{泵i}$——第 i 台注水泵的出口压力，MPa；

$q_{泵i}$——第 i 台注水泵的流量，m^3/h。

影响管网效率的因素很多，且管网损失约占整个注水系统损失的 20%～30%，下面进行简要分析。

（1）管道水头损失。根据式（2），注水泵的流量和泵的出口压力在正常运行的情况下是不变的，注水井的注水量也变化不大。因此，影响管网效率的主要是注水井压力。在泵压一定的情况下，井口压力大小取决于注水干线和支线的水头损失，水头损失小，管网效率也就高。

在一般输水管段中，沿程水头损失约占总损失的90%，而局部水头损失占5%～10%；由于同一条管线前后存在一定的高差，为了保证到各配水间的压力足够，把局部水头损失和高差引起的压降考虑到一起，取沿程阻力损失的15%。而水头损失主要受流量q的影响。然而，在实际运行的注水管线中，管线超负荷运行，流速超过了经济流速，使管段流量增大，水头损失加大。另外，管线结垢，也可使管线内径缩小，水头损失加剧，使注水井压力降低造成管网效率降低。

（2）泵管压差损失。泵管压差损失是泵出口压力与管网压力之差。其主要原因由于实际注水量远小于额定排量，出水阀节流大。

（3）回流损失。回流损失是注水站在注水泵选配时，使用不合理，为控制过高压力，泵出口均开回流口，大量的水回流到大罐造成电能无谓的消耗，而导致管网效率降低。

（4）配水间节流损失。配水间的作用是把管网中的水流分配给各个注水井。根据水利学原理可以确定配水间的数学模型为：

$$p_{\mathrm{a}} = P_{\mathrm{oa}} + K_{\mathrm{a}} Q^2 \tag{3}$$

式中　p_{a}——配水间阀门压力；

P_{oa}，K_{a}——常数；

Q——配水间总流量。

由式（3）可知，为了适应不同的注水井的压力，可以通过阀门来调节其流量，从而来满足其压力，故其间存在压力损失。

（5）井口节流损失。井口节流损失主要是指井口节流时的损失。当阀门全开时其影响较小。一般情况下，阀门全打开节流小。

综上所述，结合前面分析青海油田注水管网低效的原因，需从以下几个方面着手实现注水系统降压提效：第一，对部分井口注入压力较高的注水井实施酸化或压裂等储层改造措施，改善储层的吸水能力，提高吸水能力，整体降低系统注水压力；第二，优化地面注水管网，按照注水井注入压力合理调配注水系统井网，对于管线压力损失较大的注水管线除垢作业、更换部分泄漏频繁的问题管线；第三，结合生产实际要求和注水地面系统改造，对系统进行综合治理，实施分区、分压，系统降压、单井增压，减少管网能耗损失。

5　结论及建议

（1）青海油田注水系统中存在着注水泵机组效率较低、回流损失较大、管网能量损失率高、维护改造不及时等问题，通过调整改造，油田整体注水系统效率有较大的提升空间。

（2）油田注水系统庞大而复杂，其影响因素也很多，提高注水系统效率需从注水设备、注水管网及井下地层吸水能力等各方面综合考虑，制订提高注水系统效率的方案。

（3）油田注水系统效率是一个随着油田的开发不断变化的参数，需根据油田地质配注需求变化及注水井注入压力的变化及时进行调整改造，才能有效减少注水管网能量损失，提高注水系统运行效率。

参考文献

[1] 李从信，陈森鑫，郭福田，等．注水系统的计算方法［J］．石油学报，1998，19(3)：120–124.

[2] 吴莉，丁波，于力，等．杏南油田注水系统变频调速节能降耗分析［J］．油气田地面工程，2000，19(3)：12–13.

[3] 杨福忠．注水系统节能技术应用分析［J］．中外能源，2008，13(4)：118–122.

[4] 刘扬，袁振中，魏立新，等．大型油田注水系统节能降耗与运行方案优化［J］．大庆石油学院学报，2006，30(3)：43–46.

油田注水站实时远程分析系统的研制

张　朔[1]　汤继华[1]　于天奇[1]　赵启昌[1]　王　璐[1]　刘子浩[2]

（1. 中国石油华北油田公司工程技术部；2. 中国石油华北油田公司销售事业部）

摘　要　注水站生产数据能够实时地反应注水系统的电能消耗状况，需要对注水系统能耗、注水泵机组运行效率、注水系统效率及设备完整性等方面进行测试与评价，并及时对注水过程中的设备参数进行优化调整。该实时监测系统数据采集部分采用单片机作为压力、流量、电参数的采集电路，采集单元与上位机的数据传输利用 ZigBee 短程无线通信技术。上位机检测软件具有图形仿真、效率计算、工况诊断、优化设计等功能。该系统在油田注水站生产现场中应用、降低油田注水生产成本，达到节能降耗的目的。

关键词　注水站；生产数据；实时监测；系统效率；计算分析软件

注水是油田生产中最有效的开发方式，水驱开发约占总产量的 85%。同时，注水系统是油田开发的耗能大户，耗电量约占油田生产总能耗的 30%。最高管理层积极应对低油价挑战，坚持质量效益发展战略，因此降低注水系统能耗对于油田提高经济效益、实施效益优先开发战略意义重大。该分析系统的研发以掌握注水站设备的运行状况为目的，能够对注水系统中机泵参数、配水站参数和注水井参数进行实时数据采集，实时计算注水机泵效率、管网效率、系统效率和注水单耗。同时，对未达到经济运行要求的系统，应进行评价分析，并提出改进措施，实现注水设备降低电能消耗、安全运行。

1　系统功能与技术参数

1.1　数据检测功能

对电动机三相电压、电流、功率因数；注水泵参数：泵进出口压力、泵出口流量；配水站参数：干线压力、单井注水压力、单井注水流量，进行实时自动采集和动态显示。

1.2　效率计算分析功能

计算注水系统输入总功率、电动机负载率、注水单耗、机泵效率、管网效率、系统效率。

1.3　报警提示功能

注水机泵、配水站、注水井各种检测参量出现异常，或注水管网经过分析效率低于中国石油天然气股份有限公司标准时，中心控制室上位机进行声光报警并可故障提示。

1.4 数据管理功能

数据存储、数据查询、报表生成打印、数据曲线绘制。

1.5 网络浏览功能

授权用户可在油田信息网浏览。

1.6 技术参数

（1）电参数。

接线方式：单相二线、单相三线、三相三线、三相四线。

测量项目：电压、电流、有功功率 / 无功功率 / 视在功率、功率因数。

电压：0～600.00V，±0.2%（f.s）；

电流：0～350A，±0.2%（f.s）；

有功功率：±0.2%（f.s）；

功率因数：±0.2%（f.s）。

（2）流速范围：0～±30m/s 测量精度优于 ±2%（f.s）。

（3）压力范围：0～40MPa；测量精度 ±0.5%（f.s）。

（4）电量、泵压力、流量无线传输距离：0～200m。

2 注水站实时检测系统设计

2.1 系统工作原理

系统由软件、硬件两部分组成，硬件部分包括无线电量采集器、注水泵进口与出口无线压力传送模块、无线流量传送模块、管线节点压力采集模块、ZigBee 无线路由器、Zigbee 无线网关、和上位机。软件部分由监测界面、数据通信、参数配置、实时数据处理、效率计算输出、数据库等功能模块组成。

主要工作原理：传感器采集注水电动机电参数、注水泵、配水间的压力、流量，将采集的结果通过无线路由器转发给无线网关；无线网关收到注水站设备发来的数据包后，依次将数据包通过 USB 口上传给 PC，经过计算分析实时显示机泵效率，管网效率、系统效率、注水单耗及机泵运行状态值。

2.2 系统硬件整体结构

注水站实时监测系统整体结构如图 1 所示。

（1）监控室 PC 主机，数据计算、存贮、显示、分析，系统的核心组成部分，为软件运行载体。

（2）无线电动机电量采集模块，配备 3 个高精度电流钳形表、4 个电压测试夹、1 个电量转换模块。处理模块包括 16 位 A/D 转换，6 通道，每通道均以 4kHz 速率同步交流采样，真有效值测量。输出数字信号，兼容 RS485 和 RS232 或 TTL 电平接口，采用电磁隔离和光电隔离技术，电压输入、电流输入及输出三方完全隔离。

（3）注水泵流量采集模块，注水泵流量测量仪表采用旋涡流量计，测量机理为在流体中设置旋涡发生体（阻流体），从旋涡发生体两侧交替地产生有规则的旋涡，这种旋涡称为卡曼涡街。通过检测旋涡的频率就可以推算出流体的流量。

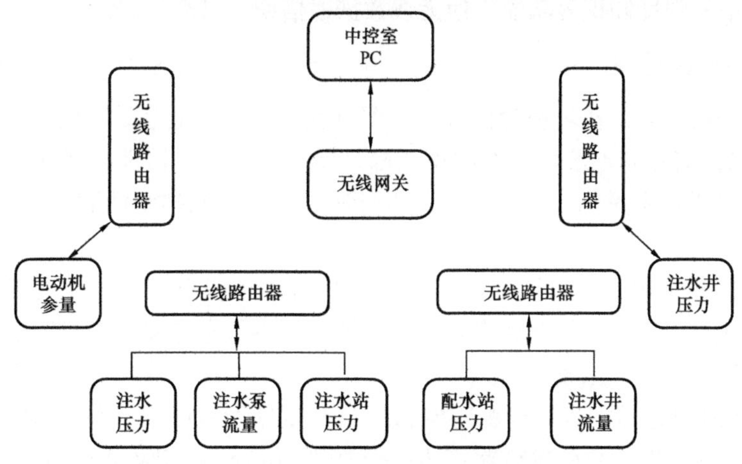

图 1　注水站实时监测系统整体结构图

（4）注水泵进出口压力数据采集采用常规的电容式压力变送器、配置 16 位 A/D 转换，输出数字信号，兼容 RS485 和 RS232 或 TTL 电平接口。

（5）注水站上、下位机的数据通信采用 ZigBee 无线短程通信技术，该技术是一种新兴的短距离、低速率无线网络技术，其程序写在一个 9mm × 9mm 的微芯片中。频谱扩展功能是通过起始频率为 2.402GHz，终止频率为 2.480GHz，间隔为 1MHz 的 79 个跳频频点实现。它适合用于近距离无线连接，适合于承载数据流量较小的业务，可以嵌入各种设备中允许在数千个传感器之间相互协调实现通信。可以采用接力的方式通过无线电波从一个传感器传到另一个传感器，是一种低功耗、低成本的技术。

2.3　系统硬件设计

2.3.1　传感器采集模块设计。

传感器采集模块是监测仪表的主要外部电路，为了实现多台机泵实时测试，以及留取足够的冗余，该采集模块采用 8 通道数据采集系统，8 路传感器信号经过放大与调理后，均变为 0～3V 的标准模拟电压信号，分别连接到 LPC2146 的 AD1.0～AD1.7 管脚。LPC2146 片内的 ADC 是一个分辨率为 10 位，转换速率为 400ks/s[❶] 的逐次逼近型 ADC，支持 8 路复用的输入信号。LPC2146 对 8 路信号进行轮流采样，数字化。由于 LPC2146 内部的 ADC 不提供转换时的电压基准，因此，采用了 LT1461A3 这一 +3V 的精密电压基准。

2.3.2　核心板模块设计

核心板模块是整个采集部分的核心部分，由微处理器模块和无线射频模块构成。选

❶　“s/s”即“Samples per Second”，也叫每秒采样率，“ks/s”即每秒采一千次样的频率。

用 CC2530EM 模块，存储容量 256KB，低功耗、工作频率 2.4GHz。其特点包括：兼容 Z-Stack 协议，方便后续软件的顺利下载和运行；芯片自带 8 路可配置的 12 位 ADC\8051 内核、256KB 在线可编程 FLASH8KB 的 RAM 内存。此外芯片还支持 CMSA/CA，精确数字化的接收信号强度知识等功能，使无线数据通信稳定可靠。

2.3.3 硬件抗干扰措施

由于系统采集仪表工作环境为机泵房、配电室，极易产生电磁干扰。在无线传输系统中，诸如 ARM，信号调理芯片，射频模块都是易受干扰的元器件。因此，抗干扰技术是系统设计中需要重点考虑的问题。在硬件设计时，为了加强整个测试系统的抗干扰能力，主要采取了如下措施：

一是对电路板采用了电池供电。采用 4.2V 的锂电池供电，可以提供相对稳定的电压和纯净电流。相对于其他采用金属滑环或者旋转变压器供电方案，电池供电消除了这两种方式带来的交流噪声及电源波动。

二是对 ARM 处理器加入了电源监控芯片 MAX823 及看门狗电路。当电源波动超过安全阈值（3.6～2.9V）时，MAX823 将产生一个 Reset 信号，对微处理器进行复位。

2.3.4 无线路由器设计

注水站内注水电动机配电室、注水泵房、配水间分别处于不同的建筑物内，其中的结构空间、距离、墙体结构均有不同，通过测试在监测仪表与网关器之间，存在无线信号一次接收不到的情况，需要增加多台带有 ZigBee 模块的无线路由器节点，形成簇状形网络拓扑结构。

ZigBee 无线路由器由核心板模块、电源模块、LED 指示电路和拨码开关电路组成。核心板模块采用 8051 微处理器和无线射频模块构成，勇于接受检测仪表或相邻路由器发来的无线信号，并将信号以无线形式转发给无线网关后下一个无线路由器；通过使用拨码开关电路设置路由器特定的网络编号和路由器 MAC 地址，以此来区分不同网络编号和不同地址的路由器设备。

3 注水站设备优化运行分析方法

3.1 网络水力计算

根据注水系统网络水力运动特性，采用连续性方程（质量守恒）、水力损失方程、能量平衡方程和节点分析法等，开展注水系统网络计算引擎研究。

3.2 系统仿真模拟

（1）图形建模。限于平面管网，即从出站口到各注水井口。适用于多种类型的注水工艺流程所构成的注水管网系统，如单站多井的树形管网，以及多站多井的环状管网。

（2）数学建模。采用有限元分析法，分析管网的流动规律，从微观上分析，计算注水管网中各节点的压力、流量和压力损耗等，并对注水管网的能耗分布进行定量描述。

3.3　系统分析诊断

通过对现场测试和数据处理，建立机泵系统特性曲线、管网系统负载特性曲线。采用源节点与枝节点供需协调优化方法，建立诊断图板。通过分析诊断图板，判定机泵系统运行状况、技术性能和工作效率，以及机泵系统与管网系统的协调性。通过判定注水系统当前的运行状况，调整系统参数，使之高效运行。

3.4　水量调度及开泵优化

对于多站联合注水系统，采用运筹学理论，建立以注水单耗最小为目标函数的数学模型与分析方法。通过优化计算分析，制订注水系统最佳方案，控制注水泵运行台数和各站水量，达到节能降耗的目的。

3.5　分压注水优化

针对非均质油田注水井的注水压力存在差异大的问题，利用现有管网设备资源，通过优化调整注水系统的管网结构和工艺流程，合理分配管网压力，降低配水间的节流损耗。

对于可实现二分压、三分压管网的注水系统，优化压力分界点实质上是优化低压系统计配间的干线压力或低压系统的出站压力这一参数。这样的优化问题是一个数学规划问题。建立分压点优化的数学模型包括建立目标函数和确定约束条件两部分。

注水管网二分压系统分压点仿真优化方法：分压优化以满足注水系统的地质配注量为前提条件，因此保持高压系统的干压不变。对于二分压系统，从目前高压系统的出站压力开始仿真模拟计算，以一定的等差数列变化分压点值（一般选等差值为 0.1MPa），并根据压力范围相应调整高低压管网及其注水井，对每一个分压点相应计算出计配间的节流损耗，计配间的节流损耗值随着分压点的变化而变化，计配间的节流损耗最低时的分压点则为最佳分压点，这使得系统效率最高。

3.6　注水管网水力计算

对于采用钢管、铸铁管和复合管的注水管线，其当量管径和压力损失，采用海曾－威廉相关式计算。

$$D_{\mathrm{d}}=\left[\beta L\frac{q^{2-n}v^{n}}{h}\right]^{\frac{1}{5-n}} \tag{1}$$

$$h=\left[10^{6}-\left(z_{2}-z_{1}\right)\right]\frac{p_{2}-p_{1}}{\rho g} \tag{2}$$

式中　D_{d}——当量管内径，m；

β——与流态有关的常数，通常取 0.0246；

L——管线长度，m；

q——管线的体积流量，m^3/s；

v——注入水的流速，m/s；

h——管线的沿程摩阻，m；

n——相关系数，取 0.25；

z_1——管线起点高程，m；

z_2——管线终点高程，m；

p_1——管线起点压力，MPa；

p_2——管线终点压力，MPa；

ρ——注入水密度，kg/m^3；

g——重力加速度，m/s^2。

4 上位机监测分析软件

注水站系统监测分析软件集现场实时数据采集、监测界面、数据通信、参数配置、实时数据处理、效率计算输出、数据库等功能模块组成。基于 .net 构架模式，核心技术分析计算模块使用 .net 类库。软件开发采用 VB6.0 编程、界面继续了 windows 平台的风格，采用树状结构简洁明了、易于操作。

4.1 软件系统特点

（1）软件数据库与中国石油天然气股份有限公司应用的 A1 和 A2 数据库系统兼容。

（2）系统采用动态链接库的方式对数据库底层、模型算法层、用户界面层进行独立封装，各技术模块间能够实现数据完全共享。

（3）系统采用模块化构成。软件结构的通用性与灵活多变性统一；基于抽象分析的多层分解与动态功能建模；关键处理模型与应用软件主体分解；数据模型的多层逻辑分解与统一动态组织。

4.2 系统主要功能

上位机监测分析软件主要功能如图 2 所示。

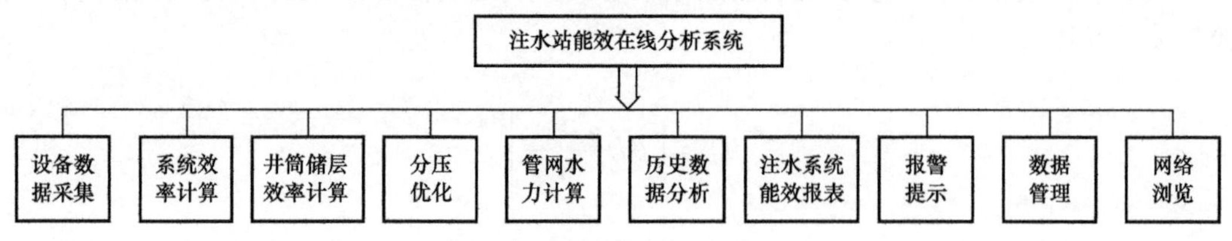

图 2 上位机监测分析软件主要功能

5 现场试验

2017 年注水实时远程分析系统在晋 93 注水站完成系统的构建与调试。在现场采用仪器测试法进行系统效率测试后，其测试数据与在线系统同日的 10 组测试数据（每小时一组）平均值相比较，相符率达 93.3%（表 1）。在线系统测试数据属于多点连续采样，该方法与仪器测试的点测法相比，测试数据更符合现场实际情况，更准确可靠，对比结果见表 1。

表 1 晋 93 站在线系统与仪器测试结果对比表（2017 年 11 月 10 日）

序号	注水站名称	测试手段	注水量 / $10^4m^3/d$	用电量 / $10^4kW \cdot h/d$	注水泵平均进口压力 / MPa	注水泵平均出口压力 / MPa	注水站出口干压 / MPa	所有注水泵电动机输入功率之和 / kW	所有注水泵输出功率之和 / kW	注水泵机组平均效率 / %	平均配水阀组来水压力 / MPa	平均井口油压 / MPa	所有注水井注水量之和 / $10^4m^3/a$	注水系统效率 / %	单耗 / $kW \cdot h/m^3$	标耗 / $kW \cdot h/(m^3 \cdot MPa)$
1	晋 93	仪器	259.00	2213.00	0.30	24.00	24.00	92.21	71.05	77.05	23.10	15.90	259.00	50.72	8.54	0.54
2	晋 93	在线系统	246.00	2104.00	0.30	24.20	24.20	87.67	68.05	77.62	23.10	14.70	246.00	46.77	8.55	0.58
3	晋 93	在线系统	241.00	2136.00	0.30	24.00	24.00	89.00	66.11	74.28	23.10	15.20	241.00	46.70	8.86	0.58
4	晋 93	在线系统	231.00	2078.00	0.30	24.30	24.30	86.58	64.17	74.11	23.10	16.10	231.00	48.79	9.00	0.56
5	晋 93	在线系统	229.00	2157.00	0.30	24.00	24.00	89.88	62.82	69.89	23.10	15.20	229.00	43.94	9.42	0.62
6	晋 93	在线系统	216.00	1921.00	0.30	24.00	24.00	80.04	59.25	74.02	23.10	15.50	216.00	47.48	8.89	0.57
7	晋 93	在线系统	238.00	1986.00	0.30	24.00	24.00	82.75	65.28	78.89	23.10	15.10	238.00	49.27	8.34	0.55
8	晋 93	在线系统	231.00	2021.00	0.30	24.00	24.00	84.21	63.36	75.25	23.10	15.10	231.00	46.99	8.75	0.58
9	晋 93	在线系统	226.00	1987.00	0.30	24.10	24.10	82.79	62.25	75.19	23.10	15.30	226.00	47.39	8.79	0.57
10	晋 93	在线系统	238.00	1993.00	0.30	23.90	23.90	83.04	65.01	78.29	23.10	14.90	238.00	48.43	8.37	0.56
11	晋 93	在线系统	242.00	2112.00	0.30	24.00	24.00	88.00	66.38	75.43	23.10	15.20	242.00	47.42	8.73	0.57
平均	晋 93	在线系统	233.80	2049.50	0.30	24.05	24.05	85.39	64.27	75.29	23.10	15.23	233.80	47.32	8.77	0.57

华北油田对该技术开展了持续推广，截至 2018 年 6 月已经完成蒙一联、宝一站、赵一联、泉 241 等 10 座注水站的实时远程分析系统的安装运行，取得良好的效果。

6 结论

（1）注水实时远程分析系统使用网络版安装方式，采用多层架构的 B/S 技术，有效地保证了系统良好的可扩充性和调整的灵活性。

（2）建立完全基于组件和面向对象应用系统，数据库模型合理易于扩展，并保证软件的易用性，系统反应即时迅速。

（3）注水系统在线能效系统建立动态的地面效能、井筒、储层效率计算及评价模型，实现了注水系统地面、地下一体化能效整体实时在线分析。该系统形成注水生产数据采集、数据库管理、工况诊断、优化分析，地面、井筒、储层效率计算等具有集成功能的注水系统能效在线规范化技术模式，为注水站自动化在线能效技术的规模化应用，起到了指导和示范作用。

参考文献

[1] 罗英俊，万仁溥．采油技术手册［M］．北京：石油工业出版社，2005：550–576.

[2] 刘东升，袁国英，韩志国．油田注水生产系统节能技术［M］．北京：石油工业出版社，2003：30–35.

酒东采油厂提高注水系统效率方法探索

张作鹏　王宏峰　侯　凡　郑烨华

（中国石油玉门油田公司酒东采油厂）

摘　要　针对影响酒东采油厂注水系统效率的因素以及提高注水系统效率的方法两个方面的内容进行了详细的分析和探析，从而制订出符合酒东油田开发需求的注水系统提效方法。

关键词　系统效率；注水泵；管网；提效

酒东油田地层敏感性强，速敏表现明显，储层的非均质性较强。在注水开发过程中，注水压力高（井口压力为25～35MPa）、注水难度大、严重影响注水系统效率。在分析影响酒东采油厂注水系统效率影响因素的基础上，提出了相应的整改措施，提高了注水系统效率。

1　注水系统效率主要因素

1.1　理论因素分析

根据能量平衡原理，能量从源头电能的输入到水进入水井的有效功，从各个环节分析效率低的原因。根据能量平衡原理可得：

$$W_O=D_1+D_2+D_3+W_3=\sum D+W_3$$

式中　W_O——注水系统的总能耗；

$\sum D$——能量损失或能损；

D_1——机械损失；

D_2——水泵损失；

D_3——机械损失；

W_3——进入水井有效功。

要想降低能耗 W_O，必须降低 $\sum D$ 或 W_4。而注水系统辖区内注水井井口压力与日注水量乘积的和，即：

$$W_4=\sum pQ$$

注水量 Q 和井口压力 p 均不能因节能而改变，只有降低损失 $\sum D$ 才能降低能耗，达到节能的目的。用系统能耗 W_O 或系统能损 $\sum D$ 除以注水量 Q 即得注水单耗（W_O/Q）或单损（∑D/Q）。也就是说，节能即意味着要设法降低电动机损失 W_1、注水泵损失 W_2 和管网损失 W_3。

1.2 主要因素确认

（1）由于电动机效率为 97%～99%，效率都较高，电动机效率是影响注水系统效率的次要因素。

（2）酒东采油厂采用“低压供水，单井增压”注水模式，低压供水管网供水给单井缓冲罐，净化水在沉降罐暂储过程中氧化变质，使净化水二次污染，产生杂质，堵塞管线与地层，使注水流程管线摩阻增大，加大了注水难度，降低注水泵效。同时，沉降罐为人工补水，液位保障能力差，注水泵稳定供水不能得到保障。但酒东油田高压注水管线较短，管线能量损失有限，故管线损失为次主要因素。

（3）经现场调研并结合有关文献论述对其进行科学分析可知，酒东油田注水系统效率主要影响因素为注水泵损失，原因：其一，设备轻载运行，偏离机泵高效运行区，当泵排量低于 50% 额定排量时，泵效率将大幅下降。酒东采油厂产能建设设计中注水压力在 42MPa，额定日注水量 30m^3，额定注水压力 50MPa，理论排量 3m^3/h，实际生产中因考虑安全因素注水上限压力设置为 35MPa，部分注水井目的层物性查，注水难度大，很难达到理论排量，因此出现设备裕量过大，导致设备在轻载状况下运行。其二，由于采用变频控制，当频率低至 20Hz 以后润滑系统运行效果不理想，导致系统效率降低。其三，皮带张力，曲轴与连杆连接处的轴瓦的摩擦，十字头与箱体十字头套的摩擦，密封填料与柱塞杆的摩擦及其润滑情况都是机泵传动效率的主要影响因素。

2 提高注水系统效率的方法

2.1 提高注水泵效率

（1）确保注水泵工作在高效的区域。

由于注水泵的排量都是要大于单井所需的注水量，因此泵的排量与注水量是无法完全匹配的。那么注水泵的工作效率就会很低。对注水泵进行改造，将部分单井注水泵 28mm 柱塞更换成 21mm 柱塞，改造后理论排量由原来的 72m^3/d 降至 36m^3/d，更加接近设计日注水量，注水压力也越接近额定注水压力，泵的输出功率越接近额功率，使机泵在高效区间运行。适当减小柱塞直径，配合泵速的降低，实现排量的控制，减少汽蚀和水击现象的发生[2]，减小泵噪声和管路振动，从而提高注水泵效率。同时，该项整改大大减少了注水泵因高压造成的保护停井次数，平稳注水时间由原来的 5h 延长到 20h 以上。避免了频繁停泵造成的注水泵配件损坏，配件使用率大幅度提高，提高了注水泵的稳定运行时间，提高了注水效率。

（2）对注水泵进行技术改造。

对注水泵进行了曲轴中心强制润滑改造，曲轴带动油泵，油泵将润滑油打入油孔，对曲轴，连杆和十字头等各部件的摩擦副进行强制润滑，代替之前依靠惯性甩动润滑泵内部件的润滑工作原理，当改善了尤其是低频率运行时的润滑油不足的问题，通过现场使用，改造后的注水泵噪声和振动减少，在频率降低至18～20Hz时仍能满足各部件的润滑需求。注水泵效提高了3%～5%。

（3）加强注水机组维护保养。

根据几年的摸索和积累的经验，目前选择的皮带每根张力为600N左右，实践表明，这个张力是比较合适的，它既不损坏电动机，又不会严重磨损皮带轮。及时更换磨损严重的皮带和皮带轮，使其保持合适的摩擦系数。三是定期（一般为每3周1次）调整皮带的松紧，保证皮带张力及大、小皮带轮在同一平面内运转，以提高皮带的传动效率，从而提高机械效率。

同时，强化日常机泵的维护和保养，更换磨损严重的密封及过流部件；选用润滑性能好的泵的密封填料，泵密封填料要加得松紧适宜；严密监测机组振动状况和润滑油含水率；及时调整和维修将振动量控在允许范围内；及时过滤注水机组的润滑油，确保其含水率合格；从而降低注水泵的各种损失，既可提高注水泵效率，降低耗电量。

2.2　提高注水管网效率

（1）对注水管网进行优化设计。

对地面注水管网的布局进行优化设计[3]。确定注水井的最优的隶属关系，酒东采油厂采用“低压供水，高压注水”工艺。酒东采油厂实施的供水流程密闭改造，去掉了缓冲罐流程，低压供水管线直接供水给单井注水泵，简化了注水工艺，形成泵对泵密闭供水模式，避免所注水因氧化导致悬浮物含量增加，从而减少水体中结垢和泥沙的出现，防止管网被腐蚀现象的发生，改造后，井口水质提升明显，管线摩阻减小能量损失减小。

对管网的参数进行优化设计。尽量对注水管网各个管段的壁厚以及管径等参数进行优化设计，同时还要保证合理性和经济性。

在满足注水压力和注水量的前提下，应尽量减少管线的长度，因为管线的长度越长，能量消耗就会越多。

（2）注水管网与注水泵相互匹配。

在充分考虑注水井的压力、来水压力以及所需要的注水量等参数的情况下，酒东采油厂选择了3Se100-3/50型柱塞泵，并结合变频调速技术，保证注水泵泵管的压力差小于0.5MPa的，有效降低沿程压头损耗。

（3）尽量减小管道内的摩擦阻力。

酒东采油厂注水管网采用酸酐环氧玻璃钢管线，供水沿程摩阻为0.008MPa/100m，最远程供水管线末端压力可保持为0.6MPa。

2.3　提效成果

经过上述专项整改之后，酒东采油厂注水系统进行能效测试，验证对策效果，具体测试数据见表1。

注水系统相较整改前各项参数都有所提升，其中系统效率从 56.53% 提升值 82.16%，提效十分明显。

表 1 测试数据

参数	整改前	整改后
电动机输入功率 /kW	9.95	13.4
注水泵的入口压力 /MPa	1.15	1.15
注水泵的出口压力 /MPa	23.41	22.13
注水泵排量 /（m^3/h）	0.89	1.65
注水泵出口功率 /kW	5.79	11.5
注水站效率 /%	55.06	81.02
注水系统机组损失率 /%	43.45	17.84
注水系统效率 /%	56.53	82.16

3 结语

通过以上的论述，对影响注水系统效率的因素以及提高注水系统效率的方法进行了详细分析和探讨。在油田注水开发的过程中，提高注水系统的整体效率，对于增加油田的整体效率以及降低能耗都是有着重要的作用。需要根据实际的注水工艺要求，结合现场情况进行相关的节能处理，使注水系统的效率得到提高。

参考文献

［1］檀松涛．浅谈提高油田注水系统效率的方法研究［J］．中国石油质量，2012，27（1）：19–21.
［2］李强，柴立平，胡静宁，等．高压油田注水泵的设计［J］．排灌机械，2006，24（3）：1–4.
［3］邱继英．油田注水管网的优化设计［J］．油气田地面工程，2000，31（4）：21–24.

老君庙油田注水系统效率影响因素分析与优化建议

唐建鑫　王增存　刘　平

（中国石油玉门油田公司老君庙采油厂）

摘　要　注水工作是油田提高采收率的重要措施，注水系统耗能巨大，提升注水系统效率一直是油田节能工作的重点。基于油田“降本增效、节能降耗”的发展理念，探讨提升老君庙油田注水系统效率的相关技术问题。

关键词　注水系统；节能降耗；效率；技术

1　老君庙油田注水系统现状

老君庙油田位于甘肃省酒西盆地南部，始建于1939年，至今已有80年的开发历史。老君庙油田先期注水系统建造于1993年，经过25年的发展，目前有注水线7条，常开注水井148口，年注水量$100\times10^4m^3$，注水设备装机功率3460kW，年耗电量占到全厂的22%，是油田重点用能单元。由于注水时间长，管网结垢腐蚀严重，造成注水系统运行工况复杂。虽然老君庙油田注水系统现已全部实现变频自动控制，但平均注水系统效率仍然较低，仅为40.5%，平均注水管线损失率更是高达20.29%，远远高于限定值7%，仍具有较高的效率提升空间。随着老君庙油田各区块后期高含水开发阶段注水量的不断增加，将给先期注水设备及管网提出严峻考验，因此提高老君庙油田注水系统效率势在必行，而提高系统效率的关键是提高注水泵和注水管网的效率。

2　影响老君庙油田注水系统效率因素分析

（1）敷设管线过长，注水管线损失率偏高。

老君庙油田注水系统配套的设备设施相关技术参数，均是根据建设初期油田区块位置分布、油田可采储量、油田井网分布及当时环境因素所设计，近些年来，随着油田的不断发展和注水井的增加，老君庙油田并没有考虑建立新的注水站，而是全部依托老站和老的注水管网改造，来实现新水井投注，从而导致注水管线延伸敷设路段过长，平均注水管线损失率高，系统运行效率低。

（2）站内管线曲率较大，损失率超标。

2019年4月，公司节能监测站对老君庙油田4号、5号和6号线注水系统站内管线损失率测试结果为2.85%，与评价值1.9%相比偏高，分析原因是4号注水厂站内管线曲率较大，造成泵出口压力到出站管汇压力损失较大。

（3）泵出口流量与注水井配注量不匹配，机组损失偏高。

1号和2号线注水系统2号和9号机组损失率高，如2号泵额定排量为40m^3/h，额定出口压力为22MPa，而实际配注量为20m^3/h，出口压力为17.3MPa。分析原因是1号和2号线系统井口配注量偏低，泵机组输出功率不足，电动机负载偏轻，造成机组损失率偏高，机组效率低。

（4）系统效率提升技术研究不够。

加大区域注水量对开发了80年的老君庙油田补充地层能量、提高采收率、稳产有着积极作用，注水量的增加，势必造成原油开采成本的持续上升。现阶段在油田新的开发理念“原油产量和经济效益并重”的倡导下，大力开展注水系统效率提升技术研究，是减缓开采成本增长的有力措施之一。

3 老君庙油田注水系统效率优化建议

（1）有计划的更换、清洗注水管线。

采用更换注水系统内壁腐蚀严重和曲率较大的管线，定期清洗各注水系统管线等方法减小管网阻力，使得管网阻力曲线变得平缓一些，降低注水管线损失率，提高注水系统管网运行效率。2019年初，老君庙油田2号和3号线注水系统压力均有不同程度下降，判断管线结垢造成压降。6月，对2号和3号线注水系统管线进行清洗作业，发现干线2/3管径被堵塞，内径缩小，管网阻力增大，注水量上不去。冲洗完后3号线注水系统干线压力上升2.3MPa，2号线注水系统干线压力上升0.8MPa，平均增加注水量150m^3/d，3号线注水系统管网损失率下降4.5个百分点。3号线注水系统清洗前后参数见表1。

表1　3号线注水系统清洗前后参数对比

项目	干线压力/MPa	注水泵机组效率/%	注水站内管线损失率/%	注水管网损失率/%	注水系统效率/%	注水系统标耗/kW·h/（m^3·MPa）
清洗前	14.5	76.43	1.36	50.11	24.95	0.84
清洗后	16.8	77.76	1.15	45.61	30.12	0.78

（2）合理匹配注水量，加强注水设备的维护保养。

针对注水系统注水泵电动机负载率偏低的情况，建议根据泵的额定流量、扬程与实际配注情况，合理调节泵机组运行频率或对泵进行技术改造，如改善柱塞泵流道性能等技改措施，或根据实际注水工况更换扬程和流量匹配的注水泵和电动机，提高电动机负载率，降低机组损失率。同时建议对1号和2号线注水系统3号注水泵机组变频控制器故障进行维护，做到输出功率合理准确匹配注水量，使注水系统处于最优效率运行状态。

（3）采用新技术进行管线内除垢。

针对老君庙油田注水管线结垢严重这一现象，可以采用PIG清管器除垢的新方法，该方法费用低、速度快、清洗彻底，已被发达国家广泛应用于各类管线清洗。其设计原理为在配水间改装发射筒，利用注入水为移动动力，定期在管线内投入PIG清管器，达到除垢目的。PIG结构上由外皮和弹芯组成，针对不同垢质，有不同种类的PIG材料经过特殊工艺压制成形如子弹的清洗载体。PIG收缩比可达到35%，具有很强的通过性，外径规格可以在*DN*5mm～*DN*3000mm，都有适宜的PIG材料，一旦PIG在管线内发生堵塞，可以采用提高注水压力使PIG清管器在管线内破裂的方法解堵，如图1所示。通过该除垢技术，可有效清除管线内污垢，达到节能降耗，提高注水管网效率的目的。

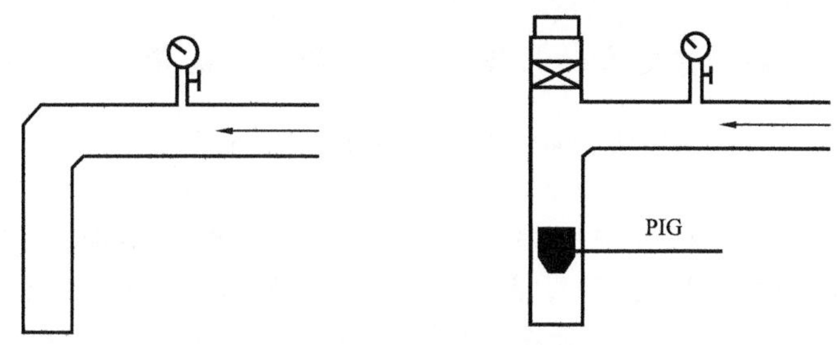

图1　PIG清管器原理图

4　结语

通过对影响老君庙油田注水系统效率因素的分析，本文从注水管网清洗、注水设备维护保养监测等方面提出了优化注水系统效率的相关建议。随着老君庙油田的不断发展，持续探索优化注水系统效率的方法，对于提高油田的整体效益和完成节能降耗目标任务都有重要意义。

参考文献

[1] 丰国斌．油田注水系统节能［J］．石油规划设计，1996，7（2）：7-9.

[2] 潘爱芳，等．油田注水开发防垢现状及新技术研究［M］．北京：石油工业出版社，2009.

大港油田第六采油厂注水系统提效技术对策研究与应用

王　攀　叶龙云　王洪港　蔺　琼　李建馨　王　阳

（中国石油大港油田公司第六采油厂）

摘　要　大港油田第六采油厂所辖羊三木油田和孔店油田油藏属于复杂断块油藏，油藏非均质性强，各断块单井注入差异大，由于注水系统注入压力单一、管网压损大，导致注水系统效率较低。结合生产实际，开展注水系统提效技术对策研究，并实践应用管网降压损、单井综合治理、分压注水、在线监测、单点增注等技术，实施后系统效率提高 6.2%，年节约电费 118 万元，实现了提质增效目标。

关键词　注入系统；系统效率；分压技术；管网降压损技术；单井综合治理技术；节能降耗

注水开发是油田提高采收率的有效手段，大港油田第六采油厂所辖羊三木油田和孔店油田油藏属于复杂断块油藏，逐步勘探发现并投入开发，经过多年注水开发，油田综合含水不断上升，采出液逐渐增多，近年来，随着增注减排工程的开展，注水量逐年增加，注水能耗逐年增大。注水系统历经多次调整完善，受管网压损大、各断块单井注入差异大、注水系统单一等因素影响，导致注水系统效率较低。结合生产实际，近年来，该厂开展注水系统提效技术对策研究，并应用于实践，取得了显著效果，实现了提质增效目标。

1　注水系统现状

大港油田第六采油厂注水系统建有两座注水泵站（羊三木注水站、孔店注水站），共建有柱塞式注水泵 18 台，装机总功率为 4300kW，设计压力等级 16MPa，运行压力高压为 10.5MPa，低压为 9.5MPa；注水系统共建有注水干线 9 条，系统管辖注水井 129 口，总注水能力 19630m³/d，日注水量为 10880m³，平均单井注入压力为 6.52MPa，注水系统耗电占总采油厂总耗电的 27.6%。大港油田第六采油厂平均注入单耗为 3.70kW·h/m³，注入标耗高达 0.57kW·h/(m³·MPa)，远高于该油田其他单位，注入系统效率仅为 48.6%(大港油田公司平均指标为 54.76%)，其中羊三木油田注水用电单耗 3.84kW·h/m³，注水系统效率为 47.1%，孔店油田注水用电单耗 3.53kW·h/m³，注水系统效率为 51.2%。从指标数据上看，大港油田第六采油厂两大主力注水开发油田，注水系统效率均低于大港油田公司平均指标 54.76%，在注水系统提效工作上有进一步挖潜的潜力。

2　注水系统效率影响因素分析

注水系统效率是指油田地面注水系统内有效能与输入能的比值，在控制输入能的前提下，有效提高有效能，才能达到提高系统效率的最终目的。近年来，随着增注减排和注水工程逐步开展，注水量逐年增加，注水系统管网压损大、单井注入压力不均衡、注水系统单一，导致有效能偏低，进而影响系统效率。

2.1　管网压损大

从管网压损统计情况分析，羊三木油田受管道年限和水质影响，管线结垢严重，部分管道输送压力损失大，羊三木注水站注水干线平均压损为 0.66MPa，其中羊注水站 1# 注水干线于 2014 年投产，压损达到 1.2MPa，影响系统效率。羊三木注水站注水干线压损分布如图 1 所示。

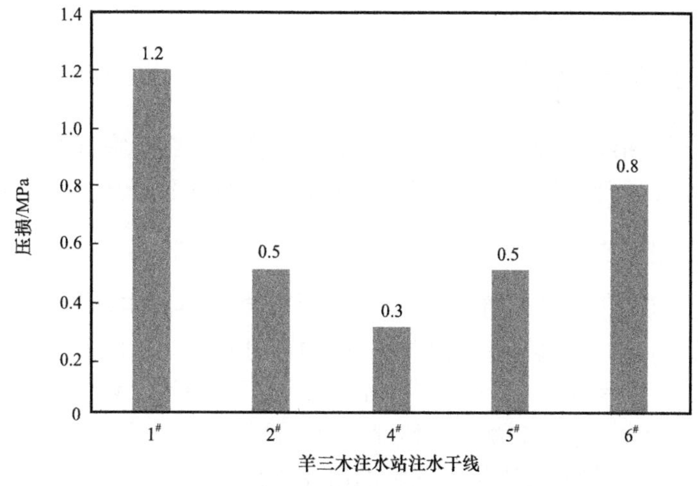

图 1　羊三木注水站注水干线压损分布柱状图

2.2　单井注入差异大

由于区块内部单井注入差异较大，且地理位置分布分散，系统内注入井压力仍分布不均（图 2），采油厂井口平均注入压力为 6.47MPa，注入压力 9MPa 以上的高压井共有 5 口，日注水量为 430m^3；受近年来新转注井注入压力低的影响，注入压力 4MPa 以下的低压井共 19 口，日注水量 2150m^3。为保证部分启动压力高的注入井正常注入，注入系统压力高，能量无效损失大，影响系统效率。第六采油厂注水量分布如图 3 所示。

2.3　设备运行效率需进一步提升

注水泵、注水管网和注水井是注水系统的三大节点，设备运行效率是影响系统运行效率的重要因素。在设备维护上，采油厂通过强化站内机泵、注水管网、井口注水量及注水压力巡检，进行水量调整及机泵单耗、效率等指标计算，出现问题及时进行维护处理，但是人工操作及时性需进一步提高，需引进监测新技术，提高自动化水平，实现设备运行过程及时有效监控，进一步提高设备设备运行效率。

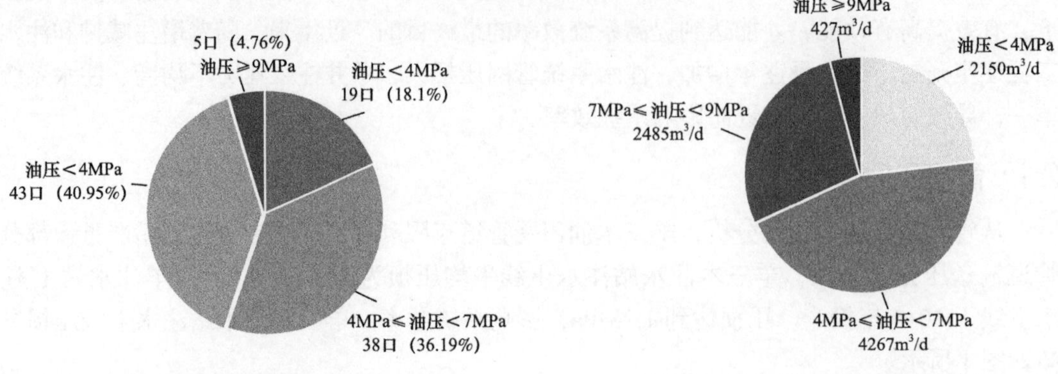

图2　第六采油厂注水井井口压力分布图　　图3　第六采油厂注水量分布图

3　注水系统提效技术对策

通过上述分析，第六采油厂注水系统提效重点攻关点在于降管网压损、均衡井口压力、分压注水降无效能耗、设备监测技术升级和单点增注整体降压等5个方面。

3.1　管网降压损技术

应用多元复合物理清管技术清洗管网。该技术主要依据流体力学中的“空穴效应”原理进行清垢（图4），通过爆破性冲击射流，强力击打管垢，从而形成垢末与射流一道汇聚成湍流直达排污口。针对羊注水站4#注水干线运行时间长，管线结垢，以及羊三木油田部分单井注入压力高，达不到配注的情况，应用该技术进行管线清洗除垢，完成了全部11.2km的管线清洗工作量，解决了羊三木油田注水系统管线堵塞问题，提高了单井嘴前压力，在同等水量下，压损均小于理论压损（即沿程水头损失）的1.2倍，单井管网压损降低约0.7MPa，管线内壁无明显结垢遗留情况，达到了预期目的。

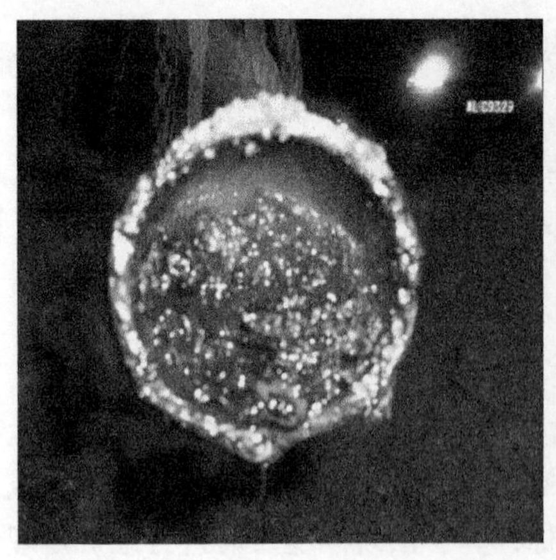
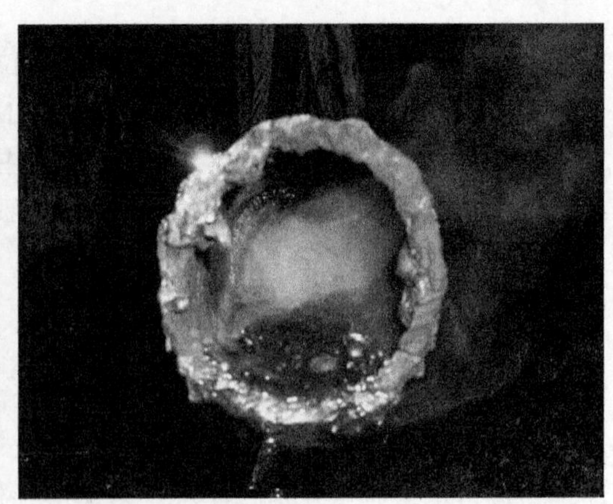

图4　大港油田第六采油厂注水系统管线清洗前后图（一）

应用气脉冲清洗技术。该技术将气体和水送入脉冲振荡系统中，产生共振后，水气流以脉冲方式喷入充满水流的管道中，随着气体急速膨胀和气泡的爆裂，管道中的水流陡然加速，猛烈地冲刷管束内壁，在强劲剪切力和气蚀的作用下，垢层松动、脱落，被冲洗出管线。针对羊 2# 干线运行时间长，压损大，运用该技术对羊注水站 2# 注水干线以及所辖支线和单井管线进行了清洗，清洗后羊 17-13 注水支线压损下降高达 1.16MPa，效果显著，达到了预期目的，如图 5 所示。

图 5　大港油田第六采油厂注水系统管线清洗前后图（二）

3.2　单井综合治理技术

为均衡单井井口注水压力，按照“高压井降压 + 低压井升压”思路，开展单井综合治理。

高压井降压技术。分析井口注水压力高的原因，开展针对性治理。针对管柱、水嘴堵塞，采用定期洗井方式，通过洗井清洗井筒及水嘴杂质，有效降低注水压力，年均开展单井洗井 160 余井次，平均单井注水压力降低 2.3MPa。针对地层堵塞，采用“高压增注技术 + 措施解堵技术”相结合的方式进行解堵，对近井地带聚合物、砂、垢、其他杂质堵塞，采用高压增注方式，平均每年开展单井增注约 40 井次，平均单井注水压力降低 1.1MPa；对地层堵塞严重，增注见效不明显的高压井，优选解堵措施，采取酸化、超声波等解堵技术，年均实施 3 口井，平均单井注水压力降低 3.2MPa。

低压井升压技术。优选调剖技术，封堵优势通道，提升注水压力，实现有效注水。近年来，依托注水工程，开展调剖专项治理，在单井优选上，优先考虑层间矛盾突出，单层注水差异的低压注水井；在体系优选上，针对不同油田不同断块地层及单井注入特点，优选连续凝胶、多功能凝胶、微球凝胶等多种调剖体系，年均工作量 2～4 口，实施后单井地层充满度提高 20% 以上，井口压力增幅保持 3MPa 以上，取得了明显效果。

3.3　分压注水技术

注水系统单一是造成能耗无效损失的主要原因，第六采油厂根据各油田注水压力分布特点，将羊注水、孔注水各分为两套注水系统，合理设定每个注水系统压力，达到有效提高注水管网系统效率，同时降低注水系统运行能耗的目的。

羊三木注水系统分压注水技术改造。结合羊三木油田增注减排工程，注水机泵进行扩容，新建注水干线。在满足单井压力及水量需求的情况下，重新规划为两套注网，合理确定注水系统运行压力及机泵运行参数，实施分区降压注水，分别以羊注水站 2# 和 5# 注水干线为低压系统，注水系统压力由 10.5MPa 下降至 9.5MPa，下降 1.0MPa；以羊注水站 1#、4# 和 6# 注水干线为高压系统，注水系统压力运行高压 10.5MPa，实施后羊三木油田系统效率提高了 2.06 个百分点。羊注水系统分压注水管网分布如图 6 所示。

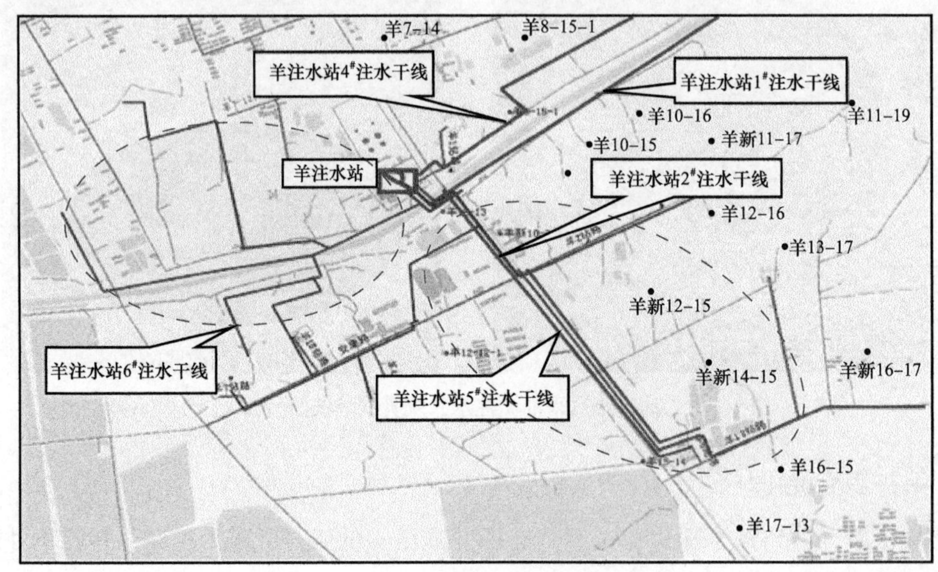

图 6　羊三木注水系统分压注水管网分布图

孔店注水系统分压注水技术改造。结合孔店油田增注减排工程，注水机泵进行扩容，由原来的 7 台增加到 10 台，在满足单井压力及水量需求的情况下，重新规划为两套注水管网，合理确定注水系统运行压力及机泵运行参数，实施分区降压注水，分别以孔二南注水干线为低压系统，注水系统压力由 10.5MPa 下降至 9.5MPa，下降 1.0MPa；以孔二北注水干线为高压系统，运行压力 10.5MPa，实施后孔店油田系统效率提高了 2.22 个百分点。孔店注水系统分压注水管网分布如图 7 所示。

3.4　在线监测技术

通过推进设备运行监测技术升级，逐步提高自动化水平，实现设备运行过程有效监控。

应用“压力变送器 + 变频 + 温度变送器”技术实现单井水量自动调控。变频根据压力自动调节注水泵排量，确保稳压注水。通过搭建 ZigBee 网络传输平台，实现水井配水量自动调控，确保恒流，同时对井口注水压力进行实时监测，压力波动及时预警。

应用在线振动状态监测技术实现注水机泵运行状态实时监测。对液力端柱塞振幅值进行监测，自动绘制成曲线，判断配件在工作中的运行状况，及时对故障点进行处理，有效提升注水泵运行质量。

应用在线能耗监测预警系统实现能耗指标监测预警。通过对泵流量、电动机功率因素等参数的自动采集和运算，实现对机泵单耗、效率等指标的监测和预警，确保设备在受控状态下运行，有效提升注水系统效率。

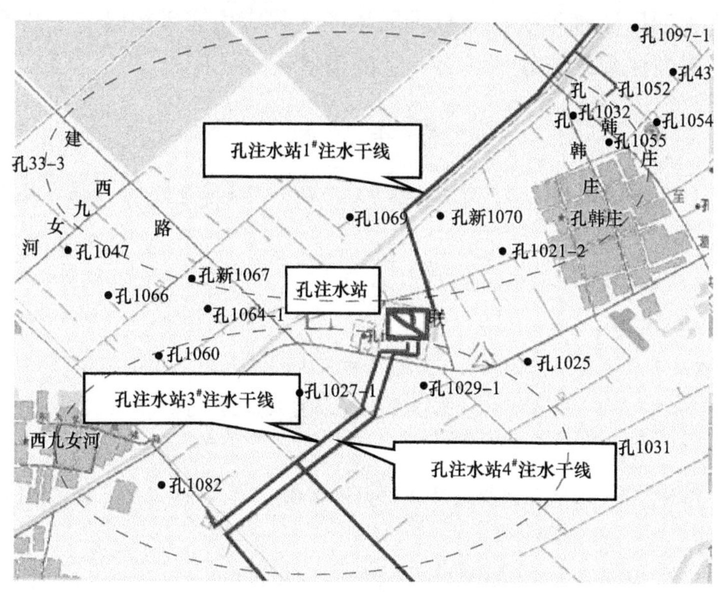

图 7 孔店注水系统分压注水管网分布图

应用管损预警系统实现注入系统管网压力实时监测预警。通过对注入系统所有管网节点安装压力变送器，实现管网压力实时监测，同时通过管损预警模型，给出合理管线清洗周期，有效降低管网压损。

3.5 单点增注技术

通过采取多级离心泵集合在线监测技术形成橇装式增注装置，对压力高注水井进行单点增注，实现注入系统整体降压。孔店油田通过对油压高于 9MPa 的注入井进行单井增注，可实现系统整体降压 1MPa，年节电 8.8×10^4kW·h，系统效率提升 1.46 个百分点。羊三木油田通过对油压高于 9MPa 的注入井进行单井增注，可实现系统整体降压 1MPa，年节电 35.1×10^4kW·h，系统效率提升 0.89 个百分点。

4 结论与认识

通过第六采油厂提高注水系统效率技术的研究与应用，得出以下结论与认识：

一是，管网压损、单井注水压力差异大、注水系统单一是影响第六采油厂注水效率的主要因素，通过应用脉冲除垢技术、单井增注技术、措施解堵技术、调剖技术、分压注水技术、单点增注技术，有效提升了采油厂注水系统效率。

二是，在注水机泵及注水管网能力允许的情况下，根据单井注水压力及分布情况，科学合理地规划分区注水管网，合理确定注水系统运行压力及机泵运行参数，是实现注水系统分区降压的根本保障。

三是，在线监测技术自动化程度高，预警功能准确有效，极大提高了设备运行管理水平，为注水系统管理提供了强力技术支撑。

四是，第六采油厂注水系统提效技术取得的实践应用成果经验与工艺模式，对其他同类油藏注水开发提高注水系统效率具有一定的借鉴与指导作用。

参考文献

[1] 黄学锋，原丹，张召强 . 定边采油厂智能注水系统节能降耗技术研究［J］. 石化技术，2020，27（11）：54–55.

[2] 宗廷涛 . 油田注水系统效率的影响因素及对策探析［J］. 中国石油和化工标准与质量，2020，40（20）：41–43.

[3] 冯杰 . 分压注水技术在小营油田的应用［J］. 精细石油化工进展，2020，21（1）：13–15.

[4] 高阳，何诚，方茹佳，等 . 注水井降压增注工艺的研究与应用［J］. 化工设计通讯，2019，45（4）：244.

[5] 孟勇，高鹏，韩封，等 . 注水系统提效降耗的优化管理［J］. 石油石化节能，2019，9（2）：44–46，10–11.

[6] 安琪，贺珊，权玲 . 油田注水系统效率的影响因素及对策［J］. 化工设计通讯，2019，45（2）：35.

[7] 王莹钰 . 油田地面工程注水系统运行效率研究［J］. 中国石油和化工标准与质量，2018，38（22）：36–37.

[8] 郭成平，常铭，赵留阳，等 . 大港南部油田注水管道除垢节能技术的应用［J］. 石油石化节能，2013，3（4）：28–31.

[9] 李荣朵，周赤峰，史鹏飞，等 . 油田注水系统效率优化与研究［J］. 石油石化节能，2013，3（3）：4–6.

[10] 程飞，王怀高，张辉，等 . 分压注水技术的应用研究［J］. 中国石油和化工标准与质量，2012，33（16）：107.

塔里木油田注水系统提效对策及注水泵叶轮减级在桑南污水处理站的应用实例

谭川江[1]　钟　跃[2]　陈百龄[2]　梁　玲[3]

（1. 中国石油塔里木油田公司油气工程研究院；2. 中国石油塔里木油田公司轮南油气开发部；3. 中国石油塔里木油田公司油气运销部）

摘　要　本文分析了塔里木油田注水系统效率不高的主要原因，并针对性地提出了泵型改造、设置变频调速、分压注水和局部增压等提效对策，同时列举了桑南污水处理站的注水泵减级的应用实例，进一步提升注水系统效率，为其他油田注水提效提供成功的应用案例。

关键词　注水系统效率；管网效率；减级

注水是油田开发成熟有效的方式，也是能耗大户，注水约占油田开发总能耗的30%左右，提高注水系统效率、降低注水能耗是实现油田生产降本增效的关键。特别是对一些效率不高的油田，注水系统提效非常必要，节能降耗显著，桑南污水处理站注水规模为3100m^3/d，注水泵采用多级离心泵，注水管网采用注水站集中配水工艺。

1　注水系统效率不高原因分析

塔里木油田自然环境恶劣、地质条件复杂、注水井位分散，注水系统效率多年来一直不高，研究分析其原因，主要有以下几个方面。

（1）注水泵自身泵效低。

塔里木油田注水系统注水泵以离心泵为主，目前除东河区块使用柱塞泵，轮南、哈得、桑南等主要注水区块均使用离心泵，部分场站还有少量泵效更低的水平泵在运行。塔里木油田离心泵和水平泵注水量占比 90% 以上。

离心泵的特点是排量越大效率越高。根据 GB/T 13007—2011《离心泵 效率》，多级离心泵在 150m^3/h 及以上的中大排量区间内，理论最高效率可以达到 75% 及以上。塔里木油田注水井位分散，单站注水规模小，使用的离心泵均为小排量、高扬程、低比转速离心泵，流量范围为 60～120m^3/h，比转速 n_s 均小于 80，额定效率最高仅为 68%，实际泵效率更低。2013 年中国石油天然气股份有限公司下发的《注水开发油田水处理和注水系统地面生产管理规定》明确要求注水高压离心泵泵效应在 75% 以上。显然，从节能降耗的角度，塔里木油田选用离心泵作为注水主要泵型与油田注水系统的实际特点不相适应。

（2）泵组不匹配、泵管压差大。

注水系统设计时，注水泵组通常按最大注水量考虑，而在实际运行中注水泵往往排量和扬程偏大，同时受投资等限制一般不设调速设施来调节流量，出现“大马拉小车”情况。当注水泵排量大于实际配注量时，一般通过阀门节流来控制流量，造成泵管压差大，很大一部分能量损失在阀门节流上。为此，《注水开发油田水处理和注水系统地面生产管理规定》要求注水系统的泵管压差应不大于 0.5MPa。

目前塔里木油田一些区块，实际注水量仅为设计规模的 50%～70%，存在泵组不匹配、泵管压差大的问题。注水泵通过阀门大比例节流，泵组运行在低效区间，部分区块泵管压差超过 3MPa，节流损耗大。

（3）注水管网效率低。

塔里木油田地质条件复杂，大部分区块未实行分压注水，区块内注水井井间注入压力差异大，造成低压井井口节流损耗大，注水管网效率低。某年塔里木油田各区块平均配水阀组来水压力为 19.20MPa，平均注水井井口油压为 11.80MPa，压差值达到 7.4MPa，注水管网效率仅为 58%，与目前中国石油天然气股份有限公司平均注水管网效率为 72% 相比，差异显著。

2 注水系统提效对策

2.1 注水泵泵型改造

注水井位分散、单站注水量小和注水压力高是塔里木油田注水系统的特点。目前各区块注水站以离心注水泵为主，高扬程、低排量的离心注水泵泵效较低、适应性较差，大多运行在低效区间。离心注水泵效率低已成为制约塔里木油田注水系统提效的关键因素。一方面，通过对离心泵进行重新选型，更换为高效的柱塞泵，油田注水用柱塞泵具有泵效高、压力高、排量稳定和压力适用范围广的特点，泵效一般可达 85% 以上，泵出口压力达 40MPa，额定流量一般小于 $50m^3/h$，产品成熟可靠，在注水量较小、注水压力较高的区块应用广泛。应用柱塞泵比较适合塔里木油田的注水工况，也能满足系统提效的迫切需求。另一方面，可以对现有的离心泵进行改造，减级、叶轮切削、叶轮喷涂等技术，费用少，改造难度小。

2.2 设置变频调速

将注水泵的恒速电动机改为变频调速电动机。通过调节电动机转速，调节泵排量及出口压力，在满足注水压力的前提下使泵的排量与配注量匹配，可以大幅减少泵回流，降低泵管压差，从而达到节能降耗的目的。

变频调速技术具有可实现平滑无级调速、调速效率高、调速范围宽等特点，操作方便，技术成熟，经济实用。变频调速技术在大庆油田、大港油田和辽河油田等注水系统应用较多。可在泵型改为注塞泵后，根据实际情况配置一定比例的变频调速装置，优化运行机制，降低泵管压差，进一步提高系统效率。

2.3 管网分压注水

GB 50391—2014《油田注水工程设计规范》规定：井间注入压力差大于 1.5MPa 时宜采用分压注水。塔里木油田可在哈得区块等高低压相对集中且井间注水压力差异大的区块实行分压注水，设置高压和低压两套注水管网分别满足高低压井的注水需求，减少低压井井口节流，提高注水管网效率。

2.4 局部增压注水

局部增压注水是在少数完不成配注的注水井井口设置增压注水泵，将注水站来水进行二次增压，以提高井口压力满足单井高压注水。局部增压注水避免了为满足少数高压井配注而提高整个注水管网的压力等级的问题，降低了系统投入费用，提效效果显著。

3 注水泵叶轮减级应用分析

3.1 注水泵运行现状

轮南油气开发部桑南处理站高压注水系统由三台注水泵组成，选用 KGF80-1500/10 型注水泵，设计扬程为 1480m，设计流量为 80m³/h，额定功率为 520kW，额定电流为 44A。桑南站污水实际回注量为 2800～3000m³/d，依靠单台泵不能满足注水需求，需两台泵共同注水，注水泵工频运行时，出口阀门仅开启 2～3 圈，电动机电流就上升至 43A，出口压力可达到 17MPa，须调节出口阀开度，实现节流来控制出口压力。

3.2 存在问题

由于出口阀调节流量，造成注水泵的大部分能量被出口阀节流，降低了注水泵效率，浪费了大量电能，而且较高的压力也对阀门冲蚀严重，增添了安全隐患，由于泵出口压力较高，因此注水泵运行电流较高，然而出口压力受到出口阀限制，实际注水量并未达到额定值，注水泵处于高功率低效率的工作状态，容易损坏机泵降低使用寿命。

3.3 减级改造应用

（1）理论计算。

单级离心泵理论扬程（H_t）为：

$$H_t = \frac{\omega}{g}\left(v_{u_2}R_2 - v_{u_1}R_1\right) \tag{1}$$

多级离心泵相当于单级泵串联，忽略每级之间的损失，有：

$$H_{t总}=nH_t \tag{2}$$

式中 ω——泵的转速；

v_{u_1}，v_{u_2}——与泵的转速和叶轮结构有关的参数；

R_1，R_2——与泵的结构相关的参数；

n——泵的级数，对于高压泵，其约为扬程 $H \approx \dfrac{\Delta p}{\rho g}$。

现需将出口压力降到9.5MPa左右：

$$\Delta H \approx \frac{\Delta p}{\rho g} = \frac{\left(15-9.5\right)\times 10^6}{1000\times 9.8} = 561.2$$

将出口压力降到9.5MPa左右，则需要拆除的叶轮级数为：

$$\Delta n = \frac{\Delta H}{H_{\mathrm{t}}} = \frac{561.2}{\left(1480/11\right)} \approx 4$$

即可以减少4级叶轮，将泵由11级叶轮减少至7级叶轮。

（2）依据计算结果，对其中一台注水泵按照计算好的叶轮减级，即由11级减至7级，并对注水泵做动平衡测试，测试合格并试投运之后，注水量及注水压力均满足现场注水生产需求。

3.4 效果分析

对叶轮减级措施前后的参数进行比对，相关运行参数见表1，减级后运行电流有明显的下降，泵出口压力明显减小，流量增加，运行效果良好。通过计算得出减级后注水泵效率显著提升，注水泵能耗下降。

表1 叶轮减级前后参数对比表

离心泵参数	减级前运行参数	减级后运行参数
泵压 /MPa	17.0	9.0
流量 /（m^3/h）	80	80
运行电流 /A	42	26
泵的效率 /%	42.1	59.6

4 结论

注水泵运行电流降低，避免注水泵长期高电流运行损毁设备的风险，延长电动机使用寿命，注水泵出口压力降低，对出口阀冲蚀性减小，注水泵房内振动明显降低，刺漏风险也进一步降低，操作更安全，改造前注水泵效不足42%，减级之后注水泵效率提升17.5%，单台注水泵仅电费年节约60万元以上，同时，与增设变频控制、注水泵更换改型相比，此方法改造工作量最小、现场施工风险最小，费用最低，改造效果较佳，为其他油田在离心注水泵提效方面提供了成功的应用案例。

喇嘛甸油田注入站工艺适应性分析

孙　彤

（中国石油大庆油田第六采油厂规划设计研究所）

摘　要　喇嘛甸油田注入站设计采用标准化设计模式，在母液储存单元，主要采用高架储罐、母液储箱和母液储槽三种工艺；在母液升压单元，有单泵单井和一泵多井两种升压工艺；通过分析各个单元的工艺适应性，得到注入站未来的调整和优化思路。

关键词　注入站；工艺；优化运行

1　喇嘛甸油田注入系统建设现状

1.1　区域建设现状

喇嘛甸油田 1973 年开始开发，1995 年开始聚合物驱建设，配制注入系统采用“集中配制，分散注入”的注入模式，已建配制站 6 座，配注站 4 座，注入站 57 座，三元注入站 1 座，辖注入井 3148 口，日配注母液量 $1.18 \times 10^4 m^3$，配注稀释水量 $19.3 \times 10^4 m^3/d$；日实注母液量 $1.07 \times 10^4 m^3$，实注稀释水量 $16.9 \times 10^4 m^3/d$。

喇嘛甸油田喇北东块深度注水管网如图 1 所示。

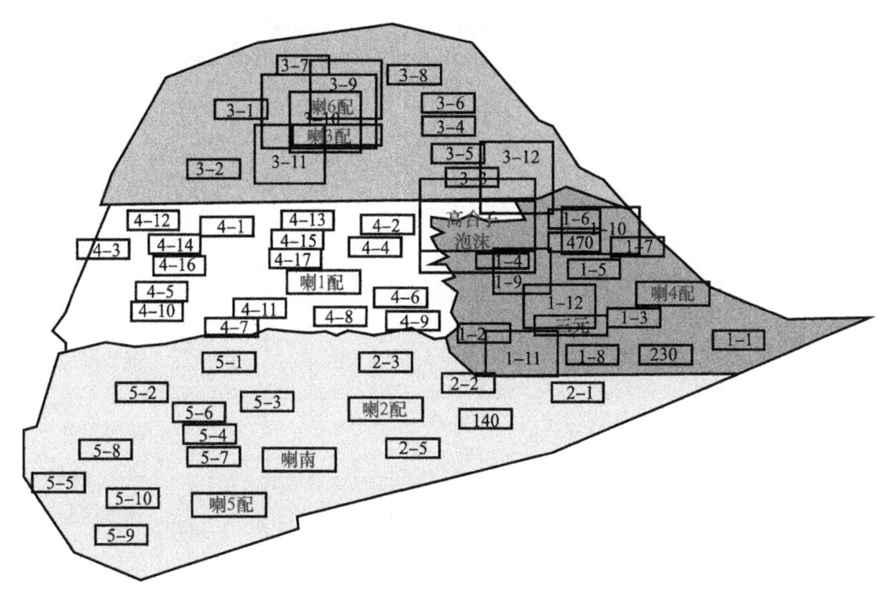

图 1　喇北东块深度注水管网示意图

1.2 工艺现状分析

目前，喇嘛甸油田地面注入系统主要采用“集中配制、分散注入”的总体工艺。注入站母液来液经存储、增压后与高压水混配形成目的液，输送至注入井口。站内工艺主要分为：母液存储单元、母液增压单元、混配单元三部分。喇嘛甸油田已建的57座注入站中，处于聚合物驱阶段的注入站28座，聚合物驱阶段注入站站内工艺情况见表1。

表1　28座聚合物驱阶段注入站站内工艺情况

序号	所属区块	站名	投产时间	注聚周期	注聚井数/口	注入工艺	母液工艺	稀释水质	聚合物（分子量）种类
1	南中东一区	聚喇2-1#注入站	1996年	2021-1—2026-6	44	一泵多井	母液储罐	深度曝氧污水	1200万
2	南中东一区	聚喇2-2#注入站	1996年	2021-1—2026-6	49	一泵多井	母液储罐	深度曝氧污水	1200万
3	南中东一区	聚喇2-3#注入站	1996年	2021-1—2026-6	47	一泵多井	母液储罐	深度曝氧污水	1200万
4	南中东二区	聚喇2-5注入站	2013年	2013-8—2021-10	57	单泵单井	母液储罐	曝氧污水	1900万
5	南中西二区	聚喇5-8注入站	2015年	2015-5—2021-10	79	单泵单井	母液储箱	曝氧污水	2500万
6	南中西二区	聚喇5-9注入站	2015年	2015-5—2021-10	68	单泵单井	母液储箱	曝氧污水	2500万
7	南中西二区	聚喇5-10注入站	2015年	2015-5—2021-10	54	单泵单井	母液储箱	曝氧污水	2500万
8	北北块一区二套	聚喇3-3注入站	1997年	2016-12—2023-5	57	单泵单井	母液储槽	曝氧污水	1900万/2500万
9	北北块一区二套	聚喇3-8注入站	2016年	2016-12—2023-5	50	单泵单井	母液储槽	曝氧污水	1900万/2500万
10	北北块二区二套	聚喇3-9注入站	2017年	2018-7—2024-10	39	一泵多井	母液储槽	曝氧污水	1600万/2500万
11	北北块二区二套	聚喇3-10注入站	2017年	2018-7—2024-10	50	一泵多井	母液储槽	曝氧污水	1600万/2500万
12	北北块二区二套	聚喇3-11注入站	2017年	2018-7—2024-10	54	一泵多井	母液储槽	曝氧污水	1600万/2500万
13	北北块一区	聚喇3-4#注入站	2006年	2020-7—2026-9	45	一泵多井	母液储罐	曝氧污水	1200万/1900万
14	北北块一区	聚喇3-5#注入站	2006年	2020-7—2026-9	41	一泵多井	母液储槽	曝氧污水	1200万
15	北北块一区	聚喇3-6#注入站	2006年	2020-7—2026-9	40	一泵多井	母液储槽	曝氧污水	1200万/1900万

续表

序号	所属区块	站名	投产时间	注聚周期	注聚井数/口	注入工艺	母液工艺	稀释水质	聚合物（分子量）种类
16	北北块一区	聚喇 3-12 注入站	2020 年	2020-7—2026-9	44	一泵多井	母液储槽	曝氧污水	1200 万/1900 万
17	北东块一区二套	聚喇 1-9 注入站	2016 年	2017-6—2023-11	76	单泵单井	母液储槽	曝氧污水	2500 万
18	北东块一区二套	聚喇 1-10 注入站	2016 年	2017-6—2023-11	67	单泵单井	母液储槽	曝氧污水	2500 万
19	北东块二区二套	聚喇 1-11 注入站	2018 年	2019-7—2025-10	53	一泵多井	母液储槽	清水	1600 万/2500 万
20	北东块二区二套	聚喇 1-12 注入站	2018 年	2019-7—2025-10	53	一泵多井	母液储槽	清水	1600 万/2500 万
21	北西块二区	聚喇 4-10 注入站	2011 年	2021-7—2027-6	48	一泵多井	母液储箱	深度曝氧污水	1900 万
22	北西块二区	聚喇 4-11 注入站	2011 年	2021-7—2027-6	45	一泵多井	母液储箱	深度曝氧污水	1200 万/1900 万
23	北西块一区	聚喇 4-12# 注入站	2010 年	2022-7—2028-12	50	一泵多井	母液储箱	深度曝氧污水	1900 万
24	北西块一区	聚喇 4-13# 注入站	2010 年	2022-7—2028-12	60	单泵单井	母液储箱	深度曝氧污水	1900 万
25	北西块一区	聚喇 4-14# 注入站	2010 年	2022-7—202-12	39	一泵多井	母液储箱	深度曝氧污水	1900 万
26	北西块一区	聚喇 4-15# 注入站	2010 年	2022-7—2028-12	57	一泵多井	母液储箱	深度曝氧污水	1200 万/1900 万
27	北西块一区	聚喇 4-16# 注入站	2010 年	2022-7—2028-12	45	一泵多井	母液储箱	深度曝氧污水	1900 万
28	北西块一区	聚喇 4-17# 注入站	2010 年	2022-7—2028-12	49	一泵多井	母液储箱	深度曝氧污水	1200 万

2 注入站工艺单元适应性分析

喇嘛甸油田注入站普遍采用标准化模式进行建设，站内母液存储单元和母液增压工艺单元随着建设时间的不同而有所变化。未来油田开发以聚合物驱开发方式为主，开发方式分为利旧已建注入井及新建注入井，近两年聚合物驱开发均需要对现有的注入站进行利旧改造，因此对喇嘛甸油田现有工艺进行分析，讨论大庆油田第六采油厂注入站利旧时的工艺适应性及改造思路（表 2）。

表 2　近 5 年喇嘛甸油田注入系统开发情况

年份	项目	新建注入井/口	利旧注入井/口	改造方式
2016 年	北东块一区产能	143		新建注入站 2 座
2017 年	北北块二区产能	143		新建注入站 3 座
2018 年	北东块二区产能	106		新建注入站 2 座
2019 年	北北块一区产能		170	利旧注入站 3 座、新建注入站 1 座
2019 年	南中东一区产能	140		利旧注入站 3 座，新建配水间 3 座
2020 年	北西块二区产能		93	利旧注入站 2 座
2021 年	北西块一区产能	4	296	利旧注入站 6 座

2.1　母液存储单元

2.1.1　工艺应用现状

注入站母液存储单元在建设方式上，分为高架母液储罐、母液储箱和母液储槽三种工艺，其功能是将对配制站输送来的母液进行缓冲，三种工艺均采用玻璃钢材质，设计缓冲时间为 1h。初期建设的注入站均采用母液储箱工艺，母液储箱布置于泵房外，2010 年后，为减少注入站整体占地面积、降低投资、便于管理，注入站开始采用母液储箱工艺，2016 年后又调整为母液储槽工艺。三种工艺适应性分析见表 3。

表 3　母液存储单元工艺适应性分析

工艺类型		母液储罐	母液储箱	母液储槽
建设数量 / 套	合计	11	31	15
	注聚阶段	11	5	12
优点		（1）储罐平台高度 6m，出液顺畅； （2）设备容积大，缓冲时间长，便于利旧改造 （3）便于数字化改造	（1）单独布置于泵房内，便于生产管理； （2）对注入站无人值守模式适应性好； （3）投资较低	（1）节约空间； （2）流程短，省去泵前母液管汇； （3）投资低
缺点		（1）建设投资较高； （2）注入站整体占地面积大	（1）需设置泵前母液管汇，对储箱布置高度有要求； （2）注入站改造时，若母液储箱容积不足，需对注入泵房进行改造并更换母液储箱，改造工程量较大	（1）数字化改造时遮挡摄像头； （2）布局紧凑，不便于机泵维修
投资（以每立方米母液计）/ 万元		0.58	0.48	0.36

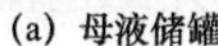

(a) 母液储罐

(b) 母液储箱

(c) 母液储槽

图 2　母液存储单元现场工艺

2.1.2　母液存储单元适应性分析

现有的三种母液存储工艺在未来注入系统调整改造均具有良好适应性，其中，母液储槽投资最低，因此未来注入站主要改造思路如下：

一是三种工艺在技术上均能满足母液存储、缓冲需求，且不易腐蚀，因此对于已建注入站改造，以利旧维修为主。

二是对于新建注入站，主要采用母液储槽工艺，为避免泵房内摄像头盲区，建议在机泵区增设摄像头。

2.2　母液增压单元

2.2.1　工艺应用现状

注入站母液增压单元在应用上，分为比例调节泵、单泵单井、一泵多井三种工艺，其中，有 9 座注入站应用的比例调节泵工艺均已进入后续水驱阶段，且近年来不再应用，因此只对单泵单井工艺及一泵多井工艺进行分析，两种工艺适应性分析见表 4。

表 4　母液增压单元工艺适应性分析

工艺类型		单泵单井	一泵多井
建设数量 / 套	合计	23	26
	注聚阶段	9	19
优点		（1）流程短，黏损小； （2）注入泵排量小，便于更换、维修	（1）泵房占地面积小； （2）流量调节灵活； （3）总投资较低； （4）机泵数量少，便于生产管理
缺点		（1）设备投资及数字化投资均较高； （2）泵房面积大； （3）排量调节不灵活	需配套建设高压管汇及母液阀组，工艺流程长，黏损较大

续表

工艺类型	单泵单井	一泵多井
建议利旧部分	母液管汇、泵进出口管道	母液管汇、泵进出口管道、高压管汇、母液阀组
投资（以单井计）	8.64	8.39

2.2.2 母液增压单元适应性分析

现有的两种母液增压工艺均能满足实际注入需求，其中，一泵多井工艺流量调节灵活，且利旧改造工程量小，因此未来注入站改造思路如下：

一是对于新建注入站，从生产管理角度出发，应以一泵多井工艺为主。

二是对于已建注入站的利旧改造，由于注入泵经过一个注聚周期产生的磨损、供应商调整后的设备维修、注入量调整等原因，注入泵在新一轮注聚周期中均难以利旧，但是一泵多井注入工艺中可以对高压管汇及母液阀组部分进行利旧，因此在改造注入站时，一泵多井注入站改造投资低，改造难度小。

2.3 混配阀组单元

2.3.1 工艺应用现状

混配阀组单元主要包含：母液流量计、母液流量调节器、高压水流量计、高压水阀门等装置，其功能是将注入泵出口母液经计量后与高压来水在静态混合器中充分混合，再输送至注入井口。在一泵多井注入工艺中，混配阀组中的母液计量调节部分被拆分出来作为母液阀组单独布置。

目前应用中主要存在如下问题：

一是泵房内单井注入管道出站时埋地铺设。

由于聚合物目的液普遍采用污水稀释，因此管道内腐蚀严重，穿孔高发；从安全角度，埋地管道穿孔时不易发现，高压水刺穿房屋基础，易使墙体倒塌，存在安全隐患。从生产角度，由于泵房内无法使用大型机械，管道穿孔时开挖工程量大，场地狭窄，施工困难。

二是混配阀组利旧难度大。

2020 年北西块一区产能建设中，为节约建设投资，对注入站混配阀组进行利旧，由于混配阀组的母液管段采用不锈钢管，而污水段及目的液管段采用无缝钢管，经过一个注聚周期后，无缝钢管部分存在不同程度的腐蚀情况，利旧难度大。

2.3.2 混配阀组单元适应性分析

为满足混配阀组的利旧需求，延长阀组使用年限，建议对混配阀组进行如下调整：

一是对于阀组出站管线，将地下出线改造为地面出线，避免安全隐患。

二是建议混配阀组整体采用不锈钢材质，注入站阀组改造利旧时，更换仪表、阀门，利旧静态混合器，投资对比见表 5。

表 5　混配阀组建设及改造投资估算　　单位：万元

投资	无缝钢管混配阀组	不锈钢混配阀组
投资（以单井计）	7.05	建设投资：7.55
		利旧改造投资：3.11

2.4　站外系统

2.4.1　工艺应用现状

喇嘛甸油田聚合物驱系统规模逐年扩大，未来注入系统建设以上、下返为主，改造主要利旧已建站，新井进注入站，老井迁至新建配水间，注入站规模越来越大，辖井数从最初 20 口增加到的 117 口，导致站外管道数量多，交叉严重（图 3）。

图 3　注入站出站管道交叉严重

由于单井注入管道内腐蚀严重，投产 5 年即进入穿孔高发期，若穿孔位置管道密集，一是无法使用大型器械，只能人工开挖，施工进度慢，浪费人力；二是难以排查穿孔位置，补孔难度大。因此对注入站站外管道，应尽量降低管道密度，减少管道交叉。

以喇南中块区域喇 2–1、喇 2–2、喇 2–3 注入站为例，3 座注入站辖南中东后续水驱注入井 60 口，南中东一区后续水驱井 145 口，2019 年产能南中东一区二套共新建注入井 140 口，每座注入站均辖井 110 口以上，见表 6。

表 6　喇南中东一区二套注入站辖井数统计表　　单位：座

站名		聚喇 2–1 注	聚喇 2–2 注	聚喇 2–3 注	备注
所属区块	南中东	24	19	17	泵房侧面配水间
	南中东一区	49	49	47	泵房内老井
	南中东一区二套	44	49	47	产能新井
合计		117	117	111	

2.4.2　工艺适应性分析

对于注入站站外管道交叉严重的情况，分析注入站 100m 范围内管道分布密度及管道交叉率，确定注入站建设及改造思路。

管道分布密度为单位面积上的管道长度，表征管道分布的疏密程度，单位：m/m^2。

管道交叉率为单位面积上的管道交叉数量，表征管道间的交叉程度，单位：处 /m²。

以喇 2–1 注入站为例，按照常规布局，管道站外交叉共计 1256 次，根据站外 100m 内管道分布与注入站距离关系曲线，可知随着距离增加，管道分布密度与管道交叉率均呈下降趋势。喇 2–1 注入站出站管道交叉示意如图 4 所示。喇 2–1 注入站站外管道交叉变化曲线如图 5 所示。

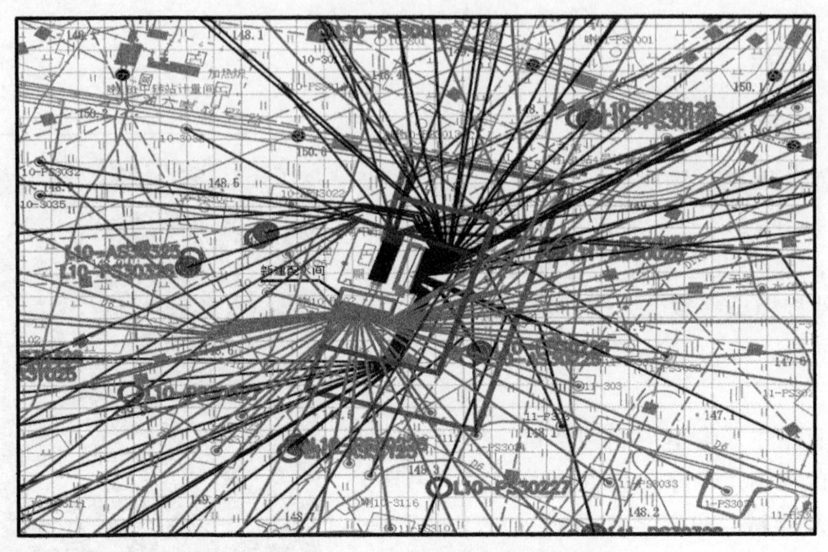

图 4　喇 2–1 注入站出站管道交叉示意图

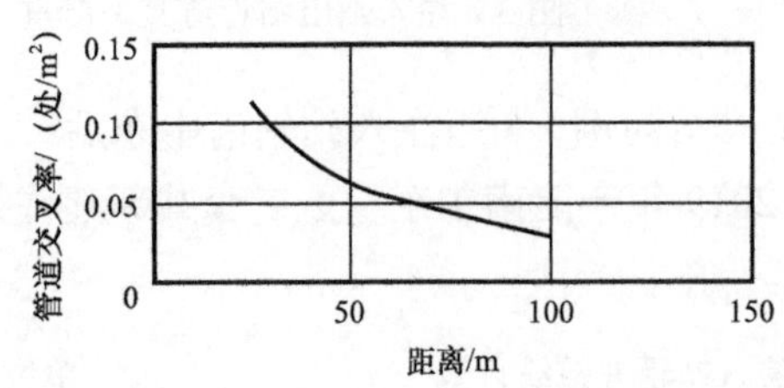

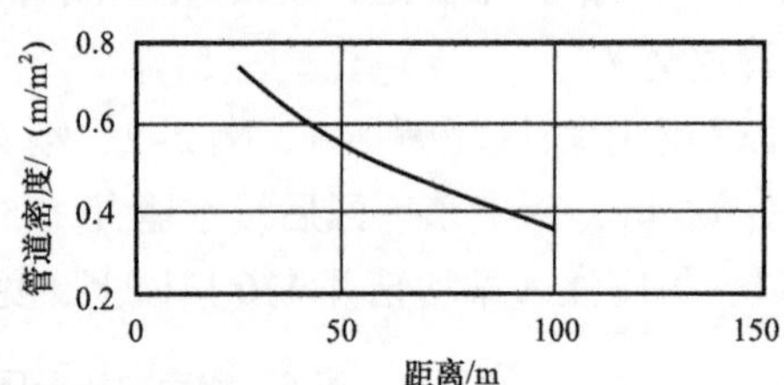

图 5　喇 2–1 注入站站外管道交叉变化曲线

为降低注入站周围管道分布密度，提出以下两种思路：

思路一，出站单井管道预留直管段。

由于注入站周围管道分布密度最高，单井管道出站后，预留 30m 直管段，降低注入站周围管道分布密度、交叉率。

思路二，异地新建配水间。

将注入泵房与配水间分开布置，注入站 50m 外新建配水间，降低泵房周围管线密度，从而减少管线交叉。喇 2–1 注入站配水间与泵房分开布置后，管道交叉次数下降至 883 次，降低了 29.7%。

针对两种不同布局思路，分别模拟两种情况下注入泵房周围 100m 内的管道长度、管道分布密度及管道交叉率，并与常规布局方式对比，如图 6 所示。

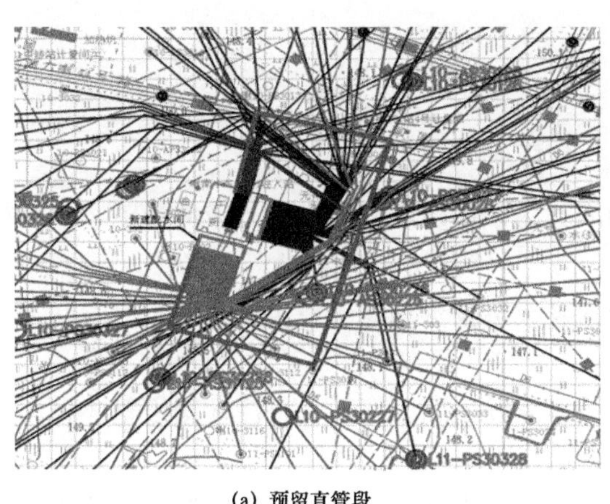
(a) 预留直管段

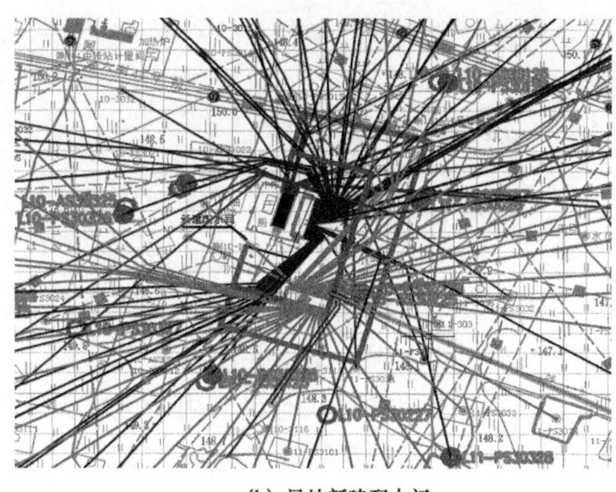
(b) 异地新建配水间

图 6　喇 2-1 注入站两种出线布局示意图

针对两种不同布局思路，分别模拟两种情况下注入泵房周围 100m 内的管道长度、管道分布密度及管道交叉率，并与常规布局方式对比。由于异地新建配水间后，管线出间方式更为灵活，可以根据现场情况进行设计为两侧出线，从而降低了管道交叉率和管道密度，具体见表 7 和图 7。

表 7　喇 2-1 注入站三种布局方式下站外 100m 管道总长度

距离泵房距离 /m	不同布局方式下站外 100m 管道总长度 /m		
	常规布局	异地新建配水间	预留直管段
25	4760	4996	2925
50	7754	7297	8963
100	13737	13028	15239

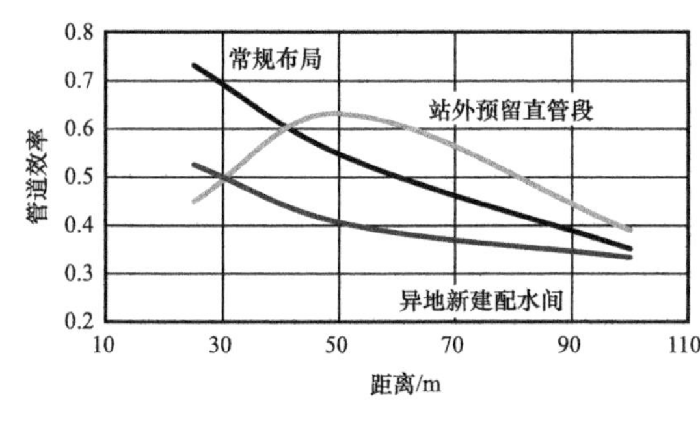

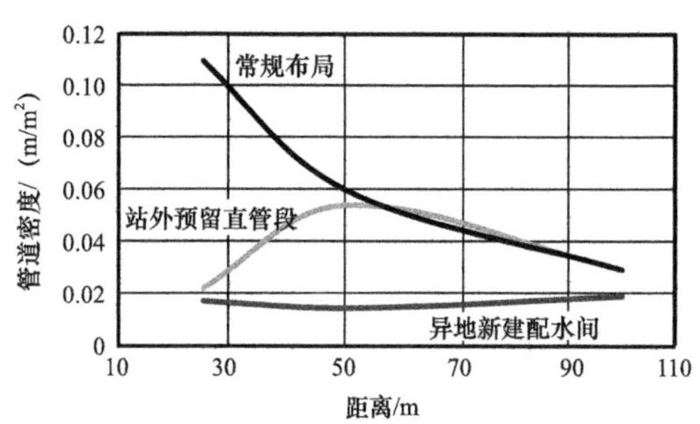

图 7　喇 2-1 注入站站外管道交叉情况对比曲线

因此，依托已建聚合物驱注水管网，结合注入站无人值守管理模式，为便于生产管理，注入站可采用小站分散布局，一是可以减少站外管道交叉，二是可以减少单井注入管道长度。后续可根据站库建设投资、站外管道长度、管道交叉情况进行分析，摸索注入站的合理辖井数、辖井半径及分布模式。

3 几点认识及建议

一是对于母液存储单元，改造注入站以利旧为主，新建注入站采用母液储槽工艺，并在机泵区域增设摄像头，避免监控盲区。

二是对于母液增压单元，一泵多井工艺新建及改造投资均低于单泵单井工艺，因此未来注入站主要采用一泵多井注入模式。

三是对于单井注入阀组，由于无缝钢管部分容易发生腐蚀穿孔，将注入阀组整体采用不锈钢材质，既能消除安全隐患，又便于生产维护。

四是对于注入站管道交叉严重的问题，建议新建注入井时，地面开发以异地新建注入站或后续水驱配水间为主要思路，避免单站辖井过多造成的管理，降低阀组间周围管道密度，减少管道交叉，便于后续管道的维护。

参考文献

[1] 车卓吾．复杂断块油田勘探开发中新技术的应用［M］．北京：石油工业出版社，2011.

第五部分

气田采出水处理及回注关键技术

页岩气开发水系统地面建设模式与处理关键技术研究

朱景义　谢卫红　李　冰　王念榕

（中国石油规划总院）

摘　要　本文总结了页岩气开发水系统面临的挑战，分析了压裂用水需求和返排液处置之间的矛盾，提出了经济高效的页岩气开发水系统地面建设模式，实现了压裂与返排水量平衡，同时研发了相应的返排液处理专利技术及设备，并成功示范应用，有力保障了页岩气规模开发和效益建产。

关键词　页岩气；建设模式；水力压裂；返排液；回用率；微涡流

为保障国家能源安全、推进能源结构转变，天然气安全平稳供应面临巨大挑战。页岩气是国内天然气上产的重要领域，“十三五”期间页岩气产能规模不断扩大、产量占比不断提高，页岩气开发进入快车道。为适应页岩气快速发展的需要，解决水力压裂和压裂液返排之间的水量平衡矛盾，地面工程探索出经济高效的页岩气开发水系统地面建设模式，研发了压裂返排液处理关键技术，有力保障了页岩气规模建产。

1　水系统面临的挑战

与常规气田不同，页岩气开发需要利用水力压裂扩大采收面积、提高采收率，一般采用平台井组，每个平台设置4～8口水平井，新井完钻后对水平段实施水力压裂，单井压裂用水约$5\times10^4m^3$，每个平台按6口井计算则需要压裂用水$30\times10^4m^3$，压裂用水量巨大。单井压裂完成后开始返排生产测试，周期一般45天，返排液量在200～500m^3/d不等，各井返排量差异较大，单井一般初期水量大，之后逐渐减少，全周期单井返排总量为1×10^4～$2\times10^4m^3$。返排液成分复杂，含有水力压裂投加的多种化学药剂，同时还含有油、悬浮固体、易结垢金属离子和细菌等，矿化度一般在$2\times10^4mg/L$以上，返排至地面后处理难度大、处理成本高[1]，存在安全环保风险。

由此可见，页岩气开发水系统面临着提供大量水源用于压裂生产和处置大量压裂返排液两大挑战。水系统地面建设需要解决压裂期大量用水和返排生产期大量排水的矛盾，解决压裂用水水量大、用水分散、返排液处置难度大等问题，需要整体考虑开发建设周期内的水量平衡。

2 水系统地面建设模式

页岩气开发起步阶段，为满足压裂用水需求一般在平台设置混凝土水池1座，容积按1天的压裂用水量设计（3000～6000m^3），在临近河流等地表水源设置泵站或通过罐车拉运取水至蓄水池用于压裂。在返排生产时，平台蓄水池又用作返排液储存池，返排液处理后一般回用压裂、回注或达标外排。为进一步加快开发速度，部分平台蓄水池容积进一步扩大，大多在$1\times10^4m^3$以上，分两格设计实现平台各井压裂和返排的不同需求。总体上在页岩气小规模开发的起步阶段，水系统地面设施较为分散、运行管理难度大，返排液回用率不高，蓄水池建设征地难、占地大、费用高，安全环保风险大，在转入正常生产后各平台池体拆除及恢复工作量大。

为降低建设投资、保证安全环保、减少临时占地，水系统地面建设方案进行了优化简化，确定了经济高效的建设模式。一是大幅减小平台蓄水池容积，一般控制在500m^3以下，部分井场采用了可搬迁的橇装化拼装罐；二是设置中心处理站，按照开发方案开展逐年水量平衡，确定中心处理站最优建设规模，集中设置返排液储存和处理设施，采用标准化设计、橇装化设备和模块化建设；三是建设各平台与中心处理站之间的双向连通集输水管网，平台枝状串接，管道类型一般为钢骨架塑料复合管和柔性复合管等非金属管道。通过中心处理站、连通管线和平台小型蓄水池，水系统地面设施形成了一个互通互联的整体，已建井场的返排液通过池、泵、管转输至中心处理进行集中处理，处理后再输送至后续井场用于新井压裂，后续井场的返排液再返输至中心处理站处理，出水可再次用于远期井场压裂，实现循环利用，减少返排液回注或外排，提高回用率。

“井场收集、管道输送、集中处理、回用压裂”的页岩气开发水系统地面建设模式，使返排液收集及处理由分散变集中，实现开发全周期水量平衡最优。可减少占地70%以上，投资节省40%以上，降低水处理运行费用20%以上，按$10\times10^8m^3/a$产能规模计算，直接减少压裂清水用量$90\times10^4m^3$，同时集中布置方便了管理运行，密闭输送保障了安全环保，规模建站提高了系统运行效率和稳定性。此外，输水及处理等设备设施均实现橇装化和模块化，储水罐为拼装结构，有效缩短了建设施工周期，适应了页岩气快速建产的需求。

3 返排液处理关键技术

压裂返排液出路主要有回用压裂、回注或外排。为保护环境、减少清水使用，返排液应尽可能回用于压裂。返排液回用或回注均有相应的水质指标要求，应用的处理工艺及关键技术也存在不同。

3.1 回用压裂指标及处理技术

返排液回用压裂指标主要是为满足压裂液配制要求，指标要求相对较低，处理难度小于回注或外排。目前压裂液主要类型有滑溜水、线性胶和酸液，其中滑溜水用量最大，占比超过80%。滑溜水主要由减阻剂、防膨胀剂、助排剂、消泡剂、杀菌剂和水组成，减阻剂是核心组分，一般为水溶性聚合物，滑溜水减阻率应大于70%。矿化度、硬度、悬浮固体和细菌等对压裂液性能均有影响[2]，NB/T 14002.3—2015《页岩气 储层改造 第3部分：压裂返排液回收和处理方法》推荐的回用指标为：总矿化度≤2×10^4mg/L；总硬度≤800mg/L；总铁≤10mg/L；悬浮固体≤1000mg/L；硫酸盐还原菌（SRB）≤25个/mL。为减少矿化度影响，目前已研发出抗盐型减阻剂[3]，抗盐≤25×10^4mg/L[3]。此外，SRB等细菌会产生大量菌胶团，引起悬浮固体增加并影响压裂液性能，此外还会在井底滋生形成硫化氢，造成井筒及采集气管道腐蚀，增加处理难度和生产成本，存在严重安全隐患，因此应严格控制细菌指标。生产运行中，在返排液集输及处理各节点提前投加杀菌剂，控制SBR滋生，可起到事半功倍的效果。

返排液回用压裂处理的主要任务是除油、除悬浮固体和杀菌。油气田采出水成熟的沉淀、聚结、气浮、过滤和杀菌等处理技术在原理上均适用于返排液回用压裂水处理，但在工艺流程上存在设备数量多、占地面积大、处理效率不高和不易橇装化、模块化等问题。由于返排液量变化大、难以精确预测处理规模，页岩气返排液回用处理工艺设备应高效、紧凑，进行模块化设计和橇装化集成，方便根据返排液量变化及时调整处理能力和根据开发部署进行搬迁利旧。谢卫红等研究发明了“微涡流侧向流去污除油降垢设备”[4]，将混合、反应、除油、除悬浮固体、去易结垢离子等功能集于微涡流反应器中，提高了处理效率，缓解了结垢堵塞，减少了设备占地。按照专利技术设计制造的一体化橇装集成处理装置，单橇处理能力50m^3/h，占地面积30m^2，应用效果良好，实现了页岩气返排液高效处理。

3.2　回注指标及处理技术

在返排和回用无法平衡时，部分返排液一般采用就近回注的方式处置，回注水质应满足相关行业标准。SY/T 6596—2016《气田水注入技术要求》要求注入水应进行处理，保证能注入注入层，不同水源混合注入时应确保配伍良好，对注入层无伤害。

返排液回注处理可选用成熟可靠的橇装化、模块化“沉淀＋过滤”、“气浮＋过滤”等工艺设备，在水质较好的情况下也可采用一段处理流程以进一步简化工艺，出水水质重点控制含油、悬浮固体和硫酸盐还原菌。回注泵可根据回注压力和水量要求选择柱塞泵或离心泵，为减少能耗宜选用高效柱塞泵，并根据回注量变化情况合理间歇运行，提高系统效率。

4　结论

页岩气藏的特性及现阶段的技术水平决定了页岩气规模开发必须采用水力压裂、返排析气的开发方式，具有单井压裂用水量大、返排液量大和返排液成分复杂的特点，而返排液回用是提高开发效益、建设绿色矿山的必由之路。

根据页岩气开发特点，水系统探索形成了经济高效的“井场收集、管道输送、集中处理、回用压裂”地面建设模式，保障了水量平衡和安全环保，提高了返排液回用率，有效节省了建设投资和运行成本，适应了页岩气快速建产的需求。同时根据返排液回用、回注的水质要求，研发了相应的专利技术及设备，取得了良好的应用效果，助推了页岩气开发绿色发展。

参考文献

［1］朱景义，李冰，谢卫红，等. 页岩气开发水管理对策分析［J］. 石油规划设计，2014，25（4）：10–12，26.

［2］何启平，尹丛彬，李嘉，等. 威远–长宁地区页岩气压裂返排液回用技术研究与应用［J］. 钻采工艺，2016，39（1）：118–121.

［3］刘宽，罗平亚，丁小惠，等. 抗盐型滑溜水减阻剂的性能评价［J］. 油田化学，2017，34（3）：444–448.

［4］谢卫红，李冰，杨莉娜，等. 微涡流侧向流去污除油降垢设备：中国，201822070222.7［P］. 2019–04–05.

长庆气田高含油乳化采出水处理系统改造及应用分析

杜　杰　王国柱　吴志斌　周星泽

（长庆工程设计有限公司）

摘　要　对长庆气田采出水处理现状及存在的问题进行了分析，根据处理前后水质要求开发新工艺、并将新技术应用油田采出水处理中，现场运行情况良好，满足气田水处理指标。

关键词　长庆气田；乳化采出水；旋流分离技术

长庆气田位于鄂尔多斯盆地中部，属于低产、低压、低渗透、低丰度的“四低”气田[1-3]。采出水处理气田区域分散，站场采出水水量一般介于200～1000m^3/d之间，其处理规模较小，大部分就地处理、就地回注。采出水水性主要以$CaCl_2$为主，兼有$NaHCO_3$和Na_2SO_4等水型，普遍呈偏酸性胶体状态，成分复杂，具有高浊度、高矿化度、高腐蚀性、低pH值等显著特点。

气田开发初期，气田采出水组分较为单一，可沉降性能较好，采用常规沉降＋过滤处理较好的适应气田开发建设。随着气田开发步入稳产阶段，气田采出水中压裂液、缓蚀剂和泡排剂等高分子有机物逐渐增多，气田采出水性质发生了很大变化，进站采出水中类似泡排物明显增加，呈乳化及上浮现象，沉降效果较差。严重影响后续水装置的稳定运行，过滤设备滤料易板结污染，检修频繁、反洗时间长。以某处理厂改造采出水系统为例，分析气田乳化采出水处理工艺研究内容和改造后运行情况。

1　现状

1.1　原水水质分析

天然气处理厂接收的采出水的主要特点是含油，存在大量悬浮物，亚铁离子含量高，在后期经过氧化容易形成三价铁离子；乳化现象严重，水质一般为黄褐色，少数情况下呈黑褐色（含油高）和乳白色（泡排剂乳化）。其中悬浮物颗粒物粒径偏小，一般在10μm以下，难以通过常规的沉淀进行快速分离。表1为采出水水质一览表。

由表1可知天然气处理厂接收的采出水近期的主要水质情况，其中，pH值偏弱酸性，为6～7；悬浮物含量波动较大，由500mg/L至1800mg/L不等，最高出现3280mg/L；油分含量波动也较大，由400mg/L至2000mg/L不等。

表 1　采出水水质一览表

时间	pH 值	悬浮固体 /（mg/L）	含油 /（mg/L）
11 月 8 日	6.69	1404.04	1246.00
11 月 9 日	6.69	1430.83	908.00
11 月 10 日	6.63	730.83	486.68
11 月 11 日	6.74	576.00	451.00
11 月 12 日	6.75	531.00	405.00
11 月 20 日	6.57	1240.00	2206.84
11 月 21 日	6.63	1135.00	2114.03
11 月 22 日	6.69	781.43	3220.84
11 月 23 日	6.65	803.26	2150.56
11 月 24 日	6.62	1850.73	986.54
11 月 25 日	6.52	3280.00	1134.50
11 月 26 日	6.66	1000.00	1257.71
11 月 27 日	6.72	885.40	764.25
11 月 28 日	6.58	805.00	673.21

1.2　出水水质

天然气处理厂采出水处理合格后主要用于回注，因此其最终出水水质指标需满足：含油≤30mg/L，悬浮物≤15mg/L，其他指标仍需满足表 2 要求。

表 2　天然气处理厂采出水回注水质一览表

控制指标	悬浮物粒径 /μm	5
	平均腐蚀率 /（mm/a）	＜0.080
	SBR 菌 /（个 /mL）	＜15
	TGB 菌 /（个 /mL）	＜110
辅助指标	总铁量 /（mg/L）	＜0.6
	pH 值	6～9
	溶解氧 /（mg/L）	＜0.06
	硫化物 /（mg/L）	＜3
	二氧化碳 /（mg/L）	＜0.7

1.3 处理工艺及存在问题

工艺如图 1 所示，存在问题

（1）采出水处理后，仍然存在悬浮物含量严重超标、含油（含乳化油）量超标、外观水体色度较高等现象。

（2）采出水的胶体特征明显，除油后采出水经数小时乃至数日长时间密闭静置后，其悬浮物稳定存在，沉淀量小，外观颜色变化不大。

（3）进站采出水的 pH 值偏低，呈弱酸性，处理过程中存在由腐蚀转向结垢的发展趋势。

（4）亚铁离子大量存在，导致水体遇空气发生氧化，形成高浊度不稳定黄色悬浮物。

（5）由于胶体特征和亚铁离子大量存在，加剂絮凝效果欠佳，需要优化改进絮凝沉降操作。

（6）两级过滤作用不明显，悬浮物携带较多，反冲洗用净化水的浊度高，造成连续过滤操作上的困难，导致末级悬浮物控制不利，悬浮物超标。

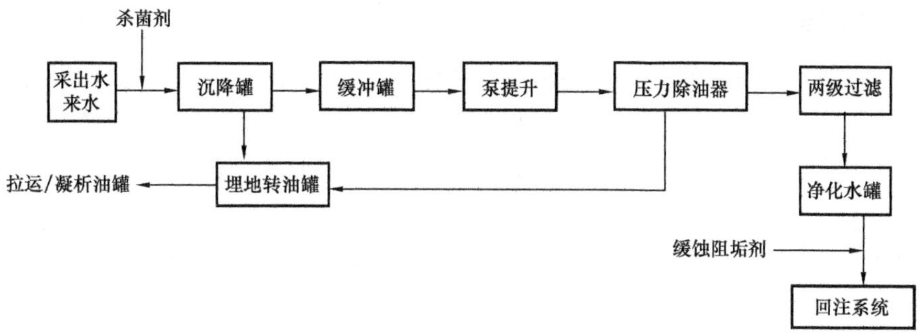

图 1 改造前采出水处理工艺流程示意图

2 工艺改造及参数

2.1 主工艺流程改造

由于沉降罐的出水中油分与机械杂质的含量仍然较高，并且出水中含有粒径极小的杂质，自然沉降效果较差，需在沉降罐处理出水后加入药剂，对来水拖稳并强化固液分离效果，减少后续过滤单元负荷。改造后工艺运行流程为：罐车拖运来的采出水先经过卸车平台卸入卸车池沉淀，然后再转入 2 具 100m^3 的立式沉降除油罐进行“一级沉降除油”处理；初步油水分离后将污油回收至污油罐，再将 2 具除油罐出水引入 100m^3 调节罐，进行水质水量的均匀与暂存；经提升泵将调节罐中的水泵入预反应罐，在泵入预反应罐前将双氧水通过计量泵加转水泵进水管中；当原水进入预反应罐的同时，开启其他三台加药计量泵，将调节 pH 值的片碱以及增加混凝沉降的絮凝剂 PAC 与助凝剂 PAM 溶液通过改造后加药管路向预反应罐中加药；预反应罐出水进入高效旋流分离器，在离心力的作用下，污油、水与气向上运动，污油到达分离器最上端从排油口流出，污泥向下运动沉到罐低，定期排出，处理清水出水口排出，最终达到油、泥、水分离的目的；后续污泥进入污泥池，污油进入污油池回收，旋流分离器出水进入 $10m^3$ 中间罐，再经由中间罐转水泵提升至粗过滤器进行粗过滤，再进入精密过滤器进行精过滤，最终出水进入回注系统。改造后采出水处理工艺流程如图 2 所示。

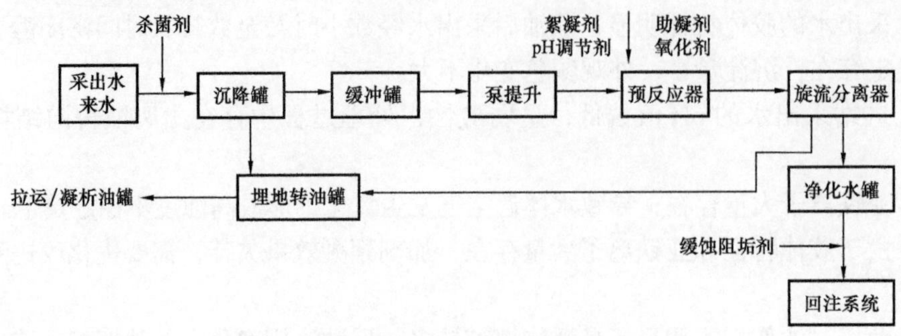

图 2　改造后采出水处理工艺流程示意图

2.2　加药系统改造

通过对处理厂采出水的分析，得出在新的处理工艺条件下，加药方式以及加药顺序做出以下调整：

双氧水主要作用是氧化采出水中的亚铁离子，使其转化为三价铁，加药量为 30%H_2O_2，用量为 455mg/L，保留原有的加药方式；

通过测定采出水的 pH 值确定片碱加药量，将 pH 值调整到 7.2 左右，加药位置如图 3 所示。

絮凝剂 PAC 与助凝剂（1200 万分子量聚丙烯酰胺）的主要作用为使水中分散的不易沉降的悬浮物聚合，帮助其沉降，提高泥水分离效果，降低悬浮物浓度。其投量为 175mg/L PAC+2mg/L PAM。

现工艺有 3 套加药装置，由两个配药罐组成一用一备，分别为片碱、双氧水和 PAM，改造后工艺如图 3 所示，为了提高絮凝效果需增加 PAC 加药装置，因双氧水加药过程中并不需要提前配置、搅拌，可将原有双氧水加药罐改为 PAC 加药罐，再新增加一套单罐加药装置（与现有加药系统同规格），用来投加双氧水。

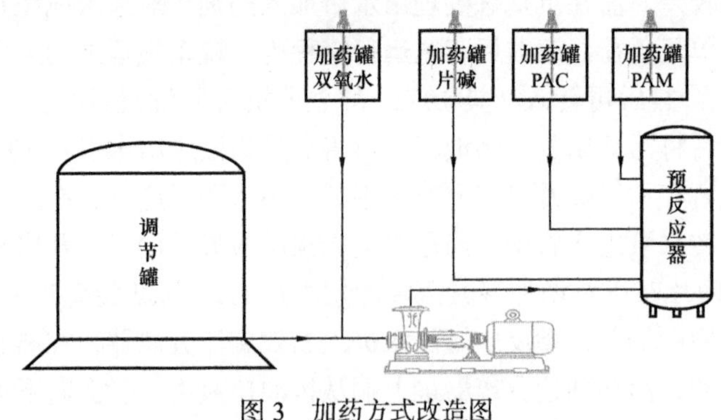

图 3　加药方式改造图

2.3　各单元功能及参数

2.3.1　预反应器

预反应单元主要作用是对来水进行 pH 值调节和混凝沉淀，由于所选混凝剂的最佳工作条件件的 pH 值是 7.5 左右，除油罐的出水 pH 值显示为弱酸性，需对 pH 值进行调节。实验证明 pH 值调节与混凝同步进行，更有利于混凝的效果。通过水力旋流，实现无动力搅拌混合，并有效控制药剂的混合时间，避免药剂间的相互影响，促使药剂与采出水的充分反应，能有效提高泥水分离的效果。

混凝法的基本原理是在废水中投入混凝剂，因混凝剂为电解质，在废水里形成胶团与废水中的胶体物质发生电中和，形成绒粒沉降。混凝沉淀不但可以去除废水中的粒径为 10^{-6}～10^{-3}mm 的细小悬浮颗粒，而且还能够去除色度、油分、微生物、氮和磷等物质、重金属以及有机物等。加入药剂（NaOH、助凝剂、絮凝剂）有效絮凝。预反应器技术参数见表 3。

表 3　预反应器技术参数表

参数	数据	参数	数据
处理量 /（m^3/h）	10	设计压力 /MPa	0.05～0.8
流速 /（m/h）	5～20	采出水温度 /℃	5～60
药剂节省量 /%	＞10	污泥产量 /［g/t（水）］	250～325
进水水质	含油≤1000mg/L，SS≤1000mg/L，黏度≤50mPa·s，pH 值 1～7		
出水水质	含油≤200mg/L，SS≤200mg/L，黏度≤3mPa·s		

2.3.2　旋流分离器

旋流分离器是一种用于油气田采出水预处理的高效沉淀分离装置，该装置是基于旋流分离原理，即在离心力的作用下利用两相或多相间的密度差来实现相分离。将预处理的出水流入高效旋流分离器，在离心力的作用下进行油水分离。混合液通过切向入口进入旋流分离器，促使混合液在分离器内旋转，在离心力的作用下，水和油上浮，污泥下沉，实现快速的沉降分离（图 4）。

该装置能够有效降低采出水悬浮物含量，通过高效混凝技术和旋流分离原理实现固液分离，避免污泥在系统中循环，适用于油气田采出水的预处理环节，提高采出水处理效果。旋流分离器技术参数见表 4。

表 4　旋流分离器技术参数表

参数	数据	参数	数据
处理量 /（m^3/h）	10	设计压力 /MPa	0.05～0.8
流速 /（m/h）	5～20	采出水温度 /℃	5～60
分离速率 /min	30	污泥产量 /［g/t（水）］	＜325
进水水质	含油≤300mg/L，SS≤500mg/L，黏度≤50mPa·s，pH 值 1～7		
出水水质	含油≤20mg/L，SS≤20mg/L，黏度≤3mPa·s，pH 值 6～9		

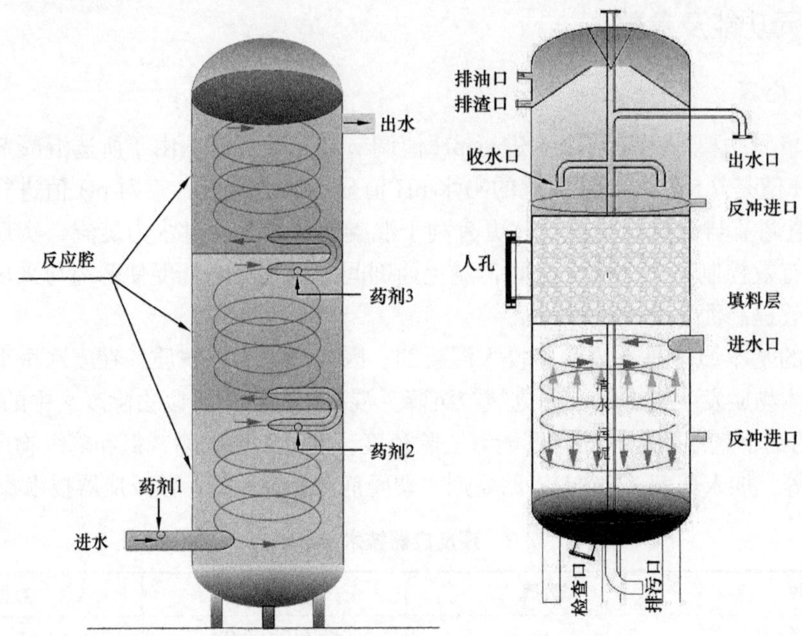

图 4　旋流分离器原理及结构示意图

3　运行评价

3.1　设备运行效果

改造后的工艺主要核心设备为高效旋流分离器，主要针对高效旋流分离器的运行效果进行分析总结（表 5，图 5 和图 6）。

表 5　旋流分离器进出水一览表

时间	悬浮固体			含油		
	原水中含量 / mg/L	出水中含量 / mg/L	去除率 / %	原水中含油量 / mg/L	出水中含油量 / mg/L	去除率 / %
11 月 8 日	1404.04	42.43	96.99	1246.00	67.10	94.61
11 月 9 日	1430.83	37.13	97.41	908.00	43.31	95.23
11 月 10 日	730.83	37.00	94.94	486.68	50.71	89.50
11 月 11 日	576.00	40.51	92.97	451.00	54.10	88.00
11 月 12 日	531.00	42.60	91.98	405.00	40.50	90.00
11 月 20 日	1240.00	80	93.55	2206.84	77.33	96.50
11 月 21 日	1135.00	63	94.45	2114.03	80.24	96.20
11 月 22 日	781.43	56.42	92.78	3220.84	172.56	94.64

续表

时间	悬浮固体			含油		
	原水中含量 / mg/L	出水中含量 / mg/L	去除率 / %	原水中含油量 / mg/L	出水中含油量 / mg/L	去除率 / %
11 月 23 日	803.26	40	95.02	2150.56	156.24	92.73
11 月 24 日	1850.73	57.52	96.89	986.54	60.17	93.90
11 月 25 日	3280.00	150	95.43	1134.50	77.20	93.20
11 月 26 日	1000.00	65	93.5	1257.71	65.83	94.77
11 月 27 日	885.40	51.3	94.21	764.25	53.24	93.03
11 月 28 日	805.00	41.57	94.84	673.21	42.71	93.66
平均	1275.09	57.46	94.64	1254.78	74.37	93.28

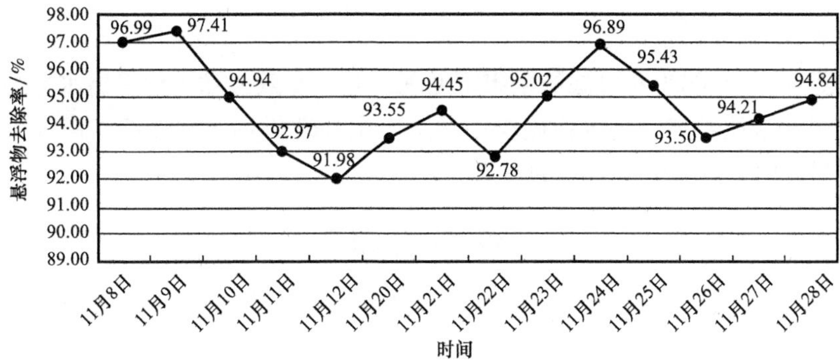

图 5　旋流分离器出水悬浮物去除率折线图

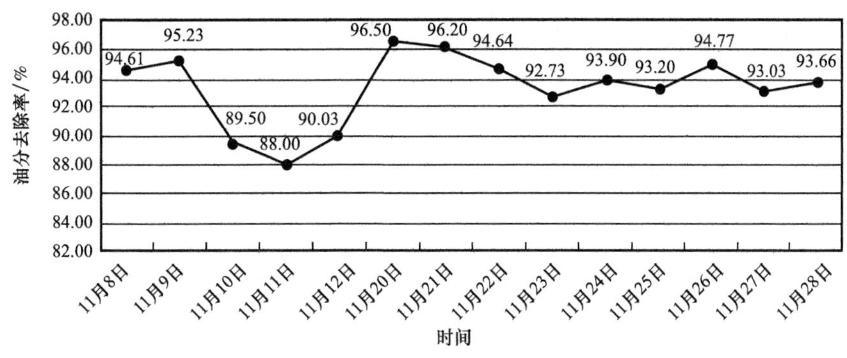

图 6　旋流分离器出水油分去除率折线图

由图 5 和图 6 及表 5 可知，旋流分离器出水较为稳定，对于油分和机械杂质的去除率比较稳定，机械杂质平均去除率 94.64%，油分平均去除率 93.28%，有效处理乳化采出水，降低下游过滤单元负荷。目前过滤出水均达到设计指标，有效的保障采出水处理工艺的正常运行。

3.2 药剂及运行成本

水处理工艺中采用PAC+PAM的絮凝剂投加方式，配合氢氧化钠和氧化剂，出水水质明显改善，药剂投加量详见表6，水处理运行成本为2.74元/m^3。

表6 药剂投加量一览表

药剂	吨水投加量/（kg/m^3）	投加浓度/（mg/L）
氢氧化钠	0.1665	166
PAM	0.0104	10.4
PAC	0.312	312
氧化剂	0.227	227

注：电耗为0.978kW·h/t。

4 总结

采用沉降+旋流分离+过滤的采出水处理工艺，有效去除乳化采出水种油和悬浮物，较好地适应来水水质特点，为气田同类站场采出水处理提供技术支撑，在气田环境保护、绿色气田创建方面，具有十分积极的意义。

参考文献

[1] 单巧利，李勇，张超，等.长庆气田甲醇污水水质特点分[J].油气田环境保护，2012，22（6）：47-49.

[2] 卢长博，屈撑囤，王新强，等.气田含醇含油污水混凝处理研究[J].石油与天然气化工，2008，37（4）：249-352.

[3] 艾云超.气田采出水资源化利用有效途径[J].石油规划设计，2012，23（6）：14-16.

库车山前裂缝性致密储层回注水质指标研究

孙　涛　王　茜

（塔里木油田公司油气工程研究院）

摘　要　以库车山前裂缝性回注储层为研究对象，开展岩心流动实验研究了回注水中悬浮固体含量、粒径中值和含油量对储层伤害的影响。研究结果表明，悬浮物和含油是引起储层伤害的主要因素。当渗透率伤害率上限为 20% 时，缝宽≤50μm 时，注水水质条件要求为：悬浮物粒径中值≤10μm，悬浮物含量≤10mg/L，含油量≤10mg/L；当缝宽介于 50～100μm 时，注水水质条件要求为：悬浮物粒径中值≤20μm，悬浮物含量≤10mg/L，含油量≤20mg/L；当缝宽介于 100～200μm 时，注水水质条件要求为：悬浮物粒径中值≤50μm，悬浮物含量≤50mg/L，含油量≤40mg/L；当缝宽大于 200μm 时，注水水质条件要求为：悬浮物粒径中值≤60μm，悬浮物含量不应过 80mg/L，含油量≤50mg/L。

关键词　裂缝性致密储层；注水水质；储层伤害；渗透率

目前，塔里木油田库车山前高压气田（克拉、迪那、克深、大北等）见水气井在产气过程中伴生大量地层水，给地面存储和环保处理带来巨大压力，采出水需要采取回注地下的方式进行处理。目前库车山前高压气田每天共有 600m^3 左右采出水，目前有 KeS2-2-9 井、克深 601 井和迪那 210w 井等共 5 口回注井。单井日回注量 100～300m^3，但随着气田采出程度增加，单井见水增加，对回注井日注水能力提出了更高的要求。目前回注水质悬浮物含量（100～500mg/L）、粒径中值（1～5μm）、含油量（10～80mg/L）等参数均较高，但没有可遵循的水质指标进行控制，存在堵塞回注地层渗流通道的风险[1-2]。所以急需针对库车山前回注层位进行采出水回注指标研究。根据 5 口回注井的回注数据、测井、吸水剖面、试井等资料，回注层位（吉迪克组、康村组、库车组）综合渗透率范围 1.88～41.9mD，为致密砂岩，理论上对水质的要求极为严格[3-4]。通过 KeS2-2-9 井和迪那 210w 井回注层吸水剖面数据，射孔层段中大部分厚度（80%）为零吸水层，只有部分层位能够注入，结合库车山前致密砂岩天然裂缝普遍发育，推断该层内发育天然裂缝为主要渗流通道，回注指标应重点考虑裂缝对注水指标的影响。目前，有关注水水质的研究大部分都针对基质岩心开展相关研究工作。针对裂缝性油藏注水水质的相关研究鲜有报道[5-6]。通过等效渗流估算，库山山前裂缝宽度范围为 20～250μm，本文通过测试不同缝宽条件下回注水粒径中值、悬浮固体含量和含油量对裂缝性岩样渗透率的伤害程度，确定合适的裂缝性储层回注水质指标。

1　实验材料与方法

1.1　实验仪器与试剂

（1）实验仪器。

分析电子天平；D90–300 大功率搅拌机；岩心驱替装置（平流泵、岩心夹持器、柱塞泵、压力传感器、压力表、中间容器、活塞容器、数据采集系统组成）；恒温水浴锅、搅拌棒、烧杯、量筒、移液管等。

（2）实验试剂。

$CaCl_2$，KCl，$MgCl_2$，天津天力化学试剂有限公司；无水 Na_2SO_4，无锡市亚太联合化工有限公司；$NaHCO_3$，NaCl，上海国药试剂。

1.2　实验方法

（1）地层水模拟。

使用矿化度为 13.94×10^4mg/L 地层模拟水作为基础注入流体，地层水离子浓度分别为 $c_{(Cl^-)}=8.5\times10^4$mg/L，$c_{(SO_4^{2-})}=1000$mg/L，$c_{(HCO_3^-)}=200$mg/L，$c_{(Na^+)}=4.5\times10^4$mg/L，$c_{(K^+)}=2500$mg/L，$c_{(Ca^{2+})}=5\times10^3$mg/L，$c_{(Mg^{2+})}=700$mg/L。根据组合计算，得到模拟地层水所用矿物及其用量，见表 1。

表 1　目标区地层水离子浓度表

成分	含量 /（mg/L）	成分	含量 /（mg/L）
Cl^-	8.5×10^4	Na^+	4.5×10^4
SO_4^{2-}	1000	K^+	2500
HCO_3^-	200	Ca^{2+}	5000
		Mg^{2+}	700

（2）回注水模拟。

根据表 2 所示实验参数，使用模拟地层水配制不同颗粒直径中值、固体悬浮物含量和含油量的悬浊回注水。其中，固体悬浮物使用不同粒径尺寸的硅藻土模拟；含油采用轻质原油模拟。

表 2　模拟悬浊液参数表

实验序号	缝宽 /μm	粒径中值 /μm	悬浮物含量 /（mg/L）	含油量 /（mg/L）
1	50	10	10	0
2	50	15	20	0
3	50	0	0	10
4	50	0	0	20

续表

实验序号	缝宽 /μm	粒径中值 /μm	悬浮物含量 /（mg/L）	含油量 /（mg/L）
5	100	40	40	0
6	100	60	50	0
7	100	0	0	40
8	200	60	40	0
9	200	80	60	0
10	200	0	0	60

（3）裂缝的模拟。

利用劈缝法将人造岩心沿轴向平均分为两部分，利用岩心加持器将两部分岩心加持在一起，形成裂缝，然后施加一定的围压使裂缝宽度达到实验设定值。文献资料表明裂缝宽度与裂缝渗透率存在定量关系：

$$w_{\mathrm{f}} = \sqrt[3]{30\pi K_{\mathrm{f}} D}$$

式中　w_{f}——缝宽，μm；

K_{f}——裂缝渗透率，mD；

D——岩心直径，cm。

裂缝渗透率与岩心总渗透率关系式为：

$$K_{\mathrm{f}} = K_{\mathrm{t}} - K_{\mathrm{m}}$$

式中　K_{m}——基质渗透率，mD；

K_{t}——总渗透率，mD。

相比裂缝渗透率，基质渗透率可忽略不计。因此，可以根据预定的缝宽，计算得到岩心渗透率，然后调整围压使岩心渗透率与计算值相等，从而实现对缝宽的定量模拟。

选定均质的人造岩心，直径为 2.5cm，长度为 5.0cm。由于人造岩心为均质岩心，可以认为同一人造岩心块上不同位置切取的岩心基质渗透率相同。利用人造岩心劈缝的方法模拟裂缝。计算得到缝宽分别为 50μm，100μm 和 200μm 时的裂缝渗透率见表 3。调整施加在岩心上的围压，直到岩心裂缝渗透率达到计算值，则此时岩心的裂缝宽度即为实验设定缝宽。

表 3　裂缝宽度与裂缝渗透率对应表

缝宽 /μm	裂缝渗透率 /mD	裂缝渗透率 /D
50	522	0.5
100	4179	4.2
200	33435	33.4

（4）实验流程。

第一阶段使用模拟地层水饱和岩心，测定岩心孔隙度 ϕ，记录岩样长度 L 以及岩心横截面积 A。岩心流动装置连接如图 1 所示。

第二阶段是设定流体流速 Q，利用地层水驱替岩心。测定此过程中岩心注采端之间的压力差，记为 Δp_i，并通过达西公式计算此时的渗透率作为基准渗透率 K_i。

第三阶段是指用制得的不同悬浊液样品驱替岩心，并记录压差，计算不同样品对应的渗透率 K，计算公式为：

$$K=\frac{QL}{A\Delta p}$$

通过对比渗透率变化计算渗透率伤害程度。所述的渗透率伤害率 η 是指悬浊液注入前后渗透率的降低幅度，定义为：

$$\eta=\left(1-\frac{K}{K_i}\right)\times 100\%$$

回注水对岩心的最终伤害率上限设定为 20%，低于此数值，回注水可以达到长期注水的要求。

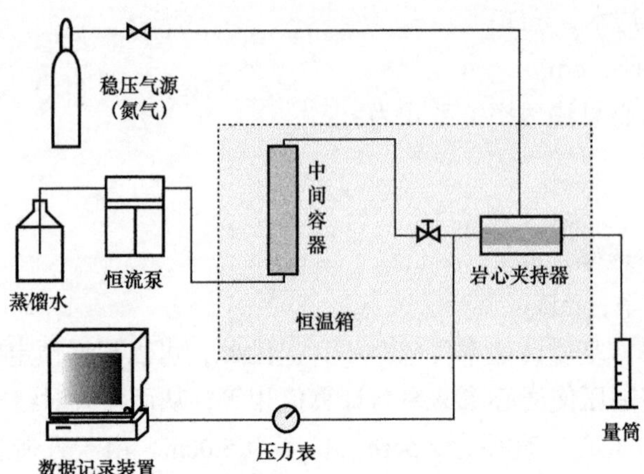

图 1　岩心渗透率伤害程度测试实验系统流程图

2　实验结果与分析

2.1　悬浮固体对岩心的影响

利用不同颗粒直径中值的悬浮固体配制不同质量浓度的固体颗粒悬浮液，通过岩心流动实验测定渗透率伤害率，以评价注入水中悬浮固体对岩心的伤害程度（图 2 至图 4）。

如图 2 所示，当裂缝缝宽为 50μm，粒径中值为 15μm，固含量控制在 20mg/L，驱替 100PV 时渗透率伤害率高达 68.2%，超出注水水质指标要求的 20% 渗透率伤害率上限。

减小固体颗粒粒径中值至 10μm，固含量控制在 10mg/L 时，岩心渗透率伤害程度总体在 20% 以内，满足油田注水水质指标要求。当驱替数超过 20PV 后，渗透率伤害程度趋于稳定。驱替过程中，渗透率伤害程度存在局部突然降低后波动情况（例如注入孔隙体积倍数为 50PV 左右时，渗透率伤害程度局部降低后逐渐增加），这可能是固体颗粒在裂缝中形成的桥堵被冲垮并重新形成而造成的。

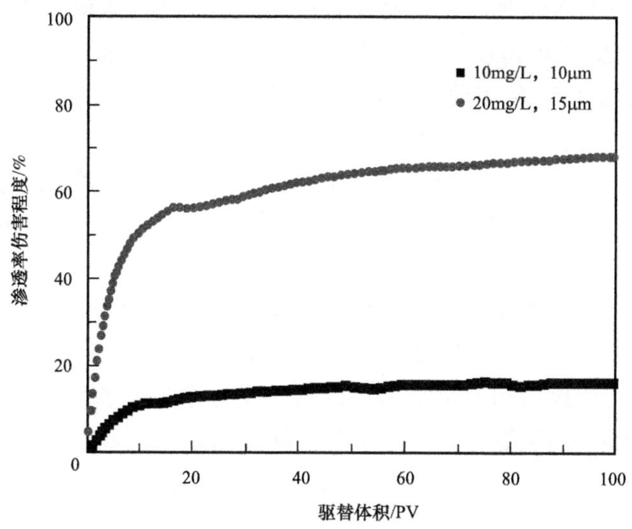

图 2　不同悬浮固体含量和颗粒粒径中值对缝宽为 50μm 裂缝岩心伤害实验曲线

如图 3 所示，对于缝宽为 100μm 的裂缝性岩心，当注入悬浊液固体颗粒粒径中值为 40μm，固含量为 40mg/L 时，渗透率伤害率先迅速上升至 10%，然后在 10% 上下有较大波动。当驱替数达到 100PV 时，渗透率伤害率为 9.5%。在此条件下，固体颗粒会在裂缝中形成一定的封堵，但很快会被后续流体冲走，不会最终堵塞渗流通道。

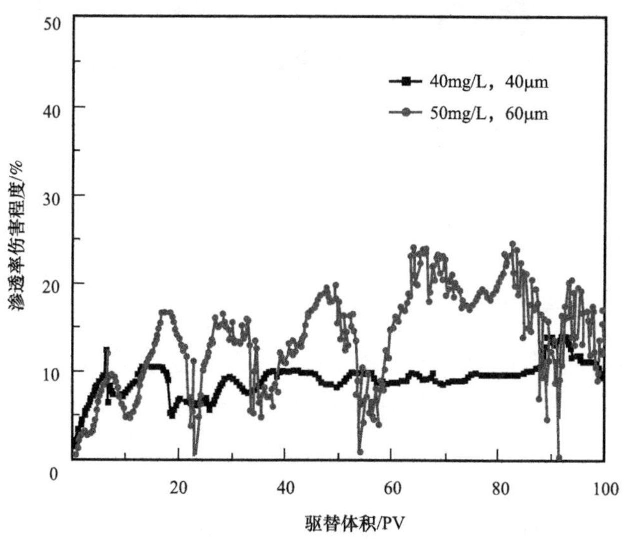

图 3　不同悬浮固体含量和颗粒粒径中值对缝宽为 100μm 裂缝岩心伤害实验曲线

当注入悬浮液中固体粒径中值增加到 60μm，固含量为 50mg/L 时，渗透率伤害率的波动幅度更大，峰值时的渗透率伤害率超过 20% 的上限。随着固体颗粒粒径中值的增大，悬浮固体在裂缝中形成临时桥堵时对渗透率伤害程度增大；随着流体的冲刷桥堵被解除，渗透率伤害率会迅速降低。实验结果表明，当裂缝缝宽为 100μm 时，注入水质中悬浮固体颗粒直径中值指标可以达到裂缝缝宽的 1/2。

岩心缝宽增大至 200μm 时，实验结果如图 4 所示。当注入流体中悬浮固体颗粒直径中值为 60μm，固含量为 40mg/L 时，渗透率伤害率先迅速增加至 10% 左右，然后逐渐降低到接近 0%。出现这种现象主要由于缝宽为 200μm 时裂缝的渗透率可高达 33D，对应岩心注采两端的压力差仅 2kPa，即裂缝的渗透率随压差的变化非常敏感。因此，渗透率伤害率呈现大幅度波动，且部分测量点可能出现负值，即渗透率超过初始渗透率。可以确定的是，直径中值 60μm，固含量为 40mg/L 的固体悬浊液不会对 200μm 裂缝造成较大封堵。

将注入流体中悬浮固体粒径中值增加到 80μm，固含量为 60mg/L 时，渗透率伤害率随着驱替数增加先迅速增加到 15% 左右，稳定一段时间后出现大幅波动，迅速降低到 0 后又逐渐增加。当驱替数达到 100PV 时，渗透率伤害率为 11%。通过实验结果可以初步断定对于缝宽为 200μm 的裂缝岩心，注入水质中悬浮固体颗粒直径中值可达 80μm。

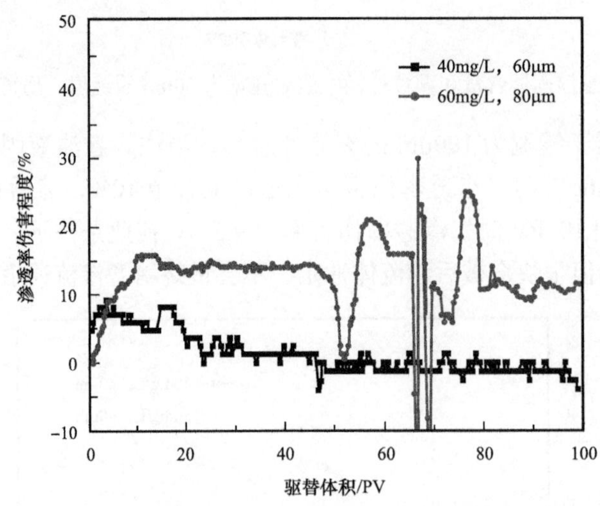

图 4　不同悬浮固体含量和颗粒粒径中值对缝宽为 200μm 裂缝岩心伤害实验曲线

2.2　含油量对岩心的影响

配制不同质量浓度的乳化油溶液，通过岩心实验测定渗透率伤害率，以评价注入水中含油量对裂缝岩心的伤害程度。以伤害率上限 20% 作为标准，进而确定注水水质中含油量指标。

如图 5 所示，对于缝宽为 50μm 的裂缝，注入含油量为 10mg/L 的含油污水时，渗透率伤害程度整体上逐渐增加，到注入 100PV 时，渗透率伤害程度为 12.6%。当注入介质含油量增加到 20mg/L 时，渗透率伤害程度迅速上升到 93%，然后保持相对稳定，到 100PV

时，渗透率伤害程度为93.3%。根据结果可初步判定，对于缝宽为50μm的裂缝岩心，注入介质的含油量上限大于10mg/L，不应该超过20mg/L。

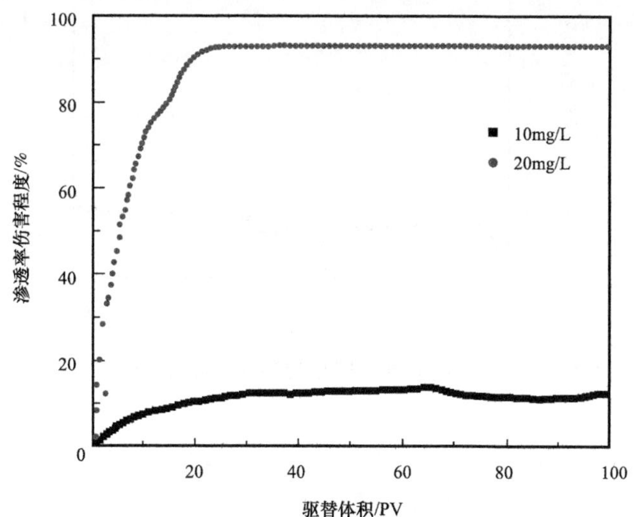

图5　不同含油量对缝宽为50μm裂缝岩心伤害实验

利用原油悬浊液驱替100μm裂缝岩心时，渗透率伤害程度整体随驱替PV数增加先是迅速增加到20%左右，然后趋于稳定。当达到100PV时，渗透率伤害程度为22.8%，实验结果如图6所示。

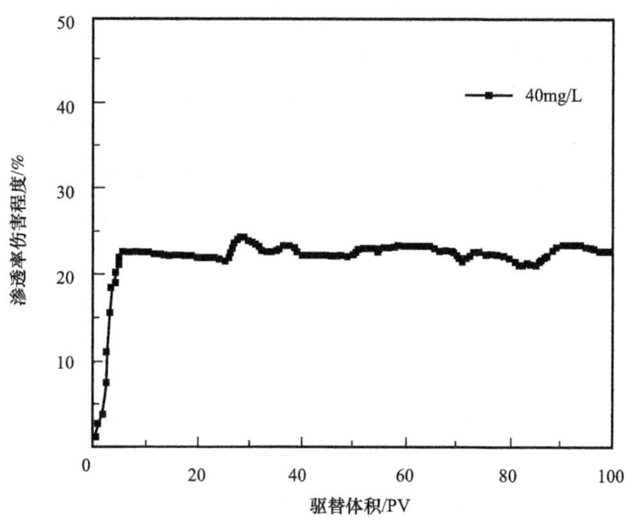

图6　不同含油量对缝宽为100μm裂缝岩心伤害实验

对于200μm裂缝，含油量为60mg/L时，渗透率伤害程度随着注入孔隙体积倍数的增加先是迅速增加至15%左右，然后趋于稳定。当注入孔隙体积倍数达到55PV时，渗透率伤害程度又有小幅增加，最终当注入孔隙体积倍数达到100PV时，渗透率伤害程度为19.5%。

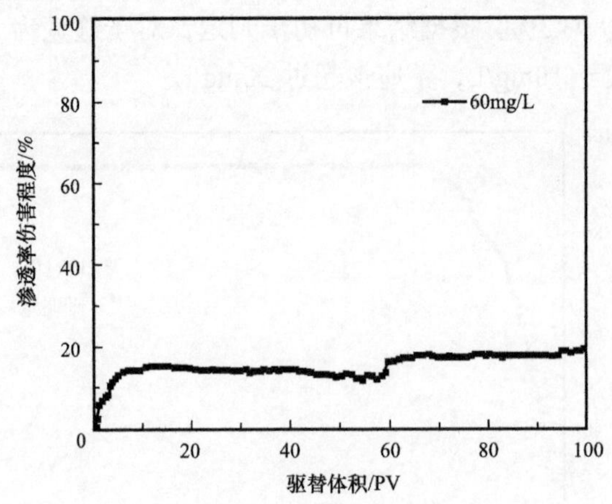

图 7 不同含油量对缝宽为 200μm 裂缝岩心伤害实验

3 结论

（1）对裂缝性储层，注入流体中悬浮固体颗粒粒径中值和含油量对渗透率伤害程度的影响较大，固体颗粒含量的影响较小。

（2）悬浮固体颗粒直径中值较小时，颗粒不会对裂缝造成堵塞，渗透率伤害率随着注入流体体积的增大，先迅速上升然后保持在一定范围内波动。粒径中值超过一定数值后渗透率伤害程度将先快速上升，后逐步上升。

（3）当渗透率伤害率上限为 20% 时，当缝宽≤50μm 时，注水水质条件要求为：悬浮物粒径中值≤10μm，悬浮物含量≤10mg/L，含油量≤10mg/L。当缝宽为 50～100μm 时，注水水质条件要求为：悬浮物粒径中值≤20μm，悬浮物含量≤10mg/L，含油量≤20mg/L。当缝宽为 100～200μm 时，注水水质条件要求为：悬浮物粒径中值≤50μm，悬浮物含量≤50mg/L，含油量≤40mg/L。当缝宽大于 200μm 时，注水水质条件要求为：悬浮物粒径中值≤60μm，悬浮物含量不应过 80mg/L，含油量≤50mg/L。

参考文献

[1]陈立超，王生维，何俊铧，等.煤层气井近井压裂裂缝充填特征与堵塞机制[J].中国石油大学学报（自然科学版），2017，41（6）：117-122.

[2]叶珏男，唐洪明，吴小刚，等.储层孔喉结构参数与悬浮物粒径匹配关系[J].油气地质与采收率，2009，16（6）：92-94，116.

[3]李丙贤.关于低渗油藏注水水质指标的探讨[J].石油工业技术监督，2017，33（12）：63-64.

[4]王蓓蕾，康宵瑜，薛媛，等.低渗透油田回注水水质指标中悬浮颗粒含量值的确定[J].内蒙古石油化工，2014，40（22）：28-29.

[5]刘建忠，徐文江，姜维东.BZ34 油田回注水合理水质控制指标设计[J].工业水处理，2016，36（10）：84-87.

[6]袁长忠.塔河油田缝洞型碳酸盐岩油藏回注水水质指标对渗透率的影响[J].油气地质与采收率，2014，21（3）：108-110，118.

采出水回注工艺在涩北气田的应用

毛玉昆　钟　丽　赵玉琴　邓　伟　蔡　彪　陶　俊

（中国石油青海油田公司采气一厂）

摘　要　天然气采出水主要源于气藏本身的底水、边水，随着开采年限的增加呈逐渐上升状态，天然气采出水随天然气一起从气井中采出来，经集气管输至生产分离器、计量分离器等气液分离设施进行脱水处理，排出天然气采出水，但由于涩北地区采出水达不到外排要求，故而采取“回注 + 蒸发”的方式全部处理。本文基于现场生产情况在面临大量采出水，涩北气田是如何开展采出水回注工艺达到保护环境和保护储层进行介绍并对工艺实施情况加以总结，对日后涩北气田采出水回注工艺的开展具有一定的技术借鉴意义。

关键词　采出水；回注工艺；涩北气田

1　涩北气田概况

涩北气田位于柴达木盆地东部，平均海拔 2750m，年均气温 3.7℃，高寒缺氧，风沙肆虐，社会依托条件极差。探明地质储量 $2878.82\times10^8m^3$，为世界罕见的第四系生物成因多层疏松砂岩水驱气藏。气田具有含气井段长、气层多且薄、气水层间互、地层胶结疏松和气水界面复杂等特点。

气水分布主要受构造控制，局部受岩性影响，分布比较复杂。气水界面主要和岩性好坏与直接盖层条件有关。涩北气田流体分布的特点为：含气井段长，气层多而薄，气水关系复杂。地层水以层内孤立小水体、储层束缚水、夹层束缚水、层内可动水、层间水层等多种形态存在，主要以边水为主。

天然气组分中甲烷含量很高，平均值达 99.1～99.5％，乙烷含量为 0～0.32％，丙烷含量为 0～0.06%，氮气平均含量为 0.5%～0.8％，天然气相对密度为 0.5514～0.5580，天然气中几乎不含丁烷以上重烃组分，无 CO_2 和 H_2S 等非烃成分，属于高热值优质天然气。

地层水的水型主要为 $CaCl_2$ 型，地层水矿化度高，其中台南气田地层水平均矿化度为 161544mg/L，平均密度为 $1.134g/cm^3$，平均地层水电阻率为 0.029Ω·m；涩北一号气田地层水总矿化度平均值为 140102mg/L，平均地层水密度为 $1.115g/cm^3$，平均地层水电阻率为 0.052Ω·m；涩北二号气田平均地层水总矿化度为 137968mg/L，平均地层水密度为 $1.075g/cm^3$，平均地层水电阻率为 0.037Ω·m；由西往东，地层水总矿化度和地层水密度有减小的趋势。

2 涩北气田采出水情况介绍

随着水侵加剧和集中气举工艺的配套，气田产水量将逐年上升。涩北一号气田、涩北二号气田和台南气田日均产水量分别为 720m³/d，1100m³/d 和 4500m³/d，年产水量分别达 22.73×10⁴m³，32.97×10⁴m³ 和 67.27×10⁴m³。近年，涩北一号气田和涩北二号气田产水量平稳增加；台南气田日产水量快速上升（图 1），由 2017 年 1700m³/d 上升至目前 4500m³/d。

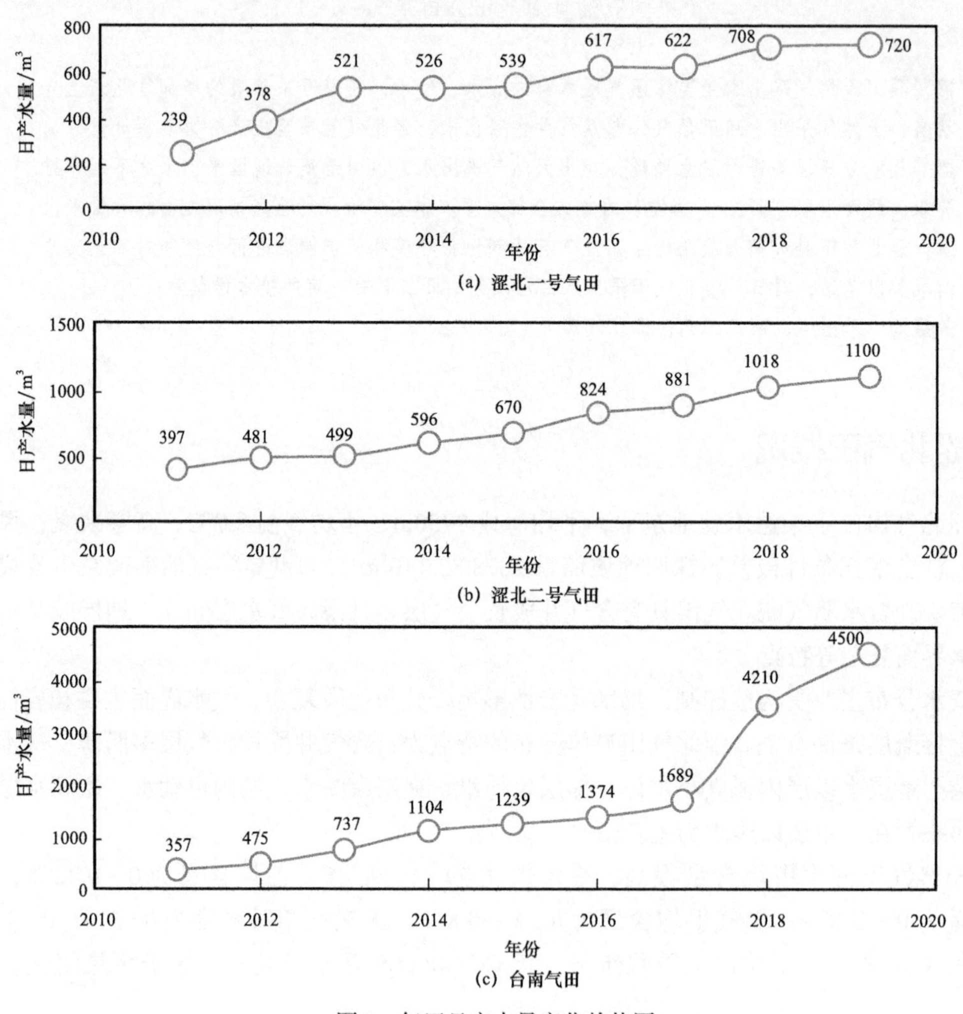

图 1 气田日产水量变化趋势图

2.1 采出水主要成分

涩北气田采出水含有钠、钙、镁、钾、氨根离子、氯、硫酸根离子、锂，其含量平均值分别为 46.08g/L，2.21g/L，1.05g/L，0.23g/L，0.18g/L，78.42g/L，0.27g/L 和 7.1mg/L，工业利用品位低，见表 1。

表 1　涩北气田采出水化验成果表（中国地质科学院）

气田	样号	离子含量 /（g/L）								Br/ mg/L	Li^+/ mg/L	矿化度 / mg/L
		Na^+	K^+	NH_4^+	Ca^{2+}	Mg^{2+}	Cl^-	SO_4^{2-}	B_2O_3			
涩北一号气田	1	42.21	0.237	0.170	1.64	0.82	70.79	0.223	0.138	10.55	4.44	116.24
	2	39.25	0.234	0.175	1.31	0.62	65.05	0.255	0.100	15.06	3.18	107.03
	3	35.44	0.180	0.151	1.43	0.72	59.70	0.078	0.148	14.27	6.62	97.86
	4	38.91	0.222	0.177	1.31	0.62	64.64	0.098	0.101	13.95	5.42	106.11
	5	40.48	0.156	0.185	1.70	0.89	68.48	0.096	0.140	13.87	6.24	112.15
	6	38.71	0.184	0.158	1.47	0.79	65.05	0.089	0.140	14.21	7.12	106.62
	7	36.12	0.119	0.174	1.48	0.75	60.90	0.087	0.156	13.72	4.56	99.80
	8	47.22	0.234	0.231	1.77	0.74	79.04	0.113	0.078	15.53	67.60	129.51
	9	49.16	0.338	0.260	2.12	1.19	83.65	0.351	0.111	15.59	9.88	137.21
	平均	40.83	0.21	0.19	1.58	0.79	68.59	0.15	0.12	14.08	12.78	112.50
涩北二号气田	10	34.09	0.204	0.151	1.63	0.83	58.19	0.241	0.157	13.11	2.04	95.51
	11	34.23	0.202	0.148	1.66	0.81	58.39	0.245	0.156	13.84	3.26	95.86
	12	35.35	0.223	0.171	1.81	0.86	60.54	0.332	0.118	14.09	4.16	99.43
	13	34.33	0.197	0.149	1.68	0.80	58.55	0.260	0.157	13.91	4.70	96.14
	14	33.63	0.153	0.146	1.54	0.85	57.32	0.248	0.169	12.60	1.96	94.07
	15	29.26	0.142	0.153	1.37	0.68	49.79	0.246	0.135	13.13	3.52	81.79
	16	34.22	0.154	0.139	1.58	0.89	58.39	0.237	0.161	12.61	0.94	95.79
	17	28.29	0.140	0.147	1.51	0.59	48.25	0.256	0.148	12.17	2.84	79.35
	平均	32.93	0.18	0.15	1.60	0.79	56.18	0.26	0.15	13.18	2.93	92.24
台南气田	18	52.04	0.205	0.155	2.74	1.41	89.54	0.234	0.202	16.96	4.22	146.54
	19	53.48	0.323	0.161	2.77	1.27	91.53	0.241	0.178	17.96	6.26	149.98
	20	54.99	0.342	0.200	2.61	1.00	91.53	2.049	0.145	18.62	4.72	152.89
	21	57.55	0.333	0.132	2.88	1.50	98.60	0.248	0.146	18.28	3.20	161.41
	22	59.95	0.310	0.150	3.31	1.64	102.91	1.048	0.214	18.15	4.06	169.55
	23	54.98	0.289	0.180	3.31	1.33	94.97	0.250	0.203	14.41	6.80	155.52

续表

气田	样号	离子含量 / (g/L)								Br/ mg/L	Li^+/ mg/L	矿化度 / mg/L
		Na^+	K^+	NH_4^+	Ca^{2+}	Mg^{2+}	Cl^-	SO_4^{2-}	B_2O_3			
台南气田	24	58.04	0.284	0.182	3.71	1.49	100.86	0.239	0.212	19.25	3.66	165.04
	25	56.84	0.268	0.249	3.10	1.16	97.22	0.071	0.124	20.12	8.00	159.05
	26	54.77	0.193	0.200	2.78	1.48	94.25	0.069	0.179	16.47	5.92	153.95
	27	53.12	0.218	0.188	3.36	1.29	92.15	0.071	0.203	23.86	7.10	150.62
	28	58.81	0.291	0.245	3.04	1.10	99.99	0.075	0.121	13.15	6.42	163.68
	29	67.09	0.249	0.203	3.05	1.51	113.87	0.078	0.169	23.61	7.06	186.25
	30	69.33	0.270	0.252	2.71	1.88	117.91	0.078	0.141	15.94	7.46	192.60
	31	53.52	0.282	0.203	2.67	1.16	91.28	0.062	0.148	26.02	6.42	149.36
	平均	57.46	0.28	0.19	3.00	1.37	98.33	0.34	0.17	18.77	5.81	161.18

2.2 采出水不符合外排标准

2.2.1 环保要求

《中华人民共和国环境保护法》和《中华人民共和国水污染防治法》相关条例规定：直接或者间接向水体排放污染物的企业事业单位和个体工商户，排放水污染物，不得超过国家或者地方规定的水污染物排放标准和重点水污染物排放总量控制指标；国务院有关部门和县级以上地方人民政府应当合理规划工业布局，要求造成水污染的企业进行技术改造，采取综合防治措施，提高水的重复利用率，减少废水和污染物排放量；排放污染物的企业事业单位和其他生产经营者，应当采取措施，防治在生产建设或者其他活动中产生的废气、废水、废渣、医疗废物、粉尘、恶臭气体、放射性物质以及噪声、振动、光辐射、电磁辐射等对环境的污染和危害。

执行《中国石油天然气集团公司环境保护管理规定》，为防止和减少生产经营活动对环境的不利影响，遵照国家环境保护法律法规，各油气生产单位应大力推行清洁生产，构建环境保护长效管理机制，创造能源与环境的和谐。

2.2.2 涩北气田采出水质归类

以 GB 3838—2002《地表水环境质量标准》划分，涩北气田地面水属于Ⅳ类地面水区（主要适用于一般工业用水区及人体非直接接触的娱乐用水区）（表 2），执行 GB 8978—1996《污水综合排放标准》二级排放标准。通过涩北气田各站采样分析化验结果，涩北气田采出水外排未达到国家标准。主要由于气田采出水 COD、氨氮等无法达到直接排放标准。

表 2　地表水域功能分类

分类	地表水水域使用目的和保护目标
Ⅰ类	主要适用于源头水、国家自然保护区
Ⅱ类	主要适用于集中式生活饮用水水源地一级保护区、珍贵鱼类保护区、鱼虾产卵场等
Ⅲ类	主要适用于集中式生活饮用水水源地二级保护区、一般鱼类保护区及游泳区
Ⅳ类	主要适用于一般工业用水区及人体非直接接触的娱乐用水区
Ⅴ类	主要适用于农业用水区及一般景观要求水域

3　采出水处理

2012 年至 2017 年，气田日产水量年增长速度在 200m^3 以内，2018 年增压气举实施后产水量急剧增加，特别是台南气田 2018 年由 1500m^3 增加到 4200m^3，2019 年增加至 7200m^3。先后经历了三个阶段：一是 2007 年之前涩北气田采出水量较少，依靠收集池进行自然蒸发；二是 2007—2013 年部分自然蒸发，加大收集池的建设；三是 2014 年开展浅层回注试验，2015 年 7 月浅层规模注水，2017—2018 年部署深层回注 10 口，建设晒盐池。现阶段涩北一号气田产水量为 720m^3/d、涩北二号气田产水量为 1100m^3/d、台南气田产水量为 4500m^3/d，通过“回注 + 蒸发”的方式全部处理。涩北气田采出水处理现状见表 3。

表 3　涩北气田采出水处理现状统计表

气田	涩北一号气田	涩北二号气田	台南气田
日产水量 /（m^3/d）	720	1100	4500
回注能力 /（m^3/d）	610	1790	2840
冬季蒸发量 /（m^3/d）	336	434	922
冬季日处理量 /（m^3/d）	946	2224	3762
采出水处理情况	全部处理	全部处理	部分处理，部分泵入新建晒盐池

3.1　晒盐池现状

目前涩北气田共有各小站收集池共 23 座，晒盐池 3 座，合计容积 $124.97\times10^4m^3$，其中涩北一号气田、涩北二号气田和台南气田分别为 $28.94\times10^4m^3$，$31.65\times10^4m^3$ 和 $64.38\times10^4m^3$，见表 4。

涩北气田晒盐池日均蒸发量 3992m^3/d，涩北一号气田、涩北二号气田和台南气田分别为 793m^3/d，1024m^3/d 和 2175m^3/d；其中冬季日蒸发量分别为 336m^3/d，434m^3/d 和 922m^3/d，夏季日蒸发量为分别为 1119m^3/d，1445m^3/d 和 3070m^3/d，见表 5，晒盐池现状如图 2 所示。

表 4　涩北气田晒盐池情况

气田	集气站	采出水收集池（晒盐池）规格（宽 × 长 × 高）/（m×m×m）	数量 / 座	容积 /10^4m^3
涩北一号气田	1 号	20×20×3.0	1	0.12
		50×50×3.0	1	0.75
	2 号	20×20×3.0	1	0.12
		50×50×3.0	1	0.75
	3 号	30×30×3.0	1	0.27
		50×50×3.0	1	0.75
	4 号	20×20×3.0	1	0.12
		50×50×3.0	1	0.75
	5 号	60×100×3.0	1	1.80
	6 号	30×30×3.0	1	0.27
	晒盐池	310×357×2.1	1	23.24
	小计		11	28.94
涩北二号气田	7 号	30×30×3.0	1	0.27
		50×50×3.0	1	0.75
	8 号	30×30×3.0	1	0.27
		50×50×3.0	1	0.75
	9 号	40×70×3.0	1	0.84
		50×50×3.0	1	0.75
	10 号	30×30×3.0	1	0.27
	11 号	40×40×3.0	1	0.48
	晒盐池	371×350×2.1	1	27.27
	小计		9	31.65
台南气田	12 号	30×30×2.0	1	0.18
	13 号	30×30×2.0	1	0.18
	14 号	30×30×1.5	1	0.14
		30×30×2.0	1	0.18
	15 号	30×30×2.0	1	0.18
	晒盐池	460×275×2.1+640×275×2.1	1	63.53
	小计		6	64.38
涩北气田			26	124.97

表 5　涩北气田晒盐池日蒸发量情况

气田	集气站	采出水曝晒池规格（宽 × 长 × 高）/（m×m×m）	数量 / 座	日蒸发量 /m³
涩北一号气田	1 号	20×20×3.0	1	1.2
		50×50×3.0	1	7.5
	2 号	20×20×3.0	1	1.2
		50×50×3.0	1	7.5
	3 号	30×30×3.0	1	2.7
		50×50×3.0	1	7.5
	4 号	20×20×3.0	1	1.2
		50×50×3.0	1	7.5
	5 号	60×100×3.0	1	18
	6 号	30×30×3.0	1	2.7
	晒盐池	310×357×2.1	1	279
	小计		11	336
涩北二号气田	7 号	30×30×3.0	1	2.7
		50×50×3.0	1	7.5
	8 号	30×30×3.0	1	2.7
		50×50×3.0	1	7.5
	9 号	40×70×3.0	1	8.4
		50×50×3.0	1	7.5
	10 号	30×30×3.0	1	2.7
	11 号	40×40×3.0	1	4.8
	晒盐池	371×350×2.1	1	390
	小计		9	433.8
台南气田	12 号	30×30×2.0	1	2.7
	13 号	30×30×2.0	1	2.7
	14 号	30×30×1.5	1	2.7
		30×30×2.0	1	2.7
	15 号	30×30×2.0	1	2.7
	晒盐池	460×275×2.1+640×275×2.1	1	908
	小计		6	922

图 2　晒盐池现状

3.2　回注现状

正常回注井 23 口，配注量 3710m^3/d，日回注量 2669m^3/d，其中涩北一号气田、涩北二号气田和台南气田回注能力分别为 610m^3/d，1260m^3/d 和 1840m^3/d。累计回注水 395×10^4m^3，见表 6。

表 6　涩北气田回注井回注能力情况

气田	序号	井号	注水泵	回注层位 / m	日注入量 / m^3	合理日注入量 / m^3	最大日注入量 / m^3	累计注入量 / 10^4m^3
涩北一号	1	涩 ×× 井	高压泵	1646.9～1695.8	—	130	150	0.00
	2	涩 ×× 井		1650.0～1711.0	252	310	360	20.00
	3	涩 ×× 井	低压泵	793.2～904.6	93	170	200	9.29
涩北二号	1	涩 ×× 井	高压泵	1589.0～1705.4	16	160	190	3.10
	2	涩 ×× 井		1442.7～1521.7	165	145	170	3.70
	3	涩 ×× 井		2100.6～2394.9	—	250	250	0.40
	4	涩 ×× 井		1450.7～1521.60	155	90	100	1.74
	5	涩 ×× 井	低压泵	362.9～415.2	160	150	170	15.00
	6	涩 ×× 井		324.3～411.7	130	110	110	1.70
	7	涩 ×× 井		519.8～613.8	—	80	100	0.83
	8	涩 ×× 井		534.0～644.5	—	115	115	2.05
	9	涩 ×× 井		297.50～374.30	35	70	81	1.10
	10	涩 ×× 井		361.2～413.7	0	90	100	14.40

续表

气田	序号	井号	注水泵	回注层位 / m	日注入量 / m^3	合理日注入量 / m^3	最大日注入量 / m^3	累计注入量 / 10^4m^3
台南	1	涩 ×× 井	$3^{\#}$注水橇（低压）	463.8～613.9	184	200	230	10.50
	2	涩 ×× 井		1263.6～1290.9	174	180	200	4.50
	3	涩 ×× 井		305.6～378.7	125	150	150	5.45
	4	涩 ×× 井		301.8～358.2	122	—	121	2.86
	5	涩 ×× 井	$4^{\#}$注水橇（高压）	1951.0～2095.5	196	320	370	7.70
	6	涩 ×× 井		1021.8～1298.6	175	220	220	4.45
	7	涩 ×× 井		789～1333.9	196	250	250	4.44
	8	涩 ×× 井		804.9～938	222	250	250	4.86
	9	涩 ×× 井	$1^{\#}$注水橇（高压）	1995.2～2046.2	146	140	140	12.10
	10	涩 ×× 井	$2^{\#}$注水橇（高压）	1779.50～1818.30	123	130	140	0.46

4　回注工艺

涩北气田采出水处理工艺主要是在前期调研基础上，准确预测水处理缺口，按照“效益为先”的思路，采用“回注为主，蒸发为辅”的模式，充分发挥暴晒蒸发和老井回注能力，通过整体部署、分批实施，实现采出水全部处理。

4.1　气田采出水回注和油田注水开发的区别

气田采出水回注同油田注水有本质的区别。主要体现在以下几个方面：

（1）回注的目的不同。

油田采出水回注的实质是通过注水来保持地层压力，提高原油采收率，是一种增加产能的手段，是目前世界上应用较为广泛和行之有效的一种开发方式，有巨大的经济效益作为油田回注水处理的原动力；而气田采出水的回注则是为了解决有水气藏开发过程中产出地层水的处理问题，减少采出水引起的环境问题而采取的一项措施，它的效益主要体现在环境效益和社会效益方面。

（2）水处理工艺和处理目标不同。

油田注水开发对注入水水质有严格标准，油田采出水的处理突出除油、除悬浮固体（SS）、脱氧，需要进行较复杂的处理才能满足注入水质要求，同时对不同类型油藏的不同开发阶段，还需在注入水中加入适量的化学添加剂，以提高水驱油效率和原油最终采收率；而气田采出水因石油类含量普遍较低，油的问题不突出，对于气田采出水的回注是在保证正常注入的前提下尽可能简化水处理工艺，以最大限度地降低采出水回注成本。

（3）注入层位选择原则不同。

油田注水开发要求注水层位与采油层位一一对应，以提高水驱油效率；气田采出水回注层位可以是干气层，也可以是开发枯竭的气层，与产气层互不相通，要求厚度大，分布范围广，可注体积大，若选择尚在开发的气藏，则应以不会对注入层的采气正常生产造成较大影响为原则。

（4）注水井选择原则不同。

油田注水开发的注水井是由合理注采井网所确定的，以提高注入水波及效率为目的；气田采出水回注井的选择是以产水井的分布为依据，以降低气田采出水的集输费用为目标。

（5）注水强度要求不同。

油田注水开发对注水强度的要求是以保持注采平衡为依据，注水压力低于地层破裂压力下注入，以避免注水压力过高，注入水沿裂缝指进，造成油井过早水淹，降低水驱油效率；而气田采出水回注则对注水强度没有限制，在保证井下管窜、井口和地面注水设备安全的前提下可尽量提高单井日注水量，减少回注井数，降低回注成本。

4.2 涩北气田采出水回注工艺

涩北气田采出水回注地面流程：首先将所有集气站暴晒池中的采出水泵送至集气站收集池，其次用潜水泵将收集池中经过沉淀的水输到新建沉降池继续沉淀，然后用提升泵将水输到 6m×2.7m×2.5m 的第一级沉降罐，最后经过三级沉积罐沉降后分别用两台高压注水橇，通过柔性复合高压连续管输送（*PN*32MPa，*DN*65mm）注水井（图 3），确保采出水不外排。

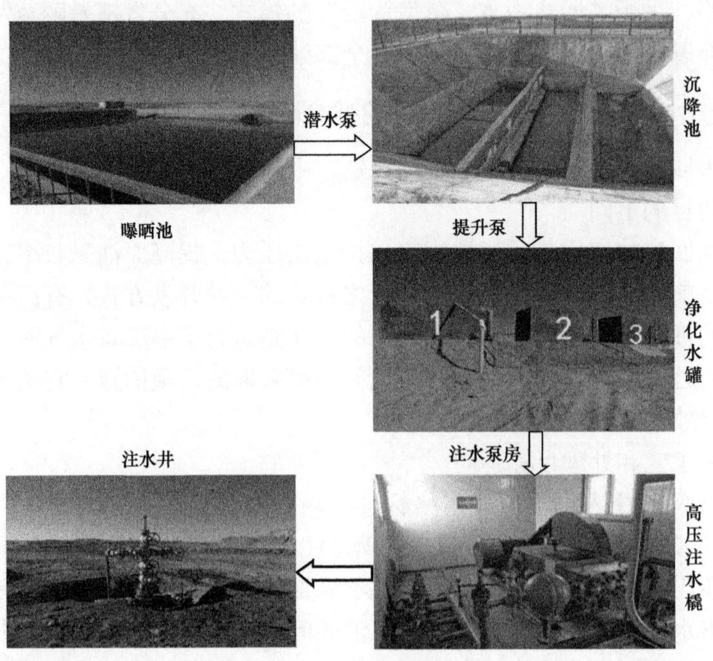

图 3　采出水回注地面流程图

4.3　注水井及注水层位选取

4.3.1　采出水回注选井的基本要求

（1）回注井位为深井，规避浅层井冒水风险；

（2）布井于溢出点外，避免窜入气藏主体；

（3）实施大跨度注水，提高单井注水能力；

（4）逐步上返注水层位，提高回注井利用率；

（5）控制井口注入压力，避免发生纵向破裂；

（6）距注水站就近部署，方便管理节省成本。

4.3.2　采出水回注层位的基本要求

（1）具有一定的储集空间，能满足较长期的回注要求；

（2）上下隔离层不窜漏，注入层横向连通性好，满足总注入量波及范围内无断层、无地表露头或出露点；

（3）有足够的吸渗能力，不应造成较高的泵注回压，不应引起回注水反注和外泄；

（4）回注水与回注层岩性及地层水配伍性好，不应形成二次沉淀堵塞地层；

（5）回注层与产气层不连通，注水不影响气藏的开发。

4.4　回注水水质基本要求

根据 SY/T 6596—2016《气田水注入技术要求》，对气田水回注水质提出要求：

（1）回注水水质稳定，与地层水相混合后不产生沉淀；

（2）回注水注入地层后不使黏土矿物产生水化膨胀或悬浮；

（3）回注水控制悬浮物、有机淤泥、油和乳化液含量；

（4）回注水对注水设施腐蚀性小；

（5）水源的水混合回注时，应首先进行室内试验，证实其相互间及其与回注层岩石以及地层水之间配伍性良好，对回注层无污染。

4.4.1　回注水与地层水配伍性实验

气田地层水水型为 $CaCl_2$ 型，矿化度平均为 123785mg/L，氯离子平均 74301mg/L，平均密度为 1.115g/cm^3, pH 值为 6.0（表 7），地层水与采出水矿化度、氯离子和水型基本一致。

表 7　涩北气田地层水离子分析结果表

检测项目 / 样号	含量 /（mg/L）								总矿化度 / mg/L	水型	pH 值
	K^++Na^+	Ca^{2+}	Mg^{2+}	Cl^-	SO_4^{2-}	HCO_3^-	CO_3^{2-}	OH^-			
Ⅱ-4 层组 涩 ×× 井	33901	1309	646	55627	687	219	0.00	0.00	92381	$CaCl_2$	6.0
Ⅳ-5 层组 涩 ×× 井	57270	2230	838	92976	2150	251	0.00	0.00	155717	$CaCl_2$	6.0

将地层水与回注水过滤后分别按不同体积比例混合后，成垢离子的浓度均有所降低（表8）。

表8　回注水与地层水配伍性实验结果（70℃/16h）　单位：mg/L

配伍	$Ca^{2+}/Mg^{2+}/Ba^{2+}/Sr^{2+}$ 标准含量	$Ca^{2+}/Mg^{2+}/Ba^{2+}/Sr^{2+}$ 含量	SO_4^{2-} 标准含量	SO_4^{2-} 含量	HCO_3^- 标准含量	HCO_3^- 含量
回注水	2779.57	2779.57	1879.21	1879.21	376.37	376.37
9：1	2843.49	2810.01	1698.11	1421.78	365.39	297.96
8：2	2907.42	2856.84	1517.02	1290.83	354.42	291.69
7：3	2971.35	2927.09	1335.92	1043.89	343.44	282.28
6：4	3035.28	2997.34	1154.82	833.67	332.46	266.60
5：5	3099.21	3067.59	973.72	615.65	321.48	266.60
4：6	3163.13	3137.84	792.62	412.15	310.51	266.60
3：7	3227.06	3194.04	611.52	207.50	299.53	282.28
2：8	3290.99	3254.93	430.42	66.33	288.55	276.01
1：9	3354.92	3325.18	249.33	70.15	277.57	266.60
地层水	3418.84	3418.84	68.23	68.23	266.60	266.60

回注水与地层水混配结垢率及结垢量分析（表9），根据实验结果可知，涩北气田回注水与地层水混配，结垢量较低，地层结垢程度1.16%（以钙计），垢型主要为硫酸盐垢。

表9　涩北气田回注水与地层水混配结垢程度与结垢量分析（70℃/16h）

以 $Ca^{2+}/Mg^{2+}/Ba^{2+}/Sr^{2+}$ 计		以 SO^{2-} 计		以 HCO_3^- 计	
平均结垢率/%	平均结垢量/mg/L	平均结垢率/%	平均结垢量/mg/L	平均结垢率/%	平均结垢量/mg/L
1.16	89.44	388.15	1375.85	13.23	36.15

4.4.2　回注水与储层配伍性评价

气田回注水与储层配伍性实验（表10），根据实验结果可知，回注水对两块储层岩心的渗透率伤害率为23.91%～24.19%，平均24.05%，回注水对储层的伤害可控制在25%以内。

表10　涩北气田回注水对储层岩心的伤害评价

井号	样号	井深/m	K_a/mD	ϕ/%	地层水测渗透率/mD		渗透率恢复率/R_r/%	渗透率伤害率/D_r/%
					K_w（伤害前）	K_{wd}（伤害后）		
涩××井	24	1704.70～1788.90	4.19	13.71	0.094	0.064	76.09	23.91
涩××井	64	1704.70～1788.90	4.45	12.04	0.186	0.141	75.81	24.19

4.4.3　回注水对储层水锁伤害评价

回注水对储层水锁伤害评价见表 11，根据实验结果可知，涩北气田回注水对两块储层岩心的渗透率伤害率在 31.21%～42.89% 之间，平均 37.05%，回注水对储层的水锁伤害较重。

表 11　水锁对涩北一号储层岩心的伤害评价

井号	样号	井深 /m	K_a/mD	ϕ/%	地层水测渗透率 / mD		渗透率恢复率 R_r/ %	渗透率伤害率 D_r/ %
					K_w（伤害前）	K_{wd}（伤害后）		
涩 ×× 井	28	1704.70～1788.90	8.79	16.23	0.415	0.237	57.11	42.89
涩 ×× 井	65	1704.70～1788.90	8.37	13.90	0.282	0.194	68.79	31.21

4.4.4　涩北气田回注水水质标准

通过悬浮固体含量、合理含油量、铁细菌数、合理注水速度、合理矿化度和合理碱度对地层、硫酸盐还原菌数、吸水情况和注水效果的影响建立涩北气田回注水水质标准，具体标准详见表 12。

表 12　涩北气田储层注入水水质标准

取样地点	pH 值	溶解率*	石油类 / mg/L	悬浮物固体含量 / mg/L	铁细菌（IB）*/ 个 /mL	硫酸盐还原菌（SRB）*/ 个 /mL	注入水矿化度 / mg/L	注入速度 / m/d
井口	6.0～9.0	≤0.5	≤100	≤200	$n \times 10^4$	≤25	55831	2.69

注：(1)“*”表示碳钢油管回注井回注预处理工艺控制执行。

(2) $1<n<10$，水质分析方法参照 SY/T 5329 的规定执行。

4.5　井口注入压力确定

从公式看出，井口注入压力决定于最大井底流动压力和磨损，磨损取值为 0.29MPa。地层破裂压力计算采用迪基法

井口最大注水压力计算公式

$$p_{\mathrm{f\,max}} = p_{\mathrm{f}} - \frac{HD_{\mathrm{w}}}{100} + p_{\mathrm{tl}} + p_{\mathrm{mc}}$$

近似地层压力

式中　p_{fmax}——最大井口注水压力，MPa；

p_{f}——最大井底流动压力（1.3 倍破裂压力），MPa；

p_{tl}——油管摩擦压力损失，MPa；

p_{mc}——水嘴压力损失，MPa；

D_w——采出水密度，取值 1.12g/m³。

其中，$p_{tl}+p_{mc}$ 约为 0.29MPa。

根据地层破裂压力，计算涩北一号气田、涩北二号气田和台南气田井口最大注入压力分别为 13.5～16.9MPa，12.3～18.2MPa 和 15.7～19.1MPa。

5 认识

主要取得如下几点认识：

（1）选层过程中尽量选取单层厚度较大、物性较好、对气田开发没有影响且不会渗漏到地表的层。

（2）多层合注过程中层间干扰明显，不同层的吸水能力差异较大，部分层甚至不吸水，注入段的射孔井段不宜过长，推荐射开层有效厚度控制在 30m 之内。

（3）单层的吸水能力与地层系数、含气饱和度正相关，同时井的吸水能力受回注层的压力上升幅度、注入方式、回注水水质等因素的影响。

（4）由于涩北气田疏松、胶结程度差，采出水回注过程中建议尽可能采用连续注水方式，避免频繁的压力变化对地层造成伤害。

（5）浅层回注速度控制在地层临界流速的 40%～60% 范围内效果较好，按地层临界流速 50% 计算，单位吸水厚度合理配注量为 2.83m³/d。不同厚度注入层段的注入排量如图 4 所示。

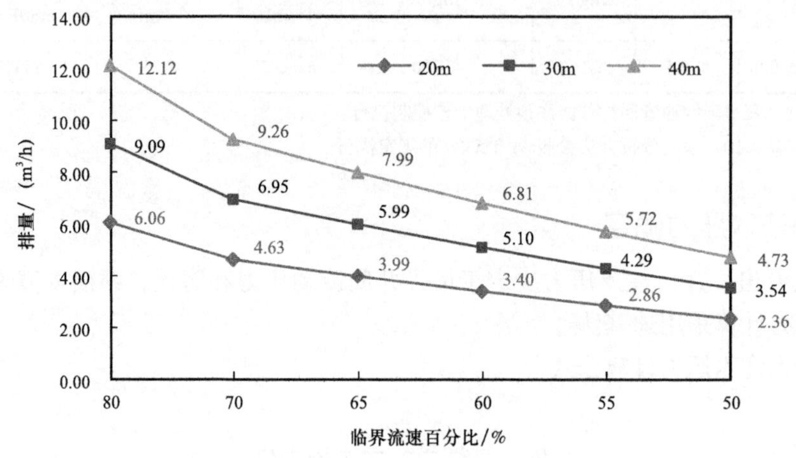

图 4　不同厚度注入层段的注入排量图板

（6）浅层回注相对深层回注具有明显的优势，表现在三个方面：其一，浅层注水井钻井费用低，措施维护简单；其二，浅层注水压力低，注水泵运行功率小，耗能少，易维护；其三，浅层具有与深层相近的吸水能力。

（7）浅层回注相对深层回注的缺点有三个方面：其一，浅层高部位回注层离邻近气层较近。所选拟注水层储层距邻近气层的距离均较近，分别为 39m，30m 和 2m，若注水易影响浅层高部位浅层气的开发；其二，浅层固井质量普遍较差。涩北一号气田（井深小于400m）、涩北二号气田（井深小于400m）和台南气田（井深小于350m）固井质量普遍较差（CBL值在40%～80%范围之间），若注水易发生管外窜；其三，浅层回注地面冒水风险高。

参考文献

［1］刘兴国．油气田采出水的回注［J］．天然气工业，1995，15（5）：72.

［2］蒋珍菊，赵立志，曾志农，等．混凝沉降—微电解—氧化—吸附法—处理高COD_{Cr}气田水［J］．天然气工业，2002（2）：86-89，2-1.

［3］赵清，王克琼，周璟，等．气田回注系统结垢机理及对策——以四川盆地邛西气田为例［J］．天然气工业，2014，34（8）：129-133。

［4］孙虎法，王小鲁，成艳春，等．水源识别技术在涩北气田气井出水中的应用［J］．天然气工业，2009，29（7）：76-78，140-141.

涩北气田高含砂采出水处理工艺优化

杨杰森

（中国石油青海油田公司采气一厂）

摘 要 涩北气田采出水因化学需氧量（COD）、挥发酚及氨氮指标超过国家标准规定，故不能采用直接外排的方式处理。涩北一号气田于1996年开发生产，在气田开发初期，产水量较少，采出水排入曝晒池进行自然蒸发。随着气田的不断开发，气田出水量逐年增加，此方法无法满足气田生产对采出水的处理量要求，因此采用采出水回注地层法对气田采出水进行处理。气田采出水进行预处理后，通过注水泵压注入地层的一种采出水处理方法。此方法完全避免了采出水向地表排放，从而减少了环境污染。其处理工艺技术难度不大，处理成本较低，是一种既安全环保又较为经济的采出水处理方法。

关键词 气田水处理；运行管理；改进措施

1 采出水工艺现状

目前涩北一号气田共有生产井347口，其中直井318口、水平井29口；平均单井日产气$1.75\times10^4m^3$，日产能$574.53\times10^4m^3$，累计产气$238.96\times10^8m^3$；平均单井日产水量$2.09m^3$，平均日产水量$656.53m^3$，累计产水$163.47\times10^4m^3$；平均原始地层压力12.03MPa，平均目前地层压力6.98MPa，压力下降5.05MPa。

分场站看，涩北一号气田共有集气场站6座，日产水量最高的场站分别为1号集气站、2号集气站、3号集气站和5号集气脱水站，分别为$160.05m^3$，$170.18m^3$，$93.90m^3$和$96.92m^3$，详见表1及表2。涩北一号气田采出水去向流程如图1所示。

目前，涩北一号气田采用2台泵，3口注水井注水，其中1号泵涩3-44井瞬时注入量$8.8m^3$；2号泵涩深7井和涩注2井瞬时注入量$7.0m^3$，日注入量$163.2m^3$。

涩北一号气田3号集气站总采出水池（作为整个气田采出水调储池兼做一级沉降）中的采出水，由地下提升泵提升至回注站的沉降罐，通过缓冲罐，经喂水泵、管道过滤器后由柱塞泵增压后进入站外单井管道回注至地层。注水系统分为深层系统（图2）和浅层系统（图3）。

表1 涩北一号气田各场站出水情况统计表

场站	1号集气站	2号集气站	3号集气站	4号集气站	5号集气脱水站	6号集气站	合计/平均
日产水/m^3	160.05	170.18	93.9	72.12	96.92	63.36	656.53
平均单井日产水/m^3	2.03	1.27	1.30	2.67	4.85	4.22	1.89

表 2　涩北一号气田目前注水井情况统计表

序号	泵号	井号	泵后压力 / MPa	油压 / MPa	套压 / MPa	瞬时注入 / m^3/h	日注入量 / m^3	配注量 / m^3/d
1	1 号泵	涩 3-44	9.5	9	9.5	8.8	200.3	312
2	2 号泵	涩深 7	5.8	5.4	5.6	3.9	90.8	170
3		涩注 2	5.8	0.6	0.9	3.1	72.4	70
合计						15.8	363.5	645

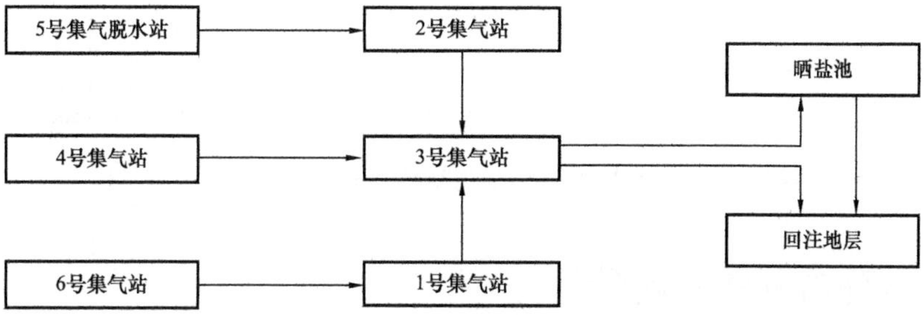

5号集气脱水站
2号集气站
晒盐池
4号集气站
3号集气站
6号集气站
1号集气站
回注地层

图 1　涩北一号气田采出水去向流程

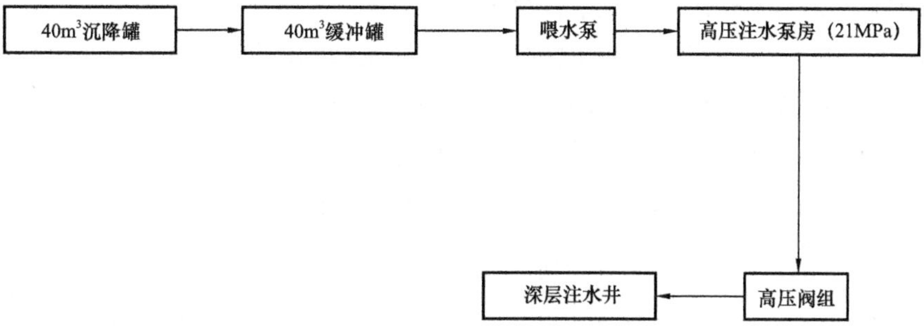

40m³沉降罐
40m³缓冲罐
喂水泵
高压注水泵房（21MPa）
深层注水井
高压阀组

图 2　涩北一号回注站深层井回注流程框图

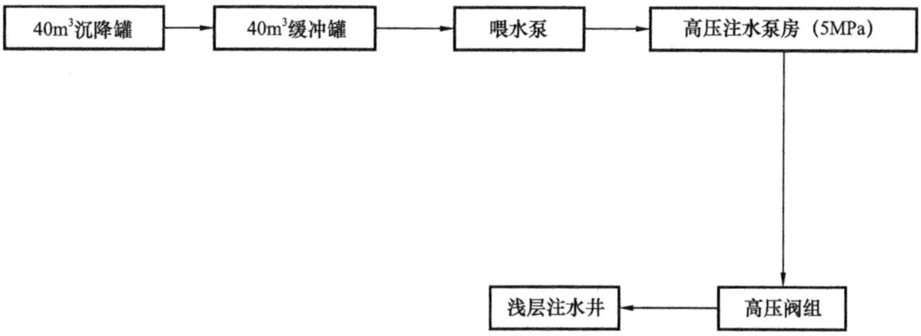

40m³沉降罐
40m³缓冲罐
喂水泵
高压注水泵房（5MPa）
浅层注水井
高压阀组

图 3　涩北一号回注站浅层井回注流程框图

目前涩北气田一号作业区采出水回注均采用多井配水间。多井配水间一般可控制 2～7 口井，它的工艺流程比单井配水间复杂一些。注入水从注水干线碰头连接，然后进配水间的分水器，分水器由总阀门、汇集管、孔板法兰、压力表和上下流阀门组成，分水器把水分配到各个注水井。

作业区注水站工艺流程为：各小站来水 + 站收集池 + 进一级沉降管 + 二级净化管 + 喂水泵 + 进注水泵 + 进分水器 + 进各单井回注地层，如图 4 所示。

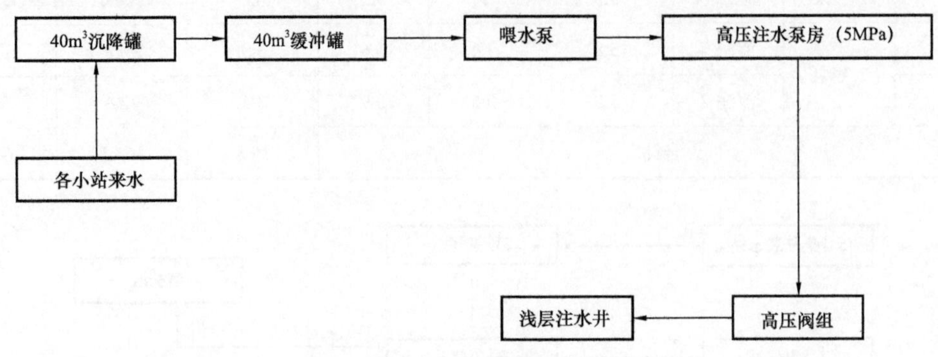

图 4　作业区注水站高压工艺流程

2　采出水高含砂的影响分析

鉴于涩北气田罕见的地质特点，高含砂量采出水一直伴随着天然气生产，给原来的气田采出水回注工艺的实际运行带来了许多困难。

涩北气田高含砂采出水在经过沉降后仍含有大量微米级悬浮颗粒物，在经过高压注水泵加压向注水井输送的过程中，管线内含砂采出水在高压、高流速状态下冲蚀、打击管线内壁及阀门，导致管线、阀门频繁刺损泄漏，数据见表 3。

表 3　2017—2018 年注水站管线和阀门刺损统计

年份	时间	刺损部位
2017 年	5 月 20 日	注 2 井阀体有砂眼、阀芯刺漏
2017 年	6 月 13 日	涩深 7 井阀芯刺漏
2017 年	7 月 15 日	涩深 7 井阀芯刺漏
2017 年	8 月 21 日	注 2 井阀芯刺漏
2017 年	9 月 25 日	涩深 7 井阀芯刺漏
2017 年	11 月 10 日	注 2 井阀芯刺漏
2018 年	1 月 14 日	涩 3-44 井阀芯刺漏
2018 年	3 月 27 日	涩 31 井阀芯刺漏
2018 年	5 月 16 日	注 2 井阀芯刺漏

注水井用水多采用经简单过滤的地表水，内含杂质较多；另外为满足生产需要，水中常添加各种药剂，具有很强腐蚀性。常规的注水控制阀门在使用一段时间后，因为阀体内

结垢和冲蚀严重而失效，使用寿命普遍较短。

气田采出水除含砂量高以外，为满足生产需要，水中常添加各种药剂，具有很强腐蚀性，这些特点导致采出水对具有节流作用的管道通用的流量调节阀（即节流截止阀）的损伤更甚，调节阀平均每使用 10 天后，其流量调节作用便开始减弱，精度变差；在使用 42 天后，流量偏移量已经超过 50%，不再具有稳定的流量调节作用，阀门使用时间—流量偏移量曲线如图 5 所示。

表 4　阀门使用时间—流量偏移量关系数据统计

使用时间 /d	目标流量 /（m^3/h）	实际流量 /（m^3/h）	偏移量 /%
0	7	7	0
10	7.5	7.7	2.67
20	7.5	7.8	4
30	7.5	8.2	9.33
35	8	9.7	21.25
40	8	11	37.5
45	8	13	62.5

鉴于上述情况，涩北气田注水流程需频繁停运，进行管线修复及阀门更换。2018 年因管线修复、阀门更换导致停注，影响注水，可靠性降低，严重威胁到气田正常生产。

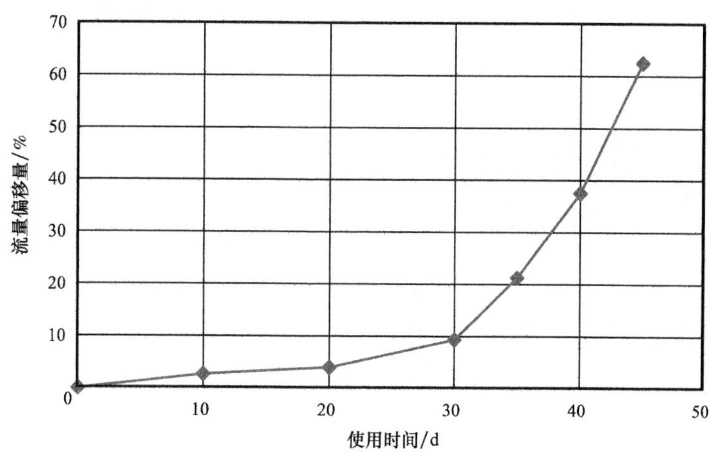

图 5　流量调节阀使用寿命折线统计图

3　高含砂采出水回注工艺优化

3.1　注水流程改造

当注水泵故障停泵时，因各注水井注水压力不同且分水器后无止回机构，注入高压井的水通过分水器流程倒流至各低压注水井。在此过程中，高压井返水将地层中的泥砂杂质带出，极易造成井底射孔口堵塞，注层砂埋，严重影响正常采出水回注工作进行。为了恢复注水井，只能采用连续油管冲砂作业清理井筒积砂。而这样的处理方案缺点明显：成本费用较高，单次作业费用高达 20 多万元；作业时间较长，作业期间不能生产，影响回注率；作业效果不稳定，可能存在冲砂不彻底的情况；高压水反过来冲击设备，造成补水泵叶轮损坏，密封垫刺漏等，存在安全隐患。

经充分分析和讨论后，在现有注水流程上加装单流截断阀，当注水泵故障停机时，单向阀反向截断井口到注水泵分水器流程水的反向倒流，杜绝注水倒流现象，避免地层向井筒吐砂造成井底砂埋，降低了注水井作业产生的经费，提高注水质量，以满足气田采出水的处理要求，保证气田采气工作的正常运行，达到气田可持续发展和国家环保的严格要求。通过对 4 口注水井安装单向止回阀，并做好相应记录和对比分析，观察预期实验效果（图 6）。

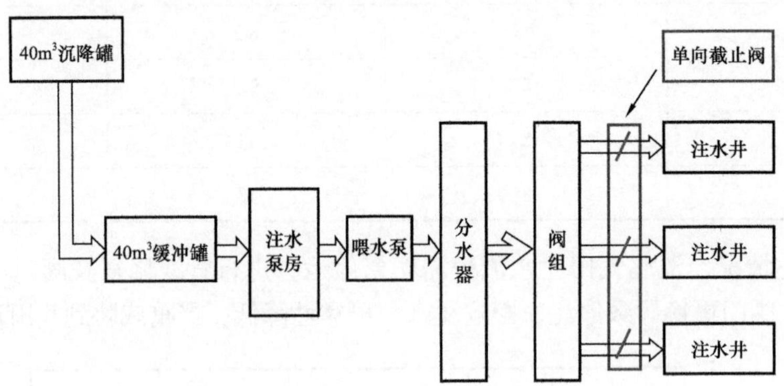

图 6　涩北气田注水流程改造图

3.2　角式耐冲蚀注水器的研发及应用

针对涩北气田高含砂采出水回注流程使用的流量调节装置频繁刺损的问题，纵观现有国内文献，数量不多，且主要关注的是油田注水工艺的智能化。气田采出水回注相关文献的关注点均在适应单一气田特点的工艺流程设计与讨论方面。尚未发现有针对气田采出水工艺流量调节问题做针对性研究、改进及开发的研究文献。

为解决上述实际困难，进行了角式耐冲蚀注水器的研发。角式耐冲蚀注水器采用针式阀门结构，对腔体构造进行了优化，所有工作部件采用耐冲刷和永不腐蚀的特殊陶瓷材料，有效地解决了结垢和冲蚀问题，大大延长了阀门的工作寿命，同时也降低了维修与维护的成本。

其结构有如下特点：

（1）采用针式结构，阀芯与阀座外形经科学优化，阀芯采用流线形设计，表面精磨抛光，有效地降低了水阻和结垢概率。

（2）主要工作部件阀芯和阀座采用耐冲刷和永不腐蚀的特殊陶瓷材料，有效增强了工作部件的抗冲蚀能力，延长了使用寿命。

（3）对阀体内部进行了优化，并在介质通道转弯和节流处安装特殊耐冲蚀陶瓷材料的节流套，避免了流体介质对阀腔内表面的冲蚀，对阀体起到保护作用，有效延长了阀的使用寿命。

（4）采用旋转手轮来进行调节，操作更便捷，调节更精确。

（5）采用整体式结构，安装和维护更方便。

角式耐冲蚀注水器与 2019 年 2 月 10 日安装至现场应用，记录见表 5。

表 5　现场数据记录表

使用时间 /d	目标流量 /（m^3/h）	实际流量 /（m^3/h）	偏移量 /%
0	7	7	0.00
10	7.5	7.5	0.00
20	7.5	7.5	0.00
30	7.5	7.5	0.00
40	8	8	0.00
50	8	8.1	1.25
60	8	8	0.00
70	8.8	8.7	−1.14
80	8.8	8.8	0.00
90	8.8	8.9	1.14
100	8.8	9	2.27
110	8.8	9	2.27
120	8.8	8.8	0.00
130	8.8	9.1	3.41
140	8.8	9.1	3.41
150	8.8	9.3	5.68
160	8.8	9.3	5.68
170	8.8	9.3	5.68
180	8.8	9.3	5.68

该阀在使用 180 天后最大调节漂移量仅为 5.68%，远低于一般节流截止阀偏移量（图 7），寿命也远长于后者，有效降低了注水流程因流量调节装置损坏、更换而导致的

停运。

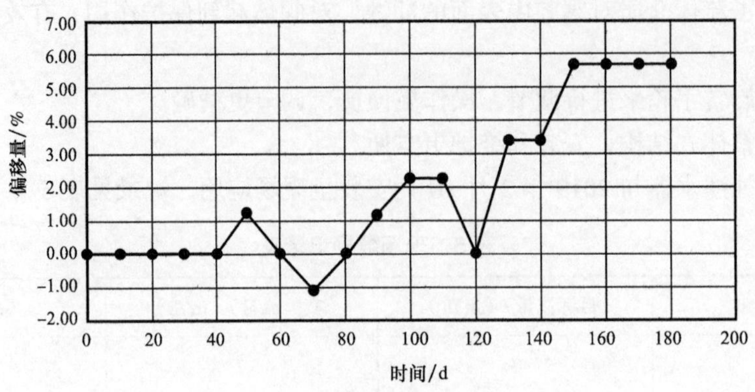

图 7　偏移量统计折线图

4　小结

通过对涩北气田注水流程改造、加装单向阀，解决了单泵多井配注水流程意外停机致返水吐砂的问题。针对高含砂采出水调节难、成本高的问题，研发角式耐冲蚀注水器，避免了管线、阀门频繁刺损，实现了注水流量在线不停机精细调节，有效提高了设备利用率和可靠性，杜绝了注水井返水吐砂现象及后续的冲砂作业，大大降低了生产成本。优化后的采出水处理工艺流程为实现“安稳长满优”的运行目标更进一步，扫除了涩北气田生产的“后顾之忧”，为气田长期持续稳产奠定了良好基础。

处理含硫气田水无泄漏泵探讨

欧志东[1]　刘永良[1]　胡　波[1]　唐　力[1]　李　奎[1]　胡秀容[1]　董宗豪[2]　袁志华[1]

（1. 中国石油西南油气田公司川东北气矿；2. 中国石油西南油气田公司工程技术研究院）

摘　要　处理含硫气田水污水泵一般采用耐腐蚀离心泵和耐腐蚀往复泵，由于泵填料密封或机械密封固有特性，不可避免出现气田水外漏，但气田水一般含有 H_2S 气体等有毒有害物质，存在安全环保风险。针对含硫气田水处理污水泵客观存在的泄漏性，根据气田水处理回注量和压力等参数，优选三种无泄漏泵以达到处理回注含硫气田水无外漏，对含硫气田水选择污水泵具有较好的指导意义。同时，为实现含硫油气田企业安全生产和绿色矿山建设添砖加瓦。

关键词　处理；含硫气田水；泄漏；无泄漏泵；探讨

含硫气田水包括含硫油气田开发生产过程中所产生的地层水和凝析水、集输管线清管通球等生产作业废水以及其他作业废水，其中绝大部分为地层水。含硫气田水处理回注基本处于密闭环境，但处理使用的离心泵和往复泵等污水泵却允许一定程度外漏（GB 50275—2010），以便冷却轴摩擦热，而外漏的气田水不但含有 H_2S 气体，还含其他有害成分，存在安全环保风险[1]，选择无泄漏泵处理含硫气田水已成必然趋势。

1　处理含硫气田水泵现状

1.1　气田水特征

川东北地区产水层主要为石炭系、飞仙关组和长兴组等，气田水具有成分复杂、矿化度高、氯化物含量高、H_2S 含量高等特点。由表 1 可知，气田水 H_2S 最高含量达 3228mg/L，是溢出恶臭气体和设施受腐蚀主要因素；Cl^- 最高含量达 129000mg/L，是设施受腐蚀重要因素；Ca^{2+} 和 Mg^{2+} 最高含量分别达 11900mg/L 和 1290mg/L，是设施结垢和堵塞主要因素。

1.2　含硫气田水处理回注工艺

含硫气田水 H_2S 含量、Cl^- 含量和矿化度均较高，不能直接排放。目前采取密闭环境下，经过污水调节池、缓冲池、过滤池和澄清池后，通过耐腐蚀离心泵或往复泵回注到井底条件较好回注井。当回注水源还有气田其他废水，废水杂质较多，则在回注前增加精细过滤处理等工艺，保证回注水质杂质颗粒达到回注指标要求（图 1）。

表 1　含硫气田水中主要成分统计表

井号	产水量 / m^3/d	相对密度	pH 值	离子含量 /（mg/L）						矿化度 / g/L
				Ca^{2+}	Mg^{2+}	Cl^-	SO_4^{2-}	HCO_3^-	H_2S	
LH006-1 井	5	1.0182	7.34	521	65	15113	43	3631	3228	38.1
L13 井	50	1.0303	9.19	94	24	22018	1092	6101	1927	51.6
TB101-X1 井	4	1.0266	8.21	100	24	15026	5120	4358	1120	41.3
TS12 井	30	1.0234	7.67	632	108	20328	756	1232	785	38.4
L14 井	90	1.0255	8.06	845	133	21035	1297	1435	600	40.0
PX3 井	93	1.1342	5.87	3460	46	129000	140	464	6	214.0
HL004-X4 井	40	1.1299	5.47	11900	1290	113000	799	73	52	189.0
QL25 井	270	1.0357	6.82	1670	355	28715	1813	915	224	50.7

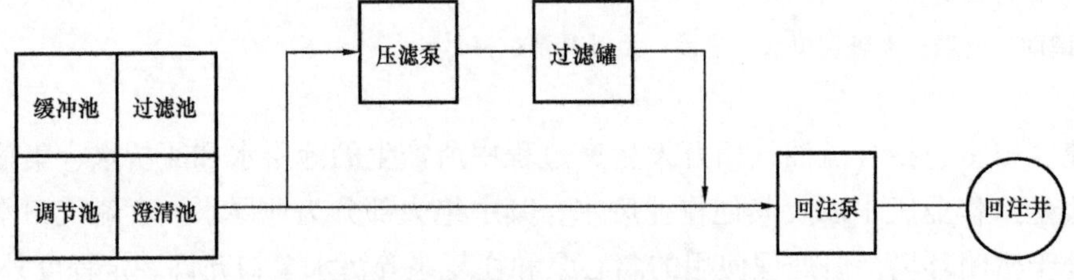

图 1　气田水处理回注示意图

1.3　处理含硫气田水泵类型

当中低压力处理含硫气田水时，一般采用耐腐蚀离心泵，主要用于含硫气田水的提升、压滤、反冲和回注；当回注压力较高时，采用电动往复泵回注井底（表 2）。

表 2　处理含硫气田水泵统计表

场站名称	设备名称	规格与型号	主要技术参数		密封形式	功能
			扬程 /m	流量 /（m^3/h）		
TS2 井	耐腐蚀离心泵	KSH40-160	30	5	机械密封	提升
	耐腐蚀离心泵	50F-25	20	13	机械密封	压滤
	耐腐蚀离心泵	100F-23	23	100	机械密封	反冲清洗
	电动往复泵	3S100-13/10	1000	13	填料密封	回注
HL004-X4 井	耐腐蚀离心泵	FDYD（J）-15-50*7	350	15	填料密封	管输回注
	耐腐蚀离心泵	IH50-125	20	5	填料密封	污水卸车
	耐腐蚀离心泵	50ZX10-40	32	15	机械密封	污水转输

续表

场站名称	设备名称	规格与型号	主要技术参数		密封形式	功能
			扬程 /m	流量 /（m^3/h）		
TS12 井	电动往复泵	3S75-13/2	200	13	填料密封	管输
L13 井	耐腐蚀离心泵	DF25-50×10	500	25	填料密封	管输回注
L14 井	耐腐蚀离心泵	DF25-30×9	270	25	填料密封	管输回注
	多相流混输泵	EDRP500	630	25	无轴密封	实验备用
PX3 井	耐腐蚀离心泵	50GDLF12-25×8	200	12.5	填料密封	管输回注
QL25 井	耐腐蚀离心泵	DF25-30×10	300	25	填料密封	管输回注

1.4　含硫气田水泵泄漏量

泵运行存在的主要问题是泵动密封处泄漏含硫气田水，根据 GB 50275—2010《风机、压缩机、泵安装工程施工及验收规范》要求：离心泵机械密封的泄漏量不应大于 5mL/h，填料密封的泄漏量不应大于 15mL/min（泵设计流量小于 $50m^3/h$ 时），且温升应正常；电动往复泵填料函的泄漏量不应大于泵额定流量的 0.01%，当泵额定流量小于 $10m^3/h$，其填料函的泄漏量不应大于 1L/h。因而上述含硫气田水泵泄漏量及硫化氢允许释放量的最大值分别为 22mL/min 和 79.9mg/min（表 3）。

表 3　泵允许最大值泄漏量及硫化氢允许释放量表

场站名称	设备型号	密封形式	允许最大泄漏量 / mL/min	硫化氢含量 / mg/L	硫化氢可能释放量 / mg/min	备注
TS2 井	KSH40-160 离心泵	机械密封	0.08	122～3631	0.3	多气井水源
	50F-25 离心泵	机械密封	0.08	122～3631	0.3	多气井水源
	100F-23 离心泵	机械密封	0.08	122～3631	0.3	多气井水源
	3S100-13/10 往复泵	填料密封	22	122～3631	79.9	多气井水源
HL004-X4 井	FDYD（J）-15-50*7 离心泵	填料密封	15	52～271	4.1	多气井水源
	IH50-125 离心泵	填料密封	15	109～790	11.9	多气井水源
	50ZX10-40 离心泵	机械密封	15	109～790	11.9	多气井水源
TS12 井	3S75-13/2 往复泵	填料密封	22	785	17.3	
L13 井	DF25-50×10 离心泵	填料密封	15	1927	28.9	
L14 井	DF25-30×9 离心泵	填料密封	15	600	9	
	EDRP500 多相流混输泵	无轴密封	—	600	0	
PX3 井	50GDLF12-25×8 离心泵	填料密封	15	6	0.1	
QL25 井	DF25-30×10 离心泵	填料密封	15	224	3	

表3中数据仅是规范允许值，在实际生产工作中，由于气田水成分复杂、井站偏远而维修不及时等原因，泵泄漏量可能大于表3中数据，如泵设施处于室内或地势较低洼区域、泄漏气田水释放出的 H_2S 气体容易聚集，安全风险较高。

1.5 含硫气田水泵密封性分析

1.5.1 机械密封

（1）耐 H_2S 腐蚀性较差：机械密封附件较多，一般采用石墨、橡胶、聚四氟乙烯、碳化硅、铜、碳化钨、陶瓷、钨铬钴镍铁合金和普通不锈钢等材料，耐 H_2S 腐蚀性较差，弹簧、密封圈和密封环等易断裂[3]，造成机械密封失效，加剧含硫气田水泄漏。

（2）结垢加速密封失效：含硫气田水中的碳酸盐和硫酸盐，因压力、温度和 pH 值等条件的变化，会析出结晶并吸附和粘牢在机械密封弹簧等部件上，降低弹簧性能，致使密封面密封不严而漏水。图2是某井含硫气田水离心泵运行半个月后，泵底阀密封面大面积结垢而漏水，该井曾因耐 H_2S 腐蚀差和结垢原因，频繁更换离心泵机械密封，后不得不将机械密封改造为填料密封。

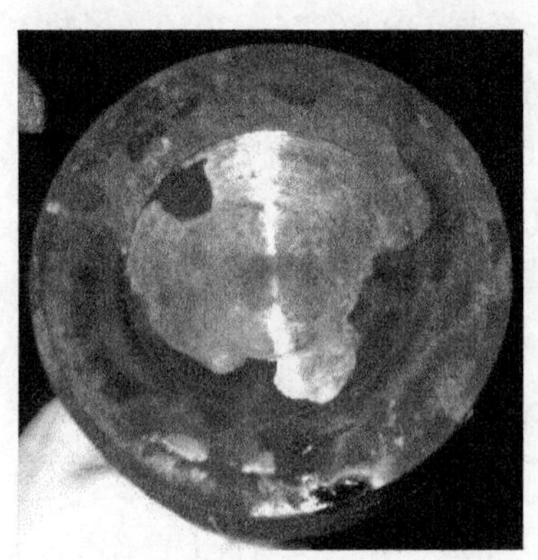

图2 泵底阀结垢

1.5.2 填料密封

（1）为了使填料密封与轴或轴套间产生的摩擦热及时散掉，填料密封必须保持一定量的含硫气田水泄漏，且不易控制❶：密封紧泄漏量少，轻者烧轴套，重者烧泵；密封松泄漏量较大，气田水中 H_2S 气体析出也较多，安全环保风险也高。

（2）含硫气田水腐蚀和其他杂质进入填料密封内部，进一步增大了填料密封和轴套之间的摩擦和磨损，含硫气田水泄漏加大，更换密封部件周期也频繁。

（3）含硫气田水中的碳酸盐和硫酸盐结垢容易堵塞密封填料函内的水封环，而丧失冷却泵轴与填料摩擦产生的热量，也容易轻者烧轴套，重者烧泵。

2 无泄漏泵选择

2.1 无泄漏泵类型

无泄漏泵主要包括屏蔽泵、磁力泵及多相流混输泵中的螺杆泵、隔膜泵、双转子对向旋转泵、喷射泵等，通俗称之为无轴封泵。根据含硫气田水处理回注量和压力等参数（表4），对比分析无泄漏泵[2]，可选择合适的无泄漏泵处理含硫气田水。

❶ 晁伟伟. 化工泵的填料密封与机械密封. 山西：兰花科创化肥分公司尿素车间，2014-09-14.

表 4　屏蔽泵、磁力泵和 EDRP500 多相流混输主要参数表

无泄漏泵类型	主要技术参数				过流部件材料
	扬程 /m	流量 /（m^3/h）	温度 /℃	电机功率 /kW	
屏蔽泵	≤1000	≤25	≤100	≤180	不锈钢
磁力泵	≤400	≤100	≤100	≤200	不锈钢
EDRP500 多相流混输泵	630	25	≤100	22	不锈钢

2.2　无泄漏泵优选

无泄漏泵因结构形式不同，存在较多差异。其中屏蔽泵、磁力泵和 EDRP500 多相流混输泵三种泵的主要优缺点见表 5。

表 5　屏蔽泵、磁力泵和多相流混输泵优缺点表

优缺点	屏蔽泵	磁力泵	EDRP500 多相流混输泵
优点	全封闭、无泄漏	全封闭、无泄漏	全封闭、无泄漏
	安全性高	运行可靠	使用时间长
	泵与电动机系一整体，结构紧凑占地少	检维修方便	对输送介质要求不高
	运转平稳，不需要加润滑油	泵的转速不受电机限制	适用各种气液比条件介质
	无滚动轴承和电机风扇，噪声低	技术要求不高	高效节能，故障率低
	使用范围广		无气阀，进出压力自适应
缺点	采用滑动轴承，要求介质的黏度为 0.1～20mPa·s	严禁磁性等颗粒进入泵内	需要安装安全阀
	效率一般	效率较差	需要安装缓冲罐
	易损坏滑动轴承	不能小流量，更禁忌空转	新工艺，需要时间检验
		安装要求精度较高	
		扬程较低	

根据无泄漏泵参数及优缺点，建议 TS2 井站采用低扬程磁力泵代替 50F–25 耐腐蚀离心泵、高扬程屏蔽泵代替 3S100–13/10 型往复泵，实现含硫气田水处理回注无泄漏。同时，EDRP500 型多相流混输泵是一种偏心式双转子容积泵[3]，为国内无泄漏泵一项新技术，建议 L14 井站进一步开展该泵相关实验，为今后解决高含硫气田水处理回注工艺开创一条新的途径。

3　经济性与安全环保性分析

无泄漏泵制造成本要高于常规泵，但其使用维护费用要比一般填料密封和机械密封

泵低得多。首先，无泄漏泵没有填料密封和机械密封，泵轴完全封闭在屏蔽套（隔离套或泵壳）内，变动密封为静密封，有效解决了泄漏和润滑问题；其次，无泄漏泵取消了联轴器，变硬连接为软连接，有效解决了振动及噪声问题；再次，无泄漏泵易损件明显减少（仅有轴承或口环），事故件也相对减少（仅有内、外转子）；最后，无泄漏泵运行寿命延长，检修频次和时间大大减少，且检修劳动强度大大下降。根据2000—2001年度ABS装置统计结果，常规泵泄漏、故障等破坏率是无泄漏泵的6～8倍，机械密封化工泵更换易损件的费用是相似参数无泄漏泵的3～5倍。按照累积总费用计算，经4～5年二者的数量基本相当。

无泄漏泵是无轴封泵，可彻底解决了“跑、冒、滴、漏”问题，消除了石油化工行业易燃、易爆、有毒、有害介质通过泵密封泄漏的安全环保隐患。随着经济的发展、社会的进步，国家对企业在安全环保等领域的要求越来越高，无泄漏泵将得到越来越广泛的应用。

4 结论

（1）含硫气田水处理回注泵填料密封和机械密封允许存在外漏，带走泵轴摩擦热，气田水中H_2S腐蚀和碳酸盐及硫酸盐等结垢，加剧气田水外漏，外漏气田水析出H_2S气体等，安全环保风险较高。

（2）通过对屏蔽泵、磁力泵和多相流混输泵等无泄漏泵优缺点对比，结合安全环保与经济性等生产实际，建议TS2井站采用低扬程磁力泵代替离心泵、高扬程屏蔽泵代替往复泵，L14井站进一步开展EDRP500多相流混输泵实验，开启容积式无泄漏泵处理多相介质新篇章，为高含硫气田水处理回注做好技术储备。

参考文献

［1］吴超，杨洋，孟波．含硫油气田污水收集风险及对策研究［J］．天然气与石油，2016，34（5）：85-88.

［2］迟静波．无泄漏泵的选择与应用［J］．化工机械，2016，43（1）：120-124.

［3］杨旭，屈宗长．一种带有端面吸入孔口的同步回转油气混输泵：中国．实用新型专利，CN 206845559 U［P］.2018-01-05.

高磨区块含硫气田水除臭处理技术探讨

周厚安[1]　熊　颖[1]　康志勤[1]　宋　亮[2]　刘友权[1]　高晓根[1]

（1. 中国石油西南油气田公司天然气研究院；2. 中国石油西南油气田公司蜀南气矿）

摘　要　含硫气田水含硫化物、有机物等污染物，恶臭味大，易挥发，对周边环境和人员的影响及危害大。随着《中华人民共和国环境保护法》的实施，对含硫气田水的处理提出了更高的要求。针对高磨地区含硫气田水的恶臭治理问题，本文简要概述了目前国内外含硫气田水脱硫除臭处理技术及其优缺点和适用条件，介绍了安岳气田高磨区块含硫气田水的处理现状，主要通过拉运和管输的方式将闪蒸后的气田水送至回注站处理后回注；结合现场含硫气田水化学除臭探索性试验，探讨了高磨区块含硫气田水拉运除臭的处理工艺和硫化物控制指标；对含硫气田水拉运除臭提出了先采取闪蒸或联合燃料气气提工艺脱硫，将水中硫化物含量降至300mg/L以下，然后再加注液体脱硫剂进行化学除臭的处理工艺，将处理后水中硫化物含量控制在20mg/L以下。

关键词　含硫气田水；硫化氢；处理技术；脱硫除臭；液体脱硫剂；三嗪脱硫剂

含硫气田水中因含有大量硫化物和有机硫等污染物，易挥发，恶臭味大，在气田水存储、运输及回注处理等过程中会逸出大量H_2S等有毒气体，会造成安全和环境污染问题[1-2]。随着国家环保法规的日益严格和人员环保安全意识的提高，对含硫气田水的处理提出了更高的要求。

四川盆地含硫气田分布广，每年会产生大量含硫气田水。特别是近年来，随着四川盆地安岳气田的发现和投产开发，含硫气田产水量越来越大。目前，高磨区块含硫气田水主要采用常压闪蒸分离后管输或拉运至回注井站进行回注处理，由于气田水转运前仅采用贮罐常压闪蒸分离而未经其他处理，水中H_2S含量仍较高（一般为300～500mg/L），恶臭味大，气田水储存、转运及回注处理等过程中存在较大的安全和环境风险。据不完全统计，截至2020年3月，高磨区块灯影组和龙王庙组气藏开发，产水量累计已达$145\times10^4m^3$，日均产水量达$1800m^3$，日均拉运含硫气田水$450m^3$。为保证含硫气田安全清洁生产，迫切需要开展含硫气田水恶臭治理技术研究，以解决含硫气田水储存、运输及回注处理过程中的恶臭问题。

1　含硫气田水脱硫除臭处理技术现状

目前国内外含硫气田水脱硫除臭处理方法主要有物理法、化学法和生化法三大类[3]，可细分为闪蒸法、汽提法、抽提法、化学氧化法、化学沉淀法、电化学法和加注液体脱硫剂法等[4]。

1.1 物理法

常用的物理法包括闪蒸法、汽提法和抽提法 3 种。主要是利用 H_2S 气体在不同温度和压力条件下的溶解度不同，通过降压、气体吹扫和抽气等方式，降低污水溶液气相中的 H_2S 分压，使水中溶解的和游离的 H_2S 气体快速逸出而得去除。同时，由于不同 pH 值条件下水中硫化物的存在形态不同[3]，当水中 pH 值≤5.5 时，水中硫化物主要以 H_2S 形态存在；pH 值>9.8 时，主要以 S^{2-} 形态存在；当 5.5<pH 值<9.8 时，主要以 H_2S，HS^- 和 S^{2-} 这 3 种形态共存。因此，通过调节污水的 pH 值，使水中的硫化物转化为 H_2S 气体，从而提高水中硫化物的脱硫效率。闪蒸法、汽提法和抽提法常用于硫化物含量较高、水量较大的含硫气田水脱硫除臭处理[5-7]。闪蒸法、汽提法和抽提法只能去除水中以 H_2S 形态存在的硫化物，是将硫化物从液相转移至气相，污染物形态未发生变化，处理后产生的闪蒸气（尾气）必须通过溶液吸收法和液相氧化还原法等方式脱硫处理，或者通过放空火炬燃烧排放，存在二次污染或后续处理问题[7]。

1.2 化学法

常用的化学法包括化学氧化法、化学沉淀法、电化学法、溶液吸收法和加注液体脱硫剂法。化学氧化法是通过投加强氧化剂将硫化物氧化成单质硫、硫代硫酸盐或硫酸盐，从而去除污水中的硫化物和有机物的一种方法[4, 6]。化学氧化法分直接氧化法和催化氧化法两大类，前者常用的氧化剂有次氯酸钠、稳定性二氧化氯、漂白粉和双氧水，后者常用的有空气催化氧化法和 Fenton 试剂法[8-12]。化学氧化法一般适用中低含硫污水的脱硫处理或污水深度处理，目前在含硫气田水脱硫除臭处理中应用较为广泛。化学沉淀法是利用金属离子与二价硫离子反应生成难溶于水的硫化物沉淀，从而分离去除硫化物的方法，常用的沉淀剂主要有铁、亚铁和锌等金属盐类。由于生成的沉淀颗粒小，通常将沉淀分离与混凝法联合使用。化学沉淀法主要适用于低含硫气田水的处理，常用的混凝剂有聚合氯化铝、聚合硫酸铁和聚丙烯酰胺。电化学法是利用铁碳内电解或电解含盐水产生 Cl_2，O_2 和 ClO^- 等氧化剂氧化去除水中的硫化物和有机物等污染物的一种方法[13]。刘明礼利用电解气田水中的氯化钠生成次氯酸钠氧化脱硫，对于硫化物质量浓度为 200mg/L 的含硫气田水，处理后水中硫化物质量浓度可降至 5mg/L 以下，脱硫率可达 99%以上[14]。

加注液体脱硫剂法是利用非再生型高效液体脱硫剂与 H_2S 发生不可逆反应生成水溶性硫化物，从而将含硫气田水中的硫化物脱除。相对于化学氧化法和化学沉淀法用于含硫气田水脱硫，直接加注液体脱硫剂法具有对 H_2S 脱除选择性强、环境友好，不存在二次污染等优点，主要适用于 H_2S 含量较低的气体或污水的脱硫除臭处理[15-16]。近年来，液体脱硫剂在国外含硫天然气气体和液体脱硫中得到广泛使用，国内中国石油长庆气田、中国石化大牛地气田和中国海油海上气田进行现场试验及应用，均取得了较好的应用效果[17-20]。目前，国内外投入工业化应用的液体脱硫剂产品主要有三嗪类、醛类、胺类及其复合型产品[21-23]。

1.3 生物法

生物法是一种利用某抗硫的生物细菌来氧化处理水中硫化物、有机物的一种方法，通常适用于低含硫气田水的深度处理，分好氧生物法和厌氧生物法两种[24]。由于硫对生化系统有毒害作用，须采用适宜工艺以解除硫离子对微生物的抑制。在含硫污水的生化处理中，菌种的选取是关键，只有选择能在细胞外产生单质硫的细菌才能取得所需的效果，还应避免硫化物在生物作用过程中转化成硫酸盐。

实际应用中通常是几种方法联合使用，以克服使用单一方法的局限性。各种处理工艺方法的优缺点及适用条件对比见表 1。

表 1 各种含硫气田水脱硫除臭处理工艺方法的优缺点及适用条件对比

处理方法		作用原理	优点	缺点	适用条件
物理法	闪蒸法	不同温度和压力下，水中 H_2S 的饱和溶解度不同	简单，节能，投资少，运行费用低	处理后水中 H_2S 含量仍较高，脱硫效果较差	水中 H_2S 含量不高，没有可利用的蒸汽或燃料气等条件
	汽提法	气体与水逆向接触，降低水中 H_2S 的气相分压	可最大限度地降低气田水中 H_2S 含量，脱硫率高，投资少	能耗稍高，管道低压点存在积液	H_2S 含量高、输送距离长，安全性要求高、有可利用的蒸汽或燃料气等条件
	抽提法	负压抽提原理	脱硫效果较好	对设备要求高，需要抽气设备，设备投资和运行费用较高	大型集气站集中处理
化学法	化学氧化法	利用强氧化剂的氧化和催化氧化作用将硫化物氧化成单质硫、硫酸盐	技术成熟，脱硫处理效果好，设备投资及运行费用较低	受水质变化影响较大，特别是水中有机物含量较高时	适用于中低含硫气田水的脱硫除臭
	化学沉淀法	利用金属离子与 S^{2-} 反应生成沉淀	反应快、效果较好，装置投资很低，占地面积小	产生大量沉淀物，存在二次污染问题	适用于低含硫污水的除硫处理
	电化学法	利用电化学原理生成氧化剂氧化去除硫化物及有机物	处理效果较好，操作简便，药剂加量少，设备占用面积小，投资及运行费用较低	设备运行耗电量较高	适用于 H_2S 含量较低，水量不大的污水处理。
	溶液吸收法	利用 H_2S 与碱性溶液和醇胺溶液吸收反应转化为可溶性硫化物	反应速度快、处理效果较好，药剂成本较低，可实现设备橇装化	需定期更换溶液，会产生大量废弃物需再处理，运行费用较高	适用于闪蒸气、气提气等尾气的吸收处理
	加注液体脱硫剂法	利用液体脱硫剂与 H_2S 反应生成可溶性硫化物	装置投资很低，不存在二次污染	受水质变化影响较大，需考虑药剂与污水的配伍性问题	适用于空间条件受限，H_2S 含量较低的气田水脱硫处理
生物法	生物氧化法	利用微生物细菌的生物氧化降解作用	去除率高，运行费用较低，不存在二次污染	装置占地面积大、投资成本高	适用于低 H_2S 含量，水质水量稳定的条件

2　高磨地区含硫气田水脱硫除臭处理现状

2.1　高磨地区含硫气田水中 H_2S 含量

安岳气田灯影组和龙王庙组气藏属中低含硫为主的气藏[25]，龙王庙组天然气中 H_2S 含量为 0.62～61.11g/m^3，平均为 11.23g/m^3；灯四段为 6.27～32.06g/m^3，平均为 17.04g/m^3；灯二段为 6.04～45.70g/m^3，平均为 19.50g/m^3。目前，高石梯灯影组、磨溪龙王庙组气藏累计投产气井 123 口，累计产含硫气田水达 145×10^4m^3，日均产水 1800m^3 左右。气田水的 pH 值为 5.5～7.5，总矿化度一般为 30～130g/L，水型为氯化钙型，水中硫化物含量一般为 300～750mg/L。高石梯灯影组气藏部分气井气田水中硫化物含量分析结果见表 2。

表 2　高石梯灯影组气藏部分气井天然气和气田水中硫化氢含量分析数据

生产井站	产气量 /（10^4m^3/d）	天然气中 H_2S 密度 / g/m^3	产水量 /（m^3/d）	水中 H_2S 密度 / mg/L
GS1 井	12.0	25.84	5	520
GS6 井	29.5	59.70	35	669
GS7 井	24.0	17.97	7	610
GS102 井	9.0	62.00	60	750
GS001-H2 井	27.0	18.64	8	500
GS001-X3 井	16.8	24.50	3	620

2.2　高磨区块含硫气田水处理现状

近年来，随着国家安全环保要求的提高，新开发投产的含硫气田，气田水处理基本实现了密闭流程。目前，高磨区块含硫气田水处理采取预处理后密闭回注方式。井口采出的高压含硫天然气经井站分离器气液分离，或采用气液混输至集气站，经集气站内分离器气液分离，分离出的含硫气田水存储于站内污水罐内，经常压闪蒸后通过输水管线密闭转输，或采取罐车拉运至回注井站进行回注处理。高磨区块含硫气田水处理工艺流程如图 1 所示[7]。

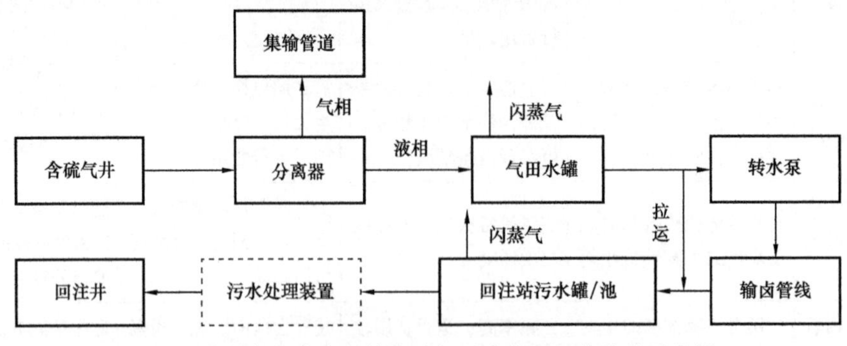

图 1　安岳气田高磨区块含硫气田水处理工艺流程示意图

川中龙王庙组和灯影组气藏所产气田水主要通过输水管线转输回注井站进行回注，日均转水量为 1400m^3 左右；其余未建有输水管线的气井所产气田水通过罐车拉运至回注井站进行回注，日均拉运气田水 200m^3 左右。由于蜀南高石梯区块暂无气田水回注站，产生的含硫气田水只能通过罐车密闭拉运至 200km 之外的回注井进行回注处理，平均每天拉运气田水 200m^3 左右。

2.3　高磨区块含硫气田水闪蒸气（尾气）处理现状

由于安岳气田所产含硫气田水中 H_2S 含量较高，为了保证气田开发安全清洁生产，目前普遍采取常压闪蒸处理工艺进行脱硫处理，基本实现了含硫气田水闪蒸气的密闭处理，处理工艺包括液相氧化还原、碱液吸收、混合胺液吸收和火炬焚烧。现建有 27 套处理装置，其中，液相氧化脱硫装置 12 套，碱液或胺液吸收装置 5 套；喷淋洗涤脱硫装置 2 套；简易吸收装置 8 套，使用的脱硫剂主要有 NaOH 碱液、混合胺液和三嗪类脱硫剂。目前基本适应现场生产需要，但部分处理装置由于堵塞和运行不稳定等原因停运或间断运行，存在的主要问题是产生的大量脱硫废液须进行无害化处理。高磨区块现有含硫气田水闪蒸气处理装置使用情况和闪蒸气中 H_2S 含量检测结果见表 3 和表 4。

表 3　高磨区块现有含硫气田水闪蒸气处理装置统计表

井站	数量	类型	药剂	运行状态
西眉清管站、西区复线首站、西区复线末站、东区集气站、北 1 集气站、MX210、MX202 和 MX204 等	12	液相氧化还原脱硫装置	R–X 复合脱硫剂（络合铁）	停运：西区复线首站、西区复线末站、MX202 井和 MX205 井
西北站、北 6 集气站、MX11、MX16C1、MX147 和 MX207 井等	8	简易罐吸收脱硫装置	TL–10 和 KEW–712 液体脱硫剂	间断运行
西区集气站、GS2 井和 GS3 井	3	碱液和液体脱硫剂吸收脱硫装置	前期采用碱液吸收，后期改用 TL–10 和 KEW–712 液体脱硫剂	停运：西区集气站和 GS3 井
MX22 井区试采站和北 6 集气站	2	混合胺液吸收脱硫装置	YT–1 液体除硫剂	间断运行
M005–U1 和 M005–U2	2	喷淋吸收脱硫装置	KEW–712 脱硫剂	停运：M005–U1

表 4　高磨区块含硫气田水闪蒸气中 H_2S 含量检测结果

井站	西眉清管站	西区集气站	M22 井区试采集气站	北 6 集气站	GS 3 井
闪蒸气中 H_2S 密度 / g/m^3	90～150	105～161	290～300	125～245	97.7～285

3 高磨区块含硫气田水拉运化学除臭探索试验情况

为降低安岳气田高石梯含硫气田水拉运的安全和环保风险，中国石油西南油气田开展含硫气田水拉运化学除臭现场试验，结果见表5。试验结果表明，对于经常压闪蒸处理后H_2S质量浓度500mg/L以下的含硫气田水，采用直接加注H_2S去除剂CT4-14进行脱臭是可行的，CT4-14与水中硫化物的反应产物溶于水，处理后的水质可直接回注。在药剂加量为10kg/m^{3}的条件下，静止反应12h之后，H_2S去除率可达95%以上，水中H_2S质量浓度可降至20mg/L以下，H_2S气味基本可消除。

表5 高石梯某集气站含硫气田水化学除臭现场试验结果

原水水质			药剂名称及加量	反应时间	不同反应时间后的水质情况			
外观	pH值	H_2S密度/mg/L			外观	pH值	H_2S密度/mg/L	气相中的H_2S含量/mg/m^3
黄绿色	6.3	464.2	10kg/m^3 CT4-14	2	黄色	6.5	62.2	632.8
				4			42.6	
				8			30.5	254.8
				12			18.0	57.4
				24			10.1	2.8

注：（1）反应容器为污水（闪蒸）罐，除臭处理前取污水罐上部气体检测，H_2S含量超过泵吸式硫化氢检测仪的量程（>4200mg/m^3）。

（2）H_2S去除剂CT4-14加量以产品计。

（3）加药反应一定时间后从污水罐底部密闭取样分析。

4 含硫气田水拉运除臭硫化物控制指标探讨

由于H_2S等恶臭气体的嗅阈值很低（0.0067mg/m^3），即空气中有0.005×10^{-6}的H_2S即可被人察觉。因此，理论上要求含硫气田水处理后H_2S含量越低越好，但其除臭处理成本势必会大幅上升。为经济有效地解决含硫气田水拉运过程中的恶臭问题，必须确定一个合理的硫化物控制指标。目前，SY/T 6596—2016《气田水注入技术要求》仍未对气田水回注处理硫化物控制指标提出具体要求。

翁帮华等[26]在调查川渝地区含硫气田采出水中硫化物含量基础上，模拟计算了含硫气田水中典型H_2S含量的逸散规律，提出了气田水中硫化物污染物的控制指标。研究结果表明，回注气田水中硫化物含量控制在20mg/L以下，不仅能减轻含硫气田水中硫化物对井站地面设备及回注井筒的腐蚀，而且也可以保证气田水储存、运输及回注处理过程中逸出的H_2S含量远远低于国家标准规定的职业健康接触限值及环境排放限值。鉴于以上研究成果，结合现场实际经验，从低成本和安全环保角度考虑，对于含硫气田水拉运脱硫除臭处理，建议控制水中H_2S含量在20mg/L以下。

5 结论与建议

（1）含硫气田水恶臭污染物主要来自硫化氢气体，其恶臭治理方法及工艺选择应主要考虑防止硫化氢气体的逸出或脱除，通常是在物理法除臭的基础上，再采用化学法除臭将硫化氢含量降至控制指标范围内。

（2）目前高磨区块含硫气田水处理主要以回注地层为主，经常压闪蒸脱硫处理后管输或拉运至回注井站回注，建议先采取闪蒸或燃料气气提工艺脱硫工艺将水中硫化氢含量降至300mg/L以下，然后采用加注液体脱硫剂进行除臭处理。

（3）当气田水中硫化氢含量大于200mg/L时，建议气田水存储、输送和处理全流程采用密闭工艺流程，且在含硫气田水拉运除臭时，建议将处理后的硫化氢含量控制在20mg/L以下。

（4）对于含硫气田水达标外排处理，建议结合水中硫化氢含量高低等水质情况，采用气提法、化学氧化法、化学沉淀法和电化学法及其组合工艺进行除臭处理。

参考文献

[1] 伊忠，廖刚，梁发书，等.硫化氢的危害与防治[J].油气田环境保护，2004，14（4）：37-39.

[2] 赵宏，张明鑫，罗倩，等.气田水恶臭治理技术优选及效果评价[J].油气田环境保护,2016,26(2):23-26.

[3] 屈撑囤，沈哲，杨帆，等. 油气田含硫污水处理技术研究进展[J].油田化学，2009，26（4）：453-457.

[4] 闫玉乐，王凤伟，周博涵，等.油气田含硫污水处理技术[J].广东化工，2017，44（19）：108-109.

[5] 肖芳，周波，刘静，等.高含H_2S气田水及闪蒸气处理新技术探讨[J].天然气与石油,2013,31(5):94-96.

[6] 朱权云. 含硫气田水脱硫技术及应用[J]. 油气田环境保护，1992（1）：35-38.

[7] 宋彬，李静，高晓根.含硫气田水闪蒸气处理工艺评述[J].天然气工业，2018，18（10）：107-113.

[8] 刘秀玲，王佳.氧化法脱除硫化氢的研究进展[J].海洋科学，2000，24（6）：17-21.

[9] 李毅.普光高含硫气田水中H_2S去除技术研究[J].油气田环境保护，2012，22（4）：11-14.

[10] 余昌信，刘崇华，周浩，等.炼油厂高含硫恶臭污水化学法处理研究[J].油气田环境保护，2012（1）：13-14.

[11] 杨杰，向启贵.含硫气田水达标外排处理技术新进展[J].天然气工业，2017，37（7）：126-131.

[12] 张海林，向敏，杨毅.含硫气田污水三级除硫技术研究[J].广州化工，2015，43（21）：174-175，234.

[13] 唐金龙，郝志勇，吴红伟，等.油田污水除硫的电化学方法研究[J].石油天然气学报（江汉石油学院学报），2005，27（3）：5-7.

[14] 刘明礼.电解法处理高含硫气田水[J].油气田环境保，1995，5（2）：8-10.

[15] 杨光，薛岗，蒋成银，等 . 国内外三嗪类液体脱硫剂的研究进展 [J]. 石油化工应用,2018,37(10): 19-23.

[16] 刘吉东，徐磊，李国森，等 . 新型硫化氢吸收剂的合成及其在油气井的应用 [J]. 山东化工，2015，44（19）: 23-25.

[17] 陈岑 . 新型三嗪类脱硫剂 TL-10 在含硫油气田的应用 [J] .. 内蒙古石油化工，2019（5）: 13-15.

[18] 胡廷 . 渤海油田注水用液体脱硫剂的筛选和现场应用 [J] . 油田化学，2019，36（2）: 277-279.

[19] Prasad Dhulipala，Jagrut Jani，Melanie Wyatt，et al.Sour Fluids Management Using Non-chemical H_2S Scavenger [C]. SPE 194990-MS，2019.

[20] Chaudhry，Furqan，Mobley，et al.Laboratory Development of A Novel，Non-Triazine-based Hydrogen Sulfide Scavenger and Field Implementation in the Haynesville Shale [C]. SPE 164077-MS，2013.

[21] 张点 . 三嗪除硫剂的合成与性能评价 [D] . 西安：西安石油大学，2018.

[22] 唐婧亚，韩金玉，王华 . 可脱除硫化氢的液体脱硫剂研究进展 [J] . 现代化工，2013，33（9）: 22-26.

[23] Mahesh Subramaniyam，Mumbai（IN）.Nitrogen Based Hydrogen Sulfide Scavengers and Method of Use Thereof : USP 20190002768 A1 [P] . 2019-1-3.

[24] 薛勇刚，薛韵涵，戴晓虎，等 . 污水处理厂除臭技术比较及选择 [J] . 给水排水，2013，39: 218-222.

[25] 魏国齐，杜金虎，徐春春，等 . 四川盆地高石梯—磨溪地区震旦系—寒武系大型气藏特征与聚集模式 [J] . 石油学报，2015，36（1）: 1-12.

[26] 翁帮华，杨杰，陈昌介，等 . 气田水中硫化物控制指标及处理措施 [J] . 天然气工业,2019,39（3）: 109-114.

四川盆地气田采出水处理技术探索与实践

顾友义　冯泽江　杨　立　骆敏珠　古纯勇

（中国石油西南油气田公司川中油气矿）

摘　要　四川盆地年产气田水约为 $300\times10^4m^3$，受环保政策趋严影响，传统的回注方式已不能适应新的环保要求，本文调研了当前回注以及气田水达标外排处理方式在四川盆地的使用情况，对当前气田水处理存在的问题和困难进行了深入分析，并开展了一系列气田水达标外排处理中试试验，探索出一套成熟、稳定、可操作、处理成本经济的气田水处理行业技术标准，为四川盆地乃至全国各大气田气田水处理的推广应用作好技术支撑。

关键词　气田水；回注；达标外排；技术标准；推广应用

近年来，得益于勘探认识的深化和技术的进步，四川盆地进入了天然气储量、产量的快速增长期，2020 年天然气年产量达到 $550\times10^8m^3$，然而有水气藏占开发气藏的 84%，往往形成气水同产，经统计四川盆地年产气田水约为 $300\times10^4m^3$。

气田水给天然气生产造成难题的同时，采出的气田水所引起的环境问题也显露无遗。首先气田水中除含有大量固体杂质、悬浮物、石油类、有机物、硫化氢外，还含有大量 Ca^{2+}，Mg^{2+}，SO_4^{2-} 和 Cl^- 等结垢离子和缓蚀剂、泡排剂等油化剂产品。气田水的安全、环保、经济处理已成为制约四川盆地千亿立方米天然气产能建设的重要因素。

1　四川盆地气田水的处理现状

1.1　气田水水质情况

根据气田水中污染物的组成及含量，目前川渝地区气田水可大致分为含硫气田水、含油气田水、页岩气返排液等几大类，其表 1 是四川盆地气田水水质组成主要范围。

由表 1 可知，气田水的中的主要污染物为固体悬浮物、石油类等有机物、有害气体等，另外气田水中的 Cl^- 普遍在 10000mg/L 以上。

1.2　气田水处理技术

目前四川盆地的气田水处置技术主要包括：回注地层和处理后达标外排，约 $8000m^3/d$ 气田水采用回注方式处置，$1200m^3/d$ 气田水采用地面处理达标外排的方式处置。

1.2.1　回注处理

气田水经闪蒸罐闪蒸、沉降处理后，出水用提升泵加压后经核桃壳过滤器和精密过滤器过滤后，输送至高架污水罐，出水通过高压回注泵注入地层。气田水回注处理工艺流程如图 1 所示。

表 1　四川盆地气田水水质组成主要范围

序号	项目	单位	范围
1	悬浮固体物	mg/L	90～840
2	颗粒直径	μm	7～100
3	石油类等有机物	mg/L	0.5～426
4	pH 值		2.65～10.98，大部分为 6～7.5
5	Cl^- 含量	mg/L	10000～30000，高的达 100000 以上
6	硫化物	mg/L	0.007～2300
7	矿化度	mg/L	几万至十几万
8	有害气体		H_2S，CO_2，O_2 等

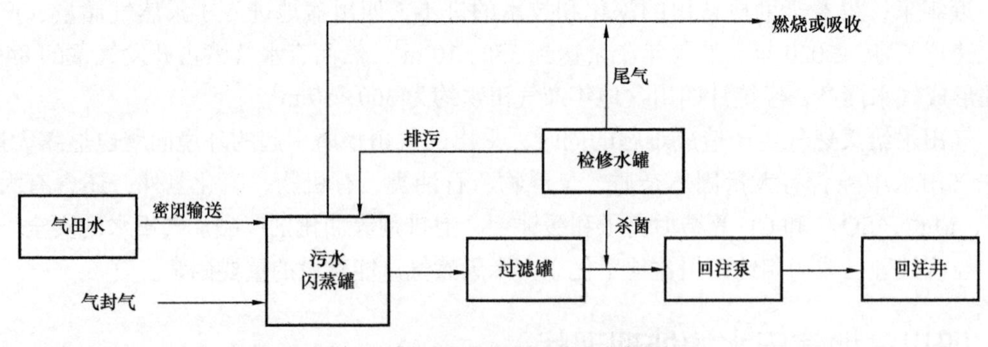

图 1　高压回注处理工艺流程框图

目前四川盆地约 90% 的气田水采取回注的方法处理，其中 50% 的气田水采用高压回注。气田水执行的回注水质指标（Q/SY 01004—2016）见表 2。

表 2　注水水质推荐指标

pH 值	6～9
溶解氧*	≤0.5
石油类 /（mg/L）	≤100
悬浮物固体含量 /（mg/L）	≤200

1.2.2　达标外排处理

目前四川盆地仅中国石化川西气田、元坝气田和河坝气田共三套气田水达标外排处理装置，其主要工艺流程为：气田水通过管输（或罐车拉运）至气田水处理站调节池，依次进入预处理系统，然后通过膜提浓系统进行浓缩（视水中离子含量是否使用膜浓缩单元），浓水进入蒸发结晶系统进行深度脱盐处理。各系统产生的无害固废或盐类由有处理资质的单位定期外运处理。气田水达标外排处理工艺流程示意图如图2所示。

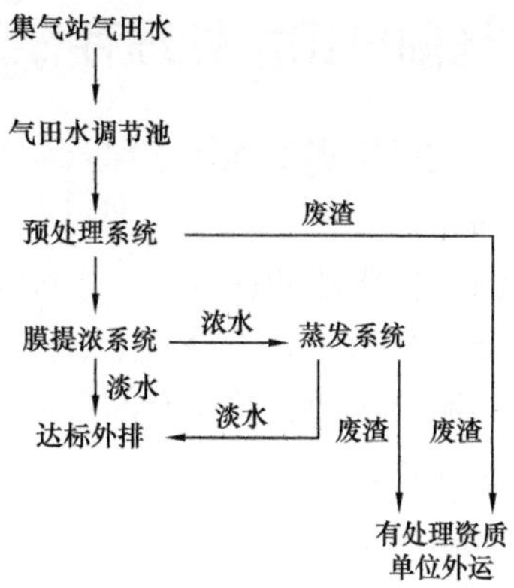

（1）预处理系统。

根据水质的不同，可采用酸水汽提系统、过滤系统、高效气浮系统、药剂软化系统、高效催化氧化系统（两级）等常规。预处理工艺。

集气站气田水
气田水调节池
预处理系统
废渣
膜提浓系统
浓水
蒸发系统
淡水
淡水
达标外排
废渣
废渣
有处理资质单位外运

图2 气田水达标外排处理工艺流程示意图

（2）膜提浓工艺。

目前常用的膜提浓工艺有电渗析浓缩工艺和高压反渗透浓缩工艺。

（3）蒸发结晶工艺。

使含有不挥发溶质的溶液沸腾气化，并移出蒸汽，从而使溶液中溶质的浓度提高的单元操作称为蒸发，所用的设备称为蒸发器。目前，用于污水处理的蒸发结晶工艺常用为多效真空蒸发工艺。

对于达标外排处理的气田水，由于经处理后均排入地面水系或农灌水系，应执行GB 8978—1996《污水综合排放标准》中的一级标准。主要污染物指标的排放标准见表3。

表3 气田水排放标准

pH值	COD/mg/L	石油类/mg/L	氯化物/mg/L	氨氮/mg/L	硫化物/mg/L	磷酸盐/mg/L	总铬/mg/L	铜/mg/L	铅/mg/L	镉/mg/L	总汞/mg/L
6～9	≤100	≤5	≤300	≤15	≤1	≤0.5	≤1.5	≤0.5	≤1	≤0.1	≤0.05

1.2.3 两种气田水处理方法对比

通过以上阐述，从处理费用、对环境影响和管理复杂程度方面考虑，各处理方案的综合比较见表4。从表4可以看出，达标外排处理工艺费用更高，技术不成熟，日处理水量较少。

表4 各处理方案综合比较表

序号	项目	回注	处理达标外排工艺
1	处理费用/（元/m^3）	180左右（含钻井费用）	160～400（包括装置折旧费）
2	对环境影响	长期不可预测风险较大	无
3	工艺技术成熟度	成熟	不成熟
4	处理水量/（m^3/d）	8000	1200

2 当前气田水处理存在的问题和困难

通过气田水治理技术深入调研和研究，在气田水治理方面存在一些问题和困难，主要表现为：

（1）传统的回注方式已不能适应新的环保要求。

受环保政策趋严影响，地方生态环境部门对回注井环评的审批持更谨慎的态度。目前，川渝地区地方政府对新建回注站工程基本不予审批，建设过程协调难度大，安环评和建设时间长。

气田水回注处理长期可能存在环境污染风险。虽然气田水回注处理过程中，各个油气田加强了回注井的井筒质量管理，但是由于仍然有 50% 的回注采用高压回注的方式，回注井口压力多在 15MPa 以上，地层水会在井筒周围地层长期形成高压区，受气田水对套管腐蚀、地层构造等不确定因素的影响，长期潜在的风险无法预测。

（2）气田水达标外排工艺缺乏相应的行业标准，处理费用高，限制了该技术的大规模推广应用。

气田水达标外排工艺主要由预处理单元和蒸发结晶单元组成，其中蒸发结晶是比较成熟的工艺，预处理工艺有待进一步论证，主要表现为。

① 预处理系统中的除 COD 和氨氮等工艺有微电解、催化氧化等各种技术，需要确定哪种工艺效果更好、更经济。在气田开发过程中，排水采气和管道防腐措施均需加入大量的化学添加剂，对气田水的终端处理有着不可低估的影响，有时甚至整个处理工艺就是围绕该特征污染物进行处理。

② 达标外排装置蒸发结晶过程中，残留了 5% 的母液，由于其浓度较高，含量较复杂，对其分析需要更加精密的实验条件。产生固体泥饼未做明确的废物鉴定，无法直接排放，仍需要再次处理。

③ 达标外排装置所处环境潮湿、高温、高热，装置易腐蚀，在材料选择上需要更加全面和具体的要求。

④ 地面达标处理成本目前远高于回注成本。目前各油气田气田水回注成本平均为 180 元 /m^3，而中国石化在运的气田水达标外排处理系统，仅非含硫 COD 较低的气田水处理成本在 200 元 /m^3 以下，含硫气田水处理成本均超过 300 元 /m^3。对于部分处于微盈利甚至亏损状态的气田难以接受。

（3）缺乏相应的气田水达标外排装置设计、建设、运营经验。由于各大油气田主业是天然气的勘探与开发，缺乏对气田水地面处理达标外排领域建设、运行管理经验和相关人才。

3 探索与实践

受环保政策趋严影响，传统的回注方式已不能适应新的环保要求，为保障有水气田的正常开发，中国石油西南油气田正瞄准关键技术瓶颈和前沿技术，瞄准气田水地面处理达标外排关键技术瓶颈和前沿技术，持续开展气田水地面处理达标外排工艺技术研究及现场试验，重点开发 SS、COD、氨氮处理新技术，进一步气田水处理达标外排工艺技术路线，针对不同的气田水水质，尽快形成相对应的成熟、稳定、可操作、处理成本经济的行业标准，为四川盆地乃至全国各大气田气田水处理的推广应用做好技术支撑。

（1）气田水膜分离工业试验。

试验采用高级氧化技术 + 膜处理工艺（图 3），20t 气田水通过高级氧化、OGF-SRO+RO 膜系统处理，47.37% 的水达到排放标准直接外排（表 5），有效减少了后续工艺处理量，能降低总体能耗。

图 3　高级氧化技术 + 膜处理工艺现场试验图

表 5　高级氧化技术 + 膜处理工艺试验出水水质

水样名称	pH 值	COD/ mg/L	电导率 / μS/cm	盐度 / %	总硬度 （以碳酸钙计）	氯离子 / mg/L	氨氮 / mg/L	钙硬度 / mg/L	硫化物 / mg/L
气田水	6.14	2180	83000	6	5670	36000	155	1710	143
高级氧化段产水	6.31	1300	86800	6.2	5096	33657	147	1760	干扰
膜处理段产水	6.49	61	123	0.2	33.8	9.8	4.2	12.7	—
排放标准	6～9	100	—	—	—	300	15	—	1

（2）微电解氧化 +MVR 蒸发结晶工艺试验。

试验采用“氧化脱硫 + 微电解氧化 +MVR 蒸发结晶”工艺处理龙王庙组气藏气田水（图 4），装置 240m³/d 处理规模连续运行 7 天，处理后的气田水达 GB 8978—1996《污水综合排放标准》中的一级标准，见表 6。

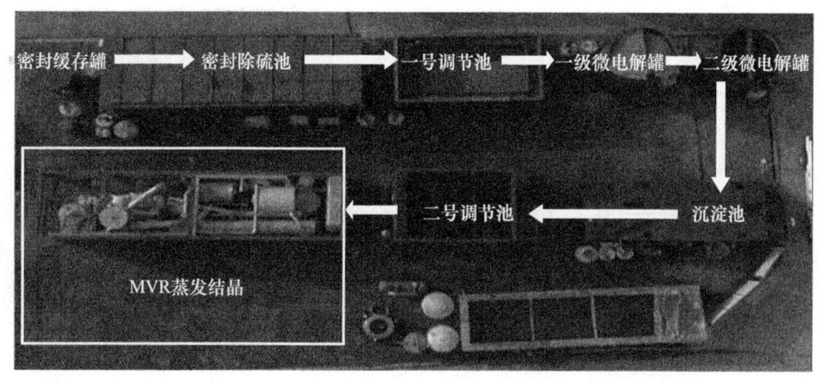

图 4　微电解氧化 +MVR 蒸发结晶组合工艺现场试验图

表 6　微电解氧化 +MVR 蒸发结晶组合工艺出水水质

指标	原水	出水	污水综合排放标准（GB 8798—1996）一级
pH 值	6.3～8	6.2～8.5	6～9
硫化物 /（mg/L）	73～170	未检出	1
石油类 /（mg/L）	2 月 6 日	0.24～0.64	5
COD/（mg/L）	2000～5000	49.2～88.5	100
氨氮 /（mg/L）	100～300	1.08～12.8	15
磷酸盐 /（mg/L）	未检出	未检出	0.5
氯离子 /（mg/L）	27000～57000	未检出	—
钙离子 /（mg/L）	600～2800	0.05～12	—
镁离子 /（mg/L）	100～500	0.007～1.64	—
钡离子 /（mg/L）	700～3000	未检出	—
总铜 /（mg/L）	0.1～0.3	未检出	0.5
总铅 /（mg/L）	0.9～4	未检出	1
总铬 /（mg/L）	0.02～2.5	0.005～0.008	1.5
总镉 /（mg/L）	0.39	未检出	0.1
总汞 /（mg/L）	0.1-25	未检出	0.05

（3）高级氧化 + 膜浓缩 + 蒸发结晶工艺试验。

试验采用预处理 + 膜浓缩 + 蒸发结晶组合工艺处理龙王庙气田水（图 5），能实现气田水中硫化物、COD、氨氮、总硬等主要指标达到 GB 3838—2002《地表水环境质量标准》中Ⅲ类要求，见表 7。

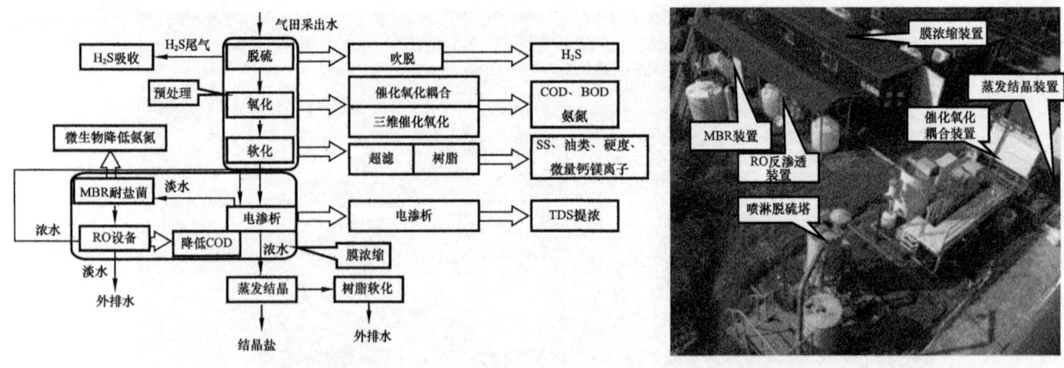

图 5　高级氧化 + 膜浓缩 + 蒸发结晶工艺试验技术路线及装置现场图

表 7　高级氧化 + 膜浓缩 + 蒸发结晶工艺试验出水水质指标

日期	pH 值	电导率 / mS/cm	COD_{Cr}/ mg/L	氨氮 / mg/L	氯离子 / g/L	总硬度 / mg/L	硫化物 / mg/L
《地表水环境质量标准》	6～9		20	1.0			0.2
《污水综合排放标准》	6～9		100	15			1
8.20	5.86	0.407	16	0.36	0.116	<5	—
8.21	6.61	0.163	16	0.86	—	—	—
8.22	—	0.163	18.6	0.78	—	<1	—
8.23	7.81	1.111	10.9	0.25	0.032	<1	—
	6.24	0.167	14	0.085	0.781	0.16	0.057

4　结语

气田水处理新技术的研究及应用已刻不容缓，四川各大气田均开展相应的研究工作，已取得了一定的研究成果，单距离形成成熟处理工艺还有大量工作要做，虽然前期工作虽然投入大，一旦形成较成熟经济的工艺技术并推广应用，将大幅降低回注的安全环保风险，同时保障了有水气藏的高效开发。

参 考 文 献

[1] 叶燕、高立新. 对四川气田处理的几点看法 [J]. 石油与天然气化工，2001，30 (5)：263–265.

[2] 华吴平，罗勇，聂宝维. 元坝气田污水回注现状的分析和探讨 [J]. 中国新技术新产品，2015 (21)：164.

[3] 杨杰，向启贵. 含硫气田水达标外排处理技术新进展 [J]. 天然气工业，2017，37 (7)：126–131.

[4] 胡志勇，刘俊. 川西地区气田废水处理技术及应用 [J]. 油气田环境保护，2009，19 (2)：38–41.

[5] 韩峰. 四川 XC 气田地层水治理对策及应用 [J]. 石油与天然气化工，2013，42 (1)：91–94.

[6] 蒋珍菊，赵立志，曾志农，等. 混凝沉降—微电解—氧化—吸附法处理高 COD_{Cr} 气田水 [J]. 天然气工业，2002，22 (2)：86–89.

[7] 屈撑囤，沈哲，杨帆，等. 油气田含硫污水处理技术研究进展 [J]. 油田化学，2009，26 (4)：453–457.

旋转喷射泵在威远气田气田水集输中的应用

江胜飞　易　浩　林　宁

（中国石油西南油气田公司蜀南气矿）

摘　要　本文介绍威远气田和威 001–H1 井站气田水处理的基本情况和旋转喷射泵的基本结构、原理，结合威远气田和威 001–H1 井站的实际情况，总结了旋转喷射泵在威 001–H1 井站的使用情况，并分析了普通离心泵在该井站的使用情况，从运行情况、综合性能、故障率、耗电量及检维修费用等方面进行了综合对比。结果表明旋转喷射泵在威 001–H1 井站的使用情况较好，相比原有多级离心泵，在综合性能、耗电量、故障率、经济性、员工工作强度等方面都有明显的优势。

关键词　旋喷泵；气田水；应用分析；对比分析

作为投入开发超过 50 年的老气田，威远气田气井生产多采用工艺措施，产水量较大，水质差，气田水处理对威远气田的正常生产影响较大。鉴于威远气田在国防工业中的重要地位，保证其正常生产十分必要，而解决气田水处理问题也成为首要问题。目前，威远气田产水量为 $1500m^3/d$ 左右，日处理水量大，泵机组比较陈旧，每年必须进行 12 台左右的泵机组大修，才能保证设备正常运行。威 001–H1 井是威远气田的主力气井，日产气量 $3\times10^4m^3$ 左右，日产水 $400m^3$ 左右，气田水处理难度最大，硫化氢含量为 $32.9g/m^3$，Cl^- 含量为 48g/L，矿化度为 80g/L，冷却前水温为 90℃左右，冷却后水温为 60～70℃，气田水泵受硫化氢腐蚀和结垢比较严重，导致故障率较高，检维修工作量大、耗时长、安全系数低。在分析威远气田各井站综合工况的基础上，蜀南气矿决定在威 001–H1 井站进行旋转喷射泵的试用，截至 2017 年 6 月底，该泵在威 001–H1 井站共运行 10003.81h，处理水量 $278468m^3$，整体运行情况较好。

1　旋转喷射泵简介

旋转喷射泵（以下简称旋喷泵）又称皮托泵、滞止冲压泵等，是一种工作原理和结构都很独特的极低比转数泵[1-2]，其结构如图 1 所示。

旋喷泵比转速一般小于 30，甚至在 10 以下，属于极低比转速泵，原理就是介质随内转子腔旋转，在泵腔 90° 方向设置接收管，顶端开孔，介质在离心力作用下进入此孔中，通过静止的接收管将速度能转换为平稳，无脉动的压力能从出口管排出。泵扬程的提高不是像离心泵那样靠增大泵叶轮的直径或增加泵的级数（多级泵串联）来实现，而只需改变接收管管口尺寸就可以任意改变流量的大小，通用性能好，结构新颖、简单。该泵的主要工作部件为高速旋转的转子体以及静止的集流管，转子体由叶轮和转子腔两位一体，集流管则由扩散段和出口管组成。液体从吸入管进入叶轮，在离心力的作用下进入转子腔。固定的集流管收集转子腔中的高动能液体，将液体的动能转换为压力能，经过出口管排出泵体[3-4]。

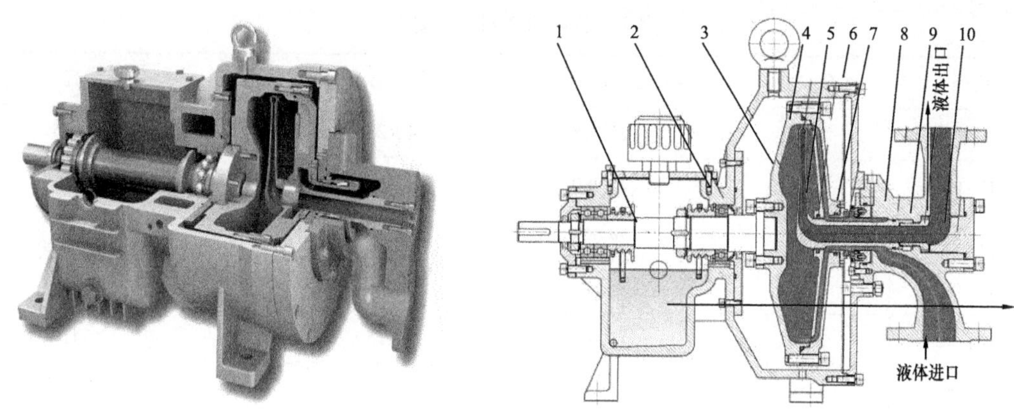

图 1　旋转喷射泵结构示意图

1—主轴；2—泵壳；3—转子腔；4—接收管；5—旋转密封；6—泵盖；7—机械密封；8—进出口段；9—锁紧螺母；10—堵盖

2　在威远气田的应用分析

在旋喷泵投用以前，威 001-H1 井站气田水转运使用的为 2 台 8 级离心泵，由于现场工况较为恶劣，离心泵故障率较高，而且气井产水量为 16～25m^3/h，远小于离心泵排量，导致离心泵不能够连续运转。原有离心泵与旋喷泵的比较见表 1。

表 1　原有离心泵与旋喷泵参数对比

参数	原有 8 级离心泵	旋喷泵
型号	DG48-50*8	RMF320
额定功率 /kW	90	45
额定转数 /（r/min）	2970	2960
额定排量 /（m^3/h）	48	30
额定电流 /A	160	82.3
额定电压 /V	380	380
实际排压 /MPa	3.6 左右	2.0～3.3
运行方式	间歇运行	连续运行

2.1　使用情况分析

威 001-H1 井站气田水主要来自于威 001-H1 井产水，日产水量在 400m^3 左右。在威

001–H1 井正常生产的情况下，可根据实际产水量通过配套变频器进行控制旋喷泵的排量，实现 24h 连续运转。

2015 年 2—3 月，威 001–H1 井正常生产，旋喷泵某日运行情况见表 2。

表 2　旋喷泵某日运行数据

时间	泵压 /MPa	瞬时流量 /（m^3/h）	频率 /Hz	电流 /A	电压 /V
9：00	2.05	23.698	51.25	53	415
10：00	2.05	23.780	51.23	53	415
11：00	2.06	24.098	51.16	53	415
12：00	2.07	24.195	51.15	53	410
13：00	2.07	24.203	51.15	53	410
14：00	2.06	24.129	51.16	53	410
15：00	2.06	24.231	51.15	53	410
16：00	2.06	24.156	51.13	53	410
17：00	2.06	24.103	51.53	53	410
18：00	2.06	24.098	51.52	53	410
19：00	2.06	24.321	51.50	53	410
20：00	2.06	24.156	51.52	53	410
21：00	2.06	24.159	51.50	53	410
22：00	2.05	24.685	51.53	53	410
23：00	2.05	24.687	51.53	53	410
0：00	2.05	24.568	51.53	53	410
1：00	2.05	24.568	51.53	53	410
2：00	2.05	24.568	51.53	53	410
3：00	2.05	24.568	51.53	53	410
4：00	2.05	24.568	51.53	53	410
5：00	2.05	24.568	51.53	53	410
6：00	2.05	24.568	51.53	53	410
7：00	2.05	24.568	51.53	53	410
8：00	2.05	24.568	51.53	53	410

由表 2 数据可知，在正常生产情况下，旋喷泵的泵压、流量、频率、电压和电流等运行参数都较稳定，无脉动情况出现，每天只需按照设备巡检要求进行正常巡检，无其他

工作量。而离心泵由于其工作不稳定，且不能长时间连续运转，每天都需要频繁起停泵操作，造成井站员工的工作量较大。

2.2　对比分析

分别选取正常生产情况下，离心泵和旋喷泵处理相近水量的1个月的数据进行对比，见表3。

表3　正常生产情况下离心泵和旋喷泵1个月数据对比

离心泵			旋喷泵		
日期	运行时间 /h	输送量 /m^3	日期	运行时间 /h	输送量 /m^3
1	11.67	439	1	4.00	89
2	9.00	446	2	0	0
3	8.50	432	3	21.50	459
4	9.50	440	4	0	0
5	9.17	438	5	17.17	402
6	8.83	420	6	18.00	443
7	9.50	435	7	24.00	562
8	7.83	423	8	24.00	581
9	8.75	412	9	24.00	573
10	9.50	450	10	24.00	566
11	9.50	439	11	24.00	566
12	7.83	428	12	20.00	473
13	9.00	429	13	24.00	575
14	9.00	430	14	24.00	561
15	5.25	290	15	24.00	570
16	9.00	426	16	24.00	553
17	9.50	438	17	24.00	555
18	8.50	425	18	21.50	485
19	9.00	432	19	22.00	511
20	9.00	429	20	24.00	525
21	8.00	425	21	8.00	194
22	8.83	428	22	18.00	398

续表

离心泵			旋喷泵		
日期	运行时间 /h	输送量 /m³	日期	运行时间 /h	输送量 /m³
23	10.00	440	23	24.00	565
24	8.00	422	24	24.00	530
25	10.00	438	25	24.00	520
26	11.83	442	26	24.00	539
27	8.50	372	27	24.00	540
28	8.83	396	28	24.00	538
29	11.33	428	29	8.00	178
30	7.50	355	30	0	0
31	9.33	427	31	1.00	20
合计	280	13074	合计	565.8	13.71

由表 3 可知，除个别生产不正常的情况外，旋喷泵可以通过变频器的调节实现 24h 连续运转。而离心泵的工作时间每天只有 5～13h，且由于气井实际产水量远小于其排量等原因导致不能连续运行，平均每 2h 就要起停泵 1 次，增加了员工的工作量，不利于泵的使用寿命。

2.2.1 效率对比

多级耐腐蚀离心泵是成熟产品，其特性曲线如图 2 所示。

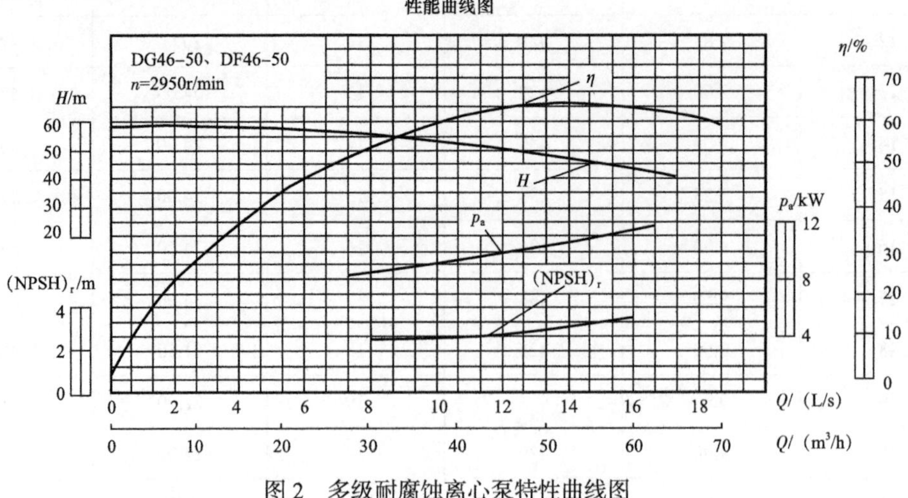

图 2　多级耐腐蚀离心泵特性曲线图

图 2 为泵的单级叶轮效率，效率最高为 65%，排量为 53m³/h，但由于多级叶轮叠加后级间泄漏损失，实际效率会略有下降[5]。

根据旋喷泵在25Hz，35Hz，45Hz和50Hz不同频率下的现场测试数据绘制压力—流量（p—Q）、效率—流量（η—Q）曲线，见图3。

旋喷泵在变频运行时，输出压力降低，流量增大，效率随流量增大先增大后减小。在

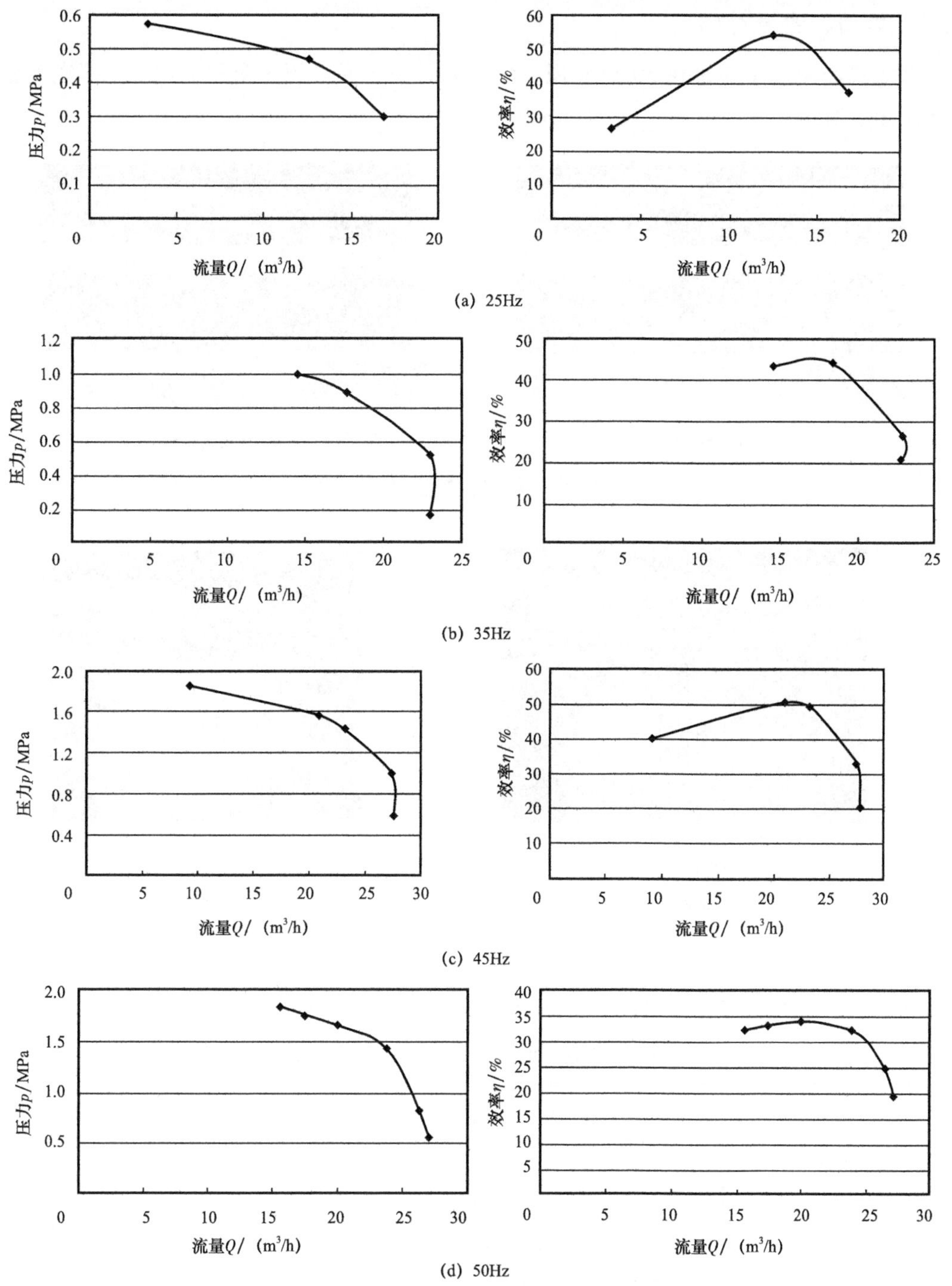

图3 旋喷泵在不同频率下的特性曲线图

频率为 25Hz 时，效率最高点在 14m³/h 左右，35Hz 时效率最高点在 18m³/h 左右，45Hz 时效率最高点在 22m³/h，50Hz 时效率最高点在 22m³/h。旋喷泵效率最高在 53% 左右，和多级离心泵比较没有明显优势。

2.2.2 振动、噪声对比

多级离心泵和旋喷泵在 50Hz 时现场测试的时域波形、频谱图和 1/3 倍频程噪声图如图 4 和图 5 所示。

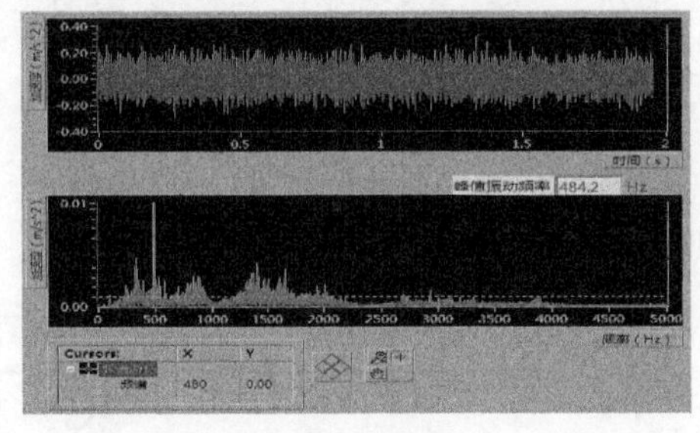

(a) 旋喷泵

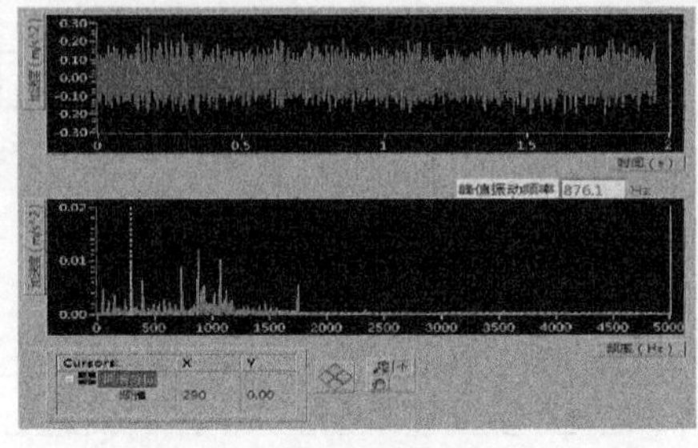

(b) 多级离心泵

图 4　轴承座振动的时域波形和频谱图

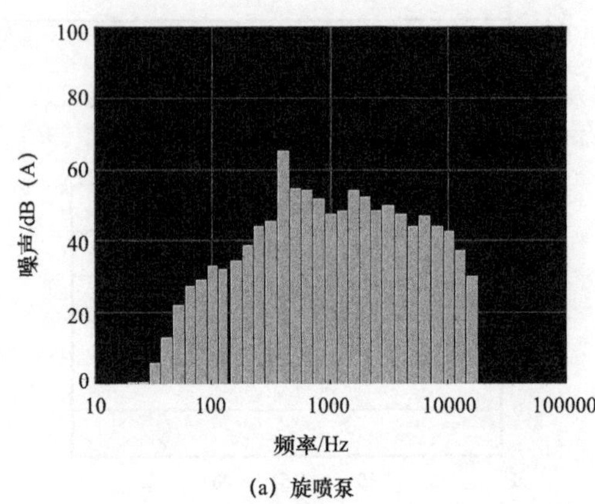

(a) 旋喷泵

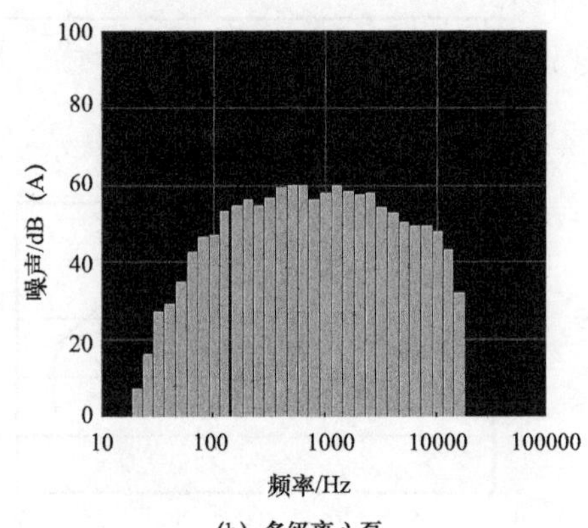

(b) 多级离心泵

图 5　噪声 1/3 倍频程

旋喷泵与离心泵在工频 50Hz 运行时振动与噪声的比较分析见表 4。

表 4　工频 50Hz 运行时振动与噪声对比

类别	振动 /（mm/s）	噪声 Leq/dB（A）	设备状态
旋喷泵	0.3840	67.3	A 级（良好状态）
离心泵	0.5664	70.3	A 级（良好状态）

对比可知，旋喷泵噪声和振动均比离心泵小，对环境和员工造成的影响较小。

2.2.3 故障情况对比

旋喷泵只有在其进口处才有密封，泵进口压力一般不高，容易密封。高压出水由静止的集流管来承担，在主轴端不存在密封问题。由于只有很少的转动和处于低压区的密封设计，泵的维护工作量较小，抗腐蚀、结垢性能较强，操作性好，大修周期更长。

威 001–H1 井站多级耐腐蚀离心泵在 2012 年 3 月至 2014 年 6 月使用期间，共 27 个月维修费用为 24 万元，年检维修费用平均 10.7 万元。日常故障处理主要工作量是更换泵前后端机械密封，平均每 15 天更换 1 次，机封价格 2500 元 / 个，人工成本未考虑，根据处理水量计算，每处理 $1\times10^4m^3$ 水维护费用为 0.7718 万元。自旋喷泵投产之后共发生故障 2 次，未对生产造成影响，产生检维修费用 0.7 万元，根据处理水量计算，每处理 $1\times10^4m^3$ 水维护费用为 0.0539 万元。

旋喷泵相比多级离心泵每万方转水维护费节约率达 93%，每年可节约维护费用 10 万元。

2.2.4 电量消耗对比

由于旋喷泵自安装后多级离心泵未再使用，选取旋喷泵安装前一年时间内多级离心泵运行数据进行对比，2 台离心泵运行时间合计 3040.7h，处理水量合计 139701m^3，年耗电量 273663kW · h，每处理 $1\times10^4m^3$ 水耗电 19589kW · h。

旋喷泵 2015 年运行时间 4960.4h，处理水量 102143m^3，年耗电量 153078kW · h，每处理 $1\times10^4m^3$ 水耗电 14987kW · h。

综上，在转水量差不多的情况下，旋喷泵由于 24h 连续运行，运行时间要远高于多级离心泵，但是耗电量却有明显下降。旋喷泵可节电达 23.5%，按平均 0.8 元 /（kW · h）电计算，每处理 $1\times10^4m^3$ 气田水可节约电费 3682 元。按照 2015 年威 001–H1 井 102143m^3 总转水量计算，旋喷泵相比多级离心泵一年可节约电费 3.76 万元。

通过以上分析，仅旋喷泵在威 001–H1 井站的使用在成本上每年就可节约 27.06 万元，且旋喷泵的投用在很大程度上解决了威远气田气田水泵故障率高的问题。

3 结论

针对旋喷泵在威远气田的应用情况展开分析，通过分析其运行参数以及在运行、消耗、故障等方面与离心泵的对比，得出以下几点结论：

（1）旋喷泵相比离心泵可靠性高，故障率低，正常生产情况下，适合 24h 连续运转，避免了频繁起停泵操作，且运行过程较平稳，零配件的使用寿命长；

（2）相比离心泵，旋喷泵体积小、噪声低、振动小，操作简单，降低了员工的劳动强度；

（3）旋喷泵与离心泵相比节约成本效果明显，每处理 $1\times10^4m^3$ 水维修成本节约 93%，可节电 23.5%，每处理 $1\times10^4m^3$ 气田水节约电费 3682 元，年均节电 3.76 万元；

（4）旋喷泵效率与多级离心泵相当或略低，但整个转水系统效率高，通过变频调节延长运行时间，减少瞬时流量，从而减小输送压力，降低管输损失。

参考文献

［1］许洪元，王晓东，朱卫华，等．旋转喷射泵的研究开发进展［J］．农业工程学报，2002，18（2）：188-190.

［2］杨军虎，唐莲花，马静先．旋转喷射泵的研究开发现状与展望［J］．机床与液压，2008，36（5）：192-194.

［3］刘桂年，李金波，蒲旭亮，等．基于 CFD 的旋转喷射泵数值模拟与优化研究［D］．广州：华南理工大学，2011.

［4］朱卫华，李合，王晓东，等．新型小流量高压旋转喷射泵［J］．石油化工设备，2002，31（5）：49-50.

［5］Ganies A L. Flushing media pumps stop costly downtime due to seal failure［J］. Chemical Processing，1980，2：32.

气田采出水整体治理技术研究与应用

王传平 张洪杰 刘明璐 吕小明 李 虎

（中国石油新疆油田公司采气一厂）

摘 要 根据气田采出水量不高并含5%气体的特性，确定了采用“加压溶气气浮”处理工艺，同时选用氮气为气源，确定了溶气压力0.35MPa时处理效果最好；优选了加入药剂的类型和浓度、加入顺序及时间间隔。通过现场应用，来水量在72～579m^3/d变化时，回注水质达到了指标要求。该工艺的成功应用，为气田采出水处理提供了新思路，对同类气田开发中后期的采出水处理工艺的选择具有一定借鉴意义，同时也丰富了天然气开发技术体系。

关键词 气田采出水；加压溶气气浮；溶气压力；药剂

油气田采出水中的成分复杂，主要污染物包括原油、COD、悬浮物以及大量的盐类等。如果把这些采出水直接排放，将会对生物和生态环境造成很大危害，因此处理油气田采出水问题引起人们越来越多的关注，气田水的处理有回注地层、达标排放、闪蒸法、综合利用等方法，目前国内外用得最多的是回注地层[1]。

油田水与气田水回注不同之处是注水目的不同、水源不同、注入层位不同，对水质要求不同。气田水回注的目的是处理废水，水源是气井采气时产生的气田水，注入层位是非生产层，对水质要求可稍放宽；油田注水开发的注水目的是增加油层压力提高采收率[2]，对水质要求较严格。气田水的注入指标应根据气田、气田水的具体情况，借鉴注水开发的注水水质指标，遵从气田水回注水质指标（Q/SY 01004—2016《气田水回注技术规范》）。

1 基本情况

随着某气田的不断开发，日产水由最初的含水5%上升到含水大于10%，日产水358m^3。该区域总产水量在预测期内（2016—2032年）最大量将达到637.1m^3/d。气田建设阶段未设计采出水处理系统，仅在DX1和DX3集气站分别设1座3000m^{3}防渗蒸发池。采出水排入蒸发池，违背新环保法的要求。为了响应新安全环保法，只有将高含水气井关停，2015年底由于采出水处理不配套停关高产水井10口，占总井数的45%，共计损失产能81×10^{4}m^3/d，水侵已严重影响已建气井正常生产运行和新建气井顺利实施。

2 处理工艺技术研究

根据气田所处地势地貌特征，结合实际采出水量大小，共分布了5个水源站点，部署回注井7口。从能源利用、管理、配套设施、成本方面综合考虑布局为集气站转输、集中处理、统一回注。

如图1采出水输水流程简介：将DX2和DX3集气站的三相分离器出水（0.1～0.2MPa）分别收集进入各集气站新建50m³污水池后，经输水泵将采出水输至DX1集气站新建200m³调储罐，同时DX1集气站采出水通过分离器减压后出水（0.1～0.2MPa）进入采出水系统的调储罐。

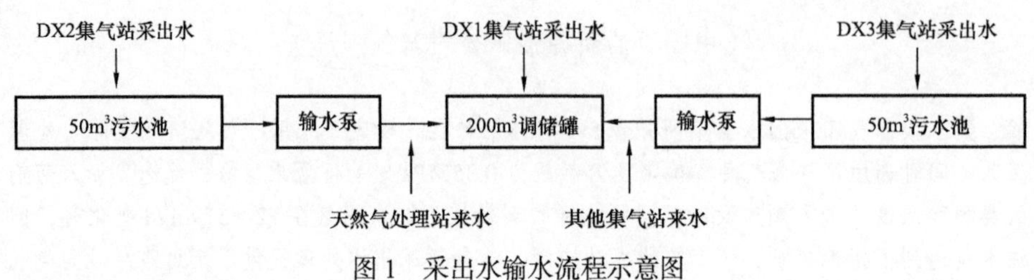

图1　采出水输水流程示意图

2.1　主体处理工艺选择

气田采出水含气量在5%左右，采用溶气气浮法中试后，回注指标满足规范规定。采用加压溶气气浮法，利用水泵将部分水加压通入溶气罐内，空气压缩机也将压缩气体通至罐内，水和气体充分接触，加压提高了气体的溶解度[3]，形成溶气水在溶气罐底部聚集，然后在气浮池中经释放器突然减到常压，这时溶解于水中的过饱和空气以微细气泡形式在池中逸出，将水中悬浮物颗粒或油粒带到水面形成浮渣排除。

如图2采出水处理流程描述：集气站三相分离器来水、处理站来水一起输至200m³除油罐和调储罐。经调储除油单元处理后，通过气浮提升泵提升进入气浮选单元，出水水质指标达到滴西27等5口井注水水质要求后进入2座100m³注水罐，再通过10MPa注水泵回注DX 27等5口井。同时也有一部分水从100m³注水罐经过滤提升泵提升进入橇装双滤料过滤器进行处理，出水水质指标达到DX 32注水水质要求后进入1座60m³注水罐，再通过25MPa注水泵回注滴西32井。

气浮常用气源为空气，该气田属于凝析气田，气田水中含有凝析油，在流动、输送中容易挥发，形成可燃气体。如用空气气源的气浮处理装置，则会造成可燃气体与空气混合，存在安全隐患。因此选定以氮气为气源的气浮处理装置，消除轻质油挥发带来的安全隐患。

2.2　溶气压力优选

加压溶气工艺，合理的选择溶气压力不仅可以降低电耗，减少运行成本，而且还可以提高水质[4]。在气浮工艺中，一般选择压力范围为0.25～0.44MPa认为比较合理。通过试验装置，测得溶气压力与杂质去除率关系如图3所示。

从图3中可以看出，随着溶气压力的增加，气浮出口油和悬浮物的去除效率逐渐增大。说明适当增加气浮溶气压力有利于提高气浮去除率。这是因为压力增加，水中溶解的气体更多，在常压下释放能获得更多微气泡，溶气压力越大，产生的气泡半径越小，稳定

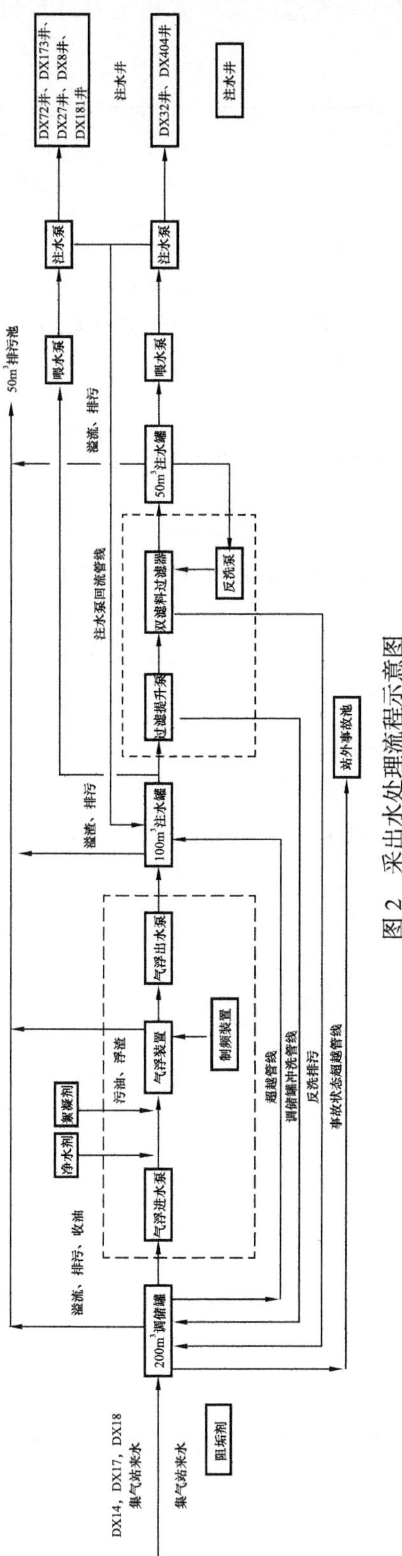

图 2 采出水处理流程示意图

时间越长[5]，这些因素都很利于气泡向絮凝体的吸附，有利于提高气浮的效率。因此控制溶气压力在 0.35MPa。

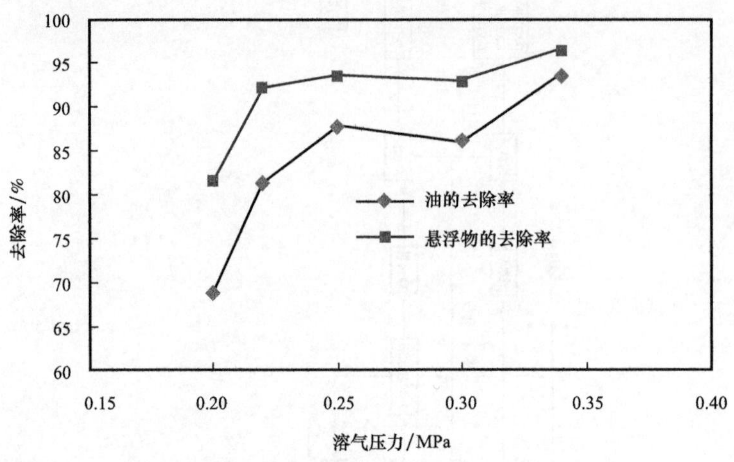

图 3　气浮去除率随溶气压力变化关系

3　药剂优选

一般油田在水处理中，添加的药剂达到 6 种以上[6]，除了常规的絮凝剂、无机絮凝剂和缓蚀剂以外，还会选择加入杀菌剂、阻垢剂和除硅剂等，增加了运行成本。通过对某气田水质化验分析、结垢模拟实验，未污染的天然水小细菌含量很低（0～250 个 /mL）；配伍性试验也表明结垢趋势小，在注水前期可以不加入阻垢剂。其他则由于原水分析中不含相关物质，因此不考虑。综合优选，以满足回注要求中的 pH 值、油、悬浮物、粒径中值要求为依据。

3.1　缓蚀剂优选

通过室内实验，由于水质显酸性，会影响混凝和絮凝效果，且会引起设备腐蚀，因此先将来水水质调节为中性略偏碱性，此时净化后絮体抱团密实，水色清亮。常用的药剂有弱酸强碱盐、强酸弱碱盐类如 Na_2CO_3 和 NH_4Cl，强碱类 NaOH 和 KOH 等[7]。本实验选用强碱类 NaOH，调整同一类型水质时，其用量少，成本更低、产生的污泥量更少[8]。

由表 1 可见，随着模拟水 pH 值的升高，絮凝处理后采出水的透光率逐步上升，当 pH 值超过 7.5 时，絮体的形成速度加快；pH 值继续增加达到 8.0 时，絮体的大小减小。由于 pH 调整与采出水的腐蚀速率、结垢量和采出水处理过程中的污泥产生量密切相关[9]，因此在考虑 pH 值调整时，一般是在能够很好地控制采出水腐蚀速率的前提下，尽量降低采出水的 pH 值，因此可降低采出水的结垢量。综合考虑上述原因，将采出水 pH 值调整为 7.5。

表 1 不同 pH 值下絮凝效果的分析

pH 值		6.5	7.0	7.5	8.0
絮体大小		较大（3～4mm）	较大（3～4mm）	较大（3～4mm）	较小（1～2mm）
形成时间		较慢	较快	快	快
透光率 *T*/%	10min	90.2	96.4	96.9	97.7
	20min	91.8	97.5	97.3	98.7
	30min	92	97.8	97.6	99.2
30min 上清液		较透明	透明	透明	透明
现象		搅拌停止 5min 后，有细小絮体生成，絮体沉降时间慢	搅拌停止 1min 后，有细小絮体生成，絮体沉降时间慢	搅拌停止立即有细小絮体生成；20min 时悬浮小絮体完全沉降	搅拌停止立即有细小絮体生成；30min 时悬浮小絮体完全沉降

3.2 无机絮凝剂优选

将模拟水的pH值调节至7.5，氧化剂为NaOH，加药量为10mg/L，氧化时间为30min，PAM（聚丙烯酰胺絮凝剂）加药量为1.0mg/L，分别以PAC（聚合氯化铝）和PFS（聚合硫酸铁）为混凝剂，加药量均为70mg/L，进行絮凝处理，并分别测定其絮凝效果。

从表2中可以得出：以PAC为无机絮凝剂的絮凝处理，形成絮体较大且沉降速度较快，絮体沉降后上清液透光率较高；以PFS为无机絮凝剂的絮凝处理，形成的絮体较小且沉降缓慢，30分钟后上清液的透光率也不如以PAC为无机絮凝剂的絮凝处理。因此无机絮凝剂的种类优选为PAC。

表 2 不同无机絮凝剂对絮凝效果的影响

无机絮凝剂		PAC	PFS
絮体大小		较大（2～3mm）	较小（1～2mm）
形成时间		较快	较快
透光率 *T*/%	10min	95.1	94.9
	20min	96.6	96.3
	30min	97.1	96.7
30min 上清液		透明	透明（有小絮体悬浮）
现象		搅拌停止立即有细小絮体生成；20min 时悬浮小絮体完全沉降	搅拌停止立即有细小絮体生成；30min 时悬浮小絮体仍未完全沉降

进一步进行加药量优化，如图 4 所示。

由图 4 中得出：无机絮凝剂最佳投量是 80mg/L，此时含油量和悬浮物含量达到回注指标。

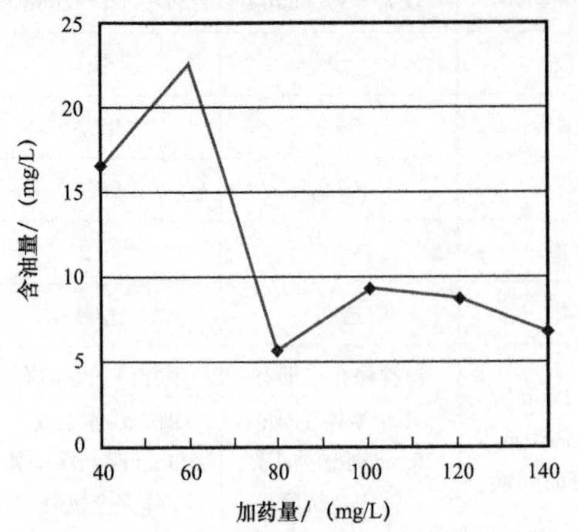

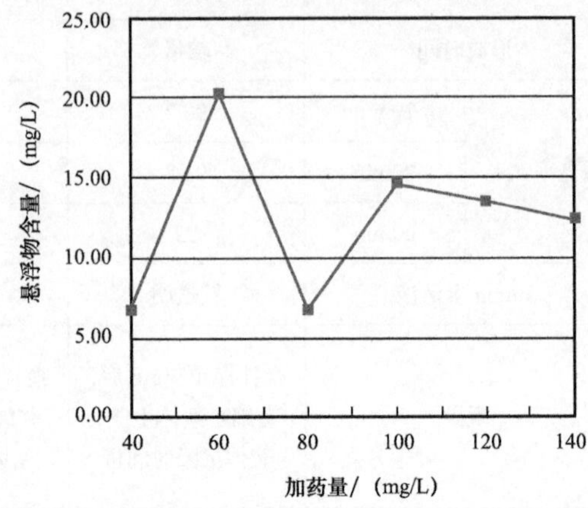

图 4　不同无机絮凝剂加药量下效果

3.3　有机絮凝剂优选

图 5　阴离子和阳离子型絮凝剂试验

取两烧杯原水，各加同量的絮凝剂，充分混匀后，再依次加相同量的阴离子型絮凝剂和阳离子型絮凝剂，两种絮凝剂都能起到良好絮凝的作用[10]（图 5），但阳离子型絮凝剂较昂贵，因此首选阴离子型絮凝剂（PAM）。

进一步进行加药量优化，由图 6 中得出：有机絮凝剂最佳投量是 12mg/L，此时油、悬浮物含量达到回注指标。

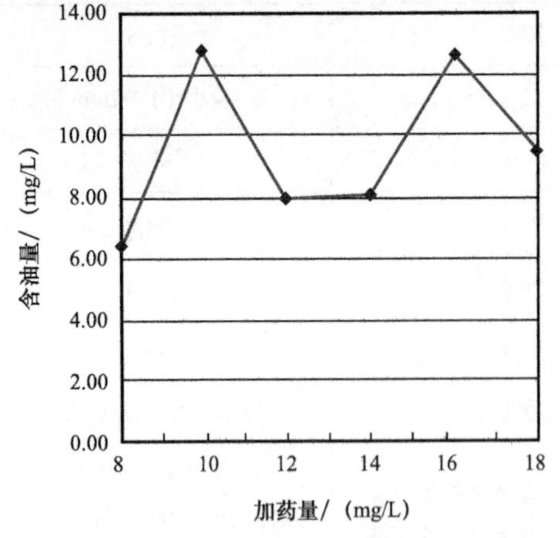

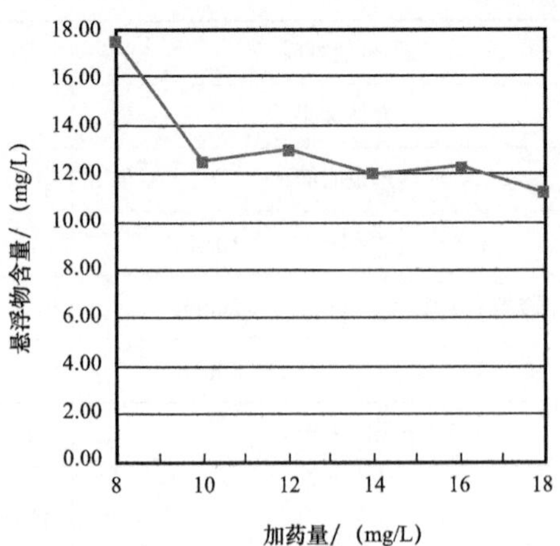

图 6　不同有机絮凝剂加药量下效果

3.4　加药方式优选

为验证有机絮凝剂与无机絮凝剂加药先后顺序对净水效果影响，将模拟水的 pH 值调节至 7.5，氧化剂为 NaOH，加药量为 10mg/L，PAC 加药量为 80mg/L，PAM 的加药量为 12mg/L，互换 PAC 与 PAM 的加药顺序，进行絮凝处理，并测定其絮凝效果（表 3）。

表 3　PAC 与 PAM 加药顺序对处理效果的影响

加药方式		先加入 PAC 后加入 PAM	先加入 PAM 后加入 PAC
絮体大小		大（3～4mm）	较小（1～2mm）
形成时间		较快	较快
透光率 T/%	10min	97.1	96.1
	20min	98.9	97.1
	30min	99	97.6
30min 上清液		透明	半透明
现象		搅拌停止立即有细小絮体生成；20min 时悬浮小絮体完全沉降。所形成的絮体较紧实	搅拌停止立即有细小絮体生成；30min 时悬浮小絮体完全沉降。所形成的絮体较疏松

由表 3 可知，先加入 PAC 后加入 PAM 的絮凝处理所形成的絮体较大，絮体完全沉降后上清液的透光率也较高，而且絮体沉降速度较快，在 20min 左右；反观先加入 PAM 后加入 PAC 的絮凝处理，形成的絮体较小，30min 后仍有小絮体颗粒在水中悬浮，上清液的透光率也较低，且形成的絮体较松散。因此，将絮凝处理中 PAC 与 PAM 的加药方式优选为先加 PAC 后加 PAM。

3.5　加药时间间隔优选

模拟水的 pH 值调节至 7.5，氧化剂为 NaOH，加药量为 10mg/L，PAC 加药量为 80mg/L，PAM 的加药量为 12mg/L，先加 PAC 后加 PAM，改变其加 PAC 和 PAM 的加药时间间隔，进行絮凝处理，并测定其絮凝效果（表 4）。

表 4　PAC 与 PAM 加药时间间隔对处理效果的影响

加药时间 /s		10	15	20	30
絮体大小		较小（1～2mm）	较大（2～3mm）	大（3～4mm）	大（3～4mm）
形成时间		较快	较快	较大	较大
透光率 T/%	10min	95.4	94.3	95.5	96.8
	20min	96.3	96.9	98.5	97.6
	30min	96.8	98.4	98.9	99

续表

加药时间 /s	10	15	20	30
30min 上清液	半透明	透明	透明	透明
现象	搅拌停止立即有细小絮体生成；30min 时悬浮小絮体仍未完全沉降。所形成的絮体较疏松	搅拌停止立即有细小絮体生成；30min 时悬浮小絮体基本沉降。所形成的絮体较紧实	搅拌停止立即有细小絮体生成；20min 时悬浮小絮体完全沉降。所形成的絮体较紧实	搅拌停止立即有细小絮体生成；20min 时悬浮小絮体完全沉降。所形成的絮体较紧实

由表 4 可知，随着 PAC 与 PAM 加药时间间隔的增加，30min 后上清液的透光率逐渐升高，所形成的絮体逐步变大，絮体沉降的速度逐渐加快。当 PAC 与 PAM 加药时间间隔达到 30s 时，30min 后上清液的透光率、絮体大小以及沉降速度基本不变。出于生产考虑，将 PAC 与 PAM 加药时间间隔优选为 20s。

4 现场应用

在管道混合器前后端分别加入有机、无机絮凝剂药剂，正常情况下管道瞬时流量 Q=20.1m^3/h，直径 d=100mm，两种药剂之间管段长度 L=1.46m，计算药剂加入时间间隔：

$$Q = Av$$

$$A = \pi\left(\frac{d}{2}\right)^2$$

$$t = L / v$$

代入数值，计算得 t=20.5s，满足加药时间间隔要求。

记录一段时间不同来液量下各种化验数值，如图 7 所示，与气田水回注水质指标对比，可知在不同的来液量情况下，采出水处理效果均达到回注要求。

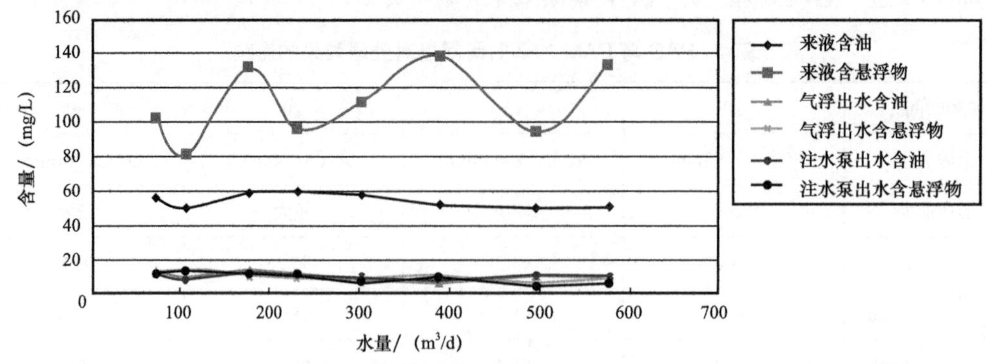

图 7 不同来水量情况下工艺出水效果

5　结论及建议

该气田采出水处理建设工程是新疆油田天然气水处理工艺的首次应用，针对该气田水质特点，以氮气为气源，采用“加压溶气气浮”工艺，并采用模块化、橇装化设计，对采出水进行了达标处理。该工艺的成功应用，为气田采出水处理提供了新思路，对同类气田开发中后期的采出水处理工艺的选择具有一定借鉴意，同时也丰富了准噶尔盆地天然气开发技术体系。

参考文献

[1] 杨云霞，张晓健．我国主要油田污水处理技术现状及问题［J］．油气田地面工程，2011（1）：4–5.

[2] 丰元洲．油田生产污水处理与回注优化研究［D］．成都：西南石油大学，2014.

[3] 康万利，张黎明，杜会颖，等．气浮法处理油田污水进展［J］．应用化工，2012，41（12）：2147–2149，2153.

[4] 赵鹏，方全利，陈宝锋．加压溶气气浮设备结构与工艺技术研究现状［J］．中国化工装备：2015，17（4）：7–9，12.

[5] 戴赏菊．高效加压溶气气浮工艺在炼油污水处理中的应用［J］．石油化工环境保护，2006，29（2）：26–27，66.

[6] 钟朝前，侯梅，杨静，等．气田水处理药剂的筛选及应用［J］．油气田环境保护，2005（1）：15–17，59.

[7] 蔡晓波，符宇航，彭传丰，等．气田水综合治理成套技术研究［J］．中国井矿盐，2016，47（3）：1–4.

[8] 黎邦成．四川气田水处理技术及其工程中的应用研究［D］．成都：西南交通大学，2006.

[9] 卢永斌，王涛，李俊莉，等．气田采出污水处理工艺优化方法［J］．腐蚀与防护，2016，37（3）：220–224，229.

[10] 王宝霞．油田污水处理技术的应用与研究［J］．科技创业家，2013（9）：164.

电膜工艺在煤层气采出水处理上的应用

冯启涛　查广平　白建军

（长庆工程设计有限公司）

摘　要　在煤层气生产过程中，为便于煤层气解吸[1]，需要采出大量水来减低压力。以山西沁水盆地马必区块煤层气开发为例，采用连续高频脉冲管式电膜处理工艺，对煤层气采出水 pH 值、COD、BOD、总氮、氨氮、石油类、六价铬进行氧化、还原、絮凝、气浮处理。设备采用橇装化、功能化、模块化的结构形式，可以根据现场的水质要求进行功能化的组合，灵活多变，也便于移运。

关键词　煤层气；采出水；电膜；氧化；还原；絮凝；气浮

在煤层气生产过程中，为便于煤层气解吸[1]，需要采出大量水来减低压力。通常，在开采初期，产水量很大，随着开采过程的延续和产气量的增大，出水量逐渐减少到最低的水平。不同区块井场采出水的水质差别较大，有的区块井场采出水本身就满足排放标准，而有的区块井场采出水是高矿化度、高盐度、低悬浮物。

目前常用采出水处置方向主要是蒸发、深井注入以及地面排放 3 种，但无论是何种方向，都需要预先对采出水进行处理，以符合排放标准以及最大限度地减缓注水过程的压力。

以山西沁水盆地马必区块煤层气开发为例，采用连续高频脉冲管式电膜处理工艺，对煤层气采出水 pH 值、COD、BOD、总氮、氨氮、石油类、六价铬进行氧化、还原、絮凝、气浮处理。

1　水量及水质特征

1.1　水量特征

煤层气单井日产水量呈逐年快速衰减趋势，其特征是开采后第 2 年开始，水量大幅衰减至第 1 年的 45%，3 年之后趋于稳定，水量大幅衰减至第 1 年的 10%。图 1 是马必区块 1341 口气井产水量的水量变化曲线。

1.2　水质特征

单井出水 pH 值、COD、BOD、总氮、氨氮、石油类、六价铬不满足 GB 3838—2002《地表水环境质量标准》Ⅳ类水质要求。

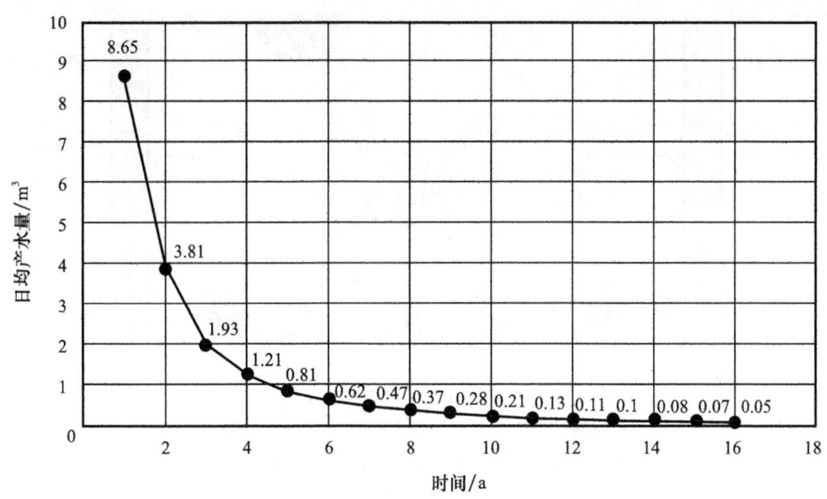

图 1　马必区块气井产水量的水量变化曲线图

2　面临的问题

单井日产水量呈逐年快速衰减，以处理规模 1000m^3/d 采出水处理站为例，第 2 年水量衰减至 450m^3/d，站点可勉强维持运行，第 4 年水量衰减至 100m^3/d，站点已然不能经济运行，因此采出水处理站橇装化、功能化、模块化势在必行，需要根据现场的水质要求进行功能化的组合，灵活多变，也便于移运。

采出水处理后出水 COD、BOD、六价铬等指标采用常规处理方法设备庞大，费用较高，因此需要开发出更小型有效的处理方法。

3　电膜技术分析

3.1　技术概述

连续高频脉冲管式电膜设备是电化学技术和膜技术的结合（图 2），能有效去除水中胶体和悬浮类污染物质，并对乳化油、大分子有机物、微生物、重金属离子、氟离子、浊度和部分有色类物质具有良好的去除效果[2]。

3.2　作用机理

氧化作用：阳极直接使污染物失去电子发生氧化而分解，以及利用水中的 OH^- 和 Cl^- 等阴离子，生成新的强氧化活性物质［O］和 Cl_2 等，使污染物失去电子，产生分解，同时降低水中的 BOD_5 和 COD_{Cr} 及氨氮等。

还原作用：阴极产生初生态氢，利用其很强的还原能力，直接还原以氧化态成分为主的化学物质，如色素染料等，将其还原成无色物质，达到脱色目的。并且氧分子在阴极表面生成大量 H_2O_2，与水中的 Fe^{2+} 一起，产生强芬顿药剂，降解有机污染物。

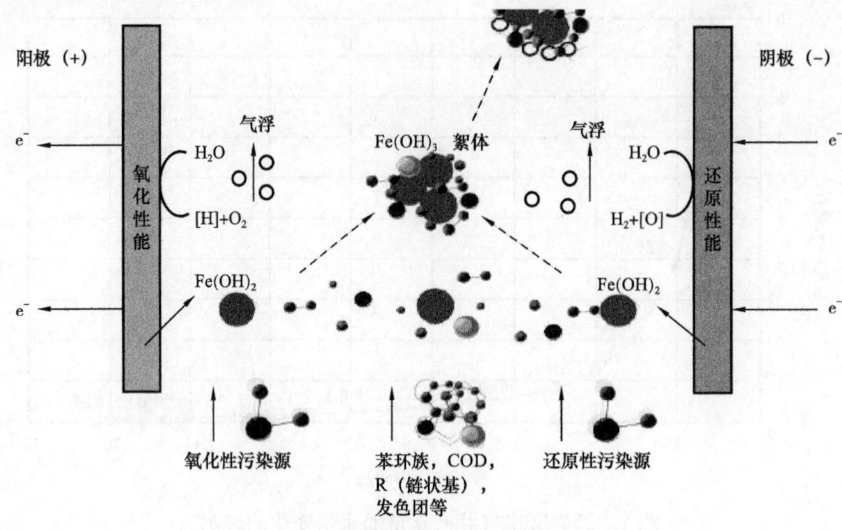

图 2　电膜工作原理示意图

新生态氢［H］具有很强的还原能力，将六价铬还原成三价铬。

$$Cr_2O_7^{2-} + 6Fe^{2+} + 14H^+ \longrightarrow 2Cr^{3+} + 6Fe^{3+} + 7H_2O$$

$$CrO_4^{2-} + 3Fe^{2+} + 8H^+ \longrightarrow Cr^{3+} + 3Fe^{3+} + 4H_2O$$

电解过程中 H^+ 大量消耗，OH^- 逐渐增多，电解液逐渐变为碱性，（pH 值为 7～9）并生成稳定氢氧化物沉淀。

$$Cr^{3+} + 3OH^- \longrightarrow Cr(OH)_3 \downarrow$$

$$Cu^{2+} + 2OH^- \longrightarrow Cu(OH)_2 \downarrow$$

$$Ni^{2+} + 2OH^- \longrightarrow Ni(OH)_2 \downarrow$$

铁极板受电化学作用析出的 Fe^{2+} 被氧化成 Fe^{3+} 和磷酸根离子反应沉淀，而且能与其他金属形成共沉淀达到最好的除磷效果。

$$Fe^{3+} + PO_4^{3-} \longrightarrow FePO_4 \downarrow$$

絮凝作用：通电后，铁阳极失去电子，在水中生成新生态胶体絮凝剂，这种絮凝剂活性高、吸附力强，是传统化学药剂的 3 倍，与水中的污染物、细菌等结合生成大絮状体，经沉淀、气浮后被去除。

极板在阳极上解离出的 Fe^{2+} 与水溶液中离子作用，生成的 $Fe(OH)_3$。反应式如下：

$$Fe^{2+} + 2OH^- \longrightarrow Fe(OH)_2$$

$$4Fe(OH)_2 + O_2 + 2H_2O \longrightarrow 4Fe(OH)_3$$

上述反应产生的 $Fe(OH)_3$ 活性很强，能与水中有机和无机杂质凝聚产生絮体，以去除废水中悬浮物。比铝盐、铁盐之混凝剂去除效果更好。

气浮作用：通过控制极电压，在两极表面产生氧气和氢气，并以极微小气泡逸出，黏附在絮体上使其上浮去除。电絮凝产生的气泡远小于气泵产生的气泡，因而其气浮力更强，对污染物的去除效果更好。

4　应用效果

运行稳定：系统设备运行平稳、水质稳定，同时克服了由于药剂生产厂家的变化、药剂质量变化、药剂配比性变化、药剂投加量的变化以及来水水质变化等因素造成的处理质量的不稳定。

运行成本低：投资方面与传统的加药处理工艺基本相当，但运行成本仅为传统加药处理工艺的 1/10；以工业用电 220V/380V 可直接供电，处理 $1m^3$ 废水耗电量为 1～3kW·h。

减少污泥量：连续高频脉冲电膜处理法产生的污泥量比传统的加药处理工艺产生的污泥量少 40%，从而降低了污泥的处置费。

处理效果好：连续高频脉冲电膜处理法产生的氢氧化物比药剂法的活性高，凝聚吸附能力强，处理效果好（化学处理法难以达到）；在该系统处理过程中，阳极上产生的氧和氯可使有机物发生氧化反应转化为无害成分，并起到杀菌作用；阴极上发生的还原作用使氧化型色素还原成为无色物质。

可调节性高：可通过调节极板组合、电压强度、电流密度、pH 值、电导率等而得到最佳处理效果。

全自动控制：采用逻辑式控制系统全自动控制，操作方便简单，维护容易，劳动强度低。

参考文献

[1] 王鹏，李林，徐建军．沁水盆地赵庄矿 3 号煤层地面煤层气抽采低产原因分析［J］．能源与环保，2020，42（9）：123-127.

[2] 房维，韩萍芳．高频脉冲电脱水性能影响因素的实验研究［J］．南京工业大学学报（自然科学版），2017，39（1）：153-156.

气田水密闭输送处理技术

史春艳　黄继超　刘海强　苏诗漫

（中国石油西南油气田公司川东北气矿）

摘　要　气田水产生、储存、转运和回注过程中，容易发生泄漏，存在污染土壤、水体以及人员中毒等风险。针对上述问题，川东北气矿黄龙场区块主要采取了罐车密闭装卸、闪蒸分离、机泵密封、自动化控制等技术，以及加强回注运行管理，实现了气田水密闭处理。降低或消除了气田水泄漏带来的危害和风险，安全环保效果显著，可操作性强，适用于各类含硫气田水的密闭处理。为做好气矿其他井站的气田水密闭处理提供了宝贵的经验，值得推广。

关键词　环保；气田水；密闭；技术

气田水是油气田开发生产过程中所产生的地层水，成分复杂，通常含有高氯化合物和硫化物等，具有矿化度高、酸性强、腐蚀性强的特点。气田水产生、储存、转运和回注各过程中，容易发生泄漏，泄漏出的气田水污染土壤和水体，泄漏出的有害有毒气体易致人中毒、污染大气。为做到气田水处理全过程的安全环保风险受控，针对气田水产生到回注的整个工艺过程中，对容易泄漏的部位、相应设备设施进行分析和研究，采取对应的技术改造，实现气田水密闭处理。本文以川东北气矿黄龙场区块为研究对象，取得了实效。

1　黄龙场区块概况及气田水处理存在的问题

1.1　概况

黄龙场区块采气井 11 口，回注井 1 口，自开采以来，产水井已达 9 口。此区块所有生产井均为含硫气井，硫化氢含量 0.1～96mg/m^3 不等，年产天然气量约 1.6×10^8m^3，年产气田水量约 1.2×10^4m^3，且产生的气田水含硫化氢较高，风险较大。黄龙场区块的黄龙 004–X4 井，年产水量 1.0×10^4m^3 左右，占黄龙场区块气田水总产生量的 83%，故将该采气井站改造为采气站加转水站。黄龙 004–X4 井站内气田水罐接收本站自产气田水，并汇集黄龙场及其他井站罐车拉运来的气田水，经过气田污水罐闪蒸后，由回注泵输送至黄龙 2 井集中处理后回注。气田水转输及回注规模 300m^3/d。气田水工艺流程示意图如图 1 所示。

1.2　存在问题

（1）在罐车将气田水卸载到黄龙 004–X4 井过程中，由于密封不严，气田水泄漏、硫化氢溢出，存在较大的安全环保风险。

（2）原来黄龙 004–X4 井只有一个气田水罐，作为气田水存储设备，气田水罐的呼吸管设在罐上方，气田水进入气田水罐后，水罐内硫化氢气体自然溢出，从呼吸管排出，恶臭严重。

（3）转水泵密封不严，泵上动密封效果不佳，泄漏水长流，硫化氢溢出，恶臭难闻。

（4）分离器手动排污，泵的手动操作，人员工作量大，且不易保持液位，易发生突发生产不连续事件，导致环境污染。

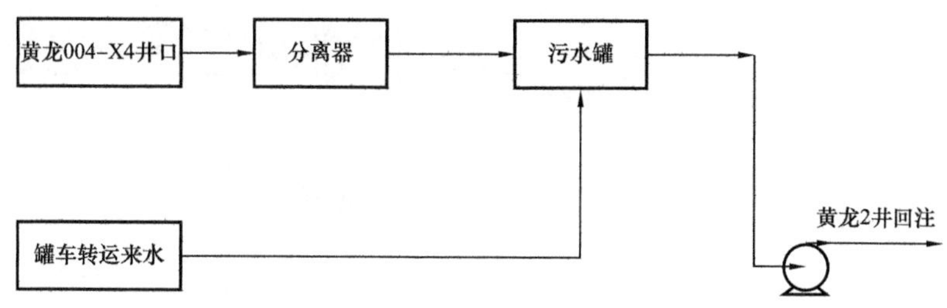

图 1　黄龙 004–X4 井气田水工艺流程示意图

总之，黄龙场区块气田水处理工艺中最容易泄漏的是气田水罐车装卸过程、气田水进入气田水罐过程、泵转水过程，以及不规范的管理过程。

2　黄龙场区块气田水密闭输送处理技术

气田水密闭是指气田水的液相和气相被封闭在设备设施中，与外界不接触、不泄漏，不会对环境造成任何影响。气田水密闭的方法是针对气田水产生到回注的整个工艺工程中，容易泄漏的部位、相应设备设施进行分析和研究，采取对应的技术改造，实现气田水密闭处理。气田水密闭的工艺技术主要由罐车密闭装卸技术、闪蒸分离技术、机泵密封技术、自动化控制技术等组成，以及回注运行规范管理，共同作用后达到气田水密闭处理。

2.1　罐车密闭装卸技术

罐车密闭装卸装置示意图如图 2 所示，包括 PPR 排气管道、装卸控制装置、控制阀门、零泄漏不锈钢快装接头、不锈钢普通快装接头及装卸操作台等。

罐车到达井站，将罐车管线与零泄漏不锈钢快装接头对接。零泄漏不锈钢快装接头是一项专利技术，大量用于气田水罐车装卸，密封严密，无泄漏。未安装密闭装置前，装卸过程中便携式硫化氢检测仪会报警，改造后硫化氢检测仪检测数值为 0，密闭效果明显。同时，在接头下方增设积液坑，以收集突发状态下接头处泄漏的气田水。

2.2　闪蒸分离技术

气田水是伴随含硫天然气采出的地层水，气田水往往会溶解部分 H_2S。不同温度与分压下，气相溶质 H_2S 在液相溶剂中溶解度不同，当溶剂压力降低时，溶剂中的溶质 H_2S 就会迅速地解析而自动放出，形成闪蒸。由于高压状态下 H_2S 在水中的溶解度远高于含硫天然气中其他组分，因此低压闪蒸出的气体大部分是 H_2S [1]，H_2S 是有毒有腐蚀性的气体，轻则腐蚀管道设备，重则危及人身安全。

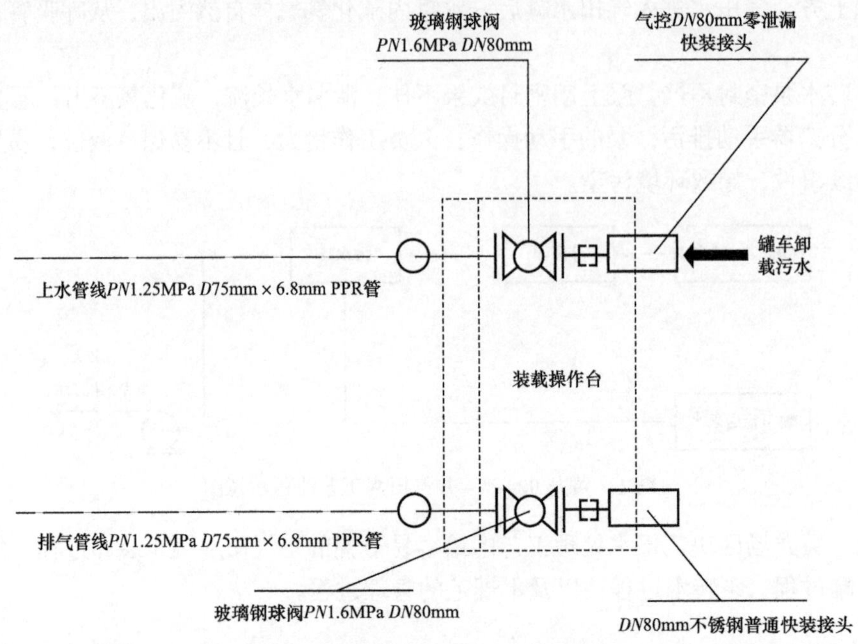

图 2　罐车密闭装卸装置示意图

黄龙 004–X4 井使用闪蒸分离技术后，安装有两个气田水罐，位置较高的高液罐为 20m^3 钢制气田水罐，设计压力为 1.6MPa；位置相对较低的低液罐为 50m^3 玻璃钢气田水罐，设计压力为常压。两罐串并联连接，高液罐作为闪蒸罐，低液罐作为储存罐。含硫气田水直接流入气田水闪蒸罐内，从罐的顶端流入，再从罐的底部通过水泵转运回注，或进入储存罐后通过水泵转运回注。两罐分别设呼吸管（闪蒸气管），呼吸管站内汇合后，引至黄龙 004–2 井放空火炬，点火燃烧 [2]，减少硫化氢等有毒有害气体对大气的污染，井站空气质量也大为改善。气田水罐闪蒸气流程图如图 3 所示。

为了预防气田水罐泄漏产生的气田水污染土壤和水体，还在气田水罐下方修筑了围堰并进行了防渗处理。

为使含硫气田水析出更多 H_2S，在气田水罐进口端设置了一个闪蒸筒。此闪蒸筒已获国家实用新型专利。含硫气田水进入气田水罐的闪蒸筒喷嘴时，流道收缩，流速加大，喷出大量气泡，闪蒸气析出；高速流体冲击挡板，碰撞之后，流体破碎，也形成气泡，析出的闪蒸气增加；通过喷嘴节流后，含硫气田水压力下降更明显，更利于闪蒸。闪蒸气析出越多，气田水罐储存的含硫气田水含 H_2S 成分就减少，下游气田水罐、输水管道和设施受腐蚀程度就会减轻，安全环保风险也相应减少。

2.3　机泵密封技术

转水泵采用耐腐蚀离心泵，原转水泵密封不好，在转运过程存在滴水情况。将转水泵的密封形式由填料密封改造为机械密封；水泵一停运，就加注清水，对泵壳和叶轮进行在线清洗；在泵的下方设置防渗沟，将可能泄漏出的气田水收集到积液池。

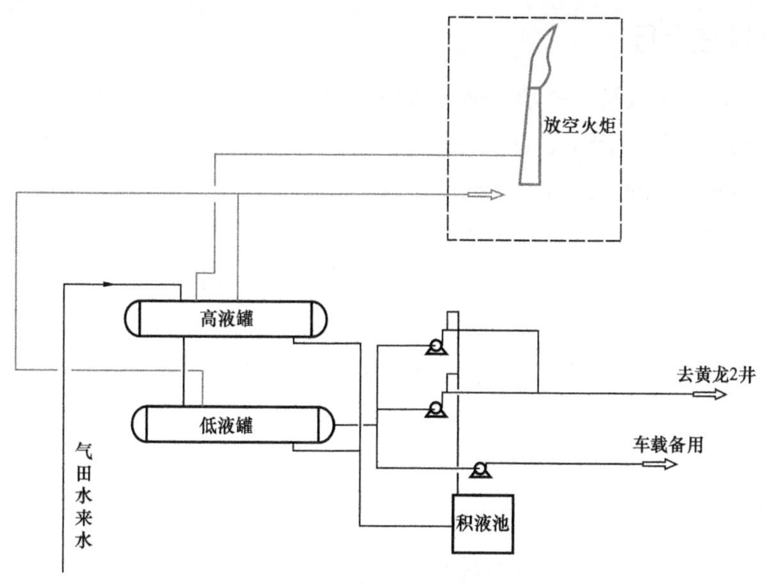

图 3 气田水罐闪蒸气流程示意图

2.4 自动化控制技术

黄龙场区块井站实行中心站管理，黄龙 004–X4 井每轮班只有 1 人值守，为确保站场安全生产平稳受控，采取了自动化控制技术。

分离器排污阀由原来的手动排污阀改为气动排污阀，通过气动排污阀进行排液，降低了分离器液位超高、未及时排液导致气田水翻入天然气管道的风险。气动阀动力用气由新增仪表风系统提供，动作 1 次用气量约为 1～2L/ 次（0.8MPa），1.2MPa 下 $1m^3$ 的储罐储气量为 $12m^3$；当储罐内压力低于 0.75MPa 时，空压机自动启动；根据分离器排液量 0.5～$20m^3/h$，空压机自启动周期为每天 1～2 次。当液位变送器检测到分离器液位超高限时，气动排污阀自动打开，当液位变送器检测到液位超低限时，气动排污阀自动关闭。

在气田水罐车装卸处，安装监控和远程控制系统，罐车气田水卸车地点增设卸水提升泵 1 台，泵控制信号和状态信号接入 RTU（远程监视、测控、数据采集终端）站控系统，罐车卸载时值班人员不用到现场操作，由罐车驾驶员将卸载管线连通后，值班人员在值班室实现远程控制操作。

黄龙 004–X4 井新增网络一体化云台摄像机，通过光通信网络传输至黄龙中心站和宣汉作业区调度室，利用已建 RTU 实现站场生产过程自动控制、数据双向传输，在井站能实现的远程操作功能，在黄龙中心站和宣汉作业区调度室都能实现。通过井站、中心站、作业区三级控制，第一时间发现险情，任一级都可进行控制，安全系数提高。

承运转运气田水的车辆，都安装有 GPS 监控系统。在执行井站气田水转运任务时，由作业区调度室进行监控，每日对气田水拉运路线进行校对，避免气田水车不按规定路线行驶。

2.5 气田水回注运行

按照气田水回注系统管理要求，强化气田水回注系统的日常运行管理。从气田水的产生到回注，井站有产生量记录、回注站有回注量记录[3]，气田水拉运过程中有气田水转运三联单等，确保产生的气田水全部回注，无一半路上外排，也杜绝半路上接收其他污水的可能。气田水转运三联单中，气田水产生单位、承运单位和接收单位，在气田水转运过程中，必须进行现场签认和审核签字，转运联单作为气田水转运的原始单据妥善保存，保存期不得少于两年。作业区每季度对生产气田水拉运的原始清单、签认记录，进行逐条核对，作为气田水拉运结算依据。气矿质量安全环保科、QHSE 监督站定期对气田水拉运情况进行检查。

3 现场管理

选择具备气田水运输服务资质和具有西南油气田公司准入资格的单位作为气田水拉运承包商，并认真做好承包商的入场教育培训与考核工作。目前对于气田水拉运承包商，作业区对其入场司机进行系统培训，培训内容包括硫化氢防护、空气呼吸机佩戴和便携式硫化氢检测仪的使用。对考核合格的司机及押运人员登记备案，实行车辆、司乘、操作审核制度。

作业区对井站气田水编制有“气田水罐车拉运方案”，对拉运量、拉运路线和拉运目的地等内容进行说明。气田水产水井站和回注站装卸气田水的值班人员，认真履行岗位职责，监督指导承运单位安全、清洁装卸气田水，并严格按照实际装载量进行签认。每个装车点气田水车进入以后，实行班员全程监护操作模式，罐车司乘戴正压式空气呼吸器，对罐车管线与快装接头进行连接操作，严格按照操作卡执行，直至气田水车出站，对于卸车点，作业区依然采取班员监护操作模式，实行全程监护操作。井站人员在装载和卸载气田水时要拍照，做到风险受控。

4 效果

4.1 生产运行良好

黄龙场区块密闭处理技术自 2015 年 12 月实施以来，转输回注气田水量约 $6.6\times10^4m^3$，从未出现过气田水泄漏、恶臭被居民投诉等问题，生产运行效果良好。

4.2 H_2S 监测不再超标

技术实施前后，硫化氢检测数据统计表见表 1。

表 1　硫化氢检测数据统计表

序号	检测地点	检测仪器	技术实施前 H_2S 浓度 / mg/L	技术实施后 H_2S 浓度 / mg/L
1	罐车卸载气田水连接处	三合一气体检测仪	22	0
2	气田水罐区	三合一气体检测仪	124	0
3	转水泵区	三合一气体检测仪	140	0

4.3　环保效益

气田水无泄漏，硫化氢气体无溢出，降低了土壤污染、水体污染、大气污染以及人员中毒等风险，井站员工和井站周边居民普遍反映臭味大为减少。

4.4　其他效益

解决了黄龙场区块气田水泄漏问题，保证了连续生产；利用先进的自动化控制技术，减少了人员在有毒有害环境中的暴露时间，降低了安全环保风险，降低了现场管理难度；通过井站、中心站、作业区三级控制，环保安全系数提高。

5　结论

气田水密闭处理技术采用专利技术、先进技术，实现了气田水产生、储存、转运、回注的全过程密闭，大大降低、甚至消除了气田水泄漏、硫化氢气体溢出带来的危害和风险，安全、环保效果显著，可操作性强，适用于各类含硫气田水的密闭处理。黄龙场区块的实施成功，为下一步做好川东北气矿其他井站的气田水密闭处理提供了宝贵的经验，值得推广。

参考文献

[1] 李奎，谢汝君，熊波，等.气水同产井地面集输系统恶臭原因及整改措施[J].天然气与石油，2014，32(5)：10-13，7.

[2] 肖芳，周波，刘静，等.高含 H_2S 气田水及闪蒸气处理新技术探讨[J].天然气与石油,2013,31(5)：94-96.

[3] 江杰，钱涛，蹇惠兰，等.气田水回注风险防控对策研究[J].油气田环境保护，2013，23(5)：44-46.

第六部分

油气田水系统检测技术及污泥减量化无害化技术

环境监测废水中 COD 测定方法的对比研究

陈玉萍　包思聪　严　忠

（中国石油新疆油田公司实验检测研究院）

摘　要　本文简要介绍了化学需氧量（COD）现行标准分析方法，评价了各种方法的使用条件和优缺点，提出了不同分析方法在实际应用时有一定的适用性和局限性，应根据废水中含有的氯离子选用适用性高的检测方法，并准确、快速、环保的方向改进和完善。

关键词　化学需氧量（COD）；检测方法；对比

1　化学需氧量（COD）的重要性

化学需氧量（COD）是指在一定条件下，用强氧化剂处理水样时所消耗氧化剂的量，以氧的 mg/L 来表示。它是表示水中还原性物质多少的一个指标，但主要是有机物。COD 越大，说明水体受有机物污染越严重。水样的 COD 测定，可受加入氧化剂的种类、浓度，反应溶液的酸度、反应温度和时间，以及催化剂的有无而获得不同的结果。因此，COD 是一个条件性指标，严格按标准要求进行。

2　常用化学需氧量（COD）检测方法比较

目前，针对废水 COD 检测方法主要有 4 种，见表 1。

表 1　废水 COD 检测方法

标准名称	COD 测定范围 / mg/L	适用的 Cl^- 范围 / mg/L	方法原理
HJ 828—2017《水质 化学需氧量的测定 重铬酸盐法》	16～700	＜1000（稀释后）	在水中加入已知量的重铬酸钾溶液，并在强酸介质下以银盐作催化剂，经沸腾回流后，以试亚铁灵为指示剂，用消耗的重铬酸钾的量计算出消耗氧的质量浓度
HJ/T 399—2007《水质 化学需氧量的测定 快速消解分光光度法》	15～1000	＜1000（稀释后）	在硫酸酸性介质中，以重铬酸钾为氧化剂，硫酸银为催化剂，硫酸汞为氯离子的掩蔽剂，165℃ ±2℃下加热消解 15min，用分光光度法（Cr^{6+}/ Cr^{3+}）测定水样的 COD 值

续表

标准名称	COD 测定范围 / mg/L	适用的 Cl^- 范围 / mg/L	方法原理
HJ/T 70—2001《高氯废水化学需氧量的测定 氯气校正法》	≥30	<20000	在硫酸酸性介质中，以重铬酸钾为氧化剂，硫酸银为催化剂，硫酸汞为氯离子的掩蔽剂，148℃ ±2℃下回流消解 2h，以硫酸亚铁铵溶液滴定剩余的重铬酸钾，计算表观 COD 值
HJ 132—2003《高氯废水化学需氧量的测定 碘化钾碱性高锰酸钾法》	0.2～62.5	几万至几十万	在碱性条件下，加一定量高锰酸钾溶液于水样中，并在沸水浴上加热反应一定时间，以氧化水中的还原性物质，加入过量的碘化钾还原剩余的高锰酸钾，以淀粉做指示剂，用硫代硫酸钠滴定释放出的碘，换算成氧的浓度，用 COD_{OH}-KI 表示

3 标准应用及检测对比

3.1 COD 检测方法比对

在日常的检测工作当中，所检测样品多为低 Cl^- 中、高 COD 含量样品，按照 HJ 828—2017《水质化学需氧量的测定 重铬酸盐法》和 HJ/T 399—2007《水质化学需氧量的测定 快速消解分光光度法》，上述检测方法检测其结果相对误差较小，基本满足检测要求。

为了系统评价两种方法测定水样中 COD 的准确度，实验评价中选用了较难氧化的邻苯二甲酸氢钾（$KC_8H_5O_4$）作为标准溶液配制了 50mg/L，300mg/L 和 500mg/L。测定结果见表 2。

表 2 两种方法对标准溶液的检测对比

标准溶液 COD/（mg/L）	重铬酸盐法		快速消解分光光度法	
	COD/（mg/L）	相对误差 /%	COD/（mg/L）	相对误差 /%
50	49.3	1.40	49.0	–2.00
300	301	0.33	298	–0.67
500	499	0.20	503	0.60

表 2 实验结果表明，两种方法的测定结果与标准值很接近，低浓度和高浓度的样品 COD 测定结果的重现性均较好，相对误差的变化范围很小，符合水质监测实验室质量控制的准确度要求，说明测定结果的准确度较好。

3.2　Cl^-对COD测试结果的影响

在用重铬酸盐法和快速消解分光光度法测定废水COD时，如果废水中存在Cl^-浓度超过水样中所允许浓度时，常规的COD预制试剂管中的硫酸汞就不足以消除氯离子干扰，为进一步验证Cl^-对上述两种标准测定结果的影响程度，实验室分别用实验室用水配制250mg/L的COD标准溶液通过加入不同浓度的NaCl与不同氯离子浓度现场废水，进行COD检测结果对比评价，测定结果见表3和表4。

表3　含氯标准溶液的检测对比

标准溶液COD/（mg/L）	氯离子/（mg/L）	重铬酸盐法		快速消解分光光度法	
		COD/（mg/L）	相对误差/%	COD/（mg/L）	相对误差/%
250	1000	252	0.8	240	–4.0
250	2000	250	0.0	240	–4.0
250	3000	266	6.4	230	8.0
250	5000	254	1.6	260	4.0
250	10000	254	1.6	260	4.0

表3实验结果表明，利用实验室用水配制的相同浓度的标准溶液中加入不同浓度的NaCl后两种方法测定结果几乎一致，相对误差＜8%。符合水质监测实验室质量控制的准确度要求，说明测定结果的准确度较好。

表4　环境监测废水样品的检测对比

样品名称	氯离子/mg/L	稀释倍数	重铬酸盐法COD平均值/mg/L	快速消解分光光度法COD平均值/mg/L	相对误差/%
废水样品1	1046.4	—	102	105	-2.9
废水样品2	1188.3	—	116	120	–3.4
废水样品3	2004.1	2	569	600	–5.4
废水样品4	2837.7	3	479	530	–10.6
废水样品5	2997.3	3	256	290	–13.3
废水样品6	3192.4	3	256	300	–17.2
废水样品7	5808.4	6	500	570	–15.1
废水样品8	8247.1	8	485	560	–15.5
废水样品9	10153.7	10	346	450	-30.1

表4实验结果表明，当Cl^-含量<2000mg/L时两种方法测定结果几乎一致，相对误差<-5%，当水中Cl^-浓度>2000mg/L时，即使通过稀释法控制待测样品中Cl^-浓度<1000mg/L与回流消解—重铬酸盐法相比，快速消解分光光度法测定结果明显偏高，相对误差>-5%，快速消解分光光度法对同一个样品平行测定结果也有很大的误差，两种方法测定结果对于环境监测废水样品来说，因Cl^-等干扰因素的影响以上两种方法整体上有显著性差异。

3.3 氯气校正法装置的建立

随着油田深度开发，大量开发措施的实施，产生不同种类的复杂外排废水，为COD的检测提出了新的要求。在实际检测工作中，针对高Cl^-、低COD的特殊样品，由于高浓度Cl^-的影响，HJ 828—2017《水质化学需氧量的测定 重铬酸盐法》和HJ/T 399—2007《水质 化学需氧量的测定 快速消解分光光度法》不能满足部分油田废水含Cl^-浓度大于1000mg/L（稀释后）的高盐废水。针对这类高盐废水建立了HJ/T 70—2001《高氯废水 化学需氧量的测定 氯气校正法》标准方法。

3.3.1 氯气校正法装置的改进

通过调研，在现有装置的基础上经过改造，该装置包括：六联电热套、冷凝管、插管三角烧瓶、吸收瓶、流量计等，如图1和图2所示。

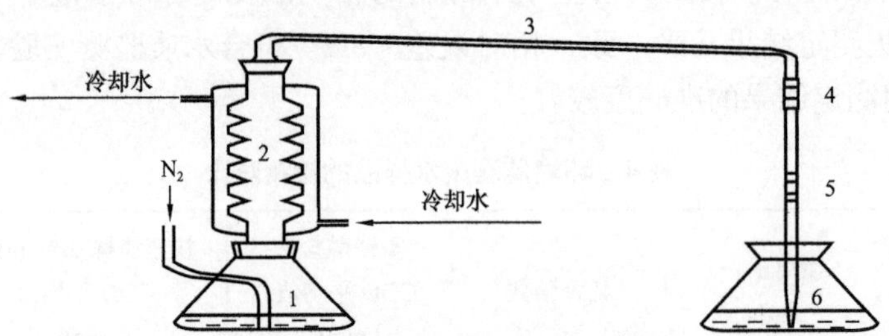

图1 回流吸收装置（改进前）

1—插管三角烧瓶；2—冷凝管；3—导出管；4，5—硅胶管；6—吸收瓶

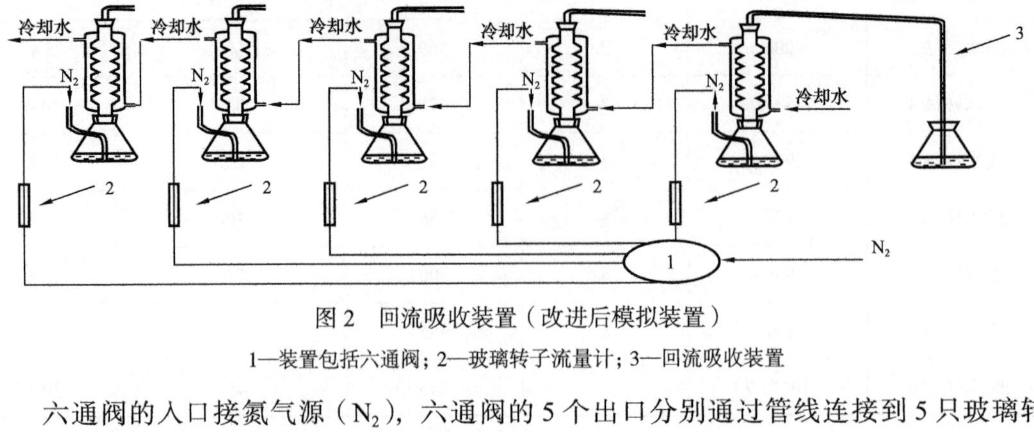

图2 回流吸收装置（改进后模拟装置）

1—装置包括六通阀；2—玻璃转子流量计；3—回流吸收装置

六通阀的入口接氮气源（N_2），六通阀的5个出口分别通过管线连接到5只玻璃转

子流量计的入口，5只玻璃转子流量计的出口分别连接到五套回流吸收装置的氮气（N_2）入口。

3.3.2　氯气校正法装置的改进取得认识

（1）通过实验验证该简易装置完全满足测定方法的要求，具有一定的可行性和实用性。

（2）该装置可对多个样品同时进行检测。

（3）该方法适合 Cl^- 含量低于20000mg/L的高盐废水检测，是在原有的HJ 828—2017《水质 化学需氧量的测定 重铬酸盐法》的基础上，增加了氯气的吸收，通过扣除生成的氯气所贡献的COD来反应水样中真实的COD，降低了测定误差。

3.4　不同COD检测方法的优、缺点对比

比较了三种测定方法的优缺点，见表5。

表5　不同测定方法的优缺点比较

标准名称	主要优、缺点
HJ 828—2017《水质 化学需氧量的测定 重铬酸盐法》	优点：方法经典、使用范围广，是确定COD最常用方法，是各类废水排放标准推荐方法。 缺点：对高浓度氯离子干扰的去除性差，对COD很低而氯离子浓度高的水样不适用，且高氯废水检测需逐级稀释，带来的稀释误差较为明显
HJ/T 399—2007《水质 化学需氧量的测定 快速消解分光光度法》	优点：耗时短、灵敏度高，操作简便高效。 缺点：样品颜色对检测结果有较大影响；同重铬酸盐法类似不适合高氯废水COD检测，需用到专用设备、样品自带颜色会干扰测定
HJ/T 70—2001《高氯废水 化学需氧量的测定 氯气校正法》	优点：结合了经典的重铬酸盐法的氧化特性，极大消除了氯离子的干　扰，更适用于高氯废水COD的测定。 缺点：步骤烦琐、工作量大、耗时长、效率低

4　结语

通过以上对废水中COD测试方法的综述，可以看出每种方法在实际应用时都有一定的适用条件和局限性，针对不同水质，考虑到氯离子对测定结果的影响，首先，应根据废水中含有的氯离子浓度选用适应性高的检测方法；其次，操作者的手法以及严格的执行操作规程也是确保COD检测结果的关键。COD测定是环境监测行业从业者的基本功，看似简单，实际上也是一个复杂的过程，只有深度解析标准的适用范围和对待测样品影响因素分析，才能为油田污水达标外排和COD治理提供准确的数据。

压裂及返排液中残余瓜尔胶检测方法的建立和结构解析

斯绍雄　张珍珠　王　雨　郭进周　吴永花

（中国石油新疆油田公司实验检测研究院）

摘　要　随着新疆油田玛湖地区的大规模开发，目前新疆油田有 7000 ～ 8000 m^3/d 返排液需要进行处理，对压裂返排液的处理需求变得迫切。由于压裂返排液中的主要成分是瓜尔胶，其有效含量的确定以及分子结构的变化对于返排液后续的处理工作显得十分必要，本文利用瓜尔胶的化学性质建立了返排液中瓜尔胶浓度的检测方法，建立的标准线性相关性为 0.9992，回收率为 96.5%～101.1%，方法重现性高，准确可靠。同时利用凝胶色谱（GPC）与飞行时间质谱联用的技术（LC/Q-TOF-MS）解析了压裂返排液中瓜尔胶的分子量和分子结构的变化过程。结果表明，凝胶色谱测量瓜尔胶分子量的标准曲线线性相关性为 0.9955，玛湖地区使用的瓜尔胶分子量约为 84 万，压裂返排液随返排时间的增加返排液中大分子瓜尔胶显著减少，加入氧化破胶剂后瓜尔胶的 B—O 键优先断裂，瓜尔胶生成聚二醇络合物。

关键词　压裂返排液；瓜尔胶含量；分子量变化；结构解析

随着新疆油田玛湖地区大规模采用体积压裂的方法进行开发，新疆油田公司对于返排液的处理显得迫切。和常规油田污水相比，压裂返排液中含有瓜尔胶等有机组分，导致返排液黏度高难以处理[1-4]。然而，目前对于压裂返排液的研究集中在返排液的处理技术研究[5-6]，对返排液中瓜尔胶含量的检测、返排液氧化破胶过程中瓜尔胶分子的变化过程并未有相关报道[7-8]。但是，返排液中瓜尔胶含量的确定以及分子结构的变化研究对压裂返排液后续的处理工作（包括压裂返排液处理工艺的选择、处理药剂的加量等）具有指导意义。为此，本文对瓜尔胶浓度的检测方法及分子结构解析进行了研究。

1　实验部分

1.1　材料与试剂

实验仪器：Waters GPC-2695 凝胶渗透色谱仪，Agilent G6545 型飞行时间质谱联用仪，Shimadzu UV2550 紫外分光光度计，FLOM FJY2002 超纯水机，北京搅拌器厂 RET BASIC-78-2 磁力加热搅拌器。

实验的压裂返排液来自新疆油田公司玛湖地区；瓜尔胶，工业级，昆山和嘉怡；蒽酮，分析纯，上海化学试剂采购供应五联化工厂；硝酸钠，色谱纯，国药集团；浓硫酸，分析纯，西安试剂厂；实验所用其他试剂均为分析纯。

1.2　实验方法

1.2.1　瓜尔胶标准曲线的制作

瓜尔胶标准溶液：将无水瓜尔胶置于五氧化二磷干燥器中，12h 后精密称取 100mg，用蒸馏水定容至 1000mL。

蒽酮试剂：取 2g 蒽酮于 1000mL 浓度为 80% 的硫酸中，现配现用。

取 7 支 25mL 比色管，准确吸取瓜尔胶标准溶液 0mL，0.2mL，0.4mL，0.6mL，0.8mL，1.0mL 和 1.2mL 分别置于比色管中，再分别加入高纯水至 2mL。在每支比色管中立即加入配置好的蒽酮试剂 5mL 充分混匀，置于沸水浴中加热 15min 后取出，将比色管浸于冰水浴中冷却 15min。在 625nm 波长下以试剂空白为参比，用 1cm 石英比色皿迅速测定其余各管吸光值。以瓜尔胶浓度为横坐标，吸光度值为纵坐标，同一个样品重复实验 3 次，取平均值绘制标准曲线。

1.2.2　压裂液返排液中瓜尔胶含量的测定

准确吸取 1mL 压裂返排液置于 25mL 比色管中，加入高纯水至 2mL。然后在每支比色管中立即加入蒽酮试剂 5mL，充分混匀后置于沸水浴中加热 15min，迅速浸于冰水浴中冷却 15min。在 625nm 波长下，用 1cm 石英比色皿迅速测定各管吸光值。根据瓜尔胶浓度的标准曲线计算瓜尔胶浓度，每个样品重复实验 3 次，取平均值为瓜尔胶浓度。

稳定性考察：取 1mL 压裂返排液样品按上述方法分别于 0h，12h，24h，48h，72h 和 96 h 后进行检测，考察检测方法的稳定性。

精密度考察：取 1mL 压裂返排液样品按上述方法分别连续测定 8 次，计算压裂返排液中瓜尔胶含量的 RSD 值。

1.2.3　压裂返排液中瓜尔胶分子量检测

凝胶色谱条件：液相色谱柱温 25℃；流动相吸光度 A=0.1mol/L $NaNO_3$；流量 0.5mL/min；进样量 10uL；色谱柱型号：Waters Ultrahydrogel Column，规格：10μm，7.8mm×300 mm。

质谱条件：Jet Stream（ESI）离子源；气体温度 325℃；气体流量 10L/min；质量范围（m/z）100～1500；毛细管电压：1500V；喷嘴电压 1000V。

2　结果与讨论

2.1　压裂返排液中瓜尔胶浓度的检测

瓜尔胶是压裂返排液中的主要组分，然而瓜尔胶含量没有标准方法对其进行分析。利用瓜尔胶是一种由半乳糖和甘露糖形成的多糖，选用蒽酮－硫酸比色法测定糖含量的方法来测定瓜尔胶。原理是瓜尔胶（糖类化合物）在非氧化条件下受各种强无机酸作用可发生脱水反应，分解成单糖组合，单糖组合受浓硫酸作用转变成糠醛或羧甲基糠醛。这些杂环醛类化合物与蒽酮反应生成有色的缩合产物。缩合产物溶液的色度与原试样含糖量成正比。用根据吸光度－糖浓度标准曲线便可求出液样的含糖量[8-9]。

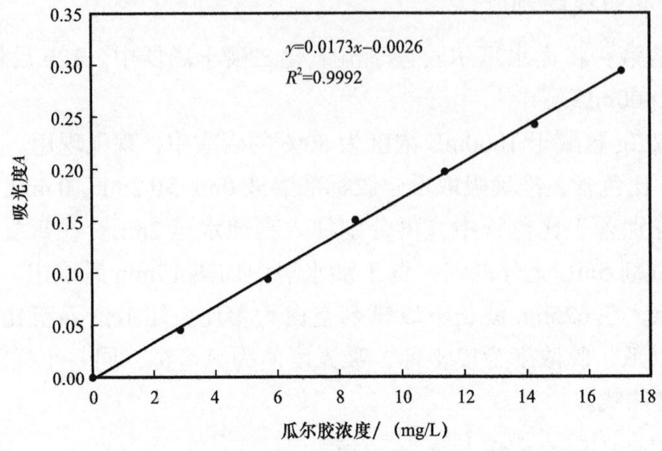

图 1　瓜尔胶溶液的浓度—吸光度标准曲线

图 1 为瓜尔胶溶液的浓度—吸光度标准曲线。从图中可知，瓜尔胶浓度和吸光度呈很好的线性关系，线性关系为 $y=0.0173x-0.0026$，曲线斜率为 0.0173，线性相关性为 0.9992。

此外，向 1mL 压裂液样品中分别准确加入一定量瓜尔胶，用压裂液返排液的测定方法，每个加标浓度做两个平行样，取测量加标后样品的吸光度的平均值。结果见表 1，三个加标浓度点的相对误差均小于 4%，回收率在 96.5%～101.1% 之间。此外，通过稳定性试验计算得蒽酮比色法检测压裂返排液中瓜尔胶浓度的 RSD 为 1.85%，表明待测物在 96h 内能保存稳定。连续 8 次进样检测考察方法的精密度，结果计算得蒽酮比色法的 RSD 为 1.69%，表明该方法的精密度良好，方法灵敏度较高。因此，蒽酮比色法适合于检测压裂返排液中的瓜尔胶浓度。目前，该方法已经对新疆油田压裂液检测达 50 余井次，对返排液的检测达 30 余井次。

表 1　瓜尔胶含量检测方法的准确度考察（n=3）

序号	原含量 / mg	加标量 / mg	测量值 / mg	扣除样品空白 / mg	相对误差 / %	回收率 / %
1	4.23	2.86	7.12	2.89	1.04	101.1
2	4.23	5.71	9.77	5.55	2.80	97.2
3	4.23	8.57	12.49	8.27	3.63	96.5

注：n 为实验次数。

2.2　压裂返排液中瓜尔胶分子量的检测

瓜尔胶的分子量大小会影响压裂液和压裂返排液的黏度、悬浮物含量和 COD 等特性。因此，准确且快速地测定瓜尔胶的分子量对于压裂施工和压裂返排液的处理显得十分重要。凝胶色谱（GPC）作为可同时测定聚合物的相对分子质量及其分布的方法，使其成为测定高分子相对分子质量及其分布最常用、快速和有效的技术[11]。凝胶色谱测量瓜尔胶的标准曲线如图 2 所示，线性关系为 $y=10.6-0.636x+0.0272x^2-0.000662x^3$，曲线相关度为 0.99549，标准曲线拟合效果较好。

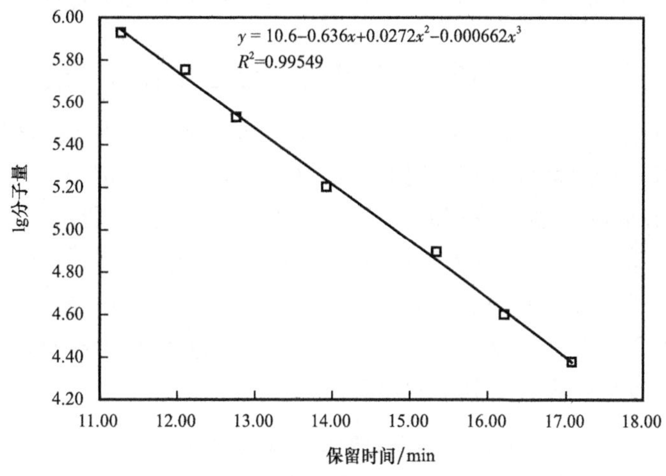

图 2　凝胶色谱测量瓜尔胶的标准曲线

将玛湖地区不同区块压裂井的压裂返排液进行分析（图 3），结果表明玛湖 A 井和玛湖 B 井的压裂返排液中均在 10min 附近出现了瓜尔胶特征峰，说明玛湖地区压裂使用的瓜尔胶分子量基本是一致的，将瓜尔胶分子量拟合计算后表明压裂返排液中的瓜尔胶大分子物质其分子量约为 84 万。此外，从图 4 可知第三天的压裂返排液中在 10min 附近的特征峰较第一天相比几乎消失，说明压裂返排液中的瓜尔胶随着返排时间的增加大分子物质呈显著减少趋势。而保留时间在 21～27min 附近的小分子聚合物，由于保留时间超过了凝胶色谱的标线范围，因此可采取了凝胶色谱—飞行时间质谱连用的手段进行解析。

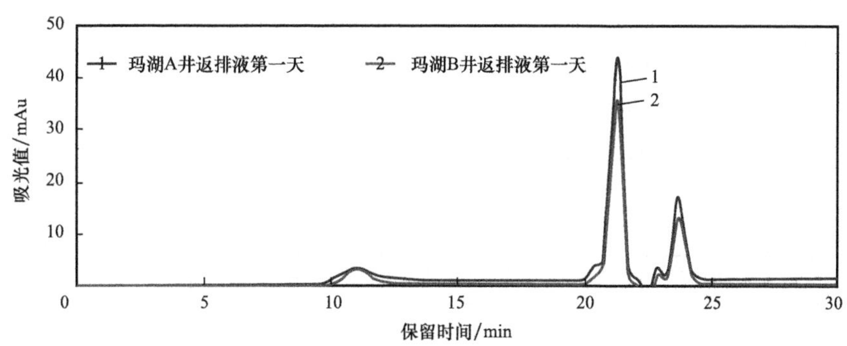

图 3　玛湖 A 井和玛湖 B 井压裂返排液第一天色谱图

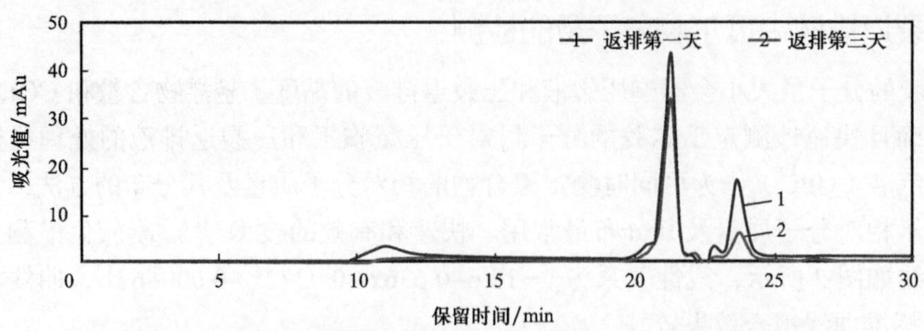

图 4 玛湖 A 井压裂返排液第一天和第三天分子量色谱图

2.3 凝胶色谱与飞行时间质谱连用解析返排液瓜尔胶分子结构

为验证进入飞行时间质谱（TOF）的样品来自瓜尔胶，将压裂返排液和压裂中使用的助排剂、杀菌剂、稳定剂分别进入凝胶色谱进行分离，取保留时间 20～28 min 的出液。再分别将 20～28 min 的样品进飞行时间质谱。测试结果如图 5 所示，将图 5 的主要特征峰进行归纳分析（表 2），如表所示返排液中小分子范围的质谱图与助剂中助排剂、杀菌剂、稳定剂主要有机添加剂的 *m/z* 值（质荷比）显著不同。可见，凝胶色谱中 20～28 min 的出液其 *m/z* 值主要来自瓜尔胶分子的贡献。这是由于返排液中含有破胶剂过硫酸铵，过硫酸铵可以将瓜尔胶分解为较小分子的化合物。

表 2 压裂返排液及助剂 *m/z* 值统计

返排液	助排剂	杀菌剂	稳定剂
107.96	118.08	118.08	112.59
192.94	230.24	214.25	118.08
277.92	301.28	304.29	317.11
362.89			
447.87			
532.85			
617.82			
702.8			
787.78			
872.76			
957.73			
1042.71			
1127.73			
1297.64			
1467.6			

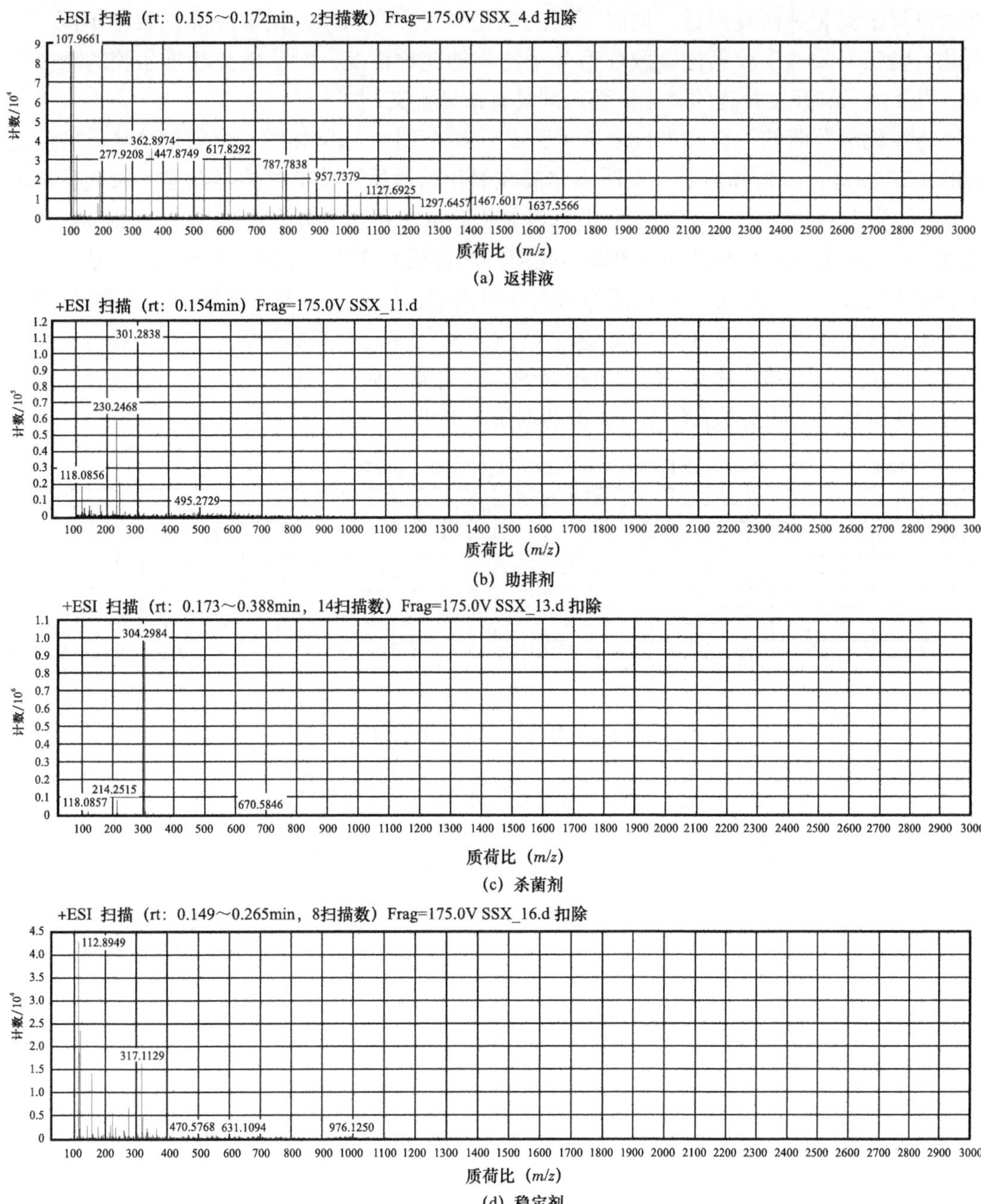

图 5　压裂返排液及助剂质谱图

根据瓜尔胶的结构式进行推测，交联后的瓜尔胶在过硫酸铵氧化破胶后可能存在聚环氧丙烷、甘露聚糖和聚二醇络合物三种结构[12-14]。郭广军等认为，瓜尔胶在过硫酸铵存在的条件下先发生糖苷键断裂，然后当瓜尔胶主链降解到一定程度时，主链糖环上的 C_6 等才开始氧化断裂[15]，而 Wu 等则认为，瓜尔胶在高碘酸盐存在的条件则先断裂瓜尔胶主环 C_2—C_3 和 C_3—C_4 的碳碳键生成半缩醛[16]。然而，对有机硼交联后的瓜尔胶其氧化破胶过程未见相关研究报道，同时不同的氧化剂对交联瓜尔胶的破胶降黏效率不同[17]。因此，确认交联瓜尔胶氧化破胶前后分子结构的变化情况，对明确交联瓜尔胶的破胶机理，以及选择和开发合宜的氧化破胶药剂具有指导意义[18-19]。

将氧化破胶前的压裂液进行分析（图 6）。结合图 5（a）和图 6 将瓜尔胶氧化破胶前后的 TOF 图进行分析和推断，交联瓜尔胶在氧化前后质谱特征峰差异明显，氧化后出现了 *m/z* 约为 1600 的峰值，表明交联瓜尔胶氧化后依然存在大分子物质[20]。根据 *m/z* 的变化规律以及瓜尔胶的化学结构来推断氧化前后的特征峰变化。推测结果见表 3，结果表明压裂液中的瓜尔胶氧化前主要特征峰为聚环氧丙烷，氧化后主要特征峰为聚二醇络合物。这表明交联的瓜尔胶中的 B—O—B 键比 C—O—C 键更加容易断裂，氧化剂主要对压裂返排液中瓜尔胶分子结构的 B—O 键进行断键，氧化破胶后的主要产物为聚二醇络合物。这为开发定位氧化交联瓜尔胶的 B—O 键药剂研究提供了方向[19, 21, 22]。

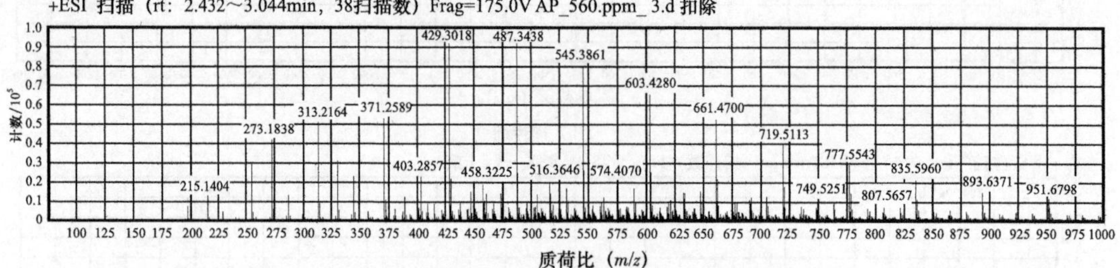

图 6 氧化前压裂返排液质谱图

表 3 压裂返排液氧化前后特征峰产物推断

氧化前特征产物				氧化后特征产物			
m/z	*n*	*m/z*	*n*	*m/z*	*n*	*m/z*	*n*
371.3	*X*	400.3	*Y*	277.9	*X*	362.8	*Y*
429.3	*X*+1	458.3	*Y*+1	447.8	*X*+1	532.8	*Y*+1
487.3	*X*+2	516.4	*Y*+2	617.8	*X*+2	702.8	*Y*+2
545.4	*X*+3	574.4	*Y*+3	787.8	*X*+3	872.8	*Y*+3
603.4	*X*+4	632.4	*Y*+4	957.7	*X*+4	1042.7	*Y*+4
661.5	*X*+5	632.5	*Y*+4	1127.7	*X*+5	1212.7	*Y*+5
719.5	*X*+6	749.5	*Y*+5	1297.6	*X*+6	1382.6	*Y*+6
777.6	*X*+7	806.6	*Y*+6	1467.6	*X*+7	1552.6	*Y*+7
835.6	*X*+8			1637.6	*X*+8		

3　结论

（1）压裂返排液中瓜尔胶浓度的检测可以采用蒽酮比色法进行检测，方法准确度高，稳定性好，灵敏度高，方法准确可靠。

（2）建立的凝胶色谱法可准确且快速地测定瓜尔胶的分子量，结果表明压裂返排液随返排时间的增加返排液中大分子瓜尔胶显著减少。

（3）凝胶色谱与飞行时间质谱联用可解析压裂返排液瓜尔胶分子结构变化，结果表明瓜尔胶在氧化破解后生成的小分子化合物主要为聚二醇络合物。

参考文献

[1] Lester Y，Yacob T，Morrissey I，et al. Can we treat hydraulic fracturing flowback with a conventional biological process？ The case of guar gum[J]. Environmental Science & Technology Letters，2013，1(1)：133–136.

[2] 陈文娟，张健，朱江，等.油田压裂返排液组合深度处理工艺研究进展[J].工业水处理，2016，36(5)：10–14.

[3] Dai C，Wang K，Liu Y，et al. Reutilization of fracturing flowback fluids in surfactant flooding for enhanced oil recovery[J]. Energy & Fuels，2015，29(4)：2304–2311.

[4] 吉毅，李宗石，乔卫红.瓜尔胶的化学改性[J].日用化学工业，2005(2)：111–114.

[5] 吴新民，赵建平，陈亚联，等.压裂返排液循环再利用影响因素[J].钻井液与完井液，2015(3)：81–85.

[6] 马红，黄达全，李广环，等.瓜尔胶压裂返排液重复利用的室内研究[J].钻井液与完井液，2017(4)：122–126.

[7] 张宗勋，朱倘仟，侯吉瑞.酸性条件下瓜尔胶交联体系研究[J].油田化学，2017，34(2)：241–244.

[8] 郭建春，何春明.压裂液破胶过程伤害微观机理[J].石油学报，2012，33(6)：1018–1022.

[9] 刘桂茹.不同硫酸蒽酮比色定糖法的比较[J].天津农业科学，2016，22(3)：5–7.

[10] 任婧，李景富，张佳，等.基于蒽酮硫酸比色法建立一种快速测定果糖含量的方法[J].黑龙江科学，2017，8(10)：82–85.

[11] 李明，艾华林，柴跃东，等.用四–(对氨基苯基)–卟啉柱前衍生的高效液相色谱法测定重金属[J].化工环保，2005，25(5)：412–415.

[12] 周建科，龙堃，彭静.盐析分相微萃取—高效液相色谱法测定水中取代苯[J].化工环保，2010，30(2)：180–183.

[13] Lester Y，Ferrer I，Thurman E M，et al. Characterization of hydraulic fracturing flowback water in Colorado：implications for water treatment[J]. Science of the Total Environment，2015，512：637–644.

[14] Blauch M E. Developing effective and environmentally suitable fracturing fluids using hydraulic fracturing flowback waters[C]//SPE Unconventional Gas Conference. Society of Petroleum Engineers，2010.

[15] 郭广军，周利英，何建平，等．瓜尔胺及其衍生物的过硫酸铵氧化降解研究［J］．化学研究与应用，2010，22（12）：1546–1550.

[16] Wu X，Ye Y，Chen Y，et al. Selective oxidation and determination of the substitution pattern of hydroxypropyl guar gum［J］. Carbohydrate Polymers，2010，80（4）：1178–1182.

[17] 朱磊．初氧化—絮凝—再氧化集成法深度处理油田压裂废液实验研究［D］．大庆：东北石油大学，2015.

[18] 丁彬，杨舒涵，彭树华，等．TEMPO 促成的瓜尔胺及羟丙基瓜尔胺的选择性氧化［J］．高分子材料科学与工程，2007，23（4）：211–214.

[19] Jiang B，Drouet E，Milas M，et al. Study on TEMPO–mediated selective oxidation of hyaluronan and the effects of salt on the reaction kinetics［J］. Carbohydrate Research，2000，327（4）：455–461.

[20] 张洁，杨朋威，顾雪凡，等．高 pH 下邻菲罗啉金属配合物催化氧化降解羟丙基瓜尔胶［J］．油田化学，2017，34（3）：543–546.

[21] Thaburet J F，Merbouh N，Ibert M，et al. TEMPO–mediated oxidation of maltodextrins and D–glucose：effect of pH on the selectivity and sequestering ability of the resulting polycarboxylates［J］. Carbohydrate Research，2001，330（1）：21–29.

[22] Kato Y，Matsuo R，Isogai A. Oxidation process of water–soluble starch in TEMPO–mediated system［J］. Carbohydrate Polymers，2003，51（1）：69–75.

油气田复杂水体中悬浮固体含量的测定方法探索

刘鹏飞[1]　王　勇[2]　刘　娜[1]　张蕾蕾[1]　包思聪[1]

（1. 新疆油田公司实验检测研究院；2. 新疆油田公司勘探开发研究院）

摘　要　目前采出水的悬浮物测定一般采用 SY/T 5329—2012 推荐的滤膜法。本文针对新疆油田聚采出水按照标准滤膜法测定易结垢问题，用双膜法替代标准原测定方法。过滤量均由原来的 10min 过滤 15mL 提高到 100mL 以上，因此也进一步提高了测定准确度。用不同采出液对两种测试方法进行对比，发现双膜法较现行标准在测定二元驱采出液和稠油采出液悬浮物含量时过滤体积分别由 15mL 和 50mL 提高到了 265mL 和 240mL，引入的最大误差由原来的 26.66mg/L 和 8.00mg/L 减小到了 1.50mg/L 和 1.66mg/L。

关键词　双膜法；悬浮物；含聚采出液；梯度过滤；滤膜

随着油田深度开发，含聚采出液、修井液、酸化压裂液等复杂水体以及上述水体与常规采出液的混合水体，由于水中残余组分互相搭联的空间网络结构，按照传统的称重法测定悬浮物过程中，将导致大量残余胶体产物吸附、快速截流在滤膜上，快速堵塞滤孔，从而降低了滤膜的通量、延长了滤过时间，减少了过滤量，并且由于过滤速度的减慢造成单次截留悬浮物质量减小，进而造成较大系统误差，测量值无法准确衡量水质的真实情况，难以指导现场生产。悬浮物含量测定方法有：重量法、分光光度法、遥感技术和声学法[1-2]。目前，常规采出液水中悬浮物含量测定普遍采用的是重量法。通过国内外检索发现相关报道较少，李训杰等做过相关研究，其采用的也是“加热法”[3]，此方法并不适用于新疆油田加热易结垢水质。冯晓敏采用的“双膜法”[4]，其双膜为上下双层为同一孔径的滤膜，此方法对加快过滤速度进而增加过滤量减小误差并无帮助。因此改进含聚采出液中悬浮物测定方法具有非常重要的意义。图 1 为新疆油田第二采油厂 72 号站采出液加热前后对比。

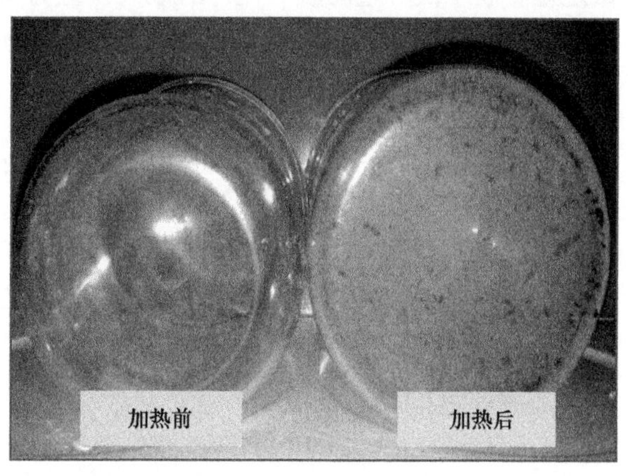

图 1　新疆油田采油二厂 72 号站含聚采出液加热前后对比

1 实验部分

1.1 主要材料和仪器

材料：孔径 0.45μm 和 5μm 混合纤维素酯微孔滤膜，购自上海兴亚净化材料厂；水样取自新疆油田第二采油厂聚驱采出液，采出液中聚合物含量为 103.52mg/L。

主要仪器：SHZ–D（Ⅲ）循环水式真空泵（台州市信力电子设备有限公司）、wi96752 全玻璃微孔滤膜过滤器（东西仪科技有限公司）。

1.2 行业标准推荐的悬浮物测量方法

目前油田对于悬浮固体含量测定普遍采用采用 SY/T 5329—2012《碎屑岩油藏注水水质指标及分析方法》规定的膜滤法（以下简称为原方法），既使用真空泵提供压力 0.1MPa 负压，使一定体积的水样通过 0.45μm 滤膜，并用蒸馏水洗盐与石油醚洗油后在 90℃烘干至质量恒定。悬浮固体含量为滤膜截留前后滤膜重量差与滤过水样体积的比值。当被测溶液中含有聚合物时需加热到 60℃恒温 30min 以上再进行测量。由于被测采出液加热时出现结垢因此原方法测定时均不采用加热。

1.3 改进方法

改进方法（以下简称双膜法）：使用真空泵提供压力 0.1MPa 负压，使一定体积的水样通过不同孔径滤膜叠加后形成的滤膜层，并用蒸馏水洗盐与石油醚洗油后在 90℃烘干至质量恒定。悬浮固体含量为滤膜截留前后滤膜重量差与滤过水样体积的比值。

1.4 极限误差的计算方法

滤膜法进行悬浮物测定时滤膜截留的悬浮物质量为过滤前后滤膜与滤膜加截留物的质量之差。而单次称量滤膜所允许的最大误差为≤0.2mg 。因此两次称量所造成的极限最大误差为 0.4mg。而悬浮物含量计算方法为悬浮物的截留量除以过滤体积。因此水中悬浮物测量由称量造成的极限误差计算公式为：

$$\Delta = \frac{0.0004g \times 10^6}{V}$$

式中 Δ——水中悬浮物测量极限误差，mg/L；

V——过滤水样体积，mL。

2 结果与讨论

2.1 改进方法准确度的验证

为验证聚合物是否会被滤膜截留进而影响悬浮物含量，配置了高岭土溶液，来验证两种方法测试准确度以及聚合物对悬浮物测定的影响（表 1）。

表 1　模拟含聚采出液的悬浮物含量测定对比

聚合物浓度 /(mg/L)	检测方法	滤膜孔径 /μm	过滤时间	悬浮物含量 /(mg/L)
0	原方法	0.45	0′27″	122
50	原方法	0.45	6′14″	122
50	双膜法	0.45+5	3′51″	123

注：(1) 测试所用溶液均是高岭土含量为 130mg/L。

(2) 过滤体积均为 100mL。

(3) 聚合物经高速剪切 3min 以模拟地层剪切。

从表 1 可以看出，双膜法比原方法在测定含聚溶液时具有明显加快速度的作用，且不影响悬浮物含量准确度。

2.2　双膜法对含聚采出液过滤速度的影响

对含聚合物采出水用两种方法进行测试，结果对比见表 2。

表 2　双膜法与原方法测试含聚合物采出水结果对比

检测方法	过滤体积 /mL	悬浮物含量 / (mg/L)	称量造成极限误差 / (mg/L)
双膜法	100	110	4.00
原方法	15	137	26.67

注：来液聚合物含量为 103.52mg/L。

从表 2 测试结果可以看出，在测试含聚采出液时双膜法比原方法过滤速度更快，引入的极限误差更小，为进一步弄清双膜法提高滤膜过滤速度的基本原理，室内将现场来液进行了粒径分析，结果如图 2 所示。

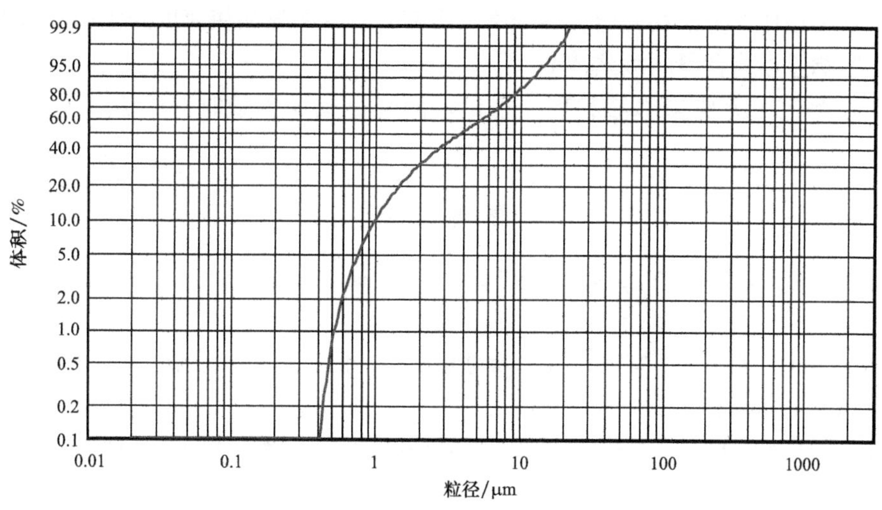

图 2　含聚采出液粒径分布

上层大孔径滤膜将会截留较多的粒径较大的悬浮物以及包裹颗粒表面的不溶解的残余聚合物，大大减轻了下层 0.45μm 滤膜的截留量，减轻了 0.45μm 滤膜的堵塞状况，进而形成梯度过滤的方式加快单位表面上采出液的透过速度。

2.3 双膜法的适用范围

双膜法在测量聚合物驱采出液时可加快过滤速度，为了验证双膜法是否对其他采出液也具有效果，分别用双膜法与原方法对多种采出液进行了悬浮物测定，其结果见表 3。

表 3 双膜法与原方法测试多种采出液结果对比

水样	检测方法	滤膜孔径 / μm	过滤体积 / mL	悬浮物含量 / mg/L	称量造成极限误差 / mg/L
二元驱采出液	双膜法	0.45+5	265	34.4	1.5
	原方法	0.45	15	53.33	26.67
稠油采出液	双膜法	0.45+5	240	55.57	1.66
	原方法	0.45	50	74	8
稀油采出液	双膜法	0.45+5	250	95.52	1.6
	原方法	0.45	250	104	1.6

实验结果表明，原标准方法在聚合物驱采出液、二元驱采出液、稠油采出液悬浮物测定时过滤体积均较小，而引入称量造成的误差较大。双膜法可有效解决过滤体积不足而造成的称量误差。因此双膜法较原方法具有更广的适用范围。

3 结论

（1）双膜法比原方法在测定含聚合物采出液时具有明显加快速度的作用进而提高过滤量，且不影响悬浮物含量的测试精度。

（2）在测定二元驱采出液和稠油采出液的悬浮固体含量时双膜法较原标准方法更精确。

参考文献

[1] 冯萍，孙凤梅，周海刚，等.油田回注污水三项水质指标检测方法研究［J］.油田化学 2003,20（3）: 244-246.

[2] 吴百春，邓皓，张瑞成，等.稠油废水回用处理工艺中悬浮物测定方法［J］.油气田环境保护，2006，16（6）: 47-50.

[3] 李杰训，江能，吴迪，等.含聚采出水悬浮固体含量测定方法的改进［J］.油田化学，2008，25（9）: 93-96.

[4] 冯晓敏.三元污水中悬浮物测定方法［J］.油气地面工程，2012，31（12）: 53-54.

污水池恶臭治理技术探讨
——雷 13 井排污系统适应性改造

史春艳　黄继超　刘海强　苏诗漫

（中国石油西南油气田公司川东北气矿）

摘　要　本文主要对污水池恶臭治理技术进行探讨，以目前实施完毕的雷 13 井排污系统适应性改造为例，对改造的原因、具体做法、取得的成效进行阐述。结合现场实际，既整改了安全环保隐患，又达到了降本增效，对其他井站的排污系统适应性改造有一定的指导作用。

关键词　恶臭治理；适应性；改造

气田开采后期气井出水增多，气田水中溶解的硫化氢和天然气等有毒、有害气体在生产过程中溢出，产生恶臭，对站场及周边环境、站内工作人员健康有一定影响。如何安全处理气田水、如何治理污水池恶臭，已成了企业不得不思考的问题。目前污水池恶臭治理常用技术方案有燃烧和化学中和两种方式，根据两种方式的特点，结合雷 13 井产水量大、硫化氢含量较高以及站场设置有放空火炬等实际情况，为达到环保治理要求、节约工程投资和生产运行成本的目的，雷 13 井污水池恶臭治理采取将气田水密闭输送、恶臭气体收集引至放空区燃烧后外排的方式进行排污系统适应性改造。

1　雷 13 井概况

雷 13 井站位于达川区南外镇雷音铺村 1 组，是集采气、增压、含硫气水同产为一体的综合气井。雷 13 井于 1986 年 4 月 16 日投产，于 2011 年 7 月开始进行增压，目前日产气量约 $1.3\times10^4m^3$，含硫量 $8.95g/m^3$，日产水量约 $50m^3$。该井站采用常温分离计量集气流程，分离出的污水经 $20m^3$ 污水罐闪蒸后排入 $480m^3$ 污水池沉淀，通过污水泵转运到川 17 井和雷 3 井进行回注。4 台转水泵，其中 2 台功率为 90kW，转运时间为每天 3～4h；另外 2 台功率为 45kW，停用。

雷 13 井排污系统的运行状况直接影响此井站的产量。原有污水池于 2007 年建立，采用玻璃钢棚封顶密闭，玻璃钢棚经较长时间使用后出现裂缝，密封性较差，加之原污水池呼吸管就地安装，同时在用的两台污水转运泵的密封形式为填料密封，存在密封效果不佳等现象。气田水中溶解的硫化氢和天然气等有毒、有害气体在污水池析出后散布于井站内，对站场及周边环境、站内工作人员健康有一定影响。为了改善现状，对其排污系统进行了适应性改造，通过改造污水池、新增污水罐、改造污水转水泵密封形式等方式，实现了气田水的密闭输送，有效地解决原站内的恶臭状况，保障了员工的身体健康，同时减少了转水泵的运行时间，实现了降本增效。

2 适应性改造具体做法

针对雷 13 井排污系统存在的问题，对污水池、污水罐、放空火炬和机泵等设施进行适应性改造，真正做到气田水密闭输送、治理恶臭。

2.1 污水池

拆除了原污水池玻璃钢棚、就地呼吸管，对污水池进行清掏和淤泥固化。回填靠近工艺区部分污水池，保留部分污水池（原污水池容量约 480m^3，改造后污水池容量约 150m^3）。污水池回填部分作为新泵区，保留的污水池清淤后改造为应急水池，池盖改为钢筋混凝土现浇盖板。污水池至放空区架空独立呼吸管，呼吸管立管与放空火炬相邻建设，在气井生产时，利用放空火炬引导火将污水池溢出的硫化氢和天然气燃烧后高空外排。

2.2 污水罐

在污水处理区新建一座 50m^3 污水罐，与站内原 20m^3 污水罐串联，将原有的 20m^3 污水闪蒸罐及橇装疏水阀等安装高度升高，利用重力将闪蒸罐里面的污水自流进新建污水罐。气田水经两级污水罐闪蒸后排至污水池。新建污水罐至放空区架空独立呼吸管，呼吸管立管与放空火炬相邻建设，在气井生产时，利用放空火炬引导火将污水罐所闪蒸出的硫化氢和天然气燃烧后高空外排。在污水新建污水罐出口设置旁通，连接雷 13 井至川 17 井输卤管线，利用高差和虹吸原理实现污水自流回注。

2.3 放空火炬

为防止呼吸管产生回火，按照 GB 50183—2004《石油天然气工程设计防火规范》第 6.4 节油田采出水处理设施"污油罐及污水沉降罐顶部应设呼吸阀、阻火器及液压安全阀"要求，污水池、污水罐呼吸管立管底部设有阻火器。

2.4 机泵

拆除已停用的两台型号为 DF46-30×3 的污水转运泵。将两台型号为 DF25-50×10 的污水转运泵的密封形式由填料密封改造为机械密封，同时拆除水泵平衡管，封堵低压端平衡管口，平衡管高压端口加注清水，加强机泵的密封性能，防止在转运污水时漏液。

3 项目改造后取得的成效

排污系统适应性改造后，提高了排污系统的实用性和操作性，有效地解决原站内的恶臭状况，有效地保护了员工的健康，同时也起到了降本增效的效果，具体如下：

（1）将原有的常用的污水池改造成应急污水池，降低了污水池泄漏的风险。应急污水池全密封，在污水池顶部设呼吸管接入放空区排放，最大限度地减少了硫化氢气体的溢出，有效地解决原站内的恶臭环境，保障了员工的身体健康。

（2）新建污水罐增加了污水存储能力，也起到二级闪蒸的作用，污水中的硫化氢气体从污水中最大限度地溢出，降低回注污水中的硫化氢浓度。污水闪蒸罐及橇装疏水阀安装高度升高，可以利用压差和污水重力自流进污水存储罐，减少能耗。

（3）在新建污水罐出口设置旁通，连接雷 13 井至川 17 井输水管线，利用高差、虹吸原理，实现污水自流回注。正常情况下，原来每天使用污水转运泵 3～4h，现在每次只需要启泵 0.5～1h，将污水管线里面的空气排空，便能实现自流回注。以 1 年运行 300 天，每天减少泵运行时间 3h，每度电 0.8 元，则年节电量约 8.1×10^4kW·h，年节约成本约 6.5 万元。

（4）拆除了停用转水泵，简化了工艺流程，同时也可以将转水泵用在其他井站，减少设备成本。在用污水转运泵密封形式由填料密封改造为机械密封，加强了机泵的密封性能。在转运污水时，不再漏液，防止了漏液中溢出的硫化氢气体对员工的伤害。

4　结论与建议

4.1　结论

雷 13 井排污系统通过适应性改造过后，实现了气田水密闭输送、恶臭气体收集引至放空区燃烧后外排，解决了污水池的恶臭问题，排除了环保隐患，保障井站员工正常生活、井站正常生产。同时在污水新建污水罐出口设置旁通，与输送至回注井站的输卤管线相连，利用高差、虹吸原理，实现了污水自流回注，大大减少泵运行时间，为企业节约了成本。

4.2　建议

（1）硫化氢中毒事故在石油行业屡见不鲜，为了更好地做好预防工作，企业要从源头上控制。

（2）目前企业内用污水泵回注污水的情况较多，在保证安全环保的情况下，改变思路，改变工艺，利用压差、利用虹吸原理等，把泵注转变成自流回注，降本增效，节约成本。

参考文献

[1] 李玉明．工业污水池的腐蚀与防护［J］．化学工程师，2007，141（6）：40- 42.

[2] 周丹，向启贵等．关于石油化工企业事故污水池容积的探讨［J］．石油与天然气化工，2010，39（2）：168- 170.

[3] 陈界学．疏水阀直接密闭输送气田水［J］．石油石化节能，2013，9：45.

新疆油田沙漠腹部作业废水减量化处理工艺的研究与应用

倪　斌

（中国石油新疆油田公司石西油田作业区）

摘　要　石西油田作业区修井废液池存储的各种作业废水，如果直接回水进入石西集中处理站，会直接冲击其采出水处理系统，导致该系统的水质稳定性变差。修井废液池作业废水，经由1套处理能力1000m^3/d的就地减量化预处理工艺处理后，使其悬浮物≤15mg/L、含油≤10mg/ L、含硫≤5mg/ L、pH值7±0.5，达标回水该站采出水处理系统，修井废液池存储的作业废水减量化效果明显。该就地减量化预处理工艺的成功应用，有助于石西集中处理站采出水处理系统的水质稳定性，为以后其他相近的作业废水减量化处理的实施提供了借鉴和新途径。

关键词　作业废水；减量化预处理工艺；技术研究

石西油田作业区地处准噶尔盆地古尔班通古特沙漠腹部，其修井废液池存储着各种作业废水，主要包括各种洗井修井废液、酸化压裂返排液以及石西集中处理站排放的各种事故污水和污泥，年排放量约72000m^3。减量化预处理工艺投用前，石西废液池已储废作业废水超过15000m^{3}以上，接近警戒线，严重影响油田正常生产。

原有作业废水主要处理工艺为分类存储、多级沉降后，用简单、无预处理方式直接回水进入石西集中处理站采出水处理系统，导致采出水处理系统紊乱，水质稳定性变差，调整水处理药剂被动，严重影响采出水处理后的回注水质达标。

修井废液池存储的作业废水，采用就地预处理工艺减量化预处理后，悬浮物、含油、含硫大幅度降低，其可直接回水进入采出水处理系统，为后续采出水处理系统处理后的水质稳定性提供了保证。

1　作业废水的水质特点及回水指标

1.1　作业废水的水质特点

通过现场取样，分析修井废液池作业废水来源发现，各级沉降池的作业废水具有如下特点：

（1）来水水质复杂，包括含油废水、压裂液返排液、洗井修井等废液。

（2）沉降池水质的不稳定，一级沉降池、二级沉降池和三级沉降池，酸化废液池水质各不相同，且同一废水池不同层位水质也不同，处理难度较大。

（3）来水水量波动性大，作业废水具有来源点多、时段不固定的特点，根据当天各区块实际生产情况决定，来水水量在 100～500m^3，水量的大小又会造成各级沉降池水质的波动。修井废液池作业废水原有处理工艺如图 1 所示，现场水样如图 2 所示。

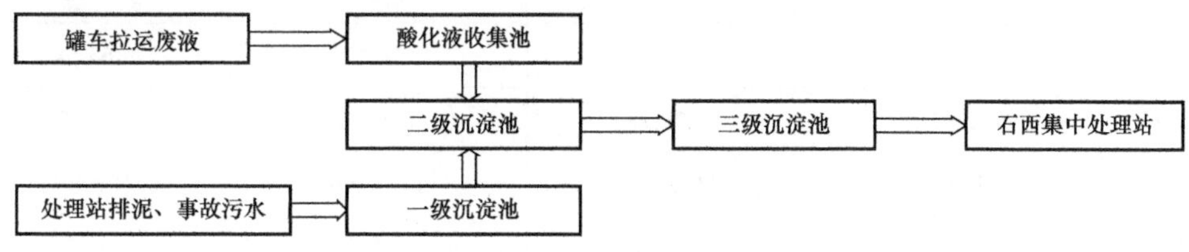

图 1　修井废液池作业废水原有处理工艺

图 2　各种作业废水存储池的现场水样

作业废水中形成了硫化亚铁胶体颗粒，作业废水的胶体稳定性较强，加之修井废液池作业废水水样来源复杂，小分子有机物等还原性物质含量较高，COD 含量较高，导致其处理难度较大[1]。

由于其来源不稳定、成分复杂、水量相对较少，若不处理直接回水到采出水处理系统，不仅会恶化净水水质，而且扰乱了采出水处理系统的正常运行。水质全分析结果见表 1。修井废液池存储各种作业废水的现场如图 3 所示。

图 3　修井废液池存储各种作业废水的现场情况图

表 1　水质全分析结果

单位：mg/L

检测项目	石西集中处理站采出水来液	石西集中处理站外输泵进口	酸化池	三级沉淀池
K^++Na^+	7582.37	7295.36	7855.11	6987.28
Mg^{2+}	54.66	53.85	69.97	63.54
Ca^{2+}	1292.74	1229.57	1195.55	1131.72
Cl^-	12956.27	11257.26	17245.66	18750.41
HCO_3^-	985.47	1025.18	897.51	788.36
CO_3^{2-}	0.00	0.00	0.00	0.00
SO_4^{2-}	750.28	760.85	950.34	926.86
pH 值	7.50	7.49	6.50	6.85
矿化度	22547.32	21687.85	28947.25	30162.07
水型	$CaCl_2$	$CaCl_2$	$CaCl_2$	$CaCl_2$

1.2　回水指标

预处理工艺的设计指标见表 2。

表 2　预处理工艺的设计指标

节点名称	含油 /（mg/L）	悬浮物 /（mg/L）	硫化物 /（mg/L）	pH 值
装置进水	≤100	≤100	≤5	
沉降装置出水	≤20	≤30	≤5	7±0.5
过滤器出水	≤10	≤15	≤5	7±0.5

2　作业废水预处理工艺

2.1　工艺流程

预处理工艺（图 4）：曝气—絮凝—过滤。石西集中处理站浓缩后的污泥进入一级池、罐车拉运的作业废水进入酸液池，在池中进行隔油沉降。一级池、酸液池出水依次进入二级池、三级池沉降分离，二级、三级沉淀池内设置曝气单元，对废水进行连续曝气，氧化降解作业废水中的还原性物质；三级池污水经提升泵进入沉降缓冲装置，在药剂作用下实现作业废水的净化处理；出水经泵提升进入过滤器，过滤器出水经缓冲后由已建回水泵回水进入石西集中处理站采出水处理系统。

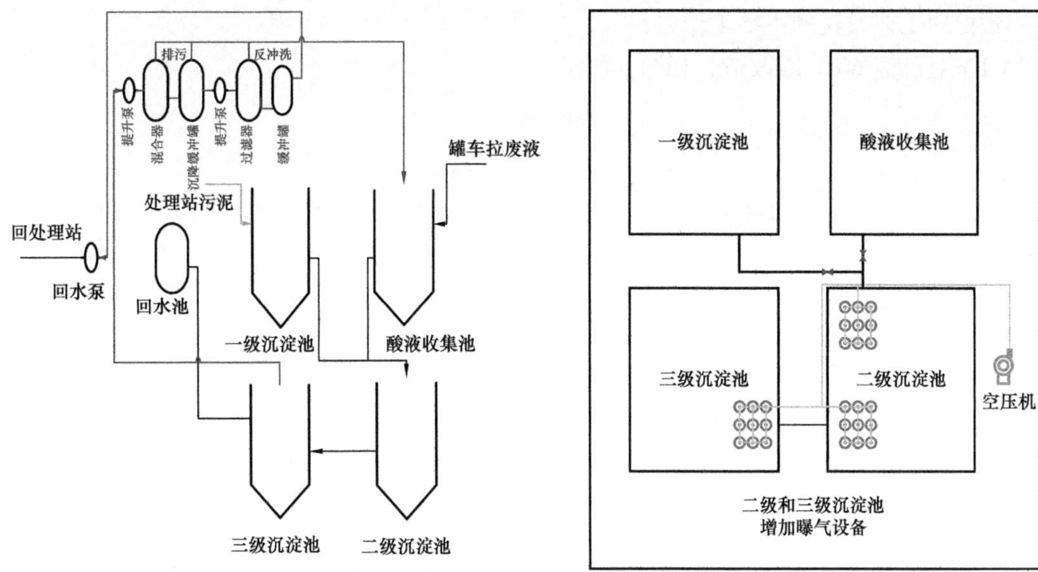

图 4　作业废水预处理工艺的示意图

预处理工艺新建的主要工作量（表 3）：

（1）安装曝气装置 1 套，包括罗茨风机（37kW）1 台、二级沉淀池安设含有曝气头的曝气架子 10 个。

（2）安装 1 座加药泵橇及附属工艺管线，包括 1 台过滤提升泵、3 台加药泵及 1 个配电间。

（3）安装加药罐及附属管线，净水剂加药罐 1 个（$10m^3$）、絮凝剂加药罐 1 个（$4.5m^3$）、预处理剂加药罐 1 个（$2m^3$）等设备。

（4）安装 1 座 $80m^3$ 沉降缓冲装置及附属工艺管线。

（5）安装 2 座 $30m^3$ 过滤罐及附属工艺管线。

（6）现场安装值班房 1 座。

表 3　主要新建工程量一览表

序号	作业内容	单位	数量
1	$30m^3$ 过滤罐	座	2
2	潜污泵，Q=$50m^3/h$；H=40m	台	1
3	沉降缓冲装置	座	1
4	加药泵橇装置	座	1
5	过滤提升泵，Q=$50m^3/h$；H=80m	台	1
6	安装 30kW 罗茨风机	台	1
7	工艺管线敷设（*DN*80mm～*DN*125mm、*PN*0.8MPa）	m	800
8	相应的配电设施	套	1

预处理工艺改建的主要工作量：

（1）对已建 $60m^3$ 罐改造，如图 5 所示。

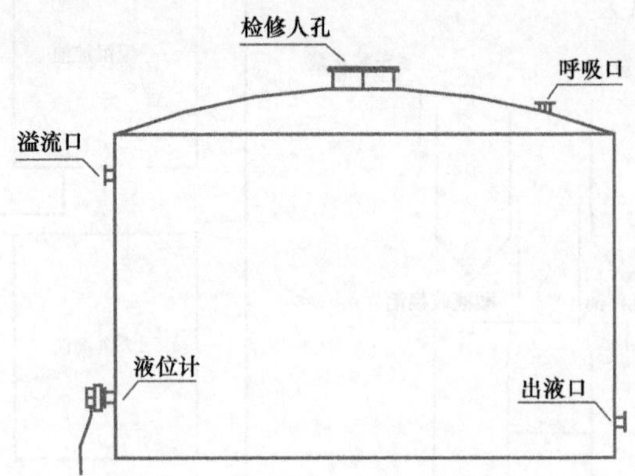

图 5 已建 $60m^3$ 罐改造图

（2）加设液位计，联动控制回水泵，实现 $60m^3$ 罐低液位停泵；

（3）加设溢流管线。

2.2 投加方案

（1）室内实验。实验结果见表 4 和图 6。

表 4 作业废水室内加药净化实验

序号	预处理剂 /（mg/L）	净水剂 /（mg/L）	絮凝剂 /（mg/L）	絮体状况	悬浮物 /（mg/L）
1	500	300	300	较大、较散，水较清	35
2	500	500	300	较大、较实，水清	16
3	800	800	400	较大、较实，水清	12
4	800	1000	400	较大、较散，水清	15

图 6 作业废水加药前后预处理效果对比图

（2）投加方案见表 5。

表 5　作业废水现场加药方案

序号	药剂名称 /（mg/L）	加药浓度 /（mg/L）	加药点	投加方式
1	预处理剂	500～1000	提升泵进口	连续投加
2	净水剂	500～800	一级混合器进口	连续投加
3	絮凝剂	300～500	二级混合器出口	连续投加

3　现场应用情况

3.1　现场安装

石西修井废液池安装预处理工艺装置的同时，新增废液池回水泵（增加 1 台，保留原泵）；更换 *DN*150mm×8km 回水管线，并将原连头位置由缓冲罐（4/5 号罐）出水管线改为采出水缓冲罐（4/5 号罐）进口管线，同时通过原清水过滤器旁接到注水泵进口。最终，减少了修井废液池各种作业废水的二次重复处理。现场图如图 7 和图 8 所示。

图 7　就地减量化处理工艺现场施工图

图 8　就地减量化处理工艺现场运行图

3.2 现场应用情况

就地减量化处理工艺投入运行后，处理后的作业废水悬浮物、含油、含硫及 pH 值等回水指标达标。

2019 年 6 月 10 日投用，12 月 25 日停用，累计运行 199 天，平均处理量 444m³/d，累计处理作业废水 8.8471×10⁴m³。2020 年 4 月 18 日投用，2020 年 11 月 30 日停用，累计运行 226 天，平均处理量 981m³/d，累计处理作业废水 22.1731×10⁴m³ 。2019 年和 2020 年悬浮物处理达标效果见表 6 和表 7 及图 9 和图 10。

表 6　2019 年作业废水处理实施效果

项目	悬浮物含量 /（mg/L）			
	1 季度	3 季度	4 季度	平均值
来水	2020 年 6 月 10 日启运	124.6	75.8	96.3
沉出水		34.2	31.2	34.0
滤出水		11.9	10.4	12.2

表 7　2020 年作业废水处理实施效果

项目	悬浮物含量 /（mg/L）				
	1 季度	2 季度	3 季度	4 季度	平均值
来水	2020 年 4 月 18 日启运	124.6	110.2	122	118.01
沉出水		49.6	36.6	37.4	41.5
滤出水		12.1	11.0	12.1	11.7

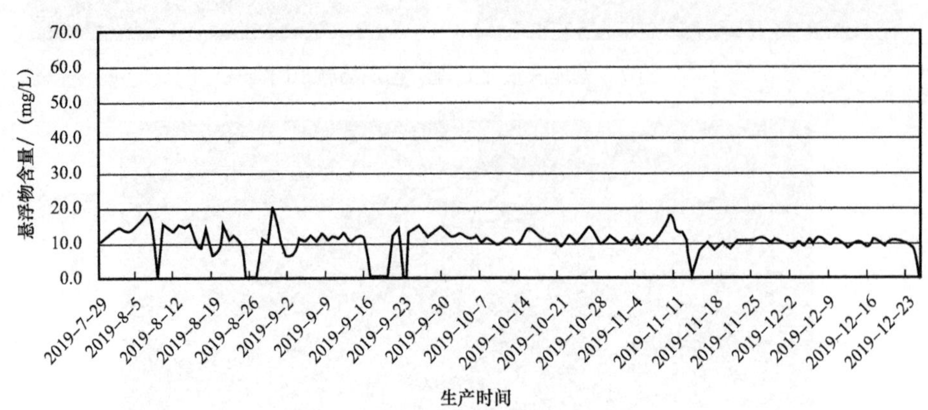

图 9　2019 年作业废水悬浮物处理效果

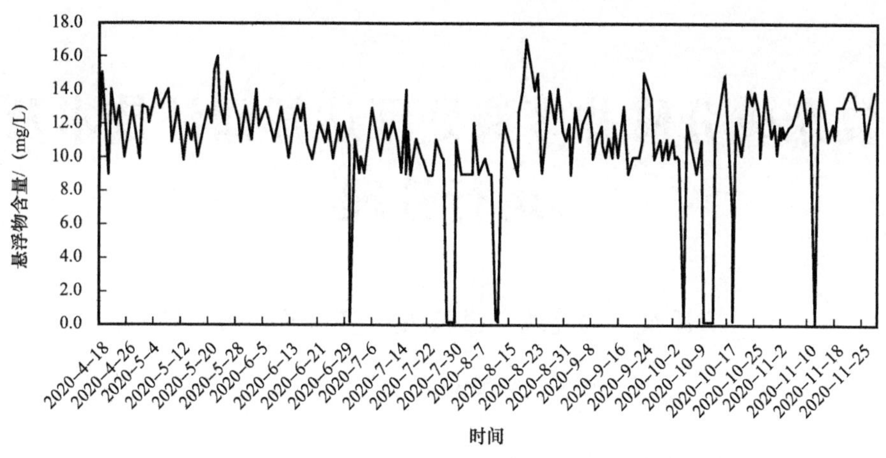

图 10　2020 年作业废水悬浮物处理效果

4　结论

（1）作业废水通过“曝气—絮凝—过滤”就地预处理工艺，使其在药剂混合器中充分净化，经沉降缓冲罐、过滤器出水后，实现了其悬浮物、含油、含硫以及 pH 值等回水指标得到达标。

（2）作业废水经该就地预处理工艺处理后，其可直接回水进入石西集中处理站采出水处理系统，为后续整个采出水处理系统处理后的水质稳定性提供了保证。

（3）2019 年至 2020 年，经过就地预处理工艺处理的各种作业废水 $31.02\times10^4m^3$，修井废液池作业废水减量化明显，该工艺值得继续现场实施。

参 考 文 献

［1］汤林，张维智，等. 油田采出水处理及地面注水技术［M］. 1 版. 北京：石油工业出版社，2017：45-46.

复杂成分修井废液处理达标回注技术及运行管理

王振东　向建波　李云飞　贯　鹏　杨　帆

（中国石油新疆油田公司采油二厂）

摘　要　克拉玛依油田修井废液由压裂返排液、修井液等混合成，其含聚、含油、含铁、含硫等，化学成分复杂，油、泥、水分离难度极大，常规重力混凝沉降处理工艺无法适应。为提升修井废液水质达标水平，实现修井废液达标回注、零排放，开展了复杂成分修井废液达标回注技术研究。确定了修井废液具有含油、含杂质量大，油水乳化严重，呈泥糊状的特性，形成了"混凝＋气浮＋过滤""混凝＋磁分离＋过滤"两套修井废液深度处理达标回注工艺技术。现场应用表明：修井废液处理工艺技术有效解决了修井废液成分复杂，杂质含量波动变化大，常规污水处理工艺不适应的问题，实现了修井废液的达标处理。

关键词　修井废液；混凝；气浮；磁分离

克拉玛依油田每年产生 30×10^4～$40\times10^4m^3$ 修井废液，处理量大，同时废液成分复杂，主要有修井液、洗井液、压裂返排液和酸化返排液等，其含砂、含聚、含油、含铁、含硫、pH 值波动大，油、水乳化严重，处理难度大[1]。

修井废液直接回掺系统处理，受修井废液性质与站内污水差异大影响，系统净水设施及药剂体系无法适应，造成系统水质迅速恶化[2-4]。处理后平均含油 17mg/L（标准：15mg/L），悬浮物 57.1mg/L（标准：5mg/L），对比正常时污水处理系统外输悬浮物（5～8mg/L）达标率降低 54%～91%。直接回掺对污水处理系统冲击大，无法实现达标处理。

为减小修井废液对污水处理系统的影响，以修井废液回注利用，对修井废液实施达标处理并回注油藏为目标[5-6]，本文通过研究分析修井废液物理和化学特性，有针对性地实施了修井废液预处理再回掺、直接达标处理回注等研究试验。

1　混合废液特性分析

1.1　修井洗井液特性

修井洗井液具有泥沙、铁离子和硫化物含量高等特点（表 1）。在高倍正置显微镜下观察和拍照（图 1），以及对粒径分布状况进行测定（图 2）。实验结果表明，修井洗井液分散固相颗粒较多，灰色微小乳化油珠大量分布，黑色游离油珠较少，油滴粒径 90% 小于 10μm（粒径中值 3.53μm），分散乳化程度高。

表 1　修井洗井液理化指标

项目	离子含量 /（mg/L）							矿化度 / mg/L	pH 值
	CO_3^{2-}	HCO_3^-	Cl^-	Ca^{2+}	Mg^{2+}	SO_4^{2-}			
检测值	0.00	1558.60	5943.81	118.10	88.10	1593.00		11659.93	5～7
项目	S^{2-}/ mg/L	Fe^{2+}/ mg/L	总铁 / mg/L	含油 / mg/L	悬浮物 / mg/L	含砂 / %	黏度 / mPa·s	Zeta 电位 / mV	COD/ mg/L
检测值	2～10	2～30	2～50	100～20000	100～30000	0～4	1.02	-17.4	1350

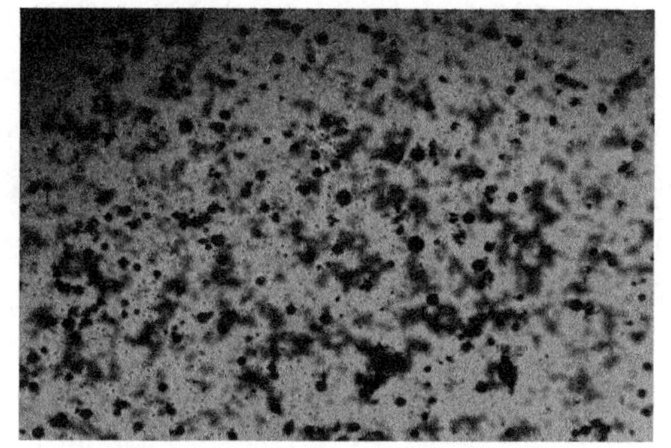
图 1　修井洗井液显微图

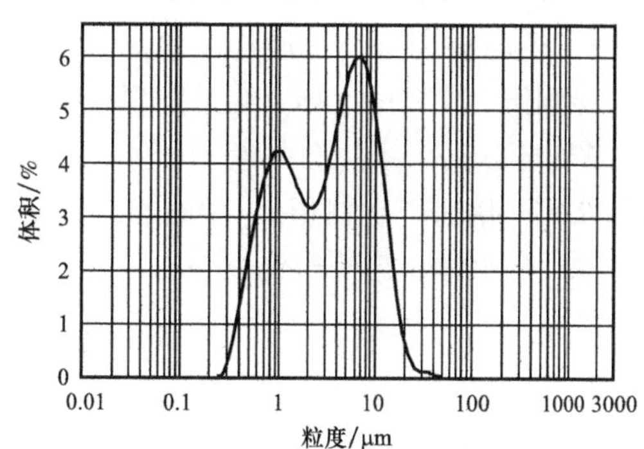

图 2　修井洗井液粒径分布图

1.2　压裂返排液特性

压裂返排液有机物和石油类物质含量高，体系中含高分子聚合物、瓜尔胶，黏度较高（表 2）。在高倍正置显微镜下观察和拍照（图 3），以及对粒径分布状况进行测定（图 4）。实验结果表明，分散相中固相颗粒较多，可见灰色大量多重乳化油珠，粒径尺寸较大（粒径中值 66.46μm），游离油珠、乳化油珠及固相颗粒分布较均匀，乳化明显。

表 2　压裂返排液理化指标

项目	离子含量 /（mg/L）							矿化度 / mg/L	pH 值
	CO_3^{2-}	HCO_3^-	Cl^-	Ca^{2+}	Mg^{2+}	SO_4^{2-}			
检测值	0.00	199.99	1206.51	35.86	11.80	151.00		6467.09	7～8
项目	S^{2-}/ mg/L	Fe^{2+}/ mg/L	总铁 / mg/L	含油 / mg/L	悬浮物 / mg/L	含砂 / %	黏度 / mPa·s	Zeta 电位 / mV	COD/ mg/L
检测值	0～2	0～1	3～4	5～1000	100～10000	0～3	1.51	-12.9	2780

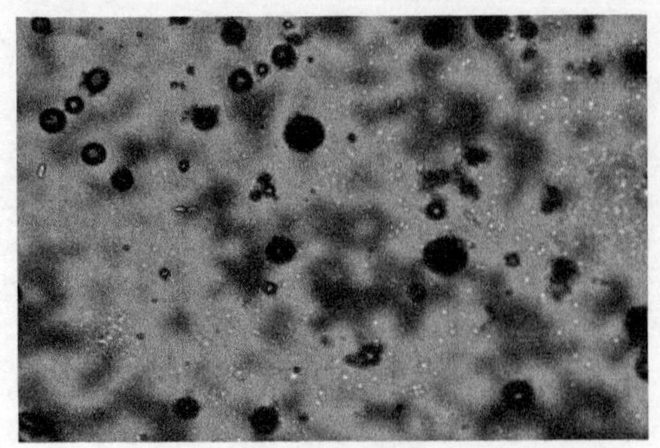

图 3　压裂返排液显微图

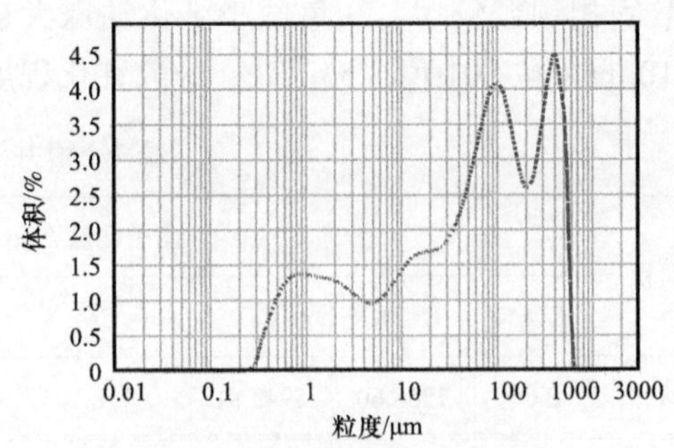

图 4　压裂返排液粒径分布图

1.3　各类废液与常规油田污水特性比较

与常规油田污水相比，压裂返排液、修井洗井液水全分析 6 项离子含量变化不大，在 pH 值、还原性离子、悬浮物、含油量、黏度方面差异较大（表 3）。压裂返排液黏度较高，检测值为 1.51mPa·s，约是常规污水的 1.5 倍；有机高分子物质含量较高，COD 检测值（2780mg/L）。修井洗井液 pH 值介于 5～7，偏酸性；Fe^{2+} 监测值 2～30mg/L 是常规污水的 2～30 倍；S^{2-} 监测值 2～10mg/L，是常规污水的 1～10 倍。这些特性导致常规净水药剂体系适应性差，影响净化效果。

表 3　常规油田污水理化指标

项目	离子含量 / (mg/L)						矿化度 / mg/L	pH 值
	CO_3^{2-}	HCO_3^-	Cl^-	Ca^{2+}	Mg^{2+}	SO_4^{2-}		
常规污水	0.00	2199.98	5298.67	109.32	15.53	34.10	10430.44	7～8
修井洗井液	0.00	1558.60	5943.81	118.10	88.10	1593.00	11659.93	5～7
压裂返排液	0.00	1199.99	1206.51	35.86	11.80	151.00	6467.09	7～8

项目	S^{2-}/ mg/L	Fe^{2+}/ mg/L	总铁 / mg/L	含油 / mg/L	悬浮物 / mg/L	含砂 / %	黏度 / mPa·s	Zeta 电位 / mV	COD/ mg/L
常规污水	1～5	0～1	0.5～2	100～600	100～300	0	1.02	7.4	483
修井洗井液	2～10	2～30	2～50	100～20000	100～30000	0～4	1.02	-17.4	1350
压裂返排液	0～2	0～1	3～4	5～1000	100～10000	0～3	1.51	-12.9	2780

2 修井废液处理工艺

修井废液主要成分变化大，直接回掺、预处理再回掺处理均对污水处理系统造成不同程度的冲击影响，不能保证污水处理系统稳定合格。结合修井废液特性，优选处理效果好且经济可行的达标处理工艺。

2.1 修井废液粗分离预处理稳定水质工艺

针对修井废液含油、含砂和含泥量大以及水质不稳定的特点，应用具有沉砂、隔油、沉泥功能的废液池及离心分机，进行粗分离预处理稳定处理装置来液水质，以提高处理效果并保证修井废液处理装置连续稳定运行。

（1）应用一体式修井废液存储池沉砂、隔油、沉泥。

针对修井废液特点（含油、含砂、含泥量大），必须进行先除砂，防止砂对后续工艺设施的堵塞，影响正常生产。研究应用了具有沉砂、隔油、沉泥功能一体式存储池（图5），实现了先沉砂，后油泥水分离，有效去除 99% 以上砂，去除约 20% 油、泥。存储池中部污水进入离心机，砂、污泥定期清理外运处理，污油定期回收。

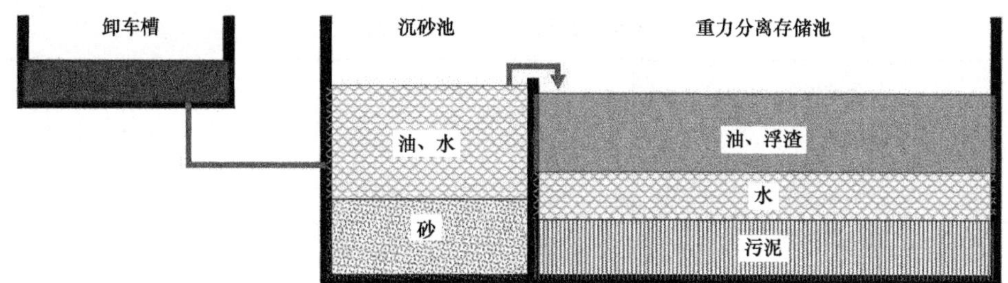

图 5 一体式废液存储池功能示意图

（2）离心分离机固液分离预处理技术。

实际生产中修井废液因杂质含量高、乳化严重，存储池中很难建立持续稳定清晰的油、泥、水界面，易出现无水层的情况。无水层时废液池中部液体呈泥糊状，修井废液处理装置无法适应导致生产停顿。针对存储池中间水层无法连续稳定建立问题，应用离心分离机对修井废液进行泥水粗分离。离心分离机除悬浮物效率 85%，除油效率 75%，出水含油＜500mg/L，出水悬浮物＜1000mg/L。

2.2 混凝气浮修井废液深度处理工艺技术

针对修井废液杂质量大，乳化程度高的特点，应用物理化学结合的“混凝 + 气浮”方法，设计了“混凝 + 气浮 + 过滤”工艺。经修井废液池及离心分离预处理后的污水通过提升泵输送至反应器，此过程投加离子调整剂、混凝剂、絮凝剂，在旋流反应器中充分反应后进入气浮机，气浮机配套连续自动刮渣装置，混凝后的油泥絮体在微气泡作用下不断上浮，并经刮渣机刮至废液收集罐，较重的污泥下沉至气浮机底部，由污泥泵定期抽出[1, 7]。气浮机出水经过滤合格后外输（图 6）。

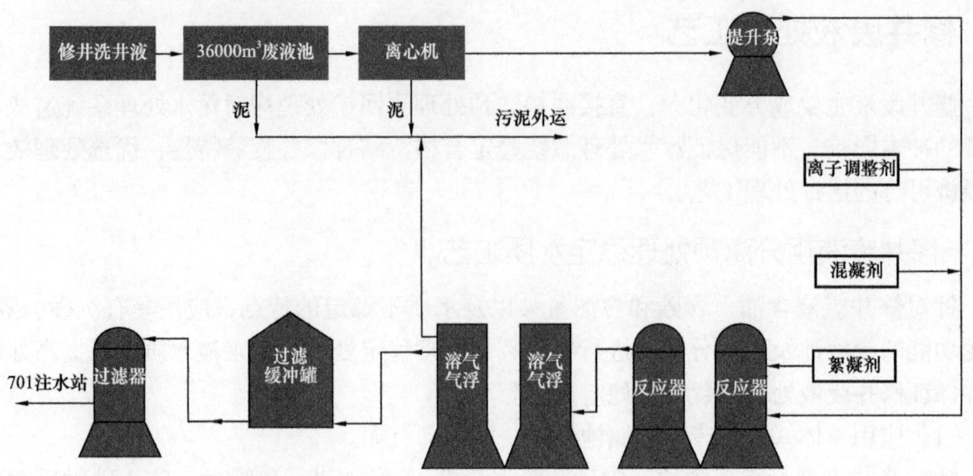

图6　混凝气浮法修井废液深度处理工艺流程图

针对修井废液水质特征，优化确定溶气浮工艺参数，气：水比例为10：1～9：1（表4）。

表4　溶气气水比优选情况

气：水	加药浓度 /（mg/L）		水质		水质外观
	混凝剂	絮凝剂	含油量 / mg/L	悬浮物 / mg/L	
1：1	300	20	36.2	254.2	浑浊、悬浮絮体多
2：1			16.3	132.6	浑浊、悬浮絮体多
3：1			10.2	86.5	浑浊、悬浮絮体较多
5：1			6.8	62.8	浑浊、悬浮絮体较多
7：1			1.2	39.5	水清、悬浮絮体较少
9：1			0	15.9	水清、悬浮杂质少
10：1			0	12.2	水清、悬浮杂质少
11：1			0	19.5	水清、细小悬浮杂质多
13：1			0	59.0	水浑浊、细小悬浮杂质多

2.3　混凝磁分离修井废液深度处理工艺技术

针对修井废液特点，应用物理化学结合的“混凝 + 磁分离”方法，设计了“混凝 + 磁分离 + 过滤工艺”。经废液池及离心分机粗分离预处理后的污水经提升泵输送至反应器，依次投加混凝剂、铁粉、絮凝剂并充分搅拌，反应完成后污水进入磁分离机，磁分离机配套强磁性旋转吸盘，污水经有吸盘水槽底部均匀进入，污水中带有磁性的泥团絮体在强大磁场作用下高速射向盘片，经磁场力挤压缩水并吸附在盘片上，吸附絮体旋转经过弹性贴合刮板时自动剥离，净化后液体进入过滤缓冲罐，经三级过滤后外输（图 7）。

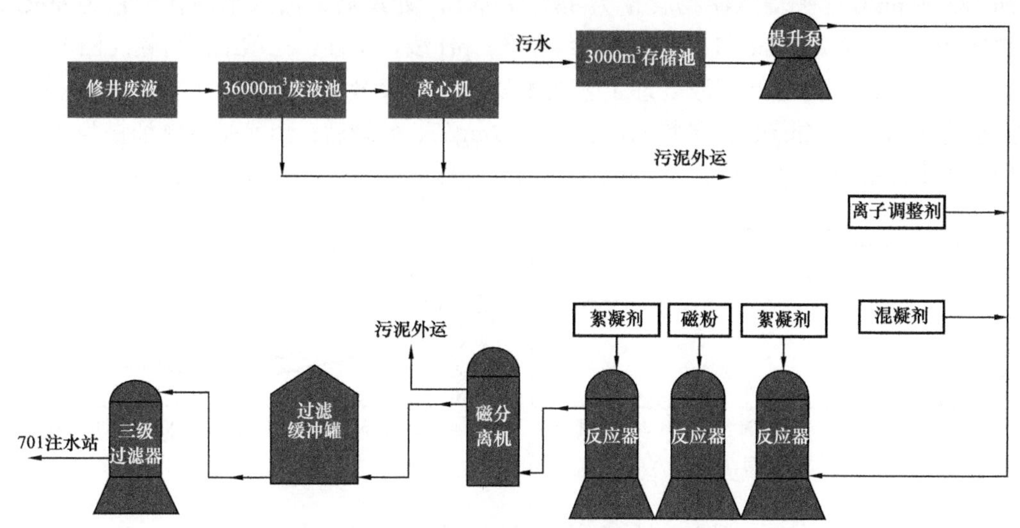

图 7　混凝磁分离修井废液深度处理工艺流程图

针对修井废液水质，优选确定采用磁粉规格为 300～400 目。磁粉浓度与混凝剂浓度比为 1∶1～1∶1.2（表 5）。

表 5　磁粉规格及浓度优选情况

磁粉规格 / 目	磁粉浓度 /（mg/L）			水质		水质外观描述
	混凝剂	絮凝剂	磁粉	含油量 / mg/L	悬浮物 / mg/L	
200	300	20	300	2.6	135.2	浑浊、杂质多
300				1.0	5.3	水清、悬浮杂质少
400				0.0	8.5	水清、悬浮杂质少
200			350	1.2	145.0	浑浊、杂质多
300				0.0	3.2	水清、悬浮杂质少
400				0.0	2.8	水清、悬浮杂质少
200			400	2.1	122.0	浑浊、杂质多
300				0.0	2.9	水清、悬浮杂质少
400				0.8	3.6	水清、悬浮杂质少

3 现场试验效果

应用混凝气浮修井废液处理工艺技术处理修井废液累计 $80.9\times10^4m^3$，装置进口平均含油 185.39mg/L；平均悬浮物含量为 387.97mg/L。处理后，出水平均含油量为 0mg/L、平均悬浮物含量为 17.41mg/L，Fe^{2+} 和 S^{2-} 合格，pH 线显中性，三项细菌合格（图 8）。

应用混凝磁分离修井废液处理工艺技术处理修井废液累计 $9.87\times10^4m^3$，修井洗井液来液平均含油 164.34mg/L；平均悬浮物 360.19mg/L。处理后，出水平均含油量为 0mg/L、平均悬浮物含量为 12.26mg/L，Fe^{2+} 和 S^{2-} 合格，pH 线显中性，三项细菌合格（图 9）。

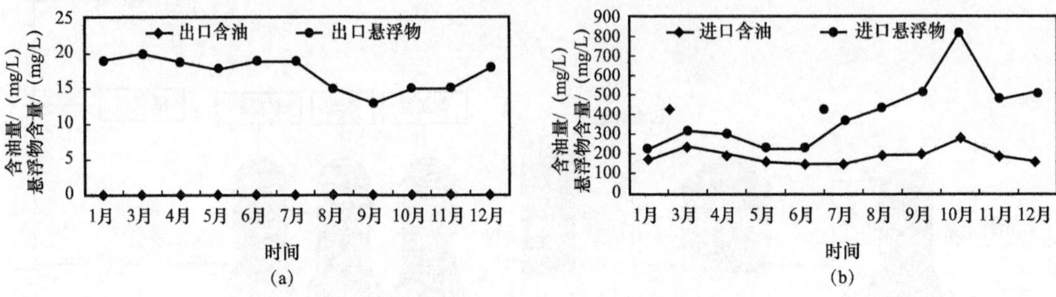

图 8 混凝气浮修井废液处理水质运行曲线

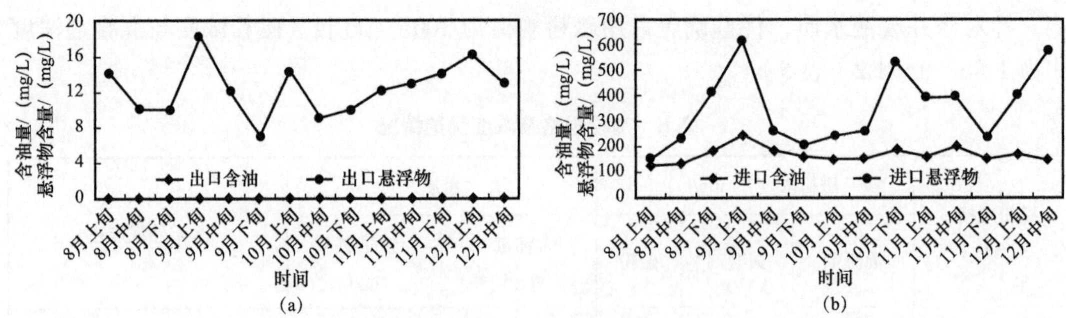

图 9 混凝磁分离处理水质运行曲线

4 现场管理

修井废液主要成分变化频繁，压裂返排液、酸化液和修井液性质差异大，处理需求工艺不同，为了达到降低处理难度及降低处理成本目的。采用精细化管理模式，达到压裂返排、酸化液与修井液分开处理（图 10），统一回注的目的。

4.1 废液处理方式

将井下作业废液分三类：压裂液、酸化液及除压裂、酸化以外的废液。其中压裂、酸化液进入 $3\times10^4m^3$ 废液池，经沉降后，从 $3\times10^4m^3$ 废液池中用泵抽取水，打入 $1000m^3$ 废液池，进行单独处理。

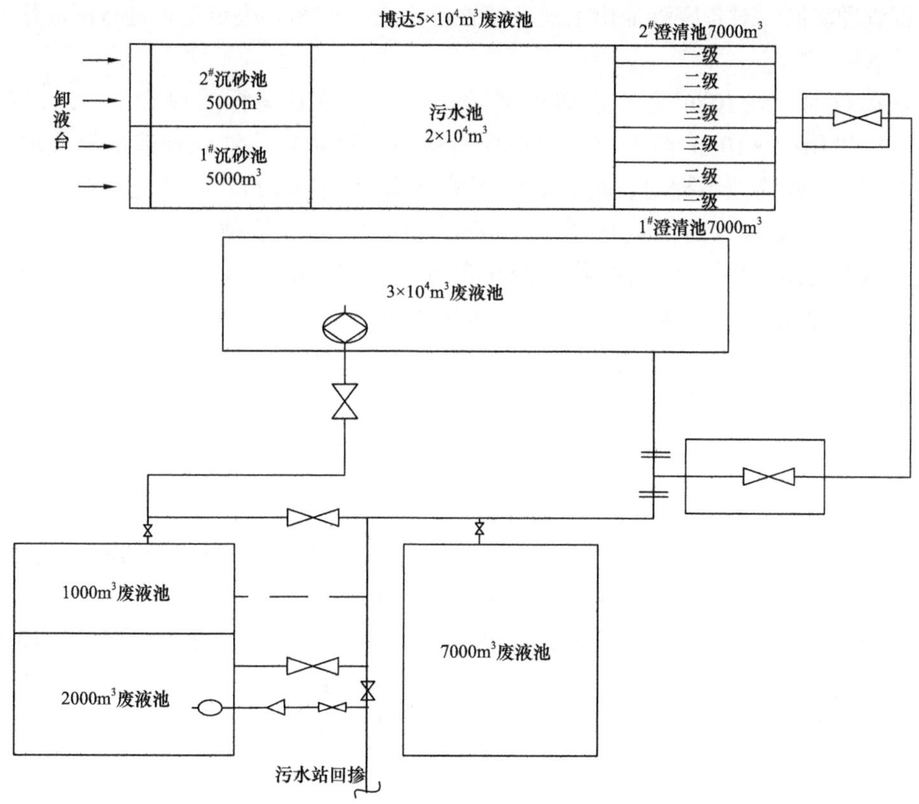

图 10　废液分类卸液与分质处理

而除压裂、酸化以外的废液以及则进入 $5\times10^4m^3$ 废液池。废液先进入 $5\times10^4m^3$ 一级沉砂池，沉降分离后用泵从 $5\times10^4m^3$ 一级沉砂池中取水，进入 $5\times10^4m^3$ 二级污水池进行再次沉降，再用泵抽取到 $5\times10^4m^3$ 澄清池一级池子，进入 $5\times10^4m^3$ 二级澄清池后自然翻水至 $5\times10^4m^3$ 三级澄清池，$5\times10^4m^3$ 三级澄清池中的水用泵打入 $2000m^3$ 废液池，进行单独处理。

将 $1000m^3$ 废液池和 $2000m^3$ 废液池单独处理后的液统一进入卸液台 3 号沉降池，再由三污泵房污水泵外输至 701 泵站。同时注输联合一站通过分时段回掺的方式将 $2000m^3$ 废液池中的清液回掺进污水系统，在最大限度减少对污水系统冲击的前提下，进一步达到降低预处理成本的目的。

4.2　收油处理

$3\times10^4m^3$ 及 $5\times10^4m^3$ 废液池中的老化油则由注输联合一站定期回收至老化油处理装置进行回收处理，将废液池中的老化油回收至 300 方收油罐，最后打进 81# 原油站 7# 与 8# 缓冲罐，达到增产助效的目的。

4.3　收渣及污泥处理

注输联合一站根据 $5\times10^4m^3$ 沉砂池、$3\times10^4m^3$ 沉砂池的泥砂沉积情况、浮渣厚度情况，决定是否清理。同时对各废液池出水及各装置出水进行监测，决定是否进行清池作业，确保预处理水质。

正常运行时，$5\times10^4m^3$ 两组沉砂池采用一用一备分开运行的模式；一组需要清池时，另一组投用；$5\times10^4m^3$ 两组沉砂池应保持液位平衡防止因液位差造成隔墙坍塌。当 $5\times10^4m^3$ 沉砂需要停池治理时，可暂时将废液全部卸至 $3\times10^4m^3$ 废液池，经沉降后，用泵抽取 $3\times10^4m^3$ 废液池的水同时进入 $1000m^3$ 和 $2000m^3$ 废液池进行处理。当 $3\times10^4m^3$ 废液池需要停池治理时，可暂时将废液全部卸至 $5\times10^4m^3$ 废液池，经二次沉降后，用泵从 $5\times10^4m^3$ 澄清池中取水，同时进入 $1000m^3$ 和 $2000m^3$ 废液池进行处理。当 $1000m^3$（或 $2000m^3$）废液池需要治理的时候，可暂时将废液池中取出的水暂时排进 $2000m^3$（或 $1000m^3$）废液池，再进行处理。

5 结论

（1）修井废液与采出液含油污水特性差异大，回掺进入污水处理系统混合处理难度大，直接达标处理回注是实现修井废液零外排的有效途径。

（2）“混凝 + 气浮 + 过滤”“混凝 + 磁分离 + 过滤”两套修井废液深度处理工艺技术，能够有效解决修井废液成分复杂，杂质含量波动变化大，常规污水处理工艺不适应问题，净化后污水满足 Q/SY XJ 0030—2015《油田注入水分级水质指标》中渗标准，同时实现了修井废液的达标处理并回注油藏。

（3）修井废液处理达标回注技术为解决复杂成分修井废液处置问题提供了有效途径，实现了废液零外排，具有推广应用前景。

（4）油田作业废液不仅体系多变，且成分复杂，要想对其进行更好的处理，必须要根据废液性质的不同，同时采取多种技术，达到分开处理、统一回注的目的，这样才能保证处理效率和降低成本，满足油田作业废液处理的需求。

参考文献

[1] 严忠，李莉，周俊佑，等. 油田作业废液处理技术研究及应用[J]. 石油化工应用，2017,（3）36: 33-39.

[2] 杨金莹，郭亮. 油田钻修井废水处理现场试验与应用[J]. 化学工程与设备，2018（8）8: 345-348.

[3] 安杰，刘宇程，陈明燕. 压裂废液处理技术研究进展[J]. 油气田环境保护，2009，19（2）: 48-50.

[4] 卫秀芬. 压裂酸化措施返排液处理技术方法探讨[J]. 油田化学，2007，24（4）: 384-388.

[5] 马云. 油田废压裂液的危害及其处理技术研究进展[J]. 石油化工应用，2009，28（8）: 1-3.

[6] 张雪光，陈武，梅平. 油田作业液的主要成分对混凝处理含油废水影响研究[J]. 长江大学学报，2009（6）: 50-53.

[7] 刘琦，吴晓冬，杜娟. 修井作业废液回收灌液装置设计与应用[J]. 石化技术，2018，9: 47.

乌东联含油污泥的处理

张　晓　鲁永强　于明建

（中国石油大庆油田公司呼伦贝尔分公司）

摘　要　乌东联含油污水处理采用悬浮污泥过滤技术，含油污泥采取常规处理措施：排入回收水池、定期清淤去除。由于悬浮污泥过滤机理特殊性以及药剂作用，含油污泥以“悬浮态”居多，在回收污水池中的污水时，污泥重新进入系统循环，加重处理负荷，影响水质。通过调研及现场试验，叠螺压滤污泥脱水效果良好（除泥率 >80%、浓缩后污泥含水 <85%，脱出污水悬浮物含量<200mg/L），可真正实现含油污泥的去除，保障污水水质。

关键词　海拉尔油田；含油污泥处理；叠螺脱水

乌东联位于海拉尔油田的乌尔逊油田，该油田为低渗透油田，注水水质要求达到“8.3.2”水质，而油田位于草原深处，含油污水必须全部回注，因此，含油污水处理工艺采用海拉尔油田成熟污水处理技术——悬浮污泥过滤技术，出水水质达标“8.3.2”。污水系统含油污泥定期排泥至回收水池，在回收水池中逐步沉淀，定期清淤外运。含油污泥在回收水池中聚集，在回收污水时，将含油污泥重新带入污水沉降罐，导致来水水质变差，加大污水处理难度加大，增加管理难度及运行成本。因此，急需寻找适合污水系统含油污泥处理技术。

1　乌东联污水系统含油污泥性质研究

多次取样乌东联污水系统含油污泥，测定含油率、含固率以及密度（表 1）。

表 1　海拉尔油田含油污泥基本性质测试结果表

含油污泥泥样号	含水率 /%	含油率 /%	含固率 /%	密度 /（g/cm^3）
1#	95.50	1.66	2.84	0.981
2#	95.00	1.07	3.93	0.979
3#	95.02	1.18	3.80	0.990
4#	95.80	1.08	3.12	0.985

由检测结果表 1 可以看出，乌东联污水系统含油污泥普遍具有含水率高、含泥量少、密度小的特点。

开展含油污泥静沉试验（图 1），经过一定时间静沉，含油污泥在量筒中分为三层，底部是沉积下来的黑色黏土状泥，所占比例较少，约 2%，中间层是分离出来的水层，约

18%，上部为黑色絮状物，所占比例较大，约 80%，经分析，絮状物实质上是所投加药剂与水中杂质反应的合成物。由此可见，污水处理站 SSF 悬浮污泥过滤器排泥大部分由浮于水层上部的黑色絮状物组成，而沉积下来的真正的泥所占比例较少。

(a) 原样　(b) 静沉4h　(c) 静沉10h　(d) 静沉15h　(e) 静沉24h

图 1　含油污泥静沉试验图

2　含油污泥脱水处理技术研究

2.1　含油污泥脱水处理工艺调研

污泥脱水是将流态的原生或浓缩污泥脱除水分，转化为半固态或固态泥块的污泥处理过程。经过脱水后，污泥含水率可降低到 80% 左右，污泥的进一步脱水则称污泥干化，干化污泥的含水率低于 10%。含油污泥的脱水方法，主要有自然干化法和机械脱水法。

自然干化法：污泥依靠重力沉降，蒸发脱水[1]。

机械脱水原理：以多孔性物质为过滤介质，在过滤介质两侧两面的压力差作为推动力，污泥中的水分被强制通过过滤介质，以滤液的形式排出，固体颗粒被截留在过滤介质上，成为脱水后的滤饼（泥饼），从而实现污泥脱水的目的。主要有离心脱水及压滤脱水两种工艺。

离心脱水是在高速旋转产生的离心力下，由于固液相对密度不一样，形成固液分离。污泥在螺旋输送器的推动下，被输送到转鼓的锥端由出口连续排出；液环层的液体则由堰口连续“溢流”排至转鼓外靠重力排出。

压滤脱水是含油污泥依靠压滤设备的挤压，使污泥内的水被挤出，达到脱水目的。

2.2　乌东联污水系统含油污泥脱水处理方式探讨

2.2.1　离心脱水工艺

试验工艺借鉴大庆油田老区常规技术：“污泥浓缩 + 卧螺离心”工艺。

如图 2 所示，含油污泥与混凝剂一同经静态混合器充分混合后，进入浓缩罐内，在浓缩罐内反应沉积一定时间（至少 8h）后，浓缩污泥沉积在底部锥斗内，经污泥提升泵输送至离心机；上部澄清液排至回收水池。

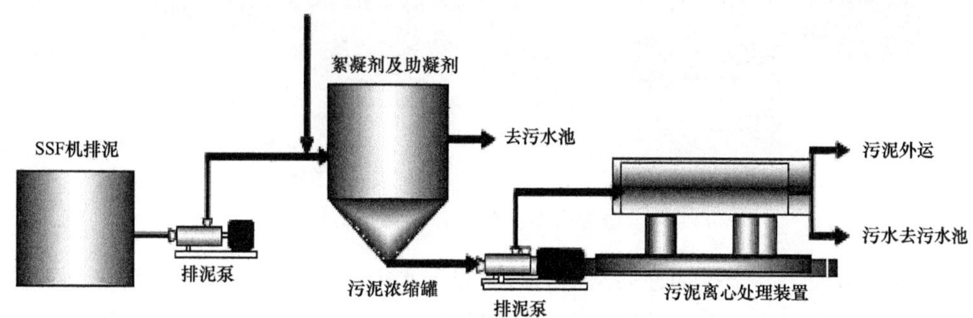

图 2　乌东联污泥离心脱水试验工艺流程

如图 3 可知，为了有效地发挥污泥浓缩罐的功能，必须做到以下几点：一是进入浓缩罐待处理的污泥必须具有下沉特性而不是悬浮或上浮特性，若污泥本身具有良好的沉降特性，不需要投加或少量投加混凝剂，若污泥本身沉降特性不好，就需要筛选适用的混凝剂及试验确定投加量；二是含油污泥与药剂反应后，必须保证足够的沉降时间，以尽可能地使得浓缩后污泥沉积至锥斗内，在设计上浓缩罐一般采取间歇运行以确保足够的沉降时间；三是污泥浓缩沉降一定时间后，及时排出上清液。

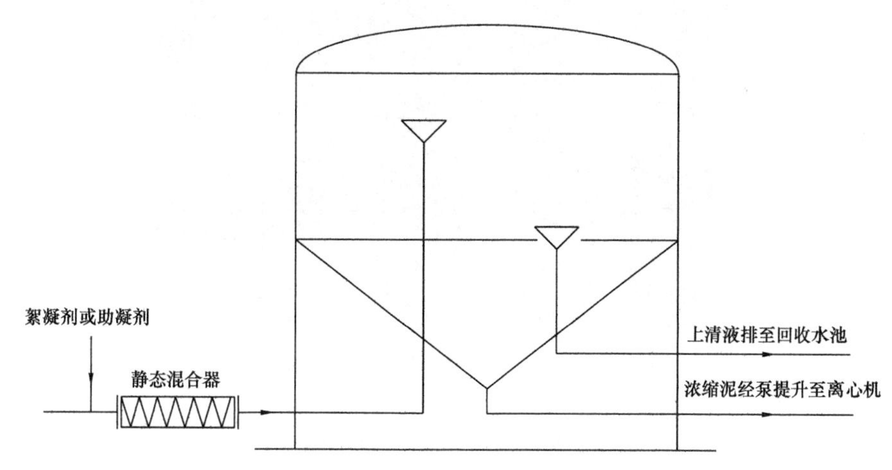

图 3　污泥浓缩罐工作原理示意图

如图 4 所示，为了确保卧螺离心机能够实现较好的脱水效果，必须确保进入离心机的含水泥有一定的密度差，而且这种泥、水比重差越大分离效果越好。一般规定，进入离心机的含水泥含水率不得超过 95%。

乌东联污水系统排泥呈悬浮状态，密度比水小，难以自然沉降，需进行含油污泥药剂筛选。

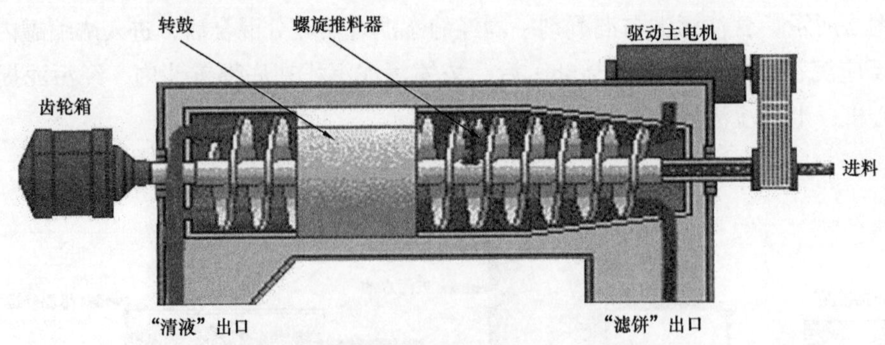

图 4　卧螺离心脱水机工作原理示意图

由图 5 可以看出，未投加任何药剂的污泥浮于水中，不下沉；投加药剂的，浓缩剂重晶石效果最好，污泥由上浮态开始下沉；其次是阴离子絮凝剂，投加阴离子絮凝剂后，上浮污泥开始发生絮凝反应尤其是顶部污泥，开始产生絮体并有下沉趋势；阳离子和弱阳离子絮凝剂效果不好，药剂投加混合后，没有发生絮凝反应。

图 5　含油污泥不同浓缩剂处理效果

选择处理效果较好的阴离子絮凝剂以及重晶石进行不同加药浓度的处理效果试验。试验样品选用乌东联 SSF 净化器排泥，投加一定浓度后的污泥浓缩剂静止沉降 12h 后。

由图 6 可以看出，阴离子絮凝剂最佳加药量 6000mg/L，折算含油污泥处理药剂费为 108 元 /m^3，费用太高，且由于加药量大造成后期形成的污泥量大，污泥外运及无害化处理困难。

由图 7 可以看出，重金石最佳加药量为 20000mg/L，折算含油污泥处理药剂费为 20 元 /m^3，费用较高，同样给后期污泥外运及污泥无害化处理带来巨大的困难。

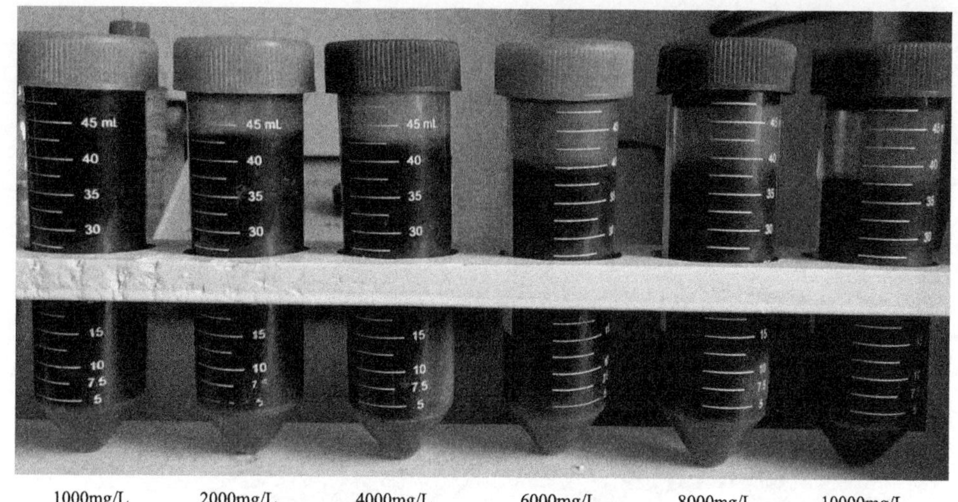

图 6　不同加药浓度的阴离子絮凝剂处理效果

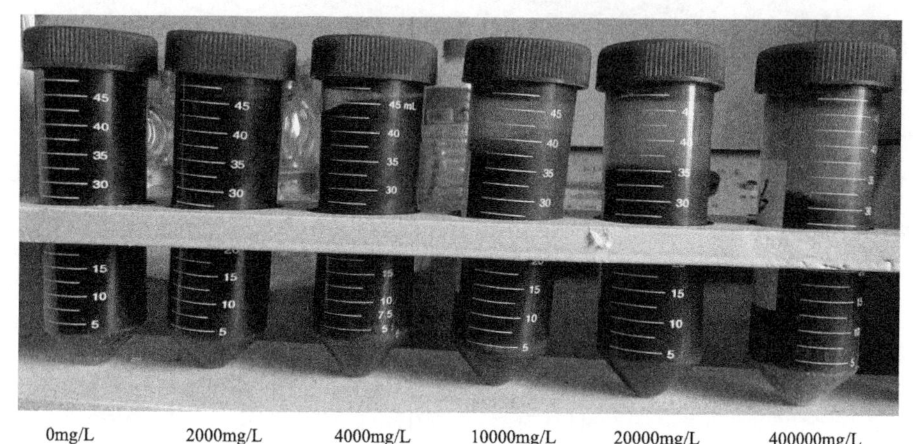

图 7　不同加药浓度的重晶石处理效果

2.2.2　压滤脱水工艺

选用采用螺旋压滤技术的叠螺脱水机开展现场试验，叠螺机的主体是由固定环和游动环相互层叠，螺旋轴贯穿其中形成的过滤装置。前段为浓缩部，后段为脱水部。

如图 8 所示为叠螺机，其工作原理：一是浓缩，当螺旋推动轴转动时，设在推动轴外围的多重固活叠片相对移动，在重力作用下，水从相对移动的叠片间隙中滤出，实现快速浓缩。二是脱水，经过浓缩的污泥随着螺旋轴的转动不断往前移动；沿泥饼出口方向，螺旋轴的螺距逐渐变小，环与环之间的间隙也逐渐变小，螺旋腔的体积不断收缩；在出口处背压板的作用下，内压逐渐增强，在螺旋推动轴依次连续运转推动下，污泥中的水分受挤压排出，滤饼含固量不断升高，最终实现污泥的连续脱水。三是自清洗，螺旋轴的旋转，推动游动环不断转动，设备依靠固定环和游动环之间的移动实现连续的自清洗过程，避免了传统脱水机的堵塞问题[2]。

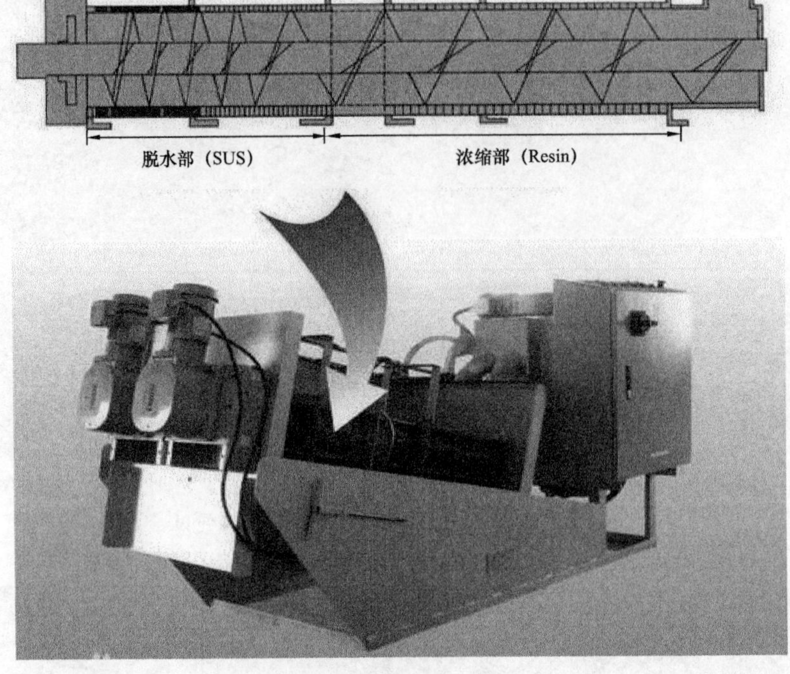

图 8　叠螺机示意图

叠螺脱水机现场试验工艺流程：污泥浓缩罐 / 回收水池 / 地缸→污泥提升泵→ 2m³/h 叠螺压滤污泥处理装置→出泥、出水，如图 9 所示。

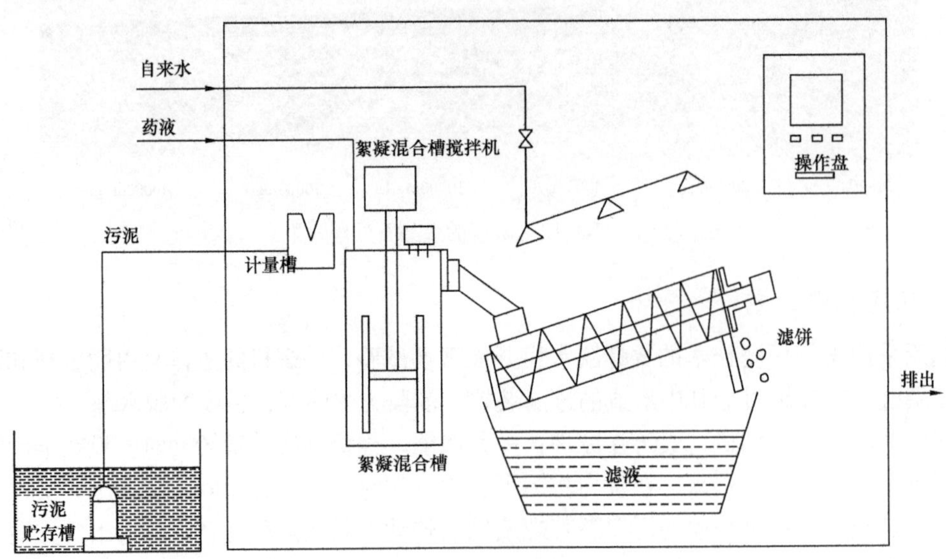

图 9　叠螺脱水机现场试验工艺流程图

螺旋压滤脱水试验共运行 40 余天，处理含油污泥约 231m³，脱出污泥 114 袋，整体试验效果良好：含油污泥脱前含水率 97%～99%，脱水后污泥含水降至 80%～85%，脱水率 85%～95%，污泥去除率 99%；脱出污水中悬浮物含量 36～116mg/L，水色较清亮透明，脱出泥可成型易装袋。压滤脱水试验运行数据见表 2，含油污泥处理前后如图 10 所示。

表 2　压滤脱水试验运行数据表

进泥含水率 /%	出泥含水率 /%	出水悬浮物含量 /（mg/L）	污泥去除率 /%	脱水率 /%
99.2	86.2	116.0	98.6	95.0
99.3	79.8	64.0	99.1	97.2
99.3	86.6	56.0	99.2	95.4
98.9	82.2	36.0	99.7	94.9
97.0	77.1	48.0	99.8	89.6
98.0	80.6	64.0	99.7	91.5
97.7	80.6	60.0	99.7	90.2
97.1	81.5	48.0	99.8	86.8
98.5	79.5	56.0	99.6	94.1

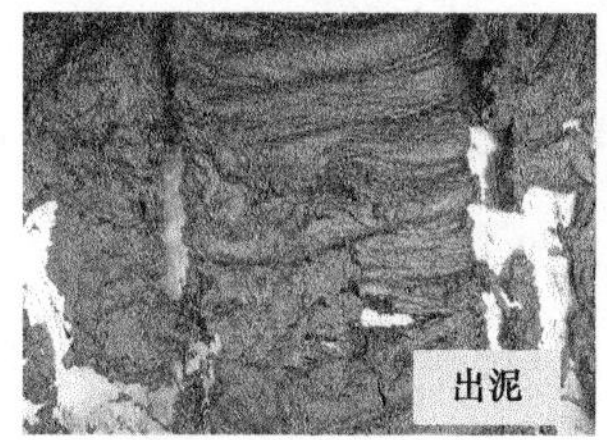

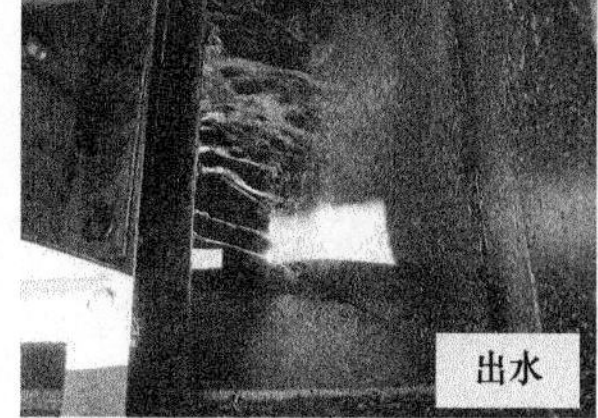

图 10　含油污泥处理前后对比图

回收污泥后，含油污水处理效果：一是污水来水水质见好，二是出水水质明显见好。污泥回收后，进水悬浮物含量降至 150mg/L，高位出水降至 10mg/L 以下，滤后出水悬浮物含量降至 1.60mg/L。回收污泥前后乌东污水系统处理污水效果见表 3。

表 3　回收污泥前后乌东污水系统处理污水效果对比表　　单位：mg/L

SSF 进水	高位出水	SSF 滤后	备注
284	34.3	3.07	回收污泥前
112	4.81	2.2	回收污泥后
148	7.35	2.8	
151	10.1	1.6	
236	26.6	2.83	回收污泥一月后
268	23.5	3.78	
332	11.7	2.8	

叠螺压滤脱水机吨泥处理成本 2.90 元 /t，详细如下。

（1）药剂费：混凝剂 18000 元 /t，加药浓度 100mg/L，吨泥处理药剂费用 =0.10kg/t×18 元 /kg=1.80 元 /t。

（2）电费：各类用电设备合计功率 0.8kW，吨泥处理电费 =0.8kW·h×0.59 元 /kW·h/2t/h=0.24 元 /t。

（3）设备维护费：年维护费用 =1%× 工艺设备投资 =1%×150 万元 =1.5 万元，吨泥设备维护费用 =1.5 万元 /365/48t=0.86 元 /t。

3 结论

乌东联污水系统含油污泥为悬浮状态的絮状污泥，具有含水高、含泥少、泥组成密度小、沉降性和过滤性较差的特点，难以达到离心式污泥处理需要的进泥浓度及泥水密度差，离心式污泥处理工艺不太适用；压滤式叠螺脱水工艺通过压滤设备挤压，使絮状含油污泥中的水分挤出，实现污泥脱水，适用乌东联污水系统含油污泥处理。

参考文献

[1] 何翼云，回军，杨丽，等.含油污泥处理方法探讨 [J].化工环保，2012，32（4）：321-324.

[2] 李玲.叠螺式污泥脱水技术在石油化工领域的应用 [J].中国科技信息，2012（16）：49.

浅谈“油泥水浓缩装置”在花土沟联合站的应用

杨新泽　陈周银　王新亮　姜　宏

（中国石油青海油田公司采油三厂）

摘　要　“油泥水浓缩装置”是油泥水浓缩处理系统的关键设备，该装置主要利用旋流、气浮、吸附材料富集油及杂质再将其浓缩去除的纯物理处理方法。该装置从 2018 年 3 月到 2019 年 3 月在花土沟联合站历经一年的反复试验、化验分析对比、科学论证，油泥水浓缩处理效果明显。花土沟联合站于 2019 年 6 月正式安装了该装置及配套工艺系统，直接应用在该联合站正常污水处理系统，通过 2 个月的化验分析、跟踪验证，污水处理指标效果显著。岗位工人收油、排污操作频次明显减少，节约了成本，延长了清池清罐周期和安全风险，减轻了环保压力。

关键词　油泥水浓缩装置；悬浮物；污油污泥；污水池；污水水质；清池周期

花土沟联合站（以下简称联合站）始建于 2003 年，主要担负着花土沟油田、七个泉油田、狮子沟油田以及第四采油厂等的原油处理，针对近几年各油田油井含水率大幅上升，原油产能递减率加快，老井酸化压裂措施频次急剧增加，新投油井井深不断加深，最终导致各油田产液中的游离水、泥沙悬浮物等杂质数量大幅增长，处理沉降时间明显缩短。污水处理量越来越大，目前污水量已达每天 3700m^3 左右。处理难度也是越来越大，此情况各级部门高度重视，引进污水处理的新技术、新设备。并对老的流程设备进行改造扩容升级等措施。2016 年试验并投运了“三合一污水净化装置”，实现了污水处理由化学法到纯物理法的转变，水质各项指标明显好转。随着新技术、新设备等的投入使用，联合站的污水处理量处理质量大幅提升，但是联合站伴生的悬浮物、泥沙量也急剧上升，联合站在污水处理运行过程中，三相分离器、自然沉降罐、调储罐、净化水罐等必须定期周期性冲砂、排污，5000m^3 原油储罐及 1000m^3 原油储罐每天都要将罐底的游离水、泥沙和悬浮物以及其他机械杂质排进污水池，另外“三合一污水净化装置”每天也必须进行反冲洗排污进污水池。所有这些排污每天 300～400m^3，携带大量泥沙污油悬浮物机械杂质进入污水池，进入污水池的混合物再经过收油沉降后污水由收水管进入水室经离心泵打回到调储罐中，污油经溢流的方式收入到油室中，然后由泵转进不合格油罐中，在实际的操作过程中由于沉降时间、污水池结构容积、操作不当以及管理制度的缺陷等因素的影响，还是有大量污泥污油、机械杂质又会从污水池打回到罐中（特别是反冲洗中所含的悬浮物很难沉降），然后再排出再打入，周而复始形成一个恶性循环。最终导致滤料污染板结、甚至整个系统受到污染，最后只能清池清罐、更换滤料。污水池不但达不到处理效果，还会成为二次污染源，因此污水池就成了联合站污水污油处理过程中的一个重要节点，如何控制污水池中悬浮物、污泥污油的数量和科学分离污水中的杂质、污油就成为解决源头问题的关键所在。而油泥成分复杂，导致其物理、化学性质等差异很大，因此油泥处理技术多种多样，目前国内外已经实现工业化应用的处理技术包括热水洗涤、溶剂提取、高温热脱附和微生物处理等。每种处理技术都有其优势，但同时也具备处理局限性，如热水洗涤只适合于处理落地油泥，对罐底油泥、含黏土油泥处理效果差；溶剂提取技术处理效果好，但成本较高；高温热脱附处理技术适应性广，处理效果好，但经过处理后固相结构被破坏，失去土壤活性；微生物处理技术成本低，对环境友好，但周期长，不适合用于高含油量油泥的处理[1-5]。为此厂里决定引进油泥水浓缩装置在联合站污水处理系统试验并应用。

1 油泥水浓缩装置的结构及主要配套系统

如图 1 所示，油泥水浓缩装置内部结构主要分为三部分：上部为旋流气浮分离区，中部为斜板气浮除油区、富集油层及悬浮物硅酸盐聚结材料吸附区。该装置设计规格为 ϕ3000mm×6000mm。配套系统包括 7100 mm×2000 mm×2480mm 油泥脱水箱一套、附属水泵、污泥泵、空压机。

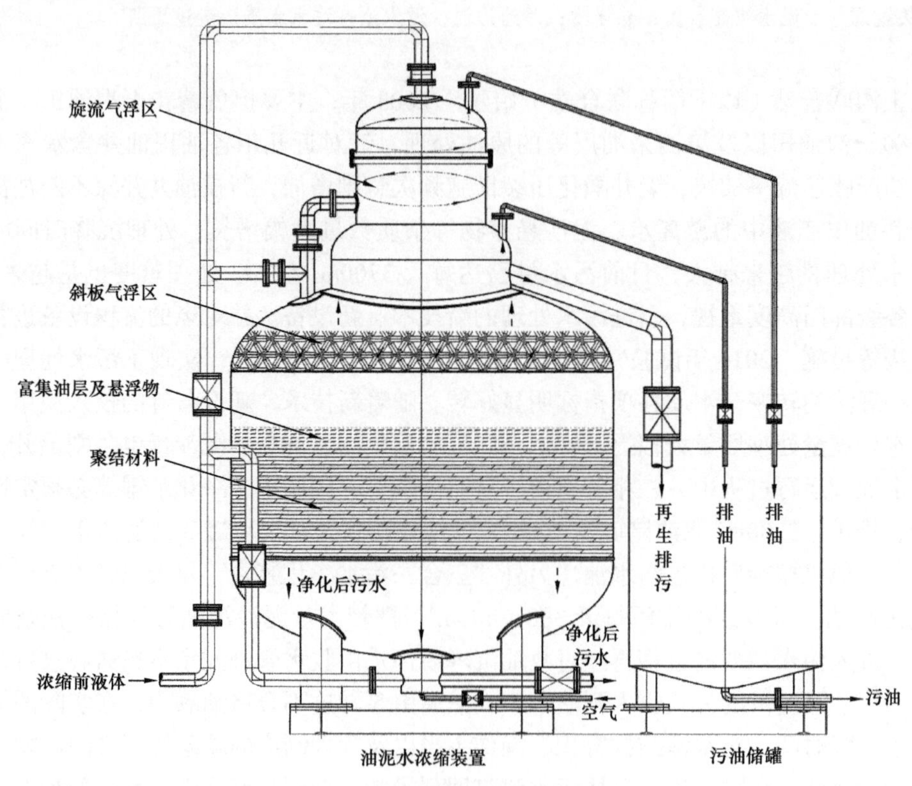

图 1 油泥水浓缩装置的结构图

2　油泥水浓缩装置工作原理及应用工艺

该浓缩装置基本工作原理就是采用纯物理的方式，利用旋流分离、气浮除油、吸附材料吸附富集并浓缩污油及杂质集中排入油泥脱水箱运至油泥砂处理厂处理。

具体操作工艺如下：首先三合一装置反冲洗及其他排污进入污水池混合腔，后利用提升泵将混合腔的污水转进到油泥水装置上部旋流气浮区，利用向心气浮使油、泥、水中的油水进行分离，加入微细气泡（或污水处理工艺中产生的），使微细悬浮物聚集在气泡上，通过顶部的排油管去除一部分污油；然后通过内部的斜板材料上浮至内部的锥形腔将油及气泡（裹挟的微细悬浮物）排出，去除一部分污油及杂质；最后残余的污水再通过吸附材料进行富集浓缩形成胶质层，去除大部分的油及悬浮物。污水通过吸附材料层净化后排入采出水处理系统循环处理。在处理过程中间歇式运行，吸附材料层类似网兜，将油及杂质全部聚结在网兜里，当胶质层富集足够多的油及杂质时，污水无法再穿透过去。此时通过再生（反向清洗网兜）将富集胶质层上的油及悬浮物排至污油储罐（油泥在此自然脱水），污油储罐满后再通过污油泵将油泥输送至槽罐车拉运至油泥砂处理厂进行无害化处理。分离、过滤的水再次进入水处理系统正常处理。现场图如图 2 所示。

图 2　油泥水浓缩装置现场图

3　试运行情况介绍

目前油泥水浓缩装置只对一个污水池进行试运行处理，主要处理水区各罐及三合一水处理设备的反冲洗污水排污等进行处理，处理后的污水进入另外的池子然后经泵打入调储罐，油区排污三相分离器等的冲砂排污暂未进行处理。油泥水浓缩装置处理流程图如图 3 所示。

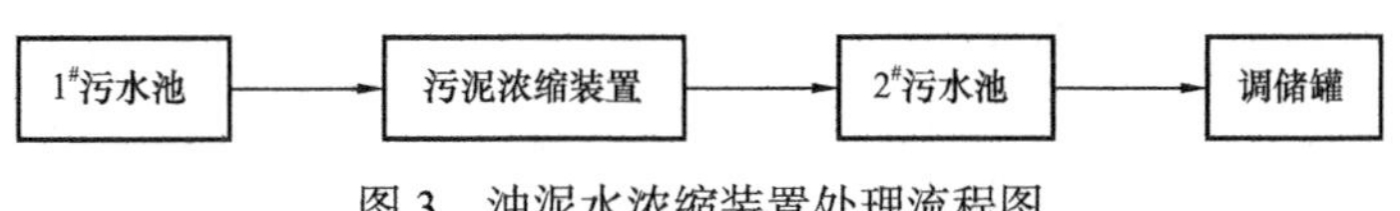

图 3　油泥水浓缩装置处理流程图

4 试运行效果分析

油泥水浓缩装置经过一年的试验和近两个月在联合站污水处理系统的现场试应用，浓缩油泥水率可以达到 90% 以上，特别对悬浮物和污油的处理有了大幅提升，有效避免水处理系统的二次水污染，延长了三合一装置的使用寿命、滤料更换周期，提高了污水水质，减少了收油频次，延长清池清罐周期，降低了安全风险，减轻了环保压力，节约了清池清罐费用。本设备结构简单，运行成本低，可实现全自动化运行。

4.1 水质指标

污水水质比装置应用前明显改善，三合一装置更换滤料周期明显延长，机械杂质和含油指标实现了“双十”目标。油泥水经过油泥水浓缩装置处理前后分析对比见图 4 和表 1。

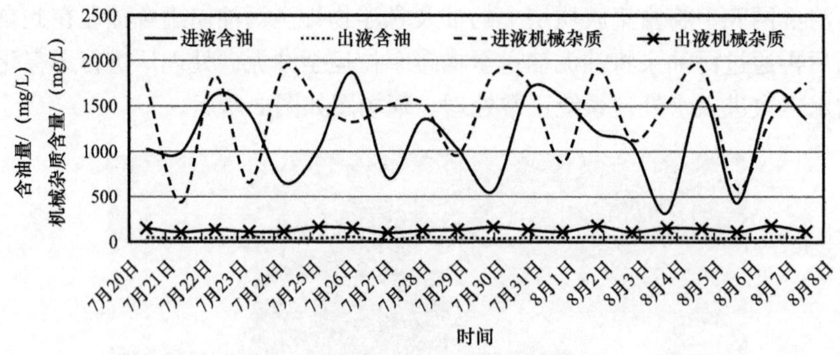

图 4 油泥水浓缩前后对比折线图

表 1 油泥水浓缩前后对比分析表

时间	含油 /（mg/L）		机械杂质 /（mg/L）	
	进液	出液	进液	出液
7 月 20 日	1023	48	1740	150
7 月 21 日	988	40	435	108
7 月 22 日	1625	44	1826	135
7 月 23 日	1420	50	654	113
7 月 24 日	652	46	1920	116
7 月 25 日	1025	42	1530	165
7 月 26 日	1865	55	1321	150
7 月 27 日	705	22	1503	102
7 月 28 日	1346	49	1527	126
7 月 29 日	1025	50	955	132

续表

时间	含油 /（mg/L）		机械杂质 /（mg/L）	
	进液	出液	进液	出液
7 月 30 日	560	38	1850	165
7 月 31 日	1672	47	1760	135
8 月 1 日	1580	49	878	112
8 月 2 日	1205	56	1910	175
8 月 3 日	1075	55	1123	109
8 月 4 日	316.7	52	1527	155
8 月 5 日	1597	46	1925	146
8 月 6 日	425	39	589	113
8 月 7 日	1630	57	1369	178
8 月 8 日	1352	49	1755	115

4.2　收油排污频次

该装置应用前，岗位工人每天必须对调储罐、沉降罐进行收油，即使这样遇到分离器系统出现故障水相跑油的特殊情况时，沉降罐油层都会超过 0.5m，投用油泥水浓缩装置后的调储罐沉降罐收油已经由每天一次减少到 3～5 天一次，三合一装置收油由每天一次到现在 3 天一次，排污从每 2h 排 4min，到现在每 4h 排 2min，该装置应用以来，每小时处理污水量 25m^3，每天处理污水量 200 m^3 左右。调储罐和沉降罐油层厚度基本能保证在 0.2m 左右。在一定程度上大大减轻了岗位人员的工作强度，避免了不合格油罐和污水池之间的恶性循环现象，减轻了污油处理运行压力。

5　存在的问题

（1）吸入方式有缺陷，吸入管路太长，由于安装位置等条件的限制，目前从污水池到该装置的吸入泵距离超过 20m，且吸入口在污水池混合腔末端，吸入效果不好，实际运行发现吸入大多为悬浮机械杂质及污油，污泥的吸入量很少。大部分污泥仍然还是在污水池中。

（2）由于油泥水浓缩装置中的储泥收水设备容积较小（有效容积 25m^3），运行 50h 左右浓缩的机械杂质污油就到达了 20m^3 左右，收到的为大量悬浮物及污油，悬浮物中的含油达 20% 左右，分离难度极大，储泥设备清理频繁，无备用设备。

（3）由于缺少配套辅助设备和后续的处理工艺，目前浓缩后的油泥暂未实现与油砂处理厂对接。

（4）该装置无加热保温措施，脱油极为困难，而且无扫线流程，冬季运行面临一定的考验。

（5）目前自动化程度较低，操作需要专人负责。

6 结语

油泥水浓缩装置近两个月在联合站污水处理系统的试应用，仅对水区排污进行了处理就已经取得明显效果，大大减少悬浮物、污油等对污水处理系统的二次水污染，改善了水质，简化了操作程序，减轻了工作强度，减少了清池清罐频次，降低了安全风险，避免了环境污染，节约了清池清罐费用。该装置在联合站的应用以来凸显出较为明显的经济效益、安全效益和社会效益。但是由于安装、工艺流程和其他配套辅助设备等的缺乏，在对污泥污油处理技术的提升和改进还是有很大空间，对于装置本身存在的一些问题、缺陷希望在以后的运行过程中不断完善，积极改进，尽快与油砂处理厂实现对接处理，实现装置本身效益最大化。

参考文献

［1］苏俊涛，孙爱丽，韩翼臣，等．含油污泥处理技术及其在工程中的应用［J］．化工管理，2019（23）：103-104.

［2］周骏，由晓刚，孔令迎，等．萃取法处理含聚油泥及萃取剂回收研究［J］．石油与天然气化工，2018，47（3）：89-94.

［3］梁宏宝，韩东，陈博，等．萃取法处理含油污泥实验研究［J］．油气田地面工程，2018，37（9）：5-9.

［4］文星．炼厂含油污泥油分离技术开发［D］．西安：西安石油大学，2019.

［5］冯金禹，唐海燕．微生物处理老化油的研究进展［J］．当代化工，2018，17（8）：1691-1694.